한번에 합격하기 합격플래너

수질환경기사 [필기]

Plan1 저자쌤의 추천 Plan — 60일 완성!

Plan2 나만의 셀프 Plan — ☐일 완성!

Part 1		권장학습일	확인	월/일
수질환경의 기초	① 수질환경 기초	2일	☐ DAY 1	
	② 기초화학		☐ DAY 2	
	③ 기초 환경양론			
제1과목. 수질오염 개론	① 수질오염원의 관리	8일	☐ DAY 3	● 월 ● 일
	② 수질화학		☐ DAY 4	● 월 ● 일
	③ 수질오염 지표		☐ DAY 5	● 월 ● 일
	④ 수생태계 및 물환경 조사		☐ DAY 6	● 월 ● 일
	⑤ 하천·호소·수질관리		☐ DAY 7	● 월 ● 일
	⑥ 수질환경 모델링		☐ DAY 8	● 월 ● 일
	⑦ 물환경보전법령		☐ DAY 9	● 월 ● 일
			☐ DAY 10	● 월 ● 일
제2과목. 상하수도 계획	① 상하수도 기본계획	4일		● 월 ● 일
	② 수원과 저수시설			● 월 ● 일
	③ 취수시설		☐ DAY 11	● 월 ● 일
	④ 상수도시설		☐ DAY 12	● 월 ● 일
	⑤ 하수도시설		☐ DAY 13	● 월 ● 일
	⑥ 하수도 관거시설		☐ DAY 14	● 월 ● 일
	⑦ 펌프시설			● 월 ● 일
제3과목. 수질오염 방지기술	① 하·폐수의 처리계획	8일	☐ DAY 15	● 월 ● 일
	② 물리적 처리		☐ DAY 16	● 월 ● 일
	③ 화학적 처리		☐ DAY 17	● 월 ● 일
	④ 생물학적 처리		☐ DAY 18	● 월 ● 일
	⑤ 고도 처리		☐ DAY 19	● 월 ● 일
	⑥ 기타 오염물질 처리		☐ DAY 20	● 월 ● 일
	⑦ 슬러지 처리		☐ DAY 21	● 월 ● 일
			☐ DAY 22	
제4과목. 수질오염 공정시험기준	① 총칙	3일		● 월 ● 일
	② 일반 시험방법		☐ DAY 23	● 월 ● 일
	③ 기기 분석방법		☐ DAY 24	● 월 ● 일
	④ 항목별 시험방법		☐ DAY 25	● 월 ● 일
	⑤ 실험실 안전 및 환경관리			● 월 ● 일

한번에 합격하기 합격플래너

수질환경기사 [필기]

Part 2	권장학습일	Plan1 저자쌤의 추천 Plan 60일 완성! 1차 학습 확인	2차 학습 확인	Plan2 나만의 셀프 Plan ☐일 완성!
7개년 기출문제				
2018년 1회 수질환경기사	2일×2회	☐ DAY 26	☐ DAY 41	● 월 ● 일
2018년 2회 수질환경기사		☐ DAY 27	☐ DAY 42	● 월 ● 일
2018년 3회 수질환경기사				● 월 ● 일
2019년 1회 수질환경기사	2일×2회	☐ DAY 28	☐ DAY 43	● 월 ● 일
2019년 2회 수질환경기사		☐ DAY 29	☐ DAY 44	● 월 ● 일
2019년 3회 수질환경기사				● 월 ● 일
2020년 1,2회 통합 수질환경기사	2일×2회	☐ DAY 30	☐ DAY 45	● 월 ● 일
2020년 3회 수질환경기사		☐ DAY 31	☐ DAY 46	● 월 ● 일
2020년 4회 수질환경기사				● 월 ● 일
2021년 1회 수질환경기사	2일×2회	☐ DAY 32	☐ DAY 47	● 월 ● 일
2021년 2회 수질환경기사		☐ DAY 33	☐ DAY 48	● 월 ● 일
2021년 3회 수질환경기사				● 월 ● 일
2022년 1회 수질환경기사	2일×2회	☐ DAY 34	☐ DAY 49	● 월 ● 일
2022년 2회 수질환경기사		☐ DAY 35	☐ DAY 50	● 월 ● 일
2022년 3회 수질환경기사(CBT)				● 월 ● 일
2023년 1회 수질환경기사(CBT)	2일×2회	☐ DAY 36	☐ DAY 51	● 월 ● 일
2023년 2회 수질환경기사(CBT)		☐ DAY 37	☐ DAY 52	● 월 ● 일
2023년 3회 수질환경기사(CBT)				● 월 ● 일
2024년 1회 수질환경기사(CBT)	2일×2회	☐ DAY 38	☐ DAY 53	● 월 ● 일
2024년 2회 수질환경기사(CBT)		☐ DAY 39	☐ DAY 54	● 월 ● 일
2024년 3회 수질환경기사(CBT)				● 월 ● 일
Final Check 80 │ 중요 빈출문제	1일×2회	☐ DAY40	☐ DAY55	● 월 ● 일
총정리 │ Part 1. 핵심이론 정리 **Part 2.기출문제 풀이** (7개년 기출문제+Final Check 80)	4일	☐ DAY 56 ☐ DAY 57 ☐ DAY 58 ☐ DAY 59		● 월 ● 일 ● 월 ● 일 ● 월 ● 일 ● 월 ● 일
CBT 온라인모의고사	1일	☐ DAY 60		● 월 ● 일

합격 플래너 활용 Tip.

❖ **확인** : 해당 과목을 학습한 후 한 칸씩 체크하세요. (날마다 학습 권장)
❖ **나만의 셀프 Plan** : 해당 과목 이론 및 해당 기출문제 학습을 마친 날 기재하세요.
❖ **기출문제 풀이** : 1차 학습을 할 때에는 전체(2018~2024년)를 꼼꼼히 다 풀어보고, 다시 2차 학습을 할 때에는 모르는 내용과 풀이중심으로 정리하는 것을 추천합니다. (2일에 걸쳐 1년치 1회 학습 권장)

○ 위의 플래너는 일반적인 학습속도를 기준으로 작성하였습니다.
자신에게 잘 맞는 학습속도와 시험준비기간을 고려하여 수정 후 사용하셔도 됩니다!

한번에 합격하기

한번에
합격하는
수질환경기사

기출문제집 필기

수질환경기사연구회 지음

핵심이론 + 7개년 기출

BM (주)도서출판 성안당

■ 도서 A/S 안내

한번에
합격하는
수질환경기사
기출문제집 필기

　　수험생 여러분의 합격을 위해 이 책을 출간하였지만 책을 집필하고 강의하는 것이 늘 저의 꿈과 목표였습니다. 어려운 말을 쉽게 하기 위한 연습과 노력의 결실이 이 책이지만, 이에 안주하지 않고 오늘보다는 내일이 더 나은 책이 될 수 있도록 노력하겠습니다.

　　본 교재는 크게 이론 핵심정리와 최근 기출문제＋Final Check 문제로 구성되어 있습니다. 핵심정리 부분에는 수질환경기사 시험대비를 하는 데 꼭 필요한 내용만을 간결하고 알기 쉽게 정리해 놓았으며, 문제 부분에는 7년(2018~2024년) 동안 시행된 기출문제와 시험에 자주 출제되는 중요문제에 정확하고 이해하기 쉽게 풀이를 해 놓았습니다. 그러므로 이 책에 수록된 것만 충실히 학습해도 시험에 합격하는데 큰 어려움이 없을 것입니다.

　　서점에는 많은 종류의 수험서들이 있고 각각 합격을 위한 많은 방법들이 소개되어 있습니다. 정말 다양하고 좋은 방법이 있지만, 가장 중요한 것은 질문과 답변이라 생각합니다. 질문이 없다는 것은 전부 알거나 전부 모른다는 것 둘 중에 하나이고, 피드백이 없는 교재는 쓸모없는 종이일 뿐입니다. 성안당 홈페이지를 통해 여러분과 만나고 싶습니다. 기다리고 있겠습니다.

　　합격을 위한 준비는 빠를수록 좋습니다. 그리고 준비기간은 짧을수록 좋습니다. 매일매일 일정한 분량의 공부를 꾸준히 하신다면, 이 책이 효율적인 학습과 빠른 합격에 도움이 될 거라 생각합니다. 여러분이 포기하지 않으시면 저도 포기하지 않겠습니다. 합격하는 순간에 함께 기뻐할 수 있길 바랍니다.

　　마지막으로 이 책을 출간할 수 있도록 도움을 주신 성안당 임직원 여러분께 감사드립니다.

저자

이 책의 특징

< 핵심이론 정리 >

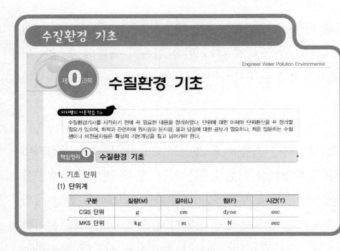

▶ **수질환경 학습의 시작**

수질환경에 대한 지식이 조금 부족한 수험생이나 초보자들도 시험대비를 쉽게 시작할 수 있도록 수질환경 전반에 대한 기초적인 내용을 정리하여 수록하였다. 수질환경에 대한 기초지식을 쌓고 본격적인 학습에 들어간다면 공부와 시험에 대한 부담이 한층 줄어들 것이다.

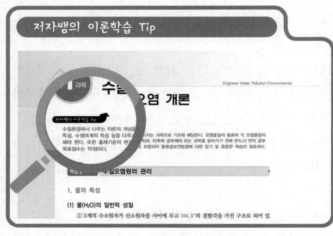

▶ **효율적인 학습방향 제시**

어렵고 방대한 이론을 공부하자니 걱정부터 앞서는 수험생들을 위하여 각 과목 시작 전에 중요하게 다루어야 할 부분과 학습방향을 알려준다. 막막하던 이론학습도 과목별 중요 내용과 시험 출제경향을 알고 차근차근 공부해 나간다면 시험에 대해 걱정할 필요가 없을 것이다.

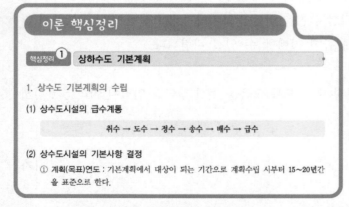

▶ **꼭 필요한 과목별 핵심이론**

시험에 합격하기 위해 어렵고 많은 이론을 힘들게 다 공부할 필요는 없다. 짧은 시간 안에 효율적으로 시험대비를 할 수 있도록 꼭 필요한 중요이론만을 선별하여 정확하고 쉽게 정리해 놓았으며, 더 중요한 부분은 식별하기 쉽게 색처리를 하였다. 불필요한 내용을 공부하는 데 허비하는 시간을 없애주어 시험준비기간을 줄여줄 것이다.

< 기출문제 풀이 >

숫자로 보는 문제유형 분석

계산문제 출제비율	수질오염개론	상하수도계획
	30%	15%
수질오염방지기술	공정시험기준	전체 100문제 중
35%	10%	18%
어쩌다 한번 만나는 문제	수질오염개론	상하수도계획
	9, 11	27, 36, 37, 38
수질오염방지기술	공정시험기준	수질관계법규
43, 56, 59	68, 73, 80	84, 86, 94

▶ **시험 출제경향 제시**
 (CBT 시행 이전까지 표시)

시험 회차별 **계산문제 출제비율**과 **어쩌다 한번 만나는 문제**를 분석해 놓았다. 매회 계산문제가 일정부분 출제되고 있으므로 계산식 암기와 계산방법에 대한 학습도 소홀히 하면 안 되며, 출제빈도가 낮은 문제유형을 알려줌으로써 시간이 촉박할 때 좀더 효율적으로 시험대비를 할 수 있게 해준다.

최근 기출문제 풀이

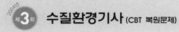

▶ **정확하고 이해하기 쉬운 해설**

최근의 기출문제에 정확하고 명쾌한 해설을 이해하기 쉽게 서술해 놓았다. 또한, 계산문제 풀이는 단순히 식을 나열하는 풀이에서 벗어나 문제에 접근하여 우선순위를 정해 식을 세우고 계산하는 과정과 단위환산 과정을 추가하여 계산과정을 쉽게 이해하고 계산 시 오류를 방지할 수 있도록 하였다.

Final Check 80

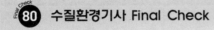

▶ **빈출 중요문제 풀이**

기출문제 중 자주 출제되는 문제를 과목별로 선별하여 해설과 함께 수록해 이해가 안 되는 부분이나 자주 틀리는 문제를 정확히 이해하고 넘어가 빈틈없이 시험대비를 할 수 있으며, 시험준비 마지막에 자신의 실력을 확인하고 점검할 수 있도록 하였다.

◆ 자격명 : 수질환경기사
◆ 영문명 : Engineer Water Pollution Environmental
◆ 관련부처 : 환경부
◆ 시행기관 : 한국산업인력공단

1 기본 정보

(1) 개요

수질오염이란 물의 상태가 사람이 이용하고자 하는 상태에서 벗어난 경우를 말하는데 그런 현상 중에는 물에 인, 질소와 같은 비료성분이나 유기물, 중금속과 같은 물질이 많아진 경우, 수온이 높아진 경우 등이 있다. 이러한 수질오염은 심각한 문제를 일으키고 있어 이에 따른 자연환경 및 생활환경을 관리·보전하여 쾌적한 환경에서 생활할 수 있도록 수질오염에 관한 전문적인 양성이 시급해짐에 따라 자격제도를 제정하였다.

(2) 수행직무

수질분야에 측정망을 설치하고 그 지역의 수질오염상태를 측정하여 다각적인 연구와 실험분석을 통해 수질오염에 대한 대책을 강구한다. 수질오염물질을 제거 또는 감소시키기 위한 오염방지시설을 설계, 시공, 운영하는 업무를 수행한다.

(3) 진로 및 전망

정부의 환경 관련 공무원, 환경관리공단, 한국수자원공사 등 유관기관, 화공, 제약, 도금, 염색, 식품, 건설 등 오·폐수 배출업체, 전문폐수처리업체 등으로 진출할 수 있다. 또한 우리나라의 환경투자비용은 매년 증가하고 있으며 이 중 수질개선부분 즉, 수질관리와 상하수도 보전에 쓰여진 비용은 전체 환경투자비용의 50%를 넘는 등 환경예산의 증가로 인하여 수질 관리 및 처리에 있어 인력수요가 증가할 것이다.

(4) 연도별 검정현황

연 도	필 기			실 기		
	응시	합격	합격률	응시	합격	합격률
2023	8,827명	2,610명	29.6%	4,897명	1,222명	25%
2022	9,089명	2,750명	30.3%	4,452명	2,249명	50.5%
2021	10,255명	3,782명	36.9%	6,776명	2,981명	44%
2020	8,953명	3,459명	38.6%	4,884명	2,895명	59.3%
2019	8,284명	2,689명	32.5%	3,460명	1,945명	56.2%
2018	8,434명	2,631명	31.2%	3,117명	2,444명	78.4%
2017	8,348명	2,523명	30.2%	3,331명	2,440명	73.3%
2016	7,625명	2,294명	30.1%	2,961명	1,892명	63.9%

2 시험 정보

(1) 시험 수수료
① 필기 : 19,400원
② 실기 : 22,600원

(2) 취득방법
① 시행처 : 한국산업인력공단
② 관련학과 : 대학 및 전문대학의 환경공학, 환경시스템공학, 환경공업 화학 관련학과
③ 시험과목
  - 필기 : 1. 수질오염 개론
    2. 상하수도 계획
    3. 수질오염 방지기술
    4. 수질오염 공정시험기준
  - 실기 : 수질오염방지 실무
④ 검정방법
  - 필기 : 객관식 4지 택일형, 과목당 20문항(과목당 20분)
  - 실기 : 필답형(3시간)
⑤ 합격기준
  - 필기 : 100점을 만점으로 하여 과목당 40점 이상, 전 과목 평균 60점 이상
  - 실기 : 100점을 만점으로 하여 60점 이상

(3) 시험 일정

회 별	필기 원서접수 (인터넷)	필기시험	필기 합격 (예정자) 발표	실기 원서접수 (인터넷)	실기시험	최종 합격자 발표
제1회	1월 말	2월 중	3월 중	3월 말	4월 말	6월 중
제2회	4월 중	5월 초	6월 초	6월 말	7월 말	9월 중
제3회	6월 중	7월 초	8월 초	9월 중	10월 중	12월 중

[비고]
1. 원서접수 시간 : 원서접수 첫날 10시~마지막 날 18시까지
2. 필기시험 합격예정자 및 최종합격자 발표시간은 해당 발표일 9시
3. 주말 및 공휴일, 공단창립기념일(3.18)에는 실기시험 원서접수 불가
4. 자세한 시험 일정은 Q-net 홈페이지(www.q-net.or.kr)를 참고하시기 바랍니다.

※ 수질환경기사 필기시험은 2022년 3회(마지막 시험)부터 CBT(Computer Based Test)로 시행되고 있습니다.

③ 시험 접수에서 자격증 수령까지 안내

☑ 원서접수 안내 및 유의사항입니다.

- 원서접수 확인 및 수험표 출력기간은 접수당일부터 시험시행일까지 출력 가능(이외 기간은 조회불가)합니다. 또한 출력장애 등을 대비하여 사전에 출력 보관하시기 바랍니다.
- 원서접수는 온라인(인터넷, 모바일앱)에서만 가능합니다.
- 스마트폰, 태블릿 PC 사용자는 모바일앱 프로그램을 설치한 후 접수 및 취소/환불 서비스를 이용하시기 바랍니다.

STEP 01	STEP 02	STEP 03	STEP 04
필기시험 원서접수	필기시험 응시	필기시험 합격자 확인	실기시험 원서접수

- 필기시험은 온라인 접수만 가능
- Q-net(www.q-net. or.kr) 사이트 회원 가입
- 응시자격 자가진단 확인 후 원서 접수 진행
- 반명함 사진 등록 필요 (6개월 이내 촬영본 / 3.5cm×4.5cm)

- CBT(Computer Based Test)
- 입실시간 미준수 시 시험 응시 불가 (시험시작 20분 전에 입실 완료)
- 수험표, 신분증, 필기구 (흑색 사인펜 등) 지참 (공학용 계산기 지참 시 반드시 포맷)

- CBT 형식으로 치러지므로 답안 제출 후 본인 점수 확인 가능
- Q-net(www.q-net. or.kr) 사이트에 게시된 공고로 확인 가능

- Q-net(www.q-net. or.kr) 사이트에서 원서 접수
- 응시자격서류 제출 후 심사에 합격 처리된 사람에 한하여 원서 접수 가능 (응시자격서류 미제출 시 필기시험 합격예정 무효)

★ 필기/실기 시험 시 허용되는 공학용 계산기 기종
   1. 카시오(CASIO) FX-901~999
   2. 카시오(CASIO) FX-501~599
   3. 카시오(CASIO) FX-301~399
   4. 카시오(CASIO) FX-80~120
   5. 샤프(SHARP) EL-501-599
   6. 샤프(SHARP) EL-5100, EL-5230, EL-5250, EL-5500
   7. 캐논(CANON) F-715SG, F-788SG, F-792SGA
   8. 유니원(UNIONE) UC-400M, UC-600E, UC-800X
   9. 모닝글로리(MORNING GLORY) ECS-101

※ 1. 직접 초기화가 불가능한 계산
      기는 사용 불가
   2. 사칙연산만 가능한 일반계산
      기는 기종에 상관없이 사용
      가능
   3. 허용군 내 기종 번호 말미의
      영어 표기(ES, MS, EX 등)
      는 무관

STEP 05	STEP 06	STEP 07	STEP 08
실기시험 응시	실기시험 합격자 확인	자격증 교부 신청	자격증 수령

- 수험표, 신분증, 필기구, 공학용 계산기, 종목별 수험자 준비물 지참 (공학용 계산기는 허용된 종류에 한하여 사용 가능하며(지참 시 반드시 포맷), 수험자 지참 준비물은 실기시험 접수기간에 확인 가능)

- 문자 메시지, SNS 메신저를 통해 합격 통보 (합격자만 통보)
- Q-net(www.q-net.or.kr) 사이트 및 ARS (1666-0100)를 통해서 확인 가능

- 상장형 자격증, 수첩형 자격증 형식 신청 가능
- Q-net(www.q-net.or.kr) 사이트를 통해 신청

- 상장형 자격증은 합격자 발표 당일부터 인터넷으로 발급 가능 (직접 출력하여 사용)
- 수첩형 자격증은 인터넷 신청 후 우편수령만 가능 (수수료 : 3,100원 / 배송비 : 3,010원)

※ 자세한 사항은 Q-net 홈페이지(www.q-net.or.kr)를 참고하시기 바랍니다.

1 CBT란

Computer Based Test의 약자로, 컴퓨터 기반 시험을 의미한다.
정보기기운용기능사, 정보처리기능사, 굴삭기운전기능사, 지게차운전기능사, 제과기능사, 제빵기능사, 한식조리기능사, 양식조리기능사, 일식조리기능사, 중식조리기능사, 미용사(일반), 미용사(피부) 등 12종목은 이미 오래 전부터 CBT 시험을 시행하고 있으며, 이외의 기능사는 2016년 5회부터, 산업기사는 2020년 3회부터, **수질환경기사 등 모든 기사는 2022년 마지막시험부터 CBT 시험**이 시행되었다.

2 CBT 시험 과정

한국산업인력공단에서 운영하는 홈페이지 큐넷(Q-net)에서는 누구나 쉽게 CBT 시험을 볼 수 있도록 실제 자격시험 환경과 동일하게 구성한 **가상 웹 체험 서비스를 제공**하고 있으며, 그 과정을 요약한 내용은 아래와 같다.

(1) 시험시작 전 신분 확인절차

수험자가 자신에게 배정된 좌석에 앉아 있으면 신분 확인절차가 진행된다.
이것은 시험장 감독위원이 컴퓨터에 나온 수험자 정보와 신분증이 일치하는지를 확인하는 단계이다.

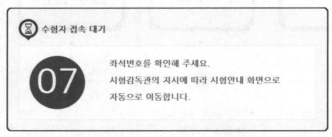

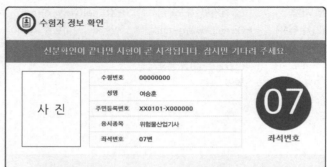

(2) CBT 시험안내 진행

신분 확인이 끝난 후 시험시작 전 CBT 시험안내가 진행된다.

> 안내사항 > 유의사항 > 메뉴 설명 > 문제풀이 연습 > 시험준비 완료

① 시험 [안내사항]을 확인한다.
- 시험은 총 5문제로 구성되어 있으며, 5분간 진행된다.
  ※ 자격종목별로 시험문제 수와 시험시간은 다를 수 있다.
    (수질환경기사 필기−80문제/1시간 20분)
- 시험도중 수험자 PC 장애 발생 시 손을 들어 시험감독관에게 알리면 긴급장애조치 또는 자리이동을 할 수 있다.
- 시험이 끝나면 합격여부를 바로 확인할 수 있다.

② 시험 [유의사항]을 확인한다.
시험 중 금지되는 행위 및 저작권 보호에 관한 유의사항이 제시된다.

③ 문제풀이 [메뉴 설명]을 확인한다.
문제풀이 기능 설명을 유의해서 읽고 기능을 숙지해야 한다.

④ 자격검정 CBT [문제풀이 연습]을 진행한다.
실제 시험과 동일한 방식의 문제풀이 연습을 통해 CBT 시험을 준비한다.
- CBT 시험 문제화면의 기본 글자크기는 150%이다. 글자가 크거나 작을 경우 크기를 변경할 수 있다.
- 화면배치는 1단 배치가 기본 설정이다. 더 많은 문제를 볼 수 있는 2단 배치와 한 문제씩 보기 설정이 가능하다.

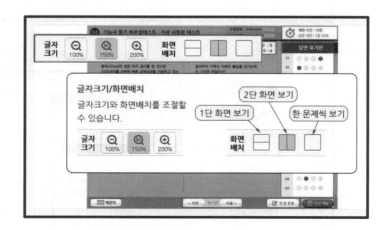

- 답안은 문제의 보기번호를 클릭하거나 답안표기 칸의 번호를 클릭하여 입력할 수 있다.
- 입력된 답안은 문제화면 또는 답안표기 칸의 보기번호를 클릭하여 변경할 수 있다.

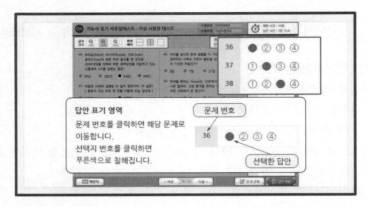

- 페이지 이동은 아래의 페이지 이동 버튼 또는 답안표기 칸의 문제번호를 클릭하여 이동할 수 있다.

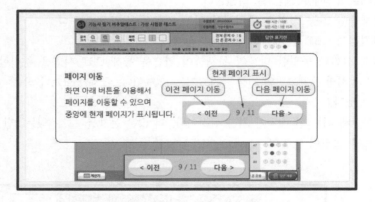

- 응시종목에 계산문제가 있을 경우 좌측 하단의 계산기 기능을 이용할 수 있다.

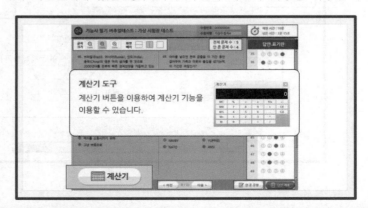

- 안 푼 문제 확인은 답안 표기란 좌측에 안 푼 문제 수를 확인하거나 답안 표기란 하단 [안 푼 문제] 버튼을 클릭하여 확인할 수 있다. 안 푼 문제번호 보기 팝업창에 안 푼 문제번호 가 표시된다. 번호를 클릭하면 해당 문제로 이동한다.

- 시험문제를 다 푼 후 답안 제출을 하거나 시험시간이 모두 경과되었을 경우 시험이 종료되며 시험결과를 바로 확인할 수 있다.
- [답안 제출] 버튼을 클릭하면 답안 제출 승인 알림창이 나온다. 시험을 마치려면 [예] 버튼을 클릭하고 시험을 계속 진행하려면 [아니오] 버튼을 클릭하면 된다. 답안 제출은 실수 방지를 위해 두 번의 확인 과정을 거친다. 이상이 없으면 [예] 버튼을 한 번 더 클릭하면 된다.

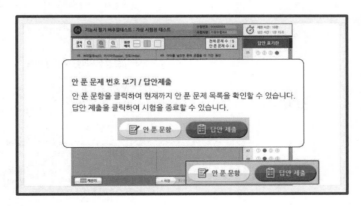

⑤ [시험준비 완료]를 한다.

시험 안내사항 및 문제풀이 연습까지 모두 마친 수험자는 [시험준비 완료] 버튼을 클릭한 후 잠시 대기한다.

(3) CBT 시험 시행

(4) 답안 제출 및 합격 여부 확인

상수도 계통도

☑ 상수도란 먹는 물이나 소방 목적의 물을 관을 통하여 계통적으로 공급하는 설비이다. 보통 '수도'라고 하지만, 하수도, 공업용수도와 구별하기 위하여 '상수도'라고 한다. **상수도의 기본적인 순서는 '수원 → 취수 → 도수 → 정수 → 송수 → 배수 → 급수'**로, 아래 그림과 같다. 그림은 각 과정뿐만 아니라 과정에서 이루어지는 작업을 간략하게 기재하여 한눈에 알 수 있도록 하였다. '상수도 계통도'를 활용하면 수질환경의 개념을 이해하는 데 한결 수월할 것이다.

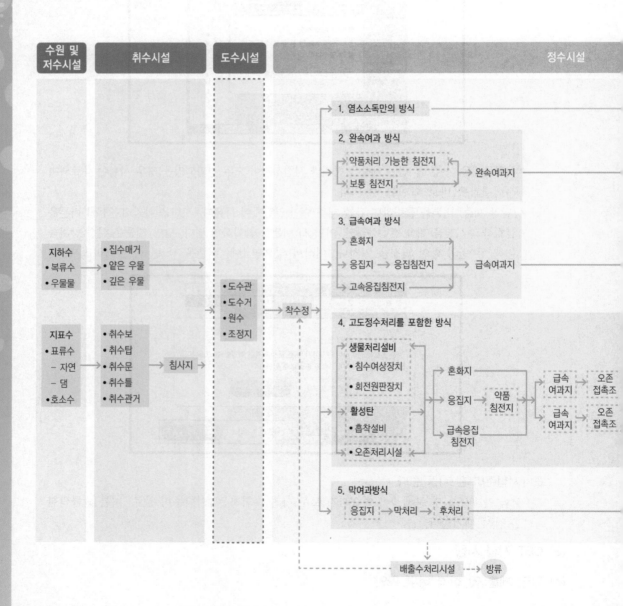

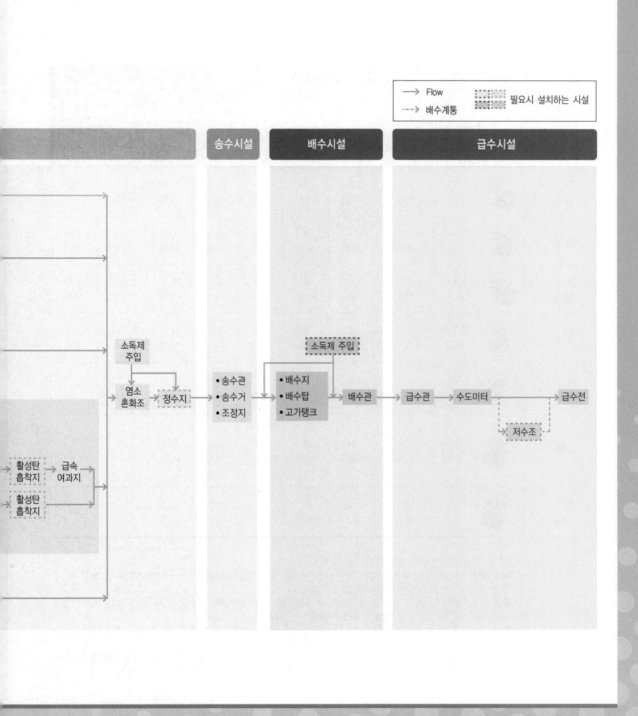

☑ 다음 표는 이론 중에 있는 내용으로, 학습 시 편의를 위해 생활환경기준(하천 / 호소)을 컬러로 구성한 것입니다.

■ 하천

등급		상태 (캐릭터)	기 준								
			수소 이온 농도 (pH)	생물화학적 산소 요구량 (BOD) (mg/L)	화학적 산소 요구량 (COD) (mg/L)	총유기 탄소량 (TOC) (mg/L)	부유 물질량 (SS) (mg/L)	용존 산소량 (DO) (mg/L)	총인 (total phos-phorus) (mg/L)	대장균군 (군 수/100mL)	
										총 대장균군	분원성 대장균군
매우 좋음	Ia		6.5~8.5	1 이하	2 이하	2 이하	25 이하	7.5 이상	0.02 이하	50 이하	10 이하
좋음	Ib		6.5~8.5	2 이하	4 이하	3 이하	25 이하	5.0 이상	0.04 이하	500 이하	100 이하
약간 좋음	II		6.5~8.5	3 이하	5 이하	4 이하	25 이하	5.0 이상	0.1 이하	1,000 이하	200 이하
보통	III		6.5~8.5	5 이하	7 이하	5 이하	25 이하	5.0 이상	0.2 이하	5,000 이하	1,000 이하
약간 나쁨	IV		6.0~8.5	8 이하	9 이하	6 이하	100 이하	2.0 이상	0.3 이하	–	–
나쁨	V		6.0~8.5	10 이하	11 이하	8 이하	쓰레기 등이 떠 있지 않을 것	2.0 이상	0.5 이하	–	–
매우 나쁨	VI		–	10 초과	11 초과	8 초과	–	2.0 미만	0.5 초과	–	–

[비고] 1. 등급별 수질 및 수생태계 상태
　가. **매우 좋음** : 용존산소(溶存酸素)가 풍부하고 오염물질이 없는 청정상태의 생태계로, 여과, 살균 등 간단한 정수처리 후 생활용수로 사용할 수 있다.
　나. **좋음** : 용존산소가 많은 편이고 오염물질이 거의 없는 청정상태에 근접한 생태계로, 여과, 침전, 살균 등 일반적인 정수처리 후 생활용수로 사용할 수 있다.
　다. **약간 좋음** : 약간의 오염물질은 있으나 용존산소가 많은 상태의 다소 좋은 생태계로, 여과, 침전, 살균 등 일반적인 정수처리 후 생활용수 또는 수영용수로 사용할 수 있다.
　라. **보통** : 보통의 오염물질로 인하여 용존산소가 소모되는 일반 생태계로, 여과, 침전, 활성탄 투입, 살균 등 고도의 정수처리 후 생활용수로 이용하거나 일반적 정수처리 후 공업용수로 사용할 수 있다.

■ **호소**

등급	상태 (캐릭터)	기 준									
		수소이온농도 (pH)	화학적산소요구량 (COD) (mg/L)	총유기탄소량 (TOC) (mg/L)	부유물질량 (SS) (mg/L)	용존산소량 (DO) (mg/L)	총인 (mg/L)	총질소 (total nitrogen) (mg/L)	클로로필-a (Chl-a) (mg/m³)	대장균군 (군 수/100mL) 총대장균군	분원성대장균군
매우 좋음	Ia	6.5~8.5	2 이하	2 이하	1 이하	7.5 이상	0.01 이하	0.2 이하	5 이하	50 이하	10 이하
좋음	Ib	6.5~8.5	3 이하	3 이하	5 이하	5.0 이상	0.02 이하	0.3 이하	9 이하	500 이하	100 이하
약간 좋음	II	6.5~8.5	4 이하	4 이하	5 이하	5.0 이상	0.03 이하	0.4 이하	14 이하	1,000 이하	200 이하
보통	III	6.5~8.5	5 이하	5 이하	15 이하	5.0 이상	0.05 이하	0.6 이하	20 이하	5,000 이하	1,000 이하
약간 나쁨	IV	6.0~8.5	8 이하	6 이하	15 이하	2.0 이상	0.10 이하	1.0 이하	35 이하	–	–
나쁨	V	6.0~8.5	10 이하	8 이하	쓰레기 등이 떠 있지 않을 것	2.0 이상	0.15 이하	1.5 이하	70 이하	–	–
매우 나쁨	VI	–	10 초과	8 초과	–	2.0 미만	0.15 초과	1.5 초과	70 초과	–	–

마. **약간 나쁨** : 상당량의 오염물질로 인하여 용존산소가 소모되는 생태계로, 농업용수로 사용하거나 여과, 침전, 활성탄 투입, 살균 등 고도의 정수처리 후 공업용수로 사용할 수 있다.

바. **나쁨** : 다량의 오염물질로 인하여 용존산소가 소모되는 생태계로, 산책 등 국민의 일상생활에 불쾌감을 주지 않으며, 활성탄 투입, 역삼투압 공법 등 특수한 정수처리 후 공업용수로 사용할 수 있다.

사. **매우 나쁨** : 용존산소가 거의 없는 오염된 물로, 물고기가 살기 어렵다.

아. 용수는 해당 등급보다 낮은 등급의 용도로 사용할 수 있다.

자. 수소이온농도(pH) 등 각 기준항목에 대한 오염도 현황, 용수 처리방법 등을 종합적으로 검토하여 그에 맞는 처리방법에 따라 용수를 처리하는 경우에는 해당 등급보다 높은 등급의 용도로도 사용할 수 있다.

필기

- **적용기간** : 2025.1.1.~2029.12.31.
- **문제 수** : 80문제 (객관식)
- **시험시간** : 1시간 20분
- **직무내용** : 수질오염 상태를 조사·평가 및 실험·분석하여 수질오염에 대한 관리대책을 강구하고, 수질오염물질을 제거 또는 감소시키기 위한 오염방지시설을 설계, 시공, 운영하는 직무이다.

필기과목명	주요항목	세부항목	세세항목
수질오염 개론	1. 수질 오염원의 관리	(1) 점오염원 및 비점오염원 관리	① 점오염원 특성 및 관리 ② 비점오염원 특성 및 관리 ③ 배출 부하량 관리
	2. 수질환경 예측	(1) 수질환경 모델링	① 유역 모델링 ② 하천수질 모델링 ③ 호소수질 모델링
	3. 수생태계 및 물환경 특성	(1) 수생태계 및 물환경 조사	① 수중 미생물의 종류 및 특성 ② 수중 조류 및 물환경 특성
		(2) 하천·호소 수질 관리	① 오염물질 부하량 산정방법 ② 하천의 자정능력 ③ 부영양화 파악 및 대책수립
	4. 물환경보전법령	(1) 물환경보전법	① 물환경보전법 ② 물환경보전법 시행령 ③ 물환경보전법 시행규칙
	5. 수질화학	(1) 화학양론	① 화학적 단위 ② 물질수지
		(2) 화학평형	① 화학평형의 개념 ② 이온적, 용해도적 등의 산출
		(3) 화학반응	① 산-염기 반응 ② 중화 반응 ③ 산화-환원 반응
		(4) 계면화학현상	① 계면화학 반응 ② 물질이동
		(5) 반응속도	① 반응속도 개념 ② 반응차수 ③ 반응조의 종류와 특성
		(6) 수질오염의 지표	① 화학적 지표 ② 물리학적 지표 ③ 생물학적 지표

필기과목명	주요항목	세부항목	세세항목
상하수도 계획	1. 상하수도 기본 계획	(1) 기본계획의 수립	① 상수도 기본계획 ② 하수도 기본계획
	2. 상수도 시설	(1) 취·도수 및 송수 시설	① 취·도수 및 송수 시설의 설계요소 ② 취·도수 및 송수 시설의 유지 관리
		(2) 정수시설	① 정수시설의 설계요소 ② 정수시설의 유지관리
		(3) 배수 및 급수 시설	① 배수 및 급수 시설의 설계요소 ② 배수 및 급수 시설의 유지 관리
		(4) 기타 상수관리 시설 및 설비	① 기타 상수관리 시설 및 설비의 설계요소 ② 기타 상수관리시설 및 설비의 유지 관리
	3. 하수도 시설	(1) 관로시설	① 관로의 종류 및 특성 ② 관로시설의 설계요소 ③ 관로시설의 유지 관리
		(2) 하수처리시설	① 하수처리시설의 설계요소 ② 하수처리시설의 유지 관리
		(3) 기타 하수관리 시설 및 설비	① 기타 하수관리 시설 및 설비의 설계요소 ② 기타 하수관리 시설 및 설비의 유지 관리
수질오염 방지기술	1. 생물학적 처리 공정 운전	(1) 일반 생물학적 처리공정	① 생물학적 처리 원리 ② 활성슬러지법 공정 ③ 살수여상법 공정 ④ 회전원판법 공정 ⑤ 산화구법 공정 ⑥ 기타 생물학적 처리공정
	2. 생물학적 질소· 인 제거 고도 처리공정 운전	(1) 생물학적 고도처리(질소·인 제거)공정	① 생물학적 고도처리 원리 ② 생물학적 질소 제거공정 ③ 생물학적 인 제거공정 ④ 생물학적 질소·인 동시제거공정
	3. 물리적 처리공정 운전	(1) 물리적 처리공정	① 스크린 ② 침사지 ③ 침전 및 부상 ④ 막분리 ⑤ 흡착 ⑥ 여과

필기과목명	주요항목	세부항목	세세항목
	4. 화학적 처리공정 운전	(1) 화학적 처리공정	① 중화 ② 약품응집처리 ③ 고도산화(AOP)처리 ④ 공정의 산화 · 환원 ⑤ 이온교환
	5. 슬러지 처리공정 운전	(1) 슬러지 처리공정	① 농축조 및 소화조 ② 탈수시설 ③ 슬러지 최종처분시설 ④ 바이오가스
	6. 단위공정별 운전 및 시설 유지 관리	(1) 하 · 폐수 성상 및 시설 유지 관리	① 유입원수 및 단위공정별 특성 ② 분석자료 관리 ③ TMS 시설 관리
수질오염 공정시험기준	1. 공정시험기준 일반사항	(1) 총칙 및 용액 제조	① 적용범위 ② 단위 및 기호 ③ 용어의 정의 ④ 정도보증/정도관리 ⑤ 분석관련 용액 제조
	2. 일반항목 분석	(1) 시료 채취 · 운반 · 보관	① 시료 채취 ② 시료 운반 ③ 시료 전처리 및 시료 보관
		(2) 일반항목 분석방법	① 관능법 분석 ② 무게차법 분석 ③ 적정법 분석 ④ 전극법 분석 ⑤ 흡광광도법 분석 ⑥ 연속흐름법 분석
	3. 무기물질 (기기)분석	(1) 시료 채취 · 운반 · 보관	① 무기물질 시료 전처리 및 보관
		(2) 무기물질 분석방법	① 무기물질 전처리 ② IC 분석 ③ AAS 분석 ④ ICP–AES 분석 ⑤ ICP–MS로 분석
	4. 유기물질 (기기)분석	(1) 시료 채취 · 운반 · 보관	① 유기물질 시료 전처리 및 보관
		(2) 유기물질 분석방법	① 유기물질 전처리 ② GC 분석 ③ GC–MS 분석 ④ HPLC 분석 ⑤ LC–MS 분석 ⑥ TOC 측정기 분석

필기과목명	주요항목	세부항목	세세항목
5. 안전 관리	(1) 실험실 안전 및 환경 관리	① 위험요인 파악 ② MSDS의 개념 ③ 안전시설 관리 ④ 실험실 폐기물 관리
6. 미생물 · 생태독성 분석	(1) 시료 채취 · 운반 · 보관	① 미생물 · 생태독성 시료 전처리 및 보관
	(2) 미생물 · 생태독성 검사 및 평가방법	① 세균 검사 ② 바이러스 및 원생동물 검사 ③ 식물성 플랑크톤 검사 ④ 생태독성 평가

실기

- **적용기간** : 2025.1.1.~2029.12.31.
- **시험시간** : 3시간 (필답형)
- **수행준거** : 1. 수질시료 중 일반 수질오염 항목에 대하여 표준화된 분석방법으로 정량화된 값을 구할 수 있다.
  2. 수질시료 중 무기오염물질을 정성, 정량 분석할 수 있다.
  3. 수질시료 중 유기오염물질을 정성, 정량 분석할 수 있다.
  4. 유기물을 생물학적으로 제거하기 위한 공정의 기술 및 운전방식을 이해하고, 공정 최적화를 위한 운전 조건 등을 도출하여 생물학적 처리시설을 효율적으로 운전할 수 있다.
  5. 생물학적으로 질소 · 인을 제거하는 공법으로, 수처리공정의 운전방식을 이해하고, 공정 최적화를 위한 운전 조건을 도출하여 처리공정을 효율적으로 운전할 수 있다.
  6. 침전 및 막여과 등 물리적 처리공정의 운영 최적화를 위한 운전 조건 등을 도출하여 처리공정을 효율적으로 운전할 수 있다.
  7. 약품응집처리, 중화처리, AOP 공정 등 화학적 공정의 운전원리를 이해하고, 공정 최적화를 위한 운전 조건을 등을 도출하여 처리공정을 효율적으로 운전할 수 있다.
  8. 점오염원과 관련된 오염물질의 발생량, 농도, 특성을 파악하여 이를 처리하고 관리할 수 있다.
  9. 비점오염원과 관련된 오염물질의 관리와 저감시설을 관리 운영할 수 있다.
  10. 슬러지 처리를 위한 기본 개념과 처리공정을 파악하여 슬러지 발생량을 최소화하고, 슬러지 처리시설을 효율적으로 운전할 수 있다.
  11. 원 · 정수 수질 및 정수시설 현황을 파악하고, 성능제한요소를 도출하여 정수시설을 효율적으로 운영할 수 있다.

12. 상수도관로 관련 법과 설계기준, 기술규정, 지식, 시설의 범위 등 제반사항을 이해하고 운영·관리계획을 수립할 수 있다.

13. 하수도관로 관련 법과 설계기준, 기술규정, 지식, 시설의 범위 등 제반사항을 이해하고 운영·관리계획을 수립할 수 있다.

14. 단위공정 시설물 구성현황, 기능을 파악하고, 공정시설의 이력관리 및 관리대장 작성을 통한 유지 관리를 통해 공정시설이 최적의 성능을 유지하도록 관리할 수 있다.

실기과목명	주요항목	세부항목
수질오염방지 실무	1. 일반항목 분석	(1) 시료 채취·운반·보관하기
		(2) 관능법으로 분석하기
		(3) 무게차법으로 분석하기
		(4) 적정법으로 분석하기
		(5) 전극법으로 분석하기
		(6) 흡광광도법으로 분석하기
		(7) 연속흐름법으로 분석하기
	2. 무기물질 (기기)분석	(1) 시료 채취·운반·보관하기
		(2) 무기물질 전처리하기
		(3) IC로 분석하기
		(4) AAS로 분석하기
		(5) ICP-AES로 분석하기
		(6) ICP-MS로 분석하기
	3. 유기물질 (기기)분석	(1) 시료 채취·운반·보관하기
		(2) GC로 분석하기
		(3) GC-MS로 분석하기
		(4) HPLC로 분석하기
		(5) LC-MS로 분석하기
		(6) TOC 측정기로 분석하기
	4. 생물학적 처리공정 운전	(1) 생물학적 처리공정 이해하기
		(2) 활성슬러지 공정 운전하기
		(3) 기타 생물학적 처리공정 운전하기
		(4) 담체공법 운전하기
	5. 생물학적 질소·인 제거 고도처리공정 운전	(1) 생물학적 질소 제거공정 운전하기
		(2) 생물학적 인 제거공정 운전하기
		(3) 생물학적 질소·인 제거공정 운전하기
	6. 물리적 처리공정 운전	(1) 침사지 운전하기
		(2) 침전지 운전하기
		(3) 막분리 공전 운전하기

실기과목명	주요항목	세부항목
	7. 화학적 처리공정 운전	(1) 중화공정 운전하기
		(2) 약품응집 처리공정 운전하기
		(3) ACP 처리공정 운전하기
	8. 점오염원 관리	(1) 점오염원 관리현황 파악하기
		(2) 폐수 관리하기
		(3) 하수 관리하기
		(4) 분뇨 관리하기
		(5) 배출 부하량 관리하기
	9. 비점오염원 관리	(1) 비점오염원 관리현황 파악하기
		(2) 비점오염원 특성 조사하기
		(3) 비점오염원 저감시설 선정하기
		(4) 비점오염 저감시설 설치 · 운영 관리하기
		(5) 비점오염 저감시설 모니터링 · 평가하기
	10. 슬러지 처리공정 운전	(1) 슬러지 공정 운전하기
		(2) 농축조 및 소화조 운전하기
		(3) 탈수시설 운전하기
		(4) 슬러지 최종처분시설 관리하기
		(5) 슬러지 발생량 관리하기
		(6) 바이오가스 시설 관리하기
	11. 정수시설 관리계획 수립	(1) 계획 생산량 수립하기
		(2) 원수 수질 파악하기
		(3) 수질개선 계획 수립하기
		(4) 정수시설 개선 · 개량 계획 수립하기
	12. 상수도관로 운영 · 관리 계획 수립	(1) 상수도관로 운영관련 제반사항 파악하기
		(2) 송 · 배급수관로 운영 · 관리 계획하기
		(3) 배수지 · 펌프장 운영 · 관리 계획하기
		(4) 급수설비 운영 · 관리 계획하기
		(5) 상수도관로 부속설비 운영 · 관리 계획하기
	13. 하수관로 운영 · 관리 계획 수립	(1) 하수관로 특성 파악하기
		(2) 하수관로 운영 · 관리 수준 파악하기
		(3) 하수관로 운영계획 수립하기
		(4) 하수관로 관리계획 수립하기
	14. 시설 유지 보수	(1) 기자재 이력 관리하기
		(2) 시설물 보수이력 관리하기
		(3) 약품 사용량 관리대장 작성하기
		(4) 단위공정별 관리대장 작성하기
		(5) TMS 시설 관리하기

차례

PART 1. 핵심이론 정리

제 0 과목 수질환경의 기초

제 1 과목 수질오염 개론

제 2 과목 상하수도 계획

제 3 과목 수질오염 방지기술

제 4 과목 수질오염 공정시험기준

PART 2. 기출문제 풀이

Section  | 최근 기출문제 (7개년 기출문제)

> * 수질환경기사는 2022년 제3회 시험부터 CBT(Computer Based Test) 방식으로 시행되고 있으므로
> 이 책에 수록된 기출문제 중 2022년 제3회부터는 기출복원문제임을 알려드립니다.

Section  | Final Check 80

현실이라는 땅에 두 발을 딛고
이상인 하늘의 별을 향해 두 손을 뻗어
착실히 올라가야 한다.

- 반기문 -

꿈꾸는 사람은 행복합니다.

그러나 꿈만 좇다 보면 자칫 불행해집니다. 가시밭에 넘어지고 웅덩이에 빠져 허우적거릴 뿐, 꿈을 현실화할 수 없기 때문이죠.

꿈을 이루기 위해서는, 냉엄한 현실을 바탕으로 한 치밀한 전략, 그리고 뜨거운 열정이라는 두 발이 필요합니다. 그러지 못하면 넘어지기 십상이지요.

우선 그 두 발로 현실을 딛고, 하늘의 별을 따기 위해 한 계단 한 계단 올라가 보십시오. 그러면 어느 순간 여러분도 모르게 하늘의 별이 여러분의 손에 쥐어져 있을 것입니다.

제0과목

수질환경의 기초

PART 1. 핵심이론 정리

Engineer Water Pollution Evironmental

 핵심정리

① 수질환경 기초
② 기초화학
③ 기초 환경양론

수질환경의 기초

제 0 과목

저자쌤의 이론학습 Tip

수질환경기사를 시작하기 전에 꼭 필요한 내용을 정리하였다. 단위에 대한 이해와 단위환산을 꼭 정리할 필요가 있으며, 화학과 관련하여 원자량과 분자량, 몰과 당량에 대한 공부가 필요하다. 처음 입문하는 수험생이나 비전공자들은 확실히 기본개념을 짚고 넘어가야 한다.

핵심정리 1 **수질환경 기초**

1. 기초 단위

(1) 수질 성분 농도(분율)

백분율(%)	백만분율(ppm)	십억분율(ppb)
• 기체 : V/V%, W/W% • 액체 : W/V%(g/100mL) • 1%=10,000ppm ※ 1%=10‰(천분율)	• 1ppm(V/V)=1mL/m^3=1μL/L • 1ppm(W/W)=1g/ton 　　　　　　=1mg/kg($\fallingdotseq$mg/L) 　　　　　　=1μg/g ※ 1ppm(수질)$\fallingdotseq$1g/m^3 　　　　　　=1mg/L 　　　　　　=1μg/mL	• 1ppb(V/V)=μL/m^3 • 1ppb(W/W)=mg/ton 　　　　　　=μg/kg ※ 1ppb=10^{-3}ppm

📡 계량단위 크기의 비교

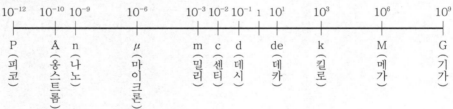

10^{-12}	10^{-10}	10^{-9}	10^{-6}	10^{-3}	10^{-2}	10^{-1}	1	10^1	10^3	10^6	10^9
P (피코)	Å (옹스트롬)	n (나노)	μ (마이크론)	m (밀리)	c (센티)	d (데시)		de (데카)	k (킬로)	M (메가)	G (기가)

(2) 밀도와 비중

밀도(density)	비중(specific gravity)
• 단위체적에 대한 질량 • $\rho(밀도) = \dfrac{m(질량)}{V(부피)}$ • 단위 : g/cm^3, kg/m^3, lb/ft^3, …	• 표준물질의 밀도에 대한 대상물질의 밀도 • 비중 = $\dfrac{대상물질의\ 밀도}{표준물질의\ 밀도}$ • 기체의 표준물질 : 0℃, 760mmHg의 공기(=1,293g/L) • 액체 또는 고체의 표준물질 : 4℃의 물(=1g/cm^3)

어떤 물체의 무게를 W, 그 질량을 M, 중력가속도를 g, 체적을 V라 할 때 밀도 ρ를 중력단위 (공학단위)계로 나타내면 다음과 같다.

$$\rho = \frac{M}{V}, \quad W = M \cdot g$$

따라서, $\rho = \dfrac{W}{V \cdot g} = \dfrac{W_0}{g}$, 여기서 W_0는 비중량이다.

(3) 압력단위

표준대기압(atm)	공학기압(at)
• 1atm = 1.0332kg/cm^2 = 760mmHg 　　　 = 10.332mH$_2$O = 14.7psi 　　　 = 1,013mbar = 101,300N/m^2 　　　 = 101,300Pa 　　　 = 101.3kPa	• 1at = 1kg/cm^2 = 735.6mmHg 　　　 = 10mH$_2$O = 14.2psi 　　　 = 980.7mbar 　　　 = 0.9679atm

• 1atm = 76cmHg = 76cm × 13.6g중/cm^3 = 1033.6g중/cm^2(중력단위)
　　　 = 1033.6g/cm^2 × 980cm/sec^2 = 1,012,928dyne/cm^2
　　　 = 1012.928mbar ≒ 1,013mbar

(4) 온도

① 절대온도 : K = ℃ + 273

② 화씨온도 : ℉ = $\dfrac{9}{5}$ ℃ + 32

2. 힘(force), 일(work), 동력(power)

(1) 힘, 일의 단위

구분	힘	일
CGS	• 1dyne = 1g × 1cm/sec^2 　　　　 = 1g · cm/sec^2	• 1erg = 1dyne × 1cm 　　　 = 1g · cm^2/sec^2
MKS	• 1Newton = 1kg × 1m/sec^2 　　　　　 = 1kg · m/sec^2 　　　　　 = 10^{5}g · cm/sec^2 　　　　　 = 10^{5}dyne	• 1Joule = 1N × 1m 　　　　 = 1kg · m^2/sec^2 　　　　 = 10^{7}g · cm/sec^2 　　　　 = 10^{7}erg
중력	• 1g중 = 1g × 980cm/sec^2 = 980dyne • 1kg중 = 1kg × 9.8m/sec^2 = 9.8N 　　　　 = 9.8 × 10^{5}dyne	• 1g중 · cm = 980dyne · cm = 980erg • 1kg중 · m = 9.8N · m = 9.8J 　　　　　 = 9.8 × 10^{7}erg

(3) 일률(동력)의 단위

① 일률 : 단위시간에 한 일의 양(전기에서는 일률을 전력이라 함)

$$P = \frac{W}{t} = \frac{F \cdot S}{t} = F \cdot \frac{S}{t}, \quad W = P \cdot t$$

여기서, P : 일률, W : 일, t : 시간, F : 힘, $\frac{S}{t}$: 속도

② MKS 단위 : $1\text{Watt} = \dfrac{1\text{Joule}}{1\text{sec}} = 1\text{J/sec}, \quad 1\text{kW} = 10^3\text{W}$

③ 중력단위 : $1\text{kg중} \cdot \text{m/sec} = 9.8\text{J/sec} = 9.8\text{Watt}$

> **예** $1\text{kWh} = 10^3\text{W} \times 3,600\text{sec} = 3.6 \times 10^6\text{J}$

3. 점성계수와 동점성계수

(1) 점성계수(μ)

전단응력에 대한 유체의 거리에 대한 속도 변화율에 대한 비

$$\mu = \tau \cdot \frac{dy}{du}$$

여기서, τ : 전단응력, u : 유속, y : 흐름방향의 직각방향의 거리

(2) 동점성계수(ν)

유체의 점성계수를 그 유체의 밀도로 나눈 값(μ / ρ)

점성계수			동점성계수
$\text{kg/m} \cdot \text{sec}, \ \text{N} \cdot \text{sec/m}^2$	MKS	$-$	m^2/sec
$\text{g/cm} \cdot \text{sec}$	CGS	Poise	cm^2/sec
$\text{mg/mm} \cdot \text{sec}$	$-$	cP	동점성계수(ν) = $\dfrac{\text{점성계수}(\mu)}{\text{밀도}(\rho)}$

(3) 온도 증가 → 액체 점도 감소, 기체 점도 증가

🔹 레이놀드 수(Reynolds Number)

관의 $Re = \dfrac{\text{관성력}}{\text{점성력}} = \dfrac{D\rho V}{\mu} = \dfrac{DV}{\nu}$

1. 층류영역 : $Re < 2,000$
2. 전이영역 : $2,000 < Re < 4,000$
3. 난류영역 : $Re > 4,000$

4. 증기압과 표면장력

(1) 증기압(vapor pressure)

① 액체의 증발속도와 응축속도가 같아지면 액체와 증기 간에 평형이 성립하는데, 이때의 증기압력을 그 액체의 증기압이라 한다.

② 온도에 따른 물의 증기압

온도(℃)	−10	0	10	20	30	100
증기압(mmHg)	1.95	4.58	9.21	17.5	31.8	760

(2) 표면장력(surface tension)

① 액체 표면의 분자가 액체 내부의 당기는 힘에 의해 액체 표면에 움츠리는 힘이 생기는 것으로 온도상승에 따라 감소한다.

② 물 표면의 온도에 따른 표면장력

온도(℃)	0	10	20	30
표면장력(dyne/cm)	75.6	74.2	72.8	71.2

핵심정리 ② **기초화학**

1. 당량, 원자량, 분자량

(1) 당량(當量)

어떤 원소가 산소 8.00량이나 수소 1.008량과 결합 또는 치환하는 양

→ g당량 : 당량에 g을 붙인 값

① 원자 및 이온의 당량 $= \dfrac{\text{원자량}}{\text{원자가}}$

> **예** ・ Ca^{2+}당량$= \dfrac{40}{2} = 20$ ・ Mg^{2+}당량$= \dfrac{24.3}{2} = 12.15$
>
> ・ Na^{+}당량$= \dfrac{23}{1} = 23$ ・ Cl^{-}당량$= \dfrac{35.5}{1} = 35.5$

② 분자(화합물)의 당량 $= \dfrac{\text{분자량}}{\text{양이온의 가수}}$

> **예** ・ $CaCO_3$의 당량$= \dfrac{100}{2} = 50$ ・ $CaSO_4$의 당량$= \dfrac{136}{2} = 68$
>
> ・ $NaCl$의 당량$= \dfrac{58.5}{1} = 1$

③ 산의 당량$=\dfrac{\text{분자량}}{\text{H}^+\text{수}}$

예 • H_2SO_4의 당량$=\dfrac{98}{2}=49$ • HCl의 당량$=\dfrac{36.5}{1}=36.5$

④ 염기의 당량$=\dfrac{\text{분자량}}{\text{OH}^-\text{수}}$

예 • $Ca(OH)_2$의 당량$=\dfrac{74}{2}=37$ • NaOH의 당량$=\dfrac{40}{1}=40$

⑤ 산화제 및 환원제의 당량$=\dfrac{\text{분자량}}{\text{주고 받는 전자수}}$

예 • $KMnO_4$의 당량$=\dfrac{158}{5}=31.6$ • $K_2Cr_2O_7$의 당량$=\dfrac{294}{6}=49$

     • $Na_2S_2O_3$의 당량$=\dfrac{158}{1}=158$ • KIO_3의 당량$=\dfrac{214}{6}=35.7$

(2) 원자량(原子量)

질량수 12인 탄소원자 ^{12}C의 질량값을 12로 정하고 이것과 비교한 각 원소의 상대적 질량값

→ g원자량 : 원자량에 g을 붙인 값

원소 기호	명칭	원자량	원소 기호	명칭	원자량
H	수소	1	C	탄소	12
N	질소	14	O	산소	16
F	불소	19	Na	나트륨	23
Mg	마그네슘	24 or 24.3	Al	알루미늄	27
S	황	32	Cl	염소	35.5
K	칼륨	39	Ca	칼슘	40

(3) 분자량(分子量)

어떤 화합물 구성 원자량의 합

→ g분자량 : 분자량에 g을 붙인 값

분자식	분자량	분자식	분자량
H_2O	$1\times2+16=18$	HNO_3	$1+14+3\times16=63$
H_2S	$1\times2+32=34$	NaOH	$23+16+1=40$
SO_2	$32+2\times16=64$	$Ca(OH)_2$	$40+2\times(16+1)=74$
CO_2	$12+2\times16=44$	$CaCO_3$	$40+12+3\times16=100$
HCl	$1+35.5=36.5$	$CaSO_4$	$40+32+4\times16=136$
H_2SO_4	$1\times2+32+4\times16=98$	NH_3	$14+3\times1=17$

2. N농도, M농도, 몰랄농도

(1) N농도(Normality, 규정농도) = g당량/L = eq/L

용질   용액

(2) M농도(Molarity) = g분자/L = mol/L

용질   용액

(3) 몰랄농도(molality) = g분자/1,000g

용질   용매

(4) 농도 계산

① N농도 $= \dfrac{\text{비중(밀도)} \times 1,000 \times \dfrac{\%}{100}}{\text{당량}}$

$\qquad\quad = \dfrac{\text{비중(밀도)} \times 10 \times \%}{\text{당량}}$

② M농도 $= \dfrac{\text{비중(밀도)} \times 1,000 \times \dfrac{\%}{100}}{\text{분자량}}$

$\qquad\quad = \dfrac{\text{비중(밀도)} \times 10 \times \%}{\text{분자량}}$

🪐 용액＝용매＋용질
- 용매 : 용해에 사용된 액체, 즉 용질을 녹이는 물질로서 용매가 물일 때는 수용액이라 한다.
- 용질 : 용해되어 있는 물질, 즉 녹아 들어가는 물질이다.

(5) epm(me/L ; milliequivalent per liter)

규정농도를 eq/L(equivalent per liter) 또는 epm(equivalent per million)으로 표시하는데, 수질농도에서는 단위규모가 작으므로 mg단위, 즉 (1/1,000)N인 (1/1,000)eq/L 단위를 사용하는 경우가 많으며 me/L로 나타낸다.

∴ epm＝me/L

3. pH와 pOH

(1) pH(수소이온지수)

$$pH = \log\frac{1}{[H^+]} = -\log[H^+] \rightarrow [H^+] = 10^{-pH}$$

(2) pOH(수산화이온지수)

① $pOH = -\log[OH^-] \rightarrow [OH^-] = 10^{-pOH}$

② $pH + pOH = 14$

pH=pOH=7 ············· 중성
pH < 7 < pOH ··········· 산성
pH > 7 > pOH ··········· 염기성

4. 이상기체상태방정식

$$PV = nRT = \frac{W}{M}RT$$

여기서, P : 압력(atm), V : 부피(L), n : 몰수
R : 기체상수(0.082mol · K/atm · L), T : 절대온도
W : 기체의 무게(g), M : 기체의 분자량

핵심정리 ③ 기초 환경양론

1. 혼합

$$C_m = \frac{C_1 Q_1 + C_2 Q_2}{Q_1 + Q_2} = \frac{용질의 \ 질량}{용액의 \ 부피}$$

여기서, C_m : 혼합농도, C_1, C_2 : 농도, Q_1, Q_2 : 유량

2. 희석과 제거율

① 희석배율 $= \dfrac{희석 \ 전 \ 농도}{희석 \ 후 \ 농도} = \dfrac{희석 \ 후 \ 수량}{희석 \ 전 \ 수량}$

② 제거효율(%) $= \left(1 - \dfrac{C_o}{C_i}\right) \times 100$

3. 중화 및 반응

(1) 중화

산과 염기가 반응하여 중화 시에는 반드시 같은 당량끼리 반응한다.

$$N_a V_a = N_b V_b$$

여기서, N_a : 산의 N농도, V_a : 산의 부피
N_b : 염기의 N농도, V_b : 염기의 부피

불완전중화 시는 반응 후 남은 산 또는 염기가 pH에 영향을 준다.

$$N' V' - NV = N_m (V' + V)$$

여기서, N' : 많은 쪽의 산 또는 염기의 N농도
V' : 많은 쪽의 산 또는 염기의 부피
N : 적은 쪽의 산 또는 염기의 N농도
V : 적은 쪽의 산 또는 염기의 부피
N_m : 중화 후 남은 산 또는 염기의 N농도

(2) 반응

모든 반응(산화환원)은 당량 대 당량, 즉 같은 당량끼리 반응한다.

$$N_1 V_1 - N_2 V_2 = N_m (V_1 + V_2)$$

여기서, N_1, V_1 : 많은 쪽 물질의 N농도와 부피
N_2, V_2 : 적은 쪽 물질의 N농도와 부피
N_m : 반응 후 남은 물질의 N농도

제1과목 수질오염 개론

Engineer Water Pollution Evironmental

수 / 질 / 환 / 경 / 기 / 사

핵심정리

① 수질오염원의 관리
② 수질화학
③ 수질오염 지표
④ 수생태계 및 물환경 조사
⑤ 하천·호소 수질관리
⑥ 수질환경 모델링
⑦ 물환경보전법령

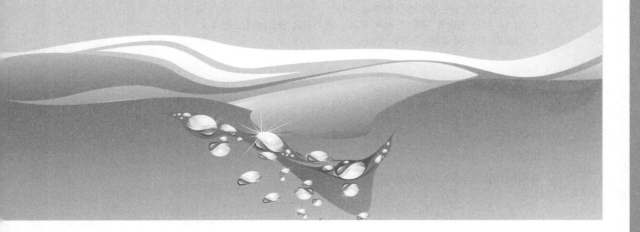

수질오염 개론

제 **1** 과목

저자쌤의 이론학습 Tip

수질환경에서 다루는 이론의 개념을 다지는 과목으로 기초에 해당한다. 오염물질의 종류와 각 오염물질의 특성, 수생태계의 특성 등을 다루게 되며, 이후에 공부해야 하는 과목을 들어가기 전에 반드시 먼저 공부해야 한다. 또한 출제기준의 변경으로 1과목에 포함된 물환경보전법령에 대한 암기 및 꼼꼼한 학습이 필요하다. 목표점수는 70점이다.

핵심정리 1 수질오염원의 관리

1. 물의 특성

(1) 물(H_2O)의 일반적 성질

① 2개의 수소원자가 산소원자를 사이에 두고 104.5°의 결합각을 가진 구조로 되어 있다(극성공유결합).

② 유사한 분자량의 다른 화합물(H_2S, HF, CH_4)보다 비열이 매우 커 수온의 급격한 변화를 방지해 준다.

③ 밀도는 4℃에서 가장 크다.

④ 융해열과 기화열이 크며, 생명체의 열적 안정을 유지할 수 있다(공유결합+수소결합).

⑤ 상온에서 알칼리금속, 알칼리토금속, 철과 반응하여 수소를 발생시킨다.

⑥ 광합성의 수소공여체이며, 호흡의 최종산물이다.

⑦ 큰 표면장력을 가지며, 온도가 상승할수록 감소한다.

🪐 수소결합이 미치는 물의 특성
1. 분자배열이 안정하다.
2. 표면장력이 크다.
3. 녹는점(융점), 끓는점(비점), 비열이 크다.
4. 얼 때 분자 사이의 공간이 커서 부피는 증가하고 밀도는 감소한다.
5. 고체의 경우 육각결정구조로 된다.

(2) 물의 물성상수

① 비점 : 100℃(1기압하)

② 빙점(융점) : 0℃

③ 비열 : 1.0cal/g · ℃(15℃)

④ 증발(기화)열 : 539cal/g(100℃)

⑤ 융해열 : 79.4cal/g(0℃)

⑥ 밀도 : 1.00000(4℃), 0.99794(−10℃), 0.99973(10℃)

(3) 모세관현상과 물의 이온화적

모세관현상	물의 이온화적(K_w)
$$h = \frac{4\gamma\cos\beta}{wd}$$ 여기서, γ : 표면장력(kgf/m) β : 접촉각 w : 물의 비중량(1,000kgf/m^3) d : 직경(m)	• 25℃에서 물의 K_w는 1.0×10^{-14}이다. • 물은 약전해질로서 거의 전리되지 않는다. • 수온이 높아지면 증가하는 경향이 있다. • 순수의 pH는 7.0이며, 온도가 증가할수록 pH는 낮아진다.

2. 점오염원 및 비점오염원의 관리

(1) 수질오염

물환경(수질 및 수생태계)이 가지고 있는 자정작용의 범위를 벗어나 환경용량을 초과하여 물의 이용목적에 적합하지 않게 된 상태를 말한다.

(2) 점오염원과 비점오염원

구분	점오염원	비점오염원(면오염원)
발생원	특정지점, 비교적 좁은 지역	광역적인 지점, 넓은 지역
종류	생활하수, 공장폐수, 축산폐수 등	농경지, 산림지역의 토양배수, 도로 유출수, 지하수, 강우 유출수 등
강우 영향	갈수기 오염 증대	홍수기 오염 증대

(3) 유기성 폐수

① 유기성 폐수란 C, H, O를 주성분으로 하고 소량의 N, P, S 등을 포함하는 폐수를 의미한다.

② 유기성 폐수의 생물학적 산화는 호기성 세균에 의하여 용존산소로 진행된다.

③ 생물학적 처리의 영향 조건에는 C/N 비, 온도, 공기 공급 정도 등이 있다.

④ 미생물이 물질대사를 일으켜 세포를 합성하게 되는데 실제로 생성된 세포량은 합성된 세포량에서 내호흡에 의한 감량을 뺀 것과 같다.

⑤ 하천, 호수, 해역 등에 유입된 오염물질은 분자확산, 여과, 전도현상 등에 의해 점점 농도가 높아진다.

(4) 분뇨

① 분뇨(하수도법)란 수거식 화장실에서 수거되는 액체성 또는 고체성의 오염물질(개인 하수처리시설의 청소과정에서 발생하는 찌꺼기를 포함)을 말한다.

② 분의 경우 질소화합물을 전체 VS의 12~20% 정도 함유하고 있다.

③ 질소화합물은 주로 $(NH_4)_2CO_3$, NH_4HCO_3 형태로 존재한다.

④ 질소화합물은 알칼리도를 높게 유지시켜 주므로 pH의 강하를 막아주는 **완충작용**을 한다.

⑤ 뇨의 경우 질소화합물을 전체 VS의 80~90% 정도 함유하고 있다.

⑥ 분과 뇨의 구성비는 약 1 : 8~10 정도이며, 고액 분리가 **어렵다**.

⑦ 고형물의 비로는 약 7 : 1 정도이다.

⑧ 분뇨의 비중은 1.02 정도이고, 점도는 비점도로서 1.2~2.2 정도이다.

⑨ 분뇨의 발생가스 중 주부식성 가스는 H_2S, NH_3 등이다.

⑩ 1인 1일 분뇨생산량은 분이 약 0.1L, 뇨가 약 0.9L 정도로서 합계 약 1L이다.

⑪ 분뇨 내의 BOD와 SS는 COD의 1/3~1/2 정도를 나타낸다.

(5) THM(트리할로메탄류)

① 트리할로메탄(THM)과 같은 소독부산물은 정수처리공정에서 주입되는 염소와 원수 중에 존재하는 브롬, 유기물 등의 전구물질과 반응하여 생성되는 것이다.

② 수돗물에 생성된 트리할로메탄류는 대부분 클로로포름($CHCl_3$)으로 존재한다.

③ 전구물질+염소 → THM

④ 전구물질의 농도, 양 ↑, 수온 ↑, pH ↑ → THM ↑

(6) 수은(Hg)

① 제련, 살충제, 온도계 및 압력계 제조 공정에서 발생한다.

② 난청, 언어장애, 구심성 시야협착, 정신장애를 일으킨다.

③ 미나마타병, 헌터-루셀증후군을 유발한다.

④ 상온에서 액체상태로 존재하며, 인체에 노출 시 중추신경계에 피해를 준다.

⑤ 수은 중독은 BAL, Ca_2EDTA로 치료할 수 있다.

⑥ 유기수은은 무기수은보다 독성이 강하며 신경계통에 장애를 준다.

⑦ 무기수은은 황화물침전법, 활성탄흡착법, 이온교환법 등으로 처리할 수 있다.

(7) PCB

① 변압기, 콘덴서 등에서 발생한다.

② 만성중독 증상으로 카네미유증이 대표적이다.

③ 금속을 부식시키지 않는다.

④ 절연제로 활용된다.

(8) 카드뮴

① 칼슘 대사기능 장애, 이타이이타이병, 골연화증, Fanconi씨증후군을 일으킨다.

② 흰 은색이며, 아연 정련업, 도금공업 등에서 배출된다.

③ 만성폭로로 인한 흔한 증상은 단백뇨이다.

(9) 계면활성제

① 메틸렌블루 활성물질이라고도 한다.

② 주로 합성세제로부터 배출된다.

③ 지방과 유지류를 유액상으로 만들기 때문에 물과 분리가 잘 되지 않는다.

④ 물에 약간 녹으며, 폐수처리 플랜트에서 거품을 만든다.

⑤ LAS(Linear Alkylbenzene Sulfonate)는 생물학적으로 분해가 매우 쉬우나, ABS(Alkyl Benzene Sulfonate)는 생물학적으로 분해가 어려운 난분해성 물질이다.

⑥ 처리방법으로는 오존산화법이나 활성탄흡착법 등이 있다.

(10) 기타 수질오염물질

① **구리** : 도금공장·파이프제조업에서 발생, 만성중독 시 간경변, 윌슨씨증후군(구리 대사결핍)

② **비소** : 광산정련공업·피혁공업에서 발생, 피부 흑색(청동색)화, 국소 및 전신 마비, 손발각화, 피부염, 발암

③ **망간** : 광산, 합금, 건전지, 유리착색, 화학공업에서 발생, 파킨슨씨병 증상, 간경변

④ **불소** : 살충제, 방부제, 초자공장, 인산비료, 알루미늄 제련공장에서 발생, 법랑반점(반상치), 뼈경화증

⑤ **크롬** : 광산, 합금, 도금, 제혁, 방청제, 안료, 화학공업에서 발생, 비중격 연골천공, 신장장애, 요독증, 자연수에서 6가크롬 형태로 존재

⑥ **아연** : 도금, 합금, 안료, 광산 제련소 등에서 발생, 기관지 자극 및 폐렴, 소인증 유발

⑦ **납** : 납광산, 축전지, 안료, 인쇄, 요업 등에서 발생, 근육과 관절의 장애, 신장·생식 계통, 간·뇌·중추신경계에 장애 유발

핵심정리 ② **수질화학**

1. 화학반응

(1) 산-염기 반응

① $HA + B^- \rightleftarrows HB + A^-$
　 산　염기　　산　　염기

② $HCl + NaOH \rightleftarrows NaCl + H_2O$
　 산　　 염기　　　 염

③ $CH_3COOH(aq) + H_2O(l) \rightleftarrows CH_3COO^-(aq) + H_3O^-(aq)$
　 산　　　　　　 염기　　　 염기　　　　　 산
　　 짝산　　　　　　　　　　 짝염기
　　　　 짝염기　　　　　　　　　　　 짝산

④ $NH_3(aq) + H_2O(l) \rightleftarrows NH_4^+(aq) + OH^-(aq)$
　　 염기　　　 산　　　 산　　　　 염기
　　 짝염기　　　　　　 짝산
　　　　 짝산　　　　　　　　 짝염기

(2) 산과 염기의 정의

주창자	산	염기
Arrhenius	수용액 중에서 $H^+(H_3O^+)$를 내는 물질	수용액 중에서 OH^-를 내는 물질
Brönsted −Lowry	양성자(H^+)를 줄 수 있는 물질	양성자(H^+)를 받을 수 있는 이온이나 분자
Lewis	전자쌍을 받을 수 있는 이온이나 분자	전자쌍을 줄 수 있는 물질

(3) 산화-환원 반응

① 산화-환원
　광의적인 의미로는 산화란 각 원소가 가지고 있는 산화수(oxidation number)가 증가하는 것을 말하고, 환원이란 산화수가 감소 즉, 음원자가의 증가를 말한다.
　모든 원소는 1 또는 2 이상의 정·부 어느 쪽인가의 산화수를 갖고 있어 화합물을 구성하고 있는 모든 원소의 산화수는 0이다.
　산화, 환원은 동시에 그리고 화학양론적으로 일어난다.

　산화제$+n\,e \rightleftarrows$ 환원제
　산화제(1)+환원제(2) $\rightleftarrows$ 환원제(1)+산화제(2)

㉮ 산화제 : 상대방은 산화시키고 자신은 환원되는 물질을 말하며, 전자를 잘 받아
  들일수록 더 강한 산화제이다.

㉯ 환원제 : 상대방은 환원시키고 자신은 산화되는 물질을 말하며, 전자를 잘 제공
  할수록 더 강한 환원제이다.

② 산화, 환원의 개념

구분	산화(oxidation)	환원(reduction)
산소	화합 : 산소와 화합하는 현상 $C + O_2 \rightarrow CO_2$	잃음 : 산화물에서 산소를 잃는 현상 $2CuO + H_2 \rightarrow Cu_2O + H_2O$
수소	잃음 : 수소화합물에서 수소를 잃는 현상 $2H_2S + O_2 \rightarrow 2S + 2H_2O$	화합 : 수소와 화합하는 현상 $N_2 + 3H_2 \rightarrow 2NH_3$
전자	잃음 : 전자를 잃는 현상 $Na \rightarrow Na^+ + e^-$	얻음 : 전자를 받아들이는 현상 $Cl + e^- \rightarrow Cl^-$
원자가 (산화수)	증가 : 원자가(원자의 산화수)가 증가하는 현상 $2FeCl_2 + Cl_2 \rightarrow 2FeCl_3$ (Ⅱ)　　　　　(Ⅲ)	감소 : 원자가(원자의 산화수)가 감소하는 현상 $2FeCl_3 + SO_2 + 2H_2O$ (Ⅲ) $\rightarrow 2FeCl_2 + 2HCl + H_2SO_4$ (Ⅱ)

용액 중의 산화·환원력의 척도에 산화환원전위(ORP ; Oxidation Reduction Potential)
가 이용된다.

③ 산화환원전위(Nernst 식)

$$E = E_0 + \frac{RT}{nF} \ln \frac{[OX]}{[Red]} = E_0 + \frac{0.05915}{n} \log \frac{[OX]}{[Red]}$$

여기서, E_0 : 표준상태에서의 전위(V)

　　　　R : 가스정수(8.316volt · coulomb/K · mol = 8.316J/K · mol)

　　　　T : 절대온도(K = ℃ + 273)

　　　　n : 반응에 관여하는 전자수

　　　　F : 패러데이 정수(9.649×10^4coulomb/g 이온)

　　　　[Red] : 환원제의 몰농도

　　　　[OX] : 산화제의 몰농도

2. 화학평형

반응물과 생성물이 화학반응을 일으킬 때 정반응속도와 역반응속도가 같은 순간의 상태를 말한다.

(1) 화학평형상수

$$a[A] + b[B] \rightleftharpoons c[C] + d[D]$$

$$화학평형상수(K) = \frac{생성물의\ 몰농도의\ 곱}{반응물의\ 몰농도의\ 곱} = \frac{[C]^c[D]^d}{[A]^a[B]^b}$$

(2) 이온적상수(Q)

① 혼합된 용액 속의 이온들의 농도 곱

→ 현재 상태의 농도로 생각할 수 있음.

② $A_aB_b \rightleftharpoons aA^+ + bB^-$ → $Q = [A^+]^a[B^+]^b$

(3) 용해도적(K_{sp})

① 순수한 고체가 용매에 용해되어 포화상태에 이르렀을 때의 평형상수

→ 이론적인 용해도로 생각할 수 있음.

② $A_aB_b \rightleftharpoons aA^+ + bB^-$ → $K_{sp} = [A^+]^a[B^+]^b$

(4) 이온적상수와 용해도적과의 관계

① 이온적상수 > 용해도적 : 과포화상태 → 침전 형성
② 이온적상수 < 용해도적 : 불포화상태 → 침전 형성이 안 됨.
③ 이온적상수 = 용해도적 : 포화상태 → 평형상태

(5) 용해도적과 몰용해도와의 관계

① $AB \rightleftharpoons A^+ + B^-$ → $K_{sp} = [A^+][B^-]$

$\quad\quad\quad$ → $L_m(몰용해도) = \sqrt{K_{sp}}$

② $A_2B \rightleftharpoons 2A^+ + B^{2-}$ → $K_{sp} = [A^+]^2[B^{2-}]$

$\quad\quad\quad$ → $L_m(몰용해도) = \sqrt[3]{\dfrac{K_{sp}}{4}} = \left(\dfrac{K_{sp}}{4}\right)^{\frac{1}{3}}$

③ $A_3B \rightleftharpoons 3A^+ + B^{3-}$ → $K_{sp} = [A^+]^3[B^{3-}]$

$\quad\quad\quad$ → $L_m(몰용해도) = \sqrt[4]{\dfrac{K_{sp}}{27}} = \left(\dfrac{K_{sp}}{27}\right)^{\frac{1}{4}}$

(6) 산해리상수

① 약산이 이온화하여 수소이온을 내보낼 때의 평형상수

② $HA \rightleftharpoons H^+ + A^- \rightarrow$ $K_a = \dfrac{[H^+][A^-]}{[HA]}$

(7) 염기해리상수

① 약염기가 이온화하여 수산화이온을 내보낼 때의 평형상수

② $BOH \rightleftharpoons B^+ + OH^- \rightarrow$ $K_b = \dfrac{[B^+][OH^-]}{[BOH]}$

(8) 전리도

이온으로 전리된 정도

예 CH_3COOH 0.04M 용액의 전리된 정도(전리도)는 0.08(8%)이며, 이때 해리상수는 아래와 같다.

$$K_a = \frac{[CH_3COO^-][H^+]}{[CH_3COOH]} = \frac{[0.04 \times 0.08]^2}{0.04 - 0.04 \times 0.08} = 2.7826 \times 10^{-4}$$

	CH_3COOH	$\rightleftharpoons$	CH_3COO^-	+	H^+
해리 전 :	0.04M		0		0
해리 후 :	$0.04 - 0.04 \times 0.08$M		0.04×0.08M		0.04×0.08M

(9) 완충용액

① 산과 염기의 주입에도 공통이온효과에 의해 pH에 큰 변화가 생기지 않는 용액
② 약산과 그 약산의 강염기의 염을 함유하는 수용액 또는 약염기와 그 약염기의 강산의 염이 함유된 수용액
③ 완충방정식[헨더슨−하셀바흐 식(Henderson Hasselbalch equation)]

$$pH = pK_a + \log \frac{[염]}{[산]}$$

3. 반응속도

반응속도(γ)는 시간의 변화에 대한 반응물이나 생성물의 농도 변화를 의미한다.

$$\gamma = \frac{dC}{dt} = -KC^m$$

여기서, m : 반응차수

구분	0차 반응	1차 반응	2차 반응
정의	어느 시간이 지나면 반응이 끝나버리는 반응으로 반응물질 농도에 독립적인 속도로 진행	반응물의 농도에 비례하여 반응속도 결정	반응물의 농도 제곱에 비례하여 반응속도 결정
반응식	$\gamma = \dfrac{dC}{dt} = -KC^0$ $C_t - C_0 = -K \times t$	$\gamma = \dfrac{dC}{dt} = -KC^1$ $\ln \dfrac{C_t}{C_0} = -K \times t$	$\gamma = \dfrac{dC}{dt} = -KC^2$ $\dfrac{1}{C_t} - \dfrac{1}{C_0} = K \times t$
반감기	$t_{1/2} = \dfrac{C_0}{2K}$	$t_{1/2} = \dfrac{1}{K}\ln 2$	$t_{1/2} = \dfrac{1}{KC_0}$

여기서, C_0 : 초기 농도, C_t : t시간 후의 농도, K : 반응상수, t : 시간

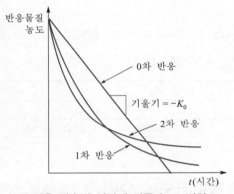

▮반응 차수별 시간에 따른 농도 변화▮

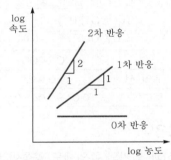

▮반응물 농도에 따른 반응속도의 양대수 그래프▮

4. 물질수지와 반응조

(1) 물질수지식

① 반응이 수반되지 않는 경우(보존성 물질)

물질 변화(축적)량＝유입량－유출량

② 반응이 수반되는 경우(비보존성 물질)

물질 변화(축적)량＝유입량－유출량±반응에 의한 물질 변화량

(2) 회분식 반응조(batch reactor)

① 반응조로 유입과 유출이 동시에 진행되지 않으며, 유입 → 반응 → 유출의 순으로 반응이 진행된다(반응조는 완전혼합된다).

② 반응식

$$V \cdot \frac{dC}{dt} = QC_0 - QC - V \cdot KC \text{에서}$$

회분식 반응조에는 유입, 유출이 없어 $Q = 0$이므로,

$$V \frac{dC}{dt} = V \cdot KC$$

$$\frac{dC}{dt} = -KC$$

적분하여 정리하면,

$$\int_{C_0}^{C} \frac{dC}{C} = -K \int_{0}^{t} dt$$

$$\ln \frac{C}{C_0} = -Kt \text{ 또는 } C = C_0 e^{-Kt}$$

2차 반응일 경우에는,

$$\frac{dC}{dt} = -KC^2$$

적분하여 정리하면,

$$\int_{C_0}^{C} \frac{dC}{C^2} = -K \int_{0}^{t} dt$$

$$\left[-\frac{1}{C} \right]_{C_0}^{C} = -K[t]_{0}^{t}$$

$$\frac{1}{C_0} - \frac{1}{C_e} = -Kt$$

(3) 완전혼합 반응조(CFSTR)

① 특징

㉮ 유입과 유출이 있으며, 반응조 내의 유체는 **완전혼합되어 성상이 균일해지고 유출 농도는 반응조 내의 농도와 동일**하다.

㉯ 유입된 액체의 일부분은 즉시 유출된다.

㉰ 부하변동이나 충격부하에 강하다.

㉱ 반응물이 순간적으로 밖으로 유출되는 단로흐름(short-circuiting)을 일으켜 dead space를 동반할 수 있다.

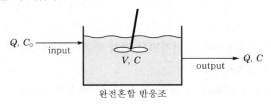

완전혼합 반응조

② 반응식

㉮ 반응이 수반되지 않는 경우

$$V \cdot \frac{dC}{dt} = Q \cdot C_0 - Q \cdot C$$

$$\frac{dC}{C_0 - C} = \frac{Q}{V} dt \quad \left(\text{여기서}, \ K = \frac{Q}{V} = \frac{1}{t} \right)$$

적분하면 $\ln \frac{C_t}{C_0} = -Kt$

㉯ 1차 반응이 수반되는 경우

$$V \cdot \frac{dC}{dt} = Q \cdot C_0 - Q \cdot C - V \cdot KC$$

$$\frac{dC}{dt} = \frac{Q}{V}(C_0 - C) - KC$$

정상상태에서 $\frac{dC}{dt} = 0$이므로,

$$0 = \frac{Q}{V}(C_0 - C) - KC$$

여기서, $V = \frac{Q}{K} \left(\frac{C_0 - C}{C} \right) = \frac{Q}{K} \left(\frac{C_0}{C} - 1 \right)$

㉰ 2차 반응이 수반되는 경우

$$V \cdot \frac{dC}{dt} = Q \cdot C_0 - Q \cdot C - V \cdot KC^2$$

$$\frac{dC}{dt} = \frac{Q}{V}(C_0 - C) - KC^2$$

정상상태에서 $\frac{dC}{dt} = 0$이므로,

$$0 = \frac{Q}{V}(C_0 - C) - KC^2$$

따라서, $V = \frac{Q}{K} \left(\frac{C_0 - C}{C^2} \right)$

(4) 압출류형 반응조(PFR)

① 특성

㉮ 유입물이 들어올 때와 같은 순서로 배출되며 혼합은 일어나지 않는다.

㉯ 흐름은 관이나 하천과 같이 길고 작은 단면을 갖는 시스템에서 근사적으로 일어난다.

㉰ 유입구에서 반응물이 흘러가면서 점차 반응이 일어나서 유출구에서 반응이 종결되는 이상적인 흐름이다.

㉱ 모든 물질이 체류시간 동안 반응이 일어나게 된다.

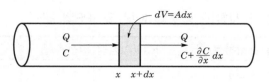

∥ 압출류형 ∥

② 1차 반응일 경우

$$dV \cdot \frac{\partial C}{\partial t} = Q \cdot C - Q\left(C + \frac{\partial C}{\partial x}dx\right) - dV \cdot KC$$

정상상태에서 $\frac{\partial C}{\partial t} = 0$ 이므로,

$$0 = Q \cdot C - Q\left(C + \frac{\partial C}{\partial x}dx\right) - dV \cdot KC$$

$$dV \cdot KC = -Q\frac{\partial C}{\partial x}dx, \ \ dV = A \cdot dx$$

$$\frac{\partial C}{\partial x}dx = dC, \ \ A \cdot dx = -\frac{Q}{K} \cdot \frac{dC}{C}$$

위 식을 적분하면,

$$A\int_0^L dx = -\frac{Q}{K}\int_{C_0}^C \frac{dC}{C}, \ \ AL = V = -\frac{Q}{K}\ln\frac{C}{C_0}$$

따라서, $\dfrac{C}{C_0} = e^{-K(V/Q)} = e^{-Kt}$

③ 2차 반응일 경우

$$dV \cdot \frac{\partial C}{\partial t} = Q \cdot C - Q\left(C + \frac{\partial C}{\partial x}dx\right) - dV \cdot KC^2$$

정상상태에서 $\frac{\partial C}{\partial t} = 0$ 이므로,

$$0 = -Q \cdot \frac{\partial C}{\partial x}dx - dV \cdot KC^2$$

$$dV = A \cdot dx, \ \ \ A \cdot dx = -\frac{Q}{K} \cdot \frac{dC}{C^2}$$

위 식을 적분하면,

$$A\int_0^L dx = -\frac{Q}{K}\int_{C_0}^{C_e} \frac{dC}{C^2}$$

$$AL = V = -\frac{Q}{K}\left(\frac{1}{C_0} - \frac{1}{C_e}\right)$$

$$V = \frac{Q}{K}\left(\frac{1}{C_e} - \frac{1}{C_0}\right)$$

(5) 혼합 정도를 표시하는 항수와 ICM 및 IPF의 관계

혼합 정도를 표시하는 항수	ICM(이상적 완전혼합)	IPF(이상적 plug flow)
분산(variance), σ^2	1	0
Morrill지수	값이 클수록	1
분산수(dispersion No.)	∞	0
지체시간(lag time)	0	이론적 체류시간과 동일할 때

※ peclet수는 분산수의 역수이다.

🔎 혼합에 대한 이론은 침전지나 폭기조 설계에 이용된다.

$$\text{Morrill지수} = \frac{t_{90}}{t_{10}}$$

t_{10}과 t_{90}은 각각 반응조에 주입된 물감의 10%와 90%가 유출되기까지의 시간을 말한다.

5. 콜로이드 화학

(1) 콜로이드의 특성

① 콜로이드는 지름이 1~1,000nm인 입자가 용매에 분산된 상태이다.

② 콜로이드의 안정도는 **반발력(제타전위)**, 중력, 인력(반 데르 발스(van der Waals)의 힘)의 관계에 의해 결정된다.

③ 콜로이드 입자는 질량에 비해 표면적이 크므로 용액 속에 있는 다른 입자를 흡착하는 힘이 크다.

④ 콜로이드는 입자 크기가 크기 때문에 보통의 반투막을 통과하지 못한다.

⑤ 콜로이드 입자는 분산매 및 다른 입자와 충돌하여 불규칙한 운동을 하게 된다.

⑥ 광선을 통과시키면 입자가 빛을 산란하여 빛의 진로를 볼 수 있게 된다(**틴들현상**).

⑦ 일부 콜로이드 입자들의 크기는 가시광선 평균 파장보다 크기 때문에 빛의 투과를 간섭한다.

⑧ **콜로이드 응집의 기본 메커니즘** : 이중층 압축, 전하 중화, 침전물에 의한 포착, 입자 간 가교 형성

(2) 콜로이드의 분류

성질	친수성(親水性) 콜로이드	소수성(疎水性) 콜로이드
물리적 상태	유탁상태(乳獨質, emulsoid)	현탁상태(懸獨質, suspensoid)
물과 친화성	물과 쉽게 반응	물과 반발하는 성질
염에 민감성	염에 민감하지 못함	염에 아주 민감
표면장력	분산매보다 상당히 작음	분산매와 큰 차이 없음
점도(粘度)	분산매보다 현저히 큼	분산매와 큰 차이 없음
Tyndall효과	작거나 전무함	현저함(수산화철 제외)
재구성(再構成)	용이하다.	동결 또는 건조 후 재구성이 용이하지 않다.
전해질에 대한 반응 예	반응이 비활발하며, 많은 응집제를 요함	소량의 전해질에 의하여 용이하게 응집
해당물질 예	전분, 단백질, 고무, 비누, 고무풀, 혈청, 합성세제, 아교, 한천 등	금속의 수산화물, 황화물, 은, 할로겐화물, 금속, 점토, 먹물 등 주로 무기물질
기타 특징	매우 큰 분자 또는 이온상태로 존재	pH가 낮으면 양전하 colloid가 증가

(3) 콜로이드의 전위

① 콜로이드 용액에서는 콜로이드 입자가 양이온 또는 음이온을 띠고 있다.

② 콜로이드는 **대부분 (−)전하**로 대전되어 있어 전해질(염)을 소량 넣게 되면 응집이 되어 침전된다.

③ 콜로이드 입자들이 전기장에 놓이게 되면 입자들은 그 전하의 반대쪽 극으로 이동하며 이러한 현상을 전기영동이라 한다.

④ 제타전위는 콜로이드 입자의 전하와 전하의 효력이 미치는 분산매의 거리를 측정한다.

⑤ 제타전위가 작을수록 입자는 응집하기 쉬우므로 콜로이드를 완전히 응집시키는 데 제타전위를 5~10mV 이하로 해야 한다.

$$제타전위 = 4\pi\delta q/D$$

여기서, δ : 전하가 영향을 미치는 전단표면 주위의 층의 두께

q : 단위면적당 전하

D : 액체의 도전상수

🚢 **슐츠–하디(Schulze–Hardy)의 법칙**
콜로이드의 침전에 미치는 영향이 입자에 반대되는 전하를 가진 첨가된 전해질 이온이 지니고 있는 전하의 수에 따라 현저하게 증가한다는 법칙

핵심정리 ③ 수질오염 지표

1. 물리화학적 지표

(1) DO(溶存酸素, Dissolved Oxygen)

물속에 용존하고 있는 산소를 말하며, 온도가 높을수록 DO 포화도는 감소한다. 20℃에서 용존산소 포화도는 9.17ppm이고, 30℃에서 7.63ppm, 0℃에서는 14.62ppm 정도이다. DO는 수중생물의 생육과 밀접한 관계가 있으며, BOD 증가로 급속하게 감소될 때가 있다.

※ 물고기 생존허용한도 : 5ppm 이상

① 산소전달의 환경인자
  ㉮ 수온이 낮을수록 증가한다.
  ㉯ 압력이 높을수록 산소의 용해율은 증가한다.
  ㉰ 염분농도가 낮을수록 산소의 용해율은 증가한다.
  ㉱ 현존의 수중 DO 농도가 낮을수록 산소의 용해율은 증가한다.
  ㉲ 조류의 광합성작용은 낮 동안 수중의 DO를 증가시킨다.
  ㉳ 아황산염, 아질산염 등의 무기화합물은 DO를 감소시킨다.
② 산소섭취속도와 총괄산소전달계수와의 관계

$$\gamma = \alpha K_{LA}(\beta C_s - C) \rightarrow K_{LA} = \frac{\gamma}{\alpha(\beta C_s - C)}$$

여기서, K_{LA} : 물질전달전이계수, C_s : 포화농도
  C : 현재 농도, α, β : 보정계수
  γ : 산소섭취(산소전달)속도

  🌀 용존산소의 농도를 완전히 제거하기 위하여 투입하는 Na_2SO_3의 반응
  $Na_2SO_3 + 0.5O_2 \rightarrow Na_2SO_4$

(2) 생물화학적 산소요구량(BOD : Biochemical Oxygen Demand)

  ㉮ 물속에 호기성 미생물에 의하여 유기물이 분해될 때 소모되는 산소의 양
  ㉯ 소모되는 산소의 양은 유기물의 양을 간접적으로 알아내는 데 이용
  ㉰ BOD_5 : 물속의 호기성 미생물에 의하여 20℃에서 5일간 유기물이 분해될 때 소모되는 산소의 양을 의미

① BOD의 계산

㉮ 최종 BOD = 소모 BOD + 잔존 BOD

㉯ $BOD_{소모} = BOD_{최종} \times (1 - 10^{-K_1 t})$

㉰ $BOD_{잔존} = BOD_{최종} \times 10^{-K \times t}$

㉱ 온도 변화에 따른 탈산소계수의 보정 : $K_{1(T)} = K_{1(20℃)} \times 1.047^{(T-20)}$

㉲ 상용대수 : 10, 자연대수 : e

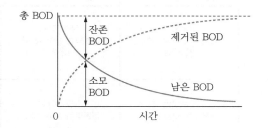

② 탄소성 BOD(CBOD)와 질소성 BOD(NBOD)

㉮ CBOD : 호기성 미생물에 의해 탄소화합물이 분해되는 데 소모되는 산소의 양

㉯ NBOD : 호기성 미생물에 의해 질소화합물이 분해되는 데 소모되는 산소의 양 (질산화가 진행되어 산소의 요구량이 증가하게 됨)

㉰ BOD_5는 질소성 BOD의 영향을 받지 않고 탄소성 BOD의 양을 알아내는 데 이용

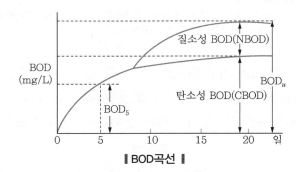

▮ BOD곡선 ▮

(3) 화학적 산소요구량(COD : Chemical Oxygen Demand)

㉮ 강력한 **산화제**를 이용하여 물속의 유기물을 분해시킬 때 소모되는 산화제의 양으로 부터 산소의 양으로 환산한다.

㉯ 산성 $KMnO_4$, 염기성 $KMnO_4$, $K_2Cr_2O_7$에 의한 방법이 있다.
→ COD_{Mn}, COD_{Cr}로 표시

㉰ 해수나 공장폐수 등 생물화학적으로 측정이 어려운 시료에 적용 가능하다.

① COD의 구분

$$COD = BDCOD + NBDCOD$$

• BDCOD : 생물학적 분해 가능 = 최종BOD
• NBDCOD : 생물학적 분해 불가능

COD

BDCOD(최종 BOD) 생물학적 분해 가능	NBDCOD 생물학적 분해 불가능	
BDICOD 생물학적 분해 가능 비용해성	NBDICOD 생물학적 분해 불가능 비용해성	ICOD 비용해성
BDSCOD 생물학적 분해 가능 용해성	NBDSCOD 생물학적 분해 불가능 용해성	SCOD 용해성

② 산소요구량의 양적 관계

$$ThOD > COD_{Cr} > COD_{Mn} > BOD_u > BOD_5$$

TOC(총유기탄소)
유기적으로 결합되어 있는 탄소의 총량을 의미하며 완전연소 시 대부분 CO_2로 배출된다.
예 C_2H_5OH → 1mol 중 TOC는 $12 \times 2 = 24g$

(4) 부유물질(SS : Suspended Solid)

① 물속에 존재하는 $0.1\mu m \sim 2mm$ 정도의 고형물을 의미한다.
② 탁도와 색도를 유발하며 빛의 투과를 방해해 수중식물의 광합성을 감소시킨다.

총고형물

TVS 휘발성 고형물	TFS 강열잔류 고형물	
VSS 휘발성 부유성고형물	FSS 강열잔류 부유성고형물	TSS 총부유성고형물
VDS 휘발성 용존성고형물	FDS 강열잔류 용존성고형물	TDS 총용존성고형물

(5) 경도(hardness)

① 경도의 특성

㉮ 경도 : 물의 세기 정도

㉯ 경도 유발물질 : Ca^{2+}, Mg^{2+}, Mn^{2+}, Fe^{2+}, Sr^{2+} 등 대부분 2가 양이온 중금속류

㉰ 유발물질의 농도에 의한 경도 산정

$$\text{총경도(mg/L as CaCO}_3) = \Sigma\left(\text{경 도 유발물질}(mg/L) \times \frac{50}{\text{경 도 유발물질의 eq}}\right)$$

㉱ 경도는 탄산칼슘으로 환산되어 계산되며, "mg/L as CaCO$_3$"로 표시한다.

㉲ 경수는 75mg/L as CaCO$_3$ 이상인 물을 의미한다.

㉳ 경도가 높은 물은 세제의 과다사용과 관의 scale을 형성하게 된다.

② 경도의 종류

㉮ 총경도 : 탄산경도 + 비탄산경도

㉯ 탄산경도 : 경도 유발물질 + 알칼리도 유발물질 → 끓임으로써 제거되는 일시경도

㉰ 비탄산경도 : 경도 유발물질 + 산도 유발물질 → 끓여도 제거가 되지 않는 영구경도

(6) 알칼리도(alkalinity)

① 알칼리도의 특성

㉮ 알칼리도 : 산을 중화시킬 수 있는 정도

㉯ 알칼리도 유발물질 : OH^-, HCO_3^-, CO_3^{2-} 등

㉰ 유발물질의 농도에 의한 알칼리도 산정

$$\text{알칼리도(mg/L as CaCO}_3) = \Sigma\left(\text{알칼리도 유발물질}(mg/L) \times \frac{50}{\text{알칼리도 유발물질의 eq}}\right)$$

㉱ 알칼리도는 탄산칼슘으로 환산되어 계산되며, "mg/L as CaCO$_3$"로 표시한다.

㉲ 높은 알칼리도를 갖는 물은 쓴맛을 낸다.

㉳ 알칼리도가 높은 물은 다른 이온과 반응성이 좋아 관 내에 스케일(scale)을 형성할 수 있다.

㉴ 알칼리도가 낮은 물은 철(Fe)에 대한 부식성이 강하다.

㉵ 알칼리도는 물속에서 수중생물의 성장에 중요한 역할을 함으로써 물의 생산력을 추정하는 변수로 활용한다.

㉶ 알칼리도가 부족할 때는 소석회(Ca(OH)$_2$)나 소다회(Na$_2$CO$_3$)와 같은 약제를 첨가하여 보충한다.

㉷ 자연수의 알칼리도는 주로 중탄산염(HCO$_3^-$)의 형태를 이룬다.

② 알칼리도의 종류

㉮ 적정에 의해 알칼리도를 산정할 때 페놀프탈레인에 의해 pH 8.3까지 적정하여 산출한 알칼리도를 P-Alk라고 한다.

㉯ 적정에 의해 알칼리도를 산정할 때 메틸오렌지에 의해 pH 4.5까지 적정하여 산출한 알칼리도를 M-Alk라고 하며 이를 T-Alk라고도 한다.

(7) 산도

① 산도의 특성

㉮ 산도 : 알칼리를 중화시킬 수 있는 정도

㉯ 산도 유발물질 : SO_4^{2-}, NO_3^-, Cl^- 등

㉰ 유발물질의 농도에 의한 산도 산정

$$산도(mg/L \ as \ CaCO_3) = \Sigma\left(산도 \ 유발물질(mg/L) \times \frac{50}{산도 \ 유발물질의 \ eq}\right)$$

㉱ 산도는 탄산칼슘으로 환산되어 계산되며, "mg/L as $CaCO_3$"로 표시한다.

㉲ 자연수는 대부분 CO_2나 무기산 등에 의해 산도가 유발된다.

② 산도의 종류

㉮ 적정에 의해 산도를 산정할 때 메틸오렌지에 의해 pH 4.5까지 적정하여 산출한 산도를 M-산도라고 한다.

㉯ 적정에 의해 산도를 산정할 때 페놀프탈레인에 의해 pH 8.3까지 적정하여 산출한 산도를 P-산도라고 하며 이를 T-산도라고도 한다.

🌑 **적정에 의한 경도/알칼리도/산도의 산정**

경도/알칼리도/산도 mg/L as $CaCO_3 = \dfrac{a \times N \times 50}{V} \times 1,000$

여기서, a : 소모된 산 또는 알칼리의 부피(mL)
N : 주입한 산 또는 알칼리의 규정농도(eq/L)
V : 시료의 부피(mL)

(8) 경도/알칼리도/산도의 관계

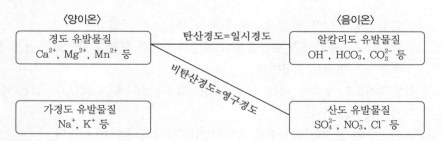

① 총경도<알칼리도 → 총경도＝탄산경도

② 총경도>알칼리도 → 알칼리도＝탄산경도

(9) SAR(Sodium Adsorption Ratio)

농업용수의 수질 평가 시 사용

$$SAR = \frac{Na^+}{\sqrt{\dfrac{Ca^{2+} + Mg^{2+}}{2}}} \quad (단위 : meq/L)$$

① SAR<10　　　 : 토양에 미치는 영향이 적다.

② 10<SAR<26 : 토양에 미치는 영향이 비교적 크다.

③ 26<SAR　　　 : 토양에 미치는 영향이 매우 크다.

(10) 랑게리아지수(LI)

① 랑게리아지수(포화지수)란 물의 실제 pH와 이론적 pH(pHs : 수중의 탄산칼슘이 용해되거나 석출되지 않는 평형상태로 있을 때의 pH)와의 차를 말하며, 탄산칼슘의 피막형성을 목적으로 하고 있다. (LI＝pH－pHs)

② 지수가 양(+)의 값으로 절대치가 클수록 탄산칼슘의 석출이 일어나기 쉽고, 0이면 평형관계에 있고, 음(－)의 값에서는 탄산칼슘 피막은 형성되지 않고 그 절대치가 커질수록 물의 부식성은 강하다. 이러한 물은 콘크리트구조물, 모르타르 라이닝관, 석면 시멘트관 등을 열화시키며, 아연도금강관, 동관, 납관에 대해서는 아연, 동, 납을 용출시키거나 철관으로부터는 철을 녹여서 녹물 발생의 원인이 되는 등 수도시설에 대하여 여러 가지 장애를 일으킨다.

③ 랑게리아지수는 pH, 칼슘 경도, 알칼리도를 증가시킴으로써 개선할 수 있으며, 소석회 · 이산화탄소병용법과 알칼리제(수산화나트륨, 소다회, 소석회)를 단독으로 주입하는 방법이 있다.

④ LI와 부식성과의 관계

LI	부식 특성
+0.5 ～ +1.0	보통~다량의 스케일 형성
+0.2 ～ +0.3	가벼운 스케일 형성
0	평형상태
－0.2 ～ －0.3	가벼운 부식
－0.5 ～ －1.0	보통~다량의 부식

(11) 이온강도와 toxic unit

$$\mu = \frac{1}{2}\Sigma(\text{몰농도} \times \text{전하}^2), \ \text{toxic unit} = \Sigma\frac{\text{독성물질 농도}}{\text{TL}_m}$$

2. 생물학적 지표

(1) 실험용 동물의 독성 농도

① TL_m : 독성물질이 어류에 미치는 유해성을 나타내는 값으로 독성물질 주입 후 50%가 생존할 수 있는 농도를 의미

② LD_{50} : 실험용 물고기에 독성물질을 경구투입 시 실험대상 물고기의 50%가 죽는 **양** (mg/kg)

③ LC_{50} : 실험용 물고기에 독성물질을 경구투입 시 실험대상 물고기의 50%가 죽는 **농도**

(2) 질산화(nitrification)

① 단백질 함유 오수가 배출되면 자연에서 가수분해(加水分解)되어 아미노산(amino acid)으로 되고 질산화균에 의해 암모니아성 질소(NH_3-N), 아질산성 질소(NO_2-N), 질산성 질소(NO_3-N)의 과정을 거쳐 정화된다.

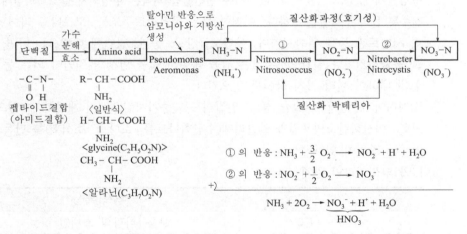

② 질산화과정은 분뇨나 하수의 **단백질 함유 오수가 하천에 유입 시, 오염 후 경과시간, 오염지점, 오염진행상태, 오염시기 등을 알 수 있는 지표(indicator)로 이용된다.** 예를 들어, 유기질소와 NH_3-N을 주로 함유하는 물은 최근에 오염된 것으로 간주되어 큰 위험성이 있음을 나타내며, NO_3-N 형태로 존재하면 오래 전에 오염이 일어난 것으로 간주된다.

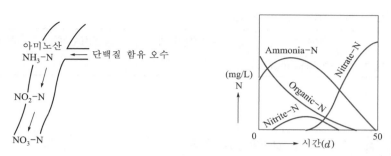

▌질소변환과정▐

(3) 대장균군

① **총대장균군** : 그람음성·무아포성의 간균으로서 락토오스를 분해하여 가스 또는 산을 생성하는 모든 **호기성 또는 통성 혐기성 균**을 말한다.

② **분원성대장균군** : 온혈동물의 배설물에서 발견되는 그람음성·무아포성의 간균으로서 44.5℃에서 락토오스를 분해하여 가스 또는 산을 생성하는 모든 호기성 또는 통성 혐기성 균을 말한다.

③ 분원성 대장균은 인축의 내장에 서식하므로 소화기계 전염병원균의 존재 추정이 가능하다.

④ 병원균에 비해 물속에서 오래 생존한다.

⑤ 병원균보다 저항력이 강하다.

⑥ 바이러스(virus)보다 소독에 대한 저항력이 약하다.

(4) 일반세균(一般細菌)

① 수중에 존재하는 호기성 종속영양(從屬營養)세균(일반적으로 인체에 무해함)을 의미하며, 일반 세균 수는 생물학적으로 분해 가능한 유기물(하수, 분뇨 등)농도의 좋은 지표(유기물 오염도)가 된다.

② 일반 세균 수는 보통 한천배지(寒天培地)를 사용하여 희석평판법에 의해 35~37℃에서 48±3시간 배양하여 발생하는 집락(colony) 수를 시료 수 1mL당으로 표시한다.

(5) 클로로필－a(chlorophyll－a)

① 클로로필－a는 **녹색식물에 함유된 녹색의 색소**로서 모든 종의 조류에 존재하며, 조류 건조 중량의 약 1~2%를 차지한다.

② 하천이나 호수에 영양염류(질소 및 인화합물)가 유입되면 이를 이용하여 조류(algae)가 증식하게 되고 증식된 조류가 바닥에 침전되면서 수계는 점차 오염되어 간다. 이러한 현상을 부영양화(富營養化)라 하는데, 조류(algae) 생산량(1차 생산)을 측정함으로써 수계영양상태 및 부영양수계 여부를 판정하는 좋은 평가지표가 된다.

③ 영양수계에 따른 클로로필 농도

구분	부영양수계	중영양수계	빈영양수계
클로로필-a 농도(mg/m³)	12 이상	7~12	7 이하

핵심정리 ④ 수생태계 및 물환경 조사

1. 수중미생물의 종류 및 특성

(1) 수중미생물의 분류

① 원핵세포와 진핵세포

특징		원핵세포	진핵세포
크기		1~10μm	5~100μm
분열 형태		무사분열	유사분열
리보솜		있음(70S).	있음(80S).
세포 소기관	미토콘드리아(사립체), 엽록체	없음.	있음.
	리소좀, 퍼옥시좀	없음.	있음.
	소포체, 골지체	없음.	있음.
형태			

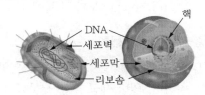

┃ 원핵세포 ┃　　┃ 진핵세포 ┃

② 미생물의 형태학적 분류

㉮ 간균(막대형) : Vibrio cholera, Bacillus subtilis

㉯ 나선균(나선형) : Spirillum volutans

㉰ 구균(구형) : Streptococcus

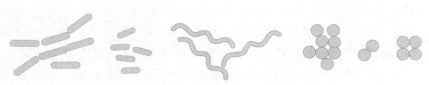

┃ 간균(Bacilli) ┃　　┃ 나선균(Spirochete) ┃　　┃ 구균(Cocci) ┃

③ 미생물의 특성에 따른 분류

㉮ 호기성(aerobic), 혐기성(anaerobic) : 산소 유무

㉯ 고온성(thermophilic), 저온성(psychrophilic) : 온도

㉰ 광합성(photosynthetic), 화학합성(chemosynthetic) : 에너지원

㉱ 독립영양계(autotrophic), 종속영양계(heterotrophic) : 탄소 공급원

구분	광합성	화학합성
독립영양 (탄소원 : 무기탄소)	• 에너지원으로 빛 이용 • 무기탄소를 탄소원으로 이용	• 에너지원으로 산화환원반응 이용 • 무기탄소를 탄소원으로 이용
종속영양 (탄소원 : 유기탄소)	• 에너지원으로 빛을 이용 • 유기탄소를 탄소원으로 이용	• 에너지원으로 산화환원반응 이용 • 유기탄소를 탄소원으로 이용

🛰 **미생물에 의한 영양대사 과정**

1. 이화작용 : 복잡한 물질 → 간단한 물질
2. 동화작용 : 간단한 물질 → 복잡한 물질

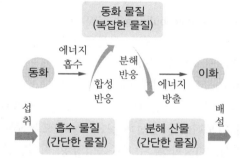

┃ 물질대사 ┃

(2) 수중미생물의 종류

① 박테리아(bacteria)

㉮ $C_5H_7O_2N$: $C_5H_7O_2N + 5O_2 \rightarrow 5CO_2 + 2H_2O + NH_3$(박테리아의 질소가 암모니아로 전환되는 경우)

㉯ 세균은 엽록소를 가지고 있지 않으며, 탄소 동화작용을 하지 않는다.

㉰ 용해된 유기물을 섭취하여 주로 세포분열로 번식한다.

㉱ 수분 80%, 고형물 20% 정도로 세포가 구성되며, 고형물 중 유기물이 90%를 차지한다.

⑩ 환경인자(pH, 온도)에 대하여 민감하며, 열보다 낮은 온도에서 저항성이 높다.

⑪ 단세포 원핵성 진정세균으로, 형상에 따라 막대형, 구형, 나선형 및 사상형으로 구분한다.

② 조류(algae)

㉮ $C_5H_8O_2N$

㉯ 세포벽의 구조는 박테리아와 흡사하며, 광합성 색소가 엽록체 안에 들어 있지 않다.

㉰ 호기성 신진대사를 하며, 전자공여체로 물을 사용한다.

㉱ 독립된 세포핵이 없다(원핵생물).

㉲ 단세포 또는 다세포의 무기영양형 광합성 원생동물이다.

③ 곰팡이(fungi)류

㉮ $C_{10}H_{17}O_6N$

㉯ 탄소 동화작용을 하지 않는다.

㉰ pH가 낮은(pH 3~5) 폐수에서도 잘 생장한다.

㉱ 폐수 내 질소와 용존산소가 부족한 환경에서도 잘 성장한다.

㉲ 폐수처리 중에는 **sludge bulking**의 원인이 된다.

㉳ 유기물을 섭취하는 호기성 종속 미생물이다.

㉴ 구성물질의 75~80%가 물이다.

㉵ 폭이 약 5~10μm로서 현미경으로 쉽게 식별할 수 있다.

㉶ 유리산소가 존재해야만 생장하며, 최적 온도는 20~30℃, 최적 pH는 4.5~6.0이고, 유기산과 암모니아를 생성해 pH를 상승 또는 하강시킬 때도 있다.

㉷ 다세포, 호기성, 비광합성, 유기종속영양형 진핵원생생물로, 번식방법에 따라 유성, 무성, 분열, 발아, 포자형성으로 분류한다.

④ 원생동물(protozoa)

㉮ $C_7H_{14}O_3N$

㉯ 세포벽이 없는 단세포 진핵미생물로, 대부분 호기성 또는 임의성을 띤 혐기성 화학합성 종속영양생물이다.

⑤ 기타 수질환경 미생물

㉮ Zoogloea : 유기물을 분해, 호기성 미생물

㉯ Sphaerotilus : 호기성균의 일종으로 이상번식하면 슬러지 벌킹을 유발

㉰ Beggiatoa : 오수 미생물 중에서 유황화합물을 산화하여 균체 내 또는 균체 외에 유황입자를 축적

㉣ Crenothrix : 철 및 유황 분해에 중요한 역할을 하는 대표적인 철 세균

㉤ Vorticella : 양호한 활성슬러지에서 주로 발견

㉥ Thiobacillus : 유황세균

㉦ Cyanophyia : 남조류의 일종, 광합성을 통해 산소를 만드는 세균

㉧ Escherchia−Coli : 대장균

㉨ Salmonella : 장티푸스, 식중독 유발

㉩ Acetobacter : 아세트산 생성

㉾ Shigella : 장 내 세균, 설사 유발

㉿ Leptothrix : 박테리아의 일종으로 철, 망간 및 비소를 제거

㈎ Rotifera : 바퀴모양의 극미동물, 상당히 양호한 생물학적 처리에 대한 지표미생물

🪐 생물농축

1. 수생생물 체내의 각종 중금속 농도는 환경수 중의 농도보다는 높은 경우가 많다.
2. 생물체 중의 농도와 환경수 중의 농도비를 농축비 또는 농축계수라고 한다.
3. 수생생물의 종류에 따라서 중금속의 농축비가 다르게 되어 있는 것이 많다.
4. 농축비는 먹이사슬 과정에서 높은 단계의 소비자에 상당하는 생물일수록 높게 된다.

(3) 호기성 분해와 영향인자

충분한 용존산소의 조건에서 호기성 미생물에 의한 유기물 분해

유기물(반응물)		생성물	
C		$\rightarrow$	CO_2	
H		$\rightarrow$	H_2O	• DO : 2mg/L 이상
O	$+ O_2$	$\rightarrow$	O_2	• pH : 7 부근(중성)
N		$\rightarrow$	NO_3^-	• BOD : N : P = 100 : 5 : 1
S		$\rightarrow$	SO_4^{2-}	

(4) 혐기성 분해와 영향인자

부족한 용존산소의 조건에서 혐기성 미생물에 의한 유기물 분해

유기물(반응물)		생성물	
C		$\rightarrow$	CH_4	• DO : 0.2mg/L 이하
H		$\rightarrow$	H_2O	• pH : 7 부근(중성)
O	$\rightarrow$ 유기산	$\rightarrow$	결합산소	• 온도 : 35℃ 혹은 55℃
N		$\rightarrow$	NH_3	• pH 저하로 적정 알칼리도 필요
S		$\rightarrow$	H_2S	• 고농도의 유기물 처리에 적합

① 메탄의 발생

㉮ 글루코오스($C_6H_{12}O_6$) 1kg당 메탄가스 발생량(0℃, 1atm)

$$C_6H_{12}O_6 \quad \rightarrow \quad 3CH_4 + 3CO_2$$
$$180g \quad : \quad 3 \times 22.4L$$
$$1kg \quad : \quad \square\,m^3$$
$$\square = 0.3733m^3/kg$$

㉯ 최종 BOD_u 1kg당 메탄가스 발생량(0℃, 1atm)

• BOD를 이용한 글루코오스의 양 산정

$$C_6H_{12}O_6 + 6O_2 \quad \rightarrow \quad 6H_2O + 6CO_2$$
$$180g \quad : \quad 6 \times 32g$$
$$\square\,kg \quad : \quad 1kg$$
$$\square = 0.9375kg$$

• 글루코오스($C_6H_{12}O_6$)의 혐기성 분해 반응식을 이용하여 발생하는 메탄 농도 산정

$$C_6H_{12}O_6 \quad \rightarrow \quad 3CH_4 + 3CO_2$$
$$180g \quad : \quad 3 \times 22.4L$$
$$0.9375kg \quad : \quad \square\,m^3$$
$$\square = 0.35m^3/BOD \cdot kg$$

(5) 질소의 순환

① 질산화

1단계 (아질산화)	$NH_4^+ + 1.5O_2 \rightarrow NO_2^- + H_2O + 2H^+$ ($= NH_3 + 1.5O_2 \rightarrow NO_2^- + H_2O + H^+$)	니트로소모나스(Nitrosomonas) ($NH_3 - N \rightarrow NO_2 - N$)
2단계 (질산화)	$NO_2^- + 0.5O_2 \rightarrow NO_3^-$	니트로박터(Nitrobacter) ($NO_2 - N \rightarrow NO_3 - N$)
전체 반응	$NH_4^+ + 2O_2 \rightarrow NO_3^- + H_2O + 2H^+$ ($= NH_3 + 2O_2 \rightarrow HNO_3 + H_2O$)	독립영양미생물(질산화미생물) $NH_3 - N \rightarrow NO_2 - N \rightarrow NO_3 - N$

㉮ 증식속도는 $0.21 \sim 1.08 day^{-1}$의 범위를 보인다.

㉯ 질산화 미생물의 증식속도는 통상적으로 활성슬러지 중에 있는 종속영양미생물 보다 늦기 때문에 활성슬러지 중에서 그 개체수가 유지되기 위해서는 비교적 긴 SRT를 필요로 한다.

㉰ 반응속도는 Nitrosomonas에 의한 아질산화 반응보다 Nitrobacter에 의한 질산화 반응이 더 빠르게 일어나며, 전체 질산화 반응속도는 Nitrosomonas에 의한 질산화 반응에 의해 결정된다.

㉱ 수율은 $0.04 \sim 0.13 mg - VSS/mg - NH_4^+ - N$ 정도이다.

㉲ 질산화 반응이 일어남에 따라 pH는 내려간다.

㉳ 질산화 박테리아의 성장이 늦기 때문에 반응초기에 많은 양의 질산화 박테리아가 존재하면 5일 BOD 실험에 방해가 된다.

㉴ 질산화가 일어나 탄소성 BOD뿐만 아니라 질소성 BOD까지 분석하게 된다.

㉵ 부유성장 질산화 공정에서 질산화를 위해서는 2.0mg/L 이상의 DO 농도를 유지하여야 한다.

㉶ 질산화는 유입수의 BOD₅/TKN 비가 작을수록 잘 일어난다.

총질소	유기질소	유기적으로 결합된 질소
	무기질소	암모니아성질소, 아질산성질소, 질산성질소

※ TKN : 유기질소 + 암모니아성질소

② 탈질화

1단계	$2NO_3^- + 2H_2 \rightarrow 2NO_2^- + H_2O$ $(NO_3-N \rightarrow NO_2-N)$	〈탈질미생물〉 • 슈도모나스(pseudomonas) • 바실러스(bacillus) • 아크로모박터(acromobacter) • 마이크로코커스(micrococcus)
2단계	$2NO_2^- + 3H_2 \rightarrow N_2 + OH^- + H_2O$ $(NO_2-N \rightarrow N_2)$	
전체 반응	$2NO_3^- + 5H_2 \rightarrow N_2 + 2OH^- + 4H_2O$ $(NO_3-N \rightarrow N_2)$	〈종속영양미생물(탈질화미생물)〉 $NO_3-N \rightarrow NO_2-N \rightarrow N_2$

㉮ 관련 미생물 : 통성혐기성균

㉯ 탈질균의 분해속도 : $2 \sim 6 mg - NO_3^- - N/MLSS \cdot hr$

㉰ 탈질균의 증식속도 : $0.1 \sim 0.8 day^{-1}$

㉱ 알칼리도 : $NO_3^- - N$, $NO_2^- - N$ 환원에 따라 알칼리도 생성(pH 증가)

㉲ 용존산소 : 0mg/L에 가까움.

㉳ 외부 탄소원 : 메탄올 사용($6NO_3 - N : 5CH_3OH = 6 \times 14g : 5 \times 32g$), 소화조 상징액, 초산 등

$$\frac{5}{6} CH_3OH + NO_3^- + \frac{1}{6} H_2CO_3 \rightarrow \frac{1}{2} N_2 + HCO_3^- + \frac{4}{3} H_2O$$

(6) 미생물의 증식

① 미생물 세포의 비증식속도(미카엘리스–멘텐(Michaelis–Menten)의 식)

$$\mu = \mu_{\max} \times \frac{[S]}{[S] + K_s}$$

㉮ $\mu_{\max}$는 최대비증식속도로 시간$^{-1}$ 단위이다.

㉯ K_s는 반속도상수(반포화농도)로서 최대성장률이 1/2일 때 기질의 농도이다.

㉰ $[S]$는 제한기질 농도이고, 단위는 mg/L이다.

㉱ $\mu = \mu_{\max}$인 경우, 반응속도는 기질의 농도와 상관없고 시간에 따라 반응하는 0차 반응을 의미한다.

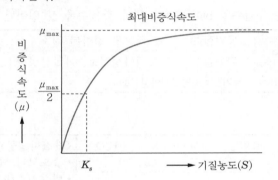

② 미생물의 증식단계

㉮ 증식단계(증식기)

영양분이 유입되어 충분한 상태에서 서서히 미생물이 증식하기 시작하는 단계이다.

㉯ 대수성장단계(대수증식기)

영양분이 충분한 상태에서 **최대증식속도**로 미생물의 수가 증가하게 된다.

㉰ 감소성장단계(정지기)

- 영양분의 부족으로 증식률이 둔화된다.
- 생존한 미생물의 중량보다 미생물 원형질의 전체 중량이 더 크게 되며 미생물 수가 최대가 되는 단계이다.
- 미생물의 개체수가 **최대**이며, 활성슬러지법에서 **응집성이 좋은 floc을 형성하는** 단계이다.

㉱ 내생성장단계(사멸기)

- 부족한 영양분으로 인해 미생물들은 **자산화**하며 영양분을 보충한다.
- 원형질의 전체량은 감소하게 된다.

2. 수중조류 및 물환경 특성

(1) 광합성과 산소 생산

조류(algae)는 일반적으로 H_2O를 수소공여체(H donor)로 하고 CO_2를 탄소원으로 하여 O_2를 생산한다(호기성 광합성). 남조류는 N_2를 고정할 수 있으며, 광합성반응은 다음과 같다.

$$CO_2 + H_2O \xrightarrow{\text{빛 energy}} [CH_2O] + O_2$$
$$\uparrow$$
생성 조류

※ 혐기성 광합성 : 세균적 광합성

(2) 조류의 물환경 특성

① 탄소동화작용(광합성)을 하며, 무기물(무기탄소)을 섭취하고, **맛과 냄새**를 물에 나타낸다. 또한 **색도**를 유발한다.

② 조류농도가 높을 때는 주간에 많은 CO_2를 흡수하여 **pH값이 9~11까지 높아지며**, $CaCO_3$의 침전에 의한 연수화작용도 일어난다.

③ 조류가 사멸하면 그 세포의 완전무기화를 위하여 그가 광합성에서 생산했던 정도의 산소를 소비한다.

$$CH_2O + O_2 \rightarrow CO_2 + H_2O$$

④ 조류의 합성은 광선의 투과관계로 수면 부근에 한정되어 있고 소용돌이가 없는 조용한 수면에서 **산소(O_2)가 과포화**되어 포화도의 200%에 도달할 때도 있다.

⑤ 조류는 사람, 물고기, 다른 조류에 대해 유독물질, 즉 독소를 생산하며, 과도한 번성은 부영양화(eutrophication), 적조(red tide)현상과 같은 심각한 문제를 일으킨다.

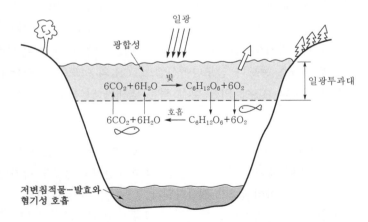

┃ 광합성과 호흡과정을 통한 탄소와 산소의 순환 ┃

핵심정리 ⑤ 하천·호소 수질관리

1. 하천의 수질관리

(1) 하천의 자정작용

① 수온이 상승하면 재포기계수에 비해 탈산소계수의 증가율이 높기 때문에 자정계수는 감소하게 된다.

② 유속이 빠르고 난류가 클수록 자정작용은 증가한다.

$$\text{자정계수}(f) = \frac{\text{재포기계수}(K_2)}{\text{탈산소계수}(K_1)} = \frac{K_{2(20℃)} \times 1.024^{(T-20)}}{K_{1(20℃)} \times 1.047^{(T-20)}}$$

(2) 하천의 자정작용(Whipple의 하천 정화단계)

분해지대 → 활발한 분해지대 → 회복지대 → 정수지대

① 분해지대

㉮ 유기성 부유물의 침전과 환원 및 분해에 의한 탄산가스의 방출이 일어난다.

㉯ 박테리아가 번성하며, 오염에 강한 실지렁이가 나타나고, 혐기성 곰팡이가 증식한다.

㉰ 용존산소의 감소가 현저하다.

② 활발한 분해지대

㉮ 수중에 DO가 거의 없어(임계점) 혐기성 bacteria가 번식한다.

→ 혐기성 세균이 호기성 세균을 교체하며 균류(fungi)는 사라진다.

㉯ 수중환경은 혐기성 상태가 되어 침전저니는 흑갈색 또는 황색을 띤다.

㉰ 수중 탄산가스 농도나 암모니아성질소, CH_4의 농도가 증가한다.

㉱ 화장실 냄새나 H_2S에 의한 달걀 썩는 냄새가 난다.

③ 회복지대

㉮ 용존산소가 포화될 정도로 증가한다(재포기량>유기물 분해에 의한 산소소모량).

㉯ 용존산소량이 증가함에 따라 질산염과 아질산염의 농도도 증가한다.

㉰ 발생된 암모니아성질소가 질산화된다.

㉱ 혐기성균이 호기성균으로 대체되며 균류(fungi)도 조금씩 발생한다.

㉲ 광합성을 하는 조류가 번식하고, 원생동물, 윤충, 갑각류가 번식하며, 우점종이 변한다.

ⓑ 바닥에는 조개나 벌레의 유충이 번식하며, 오염에 견디는 힘이 강한 은빛 담수
         어 등의 물고기도 서식한다.

      ⓒ 균류(fungi)와 같은 정도로 청록색 내지 녹색 조류가 번식한다.

      ⓓ 하류로 내려갈수록 규조류가 성장한다.

  ④ 정수지대

      ㉮ 용존산소가 포화상태에 가깝도록 증가한다.

      ㉯ 윤충류, 청수성 어종 등이 번식한다.

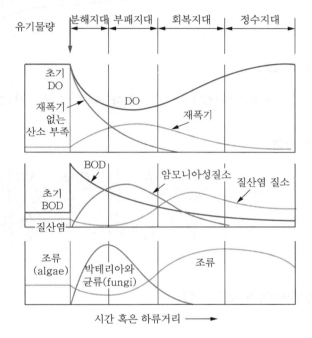

(3) 하천의 자정작용(콜위츠와 마손(Kolkwitz & Marson)의 4지대)

강부수성 수역(빨간색) → α-중부수성 수역(노란색) → β-중부수성 수역(초록색)
→ 빈부수성 수역(파란색)

(4) 용존산소 부족량

$$D_t = \frac{K_1}{K_2 - K_1} \times L_0 \times (10^{-K_1 \times t} - 10^{-K_2 \times t}) + D_0 \times 10^{-K_2 \times t}$$

여기서, D_t : t시간 후 용존산소(DO) 부족농도(mg/L), K_1 : 탈산소계수(day^{-1})

        K_2 : 재폭기계수(day^{-1}), L_0 : 최종 BOD(mg/L)

        D_0 : 초기DO부족량(mg/L), t : 유하시간(day)

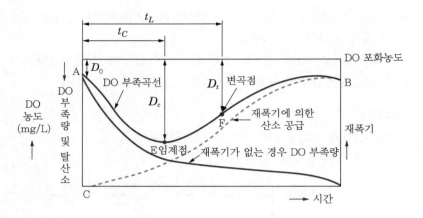

(5) t시간 유하 후 DO

> 포화농도(C_s) $-$ t시간 유하 후 산소부족량(D_t)

(6) 임계시간의 산정

$$t_c = \frac{1}{K_2 - K_1} \log\left[\frac{K_2}{K_1} - \left\{1 - \frac{D_0(K_2 - K_2)}{L_0 \times K_1}\right\}\right]$$

$$\text{또는 } t_c = \frac{1}{K_1(f-1)} \log\left[f\left\{1 - (f-1)\frac{D_0}{L_0}\right\}\right]$$

2. 호소수의 성층현상과 전도현상

(1) 성층현상

호소수의 성층현상은 연직방향의 밀도차에 의해 층상으로 구분되어지는 것을 말한다 (수심에 따른 온도변화로 인해 발생되는 물의 **밀도차**에 의하여 발생한다).

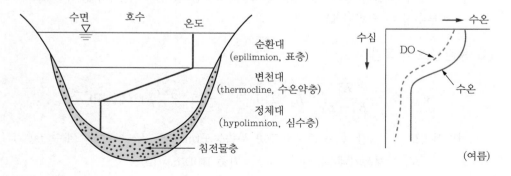

① 성층의 종류

> epilimnion(표수층, 순환층) → thermocline(수온약층, 변온층)
> → hypolimnion(정체층, 심수층) → 침전물층

㉮ epilimnion(표수층, 순환층) : 대기와 접하고 있어 바람에 의해 순환되며, 공기 중의 산소가 재포기되어 DO가 높아 **호기성** 상태를 유지한다.

㉯ thermocline(수온약층, 변온층) : 순환층과 정체층의 중간층으로 **깊이에 따른 온도변화**가 크다. 또한 표수층(epilimnion)과 수온약층(thermocline)의 깊이는 대개 7m 정도이며, 그 이하는 심수층(hypolimnion)이다.

㉰ hypolimnion(정체층, 심수층) : 호소수의 하부층을 말하며, DO가 부족한 **혐기성** 상태이다. 또한 혐기성 미생물의 유기물 분해로 인해 황화수소 등이 발생하기도 한다.

② 성층현상의 특성

㉮ 주로 겨울과 여름에 발생되며, 수직운동이 없어 정체현상이 생기고, 수심에 따라 온도와 용존산소 농도의 차이가 크다.

㉯ **표수층에서 CO_2 농도가 DO 농도보다 낮다.**

㉰ 심해에서 DO 농도는 매우 낮지만 CO_2 농도는 표수층과 큰 차이가 있다.

㉱ **깊이가 깊어질수록** CO_2 농도보다 DO 농도가 **낮다.**

㉲ CO_2 농도와 DO 농도가 같은 지점(깊이)이 존재한다.

㉳ 저수지 물이 급수원으로 이용될 경우 여름, 겨울 즉 성층현상이 뚜렷할 경우가 유리하다.

㉴ 여름 성층의 특성
- 여름에는 가벼운 물이 밀도가 큰 물 위에 놓이게 되며 온도차가 커져서 수직운동은 점차 상부층에만 국한된다.
- **여름**이 되면 연직에 따른 **온도 경사와 용존산소 경사가 같은 모양**을 나타낸다.

㉵ 겨울 성층의 특성
- 겨울 성층은 표층수의 냉각에 의한 성층이며, 역성층이라고도 한다.

(2) **전도현상**

① **봄과 가을**에 저수지의 수직혼합이 활발하여 분명한 층의 구별이 없어지는 현상이다.

② 봄이 되면 얼음이 녹으면서 수표면 부근의 수온이 높아지게 되고 따라서 수직운동이 활발해져 수질이 **악화**된다.

③ 봄과 가을의 저수지물의 수직운동은 대기 중의 바람에 의해서 더욱 가속된다.

④ 전도현상(turnover)이 호소수 수질환경에 미치는 영향

㉮ 수괴의 수직운동 촉진으로 호소 내 환경용량이 증대되어 물의 자정능력이 증가한다.

㉯ 심층부까지 조류의 혼합이 촉진되어 상수원의 취수 심도에 영향을 끼치게 되므로 수도의 수질이 악화된다.

㉰ 심층부의 영양염이 상승하게 됨에 따라 표층부에 규조류가 번성하게 되어 부영양화가 촉진된다.

㉱ 조류의 다량 번식으로 물의 탁도가 증가되고 여과지가 폐색되는 등의 문제가 발생한다.

(3) 성층현상과 전도현상의 순환

① 봄(전도현상)

대기권의 기온 상승 → 호소수 표면의 수온 증가 → 4℃일 때 밀도 최대 → 표수층의 밀도 증가로 수직혼합

② 여름(성층현상)

대기권의 기온 상승 → 호소수 표면의 수온 증가 → 수온 상승으로 표수층의 밀도가 낮아짐. → 수직혼합이 억제됨. → 성층 형성

③ 가을(전도현상)

대기권의 기온 하강 → 호소수 표면의 수온 감소 → 4℃일 때 밀도 최대 → 표수층의 밀도 증가로 수직혼합

④ 겨울(성층현상)

대기권의 기온 하강 → 호소수 표면의 수온 감소 → 수온 감소로 표수층의 밀도가 낮아짐. → 수직혼합이 억제됨. → 성층 형성

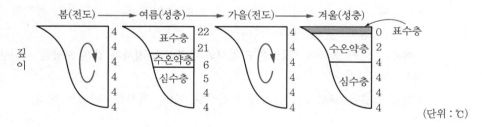

3. 부영양호의 수질관리

(1) 부영양화

영양염류↑ → 조류 증식 → 호기성 박테리아 증식 → 용존산소 과다 소모 → 어패류 폐사 → 물환경 불균형

(2) 빈영양호와 부영양호의 특성

구분	빈영양호	부영양호
투명도	5m 이상	5m 이하
용존산소	전 층이 포화에 가깝다.	표수층은 포화이나, 심수층은 크게 감소한다.
물의 색깔	녹색 또는 남색	황색 또는 녹색
어류	냉수성인 송어, 황어 등	난수성인 잉어, 붕어 등

(3) 부영양화 현상의 발생

① 호수의 부영양화 현상은 호수의 온도성층에 의해 크게 영향을 받는다.

② 식물성 플랑크톤의 생장을 제한하는 요소가 되는 영양식물은 질소와 인이며 이 중 인이 더 중요한 제한물질이다.

③ 부영양화에 큰 영향을 미치는 질소와 인은 상대적인 비율 조성이 매우 중요한데, 일반적으로 식물성 플랑크톤이나 수초생체의 N : P의 비율은 중량비로서 16 : 1로 일정하게 유지되어야 한다.

④ 부영양호는 비옥한 평야나 산간에 많이 위치하며, 호수는 수심이 얕고 식물성 플랑크톤의 증식으로 녹색 또는 갈색으로 흐리다.

⑤ 부영양화 평가모델은 인(P)부하 모델인 폴렌바이더(Vollenweider) 모델 등이 대표적이다.

(4) 부영양화로 인해 호소의 수질에 미치는 영향

① 조류나 미생물에 의해 생성된 용해성 유기물질이 불쾌한 맛과 냄새를 유발한다.

② 생물종의 다양성은 감소하고, 개체수는 증가한다.

③ 조류의 광합성으로 표수층에는 산소의 과포화가 일어나고 pH가 증가한다.

④ 심수층의 용존산소량이 감소한다.

⑤ 부영양화가 진행되면 플랑크톤 및 그 잔재물이 증가되고, 물의 투명도가 점차 낮아지며, 퇴적된 저니의 용출이 현격하게 늘어나고, COD 농도가 증가한다.

⑥ 식물성 플랑크톤이 증가하게 되면 규조류 → 남조류, 녹조류로 변화한다(부영양화의 마지막 단계에는 청록조류가 번식한다).

⑦ 부영양화가 진행된 수원을 농업용수로 사용하면 영양염류의 과잉공급으로 농산물의 성장에 변이를 일으켜 자체 저항력이 감소되어 수확량이 줄어든다.

(5) 부영양호의 관리대책

부영양호의 수면 관리대책	부영양호의 유입 저감대책
• 수생식물의 이용과 준설 • 약품에 의한 영양염류의 침전 및 황산동 살포 • N, P의 유입량 억제	• 배출허용기준의 강화 • 하 · 폐수의 고도처리 • 수변구역의 설정 및 유입배수의 우회

🌑 **기타 정체성 수역에서의 오염현상 : 수화현상(water bloom)**
1. 정체수역에서 식물성 플랑크톤이 대량 번식하여 수표면에 막층 또는 플록(floc)을 형성하는 현상
2. 원인
   - 여름철의 높은 수온
   - 수괴의 안정도가 높을 때
   - 긴 체류시간
   - 수층이 정체
   - 유기물 및 질소, 인 등 영양염류의 다량 유입

🌑 **호소의 영양상태를 평가하기 위한 칼슨(Carlson) 지수**
1. chlorophyll-a   2. 투명도   3. T-P

4. 연안해역의 수질관리

(1) 적조현상

부영양화에 따른 식물성 플랑크톤의 증식으로 해수가 적색으로 변하는 현상

(2) 적조 발생요인

① 바다의 수온구조가 안정화되어 물의 수직적 성층이 이루어질 때(수괴의 연직안정도가 크고 독립되어 있을 때)
② 플랑크톤의 번식에 충분한 광량과 영양염류가 공급될 때
③ 홍수기 해수 내 염소량이 **낮아질 때**
④ 해저에 빈 산소 수괴가 형성되어 포자의 발아 촉진이 일어나고, 퇴적층에서 부영양화의 원인물질이 용출될 때
⑤ 용승(upwelling)현상이 있는 수역

(3) 적조현상에 의해 어패류가 폐사하는 원인

① 적조생물이 어패류의 아가미에 부착함으로 인해
② 치사성이 높은 유독물질을 분비하는 조류로 인해
③ 적조류의 사후분해에 의한 부패독의 발생으로 인해
④ 수중 용존산소의 감소로 인해

(4) 해양의 유류오염 대책

① 계면활성제를 살포하여 기름을 분산시키는 방법
② 미생물을 이용하여 기름을 생화학적으로 분해하는 방법
③ 오일펜스를 띄워 기름의 확산을 차단하는 방법
④ 누출된 기름의 막이 얇을 때 연소시키는 방법

핵심정리 ⑥ 수질환경 모델링

1. 유역 모델링

(1) 모델링 과정

① **개념 과정** : 하천을 본류와 지류로 나누고 수리학적 동일구간을 몇 개로 나누어 물리, 화학, 생물학적 기능의 기초구간 단위로 각기 계산하는 단계

② **함수화 과정** : 각종 반응기작을 BOD, DO, 조류와 영양염류 관계 등의 반응기작을 수식화하는 단계

③ **전산화 과정** : 함수화 과정에서 수학적 형태로 표현된 식들을 다양한 수치해석 기법을 통하여 그 해를 구하는 단계

(2) 수질모델링을 위한 절차(5단계)

① 모델의 개발 또는 선정

② 보정(calibration)

③ 검증(verification)

④ 감응도분석(sensitivity analysis)

⑤ 수질 예측 및 평가

(3) 모델의 공간성과 시간성

① **모델의 공간성에 따른 분류**

㉮ **무차원 모델** : 모의(simulation) 대상 오염물질이 공간적으로 균일하게 분포되어 있다고 가정한 system으로, 호수와 같이 연속교반반응조(CSTR)로 가정하고 축적되는 인산과 같은 무기물질의 수지를 평가하는 데 적용된다.

㉯ **일차원 모델** : 하천을 종방향 구획으로 나누거나 호수를 수면방향으로 나누어 각 구획마다 균일한 수질을 유지한다고 가정한 모델로, 연속교반류반응조(CSTR)로 가정한다.

㉰ **이차원 모델** : 수질변동이 일방향이 아닌 이방향(X-Y 또는 Y-Z)으로 분포한다고 보는 관점으로, 수심이 깊은 댐이나 호수에서는 X-Z방향으로 구획을 나눈다.

㉱ **삼차원 모델** : 대호수의 순환패턴이나 큰 만에서 유체역학연구에 주로 적용된다.

② **모델의 시간성에 따른 분류**

㉮ **장기 및 단기 모델** : 일차원 모델이 적용되는 system에서는 장기성 모델이 이용되고, 반면 단기성 모델은 실제 오염문제를 해석하는 데 이용된다.

⑭ 동적 및 정적 모델 : 정적 모델은 system을 기술하는 수식에서의 변수가 시각의 변화에 상관없이 항상 일정하며, 동적 모델은 부영양화 예측과 관리, 하천에서 수질 변화, 하구에서의 조류의 변동과 변화를 예측하는 데 적용된다.

(4) 난류확산방정식

유수(流水) 중에서 난류확산을 동반하는 오염물질의 상태를 표시한다.

$$\frac{\partial C}{\partial t} + \frac{\partial(uC)}{\partial x} + \frac{\partial(vC)}{\partial y} + \frac{\partial(wC)}{\partial z}$$

$$= \underbrace{\frac{\partial}{\partial x}\left(Dx\frac{\partial C}{\partial x}\right) + \frac{\partial}{\partial y}\left(Dy\frac{\partial C}{\partial y}\right) + \frac{\partial}{\partial z}\left(Dz\frac{\partial C}{\partial z}\right)}_{\text{난류확산}} + \underbrace{W_o\frac{\partial C}{\partial z}}_{\text{침전}} - \underbrace{KC}_{\text{감쇠}}$$

여기서, C : 유수 중의 대상오염물질의 농도

$\quad u,\ v,\ w$: x(유하, 흐름), y(횡단면, 수평), z(수심, 연직) 방향의 유속

$\quad Dx,\ Dy,\ Dz$: $x,\ y,\ z$ 방향의 확산계수

$\quad W_o$: 오염대상물질의 침강속도

$\quad K$: 오염대상물질의 자기감쇠계수(예 BOD의 K치, 방사성 물질의 붕괴계수 등)

2. 하천수질 모델링

(1) 하천 modeling의 일반적 가정조건

① 농도분포는 하천의 흐름방향(일차원)으로 이루어진다.

$$\frac{\partial C}{\partial y} = 0, \ \frac{\partial C}{\partial z} = 0$$

② 유속으로 인한 오염물질의 이동이 크므로 확산에 의한 영향을 무시한다.

$$Dx = 0, \ Dy = 0, \ Dz = 0$$

③ 정상상태를 가정한다.

$$\frac{\partial C}{\partial t} = 0$$

(2) 수질 모델링

① Streeter-Phelps Model

㉮ 하천의 수질관리를 위하여 1920년대 초에 개발된 **최초**의 수질 예측 모델이다.

㉯ BOD와 DO 반응 즉, 유기물 분해로 인한 DO 소비와 대기로부터 수면을 통해 산소가 재공급되는 재폭기만 고려한 모델이다.

㉰ 조류의 광합성은 무시하고, 유기물의 분해는 1차 반응이다.

㉱ 하천의 흐름방향 분산을 고려할 수 없다.

㉲ 점오염원으로 오염부하량을 고려한다.

㉳ 하상퇴적물의 유기물 분해를 고려하지 않는다.

㉴ 하천을 plug flow형으로 가정하였다.

② QUAL-Ⅰ, Ⅱ Model

㉮ 유속, 수심, 조도계수에 의해 확산계수를 결정한다.

㉯ 하천과 대기 사이의 열복사, 열교환을 고려한다.

㉰ 음해법으로 미분방정식의 해를 구한다.

③ WORRS Model

㉮ 하천 및 호수의 부영양화를 고려한 생태계 모델이다.

㉯ 정적 및 동적인 하천의 수질, 수문학적 특성을 고려한다.

㉰ 호수에는 수심별 1차원 모델이 적용된 모델이다.

④ WASPS Model

㉮ 하천의 수리학적 모델, 수질 모델, 독성물질의 거동 모델 등으로 고려할 수 있으며, 1차원, 2차원, 3차원까지 고려할 수 있다.

㉯ 수질항목 간의 상태적 반응기작을 Streeter-Phelps 식부터 수정한다.

㉰ 수질에 저질이 미치는 영향을 보다 상세히 고려한 모델이다.

⑤ DO SAG-Ⅰ, Ⅱ, Ⅲ

㉮ Streeter-Phelps 식을 기본으로 Ⅰ, Ⅱ, Ⅲ 단계에 걸쳐 개발되었다.

㉯ 1차원이며, 정상상태를 가정한다.

㉰ 저질과 광합성에 의한 DO는 무시한다.

3. 호소수질 모델링

(1) 수리 모델

호수나 저수지는 풍파나 조류에 의해 현저한 교반이 일어나는 수가 있어 작은 호수 및 저수지는 완전혼합 상태로 가정할 수 있다.

유량이 일정하고 1차 반응이 있는 호수의 완전혼합 반응 model에서의 물질수지식을 세우기 위해 질량불변의 법칙을 적용하면,

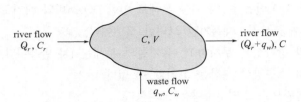

┃작은 호수 및 저수지에서의 완전혼합 모델 모식도┃

질량의 변화=유입 − 유출 − 감소

$$V \cdot \frac{dC}{dt} = (Q_r C_r + q_w C_w) - (Q_r + q_w)C - VK'C$$

여기서, V : 호수의 용적, dC : 호수에서의 오염물질의 농도 변화

Q_r : 호수로의 하천수 유입량, C_r : 하천수의 오염물질 농도

q_w : 호수로의 폐수 유입량, C_w : 폐수 중의 오염물질 농도

K' : 1차 반응속도상수

여기서, $W = Q_r C_r + q_w C_w$ 로 하고, $Q = Q_r + q_w$, 체류시간 $t_0 = \dfrac{V}{Q}$ 로 나타내어

위 식에 대입하면,

$$\frac{dC}{dt} + C\left(\frac{1}{t_0} + K'\right) = \frac{W}{V}$$

위 식은 선형미분방정식이므로, $\dfrac{1}{t_0} + K' = \beta$ 로 하여 적분하여 정리하면,

$$C = \frac{W}{\beta V}(1 - e^{-\beta t}) + C_0 e^{-\beta t}$$

이다.

(2) 부영양화 예측을 위한 수리 모델

① 일반적 부영양화 모델

$$\frac{\partial x}{\partial t} = f(x, \ u, \ a, p)$$

여기서, x : 상태변수(수온, 인 농도, Chl−a 농도 등 호수 및 저니 속의 어떤 지점
에서의 물리적, 화학적, 생물학적인 상태량을 나타냄)

u : 입력함수(수량부하, 일사량, 풍력에너지 등에 대응)

a : 호수생태계의 특색을 나타내는 상수(파라미터) 벡터

p : 확률적인 요인

※ f는 유입, 유출, 호수 내에서의 이류, 확산 및 이화학적 및 생물학적 반응(증식, 포식, 분해 등 포함) 등 상태변수의 변화속도를 규정한다.

② BOX 모델

호수를 수직 및 수평 방향의 몇 개(n개)의 BOX로 분할하고 각 BOX마다 수리 모델 물질수지식과 같은 모델을 적용하여 쓰이는데 각 BOX 내에서는 x, u, a, p의 분포를 갖지 않고 어떤 대표 값을 갖고 있다.

③ 인부하 모델(Vollenweider model)

㉮ 인부하 모델은 주로 Vollenweider가 제시한 방법에 근거한 일련의 수리 모델로서 **Chl−a 농도, 투명도, T−P 농도** 등 호수의 부영양화도에 관한 지표를 연평균 또는 연간 최대값과 같은 연단위 시간 scale로 예측, 평가하는 것을 목적으로 한다.

㉯ 이 모델은 호수 전체를 하나의 BOX로 하여 하나의 부영양화 지표를 추정하는 것이 보통이며, 인(P) 물질수지를 기초로 하고 있다. 그리고 호수의 수리특성(체류시간, 유량, 깊이)을 상수로 하여 호수의 부영양화도(인농도, Chl−a 농도)와 인 부하량의 관계를 경험적으로 구하는 model이며, 경험적인 해석모델이다.

④ Dillon 모델

㉮ Vollenweider에서 발전된 것으로 인부하량보다는 정상상태에서 호수(저수지)의 총 인농도를 예측하는 것으로 Vollenweider 모델보다 인의 체류계수(호수의 수리학적 체류상수)에 관한 Data가 더 필요하다.

$$[\text{T}-\text{P}] = \frac{L(1-R)}{\overline{Z} \cdot \rho}$$

여기서, $[\text{T}-\text{P}]$: 호수(저수지) 내의 평균 T−P 농도(mg/L=g/m³)

　　　　L : 단위수면적당 T−P 부하량(g/m² · yr)

　　　　R : 체류계수($0.426\exp(-0.271\overline{Z}\rho)+0.574\exp(-9.49\times10^{-3}\overline{Z}\rho)$

　　　　$\overline{Z}$: 호수(저수지)의 평균수심(m), ρ : 희석률(yr⁻¹)

㉯ Dillon 모델은 1차 생산력의 제한인자가 인 성분이라고 가정할 수 있는 호수에 대해서만 적용이 가능하다(사실 질소의 경우는 폐수뿐 아니라 우수유출수와 공기 중의 질소 성분의 공급이 가능하기 때문에 제한인자는 인 성분이 될 수밖에 없다).

핵심정리 **7**　**물환경보전법령**

1. 물환경보전법

제1장 총칙

〈정의〉

법	**제2조(정의)** 1. "물환경"이란 사람의 생활과 생물의 생육에 관계되는 물의 질(이하 "수질"이라 한다) 및 공공수역의 모든 생물과 이들을 둘러싸고 있는 비생물적인 것을 포함한 수생태계(水生態系, 이하 "수생태계"라 한다)를 총칭하여 말한다. 1의 2. "점오염원(點汚染源)"이란 폐수배출시설, 하수발생시설, 축사 등으로서 관거(管渠)·수로 등을 통하여 일정한 지점으로 수질오염물질을 배출하는 배출원을 말한다. 2. "비점오염원(非點汚染源)"이란 도시, 도로, 농지, 산지, 공사장 등으로서 불특정 장소에서 불특정하게 수질오염물질을 배출하는 배출원을 말한다. 3. "기타수질오염원"이란 점오염원 및 비점오염원으로 관리되지 아니하는 수질오염물질을 배출하는 시설 또는 장소로서 환경부령으로 정하는 것을 말한다. 4. "폐수"란 물에 액체성 또는 고체성의 수질오염물질이 섞여 있어 그대로는 사용할 수 없는 물을 말한다. 4의 2. "폐수관로"란 폐수를 사업장에서 제17호의 공공폐수처리시설로 유입시키기 위하여 제48조 제1항에 따라 공공폐수처리시설을 설치·운영하는 자가 설치·관리하는 관로와 그 부속시설을 말한다. 5. "강우유출수(降雨流出水)"란 비점오염원의 수질오염물질이 섞여 유출되는 빗물 또는 눈 녹은 물 등을 말한다. 6. "불투수층(不透水層)"이란 빗물 또는 눈 녹은 물 등이 지하로 스며들 수 없게 하는 아스팔트·콘크리트 등으로 포장된 도로, 주차장, 보도 등을 말한다. 7. "수질오염물질"이란 수질오염의 요인이 되는 물질로서 환경부령으로 정하는 것을 말한다. 8. "특정수질유해물질"이란 사람의 건강, 재산이나 동·식물의 생육(生育)에 직접 또는 간접으로 위해를 줄 우려가 있는 수질오염물질로서 환경부령으로 정하는 것을 말한다.

9. "공공수역"이란 하천, 호소, 항만, 연안해역, 그 밖에 공공용으로 사용되는 수역과 이에 접속하여 공공용으로 사용되는 환경부령으로 정하는 수로를 말한다.

10. "폐수배출시설"이란 수질오염물질을 배출하는 시설물, 기계, 기구, 그 밖의 물체로서 환경부령으로 정하는 것을 말한다. 다만, 「해양환경관리법」 제2조 제16호 및 제17호에 따른 선박 및 해양시설은 제외한다.

11. "폐수무방류배출시설"이란 폐수배출시설에서 발생하는 폐수를 해당 사업장에서 수질오염방지시설을 이용하여 처리하거나 동일 폐수배출시설에 재이용하는 등 공공수역으로 배출하지 아니하는 폐수배출시설을 말한다.

12. "수질오염방지시설"이란 점오염원, 비점오염원 및 기타 수질오염원으로부터 배출되는 수질오염물질을 제거하거나 감소하게 하는 시설로서 환경부령으로 정하는 것을 말한다.

13. "비점오염저감시설"이란 수질오염방지시설 중 비점오염원으로부터 배출되는 수질오염물질을 제거하거나 감소하게 하는 시설로서 환경부령으로 정하는 것을 말한다.

14. "호소"란 다음의 어느 하나에 해당하는 지역으로서 만수위(滿水位)[댐의 경우에는 계획홍수위(計劃洪水位)를 말한다] 구역 안의 물과 토지를 말한다.

　가. 댐·보(洑) 또는 둑(「사방사업법」에 따른 사방시설은 제외한다) 등을 쌓아 하천 또는 계곡에 흐르는 물을 가두어 놓은 곳

　나. 하천에 흐르는 물이 자연적으로 가두어진 곳

　다. 화산활동 등으로 인하여 함몰된 지역에 물이 가두어진 곳

15. "수면관리자"란 다른 법령에 따라 호소를 관리하는 자를 말한다. 이 경우 동일한 호소를 관리하는 자가 둘 이상인 경우에는 「하천법」에 따른 하천관리청 외의 자가 수면관리자가 된다.

15의 2. "수생태계 건강성"이란 수생태계를 구성하고 있는 요소 중 환경부령으로 정하는 물리적·화학적·생물적 요소들이 훼손되지 아니하고 각각 온전한 기능을 발휘할 수 있는 상태를 말한다.

16. "상수원호소"란 「수도법」 제7조에 따라 지정된 상수원보호구역(이하 "상수원보호구역"이라 한다) 및 「환경정책기본법」 제38조에 따라 지정된 수질보전을 위한 특별대책지역(이하 "특별대책지역"이라 한다) 밖에 있는 호소 중 호소의 내부 또는 외부에 「수도법」 제3조 제17호에 따른 취수시설(이하 "취수시설"이라 한다)을 설치하여 그 호소의 물을 먹는 물로 사용하는 호소로서 환경부 장관이 정하여 고시한 것을 말한다.

17. "공공폐수처리시설"이란 공공폐수처리구역의 폐수를 처리하여 공공수역에 배출하기 위한 처리시설과 이를 보완하는 시설을 말한다.

18. "공공폐수처리구역"이란 폐수를 공공폐수처리시설에 유입하여 처리할 수 있는 지역으로서 제49조 제3항에 따라 환경부 장관이 지정한 구역을 말한다.

19. "물놀이형 수경(水景)시설"이란 수돗물, 지하수 등을 인위적으로 저장 및 순환하여 이용하는 분수, 연못, 폭포, 실개천 등의 인공시설물 중 일반인에게 개방되어 이용자의 신체와 직접 접촉하여 물놀이를 하도록 설치하는 시설을 말한다. 다만, 다음의 시설은 제외한다.

　가. 「관광진흥법」 제5조 제2항 또는 제4항에 따라 유원시설업의 허가를 받거나 신고를 한 자가 설치한 물놀이형 유기시설(遊技施設) 또는 유기기구(遊技機具)

　나. 「체육시설의 설치·이용에 관한 법률」 제3조에 따른 체육시설 중 수영장

　다. 환경부령으로 정하는 바에 따라 물놀이 시설이 아니라는 것을 알리는 표지판과 울타리를 설치하거나 물놀이를 할 수 없도록 관리인을 두는 경우

시행규칙	**제5조(공공수역)** 법 제2조 제9호에서 "환경부령으로 정하는 수로"란 다음의 수로를 말한다. 1. 지하수로 2. 농업용 수로 3. 하수관로 4. 운하

시행규칙 [별표 2, 3] 수질오염물질과 특정수질오염물질

수질오염물질	구리, 납, 니켈, 총대장균군, 망간, 바륨, 부유물질, 비소, 산과 알칼리류, 색소, 세제류, 셀레늄, 수은, 시안, 아연, 염소, 유기물질, 유류(동·식물성을 포함한다), 인, 주석, 질소, 철, 카드뮴, 크롬, 불소, 페놀류, 페놀, 펜타클로로페놀, 황, 유기인, 6가크롬, 테트라클로로에틸렌, 트리클로로에틸렌, 폴리클로리네이티드바이페닐, 벤젠, 사염화탄소, 디클로로메탄, 1, 1-디클로로에틸렌, 1, 2-디클로로에탄, 클로로포름, 생태독성물질(물벼룩에 대한 독성을 나타내는 물질만 해당한다), 1, 4-다이옥산, 디에틸헥실프탈레이트(DEHP), 염화비닐, 아크릴로니트릴, 브로모포름, 퍼클로레이트, 아크릴아미드, 나프탈렌, 폼알데하이드, 에피클로로하이드린, 톨루엔, 자일렌, 스티렌, 비스(2-에틸헥실)아디페이트, 안티몬, 과불화옥탄산(PFOA), 과불화옥탄술폰산(PFOS), 과불화헥산술폰산(PFHXS)
특정수질오염물질	구리, 납, 비소, 수은, 시안, 유기인, 6가크롬, 카드뮴, 테트라클로로에틸렌, 트리클로로에틸렌, 폴리클로리네이티드바이페닐, 셀레늄, 벤젠, 사염화탄소, 디클로로메탄, 1, 1-디클로로에틸렌, 1, 2-디클로로에탄, 클로로포름, 1, 4-다이옥산, 디에틸헥실프탈레이트(DEHP), 염화비닐, 아크릴로니트릴, 브로모포름, 아크릴아미드, 나프탈렌, 폼알데하이드, 에피클로로하이드린, 페놀, 펜타클로로페놀, 스티렌, 비스(2-에틸헥실)아디페이트, 안티몬

시행규칙 [별표 5] 수질오염방지시설

구분	방지시설
물리적 처리시설	스크린, 분쇄기, 침사(沈砂)시설, 유수분리시설, 유량조정시설(집수조), 혼합시설, 응집시설, 침전시설, 부상시설, 여과시설, 탈수시설, 건조시설, 증류시설, 농축시설
화학적 처리시설	화학적 침강시설, 중화시설, 흡착시설, 살균시설, 이온교환시설, 소각시설, 산화시설, 환원시설, 침전물 개량시설
생물화학적 처리시설	살수여과상, 폭기(瀑氣)시설, 산화시설(산화조(酸化槽) 또는 산화지(酸化池)를 말한다), 혐기성·호기성 소화시설, 접촉조(폐수를 염소 등의 약품과 접촉시키기 위한 탱크), 안정조, 돈사톱밥발효시설

제2장 공공수역의 물환경보전

제1절 총칙

〈국립환경과학원장이 설치·운영하는 측정망의 종류 등〉

시행규칙	**제22조(국립환경과학원장이 설치·운영하는 측정망의 종류 등)** 국립환경과학원장이 법 제9조 제1항에 따라 설치할 수 있는 측정망은 다음과 같다. 1. 비점오염원에서 배출되는 비점오염물질 측정망 2. 법 제4조 제1항에 따른 수질오염물질의 총량관리를 위한 측정망 3. 영 제8조 각 호의 시설 등 대규모 오염원의 하류지점 측정망 4. 법 제21조에 따른 수질오염경보를 위한 측정망 5. 법 제22조 제2항에 따른 대권역·중권역을 관리하기 위한 측정망 6. 공공수역 유해물질 측정망 7. 퇴적물 측정망 8. 생물 측정망 9. 그 밖에 국립환경과학원장, 유역환경청장, 지방환경청장이 필요하다고 인정하여 설치·운영하는 측정망

〈측정망 설치계획의 내용·고시 등〉

시행규칙	**제24조(측정망 설치계획의 내용·고시 등)** ① 법 제9조의 2 제1항 전단, 같은 조 제2항 전단 및 같은 조 제4항 전단에 따른 측정망 설치계획(이하 "측정망 설치계획"이라 한다)에 포함되어야 하는 내용은 다음과 같다. 1. 측정망 설치시기 2. 측정망 배치도 3. 측정망을 설치할 토지 또는 건축물의 위치 및 면적 4. 측정망 운영기관 5. 측정자료의 확인방법 ② 환경부 장관, 시·도지사 또는 대도시의 장은 법 제9조의 2 제1항·제3항 또는 제5항에 따라 측정망 설치계획을 결정하거나 승인한 경우(변경하거나 변경승인한 경우를 포함한다)에는 측정망 설치를 시작하는 날의 90일 전까지 그 측정망 설치계획을 고시하여야 한다.

〈공공폐수처리시설의 방류수 수질기준〉

시행령	**제26조(공공폐수처리시설의 방류수 수질기준)** 법 제12조 제3항에 따른 공공폐수처리시설에서 배출되는 물의 수질기준(이하 "공공폐수처리시설의 방류수 수질기준"이라 한다)은 [별표 10]과 같다.

시행규칙 [별표 10] 공공폐수처리시설의 방류수 수질기준(제26조 관련)

1. 방류수 수질기준[( )는 농공단지]

구분	적용기간 및 수질기준			
	2020.1.1. 이후			
	Ⅰ지역	Ⅱ지역	Ⅲ지역	Ⅳ지역
생물화학적 산소요구량(BOD)(mg/L)	10(10) 이하	10(10) 이하	10(10) 이하	10(10) 이하
총유기탄소량(TOC)(mg/L)	15(25) 이하	15(25) 이하	25(25) 이하	25(25) 이하
부유물질(SS)(mg/L)	10(10) 이하	10(10) 이하	10(10) 이하	10(10) 이하
총질소(T-N)(mg/L)	20(20) 이하	20(20) 이하	20(20) 이하	20(20) 이하
총인(T-P)(mg/L)	0.2(0.2) 이하	0.3(0.3) 이하	0.5(0.5) 이하	2(2) 이하
총대장균군수(개/mL)	3,000 (3,000)	3,000 (3,000)	3,000 (3,000)	3,000 (3,000)
생태독성(TU)	1(1) 이하	1(1) 이하	1(1) 이하	1(1) 이하

〈낚시금지구역 또는 낚시제한구역의 지정 등〉

시행령	**제27조(낚시금지구역 또는 낚시제한구역의 지정 등)** ① 시장·군수·구청장(자치구의 구청장을 말한다. 이하 같다)은 낚시금지구역 또는 낚시제한구역을 지정하려는 경우에는 다음의 사항을 고려하여야 한다. 1. 용수의 목적 2. 오염원 현황 3. 수질오염도 4. 낚시터 인근에서의 쓰레기 발생현황 및 처리여건 5. 연도별 낚시 인구의 현황 6. 서식 어류의 종류 및 양 등 수중생태계의 현황

시행규칙	**제30조(낚시제한구역에서의 제한사항)** 법 제20조 제2항 전단에서 "환경부령으로 정하는 사항"이란 다음의 사항을 말한다.
	1. 낚시방법에 관한 다음의 행위
	가. 낚싯바늘에 끼워서 사용하지 아니하고 물고기를 유인하기 위하여 떡밥·어분 등을 던지는 행위
	나. 어선을 이용한 낚시행위 등 「낚시 관리 및 육성법」에 따른 낚시어선업을 영위하는 행위(「내수면어업법 시행령」 제14조 제1항 제1호에 따른 외줄낚시는 제외한다)
	다. 1명당 4대 이상의 낚싯대를 사용하는 행위
	라. 1개의 낚싯대에 5개 이상의 낚싯바늘을 떡밥과 뭉쳐서 미끼로 던지는 행위
	마. 쓰레기를 버리거나 취사행위를 하거나 화장실이 아닌 곳에서 대·소변을 보는 등 수질오염을 일으킬 우려가 있는 행위
	바. 고기를 잡기 위하여 폭발물·배터리·어망 등을 이용하는 행위(「내수면어업법」 제6조·제9조 또는 제11조에 따라 면허 또는 허가를 받거나 신고를 하고 어망을 사용하는 경우는 제외한다)

시행규칙 [별표 12] 낚시금지·제한구역 안내판의 규격 및 내용(제29조 관련)

1. 안내판의 규격

```
○ 두께 및 재질 : 3밀리미터 또는 4밀리미터 두께의 철판
○ 바탕색 : 청색
○ 글씨 : 흰색
```

〈수질오염경보〉

시행령	**제28조(수질오염경보)** ① 법 제21조 제5항에 따른 수질오염경보의 종류는 다음과 같다.
	1. 조류경보(藻類警報)
	2. 수질오염감시경보

시행령 [별표 2] 수질오염경보의 종류별 발령대상, 발령주체 및 대상항목
(제28조 제2항 관련)

2. 수질오염감시경보

대상 항목	발령대상	발령주체
수소이온농도, 용존산소, 총질소, 총인, 전기전도도, 총유기탄소, 휘발성유기화합물, 페놀, 중금속(구리, 납, 아연, 카드뮴 등), 클로로필-a, 생물 감시	법 제9조에 따른 측정망 중 실시간으로 수질오염도가 측정되는 하천·호소	환경부 장관

시행령 [별표 3] 수질오염경보의 종류별 경보단계 및 그 단계별 발령·해제기준
(제28조 제3항 관련)

1. 조류경보
  가. 상수원 구간

경보단계	발령·해제 기준
관심	2회 연속채취 시 남조류 세포수가 1,000세포/mL 이상 10,000세포/mL 미만인 경우
경계	2회 연속채취 시 남조류 세포수가 10,000세포/mL 이상 1,000,000세포/mL 미만인 경우
조류 대발생	2회 연속채취 시 남조류 세포수가 1,000,000세포/mL 이상인 경우
해제	2회 연속채취 시 남조류 세포수가 1,000세포/mL 미만인 경우

  나. 친수활동 구간

경보단계	발령·해제 기준
관심	2회 연속채취 시 남조류 세포수가 20,000세포/mL 이상 100,000세포/mL 미만인 경우
경계	2회 연속채취 시 남조류 세포수가 100,000세포/mL 이상인 경우
해제	2회 연속채취 시 남조류 세포수가 20,000세포/mL 미만인 경우

2. 수질오염감시경보

경보단계	발령·해제 기준
관심	가. 수소이온농도, 용존산소, 총질소, 총인, 전기전도도, 총유기탄소, 휘발성유기화합물, 페놀, 중금속(구리, 납, 아연, 카드뮴 등) 항목 중 2개 이상 항목이 측정항목별 경보기준을 초과하는 경우 나. 생물감시 측정값이 생물감시 경보기준 농도를 30분 이상 지속적으로 초과하는 경우

경보단계	발령·해제 기준
주의	가. 수소이온농도, 용존산소, 총질소, 총인, 전기전도도, 총유기탄소, 휘발성유기화합물, 페놀, 중금속(구리, 납, 아연, 카드뮴 등) 항목 중 2개 이상 항목이 측정항목별 경보기준을 2배 이상(수소이온농도 항목의 경우에는 5 이하 또는 11 이상을 말한다) 초과하는 경우 나. 생물감시 측정값이 생물감시 경보기준 농도를 30분 이상 지속적으로 초과하고, 수소이온농도, 총유기탄소, 휘발성유기화합물, 페놀, 중금속(구리, 납, 아연, 카드뮴 등) 항목 중 1개 이상의 항목이 측정항목별 경보기준을 초과하는 경우와 전기전도도, 총질소, 총인, 클로로필-a 항목 중 1개 이상의 항목이 측정항목별 경보기준을 2배 이상 초과하는 경우
경계	생물감시 측정값이 생물감시 경보기준 농도를 30분 이상 지속적으로 초과하고, 전기전도도, 휘발성유기화합물, 페놀, 중금속(구리, 납, 아연, 카드뮴 등) 항목 중 1개 이상의 항목이 측정항목별 경보기준을 3배 이상 초과하는 경우
심각	경계경보 발령 후 수질오염사고 전개속도가 매우 빠르고 심각한 수준으로서 위기발생이 확실한 경우
해제	측정항목별 측정값이 관심단계 이하로 낮아진 경우

시행령 [별표 4] 수질오염경보의 종류별·경보단계별 조치사항(제28조 제4항 관련)

1. 조류경보

가. 상수원 구간

단계	관계기관	조치사항
관심	4대강(한강, 낙동강, 금강, 영산강을 말한다. 이하 같다) 물환경연구소장 (시·도 보건환경연구원장 또는 수면관리자)	1) 주 1회 이상 시료 채취 및 분석(남조류 세포수, 클로로필-a) 2) 시험분석 결과를 발령기관으로 신속하게 통보
	수면관리자	취수구와 조류가 심한 지역에 대한 차단막 설치 등 조류 제거조치 실시
	취수장·정수장 관리자	정수처리 강화(활성탄처리, 오존처리)
	유역·지방 환경청장 (시·도지사)	1) 관심경보 발령 2) 주변오염원에 대한 지도·단속
	홍수통제소장, 한국수자원공사사장	댐, 보 여유량 확인·통보
	한국환경공단이사장	1) 환경기초시설 수질자동측정자료 모니터링 실시 2) 하천구간 조류 예방·제거에 관한 사항 지원

단계	관계기관	조치사항
경계	4대강 물환경연구소장 (시·도 보건환경연구원장 또는 수면관리자)	1) 주 2회 이상 시료 채취 및 분석(남조류 세포수, 클로로필-a, 냄새물질, 독소) 2) 시험분석 결과를 발령기관으로 신속하게 통보
	수면관리자	취수구와 조류가 심한 지역에 대한 차단 막 설치 등 조류 제거조치 실시
	취수장·정수장 관리자	1) 조류증식 수심 이하로 취수구 이동 2) 정수처리 강화(활성탄처리, 오존처리) 3) 정수의 독소분석 실시
	유역·지방 환경청장 (시·도지사)	1) 경계경보 발령 및 대중매체를 통한 홍보 2) 주변오염원에 대한 단속 강화 3) 낚시·수상스키·수영 등 친수활동, 어 패류 어획·식용, 가축 방목 등의 자제 권고 및 이에 대한 공지(현수막 설치 등)
	홍수통제소장, 한국수자원공사사장	기상상황, 하천수문 등을 고려한 방류량 산정
	한국환경공단이사장	1) 환경기초시설 및 폐수배출사업장 관계 기관 합동점검 시 지원 2) 하천구간 조류 제거에 관한 사항 지원 3) 환경기초시설 수질자동측정자료 모니터 링 강화
조류 대발생	4대강 물환경연구소장 (시·도 보건환경연구원장 또는 수면관리자)	1) 주 2회 이상 시료 채취 및 분석(남조류 세포수, 클로로필-a, 냄새물질, 독소) 2) 시험분석 결과를 발령기관으로 신속하게 통보
	수면관리자	1) 취수구와 조류가 심한 지역에 대한 차 단막 설치 등 조류 제거조치 실시 2) 황토 등 조류 제거물질 살포, 조류 제거 선 등을 이용한 조류 제거조치 실시
	취수장·정수장 관리자	1) 조류증식 수심 이하로 취수구 이동 2) 정수처리 강화(활성탄처리, 오존처리) 3) 정수의 독소분석 실시
	유역·지방 환경청장 (시·도지사)	1) 조류대발생경보 발령 및 대중매체를 통 한 홍보 2) 주변오염원에 대한 지속적인 단속 강화 3) 낚시·수상스키·수영 등 친수활동, 어 패류 어획·식용, 가축 방목 등의 금지 및 이에 대한 공지(현수막 설치 등)
	홍수통제소장, 한국수자원공사사장	댐, 보 방류량 조정

단계	관계기관	조치사항
조류 대발생	한국환경공단이사장	1) 환경기초시설 및 폐수배출사업장 관계 기관 합동점검 시 지원 2) 하천구간 조류 제거에 관한 사항 지원 3) 환경기초시설 수질 자동측정자료 모니 터링 강화
해제	4대강 물환경연구소장 (시·도 보건환경연구원장 또는 수면관리자)	시험분석 결과를 발령기관으로 신속하게 통보
	유역·지방 환경청장 (시·도지사)	각종 경보해제 및 대중매체 등을 통한 홍보

2. 수질오염감시경보

단계	관계기관	조치사항
관심	한국환경공단이사장	1) 측정기기의 이상 여부 확인 2) 유역·지방 환경청장에게 보고 – 상황보고, 원인조사 및 관심경보 발령 요청 3) 지속적 모니터링을 통한 감시
	수면관리자	물환경변화 감시 및 원인조사
	취수장·정수장 관리자	정수처리 및 수질분석 강화
	유역·지방 환경청장	1) 관심경보 발령 및 관계기관 통보 2) 수면관리자에게 원인조사 요청 3) 원인조사 및 주변 오염원 단속 강화
주의	한국환경공단이사장	1) 측정기기의 이상 여부 확인 2) 유역·지방 환경청장에게 보고 – 상황보고, 원인조사 및 주의경보 발령 요청 3) 지속적인 모니터링을 통한 감시
	수면관리자	1) 물환경변화 감시 및 원인조사 2) 차단막 설치 등 오염물질 방제 조치
	취수장·정수장 관리자	1) 정수의 수질분석을 평시보다 2배 이상 실시 2) 취수장 방제 조치 및 정수처리 강화
	4대강 물환경연구소장	1) 원인조사 및 오염물질 추적조사 지원 2) 유역·지방 환경청장에게 원인조사 결과 보고 3) 새로운 오염물질에 대한 정수처리기술 지원
	유역·지방 환경청장	1) 주의경보 발령 및 관계기관 통보 2) 수면관리자 및 4대강 물환경연구소장에게 원인조사 요청 3) 관계기관 합동 원인조사 및 주변 오염원 단속 강화

단계	관계기관	조치사항
경계	한국환경공단이사장	1) 측정기기의 이상 여부 확인 2) 유역·지방 환경청장에게 보고 　– 상황보고, 원인조사 및 경계경보 발령 요청 3) 지속적 모니터링을 통한 감시 4) 오염물질 방제조치 지원
	수면관리자	1) 물환경변화 감시 및 원인조사 2) 차단막 설치 등 오염물질 방제 조치 3) 사고발생 시 지역 사고대책본부 구성·운영
	취수장·정수장 관리자	1) 정수처리 강화 2) 정수의 수질분석을 평시보다 3배 이상 실시 3) 취수 중단, 취수구 이동 등 식용수 관리대책 수립
	4대강 물환경연구소장	1) 원인조사 및 오염물질 추적조사 지원 2) 유역·지방 환경청장에게 원인조사 결과 통보 3) 정수처리기술 지원
	유역·지방 환경청장	1) 경계경보 발령 및 관계기관 통보 2) 수면관리자 및 4대강 물환경연구소장에게 원인조사 요청 3) 원인조사대책반 구성·운영 및 사법기관에 합동단속 요청 4) 식용수 관리대책 수립·시행 총괄 5) 정수처리기술 지원
심각	환경부 장관	중앙합동대책반 구성·운영
	한국환경공단이사장	1) 측정기기의 이상 여부 확인 2) 유역·지방 환경청장에게 보고 　– 상황보고, 원인조사 및 경계경보 발령 요청 3) 지속적 모니터링을 통한 감시 4) 오염물질 방제조치 지원
	수면관리자	1) 물환경변화 감시 및 원인조사 2) 차단막 설치 등 오염물질 방제 조치 3) 중앙합동대책반 구성·운영 시 지원
	취수장·정수장 관리자	1) 정수처리 강화 2) 정수의 수질분석 횟수를 평상시보다 3배 이상 실시 3) 취수 중단, 취수구 이동 등 식용수 관리대책 수립 4) 중앙합동대책반 구성·운영 시 지원
	4대강 물환경연구소장	1) 원인조사 및 오염물질 추적조사 지원 2) 유역·지방 환경청장에게 시료분석 및 조사결과 통보 3) 정수처리기술 지원

단계	관계기관	조치사항
심각	유역 · 지방 환경청장	1) 심각경보 발령 및 관계기관 통보 2) 수면관리자 및 4대강 물환경연구소장에게 원인조사 요청 3) 필요한 경우 환경부 장관에게 중앙합동대책반 구성 요청 4) 중앙합동대책반 구성 시 사고수습본부 구성 · 운영
	국립환경과학원장	1) 오염물질 분석 및 원인조사 등 기술자문 2) 정수처리기술 지원
해제	한국환경공단이사장	관심 단계 발령기준 이하 시 유역 · 지방 환경청장에게 수질오염감시경보 해제 요청
	유역 · 지방 환경청장	수질오염감시경보 해제

제2절 국가 및 수계 영향권별 물환경보전

〈국가 물환경관리기본계획의 수립〉

법	**제23조의 2(국가 물환경관리기본계획의 수립)** ① 환경부 장관은 공공수역의 물환경을 관리 · 보전하기 위하여 대통령령으로 정하는 바에 따라 국가 물환경관리기본계획을 10년마다 수립하여야 한다. **제24조(대권역 물환경관리계획의 수립)** ① 유역환경청장은 국가 물환경관리기본계획에 따라 제22조 제2항에 따른 대권역별로 대권역 물환경관리계획(이하 "대권역계획"이라 한다)을 10년마다 수립하여야 한다. ② 대권역계획에는 다음의 사항이 포함되어야 한다. 　1. 물환경의 변화추이 및 물환경 목표기준 　2. 상수원 및 물 이용현황 　3. 점오염원, 비점오염원 및 기타 수질오염원의 분포현황 　4. 점오염원, 비점오염원 및 기타 수질오염원에서 배출되는 수질오염물질의 양 　5. 수질오염 예방 및 저감 대책 　6. 물환경 보전조치의 추진방향 　7. 「저탄소녹색성장기본법」 제2조 제12호에 따른 기후변화에 대한 적응대책 　8. 그 밖에 환경부령으로 정하는 사항

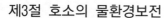

제3절 호소의 물환경보전

〈호소수 이용상황 등의 조사·측정 및 분석 등〉

시행령	**제30조(호소수 이용상황 등의 조사·측정 및 분석 등)** ① 환경부 장관은 법 제28조에 따라 다음의 어느 하나에 해당하는 호소로서 물환경을 보전할 필요가 있는 호소를 지정·고시하고, 그 호소의 물환경을 정기적으로 조사·측정 및 분석하여야 한다. 1. 1일 30만 톤 이상의 원수(原水)를 취수하는 호소 2. 동·식물의 서식지·도래지이거나 생물다양성이 풍부하여 특별히 보전할 필요가 있다고 인정되는 호소 3. 수질오염이 심하여 특별한 관리가 필요하다고 인정되는 호소 ② 시·도지사는 제1항에 따라 환경부 장관이 지정·고시하는 호소 외의 호소로서 만수위(滿水位)일 때의 면적이 50만제곱미터 이상인 호소의 물환경 등을 정기적으로 조사·측정 및 분석하여야 한다.

〈중점관리저수지의 지정 등〉

법	**제31조의 2(중점관리저수지의 지정 등)** ① 환경부 장관은 관계 중앙행정기관의 장과 협의를 거쳐 다음의 어느 하나에 해당하는 저수지를 중점관리저수지로 지정하고, 저수지관리자와 그 저수지의 소재지를 관할하는 시·도지사로 하여금 해당 저수지가 생활용수 및 관광·레저의 기능을 갖추도록 그 수질을 관리하게 할 수 있다. 1. 총 저수용량이 1천만세제곱미터 이상인 저수지 2. 오염 정도가 대통령령으로 정하는 기준을 초과하는 저수지 3. 그 밖에 환경부 장관이 상수원 등 해당 수계의 수질보전을 위하여 필요하다고 인정하는 경우

제3장 점오염원의 관리

제1절 산업폐수의 배출규제

〈수질오염물질의 배출허용기준〉

시행규칙 [별표 13] 수질오염물질의 배출허용기준(제34조 관련)

대상 규모 / 항목 / 지역 구분	1일 폐수배출량 2천세제곱미터 이상			1일 폐수배출량 2천세제곱미터 미만		
	생물화학적 산소요구량 (mg/L)	총유기 탄소량 (mg/L)	부유 물질량 (mg/L)	생물화학적 산소요구량 (mg/L)	총유기 탄소량 (mg/L)	부유 물질량 (mg/L)
청정지역	30 이하	25 이하	30 이하	40 이하	30 이하	40 이하
가 지역	60 이하	40 이하	60 이하	80 이하	50 이하	80 이하
나 지역	80 이하	50 이하	80 이하	120 이하	75 이하	120 이하
특례지역	30 이하	25 이하	30 이하	30 이하	25 이하	30 이하

〈설치허가 및 신고대상 폐수배출시설의 범위 등〉

시행령	제31조(설치허가 및 신고대상 폐수배출시설의 범위 등) ① 법 제33조 제1항 본문에 따라 설치허가를 받아야 하는 폐수배출시설(이하 "배출시설"이라 한다)은 다음과 같다. 1. 특정수질유해물질이 환경부령으로 정하는 기준 이상으로 배출되는 배출시설 2. 「환경정책기본법」 제38조에 따른 특별대책지역(이하 "특별대책지역"이라 한다)에 설치하는 배출시설 3. 법 제33조 제6항에 따라 환경부 장관이 고시하는 배출시설 설치제한지역에 설치하는 배출시설 4. 「수도법」 제7조에 따른 상수원보호구역(이하 "상수원보호구역"이라 한다)에 설치하거나 그 경계구역으로부터 상류로 유하거리(流下距離) 10킬로미터 이내에 설치하는 배출시설 5. 상수원보호구역이 지정되지 아니한 지역 중 상수원 취수시설이 있는 지역의 경우에는 취수시설로부터 상류로 유하거리 15킬로미터 이내에 설치하는 배출시설 6. 법 제33조 제1항 본문에 따른 설치신고를 한 배출시설로서 원료·부원료·제조공법 등이 변경되어 특정수질유해물질이 제1호에 따른 기준 이상으로 새로 배출되는 배출시설

시행령 [별표 13] 사업장의 규모별 구분(제44조 제2항 관련)

종류	배출 규모
제1종 사업장	1일 폐수배출량이 2,000m³ 이상인 사업장
제2종 사업장	1일 폐수배출량이 700m³ 이상, 2,000m³ 미만인 사업장
제3종 사업장	1일 폐수배출량이 200m³ 이상, 700m³ 미만인 사업장
제4종 사업장	1일 폐수배출량이 50m³ 이상, 200m³ 미만인 사업장
제5종 사업장	위 제1종부터 제4종까지의 사업장에 해당하지 아니하는 배출시설

〈과징금 처분〉

법	**제43조(과징금 처분)** ① 환경부 장관은 다음의 어느 하나에 해당하는 배출시설(폐수무방류배출시설은 제외한다)을 설치·운영하는 사업자에 대하여 제42조에 따라 조업정지를 명하여야 하는 경우로서 그 조업정지가 주민의 생활, 대외적인 신용, 고용, 물가 등 국민경제, 또는 그 밖의 공익에 현저한 지장을 줄 우려가 있다고 인정되는 경우에는 조업정지처분을 갈음하여 매출액에 100분의 5를 곱한 금액을 초과하지 아니하는 범위에서 과징금을 부과할 수 있다. 1. 「의료법」에 따른 의료기관의 배출시설 2. 발전소의 발전설비 3. 「초·중등교육법」 및 「고등교육법」에 따른 학교의 배출시설 4. 제조업의 배출시설 5. 그 밖에 대통령령으로 정하는 배출시설

〈환경기술인〉

법	**제47조(환경기술인)** ① 사업자는 배출시설과 방지시설의 정상적인 운영·관리를 위하여 대통령령으로 정하는 바에 따라 환경기술인을 임명하여야 한다.
시행령	**제59조(환경기술인의 임명 및 자격기준 등)** ① 법 제47조 제1항에 따라 사업자가 환경기술인을 임명하려는 경우에는 다음의 구분에 따라 임명하여야 한다. 1. 최초로 배출시설을 설치한 경우 : 가동시작 신고와 동시 2. 환경기술인을 바꾸어 임명하는 경우 : 그 사유가 발생한 날부터 5일 이내

시행규칙	**제93조(기술인력 등의 교육기간 · 대상자 등)** ① 법 제38조의 6 제1항에 따른 기술인력, 법 제47조에 따른 환경기술인 또는 법 제62조에 따른 폐수처리업에 종사하는 기술요원(이하 "기술인력 등"이라 한다)을 고용한 자는 다음의 구분에 따른 교육을 받게 하여야 한다. 1. 최초교육 : 기술인력 등이 최초로 업무에 종사한 날부터 1년 이내에 실시하는 교육 2. 보수교육 : 제1호에 따른 최초 교육 후 3년마다 실시하는 교육 ② 제1항에 따른 교육은 다음의 구분에 따른 교육기관에서 실시한다. 다만, 환경부 장관 또는 시 · 도지사는 필요하다고 인정하면 다음의 교육기관 외의 교육기관에서 기술인력 등에 관한 교육을 실시하도록 할 수 있다. 1. 측정기기 관리대행업에 등록된 기술인력 및 폐수처리업에 종사하는 기술요원 : 국립환경인력개발원 2. 환경기술인 : 「환경정책기본법」 제38조 제1항에 따른 환경보전협회
	제94조(교육과정의 종류 및 기간) ① 기술인력 등이 법 제38조의 8 제2항 · 제67조 제1항 및 제93조 제1항에 따라 이수하여야 하는 교육과정은 다음의 구분에 따른다. 1. 측정기기 관리대행업에 등록된 기술인력 : 측정기기 관리대행 기술인력과정 2. 환경기술인 : 환경기술인과정 3. 폐수처리업에 종사하는 기술요원 : 폐수처리기술요원과정 ② 제1항의 교육과정의 교육기간은 4일 이내로 한다. 다만, 정보통신매체를 이용하여 원격교육을 실시하는 경우에는 환경부 장관이 인정하는 기간으로 한다.

시행령 [별표 17] 사업장별 환경기술인의 자격기준(제59조 제2항 관련)

구분	환경기술인
제1종 사업장	수질환경기사 1명 이상
제2종 사업장	수질환경산업기사 1명 이상
제3종 사업장	수질환경산업기사, 환경기능사 또는 3년 이상 수질분야 환경관련 업무에 직접 종사한 자 1명 이상
제4종 사업장 제5종 사업장	배출시설 설치허가를 받거나 배출시설 설치신고가 수리된 사업자 또는 배출시설 설치허가를 받거나 배출시설 설치신고가 수리된 사업자가 그 사업장의 배출시설 및 방지시설업무에 종사하는 피고용인 중에서 임명하는 자 1명 이상

제4장 비점오염원의 관리

〈고랭지 경작지에 대한 경작방법 권고〉

법	**제59조(고랭지 경작지에 대한 경작방법 권고)** ① 특별자치도지사·시장·군수·구청장은 공공수역의 물환경보전을 위하여 환경부령으로 정하는 해발고도 이상에 위치한 농경지 중 환경부령으로 정하는 경사도 이상의 농경지를 경작하는 사람에게 경작방식의 변경, 농약·비료의 사용량 저감, 휴경 등을 권고할 수 있다.
시행규칙	**제85조(휴경 등 권고대상 농경지의 해발고도 및 경사도)** 법 제59조 제1항에서 "환경부령으로 정하는 해발고도"란 해발 400미터를 말하고 "환경부령으로 정하는 경사도"란 경사도 15퍼센트를 말한다.

제5장 기타 수질오염원의 관리

〈골프장의 맹독성·고독성 농약 사용여부의 확인〉

시행규칙	**제89조(골프장의 맹독성·고독성 농약 사용여부의 확인)** ① 시·도지사는 법 제61조 제2항에 따라 골프장의 맹독성·고독성 농약의 사용 여부를 확인하기 위하여 반기마다 골프장별로 농약 사용량을 조사하고 농약 잔류량를 검사하여야 한다.

〈물놀이형 수경시설의 신고 및 관리〉

법	**제61조의 2(물놀이형 수경시설의 신고 및 관리)** ① 물놀이형 수경시설을 설치·운영하려는 자는 환경부령으로 정하는 바에 따라 환경부 장관 또는 시·도지사에게 신고하여야 한다. 환경부령으로 정하는 중요사항을 변경하려는 경우에도 또한 같다.

시행령 [별표 5] 물놀이 등의 행위제한 권고기준(제29조 제2항 관련)

대상 행위	항목	기준
수영 등 물놀이	대장균	500(개체수/100mL) 이상
어패류 등 섭취	어패류 체내 총 수은(Hg)	0.3(mg/kg) 이상

[시행규칙 별표 19의 2] 물놀이형 수경시설의 수질 기준 및 관리 기준(제89조의 3 관련)

1. 수질기준

가. 측정항목별 수질기준

검사항목	수질기준
1) 수소이온농도	5.8~8.6
2) 탁도	4NTU 이하
3) 대장균	200(개체수/100mL) 미만
4) 유리잔류염소(염소 소독을 실시하는 경우만 해당한다)	0.4~4.0mg/L

2. 환경정책기본법

제1조(목적) 이 법은 환경보전에 관한 국민의 권리·의무와 국가의 책무를 명확히 하고 환경정책의 기본사항을 정하여 환경오염과 환경훼손을 예방하고 환경을 적정하고 지속가능하게 관리·보전함으로써 모든 국민이 건강하고 쾌적한 삶을 누릴 수 있도록 함을 목적으로 한다.

제3조(정의) 이 법에서 사용하는 용어의 뜻은 다음과 같다.
1. "환경"이란 자연환경과 생활환경을 말한다.
2. "자연환경"이란 지하·지표(해양을 포함한다) 및 지상의 모든 생물과 이들을 둘러싸고 있는 비생물적인 것을 포함한 자연의 상태(생태계 및 자연경관을 포함한다)를 말한다.
3. "생활환경"이란 대기, 물, 토양, 폐기물, 소음·진동, 악취, 일조(日照), 인공조명, 화학물질 등 사람의 일상생활과 관계되는 환경을 말한다.
4. "환경오염"이란 사업활동 및 그 밖의 사람의 활동에 의하여 발생하는 대기오염, 수질오염, 토양오염, 해양오염, 방사능오염, 소음·진동, 악취, 일조 방해, 인공조명에 의한 빛공해 등으로서 사람의 건강이나 환경에 피해를 주는 상태를 말한다.
5. "환경훼손"이란 야생동·식물의 남획(濫獲) 및 그 서식지의 파괴, 생태계 질서의 교란, 자연경관의 훼손, 표토(表土)의 유실 등으로 자연환경의 본래적 기능에 중대한 손상을 주는 상태를 말한다.
6. "환경보전"이란 환경오염 및 환경훼손으로부터 환경을 보호하고 오염되거나 훼손된 환경을 개선함과 동시에 쾌적한 환경상태를 유지·조성하기 위한 행위를 말한다.
7. "환경용량"이란 일정한 지역에서 환경오염 또는 환경훼손에 대하여 환경이 스스로 수용, 정화 및 복원하여 환경의 질을 유지할 수 있는 한계를 말한다.

8. "환경기준"이란 국민의 건강을 보호하고 쾌적한 환경을 조성하기 위하여 국가가 달성하고 유지하는 것이 바람직한 환경상의 조건 또는 질적인 수준을 말한다.

3. 환경기준

(1) 하천 – 사람의 건강보호기준

항목	기준값(mg/L)
카드뮴(Cd)	0.005 이하
비소(As)	0.05 이하
납(Pb)	0.05 이하
6가크롬(Cr^{6+})	0.05 이하
음이온 계면활성제(ABS)	0.5 이하
사염화탄소	0.004 이하
1, 2–디클로로에탄	0.03 이하
테트라클로로에틸렌(PCE)	0.04 이하
시안(CN)	검출되어서는 안 됨. (검출한계 0.01)
유기인	검출되어서는 안 됨. (검출한계 0.0005)
디클로로메탄	0.02 이하
벤젠	0.01 이하
클로로포름	0.08 이하
디에틸헥실프탈레이트(DEHP)	0.008 이하
안티몬	0.02 이하
1, 4–다이옥세인	0.05 이하
포름알데히드	0.5 이하
헥사클로로벤젠	0.00004 이하
수은(Hg)	검출되어서는 안 됨. (검출한계 0.001)
폴리클로리네이티드비페닐(PCB)	검출되어서는 안 됨. (검출한계 0.0005)

(2) 하천 – 생활환경기준

※ 앞 p.16 컬러페이지 참조!

등급	상태 (캐릭터)	기준							대장균군 (군 수/100mL)	
		수소이온농도 (pH)	생물화학적산소요구량 (BOD) (mg/L)	화학적산소요구량 (COD) (mg/L)	총유기탄소량 (TOC) (mg/L)	부유물질량 (SS) (mg/L)	용존산소량 (DO) (mg/L)	총인 (total phosphorus) (mg/L)	총대장균군	분원성대장균군
매우 좋음 Ia		6.5~8.5	1 이하	2 이하	2 이하	25 이하	7.5 이상	0.02 이하	50 이하	10 이하
좋음 Ib		6.5~8.5	2 이하	4 이하	3 이하	25 이하	5.0 이상	0.04 이하	500 이하	100 이하
약간 좋음 II		6.5~8.5	3 이하	5 이하	4 이하	25 이하	5.0 이상	0.1 이하	1,000 이하	200 이하
보통 III		6.5~8.5	5 이하	7 이하	5 이하	25 이하	5.0 이상	0.2 이하	5,000 이하	1,000 이하
약간 나쁨 IV		6.0~8.5	8 이하	9 이하	6 이하	100 이하	2.0 이상	0.3 이하	–	–
나쁨 V		6.0~8.5	10 이하	11 이하	8 이하	쓰레기 등이 떠 있지 않을 것	2.0 이상	0.5 이하	–	–
매우 나쁨 VI		–	10 초과	11 초과	8 초과	–	2.0 미만	0.5 초과	–	–

[비고]

1. 등급별 수질 및 수생태계 상태

   가. **매우 좋음** : 용존산소(溶存酸素)가 풍부하고 오염물질이 없는 청정상태의 생태계로 여과, 살균 등 간단한 정수처리 후 생활용수로 사용할 수 있다.

   나. **좋음** : 용존산소가 많은 편이고 오염물질이 거의 없는 청정상태에 근접한 생태계로 여과, 침전, 살균 등 일반적인 정수처리 후 생활용수로 사용할 수 있다.

   다. **약간 좋음** : 약간의 오염물질은 있으나 용존산소가 많은 상태의 다소 좋은 생태계로 여과, 침전, 살균 등 일반적인 정수처리 후 생활용수 또는 수영용수로 사용할 수 있다.

라. **보통** : 보통의 오염물질로 인하여 용존산소가 소모되는 일반 생태계로 여과, 침전, 활성탄 투입, 살균 등 고도의 정수처리 후 생활용수로 이용하거나 일반적 정수처리 후 공업용수로 사용할 수 있다.

마. **약간 나쁨** : 상당량의 오염물질로 인하여 용존산소가 소모되는 생태계로 농업용수로 사용하거나 여과, 침전, 활성탄 투입, 살균 등 고도의 정수처리 후 공업용수로 사용할 수 있다.

바. **나쁨** : 다량의 오염물질로 인하여 용존산소가 소모되는 생태계로 산책 등 국민의 일상생활에 불쾌감을 주지 않으며, 활성탄 투입, 역삼투압 공법 등 특수한 정수처리 후 공업용수로 사용할 수 있다.

사. **매우 나쁨** : 용존산소가 거의 없는 오염된 물로 물고기가 살기 어렵다.

아. 용수는 해당 등급보다 낮은 등급의 용도로 사용할 수 있다.

자. 수소이온농도(pH) 등 각 기준항목에 대한 오염도 현황, 용수 처리방법 등을 종합적으로 검토하여 그에 맞는 처리방법에 따라 용수를 처리하는 경우에는 해당 등급보다 높은 등급의 용도로도 사용할 수 있다.

2. 수질 및 수생태계 상태별 생물학적 특성 이해표

생물 등급	생물 지표종		서식지 및 생물 특성
	저서생물(底棲生物)	어류	
매우 좋음 ~ 좋음	옆새우, 가재, 뿔하루살이, 민하루살이, 강도래, 물날도래, 광택날도래, 띠무늬우묵날도래, 바수염날도래	산천어, 금강모치, 열목어, 버들치 등 서식	• 물이 매우 맑으며, 유속은 빠른 편임. • 바닥은 주로 바위와 자갈로 구성됨. • 부착 조류(藻類)가 매우 적음.
좋음 ~ 보통	다슬기, 넓적거머리, 강하루살이, 동양하루살이, 등줄하루살이, 등딱지하루살이, 물삿갓벌레, 큰줄날도래	쉬리, 갈겨니, 은어, 쏘가리 등 서식	• 물이 맑으며, 유속은 약간 빠르거나 보통임. • 바닥은 주로 자갈과 모래로 구성됨. • 부착 조류가 약간 있음.
보통 ~ 약간 나쁨	물달팽이, 턱거머리, 물벌레, 밀잠자리	피라미, 끄리, 모래무지, 참붕어 등 서식	• 물이 약간 혼탁하며, 유속은 약간 느린 편임. • 바닥은 주로 잔자갈과 모래로 구성됨. • 부착 조류가 녹색을 띠며 많음.
약간 나쁨 ~ 매우 나쁨	왼돌이물달팽이, 실지렁이, 붉은깔따구, 나방파리, 꽃등에	붕어, 잉어, 미꾸라지, 메기 등 서식	• 물이 매우 혼탁하며, 유속은 느린 편임. • 바닥은 주로 모래와 실트로 구성되며, 대체로 검은색을 띰. • 부착 조류가 갈색 혹은 회색을 띠며 매우 많음.

(3) 호소 - 사람의 건강보호기준

하천 사람의 건강보호기준과 같음.

(4) 호소 - 생활환경기준

※ 앞부속물 p.17 컬러페이지 참조!

등급		상태 (캐릭터)	기준									
			수소 이온 농도 (pH)	화학적 산소 요구량 (COD) (mg/L)	총유기 탄소량 (TOC) (mg/L)	부유 물질량 (SS) (mg/L)	용존 산소량 (DO) (mg/L)	총인 (mg/L)	총질소 (total nitrogen) (mg/L)	클로로 필-a (Chl-a) (mg/㎥)	대장균군 (군 수/100mL)	
											총 대장균군	분원성 대장균군
매우 좋음	Ia		6.5~ 8.5	2 이하	2 이하	1 이하	7.5 이상	0.01 이하	0.2 이하	5 이하	50 이하	10 이하
좋음	Ib		6.5~ 8.5	3 이하	3 이하	5 이하	5.0 이상	0.02 이하	0.3 이하	9 이하	500 이하	100 이하
약간 좋음	II		6.5~ 8.5	4 이하	4 이하	5 이하	5.0 이상	0.03 이하	0.4 이하	14 이하	1,000 이하	200 이하
보통	III		6.5~ 8.5	5 이하	5 이하	15 이하	5.0 이상	0.05 이하	0.6 이하	20 이하	5,000 이하	1,000 이하
약간 나쁨	IV		6.0~ 8.5	8 이하	6 이하	15 이하	2.0 이상	0.10 이하	1.0 이하	35 이하	–	–
나쁨	V		6.0~ 8.5	10 이하	8 이하	쓰레기 등이 떠 있지 않을 것	2.0 이상	0.15 이하	1.5 이하	70 이하	–	–
매우 나쁨	VI		–	10 초과	8 초과	–	2.0 미만	0.15 초과	1.5 초과	70 초과	–	–

먹는 것, 입는 것이 부족하다고
부끄러워할 필요는 없다.
어떠한 희망을 갖고 있느냐가 문제이다.
-논어-

제2과목 상하수도 계획

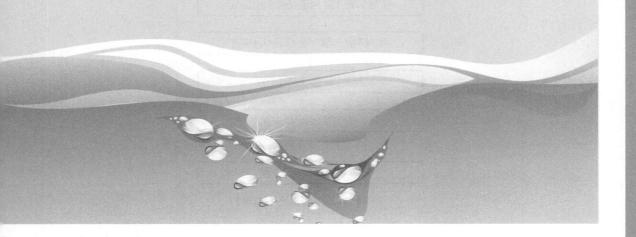

Engineer Water Pollution Evironmental

수 / 질 / 환 / 경 / 기 / 사

 핵심정리

상하수도 계획

저자쌤의 이론학습 Tip

상수도 계획과 하수도 계획으로 분류가 되며, 시설의 설계와 계획에 대한 내용이 다루어지게 된다. 기준과 형상, 계획 세부내용에 대한 부분이 주로 출제가 되고 있으며, 전체적으로 큰 틀에서 이해하도록 노력해야 한다. 목표점수는 65점 이상이다.

핵심정리 ① 상하수도 기본계획

1. 상수도 기본계획의 수립

(1) 상수도시설의 급수계통

$$취수 \rightarrow 도수 \rightarrow 정수 \rightarrow 송수 \rightarrow 배수 \rightarrow 급수$$

(2) 상수도시설의 기본사항 결정

① 계획(목표)연도 : 기본계획에서 대상이 되는 기간으로 계획수립 시부터 15~20년간을 표준으로 한다.

② 계획급수구역 : 계획연도까지 배수관이 부설되어 급수되는 구역은 여러 가지 상황들이 종합적으로 고려되어 결정되어야 한다.

③ 계획급수인구 : 계획급수인구는 계획급수구역 내의 인구에 계획급수보급률을 곱하여 결정되며, 계획급수보급률은 과거의 실적이나 장래의 수도시설계획 등이 종합적으로 검토되어 결정된다.

④ 계획급수량 : 계획급수량은 원칙적으로 용도별 사용수량을 기초로 하여 결정된다.

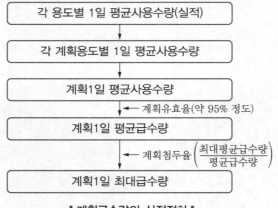

▌계획급수량의 산정절차 ▌

$$계획1일\ 평균급수량 = \frac{계획1일\ 평균사용수량}{계획유효율}$$

$$계획1일\ 최대급수량 = 계획1일\ 평균급수량 \times 계획첨두율$$

(3) 상수도시설의 계획기준

① 취수시설의 계획취수량은 **계획1일 최대급수량**을 기준으로 한다.

② 도수시설의 계획도수량은 **계획취수량(계획1일 최대급수량)**을 기준으로 한다.

③ 정수시설의 계획정수량은 **계획1일 최대급수량**을 기준으로 한다.

④ 송수시설의 계획송수량은 **계획1일 최대급수량**을 기준으로 한다.

⑤ 배수시설의 계획배수량은 원칙적으로 해당 배수구역의 **계획시간 최대급수량**으로 한다.

⑥ 계획급수량 결정 시, 사용수량의 내역이나 다른 기초자료가 정비되어 있지 않은 경우 산정의 기초로 사용할 수 있는 것의 용수량은 **계획1인1일 평균사용수량**이다.

⑦ 계획취수량을 확보하기 위하여 필요한 저수용량의 결정에 사용하는 계획기준년은 원칙적으로 10개년에 제1위 정도의 갈수를 표준으로 한다.

> 🪐 **급수시설의 설계유량**
> 1. 수원지, 저수지, 유역면적 결정에는 1일 평균급수량이 기준
> 2. 배수지, 송수관 구경 결정에는 1일 최대급수량이 기준
> 3. 배수본관의 구경 결정에는 시간 최대급수량이 기준

(4) 인구의 추정

등차급수	등비급수	지수함수	로지스틱
$y = ax + b$	$y = b(1+a)^x$	$y = ax^b + c$	$y = \dfrac{K}{1 + e^{a-bx}}$
여기서, 　y : 추정인구 　a : 인구증가율 　x : 경과연수 　b : 현재인구	여기서, 　y : 추정인구 　a : 인구증가율 　x : 경과연수 　b : 현재인구	여기서, 　y : 추정인구 　a, b, c : 매개변수 　x : 경과연수	여기서, 　y : 추정인구 　x : 경과연수 　a, b : 상수 　K : 극한값

(5) 시계열 경향분석에 의한 장래인구의 추계

① 연평균 인구 증감수와 증감률에 의한 방법

② 수정지수곡선식에 의한 방법

③ 베기곡선식에 의한 방법

④ 이론곡선식(logistic curve)에 의한 방법

2. 하수도 기본계획의 수립

(1) 하수도시설의 기본사항 결정

① 하수도 계획의 목표연도는 원칙적으로 20년으로 한다.

② 하수의 배제방식에는 분류식과 합류식이 있으며, 지역의 특성, 방류수역의 여건 등을 고려하여 배제방식을 정한다.

(2) 배제방식의 비교

검토사항		분류식	합류식
건설면	관로계획	• 우수와 오수를 별개의 관거에 배제하기 때문에 오수배제 계획이 합리적이다.	• 우수를 신속하게 배수하기 위해서 지형조건에 적합한 관거망이 된다.
	시공	• 오수관거와 우수관거의 2계통을 동일도로에 매설하는 것은 매우 곤란하다. • 오수관거는 소구경관거를 매설하므로 시공이 용이하지만, 관거의 경사가 급하면 매설깊이가 크게 된다.	• 대구경 관거가 되면 좁은 도로에서의 매설에 어려움이 있다.
	건설비	• 오수관거와 우수관거의 2계통을 건설하는 경우에는 비싸지만, 오수관거만을 건설하는 경우에는 가장 저렴하다.	• 대구경 관거가 되면 1계통으로 건설되어 오수관거와 우수관거의 2계통을 건설하는 것보다는 저렴하지만, 오수관거만을 건설하는 것보다는 비싸다.
유지관리면	관거오접	• 철저한 감시가 필요하다.	없음.
	관거 내 퇴적	• 관거 내의 퇴적이 적다. • 수세효과는 기대할 수 없다.	• 청천 시에 수위가 낮고 유속이 적어 오물이 침전하기 쉽다. 그러나 우천 시에 수세효과가 있기 때문에 관거 내의 청소빈도가 적을 수 있다.
	처리장으로의 토사유입	• 토사의 유입이 있지만 합류식 정도는 아니다.	• 우천 시에 처리장으로 다량의 토사가 유입하여 장기간에 걸쳐 수로바닥, 침전지 및 슬러지 소화조 등에 퇴적한다.
	관거 내의 보수	• 오수관거에서는 소구경 관거에 의한 폐쇄의 우려가 있으나 청소는 비교적 용이하다. • 측구가 있는 경우에는 관리에 시간이 걸리고 불충분한 경우가 많다.	• 폐쇄의 염려가 없다. • 검사 및 수리가 비교적 용이하다. • 청소에 시간이 걸린다.

검토사항		분류식	합류식
유지 관리면	기존수로의 관리	• 기존의 측구를 존속할 경우에 는 관리자를 명확하게 할 필 요가 있다. • 수로부의 관리 및 미관상에 문 제가 있다.	• 관리자가 불명확한 수로를 통 폐합하고 우수배제계통을 하수 도 관리자가 총괄하여 관리할 수 있다.
수질 보전면	우천 시의 월류	없음.	• 일정량 이상이 되면 우천 시 오수가 월류한다.
	청천 시의 월류	없음.	없음.
	강우 초기의 노면 세정수	• 노면의 오염물질이 포함된 세 정수가 직접 하천 등으로 유 입된다.	• 시설의 일부를 개선 또는 개량 하면 강우초기의 오염된 우수 를 수용해서 처리할 수 있다.
환경면	쓰레기 등의 투기	• 측구가 있는 경우나 우수관거에 개거가 있을 때는 쓰레기 등이 불법투기되는 일이 있다.	없음.
	토지 이용	• 기존의 측구를 존속할 경우에 는 뚜껑의 보수가 필요하다.	• 기존의 측구를 폐지할 경우에 는 도로 폭을 유효하게 이용할 수 있다.

핵심정리 ② 수원과 저수시설

(1) 수원의 종류

① **지표수** : 하천수, 호소수

  → 우리나라 대규모 상수도의 수원으로 가장 많이 이용되며, 오염물질에 노출되는
    것을 주의해야 하는 수원

② **지하수** : 복류수, 얕은 우물 지하수, 깊은 우물 지하수, 용천수

③ **기타** : 빗물, 해수

(2) 수원의 구비요건

① 수량이 풍부해야 한다.

  → 최대갈수 시에도 계획취수량의 확보가 가능해야 한다는 뜻으로 이는 수원에 대
    한 유량조사를 실시함으로써 확인할 수 있다.

② 수질이 좋아야 한다.

③ 가능한 한 높은 곳에 위치해야 한다.

④ 수돗물 소비지에서 **가까운** 곳에 위치해야 한다.

(3) 계획기준년

계획취수량을 확보하기 위하여 필요한 저수용량의 결정에 사용하는 계획기준년은 원칙적으로 10개년에 제1위 정도의 갈수를 표준으로 한다.

핵심정리 ③ 취수시설

계획취수량은 **계획1일 최대급수량**을 기준으로 하며, 기타 필요한 작업용수를 포함한 손실수량 등을 고려한다.

〈하천수를 수원으로 하는 경우의 취수시설 선정〉

구분	취수보	취수탑	취수문	취수관거
기능·목적	하천을 막아 계획취수위를 확보하여 안정된 취수를 가능하게 하기 위한 시설로서 둑의 본체, 취수구·침사지 등이 일체가 되어 기능을 한다.	하천의 수심이 일정한 깊이 이상인 지점에 설치하면 연간 안정적인 취수가 가능하며, 취수구를 상하에 설치하여 **수위**에 따라 좋은 수질을 선택 취수할 수 있다.	취수구시설에서 스**크린**, 수문 또는 수위조절판(stop log)을 설치하여 일체가 되어 작동하게 된다.	취수구부를 복단면 하천의 바닥 호안에 설치하여 표류수를 취수하고 관거부를 통하여 제내지로 도수하는 시설이다.
특징	안정된 취수와 **침사효과**가 큰 것이 특징이며, 개발이 진행된 하천 등에서 정확한 취수 조정이 필요한 경우, **대량**취수할 때, 하천의 흐름이 **불안**정한 경우 등에 적합하다.	대량취수 시 경제적인 것이 특징이며, 유황이 **안정된** 하천에서 **대량**으로 취수할 때 특히 유리하다. 또한 취수보에 비하여 일반적으로 **경제**적이다.	유황, 하상, 취수위가 안정되어 있으면 공사와 유지관리도 비교적 용이하고 안정된 취수가 가능하나, **갈수 시, 홍수 시, 결빙 시에는 취수량 확보 조치 및 조정이 필요**하다.	유황이 안정되고 수위의 변동이 적은 하천에 적합하며, 시설은 지반 이하에 축조되므로 하천의 흐름이나 치수, 선박의 운항 등에 지장이 없다.
취수량의 대소	보통 **대량**취수에 적합하나, 간이식은 중·소량 취수에도 사용된다.	보통 대·중용량 취수에 사용되며, 특히 대량취수의 경우 우수하다.	보통 **소량**취수에 이용되나, 보에 비해서는 대량취수에도 사용된다.	보통 **중규모** 이하의 취수에 사용하며, 보와 병용하여 대량취수도 가능하다.
취수량의 안정상황	**안정**된 취수가 가능하다.	보통 **안정**된 취수가 가능하다.	하천유황의 영향을 직접 받으므로 **불안**정하나, 하천유황이 안정되어 있고 관리가 잘되는 소규모에서는 안전성이 높다.	보통 안정된 취수가 가능하나, 하천의 변동이 큰 곳에서는 취수에 지장이 발생하는 경우도 있다.

구분	취수보	취수탑	취수문	취수관거
하천법의 제한	하천에 대해 직각으로 설치해야 하며, 가동보의 본체는 소규모인 것 또는 홍수의 영향이 적은 것 이외에는 인양식 수문으로 해야 한다.	**취수탑의 형상은 타원형으로서 장축방향을 유향과 일치시켜야 한다.**	계곡이나 소하천에서 홍수의 영향이 없는 경우 이외에는 「하천법」의 제약을 받는 경우가 많다.	관거의 매설깊이는 원칙적으로 2m 이상으로 해야 하며, 부득이한 경우에도 계획하상 이하로 해야 한다.
취수지점	양안이 평행하고 또한 직선부가 하천 폭의 2배 정도이며 유로부가 안정되어 있는 장소가 바람직하며, 취수구는 가능한 한 유심부가 하안 가까이에 있는 장소를 선정한다.	하천유황이 안정되고 또한 갈수수위가 2m 이상인 것이 필요하며, 하천의 중하류부에서 취수하는 예가 많다.	일반적으로 상류부의 소하천에 사용하고 있으며, 또 하상이 안정되어 있는 지점에서 특히 취수문의 전면이 매몰되지 않는 지점을 선정해야 한다.	유황이 안정되어 있고 또한 취수구가 매몰될 우려가 없는 지점이 바람직하다.
하천의 대소	대하천	대하천	중소하천의 상류부	대하천, 중규모 하천
하천의 유황	유황이 **불안정**한 경우에도 취수가 가능하다.	비교적 유황이 **안정**된 하천에 적당하다.	유황이 **안정**된 하천에 적당하다.	비교적 유황이 **안정**된 하천에 적당하다.
기상조건	보(위어)를 올림으로써 하천의 유속이 작아지므로 결빙의 영향을 받기 쉬우며, 이러한 경우에는 수중보에 의한 취수도 검토해야 한다.	취수구가 상하 2개소 이상인 경우에는 수문 조작에 의하여 **파랑이나 결빙**의 영향을 최소한으로 방지할 수 있으며, 일반적으로는 자연하천상태로 취수하기 때문에 취수보에 비하여 결빙의 영향은 적다.	파랑에 대하여 특히 고려할 필요는 **없으며**, 또한 결빙에 대하여서는 특별한 대책이 필요하다.	조절용의 수위조절판(stop log)을 설치하기 때문에 파랑에 대하여서는 영향이 적으며, 결빙에 대해서도 특별한 대책이 필요하다.

〈호소·댐을 수원으로 하는 경우의 취수시설 선정〉

구분	취수탑(고정식)	취수탑(가동식)	취수문	취수틀
기능 · 목적	호소나 댐의 대량취수시설로서 많이 사용되며, 취수구의 배치를 고려하면 선택취수가 가능하다.	저수지 등 수심이 특히 깊고, 일반적인 철근콘크리트조의 취수탑을 축조하기 곤란한 경우에 많이 사용된다.	취수구시설은 스크린 · 수문 또는 수위조절판(stop log) 등으로 구성되며, 유사시설 등과 일체가 되어 작동한다.	호소의 중소량취수설로 많이 사용되고, 구조가 간단하며 시공도 비교적 용이하고, 수중에 설치되므로 호소의 표면수는 취수할 수 없다.
취수량의 대소	일반적으로 대량취수에 적합하다.	취수량의 대소에 관계없이 사용되고 있다.	일반적으로 중 · 소량취수에 사용된다.	비교적 소량취수에 사용된다.
취수지점	취수할 때에는 수심이 큰 지점 쪽이 유리하지만, 유지관리상으로는 만수 시에도 물가에서 비교적 가까운 거리가 바람직하다.	수심이 깊은 지점 쪽이 유리하다.	호소 등이 안정되어 있는 지점, 특히 취수문의 전면이 매몰되지 않는 지점이 바람직하다.	매몰 등을 고려하여 기반이 안정되어 있고, 또한 유지관리상으로 수심이 너무 깊지 않은 지점이 바람직하다.
호소 등의 규모	일반적으로 대규모인 호소 등에 사용된다.	일반적으로 대규모인 호소 등에 사용된다.	일반적으로 소규모인 호소 등에 사용된다.	호소 등의 대소에는 영향을 받지 않는다.
기상조건	수문 조작에 의하여 파랑 · 결빙의 영향을 어느 정도 방지할 수 있다.	표면수를 취수하는 경우에는 파랑 · 결빙의 영향을 직접 받기 때문에 충분한 검토를 요한다.	파랑 · 결빙의 영향을 직접 받는다. 특히 결빙에 의하여 취수가 불가능해지는 경우가 있기 때문에 주의를 요한다.	거의 영향이 없다.
시공조건	–	–	일반적으로 가물막이(cofferdam)를 필요로 한다.	비교적 소규모이기 때문에 시공은 용이하지만, 수중공사나 가물막이를 필요로 하는 경우가 있다.

〈지하수를 수원으로 하는 경우의 취수시설 선정〉

구분	집수매거	얕은 우물 (우물통식 : 불완전 관입정)	얕은 우물 (우물통식, 방사상 집수정, 케이싱식 : 완전 관입정)	깊은 우물
기능 · 목적	제내지, 제외지, 구 하천부지 등의 복류 수를 취수하는 시설 이다.	제내지 또는 제외지 에 설치한다. 우물을 파거나 케이싱을 박 아 넣은 것이 있으며, 바닥 또는 측면으로 취수된다.	제내지 또는 제외지 에 설치하며, 대구경 으로 우물바닥 부근 에 다공집수관을 방 사상으로 밀어 넣는 다. 일반적으로 얕은 우물에 비하여 다공집 수관을 밀어넣은 만큼 집수면적이 커진다.	피압지하수를 양수 하며, 케이싱의 구 경은 150~400mm 의 것이 많다. 양수 방법은 거의가 수중 모터펌프에 의한다.
취수량의 대소	일반적으로 중량취 수에 이용되고 있다.	일반적으로 소량취 수에 이용되고 있다.	일반적으로 소량 취수 에 사용하지만, 대수층 이 두꺼운 경우에는 중량 취수에도 이용된다.	우물로서는 비교적 다량의 취수에 이 용된다.
취수지점	투수성이 양호한 대 수층으로 강바닥이 저하할 우려가 없는 장소에 적합하다.	수질적으로 지표의 영향을 받기 쉬우므 로 오염될 우려가 있 는 지점은 피하는 것 이 바람직하다.	투수성이 양호하고 대 수층의 두께가 충분한 장소에 적합하다.	피압지하수가 발달 되어 있는 지역에 적합하다.

1. 표류수의 취수

취수지점을 선정할 때에는 다음에 유의해야 한다.

① 계획취수량을 안정적으로 취수할 수 있어야 한다.

② 장래에도 양호한 수질을 확보할 수 있어야 한다.

③ 구조상의 안정을 확보할 수 있어야 한다.

④ 하천 관리시설 또는 다른 공작물에 근접하지 않아야 한다.

⑤ 하천 개수계획을 실시함에 따라 취수에 지장이 생기지 않아야 한다.

2. 취수보

(1) 개요

① 하천에 보를 쌓아올려서 계획수위를 확보함으로써 안정된 취수를 가능하도록 하기 위 하여 하천을 횡단하여 만드는 시설이고, 인양식(lifting) 수문 또는 기복식(shutter) 수문 등으로 이루어진 보의 본체와 취수구로 구성되어 있다.

② 비교적 대량으로 취수하는 경우, 농업용수 등의 다른 이수와 합동으로 취수하는 경우, 하천의 유황이 불안정한 경우, 개발이 진행되고 있는 하천 등으로 정확한 취수 조정을 필요로 하는 경우 등에 적합하다.

③ **침사효과**가 크다.

(2) 위치 및 구조

① 유심이 취수구에 가까우며 안정되고 홍수에 의한 하상변화가 적은 지점으로 한다.

② 원칙적으로 홍수의 유심방향과 직각의 직선형으로, 가능한 한 하천의 직선부에 설치한다.

③ 침수 및 홍수 시의 수면상승으로 인하여 상류에 위치한 하천공작물 등에 미치는 영향이 적은 지점에 설치한다.

④ 원칙적으로 철근콘크리트구조로 한다.

(3) 가동보

① 계획취수위의 확보, 유심의 유지, 토사의 배제, 홍수의 소통 등의 기능을 충분히 할 수 있어야 한다.

② 유심을 유지하고 원활한 취수를 가능하게 하기 위하여 **배사문(排砂門)**을 설치한다.

③ 홍수의 유하에 대비하여 홍수배출구(spillway)를 설치한다.

④ 수문은 원칙적으로 강구조로 한다.

(4) 취수구

① 계획취수량을 언제든지 취수할 수 있고, 취수구에 토사가 퇴적되거나 유입되지 않으며, 또한 유지관리가 용이해야 한다.

② 높이는 배사문(排砂門)의 바닥높이보다 0.5~1.0m 이상 높게 한다.

③ 유입속도는 0.4~0.8m/sec를 표준으로 한다.

④ 폭은 바닥높이와 유입속도를 표준치의 범위로 유지하도록 결정한다.

⑤ 제수문의 전면에는 **스크린**을 설치한다.

⑥ 지형이 허용하는 한 취수유도수로(driving channel access)를 설치한다.

⑦ 계획취수위는 취수구로부터 도수지점까지의 손실수두를 계산하여 결정한다.

(5) 부대설비

취수보에는 필요에 따라 관리교, 어도, 배의 통항, 유목로, 갑문, 경보설비 등을 설치한다.

3. 취수탑

(1) 개요

① 하천, 호소, 댐의 내에 설치된 탑모양의 구조물로, 측벽에 만들어진 취수구에서 직접 탑 내로 취수하는 시설이다.

② 갈수 시에도 일정 이상의 수심을 확보할 수 있으면 취수탑은 연간의 **수위변화**가 크더라도 하천이나 호소, 댐에서의 취수시설로서 **알맞다.**

③ 유지관리도 비교적 **용이**하다.

(2) 위치

① 연간 최소수심이 2m 이상인 하천에 설치하는 경우에는 되도록이면 유심이 제방에 근접한 지점으로 한다.

② 수면이 **결빙**되는 경우에는 취수에 지장을 미치지 않는 위치에 설치한다.

(3) 형상 및 높이

① 취수탑의 횡단면은 환상으로서 **원형** 또는 **타원형**으로 한다. 또한 하천에 설치하는 경우에는 원칙적으로 **타원형**으로 하며 **장축방향을 흐름방향**과 일치하도록 설치한다.

② 취수탑의 내경은 필요한 수의 취수구를 적절히 배치할 수 있는 크기로 한다.

③ 취수탑의 상단 및 관리교의 하단은 하천, 호소 및 댐의 계획최고수위보다 높게 한다.

(4) 취수구

① 계획최저수위인 경우에도 계획취수량을 확실히 취수할 수 있는 위치에 설치한다.

② 단면형상은 장방형 또는 원형으로 한다.

③ 전면에는 협잡물을 제거하기 위한 **스크린**을 설치해야 한다.

④ 취수탑의 내측이나 외측에 **슬루스게이트(제수문), 버터플라이밸브** 또는 제수밸브 등을 설치한다.

⑤ 수면이 결빙되는 경우에도 취수에 지장을 주지 않도록 유의한다.

(5) 부대설비

취수탑에는 관리교, 조명설비, 유목제거기, 협잡물제거설비 및 피뢰침을 설치한다.

4. 취수문

① 하천의 표류수나 호소의 표층수를 취수하기 위하여 물가에 만들어지는 취수시설로서, 취수문을 지나서 취수된 원수는 접속되는 터널 또는 관로 등에 의하여 도수된다.

② 수위 및 하상 등이 안정된 지점에서 중소량의 취수에 알맞고 유지관리도 비교적 용이하다.

③ 한랭지에서는 결빙 등에 의하여 취수할 수 없는 상태가 되지 않도록 고려해야 한다.

④ 문설주(gate post)에는 수문 또는 수위조절판을 설치하고, 문설주는 철근콘크리트 구조를 원칙으로 한다.

⑤ 적설, 결빙 등으로 수문의 개폐에 지장이 일어나지 않도록 한다.

⑥ 수문의 전면에는 스크린을 설치한다.

⑦ 취수문을 통한 유입속도가 0.8m/sec 이하가 되도록 취수문의 크기를 정한다.

5. 취수관거

① 취수구를 제방법선에 직각으로 설치하고 직접 관거 내로 표류수를 취수하여 자연유하로 제내지에 도수하는 시설로, 유황이 안정되고 유량변화가 적은 하천에서의 취수에 알맞다.

② 유지관리가 비교적 용이하다.

③ 하상변동이 크고 유심이 불안정한 하천에서는 하천 상황의 영향을 받기 쉽고, 취수구가 매몰되거나 세굴에 의한 관거 노출 등의 우려가 있다.

④ 하상 및 고수위부의 세굴방지에 관하여 적절하게 고려해야 한다.

⑤ 한랭지인 경우에는 결빙이나 적설로 취수가 곤란하게 될 우려가 있는 곳에서는 취수구의 설치위치나 구조 등에 관하여 고려해야 하고 그 방지대책이나 유지관리에 유의한다.

6. 취수틀

① 하천이나 호소의 하부 수중에 매몰시켜 만드는 상자형 또는 원통형의 취수시설로서, 측벽에 만드는 다수의 개구에 의하여 취수하는 것으로 중소량의 취수용이다.

② 호소의 표면수는 취수가 불가능하다.

③ 구조가 간단하고, 시공도 비교적 용이하다.

④ 단기간에 완성하고, 안정된 취수가 가능하다.

⑤ 수위변화에 영향이 적다.

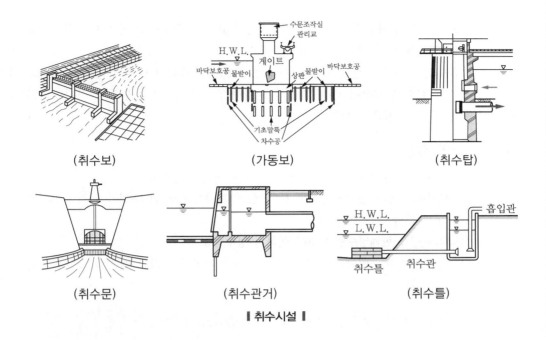

(취수보)   (가동보)   (취수탑)

(취수문)   (취수관거)   (취수틀)

▐ **취수시설** ▐

7. 침사지

(1) 개요

① 침사지는 원수와 동시에 유입된 모래를 침강, 제거하기 위한 시설이다.
② 지수는 2지 이상으로 한다.

(2) 구조

① 원칙적으로 철근콘크리트구조로 하며, 부력에 대해서도 안전한 구조로 한다.
② 표면부하율은 200~500mm/min을 표준으로 한다.
③ 지 내 평균유속은 2~7cm/sec를 표준으로 한다.
④ 지의 길이는 폭의 3~8배를 표준으로 한다.
⑤ 지의 고수위는 계획취수량이 유입될 수 있도록 취수구의 계획최저수위 이하로 정한다.
⑥ 지의 상단높이는 고수위보다 0.6~1m의 여유고를 둔다.
⑦ 지의 유효수심은 3~4m를 표준으로 하고, 퇴사심도를 0.5~1m로 한다.

8. 지하수의 취수

(1) 취수지점의 선정

① 기존 우물 또는 집수매거의 취수에 영향을 주지 않아야 한다.
② 연해부의 경우에는 해수의 영향을 받지 않아야 한다.

③ 얕은 우물이나 복류수인 경우에는 오염원으로부터 15m 이상 떨어져서 장래에도 오염의 영향을 받지 않는 지점이어야 한다.

④ 복류수인 경우에는 장래 일어날 수 있는 유로변화 또는 하상저하 등을 고려하고 하천 개수계획에 지장이 없는 지점을 선정한다. 그리고 하상 원래의 지질이 이토질(泥土質)인 지점은 피한다.

(2) 양수량의 결정

① **최대양수량** : 양수시험의 과정에서 얻어진 최대의 양수량

② **한계양수량** : 단계양수시험으로 더 이상 양수량을 늘리면 수위가 급격히 강하되어 우물에 장해를 일으키는 양

③ **적정양수량** : **한계양수량의 70% 이하의 양수량**

④ **안전양수량** : 대수역에서 물수지의 균형을 무너뜨리지 않고 장기적으로 취수할 수 있는 양수량

$$\text{양수시험의 해석(평형식에 의한 티엠(Thiem) 방법)} \quad Q = \frac{2\pi k M(H-h)}{2.3\log(R/\gamma_w)}$$

여기서, Q : 양수량(m^3/sec), k : 투수계수(수리전도율)(m/sec 또는 cm/sec)

M : 대수층 두께(m), $H-h$: 수위강하량(m)

R : 영향반경(m), γ_w : 우물의 유효반경(m)

9. 집수매거(infiltration galleries)

(1) 개요

① 하천부지의 하상 밑이나 구하천 부지 등의 땅속에 매설하여 집수기능을 갖는 관거이며, 복류수나 자유수면을 갖는 지하수(자유지하수)를 취수하는 시설이다.

② 하천의 대소에 영향을 받지 않으며, 하천의 대소에 **관계없이** 이용된다.

③ 자갈, 모래 등 투수성이 양호한 대수층을 선정하여 만들며, 유황이 좋으면 안정되게 취수할 수 있다.

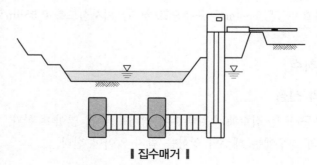

‖ 집수매거 ‖

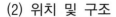

(2) 위치 및 구조

① 집수매거의 부설방향은 복류수의 상황을 정확하게 파악하여 효율적으로 취수할 수 있는 방향으로 선정한다.

② 집수매거는 노출되거나 유실될 우려가 없도록 충분한 깊이로 매설한다.

　→ 하천바닥의 변동이나 강바닥의 저하가 큰 지점은 노출될 우려가 크므로 적당하지 않다.

③ 집수매거의 길이는 시험우물 등에 의한 양수시험 결과에 따라 정한다. 이때에 집수 개구부 지점에서의 유입속도는 모래의 **소류한계속도** 이하를 표준으로 한다.

④ 철근콘크리트조의 **유공관** 또는 **권선형** 스크린관을 표준으로 한다.

⑤ 세굴의 우려가 있는 제외지에 설치할 경우에는 철근콘크리트틀 등으로 방호한다.

⑥ 매설깊이는 5m 이상으로 하는 것이 바람직하다.

⑦ 집수매거는 복류수의 흐름방향에 대하여 지형이나 용지 등을 고려하여 가능한 한 직각으로 설치하는 것이 효율적이다.

(3) 집수개구부(공)

철근콘크리트 유공관의 공경이 지나치게 크면 모래 등이 많이 유입되고 또한 지나치게 작으면 폐색될 우려가 있으므로 10~20mm를 표준으로 하고 그 수는 1m²당 20~30개의 비율로 하며, 대수층이나 유입속도를 고려하여 결정한다.

(4) 경사 및 거 내 유속

집수매거는 수평 또는 흐름 방향으로 향하여 완경사(1/500 이하)로 하고, 집수매거의 유출단에서 매거 내의 평균유속은 1m/sec 이하로 한다.

10. 얕은 우물(천정호 : shallow wells)

얕은 우물의 수리공식은 아래와 같다.

$$Q = \frac{\pi k (H^2 - h^2)}{2.3 \log (R/r)}$$

여기서, Q : 양수량(m^3/sec)

　k : 투수계수(수리전도율)

　　(m/sec 또는 cm/sec)

　$H-h$: 수위강하량(m)

　R : 영향반경(m)

　r : 우물반경(m)

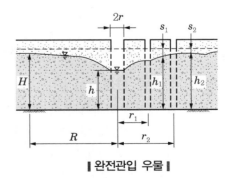

| 완전관입 우물 |

11. 깊은 우물(심정호 : deep wells)

깊은 우물은 피압대수층에서 취수하는 우물로서 케이싱, 스크린, 케이싱 내에 설치하는 양수관과 수중모터펌프로 이루어지며, 좁은 용지에서 비교적 다량의 양질의 물을 얻을 수 있다. 그리고 채수층에 설치된 스크린에서 직접 펌프로 양수하며, 깊이는 30m 이상의 것이 대부분이고 600m 이상인 것도 있다.

핵심정리 ④ 상수도시설

1. 도수시설(취수원에서 정수장까지)

(1) 계획도수량

도수시설의 계획도수량은 **계획취수량**을 기준으로 한다.

(2) 노선의 결정

① 몇 개의 노선에 대하여 건설비 등의 경제성, 유지관리의 난이도 등을 비교·검토하여 종합적으로 판단한 후 결정한다.
② 원칙적으로 공공도로 또는 수도용지로 한다.
③ 수평이나 수직 방향의 급격한 굴곡은 피하고, 어떤 경우라도 **최소동수경사선** 이하가 되도록 노선을 선정한다.

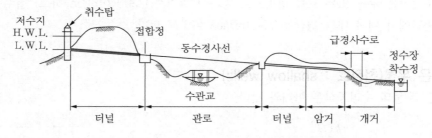

┃ 도수노선의 종단면도 ┃

(3) 관의 종류 선정

① 관 재질에 의하여 물이 오염될 우려가 없어야 한다.
② 내압과 외압에 대하여 안전해야 한다.
③ 매설조건에 적합해야 한다.
④ 매설환경에 적합한 시공성을 지녀야 한다.

〈상수도관의 종류와 특성〉

구분	특징
강관	급수용 강관은 부식되기 쉬우므로 강관의 내외면에 여러 가지 라이닝을 시공한 복합관이 규격화되어 있다. 또한 전식에 대하여 고려해야 하고, 용접이음은 숙련공이나 특수한 공구를 필요로 하며, 가공성이 좋다.
스테인리스강관	일반적으로 사용하는 종류로는 STS304와 STS316 등이 있다. STS 316은 내식성이 높으며, 스테인리스강관은 다른 관종에 비하여 강도적으로 뛰어나고 경량화되어 있어서 취급이 용이하다. 또한 관을 보관하거나 가공할 때에는 긁히거나 부딪힘으로 인한 손상을 입지 않도록 취급에 주의해야 한다.
수도용 경질폴리염화비닐관	인장강도가 비교적 크고 내식성과 내전식성도 크나 직사일광에 의한 열화나 온도변화에 의한 신축성이 있다. 또한 난연성이지만 열 및 충격에 약하고 동결되었을 때에는 파손되기 쉬워 사용범위는 약 −5~60℃(기온)이다. 특히 관에 상처가 나면 파손되기 쉬우므로, 외상을 받지 않도록 취급해야 하며, 관에는 방향족화합물 등 관의 재질에 나쁜 영향을 미치는 물질과 접촉시켜서는 안 된다.
수도용 폴리에틸렌관	경질폴리염화비닐관에 비하여 유연하고 경량으로 내한성과 내충격강도가 크며, 또한 긴 파이프 형태로 공급되므로 접합을 적게 하고 시공할 수 있다. 그러나 다른 종류의 관에 비하여 연하고 상처가 나기 쉬우므로 관을 보관하거나 가공할 때에는 취급에 주의해야 한다. 또한 유기용제나 휘발유 등에 접촉될 우려가 있는 장소에는 사용하지 않는 것이 좋다.

(4) 도수관의 유속

① 자연유하식인 경우에는 허용최대한도를 3.0m/sec로 하고, 도수관 평균유속의 최소한도는 0.3m/sec로 한다.

② 펌프가압식인 경우에는 경제적인 유속으로 한다.

(5) 매설 위치 및 깊이

관로의 매설깊이는 관의 종류 등에 따라 다르지만 일반적으로 관경 900mm 이하는 120cm 이상, 관경 1,000mm 이상은 150cm 이상으로 하고, 도로하중을 고려할 필요가 없을 경우에는 그렇게 하지 않아도 된다. 하지만 도로하중을 고려해야 할 위치에 대구경의 관을 부설할 경우에는 매설깊이를 관경보다 크게 해야 한다.

(6) 도수관의 접합정

① 원형 또는 각형의 콘크리트 또는 철근콘크리트로 축조한다. 아울러 구조상 안전한 것으로 충분한 수밀성과 내구성을 지니며, 용량은 **계획도수량**의 1.5분 이상으로 한다.

② 유입속도가 큰 경우에는 접합정 내에 월류벽 등을 설치하여 유속을 감쇄시킨 다음 유출관으로 유출되는 구조로 한다. 또 수압이 높은 경우에는 필요에 따라 수압제어용 밸브를 설치한다.

③ 유출관의 유출구 중심높이는 저수위에서 관경의 2배 이상 낮게 하는 것을 원칙으로 한다.

④ 필요에 따라 양수장치, 배수설비(이토관), 월류장치를 설치하고, 유출구와 배수설비(이토관)에는 제수밸브 또는 제수문을 설치한다.

(7) 공기밸브

① 관로의 종단도상에서 상향 돌출부의 상단에 설치해야 하지만 제수밸브의 중간에 상향 돌출부가 없는 경우에는 높은 쪽의 제수밸브 바로 앞에 설치한다.

② 관경 400mm 이상의 관에는 반드시 급속공기밸브 또는 쌍구공기밸브를 설치하고, 관경 350mm 이하의 관에는 급속공기밸브 또는 단구공기밸브를 설치한다.

③ 공기밸브에는 보수용 제수밸브를 설치한다.

④ 매설관에 설치하는 공기밸브에는 밸브실을 설치하며, 밸브실의 구조는 견고하고 밸브를 관리하기 용이한 구조로 한다.

⑤ 한랭지에서는 적절한 동결방지대책을 강구한다.

(8) 신축이음관

신축자재가 아닌 노출되는 관로 등에는 20~30m마다 신축이음관을 설치하고, 연약지반이나 구조물과의 접합부(tie-in point) 등 부등침하의 우려가 있는 장소에는 휨성이 큰 신축이음관을 설치한다.

(9) 부식 및 전식 방지

금속관을 매설하는 측의 대책(전식 방지방법 ; 매설하는 금속관의 전식 방지방법)에는 외부전원법, 선택배류법, 강제배류법, 유전양극법, 이음부의 절연화, 차단 등의 방법이 있다.

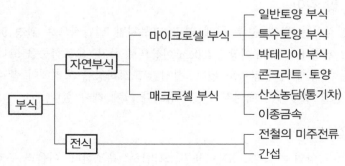

∥ 금속관의 부식과 전식의 분류 ∥

(10) 하저횡단(역사이펀)

① 하저횡단의 역사이펀관은 **2계열** 이상으로 하고 가능한 서로 이격하여 부설한다.
② 역사이펀부 전후 연결관의 경사는 부득이한 경우 외에는 **45° 이하**로 하고, 굴곡부는 콘크리트지지대에 충분히 정착시켜야 한다.

(11) 도수거의 구조 및 유속

① 개거와 암거는 구조상 안전하고 충분한 **수밀성과 내구성**을 가지고 있어야 한다.
② 개거나 암거인 경우에는 대개 30~50m 간격으로 시공조인트를 겸한 신축조인트를 설치한다.
③ 지층의 변화점, 수로교, 둑, 통문 등의 전후에는 플렉시블한 신축조인트를 설치한다.
④ 암거에는 환기구를 설치한다.
⑤ 유속 : 도수거에서 평균유속의 최대한도는 3.0m/sec로 하고, 최소유속은 0.3m/sec로 한다.

2. 송수시설(정수장에서 배수지까지)

(1) 계획송수량

송수시설의 계획송수량은 원칙적으로 **계획1일 최대급수량**을 기준으로 한다.

(2) 송수관의 유속

자연유하식인 경우에는 허용최대한도를 3.0m/sec로 하고, 평균유속 최소한도는 0.3m/sec로 한다.

3. 배수시설

(1) 개요

용량에 대해서는 시간변동 조정용량, 비상시 대처용량, 소화용수량 등을 고려하여 계획1일 **최대급수량의 12시간분 이상**을 표준으로 하여야 한다.

(2) 계획배수량

계획배수량은 원칙적으로 해당 배수구역의 **계획시간 최대배수량**으로 한다.

(3) 소화용수량의 기준

① 도시의 성격, 소방시설, 인구밀도, 내화성 건축물의 비율, 기상조건 등을 고려한다.
② 배수지가 담당할 계획급수구역 내의 계획급수인구가 **5만 명 이하**일 때에는 원칙적

으로 배수지 용량 설계 시 소화용수량을 〈배수지 용량에 가산할 인구별 소화용수량〉에 표시한 수량 이상으로 가산한다. 다만, 상수도 이외에서 소화용수 공급이 가능한 경우는 예외로 한다.

③ 배수관이 담당할 계획급수구역 내의 계획급수인구가 10만 명 이하일 때에는 원칙적으로 배수관의 관경 설계 시 소화용수량을 〈계획1일 최대급수량에 가산할 인구별 소화용수량〉에 표시한 수량 이상을 가산하여 검토한다. 다만, 상수도 이외에서 소화용수공급이 가능한 경우에는 예외로 한다.

④ 소화전 1개의 방수량은 $1m^3/min$ 이상을 기준으로 하고 동시에 개방하는 소화전의 수는 〈계획1일 최대급수량에 가산할 인구별 소화용수량〉을 기준으로 정한다.

〈배수지 용량에 가산할 인구별 소화용수량〉

인구(만명)	0.5 이하	1 이하	2 이하	3 이하	4 이하	5 이하
소화용수량(m^3)	50	100	200	300	350	400

〈계획1일 최대급수량에 가산할 인구별 소화용수량〉

인구 (만명)	0.5 미만	1 미만	2 미만	3 미만	4 미만	5 미만	6 미만	7 미만	8 미만	9 미만	10 미만
소화 용수량 (m^3/min)	1 이상	2 이상	4 이상	5 이상	6 이상	7 이상	8 이상	8 이상	9 이상	9 이상	10 이상

〈소규모 수도에서 사용하는 소화전 및 사용수량〉

사용하는 소화전(mm)	단구 소화전(65mm)	소형 소화전(50mm)	소형 소화전(40mm)
사용수량(m^3/min)	0.50	0.26	0.12

(4) 배수지의 설치

① 유효용량은 시간변동 조정용량, 비상시 대처용량을 합하여 급수구역의 계획1일 최대급수량의 12시간분 이상을 표준으로 한다.

② 배수지는 가능한 한 급수지역의 중앙 가까이에 설치한다.

③ 자연유하식 배수지의 표고는 최소동수압이 확보되는 높이여야 한다.

④ 급수구역 내에서 지반의 고저차가 심할 경우에는 고지구, 저지구 또는 고지구, 중지구, 저지구의 2~3개 급수구역으로 분할하여 각 구역마다 배수지를 만들거나 감압밸브 또는 가압펌프를 설치한다.

⑤ 배수지는 붕괴의 우려가 있는 비탈의 상부나 하부 가까이는 피해야 한다.

⑥ 배수지의 유효수심은 3~6m 정도를 표준으로 한다.

(5) 배수관의 설계

① 급수관을 분기하는 지점에서 배수관 내의 최소동수압은 150kPa(약 1.5kgf/cm^2) 이상을 확보한다.

② 급수관을 분기하는 지점에서 배수관 내의 최대정수압은 700kPa(약 7.1kgf/cm^2)을 초과하지 않아야 한다.

4. 급수시설

(1) 급수관

① 급수관을 공공도로에 부설할 경우에는 도로관리자가 정한 점용위치와 깊이에 따라 배관해야 하며, 다른 매설물과의 간격을 30cm 이상 확보한다.

② 급수관을 부설하고 되메우기를 할 때에는 양질토 또는 모래를 사용하여 적절하게 다짐하여 관을 보호한다.

③ 급수관이 개거를 횡단하는 경우에는 가능한 한 개거의 아래로 부설한다.

④ 중고층 건물에 직결급수하기 위한 건물 내의 배관방식 선정과 가압급수설비는 보수 관리, 위생성, 배수관에서의 영향 및 안정된 급수 등을 고려해야 한다.

⑤ 급수관의 매설심도는 일반적으로 60cm 이상으로 하는 것이 바람직하나 매설장소의 여건을 고려하여 그 지방의 동결심도 이하로 매설한다.

(2) 위험한 접속(Cross Connection)

① 급수관은 수도사업자가 관리하는 수도관 이외의 수도관이나 기타 오염의 원인으로 될 수 있는 관과 직접 연결해서는 안 된다.

② 급수관을 방화수조(防火水槽), 수영장 등 오염의 원인이 될 우려가 있는 시설과 연결하는 경우에는 급수관의 토출구를 만수면보다 200mm 이상의 높이에 설치해야 한다. 다만, 관경이 50mm 이하인 경우에는 그 높이를 최소 50mm로 한다.

③ 대변기용 세척밸브는 유효한 진공파괴설비를 설치한 세척밸브나 대변기를 사용하는 경우를 제외하고는 급수관에 직결해서는 안 된다.

④ 저수조를 만들 경우에는 급수관의 토출구는 수조의 만수면에서 급수관경 이상의 높이에 만들어야 한다. 다만, 관경이 50mm 이하의 경우에는 그 높이를 최소 50mm로 한다.

5. 내진설계

(1) 설계거동한계 및 등급별 내진설계 목표

① 설계거동한계는 설계할 때 지진 시 구조부재의 과도한 소성변형, 지반의 액상화, 지반 및 기초의 파괴 등의 원인으로 부분적인 급수기능 유지가 불가능하게 되지 않아야 하고, 쉽게 조기복구가 가능하여야 한다.

② 상수도시설물의 내진성능 목표에 따른 설계지진강도는 붕괴방지수준에서 시설물의 내진등급이 I등급인 경우에는 재현주기 1000년, II등급인 경우에는 500년에 해당되는 지진 지반운동으로 한다.

(2) 상수도시설의 내진설계 방법

등가정적해석법, 응답변위법, 응답스펙트럼법, 동적해석법(시간영역해석, 주파수영역해석) 중 시설물별 관련 기준에 적합한 방법을 사용한다.

🐚 상수도시설 중 정수시설은 수질오염 방지기술에서 다룬다.

6. 수로의 수리(水理)

(1) 수로의 종류

① 개거(開渠, open channel) : 제형(梯形), 구형(矩形)
  ㉮ 평균속도 : 0.5~1.5m/sec
  ㉯ 침전과 조류(藻類)의 성장을 방지하기 위한 유속 : 0.6~1m/sec
  ㉰ 신축(伸縮)이음 : 개수로 및 암거(暗渠) − 10~20m 간격
② 터널(tunnel) : 원형(圓形), 구형(矩形)
  ㉮ 취수문, 취수구로부터 정수장까지 자연유하 수로에 사용한다.
  ㉯ 유속 : 침전을 일으키지 않을 정도인 0.8~1.0m/sec
③ 관로(管路, pipe line) : 상수도에서 대부분을 차지하고 주철관이 많이 쓰인다.
  ㉮ 배기변(air valve) : 관 내의 배기(排氣)를 위한 凸부분에 설치한다.
  ㉯ 니토변(泥吐弁, blow off valve) : 관 내의 소제배수용으로 凹부분에 설치한다.
  ㉰ 안전변(safty valve) : 이상수압이 생기기 쉬운 곳에 관로의 안전을 위해 설치한다.

(2) 수리 계산

수로(水路) 내에서의 흐름은 개수로(開水路)나 관수로(管水路)의 수리를 적용시킴으로써 분석될 수 있다. 압력하의 흐름은 Hazen−Williams 공식을, 개수로의 흐름은 Manning 공식이 적용된다.

① Chezy의 일반식

$$V = C\sqrt{RI}$$

여기서, V : 평균유속(m/sec), C : 유속계수

　　　　R : 경심(經深) 또는 평균윤심, 평균수리심, 동수반경(m)

$R = \dfrac{A}{S}$

　　　A : 수류 단면적(m^2)

　　　S : 윤변(m)

　　　I : 수면경사(동수구배)

② Manning 공식

$$V = \frac{1}{n} R^{\frac{2}{3}} I^{\frac{1}{2}}$$

여기서, n : 조도계수(粗度係數)

〈조도계수(粗度係數) n값〉

재료	n의 범위	평균
강관 또는 주철관	0.014~0.018	0.016
철근콘크리트관 또는 콘크리트거(渠)	0.013~0.015	0.014
석면시멘트관 또는 원심력 철근콘크리트관	0.012~0.014	0.013

③ Hazen-Williams 공식

$$V = 0.84935\, CR^{0.63}\, I^{0.54}$$
$$V = 0.35464\, CD^{0.63}\, I^{0.54}$$

여기서, D : 관의 내경[m]

④ Hazen-Williams 공식에 의한 유량

$Q = A \cdot V$에서,

$$Q = 0.27853\, CD^{2.63}\, I^{0.54}$$
$$D = 1.6258\, C^{-0.38}\, Q^{0.38}\, I^{-0.205}$$
$$I = \frac{h}{l} = 10.666\, C^{-1.85}\, D^{-4.87}\, Q^{1.85}$$

여기서, Q : 유량(m^3/sec), h : 마찰손실수두(m), l : 관 연장(m)

⑤ 수로 내(水路內) 수두손실(水頭損失)은 Hazen-Williams 공식이나 Manning 공식의 I를 구해서 수로 길이(L)를 곱해 주면($h_L = I \cdot L$) 되나 Darcy-Weisbach 공식을 많이 사용한다.

$$h_L = f \cdot \frac{L}{D} \cdot \frac{V^2}{2g}$$

여기서, h_L : 수두손실(m), f : 마찰계수, L : 수로 길이(m)

D : 관의 직경(m), V : 유속(m/sec), g : 중력가속도(9.8m/sec^2)

관의 길이가 짧을 때는 밸브, 연결관(連結管), 곡관(曲管), 유입구, 유출구 등에서 일어나는 수두손실도 무시할 수 없게 된다. 이들에 대한 수두손실은 여러 가지 공식으로 표현될 수 있지만 대표적으로 다음 공식이 사용될 수 있다.

$$h = K \frac{V^2}{2g}$$

여기서, h : 수두손실(m), K : 부속시설에 의해서 결정되는 계수

V : 유속(m/sec), g : 중력가속도

핵심정리 5 **하수도시설**

1. 우수배제 계획

(1) 계획우수량

① **우수유출량의 산정식** : 최대계획 우수유출량의 산정은 합리식에 의하는 것을 원칙으로 하되, 필요에 따라 다양한 우수유출량 산정방법들을 사용한다.

$$\text{우수유출량의 산정(합리식)} : Q = \frac{1}{360} CIA$$

여기서, Q : 최대계획우수유출량(m^3/sec)

C : 유출계수

I : 유달시간(t) 내의 평균강우강도(mm/hr)

$\quad t$: 유달시간$\left(t(\text{min}) = \text{유입시간(min)} + \text{유하시간}\left(\text{min,} = \frac{\text{길이}(L)}{\text{유속}(V)}\right) \right)$

A : 유역면적(ha, 100ha=1km^2)

🔹 강우강도
1. Talbot형 : 유달시간이 짧은 관거 등의 유하시설을 계획하는 경우에 적용한다.

$$I = \frac{c}{t+b}$$

여기서, I : 강우강도(mm/hr), t : 강우 지속시간(min), b : 지역에 따른 상수

2. Cleveland형 : 24시간 우량 등의 장시간 강우강도에 적용하며, 저류시설 등을 계획하는 경우에도 적용한다.

$$I = \frac{a}{t^m + b}$$

여기서, t^m : 지속시간(min), a, b : 상수

3. 강우강도는 그 지점에 내린 우량을 mm/hr 단위로 표시한 것이다.
4. 확률강우강도는 강우강도의 확률적 빈도를 나타낸 것이다.
5. 범람의 피해가 적을 것으로 예상될 때는 재현기간 2~5년 확률강우강도를 채택한다.
6. 강우강도가 큰 강우일수록 빈도가 낮다.

② **유출계수** : 토지이용도별 기초유출계수로부터 총괄유출계수를 구하는 것을 원칙으로 한다(총괄유출계수＝(유출계수×각 면적)/총 면적).

③ **확률연수** : 하수관거의 확률연수는 10~30년, 빗물펌프장의 확률연수는 30~50년을 원칙으로 하며, 지역의 특성 또는 방재상 필요에 따라 이보다 크게 또는 작게 정할 수 있다.

④ **유달시간** : 유입시간과 유하시간을 합한 것으로서, 전자는 최소단위배수구의 지표면 특성을 고려하여 구하며, 후자는 최상류관거의 끝으로부터 하류관거의 어떤 지점까지의 거리를 계획유량에 대응한 유속으로 나누어 구하는 것을 원칙으로 한다.

⑤ **배수면적** : 배수면적은 지형도를 기초로 도로, 철도 및 기존하천의 배치 등을 답사에 의해 충분히 조사하고 장래의 개발계획도 고려하여 정확히 구한다.

(2) 우수관거 계획

관거는 계획우수량을 기초로 계획한다.

2. 오수배제 계획

(1) 계획오수량

① 오수관거는 계획시간 최대오수량을 기준으로 계획한다.
② 합류식에서 하수의 차집관거는 우천 시 계획오수량을 기준으로 계획한다.
③ 우천 시 계획오수량을 산정할 때에는 생활오수량 외에 우천 시 오수관거에 유입되는 빗물의 양과 지하수의 침입량을 추정하여 합산하여 구한다.

(2) 오수관거 계획

① 분류식과 합류식이 공존하는 경우에는 원칙적으로 양 지역의 관거는 분리하여 계획한다. 부득이 합류시킬 경우에는 분류식 지역의 오수관거는 합류식 지역의 우수토실보다도 하류의 차집관거(간선관거)에 접속하여 합류관거에 접속하는 것은 피한다.

② 관거는 원칙적으로 암거로 하며, 수밀한 구조로 하여야 한다.

③ 관거 배치는 지형, 지질, 도로 폭 및 지하매설물 등을 고려하여 정한다.

④ 관거 단면, 형상 및 경사는 관거 내에 침전물이 퇴적하지 않도록 적당한 유속을 확보할 수 있도록 정한다.

⑤ 관거의 역사이펀은 가능한 한 피하도록 계획한다.

⑥ 오수관거와 우수관거가 교차하여 역사이펀을 피할 수 없는 경우에는 **오수관거를 역사이펀**으로 하는 것이 바람직하다.

⑦ 기존 관거는 수리 및 용량 검토 및 관거 실태조사를 실시하여 기능적, 구조적 불량 관거에 대하여 오수관거로서의 제기능을 회복할 수 있도록 개량계획을 시행하여야 한다.

(3) 오수펌프장 계획

오수펌프는 분류식인 경우에는 **계획시간 최대오수량**으로 하고, 합류식인 경우에는 우천시 계획오수량으로 계획한다.

3. 하수처리·재이용 계획

(1) 계획오수량

생활오수량(가정오수량 및 영업오수량), 공장폐수량 및 지하수량으로 구분해 다음 사항을 고려하여 정한다. 또한 소규모 하수도 계획 시에는 필요한 경우 가축폐수량을 고려할 수 있다.

① **생활오수량** : 생활오수량의 1인1일 **최대오수량**은 계획목표연도에서 계획지역 내 상수도계획(혹은 계획예정)상의 1인1일 **최대급수량**을 감안하여 결정하며, 용도지역별로 가정오수량과 영업오수량의 비율을 고려한다.

② **공장폐수량** : 공장용수 및 지하수 등을 사용하는 공장 및 사업소 중 폐수량이 많은 업체에 대해서는 개개의 **폐수량 조사**를 기초로 장래의 확장이나 신설을 고려하며, 그 밖의 업체에 대해서는 **출하액당 용수량** 또는 **부지면적당 용수량**을 기초로 결정한다.

③ **지하수량** : 1인1일 최대오수량의 10~20%로 한다.

④ **계획1일 최대오수량** : 1인1일 최대오수량에 계획인구를 곱한 후, 여기에 공장폐수량, 지하수량 및 기타 배수량을 더한 것으로 한다.

⑤ **계획1일 평균오수량** : 계획1일 최대오수량의 70~80%를 표준으로 한다.

⑥ **계획시간 최대오수량** : 계획1일 최대오수량의 1시간당 수량의 1.3~1.8배를 표준으로 한다.

⑦ 합류식에서 우천 시 계획오수량은 원칙적으로 계획시간 최대오수량의 3배 이상으로 한다.

(2) 계획 오염부하량 및 계획 유입수질

생활오수, 영업오수, 공장폐수, 관광오수 및 기타 오수 등의 오염부하량을 합한 값으로 다음 각 항을 고려하여 정한다.

① **계획 유입수질** : 계획 오염부하량을 계획1일 평균오수량으로 나눈 값으로 한다.

② **대상수질 항목** : 계획 오염부하량의 산정에 있어서 대상수질 항목은 처리목표수질의 항목에 일치시키는 것을 원칙으로 한다.

③ **생활오수에 의한 오염부하량** : 1인 1일당 오염부하량 원단위를 기초로 하여 정한다.

④ **영업오수에 의한 오염부하량** : 업무의 종류 및 오수의 특징 등을 감안하여 결정한다.

⑤ **공장폐수에 의한 오염부하량** : 폐수 배출부하량이 큰 공장에 대해서는 부하량을 실측하는 것이 바람직하며, 실측치를 얻기 어려운 경우에는 업종별 출하액당 오염부하량 원단위에 기초를 두고 추정한다.

⑥ **관광오수에 의한 오염부하량** : 당일관광과 숙박으로 나누고 각각의 원단위에서 추정한다.

⑦ **기타 오염부하량** : 가축폐수 등에 관한 오염부하량은 필요에 따라 고려한다.

(3) 처리장 계획

처리시설은 계획1일 최대오수량을 기준으로 하여 계획한다.

핵심정리 ⑥ **하수도 관거시설**

1. 계획하수량

① 오수관거에서는 **계획시간 최대오수량**으로 한다.

② 우수관거에서는 **계획우수량**으로 한다.

③ 합류식 관거에서는 **계획시간 최대오수량에 계획우수량을 합한 것**으로 한다.

④ 차집관거는 우천 시 **계획오수량**으로 한다.

⑤ 지역의 실정에 따라 계획하수량에 여유율을 둘 수 있다.

(1) 유량의 산정

관의 단면적과 매닝(Manning)의 유속과의 관계로 유량을 산정한다($Q = A \times V$).

$$\text{Manning 공식 : } V = \frac{1}{n} R^{\frac{2}{3}} I^{\frac{1}{2}}$$

여기서, V : 유속(m/sec)

$\quad\quad n$: 조도계수

$\quad\quad R$: 경심 $\left(R = \dfrac{\text{단면적}}{\text{윤변}}, \text{원형 관의 경심} = \dfrac{D}{4} \right)$

$\quad\quad\quad$ 수심에 비하여 폭이 넓은 경우 : 경심＝수심

$\quad\quad I$: 동수경사, $\left(I = \dfrac{H(\text{높이})}{L(\text{길이})} \right)$

(2) 유속 및 경사

유속은 일반적으로 하류방향으로 흐름에 따라 점차로 커지고, 관거경사는 점차 작아지도록 다음 사항을 고려하여 유속과 경사를 결정한다.

① **오수관거** : 계획시간 최대오수량에 대하여 유속을 최소 0.6m/sec, 최대 3.0m/sec로 한다.

② **우수관거 및 합류관거** : 계획우수량에 대하여 유속을 최소 0.8m/sec, 최대 3.0m/sec로 한다.

2. 관거의 종류와 단면

(1) 관거의 종류

철근콘크리트관, 제품화된 철근콘크리트 직사각형거(정사각형거 포함), 도관, 경질염화비닐관, 현장타설철근콘크리트관, 유리섬유강화플라스틱관, 폴리에틸렌(PE)관, 덕타일(ductile)주철관, 파형강관, 폴리에스테르수지 콘크리트관, 기타

〈관거의 종류 및 특징〉

종류	특징
원심력 철근콘크리트관	발명자의 이름을 따서 흄(Hume)관이라고도 하며, 재질은 철근콘크리트관과 유사하고, 원심력에 의해 굳혀 강도가 뛰어나므로 하수관거용으로 가장 많이 사용되고 있다.

종류	특징
도관	내산성 및 내알칼리성이 뛰어나고, 마모에 강하며, 이형관을 제조하기 쉽다는 장점이 있으나, 충격에 다소 약하기 때문에 취급 및 시공에 주의해야 한다.
배수 및 하수용 비압력 매설용 구조형 폴리염화비닐(PVC)관	원형의 통파이프를 외부관과 내부관으로 생산하여 외부관을 캐터필러식의 금형이 연속적으로 O링 형상을 성형하여 제조한 관으로, 매끄러운 안쪽 벽면과 주름진 바깥쪽 면으로 구성되어 있으며 큰 하중을 요하는 곳에 사용 가능하다. 또한 경량으로 시공성, 내화학성이 우수하다.
유리섬유 강화 플라스틱관	유리섬유, 불포화폴리에스테르, 골재를 주원료로 하며, 내외면은 유리섬유 강화층이고, 중간층은 수지모르타르로 구성되며, 규격은 공칭지름, 공칭압력 및 공칭강성에 따라 분류한다. 또한 고강도로 내식성 및 시공성이 우수하다.
폴리에틸렌관	폴리에틸렌 중합체를 주체로 한 고밀도 폴리에틸렌을 사용하여 압출 등의 방법에 의하여 성형하며, 가볍고 취급이 용이하여 시공성이 좋다. 또한 내산·내알칼리성이 우수한 장점이 있지만, 특히 부력에 대한 대응과 되메우기 시 다짐 등에 유의하여야 한다.
덕타일(ductile) 주철관	내압성 및 내식성이 우수하여 일반적으로 압력관, 처리장 내의 연결관, 압송배관, 하천 및 도로횡단관 및 송풍용 관, 차집관거 등 다양한 용도에 쓰이고 있다.

(2) 관거의 단면

관거의 단면형상은 원형 또는 직사각형을 표준으로 하고, 소규모 하수도는 원형 또는 계란형을 표준으로 한다.

〈관거의 단면 형상 및 특징〉

종류		특징
원형	장점	• 수리학적으로 유리하다. • 일반적으로 내경 3,000mm 정도까지 공장제품을 사용할 수 있으므로 공사기간이 단축된다. • 역학계산이 간단하다.
	단점	• 안전하게 지지시키기 위해서 모래기초 외에 별도로 적당한 기초공을 필요로 하는 경우가 있다. • 공장제품이므로 접합부가 많아져 지하수의 침투량이 많아질 염려가 있다.

종류		특징
직사각형	장점	• 시공장소의 흙 두께 및 폭원에 제한을 받는 경우에 유리하며, 공장제품을 사용할 수도 있다. • 역학계산이 간단하다. • 만류가 되기까지는 수리학적으로 유리하다.
	단점	• 철근이 해를 받았을 경우 상부하중에 대하여 대단히 불안하게 된다. • 현장타설일 경우에는 공사기간이 지연된다. 따라서 공사의 신속성을 도모하기 위해 상부를 따로 제작해 나중에 덮는 방법을 사용할 수도 있다.
말굽형	장점	• **대구경** 관거에 유리하며, 경제적이다. • 수리학적으로 유리하다. • 상반부의 **아치작용**에 의해 역학적으로 유리하다.
	단점	• 단면형상이 복잡하기 때문에 시공성이 **열악**하다. • 현장타설의 경우에는 공사기간이 **길어진다**.
계란형	장점	• 유량이 적은 경우 원형거에 비해 수리학적으로 유리하다. • 원형거에 비해 관 폭이 작아도 되므로 수직방향의 **토압**에 유리하다.
	단점	• 재질에 따라 제조비용이 늘어나는 경우가 있다. • 수직방향의 시공에 정확도가 요구되므로 면밀한 시공이 필요하다.

(원형)　　　(직사각형)　　　(말굽형)　　　(계란형)

(3) 최소관경

① 오수관거 : 200mm를 표준으로 한다.
② 우수관거, 합류관거 : 250mm를 표준으로 한다.

3. 관거의 보호

흙 두께 및 재하중이 관거의 내하력을 넘는 경우, 철도 밑을 횡단하는 경우, 또는 하천을 횡단하는 경우 등에는 콘크리트 또는 철근콘크리트로 바깥둘레를 쌓아서 외압에 대하여 관거를 보호한다.

(1) 매설관이 받는 하중(Marston 공식)

$$W = C_1 \times \Gamma \times B^2$$

여기서, W : 관이 받는 하중(kN/m)

C_1 : 흙의 종류, 흙 두께, 굴착폭 등에 따라 결정되는 상수

Γ : 매설토의 단위중량(kN/m^3)

B : 폭 요소(width factor)로서 관 상부 90° 부분에서 관 매설을 위하여 굴토
한 도랑의 폭(m)

(2) 매설 강관의 최소 두께

$$t = \frac{PD}{2\sigma_t}$$

여기서, t : 강관의 두께(mm)

P : 강관 내압(MPa)

D : 내경(mm)

σ_t : 원주방향의 응력도(N/mm^2)

(3) 관정부식(crown 현상)

① 황산염이 혐기성 상태에서 황산염 환원세균에 의해 환원되어 황화수소를 생성한다.

② 황화수소는 콘크리트벽면의 결로에 재용해되고, 유황산화 세균에 의해 산화되어 황
산이 된다.

③ 콘크리트 표면에서 황산이 농축되어 pH가 1~2로 저하되면 콘크리트의 주성분인 수
산화칼슘이 황산과 반응하여 황산칼슘이 생성되며 관정부식을 초래한다.

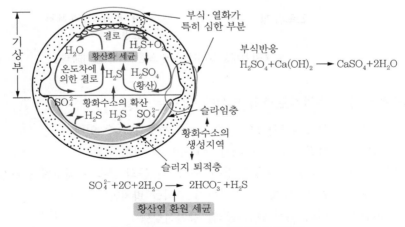

∥ 하수도시설에 특유한 콘크리트 부식 ∥

(4) 황화수소에 의한 부식 방지대책

① 황화수소의 생성을 방지한다.

② 관거를 청소하고 미생물의 생식 장소를 제거한다.

③ 황화수소를 희석한다.

④ 기상 중으로의 확산을 방지한다.

⑤ 황산염 환원 세균의 활동을 억제한다.

⑥ 유황산화 세균의 활동을 억제한다.

⑦ 방식 재료를 사용하여 관을 방호한다.

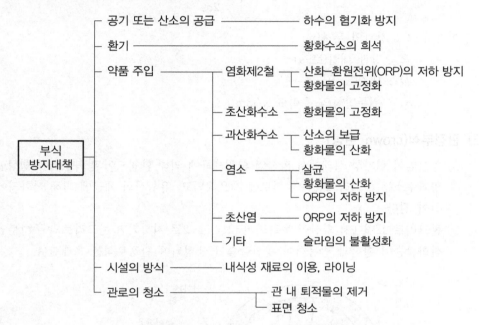

┃ 관거시설의 염화수에 의한 부식 방지대책 ┃

(5) 수질성분이 금속하수도관의 부식에 미치는 영향

① 마그네슘은 알칼리도와 pH 완충효과를 향상시킬 수 있다.

② 구리는 갈바닉전지를 이룬 배관상에 구멍을 야기한다.

③ 암모니아는 착화물의 형성을 통해 구리, 납 등의 금속 용해도를 증가시킬 수 있다.

④ 고농도의 칼슘은 $CaCO_3$로 침적하여 부식을 방지한다.

⑤ 용존산소는 여러 부식 반응속도를 증가시킨다.

⑥ 고농도의 염화물이나 황산염은 철, 구리, 납의 부식을 증가시킨다.

⑦ 잔류염소는 용존산소와 반응하여 금속부식을 유발시킨다.

4. 관거의 접합과 연결

(1) 관거의 접합

① 관거의 관경이 변화하는 경우 또는 2개의 관거가 합류하는 경우의 접합방법은 원칙적으로 수면접합 또는 관정접합으로 한다.

② 지표의 경사가 급한 경우에는 관경 변화에 대한 유무에 관계없이 원칙적으로 지표의 경사에 따라서 단차접합 또는 계단접합으로 한다.

③ 2개의 관거가 합류하는 경우의 중심교각은 되도록 $60°$ 이하로 하고, 곡선을 갖고 합류하는 경우의 곡률반경은 내경의 5배 이상으로 한다.

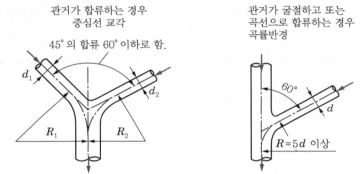

‖ 관거가 합류할 때의 중심교각과 곡률반경 ‖

〈관거접합의 종류〉

수면접합	수리학적으로 대개 계획수위를 일치시켜 접합시키는 것으로서 양호한 방법이다.	맨홀　맨홀
관정접합	관정을 일치시켜 접합하는 방법으로 유수는 원활한 흐름이 되지만 굴착 깊이가 증가되므로 사비가 증대되고 펌프로 배수하는 지역에서는 양정이 높게 되는 단점이 있다.	맨홀　맨홀 관정을 합치시킨다.

관중심접합	관 중심을 일치시키는 방법으로 수면접합과 관정접합의 중간적인 방법이다. 이 접합방법은 계획하수량에 대응하는 수위를 산출할 필요가 없으므로 수면접합에 준용되는 경우가 있다.	맨홀 맨홀 관 중심선
관저접합	관거의 내면 바닥이 일치되도록 접합하는 방법이다. 이 방법은 굴착깊이를 얕게 하므로 공사비용을 줄일 수 있으며, 수위상승을 방지하고 양정고를 줄일 수 있어 펌프로 배수하는 지역에 적합하다. 그러나 상류부에서는 동수경사선이 관정보다 높이 올라갈 우려가 있다.	맨홀 맨홀 관저를 합치시킨다.

🪐 **등치관의 길이 산정(Williams-Hazen식)**

$$\frac{L_2}{L_1} = \left(\frac{D_2}{D_1}\right)^{4.87}$$

5. 역사이펀(inverted syphon)

(1) 개요

① 역사이펀의 구조는 장해물의 양측에 수직으로 역사이펀실을 설치하고, 이것을 수평 또는 하류로 하향 경사의 역사이펀 관거로 연결한다. 또한 지반의 강약에 따라 말뚝기초 등의 적당한 기초공을 설치한다.

② 역사이펀실에는 수문설비 및 깊이 0.5m 정도의 이토실을 설치하고, 역사이펀실의 깊이가 5m 이상인 경우에는 중간에 배수펌프를 설치할 수 있는 설치대를 둔다.

③ 역사이펀 관거의 유입구와 유출구는 손실수두를 적게 하기 위하여 종모양(bell mouth)으로 하고, 관거 내의 유속은 상류측 관거 내의 유속을 20~30% 증가시킨 것으로 한다.

④ 역사이펀 관거의 흙 두께는 계획하상고, 계획준설면 또는 현재의 하저최심부로부터 중요도에 따라 1m 이상으로 하며 하천관리자와 협의한다.

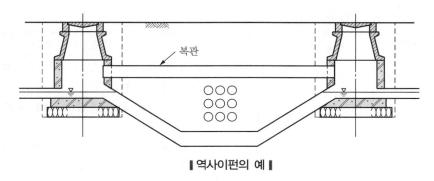

∥역사이펀의 예∥

(2) 역사이펀의 손실수두

$$H = I \times L + \left(\beta \times \frac{V^2}{2g} \right) + \alpha$$

여기서, H : 역사이펀에서의 손실수두(m)

I : 역사이펀 관거 내의 유속에 대한 동수경사(분수 또는 소수)

L : 역사이펀 관거의 길이(m)

V : 역사이펀 관거 내의 유속(m/sec)

α : 0.03~0.05m, β : 1.5를 표준으로 한다.

g : 중력가속도(9.8m/sec^2)

6. 맨홀

(1) 맨홀의 배치

관거 크기	맨홀 최대간격
600mm 이하	75m
600mm 초과 1,000mm 이하	100m
1,000mm 초과 1,500mm 이하	150m
1,650mm 이상	200m

(횡단면) (평면) (종단면)

(2) 표준맨홀의 형상별 용도

명칭	치수 및 형상	용도
1호 맨홀	내경 900mm 원형	관거의 기점 및 600mm 이하의 관거 중간지점 또는 내경 400mm까지의 관거 합류지점
2호 맨홀	내경 1,200mm 원형	내경 900mm 이하의 관거 중간지점 및 내경 600mm 이하의 관거 합류지점
3호 맨홀	내경 1,500mm 원형	내경 1,200mm 이하의 관거 중간지점 및 내경 800mm 이하의 관거 합류지점
4호 맨홀	내경 1,800mm 원형	내경 1,500mm 이하의 관거 중간지점 및 내경 900mm 이하의 관거 합류지점
5호 맨홀	내경 2,100mm 원형	내경 1,800mm 이하의 관거 중간지점

(3) 맨홀 부속물

① 인버트(invert)
  ㉮ 하류관거의 관경 및 경사와 동일하게 한다.
  ㉯ 발디딤부는 10~20%의 횡단경사를 둔다.
  ㉰ 폭은 하류측 폭을 상류까지 같은 넓이로 연장한다.
  ㉱ 상류관과 인버트 저부는 3~10cm 정도의 단차를 두는 것이 바람직하다.

② 발디딤부
  ㉮ 부식이 발생하지 않는 재질을 사용한다.
  ㉯ 이용하기에 편리하도록 설치하여야 한다.

③ 맨홀 뚜껑 : 유지관리의 편리성 및 안전성을 고려하여 설치한다.

7. 우수조정지

① 하수도 및 기타 배수시설을 보완하는 시설로서 배수구역으로부터 유출되는 우수를 일시 저장하여 유량조절을 적절히 할 수 있는 위치, 용량 및 구조 등으로 한다.
② 구조 형식은 댐식(제방높이 15m 미만), 굴착식 및 지하식으로 한다.
③ 우수의 방류 방식은 자연유하를 원칙으로 한다.
④ 여수토구(餘水吐口)
  ㉮ 여수토구는 **확률연수 100년 강우의 최대우수유출량의 1.44배 이상의 유량**을 방류 시킬 수 있는 것으로 한다.
  ㉯ 계획홍수위는 댐의 천단고(天端高)를 초과하여서는 안 된다.

댐식 (제방높이 15m 미만)	굴착식
흙댐 또는 콘크리트댐에 의해서 우수를 저류하는 형식이다. 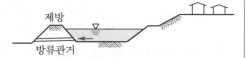	평탄지를 굴착하여 우수를 저류하는 형식이다. 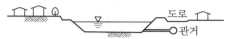
지하식 (관 내 저류 포함)	현지 저류식
일시적으로 지하의 저류탱크 관거 등에 우수를 저류하고 우수조정지로서 기능을 갖도록 하는 것이다. 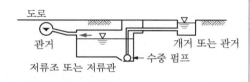	공원, 교정, 건물 사이, 지붕 등을 이용하여 우수를 저류하는 시설로서 보통 현지에 내린 비만을 대상으로 하기 때문에 관거의 상류측에 설치한다. 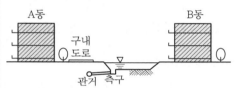

8. 우수토실

① 우수토실에서 우수월류량은 **계획하수량에서 우천 시 계획오수량을 뺀** 양으로 한다.

② 우수월류위어의 위어 길이 계산

$$L = \frac{Q}{1.8H^{3/2}}$$

여기서, L : 위어(weir) 길이(m)

Q : 우수월류량(m^3/sec)

H : 월류수심(m)(위어 길이 간의 평균값)

🐚 유입관거에서 월류가 시작될 때의 수심은 수리특성곡선에서 구하며, 이 수심을 표준으로 하여 위어 높이를 정한다.

9. 물받이 및 연결관

(1) 오수받이

우수의 유입을 방지하고 오수만을 수용할 수 있는 구조로 설치한다. 합류식의 경우에도 택지 내의 우·오수를 분류시켜 각각 설치된 우·오수 받이를 통하여 배제시킨다.

(2) 빗물받이

① 도로 내 우수를 모아서 공공하수도로 유입시키는 시설이다.

② 도로 옆의 물이 모이기 쉬운 장소나 L형 측구의 유하방향 하단부에 반드시 설치한다. 단, 횡단보도, 버스정류장 및 가옥의 출입구 앞에는 가급적 설치하지 않는 것이 좋다.

③ 설치위치는 보·차도 구분이 있는 경우에는 그 경계로 하고, 보·차도 구분이 없는 경우에는 도로와 사유지의 경계에 설치한다.

④ 노면배수용 빗물받이 간격은 대략 10~30m 정도로 하나 되도록 도로 폭 및 경사별 설치기준을 고려하여 적당한 간격으로 설치하되, 상습침수지역에 대해서는 이보다 좁은 간격으로 설치할 수 있다.

⑤ 협잡물 및 토사의 유입을 저감할 수 있는 방안을 고려하여야 한다.

⑥ 악취발산을 방지하는 방안을 적극적으로 고려한다.

(3) 집수받이

빗물받이의 일종으로서 U형 측구 등과 같은 개거와 관거 및 급경사 도로의 횡단 하수구에 설치한다.

핵심정리 ⑦ **펌프시설**

1. 펌프장시설의 계획하수량

하수배제방식	펌프장의 종류	계획하수량
분류식	중계펌프장, 소규모펌프장, 유입·방류 펌프장	계획시간 최대오수량
	빗물펌프장	계획우수량
합류식	중계펌프장, 소규모펌프장, 유입·방류 펌프장	우천 시 계획오수량
	빗물펌프장	계획하수량－우천 시 계획오수량

2. 펌프시설

(1) 펌프의 선정

펌프는 계획조건에 가장 적합한 표준특성을 가지도록 비교회전도를 정하여야 한다.

형식	전양정(m)	펌프의 구경(mm)	비교회전도
축류펌프	5 이하	400 이상	1,100~2,000
사류펌프	3~12	400 이상	700~1,200
원심펌프	4 이상	80 이상	100~750

(2) 펌프의 비교회전도와 회전속도 변환

① 펌프의 비교회전도(N_s)

$$N_s = N \times \frac{Q^{1/2}}{H^{3/4}}$$

여기서, N_s : 비교회전도, N : 펌프의 규정회전수(회/min)

Q : 펌프의 규정토출량($\mathrm{m^3/min}$), H : 펌프의 규정양정(m)

② 펌프는 N_s값에 따라 그 형식이 변한다.

③ N_s값이 같으면 펌프의 크기에 관계없이 같은 형식의 펌프로 하고 특성도 대체로 같아진다.

④ 수량과 전양정이 같다면 회전수가 많을수록 N_s값이 커진다.

⑤ N_s값이 적으면 유량이 적은 고양정의 펌프가 되고, N_s값이 크면 유량이 많은 저양정의 펌프가 된다.

⑥ 비교회전도가 클수록 흡입성능이 나쁘고 공동현상이 발생하기 쉽다.

⑦ 회전속도 변환

토출량 (1승 비례)	전양정 (2승 비례)	축동력 (3승 비례)
$\dfrac{Q_2}{Q_1} = \dfrac{N_2}{N_1}$	$\dfrac{H_2}{H_1} = \left(\dfrac{N_2}{N_1}\right)^2$	$\dfrac{P_2}{P_1} = \left(\dfrac{N_2}{N_1}\right)^3$

스크루(screw)펌프

장점	단점
• 구조가 간단하고 개방형이어서 운전 및 보수가 쉽다. • 회전수가 낮기 때문에 마모가 적다. • 수중의 협잡물이 물과 함께 떠올라 폐쇄가 적다. • 침사지 또는 펌프설치대를 두지 않고도 사용할 수 있다. • 기동에 필요한 물채움장치나 밸브 등 부대시설이 없으므로 자동운전이 쉽다.	• 양정에 제한이 있다. • 일반 펌프에 비하여 펌프가 크게 된다. • 토출측의 수로를 압력관으로 할 수 없다. • 오수의 경우 양수 시에 개방된 상태이므로 냄새가 발생한다.

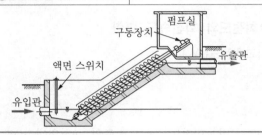

(3) 펌프 구경

① 펌프의 흡입구경은 토출량과 펌프 흡입구의 유속으로부터 구한다.

$$Q(\text{토출량}) = A\,V\text{에서 } A(\text{단면적})\text{을 산정 후 구경을 산출}\left(A = \frac{\pi D^2}{4}\right)$$

② 흡입구의 유속은 펌프의 회전수 및 흡입실양정 등을 고려하여 1.5~3.0m/sec를 표준으로 한다.

③ 펌프의 토출구경은 흡입구경, 전양정 및 비교회전도 등을 고려하여 정한다.

(4) 펌프의 전양정과 동력

① 펌프의 전양정은 실양정과 펌프에 부수된 흡입관, 토출관 및 밸브의 손실수두를 고려하여 정한다.

• 전양정 = 실양정 + 관로 마찰손실수두 + 기타 손실수두

• 손실수두 = 계수 × 속도수두

• 다르시-바이스바하(Darcy-Weisbach) 공식 관마찰 손실수두

$$h_f = f \times \frac{L}{D} \times \frac{V^2}{2g}$$

여기서, f : 계수, L : 길이, D : 직경, V : 유속, g : 중력가속도

② 실양정은 펌프의 흡입수위 및 배출수위의 변동, 범위, 계획하수량, 펌프 특성, 사용
  목적 및 운전의 경제성 등을 고려하여 정한다.

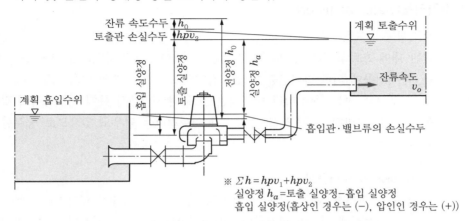

┃ 전양정의 예 ┃

③ 펌프의 동력

$$P(\text{PS}) = \frac{\gamma \times \Delta H \times Q}{75 \times \eta}$$

$$P(\text{kW}) = \frac{\gamma \times \Delta H \times Q}{102 \times \eta} \times \alpha$$

여기서, P : 동력(PS 또는 kW), γ : 물의 비중량(1,000kgf/m^3)

  ΔH : 전양정, Q : 유량(m^3/sec)

  η : 효율, α : 여유율

④ 펌프의 특성곡선
  일정 펌프에 있어서 양정(H), 효율(η), 축마력(BHP)이 수량의 변동에 대해 어떻
  게 변하는가를 나타낸 것이다.

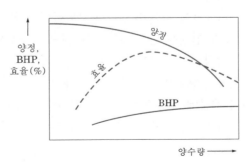

┃ 펌프 특성곡선의 일례 ┃

3. 펌프의 장애현상

(1) 수격작용(water hammer)

① 수격작용의 특징

만관 내에 흐르고 있는 물의 속도가 급격히 변화하여 압력변화가 발생하는 현상이다. 수격작용에 의한 압력상승 및 압력강하의 크기는 유속의 변화 정도, 관로 상황, 유속, 펌프의 성능 등에 따라 다르지만 펌프, 밸브, 배관 등에 이상압력이 걸려 진동, 소음을 유발하고, 펌프 및 전동기가 역회전하는 경우도 있으므로 충분한 검토가 필요하다.

② 펌프계에서의 수격현상

㉮ 제1단계(정회전 정류 ; 펌프 범위) : 펌프는 갑자기 동력을 잃더라도 전동기와 펌프의 관성력에 의하여 회전한다. 이 회전속도는 급속히 저하되기 시작하며 펌프의 양정도 회전속도의 저하에 따라 감소한다.

㉯ 제2단계(정회전 역류 ; 제동 범위) : 일단 정지된 물은 다음 순간부터 역류되기 시작하며 펌프의 회전속도는 점점 더 떨어지고 드디어 정지한다(보통의 펌프계에서는 이 역류가 시작될 때 체크밸브가 닫힌다).

㉰ 제3단계(역회전 역류 ; 수차 범위) : 체크밸브가 없는 경우에는 펌프가 역회전하기 시작하여 수차상태로 되고 무부하상태로 회전한다.

③ 수격작용의 방지대책

㉮ 부압(수주분리) 발생의 방지법
- 펌프에 플라이 휠(fly-wheel)을 붙인다.
- 토출측 관로에 표준형 조압수조(conventional surge tank)를 설치한다.
- 토출측 관로에 한 방향형 조압수조(one-way surge tank)를 설치한다.
- 압력수조(air-chamber)를 설치한다.

㉯ 압력상승 경감방법
- 완폐식 체크밸브에 의한 방법 : 관 내 물의 역류 개시 직후의 역류에 대하여 밸브디스크가 천천히 닫히도록 하는 것으로 역류되는 물을 서서히 차단하는 방법으로 압력상승을 완화시킨다.
- 급폐식 체크밸브에 의한 방법 : 역류가 커지고 나서 급폐되면 높은 압력상승이 생기기 때문에 역류가 일어나기 직전인 유속이 느릴 때에 스프링 등의 힘으로 체크밸브를 급폐시키는 방법으로 역류 개시가 빠른 300mm 이하의 관로에 사용된다.

- 콘밸브 또는 니들밸브나 볼밸브에 의한 방법 : 정전과 동시에 콘밸브나 니들 밸브 또는 볼밸브의 유압조작기구 작동으로 밸브 개도를 제어하여 자동적으로 완폐시키는 방법으로 유속변화를 작게 하여 압력상승을 억제할 수 있다.

(2) 공동현상(cavitation)

① 상 · 하수도시설의 공동현상

구분	특성
상수도 시설	• 펌프의 내부에서 유속이 급변하거나 와류 발생, 유로 장애 등에 의하여 유체의 압력이 저하되어 포화수증기압에 가까워지면 물속에 용존되어 있는 기체가 액체 중에서 분리되어 기포로 되며 더욱이 포화수증기압 이 하로 되면 물이 기화되어 흐름 중에 공동이 생기는 현상이다. • 가용유효흡입수두와 필요유효흡입수두를 검토하여 공동현상을 피한다.
하수도 시설	• 펌프 회전차나 동체 속에 흐르는 압력이 국소적으로 저하하여 그 액체의 포화증기압 이하로 떨어지면 발생하는 현상이다. • 펌프 캐비테이션은 펌프 성능을 현저히 저하시키고 회전차의 침식과 소음을 유발하며 수명을 저하시킨다.

② 공동현상(cavitation) 방지대책

㉮ 펌프의 설치위치를 가능한 한 낮추어 펌프의 가용유효흡입수두를 크게 한다.

㉯ 흡입관의 손실을 가능한 한 작게 하여 펌프의 가용유효흡입수두를 크게 한다.

㉰ 펌프의 회전속도를 낮게 선정하여 펌프의 필요유효흡입수두를 작게 한다.

㉱ 운전점이 변동하여 양정이 낮아지는 경우에는 토출량이 과다하게 되므로 이것을 고려하여 펌프의 필요유효흡입수두를 충분히 주거나 밸브를 닫아서 과대토출량이 되지 않도록 한다. 또한 펌프계획상 전양정에 여유가 너무 많으면 실제 운전 시에 과대토출량으로 운전되어 캐비테이션이 발생할 우려가 있으므로 주의를 요한다.

㉲ 동일한 토출량과 동일한 회전속도이면, 일반적으로 양쪽흡입펌프가 한쪽흡입펌 프보다 캐비테이션현상에서 유리하다.

㉳ 악조건에서 운전하는 경우에 임펠러의 침식을 피하기 위하여 캐비테이션에 강한 재료를 사용한다.

㉴ 흡입측 밸브를 완전히 개방한 후 펌프를 운전한다.

㉵ 펌프가 공동현상을 일으키지 않으면서 운전하기 위해서는 시설에서 이용할 수 있는 유효흡입수두가 어느 한도 이상이어야 한다.

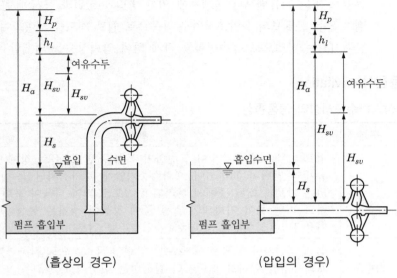

(흡상의 경우)　　　　　　(압입의 경우)

┃ 펌프의 유효흡입수두 ┃

$$H_{sv} = H_a - H_p + H_s - H_l$$

여기서, H_{sv} : 시설에서 이용 가능한 유효흡입수두(m)

　　　　H_a : 대기압을 수두로 나타낸 것(m)

　　　　H_p : 수온에서의 포화수증기압을 수두로 나타낸 것(m)

　　　　H_s : 흡입실양정(m)(흡입인 경우는 −, 압입인 경우는 +)

　　　　H_l : 흡입관 내의 손실수두(m)

(3) 기타

① **서징(surging)** : 펌프 운전 중에 토출량과 토출압이 주기적으로 숨이 찬 것처럼 변동하는 상태를 일으키는 현상으로, 펌프 특성곡선이 산형에서 발생하며 큰 진동을 발생하는 경우가 있다.

② **맥동현상** : 송출유량과 송출압력 사이에 주기적인 변동이 일어나 토출유량의 변화를 가져오는 현상이다.

인생에서 가장 멋진 일은
사람들이 당신이 해내지 못할 것이라 장담한 일을
해내는 것이다.

-월터 배젓(Walter Bagehot)-

수질오염 방지기술

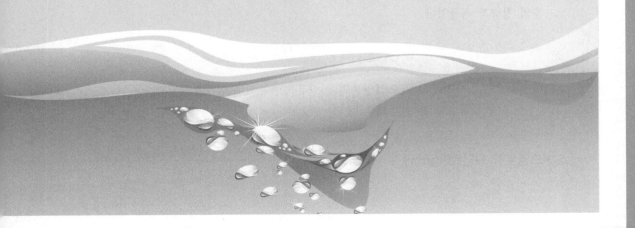

 핵심정리

제3과목 수질오염 방지기술

저자쌤의 이론학습 Tip

수질오염 개론에서 다루었던 오염물질에 대한 처리방법을 다루는 과목으로 각 처리방법에 대한 이해가 필요하다. 원리와 설계인자 등을 잘 정리하고 적용하여 문제를 풀 수 있도록 공부해야 하며, 개론과 상하수도 계획, 방지기술에서 과목 구분 없이 문제가 출제될 수 있다. 목표점수는 80점 이상이다.

핵심정리 ① 하·폐수의 처리계획

1. 발생부하량 및 제거율

부하량이란 오염물질이 처리공정(process) 및 어느 계(system)에 가해지는 양(주로 무게량)을 말하며, 보통 발생 및 유입 총량(kg/day) 또는 공정부하량(kg/m^3·day, kg/m^2·day)으로 나타낸다.

(1) 하수의 오염부하량

하수의 오염부하량은 통상 BOD, COD, SS 등에 주로 사용된다.

① 유입부하량(g/day)=오염물질 농도(g/m^3)×하수량(m^3/day)

또는, 1인당 오탁부하량(g/인·day)×인구(인)

② 용적부하(kg/m^3·day) = $\dfrac{오염물질\ 유입농도(g/m^3) \times 유입하수량(m^3/day) \times 10^{-3}}{반응조\ 용적(m^3)}$

(2) 폐수의 오염부하량

① 부하량 계산은 수처리시설의 설계(장치규모의 결정, 부지면적의 계산 등)와 운전 및 유지관리 기준(작업표준)의 설정, 처리시설의 효율 판정 등을 명확히 하기 위한 폐수의 정량적 취급이다.

② $$M_p(kg/day) = C_p(kg/m^3) \times Q(m^3/day)$$

여기서, M_p : 오염부하량(오염성분의 질량유속), C_p : 오염성분 농도
Q : 폐수의 유량(부피유속)

③ 오염부하 원단위(kg/ton) = $\dfrac{오염물질\ 발생농도(g/m^3) \times 폐수\ 발생량(m^3/day) \times 10^{-3}}{제품\ 생산량(ton/day)}$

④ **산업폐수의 인구당량수** : 산업폐수의 오탁부하량이 생활폐수의 오탁부하(배출) 원단위로 몇 인분인가를 환산한 값으로, 보통 BOD 배출량을 기준으로 한다.

$$인구당량 = \frac{폐수의~BOD~농도(g/m^3) \times 폐수량(m^3/day)}{성인~1인~1일당~BOD~배출량(g/인 \cdot day)}$$

$$또는,~\frac{폐수의~유기물~농도(g/m^3) \times 폐수량(m^3/day) \times BOD~환산계수}{성인~1인~1일당~BOD~배출량(g/인 \cdot day)}$$

(3) 오염성분의 제거율(처리효율)

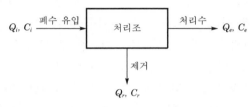

❚ 수처리의 물질수지 ❚

① **오염성분의 질량수지**

$$Q_i C_i = Q_e C_e + Q_r C_r$$

② **오염성분의 제거율(처리효율 %)**

$$\frac{Q_i C_i - Q_e C_e}{Q_i C_i} \times 100 = \frac{Q_r C_r}{Q_i C_i} \times 100$$

여기서, Q_i : 유입 폐수량(m^3/day), C_i : 오염성분 농도(mg/L)

$\quad\quad\quad Q_e$: 처리수량(m^3/day), C_e : 처리수 농도(mg/L)

$\quad\quad\quad C_r$: 제거되는 오염성분 농도(mg/L), Q_r : 제거물의 수량(m^3/day)

$\quad\quad\quad Q_i C_i$: 유입폐수 중의 오염성분의 양

$\quad\quad\quad Q_e C_e$: 처리수 중의 오염성분의 양

$\quad\quad\quad Q_r C_r$: 제거되는 오염성분의 양

🪐 **희석배수 산정**

$$희석배수(P) = \frac{C_o}{C_d} = \frac{Q_d}{Q_o}~~(따라서,~C_o \cdot Q_o = C_d \cdot Q_d)$$

여기서, C_o : 희석 전 농도, Q_o : 희석 전 수량, C_d : 희석 후 농도, Q_d : 희석 후 수량

2. 유기물 함량과 설계인자

(1) 항목

BOD, COD, ThOD, TOD, ThOC, TOC 등

※ 측정값의 비교 : ThOD > TOD > COD_{Cr} > BOD_u > ThOC > TOC > BOD_5

(2) COD, ThOD, BOD, TOC 간의 관계

폐수처리장의 운전 및 처리 효율 결정에 있어 BOD를 측정하는 것은 상당한 기간이 필요하므로 BOD, COD, TOC 간의 관계를 정하고 그 후로는 COD나 TOC만을 측정하여 그 결과치로서 BOD치를 추정하는 일이 흔히 있는데 이때 **고려할 사항**은 다음과 같다.

① 공장폐수의 경우 제1철, 질소화합물, 황화물, 아황산염, 기타 산화 가능한 무기물질은 COD에 포함되기 쉬우나 TOC에는 이러한 무기물질의 산소소비와는 관계없다.

② BOD나 COD에는 난분해성 유기물질과 $K_2Cr_2O_7$으로 산화되지 않는 유기물질의 산소소비량이 포함되지 않으나 TOC에는 그러한 유기탄소가 포함된다.

③ BOD 측정은 식종미생물, 희석, 온도, pH, 독성물질 등의 영향을 받지만 COD와 TOC 분석은 영향을 받지 않는다.

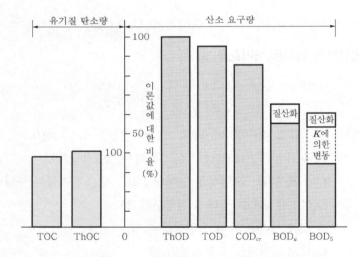

‖ 유기질 탄소량 및 산소요구량 파라미터의 대략적 비교 ‖

(3) 생물학적 처리 시의 관계 변화

처리 전에 비해 처리 후 COD/TOC 및 BOD_5/TOC 등의 값이 낮아진다.

〈생물학적 처리 시 COD/TOC 및 BOD₅/TOC의 변화〉

구 분 폐수별	COD/TOC		BOD₅/TOC의 변화	
	생폐수	처리수	생폐수	처리수
가정 폐수	4.15	2.20	1.62	0.47
화학공장 폐수	3.54	2.29	–	–
정유공장 폐수	5.40	2.15	2.75	0.43
석유화학공장 폐수	2.70	1.85	–	–

(4) ThOD와 BOD와의 관계

대부분의 경우 ThOD값이 BOD값보다 크지만 포도당(glucose)의 경우는 중크롬산칼륨 ($K_2Cr_2O_7$)에 의해 완전 산화되고 또한 생물학적으로도 완전 분해되므로 다음의 관계가 성립된다.

$$\underline{C_6H_{12}O_6} \quad + \quad \underline{6O_2} \quad \longrightarrow \quad 6CO_2 \quad + \quad 6H_2O$$

180g   192g

(glucose)   (COD)

※ $ThOD \simeq COD \simeq BOD_u$: 192g/mol−glucose

3. 폐수처리 방법 및 선택

(1) 폐수 발생과 처리과정

① 생산공정과 폐수처리 과정

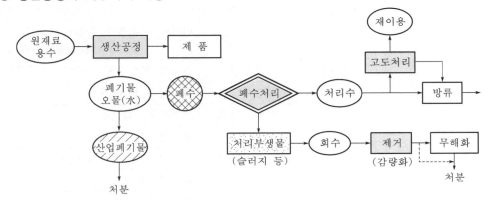

② 수처리 계획 과정

㉮ 폐수 조사 : 공장 조사(원료, 약품, 용수), 유량 측정, 시료 채취 및 분석

㉯ 오염부하량 산정 : BOD, COD, SS, 기타 물질의 양

㉰ 폐수처리 목표 설정 : 배출허용기준 이하, 주위환경 고려

㉱ 수처리 전 고려사항 : 감량화, 수집, 저류, 균등 및 균질화

(2) 폐수의 성분에 따른 처리방법

① 성분에 따른 주요 처리

폐수의 종류			처리방식	주요장치	
무기성 폐수	부유물	조대(粗大)	screen	bar screen, 회전쇠그물	
			자연침전	clarifier	중심부 배출형 원간부 배출형
		colloid	응집침전	현탁액 − 순환형 응집침전장치, blanket형 침전장치	
			부상법	가압식 부상장치, 진공식 부상장치	
	용해물	금속이온	약품에 의한 침전반응	현탁액 − 순환형 응집침전장치	
		탈색	응집침전, 흡착	현탁액 − blanket형 응집침전장치, 색도 − 활성탄흡착장치	
		중화	혼합교반	교반장치, pH 조절장치	
	오니		탈수	여과(가압, 진공), 원심분리, 풍건상	
유기성 폐수	부유물	조대(粗大)	screen 자연침전	bar screen, 회전 screen, clarifier	
		colloid	응집침전	현탁액 − 순환형 응집침전장치, blanket형 응집침전장치	
			부상법	진공식 부상장치, 가압식 부상장치	
			살수여상법	회전살수기, 여과상	
			활성오니법	포기장치, 침전조	
	용해물	유기물	단순포기	포기장치	
			살수여상법	생물막여과장치, 회전살수기	
			활성오니법	포기조, 침전조	
			회전원판법	회전접촉기, 침전조	
			접촉산화법	폭기장치, 접촉반응(산화)조	
			혐기성 소화법	소화조, 가온장치, 가스포집저장조	
		고농도유기물, 오니	농축·소화 ·탈수	농축조, 소화조, 압력여과, 원심분리, 건조	

② 도시폐수(하수) 처리공정(일반)

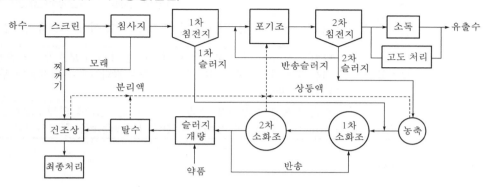

4. 배관설비의 부식(corrosion)

(1) 수질 성분별 부식의 영향

성분	영향
pH	pH가 낮으면 부식속도를 증가시킨다. 높은 pH는 부식속도를 감소시키고 관을 보호하나 놋쇠의 탈아연화를 유발시킨다.
용존산소(DO)	여러 부식의 반응속도를 증가시키며, 특히 **철과 동파이프의 부식**을 촉진시킨다.
알칼리도	완충능력이 있어 pH 변화를 조절해 주며, 보호막 형성을 도와 줄 수 있다. 낮거나 보통의 알칼리도에서 대부분 재료의 부식이 줄어드나 **높은 알칼리도는 구리와 납의 부식을 증가시킨다.**
암모니아	**금속과 착화합물의 형성**을 통해 구리, 납 등의 금속의 용해도를 증가시킬 수 있다.
잔류염소	**금속의 부식을 증대**시키며, 특히 구리, 철, 강철의 부식을 촉진시킨다.
경도(Ca, Mg)	Ca는 $CaCO_3$로 침전하여 **부식을 보호(보호막 형성)**하고 부식속도를 감소시켜 준다. Ca와 Mg은 알칼리도와 pH의 완충효과를 향상시킬 수 있다.
염화물과 황산염	고농도의 염화물이나 황산염은 **철, 구리, 납의 부식을 증가시킨다.**
황화수소(H_2S)	부식속도를 증가시킨다.
구리(Cu)	갈바닉 전지를 이룬 배관상에 흠집(구멍)을 야기한다. 따라서, **구리 이온은 아연도관(galvanized pipe)의 부식을 증대**시킬 수 있다.
미량금속원소	$CaCO_3$의 안정된 결정성 생성물(방해석) 형성을 억제하고, 안정도가 낮아 쉽게 용해되는 결정성 생성물(선석)을 형성하기 어렵다.

성분	영향
총 용존고형물 (TDS)	TDS가 높으면 전기전도도가 증가하고, 부식속도를 증가시킨다.
유기물	탄닌(tannins) 등의 유기물은 금속배관 표면에 보호막 형성으로 부식을 감소시키나 어떤 유기물은 금속과 착화합물을 형성하여 부식을 가속시킨다.
수온	수온이 높으면 부식을 증대시킨다. 높은 온도에 의해 $CaCO_3$, Mg, silicate, $CaSO_4$의 용해도가 감소하여 scale을 형성시킨다.

(2) 부식의 방지

① pH 조정 : pH 8 이상

② DO 조정 : 0.5~2mg/L 유지

③ 방청제 주입 : 무기성 인(inorganic phosphate)(20~40mg/L), 규산나트륨(sodium silicate)(2~12mg/L), phosphate와 silicate의 혼합제 사용

※ 지속적 주입

④ 음극 보호 : 갈바닉 음극 보호, 전해 음극 보호

※ 관로 전체에는 가격이 높아 적용이 어렵고 주로 처리시설의 철제 탱크에 적용

⑤ 피복(coating) : coaltar, epoxy, cement 몰딩, FRP, rubber, polyethylene 등 사용

⑥ 적정 알칼리도 유지 : Ca과 알칼리도를 각각 40mg/L as $CaCO_3$ 정도 유지

※ $Ca(OH)_2$ 사용 시 물맛을 고려해서 pH 7.5 내외 유지

⑦ LI(Langelier Index) : +값으로 유지($CaCO_3$ 피막 형성)

(3) 부식지수(corrosion index)

부식의 정도를 나타내는 지수로는 LSI(Langelier Saturation Index)가 흔히 쓰인다. 물이 $CaCO_3$를 용해시키지는 않고 침전시키지도 않을 때 그 물은 안정하다고 한다. 만일 물의 pH가 평형점 이상으로 증가하면 물은 $CaCO_3$ 침전으로 결석(結石, scale)을 형성하고, 반대로 pH가 내려가면 다음 화학반응에서와 같이 $CaCO_3$를 용해시키므로 부식성이 있게 된다.

$$CaCO_3 + H^+ \rightleftarrows Ca^{2+} + HCO_3^-$$

핵심정리 ② 물리적 처리

1. 침전의 수리계산과 형태

(1) 중력침강속도(스토크스(Stokes)의 법칙)

$$V_g = \frac{d_p^2 \times (\rho_p - \rho) \times g}{18 \times \mu}$$

여기서, V_g : 중력침강속도

d_p : 입자의 직경

ρ_p : 입자의 밀도

ρ : 유체의 밀도

g : 중력가속도

μ : 유체의 점성계수

(2) 표면부하율(surface loading)

$$표면부하율 = \frac{유량}{침전면적} = \frac{AV}{WL} = \frac{WHV}{WL} = \frac{HV}{L} = \frac{H}{HRT}$$

• 표면부하율 = 100% 제거되는 입자의 침강속도

• 침전효율 = $\dfrac{침전속도}{표면부하율}$

여기서, A : 옆면적($W \times H$)

V : 수평유속

Q(유량) $= A \times V$

W : 폭

L : 길이

H : 높이

HRT : 체류시간

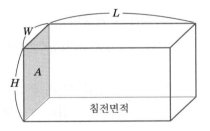

(3) 위어(weir)의 월류부하

$$위어의 월류부하 = \frac{유량}{위어의 길이}$$

(4) 침전형태

Ⅰ형 침전	Ⅱ형 침전	Ⅲ형 침전	Ⅳ형 침전
• 독립침전 • 자유침전 • 스토크스 법칙을 따름. • 응결되지 않는 독립 입자의 침전	• 플록침전 • 응결침전 • 응집침전 • 입자들이 서로 위치를 바꾸려 함. • 2차 침전지 상부 및 화학적 응집슬러지의 침전	• 지역침전 • 계면침전 • 간섭침전 • 입자들이 서로 위치를 바꾸려 하지 않음. • 생물학적 처리 2차 침전지 중간 깊이의 침전	• 압축침전 • 압밀침전 • 고농도의 폐수에 적용됨. • 2차 침전지 및 농축조의 저부 침전

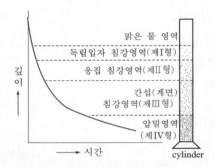

▮ 부유물질(SS)의 침강영역 ▮

2. 상수처리시설에서의 침전지

(1) 응집용 약품주입설비

저장설비의 용량은 계획정수량에 각 약품의 평균주입률을 곱하여 산정하고, 다음을 표준으로 한다.

① 응집제는 30일분 이상, 응집보조제는 10일분 이상으로 한다.

② 알칼리제는 연속 주입할 경우 30일분 이상, 간헐 주입할 경우 10일분 이상으로 한다.

(2) 약품침전지와 보통침전지의 구성과 구조

① 침전지의 수는 원칙적으로 2지 이상으로 한다.

② 침전지의 형상은 직사각형으로 하고 길이는 폭의 3~8배 이상으로 한다.

③ 유효수심은 3~5.5m로 하고 슬러지 퇴적심도로서 30cm 이상을 고려하되 슬러지 제거설비와 침전지의 구조상 필요한 경우에는 합리적으로 조정할 수 있다.

④ 고수위에서 침전지 벽체 상단까지의 여유고는 30cm 이상으로 한다.

(3) 고속응집침전지

① 원수 탁도는 10NTU 이상이어야 한다.
② 최고 탁도는 1,000NTU 이하인 것이 바람직하다.
③ 표면부하율은 40~60mm/min을 표준으로 한다.
④ 용량은 계획정수량의 1.5~2.0시간분으로 한다.

(4) 경사판(관) 등의 침전지

횡류식(수평류식) 경사판 침전지	상향류식 경사판 침전지
• 표면부하율은 4~9mm/min으로 한다. • 경사판의 경사각은 60°로 한다. • 침전지 내의 평균유속은 0.6m/min 이하로 한다. • 체류시간은 경사판의 간격이 100mm인 경우에 20~40분으로 한다.	• 표면부하율은 12~28mm/min으로 한다. • 경사각은 55~60°로 한다. • 침전지 내의 평균상승유속은 250mm/min 이하로 한다. • 침강장치는 1단으로 한다.
플록형성지 경사판 월루트로프 침전수거 배관덕트 슬러지배출거 정류벽 저류벽	정류벽 저류벽 접수트로프 침강장치

3. 하수처리시설에서의 침전지

구분	1차 침전지	2차 침전지
형상 및 침전지수	① 형상은 원형, 직사각형 또는 정사각형으로 한다. ② 직사각형인 경우 폭과 길이의 비는 1 : 3 이상으로 하고, 폭과 깊이의 비는 1 : 1~2.25 : 1 정도로 하며, 폭은 슬러지 수집기의 폭을 고려하여 정한다. 그리고 원형 및 정사각형의 경우 폭과 깊이의 비는 6 : 1~12 : 1 정도로 한다. ③ 침전지 수는 최소한 2지 이상으로 한다.	

‖1차 침전지‖

‖2차 침전지‖

부하율	① 표면부하율 • 분류식 : $35~70\text{m}^3/\text{m}^2 \cdot \text{day}$ • 합류식 : $25~50\text{m}^3/\text{m}^2 \cdot \text{day}$ ② 월류위어 부하율 • $25\text{m}^3/\text{m} \cdot \text{day}$ 이하	① 표면부하율 • 표준활성슬러지법 : $20~30\text{m}^3/\text{m}^2 \cdot \text{day}$ • 고도처리법 : $25~50\text{m}^3/\text{m}^2 \cdot \text{day}$ ② 월류위어 부하율 • $190\text{m}^3/\text{m} \cdot \text{day}$ 이하
유효수심	2.5~4m	2.5~4m
침전시간	2~4시간	3~5시간
여유고	40~60cm	40~60cm

4. 용존공기부상(Dissolved Air Flotation ; DAF)

① DAF를 운영하는 정수장에서 고탁도(100NTU 이상)의 원수가 유입되는 경우에는
DAF 전에 전처리시설로 예비침전지를 두어야 한다.

② **부상조에서의 A/S 비**

$$\text{A/S 비} = \frac{1.3 \times C_{\text{air}}\,(fP-1)}{\text{SS}} \times R$$

여기서, 1.3 : 공기의 밀도(g/L)

C_{air} : 공기의 용해도

f : 흡수비

P : 운전압력

SS : 부유고형물의 농도

R : 반송비

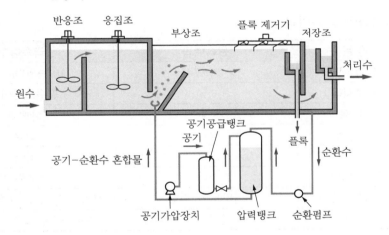

｜부상조｜

5. 여과(filteration)

(1) 여과대상

여과는 폐수를 다공질여재(모래, 무연탄, 규조토, 섬유 등)에 통과시켜 물속에 포함된
부유물을 제거하는 조작으로 처리대상은 다음과 같다.

① 화학적으로 처리한 원폐수 및 응집침전시킨 물

② 처리하지 않거나 화학적으로 처리된 2차 유출수

(2) 여과면적

$$A = \frac{Q}{V}$$

여기서, A : 여과지 면적(m^2), Q : 여과수량(m^3/day), V : 여과속도(m/day)

(3) 유효경과 균등계수

$$U = \frac{P_{60}}{P_{10}} \geqq 1$$

여기서, U : 균등계수

P_{60} : 60%를 통과시킨 체 눈의 크기

P_{10} : 10%를 통과시킨 체 눈의 크기(유효경)

(4) 완속여과와 급속여과

항목	완속여과	급속여과
여과속도	5~10m/day	100~200m/day
약품처리	−	필수조건이다.
세균 제거	좋다.	나쁘다.
손실수두	작다.	크다.
건설비	크다.	작다.
유지관리비	적다.	많다(약품 사용).
수질과의 관계	저탁도에 적합	고탁도, 고색도, 조류가 많을 때
여재 세척	시간과 인력이 소요된다.	자동시스템으로 적게 든다.

6. 흡착(adsorption)

(1) 흡착의 구분

일반적으로 흡착에는 물리흡착, 화학흡착, 교환흡착(exchange adsorption)이 있다.

(2) 흡착대상

① 정수나 폐수의 생물학적 처리를 방해하는 화학약품 폐수

② 생물학적으로 분해가 어려운 화학물질 및 미처리 유기물

③ 강이나 하천의 생태계(生態系)에 중대한 영향을 미치는 독성물질

④ 냄새나 색도

(3) 흡착과정

흡착과정은 다음의 3단계를 거쳐서 일어난다고 생각할 수 있다.

① 흡착제 주위의 막을 통하여 피흡착제의 분자가 이동하는 단계

② 만약 흡착제가 공극(空隙)을 가졌다면 공극을 통하여 피흡착제가 확산하는 단계

③ 흡착제 활성표면에 피흡착제의 분자가 흡착되면서 피흡착제와 흡착제 사이에 결합이 이루어지는 단계

(4) 등온흡착식(等溫吸着式, adsorption isotherms)

① Freundlich 공식

$$\frac{X}{M} = KC^{\frac{1}{n}}$$

② Langmuir 공식

$$\frac{X}{M} = \frac{abC}{1+bC}$$

여기서, X : 흡착된 용질량

M : 흡착제의 중량

$\dfrac{X}{M}$: 흡착제의 단위중량당 흡착량

C : 흡착이 평형상태에 도달했을 때에 용액 내에 남아 있는 피흡착제의 농도

K, n, a, b : 경험적 상수

※ 활성탄 액상흡착에는 보통 Freundlich식이 사용된다.

①의 식은 물질농도의 제한된 범위에서만 타당성이 있으며 한정된 범위의 용질농도에 대한 평형값을 나타내고, ②의 식은 1) 한정된 표면만이 흡착에 이용되고 2) 표면에 흡착된 용질물질은 그 두께가 분자 1개 정도의 두께이며 3) 흡착은 가역적이고 평형조건이 이루어졌다고 가정함으로서 유도된 식이다.

③ 상기 공식들을 직선함수식($y = aX + b$ 형), 즉 선형식으로 표시하면 다음과 같다.

$\log \dfrac{X}{M} = \dfrac{1}{n} \log C + \log K$ (①식의 양변에 log를 취해 정리)

$\dfrac{C}{X/M} = \dfrac{1}{a} C + \dfrac{1}{ab}$ (②식의 분모, 분자를 ab로 나누어 정리)

(5) 질량전달 메카니즘

흡착률은 여러 가지 물질전달 메커니즘 중의 하나로 인해 제한되며, 이러한 질량전달 메카니즘으로는 ① 용액(bulk solution)에서 흡착제 주위의 액체막이나 경계층으로의 용질의 이동, ② 액체막을 통한 용질의 확산, ③ 흡착제 내의 모세관이나 공극을 통한 용질의 내부 확산, ④ 모세관 벽이나 표면으로의 용질흡착 등이 있다.

상기 과정의 ②는 통상 막 확산(film diffusion), ③은 공극 확산(pore diffusion)이라 일컫는다.

핵심정리 ③ 화학적 처리

1. 상수처리에서의 소독

(1) 전염소 · 중간염소 처리

원수 중에 철과 망간이 용존하여 후염소처리 시 탁도나 색도를 증가시키는 경우에는 미리 전염소 또는 중간염소 처리하여 불용해성 산화물로 존재 형태를 바꾸어 후속공정에서 제거한다.

① 전염소처리 : 응집 · 침전 이전의 처리과정에서 주입하는 경우
② 중간염소처리 : 침전지와 여과지의 사이에서 주입하는 경우

2. 하수처리시설에서의 소독

(1) 개요

하수처리시설에서 시행되는 소독의 목적은 처리 중에 생존할 우려가 있는 병원성미생물을 사멸시켜 처리수의 위생적인 안전성을 높이는 데 있다.

물리적 방법		가열, 자외선(UV) 조사, 감마선 조사, X선 조사
화학적 방법	할로겐족 산화제	액화염소, 차아염소산나트륨, 클로라민, 유기염소제, 이산화염소 등 각종 염소화합물, 브롬
	비할로겐족 산화제	오존, 과망간산칼륨, 과산화수소
	금속	은이온, 동이온
	계면활성제	계면활성제
	이온교환체	이온교환수지, 이온교환막

(2) 염소(Cl₂) 소독

① 염소 소독방법의 원리

㉮ 염소가스를 물에 주입

> 가수분해 : $Cl_2 + H_2O \rightleftarrows HOCl + HCl$
>
> 이온화 : $HOCl \rightleftarrows H^+ + OCl^-$

• $HOCl$과 OCl^-의 비는 수용액의 최종 pH에 의하여 결정된다.

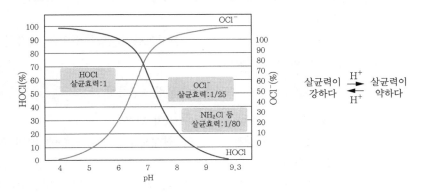

㉯ 클로라민(chloramine) 화합물을 형성

> $NH_3 + HOCl \rightarrow NH_2Cl + H_2O$ (pH 8.5 이상)
>
> $HOCl + NH_2Cl \rightarrow NHCl_2 + H_2O$ (pH 4.5~8.5)
>
> $HOCl + NHCl_2 \rightarrow NCl_3 + H_2O$ (pH 4.5 이하)

• 계속적으로 염소를 주입하게 되면 클로라민류가 분해된다.
• 클로라민류가 분해되면 질소는 질소가스로 배출되어 물속의 질소가 제거된다.
• 클로라민류 분해 후 자유염소로 염소가 잔류하기 시작한다.

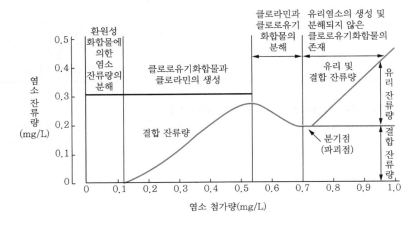

ⓒ 살균력의 크기

$$HOCl > OCl^- > 클로라민(chloramines)$$

- 살균강도는 HOCl이 OCl⁻ 보다 80배 이상 강하다.
- 염소의 살균력은 온도가 높고, pH가 낮을 때 강하다.

② 염소 소독시설의 설계

㉮ 염소는 하수가 접촉조에 유입하기 전에 주입되어야 하며, 주입되는 즉시 하수와 잘 혼합되어야 한다.

㉯ 염소 주입은 하수의 수질과 요망되는 살균효율 및 방류수역의 대장균수에 대한 환경기준을 감안하여 결정한다.

$$주입량 = 소모량 + 잔류량$$

- 소독에 의한 살균 : Chick's Law → 1차 반응

㉰ 액체염소 주입장치의 용량은 계획1일 최대오수량과 주입률에 따라 정한다(단, 합류식인 경우 우천 시를 고려한다).

㉱ 액체염소의 저장량은 평균주입량의 7~8일분으로 하는 것이 바람직하다.

③ 염소 소독의 장단점

장점	단점
• 잘 정립된 기술이다. • 소독이 효과적이다. • 잔류염소의 유지가 가능하다. • 암모니아의 첨가에 의해 결합잔류염소가 형성된다. • 소독력 있는 잔류염소를 수송관거 내에 유지시킬 수 있다.	• 처리수의 잔류독성이 탈염소과정에 의해 제거되어야 한다. • THM 및 기타 염화탄화수소가 생성된다. • 특히 안정규제가 요망된다. • 대장균살균을 위한 낮은 농도에서는 virus, spores, cysts 등을 비활성화시키는 데 효과적이지 못할 수도 있다. • 처리수의 총용존고형물이 증가한다. • 하수의 염화물함유량이 증가한다. • 염소접촉조로부터 휘발성유기물이 생성된다. • 안전상 화학적 제거시설이 필요할 수도 있다.

🪐 **수중의 암모니아성질소의 물리화학적 처리방법**
파괴점(break point) 염소주입법, 제올라이트(zeolite)법, 암모니아탈기법, 이온교환법 등

(3) 오존 소독

장점	단점
• 많은 유기화합물을 빠르게 산화, 분해한다. • 유기화합물의 생분해성을 높인다. • 탈취, 탈색 효과가 크다. • 병원균에 대하여 살균작용이 강하다. • 바이러스(virus)의 불활성화 효과가 크다. • 철 및 망간의 제거능력이 크다. • 염소요구량을 감소시켜 유기염소화합물의 생성량을 감소시킨다. • 슬러지가 생기지 않는다. • 유지관리가 용이하다. • 안정하다.	• 효과에 지속성이 없으며, 상수에 대하여는 염소처리의 병용이 필요하다. • 경제성이 좋지 않다. • 오존 발생장치가 필요하다. • 전력비용이 과다하다.

(4) 자외선(UV) 소독

장점	단점
• 소독이 효과적이다. • 잔류독성이 없다. • 대부분의 virus, spores, cysts 등을 비활성화 시키는 데 염소보다 효과적이다. • 안전성이 높다. • 요구되는 공간이 적다. • 비교적 소독비용이 저렴하다.	• 소독이 성공적으로 되었는지 즉시 측정할 수 없다. • 잔류효과가 없다. • 대장균 살균을 위한 낮은 농도에서는 virus, spores, cysts 등을 비활성화시키는 데 효과적이지 못하다.

3. pH 조정시설

① 체류시간은 10~15분을 기준으로 한다.

② 조의 형태는 사각형 및 원형으로 한다.

③ 조정조의 교반강도는 속도경사(G)로 300~1,500/sec로 급속교반한다.

4. 응집처리시설

(1) 개요

① 응집제를 사용하여 미세입자들을 응집시켜 플록으로 형성하고, 완속교반으로 플록입자를 크게 성장시켜 침전성을 양호하게 하여 미세부유물질 등을 제거한다.

② 응집의 원리 : 이중층의 압축, 전하의 전기적 중화, 침전물에 의한 포착, 입자 간의 가교작용, 제타전위의 감소, 플록의 체거름효과 등이다.

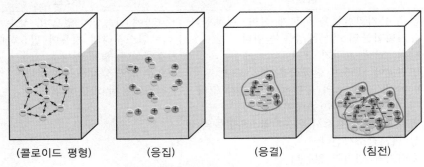

(콜로이드 평형)   (응집)   (응결)   (침전)

┃ 응집에 의한 플록의 형성과 침전 ┃

(2) 적용

① 응집공정은 하수 중의 콜로이드 등 미세입자 및 부유고형물뿐만 아니라 인의 제거에 효과적이나 용존 유기물의 제거에는 큰 효과가 없다.

② 콜로이드 처리방법

응집침전법, 활성슬러지법, 살수여상법 등으로 처리

(3) 응집제의 종류

알루미늄염, 철염 등이 가장 많이 사용되고 있다.

① 알루미늄염

㉮ 반응에 적당한 pH의 범위는 4.5~8 정도이다.

㉯ 다른 응집제에 비하여 가격이 저렴하고, 탁도, 세균, 조류 등의 거의 모든 현탁성 물질 또는 부유물의 제거에 유효하며, 독성이 없으므로 대량으로 주입할 수 있다.

② 철염

㉮ 철염의 반응원리는 알루미늄염과 비슷하지만 철이온은 처리수에 색도를 유발할 수 있다.

㉯ 침전이 빠른 플록을 형성하고 반응에 적정한 pH의 범위는 4~12이다.

(4) 자-테스트(jar-test)

① 응집에 필요한 적정 pH의 범위, 응집제의 종류와 주입률을 선정한다.

② 자-테스트(jar-test) 순서

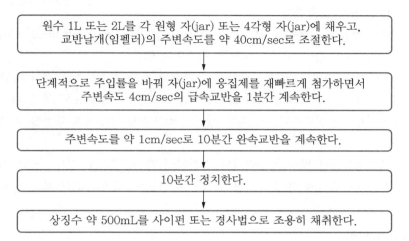

원수 1L 또는 2L를 각 원형 자(jar) 또는 4각형 자(jar)에 채우고,
교반날개(임펠러)의 주변속도를 약 40cm/sec로 조절한다.

단계적으로 주입률을 바꿔 자(jar)에 응집제를 재빠르게 첨가하면서
주변속도 4cm/sec의 급속교반을 1분간 계속한다.

주변속도를 약 1cm/sec로 10분간 완속교반을 계속한다.

10분간 정치한다.

상징수 약 500mL를 사이펀 또는 경사법으로 조용히 채취한다.

(5) 급속교반시설

① 급속교반의 목적 : 응집제를 하수 중에 신속하게 분산시켜 하수 중의 입자와 혼합시키는 데 있다.

② 속도경사 : 혼합강도의 지표로서 일반적으로 속도경사가 클수록 응집제와 콜로이드 입자 간의 혼합의 기회는 증대된다.

$$G(\sec^{-1}) = \sqrt{\frac{P}{\mu \times \forall}}$$

여기서, G : 속도경사($\sec^{-1}$), μ : 물의 점성계수(kg/m·sec)

$\forall$: 반응조 체적(m^3), P : 동력(W)

(6) 완속교반시설

① 완속교반의 목적 : 교반기의 회전속도를 비교적 저속으로 유지하여 플록 간의 응집을 촉진하여 플록의 크기를 증대시키는 역할을 한다.

② 속도경사 : 완속교반 시 속도경사는 40~100/sec 정도로 낮게 유지한다.

(7) 상수처리시설의 플록형성지

① 혼화지와 침전지 사이에 위치하고 침전지에 붙여서 설치한다.

② 직사각형이 표준이며 응집침전장치(플록큐레이터, flocculator)를 설치하거나 또는 저류판을 설치한 유수로로 하는 등 유지관리면을 고려하여 효과적인 방법을 선정한다.

③ 플록형성시간은 계획정수량에 대하여 20~40분간을 표준으로 한다.

④ 플록형성은 응집된 미소플록을 크게 성장시키기 위하여 적당한 기계식 교반이나 우류식 교반이 필요하다.

⑤ 기계식 교반에서 플록큐레이터의 주변속도는 15~80cm/sec로 하고, 우류식 교반에서는 평균유속을 15~30cm/sec를 표준으로 한다.

⑥ 플록형성지 내의 교반강도는 하류로 갈수록 점차 감소시키는 것이 바람직하다.

⑦ 교반설비는 수질변화에 따라 교반강도를 조절할 수 있는 구조로 한다.

⑧ 플록형성지는 단락류나 정체부가 생기지 않으면서 충분하게 교반될 수 있는 구조로 한다.

⑨ 플록형성지에서 발생한 슬러지나 스컴이 쉽게 제거될 수 있는 구조로 한다.

⑩ 야간근무자도 플록형성 상태를 감시할 수 있는 적절한 조명장치를 설치한다.

5. 유해물질처리

(1) 처리 개요

① 유해물을 분해시켜서 무해한 물질로 변화시킬 수 있는 것
시안, 유기인화합물 등

② 수용성인 것을 불용성인 것으로 만들어 고형물로 분리할 수 있는 것
크롬, 납, 비소, 카드뮴, 수은화합물 등
대개 이러한 유해물질은 공장폐수의 경우 한 성분만 존재하는 것이 아니라 공존하는 경우가 많으므로 처리조건을 시험하여 두는 것이 좋다.
고형물로 만들어 분리하려고 할 때는 어떤 화합물로 만들 것인가가 중요하며, 대개 황화물(黃化物), 탄산염(炭酸鹽), 수산화물(水酸化物), 기타 불용성염 등으로 만든다.

(2) 물질별 처리방법

대상물질	처리방법
크롬 (Cr^{3+}, Cr^{6+})	① 환원침전법 $$Cr^{6+} \xrightarrow[\text{pH 2~3}]{\text{환원}} Cr^{3+} \xrightarrow[\text{pH 7.5~9.5}]{\text{침전}} Cr(OH)_3 \downarrow$$ (황색) (청록색) ② 전해산화법 ③ 이온교환수지법
시안 (CN^-)	① 알칼리염소법 $2NaCN + 5NaClO + H_2O \longrightarrow 5NaCl + 2CO_2 + N_3 + 2NaOH$ ② 오존산화법(pH 11~12) ③ 전해산화법 ④ 폭기법, 미생물분해법, 산성탈기법, 감청침전법 등

대상물질	처리방법
카드뮴 (Cd^{2+})	① 수산화물침전법 　$Cd^{2+} + Ca(OH)_2 \rightarrow Cd(OH)_2 \downarrow + Ca^{2+}$ ② 황화물침전법 　$Cd^{2+} + Na_2S \rightarrow CdS \downarrow + 2Na^+$ ③ 탄산염침전법 ④ 이온교환수지법 ⑤ 침전부선법, 이온부선법, 활성탄흡착법 등
비소 (As)	① 금속비소로 환원분리방법 ② 황화물침전법 ③ 수산화제2철 공침법 ④ 흡착처리법, 이온교환법 등
아연 (Zn^{2+})	① 수산화물침전법 　$Zn^{2+} + 2OH^- \rightarrow Zn(OH)_2 \downarrow$ ② 흡착법, 이온교환법 등
구리 (Cu^{2+})	① 수산화물침전법 　$Cu^{2+} + 2OH^- \rightarrow Cu(OH)_2 \downarrow$ ② 황화물침전법 　$Cu^{2+} + Na_2S \rightarrow CuS \downarrow + 2Na$ ③ 환원석출법 ④ 흡착법, 이온교환법 등
수은 (Hg^{2+})	① 황화물침전법 　$HgCl_2 + Na_2S \rightarrow HgS \downarrow + 2NaCl$ ② 활성탄흡착법
유기인	① 알칼리 가수분해법(독성 잃음) ② 활성탄흡착법(묽은 농도) ③ 응집침전법 ④ 생물학적 처리법 ※ 가장 효과적인 방법은 알칼리성에서 가수분해 후 활성탄흡착
PCBs	① 폐수 중에서 분리하는 방법 : 응집침전, 흡착법, 용제추출법, 생물학적 처리(저농도) ② 분해하여 무해화하는 방법 : 열분해(1,300~1,500℃), 광분해, 탈염소(알칼리성), 방사선조사법 ③ 처리방법의 선택 　• 저농도 함유폐수 : 응집침전, 생물학적 처리, 방사선조사법, 흡착법 　• 고농도 함유폐수 : 용제추출법, 고온고압알칼리분해법, 연소법, 자외선조사법 　• 고농도 함유폐기물 : 고온연소(1차 고체연소, 2차 1,200℃ PCBs 연소)

핵심정리 ④ 생물학적 처리

1. 생물학적 처리의 기본원리

(1) 활성슬러지법의 기본원리

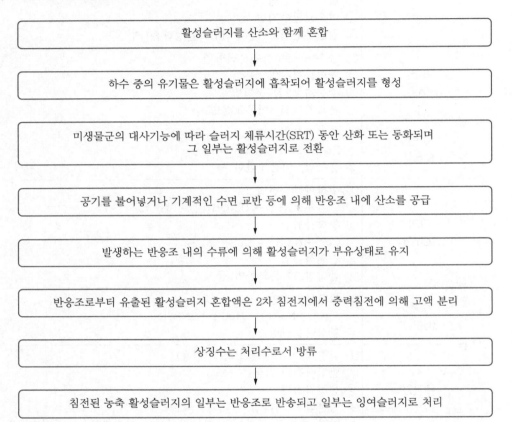

활성슬러지를 산소와 함께 혼합

↓

하수 중의 유기물은 활성슬러지에 흡착되어 활성슬러지를 형성

↓

미생물군의 대사기능에 따라 슬러지 체류시간(SRT) 동안 산화 또는 동화되며
그 일부는 활성슬러지로 전환

↓

공기를 불어넣거나 기계적인 수면 교반 등에 의해 반응조 내에 산소를 공급

↓

발생하는 반응조 내의 수류에 의해 활성슬러지가 부유상태로 유지

↓

반응조로부터 유출된 활성슬러지 혼합액은 2차 침전지에서 중력침전에 의해 고액 분리

↓

상징수는 처리수로서 방류

↓

침전된 농축 활성슬러지의 일부는 반응조로 반송되고 일부는 잉여슬러지로 처리

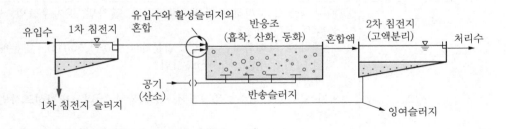

(2) 활성슬러지법의 수리학적 해석

① BOD 용적부하

$$\text{BOD 용적부하} = \frac{\text{유입 BOD량}}{\text{용적}}$$
$$= \frac{\text{BOD} \times Q}{\forall}$$

② BOD-MLSS 부하(F/M 비)

• MLSS : 활성슬러지의 미생물 농도(포기조 내의 부유물질 양)

$$\text{BOD} - \text{MLSS} = \frac{\text{유입 BOD 총량}}{\text{포기조 내의 MLSS량}}$$
$$= \frac{\text{BOD}_i \times Q_i}{\forall \times X}$$
$$= \frac{\text{BOD}_i}{\text{HRT} \times X}$$

③ SVI(슬러지용적지수)와 SDI(슬러지밀도지수)

$$\text{SVI} = \frac{\text{SV}_{30}(\%)}{\text{MLSS}} \times 10^4 = \frac{\text{SV}_{30}(\text{mL})}{\text{MLSS}} \times 10^3$$
$$\text{SDI} = 100/\text{SVI}$$

④ 반송률

$$R = \frac{\text{MLSS} - \text{SS}_i}{X_r - \text{MLSS}} = \frac{\text{MLSS} - \text{SS}_i}{(10^6/\text{SVI}) - \text{MLSS}} \quad \text{(유입수 SS 고려)}$$

$$R = \frac{\text{MLSS}}{X_r - \text{MLSS}} = \frac{\text{MLSS}}{(10^6/\text{SVI}) - \text{MLSS}} \quad \text{(유입수 SS 무시)}$$

$$R = \frac{\text{SV}_{30}(\%)}{100 - \text{SV}_{30}(\%)} \quad (\text{SV}_{30}(\%) \text{ 이용})$$

⑤ SRT(고형물체류시간)

$$\text{SRT} = \frac{\text{수처리시스템 내에 존재하는 활성슬러지량(kg)}}{\text{하루에 시스템 외부로 배출되는 활성슬러지(kg/day)}}$$

$$\text{SRT} = \frac{\forall \times X}{Q_w X_w + Q_o X_o} \quad \text{(유출수(SS) 고려)}$$

$$\frac{1}{\text{SRT}} = \frac{Y \times Q(\text{BOD}_i - \text{BOD}_o)}{X \times \forall} - K_d \quad \text{(내호흡률 고려)}$$

잉여슬러지 발생량(kg/day) : $Q_w X_w = Y \times Q(\text{BOD}_i - \text{BOD}_o) - K_d \times X \times \forall$

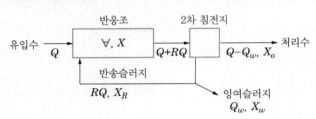

여기서, Q : 유입수, Q_o : 유출수량($Q - Q_w$)

$\quad\quad$ Q_w : 잉여슬러지 발생량, X : MLSS 농도

$\quad\quad$ X_o : 유출수의 SS 농도, X_w : 잉여슬러지의 SS 농도

$\quad\quad$ $\forall$: 포기조 부피, K_d : 내생호흡계수

$\quad\quad$ X_R : 반송슬러지 농도, R : 반송비

$\quad\quad$ RQ : 반송유량

(3) 각종 활성슬러지법의 특징

처리방식	MLSS 농도 (mg/L)	F/M 비	반응조의 수심 (m)	HRT (시간)	SRT (일)
표준 활성슬러지법	1,500~2,500	0.2~0.4	4~6	6~8	3~6
순산소 활성슬러지법	3,000~4,000	0.3~0.6	4~6	1.5~3	1.5~4
장기포기법	3,000~4,000	0.05~0.10	4~6	16~24	13~50
연속회분식 활성슬러지법	고부하형:낮음. 저부하형:높음.	–	5~6	변화폭이 큼.	변화폭이 큼.

2. 활성슬러지법

(1) 표준활성슬러지법

① 표준활성슬러지법의 설계인자

MLSS(mg/L)	F/M 비	수심(m)	HRT(hr)
1,500~2,500	0.2~0.4	4~6	6~8
SRT(일)	**DO**	**BOD : N : P**	**SVI**
3~6	2mg/L 이상	100 : 5 : 1	50~150

② 운영상의 장애현상

슬러지 팽화현상	슬러지 부상현상
• SVI 200 이상 • 사상성 균류의 번식으로 발생한다. • 균류(fungi)를 감소시켜야 하고, F/M 비를 적절하게 유지하여 제거한다. • 포기조 내의 용존산소의 농도를 변화시켜 제거한다. • 선택반응조(selector)를 이용하여 제거한다. • 염소나 과산화수소를 반송슬러지에 주입하여 제거한다. • BOD : N : P = 100 : 5 : 1을 유지하여 제거한다.	• 수중의 질소가 질산화와 탈질을 거쳐 질소기체로 기포를 발생시키는 현상이다(주요 원인 : 탈질화). • 2차 침전지에서 슬러지가 상승하는 현상이 나타나며 잉여슬러지 배출량을 증가시켜 제거한다. • 포기조의 용존산소 농도를 감소하여 제거한다.

(2) 순산소활성슬러지법

① 공기 대신에 산소를 직접 포기조에 공급하는 방법으로 포기조 내에서 용존산소를 높게 유지할 수 있다.

② 고농도의 하수에 대해 보다 적용성이 높고, 또한 동일한 성질의 하수라면 공기에 의한 종래의 방법과 비교해서 포기조의 용량을 작게 할 수 있다는 것을 뜻한다.

③ 2차 침전지에서 스컴이 발생하는 경우가 많다.

④ HRT : 1.5~3시간

⑤ MLSS : 3,000~4,000mg/L

⑥ F/M 비 : 0.3~0.6kg BOD/ks SS · day

(3) 심층포기법

① 포기조를 설치하기 위해서 필요한 단위용량당 용지면적은 조의 수심에 비례해서 감소하므로 용지이용률이 높다.

② 산기수심을 깊게 할수록 단위송풍량당 압축동력은 증대하지만, 산소용해력 증대에 따라 송풍량이 감소하기 때문에 소비동력은 증가하지 않는다.

③ 수심은 10m 정도로 한다.

(4) 연속회분식 활성슬러지법(SBR : Sequencing Batch Reactor)

① 단일 반응조 내에서 1주기(cycle) 중에 호기 → 무산소 → 혐기의 조건을 설정하여 질산화 및 탈질 반응을 도모할 수 있다.

② 고부하형의 경우 다른 처리방식과 비교하여 적은 부지면적에 시설을 건설할 수 있다.

③ 운전방식에 따라 사상균 벌킹을 방지할 수 있다.

④ 침전 및 배출 공정은 포기가 이루어지지 않은 상황에서 이루어지므로 보통의 연속식 침전지와 비교해 스컴 등의 잔류가능성이 높다.

⑤ 기존 활성슬러지 처리에서의 공간개념을 시간개념으로 전환한 것이라 할 수 있다.

⑥ 충격부하 또는 첨두유량에 대한 대응성이 좋다.

⑦ 처리용량이 큰 처리장에는 적용하기 어렵다.

⑧ 질소(N)와 인(P)의 동시제거 시 운전의 유연성이 크다.

⑨ SBR의 운전단계(시간)

유입(25%) → 반응(35%) → 침전(20%) → 배출(15%) → 휴지(5%)

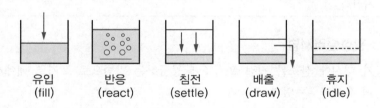

| 유입
(fill) | 반응
(react) | 침전
(settle) | 배출
(draw) | 휴지
(idle) |

3. 생물막법

생물막법은 대기, 하수 및 생물막의 상호 접촉양식에 따라 살수여상법, 회전원판법, 접촉산화법으로 분류된다.

(1) 미생물학적인 특징

① 정화에 관여하는 미생물의 다양성이 높다.

② 각 단에서 우점 미생물이 상이하다.

③ 질산화세균 및 탈질균이 잘 증식한다.

④ 먹이연쇄가 길다.

(2) 생물막법의 장단점

장점	단점
• 반응조 내의 생물량을 조절할 필요가 없으며 슬러지 반송을 필요로 하지 않기 때문에 운전조작이 비교적 간단하다. • 활성슬러지법에서의 벌킹현상처럼 2차 침전지 등으로부터 일시적 또는 다량의 슬러지 유출에 따른 처리수 수질악화가 발생하지 않는다. • 반응조를 다단화함으로써 반응효율, 처리의 안전성의 향상이 도모된다.	• 활성슬러지법과 비교하면 2차 침전지로부터 미세한 SS가 유출되기 쉽고 그에 따라 처리수의 투시도의 저하와 수질악화를 일으킬 수 있다. • 처리과정에서 질산화반응이 진행되기 쉽고 그에 따라 처리수의 pH가 낮아지게 되거나 BOD가 높게 유출될 수 있다. • 생물막법은 운전관리조작이 간단하지만 한편으로는 운전조작의 유연성에 결점이 있으며 문제가 발생할 경우에 운전방법의 변경 등 적절한 대처가 곤란하다.

(3) 살수여상법

① 고정된 쇄석과 플라스틱 등의 여재 표면에 부착한 생물막의 표면을 하수가 박막의 형태로 흘러내린다.

② 하수가 여재 사이의 적당한 공간을 통과할 때에 공기 중으로부터 하수에 산소가 공급되며 하수로부터 생물막으로 산소와 기질이 공급된다.

③ 정기적으로 여상에 살충제를 살포하거나 여상을 침수토록 하여 파리문제를 해결할 수 있다.

④ 덮개 없는 여상의 재순환율을 증대시키면 실제로 여상 내의 평균 온도가 낮아진다.

⑤ **연못화(ponding) 현상**

   ㉮ 생물막의 과도한 탈리

   ㉯ 1차 침전지에서 불충분한 고형물 제거

   ㉰ 너무 작거나 불균일한 여재

   ㉱ 너무 높은 기질부하율

   ㉲ 용존산소 부족

⑥ 저속살수여상의 처리효율이 좋으며, 유입오수량의 시간변동을 고려하여 계획1일 최대오수량에 대한 여과속도는 25m/day 이하로 하는 것이 좋다.

(4) 회전원판법

① 개요

   ㉮ 원판의 일부가 수면에 잠기도록 원판을 설치하여 이를 천천히 회전시키면서 원판 위에 자연적으로 발생하는 호기성 미생물(이하 "부착생물"이라 함)을 이용하여 하수를 처리하는 것이다.

㉯ 원판 전단에서 오수 중의 유기물 농도가 저하되면 후단 원판 표면에 질산화미생물이 우점적으로 부착증식하여 질산화반응이 진행된다.

㉰ 침적률은 축이 수몰되지 않도록 35~45% 정도로 한다.

② 특징

㉮ 운전관리상 조작이 간단하다.

㉯ 소비전력량은 소규모 처리시설에서는 표준활성슬러지법에 비하여 적다.

㉰ 산소공급이 필요 없어 소요전력이 적고, 높은 슬러지일령이 유지된다.

㉱ 질산화가 일어나기 쉬우며, pH가 저하되는 경우도 있다.

㉲ 활성슬러지법에서와 같이 벌킹으로 인해 2차 침전지에서 일시적으로 다량의 슬러지가 유출되는 현상은 없다.

㉳ 활성슬러지법에 비해 2차 침전지에서 미세한 SS가 유출되기 쉽고, 처리수의 투명도가 나쁘다.

㉴ 살수여상과 같이 여상에 파리는 발생하지 않으나 하루살이가 발생하는 경우가 있다.

㉵ 폐수량 변화에 강하다.

㉶ 타 생물학적 처리공정에 비하여 scale−up시키기 어렵다.

㉷ 단회로현상의 제어가 쉽다.

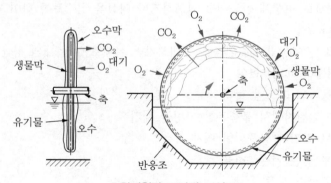

| 회전원판 표면의 모식도 |

(5) 접촉산화법

① 원리

㉮ 1차 침전지 유출수 중의 유기물은 호기상태의 반응조 내에서 접촉제 표면에 부착된 생물에 흡착되어 미생물의 산화 및 동화 작용에 의해 분해 제거된다.

㉯ 부착생물의 증식에 필요한 산소는 포기장치로부터 조 내에 공급된다.

㉰ 접촉제 표면의 과잉부착생물은 탈리되어 2차 침전지에서 침전분리되지만, 활성슬러지법에서처럼 반송슬러지로서 이용되는 것이 아니라 잉여슬러지로서 인출된다.

② 특징
  ㉮ 장점
    • 유지관리가 용이하다.
    • 조 내 슬러지 보유량이 크고, 생물상이 다양하다.
    • 비표면적이 큰 접촉제를 사용하여 부착생물량을 다량으로 보유할 수 있기 때문에 유입기질의 변동에 유연하게 대응할 수 있다.
    • 분해속도가 낮은 기질제거에 효과적이다.
    • 부하, 수량 변동에 대하여 완충능력이 있다.
    • 부착생물량을 임의로 조정할 수 있기 때문에 조작 조건의 변경에 대응 가능하다.
    • 난분해성 물질 및 유해물질에 대한 내성이 높다.
    • 수온의 변동에 강하다.
    • 슬러지 반송이 필요 없고, 슬러지 발생량이 적다.
    • 소규모시설에 적합하다.
  ㉯ 단점
    • 미생물량과 영향인자를 정상상태로 유지하기 위한 조작이 어렵다.
    • 반응조 내 매체를 균일하게 포기 교반하는 조건 설정이 어렵고, 사수부가 발생할 우려가 있으며, 포기비용이 약간 높다.
    • 매체에 생성되는 생물량은 부하조건에 의하여 결정된다.
    • 고부하 시 매체의 폐쇄위험이 크기 때문에 부하조건에 한계가 있다.
    • 초기 건설비가 높다.

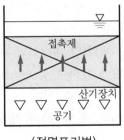
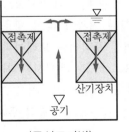
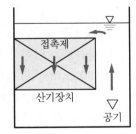

(전면포기법)　　　　(중심포기법)　　　　(측면포기법)

‖ 접촉제의 설치방법 ‖

핵심정리 ⑤ **고도 처리**

1. 급속여과공정

(1) 상수처리시설의 급속여과지

① 방식 : 급속여과지는 중력식과 압력식이 있으며, 중력식을 표준으로 한다.

② 여과면적 : 계획정수량을 여과속도로 나누어 계산한다(여과지 1지의 여과면적은 150m² 이하로 한다).

③ 여과지 수 : 예비지를 포함하여 2지 이상으로 하고 10지를 넘을 경우에는 여과지 수의 1할 정도를 예비지로 설치하는 것이 바람직하다.

④ 형상 : 직사각형을 표준으로 한다.

⑤ 여과속도 : 20~150m/day를 표준으로 한다.

⑥ 모래층의 두께 : 여과모래의 유효경이 0.45~0.7mm의 범위인 경우에는 60~70cm 를 표준으로 한다.

⑦ 고수위로부터 여과지 상단까지의 여유고 : 30cm 정도로 한다.

(2) 하수처리시설의 급속여과지 – 잔류 SS 및 용존유기물 제거공정

① 급속여과법은 모래, 모래와 안트라사이트, 섬유사, 폴리에틸렌 등의 여재로 이루어 진 여층에 비교적 높은 속도로 유입수를 통과시켜 부유물을 제거하는 방법이다.

② 처리수의 처리장 내 재이용을 위한 여과시설로서는 압력식 여과 등이 사용되고 있 으며, 고도처리 및 재이용을 위한 대형시설로서는 고정상 및 이동상을 포함한 중력 식 하향류 여과 및 상향류 여과가 많이 채용되고 있다.

③ 여과속도는 압력식 여과를 포함하여 모래여과인 경우 계획1일 최대여과수량에 대하 여 300m/day를 상한으로 하고, 계획시간 최대오수량에 대하여 450m/day를 상한 으로 정하나 기타 여과재를 사용하는 경우 그 이상으로 할 수 있다.

④ 손실수두에 영향을 주는 인자에는 **여층의 두께, 여과속도, 물의 점도와 밀도, 여재입 경** 등이 있다.

⑤ 여과지의 장애현상

㉮ 부압 형성(부수두)

㉯ 진흙덩어리(mud ball)의 축적

㉰ 여과상의 수축

㉱ 공기 결합(air binding)

2. 완속여과공정

(1) 상수처리시설의 완속여과지

① **여과지 깊이** : 하부 집수장치의 높이에 자갈층과 모래층 두께, 모래면 위의 수심과 여유고를 더하여 2.5~3.5m를 표준으로 한다.

② **형상** : 직사각형을 표준으로 한다.

③ **배치** : 몇 개의 여과지를 접속시켜 1열이나 2열로 하고, 그 주위는 유지관리상 필요한 공간을 둔다.

④ **주위벽 상단** : 지반보다 15cm 이상 높여 여과지 내로 오염수나 토사 등의 유입을 방지해야 한다.

⑤ **복개** : 한랭지에서는 여과지의 물이 동결될 우려가 있는 경우나 또한 공중에서 날아드는 오염물질로 물이 오염될 우려가 있는 경우에는 여과지를 복개한다.

⑥ **여과속도** : 4~5m/day를 표준으로 한다.

⑦ **여과면적** : 계획정수량을 여과속도로 나누어 구한다.

⑧ **여과지의 수** : 예비지를 포함하여 2지 이상으로 하고 10지마다 1지 비율로 예비지를 둔다.

⑨ **모래층의 두께** : 70~90cm를 표준으로 한다.

⑩ **여과지의 모래면 위의 수심** : 90~120cm를 표준으로 한다.

⑪ **고수위에서 여과지 상단까지의 여유고** : 30cm 정도로 한다.

(2) 상수처리시설의 완속여과법

① 완속여과법은 모래층과 모래층 표면에 증식하는 미생물군에 의하여 수중의 부유물질이나 용해성 물질 등의 불순물을 포착하여 산화하고 분해하는 방법에 의존하는 정수방법이다.

② 비교적 **양호한** 원수에 알맞은 방법으로 생물의 기능을 저해하지 않는다면 완속여과지에서는 수중의 현탁물질이나 세균뿐만 아니라 어느 한도 내에서는 암모니아성질소, 냄새, 철, 망간, 합성세제, 페놀 등도 제거할 수 있다.

　→ 여과시스템의 신뢰성이 높고, 양질의 음용수를 얻을 수 있다.

③ 수량과 탁질의 급격한 부하변동에 대응할 수 있다.

④ 고도의 지식이나 기술을 가진 운전자를 필요로 하지 않고, 최소한의 전력만 필요로 한다.

⑤ 여과지를 간헐적으로 사용하면 여과수의 수질이 나빠진다.

3. 활성탄 흡착공정

(1) 개요

물리적 흡착	화학적 흡착
• 반 데르 발스(Van der Waals) 힘에 의한 가역적 반응 • 활성탄 흡착	• 화학반응에 의한 비가역적 반응

① 흡착제에 흡착될 수 있는 흡착질의 양은 흡착질의 농도와 온도의 함수이다.
② 흡착되는 물질의 양은 일정 온도에서 농도의 함수로 나타내는데 이를 흡착등온선(adsorption isotherm)이라 한다.
→ Freundlich, Langmuir, 그리고 Brunauer, Emmet 및 Teller(BET 등온선) 등의 식이 있다.
③ 활성탄을 이용한 하수처리에서는 Freundlich와 Langmuir의 식이 주로 사용된다.

(2) Freundlich 및 Langmuir 모델

① 프로인드리히(Freundlich) 모델

$$\frac{X}{M} = KC^{\frac{1}{n}}$$

여기서, X : 흡착된 용질의 양, M : 흡착제(활성탄)의 양
C : 용질의 평형농도, K, n : 상수

② 랭뮤어(Langmuir) 모델
화학흡착에 의한 것이며, 흡착의 결합력은 단분자층의 두께에 제한이 있고, 비가역적이다.

$$\frac{X}{M} = \frac{abC}{1 + aC}$$

여기서, X : 흡착된 용질의 양, M : 흡착제(활성탄)의 양
C : 용질의 평형농도, a, b : 상수

4. 막여과공법

(1) 막여과공법의 종류와 구동력

종류	정밀여과	한외여과	역삼투	전기투석	투석
구동력	정수압차	정수압차	정수압차	전위차(기전력)	농도차

💫 **투석**

선택적 투과막을 통해 용액 중에 다른 이온 혹은 분자의 크기가 다른 용질을 분리시키는 것이다.

정밀여과법	한외여과법
• 주로 현탁입자, 각종의 균체 등의 분리에 넓게 사용 • 역삼투막과 한외여과막에 비하여 낮은 압력으로 큰 여과속도를 얻는 것이 가능 • 공경 : 0.01~수 μm 정도 • 분리 대상 : 입자 • 제거대상물 : 현탁 성분, 박테리아 • 역삼투막의 전처리로 사용 • 막 형태 : 대칭형 다공성 막 • 분리 형태 : pore size 및 흡착현상에 기인한 체거름 • 적용 분야 : 전자공업의 초순수 제조, 무균수 제조식품의 무균여과	• 용존물질 또는 콜로이드 물질을 제거하는 데 사용 • 물로부터의 기름 제거와 유색 콜로이드로부터의 탁도 제거 • 다공성 막을 이용 • 보통 콜로이드 물질과 분자량 5,000 이상인 고분자의 제거 • 공경 : 보통 0.001~0.02 μm • 역삼투보다 상대적으로 낮은 압력에서 운전 (1~10kg/cm² 정도)

(2) **역삼투법(Reverse Osmosis ; RO) – 정수압차**

① 물은 통과하지만 이온은 통과하지 않는 역삼투막 모듈을 이용하여 이온물질을 제거하는 여과법으로, 해수 중의 염분을 제거하는 해수담수화 등에 사용하고 있다.

⑦ 용매는 통과하지만 용질은 통과하지 않는 반투막 성질을 이용

⑭ 역삼투현상 : 삼투압에 견딜 수 있는 만큼의 외압을 농후용액측에 가하면 역으로 용액 중의 용매가 수측으로 이동

② **역삼투법에서의 단위면적당 처리수량 산정**

⑦ **단위면적당 처리수량＝물질전달전이계수×(압력차－삼투압차)**

⑭ 막의 면적은 최저운전온도에 따라 달라지며, 운전온도가 낮을수록 넓은 면적의 막이 요구된다.

$$Q_F = \frac{Q}{A} = K(\Delta P - \Delta \pi)$$

여기서, Q_F : 단위면적당 처리수량

Q : 처리수량

A : 막의 면적

K : 물질전달전이계수

ΔP : 압력차

$\Delta \pi$: 삼투압차

⑭ 분리형태 : 용해, 확산

(3) 분리막 모듈의 형식

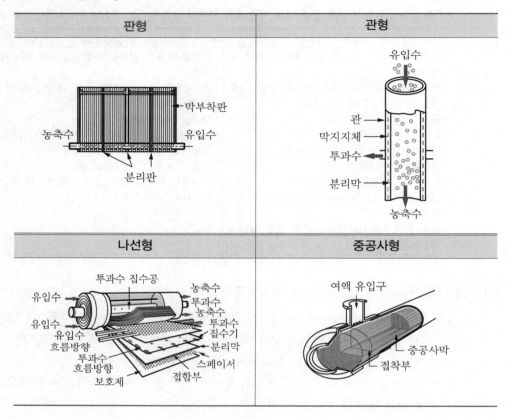

판형	관형
나선형	중공사형

〈막의 열화와 파울링〉

분류	정의		내용
열화	막 자체의 변질로 생긴 비가역적인 막 성능의 저하	물리적 열화	장기적인 압력부하에 의한 막 구조의 압밀화, 크리프(creep) 변형
		압밀화	원수 중의 고형물이나 진동에 의한 막면의 상처나 마모, 파단
		손상 건조	건조되거나 수축으로 인한 막 구조의 비가역적인 변화
		화학적 열화	막이 pH나 온도 등의 작용에 의해 분해
		가수분해 산화	산화제에 의하여 막 재질의 특성 변화나 분해
		생물화학적 변화	미생물과 막 재질의 자화 또는 분비물의 작용에 의한 변화

분류	정의	내용		
파울링	막 자체의 변질이 아닌 외적 인자로 생긴 막 성능의 저하	부착층	케이크층	공급수 중의 현탁물질이 막면상에 축적되어 형성되는 층
			겔층	농축으로 용해성 고분자 등의 막표면 농도가 상승하여 막면에 형성된 겔(gel)상의 비유동성 층
			스케일층	농축으로 난용해성 물질이 용해도를 초과하여 막면에 석출된 층
			흡착층	공급수 중에 함유되어 막에 대하여 흡착성이 큰 물질이 막면상에 흡착되어 형성된 층
		막힘	• 고체 : 막의 다공질부의 흡착·석출·포착 등에 의한 폐색 • 액체 : 소수성 막의 다공질부가 기체로 치환(건조)	
		유로폐색	막, 모듈의 공급유로 또는 여과수유로가 고형물로 폐색되어 흐르지 않는 상태	

5. 하수처리시설에서의 질소와 인의 제거공정

(1) 처리방식의 선정

① 질소, 인 동시제거공정

㉮ 생물학적 공정 : 혐기무산소호기조합법, 응집제병용형 순환식 질산화탈질법, 응집제병용형 질산화내생탈질법, 반송슬러지 탈질·탈인 질소·인 동시제거법

② 질소 제거공정

㉮ 탈질전자공여체에 의한 구분 : 순환식 질산화탈질법, 질산화내생탈질법, 외부탄소원탈질법

㉯ 기타 : 단계혐기호기법, 고도처리 연속회분식 활성슬러지법, 간헐포기탈질법, 고도처리산화구법, 탈질생물막법, 막분리활성슬러지법

㉰ **탈질반응조(anoxic basin) 체류시간**

$$\theta = \frac{S_0 - S}{R_{DN} \cdot X}$$

여기서, S_0 : 반응조로의 유입수 질산염 농도

S : 반응조로의 유출수 질산염 농도

X : MLVSS 농도

R_{DN} : 20℃ 탈질률 / K : 상수(1.09)

탈질률의 온도 보정 :

$$R_{DN(T[℃])} = R_{DN(20[℃])} \times K^{T-20} \times (1 - DO)$$

(2) 혐기무산소호기조합법(A_2/O 공법)－질소, 인 동시 제거

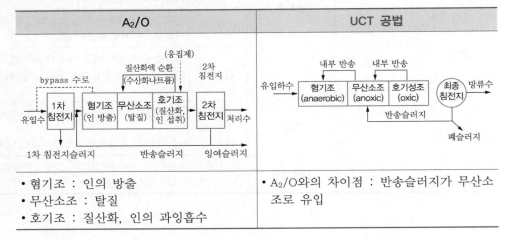

A_2/O	UCT 공법
• 혐기조 : 인의 방출 • 무산소조 : 탈질 • 호기조 : 질산화, 인의 과잉흡수	• A_2/O와의 차이점 : 반송슬러지가 무산소조로 유입

(3) 5단계 Bardenpho 공법

① 1단계 혐기조 : 인의 방출
② 1단계 무산소조 : 탈질
③ 1단계 호기소 : 질산화, 인의 과잉흡수
④ 2단계 무산소조 : 잔류 질산성질소 제거
⑤ 2단계 호기조 : 슬러지의 침강성 증대

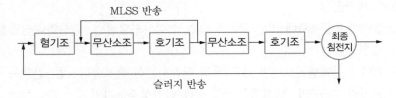

(4) 반송슬러지 탈질·탈인 질소·인 동시제거공정(수정 Phostrip 공법)－질소, 인 동시제거

탈인조 앞에 탈질조를 설치하여 탈질과 후속되는 탈인조에서 질산성질소의 영향을 최소화하여 탈인 효율을 높인다.

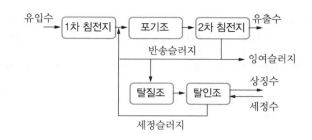

(5) 막분리활성슬러지법(MBR 공법) – 질소, 인 동시제거

① 2차 침전지를 설치하지 않고 폭기조 내부 또는 외부에 부착한 정밀여과막 또는 한외여과막에 의해 슬러지와 처리수를 분리하기 때문에 처리수 중의 입자성분을 제거하므로 **고도의 BOD, SS 제거가 실현**된다.

② 막을 이용함으로써 미생물 농도로서의 MLSS를 종래방법의 3~5배 이상 고농도로 유지할 수 있게 되었다. 그러므로 처리시설의 설치공간의 대폭적인 축소도 가능해 졌다.

③ 생물학적 공정에서 문제시되는 2차 침전지의 **침강성**과 관련된 문제가 없다.

④ 완벽한 고액분리가 가능하며 **높은 MLSS 유지**가 가능하므로 지속적인 안정된 처리수질을 획득할 수 있다.

⑤ **긴 SRT로 인하여 슬러지발생량이 적다.**

⑥ 분리막의 파울링에 대한 대처가 곤란하며, 높은 에너지 비용 소비로 유지관리 **비용** 이 증대된다.

(6) 생물학적 질소 제거공정

순환식 질산화탈질법 – 질소 제거	4단계 Bardenpho 공법
• 반응조를 무산소(탈질)반응조, 호기(질산화)반응조의 순서로 배열하여 유입수 및 반송슬러지를 무산소반응조에 유입 • 총질소(T–N) 제거율은 연평균 60~70%	• 1단계 무산소조 : 탈질 • 1단계 호기조 : 질산화 • 2단계 무산소조 : 잔류 질산성질소 제거 • 2단계 호기조 : 슬러지의 침강성 증대

🌀 air stripping

1. 산업폐수 중에 존재하는 용존무기탄소 및 용존암모니아(NH_4^+)의 기체를 제거
2. 용존무기탄소 : pH 4 + air stripping
   알칼리도가 높으면 이산화탄소의 용해도가 크므로 pH를 조절하여 이산화탄소를 탈기시킨다.
3. 용존암모니아 : pH 10 + air stripping
   알칼리도가 높으면 용존암모니아의 용해도가 작아지므로 pH를 조절하여 암모니아를 탈기시킨다.
   $NH_3 + H_2O \rightleftarrows NH_4^+ + OH^-$

(7) 정석탈인법 – 인 제거

① 정석탈인법의 인 제거원리는 정인산이온이 칼슘이온과 난용해성의 염인 하이드록시 아파타이트($[Ca_{10}(OH)_2(PO_4)_6]$)를 생성하는 반응에 기초를 둔다.

$$10Ca^{2+} + 6PO_4^{3-} + 2OH^- \rightarrow [Ca_{10}(OH)_2(PO_4)_6]$$

② 정석탈인법의 이점은 응집침전법에 비하여 석회의 주입량을 30~90mg/L로 적게 할 수 있으며, 따라서 슬러지의 발생이 적어지게 된다.

(8) 생물학적 인 제거공정

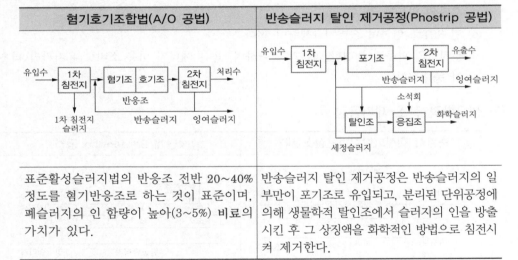

혐기호기조합법(A/O 공법)	반송슬러지 탈인 제거공정(Phostrip 공법)
표준활성슬러지법의 반응조 전반 20~40% 정도를 혐기반응조로 하는 것이 표준이며, 폐슬러지의 인 함량이 높아(3~5%) **비료**의 가치가 있다.	반송슬러지 탈인 제거공정은 반송슬러지의 일부만이 포기조로 유입되고, 분리된 단위공정에 의해 생물학적 탈인조에서 슬러지의 인을 방출시킨 후 그 상징액을 화학적인 방법으로 침전시켜 제거한다.

6. 해수의 담수화

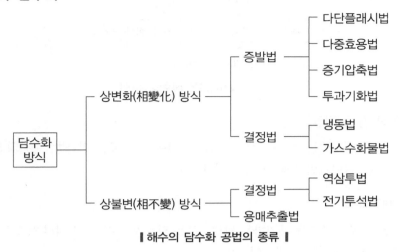

‖ 해수의 담수화 공법의 종류 ‖

핵심정리 ⑥ **기타 오염물질 처리**

(1) 폐수 특성에 따른 처리법

폐수 특성	처리법
비소 함유 폐수	수산화 제2철 공침법
시안 함유 폐수	알칼리염소법(차아염소산나트륨에 의한 산화), 오존산화법, 전해법, 충격법, 감청법
6가크롬 함유 폐수	환원침전법에 의해 제거(환원제 : $FeSO_4$, Na_2SO_4, $NaHSO_3$ 등), 전해법, 이온교환법
수은 함유 폐수	황화물침전법, 활성탄흡착법, 이온교환법, 아말감법
납 함유 폐수	수산화물침전법, 황화물침전법
유기인 함유 폐수	생물학적 처리법, 화학적 처리법(알칼리성에서 가수분해), 흡착처리법
PCB 함유 폐수	연소법, 자외선조사법, 고온고압 알칼리분해법

① **오존산화법** : 오존은 알칼리성 영역에서 시안화합물을 N_2로 분해시켜 무해화한다.
② **전해법** : 유가(有價)금속류를 회수할 수 있는 장점이 있다.
③ **충격법** : 시안을 pH 3 이하의 강산성 영역에서 강하게 폭기하여 산화하는 방법이다.
④ **감청법** : 알칼리성 영역에서 과잉의 철염을 가하여 공침시켜 제거하는 방법이다.
⑤ **6가크롬 폐수의 환원침전법** : pH 조정(2~3) → 환원 → pH 조정(8~10) → 침전

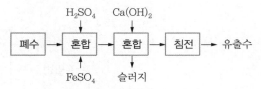

┃6가크롬 폐수의 처리┃

(2) 경수연화(경도 저감)

경도가 높은 경우에는 경도를 감소시키기 위하여 정석(晶析)연화법, 응석침전법, 이온교환법, 제올라이트법 등의 처리를 한다.

(3) 조류 제거대책

정수시설 내에서 조류를 제거하는 방법으로는 약품처리 후 침전 처리 등으로 제거하는 방법과 여과로 제거하는 방법이 있다.

> 🪐 **펜톤 처리공법**
> 1. 펜톤시약＝철염＋과산화수소수
> 2. 펜톤시약의 반응시간은 철염과 과산화수소수의 주입농도에 따라 변화를 보인다.
> 3. 펜톤시약을 이용하여 난분해성 유기물을 처리하는 과정은 대체로 산화반응과 함께 pH 조절, 펜톤산화, 중화 및 응집, 침전으로 크게 4단계로 나눌 수 있다.
> 4. 펜톤시약의 효과는 pH 3~4.5 범위에서 가장 강력한 것으로 알려져 있다.
> 5. 폐수의 COD는 감소하지만 BOD는 증가할 수 있다.

> 🪐 **이온교환 처리**
> 1. 양이온의 선택성 크기
> $Ba^{2+} > Pb^{2+} > Sr^{2+} > Ca^{2+} > Ni^{2+} > Cd^{2+} > Cu^{2+} > Co^{2+} > Zn^{2+} > Mg^{2+} > Ag^+ > Cs^+ > K^+ > NH_4^+ > Na^+ > H^+$
> 2. 음이온의 선택성 크기
> $PO_4^{3-} > SO_4^{2-} > I^- > NO_3^- > CrO_4^{2-} > Br^- > CN^- > NO_2^- > Cl^- > HCO_3^- > OH^- > F^-$

핵심정리 ⑦ ┃ **슬러지 처리**

1. 슬러지의 구성 및 처리

(1) 슬러지의 구성 및 양적 관계

① $SL = TS + W$

② $SL = VS + FS + W$

③ 슬러지의 구성과 비중

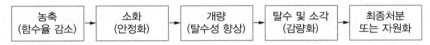

$$\frac{SL_{-슬러지\,양}}{\rho_{SL}-슬러지\,비중} = \frac{VS_{-유기물\,양}}{\rho_{VS}-유기물\,비중} + \frac{FS_{-무기물\,양}}{\rho_{FS}-무기물\,비중} + \frac{W_{-수분\,양}}{\rho_{W}-수분\,밀도}$$

(2) 슬러지 처리 및 처분 방법

슬러지의 처리방법에는 농축, 소화, 개량, 탈수, 소각 등 여러 가지가 있다.

농축 (함수율 감소) → 소화 (안정화) → 개량 (탈수성 향상) → 탈수 및 소각 (감량화) → 최종처분 또는 자원화

▌슬러지 처리 계통도▐

2. 슬러지의 농축

〈슬러지 농축방법의 비교〉

구분	중력식 농축	부상식 농축	원심분리식 농축	중력벨트식 농축
설치비	크다.	중간	작다.	작다.
설치면적	크다.	중간	작다.	중간
부대설비	적다.	많다.	중간	많다.
동력비	적다.	중간	크다.	중간
장점	• 구조가 간단하고, 유지관리 용이 • 1차 슬러지에 적합 • 저장과 농축이 동시에 가능 • 약품을 사용하지 않음.	• 잉여슬러지에 효과적 • 약품주입 없이도 운전 가능	• 잉여슬러지에 효과적 • 운전조작이 용이 • 악취가 적음. • 연속운전이 가능 • 고농도로 농축 가능	• 잉여슬러지에 효과적 • 벨트탈수기와 같이 연동운전 가능 • 고농도로 농축 가능
단점	• 악취문제 발생 • 잉여슬러지의 농축에 부적합 • 잉여슬러지의 경우 소요면적이 큼.	• 악취문제 발생 • 소요면적이 큼. • 실내에 설치할 경우 부식문제 유발	• 동력비가 높음. • 스크루 보수 필요 • 소음이 큼.	• 악취문제 발생 • 소요면적이 크고, 규격(용량)이 한정됨. • 별도의 세정장치가 필요함.

3. 혐기성 소화

(1) 개요

혐기성 소화는 혐기성균의 활동에 의해 슬러지가 **분해**되어 **안정화**되는 것이며, 소화 목적은 슬러지의 안정화, 부피 및 무게의 감소, 병원균 사멸 등을 들 수 있다.

(2) 특징

혐기성 소화란 용존산소가 존재하지 않는 환경에서 유기물이 미생물에 의해 분해되는 과정으로 슬러지 중의 유기물은 혐기성균의 활동에 의해 분해된다. 혐기성 소화에 의한 슬러지의 분해과정은 가수분해 단계, 산 생성 단계, 그리고 메탄 생성 단계의 세 단계로 나눌 수 있다.

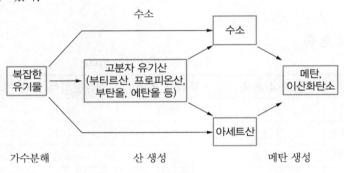

▌ **혐기성 분해단계** ▌

① 혐기성 소화의 장단점

장점	단점
• 유효한 자원인 **메탄**이 생성된다. • 처리 후 슬러지 생성량이 **적다**. • 동력비 및 유지관리비가 적게 든다. • **고농도** 폐수처리에 적당하다.	• 높은 온도(35℃ 혹은 55℃)를 요구한다. • 미생물의 성장속도가 느리기 때문에 초기운전 시나 온도, 부하량의 변화 등 운전조건이 변화할 때 그에 적응하는 시간이 길다. • 암모니아와 H_2S에 의한 악취가 발생한다. • 질소, 인 등의 영양염류 제거효율이 낮다.

② 혐기성 소화의 목적

㉮ 소화 중 휘발성 고형물은 감소되고 물과 결합하는 능력도 감소하므로 소화된 슬러지는 탈수시키기가 쉬울 뿐만 아니라 소화되지 않은 슬러지보다 탈수비용이 적게 들 수도 있다.

㉯ 슬러지 내의 유기물을 분해시킴으로써 슬러지를 안정화시킨다.

㉰ 슬러지의 무게와 **부피**를 감소시킨다.

㉣ 이용가치가 있는 메탄을 부산물로 얻을 수 있다.

　　㉤ 병원균을 죽이거나 통제할 수 있다.

　　🛰 임호프탱크
　　　　스컴실 → 침전실 → 소화실

(3) 시설계획

① 1단 소화조의 용량 계산

$$V = \left[\frac{V_1 + V_2}{2}\right] \times T_1 + V_2 \times T_2$$

여기서, V : 소화조의 전체 용량(m^3)

　　　　V_1 : 소화조로 주입되는 슬러지의 유량(m^3/day)

　　　　V_2 : 소화조에 축적되는 소화슬러지의 유량(m^3/day)

　　　　T_1 : 슬러지 소화기간(일)

　　　　T_2 : 소화슬러지 저장기간(일)

② 고율 2단 소화조의 용량 계산

$$V_A = V_1 \times T$$

$$V_B = \left[\frac{V_1 + V_2}{2}\right] \times T_1 + V_2 \times T_2$$

여기서, V_A : 1단계 소화조의 용량(m^3)

　　　　V_B : 2단계 소화조의 용량(m^3)

　　　　V_1 : 소화조로 주입되는 슬러지의 유량(m^3/day)

　　　　V_2 : 소화조에 축적되는 소화슬러지의 유량(m^3/day)

　　　　T : 슬러지 소화기간(일)

　　　　T_1 : 소화슬러지의 농축기간(일)

　　　　T_2 : 소화슬러지의 저장기간(일)

③ 소화효율 산정

$$\eta = \left(1 - \frac{VS_2/FS_2}{VS_1/FS_1}\right) \times 100$$

여기서, FS_1 : 투입슬러지의 무기성분(%)

$\quad\quad\quad$ VS_1 : 투입슬러지의 유기성분(%)

$\quad\quad\quad$ FS_2 : 소화슬러지의 무기성분(%)

$\quad\quad\quad$ VS_2 : 소화슬러지의 유기성분(%)

4. 호기성 소화

(1) 개요

호기성 소화는 미생물의 내생호흡을 이용하여 유기물의 안정화를 도모하며, 슬러지 감량뿐만 아니라 차후의 처리 및 처분에 알맞은 슬러지를 만드는 데 있다.

(2) 특징

① 혐기성 소화법과 비교한 호기성 소화법의 특징

혐기성 소화에서는 임의성 또는 순수한 혐기성 박테리아가 복합유기물을 최종적으로 탄산가스, 메탄 그리고 물로 분해시킨다. 반면 호기성 소화에서는 호기성 및 임의성 미생물들이 산소를 이용하여 분해 가능한 유기물과 세포질을 분해시킴으로써 에너지를 얻는다. 양분이 제한된 상태에서 미생물체를 포기시키면 미생물들은 체내에 저장해 두었던 양분을 이용하여 생존하게 되며 점차로 오래된 미생물은 분해되고 그 결과 다른 미생물에게 먹이가 되는 유기물을 방출하게 된다.

② 호기성 소화의 장단점

장점	단점
• 최초 시공비가 절감된다. • 악취발생이 감소한다. • 운전이 용이하다. • 상징수의 수질이 양호하다.	• 소화슬러지의 탈수가 불량하다. • 포기에 드는 동력비가 많이 든다. • 유기물 감소율이 저조하다. • 건설부지가 많이 필요하다. • 저온 시 효율이 저하된다. • 가치있는 부산물이 생성되지 않는다.

5. 슬러지 개량

슬러지의 특성을 개선하는 처리를 슬러지 개량이라 한다.

① 슬러지를 개량시키면 슬러지의 물리적 및 화학적 특성이 바뀌면서 탈수량 및 탈수율이 크게 증가한다.

② 슬러지의 개량방법으로는 세정, 열처리, 동결, 약품 첨가 등이 있다.

③ 슬러지 개량방법의 비교

슬러지 개량법	단위 공정	특징	원리
고분자 응집제 첨가	농축 탈수	• 슬러지 응결을 촉진한다. • 슬러지 성상을 그대로 두고 탈수성, 농축성의 개선을 도모한다.	• 슬러지는 안정한 콜로이드상의 현탁액으로 이것을 불안정하게 하는 것이 약품의 기능이다. • 결합수의 분리, 표면전하의 제거 등의 역할도 한다. • 슬러지 입자는 공유결합, 이온결합, 수소결합, 쌍극자결합 등을 형성하므로 전하를 뺏기도 하고 얻기도 한다.
세정	탈수	• 혐기성 소화슬러지의 알칼리도를 감소시켜 산성금속염의 주입량을 감소시킨다. • 비료 성분의 순도가 낮아져 비료로서 가치가 적다.	• 슬러지 양의 2~4배 가량의 물을 첨가하여 희석시키고 일정시간 침전농축시킴으로써 알칼리도를 감소시킨다.
열처리	탈수	• 슬러지 성분의 일부를 용해시켜 탈수개선을 도모한다. • 분리액의 BOD, SS의 농도가 높다.	• 130~210℃에서 17~28kg/cm^{2}의 압력으로 슬러지의 질, 조성에 변화를 준다. • 미생물 세포를 파괴해 주로 단백질을 분해하며 세포막을 파편으로 한다. • 유기물의 구조변화를 일으킨다.

6. 슬러지 탈수

(1) 슬러지의 탈수와 물질수지

① 함수율과 슬러지 발생량

$$SL_1(1-X_1) = SL_2(1-X_2)$$

여기서, SL_1 : 탈수 전 슬러지 발생량, X_1 : 탈수 전 슬러지 함수율

SL_2 : 탈수 후 슬러지 발생량, X_2 : 탈수 후 슬러지 함수율

② 침전지에서의 슬러지 발생량

제거되는 SS=침전슬러지의 TS

예제 01 1차 침전지의 유입유량은 1,000m³/day이고 SS 농도는 350mg/L이다. 1차 침전지에서의 SS 제거효율이 60%일 때 하루에 1차 침전지에서 발생되는 슬러지 부피(m³)는? (단, 슬러지의 비중은 1.05, 함수율은 94%, 기타 조건은 고려하지 않음.)

$$\blacktriangleright\blacktriangleright \quad \frac{1,000\text{m}^3}{\text{day}} \times \frac{350\text{mg}}{\text{L}} \times \frac{\text{kg}}{10^6\text{mg}} \times \frac{10^3\text{L}}{\text{m}^3} \times \frac{60}{100} \times \frac{100}{6} \times \frac{1\text{m}^3}{1,050\text{kg}} = 3.3333\text{m}^3$$

유입 SS(kg/day) → 　제거되는 SS = 침전 슬러지의 TS　　TS → SL　　kg → m³

[답] 3.33m³

③ 소화공정에서의 슬러지 발생량

> 소화슬러지＝유입 FS＋소화 후 VS＋수분

예제 02 함수율 98%, 유기물 함량이 62%인 슬러지 100m³/day를 25일 소화하여 유기물의 2/3를 가스화 및 액화하여 함수율 95%의 소화슬러지가 발생하는 경우 소화슬러지 발생량은? (단, 슬러지 비중은 1.0, 기타 조건은 고려하지 않음.)

$\blacktriangleright\blacktriangleright$ ⓐ 유입슬러지량(생슬러지)

　Q_1 : 100m³/day

ⓑ 무기물 함량 산정

$$\text{FS} = \frac{100\text{m}^3}{\text{day}} \times \frac{1,000\text{kg}}{\text{m}^3} \times \frac{2}{100} \times \frac{(100-62)}{100} = 760\text{kg/day}$$

m³→kg　　SL→TS　　TS→FS

ⓒ 소화 후 잔류 VS

$$\text{소화 후 VS} = \frac{100\text{m}^3}{\text{day}} \times \frac{1,000\text{kg}}{\text{m}^3} \times \frac{2}{100} \times \frac{62}{100} \times \frac{1}{3} = 413.33\text{kg/day}$$

m³→kg　　SL→TS　TS→VS　유입 → 잔류

ⓓ 소화 후 잔류하는 고형물의 양 산정

소화 후 잔류하는 고형물의 양(TS) = FS + 잔류 VS = 1173.33kg/day

ⓔ 소화슬러지 산정

소화슬러지＝무기물＋소화 후 잔류 VS＋수분

$$\text{SL} = \frac{1173.33\text{kg}}{\text{day}} \times \frac{100}{(100-95)} \times \frac{1\text{m}^3}{1,000\text{kg}} = 23.4666\text{m}^3/\text{day}$$

TS　　TS→SL　　kg→m³

[답] 23.47m³/day

(2) 탈수기의 종류별 특성 비교

항목	가압탈수기		벨트프레스 탈수기	원심탈수기
	filter press	screw press		
유입슬러지의 고형물 농도	2~3%	0.4~0.8%	2~3%	0.8~2%
케이크 함수율	55~65%	60~80%	76~83%	75~80%
용량	3~5 kg·DS/m²·hr	–	100~150 kg·DS/m·hr	1~150m³/hr
소요면적	많음.	적음.	보통	적음.
약품주입률 (고형물당)	• $Ca(OH)_2$: 25~40% • $FeCl_3$: 7~12%	• 고분자응집제 : 1% • $FeCl_3$: 10%	• 고분자응집제 : 0.5~0.8%	• 고분자응집제 : 1% 정도
세척수	• 수량 : 보통 • 수압 : 6~8kg/cm²	보통	• 수량 : 많음. • 수압 : 3~5kg/cm²	적음.
케이크의 반출	사이클마다 여포실 개방과 여포의 이동에 따라 반출	스크루 가압에 의해 연속 반출	여포의 이동에 의한 연속 반출	스크루에 의한 연속 반출
소음	보통 (간헐적)	적음.	적음.	보통 (패키지 포함)
동력	많음.	적음.	적음.	많음.
부대장치	많음.	많음.	많음.	적음.
소모품	보통	많음.	적음.	적음.

7. 슬러지 소각

① 슬러지에 열을 가함으로써 산화 가능한 유기물질을 이산화탄소와 수분으로 전환시켜 제거하는 것으로 슬러지 처분량의 감소 및 안정화를 도모하는 것이다.

장점	단점
• 위생적으로 안전하다(병원균이나 기생충 알의 사멸). • 부패성이 없다. • 탈수케이크에 비하여 혐오감이 적다. • 슬러지 용적이 1/50~1/100로 감소된다. • 다른 처리법에 비해 소요부지면적이 적다.	• 대기오염방지를 위한 대책이 필요하다. • 유지관리비가 상당히 높다. • 주변환경에 영향을 줄 수 있다. • 소각장을 건설할 경우 처리장의 입지조건을 충분히 검토하여야 한다.

② 주요 소각로의 종류별 특성 비교

구분	다단소각로	유동층소각로	회전소각로	기류건조소각로
건설비	중	중	중	대
내구성	대	대	중	중
처리량 범위 (습윤 기준)	50~6,000kg/hr	50~6,000kg/hr	100~3,000kg/hr	100~3,000kg/hr
소각의 용이성	아주 용이	아주 용이	비교적 용이	용이하지 않음.
승온시간	40분~1시간 정도	20~40분	30~50분	40분~1시간 정도
공기비	1.4~2.0	1.3	2.4~3.2	2~3
열부하량 ($kcal/m^3 \cdot hr$)	70,000~ 150,000	150,000~ 450,000	70,000~ 100,000	–
소각온도(℃)	700~900	750~850	700~900	700~900
소각건조 병행	가능	가능	가능	가능
보조연료 사용량	보통	적음.	많음.	많음.
분진 발생량 (g/Nm^3)	0.85~2	5~30	3~6	–
혼합소각 가능성	가능	가능	가능	불가능

현실이라는 땅에 두 발을 딛고
이상인 하늘의 별을 향해 두 손을 뻗어
착실히 올라가야 한다.
−반기문−

수질오염
공정시험기준

수 / 질 / 환 / 경 / 기 / 사

 핵심정리

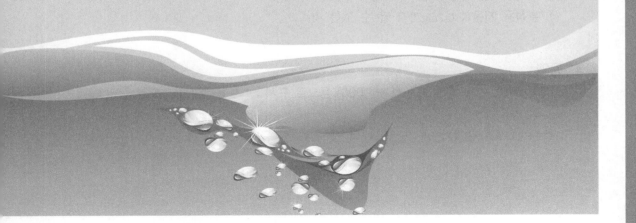

제**4**과목 **수질오염 공정시험기준**

오염물질의 정량과 정성 분석방법에 대한 내용으로 암기 위주의 과목이며 범위가 매우 광범위하다. 집중적으로 공략해야 하는 부분은 확실하게 암기하여 시험에 대비하는 요령이 필요하다. 목표점수는 65점 이상이다.

핵심정리 ① **총 칙**

1. 농도 표시

① 백분율(%) : W/V%
② 백만분율(ppm, parts per million) : mg/L
③ 십억분율(ppb, parts per billion) : μg/L
④ 기체 중의 농도는 표준상태(0℃, 1기압)로 환산 표시한다.

2. 온도 표시

구분	온도	구분	온도
표준온도	0℃	온수	60~70℃
상온	15~25℃	열수	약 100℃
실온	1~35℃	냉수	15℃ 이하
찬곳	0~15℃의 곳	수욕상 또는 수욕 중 가열	100℃ 가열(약 100℃ 증기욕)

※ 절대온도는 K으로 표시하고, 절대온도 0K은 −273℃로 한다.

3. 시약 및 저울

① 시약 : 1급 이상 또는 이와 동등한 규격의 시약
② 분석용 저울 : 0.1mg까지 달 수 있는 것

4. 용액

① (1→10), (1→100) 또는 (1→1,000) 등으로 표시 : 1은 용질의 양, 10은 용액(전량)의 양
② 1+2 : 1은 용질의 양, 2는 용매의 양

5. 관련 용어의 정의

① 즉시 : 30초 이내

② 감압 또는 진공 : 15mmHg 이하

③ 방울수 : 20℃, 20방울 적하하여 부피가 약 1mL

④ 여과한다 : KS M 7602 거름종이 5종 A 사용

⑤ 정확히 단다 : 0.1mg까지 다는 것

⑥ 정확히 취하여 : 부피피펫으로 취함.

⑦ 약 : ±10% 되는 것

⑧ 바탕시험을 하여 보정한다 : 시료를 사용하지 않고 같은 방법으로 조작한 측정치를 빼는 것

⑨ 항량으로 될 때까지 건조한다 : 1시간 더 건조할 때 전후 무게의 차가 g당 0.3mg 이하

⑩ 정밀히 단다 : 화학저울 또는 미량저울로 칭량

⑪ 밀폐용기 : 이물질이 들어가거나 또는 내용물이 손실되지 않도록 보호하는 용기

⑫ 기밀용기 : 공기 또는 다른 가스가 침입하지 않도록 내용물을 보호하는 용기

⑬ 밀봉용기 : 기체 또는 미생물이 침입하지 않도록 내용물을 보호하는 용기

⑭ 차광용기 : 광선이 투과하지 않는 용기 또는 투과하지 않게 포장을 한 용기(내용물이 광화학적 변화를 일으키지 아니하도록 방지할 수 있는 용기)

6. 정도관리(검정곡선)와 관련 용어

(1) 검정곡선

① 검정곡선 : 검정곡선(calibration curve)은 분석물질의 농도변화에 따른 지시값을 나타낸 것으로 시료 중 분석대상 물질의 농도를 포함하도록 범위를 설정하고, 검정곡선 작성용 표준용액은 가급적 시료의 매질과 비슷하게 제조하여야 한다.

② 검정곡선법 : 시료의 농도와 지시값과의 상관성을 검정곡선 식에 대입하여 작성하는 방법이다.

③ 표준물첨가법 : 시료와 동일한 매질에 일정량의 표준물질을 첨가하여 검정곡선을 작성하는 방법으로서, 매질효과가 큰 시험분석 방법에서 분석대상 시료와 동일한 매질의 표준시료를 확보하지 못한 경우에 매질효과를 보정하여 분석할 수 있는 방법이다.

④ 내부표준법 : 검정곡선 작성용 표준용액과 시료에 동일한 양의 내부표준물질을 첨가하여 시험분석 절차, 기기 또는 시스템의 변동으로 발생하는 오차를 보정하기 위해 사용하는 방법이다.

(2) 그 외 정도관리 관련 용어

① 감응계수 = 반응값(R)/표준용액의 농도(C)

② 정량한계(LOQ : Limit Of Quantification) : 표준편차(s)에 10배한 값

③ 정밀도(precision) : 시험분석 결과의 반복성을 나타내는 것

$$정밀도(\%) = \frac{s}{\bar{x}} \times 100$$

여기서, s : 표준편차

$\bar{x}$: n회 측정한 결과의 평균값

④ 정확도(accuracy) : 시험분석 결과가 참값에 얼마나 근접하는가를 나타내는 것

핵심정리 ② **일반 시험방법**

1. 유량 측정

(1) 관(pipe) 내의 유량 측정방법(공장폐수 및 하수유량)

① 개요 : 관(pipe) 내의 유량 측정방법으로는 벤투리미터(Venturi meter), 유량 측정용 노즐(nozzle), 오리피스(orifice), 피토(Pitot)관, 자기식 유량측정기(magnetic flow meter)가 있다.

㉮ 적용범위

〈폐수처리 공정에서 유량 측정장치의 적용〉

장치 \ 공정	공장폐수원수	1차처리수	2차처리수	1차슬러지	반송슬러지	농축슬러지	포기액	공정수
벤투리미터	○	○	○	○	○	○	○	
유량 측정용 노즐	○	○	○	○	○	○	○	○
오리피스								○
피토관								○
자기식 유량측정기	○	○	○	○	○	○		○

④ 최대유량과 최소유량, 정밀도 및 정확도

〈유량계에 따른 정밀/정확도 및 최대유량과 최소유량의 비율〉

유량계	범위 (최대유량 : 최소유량)	정확도 (실제유량에 대한, %)	정밀도 (최대유량에 대한, %)
벤투리미터 (venturi meter)	4 : 1	±1	±0.5
유량 측정용 노즐 (nozzle)	4 : 1	±0.3	±0.5
오리피스 (orifice)	4 : 1	±1	±1
피토관 (pitot tube)	3 : 1	±3	±1
자기식 유량측정기 (magnetic flow meter)	10 : 1	±1~2	±0.5

② 벤투리미터(venturi meter)의 특성 및 구조

㉮ 긴 관의 일부로서 단면이 작은 목(throat)부분과 점점 축소, 점점 확대되는 단면을 가진 관이다.

㉯ 수두의 차에 의해 직접적으로 유량을 계산한다(축소부분에서 정역학적 수두의 일부는 속도수두로 변하게 되어 관의 목부분의 정역학적 수두보다 작게 됨).

㉰ 통상 관 직경의 약 30~50배 하류에 설치해야 효과적이다.

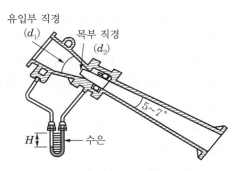

③ 유량 측정용 노즐(nozzle)의 특성 및 구조

㉮ 벤투리미터와 오리피스 간의 특성을 고려하여 만든 유량 측정기구이다.

㉯ **정수압이 유속으로 변화**하는 원리를 이용한다.

㉰ 약간의 고형 부유물질이 포함된 폐·하수에도 이용한다.

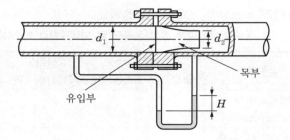

④ 오리피스(orifice)의 특성 및 구조

㉮ 설치에 비용이 적게 들고, 비교적 유량 측정이 정확하여 얇은 판 오리피스가 널리 이용되고 있다.

㉯ 장점은 단면이 축소되는 목(throat)부분을 조절함으로써 유량이 조절된다.

㉰ 단점은 오리피스 단면에서 커다란 수두손실이 일어난다.

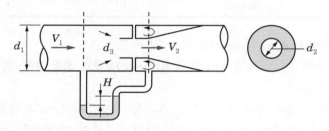

⑤ 피토(Pitot)관의 특성 및 구조

㉮ 유속은 마노미터에 나타나는 수두 차에 의하여 계산한다(왼쪽의 관은 정수압, 오른쪽의 관은 유속이 0인 상태인 전체 압력을 측정).

㉯ 측정 시에는 반드시 일직선상의 관에서 이루어져야 하며, 관의 설치장소는 엘보(elbow), 티(tee) 등 관이 변화하는 지점으로부터 최소한 관 지름의 15~50배 정도 떨어진 지점이어야 한다.

㉰ 부유물질이 많이 흐르는 폐·하수에서는 사용이 곤란하나 부유물질이 적은 대형 관에서는 효율적인 유량측정기이다.

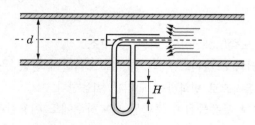

⑥ 자기식 유량측정기(magnetic flow meter)의 특성 및 구조

㉮ 패러데이(Faraday)의 법칙을 이용한다.

㉯ 전도체를 이동시킬 때 유발되는 전압은 전도체의 속도에 비례하는 원리로서 전도체는 폐·하수, 전도체의 속도는 유속이 된다.

㉰ 전압이 활성도, 탁도, 점성, 온도의 영향을 받지 않고 다만 유체(폐·하수)의 유속에 의하여 결정되며, 수두손실이 적다.

㉱ 고형물질이 많아 관을 메울 우려가 있는 폐·하수에 이용할 수 있다.

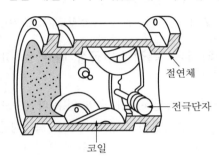

절연체

전극단자

코일

⑦ 유량계의 측정공식

㉮ 벤투리미터, 유량측정 노즐, 오리피스

$$Q = \frac{C \cdot A}{\sqrt{1 - \left[\dfrac{d_2}{d_1}\right]^4}} \sqrt{2g \cdot H}$$

여기서, Q : 유량(cm^3/sec), C : 유량계수

A : 목(throat)부의 단면적(cm^2), g : 중력가속도($980cm/sec^2$)

d_1 : 유입부의 직경(cm), d_2 : 목(throat)부의 직경(cm)

H : $H_1 - H_2$(수두차 : cm)

H_1 : 유입부 관 중심부에서의 수두(cm)

H_2 : 목(throat)부의 수두(cm)

㉯ 피토관

$$Q = C \cdot A \cdot V$$

여기서, Q : 유량(cm^3/ sec), C : 유량계수, A : 관의 유수단면적(cm^2)

V : 유속($= \sqrt{2g \cdot H}$)(cm/sec)

g : 중력가속도($980cm/sec^2$)

H : $H_S - H_O$(수두차 : cm)

H_S : 정체압력 수두(cm), H_O : 정수압 수두(cm)

ⓓ 자기식 유량측정기

$$Q = C \cdot A \cdot V$$

여기서, Q : 유량(m^3/ sec)

　　　　C : 유량계수

　　　　A : 관의 유수단면적(m^2)

　　　　V : 유속$\left[= \dfrac{E}{B \cdot D} 10^6\right]$ (m/sec)

　　　　　　E : 기전력, B : 자속밀도(GAUSS), D : 관경(m)

(2) 측정용 수로 및 기타 유량 측정방법(공장 폐수 및 하수 유량)

① 개요

ⓐ 공장, 하수 및 폐수 종말처리장 등의 원수(파샬수로), 1차 처리수, 2차 처리수, 공정수 배출수 등의 측정용 수로의 유량을 측정하는 데 사용한다.

ⓑ 관 내의 압력이 필요하지 않은 측정용 수로에서 유량을 측정하는 데 적용한다.

ⓒ 유량계에 따른 최대유속과 최소유속의 비율 및 정확도/정밀도

유량계	범위 (최대유량 : 최소유량)	정확도 (실제유량에 대한, %)	정밀도 (최대유량에 대한, %)
위어 (weir)	500 : 1	±5	±0.5
파샬수로 (Parshall flume)	10 : 1 ~ 75 : 1	±5	±0.5

② 위어(weir)

ⓐ 위어판

- 위어판의 재료는 3mm 이상의 두께를 갖는 내구성이 강한 철판으로 한다.
- 위어판의 가장자리는 위어판의 안측으로부터 약 2mm의 사이는 위어판의 양측 면에 직각인 평면을 이루고, 그것으로부터 바깥쪽으로 향하여 약 45°의 경사면을 이루는 것으로 한다.
- 위어판의 내면은 평면이어야 하며, 특히 가장자리로부터 100mm 이내는 될수록 매끄럽게 다듬는다.
- 직각 3각 위어의 절단은 절단각도를 90°로 하고 그 2등분선은 수직이며, 또한 수로 폭의 중앙에 위치하도록 붙인다.
- 4각 위어의 절단은 하부귀퉁이와 양귀퉁이는 각각 직각을 이루는 것으로 한다.

④ 유량의 산출방법

3각 위어	4각 위어
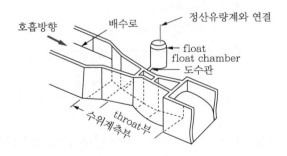	
$$Q = K \cdot h^{5/2}$$	$$Q = K \cdot b \cdot h^{3/2}$$
여기서, Q : 유량(m^3/분) K : 유량계수 h : 위어의 수두(m) B : 수로의 폭(m) b : 절단의 폭 D : 수로의 밑면으로부터 절단 하부 점까지의 높이(m)	여기서, Q : 유량(m^3/분) K : 유량계수 h : 위어의 수두(m) B : 수로의 폭(m) b : 절단의 폭 D : 수로의 밑면으로부터 절단 하부 점까지의 높이(m)

③ **파샬수로(Parshall flume)**

수두차가 작아도 유량 측정의 정확도가 양호하며 측정하려는 폐·하수 중에 부유물질 또는 토사 등이 많이 섞여 있는 경우에도 목(throat)부에서의 유속이 상당히 빠르므로 부유물질의 침전이 적고 자연유하가 가능하다.

④ 용기에 의한 측정

최대유량이 1m³/분 미만인 경우	최대유량이 1m³/분 이상인 경우
• 유수를 용기에 받아서 측정한다. • 용기는 용량 100~200L인 것을 사용한다. • 용기에 물을 받아 넣는 시간을 20초 이상이 되도록 용량을 결정한다. $$Q = 60\frac{V}{t}$$ 여기서, Q : 유량(m³/min) 　　　V : 측정용기의 용량(m³) 　　　t : 유수가 용량 V를 채우는 데 걸리는 시간(sec)	• 침전지, 저수지, 기타 적당한 수조를 이용한다. • 수조가 작은 경우는 최대유량이 1m³/분 미만인 경우와 동일하다. • 측정시간은 5분 정도, 수위의 상승속도는 적어도 매분 1cm 이상이어야 한다.

⑤ 개수로에 의한 측정

㉮ 수로의 구성 재질과 수로 단면의 형상이 일정하고 수로의 길이가 적어도 10m까지 똑바른 경우

케이지(Chezy)의 유속공식

$$Q = 60 \cdot V \cdot A$$

여기서, Q : 유량(m³/분)

　　　A : 유수단면적(m²)

　　　V : 평균유속($= C\sqrt{Ri}$)(m/sec)

　　　　R : 단면적/윤변

　　　　i : 홈 바닥의 구배(비율)

　　　　C : 유속계수(Bazin의 공식)

$$C = \frac{87}{1 + \dfrac{r}{\sqrt{R}}} \text{(m/sec)}$$

㉯ 수로의 구성, 재질, 수로 단면의 형상 구배 등이 일정하지 않은 개수로의 경우

• 수로는 될수록 직선적이며, 수면이 물결치지 않는 곳을 고른다.

• 10m를 측정구간으로 하여 2m마다 유수의 횡단면적을 측정하고, 산술평균값을 구하여 유수의 평균단면적으로 한다.

• 유속은 부표를 사용하여 10m 구간을 흐르는 데 걸리는 시간을 스톱워치로 재며 표면최대유속(V_e)으로 한다.

수량 계산

$$V = 0.75 V_e$$
$$Q = 60 V \cdot A$$

여기서, V : 총 평균유속(m/sec), V_e : 표면최대유속(m/sec)

Q : 유량(m³/min), A : 측정구간 유수의 평균단면적(m²)

(3) 하천 유량 – 유속 면적법

① 적용범위

㉮ 단면의 폭이 크며, 유량이 일정한 곳

㉯ 합류나 분류가 없고, 교량의 상류지점

㉰ 충분한 수심이 확보되는 지점

㉱ 가능하면 도섭으로 측정

㉲ 충분한 길이(약 100m 이상)의 확보가 가능하고 횡단면상의 수심이 균일한 지점

㉳ 가능하면 하상이 안정되어 있고, 식생의 성장이 없는 지점

② **결과보고** : 소구간 단면에 있어서 평균유속(V_m)은 수심 0.4m를 기준으로 다음과 같이 구한다.

㉮ 수심이 0.4m 미만일 때 $V_m = V_{0.6}$

㉯ 수심이 0.4m 이상일 때 $V_m = (V_{0.2} + V_{0.8}) \times 1/2$

㉰ $V_{0.2}$, $V_{0.6}$, $V_{0.8}$은 각각 수면으로부터 전 수심의 20%, 60% 및 80%인 점의 유속이다.

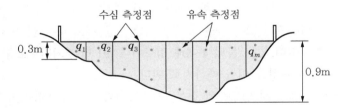

2. 시료 채취 및 보존

(1) 시료 채취방법

① 배출허용기준 적합여부 판정을 위한 시료 채취

㉮ 복수시료 채취방법 등

• 수동으로 시료를 채취할 경우에는 30분 이상 간격으로 2회 이상 채취(composite sample)하여 일정량의 단일시료로 한다.

- 자동시료채취기로 시료를 채취할 경우에는 **6시간 이내에 30분 이상 간격으로 2회 이상 채취**(composite sample)하여 일정량의 단일시료로 한다.
- 수소이온 농도(pH), 수온 등 현장에서 즉시 측정해야 하는 항목은 **30분 이상 간격으로 2회 측정**한 후 산술평균하여 측정값을 산출한다.
- 시안(CN), 노말헥산 추출물질, 대장균 등 시료 채취기구 등에 의하여 성분이 유실 또는 변질 등의 우려가 있는 경우에는 **30분 이상 간격으로 2개 이상의 시료를 채취**하여 각각 분석한 후 산술평균하여 분석값을 산출한다.
  ㉯ 복수시료 채취방법 적용을 제외할 수 있는 경우
  - 환경오염사고 또는 취약시간대(일요일, 공휴일 및 평일 18:00~09:00 등)의 환경오염 감시 등 신속한 대응이 필요한 경우 제외할 수 있다.
  - 사업장 내에 발생하는 폐수를 회분식(batch식) 등 간헐적으로 처리하여 방류하는 경우 제외할 수 있다.

(2) 시료 채취 시 유의사항

① 시료 채취용기는 시료를 채우기 전에 **시료로 3회 이상** 씻은 다음 사용한다.
② 시료 채취량은 보통 **3~5L** 정도로 한다.
③ 용존가스, 환원성 물질, 휘발성유기화합물, 냄새, 유류 및 수소이온 등을 측정하기 위한 시료를 채취할 때에는 운반 중 공기와의 접촉이 **없도록** 시료용기에 **가득** 채운 후 **빠르게** 뚜껑을 닫는다.
  ㉮ 휘발성유기화합물 분석용 시료를 채취할 때에는 뚜껑의 격막을 **만지지 않도록** 주의하여야 한다.
  ㉯ 병을 뒤집어 공기방울이 확인되면 **다시** 채취하여야 한다.
④ 지하수 시료는 고여 있는 물을 충분히 퍼낸 다음 새로 나온 물을 채취한다. 이 경우 퍼내는 양은 고여 있는 물의 **4~5배** 정도이나 pH 및 **전기전도도**를 연속적으로 측정하여 이 값이 **평형**을 이룰 때까지로 한다.
⑤ 지하수 시료 채취 시 심부층의 경우 저속 양수펌프 등을 이용하여 반드시 **저속** 시료 채취하여 시료 교란을 최소화하여야 하며, 천부층의 경우 **저속 양수펌프** 또는 **정량 이송펌프** 등을 사용한다.
⑥ 냄새 측정을 위한 시료 채취 시 고무 또는 플라스틱 재질의 마개는 사용하지 **않는다.**
⑦ 식물성 플랑크톤을 측정하기 위한 시료 채취 시 **플랑크톤 네트**(mesh size $25\mu m$)를 이용한 **정성채집**과, 반돈(Van-Dorn) **채수기** 또는 **채수병**을 이용한 **정량채집**을 병행한다.

(3) 시료 채취지점

① 하천수

㉮ 하천본류와 하전지류가 합류하는 경우에는 합류 이전의 각 지점과 합류 이후 충분히 혼합된 지점에서 각각 채수한다.

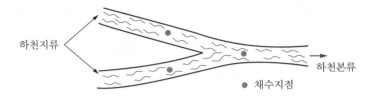

㉯ 하천의 단면에서 수심이 가장 깊은 수면의 지점과 그 지점을 중심으로 하여 좌우로 수면폭을 2등분한 각각의 지점의 수면으로부터 수심이 **2m 미만**일 때에는 수심의 1/3에서, 수심이 **2m 이상**일 때에는 수심의 1/3 및 2/3에서 각각 채수한다.

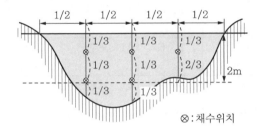

(4) 시료 보존방법

항목		시료용기[1]	보존방법	최대보존기간 (권장보존기간)
냄새		G	가능한 한 즉시 분석 또는 냉장 보관	6시간
노말헥산 추출물질		G	4℃ 보관, H_2SO_4로 pH 2 이하	28일
부유물질		P, G	4℃ 보관	7일
색도		P, G	4℃ 보관	48시간
생물화학적 산소요구량		P, G	4℃ 보관	48시간 (6시간)
수소이온농도		P, G	−	즉시 측정
온도		P, G	−	즉시 측정
용존산소	적정법	BOD병	즉시 용존산소 고정 후 암소 보관	8시간
	전극법	BOD병		즉시 측정
잔류염소		G(갈색)	즉시 분석	−
전기전도도		P, G	4℃ 보관	24시간

항목	시료용기[1]	보존방법	최대보존기간 (권장보존기간)
총유기탄소 (용존유기탄소)	P, G	즉시 분석 또는 HCl 또는 H_3PO_4 또는 H_2SO_4를 가한 후(pH<2) 4℃ 냉암소에서 보관	28일 (7일)
클로로필 a	P, G	즉시 여과하여 -20℃ 이하에서 보관	7일 (24시간)
탁도	P, G	4℃ 냉암소에서 보관	48시간 (24시간)
투명도	-	-	-
화학적 산소요구량	P, G	4℃ 보관, H_2SO_4로 pH 2 이하	28일 (7일)
불소	P	-	28일
브롬이온	P, G	-	28일
시안	P, G	4℃ 보관, NaOH로 pH 12 이상	14일 (24시간)
아질산성질소	P, G	4℃ 보관	48시간 (즉시)
암모니아성질소	P, G	4℃ 보관, H_2SO_4로 pH 2 이하	28일 (7일)
염소이온	P, G	-	28일
음이온 계면활성제	P, G	4℃ 보관	48시간
인산염인	P, G	즉시 여과한 후 4℃ 보관	48시간
질산성질소	P, G	4℃ 보관	48시간
총인(용존 총인)	P, G	4℃ 보관, H_2SO_4로 pH 2 이하	28일
총질소(용존 총질소)	P, G	4℃ 보관, H_2SO_4로 pH 2 이하	28일 (7일)
퍼클로레이트	P, G	6℃ 이하 보관, 현장에서 멸균된 여과지로 여과	28일
페놀류	G	4℃ 보관, H_3PO_4로 pH 4 이하 조정 한 후 시료 1L당 $CuSO_4$ 1g 첨가	28일
황산이온	P, G	6℃ 이하 보관	28일 (48시간)
금속류(일반)	P, G	시료 1L당 HNO_3 2mL 첨가	6개월
비소	P, G	1L당 HNO_3 1.5mL로 pH 2 이하	6개월
셀레늄	P, G	1L당 HNO_3 1.5mL로 pH 2 이하	6개월
수은(0.2μg/L 이하)	P, G	1L당 HCl(12M) 5mL 첨가	28일

항목		시료용기[1]	보존방법	최대보존기간 (권장보존기간)
6가크롬		P, G	4℃ 보관	24시간
알킬수은		P, G	HNO$_3$ 2mL/L	1개월
다이에틸헥실프탈레이트		G(갈색)	4℃ 보관	7일 (추출 후 40일)
1,4-다이옥산		G(갈색)	HCl(1+1)을 시료 10mL당 1~2방울씩 가하여 pH 2 이하	14일
염화비닐, 아크릴로니트릴, 브로모폼		G(갈색)	HCl(1+1)을 시료 10mL당 1~2방울씩 가하여 pH 2 이하	14일
석유계 총탄화수소		G(갈색)	4℃ 보관, H$_2$SO$_4$ 또는 HCl로 pH 2 이하	7일 이내 추출, 추출 후 40일
유기인		G	4℃ 보관, HCl로 pH 5~9	7일 (추출 후 40일)
폴리클로리네이티드비페닐 (PCB)		G	4℃ 보관, HCl로 pH 5~9	7일 (추출 후 40일)
휘발성 유기화합물		G	냉장 보관 또는 HCl을 가해 pH<2로 조정 후 4℃ 보관, 냉암소 보관	7일 (추출 후 14일)
과불화화합물		PP	냉장 보관(4±2℃), 보관 2주 이내에 분석이 어려울 때 냉동(-20℃) 보관	냉동 시 필요에 따라 분석 전까지 시료의 안정성 검토 (2주)
총대장균군	환경기준 적용 시료	P, G	저온(10℃ 이하)	24시간
	배출허용기준 및 방류수 기준 적용 시료	P, G	저온(10℃ 이하)	6시간
분원성 대장균군		P, G	저온(10℃ 이하)	24시간
대장균		P, G	저온(10℃ 이하)	24시간
물벼룩 급성 독성		G	4℃ 보관(암소에 통기되지 않는 용기에 보관)	72시간 (24시간)
식물성 플랑크톤		P, G	즉시 분석 또는 포르말린용액을 시료의 3~5% 가하거나 글루타르알데하이드 또는 루골용액을 시료의 1~2% 가하여 냉암소 보관	6개월

주 1) P : Polyethylene, G : Glass, PP : Polypropylene

(5) 퇴적물 채취기

① 포나 그래브(Ponar grab) : 모래가 많은 지점에서도 채취가 잘되는 **중력식 채취기로**서, 조심스럽게 수면 아래로 내려 보내다가 채취기가 바닥에 닿아 줄의 장력이 감소하면 아랫 날(jaws)이 닫히도록 되어 있으며, 부드러운 펄층이 두터운 경우에는 깊이 빠져 들어가기 때문에 사용하기 어렵다.

② 에크만 그래브(Ekman grab) : 물의 흐름이 거의 없는 곳에서 채취가 잘되는 채취기로서, 채취기를 바닥 퇴적물 위에 내린 후 메신저를 투하하면 장방형 상자의 밑판이 닫히도록 설계되었으며, 바닥이 모래질인 곳에서는 사용하기 어렵다.

3. 시료의 전처리

(1) 전처리를 하지 않는 경우

무색투명한 탁도 1NTU 이하인 시료의 경우 전처리 과정을 생략하고, pH 2 이하로 (시료 1L당 진한 질산 1~3mL를 첨가)하여 분석용 시료로 한다.

(2) 산분해법

① 질산법 : 유기함량이 비교적 높지 않은 시료의 전처리에 사용한다.

② 질산-염산법 : 유기물 함량이 비교적 높지 않고 금속의 수산화물, 산화물, 인산염 및 황화물을 함유하고 있는 시료에 적용한다.

③ 질산-황산법 : 유기물 등을 많이 함유하고 있는 대부분의 시료에 적용한다.

④ 질산-과염소산법 : 유기물을 다량 함유하고 있으면서 산분해가 어려운 시료에 적용한다.

⑤ 질산-과염소산-불화수소산 : 다량의 점토질 또는 규산염을 함유한 시료에 적용한다.

(3) 마이크로파 산분해법

유기물을 다량 함유하고 있으면서 산분해가 어려운 시료에 적용한다.

(4) 용매추출법

원자흡수분광광도법을 사용한 분석 시 목적성분의 농도가 미량이거나 측정에 방해되는 성분이 공존할 경우 시료의 농축 또는 방해물질을 제거하기 위한 목적으로 사용한다.

(5) 회화에 의한 분해

목적성분이 400℃ 이상에서 휘산되지 않고 쉽게 회화될 수 있는 시료에 적용한다.

핵심정리 ③ 기기 분석방법

1. 자외선/가시선분광법

(1) 원리 및 적용범위

이 시험방법은 시료물질이나 시료물질의 용액 또는 여기에 적당한 시약을 넣어 발색시킨 용액의 흡광도를 측정하여 시료 중의 목적성분을 정량하는 방법으로 파장 200~1,200nm에서의 액체의 흡광도를 측정함으로써 오염물질 분석에 적용한다.

(2) 개요

① 광원으로 나오는 빛을 단색화장치(monochrometer) 또는 필터(filter)에 의하여 좁은 파장범위의 빛만을 선택하여 액층을 통과시킨 다음 광전측광으로 흡광도를 측정하여 목적성분의 농도를 정량하는 방법이다.

② 람베르트-비어(Lambert-Beer)의 법칙

$$흡광도(A) = \log \frac{1}{t(투과율)} = \log \frac{1}{I_t / I_o} = \log \frac{1}{t} = \varepsilon C L$$

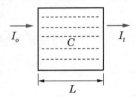

(3) 장치

① **장치의 개요** : 일반적으로 사용하는 자외선/가시선분광법은 광원부, 파장선택부, 시료부 및 측광부로 구성되어 있다.

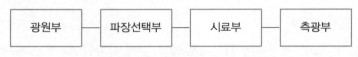

‖ 자외선/가시선분광법 분석장치 ‖

② **광원부** : 가시부와 근적외부의 광원으로는 주로 텅스텐램프를 사용하고, 자외부의 광원으로는 주로 중수소방전관을 사용한다.

③ **파장선택부** : 파장의 선택에는 일반적으로 단색화장치(monochrometer) 또는 필터(filter)를 사용한다.

④ **흡수셀**

㉮ 유리제는 주로 가시 및 근적외부 파장범위, 석영제는 자외부 파장범위, 플라스틱제는 근적외부 파장범위를 측정할 때 사용한다.

㉯ 흡수셀의 길이를 지정하지 않았을 때는 10mm셀을 사용한다.

㉰ 시료액의 흡수파장이 약 370nm 이상일 때는 석영셀 또는 경질유리셀을 사용한다.

㉱ 시료액의 흡수파장이 약 370nm 이하일 때는 석영셀을 사용한다.

㉲ 대조셀에는 따로 규정이 없는 한 원시료를 셀의 8부까지 채워 측정한다.

(4) 기타 사항

① 측정파장은 원칙적으로 최고의 흡광도가 얻어질 수 있는 최대흡수파장을 선정한다.

② 대조액은 일반적으로 용매 또는 바탕시험액을 사용한다.

③ 부득이 흡광도를 0.1 미만에서 측정할 때는 눈금 확대기를 사용하는 것이 좋다.

④ 측정된 흡광도는 되도록 0.2~0.8의 범위에 들도록 시험용액의 농도 및 흡수셀의 길이를 선정한다.

2. 원자흡수분광광도법

(1) 개요

이 시험방법은 시료를 적당한 방법으로 해리시켜 중성원자로 증기화하여 생긴 기저상태 (ground state or normal state)의 원자가 이 원자 증기층을 투과하는 특유파장의 빛을 흡수하는 현상을 이용하여 광전측광과 같은 개개의 특유파장에 대한 흡광도를 측정하여 시료 중의 원소농도를 정량하는 방법이다.

(2) 용어의 정의

① **공명선** : 원자가 외부로부터 빛을 흡수했다가 다시 먼저 상태로 돌아갈 때 방사하는 스펙트럼선이다.

② **소연료불꽃** : 가연성 가스와 조연성 가스의 비를 적게 한 불꽃, 즉 가연성 가스/조연성 가스의 값을 적게 한 불꽃이다.

③ **멀티패스** : 불꽃 중에서 광로를 길게 하고 흡수를 증대시키기 위하여 반사를 이용하여 불꽃 중에 빛을 여러 번 투과시키는 것이다.

④ **역화** : 불꽃의 연소속도가 크고 혼합기체의 분출속도가 작을 때 연소현상이 내부로 옮겨지는 것을 말한다.

(3) 불꽃원자흡수분광광도법

① **개요** : 물속에 존재하는 중금속을 정량하기 위하여 시료를 2,000~3,000K의 불꽃 속으로 시료를 주입하였을 때 생성된 바닥상태의 중성원자가 고유파장의 빛을 흡수하는 현상을 이용하여 개개의 고유파장에 대한 흡광도를 측정하여 시료 중의 원소 농도를 정량하는 방법으로, 분석이 가능한 원소는 구리, 납, 니켈, 망간, 비소, 셀레늄, 수은, 아연, 철, 카드뮴, 크롬, 6가크롬, 바륨, 주석 등이다.

② **간섭물질**

㉮ 광학적 간섭 : 분석하고자 하는 원소의 흡수파장과 비슷한 다른 원소의 파장이 서로 겹쳐 비이상적으로 높게 측정되는 경우이다. 이러한 간섭은 슬릿 간격을 좁힘으로써 배제할 수 있다. 시료 중에 유기물의 농도가 높을 경우 이들에 의한 복사선 흡수가 일어나 양(+)의 오차를 유발한다.

㉯ 물리적 간섭 : 표준용액과 시료 또는 시료와 시료 간의 물리적 성질(점도, 밀도, 표면장력 등)의 차이 또는 표준물질과 시료의 매질(matrix) 차이에 의해 발생한다. 이러한 차이는 시료의 주입 및 분무 효율에 영향을 주어 양(+) 또는 음(−)의 오차를 유발하게 된다. 이러한 간섭은 표준용액과 시료 간의 매질을 일치시키거나 표준물질첨가법을 사용하여 방지할 수 있다.

ⓓ 이온화 간섭 : 불꽃온도가 너무 높을 경우 중성원자에서 전자를 빼앗아 이온이 생성될 수 있으며 이 경우 음(−)의 오차가 발생하게 된다. 이러한 간섭은 시료와 표준물질에 보다 쉽게 이온화되는 물질을 과량 첨가하면 감소시킬 수 있다.

ⓔ 화학적 간섭 : 불꽃의 온도가 분자를 들뜬 상태로 만들기에 충분히 높지 않아서 해당 파장을 흡수하지 못하여 발생한다. 칼슘, 마그네슘, 바륨의 분석 시 란타늄(La)을 첨가하여 인산의 화학적 간섭을 배제할 수 있다. 또는 간섭을 일으키는 금속을 킬레이트제 등으로 제거할 수도 있다.

③ 원자흡수분광광도법의 원소별 정량한계

원소	선택파장(nm)	불꽃연료	정량한계(mg/L)
Cu	324.7	공기−아세틸렌	0.008
Pb	283.3/217.0	공기−아세틸렌	0.04
Ni	232.0	공기−아세틸렌	0.01
Mn	279.5	공기−아세틸렌	0.005
Ba	553.6	아산화질소−아세틸렌	0.1
As	193.7	환원기화법(수소화물 생성법)	0.005
Se	196.0	환원기화법(수소화물 생성법)	0.005
Hg	253.7	냉증기법	0.0005
Zn	213.9	공기−아세틸렌	0.002
Sn	224.6	공기−아세틸렌	0.8
Fe	248.3	공기−아세틸렌	0.03
Cd	228.8	공기−아세틸렌	0.002
Cr	357.9	공기−아세틸렌	0.01(산처리), 0.001(용매 추출)

3. 유도결합플라스마 원자발광분광법과 양극벗김전압전류법

(1) 유도결합플라스마 원자발광분광법

① 개요 : 물속에 존재하는 중금속을 정량하기 위하여 시료를 고주파유도코일에 의하여 형성된 아르곤 플라스마에 주입하여 6,000~8,000K에서 들뜬 상태의 원자가 바닥상태로 전이할 때 방출하는 발광선 및 발광강도를 측정하여 원소의 정성 및 정량 분석에 이용하는 방법으로, 분석이 가능한 원소는 구리, 납, 니켈, 망간, 비소, 아연, 안티몬, 철, 카드뮴, 크롬, 6가크롬, 바륨, 주석 등이다.

② 유도결합플라스마 원자발광분광법의 원소별 선택파장과 정량한계

원소명	선택파장(1차) (nm)	선택파장(2차) (nm)	정량한계 (mg/L)
Cu	324.75	219.96	0.006
Pb	220.35	217.00	0.04
Ni	231.60	221.65	0.015
Mn	257.61	294.92	0.002
Ba	455.40	493.41	0.003
As	193.70	189.04	0.05
Zn	213.90	206.20	0.002
Sb	217.60	217.58	0.02
Sn	189.98	–	0.02
Fe	259.94	238.20	0.007
Cd	226.50	214.44	0.004
Cr	262.72	206.15	0.007

③ 유도결합플라스마 원자발광분광법의 분석 조건

㉮ 주파 출력은 수용액 시료의 경우 0.8~1.4kW, 유기용매 시료의 경우 1.5~2.5kW
로 설정한다.

㉯ 분석선(파장)의 설정은 일반적으로 가장 감도가 높은 파장을 설정한다.

㉰ 플라스마 발광부의 관측높이는 유도코일 상단으로부터 15~18mm 범위에서 측정
하는 것이 보통이다.

㉱ 가스유량은 일반적으로 냉각가스 10~18L/min, 보조가스 0~2L/min, 운반가스
0.5~2L/min 범위이다.

(2) 양극벗김전압전류법

① **개요** : 지하수, 지표수 중의 납, 비소, 수은 및 아연에 적용할 수 있으며, 이 시험기
준에 의한 정량한계는 납 0.0001mg/L, 비소 0.0003mg/L, 수은 0.0001mg/L, 아연
0.0001mg/L이다.

→ 네른스트(Nernst 방정식)로 표현할 수 있다.

② **간섭물질**

㉮ 탁한 시료는 미리 $0.45\mu m$의 유리필터 또는 셀룰로오스막필터를 사용하여 걸러
사용해야 측정 시 방해요인을 제거할 수 있다.

㉯ 하천수 및 산업폐수 내 유기물은 아연, 비소, 수은의 측정을 방해하므로 시료의 전처리 방법에 따라 유기물을 처리해야 한다.

4. 기체 크로마토그래피법

(1) 원리 및 적용범위

기체시료 또는 기화한 액체나 고체 시료를 운반가스(carrier gas)에 의하여 분리, 관 내에 전개시켜 기체상태에서 분리되는 각 성분을 크로마토그래피법으로 분석하는 방법으로 일반적으로 무기물 또는 유기물에 대한 정성, 정량 분석에 이용한다.

(2) 장치

① 일반적으로 사용하는 기체 크로마토크래피법은 가스유로계, 시료도입부, 가열오븐, 검출기로 구성되어 있다.

┃ 기체 크로마토그래피법 분석장치 ┃

② 기체 크로마토그래피법 검출기의 종류
㉮ 전자포획형 검출기(ECD) : 유기할로겐화합물, 니트로화합물 및 유기금속화합물 등 전자친화력이 큰 원소가 포함된 화합물을 수ppt의 매우 낮은 농도까지 선택적으로 검출할 수 있다.
㉯ 불꽃열이온화 검출기(FID) : 대부분의 화합물에 대하여 열전도도 검출기보다 약 1,000배 높은 감도를 나타내고 대부분의 유기화합물의 검출이 가능하므로 가장 흔히 사용된다. 특히 탄소수가 많은 유기물은 10pg까지 검출할 수 있다.
㉰ 불꽃광도형 검출기(FPD) : 황 또는 인 화합물의 감도(sensitivity)는 일반 탄화수소화합물에 비하여 100,000배 커서 H_2S나 SO_2와 같은 황화합물은 약 200ppb까지, 인화합물은 약 10ppb까지 검출이 가능하다.
㉱ 열전도도형 검출기(TCD) : 모든 화합물을 검출할 수 있어 분석대상에 제한이 없고 값이 싸며 시료를 파괴하지 않는 장점이 있는 데 반하여 다른 검출기에 비해 감도(sensitivity)가 낮다.

(3) 운반가스 종류

① 열전도도형 검출기(TCD) : 순도 99.8% 이상의 수소나 헬륨
② 불꽃이온화 검출기(FID) : 순도 99.8% 이상의 질소 또는 헬륨

5. 이온 크로마토그래피법

(1) 개요

음이온류(F^-, Cl^-, NO_2^-, NO_3^-, PO_4^{3-}, Br^- 및 SO_4^{2-})를 이온 크로마토그래피를 이용하여 분석하는 방법으로, 시료를 $0.2\mu m$ 막여과지에 통과시켜 고체미립자를 제거한 후 음이온 교환칼럼을 통과시켜 각 음이온들을 분리한 후 전기전도도 검출기로 측정하는 방법이다.

(2) 간섭물질

① 머무름시간이 같은 물질이 존재할 경우, 칼럼 교체, 시료희석 또는 용리액 조성을 바꾸어 방해를 줄일 수 있다.
② 정제수, 유리기구 및 기타 시료 주입 공정의 오염으로 베이스라인이 올라가 분석대상 물질에 대한 양(+)의 오차를 만들거나 검출한계가 높아질 수 있다.
③ $0.45\mu m$ 이상의 입자를 포함하는 시료 또는 $0.20\mu m$ 이상의 입자를 포함하는 시약을 사용할 경우 반드시 여과하여 칼럼과 흐름 시스템의 손상을 방지해야 한다.

(3) 주요 분석 기기 및 기구

① **검출기** : 분석 목적 및 성분에 따라 전기전도도 검출기, 전기화학적 검출기 및 광학적 검출기 등이 있으나, 일반적으로 음이온 분석에는 전기전도도 검출기를 사용한다.
② **분리칼럼** : 유리 또는 에폭시수지로 만든 관에 이온교환체를 충전시킨 것이다(억제기형, 비억제기형).
③ **시료주입부** : 일반적으로 미량의 시료를 사용하기 때문에 루프-밸브에 의한 주입방식이 많이 이용되며, 시료주입량은 보통 $10\sim100\mu L$ 이다.
④ **제거장치(억제기)** : 고용량의 양이온교환수지를 충전시킨 칼럼형과 양이온교환막으로 된 격막형이 있다.
⑤ **펌프** : 펌프는 $150\sim350kg/cm^2$ 압력에서 사용할 수 있어야 하며, 시간차에 따른 압력차가 크게 발생하여서는 안 된다.

(4) 각 음이온의 정량한계 값

음이온	정량한계(mg/L)	음이온	정량한계(mg/L)
F^-	0.1	Cl^-	0.1
Br^-	0.03	PO_4^-	0.1
NO_2^-	0.1	SO_4^{2-}	0.5
NO_3^-	0.1	–	–

6. 이온전극법

(1) 개요

불소, 시안, 염소 등을 이온전극법을 이용하여 분석하는 방법으로, 시료에 이온강도 조절용 완충용액을 넣어 pH를 조절하고 전극과 비교전극을 사용하여 전위를 측정하며 그 전위차로부터 정량하는 방법이다.

(2) 적용범위

① 지표수, 지하수, 폐수 등에 적용할 수 있으며, 정량한계는 불소, 시안 0.1mg/L, 염소 5mg/L이다.

② 염소는 비교적 분해되기 쉬운 유기물을 함유하고 있거나 자외부에서 흡광도를 나타내는 브롬이온이나 크롬을 함유하지 않는 시료에 적용된다.

(3) 장치의 구성

기본 구성은 전위차계, 이온전극, 비교전극, 시료용기 및 자석교반기로 되어 있다.

(4) 이온전극법의 특성

① 측정범위 : 이온농도의 측정범위는 일반적으로 $10^{-1} \sim 10^{-4}$mol/L(또는 10^{-7}mol/L)이다.

② 이온강도 : 이온의 활량계수는 이온강도의 영향을 받아 변동되기 때문에 용액 중의 이온강도를 일정하게 유지해야 할 필요가 있다. 따라서, 분석대상이온과 반응하지 않고 전극전위에 영향을 일으키지 않는 염류를 **이온강도조절용 완충액**으로 첨가하여 시험한다.

③ pH : 이온전극의 종류나 구조에 따라서 사용가능한 pH의 범위가 있기 때문에 주의하여야 한다.

④ 온도 : 측정용액의 온도가 10℃ 상승하면 전위구배는 1가 이온이 약 2mV, 2가 이온이 약 1mV 변화한다. 그러므로 검량선 작성 시의 표준액의 온도와 시료용액의 온도는 항상 같아야 한다.

⑤ 교반 : 시료용액의 교반은 이온전극의 전극전위, 응답속도, 정량화한 값에 영향을 나타낸다. 그러므로 측정에 방해되지 않는 범위 내에서 세게 일정한 속도로 교반해야 한다.

(5) 간섭물질

황화물이온 등이 존재하면 염소이온의 분석에 방해가 될 수 있다.

핵심정리 ④ 항목별 시험방법

1. 일반항목

(1) 냄새

① 간섭물질 : 잔류염소 냄새는 측정에서 제외한다. 따라서 잔류염소가 존재하면 **티오황산나트륨** 용액을 첨가하여 잔류염소를 제거한다.

② 냄새역치(TON : Threshold Odor Number)의 측정

㉮ 냄새를 감지할 수 있는 최대희석배수를 말한다.

㉯ 냄새 측정자는 너무 후각이 민감하거나 둔감해서는 안 된다. 또한 측정자는 측정 전에 흡연을 하거나 음식을 섭취하면 안 되고, 로션, 향수, 진한 비누 등을 사용해서도 안 되며, 감기나 냄새에 대한 알레르기 등이 없어야 한다. 미리 정해진 횟수를 측정한 측정자는 무취공간에서 30분 이상 휴식을 취해야 한다.

㉰ 냄새 측정 실험실은 주위가 산만하지 않으며 **환기**가 가능해야 하고, 필요하다면 활성탄 필터와 항온, 항습 장치를 갖춘다.

㉱ 냄새를 정확하게 측정하기 위하여 측정자는 5명 이상으로 한다.

㉲ 시료 측정 시 탁도, 색도 등이 있으면 온도 변화에 따라 냄새가 발생할 수 있으므로, 온도 변화를 1℃ 이내로 유지한다. 또한 측정자가 시료에 대한 선입견을 갖지 않도록 어둡게 처리된 플라스크 또는 갈색플라스크를 사용한다.

③ 결과보고

$$냄새역치(TON) = \frac{A+B}{A}$$

여기서, A : 시료 부피(mL), B : 무취 정제수 부피(mL)

(2) 노말헥산 추출물질

① 개요 : 수중에 비교적 휘발되지 않는 탄화수소, 탄화수소유도체, 그리스유상물질 및 광유류를 함유하고 있는 시료를 pH 4 이하의 산성으로 하여 노말헥산층에 용해되는 물질을 노말헥산으로 추출하고 노말헥산을 증발시킨 잔류물의 무게로부터 구하는 방법이다. 다만, 광유류의 양을 시험하고자 할 경우에는 활성규산마그네슘(플로리실) 칼럼을 이용하여 동식물유지류를 흡착·제거하고 유출액을 같은 방법으로 구할 수 있다.

② 적용범위

㉮ 지표수, 지하수, 폐수 등에 적용할 수 있으며, 정량한계는 0.5mg/L이다.

㉯ 통상 유분의 성분별 선택적 정량이 곤란하다.

③ 간섭물질

㉮ 최종 무게 측정을 방해할 가능성이 있는 입자가 존재할 경우 0.45μm의 여과지로 여과한다.

㉯ 수층에 한 번 더 시료용기를 씻은 노말헥산 20mL를 넣어 흔들어 섞고 정치하여 노말헥산층을 분리하여 앞의 노말헥산층과 합한다. 정제수 20mL씩으로 수회 씻어준 다음 수층을 버리고 노말헥산층에 무수황산나트륨을 수분이 제거될 만큼 넣어 흔들어 섞고 수분을 제거한다.

(3) 부유물질

① 개요 : 미리 무게를 단 유리섬유여과지(GF/C)를 여과장치에 부착하여 일정량의 시료를 여과시킨 다음 항량으로 건조하여 무게를 달아 여과 전·후의 유리섬유여과지의 무게차를 산출하여 부유물질의 양을 구하는 방법이다.

② 간섭물질

㉮ 나뭇조각, 큰 모래입자 등과 같은 큰 입자들은 부유물질 측정에 방해를 주며, 이 경우 직경 2mm 금속망에 먼저 통과시킨 후 분석을 실시한다.

㉯ 증발잔류물이 1,000mg/L 이상인 경우의 해수, 공장폐수 등은 특별히 취급하지 않을 경우 높은 부유물질 값을 나타낼 수 있다. 이 경우 여과지를 여러 번 세척한다.

㉰ 철 또는 칼슘이 높은 시료는 금속 침전이 발생하며 부유물질 측정에 영향을 줄 수 있다.

㉱ 유지(oil) 및 혼합되지 않는 유기물도 여과지에 남아 부유물질 측정값을 높게 할 수 있다.

③ 분석 기기 및 기구

㉮ 유리섬유여과지(GF/C) : 유리섬유여과지 또는 이와 동등한 규격으로 지름 47mm의 것을 사용한다.

㉯ 건조기 : 105~110℃에서 건조할 수 있는 건조장치를 사용한다.

㉰ 사용한 여과장치의 하부 여과재를 다이크롬산칼륨·황산용액에 넣어 침전물을 녹인 다음 정제수로 씻어준다.

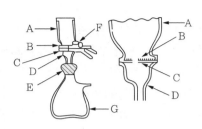

A : 상부 여과관
B : 여과재
C : 여과재 지지대
D : 하부 여과관
E : 고무마개
F : 금속제 집게
G : 흡인병

㉑ 분석방법 : 유리섬유여과지를 핀셋으로 주의하면서 여과장치에서 끄집어내어 시계접시 또는 알루미늄 호일 접시 위에 놓고 105~110℃의 건조기 안에서 2시간 건조시켜 데시케이터에 넣어 방치하고 냉각한 다음 항량으로 하여 무게를 정밀히 단다.

(4) 색도(투과율법)

① 색도를 측정하기 위하여 시각적으로 눈에 보이는 색상에 관계없이 단순 색도차 또는 단일 색도차를 계산하는데 아담스-니컬슨(Adams-Nickerson)의 색도 공식을 근거로 하고 있다.

② 백금-코발트 표준물질과 아주 다른 색상의 폐·하수에서 뿐만 아니라 표준물질과 비슷한 색상의 폐·하수에도 적용할 수 있다.

③ 간섭작용 : 콜로이드물질 및 부유물질의 존재로 빛이 흡수 또는 분산

(5) 생물화학적 산소요구량

① 개요 : 물속에 존재하는 생물화학적 산소요구량을 측정하기 위하여 시료를 20℃에서 5일간 저장하여 두었을 때 시료 중의 호기성 미생물의 증식과 호흡작용에 의하여 소비되는 용존산소의 양으로부터 측정하는 방법이다.

② 간섭물질

㉮ 시료가 산성 또는 알칼리성을 나타내거나 또는 잔류염소 등 산화성 물질을 함유하였거나 용존산소가 과포화되어 있을 때, 그리고 독성을 나타내는 시료에는 BOD 측정이 간섭 받을 수 있으므로 전처리를 행한다.

㉯ 탄소 BOD를 측정할 때 시료 중 질산화 미생물이 충분히 존재할 경우, 유기 및 암모니아성질소 등의 환원상태 질소화합물질이 BOD 결과를 높게 만들며 적절한 질산화 억제 시약(ATU용액, TCMP)을 사용하여 질소에 의한 산소 소비를 방지한다.

㉰ 시료는 시험하기 바로 전에 온도를 (20±1)℃로 조정한다.

③ 분석 시 유의사항

㉮ BOD 측정을 위한 전처리과정에서 용존산소가 과포화된 시료 : 수온이 20℃ 이하일 때의 용존산소가 과포화되어 있을 경우에는 수온을 23~25℃로 상승시킨 이후에 **15분간 통기**하고 방치하고 냉각하여 수온을 다시 20℃로 한다.

㉯ pH가 6.5~8.5의 범위를 벗어나는 산성 또는 알칼리성 시료 : **염산용액(1M)** 또는 **수산화나트륨용액(1M)**으로 시료를 중화하여 pH 7~7.2로 맞춘다. 다만 이때 넣어주는 염산 또는 수산화나트륨의 양이 시료 양의 **0.5%**가 넘지 않도록 하여야 한다. 또한 pH가 조정된 시료는 반드시 식종을 실시한다.

㉰ 잔류염소를 함유한 시료는 Na_2SO_3 용액을 넣어 제거한다.

㉱ BOD 실험 시 희석비율(시료 함유 비율)
- 오염정도가 심한 공장폐수 : 0.1~1.0%
- 처리하지 않은 공장폐수와 침전된 하수 : 1~5%
- 처리하여 방류된 공장폐수 : 5~25%
- 오염된 하천수 : 25~100%

㉲ 5일 저장기간 동안 산소의 소비량이 **40~70%** 범위 안의 희석시료를 선택하여 초기용존산소량과 5일간 배양한 다음 남아 있는 용존산소량의 차로부터 BOD를 계산한다.

④ 결과보고

㉮ 식종하지 않은 시료

$$BOD = (D_1 - D_2) \times P$$

여기서, D_1 : 15분간 방치된 후 희석(조제)한 시료의 DO(mg/L)

D_2 : 5일간 배양한 후 희석(조제)한 시료의 DO(mg/L)

P : 희석시료 중 시료의 희석배수(희석시료량/시료량)

㉯ 식종 희석수를 사용한 시료

$$BOD = [(D_1 - D_2) - (B_1 - B_2) \times f] \times P$$

여기서, D_1 : 15분간 방치된 후 희석(조제)한 시료의 DO(mg/L)

D_2 : 5일간 배양한 후 희석(조제)한 시료의 DO(mg/L)

B_1 : 식종액의 BOD를 측정할 때 희석된 식종액의 배양 전 DO(mg/L)

B_2 : 식종액의 BOD를 측정할 때 희석된 식종액의 배양 후 DO(mg/L)

f : 희석시료 중의 식종액 함유율(x[%])과 희석한 식종액 중의 식종액 함유율(y[%])의 비(x/y)

P : 희석시료 중 시료의 희석배수(희석시료량/시료량)

(6) 수소이온 농도(pH)

① 간섭물질

㉮ 일반적으로 유리전극은 용액의 색도, 탁도, 콜로이드성 물질들, 산화 및 환원성 물질들, 그리고 염도에 의해 간섭을 받지 **않는다**.

㉯ pH 10 이상에서 나트륨에 의해 오차가 발생할 수 있는데, 이는 "**낮은 나트륨 오 차전극**"을 사용하여 줄일 수 있다.

② 분석 기기 및 기구

㉮ 검출부 : 시료에 접하는 부분으로 **유리전극 또는 안티몬전극과 비교전극**으로 구성 되어 있다. 안티몬전극을 사용하는 경우 정량범위는 pH 2~12이다.

㉯ 유리전극 : pH 측정기를 구성하는 유리전극으로서 수소이온의 농도가 감지되는 전극이다.

㉰ 비교전극 : **은-염화은과 칼로멜** 전극이 주로 사용되며, 기준전극과 작용전극이 결합된 전극이 측정하기에 편리하다.

③ pH 표준용액

㉮ 옥살산염 표준용액(0.05M, pH 1.68)

㉯ 프탈산염 표준용액(0.05M, pH 4.00)

㉰ **인산염** 표준용액(0.025M, pH 6.88)

㉱ **붕산염** 표준용액(0.01M, pH 9.22)

㉲ **탄산염** 표준용액(0.025M, pH 10.07)

㉳ 수산화칼슘 표준용액(0.02M, pH 12.63, 25℃ 포화용액)

(7) 용존산소-적정법

① 개요 : 물속에 존재하는 용존산소를 측정하기 위하여 시료에 황산망간과 알칼리성 요 오드칼륨용액을 넣어 생기는 수산화제일망간이 시료 중의 용존산소에 의하여 산화되어 수산화제이망간으로 되고, 황산산성에서 용존산소량에 대응하는 요오드를 유리한다. 유리된 요오드를 티오황산나트륨으로 적정하여 용존산소의 양을 정량하는 방법으로, 정량한계는 0.1mg/L이며, **티오황산나트륨용액(0.025M)**으로 용액이 **청색에서 무색이 될 때**까지 적정한다.

② 간섭물질

㉮ 시료가 착색되거나 현탁된 경우 정확한 측정을 할 수 없다.

㉯ 시료 중에 산·환원성 물질이 존재하면 측정을 방해받을 수 있다.

㉰ 시료에 미생물 플록(floc)이 형성된 경우 측정을 방해받을 수 있다.

③ 전처리

㉮ 시료가 착색 또는 현탁된 경우 : 칼륨명반용액 10mL와 암모니아수 1~2mL를 유리 병의 위에서부터 넣는다.

㉯ 황산구리-설파민산법(미생물 플록(floc)이 형성된 경우) : 황산구리-설파민산용액 10mL를 넣는다.

㉰ 산화성 물질을 함유한 경우(잔류염소) : 시료 중에 잔류염소 등이 함유되어 있을 때에는 별도의 바탕시험을 시행한다.

㉱ 산화성 물질을 함유한 경우(Fe(Ⅲ)) : Fe(Ⅲ) 100~200mg/L가 함유되어 있는 시료의 경우, 황산을 첨가하기 전에 플루오린화칼륨용액 1mL를 가한다.

④ 용존산소 농도 산정방법

$$용존산소(mg/L) = a \times f \times \frac{V_1}{V_2} \times \frac{1,000}{V_1 - R} \times 0.2$$

여기서, a : 적정에 소비된 티오황산나트륨용액(0.025M)의 양(mL)

f : 티오황산나트륨(0.025M)의 인자(factor)

V_1 : 전체 시료의 양(mL)

V_2 : 적정에 사용한 시료의 양(mL)

R : 황산망간용액과 알칼리성 요오드화칼륨-아자이드화나트륨용액 첨가량(mL)

(8) 용존산소-전극법

① 개요 : 산소의 농도에 비례하여 전류가 흐르게 되는데 이 전류량으로부터 용존산소량을 측정하는 방법이다.

② 적용범위

㉮ 이 시험방법은 지표수, 지하수, 폐수 등에 적용할 수 있으며, 정량한계는 0.5mg/L 이다.

㉯ 특히 산화성 물질이 함유된 시료나 착색된 시료와 같이 윙클러-아자이드화나트륨 변법을 적용할 수 없는 폐·하수의 용존산소 측정에 유용하게 사용할 수 있다.

(9) 총유기탄소-고온연소산화법

① 개요 : 시료 적당량을 산화성 촉매로 충전된 고온의 연소기에 넣은 후에 연소를 통해서 수중의 유기탄소를 이산화탄소(CO_2)로 산화시켜 정량하는 방법이다. 정량방법은 무기성 탄소를 사전에 제거하여 측정하거나 무기성 탄소를 측정한 후 총탄소에서 감하여 총유기탄소의 양을 구한다.

② 관련 용어의 정의

㉮ 총유기탄소(TOC, total organic carbon) : 수중에 유기적으로 결합된 탄소의 합을 말한다.

㉯ 총탄소(TC, total carbon) : 수중에 존재하는 유기적 또는 무기적으로 결합된 탄소의 합을 말한다.

㉰ 무기성 탄소(IC, inorganic carbon) : 수중에 존재하는 탄산염, 중탄산염, 용존 이산화탄소 등 무기적으로 결합된 탄소의 합을 말한다.

㉱ 용존성 유기탄소(DOC, dissolved organic carbon) : 총유기탄소 중 공극 $0.45\mu m$의 여과지를 통과하는 유기탄소를 말한다.

㉲ 비정화성 유기탄소(NPOC, nonpurgeable organic carbon) : 총탄소 중 pH 2 이하에서 포기에 의해 정화(purging)되지 않는 탄소를 말한다.

(10) 클로로필-a

① 측정원리 : 아세톤(9+1) 용액을 이용하여 시료를 여과한 여과지로부터 클로로필 색소를 추출하고, 추출액의 흡광도를 663nm, 645nm, 630nm 및 750nm에서 측정하여 클로로필-a의 양을 계산하는 방법이다. 750nm에서의 흡광도 측정은 시료 안의 탁도를 평가하기 위한 것이며, 630~663nm의 각 시료 흡광도 값에서 750nm에서의 흡광도 값을 뺀 후 실제 클로로필의 양을 측정한다.

② 기구 및 기기

㉮ 여과기

㉯ 조직마쇄기(tissue grinder)

㉰ 마개 있는 원심분리관(15mL, 눈금부)

㉱ 원심분리기

㉲ 광전광도계 또는 광전분광광도계

(11) 투명도

① 개요 : 지름 30cm의 투명도판(백색원판)을 사용하여 호소나 하천에 보이지 않는 깊이로 넣은 다음 이것을 천천히 끌어 올리면서 보이기 시작한 깊이를 0.1m 단위로 읽어 투명도를 측정하는 방법이다.

② 투명도판

㉮ 투명도판(백색원판)은 지름이 30cm이며 무게가 약 3kg이 되는 원판에 지름 5cm의 구멍 8개가 뚫려 있다.

㉯ 투명도판의 색도차는 투명도에 미치는 영향이 적지만, 원판의 광 반사능도 투명도에 영향을 미치므로 표면이 더러울 때에는 다시 색칠하여야 한다.

㉰ 흐름이 있어 줄이 기울어질 경우에는 2kg 정도의 추를 달아서 줄을 세워야 하고, 줄은 10cm 간격으로 눈금표시가 되어 있어야 하며, 충분히 강도가 있는 것을 사용한다.

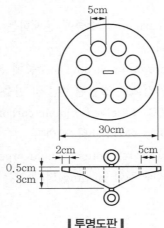

┃투명도판┃

③ 분석절차

㉮ 투명도판은 측정에 앞서 상판에 이물질이 없도록 깨끗하게 닦아 주고, 측정시간은 오전 10시에서 오후 4시 사이로 한다.

㉯ 날씨가 맑고 수면이 잔잔할 때 측정하고, 직사광선을 피하여 배의 그늘 등에서 투명도판을 조용히 보이지 않는 깊이로 넣은 다음 천천히 끌어 올리면서 보이기 시작한 깊이를 반복해서 측정한다.

㉰ 강우 시나 수면에 파도가 격렬하게 일 때는 정확한 투명도를 얻을 수 없으므로 측정하지 않는 것이 좋다.

(12) 화학적 산소요구량-적정법

1) 산성 과망간산칼륨법

① 측정원리 : 시료를 황산산성으로 하여 과망간산칼륨 일정과량을 넣고 30분간 수욕상에서 가열반응시킨 다음, 소비된 과망간산칼륨량으로부터 이에 상당하는 산소의 양을 측정하는 방법이다.

② 적용범위 : 이 시험방법은 지표수, 하수, 폐수 등에 적용하며, 염소이온이 2,000mg/L 이하인 시료(100mg)에 적용한다.

③ 간섭물질

㉮ 유리기구류나 공기로부터 유기물이 오염되지 않게 주의하고, 사용하는 정제수에 유기물이 없는지 확인해야 한다.

㉯ 염소이온은 과망간산에 의해 정량적으로 산화되어 **양의 오차**를 유발하므로 황산은을 첨가하여 염소이온의 간섭을 제거한다.

④ 분석 시 유의사항

㉮ 옥살산나트륨용액(0.0125M) 10mL를 정확하게 넣고 60~80℃를 유지하면서 과망간산칼륨용액(0.005M)을 사용하여 용액의 색이 **엷은 홍색**을 나타낼 때까지 적정한다.

㉯ 시료의 양은 30분간 가열반응한 후에 과망간산칼륨용액(0.005M)이 처음 첨가한 양의 50~70%가 남도록 채취한다.

⑤ 결과보고

$$화학적\ 산소요구량(mg/L) = (b-a) \times f \times \frac{1,000}{V} \times 0.2$$

여기서, a : 바탕시험 적정에 소비된 과망간산칼륨용액의 양

  b : 시료 적정에 소비된 과망간산칼륨용액의 양

  f : 과망간산칼륨용액(0.005M)의 농도계수(factor)

  V : 시료의 양(mL)

2) 알칼리성 과망간산칼륨법

① **측정원리** : 시료를 알칼리성으로 하여 과망간산칼륨 일정과량을 넣고 60분간 수욕상에서 가열반응시킨 다음, 요오드화칼륨 및 황산을 넣어 남아 있는 과망간산칼륨에 의하여 유리된 요오드의 양으로부터 산소의 양을 측정하는 방법이다.

② **적용범위** : 이 시험방법은 **염소이온(2,000mg/L 이상)**이 높은 하수 및 해수 시료에 적용한다.

③ 분석 시 유의사항

㉮ 티오황산나트륨용액(0.025M)으로 무색이 될 때까지 적정한다.

㉯ 시료의 양은 가열반응한 후에 과망간산칼륨용액(0.005M)이 처음 첨가한 양의 **50~70%**가 남도록 채취한다.

④ 결과보고

$$화학적\ 산소요구량(mg/L) = (a-b) \times f \times \frac{1,000}{V} \times 0.2$$

여기서, a : 바탕시험 적정에 소비된 티오황산나트륨용액의 양

  b : 시료 적정에 소비된 티오황산나트륨용액의 양

  f : 티오황산나트륨용액의 농도계수

  V : 시료의 양(mL)

3) 다이크롬산칼륨법

① 개요 : 시료를 황산산성으로 하여 다이크롬산칼륨 일정과량을 넣고 2시간 가열반응시킨 다음, 소비된 다이크롬산칼륨의 양을 구하기 위해 환원되지 않고 남아 있는 다이크롬산칼륨을 황산제일철암모늄용액으로 적정하여 시료에 의해 소비된 다이크롬산칼륨을 계산하고 이에 상당하는 산소의 양을 측정하는 방법이다.

② 분석 시 유의사항 : **황산제일철암모늄용액(0.025N)**을 사용하여 액의 색이 **청록색**에서 적갈색으로 변할 때까지 적정한다.

③ 결과보고

$$화학적\ 산소요구량(mg/L) = (b-a) \times f \times \frac{1,000}{V} \times 0.2$$

여기서, a : 바탕시험 적정에 소비된 황산제일철암모늄용액의 양

b : 시료 적정에 소비된 황산제일철암모늄용액의 양

f : 황산제일철암모늄용액의 농도계수(factor)

V : 시료의 양(mL)

2. 이온류

(1) 불소화합물

측정법	원리	정량한계 (mg/L)
자외선/가시선 분광법 (란탄–알리자린 콤플렉손법)	시료에 넣은 란탄과 알리자린 콤플렉손의 착화합물이 불소이온과 반응하여 생성하는 **청색의 복합 착화합물의 흡**광도를 620nm에서 측정하는 방법이다. **알루미늄 및 철의 방해가** 크나 증류하면 영향이 없다.	0.15
이온전극법	시료에 이온강도 조절용 완충액을 넣어 pH 5.0~5.5로 조절하고 불소이온 전극과 비교 전극을 사용하여 전위를 측정하고 그 **전위** 차로부터 불소를 정량하는 방법으로 음이온류−이온전극법에 따른다.	0.1
이온 크로마토그래피법	시료를 **이온교환 칼럼에 고압으로** 전개시켜 분리되는 불소이온을 분석하는 방법으로, 물속에 존재하는 **불소이온(F⁻)의 정성 및 정량 분석방법으로** 자외선/가시선분광법의 전처리에 따라 증류한 시료를 음이온류−이온 크로마토그래피법에 따른다.	0.05

(2) 시안

측정법	원리	정량한계 (mg/L)	비고
자외선/가시선 분광법 (피리딘-피라졸론법)	pH 2 이하의 산성에서 에틸렌다이아민테트라아세트산나트륨(EDTA) 용액을 넣고 가열증류하여 시안화물 및 시안착화합물의 대부분을 **시안화수소로 유출**시키고 수산화나트륨 용액에 포집한다. 포집된 시안이온을 중화하고 클로라민-T를 넣어 생성된 염화시안이 **피리딘-피라졸론** 등의 발색시약과 반응하여 나타나는 **청색을 620nm에서** 측정하는 방법이다. 황화합물이 함유된 시료는 **아세트산아연용액**(10%) 2mL를 넣어 제거한다.	0.01	각 시안화물의 종류를 구분하여 정량할 수 없다.
이온전극법	**pH 12~13의 알칼리성**에서 시안이온 전극과 비교전극을 사용하여 전위를 측정하고 그 전위 차로부터 시안을 정량하는 방법으로, 음이온류-이온전극법에 따른다.	0.10	
연속흐름법	피리딘-피라졸론법 참조	0.01	

(3) 질소화합물(NH₃-N, NO₂-N, NO₃-N, T-N, 용존 T-N)

물질	측정법	측정원리	정량한계 (mg/L)	비고
NH_3-N	자외선/가시선 분광법 (인도페놀법)	암모늄이온이 **하이포염소산**의 존재하에서 페놀과 반응하여 생성하는 **인도페놀의 청색을 630nm에서** 측정하는 방법이다. ※ 시료가 탁하거나 착색물질 등의 방해 물질이 함유되어 있는 경우 전처리로서 증류하여 그 유출액으로 시험한다.	0.01	전처리 : 증류
	이온전극법	시료에 수산화나트륨을 넣어 pH 11~13으로 하여 암모늄이온을 암모니아로 변화시킨 다음 **암모니아 이온전극을 이용**하여 암모니아성질소를 정량하는 방법이다.	0.08	
	중화적정법	시료를 증류하여 유출되는 **암모니아를 황산용액에 흡수**시키고 수산화나트륨 용액으로 **잔류하는 황산을 적정(자회색, pH 4.8)**하여 암모니아성질소를 정량하는 방법이다.	1	

물질	측정법		측정원리	정량한계 (mg/L)	비고
NO₂−N	자외선/가시선 분광법 (다이아조화법)		시료 중의 아질산이온을 설퍼닐아미드와 반응시켜 **다이아조화**하고 α−나프틸에틸렌디아민이염산염과 반응시켜 생성된 **다이아조화합물의 붉은색의 흡광도를 540nm에서** 측정하는 방법이다.	0.004	
	이온 크로마토그래피법		시료를 이온교환칼럼에 고압으로 전개**시켜 분리되는 아질산이온을** 분석하는 방법이다. 물속에 존재하는 아질산이온(NO_2^-)의 정성 및 정량 분석방법으로 음이온류−이온 크로마토그래피에 따른다.	0.1	−
NO₃−N	자외선/ 가시선 분광법	부루신법	황산산성(13N−H_2SO_4 용액)에서 질산이온이 **부루신과 반응하여 생성된 황색화합물의 흡광도를 410mm에서** 측정하여 질산성 질소를 정량하는 방법이다.	0.1	−
		활성탄 흡착법	**pH 12 이상**의 알칼리성에서 유기물질을 활성탄으로 흡착한 다음 혼합 산성 용액을 가하여 산성으로 하여 **아질산염을 은폐**시키고 질산성 질소의 흡광도를 **215nm에서 측정**하는 방법이다.	0.3	−
	이온 크로마토그래피법		시료를 이온교환 칼럼에 고압으로 전개시켜 분리되는 질산성 이온을 분석하는 방법이다. 물속에 존재하는 질산성이온(NO_3^-)의 정성 및 정량 분석방법으로 음이온류−이온 크로마토그래피에 따른다.	0.1	−
	데발다 합금 환원 증류법	자외선/ 가시선 분광법	아질산성질소를 설퍼민산으로 분해 제거하고 암모니아성질소 및 일부 분해되기 쉬운 유기질소를 알칼리성에서 증류 제거한 다음 **데발다합금으로 질산성 질소를 암모니아성질소로 환원**하여 이를 **암모니아성질소 시험방법에 따라 시험**하고 질산성질소의 농도를 환산하는 방법이다.	0.1	−
		중화 적정법		0.5	

물질	측정법		측정원리	정량한계 (mg/L)	비고
T-N	자외선/ 가시선 분광법	산화법	시료 중 모든 질소화합물을 알칼리성 과황산칼륨의 존재하에 120℃에서 유기물과 함께 분해하여 질산이온으로 산화시킨 후 **산성상태로 하여** 220nm에서 **흡광도를** 측정하여 총 질소를 정량하는 방법이다. 이 방법은 비교적 분해되기 쉬운 유기물을 함유하고 있거나 자외부에서 흡광도를 나타내는 **브롬이온이나 크롬을 함유하지 않는 시료에** 적용된다.	0.1	–
		카드뮴-구리환원법	시료 중 질소화합물을 **알칼리성 과황산칼륨 존재하에** 120℃에서 유기물과 함께 분해하여 질산이온으로 산화시킨 다음 질산이온을 다시 **카드뮴-구리환원 칼럼을** 통과시켜 아질산이온으로 **환원시키고** 아질산성질소의 양을 구하여 질소로 환산하는 방법이다.	0.004	–
		환원증류-킬달법	시료에 데발다합금을 넣고 **알칼리성에서 증류하여** 시료 중의 무기질소를 암모니아로 환원, 유출시키고, 다시 잔류시료 중의 유기질소를 킬달분해한 다음 증류하여 **암모니아로 유출시켜** 각각의 암모니아성질소의 양을 구하고 이들을 **합하여 총 질소를 정량하는 방법**이다.	0.02	–
	연속흐름법		시료 중 모든 질소화합물을 **산화, 분해하여 질산성질소(NO_3^-) 형태로 변화시킨** 다음 카드뮴-구리환원 칼럼을 통과시켜 아질산성질소의 양을 550nm 또는 기기의 정해진 파장에서 측정하는 방법이다.	0.06	–
용존 T-N	자외선/가시선 분광법		시료 중 용존질소화합물을 **알칼리성 과황산칼륨의 존재하에** 120℃에서 유기물과 함께 분해하여 질산이온으로 산화시킨 다음 산성에서 자외부흡광도를 측정하여 질소를 정량하는 방법이다. 이 방법은 비교적 분해되기 쉬운 유기물을 함유하고 있거나 자외부에서 흡광도를 나타내는 **브롬이온이나 크롬을 함유하지 않는 시료에** 적용된다.	0.1	–

(4) 염소이온

염소이온	원리	정량한계 (mg/L)
이온 크로마토그래피법	시료를 이온교환 칼럼에 고압으로 전개시켜 분리되는 염소이온(Cl^-)을 분석	0.1
질산은적정법	염소이온과 질산은($AgNO_3$)을 정량적으로 반응시킨 다음 과잉의 질산은이 크롬산과 반응하여 크롬산은의 침전(적황색)이 나타나는 점을 적정의 종말점으로 하여 염소이온의 농도를 측정	0.7
이온전극법	시료에 아세트산염 완충액을 가해 pH 5로 조절하고, 전극과 비교전극을 사용하여 전위 차를 측정	5

(5) 음이온계면활성제

① 적용가능한 시험방법

측정법	측정원리	정량한계 (mg/L)	비고
자외선/가시선 분광법 (메틸렌블루법)	시료 중의 음이온 계면활성제를 **메틸렌블루와 반응**시켜 생성된 **청색의 착화합물**을 클로로폼으로 추출하여 **흡광도를 650nm**에서 측정하는 방법이다.	0.02	계면활성제를 종류별로 구분하여 측정할 수 없다.
연속흐름법	시료 중의 음이온 계면활성제가 **메틸렌블루와 반응**하여 생성된 **청색의 착화합물**을 클로로폼 등으로 추출하여 650nm 또는 기기의 정해진 흡수파장에서 흡광도를 측정하는 방법이다.	0.09	

② 간섭물질

㉮ 약 1,000mg/L 이상의 염소이온 농도에서 **양의 간섭**을 나타내므로 염분 농도가 높은 시료의 분석에는 사용할 수 없다.

㉯ 유기설폰산염(sulfonate), 황산염(sulfate), 카르복실산염(carboxylate), 페놀 및 그 화합물, 무기티오시안(thiocyanide)류, 질산이온 등이 존재할 경우 메틸렌블루 중 일부가 클로로폼 층으로 이동하여 **양의 오차**를 나타낸다.

㉰ 양이온 계면활성제 혹은 아민과 같은 양이온 물질이 존재할 경우 **음의 오차**가 발생할 수 있다.

(6) 인산염인($PO_4^{3-}-P$), 총인($T-P$), 용존 총인(DTP)

물질	측정법		측정원리	정량한계 (mg/L)	비고
$PO_4^{3-}-P$	자외선/ 가시선 분광법	이염화 주석 환원법	인산염인이 몰리브덴산암모늄과 반응하여 생성된 몰리브덴산인암모늄을 **이염화주석으로 환원하여 생성된 몰리브덴 청의 흡광도**를 690nm에서 측정하는 방법이다.	0.003	—
		아스코 빈산 환원법	인산이온이 몰리브덴산암모늄과 반응하여 생성된 몰리브덴산인암모늄을 **아스코빈산으로 환원하여 생성된 몰리브덴 청의 흡광도**를 880nm에서 측정하여 인산염인을 정량하는 방법이다.	0.003	880nm에서 불가능 시 710nm에서 측정
	이온 크로마토그래피법		시료를 이온교환 칼럼에 고압으로 전개시켜 분리되는 인산염인을 분석하는 방법이다. 물속에 존재하는 인산이온(PO_4^{3-})을 **정성 및 정량** 분석하는 방법으로 음이온류—이온 크로마토그래피에 따른다.	0.1	—
$T-P$	자외선/가시선 분광법 (아스코빈산 환원법)		시료 중의 유기화합물 형태의 인을 산화, 분해하여 모든 **인화합물을 인산염 (PO_4^{3-}) 형태**로 변화시킨 다음 몰리브덴산암모늄과 반응하여 생성된 몰리브덴산인암모늄을 **아스코빈산으로 환원**하여 생성된 몰리브덴산의 흡광도를 880nm에서 측정하여 총인의 양을 정량하는 방법이다.	0.005	880nm에서 불가능 시 710nm에서 측정
	연속흐름법		시료 중의 유기화합물 형태의 인을 산화, 분해하여 모든 **인화합물을 인산염 (PO_4^{3-}) 형태**로 변화시킨 다음 몰리브덴산암모늄과 반응하여 생성된 몰리브덴산인암모늄을 **아스코빈산으로 환원**하여 생성된 몰리브덴산 등의 흡광도를 880nm 또는 기기의 정해진 파장에서 측정하여 총인을 분석하는 방법이다.	0.003	—
용존 $T-P$	자외선/가시선 분광법 (아스코빈산 환원법)		시료 중의 유기물을 산화, 분해하여 **용존 인화합물을 인산염(PO_4^{3-}) 형태로 변화**시킨 다음 인산염을 아스코빈산환원흡광광도법(흡광도 측정파장 : 880nm)으로 정량하여 총인의 농도를 구하는 방법이다. 시료를 유리섬유여과지(GF/C)로 여과하여 여액 50mL(인 함량 0.06mg 이하)를 총인($T-P$) 시험방법에 따라 시험한다.	0.005	—

(7) 퍼클로레이트

퍼클로레이트	정량한계(mg/L)	정밀도(% RSD)
액체 크로마토그래피 – 질량분석법	0.002	±25% 이내
이온 크로마토그래피법	0.002	±25% 이내

(8) 페놀류

① 적용가능한 시험방법

페놀 및 그 화합물		측정파장(nm)	정량한계(mg/L)
자외선/가시선 분광법	추출법(클로로폼용액법)	460	0.005
	직접법(수용액법)	510	0.05
연속흐름법		510	0.007

② 페놀류–자외선/가시선분광법

㉠ 물속에 존재하는 페놀류를 측정하기 위하여 증류한 시료에 염화암모늄–암모니아 완충용액을 넣어 pH 10으로 조절한 다음 4–아미노안티피린과 헥사시안화철(Ⅱ)산칼륨을 넣어 생성된 붉은색의 **안티피린계** 색소의 흡광도를 측정하는 방법으로 수용액에서는 510nm, 클로로폼 용액에서는 460nm에서 측정한다.

㉡ 지표수, 지하수, 폐수 등에 적용할 수 있으며, 정량한계는 **클로로폼 추출법일 때 0.005mg/L, 직접 측정법일 때 0.05mg/L**이다.

(9) 황산이온

황산이온	정량한계(mg/L)	정밀도(% RSD)
이온 크로마토그래피법	0.5	±25% 이내

3. 금속류

(1) 구리

① 적용가능한 시험방법

구리	정량한계(mg/L)	정밀도(% RSD)
원자흡수분광광도법	0.008	±25% 이내
자외선/가시선분광법	0.01	±25% 이내
유도결합플라스마 – 원자발광분광법	0.006	±25% 이내
유도결합플라스마 – 질량분석법	0.002	±25% 이내

② 구리-자외선/가시선분광법

물속에 존재하는 구리이온이 알칼리성에서 다이에틸다이티오카르바민산나트륨과 반응하여 생성하는 황갈색의 킬레이트화합물을 아세트산부틸로 추출하여 흡광도를 440nm에서 측정하는 방법이다.

(2) 납

① 적용가능한 시험방법

납	정량한계(mg/L)	정밀도(% RSD)
원자흡수분광광도법	0.04	±25% 이내
자외선/가시선분광법	0.004	±25% 이내
유도결합플라스마-원자발광분광법	0.04	±25% 이내
유도결합플라스마-질량분석법	0.002	±25% 이내
양극벗김전압전류법	0.0001	±20% 이내

② 납-자외선/가시선분광법

물속에 존재하는 납이온이 시안화칼륨 공존하에 알칼리성에서 디티존과 반응하여 생성하는 납디티존착염을 사염화탄소로 추출하고 과잉의 디티존을 시안화칼륨용액으로 씻은 다음 납착염의 흡광도를 520nm에서 측정하는 방법이다.

(3) 니켈

① 적용가능한 시험방법

니켈	정량한계(mg/L)	정밀도(% RSD)
원자흡수분광광도법	0.01	±25% 이내
자외선/가시선분광법	0.008	±25% 이내
유도결합플라스마-원자발광분광법	0.015	±25% 이내
유도결합플라스마-질량분석법	0.002	±25% 이내

② 니켈-자외선/가시선분광법

물속에 존재하는 니켈이온을 암모니아의 약알칼리성에서 다이메틸글리옥심과 반응시켜 생성한 니켈착염을 클로로폼으로 추출하고 이것을 묽은 염산으로 역추출한다. 추출물에 브롬과 암모니아수를 넣어 니켈을 산화시키고 다시 암모니아 알칼리성에서 다이메틸글리옥심과 반응시켜 생성한 적갈색 니켈착염의 흡광도를 450nm에서 측정하는 방법이다.

(4) 망간

① 적용가능한 시험방법

망간	정량한계(mg/L)	정밀도(% RSD)
원자흡수분광광도법	0.005	±25% 이내
자외선/가시선분광법	0.2	±25% 이내
유도결합플라스마 – 원자발광분광법	0.002	±25% 이내
유도결합플라스마 – 질량분석법	0.0005	±25% 이내

② 망간-자외선/가시선분광법

물속에 존재하는 망간이온을 황산산성에서 과요오드산칼륨으로 산화하여 생성된 과망간산이온의 흡광도를 525nm에서 측정하는 방법이다.

(5) 바륨

① 적용가능한 시험방법

바륨	정량한계(mg/L)	정밀도(% RSD)
원자흡수분광광도법	0.1	±25% 이내
유도결합플라스마 – 원자발광분광법	0.003	±25% 이내
유도결합플라스마 – 질량분석법	0.003	±25% 이내

(6) 비소

① 적용가능한 시험방법

비소	정량한계(mg/L)	정밀도(% RSD)
수소화물생성 – 원자흡수분광광도법	0.005	±25% 이내
자외선/가시선분광법	0.004	±25% 이내
유도결합플라스마 – 원자발광분광법	0.05	±25% 이내
유도결합플라스마 – 질량분석법	0.006	±25% 이내
양극벗김전압전류법	0.0003	±20% 이내

② 비소-자외선/가시선분광법

물속에 존재하는 비소를 측정하는 방법으로, 3가비소로 환원시킨 다음 아연을 넣어 발생되는 수소화비소를 다이에틸다이티오카바민산은(Ag – DDTC)의 피리딘용액에 흡수시켜 생성된 적자색 착화합물을 530nm에서 흡광도를 측정하는 방법이다.

(7) 셀레늄

① 적용가능한 시험방법

셀레늄	정량한계(mg/L)	정밀도(% RSD)
수소화물생성 – 원자흡수분광광도법	0.005	±25% 이내
유도결합플라스마 – 질량분석법	0.03	±25% 이내

(8) 수은

① 적용가능한 시험방법

수은	정량한계(mg/L)	정밀도(% RSD)
냉증기 – 원자흡수분광광도법	0.0005	±25% 이내
자외선/가시선분광법	0.003	±25% 이내
양극벗김전압전류법	0.0001	±20% 이내
냉증기 – 원자형광법	$0.0005\mu g/L$	±25% 이내

② 수은–자외선/가시선분광법

물속에 존재하는 수은을 정량하기 위하여 사용한다. 수은을 황산산성에서 디티존·사염화탄소로 1차 추출하고 브롬화칼륨 존재하에 황산산성에서 역추출하여 방해성분과 분리한 다음 인산–탄산염 완충용액 존재하에서 디티존·사염화탄소로 수은을 추출하여 490nm에서 흡광도를 측정하는 방법이다.

(9) 아연

① 적용가능한 시험방법

아연	정량한계(mg/L)	정밀도(% RSD)
원자흡수분광광도법	0.002	±25% 이내
자외선/가시선분광법	0.010	±25% 이내
유도결합플라스마 – 원자발광분광법	0.002	±25% 이내
유도결합플라스마 – 질량분석법	0.006	±25% 이내
양극벗김전압전류법	0.0001	±20% 이내

② 아연–자외선/가시선분광법

물속에 존재하는 아연을 측정하기 위하여 아연이온이 pH 약 9에서 진콘(2–카르복시–2′–하이드록시(hydroxy)–5′ 술포포마질–벤젠·나트륨염)과 반응하여 생성하는 청색 킬레이트화합물의 흡광도를 620nm에서 측정하는 방법이다.

(10) 철

① 적용가능한 시험방법

철	정량한계(mg/L)	정밀도(% RSD)
원자흡수분광광도법	0.03	±25% 이내
자외선/가시선분광법	0.08	±25% 이내
유도결합플라스마 – 원자발광분광법	0.007	±25% 이내

② 철-자외선/가시선분광법

물속에 존재하는 철이온을 수산화제이철로 침전분리하고 염산하이드록실아민으로 제일철로 환원한 다음, o–페난트로린을 넣어 약산성에서 나타나는 등적색 철착염의 흡광도를 510nm에서 측정하는 방법이다.

(11) 카드뮴

① 적용가능한 시험방법

카드뮴	정량한계(mg/L)	정밀도(% RSD)
원자흡수분광광도법	0.002	±25% 이내
자외선/가시선분광법	0.004	±25% 이내
유도결합플라스마 – 원자발광분광법	0.004	±25% 이내
유도결합플라스마 – 질량분석법	0.002	±25% 이내

② 카드뮴-자외선/가시선분광법

물속에 존재하는 카드뮴이온을 시안화칼륨이 존재하는 알칼리성에서 디티존과 반응시켜 생성하는 카드뮴착염을 사염화탄소로 추출하고, 추출한 카드뮴착염을 타타르산용액으로 역추출한 다음 다시 수산화나트륨과 시안화칼륨을 넣어 디티존과 반응하여 생성하는 적색의 카드뮴착염을 사염화탄소로 추출하고 그 흡광도를 530nm에서 측정하는 방법이다.

(12) 크롬

① 적용가능한 시험방법

크롬	정량한계(mg/L)	정밀도(% RSD)
원자흡수분광광도법	• 산처리법 : 0.01 • 용매추출법 : 0.001	±25% 이내
자외선/가시선분광법	0.04	±25% 이내
유도결합플라스마 – 원자발광분광법	0.007	±25% 이내
유도결합플라스마 – 질량분석법	0.0002	±25% 이내

② 크롬-자외선/가시선분광법

물속에 존재하는 크롬을 자외선/가시선분광법으로 측정하는 것으로, 3가크롬은 과망간산칼륨을 첨가하여 크롬으로 산화시킨 후, 산성용액에서 다이페닐카바자이드와 반응하여 생성하는 적자색 착화합물의 흡광도를 540nm에서 측정한다.

(13) 6가크롬

① 적용가능한 시험방법

6가크롬	정량한계(mg/L)	정밀도(% RSD)
원자흡수분광광도법	0.01	±25% 이내
자외선/가시선분광법	0.04	±25% 이내
유도결합플라스마-원자발광분광법	0.007	±25% 이내

② 6가크롬-자외선/가시선분광법

물속에 존재하는 6가크롬을 자외선/가시선분광법으로 측정하는 것으로, 산성용액에서 다이페닐카바자이드와 반응하여 생성하는 적자색 착화합물의 흡광도를 540nm에서 측정한다.

(14) 알킬수은

① 적용가능한 시험방법

알킬수은	정량한계(mg/L)	정밀도(% RSD)
기체 크로마토그래피법	0.0005	±25%
원자흡수분광광도법	0.0005	±25%

② 알킬수은-기체 크로마토그래피법

물속에 존재하는 알킬수은화합물을 기체 크로마토그래피에 따라 정량하는 방법이다. 알킬수은화합물을 벤젠으로 추출하여 L-시스테인용액에 선택적으로 역추출하고 다시 벤젠으로 추출하여 기체 크로마토그래피로 측정하는 방법이다.

4. 유기물질

구분	정량한계(mg/L)
다이에틸헥실프탈레이트-용매 추출/기체 크로마토그래피-질량분석법	0.0025
석유계 총탄화수소 용매 추출/기체 크로마토그래피	0.2
유기인-용매 추출/기체 크로마토그래피	0.0005
폴리클로리네이티드비페닐 용매 추출/기체 크로마토그래피	0.0005
다이에틸헥실아디페이트-용매 추출/기체 크로마토그래피-질량분석법	0.0025

5. 생물

(1) 총대장균군-막여과법

① **총대장균군** : 그람음성·무아포성의 간균으로서 락토오스를 분해하여 가스 또는 산을 생성하는 모든 **호기성 또는 통성 혐기성균**을 말한다.

② **결과보고** : 배양 후 금속성 광택을 띠는 **적색**이나 진한 적색 계통의 집락을 계수하며, 집락수가 **20~80개**의 범위에 드는 것을 선정하여 계산한다.

(2) 총대장균군-시험관법

다람시험관에 의한 추정시험 → 백금이를 이용한 확정시험(**최적확수/100mL**)

(3) 총대장균군-평판집락법

진한 **적색**의 전형적인 집락을 계수하며 집락수가 **30~300개**의 범위에 드는 것을 **산술평균**하여 '**총대장균군수/mL**'로 표기한다.

(4) 분원성대장균군-막여과법

① **분원성대장균군** : 온혈동물의 배설물에서 발견되는 그람음성·무아포성의 간균으로서 44.5℃에서 락토오스를 분해하여 가스 또는 산을 생성하는 모든 호기성 또는 통성 혐기성균을 말한다.

② **결과보고** : 배양 후 여러 가지 색조를 띠는 **청색**의 집락을 계수하며, 집락수가 **20~60개**의 범위에 드는 것을 선정하여 계산한다.

(5) 분원성대장균군-시험관법

다람시험관에 의한 추정시험 → 백금이를 이용한 확정시험(**최적확수/100mL**)

(6) 대장균군의 시험방법

구분	배양온도(℃)	색
총대장균군 - 막여과법	35±0.5	적색
총대장균군 - 시험관법	35±0.5	-
총대장균군 - 평판집락법	35±0.5	적색
총대장균군 - 효소이용정량법	35±0.5	-
분원성대장균군 - 막여과법	44.5±0.2	청색
분원성대장균군 - 시험관법	44.5±0.2	-
대장균 - 효소이용정량법	35±0.5 및 44.5±0.2	-

(7) 물벼룩을 이용한 급성 독성 시험법

① 용어 정의

㉮ 치사(death) : 일정비율로 준비된 시료에 물벼룩을 투입하고 **24시간** 경과 후 시험용기를 살며시 움직여 주고 **15초** 후 관찰했을 때 아무 반응이 없는 경우 '치사'라 판정한다.

㉯ 유영저해(immobilization) : 독성물질에 의해 영향을 받아 일부 기관(촉각, 후복부 등)이 움직임이 **없을** 경우 '유영저해'로 판정한다. 이때, 촉수를 움직인다 하더라도 유영을 하지 못한다면 '유영저해'로 판정한다.

㉰ 반수영향농도(EC50 : Effect Concentration of 50%) : 투입 시험생물의 50%가 치사 혹은 유영저해를 나타낸 **농도**이다.

㉱ 생태독성값(TU : Toxic Unit) : 통계적 방법을 이용하여 반수영향농도 EC50을 구한 후 100을 EC50으로 **나눠 준 값**을 말한다(**생태독성값**(TU)=100/EC50).

② 시험생물

㉮ 시험생물은 물벼룩인 Daphnia magna straus를 사용하도록 하며, 출처가 명확하고 건강한 개체를 사용한다.

㉯ 물벼룩은 배양 상태가 좋을 때 7~10일 사이에 첫 새끼를 부화하게 되는데 이때 부화된 새끼는 시험에 사용하지 **않고** 같은 어미가 약 **네 번째** 부화한 새끼부터 시험에 사용하여야 한다.

㉰ 시험하기 2시간 전에 먹이를 **충분히 공급**하여 시험 중 먹이가 주는 영향을 최소화하도록 한다.

(8) 식물성플랑크톤-현미경계수법

저배율 방법 (200배율 이하)	중배율 방법 (200~500배율 이하)
스트립 이용 계수, 세즈윅-라프터 체임버에서 격자를 사용	혈구계수기 이용 계수, 팔머-말로니 체임버 이용 계수
• 세즈윅-라프터 체임버는 **조작이 편리**하고 재현성이 높은 반면, 중배율 이상에서는 관찰이 어렵기 때문에 **미소 플랑크톤**(nano plankton)의 검경에는 **적절하지 않음**. • 시료를 체임버에 채울 때 피펫은 입구가 **넓은** 것을 사용하는 것이 좋음. • 계수 시 스트립을 이용할 경우, 양쪽 경계면에 걸린 개체는 **하나의 경계면**에 대해서만 계수함. • 계수 시 격자의 경우, 격자 경계면에 걸린 개체는 격자의 **4면 중 2면**에 걸린 개체는 계수하고 나머지 2면에 들어온 개체는 계수하지 않음.	• 팔머-말로니 체임버는 마이크로시스티스 같은 미소 플랑크톤(nano plankton)의 계수에 **적절함**. • 시료를 체임버에 채울 때 피펫은 입구가 **넓은** 것을 사용하는 것이 좋음. • 계수 시 격자의 경우, 격자 경계면에 걸린 개체는 격자의 **4면 중 2면**에 걸린 개체는 계수하고 나머지 2면에 들어온 개체는 계수하지 않음.

핵심정리 5 **실험실 안전 및 환경관리**

1. 위험요인 파악

(1) 화학물질의 분류

① 물리적 위험성에 의한 분류

㉮ 인화성 가스 : 20℃, 1기압(101.3kPa)에서 공기와 혼합하여 인화되는 범위에 있는 가스와 54℃ **이하에서 자연발화**하는 가스

㉯ 인화성 액체 : 1기압(101.3kPa)에서 **인화점이 93℃ 이하인** 액체

㉰ 인화성 고체 : 쉽게 연소되거나 또는 마찰에 의해 화재를 일으키거나 촉진되는 물질

㉱ 폭발성 물질 : 자체의 화학반응에 의해 주위환경에 손상을 줄 수 있는 정도의 온도, 압력 및 속도를 가진 가스를 발생시키는 액체·고체 물질이나 혼합물

㉲ 산화성 가스 : 산소를 공급함으로써 공기보다 더 다른 물질의 연소를 잘 일으키거나 촉진하는 가스

ⓑ 산화성 액체 및 고체 : 그 자체로는 연소하지 않아도, 일반적으로 산소를 발생하여 다른 물질을 연소시키거나 돕는 액체 또는 고체

　ⓢ 자기반응성 물질 : 열적으로 불안정하여 산소가 공급되지 않아도 강열 발열－분해하기 쉬운 액체·고체 또는 혼합물

　ⓐ 자기발열성 물질 : 주위의 에너지 공급이 없어도 공기와 반응하여 스스로 발열하는 물질

　ⓩ 자연발화성 액체 및 고체 : 적은 양으로도 공기와 접촉하여 **5분 안에 발화할 수** 있는 액체 또는 고체

　ⓒ 물 반응성 물질 : 물과 상호작용을 하여 자연발화되거나 인화성 가스를 발생하는 액체·고체 또는 혼합물

　ⓚ 고압가스 : **20℃, 200kPa 이상의 압력**으로 용기에 충전되어 있는 가스 또는 냉동 액화가스

　ⓣ 에어로졸

　ⓟ 유기과산화물 : 1~2개의 수소원자가 유기라디칼에 의해 치환된 과산화수소의 유도체인 2개의 －O－O－ 구조를 갖는 액체 또는 고체 유기물질

　ⓗ 금속 부식성 물질 : 화학적인 작용으로 금속을 손상 또는 부식시키는 물질

② **건강 유해성에 의한 분류**

　ⓖ 급성 독성 물질 : 입이나 피부를 통해 1회 또는 24시간 이내에 여러 차례로 나누어 투여하거나 호흡기를 통해 **4시간 동안 흡입**하는 경우 유해한 영향을 일으키는 물질

　ⓝ 피부 부식성 또는 자극성 물질 : 접촉 시 피부조직을 파괴하거나 자극을 일으키는 물질

　ⓓ 심한 눈 손상 또는 눈 자극성 물질 : 접촉 시 눈 조직의 손상 및 시력의 저하를 일으키는 물질

　ⓡ 호흡기 과민성 물질 : 호흡기를 통하여 흡입되는 경우 기도에 과민반응을 일으키는 물질

　ⓜ 피부과민성 물질 : 피부에 접촉되는 경우 **피부 알레르기 반응**을 일으키는 물질

　ⓑ 생식세포 변이원성 물질 : 자손에게 유전될 수 있는 **사람의 생식세포에 돌연변이**를 일으킬 수 있는 물질

　ⓢ 생식 독성 물질 : 생식기능, 생식능력 또는 태아의 발생·발육에 유해한 영향을 일으키는 물질

　ⓐ 특정 표적 장기 독성 물질(1회 노출) : 1회 노출로 특정 표적 장기 또는 전신에 독성을 일으키는 물질

④ 특정 표적 장기 독성 물질(반복 노출) : 반복적인 노출로 특정 표적 장기 또는 전신에 독성을 일으키는 물질

⑩ 흡인 유해성 물질 : 액체나 고체 화학물질이 입이나 코를 통하여 직접적으로 또는 구토로 인하여 간접적으로 기관 및 더 깊은 호흡기관으로 유입되어 **폐렴, 폐 손상이나 사망과 같은 심각한 급성 영향**을 일으키는 물질

㉮ 발암성 물질 : 암을 일으키거나 암의 발생을 증가시키는 물질

③ 환경 유해성에 의한 분류

㉮ 수생환경 유해성 물질 : 단기간 또는 장기간 노출에 의하여 물속에 사는 수생생 물과 수중 생태계에 유해한 영향을 일으키는 물질

㉯ 오존층 유해성 물질 : 오존층 보호를 위한 특정 물질의 제조 규제 등에 관한 법률에 따른 특정 물질

- 유해성 : 화학물질의 독성 등 사람의 건강이나 환경에 좋지 않은 영향을 미치는 화학물질 고유의 성질
- 위해성 : 유해성이 있는 화학물질이 노출되는 경우 사람의 건강이나 환경에 피해를 줄 수 있는 정도

④ 물리적 인자에 따른 분류

㉮ 소음 : 소음성 난청을 유발할 수 있는 85dB 이상의 시끄러운 소리

㉯ 진동 : 착암기, 손망치 등의 공구를 사용함으로써 발생하는 백랍병, 레이노현상, 말초순환장애 등의 국소진동 및 차량 등을 이용함으로써 발생되는 관절통, 디스크, 소화장애 등의 전신진동

㉰ 이상기압 : 게이지 압력이 cm^2당 1kg 초과 또는 미만인 기압

㉱ 이상기온 : 고온, 한랭, 다습으로 인한 열사병, 동상, 피부질환 등을 일으킬 수 있는 기온

㉲ 방사선 : 직접 및 간접적으로 공기 또는 세포를 전리하는 능력을 가진 알파선, 베타선, 감마선, 엑스선, 중성자선 등의 방사선

(2) GHS(세계조화시스템)

① 개념

GHS(globally harmonized system of classification and labelling of chemicals)는 화학물질에 대한 분류 및 표지가 국제적으로 일치되지 않아 발생될 수 있는 유통과정의 혼란을 예방하기 위하여 **유엔(UN)에서 권고한 지침**으로, 유해성 · 위험성 분류 및 경고표시를 국제적으로 통일시키는 기준을 말한다.

② 화학물질의 유해성 · 위험성 분류에 따른 그림문자 및 신호어

㉮ 그림문자 및 코드

그림문자 및 코드	의미	그림문자 및 코드	의미	그림문자 및 코드	의미
GHS01	폭발성	GHS02	• 인화성 • 자연발화성 • 자기발열성 • 물 반응성	GHS03	산화성
GHS04	고압가스	GHS05	• 금속 부식성 • 피부 부식성/자극성 • 심한 눈 손상/자극성	GHS06	급성 독성
GHS07	경고	GHS08	• 호흡기 과민성 • 발암성 • 변이원성 • 생식 독성 • 표적 장기 독성 • 흡인 유해성	GHS09	수생환경 유해성

㉯ 신호어
- 심각한 유해성 구분에 '위험'
- 상대적으로 심각성이 낮은 유해성 구분에 '경고'
- '위험' 또는 '경고' 표시 모두 해당하는 경우에는 '위험'만 표시

(3) 위험성평가(Risk Assessment)

① 개요

위험성평가(RA)란 위험을 미리 찾아내어 사전에 그것이 **얼마나 위험한 것인지 평가**하고 그 평가에 따라 확실한 예방대책을 세우는 것을 말한다.

㉮ 위험성평가는 해당 위험요인들이 얼마나 큰 사고를 초래할 것인가와 어느 정도 자주 발생할 것인가를 총합한 위험의 정도를 평가하는 방법으로, 대상설비의 고장 발생 가능성과 고장 파급효과를 동시에 고려한 위험의 정도 또는 크기라 정의할 수 있다.

㉯ 위험성평가는 사업주가 스스로 유해 · 위험 요인을 파악하고 해당 유해 · 위험 요인의 위험성 수준을 결정하여 위험성을 낮추기 위한 적절한 조치를 마련하고 실행하는 과정을 말한다.

② 위험과 위험성

위험성(Risk)은 예상되는 손실의 빈도나 강도에 근거한다. 따라서 위험성은 예상되는 재해의 발생빈도와 재해 강도에 따라 결정되며 모든 잠재적인 위험(Hazard)의 합으로 표시된다.

$$Hazard = P_H \times C_H$$

여기서, Hazard(유해·위험 요인) : 부상(신체적 상해) 또는 질병(건강장해)을 유발하는 잠재적 원인

P_H : 위험상태가 얼마나 자주 발생하는지를 나타내는 크기

(가능성, 빈도)

C_H : 발생한 위험상태가 얼마나 심각한지를 나타내는 크기

(중대성, 강도)

∴ 위험성(Risk) $R_C = \sum_{i=0}^{n} H_i$

여기서, H_i : 여러 잠재적 위험(Hazard)

2. MSDS(Material Safty Data Sheet, 물질안전보건자료)

(1) 개요

① 물질안전보건자료는 화학물질의 유해·위험성, 응급조치 요령, 취급방법 등을 설명해 주는 자료로서 **화학제품의 안전사용을 위한** 설명서이다.

② 사업주는 MSDS에 따라 화학물질을 관리하고, 근로자는 화학사고 또는 직업병 등 산업재해로부터 대응하는 데 사용한다.

③ 근로자의 건강을 보호하기 위해 유해화학물질을 담은 용기에 경고표시를 부착하는 등 이를 취급하는 근로자에게 유해·위험성 등을 정확하게 알리도록 한다.

(2) 적용대상 화학물질

① 폭발성 물질, 산화성 물질, 극인화성 물질, 고인화성 물질, 인화성 물질, 금수성 물질, 고독성 물질, 독성 물질, 유해물질, 부식성 물질, 자극성 물질, 과민성 물질, 발암성 물질, 변이원성 물질, 생식 독성 물질, 환경유해물질

② 위 물질을 1% 이상 함유한 화학물질

(단, 발암성 물질은 0.1% 이상)

(3) MSDS 항목

1. 화학제품과 회사에 관한 정보	9. 물리 · 화학적 특성
2. 유해성 및 위험성	10. 안정성 및 반응성
3. 구성 성분의 명칭 및 함유량	11. 독성에 관한 정보
4. 응급조치 요령	12. 환경에 미치는 영향
5. 폭발 및 화재 시 대처방법	13. 폐기 시 주의사항
6. 누출사고 시 대처방법	14. 운송에 필요한 정보
7. 취급 및 저장 방법	15. 법적 규제 현황
8. 노출 방지 및 개인 보호구	16. 그 밖의 참고사항

(4) MSDS의 작성원칙 및 제출

① 작성원칙

항목	작성원칙
언어	• 한글로 작성하는 것이 원칙임 • 화학물질명, 외국기관명 등의 고유명사는 영어로 표기할 수 있음 • 실험실에서 시험 · 연구 목적으로 사용하는 시약으로 MSDS가 외국어로 작성된 경우에는 한국어로 번역하지 않을 수 있음
자료의 신뢰성	• 해당 국가의 우수 실험실 기준(GLP) 및 국제공인시험기관 인정(KOLAS)에 따라 수행한 시험결과를 우선적으로 고려해야 함
제공되는 자료의 출처	• 외국어로 번역된 MSDS를 번역하고자 하는 경우에는 자료의 신뢰성이 확보될 수 있도록 최초의 작성 기관명 및 시기를 함께 기재함 • 여러 형태의 자료를 활용하여 작성 시 제공되는 자료의 출처를 기재함 • 단위는 계량에 관한 법률이 정하는 바에 따름
해당 자료가 없는 경우	• 각 작성항목은 빠짐없이 기재하는 것이 원칙임 • 부득이 어느 항목에 대한 정보를 얻을 수 없는 경우에는 '자료 없음'으로 기재함 • 적용이 불가능하거나 대상이 되지 않는 경우에는 '해당 없음'으로 기재함
구성 성분의 함유량 기재	• 함유량이 ±5% 범위 내에서 함유량의 범위로 함유량을 대신하여 표시할 수 있음 • 함유량이 5% 미만인 경우에는 그 하한값을 1.0%로 함 • 발암성 물질, 생식세포 변이원성 물질은 0.1%, 호흡기 과민성 물질(가스)은 0.2%, 생식 독성 물질은 0.3%로 함
영업비밀 자료	• MSDS를 작성할 때 영업비밀로 보호할 가치가 있다고 인정되는 경우에는 화학물질 또는 화학물질을 함유한 제재는 구체적으로 식별할 수 있는 정보로 기재하지 않을 수 있음

② 제출시기

㉮ 기존 작성 MSDS의 경우 : 산업안전보건법 표에 따라 물질안전보건자료 대상물질의 연간 제조량 또는 수입량에 의해 **부여되는 유예기간 내에 제출**

㉯ 신규 작성 MSDS의 경우 : 물질안전보건자료 대상물질을 **제조하거나 수입하기** 전에 제출

3. 안전시설 관리

(1) 실험실 안전장치

① 부스(booth)

㉮ 제어풍속은 부스를 개방한 상태로 개구면에서 0.4m/sec **정도로 유지되어야 하**며, 부스가 없는 실험대에서 실험할 경우 상방향 후드의 제어풍속은 실험대상에서 1.0m/sec 정도로 유지되어야 한다.

㉯ 실험장치를 부스 내에 설치할 경우에는 전면에서 15cm **이상 안쪽에 설치**하여야 한다.

㉰ 후드 및 국소배기장치는 1년에 1회 이상 자체검사를 실시하여야 하며, 제어풍속을 3개월에 1회 측정하여 이상유무를 확인한다.

② 유해물질 저장 캐비닛

㉮ 유해물질을 저장할 경우에는 강제배기장치가 설치되어 통풍이 되어야 한다.

㉯ 유해물질은 물성이나 특성별로 저장하여야 하며, 알파벳순이나 가나다순 등 이름 분류로 저장하지 않아야 한다.

㉰ 유리상자에 저장된 것은 가능한 캐비닛 선반의 제일 아래에 보관한다.

③ 실험실용 냉장고

㉮ 일반 냉장고를 가연성 물질과 같은 특별한 위험이 있는 물질보관용으로 사용하지 말아야 한다.

㉯ 뚜껑이 알루미늄 호일, 코르크 마개, 유리 마개 등으로 제작된 것은 저장을 피한다.

④ 개별 저장용기

㉮ 유해물질을 저장하는 용기를 선택할 때에는 약품과 반응하지 않는지 확인한다.

㉯ 용기는 크기를 20L **이하로 제한한다.**

⑤ 세안장치

㉮ 실험실 내의 모든 인원이 쉽게 접근하고 사용할 수 있도록 준비되어 있어야 한다.

㉯ 실험실의 모든 장소에서 15m 이내, 또는 15~30초 이내에 도달할 수 있는 위치에 확실히 알아볼 수 있는 표시와 함께 설치되어 있어야 한다.

㉰ 실험실 작업자들은 눈을 감은 상태에서도 가장 가까운 세안장치에 도착할 수 있어야 한다.

⑥ 샤워장치

㉮ 신속하게 접근이 가능한 위치에 설치하고, 알기 쉽도록 확실한 표시를 하여 작업자들이 눈을 감은 상태에서 샤워장치에 도달할 수 있어야 한다.

㉯ 샤워장치는 화학물질(산, 알칼리, 기타 부식성 물질 등)이 있는 곳에는 반드시 설치하여 모든 작업자들이 이용할 준비가 되어 있어야 한다.

(2) 소방안전설비

① 경보장치

㉮ 실험실 종사자들에게 위험사항을 신속히 알릴 수 있어야 한다.

㉯ 모든 종사자(연구원, 근무자)들은 그들의 실험실에 가까운 화재발신기의 정확한 위치를 잘 알고 있어야 한다.

② 소화기

㉮ 소화기는 적합한 표시에 의하여 확실히 구분되어야 하며 출입구 가까운 벽에 안전하게 설치되어 있어야 한다.

㉯ 모든 소화기들은 정기적(12개월마다)으로 충전 상태, 손상 여부, 압력 저하, 설치 불량 등을 점검한다.

③ 소방담요

불을 끄기 위한 용도뿐 아니라, 화상자 또는 쇼크상태에 있는 환자를 따뜻하게 하기 위해 사용한다.

④ 소화전

㉮ 옥내소화전함 앞에는 물건을 두지 말아야 하며, 항상 사용 가능하도록 준비되어 있어야 한다.

㉯ 옥내소화전함 내부는 습기가 차거나 호스 내에 물이 들어가지 않도록 하며, 호스는 꼬이지 않도록 감아 사용 시 쉽게 펼칠 수 있어야 한다.

⑤ 스프링클러

㉮ 실험실 내 용품들은 스프링클러 헤드에서 적어도 50cm 이상 떨어진 곳에 위치
하도록 한다.

㉯ 임의로 자동작동을 정지시키지 않도록 하며, 정전 시에는 자동화재탐지설비가
정상작동되도록 조치해야 한다.

⑥ 모래, 흡착제

4. 실험실 폐기물 관리

(1) 수집·운반상의 관리 및 조치

① 화학폐기물 수집용기는 운반 및 용량 측정이 용이한 **플라스틱 용기**를 사용하여야
한다.

② 수집용기 외부에는 부서명과 호실, 담당자 전화번호, 품명, 특성 및 주의사항 등을
기록한 **특정 폐기물 표지**를 **부착**한다.

③ 유해물질의 폐기물을 수집할 때는 폐산, 폐알칼리, 폐유기용제(할로겐족, 비할로겐
족), 폐유 등 **종류별로 구분하여 수집**하여야 하고 하수구나 싱크대에 절대 버려서는
안 된다.

④ 수집한 유해물질의 폐기물 용기는 **직사광선을 피하고 통풍이 잘되는 곳**을 폐기물 보
관장소로 지정하여 보관하여야 하며, 복도, 계단 등에 방치하여서는 안 된다.

⑤ 유해물질의 폐기물 취급 및 보관장소에는 금연, 화기취급엄금 표지와 폐기물 보관
수칙을 부착한다.

⑥ 빈 시약병은 깨지지 않도록 기존 상자에 넣어 폐기물 보관장소에 보관한다.

⑦ 수집·보관된 유해물질 폐기물 용기는 폐액의 유출이나 **악취가 발생되지 않도록 2중
마개로 닫는 등** 필요한 조치를 하여야 한다.

⑧ 수집된 폐기물을 운반할 때는 손수레와 같은 안전한 운반구 등을 이용하여 운반한다.

⑨ 방사성 물질을 함유한 폐기물은 별도 수집하며, 정해진 처리규정에 따라 누설되지
않도록 엄중히 관리·처리해야 한다.

(2) 처리상의 일반적 기준

① 실험실 폐액은 폐산, 폐알칼리, 폐유기용제(할로겐족, 비할로겐족), 폐유, 감염성 폐기물 등 종류별로 구분하여 처리하여야 한다.

② 폐액에 의하여 처리 중 유독가스의 발생, 발열, 폭발 등의 위험을 충분히 조사하고, 첨가하는 **약제를 소량씩 넣는 등 주의하면서 처리해야** 한다.

③ 악취(머캡탄, 아민 등)가 나는 폐액, 유독가스(시안, 포스겐 등)를 발생하는 폐액 및 인화성이 강한 폐액(CS_2, 에테르 등)은 **누설되지 않도록 적당한 처리를 강구하여** 조기에 처리한다.

④ 폭발성 물질을 함유하는 폐액(과산화물, 니트로글리세린 등)은 보다 신중하게 취급하고 조기 처리한다.

⑤ 간단한 제거제로 처리가 어려운 폐액(착이온, chelate 생성제 등)은 처리가 어려울 수 있으므로 적당한 처리를 강구하고, 처리되지 않은 상태로 방출되는 일이 없도록 주의한다.

⑥ 폐액처리에 필요한 약제를 절감하기 위해 폐크롬산혼액을 유기물의 분해에, 폐산·폐알칼리를 각각 중화제로 하여 적극적인 폐액의 이용을 고려한다.

⑦ 시안 분해를 위해 차아염소산소듐의 첨가에 의한 유리염소, 황화물침전법에 의한 수용성 황화물 등에 의해 처리 후 폐수가 유해하게 될 때도 있다. 따라서 이것들을 더욱 후처리할 필요가 있다.

⑧ 유해물질이 부착된 거름종이, 약봉지, 폐활성탄 등은 적절한 처리를 한 후에 잔사를 보관한다.

⑨ 다음 폐액은 서로 혼합되지 않도록 하여야 한다.
   ㉮ 과산화물과 유기물
   ㉯ 염산, 플루오린화수소산 등의 휘발성산과 비휘발성산
   ㉰ 진한 황산, 설폰산, 옥살산, 폴리인산 등의 산과 기타 산
   ㉱ 시안화물, 황화물, 차아염소산염과 산
   ㉲ 암모늄염, 휘발성 아민과 알칼리

⑩ 크롬산 혼액 등 유해 폐액을 배출하는 처리제 대신에 무해 또는 처리 용이한 대체품을 적극적으로 이용한다.

⑪ 메탄올, 에탄올, 아세톤, 벤젠 등 비교적 다량으로 사용하는 용매는 **재활용과 재증류하도록** 하고, 버리기 전 세척용매로의 사용도 고려한다.

(3) 종류별 실험 폐액의 처리

실험 폐액	처리법
6가크롬 함유 폐액	① 보호안경, 고무장갑의 착용, 후드장치 속에서 실험한다. ② Cr(VI)을 Cr(III)로 환원한 후 타 중금속 폐액과 같이 처리하여도 된다. ③ 크롬산 혼합액은 강산성이므로 약 1%로 희석한 후 환원시킨다. 더욱이 이미 환원되어 녹색으로 변해 있을 때는 Cr(VI)이 검출되지 않음을 확인한 후에 시작한다. ④ 처리법 : 환원중화법, 흡착법 등
시안 함유 폐액	① 유독기체를 방출할 염려가 있으므로 취급에 신중을 기하고 폐액은 반드시 알칼리성으로 한다. ② 난분해성 시안화합물(Zn, Cu, Cd, Ni, Co, Fe의 시안화합물), 유기 시안화합물의 폐액은 별도로 수집하여 처리를 해야 한다. ③ 중금속 함유 폐액에서는 시안 분해 후, 적합한 방법으로 중금속의 처리를 해야 한다. ④ 처리법 : 알칼리염소법, 전해산화법, 오존산화법 등
카드뮴을 비롯한 납 함유 폐액	① 2종 이상의 중금속을 함유할 때는 최적pH값이 다르므로, 처리 후의 폐액에 주의가 필요하다. ② 다량의 유기물 또는 시안을 함유하는 것, 또는 착이온을 형성하는 물질을 함유할 때는 미리 분해하여 제거해 두어야 한다. ③ 처리법 : 수산화물공침법, 황화침전법, 흡착법 등
비소 함유 폐액	① 삼산화비소(As_2O_3)는 극히 유독하고 치사량은 0.1g이다. 따라서 신중하게 취급해야 한다. ② 유기화합물을 함유할 때는 산화분해 후 처리한다. ③ 처리법 : 수산화물공침법 등
수은 함유 폐액	① 독성이 강하고, 미생물 등의 작용으로 더욱 독성이 강한 유기수은이 되므로 취급에 만전을 기해야 한다. ② 알칼수은 등의 유기수은을 함유한 것은 분해하여 무기수은으로 처리한다. ③ 금속수은은 함유하지 않도록 한다. ④ 처리법 : 수산화물공침법, 황화물공침법, 탄산염법, 흡착법 등
중금속 함유 유기계 폐액	① 중금속 처리에 있어 방해 유기물질을 산화, 흡착 등 적당한 방법으로 하여 제거한 후에 무기계 폐액으로써 처리한다. ② 처리법 : 소각법, 산화분해법(유기수은 함유 폐액), 활성탄흡착법(pH 5로만) 등

실험 폐액	처리법
산화 · 환원제 함유 폐액	① 원칙적으로 산화 · 환원제는 별도로 수집하지만 위험성이 없을 때는 함께하여도 된다. ② 크롬산염은 Cr(Ⅵ)를 포함해서 처리한다. ③ 중금속을 함유하고 있는 것은 중금속 함유 폐액으로 처리한다. ④ 유해물질을 함유하고 있지 않은 1% 이하의 농도의 폐액은 중화 후 방류한다.
불소 함유 폐액	① 소석회 슬러리를 충분히 알칼리성이 되도록 가하고, 잘 교반한 후 하룻밤 방류하여 여과한다. ② 여액은 폐액으로 처리한다. 이 처리는 농도를 8ppm 이하로 할 수는 없다. ③ 불소 농도를 더욱 감소시키기 위해서는 음이온 교환수지를 사용한다.

유기계 실험 폐액	① 용기 내는 가능한 회수하고 실험에 지장이 없는 범위에서 재이용한다.
	② 수집은 처리의 방법상 다음과 같이 분류한다.
	  • 가연성 물질
	  • 난연성 물질
	  • 물함유 폐액
	  • 고체 물질
	③ 물에 가용인 물질은 수용액으로 유출되기 쉬우므로 그 회수에 주의를 요한다.
	④ 메탄올, 에탄올, 아세트산 등 하수처리가 쉬운 묽은 용액은 다량의 물로 희석한 후 방류한다.
	⑤ 중금속을 함유하고 있는 폐액은 유기물질을 분해한 후 무기계 폐액으로 처리한다.

* 출처 : 한국산업안전공단 실험실 안전지침 내용 중

Section 1 최근 기출문제

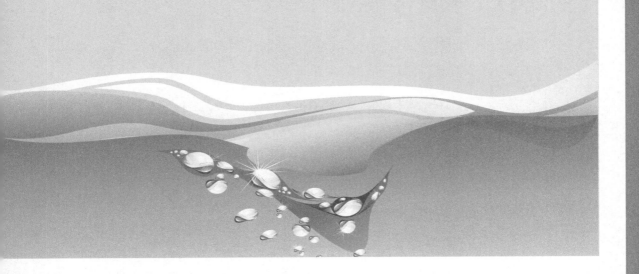

PART 2. 기출문제 풀이

Engineer Water Pollution Evironmental

수 / 질 / 환 / 경 / 기 / 사

최근에 출제된 기출문제 수록

수질환경기사 필기
www.cyber.co.kr

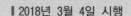

숫자로 보는 문제유형 분석

※ "어쩌다 한번 만나는 문제"에는 알아보기 쉽게 문제 번호에 "밑줄"을 그어 두었습니다.

계산문제 출제비율	수질오염개론	상하수도계획	어쩌다 한번 만나는 문제	수질오염개론	상하수도계획
	45%	30%		2, 8, 11, 15	21, 28
수질오염방지기술	공정시험기준	전체 100문제 중	수질오염방지기술	공정시험기준	수질관계법규
45%	10%	26%	44, 47, 53, 54, 58	68, 71, 74	88, 94

▶▶ 제1과목 ▌수질오염개론

01 0.2N CH₃COOH 100mL를 NaOH로 적정하고자 하여 0.2N NaOH 97.5mL를 가했을 때 이 용액의 pH는? (단, CH₃COOH의 해리상수 $K_a=1.8\times10^{-5}$)

① 3.67
② 5.56
③ 6.34
④ 6.87

해설 ⓐ 관계식의 산정
불완전 중화로 산의 eq와 염기의 eq를 비교하여 차이만큼이 반응 후 남은 CH₃COOH의 농도이다.
$$N'V' - NV = N_o(V' + V)$$

ⓑ CH₃COOH의 eq 산정
$$CH_3COOH의\ eq = \frac{0.2eq}{L} \times 0.1L$$

ⓒ NaOH의 eq 산정
$$NaOH의\ eq = \frac{0.2eq}{L} \times 0.0975L$$

ⓓ 혼합용액의 eq
산의 eq가 염기의 eq보다 크므로 CH₃COOH의 eq −NaOH의 eq=남은 CH₃COOH의 eq가 된다.
$$N'V' - NV = N_o(V' + V)$$
$$\frac{0.2eq}{L} \times 0.1L - \frac{0.2eq}{L} \times 0.0975L$$
$$= N_o(0.1L + 0.0975L)$$
$$\therefore\ N_o = 2.5316 \times 10^{-3} eq/L$$

ⓔ CH₃COONa의 몰농도 산정
$$\frac{용질}{용액} = \frac{0.2eq/L \times 0.0975L}{(0.1 + 0.0975)L} = 0.0987N = 0.0987M$$

ⓕ 완충방정식을 이용한 pH 산정
$$pH = pK_a + \log\frac{[염]}{[산]}$$
$$= -\log(1.8 \times 10^{-5}) + \log\frac{[0.0987]}{[2.5316 \times 10^{-3}]}$$
$$= 6.3356$$

02 다음 설명과 가장 관계있는 것은?

유리산소가 존재해야만 생장하며, 최적 온도는 20~30℃, 최적 pH는 4.5~6.0이다. 유기산과 암모니아를 생성해 pH를 상승 또는 하강시킬 때도 있다.

① 박테리아
② 균류
③ 조류
④ 원생동물

03 하천의 자정계수(f)에 관한 설명으로 맞는 것은? (단, 기타 조건은 같다고 가정함.)

① 수온이 상승할수록 자정계수는 작아진다.
② 수온이 상승할수록 자정계수는 커진다.
③ 수온이 상승하여도 자정계수는 변화 없이 일정하다.
④ 수온이 20℃인 경우, 자정계수는 가장 크며 그 이상의 수온에서는 점차로 낮아진다.

해설 수온이 상승하면 재포기계수에 비해 탈산소계수의 증가율이 높기 때문에 자정계수는 감소하게 된다.
$$f = \frac{K_2}{K_1} = \frac{K_{2(20℃)} \times 1.024^{(T-20)}}{K_{1(20℃)} \times 1.047^{(T-20)}}$$

04 수질오염물질 중 중금속에 관한 틀린 설명은?

① 카드뮴 : 인체 내에서 투과성이 높고 이동성이 있는 독성 메틸 유도체로 전환된다.
② 비소 : 인산염 광물에 존재해서 인화합물 형태로 환경 중에 유입된다.
③ 납 : 급성독성은 신장, 생식계통, 간, 그리고 뇌와 중추신경계에 심각한 장애를 유발한다.
④ 수은 : 수은중독은 BAL, Ca₂EDTA로 치료할 수 있다.

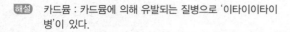

해설 카드뮴 : 카드뮴에 의해 유발되는 질병으로 '이타이이타이병'이 있다.

05 다음 중 포름알데히드(formaldehyde)(CH_2O)의 COD/ TOC의 비는?

① 1.37 ② 1.67
③ 2.37 ④ 2.67

해설 반응식 : $CH_2O + O_2 \rightarrow CO_2 + H_2O$
ⓐ COD 산정
COD로 문제에서 주어졌으나, 이론적 COD를 의미하므로 반응식에서 1mol의 CH_2O가 반응에 필요한 산소의 양을 산정한다.
ⓑ 1mol의 CH_2O에 포함된 C의 양은 12g이다.
ⓒ COD/TOC의 비
$$\frac{COD}{TOC} = \frac{32}{12} = 2.67$$

06 피부점막, 호흡기로 흡입되어 국소 및 전신 마비, 피부염, 색소침착을 일으키며, 안료, 색소, 유리공업 등이 주요 발생원인 중금속은?

① 비소
② 납
③ 크롬
④ 구리

07 공장의 COD가 5,000mg/L, BOD_5가 2,100mg/L였다면 이 공장의 NBDCOD(mg/L)는? (단, $K = BOD_u/BOD_5 = 1.5$)

① 1,850 ② 1,550
③ 1,450 ④ 1,250

해설 COD = BDCOD(BOD_u) + NBDCOD
ⓐ BDCOD(BOD_u) 산정
$$BOD_5 = BOD_u \times (1 - 10^{-K \times 5})$$
$$\frac{BOD_u}{BOD_5} = \frac{1}{(1 - 10^{-K \times 5})} = 1.5$$
$$\frac{BOD_u}{2,100mg/L} = 1.5$$
BDCOD(BOD_u) = 3,150mg/L
ⓑ NBDCOD 산정
COD = BDCOD(BOD_u) + NBDCOD
NBDCOD = COD − BDCOD(BOD_u)
= 5,000mg/L − 3,150mg/L
= 1,850mg/L

08 분뇨를 퇴비화 처리할 때 초기의 최적 환경조건으로 가장 거리가 먼 것은?

① 축분에 수분 조정을 위해 부자재를 혼합할 때 퇴비 재료의 적정 C/N 비는 25~30이 좋다.
② 부자재를 혼합하여 수분 함량이 20~30%되도록 한다.
③ 퇴비화는 호기성 미생물을 활용하는 기술이므로 산소 공급을 충분히 한다.
④ 초기 재료의 pH는 6.0~8.0으로 조정한다.

해설 부자재를 혼합하여 수분 함량이 50~60% 되도록 한다.

09 C_2H_6 15g이 완전 산화하는 데 필요한 이론적 산소량(g)은?

① 약 45
② 약 56
③ 약 66
④ 약 76

해설 ⓐ 반응식의 완성
$$C_2H_6 + 3.5O_2 \rightarrow 2CO_2 + 3H_2O$$
ⓑ 비례식 작성
$$30g_{-C_2H_6} : 3.5 \times 32g_{-O_2} = 15g : \square g$$
∴ □ = 56g

10 연못 수면의 용존산소 농도가 11.3mg/L이고 수온이 20℃인 경우, 가장 적절한 판단이라 볼 수 있는 것은?

① 수면의 난류로 계속 폭기가 일어나 DO가 계속 높아질 가능성이 있다.
② 연못에 산화제가 유입되었을 가능성이 있다.
③ 조류가 번식하여 DO가 과포화 되었을 가능성이 있다.
④ 물속에 수산화물과 (중)탄산염을 포함하여 완충능력이 클 가능성이 있다.

해설 수온이 20℃일 때 산소의 포화농도는 약 9.2ppm 정도이며, 조류의 증식으로 조류에 의한 광합성 작용에 의해 용존산소의 농도가 높아졌을 가능성이 크다.

11 팔당호와 의암호와 같이 짧은 체류시간, 호수 수질의 수평적 균일성의 특징을 가지는 호수의 형태는?

① 하천형 호수　　② 가지형 호수
③ 저수지형 호수　④ 하구형 호수

해설　국내 호수의 분류는 아래와 같다.

구분	하천형	가지형
특징	• 수질은 수평적으로 균일 • 체류시간이 짧음.	• 체류시간이 김. • 호수 내 만이 발달 • 수질은 호수 길이에 따라 차이가 있음. • 연안구조가 복잡함.
종류	춘천호, 의암호, 청평호, 팔당호	소양호, 충주호, 합천호, 안동호, 대청호

구분	저수지형	하수형
특징	• 수심이 낮음. • 체류시간이 짧음. • 저수용량이 적음.	• 하구에 위치하여 오염 부하량이 높음. • 수질은 호수 길이에 따라 차이가 있음.
종류	장성호, 광주호, 호암호, 회동호, 대가미호	영산강 하구, 낙동강 하구

12 1차 반응에서 반응물질의 반감기가 5일이라고 한다면 물질의 90%가 소모되는 데 소요되는 시간(일)은?

① 약 14　　② 약 17
③ 약 19　　④ 약 22

해설　방사성 물질의 반감기는 1차 반응을 따른다.

$$\ln \frac{C_t}{C_o} = -K \times t$$

ⓐ K 값 산정

$$\ln \frac{50}{100} = -K \times 5\text{day}$$

$$\therefore K = 0.1386\text{day}^{-1}$$

ⓑ 시간 산정

$$\ln \frac{10}{100} = \frac{-0.1386}{\text{day}} \times t$$

$$\therefore t = 16.6\text{day}$$

13 PbSO₄가 25℃ 수용액 내에서 용해도가 0.075g/L라면 용해도적은? (단, Pb 원자량=207)

① 3.4×10^{-9}　　② 4.7×10^{-9}
③ 5.8×10^{-8}　　④ 6.1×10^{-8}

해설　ⓐ 반응식의 산정

$$Pb(SO)_4 \rightarrow Pb^{2+} + SO_4^{2-}$$

ⓑ 몰용해도와 용해도적과의 관계 설정

$$L_m(\text{몰용해도}) = \sqrt{K_{sp}}$$

ⓒ 몰용해도 산정

$$L_m(\text{mol/L}) = \frac{0.075\text{g}}{\text{L}} \times \frac{\text{mol}}{303\text{g}}$$

$$= 2.475 \times 10^{-4}\text{mol/L}$$

ⓓ 용해도적 산정

$$2.475 \times 10^{-4}\text{mol/L} = \sqrt{K_{sp}}$$

$$\therefore K_{sp} = 6.1 \times 10^{-8}$$

14 분체증식을 하는 미생물을 회분배양하는 경우 미생물은 시간에 따라 5단계를 거치게 된다. 5단계 중 생존한 미생물의 중량보다 미생물 원형질의 전체 중량이 더 크게 되며, 미생물의 수가 최대가 되는 단계로 가장 적합한 것은?

① 증식단계
② 대수성장단계
③ 감소성장단계
④ 내생성장단계

15 효소 및 기질이 효소-기질을 형성하는 가역반응과 생성물 P를 이탈시키는 착화합물의 비가역 분해과정인 다음의 식에서 미카엘리스(Michaelis) 상수 K_m은? (단, $K_1 = 1.0 \times 10^7 \text{M}^{-2}\text{s}^{-1}$, $K_{-1} = 1.0 \times 10^2\text{s}^{-1}$, $K_2 = 3.0 \times 10^2\text{s}^{-1}$)

$$E + S \underset{K_{-1}}{\overset{K_1}{\rightleftharpoons}} ES \overset{K_2}{\rightarrow} E + P$$

① 1.0×10^{-5}M
② 2.0×10^{-5}M
③ 3.0×10^{-5}M
④ 4.0×10^{-5}M

해설

$$E + S \underset{K_{-1}}{\overset{K_1}{\rightleftharpoons}} ES \overset{K_2}{\rightarrow} E + P$$

$$K_m = \frac{K_2 + K_3}{K_1} \rightarrow \frac{K_{-1} + K_2}{K_1}$$

$$= \frac{(1.0 \times 10^2) + (3.0 \times 10^2)}{1.0 \times 10^7}$$

$$= 4.0 \times 10^{-5}\text{M}$$

16 보통 농업용수의 수질평가 시 SAR로 정의하는데 이에 대한 설명으로 틀린 것은?

① SAR의 값이 20 정도이면 Na^+가 토양에 미치는 영향이 적다.

② SAR의 값은 Na^+, Ca^{2+}, Mg^{2+} 농도와 관계가 있다.

③ 경수가 연수보다 토양에 더 좋은 영향을 미친다고 볼 수 있다.

④ SAR의 계산식에 사용되는 이온의 농도는 meq/L를 사용한다.

해설 SAR이 클수록 토양에 미치는 영향은 커지며 배수가 불량한 토양이 된다.

$$SAR = \frac{Na^+}{\sqrt{\dfrac{Ca^{2+} + Mg^{2+}}{2}}}$$

• $SAR < 10$: 토양에 미치는 영향이 작다.
• $10 < SAR < 26$: 토양에 미치는 영향이 비교적 크다.
• $26 < SAR$: 토양에 미치는 영향이 매우 크다.

17 공장폐수의 BOD를 측정하였을 때 초기 DO는 8.4mg/L이고 20℃에서 5일간 보관한 후 측정한 DO는 3.6mg/L였다. BOD 제거율이 90%가 되는 활성슬러지 처리시설에서 처리하였을 경우 방류수의 BOD(mg/L)는? (단, BOD 측정 시 희석배율=50배)

① 12 ② 16
③ 21 ④ 24

해설 BOD 제거효율(%) $= \left(1 - \dfrac{BOD_{out}}{BOD_{in}}\right) \times 100$

ⓐ BOD_{in} 산정
$BOD_{in} = [$초기 $DO(D_1) -$ 나중 $DO(D_2)] \times$ 희석비율
$= (8.4 - 3.6) \times 50 = 240mg/L$

ⓑ BOD_{out} 산정
$90 = \left(1 - \dfrac{BOD_{out}}{240}\right) \times 100$
$\therefore BOD_{out} = 24mg/L$

18 하천수의 수온은 10℃이다. 20℃의 탈산소계수 K(상용대수)가 0.1day^{-1}일 때 최종 BOD에 대한 BOD_6의 비는? (단, $K_T = K_{20} \times 1.047^{(T-20)}$)

① 0.42 ② 0.58
③ 0.63 ④ 0.83

해설 ⓐ 온도변화에 따른 K값을 보정
$K_T = K_{20} \times 1.047^{(T-20)}$
$= 0.1 \times 1.047^{(10-20)} = 0.0632day^{-1}$

ⓑ $\dfrac{BOD_6}{BOD_u}$ 산정
$BOD_{소모} = BOD_{최종} \times (1 - 10^{-K_1 t})$
$\therefore \dfrac{BOD_6}{BOD_u} = (1 - 10^{-0.0632 \times 6}) = 0.582$

19 부영양화 현상을 억제하는 방법으로 가장 거리가 먼 것은?

① 비료나 합성세제의 사용을 줄인다.

② 축산폐수의 유입을 막는다.

③ 과잉번식된 조류(algae)는 황산망간($MnSO_4$)을 살포하여 제거 또는 억제할 수 있다.

④ 하수처리장에서 질소와 인을 제거하기 위해 고도처리공정을 도입하여 질소, 인의 호소 유입을 막는다.

해설 과잉번식된 조류(algae)는 황산구리($CuSO_4$)를 살포하여 제거 또는 억제할 수 있다.

20 수자원의 순환에서 가장 큰 비중을 차지하는 것은?

① 해양으로의 강우
② 증발
③ 증산
④ 육지로의 강우

해설 수자원의 순환에서 가장 큰 비중을 차지하는 것은 해양에서 대기권으로의 증발이다.

▶▶ 제2과목 ▍상하수도계획

---

21 24시간 이상 장시간의 강우강도에 대해 가까운 저류시설 등을 계획할 경우에 적용하는 강우강도식은?

① Cleveland형 ② Japanese형
③ Talbot형 ④ Sherman형

해설 일반적으로 Cleveland형은 장시간 강우형태로 저류시설 계획 시에 적용된다.

22 다음 하수관로에서 평균유속이 2.5m/sec일 때 흐르는 유량(m³/sec)은?

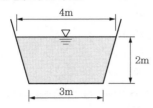

① 7.8   ② 12.3

③ 17.5   ④ 23.3

해설 $Q = AV$

ⓐ 사다리꼴 단면적 산정

$$(4+3) \times 2 \times \frac{1}{2} = 7\text{m}^2$$

ⓑ 유량 산정

$$2.5\text{m/sec} \times 7\text{m}^2 = 17.5\text{m}^3/\text{sec}$$

23 펌프의 회전수 $N=2,400$rpm, 최고 효율점의 토출량 $Q=162$m³/hr, 전양정 $H=90$m인 원심펌프의 비회전도는?

① 약 115   ② 약 125

③ 약 135   ④ 약 145

해설 비교회전도(비회전도)의 산정을 위한 공식은 아래와 같다.

$$N_s = N \times \frac{Q^{1/2}}{H^{3/4}}$$

ⓐ 유량 산정

$$Q(\text{m}^3/\text{min}) = \frac{162\text{m}^3}{\text{hr}} \times \frac{1\text{hr}}{60\text{min}} = 2.7\text{m}^3/\text{min}$$

ⓑ 비교회전도 산정

$$N_s = 2,400 \times \frac{2.7^{1/2}}{90^{3/4}} = 134.96$$

24 단면 ①(지름 0.5m)에서 유속이 2m/sec일 때 단면 ②(지름 0.2m)에서의 유속(m/sec)은? (단, 만관 기준이며, 유량은 변화 없음.)

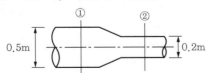

① 약 5.5   ② 약 8.5

③ 약 9.5   ④ 약 12.5

해설 ①과 ② 지점을 통과하는 유량은 동일하고 단면적과 유속은 다르며 아래의 관계가 성립한다.

$$Q = A_1 V_1 = A_2 V_2$$

$$\frac{\pi(0.5\text{m})^2}{4} \times 2\text{m/sec} = \frac{\pi(0.2\text{m})^2}{4} \times V_2$$

$$\therefore V_2 = 12.5\text{m/sec}$$

25 취수시설 중 취수보의 위치 및 구조에 대한 고려사항으로 옳지 않은 것은?

① 유심이 취수구에 가까우며 안정되고 홍수에 의한 하상변화가 적은 지점으로 한다.

② 원칙적으로 철근콘크리트 구조로 한다.

③ 침수 및 홍수 시 수면 상승으로 인하여 상류에 위치한 하천공작물 등에 미치는 영향이 적은 지점에 설치한다.

④ 원칙적으로 홍수의 유심 방향과 평행인 직선형으로 가능한 한 하천의 곡선부에 설치한다.

해설 원칙적으로 홍수의 유심 방향과 직각의 직선형으로 가능한 한 하천의 직선부에 설치한다.

26 관경 1,100mm, 역사이펀 관거 내의 동수경사 2.4‰, 유속 2.15m/sec, 역사이펀 관거의 길이 $L=76$m일 때, 역사이펀의 손실수두(m)는? (단, $\beta=1.5$, $\alpha=0.05$이다.)

① 0.29

② 0.39

③ 0.49

④ 0.59

해설
$$H = I \times L + \beta \times \frac{V^2}{2g} + \alpha$$

$$= \left(\frac{2.4}{1,000} \times 76\right) + \left(1.5 \times \frac{2.15^2}{2 \times 9.8}\right) + 0.05$$

$$= 0.59\text{m}$$

H : 손실수두(m)

I : 동수경사 → 2.4/1,000

L : 관거의 길이(m) → 76m

V : 관거 내의 유속(m/sec) → 2.15m/sec

g : 중력가속도(9.8m/sec²)

α : 0.05

β : 1.5

27 상수처리를 위한 약품침전지의 구성과 구조로 틀린 것은?

① 슬러지의 퇴적심도로서 30cm 이상을 고려한다.

② 유효수심은 3~3.5m로 한다.

③ 침전지 바닥에는 슬러지 배제에 편리하도록 배수구를 향하여 경사지게 한다.

④ 고수위에서 침전지 벽체 상단까지의 여유고는 10cm 정도로 한다.

해설 고수위에 침전지 벽체 상단까지의 여유고는 30cm 정도로 한다.

28 하수관거 개·보수 계획 수립 시 포함되어야 할 사항이 아닌 것은?

① 불명수량 조사

② 개·보수 우선순위의 결정

③ 개·보수 공사범위의 설정

④ 주변 인근 신설관거 현황 조사

해설 하수관거 개·보수 계획 수립 : 하수관거 개·보수 계획은 관거의 중요도, 계획의 시급성, 환경성 및 기존관거 현황 등을 고려하여 수립하되 다음과 같은 사항을 포함하여야 한다.
1. 기초자료 분석 및 조사 우선순위 결정
2. 불명수량 조사
3. 기존관거 현황 조사
4. 개·보수 우선순위의 결정
5. 개·보수 공사범위의 설정
6. 개·보수 공법의 선정

29 하수배제방식이 합류식인 경우 중계펌프장의 계획하수량으로 가장 옳은 것은?

① 우천 시 계획오수량

② 계획우수량

③ 계획시간최대오수량

④ 계획 1일 최대오수량

30 우물의 양수량 결정 시 적용되는 "적정양수량"의 정의로 옳은 것은?

① 최대양수량의 70% 이하

② 최대양수량의 80% 이하

③ 한계양수량의 70% 이하

④ 한계양수량의 80% 이하

31 펌프의 토출유량은 1,800m³/hr, 흡입구의 유속은 4m/sec일 때 펌프의 흡입구경(mm)는?

① 약 350

② 약 400

③ 약 450

④ 약 500

해설 $Q = A \times V$의 식에서 단면적을 구한 뒤 펌프의 흡입구경을 산정한다.

ⓐ 단면적 산정

$$A = \frac{Q}{V} = \frac{1,800\text{m}^3}{\text{hr}} \times \frac{\text{sec}}{4\text{m}} \times \frac{1\text{hr}}{3,600\text{sec}} = 0.125\text{m}^2$$

ⓑ 흡입구경 산정

$$A = \frac{\pi D^2}{4} = 0.125\text{m}^2$$

$$\therefore D = \sqrt{\frac{4 \times 0.125}{\pi}}$$

$$= 0.39894\text{m}$$

$$= 398.94\text{mm}$$

32 상수도 취수시설 중 취수틀에 관한 설명으로 옳지 않은 것은?

① 구조가 간단하고 시공도 비교적 용이하다.

② 수중에 설치되므로 호소 표면수는 취수할 수 없다.

③ 단기간에 완성하고 안정된 취수가 가능하다.

④ 보통 대형 취수에 사용되며 수위변화에 영향이 적다.

해설 보통 중소형 취수에 사용되며 수위변화에 영향이 적다.

33 펌프의 공동현상(cavitation)에 관한 설명 중 틀린 것은?

① 공동현상이 생기면 소음이 발생한다.

② 공동 속의 압력은 절대로 0이 되지는 않는다.

③ 장시간 경과하면 재료의 침식을 생기게 한다.

④ 펌프의 흡입양정이 작아질수록 공동현상이 발생하기 쉽다.

해설 펌프의 흡입양정이 커질수록 공동현상이 발생하기 쉽다.

34 정수처리시설인 응집지 내의 플록형성지에 관한 설명 중 틀린 것은?

① 플록형성지는 혼화지와 침전지 사이에 위치하고 침전지에 붙여서 설치한다.

② 플록형성은 응집된 미소플록을 크게 성장시키기 위해 적당한 기계식 교반이나 우류식 교반이 필요하다.

③ 플록형성지 내의 교반강도는 하류로 갈수록 점차 증가시키는 것이 바람직하다.

④ 플록형성지는 단락류나 정체부가 생기지 않으면서 충분하게 교반될 수 있는 구조로 한다.

> **해설** 플록형성지 내의 교반강도는 하류로 갈수록 점차 감소시키는 것이 바람직하다.

35 도수관을 설계할 때 평균유속을 기준으로 옳은 것은?

> 자연유하식인 경우에는 허용최대한도를 (㉠)로 하고, 도수관의 평균유속의 최소한도는 (㉡)로 한다.

① ㉠ 1.5m/sec, ㉡ 0.3m/sec

② ㉠ 1.5m/sec, ㉡ 0.6m/sec

③ ㉠ 3.0m/sec, ㉡ 0.3m/sec

④ ㉠ 3.0m/sec, ㉡ 0.6m/sec

36 다음 중 상수도 기본계획 수립 시 기본적 사항인 계획 1일 최대급수량에 관한 내용으로 적절한 것은?

① 계획 1일 평균사용수량 / 계획유효율

② 계획 1일 평균사용수량 / 계획부하율

③ 계획 1일 평균급수량 / 계획유효율

④ 계획 1일 평균급수량 / 계획부하율

37 길이 1.2km의 하수관이 2‰의 경사로 매설되어 있을 경우, 이 하수관 양 끝단의 고저차(m)는? (단, 기타 사항은 고려하지 않음.)

① 0.24   ② 2.4

③ 0.6   ④ 6.0

> **해설** 경사는 길이와 높이의 비로 아래와 같이 산정한다.
>
> $$경사(‰) = \frac{H(높이)}{L(길이)} \times 1,000$$
>
> $$2‰ = \frac{H(높이)}{1,200m} \times 1,000$$
>
> $$\therefore H = 2.4m$$

38 계획송수량과 계획도수량의 기준이 되는 수량은 어느 것인가?

① 계획송수량 : 계획 1일 최대급수량
   계획도수량 : 계획시간최대급수량

② 계획송수량 : 계획시간최대급수량
   계획도수량 : 계획 1일 최대급수량

③ 계획송수량 : 계획취수량
   계획도수량 : 계획 1일 최대급수량

④ 계획송수량 : 계획 1일 최대급수량
   계획도수량 : 계획취수량

39 하수관거시설인 빗물받이의 설치에 관한 설명으로 틀린 것은?

① 협잡물 및 토사의 유입을 저감할 수 있는 방안을 고려하여야 한다.

② 설치위치는 보·차도 구분이 없는 경우에는 도로와 사유지의 경계에 설치한다.

③ 도로 옆의 물이 모이기 쉬운 장소나 L형 측구의 유하방향 하단부에 설치한다.

④ 우수침수방지를 위하여 횡단보도 및 가옥의 출입구 앞에 설치함을 원칙으로 한다.

> **해설** 횡단보도 및 가옥의 출입구 앞에 설치하는 것은 피한다.

40 우리나라 대규모 상수도의 수원으로 가장 많이 이용되며 오염물질에 노출을 주의해야 하는 수원은?

① 지표수

② 지하수

③ 용천수

④ 복류수

제3과목 | 수질오염방지기술

41 처리용량이 200m³/hr이고, 염소요구량이 9.5mg/L, 잔류염소 농도가 0.5mg/L일 때, 하루에 주입되는 염소의 양(kg/day)은?

① 2　　　　　　② 12
③ 22　　　　　　④ 48

해설　ⓐ 염소의 주입량 산정(농도)
염소주입량＝염소잔류량＋염소요구량
　　　　　＝0.5mg/L＋9.5mg/L
　　　　　＝10mg/L
ⓑ 염소의 주입량 산정(총량)
총량＝유량×농도
염소주입량(kg/day)

$$= \frac{10mg}{L} \times \frac{200m^3}{hr} \times \frac{10^3 L}{1m^3} \times \frac{1kg}{10^6 mg} \times \frac{24hr}{1day}$$

　　　농도　　유량　　m³→L　　mg→kg　　hr→day

＝48kg/day

42 BOD 400mg/L, 폐수량 1,500m³/day의 공장폐수를 활성슬러지법으로 처리하고자 한다. BOD-MLSS 부하를 0.25kg/kg·day, MLSS 2,500mg/L로 운전한다면 포기조의 크기(m³)는?

① 2,000　　　　② 1,500
③ 1,250　　　　④ 960

해설　BOD-MLSS 부하의 관계식은 아래와 같으며, 단위(kg/kg·day)에 유의해야 한다.

$$BOD-MLSS \ \text{부하} = \frac{BOD_i \times Q_i}{\forall \times X}$$

$$\frac{0.25kg}{kg \cdot day} = \frac{\dfrac{400mg}{L} \times \dfrac{1,500m^3}{day} \times \dfrac{1kg}{10^6 mg} \times \dfrac{10^3 L}{1m^3}}{\forall m^3 \times \dfrac{2,500mg}{L} \times \dfrac{1kg}{10^6 mg} \times \dfrac{10^3 L}{1m^3}}$$

$$\rightarrow \frac{0.25kg}{kg \cdot day} = \frac{\dfrac{400mg}{L} \times \dfrac{1,500m^3}{day}}{\forall m^3 \times \dfrac{2,500mg}{L}}$$

여기서, $\dfrac{10^3 L}{1m^3} \times \dfrac{1kg}{10^6 mg}$ 은 단위환산을 위해 필요한 인

　　　　　　m³→L　　mg→kg

자로 분자와 분모에 동일하게 있어 약분이 된다. 따라서 빠른 계산을 위해 무시할 수 있다.

∴ 포기조 부피＝960m³

43 분뇨활성슬러지 발생량은 1일 분뇨투입량의 10%이다. 발생된 소화슬러지의 탈수 전 함수율이 96%라고 하면 탈수된 소화슬러지의 1일 발생량(m³)은? (단, 분뇨투입량=360kL/day, 탈수된 소화슬러지의 함수율=72%, 분뇨 비중=1.0)

① 2.47　　　　　② 3.78
③ 4.21　　　　　④ 5.14

해설　ⓐ 분뇨활성슬러지 발생량 산정

$$\frac{360m^3}{day} \times \frac{10}{100} = 36m^3/day$$

ⓑ 함수율에 따른 소화슬러지 발생량 산정
$$SL_1(1-X_1) = SL_2(1-X_2)$$
SL_1 : 탈수 전 슬러지 발생량
X_1 : 탈수 전 슬러지 함수율
SL_2 : 탈수 후 슬러지 발생량
X_2 : 탈수 후 슬러지 함수율
$$36m^3/day(1-0.96) = SL_2(1-0.72)$$
$$\therefore SL_2 = 5.14m^3/day$$

44 일반적으로 염소계 산화제를 사용하여 무해한 물질로 산화 분해시키는 처리방법을 사용하는 폐수의 종류는?

① 납을 함유한 폐수
② 시안을 함유한 폐수
③ 유기인을 함유한 폐수
④ 수은을 함유한 폐수

해설　• 시안을 함유한 폐수 : 알칼리염소처리법
• 납을 함유한 폐수 : 수산화물침전법, 황화물침전법
• 유기인을 함유한 폐수 : 생물학적 처리법, 화학적 처리법 (알칼리성에서 가수분해), 흡착처리법
• 수은을 함유한 폐수 : 황화물응집침전법, 활성탄흡착법, 이온교환법

45 SS가 55mg/L, 유량이 13,500m³/day인 흐름에 황산제이철(Fe₂(SO₄)₃)을 응집제로 사용하여 50mg/L가 되도록 투입한다. 응집제를 투입하는 흐름에 알칼리도가 없는 경우, 황산제이철과 반응시키기 위해 투입하여야 하는 이론적인 석회(Ca(OH)₂)의 양(kg/day)은? (단, 원자량 Fe=55.8, S=32, O=16, Ca=40, H=1)

① 285　　　　　② 375
③ 465　　　　　④ 545

ⓐ 반응식의 산정

$$Fe_2(SO_4)_3 + 3Ca(OH)_2 \rightarrow 2Fe(OH)_3 + 3CaSO_4$$

ⓑ $Ca(OH)_2$의 산정

$$Fe_2(SO_4)_3 : 3Ca(OH)_2$$

$$\underset{\substack{Fe_2(SO_4)_3 \\ 분자량}}{399.6g} \quad : \quad \underset{\substack{3Ca(OH)_2 \\ 분자량}}{222g}$$

$$= \underset{농도}{\frac{100mg}{L}} \times \underset{유량}{\frac{6,750m^3}{day}} \times \underset{m^3 \rightarrow L}{\frac{10^3L}{1m^3}} \times \underset{mg \rightarrow kg}{\frac{1kg}{10^6mg}} : \underset{Ca(OH)_2 \, 양}{X}$$

$$\therefore X = 375kg/day$$

46 생물학적 질소 및 인 동시 제거공정으로서 혐기조, 무산소조, 호기조로 구성되며, 혐기조에서 인 방출, 무산소조에서 탈질화, 호기조에서 질산화 및 인 섭취가 일어나는 공정은?

① A^2/O 공정
② Phostrip 공정
③ Modified Bardenpho 공정
④ Modified UCT 공정

47 정수장 응집공정에 사용되는 화학약품 중 나머지 셋과 그 용도가 다른 하나는?

① 오존
② 명반
③ 폴리비닐아민
④ 황산제일철

해설 오존은 강력한 산화제이며, 명반, 폴리비닐아민, 황산제일철 등은 응집제이다.

48 pH=3.0인 산성폐수 1,000m^3/day를 도시하수 시스템으로 방출하는 공장이 있다. 도시하수의 유량은 10,000m^3/day이고, pH=8.0이다. 하수와 폐수의 온도는 20℃이고, 완충작용이 없다면 산성폐수 첨가 후 하수의 pH는?

① 3.2
② 3.5
③ 3.8
④ 4.0

해설 ⓐ 관계식 산정
불완전 중화로 산의 eq와 염기의 eq를 비교하여 차이만큼이 pH에 영향을 주게 된다.

$$N'V' - NV = N_o(V' + V)$$

ⓑ $[H^+]$의 eq 산정
pH=3이므로

$$H^+ = 10^{-3}mol/L$$
$$= 10^{-3}eq/L$$

$$[H^+]의 \, eq = \frac{10^{-3}eq}{L} \times \frac{1,000m^3}{day} \times \frac{10^3L}{1m^3}$$

ⓒ $[OH^-]$의 eq 산정
pH=8이므로 pOH=6이며,

$$OH^- = 10^{-6}mol/L$$
$$= 10^{-6}eq/L$$

$$[OH^-]의 \, eq = \frac{10^{-6}eq}{L} \times \frac{10,000m^3}{day} \times \frac{10^3L}{1m^3}$$

ⓓ 혼합폐수의 eq
산의 eq가 염기의 eq보다 크므로
$[H^+]$의 eq－$[OH^-]$의 eq=남은 $[H^+]$의 eq가 된다.

$$N'V' - NV = N_o(V' + V)$$

$$\underset{산의 \, eq}{\frac{10^{-3}eq}{L} \times \frac{1,000m^3}{day} \times \frac{10^3L}{1m^3}}$$

$$-\underset{염기의 \, eq}{\frac{10^{-6}eq}{L} \times \frac{10,000m^3}{day} \times \frac{10^3L}{1m^3}}$$

$$= \underset{혼합폐수의 \, eq}{N_o(1,000 + 10,000)\frac{m^3}{day} \times \frac{1,000L}{1m^3}}$$

$$\therefore N_o = 9 \times 10^{-5}eq/L$$

ⓔ pH 산정

$$pH = -\log(9 \times 10^{-5}) = 4.04$$

49 혐기성 처리와 호기성 처리의 비교 설명으로 가장 거리가 먼 것은?

① 호기성 처리가 혐기성 처리보다 유출수의 수질이 더 좋다.
② 혐기성 처리가 호기성 처리보다 슬러지 발생량이 더 적다.
③ 호기성 처리에서는 1차 침전지가 필요하지만 혐기성 처리에서는 1차 침전지가 필요 없다.
④ 주어진 기질량에 대한 영양물질의 필요성은 호기성 처리보다 혐기성 처리에서 더 크다.

해설 주어진 기질량에 대한 영양물질의 필요성은 혐기성 처리보다 호기성 처리에서 더 크다.

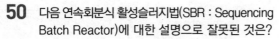
50 다음 연속회분식 활성슬러지법(SBR : Sequencing Batch Reactor)에 대한 설명으로 잘못된 것은?

① 단일 반응조에서 1주기(cycle) 중에 호기 −무산소−혐기 등의 조건을 설정하여 질 산화와 탈질화를 도모할 수 있다.

② 충격부하 또는 첨두유량에 대한 대응성이 약하다.

③ 처리용량이 큰 처리장에는 적용하기 어렵다.

④ 질소(N)와 인(P)의 동시 제거 시 운전의 유연성이 크다.

해설 충격부하 또는 첨두유량에 대한 대응성이 좋다.

51 오존을 이용한 소독에 관한 설명으로 틀린 것은?

① 오존은 화학적으로 불안정하여 현장에서 직접 제조하여 사용해야 한다.

② 오존은 산소의 동소체로서 HOCl보다 더 강력한 산화제이다.

③ 오존은 20℃ 증류수에서 반감기 20~30분 이고 용액 속에 산화제를 요구하는 물질이 존재하면 반감기는 더욱 짧아진다.

④ 잔류성이 강하여 2차 오염을 방지하며, 냄새 제거에 매우 효과적이다.

해설 오존은 잔류성이 없으며, 염소가 잔류성이 있다.

52 부피가 2,649m³인 탱크에서 G 값을 50/sec로 유지하기 위해 필요한 이론적 소요동력(W)과 패들 면적(m²)은? (단, 유체의 점성계수 1.139×10^{-3} N·s/m², 밀도 1,000kg/m³, 직사각형 패들의 항력계수 1.8, 패들 주변속도 0.6m/sec, 패들 상대속도=패들 주변속도×0.75로 가정, 패들 면적 $A = [2P/C \cdot \rho \cdot V^3]$ 식 적용)

① 8,543, 104
② 8,543, 92
③ 7,543, 104
④ 7,543, 92

해설 ⓐ P 산정

$P = G^2 \times \mu \times \forall$
　 $= (50/\text{sec})^2 \times 1.139 \times 10^{-3} \text{N} \cdot \text{sec/m}^2 \times 2,649\text{m}^3$
　 $= 7543.03\text{W}$

ⓑ 패들면적 산정

$A = \dfrac{2P}{C \cdot \rho \cdot V^3}$

$= \dfrac{2 \times 7543.03\text{W}}{1.8 \times 1,000\text{kg/m}^3 \times (0.6\text{m/sec} \times 0.75)^3}$

$= 91.97\text{m}^2$

53 하·폐수를 통하여 배출되는 계면활성제에 대한 설명 중 잘못된 것은?

① 계면활성제는 메틸렌블루 활성물질이라 고도 한다.

② 계면활성제는 주로 합성세제로부터 배출 되는 것이다.

③ 물에 약간 녹으며 폐수처리 플랜트에서 거품을 만들게 된다.

④ ABS는 생물학적으로 분해가 매우 쉬우나, LAS는 생물학적으로 분해가 어려운 난분해성 물질이다.

해설 LAS는 생물학적으로 분해가 매우 쉬우나, ABS는 생물학적으로 분해가 어려운 난분해성 물질이다.

54 고농도의 액상 PCB 처리방법으로 가장 거리가 먼 것은?

① 방사선조사(코발트 60에 의한 γ선 조사)

② 연소법

③ 자외선조사법

④ 고온고압알칼리분해법

55 유기물을 함유한 유체가 완전혼합연속반응조를 통과할 때 유기물의 농도가 200mg/L에서 20mg/L로 감소한다. 반응조 내의 반응이 1차 반응이고, 반응조 체적이 20m³이며 반응속도상수가 0.2day^{-1} 이라면 유체의 유량(m³/day)은?

① 0.11
② 0.22
③ 0.33
④ 0.44

해설 완전혼합연속반응조이며 1차 반응이므로 아래의 관계식에 따른다.

$Q(C_o - C_t) = K \cdot \forall \cdot C_t^m$

　 Q : 유량

　 C_o : 초기농도 → 200mg/L

　 C_t : 나중농도 → 20mg/L

　 K : 반응속도상수 → 0.2day^{-1}

　 $\forall$: 반응조 체적 → 20m³

　 m : 반응차수 → 1

$$Q(200-20)\text{mg/L} = 0.2\text{day}^{-1} \times 20\text{m}^3 \times 20\text{mg/L}$$
$$\therefore \ Q = 0.44\text{m}^3/\text{day}$$

56 혐기성 공법 중 혐기성 유동상의 장점이라 볼 수 없는 것은?

① 짧은 수리학적 체류시간과 높은 부하율로 운전이 가능하다.
② 유출수의 재순환이 필요 없으므로 공정이 간단하다.
③ 매질의 첨가나 제거가 쉽다.
④ 독성물질에 대한 완충능력이 좋다.

해설 유출수의 재순환이 필요하다.

57 MLSS의 농도가 1,500mg/L인 슬러지를 부상법(flotation)에 의해 농축시키고자 한다. 압축탱크의 유효전달압력이 4atm이며 공기의 밀도 1.3g/L, 공기의 용해량 18.7mL/L일 때 Air/Solid(A/S) 비는? (단, 유량=300m³/day, f=0.5, 처리수의 반송은 없음.)

① 0.008
② 0.010
③ 0.016
④ 0.020

해설 A/S 비 산정을 위한 관계식은 아래와 같다.

$$\text{A/S 비} = \frac{1.3 \times C_a(f \times P-1)}{SS}$$

1.3 : 공기의 밀도(g/L)
C_a : 공기의 용해량 → 18.7mL/L
f : 0.5
P : 유효전달압력 → 4atm
SS : SS의 농도 → 1,500mg/L

$$\text{A/S 비} = \frac{1.3 \times C_a(f \times P-1)}{SS}$$
$$= \frac{1.3 \times 18.7 \times (0.5 \times 4-1)}{1,500} = 0.016$$

58 시공계획의 수립 시 준비단계에서 고려할 사항 중 가장 거리가 먼 것은?

① 계약조건, 설계도, 시방서 및 공사조건을 충분히 검토한 후 시공할 작업의 범위를 결정
② 이용 가능한 자원을 최대로 활용할 수 있도록 현장의 각종 제약조건을 분석
③ 계획, 실시, 검토, 통제의 단계를 거쳐 작성
④ 예정공기를 벗어나지 않는 범위 내에서

가장 경제적인 시공이 될 수 있는 공법과 공정계획 수립

59 바퀴모양의 극미동물이며, 상당히 양호한 생물학적 처리에 대한 지표미생물은?

① Psychodidae
② Rotifera
③ Vorticella
④ Sphaerotillus

해설 ① Psychodidae : 나방파리과
③ Vorticella : 섬모충류, 생물학적 처리의 지표생물이 되기도 하며 번식할수록 양질의 슬러지를 의미
④ Sphaerotillus : 사상성 박테리아, 슬러지팽화의 원인

60 폐수를 처리하기 위해 시료 200mL를 취하여 jar-test하여 응집제와 응집보조제의 최적 주입농도를 구한 결과, $Al_2(SO_4)_3$ 200mg/L, $Ca(OH)_2$ 500mg/L였다. 폐수량 500m³/day를 처리하는 데 필요한 $Al_2(SO_4)_3$의 양(kg/day)은?

① 50
② 100
③ 150
④ 200

해설 jar-test의 목표는 응집제의 종류와 농도의 산정이다. 시료 200mL에서 최적의 주입농도가 $Al_2(SO_4)_3$ 200mg/L이므로 폐수량 500m³/day를 처리하는 데 필요한 농도 또한 200mg/L이다.
• 관계식의 산정
총량=유량×농도

$$Al_2(SO_4)_3 = \underbrace{\frac{200\text{mg}}{\text{L}}}_{\text{농도}} \times \underbrace{\frac{500\text{m}^3}{\text{day}}}_{\text{유량}} \times \underbrace{\frac{10^3\text{L}}{1\text{m}^3}}_{\text{m}^3 \rightarrow \text{L}} \times \underbrace{\frac{1\text{kg}}{10^6\text{mg}}}_{\text{mg} \rightarrow \text{kg}}$$
$$= 100\text{kg/day}$$

⊙ 제4과목 ┃ 수질오염공정시험기준

61 퇴적물의 완전연소 가능량 측정에 관한 내용으로 ( )에 옳은 것은?

> 110℃에서 건조시킨 시료를 도가니에 담고 무게를 측정한 다음 (㉠)℃에서 (㉡)시간 가열한 후 다시 무게를 측정한다.

① ㉠ 400, ㉡ 1
② ㉠ 400, ㉡ 2
③ ㉠ 550, ㉡ 1
④ ㉠ 550, ㉡ 2

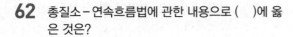

62 총질소-연속흐름법에 관한 내용으로 ( )에 옳은 것은?

> 시료 중 모든 질소화합물을 산화분해하여 질산성질소 형태로 변화시킨 다음 ( )을 통과시켜 아질산성질소의 양을 550nm 또는 기기에서 정해진 파장에서 측정하는 방법

① 수산화나트륨(0.025N)용액 칼럼
② 무수황산나트륨 환원 칼럼
③ 환원증류-킬달 칼럼
④ 카드뮴-구리 환원 칼럼

63 "정확히 취하여"라고 하는 것은 규정한 양의 액체를 무엇으로 눈금까지 취하는 것을 말하는가?

① 메스실린더
② 뷰렛
③ 부피피펫
④ 눈금비커

64 ppm을 설명한 것으로 틀린 것은?

① ppb 농도의 1,000배이다.
② 백만분율이라고 한다.
③ mg/kg이다.
④ %농도의 1/1,000이다.

[해설] 1%=10,000ppm이다.

$$\frac{1}{100} = \frac{10,000}{1,000,000}$$

$$\underbrace{\phantom{\frac{1}{100}}}_{1\%} \quad \underbrace{\phantom{\frac{10,000}{1,000,000}}}_{10,000ppm}$$

65 자외선/가시선분광법으로 아연을 정량하는 방법으로 ( )에 옳은 내용은?

> 물속에 존재하는 아연을 측정하기 위하여 아연이온이 pH 약 ( )에서 진콘과 반응하여 생성하는 청색 킬레이트화합물의 흡광도를 측정한다.

① 4   ② 9
③ 10   ④ 12

66 전기전도도 측정에 관한 설명으로 틀린 것은?

① 용액이 전류를 운반할 수 있는 정도를 말한다.
② 온도차에 의한 영향이 적어 폭넓게 적용된다.
③ 용액에 담겨있는 2개의 전극에 일정한 전압을 가하면 가한 전압이 전류를 흐르게 하며, 이때 흐르는 전류의 크기는 용액의 전도도에 의존한다는 사실을 이용한다.
④ 용액 중의 이온세기를 신속하게 평가할 수 있는 항목으로 국제적으로 S(Siemens) 단위가 통용되고 있다.

[해설] 전기전도도는 온도차에 의한 영향(약 2%/℃)이 크므로 측정결과 값의 통일을 기하기 위하여 25℃에서의 값으로 환산하여 기록한다. 또한 측정 시 온도계는 0.1℃까지 측정 가능한 온도계를 사용한다.

67 수질오염공정시험기준상 탁도 측정에 관한 설명으로 틀린 것은?

① 파편과 입자가 큰 침전이 존재하는 시료를 빠르게 침전시킬 경우, 탁도 값이 낮게 측정된다.
② 물에 색깔이 있는 시료는 잠재적으로 측정값이 높게 분석된다.
③ 시료 속에 거품은 빛을 산란시키고 높은 측정값을 나타낸다.
④ 탁도를 측정하기 위해서는 탁도계를 이용하여 물의 흐림 정도를 측정한다.

[해설] 물에 색깔이 있는 시료는 색이 빛을 흡수하여 잠재적으로 측정값이 낮게 분석된다.

68 수질오염공정시험기준에서 기체 크로마토그래피로 측정하지 않는 항목은?

① 유기인
② 음이온 계면활성제
③ 폴리클로리네이티드비페닐
④ 알킬수은

[해설]

음이온 계면활성제	정량한계(mg/L)	정밀도(% RSD)
자외선/가시선분광법	0.02mg/L	±25% 이내
연속흐름법	0.09mg/L	±25% 이내

69 하수 및 폐수 종말처리장 등의 원수, 공정수, 배출수 등의 개수로의 유량을 측정하는 데 사용하는 위어의 정확도기준은? (단, 실제유량에 대한 %)

① ±5% ② ±10%
③ ±15% ④ ±25%

해설 유량계에 따른 정밀, 정확도 및 최대유속과 최소유속의 비율

유량계	범위 (최대유량 : 최소유량)	정확도 (실제유량에 대한 %)	정밀도 (최대유량에 대한 %)
위어(weir)	500 : 1	±5	±0.5
파샬플룸(flume)	10 : 1～75 : 1	±5	±0.5

70 pH미터의 유지관리에 대한 설명으로 틀린 것은?

① 전극이 더러워졌을 때는 유리전극을 묽은 염산에 잠시 담갔다가 증류수로 씻는다.
② 유리전극을 사용하지 않을 때는 증류수에 담가둔다.
③ 유지, 그리스 등이 전극 표면에 부착되면 유기용매로 적신 부드러운 종이로 전극을 닦고 증류수로 씻는다.
④ 전극에 발생하는 조류나 미생물은 전극을 보호하는 작용이므로 떨어지지 않게 주의한다.

해설 전극에 발생하는 조류나 미생물은 측정을 방해한다.

71 카드뮴을 자외선/가시선분광법으로 측정할 때 사용되는 시약으로 가장 거리가 먼 것은?

① 수산화나트륨 용액
② 요오드화칼륨 용액
③ 시안화칼륨 용액
④ 타타르산 용액

해설
• 물속에 존재하는 카드뮴이온을 시안화칼륨이 존재하는 알칼리성에서 디티존과 반응시켜 생성하는 카드뮴착염을 사염화탄소로 추출하고, 추출한 카드뮴착염을 타타르산 용액으로 역추출한 다음, 다시 수산화나트륨과 시안화칼륨을 넣어 디티존과 반응하여 생성하는 적색의 카드뮴착염을 사염화탄소로 추출하고 그 흡광도를 530nm에서 측정하는 방법이다.
• 시약 : 디티존, 사염화탄소, 암모니아, 사이트르산이암모늄, 수산화나트륨, 시안화칼륨, 염산, 염산하이드록실아민, 타타르산

72 폐수 20mL를 취하여 산성 과망간산칼륨법으로 분석하였더니 0.005M－$KMnO_4$ 용액의 적정량이 4mL였다. 이 폐수의 COD(mg/L)는? (단, 공시험 값＝0mL, 0.005M－$KMnO_4$ 용액의 f＝1.00)

① 16 ② 40
③ 60 ④ 80

해설 COD의 산성 과망간산칼륨법에 의한 농도 산정

$$COD = (b-a) \times f \times \frac{1,000}{V} \times 0.2$$

a : 공시험 값 → 0
b : 적정량 → 4mL
V : 시료량 → 20mL

$$\therefore COD = (4-0) \times 1.00 \times \frac{1,000}{20} \times 0.2 = 40\text{mg/L}$$

73 총유기탄소 분석기기 내 산화부에서 유기탄소를 이산화탄소로 산화하는 방법으로 옳게 짝지은 것은?

① 고온연소 산화법, 저온연소 산화법
② 고온연소 산화법, 전기전도도 산화법
③ 고온연소 산화법, 과황산열 산화법
④ 고온연소 산화법, 비분산적외선 산화법

해설 총유기탄소 분석기기 내 산화부에서 유기탄소를 이산화탄소로 산화하는 방법은 고온연소 산화법, 과황산UV 및 과황산열 산화법 등이 있다.

74 35% HCl(비중 1.19)을 10% HCl로 만들려면 35% HCl과 물의 용량비는?

① 1 : 1.5 ② 3 : 1
③ 1 : 3 ④ 1.5 : 1

해설
ⓐ 35% HCl(염산)의 질량 산정(100mL만큼 취할 때의 질량)

$$HCl의 질량 = \frac{1.19g}{100mL} \times \frac{35}{100} \times 100mL$$

ⓑ 물의 부피
물의 부피 = ΔmL
ⓒ 10% HCl을 만들 때 물과 35% HCl의 비

$$농도 = \frac{용질의 질량}{용질의 부피 + 용매의 부피} \times 100$$

$$\frac{10}{100} = \frac{\dfrac{1.19g}{100mL} \times \dfrac{35}{100} \times 100mL}{\Delta mL + 100mL}$$

Δ(물)＝316.5mL, □(35% HCl)＝100mL이므로
HCl : 물＝1 : 3.17이다.

75 일반적으로 기체 크로마토그래피의 열전도도 검출기에서 사용하는 운반기체의 종류는?

① 헬륨　　　　　　② 질소
③ 산소　　　　　　④ 이산화탄소

해설

운반가스(기체) (carrier gas)	충전물이나 시료에 대하여 불활성이고 사용하는 검출기의 작동에 적합한 것을 사용
열전도도형 검출기 (TCD)	순도 99.8% 이상의 수소나 헬륨
불꽃이온화 검출기 (FID)	순도 99.8% 이상의 질소 또는 헬륨

76 시료의 전처리 방법 중 유기물을 다량 함유하고 있으면서 산분해가 어려운 시료에 적용하는 방법은 어느 것인가?

① 질산 – 염산 산분해법
② 질산 산분해법
③ 마이크로파 산분해법
④ 질산 – 황산 산분해법

해설
1. 산분해법
　1) 질산법 : 유기함량이 비교적 높지 않은 시료의 전처리에 사용한다.
　2) 질산–염산법 : 유기물 함량이 비교적 높지 않고 금속의 수산화물, 산화물, 인산염 및 황화물을 함유하고 있는 시료에 적용한다.
　3) 질산–황산법 : 유기물 등을 많이 함유하고 있는 대부분의 시료에 적용한다.
　4) 질산–과염소산법 : 유기물을 다량 함유하고 있으면서 산분해가 어려운 시료에 적용한다.
　5) 질산–과염소산–불화수소산 : 다량의 점토질 또는 규산염을 함유한 시료에 적용한다.
2. 마이크로파 산분해법 : 유기물을 다량 함유하고 있으면서 산분해가 어려운 시료에 적용한다.
3. 회화에 의한 분해 : 목적성분이 400℃ 이상에서 휘산되지 않고 쉽게 회화될 수 있는 시료에 적용한다.
4. 용매추출법 : 원자흡수분광광도법을 사용한 분석 시 목적성분의 농도가 미량이거나 측정에 방해하는 성분이 공존할 경우 시료의 농축 또는 방해물질을 제거하기 위한 목적으로 사용한다.

77 채취된 시료를 즉시 실험할 수 없을 때 4℃에서 NaOH로 pH 12 이상으로 보존해야 하는 항목은?

① 시안　　　　　　② 클로로필a
③ 페놀류　　　　　④ 노말헥산 추출물질

해설 ② 클로로필a : 즉시 여과하여 −20℃ 이하에서 보관
③ 페놀류 : 4℃ 보관, H_3PO_4로 pH 4 이하로 조정한 후 시료 1L당 $CuSO_4$ 1g 첨가
④ 노말헥산 추출물질 : 4℃ 보관, H_2SO_4로 pH 2 이하

78 분원성 대장균군－막여과법에서 배양온도 유지기준은?

① 25±0.2℃
② 30±0.5℃
③ 35±0.5℃
④ 44.5±0.2℃

해설

구분	배양온도
총대장균군－막여과법	35±0.5℃
총대장균군－시험관법	35±0.5℃
총대장균군－평판집락법	35±0.5℃
총대장균군－효소이용정량법	35±0.5℃
분원성 대장균군－막여과법	44.5±0.2℃
분원성 대장균군－시험관법	44.5±0.2℃
대장균－효소이용정량법	35±0.5℃ 및 44.5±0.2℃

79 BOD 측정 시 산성 또는 알칼리성 시료에 대하여 전처리를 할 때 중화를 위해 넣어 주어야 하는 산 또는 알칼리의 양은 시료 양의 몇 %가 넘지 않도록 하여야 하는가?

① 0.5　　　　　　② 1.0
③ 2.0　　　　　　④ 3.0

해설 pH가 6.5~8.5의 범위를 벗어나는 산성 또는 알칼리성 시료는 염산용액(1M) 또는 수산화나트륨용액(1M)으로 시료를 중화하여 pH 7~7.2로 맞춘다. 다만, 이때 넣어 주는 염산 또는 수산화나트륨의 양이 시료 양의 0.5%가 넘지 않도록 하여야 하며, pH가 조정된 시료는 반드시 식종을 실시한다.

80 알칼리성 $KMnO_4$법으로 COD를 측정하기 위하여 사용하는 표준적정액은?

① NaOH　　　　　② $KMnO_4$
③ $Na_2S_2O_3$　　　　④ $Na_2C_2O_4$

해설 물속에 존재하는 화학적 산소요구량을 측정하기 위하여 시료를 알칼리성으로 하여 과망간산칼륨($KMnO_4$) 일정과량을 넣고 60분간 수욕상에서 가열반응시키고 요오드화칼륨 및 황산을 넣어 티오황산나트륨($Na_2S_2O_3$)으로 적정하여 남아있는 과망간산칼륨에 의하여 유리된 요오드의 양으로부터 산소의 양을 측정하는 방법이다.

제5과목 | 수질환경관계법규

81 조치명령 또는 개선명령을 받지 아니한 사업자가 배출허용기준을 초과하여 오염물질을 배출하게 될 때 환경부 장관에게 제출하는 개선계획서에 기재할 사항이 아닌 것은?

① 개선사유
② 개선내용
③ 개선기간 중의 수질오염물질 예상배출량 및 배출농도
④ 개선 후 배출시설의 오염물질 저감량 및 저감효과

해설 [시행령 제40조] 조치명령 또는 개선명령을 받지 아니한 사업자의 개선
법 제38조의 4 제1항에 따른 조치명령을 받지 아니한 자 또는 법 제39조에 따른 개선명령을 받지 아니한 사업자는 다음의 어느 하나에 해당하는 사유로 측정기기를 정상적으로 운영하기 어렵거나 배출허용기준을 초과할 우려가 있다고 인정하여 측정기기, 배출시설 또는 방지시설(이하 이 조에서 "배출시설 등"이라 한다)을 개선하려는 경우에는 개선계획서에 개선사유, 개선기간, 개선내용, 개선기간 중의 수질오염물질 예상 배출량 및 배출농도 등을 적어 환경부 장관에게 제출한다.

82 수질오염방지시설 중 화학적 처리시설이 아닌 것은?

① 농축시설
② 살균시설
③ 흡착시설
④ 소각시설

해설 농축시설은 물리적 처리시설이다.

83 공공수역에 분뇨·가축분뇨 등을 버린 자에 대한 벌칙기준은?

① 5년 이하의 징역 또는 5천만 원 이하의 벌금
② 3년 이하의 징역 또는 3천만 원 이하의 벌금
③ 2년 이하의 징역 또는 2천만 원 이하의 벌금
④ 1년 이하의 징역 또는 1천만 원 이하의 벌금

84 위임업무 보고사항 중 업무내용에 따른 보고횟수가 연 1회에 해당되는 것은?

① 기타 수질오염원 현황
② 환경기술인의 자격별·업종별 현황
③ 폐수무방류배출시설의 설치허가 현황
④ 폐수처리업에 대한 등록·지도단속실적 및 처리실적 현황

해설 ① 기타 수질오염원 현황 : 연 2회
③ 폐수무방류배출시설의 설치허가 현황 : 수시
④ 폐수처리업에 대한 등록·지도단속실적 및 처리실적 현황 : 연 2회

85 수질오염물질의 배출허용기준에서 '나' 지역의 화학적 산소요구량(COD)의 기준(mg/L 이하)은? (단, 1일 폐수 배출량이 2,000m³ 미만인 경우)

① 150
② 130
③ 120
④ 90

해설

대상 항목 / 지역 구분	1일 폐수 배출량 2,000m³ 미만		
	생물화학적 산소요구량 (mg/L)	총유기 탄소량 (mg/L)	부유 물질량 (mg/L)
청정지역	40 이하	30 이하	40 이하
'가' 지역	80 이하	50 이하	80 이하
'나' 지역	120 이하	75 이하	120 이하
특례지역	30 이하	25 이하	30 이하

※2020년 1월 1일 개정법령 적용

86 물환경보전법에서 사용하는 용어의 정의로 틀린 것은?

① 비점오염원 : 도시, 도로, 농지, 산지, 공사장 등으로서 불특정 장소에서 불특정하게 수질오염물질을 배출하는 배출원을 말한다.
② 기타 수질오염원 : 점오염원 및 비점오염원으로 관리되지 아니하는 수질오염물질 배출원으로서 대통령령으로 정하는 것을 말한다.
③ 폐수 : 물에 액체성 또는 고체성의 수질오염물질이 혼입되어 그대로 사용할 수 없는 물을 말한다.
④ 강우유출수 : 비점오염원의 수질오염물질이 섞여 유출되는 빗물 또는 눈 녹은 물 등을 말한다.

해설 [법 제2조] "기타 수질오염원"이란 점오염원 및 비점오염원으로 관리되지 아니하는 수질오염물질을 배출하는 시설 또는 장소로서 환경부령으로 정하는 것을 말한다.

87 대권역 물환경관리계획의 수립 시 포함되어야 할 사항으로 틀린 것은?

① 상수원 및 물 이용현황
② 물환경의 변화추이 및 물환경 목표기준
③ 물환경 보전조치의 추진방향
④ 물환경관리 우선순위 및 대책

해설 [법 제24조] 대권역 물환경관리계획의 수립
① 유역환경청장은 국가 물환경관리기본계획에 따라 제22조 제2항에 따른 대권역별로 대권역 물환경관리계획(이하 "대권역계획"이라 한다)을 10년마다 수립하여야 한다.
② 대권역계획에는 다음의 사항이 포함되어야 한다.
  1. 물환경의 변화추이 및 물환경 목표기준
  2. 상수원 및 물 이용현황
  3. 점오염원, 비점오염원 및 기타 수질오염원의 분포현황
  4. 점오염원, 비점오염원 및 기타 수질오염원에서 배출되는 수질오염물질의 양
  5. 수질오염 예방 및 저감 대책
  6. 물환경 보전조치의 추진방향
  7. 「저탄소녹색성장기본법」 제2조 제12호에 따른 기후변화에 대한 적응대책
  8. 그 밖에 환경부령으로 정하는 사항

88 중점관리 저수지의 관리자와 그 저수지의 소재지를 관할하는 시·도지사가 수립하는 중점관리 저수지의 수질오염방지 및 수질개선에 관한 대책에 포함되어야 하는 사항으로 ( )에 옳은 것은 어느 것인가?

> 중점관리 저수지의 경계로부터 반경 ( )의 거주인구 등 일반현황

① 500m 이내   ② 1km 이내
③ 2km 이내   ④ 5km 이내

89 특별자치시장·특별자치도지사·시장·군수·구청장이 하천·호소의 이용목적 및 수질상황 등을 고려하여 대통령령이 정하는 바에 따라 낚시금지구역 또는 낚시제한구역을 지정할 수 없는 경우 누구와 협의하여야 하는가?

① 수면관리자
② 지방의회
③ 해양수산부 장관
④ 지방환경청장

90 총량관리 단위유역의 수질 측정방법 중 측정 수질에 관한 내용으로 ( )에 맞는 것은?

> 산정 지점으로부터 과거 ( ) 측정한 것으로 하며, 그 단위는 리터당 밀리그램(mg/L)으로 표시한다.

① 1년간
② 2년간
③ 3년간
④ 5년간

91 폐수무방류배출시설의 세부 설치기준으로 틀린 것은?

① 특별대책지역에 설치되는 경우 폐수배출량이 200m³/day 이상이면 실시간 확인 가능한 원격유량감시장치를 설치하여야 한다.
② 폐수는 고정된 관로를 통하여 수집·이송·처리·저장되어야 한다.
③ 특별대책지역에 설치되는 시설이 1일 24시간 연속하여 가동되는 것이면 배출폐수를 전량 처리할 수 있는 예비 방지시설을 설치하여야 한다.
④ 폐수를 고체상태의 폐기물로 처리하기 위하여 증발·농축·건조·탈수 또는 소각 시설을 설치하여야 하며, 탈수 등 방지시설에서 발생하는 폐수가 방지시설에 재유입되지 않도록 하여야 한다.

해설 [시행령 별표 6] 폐수무방류배출시설의 세부 설치기준(제31조 제7항 관련)
폐수를 고체상태의 폐기물로 처리하기 위하여 증발·농축·건조·탈수 또는 소각 시설을 설치하여야 하며, 탈수 등 방지시설에서 발생하는 폐수가 방지시설에 재유입하도록 하여야 한다.

92 시·도지사가 측정망을 이용하여 수질오염도를 상시 측정하거나 수생태계 현황을 조사한 경우, 결과를 며칠 이내에 환경부 장관에게 보고하여야 하는지 (   )에 맞는 것은?

> • 수질오염도 : 측정일에 속하는 달의 다음 달 (㉠) 이내
> • 수생태계 현황 : 조사 종료일부터 (㉡) 이내

① ㉠ 5일, ㉡ 1개월
② ㉠ 5일, ㉡ 3개월
③ ㉠ 10일, ㉡ 1개월
④ ㉠ 10일, ㉡ 3개월

93 오염총량초과부과금 산정방법 및 기준에 적용되는 측정유량(일일유량 산정 시 적용) 단위로 옳은 것은?

① m^3/min
② L/min
③ m^3/sec
④ L/sec

94 수계 영향권별 물환경 보전에 관한 설명으로 옳은 것은?

① 환경부 장관은 공공수역의 관리·보전을 위하여 국가 물환경관리기본계획을 10년마다 수립하여야 한다.
② 시·도지사는 수계 영향권별로 오염원의 종류, 수질오염물질 발생량 등을 정기적으로 조사하여야 한다.
③ 환경부 장관은 국가 물환경기본계획에 따라 중권역의 물환경관리계획을 수립하여야 한다.
④ 수생태계 복원계획의 내용 및 수립절차 등에 필요한 사항은 환경부령으로 정한다.

해설 ② 환경부 장관은 수계 영향권별로 오염원의 종류, 수질오염물질 발생량 등을 정기적으로 조사하여야 한다.
③ 지방환경관서의 장은 국가 물환경기본계획에 따라 중권역의 물환경관리계획을 수립하여야 한다.
④ 수생태계 복원계획의 내용 및 수립절차 등에 필요한 사항은 대통령령으로 정한다.

95 공공폐수처리시설 배수설비의 설치방법 및 구조기준에 관한 내용으로 (   )에 맞는 것은?

> 시간당 최대폐수량이 일평균폐수량의 (㉠) 이상인 사업자와 순간수질과 일평균수질과의 격차가 (㉡)mg/L 이상인 시설의 사업자는 자체적으로 유량조정조를 설치하여 폐수종말처리시설 가동에 지장이 없도록 폐수배출량 및 수질을 조정한 후 배수하여야 한다.

① ㉠ 2배, ㉡ 100 ② ㉠ 2배, ㉡ 200
③ ㉠ 3배, ㉡ 100 ④ ㉠ 3배, ㉡ 200

96 특정 수질유해물질로만 구성된 것은?

① 시안화합물, 셀레늄과 그 화합물, 벤젠
② 시안화화합물, 바륨화합물, 페놀류
③ 벤젠, 바륨화합물, 구리와 그 화합물
④ 6가크롬화합물, 페놀류, 니켈과 그 화합물

97 수질오염경보의 종류별·경보단계별 조치사항 중 상수원 구간에서 조류경보 "경계"단계 발령 시 조치사항이 아닌 것은?

① 정수의 독소분석 실시
② 황토 등 흡착제 살포 등을 이용한 조류제거 조치 실시
③ 주변 오염원에 대한 단속 강화
④ 어패류 어획·식용, 가축 방목 등의 자제 권고

98 시·도지사는 오염총량관리기본계획을 수립하거나 오염총량관리기본계획 중 대통령령이 정하는 중요한 사항을 변경하는 경우 환경부 장관의 승인을 얻어야 한다. 중요한 사항에 해당되지 않는 것은?

① 해당 지역 개발계획의 내용
② 지방자치단체별·수계 구간별 오염부하량의 할당
③ 관할 지역에서 배출되는 오염부하량의 총량 및 저감계획
④ 최종방류구별·단위기간별 오염부하량 할당 및 배출량 지정

해설 [법 제4조의 3] 오염총량관리기본계획에는 다음 사항이 포함되어야 한다.
1. 해당 지역 개발계획의 내용
2. 지방자치단체별·수계 구간별 오염부하량(汚染負荷量)의 할당
3. 관할 지역에서 배출되는 오염부하량의 총량 및 저감계획
4. 해당 지역 개발계획으로 인하여 추가로 배출되는 오염부하량 및 그 저감계획

99 환경정책기본법령에 의한 수질 및 수생태계 상태를 등급으로 나타내는 경우 "좋음" 등급에 대해 설명한 것은? (단, 수질 및 수생태계 하천의 생활환경기준)

① 용존산소가 풍부하고 오염물질이 거의 없는 청정상태에 근접한 생태계로 침전 등 간단한 정수처리 후 생활용수로 사용할 수 있음.

② 용존산소가 풍부하고 오염물질이 거의 없는 청정상태에 근접한 생태계로 여과·침전 등 간단한 정수처리 후 생활용수로 사용할 수 있음.

③ 용존산소가 많은 편이고 오염물질이 거의 없는 청정상태에 근접한 생태계로 여과·침전·살균 등 일반적인 정수처리 후 생활용수로 사용할 수 있음.

④ 용존산소가 많은 편이고 오염물질이 거의 없는 청정상태에 근접한 생태계로 활성탄 투입 등 일반적인 정수처리 후 생활용수로 사용할 수 있음.

해설 ② 매우 좋음
④ 좋음

100 사업장의 규모별 구분에 관한 내용으로 (   )에 맞는 내용은?

> 최초 배출시설 설치허가 시의 폐수배출량은 사업계획에 따른 (   )을 기준으로 산정한다.

① 예상용수사용량
② 예상폐수배출량
③ 예상하수배출량
④ 예상희석수사용량

▶▶ 제1과목 ▌수질오염개론

01 시료의 BOD₅가 200mg/L이고 탈산소계수 값이 0.15day⁻¹일 때 최종 BOD(mg/L)는?

① 약 213　　　　② 약 223

③ 약 233　　　　④ 약 243

해설 소모 BOD 공식 적용

$$BOD_5 = BOD_u \times (1 - 10^{-K \times t})$$
$$200 = BOD_u \times (1 - 10^{-0.15 \times 5})$$
$$\therefore BOD_u = 243.26 \text{mg/L}$$

02 배양기의 제한기질농도(S)가 100mg/L, 세포 최대비증식계수($\mu_{\max}$)가 0.35hr⁻¹일 때 모노드(Monod)식에 의한 세포의 비증식계수(μ, hr⁻¹)는? (단, 제한기질 반포화농도(K_s)=30mg/L)

① 약 0.27　　　　② 약 0.34

③ 약 0.42　　　　④ 약 0.54

해설 기질농도와 효소의 반응률 사이의 관계를 나타내는 Monod의 식을 이용한다.

$$\mu = \mu_{\max} \times \frac{[S]}{K_s + [S]} = 0.35 \times \frac{100}{30 + 100} = 0.27 \text{hr}^{-1}$$

03 도시에서 DO 0mg/L, BOD$_u$ 200mg/L, 유량 1.0m³/sec, 온도 20℃의 하수를 유량 6m³/sec인 하천에 방류하고자 한다. 방류지점에서 몇 km 하류에서 DO 농도가 가장 낮아지겠는가? (단, 하천의 온도 20℃, BOD$_u$ 1mg/L, DO 9.2 mg/L, 방류 후 혼합된 유량의 유속은 3.6km/hr이며, 혼합수의 k_1 =0.1/day, k_2 =0.2/day, 20℃에서 산소포화농도는 9.2mg/L이다. 상용대수기준)

① 약 243　　　　② 약 258

③ 약 273　　　　④ 약 292

해설 거리(L)＝유속(V)×시간(t)

ⓐ 자정계수 산정

$$f = \text{자정계수} = \frac{k_2}{k_1} = \frac{0.2/\text{day}}{0.1/\text{day}} = 2$$

ⓑ 혼합지점의 DO 산정

$$DO = \frac{(1.0\text{m}^3/\text{sec} \times 0\text{mg/L})_{-\text{하수}}}{(1.0 + 6.0)\text{m}^3/\text{sec}_{-\text{하수}+\text{하천}}} +$$
$$\frac{(6.0\text{m}^3/\text{sec} \times 9.2\text{mg/L})_{-\text{하천}}}{(1.0 + 6.0)\text{m}^3/\text{sec}_{-\text{하수}+\text{하천}}}$$
$$= 7.89\text{mg/L}$$

ⓒ 초기 산소부족량 산정

초기 산소부족량＝포화용존산소농도－초기 DO

$$D_0 = C_s - DO = 9.2 - 7.89 = 1.31\text{mg/L}$$

ⓓ 혼합지점의 총 BOD 산정

$$L_a = \frac{(1.0\text{m}^3/\text{sec} \times 200\text{mg/L})_{-\text{하수}}}{(1 + 6)\text{m}^3/\text{sec}_{-\text{하수}+\text{하천}}} +$$
$$\frac{(6\text{m}^3/\text{sec} \times 1\text{mg/L})_{-\text{하천}}}{(1 + 6)\text{m}^3/\text{sec}_{-\text{하수}+\text{하천}}}$$
$$= 29.43\text{mg/L}$$

ⓔ 임계시간의 산정

$$t_c = \frac{1}{k_1(f-1)} \log \left[f \left\{ 1 - (f-1)\frac{D_a}{L_a} \right\} \right]$$
$$= \frac{1}{0.1 \times (2-1)} \log \left[2 \left\{ 1 - (2-1) \times \frac{(9.2 - 7.89)}{29.43} \right\} \right]$$
$$= 2.81\text{day}$$

ⓕ 거리의 산정

거리(L)＝유속(V)×시간(t)

$$= \frac{3.6\text{km}}{\text{hr}} \times 2.81\text{day} \times \frac{24\text{hr}}{\text{day}} = 242.78\text{km}$$

04 수산화칼슘(Ca(OH)₂)은 중탄산칼슘(Ca(HCO₃)₂)과 반응하여 탄산칼슘(CaCO₃)의 침전을 형성한다고 할 때 10g의 Ca(OH)₂에 대하여 몇 g의 CaCO₃가 생성되는가? (단, Ca 원자량=40)

① 37　　　　② 27

③ 17　　　　④ 7

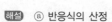

해설 ⓐ 반응식의 산정

$$Ca(OH)_2 + Ca(HCO_3)_2 \rightarrow 2CaCO_3 + 2H_2O$$

ⓑ $CaCO_3$의 산정

$$\underset{\text{Ca(OH)}_2 \text{ 분자량}}{74g} \; : \; \underset{\text{2CaCO}_3 \text{ 분자량}}{2 \times 100g} = \underset{\text{Ca(OH)}_2 \text{ 양}}{10g} \; : \; \underset{\text{CaCO}_3 \text{ 양}}{X}$$

∴ $CaCO_3 = 27.03g$

05 생물학적 질화 중 아질산화에 관한 설명으로 옳지 않은 것은?

① 반응속도가 매우 빠르다.
② 관련 미생물은 독립영양성 세균이다.
③ 에너지원은 화학에너지이다.
④ 산소가 필요하다.

해설
· 증식속도는 $0.21 \sim 1.08 day^{-1}$의 범위를 보인다.
· 질산화 미생물의 증식속도는 통상적으로 활성슬러지 중에 있는 종속영양 미생물보다 늦기 때문에 활성슬러지 중에서 그 개체수가 유지되기 위해서는 비교적 긴 SRT를 필요로 한다.
· 또한 반응속도는 니트로소모나스(nitrosomonas)에 의한 아질산화 반응보다 니트로박터(nitrobacter)에 의한 질산화 반응이 더 빠르게 일어나며 전체 질산화 반응속도는 니트로소모나스(nitrosomonas)에 의한 아질산화 반응에 의해 결정된다.

06 미생물에 의한 산화·환원 반응에 있어 전자 수용체에 속하지 않는 것은?

① O_2
② CO_2
③ NH_3
④ 유기물

해설 전자수용체란 산화·환원 반응에서 전자 또는 수소를 받는 것을 의미하며 NH_3는 미생물에 의한 질산화 과정을 통해 수소를 내어 놓게 된다.

07 수온이 20℃인 저수지의 용존산소 농도가 12.4 mg/L이었을 때 저수지의 상태를 가장 적절하게 평가한 것은?

① 물이 깨끗하다.
② 대기로부터의 산소 재폭기가 활발히 일어나고 있다.
③ 조류가 많이 번성하고 있다.
④ 수생동물이 많다.

해설 수온이 20℃일 때 산소의 포화농도는 약 9.2ppm 정도이다. 조류의 증식으로 조류에 의한 광합성 작용에 의해 용존산소의 농도가 높아졌을 가능성이 크다.

08 일반적으로 적용되는 부영양화 모델의 방정식 $\frac{\partial x}{\partial t} = f(X, u, a, p)$의 설명으로 틀린 것은?

① a : 호수생태계의 특색을 나타내는 상수 벡터(vector)
② f : 유입, 유출, 호수 내에서의 이류, 확산 등 상태 변수의 변화속도
③ p : 수량부하, 일사량 등에 관련되는 입력함수
④ X : 호수 및 저니 속의 어떤 지점에서의 물리적, 화학적, 생물학적인 상태량

해설 p : 확률적인 요인

09 직경 3mm인 모세관의 표면장력이 0.0037kgf/m 라면 물기둥의 상승높이(cm)는? (단, $h = \frac{4\gamma \cos \beta}{w \cdot d}$, 접촉각 $\beta = 5°$)

① 0.26
② 0.38
③ 0.49
④ 0.57

해설 모세관에서의 상승높이 관련 식

$$h = \frac{4\gamma \cos \beta}{w \cdot d}$$

γ : 표면장력 → $0.0034kgf/m$
β : 접촉각 → $5°$
ω : 물의 비중량 → $1,000kgf/m$
d : 직경 → $3mm = 0.3cm = 0.003m^3$

$$= 4 \times \frac{0.0037kgf}{m} \times \cos 5° \times \frac{m^3}{1,000kgf} \times \frac{1}{3mm}$$
$$\times \frac{10^3 mm}{1m} \times \frac{100cm}{1m} = 0.49cm$$

10 산화·환원에 대한 설명으로 알맞지 않은 것은?

① 산화는 전자를 얻는 현상을 말하며, 환원은 전자를 잃는 현상을 말한다.
② 이온원자가나 공유원자가에 (+)나 (−)부호를 붙인 것을 산화수라 한다.
③ 산화는 산화수의 증가를 말하며, 환원은 산화수의 감소를 말한다.
④ 산화는 수소화합물에서 수소를 잃는 현상이며 환원은 수소와 화합하는 현상을 말한다.

해설 산화는 전자를 잃는 현상을 말하며, 환원은 전자를 얻는 현상을 말한다.

11 유리산소가 존재하는 상태에서 발육하기 어려운 미생물로 가장 알맞은 것은?

① 호기성 미생물

② 통성혐기성 미생물

③ 편성혐기성 미생물

④ 미호기성 미생물

12 자체의 염분농도가 평균 20mg/L인 폐수에 시간당 4kg의 소금을 첨가시킨 후 하류에서 측정한 염분의 농도가 55mg/L였을 때 유량(m^3/sec)은?

① 0.0317

② 0.317

③ 0.0634

④ 0.634

해설 혼합지점의 농도를 구하는 식

$$C_m = \frac{C_1 Q_1 + C_2 Q_2}{Q_1 + Q_2} = \frac{\text{용질의 질량}}{\text{용액의 부피}}$$

ⓐ $C_1 Q_1$의 산정

$C_1 Q_1$(kg/sec)

$$= \frac{20\text{mg}}{\text{L}} \times \frac{\square m^3}{\text{sec}} \times \frac{10^3 \text{L}}{m^3} \times \frac{1\text{kg}}{10^6 \text{mg}}$$

$\underbrace{}_{\text{농도}}$ $\underbrace{}_{\text{유량}}$ $\underbrace{}_{m^3 \to \text{L}}$ $\underbrace{}_{\text{mg} \to \text{kg}}$

$= 0.02\square$kg/sec

ⓑ $C_2 Q_2$의 산정

$$C_2 Q_2 \text{(kg/sec)} = \frac{4\text{kg}}{\text{hr}} \times \frac{1\text{hr}}{3,600\text{sec}}$$

$\underbrace{}_{\text{hr} \to \text{sec}}$

이때 소금(용질)만을 첨가했으므로 Q_2는 0임.

ⓒ Q_1의 산정(=□)

55mg/L

$$= \frac{\left[\left(\frac{0.02\square\text{kg}}{\text{sec}}\right) + \left(\frac{4\text{kg}}{\text{hr}} \times \frac{\text{hr}}{3,600\text{sec}}\right)\right] \times \frac{10^6\text{mg}}{\text{kg}}}{\frac{\square m^3}{\text{sec}} \times \frac{10^3\text{L}}{m^3}}$$

여기서, $\frac{1\text{kg}}{10^6\text{mg}} \times \frac{10^3\text{L}}{1m^3}$은 단위환산을 위해 필요한

$\underbrace{}_{\text{mg} \to \text{kg}}$ $\underbrace{}_{m^3 \to \text{L}}$

인자이며, 방정식을 계산하면

∴ $Q_1 = 0.0317 m^3$/sec

13 물의 특성을 설명한 것으로 적절치 못한 것은?

① 상온에서 알칼리금속, 알칼리토금속, 철과 반응하여 수소를 발생시킨다.

② 표면장력은 불순물의 농도가 낮을수록 감소한다.

③ 표면장력은 수온이 증가하면 감소한다.

④ 점도는 수온과 불순물의 농도에 따라 달라지는데 수온이 증가할수록 점도는 낮아진다.

해설 표면장력은 불순물의 농도가 낮을수록 증가한다.

14 일반적으로 처리조 설계에 있어서 수리모형으로 플러그 플로(plug flow)형일 때 얻어지는 값은?

① 분산수 : 0

② 통계학적 분산 : 1

③ 모릴(Morrill) 지수 : 1보다 크다.

④ 지체시간 : 0

해설

혼합 정도 표시	완전혼합흐름상태	플러그흐름상태
분산	1일 때	0일 때
분산수	무한대일 때	0일 때
모릴지수	클수록	1에 가까울수록

15 방사성 물질인 스트론튬(Sr-90)의 반감기가 29년이라면 주어진 양의 스트론튬(Sr-90)이 99% 감소하는 데 걸리는 시간(년)은?

① 143

② 193

③ 233

④ 273

해설 방사성 물질의 반감기는 1차 반응을 따른다.

$$\ln \frac{C_t}{C_o} = -K \times t$$

ⓐ K의 산정

$$\ln \frac{50}{100} = -K \cdot 29$$

$$K = 0.0239(\text{yr}^{-1})$$

ⓑ 99% 감소하는 데 걸리는 시간

$$\ln \frac{1}{100} = -0.0239 \times t$$

$$t = \frac{\ln(C_t/C_o)}{-K} = \frac{\ln(1/100)}{-0.0239} = 193\text{yr (년)}$$

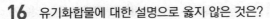
16 유기화합물에 대한 설명으로 옳지 않은 것은?

① 유기화합물들은 일반적으로 녹는점과 끓는점이 낮다.

② 유기화합물들은 하나의 분자식에 대하여 여러 종류의 화합물이 존재할 수 있다.

③ 유기화합물들은 대체로 이온반응보다는 분자반응을 하므로 반응속도가 빠르다.

④ 대부분의 유기화합물은 박테리아의 먹이가 될 수 있다.

해설 유기화합물들은 대체로 분자 반응을 하므로 반응속도가 느리다.

17 호소의 부영양화를 방지하기 위해서 호소로 유입되는 영양염류의 저감과 성장조류를 제거하는 수면관리 대책을 동시에 수립하여야 하는데, 유입저감 대책으로 바르지 않은 것은?

① 배출허용기준의 강화

② 약품에 의한 영양염류의 침전 및 황산동 살포

③ 하·폐수의 고도처리

④ 수변구역의 설정 및 유입배수의 우회

해설 약품에 의한 영양염류의 침전 및 황산동 살포는 수면관리 대책에 해당한다.

18 우리나라 호수들의 형태에 따른 분류와 그 특성을 나타낸 것으로 가장 거리가 먼 것은?

① 하천형 : 긴 체류시간

② 가지형 : 복잡한 연안구조

③ 가지형 : 호수 내 만의 발달

④ 하수형 : 높은 오염부하량

해설 하천형은 체류시간이 짧은 특징을 가지고 있다.

〈국내 호수의 분류〉

구분	하천형	가지형
특징	• 수질은 수평적으로 균일함. • 체류시간이 짧음.	• 체류시간이 긺. • 호수 내 만이 발달함. • 수질은 호수 길이에 따라 차이가 있음. • 연안구조가 복잡함.
종류	춘천호, 의암호, 청평호, 팔당호	소양호, 충주호, 합천호, 안동호, 대청호

구분	저수지형	하수형
특징	• 수심이 낮음. • 체류시간이 짧음. • 저수용량이 적음.	• 하구에 위치하여 오염부하량이 높음. • 수질은 호수 길이에 따라 차이가 있음.
종류	장성호, 광주호, 호암호, 회동호, 대가미호	영산강 하구, 낙동강 하구

19 해수의 특성으로 틀린 것은?

① 해수는 HCO_3^-를 포화시킨 상태로 되어 있다.

② 해수의 밀도는 염분비일정법칙에 따라 항상 균일하게 유지된다.

③ 해수 내 전체 질소 중 약 35% 정도는 암모니아성질소와 유기질소의 형태이다.

④ 해수의 Mg/Ca 비는 3~4 정도로 담수에 비하여 크다.

해설 해수의 밀도는 수심이 깊을수록 증가한다.

20 바다에서 발생되는 적조현상에 관한 설명과 가장 거리가 먼 것은?

① 적조 조류의 독소에 의한 어패류의 피해가 발생한다.

② 해수 중 용존산소의 결핍에 의한 어패류의 피해가 발생한다.

③ 갈수기 해수 내 염소량이 높아질 때 발생한다.

④ 플랑크톤의 번식에 충분한 빛의 양과 영양염류가 공급될 때 발생한다.

해설 홍수기 해수 내 염소량이 낮아질 때 발생한다.

제2과목 | 상하수도계획

21 지하수의 취수지점 선정에 관한 설명 중 틀린 것은 어느 것인가?

① 연해부의 경우에는 해수의 영향을 받지 않아야 한다.

② 얕은 우물인 경우에는 오염원으로부터 5m 이상 떨어져서 장래에도 오염의 영향을 받지 않는 지점이어야 한다.

③ 기존 우물 또는 집수매거의 취수에 영향을 주지 않아야 한다.

④ 복류수인 경우에 장래에 일어날 수 있는 유로변화 또는 하상저하 등을 고려하고 하천개수계획에 지장이 없는 지점을 선정한다.

해설 얕은 우물인 경우에는 오염원으로부터 15m 이상 떨어져서 장래에도 오염의 영향을 받지 않는 지점이어야 한다.

22 상향류식 경사판 침전지의 표준 설계요소에 관한 설명으로 잘못된 것은?

① 표면부하율은 4~9mm/min으로 한다.

② 침강장치는 1단으로 한다.

③ 경사각은 55~60°로 한다.

④ 침전지 내의 평균상승유속은 250mm/min 이하로 한다.

해설 표면부하율은 12~28mm/min으로 한다.

23 하수관로의 유속과 경사는 하류로 갈수록 어떻게 되도록 설계하여야 하는가?

① 유속 : 증가, 경사 : 감소

② 유속 : 증가, 경사 : 증가

③ 유속 : 감소, 경사 : 증가

④ 유속 : 감소, 경사 : 감소

24 배수지의 고수위와 저수위와의 수위차, 즉 배수지의 유효수심의 표준으로 적절한 것은?

① 1~2m ② 2~4m

③ 3~6m ④ 5~8m

25 응집시설 중 완속교반시설에 관한 설명으로 틀린 것은?

① 완속교반기는 패들형과 터빈형이 사용된다.

② 완속교반 시 속도경사는 40~100초$^{-1}$ 정도로 낮게 유지한다.

③ 조의 형태는 폭 : 길이 : 깊이=1 : 1 : 1~1.2가 적당하다.

④ 체류시간은 5~10분이 적당하고 3~4개의 실로 분리하는 것이 좋다.

해설 체류시간은 20~30분이 적당하다.

26 취수탑의 위치에 관한 내용으로 ( )에 옳은 것은?

> 연간을 통하여 최소수심이 (　) 이상으로 하천에 설치하는 경우에는 유심이 제방에 되도록 근접한 지점으로 한다.

① 1m ② 2m

③ 3m ④ 4m

27 비교회전도가 700~1,200인 경우에 사용되는 하수도용 펌프 형식으로 옳은 것은?

① 터빈펌프

② 벌류트펌프

③ 축류펌프

④ 사류펌프

해설

형식	전양정(m)	펌프의 구경(mm)	비교회전도
축류펌프	5 이하	400 이상	1,100~2,000
사류펌프	3~12	400 이상	700~1,200
원심펌프	4 이상	80 이상	100~750

28 1분당 300m³의 물을 150m 양정(전양정)할 때 최고 효율점에 달하는 펌프가 있다. 이때의 회전수가 1,500rpm이라면 이 펌프의 비속도(비교회전도)는?

① 약 512

② 약 554

③ 약 606

④ 약 658

비교회전도의 산정을 위한 공식

$$N_s = N \times \frac{Q^{1/2}}{H^{3/4}}$$

N : 회전수 → $1,500$rpm

Q : 유량 → $300\text{m}^3/\text{min}$

H : 양정 → 150m

$$= 1,500 \times \frac{300^{1/2}}{150^{3/4}} = 606.15$$

29 오수관로의 유속범위로 알맞은 것은? (단, 계획시간최대오수량기준)

① 최소 0.2m/sec, 최대 2.0m/sec

② 최소 0.3m/sec, 최대 2.0m/sec

③ 최소 0.6m/sec, 최대 3.0m/sec

④ 최소 0.8m/sec, 최대 3.0m/sec

유속은 일반적으로 하류방향으로 흐름에 따라 점차로 커지고, 관거경사는 점차 작아지도록 다음 사항을 고려하여 유속과 경사를 결정한다.

1. 오수관거
계획시간최대오수량에 대하여 유속을 최소 0.6m/sec, 최대 3.0m/sec로 한다.

2. 우수관거 및 합류관거
계획우수량에 대하여 유속을 최소 0.8m/sec, 최대 3.0m/sec로 한다.

30 하수처리시설의 계획유입수질 산정방식으로 옳은 것은?

① 계획오염부하량을 계획 1일 평균오수량으로 나누어 산정한다.

② 계획오염부하량을 계획시간평균오수량으로 나누어 산정한다.

③ 계획오염부하량을 계획 1일 최대오수량으로 나누어 산정한다.

④ 계획오염부하량을 계획시간최대오수량으로 나누어 산정한다.

31 정수시설인 급속여과지의 표준여과속도(m/day)로 옳은 것은?

① $120\sim150$ ② $150\sim180$

③ $180\sim250$ ④ $250\sim300$

• 급속여과지의 표준여과속도 : $120\sim150$m/day

• 완속여과지의 표준여과속도 : $4\sim5$m/day

32 정수시설 중 응집을 위한 시설인 플록형성지의 플록형성시간은 계획정수량에 대하여 몇 분을 표준으로 하는가?

① $0.5\sim1$분

② $1\sim3$분

③ $5\sim10$분

④ $20\sim40$분

33 원형 원심력 철근콘크리트관에 만수된 상태로 송수된다고 할 때 Manning 공식에 의한 유속(m/sec)은? (단, 조도계수=0.013, 동수경사=0.002, 관지름 $D=250$mm)

① 0.24 ② 0.54

③ 0.72 ④ 1.03

Manning에 의한 유속의 계산은 아래와 같다.

$$V = \frac{1}{n} R^{\frac{2}{3}} I^{\frac{1}{2}}$$

R : 경심 → 0.0625

n : 조도계수 → 0.013

I : 동수경사 → 0.002

ⓐ 경심 산정

$$R = \frac{\text{단면적}}{\text{윤변}} = \frac{D}{4} = \frac{0.25}{4} = 0.0625$$

ⓑ 유속 산정

$$V = \frac{1}{0.013} \times (0.0625)^{\frac{2}{3}} \times (0.002)^{\frac{1}{2}}$$

$$= 0.54\text{m/sec}$$

34 상수도시설의 등급별 내진설계 목표에 대한 내용으로 ( )에 옳은 내용은?

> 상수도시설물의 내진성능 목표에 따른 설계지진강도는 붕괴방지수준에서 시설물의 내진등급이 Ⅰ등급인 경우에는 재현주기 (㉠), Ⅱ등급인 경우에는 (㉡)에 해당되는 지진지반운동으로 한다.

① ㉠ 100년, ㉡ 50년

② ㉠ 200년, ㉡ 100년

③ ㉠ 500년, ㉡ 200년

④ ㉠ 1,000년, ㉡ 500년

35 $I = \dfrac{3,660}{t+15}$ mm/hr, 면적 2.0km^2, 유입시간 6분, 유출계수 $C=0.65$, 관 내 유속이 1m/sec인 경우 관 길이 600m인 하수관에서 흘러나오는 우수량(m^3/sec)은? (단, 합리식 적용)

① 약 31   ② 약 38
③ 약 43   ④ 약 52

해설 합리식에 의한 우수유출량을 산정하는 공식

$$Q = \frac{1}{360} C \cdot I \cdot A$$

ⓐ 유달시간 산정

$$t = \underbrace{\text{유입시간}}_{\min} + \underbrace{\text{유하시간}}_{\min \mid \frac{\text{길이}(L)}{\text{유속}(V)}}$$

$$= 6\min + 600\text{m} \times \frac{\text{sec}}{1\text{m}} \times \frac{1\min}{60\text{sec}}$$

$$= 16\min$$

ⓑ 강우강도 산정

$$I = \frac{3,660}{t+15}$$

$$= \frac{3,660}{16+15}$$

$$= 118.06 \text{mm/hr}$$

ⓒ 유역면적 산정

$$\text{유역면적} = 2.0\text{km}^2 \times \frac{100\text{ha}}{1\text{km}^2}$$

$$= 200\text{ha}$$

ⓓ 유량 산정

$$Q = \frac{1}{360} \times 0.65 \times 118.06 \times 200$$

$$= 42.63 \text{m}^3/\text{sec}$$

36 하수의 배제방식에 대한 설명으로 잘못된 것은?

① 하수의 배제방식에는 분류식과 합류식이 있다.
② 하수의 배제방식의 결정은 지역의 특성이나 방류수역의 여건을 고려해야 한다.
③ 제반 여건상 분류식이 어려운 경우 합류식으로 설치할 수 있다.
④ 분류식 중 오수관로는 소구경관로로 폐쇄 염려가 있으며, 청소가 어렵고, 시간이 많이 소요된다.

해설 오수관거에서는 소구경관거에 의한 폐쇄의 우려가 있으나 청소는 비교적 용이하다. 측구가 있는 경우는 관리에 시간이 걸리고 불충분한 경우가 많다.

37 계획오수량에 관한 내용으로 틀린 것은?

① 지하수 유입량은 토질, 지하수위, 공법에 따라 다르지만 1인 1일 평균오수량의 10~20% 정도로 본다.
② 계획 1일 최대오수량은 1인 1일 최대오수량에 계획인구를 곱한 후 여기에 공장폐수량, 지하수량 및 기타 배수량을 가산한 것으로 한다.
③ 계획 1일 평균오수량은 계획 1일 최대오수량의 70~80%를 표준으로 한다.
④ 계획시간최대오수량은 계획 1일 최대오수량의 1시간당의 수량의 1.3~1.8배를 표준으로 한다.

38 저수댐의 위치에 관한 설명으로 틀린 것은?

① 댐 지점 및 저수지의 지질이 양호하여야 한다.
② 가장 작은 댐의 크기로서 필요한 양의 물을 저수할 수 있어야 한다.
③ 유역면적이 작고 수원보호상 유리한 지형이어야 한다.
④ 저수지 용지 내에 보상해야 할 대상물이 적어야 한다.

39 계획우수량을 정할 때 고려하여야 할 사항 중 틀린 것은?

① 하수관거의 확률연수는 원칙적으로 10~30년으로 한다.
② 유입시간은 최소단위배수구의 지표면 특성을 고려하여 구한다.
③ 유출계수는 지형도를 기초로 답사를 통하여 충분히 조사하고 장래 개발계획을 고려하여 구한다.
④ 유하시간은 최상류관거의 끝으로부터 하류관거의 어떤 지점까지의 거리를 계획유량에 대응한 유속으로 나누어 구하는 것을 원칙으로 한다.

해설 유출계수는 토지이용별 기초유출계수로부터 총괄유출계수를 구한다.

40 지하수(복류수 포함)의 취수시설 중 집수매거에 관한 설명으로 옳지 않은 것은?

① 복류수의 유황이 좋으면 안정된 취수가 가능하다.

② 하천의 대소에 영향을 받으며 주로 소하천에 이용된다.

③ 침투된 물을 취수하므로 토사유입은 거의 없고 대개는 수질이 좋다.

④ 하천바닥의 변동이나 강바닥의 저하가 큰 지점은 노출될 우려가 크므로 적당하지 않다.

해설 하천의 대소에 영향을 받지 않으며 하천의 대소에 관계없이 이용된다.

제3과목 Ⅰ 수질오염방지기술

41 폐수의 고도처리에 관한 다음의 기술 중 옳지 않은 것은?

① Cl^-, SO_4^{2-} 등의 무기염류의 제거에는 전기투석법이 이용된다.

② 활성탄 흡착법에서 폐수 중의 인산은 제거되지 않는다.

③ 모래여과법은 고도처리 중에서 흡착법이나 전기투석법의 전처리로 이용된다.

④ 폐수 중의 무기성 질소화합물은 철염에 의한 응집침전으로 완전히 제거된다.

해설 폐수 중의 질소화합물은 화학적 처리에 의해 잘 제거되지 않는다.

42 잔류염소 농도 0.6mg/L에서 3분 동안 90%의 세균이 사멸되었다면 같은 농도에서 95% 살균을 위해서 필요한 시간(분)은? (단, 염소 소독에 의한 세균의 사멸이 1차 반응 속도식을 따른다고 가정)

① 2.6
② 3.2
③ 3.9
④ 4.5

해설 염소 소독에 의한 세균의 사멸은 1차 반응을 따른다.

$$\ln \frac{C_t}{C_o} = -K \times t$$

ⓐ K값 산정

$$\ln \frac{10}{100} = -K \times 3 \min$$

$$\therefore K = 0.7675 \min^{-1}$$

ⓑ 95% 살균을 위한 시간 산정

$$\ln \frac{5}{100} = -\frac{0.7675}{\min} \times t \ (\min)$$

$$\therefore t = 3.9 \min$$

43 여섯 개의 납작한 날개를 가진 터빈임펠러로 탱크의 내용물을 교반하려 한다. 교반은 난류영역에서 일어나며 임펠러의 직경은 3m이고 깊이는 20m이며, 바닥에서 4m 위에 설치되어 있다. 30rpm으로 임펠러가 회전할 때 소요되는 동력(kg·m/sec)은? (단, $P = k\rho n^3 D^5 / g_c$식 적용, 소요동력을 나타내는 계수 $k = 3.3$)

① 9,356
② 10,228
③ 12,350
④ 15,421

해설 $P = k\rho n^3 D^5 / g_c$

P : 동력(kg·m/sec)

k : 소요동력계수 → 3.3

ρ : 유체밀도 → 1,000kg/m³

n : 회전수(rps) → 0.5rps

D : 직경(m) → 3m

g_c : 중력가속도 → 9.8m/sec²

$$= \frac{3.3 \times 1,000 \times 0.5^3 \times 3^5}{9.8}$$

$$= 10228.32 \text{kg·m/sec}$$

44 하수처리방식 중 회전원판법에 관한 설명으로 가장 거리가 먼 것은?

① 활성슬러지법에 비해 2차 침전지에서 미세한 SS가 유출되기 쉽고 처리수의 투명도가 나쁘다.

② 운전관리상 조작이 간단한 편이다.

③ 질산화가 거의 발생하지 않으며, pH 저하도 거의 없다.

④ 소비전력량이 소규모 처리시설에서는 표준활성슬러지법에 비하여 적은 편이다.

해설 질산화가 발생하기 쉬운 편이며, pH가 저하되는 경우가 있다.

※ 회전원판법의 특징
1. 운전관리상 조작이 간단하다.
2. 소비전력량은 소규모 처리시설에서는 표준활성슬러지법에 비하여 적다.

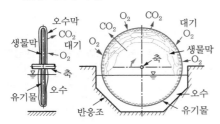

┃ 회전원판 표면의 모식도 ┃

3. 질산화가 일어나기 쉬우며, pH가 저하되는 경우도 있다.
4. 활성슬러지법에서와 같이 벌킹으로 인해 2차 침전지에서 일시적으로 다량의 슬러지가 유출되는 현상은 없다.
5. 활성슬러지법에 비해 2차 침전지에서 미세한 SS가 유출되기 쉽고, 처리수의 투명도가 나쁘다.
6. 살수여상과 같이 여상에 파리는 발생하지 않으나 하루살이가 발생하는 경우가 있다.

45 다음 중 포기조 부피가 1,000m³이고 MLSS 농도가 3,500mg/L일 때, MLSS 농도를 2,500mg/L로 운전하기 위해 추가로 폐기시켜야 할 잉여슬러지량(m³)은? (단, 반송슬러지 농도=8,000mg/L)

① 65
② 85
③ 105
④ 125

해설 포기조의 MLSS 변화량=폐기할 반송슬러지량

$(3,500-2,500)\dfrac{mg}{L}\times 1,000m^3 = Q_R(m^3)\times\dfrac{8,000mg}{L}$

∴ $Q_R = 125m^3$

46 다음 중 활성슬러지 공정에서 폭기조 유입 BOD가 180mg/L, SS가 180mg/L, BOD-슬러지 부하가 0.6kg-BOD/kg-MLSS·day일 때, MLSS 농도(mg/L)는? (단, 폭기조 수리학적 체류시간 =6시간)

① 1,100 ② 1,200
③ 1,300 ④ 1,400

해설 BOD-MLSS 부하의 관계식은 아래와 같으며, 단위(kg/kg·day)에 유의해야 한다.

$$BOD-MLSS\ 부하 = \frac{BOD_i \times Q}{MLSS \times \forall}$$
$$= \frac{BOD_i}{MLSS \times t}$$

여기서, 유량=부피/시간이므로 $\dfrac{Q}{\forall}=\dfrac{1}{t}$ 이 된다.

$0.6kg/kg\cdot day = \dfrac{180mg/L}{MLSS \times (6/24)day}$

∴ MLSS = 1,200mg/L

47 폐수로부터 암모니아를 제거하는 방법의 하나로 천연 제올라이트를 사용하기도 한다. 천연 제올라이트로 암모니아를 제거할 경우 재생방법을 가장 적절하게 나타낸 것은?

① 깨끗한 증류수로 세척한다.
② 황산이나 질산 등 산성 용액으로 재생한다.
③ NaOH나 석회수 등 알칼리성 용액으로 재생한다.
④ LAS 등 세제로 세척한 후 가열하여 재생한다.

해설 암모늄이온과 암모니아 기체는 pH에 따라 성상이 달라질 수 있으며, 알칼리도가 높을수록 암모니아 기체로 화학평형이 일어나게 된다.

48 무기물이 0.3g/g·VSS로 구성된 생물성 VSS를 나타내는 폐수의 경우, 혼합액 중의 TSS와 VSS 농도가 각각 2,000mg/L, 1,480mg/L라 하면 유입수로부터 기인된 불활성 고형물에 대한 혼합액 중의 농도(mg/L)는? (단, 유입된 불활성 부유 고형물질의 용해는 전혀 없다고 가정)

① 76
② 86
③ 96
④ 116

해설 TSS=VSS+FSS
1,480mg/L의 VSS는 1,480×0.3=444mg/L의 FSS로 구성되어 있어야 하나, TSS가 2,000mg/L이므로 실제 FSS는 520mg/L이다. 그러므로 유입수로부터 기인된 불활성 고형물에 대한 혼합액 중의 농도는 520-444=76mg/L이다.

49 생물학적 3차 처리를 위한 A/O 공정을 나타낸 것으로 각 반응조 역할을 적절하게 설명한 것은?

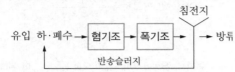

① 혐기조에서는 유기물 제거와 인의 방출이 일어나고, 폭기조에서는 인의 과잉섭취가 일어난다.
② 폭기조에서는 유기물 제거가 일어나고, 혐기조에서는 질산화 및 탈질이 동시에 일어난다.
③ 제거율을 높이기 위해서는 외부 탄소원인 메탄올 등을 폭기조에 주입한다.
④ 혐기조에서는 인의 과잉섭취가 일어나며, 폭기조에서는 질산화가 일어난다.

50 수질 성분이 부식에 미치는 영향으로 틀린 것은?
① 높은 알칼리도는 구리와 납의 부식을 증가시킨다.
② 암모니아는 착화물 형성을 통해 구리, 납 등의 금속 용해도를 증가시킬 수 있다.
③ 잔류염소는 Ca와 반응하여 금속의 부식을 감소시킨다.
④ 구리는 갈바닉 전지를 이룬 배관상에 흠집(구멍)을 야기한다.

해설 잔류염소는 Ca와 반응하여 금속의 부식을 촉진시킨다.

51 길이 : 폭의 비가 3 : 1인 장방형 침전조에 유량 850m³/day의 흐름이 도입된다. 깊이는 4.0m이고 체류시간은 1.92hr이라면 표면부하율(m³/m²·day)은? (단, 흐름은 침전조 단면적에 균일하게 분배)
① 20　　　　　② 30
③ 40　　　　　④ 50

해설 표면부하율의 관계식

$$표면부하율 = \frac{유량}{침전면적} = \frac{AV_{-수평유속}}{WL}$$
$$= \frac{WHV_{-수평유속}}{WL} = \frac{H}{HRT} \text{ 이므로,}$$
$$= \frac{4m}{1.92hr} \times \frac{24hr}{day} = 50m/day$$
$$= 50m^3/m^2 \cdot day$$

52 1차 처리결과 슬러지의 함수율이 80%, 고형물 중 무기성 고형물질이 30%, 유기성 고형물질이 70%, 유기성 고형물질의 비중이 1.1, 무기성 고형물질의 비중이 2.2일 때 슬러지의 비중은?
① 1.017　　　　② 1.023
③ 1.032　　　　④ 1.047

해설 슬러지의 함수율과 비중과의 관계를 이용한다.

$$\frac{SL_{-슬러지양}}{\rho_{SL-슬러지 비중}} = \frac{VS_{-유기물 양}}{\rho_{VS-유기물 비중}} + \frac{FS_{-무기물 양}}{\rho_{FS-무기물 비중}} + \frac{W_{-수분양}}{\rho_{W-수분 밀도}}$$

$$\frac{100}{\rho_{SL}} = \frac{20 \times 0.7}{1.1} + \frac{20 \times 0.3}{2.2} + \frac{80}{1}$$

∴ 슬러지 비중 = 1.047

53 지름이 8cm인 원형 관로에서 유체의 유속이 20m/sec일 때 지름이 40cm인 곳에서의 유속(m/sec)은? (단, 유량 동일, 기타 조건은 고려하지 않음.)
① 0.8　　　　　② 1.6
③ 2.2　　　　　④ 3.4

해설 단면적과 유속은 변하지만 유량은 동일하다.

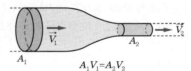

$$A_1 V_1 = A_2 V_2$$

$$Q = A_1 V_1 = A_2 V_2$$
$$\frac{\pi}{4}(0.08m)^2 \times 20m/sec = \frac{\pi}{4}(0.4m)^2 \times \square m/sec$$
$$\therefore \square = 0.8m/sec$$

54 하수처리과정에서 소독방법 중 염소와 자외선 소독의 장단점을 비교할 때 염소 소독의 장단점으로 틀린 것은?
① 암모니아의 첨가에 의해 결합잔류염소가 형성된다.
② 염소접촉조로부터 휘발성 유기물이 생성된다.
③ 처리수의 총용존고형물이 감소한다.
④ 처리수의 잔류독성이 탈염소 과정에 의해 제거되어야 한다.

해설 처리수의 염소 소독에서 총용존고형물은 증가한다.

55 하수로부터 인 제거를 위한 화학제의 선택에 영향을 미치는 인자가 아닌 것은?

① 유입수의 인 농도
② 슬러지 처리시설
③ 알칼리도
④ 다른 처리공정과의 차별성

56 CFSTR에서 물질을 분해하여 효율 95%로 처리하고자 한다. 이 물질은 0.5차 반응으로 분해되며, 속도상수는 $0.05(mg/L)^{1/2}/hr$이다. 유량은 500L/hr이고 유입농도는 250mg/L로 일정하다면 CFSTR의 필요 부피(m^3)는? (단, 정상상태 가정)

① 약 520
② 약 570
③ 약 620
④ 약 670

[해설] 완전혼합연속반응조이며 0.5차 반응이므로 아래의 관계식에 따른다.

$$Q(C_o - C_t) = K \cdot \forall \cdot C_t^m$$

Q : 유량 → 500L/hr
C_o : 초기농도 → 250mg/L
C_t : 나중농도 → $250 \times (1 - 0.95) = 12.5mg/L$
K : 반응속도상수 → $0.05(mg/L)^{1/2}/hr$
$\forall$: 반응조 체적 → $\forall (m^3)$
m : 반응차원 → 0.5

$$\frac{500L}{hr} \times \frac{(250 - 12.5)mg}{L}$$

$$= \frac{0.05(mg/L)^{0.5}}{hr} \times \forall m^3 \times \frac{10^3 L}{m^3} \times \left(\frac{12.5mg}{L}\right)^{0.5}$$

$$\therefore \forall = 671.75m^3$$

57 질소 제거를 위한 파괴점 염소 주입법에 관한 설명과 가장 거리가 먼 것은?

① 적절한 운전으로 모든 암모니아성질소의 산화가 가능하다.
② 시설비가 낮고 기존 시설에 적용이 용이하다.
③ 수생생물에 독성을 끼치는 잔류염소 농도가 높아진다.
④ 독성물질과 온도에 민감하다.

[해설] 질소 제거를 위한 파괴점 염소 주입법은 pH와 온도에 민감하다.

58 총잔류염소 농도를 3.05mg/L에서 1.00mg/L로 탈염시키기 위해 유량 4,350m^3/day인 물에 가해주는 아황산염(SO_3^{2-})의 양(kg/day)은? (단, Cl 원자량=35.5, S 원자량=32.1)

① 약 6
② 약 8
③ 약 10
④ 약 12

[해설] ⓐ 반응식의 산정
Cl^-와 SO_3^{2-}이 반응하기 위해서는 Cl^- 2mol과 SO_3^{2-} 1mol이 필요하다.
$$2Cl^- \equiv SO_3^{2-}$$

ⓑ SO_3^{2-}의 농도 산정
$$2Cl^- : SO_3^{2-} = 2 \times 35.5g : 80g$$
$$= 2.05mg/L : X(mg/L)$$
$$\therefore X = 2.31mg/L$$

ⓒ SO_3^{2-}의 양 산정
아황산염의 양
$$= \frac{4,350m^3}{day} \times \frac{2.31mg}{L} \times \frac{1kg}{10^6 mg} \times \frac{10^3 L}{1m^3}$$

유량 ─ 농도 ─ mg→kg ─ m^3→L

$$= 10.05kg/day$$

SO_3^{2-}의 양

59 슬러지의 열처리에 대해 기술한 것으로 옳지 않은 것은?

① 슬러지의 열처리는 탈수의 전처리로 한다.
② 슬러지의 열처리에 의해, 슬러지의 탈수성과 침강성이 좋아진다.
③ 슬러지의 열처리에 의해, 슬러지 중의 유기물이 가수분해되어 가용화된다.
④ 슬러지의 열처리에 의한 분리액은 BOD가 낮으므로 그대로 방류할 수 있다.

[해설] 슬러지의 열처리는 슬러지를 130~210℃에서 30~60분간 가온해 슬러지 중의 콜로이드(colloid) 또는 겔(gel)상태의 물질을 변화시켜 농축성을 높이면서 탈수성 좋은 슬러지로 만드는 방법으로, 약품을 첨가하지 않고 함수율이 낮은 탈수케이크를 얻을 수 있다. 열처리설비는 액상슬러지를 연속적으로 반응조에 넣어 슬러지 중 유기물 성상이 변하는 온도까지 가온한다. 따라서 대부분이 고형잔류물이 되고 일부는 용해성 유기물을 포함한 분리액과 기체로 되며 분리액의 BOD 농도는 5,000~7,000mg/L, SS 농도는 600~700mg/L 정도로 수처리공정으로 반송하여 처리할 경우 이에 대한 영향을 검토하여야 한다.

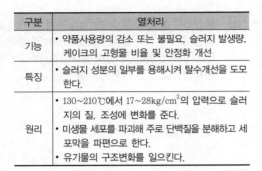

구분	열처리
기능	• 약품사용량의 감소 또는 불필요, 슬러지 발생량, 케이크의 고형물 비율 및 안정화 개선
특징	• 슬러지 성분의 일부를 용해시켜 탈수개선을 도모한다.
원리	• 130~210℃에서 17~28kg/cm²의 압력으로 슬러지의 질, 조성에 변화를 준다. • 미생물 세포를 파괴해 주로 단백질을 분해하고 세포막을 파편으로 한다. • 유기물의 구조변화를 일으킨다.

60 무기수은계 화합물을 함유한 폐수의 처리방법이 아닌 것은?

① 황화물 침전법   ② 활성탄 흡착법
③ 산화분해법   ④ 이온교환법

제4과목 Ⅰ 수질오염공정시험기준

61 수질분석용 시료의 보존방법에 관한 설명 중 틀린 것은?

① 6가크롬 분석용 시료는 c-HNO₃ 1mL/L를 넣어 보관한다.
② 페놀 분석용 시료는 인산을 넣어 pH 4 이하로 조정한 후 황산구리(1g/L)를 첨가하여 4℃에서 보관한다.
③ 시안 분석용 시료는 수산화나트륨으로 pH 12 이상으로 하여 4℃에서 보관한다.
④ 화학적 산소요구량 분석용 시료는 황산으로 pH 2 이하로 하여 4℃에서 보관한다.

해설 6가크롬은 4℃에서 보관한다.

62 흡광도 측정에서 입사광의 60%가 흡수되었을 때의 흡광도는?

① 약 0.6   ② 약 0.5
③ 약 0.4   ④ 약 0.3

해설 흡광도=1 / 투과율
투과율=투과광의 세기 / 입사광의 세기
$A = \log \dfrac{1}{t} = \log \dfrac{1}{I_t / I_o} = \log \dfrac{1}{40/100} = 0.3979$

63 자외선/가시선분광법을 적용하여 페놀류를 측정할 때 사용되는 시약은?

① 4-아미노안티피린
② 인도페놀
③ o-페난트로린
④ 디티존

해설 자외선/가시선분광법을 적용한 페놀류 측정 시 필요한 시약 : 메틸오렌지 용액(0.1%), 브롬산칼륨-브롬화칼륨 용액(0.1M), 4-아미노안티피린 용액(2%), 인산(1+9), 염화암모늄-암모니아 완충용액(pH 10), 요오드산칼륨 표준용액(0.025N), 전분 용액(1%), 클로로폼, 티오황산나트륨 용액(0.025N), 황산구리 용액(10%), 무수황산나트륨, 황산암모늄철 용액(0.11%), 헥사시안화철(Ⅲ)산칼륨 용액(9%)

64 시료 채취 시 유의사항으로 틀린 것은?

① 채취용기는 시료를 채우기 전에 시료로 3회 이상 씻은 다음 사용한다.
② 시료 채취용기에 시료를 채울 때에는 어떠한 경우에도 시료의 교란이 일어나서는 안 된다.
③ 지하수 시료는 취수정 내에 고여 있는 물과 원래 지하수의 성상이 달라질 수 있으므로 고여 있는 물을 충분히 퍼낸 다음 새로 나온 물을 채취한다.
④ 시료 채취량은 시험항목 및 시험횟수의 필요량의 3~5배 채취를 원칙으로 한다.

해설 시료 채취량은 시험항목 및 시험횟수에 따라 차이가 있으나 보통 3~5L 정도이어야 한다.

65 0.1mg-N/mL 농도의 NH₃-N 표준원액을 1L 조제하고자 할 때 필요한 NH₄Cl의 양(mg)은? (단, NH₄Cl 분자량=53.5)

① 227
② 382
③ 476
④ 591

해설
$$NH_4Cl = \underbrace{\dfrac{0.1mg_{-N}}{mL}}_{\text{질소 농도}} \times \underbrace{1L}_{\text{유량}} \times \underbrace{\dfrac{53.5g_{-NH_4Cl}}{14g_{-N}}}_{\text{질소→NH}_4\text{Cl}} \times \underbrace{\dfrac{10^3 mL}{1L}}_{mL \to L}$$
$$= \underbrace{382.14mg}_{NH_4Cl \, \text{양}}$$

60.③ 61.① 62.③ 63.① 64.④ 65.②

66 시료 중 구리, 아연, 납, 카드뮴, 니켈, 철, 망간, 6가크롬, 코발트 및 은 등 측정에 적용되고 이들을 암모니아수로 색을 변화 시킨 후 다시 산으로 처리하는 전처리 방법은?

① DDTC－MIBK법
② 디티존－MIBK법
③ 디티존－사염화탄소법
④ APDC－MIBK법

해설
• APDC(ammonium pyrrolidine dithiocarbamate, $C_5H_{12}N_2S_2$, 분자량＝164.29) : 암모늄피롤리딘디티오카바메이트
• MIBK(methyl isobutyl ketone(MIBK), $C_6H_{12}O$, 분자량＝100.16) : 메틸아이소부틸케톤

67 불소 측정시험 시 수증기 증류법으로 전처리하지 않아도 되는 것은?

① 색도가 30도인 시료
② PO_4^{3-}의 농도가 4mg/L인 시료
③ Al^{3+}의 농도가 2mg/L인 시료
④ Fe^{2+}의 농도가 7mg/L인 시료

68 온도에 관한 내용으로 옳지 않은 것은?

① 찬 곳은 따로 규정이 없는 한 0~15℃인 곳을 뜻한다.
② 냉수는 15℃ 이하를 말한다.
③ 온수는 70~90℃를 말한다.
④ 상온은 15~25℃를 말한다.

해설 냉수는 15℃ 이하, 온수는 60~70℃, 열수는 약 100℃를 말한다.

69 시료를 채취해 얻은 결과가 다음과 같고, 시료량이 50mL였을 때 부유고형물의 농도(mg/L)와 휘발성 부유고형물의 농도(mg/L)는?

• Whatman GF/C 여과지무게＝1.5433g
• 105℃ 건조 후 Whatman GF/C 여과지의 잔여무게＝1.5553g
• 550℃ 소각 후 Whatman GF/C 여과지의 잔여무게＝1.5531g

① 44, 240
② 240, 44
③ 24, 4.4
④ 4.4, 24

해설 중량법에 의한 부유물질의 농도 계산

$$부유물질(mg/L) = (b-a) \times \frac{1,000}{V}$$

ⓐ 부유고형물의 농도(105℃)
부유고형물(mg/L)
$$= (1.5553 - 1.5433)g \times \frac{1,000}{50mL}$$
$$= 240mg/L$$

ⓑ 휘발성 부유고형물의 농도(550℃)
$$휘발성 부유고형물 = (1.5531 - 1.5433)g \times \frac{1,000}{50mL}$$
$$= 44mg/L$$

70 수질오염공정시험기준상 기체 크로마토그래피법으로 정량하는 물질은?

① 불소
② 유기인
③ 수은
④ 비소

해설
• 불소 : 자외선/가시선분광법, 이온전극법, 이온 크로마토그래피
• 유기인 : 용매추출/기체 크로마토그래피
• 수은 : 냉증기－원자흡수분광광도법, 자외선/가시선분광법, 양극벗김전압전류법, 냉증기－원자형광법
• 비소 : 수소화물생성법－원자흡수분광광도법, 자외선/가시선분광법, 유도결합플라스마－원자발광분광법, 유도결합플라스마－질량분석법, 양극벗김전압전류법

71 "항량으로 될 때까지 강열한다."는 의미에 해당하는 것은?

① 강열할 때 전후 무게의 차가 g당 0.1mg 이하일 때
② 강열할 때 전후 무게의 차가 g당 0.3mg 이하일 때
③ 강열할 때 전후 무게의 차가 g당 0.5mg 이하일 때
④ 강열할 때 전후 무게의 차가 없을 때

72 pH 표준액의 온도보정은 온도별 표준액의 pH 값을 표에서 구하고 또한 표에 없는 온도의 pH 값은 내삽법으로 구한다. 다음 중 20℃에서 가장 낮은 pH 값을 나타내는 표준액은?

① 붕산염 표준액
② 프탈산염 표준액
③ 탄산염 표준액
④ 인산염 표준액

해설
- 옥살산염 표준용액(0.05M, pH 1.68)
- 프탈산염 표준용액(0.05M, pH 4.00)
- 인산염 표준용액(0.025M, pH 6.88)
- 붕산염 표준용액(0.01M, pH 9.22)
- 탄산염 표준용액(0.025M, pH 10.07)
- 수산화칼슘 표준용액(0.02M, 25℃ 포화용액, pH 12.63)

73 원자흡수분광광도법을 적용하여 비소를 분석할 때 수소화비소를 직접적으로 발생시키기 위해 사용하는 시약은?

① 염화제일주석
② 아연
③ 요오드화칼륨
④ 과망간산칼륨

해설 비소-수소화물생성법-원자흡수분광광도법은 물속에 존재하는 비소를 측정하는 방법으로 아연 또는 나트륨붕소수화물($NaBH_4$)을 넣어 수소화비소로 포집하여 아르곤(또는 질소)-수소 불꽃에서 원자화시켜 193.7nm에서 흡광도를 측정하고 비소를 정량하는 방법이다.

분석방법	
1	전처리한 시료를 수소화 발생장치의 반응용기에 옮기고 요오드화칼륨 용액 5mL를 넣어 흔들어 섞고 약 30분간 방치하여 시료용액으로 한다.
2	수소화 발생장치를 원자흡수분광분석장치에 연결하고 전체 흐름 내부에 있는 공기를 아르곤가스로 치환시킨다.
3	아연분말 약 3g 또는 나트륨붕소수소화물(1%) 용액 15mL를 신속히 반응용기에 넣고 자석교반기로 교반하여 수소화비소를 발생시킨다.
4	수소화비소를 아르곤-수소 불꽃 중에 주입하여 193.7nm에서 흡광도를 측정하고 미리 작성한 검정곡선으로부터 비소의 양을 구하고 농도(mg/L)를 산출한다. 평균 회수율은 90% 이상이어야 한다.

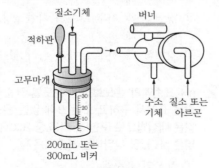

▮수소화비소 발생장치▮

74 전기전도도의 정밀도기준으로 ( )에 옳은 것은?

> 측정값의 % 상대표준편차(RSD)로 계산하며 측정값이 ( ) 이내이어야 한다.

① 15% ② 20%
③ 25% ④ 30%

75 BOD 측정 시 표준 글루코오스 및 글루타민산 용액의 적정 BOD 값(mg/L)이 아닌 것은? (단, 글루코오스 및 글루타민산을 각 150mg씩 물에 녹여 1,000mL로 함.)

① 200
② 215
③ 230
④ 260

해설 BOD용 희석수 및 BOD용 식종희석수의 검토
1. 시료(또는 전처리한 시료)를 BOD용 희석수(또는 BOD용 식종희석수)를 사용하여 희석할 때에 이들 중에 독성물질이 함유되어 있거나 구리, 납 및 아연 등의 금속이온이 함유된 시료(또는 전처리한 시료)는 호기성 미생물의 증식에 영향을 주어 정상적인 BOD 값을 나타내지 않게 된다. 이러한 경우에 다음의 시험을 행하여 적정여부를 검토한다.
2. 글루코오스 및 글루타민산 각 150mg씩을 취하여 물에 녹여 1,000mL로 한 액 5~10mL를 3개의 300mL BOD병에 넣고 BOD용 희석수(또는 BOD용 식종희석수)를 완전히 채운 다음 이하 BOD 시험방법에 따라 시험한다.
3. 이때 측정하여 얻은 BOD 값은 (200±30)mg/L의 범위 안에 있어야 한다. 얻은 BOD 값의 편차가 클 때에는 BOD용 희석수(또는 BOD용 식종희석수) 및 시료에 문제점이 있으므로 시험 전반에 대한 검토가 필요하다.

76 다음 중 용량분석법으로 측정하지 않는 항목은?

① 용존산소
② 부유물질
③ 화학적 산소요구량
④ 염소이온

해설 부유물질은 미리 무게를 단 유리섬유여과지(GF/C)를 여과장치에 부착하여 일정량의 시료를 여과시킨 다음 항량으로 건조하여 무게를 달아 여과 전후의 유리섬유여과지의 무게차를 산출하여 부유물질의 양을 구하는 방법이다. (중량법)

77 20℃ 이하에서 BOD 측정 시료의 용존산소가 과포화되어 있을 때 처리하는 방법은?

① 시료의 산소가 과포화되어 있어도 배양 전 용존산소 값으로 측정됨으로 상관이 없다.
② 시료의 수온을 23~25℃로 하여 15분간 통기시키면서 냉각한 후 수온을 20℃로 한다.
③ 아황산나트륨을 적당량 넣어 산소를 소모시킨다.
④ 5℃ 이하로 냉각시켜 냉암소에서 15분간 잘 저어 준다.

78 자외선/가시선분광법을 이용한 철의 정량에 관한 내용으로 틀린 것은?

① 등적색 철 착염의 흡광도를 측정하여 정량한다.
② 측정파장은 510nm이다.
③ 염산히드록실아민에 의해 산화제이철로 산화된다.
④ 철이온을 암모니아 알칼리성으로 하여 수산화제이철로 침전분리한다.

해설 물속에 존재하는 철이온을 수산화제이철로 침전분리하고 염산히드록실아민으로 제일철로 환원한 다음, o-페난트로린을 넣어 약산성에서 나타나는 등적색 철 착염의 흡광도를 510nm에서 측정하는 방법이다.
염산히드록실아민에 의해 산화제일철로 환원된다.

79 0.1N $Na_2S_2O_3$ 용액 100mL에 증류수를 가해 500mL로 한 다음 여기서 250mL를 취하여 다시 증류수로 전량 500mL로 하면 용액의 규정농도(N)는?

① 0.01
② 0.02
③ 0.04
④ 0.05

해설 ⓐ eq 산정
 0.1N−100mL의 eq=0.01eq
ⓑ 증류수 500mL를 가한 후 규정농도 산정
 $\dfrac{0.01eq}{500mL}=0.02eq/L$
ⓒ 250mL를 취하여 증류수로 전량 500mL 제조 후 규정농도 산정
 $\dfrac{0.02eq}{L}\times\dfrac{250mL}{500mL}=0.01eq/L$

80 COD 측정에서 최초에 첨가한 $KMnO_4$ 양의 1/2 이상이 남도록 첨가하는 이유는?

① $KMnO_4$ 잔류량이 1/2 이하로 되면 유기물의 분해온도가 저하된다.
② $KMnO_4$ 잔류량이 1/2 이상이면 모든 유기물의 산화가 완료된다.
③ $KMnO_4$ 잔류량이 많을 경우 유기물의 산화속도가 저하된다.
④ $KMnO_4$ 농도가 저하되면 유기물의 산화율이 저하된다.

해설 • 물속에 존재하는 화학적 산소요구량을 측정하기 위하여 시료를 황산산성으로 하여 과망간산칼륨 일정과량을 넣고 30분간 수욕상에서 가열반응한 후에 소비된 과망간산칼륨량으로부터 이에 상당하는 산소의 양을 측정하는 방법이다.
• 시료의 양은 30분간 가열반응한 후에 과망간산칼륨 용액(0.005M)이 처음 첨가한 양의 50~70%가 남도록 채취한다. 다만, 시료의 COD 값이 10mg/L 이하일 경우에는 시료 100mL를 취하여 그대로 시험하며, 보다 정확한 COD 값이 요구될 경우에는 과망간산칼륨용액(0.005M)의 소모량이 처음 가한 양의 50%에 접근하도록 시료량을 취한다.

➡ 제5과목 ┃ 수질환경관계법규

81 폐수처리방법이 생물화학적 처리방법인 경우 시운전 기간기준은? (단, 가동시작일은 2월 3일이다.)

① 가동시작일부터 50일로 한다.
② 가동시작일부터 60일로 한다.
③ 가동시작일부터 70일로 한다.
④ 가동시작일부터 90일로 한다.

해설 [시행규칙 제47조] 시운전 기간 등
1. 폐수처리방법이 생물화학적 처리방법인 경우 : 가동시작일부터 50일. 다만, 가동시작일이 11월 1일부터 다음 연도 1월 31일까지에 해당하는 경우에는 가동시작일부터 70일로 한다.
2. 폐수 처리방법이 물리적 또는 화학적 처리방법인 경우 : 가동시작일부터 30일

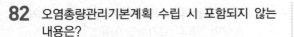

82 오염총량관리기본계획 수립 시 포함되지 않는 내용은?

① 해당 지역 개발계획의 내용
② 지방자치단체별−수계 구간별 오염부하량의 할당
③ 관할 지역에서 배출되는 오염부하량의 총량 및 저감계획
④ 오염총량초과부과금의 산정방법과 산정기준

해설 [법 제4조의 3] 오염총량관리기본계획의 수립 등
1. 해당 지역 개발계획의 내용
2. 지방자치단체별·수계 구간별 오염부하량(汚染負荷量)의 할당
3. 관할 지역에서 배출되는 오염부하량의 총량 및 저감계획
4. 해당 지역 개발계획으로 인하여 추가로 배출되는 오염부하량 및 그 저감계획

83 공공폐수처리시설의 유지·관리 기준에 관한 내용으로 ( )에 맞는 것은?

> 처리시설의 관리·운영자는 처리시설의 적정운영 여부를 확인하기 위한 방류수 수질검사를 (㉠) 실시하되 2,000㎥/일 이상 규모의 시설은 (㉡) 실시하여야 한다.

① ㉠ 분기 1회 이상, ㉡ 월 1회 이상
② ㉠ 월 1회 이상, ㉡ 월 2회 이상
③ ㉠ 월 2회 이상, ㉡ 주 1회 이상
④ ㉠ 주 1회 이상, ㉡ 수시

84 초과부과금 산정 시 적용되는 위반 횟수별 부과계수에 관한 내용으로 ( )에 맞는 것은? (단, 폐수무방류배출시설의 경우)

> 처음 위반의 경우 (㉠), 다음 위반부터는 그 위반 직전의 부과계수에 (㉡)를 곱한 것으로 한다.

① ㉠ 1.5, ㉡ 1.3
② ㉠ 1.5, ㉡ 1.5
③ ㉠ 1.8, ㉡ 1.3
④ ㉠ 1.8, ㉡ 1.5

85 환경부 장관이 수질 등의 측정자료를 관리·분석하기 위하여 측정기기 부착사업자 등이 부착한 측정기기와 연결, 그 측정결과를 전산처리할 수 있는 전산망 운영을 위한 수질원격감시체계 관제센터를 설치·운영할 수 있는 곳은?

① 국립환경과학원
② 유역환경청
③ 한국환경공단
④ 시·도 보건환경연구원

86 물환경보전법상 용어의 정의 중 틀린 것은?

① 폐수란 물에 액체성 또는 고체성의 수질오염물질이 혼입되어 그대로 사용할 수 없는 물을 말한다.
② 수질오염물질이란 수질오염의 요인이 되는 물질로서 환경부령으로 정하는 것을 말한다.
③ 폐수배출시설이란 수질오염물질을 공공수역에 배출하는 시설물·기계·기구·장소, 기타 물체로서 환경부령으로 정하는 것을 말한다.
④ 수질오염방지시설이란 폐수배출시설로부터 배출되는 수질오염물질을 제거하거나 감소시키는 시설로서 환경부령으로 정하는 것을 말한다.

해설 "폐수배출시설"이란 수질오염물질을 배출하는 시설물, 기계, 기구, 그 밖의 물체로서 환경부령으로 정하는 것을 말한다. 다만, 「해양환경관리법」 제2조 제16호 및 제17호에 따른 선박 및 해양시설은 제외한다.

87 환경정책기본법령에 따른 수질 및 수생태계 환경기준 중 하천의 생활환경 기준으로 옳지 않은 것은? (단, 등급은 "매우 좋음"기준)

① 수소이온농도(pH) : 6.5~8.5
② 용존산소량 DO(mg/L) : 7.5 이상
③ 부유물질량(mg/L) : 25 이하
④ 총인(mg/L) : 0.1 이하

해설 총인(mg/L) : 0.02 이하

88 다음 중 대권역 물환경관리계획에 포함되지 않는 것은?

① 상수원 및 물 이용 현황
② 수질오염 예방 및 저감 대책
③ 기후변화에 대한 적응대책
④ 폐수배출시설의 설치 제한 계획

해설 [법 제24조] 대권역 물환경관리계획의 수립
① 유역환경청장은 국가 물환경관리기본계획에 따라 제22조 제2항에 따른 대권역별로 대권역 물환경관리계획(이하 "대권역계획"이라 한다)을 10년마다 수립하여야 한다.
② 대권역계획에는 다음의 사항이 포함되어야 한다.
  1. 물환경의 변화추이 및 물환경 목표기준
  2. 상수원 및 물 이용 현황
  3. 점오염원, 비점오염원 및 기타 수질오염원의 분포현황
  4. 점오염원, 비점오염원 및 기타 수질오염원에서 배출되는 수질오염물질의 양
  5. 수질오염 예방 및 저감 대책
  6. 물환경 보전조치의 추진방향
  7. 「저탄소녹색성장기본법」 제2조 제12호에 따른 기후변화에 대한 적응대책
  8. 그 밖에 환경부령으로 정하는 사항

89 수질오염방지시설 중 화학적 처리시설에 해당되는 것은?

① 침전물 개량시설
② 혼합시설
③ 응집시설
④ 증류시설

해설 수질오염방지시설의 종류

구분	방지시설
물리적 처리시설	스크린, 분쇄기, 침사(沈砂)시설, 유수분리시설, 유량조정시설(집수조), 혼합시설, 응집시설, 침전시설, 부상시설, 여과시설, 탈수시설, 건조시설, 증류시설, 농축시설
화학적 처리시설	화학적 침강시설, 중화시설, 흡착시설, 살균시설, 이온교환시설, 소각시설, 산화시설, 환원시설, 침전물 개량시설
생물화학적 처리시설	살수여과상, 폭기(曝氣)시설, 산화시설(산화조(酸化槽) 또는 산화지(酸化池)를 말한다), 혐기성·호기성 소화시설, 접촉조, 안정조, 돈사톱밥발효시설

90 1일 200톤 이상으로 특정수질유해물질을 배출하는 산업단지에서 설치하여야 할 시설은?

① 무방류배출시설
② 완충저류시설
③ 폐수고도처리시설
④ 비점오염저감시설

해설 [시행규칙 제30조의 3] 완충저류시설의 설치대상
법 제21조의 4 제1항에서 "환경부령으로 정하는 지역"과 "환경부령으로 정하는 단지"란 다음의 공업지역(「국토의 계획 및 이용에 관한 법률」 제36조 제1항에 따른 공업지역을 말한다. 이하 같다) 또는 산업단지(「산업입지 및 개발에 관한 법률」 제2조 제8호에 따른 산업단지를 말한다. 이하 같다)를 말한다.
1. 면적이 150만 제곱미터 이상인 공업지역 또는 산업단지
2. 특정수질유해물질이 포함된 폐수를 1일 200톤 이상 배출하는 공업지역 또는 산업단지
3. 폐수배출량이 1일 5천 톤 이상인 경우로서 다음의 어느 하나에 해당하는 지역에 위치한 공업지역 또는 산업단지
  가. 영 제32조의 어느 하나에 해당하는 배출시설의 설치 제한지역
  나. 한강, 낙동강, 금강, 영산강, 섬진강, 탐진강 본류(本流)의 경계(「하천법」 제2조 제2호의 하천구역의 경계를 말한다)로부터 1킬로미터 이내에 해당하는 지역
  다. 한강, 낙동강, 금강, 영산강, 섬진강, 탐진강 본류에 직접 유입되는 지류(支流)(「하천법」 제7조 제1항에 따른 국가하천 또는 지방하천에 한정한다)의 경계(「하천법」 제2조 제2호의 하천구역의 경계를 말한다)로부터 500미터 이내에 해당하는 지역
4. 「화학물질관리법」 제2조 제7호의 유해화학물질의 연간 제조·보관·저장·사용량이 1천 톤 이상이거나 면적 1제곱미터당 2킬로그램 이상인 공업지역 또는 산업단지

91 폐수 수탁처리업에서 사용하는 폐수 운반차량에 관한 설명으로 틀린 것은?

① 청색으로 도색한다.
② 차량 양쪽 옆면과 뒷면에 폐수 운반차량, 회사명, 등록번호, 전화번호 및 용량을 표시하여야 한다.
③ 차량에는 흰색 바탕에 황색 글씨로 표시한다.
④ 운송 시 안전을 위한 보호구, 중화제 및 소화기를 갖추어 두어야 한다.

해설 차량에는 황색 바탕에 흑색 글씨로 표시한다.

92 다음은 배출시설의 설치허가를 받은 자가 배출시설의 변경허가를 받아야 하는 경우에 대한 기준이다. ( )에 들어갈 내용으로 옳은 것은?

> 폐수배출량이 허가 당시보다 100분의 50(특정수질유해물질이 배출되는 시설의 경우에는 100분의 30) 이상 또는 ( ) 이상 증가하는 경우

① 1일 500m³
② 1일 600m³
③ 1일 700m³
④ 1일 800m³

93 기본배출부과금 산정에 필요한 지역별 부과계수로 옳은 것은?

① 청정지역 및 가 지역 : 1.5
② 청정지역 및 가 지역 : 1.2
③ 나 지역 및 특례지역 : 1.5
④ 나 지역 및 특례지역 : 1.2

해설 지역별 부과계수(제41조 제3항 관련)

청정지역 및 가 지역	나 지역 및 특례지역
1.5	1

비고 : 청정지역 및 가 지역, 나 지역 및 특례지역의 구분에 대하여는 환경부령으로 정한다.

94 비점오염저감시설의 설치와 관련된 사항으로 틀린 것은?

① 도시의 개발, 산업단지의 조성 등 사업을 하는 자는 환경부령이 정하는 기간 내에 비점오염저감시설을 설치하여야 한다.
② 강우유출수의 오염도가 항상 배출허용기준 이내로 배출되는 사업장은 비점오염저감시설을 설치하지 않을 수 있다.
③ 한강대권역의 완충저류시설에 유입하여 강우유출수를 처리할 경우 비점오염저감시설을 설치하지 않을 수 있다.
④ 대통령령으로 정하는 규모 이상의 사업장에 제철시설, 섬유염색시설, 그 밖에 대통령령으로 정하는 폐수배출시설을 설치하는 자는 비점오염저감시설을 설치하여야 한다.

해설 ③ 한강대권역의 완충저류시설에 유입하여 강우유출수를 처리할 경우 비점오염저감시설을 설치해야 한다.
[법 제53조] 비점오염원의 설치신고 · 준수사항 · 개선명령 등
① 다음의 어느 하나에 해당하는 자는 환경부령으로 정하는 바에 따라 환경부 장관에게 신고하여야 한다. 신고한 사항 중 대통령령으로 정하는 사항을 변경하려는 경우에도 또한 같다.
　1. 대통령령으로 정하는 규모 이상의 도시의 개발, 산업단지의 조성, 그 밖에 비점오염원에 의한 오염을 유발하는 사업으로서 대통령령으로 정하는 사업을 하려는 자
　2. 대통령령으로 정하는 규모 이상의 사업장에 제철시설, 섬유염색시설, 그 밖에 대통령령으로 정하는 폐수 배출시설을 설치하는 자
　3. 사업이 재개(再開)되거나 사업장이 증설되는 등 대통령령으로 정하는 경우가 발생하여 제1호 또는 제2호에 해당되는 자
② 제1항에 따른 신고 또는 변경신고를 할 때에는 비점오염저감시설 설치계획을 포함하는 비점오염저감계획서 등 환경부령으로 정하는 서류를 제출하여야 한다.
③ 제1항에 따라 신고 또는 변경신고를 한 자(이하 "비점오염원설치신고사업자"라 한다)는 환경부령으로 정하는 시점까지 환경부령으로 정하는 기준에 따라 비점오염저감시설을 설치하여야 한다. 다만, 다음의 어느 하나에 해당하는 경우 비점오염저감시설을 설치하지 않을 수 있다.
　1. 제1항 제2호 또는 제3호에 따른 사업장의 강우유출수의 오염도가 항상 제32조에 따른 배출허용기준 이하인 경우로서 대통령령으로 정하는 바에 따라 환경부 장관이 인정하는 경우
　2. 제21조의 4에 따른 완충저류시설에 유입하여 강우유출수를 처리하는 경우
　3. 하나의 부지에 제1항의 1.~3.에 해당하는 자가 둘 이상인 경우로서 환경부령으로 정하는 바에 따라 비점오염원을 적정하게 관리할 수 있다고 환경부 장관이 인정하는 경우

95 오염총량관리 기본방침에 포함되어야 할 사항으로 틀린 것은?

① 오염원의 조사 및 오염부하량 산정방법
② 오염총량관리의 시행대상 유역 현황
③ 오염총량관리의 대상 수질오염물질 종류
④ 오염총량관리의 목표

해설 [제4조] 오염총량관리기본방침
법 제4조의 2 제2항에 따른 오염총량관리기본방침(이하 "기본방침"이라 한다)에는 다음의 사항이 포함되어야 한다.
1. 오염총량관리의 목표
2. 오염총량관리의 대상 수질오염물질 종류
3. 오염원의 조사 및 오염부하량 산정방법
4. 법 제4조의 3에 따른 오염총량관리기본계획의 주체, 내용, 방법 및 시한
5. 법 제4조의 4에 따른 오염총량관리시행계획의 내용 및 방법

96 위임업무 보고사항 중 "골프장 맹·고독성 농약 사용여부 확인결과"의 보고횟수기준은?

① 수시 　　　　② 연 4회

③ 연 2회 　　　④ 연 1회

97 현장에서 배출허용기준 또는 방류수 수질기준의 초과여부를 판정할 수 있는 수질오염물질 항목으로 나열한 것은?

① 수소이온농도, 화학적 산소요구량, 총질소, 부유물질량

② 수소이온농도, 화학적 산소요구량, 용존산소, 총인

③ 총유기탄소, 화학적 산소요구량, 용존산소, 총인

④ 총유기탄소, 생물학적 산소요구량, 총질소, 부유물질량

> **해설** [시행규칙 제104조] 현장에서 배출허용기준 등의 초과여부를 판정할 수 있는 수질오염물질
> 법 제68조 제2항 단서에 따라 검사기관에 오염도검사를 의뢰하지 아니하고 현장에서 배출허용기준, 방류수 수질기준 또는 물놀이형 수경시설의 수질 기준의 초과 여부를 판정할 수 있는 수질오염물질의 종류는 다음과 같다.
> 1. 수소이온농도
> 2. [영 별표 7]에 따른 수질자동측정기기(법 제68조 제1항 외의 부분에 따라 측정기기의 정상운영 여부를 확인한 결과 정상으로 운영되지 아니하는 경우는 제외한다)로 측정 가능한 수질오염물질
> 　가. 수소이온농도(pH) 수질자동측정기기
> 　나. 화학적 산소요구량(COD) 수질자동측정기기
> 　다. 부유물질량(SS) 수질자동측정기기
> 　라. 총질소(T-N) 수질자동측정기기
> 　마. 총인(T-P) 수질자동측정기기

98 사업자가 환경기술인을 바꾸어 임명하는 경우는 그 사유가 발생한 날부터 며칠 이내에 신고하여야 하는가?

① 3일 　　　　② 5일

③ 7일 　　　　④ 10일

> **해설** [제59조] 환경기술인의 임명 및 자격기준 등
> ① 법 제47조 제1항에 따라 사업자가 환경기술인을 임명하려는 경우에는 다음의 구분에 따라 임명하여야 한다.
> 　1. 최초로 배출시설을 설치한 경우 : 가동시작 신고와 동시
> 　2. 환경기술인을 바꾸어 임명하는 경우 : 그 사유가 발생한 날부터 5일 이내

99 공공수역에 정당한 사유없이 특정수질유해물질 등을 누출·유출시키거나 버린 자에 대한 처벌기준은?

① 1년 이하의 징역 또는 1천만 원 이하의 벌금

② 2년 이하의 징역 또는 2천만 원 이하의 벌금

③ 3년 이하의 징역 또는 3천만 원 이하의 벌금

④ 5년 이하의 징역 또는 5천만 원 이하의 벌금

100 시·도지사는 공공수역의 수질보전을 위하여 환경부령이 정하는 해발고도 이상에 위치한 농경지 중 환경부령이 정하는 경사도 이상의 농경지를 경작하는 자에 대하여 경작방식의 변경, 농약·비료의 사용량 저감, 휴경 등을 권고할 수 있다. 위에서 언급한 환경부령이 정하는 해발고도와 경사도 기준은?

① 400미터, 15퍼센트

② 400미터, 25퍼센트

③ 600미터, 15퍼센트

④ 600미터, 25퍼센트

> **해설** [시행규칙 제85조] 휴경 등 권고대상 농경지의 해발고도 및 경사도
> 법 제59조 제1항에서 "환경부령으로 정하는 해발고도"란 해발 400미터를 말하고 "환경부령으로 정하는 경사도"란 경사도 15퍼센트를 말한다.

숫자로 보는 문제유형 분석

계산문제 출제비율	수질오염개론	상하수도계획
	30%	10%
수질오염방지기술	공정시험기준	전체 100문제 중
30%	10%	16%

어쩌다 한번 만나는 문제	수질오염개론	상하수도계획
	6, 9	24, 26, 36
수질오염방지기술	공정시험기준	수질관계법규
43, 46, 48	61, 64, 65, 72	81, 91

▶▶ 제1과목 ▌수질오염개론

01 알칼리도가 수질환경에 미치는 영향에 관한 설명으로 가장 거리가 먼 것은?

① 높은 알칼리도를 갖는 물은 쓴맛을 낸다.

② 알칼리도가 높은 물은 다른 이온과 반응성이 좋아 관 내에 스케일(scale)을 형성할 수 있다.

③ 알칼리도는 물속에서 수중생물의 성장에 중요한 역할을 하므로 물의 생산력을 추정하는 변수로 활용한다.

④ 자연수 중 알칼리도의 형태는 대부분 수산화물의 형태이다.

해설 자연수의 알칼리도는 주로 중탄산염(HCO_3^-)의 형태를 이룬다.

02 다음 물질 중 이온화도가 가장 큰 것은?

① CH_3COOH

② H_2CO_3

③ HNO_3

④ NH_3

해설 이온화도가 크다. → 산 또는 염기로 해리가 잘 된다. → 강산 또는 강염기이다.
보기 중 강산은 HNO_3이다.

03 성층현상에 관한 설명으로 틀린 것은?

① 수심에 따른 온도 변화로 발생하는 물의 밀도차에 의해 발생된다.

② 봄, 가을에는 저수지의 수직혼합운동이 활발하여 분명한 층의 구별이 없어진다.

③ 여름에는 수심에 따른 연직온도경사와 산소구배가 반대 모양을 나타내는 것이 특징이다.

④ 겨울과 여름에는 수직운동이 없어 정체현상이 생기며 수심에 따라 온도와 용존산소 농도의 차이가 크다.

해설 여름이 되면 연직에 따른 온도경사와 용존산소경사가 같은 구배를 나타낸다.

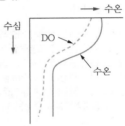

▌여름성층의 온도와 DO ▌

04 수산화칼슘[$Ca(OH)_2$]이 중탄산칼슘[$Ca(HCO_3)_2$]과 반응하여 탄산칼슘($CaCO_3$)의 침전이 형성될 때 10g의 $Ca(OH)_2$에 대하여 생성되는 $CaCO_3$의 양(g)은? (단, Ca 원자량=40)

① 17

② 27

③ 37

④ 47

해설 ⓐ 반응식의 산정
$Ca(OH)_2 + Ca(HCO_3)_2 \rightarrow 2CaCO_3 + 2H_2O$

ⓑ $CaCO_3$의 산정

$$\underset{Ca(OH)_2}{74g} : \underset{2CaCO_3 \text{ 분자량}}{2\times100g} = \underset{Ca(OH)_2 \text{ 양}}{10g} : \underset{CaCO_3\text{의 양}}{X}$$

∴ $CaCO_3 = 27.03g$

05 2,000mg/L Ca(OH)₂ 용액의 pH는? (단, Ca(OH)₂는 완전 해리, Ca 원자량=40)

① 12.13 ② 12.43
③ 12.73 ④ 12.93

[해설] Ca(OH)₂의 해리반응으로부터 OH⁻의 몰농도 산정
ⓐ Ca(OH)₂의 해리반응
$Ca(OH)_2 \rightarrow Ca^{2+} + 2OH^-$
$Ca(OH)_2 : OH^- = 1M : 2M$
ⓑ OH⁻의 몰농도 산정

$$\underbrace{\frac{2,000mg}{L}}_{Ca(OH)_2} \times \underbrace{\frac{1g}{10^3 mg}}_{mg \rightarrow g} \times \underbrace{\frac{mol}{74g}}_{g \rightarrow mol} \times \underbrace{\frac{2}{1}}_{Ca(OH)_2 \rightarrow OH^-} = 0.0540 mol/L$$

ⓒ pH 산정
$pH = 14 - pOH$
$= 14 - \log\dfrac{1}{[OH^-]}$
$= 14 - \log\dfrac{1}{[0.0540]} = 12.7323$

06 다음 반응식 중 환원 상태가 되면 가장 나중에 일어나는 반응은? (단, ORP 값기준)

① $SO_4^{2-} \rightarrow S^{2-}$ ② $NO_2^- \rightarrow NH_3$
③ $Fe^{3+} \rightarrow Fe^{2+}$ ④ $NO_3^- \rightarrow NO_2^-$

[해설] 보기에서 환원이 될 때 가장 많은 에너지가 필요한 것은 황의 환원 반응이다.
• 환원 : 산소를 잃거나 수소 또는 전자를 얻는 반응 (산화수 감소)
• ORP : 산화·환원 반응을 mV로 나타냄.
(+mV : 산화, −mV : 환원)

07 다음 중 부영양호의 수면관리 대책으로 틀린 것은?

① 수생식물의 이용
② 준설
③ 약품에 의한 영양염류의 침전 및 황산동 살포
④ N, P 유입량의 증대

[해설] N, P 유입량의 억제

08 카드뮴이 인체에 미치는 영향으로 가장 거리가 먼 것은?

① 칼슘 대사기능 장애
② Hunter−Russel 장애
③ 골연화증
④ Fanconi씨 증후군

[해설] 수은의 대표적 만성질환으로는 미나마타병, 헌터−러셀 증후군이 있다.

09 다음 알칼리도에 관한 반응 중 부적절한 것은?

① $CO_2 + H_2O \rightarrow H_2CO_3 \rightarrow HCO_3^- + H^+$
② $HCO_3^- \rightarrow CO_3^{2-} + H^+$
③ $CO_3^{2-} + H_2O \rightarrow HCO_3^- + OH^-$
④ $HCO_3^- + H_2O \rightarrow H_2CO_3 + OH^-$

10 BOD 1kg의 제거에 보통 1kg의 산소가 필요하다면 1.45ton의 BOD가 유입된 하천에서 BOD를 완전히 제거하고자 할 때 요구되는 공기량(m³)은? (단, 물의 공기 흡수율은 7%(부피기준)이며, 공기 1m³는 0.236kg의 O₂를 함유한다고 하고, 하천의 BOD는 고려하지 않는다.)

① 약 84,773 ② 약 85,773
③ 약 86,773 ④ 약 87,773

[해설]

$$\underbrace{1,450kg}_{유입 BOD} \times \underbrace{\frac{O_2\,1kg}{BOD\,1kg}}_{BOD \rightarrow 산소} \times \underbrace{\frac{1m^3}{0.236kg}}_{산소 \rightarrow 공기} \times \underbrace{\frac{100}{7}}_{흡수율}$$
$= 87772.3970 m^3$

11 소수성 콜로이드의 특성으로 틀린 것은?

① 물속에서 에멀션으로 존재함.
② 염에 아주 민감함.
③ 물에 반발하는 성질이 있음.
④ 소량의 염을 첨가하여도 응결 침전됨.

[해설]
• 친수성 콜로이드 : 물속에서 에멀션(유탁) 상태로 존재함.
• 소수성 콜로이드 : 물속에서 서스펜션(현탁) 상태로 존재함.

12 하수나 기타 물질에 의해서 수원이 오염되었을 때에 물은 일련의 변화 과정을 거친다. 균류, 곰팡이류(fungi)와 같은 청록색 내지 녹색 조류가 번식하고, 하류로 내려갈수록 규조류가 성장하는 지대는?

① 분해지대 ② 활발한 분해지대
③ 회복지대 ④ 정수지대

13 25℃, 4atm의 압력에 있는 메탄가스 15kg을 저장하는 데 필요한 탱크의 부피(m³)는? (단, 이상기체의 법칙 적용, 표준상태기준, $R = 0.082$L·atm/mol·K)

① 4.42   ② 5.73

③ 6.54   ④ 7.45

해설 이상기체상태방정식 이용

$PV = nRT$

P : 압력(atm) → 4atm

V : 부피(L) → X(L)

n : 몰(mol) → $15{,}000g \times \dfrac{mol}{16g} = 937.5mol$

R : 기체상수 → 0.082L·atm/mol·K

T : 절대온도 → 25+273K

$4atm \times X(L)$

$= 9{,}375mol \times \dfrac{0.082L \cdot atm}{mol \cdot K} \times (25+273)K$

∴ $X = 5727.1875L = 5.7271m^3$

14 내경 5mm인 유리관을 정수 중에 연직으로 세울 때 유리관 내의 모세관 높이(cm)는? (단, 물의 수온=15℃, 이때의 표면장력=0.076g/cm, 물과 유리의 접촉각=8°)

① 0.5   ② 0.6

③ 0.7   ④ 0.8

해설 모세관에서의 상승높이 관련 식

$h = \dfrac{4\gamma \cos\beta}{w \cdot d}$

γ : 표면장력 → 0.076g/cm

β : 접촉각 → 8°

ω : 물의 비중량 → 1g/cm³

d : 직경 → 5mm=0.5cm

$= 4 \times \dfrac{0.076g}{cm} \times \cos 8° \times \dfrac{cm^3}{1g} \times \dfrac{1}{0.5cm}$

$= 0.6020cm$

15 수원의 종류 중 지하수에 관한 설명으로 틀린 것은 어느 것인가?

① 수온 변동이 적고, 탁도가 낮다.

② 미생물이 거의 없고, 오염물이 적다.

③ 유속이 빠르고, 광역적인 환경조건의 영향을 받아 정화되는 데 오랜 기간이 소요된다.

④ 무기염류 농도와 경도가 높다.

해설 유속이 느리고, 국지적인 환경조건의 영향을 받아 정화되는 데 오랜 기간이 소요된다.

16 균류(fungi), 곰팡이류에 관한 설명으로 틀린 것은 어느 것인가?

① 원시적 탄소동화작용을 통하여 유기물을 섭취하는 독립영양계 생물이다.

② 폐수 내의 질소와 용존산소가 부족한 경우에도 잘 성장하며, pH가 낮은 경우에도 잘 성장한다.

③ 구성물질의 75~80%가 물이며, $C_{10}H_{17}O_6N$을 화학구조식으로 사용한다.

④ 폭이 약 5~10μm로서 현미경으로 쉽게 식별되며, 슬러지팽화의 원인이 된다.

해설 균류는 탄소동화작용을 하지 않으며 유기물을 섭취하는 호기성 종속 미생물이다.

17 미생물 세포의 비증식속도를 나타내는 식에 대한 설명이 잘못된 것은?

$$\mu = \mu_{max} \times \frac{[S]}{[S] + K_s}$$

① μ_{max}는 최대비증식속도로 시간$^{-1}$ 단위이다.

② K_s는 반속도상수로서 최대성장률이 1/2일 때의 기질의 농도이다.

③ $\mu = \mu_{max}$인 경우, 반응속도가 기질농도에 비례하는 1차 반응을 의미한다.

④ $[S]$는 제한기질 농도이고, 단위는 mg/L이다.

해설 $\mu = \mu_{max}$인 경우, 반응속도는 기질의 농도와 상관없고 시간에 따라 반응하는 0차 반응을 의미한다.

18 세균(bacteria)의 경험적 분자식으로 옳은 것은?

① $C_5H_7O_2N$

② $C_5H_8O_2N$

③ $C_7H_8O_5N$

④ $C_8H_9O_5N$

해설 • 호기성 박테리아 : $C_5H_7O_2N$

• 균류, 곰팡이류(fungi) : $C_{10}H_{17}O_6N$

19 pH 2.5인 용액을 pH 6.0의 용액으로 희석할 때 용량비를 1 : 9로 혼합하면 혼합액의 pH는?

① 3.1

② 3.3

③ 3.5

④ 3.7

해설 ⓐ 관계식의 산정

pH 2.5인 용액의 eq와 pH 6.0인 용액의 eq의 합이 pH에 영향을 주게 된다.

$N'V' + NV = N_o(V' + V)$

ⓑ pH 2.5인 폐수의 eq

pH=2.5이므로

$H^+ = 10^{-2.5} mol/L = 10^{-2.5} eq/L$

$[H^+]$의 eq $= \dfrac{10^{-2.5} eq}{L} \times 1L$

ⓒ pH 6.0인 폐수의 eq

pH=6.0이므로 $H^+ = 10^{-6.0} mol/L = 10^{-6.0} eq/L$

$[H^+]$의 eq $= \dfrac{10^{-6.0} eq}{L} \times 9L$

ⓓ 혼합폐수의 eq

$N'V' + NV = N_o(V' + V)$

$\underbrace{\dfrac{10^{-2.5} eq}{L} \times 1L}_{\text{pH 2.5인 폐수의 eq}} + \underbrace{\dfrac{10^{-6.0} eq}{L} \times 9L}_{\text{pH 6.0인 폐수의 eq}} = \underbrace{N_o(1+9)L}_{\text{혼합용액의 eq}}$

$N_o = 3.1632 \times 10^{-4} eq/L$

ⓔ pH 산정

$\therefore pH = -\log(3.1632 \times 10^{-4})$
$= 3.4998$

20 다음 중 수은(Hg)에 관한 설명으로 틀린 것은 어느 것인가?

① 아연정련업, 도금공장, 도자기 제조업에서 주로 발생한다.

② 대표적 만성질환으로는 미나마타병, 헌터 −러셀 증후군이 있다.

③ 유기수은은 금속 상태의 수은보다 생물체 내에 흡수력이 강하다.

④ 상온에서 액체 상태로 존재하며, 인체에 노출 시 중추신경계에 피해를 준다.

해설 수은의 발생원 : 제련, 살충제, 온도계 및 압력계 제조 공정에서 발생

● **제2과목 ▌상하수도계획**

21 용해성 성분으로 무기물인 불소(처리대상물질)를 제거하기 위해 유효한 고도정수처리 방법으로 가장 거리가 먼 것은?

① 응집침전   ② 골탄

③ 이온교환   ④ 전기분해

해설 불소 주입 및 제거

불소는 충치를 예방할 목적으로 주입시설을 설치할 수 있으며, 원수 중에 과량으로 존재하면 반상치(반점치) 등을 일으키므로 제거해야 한다.

1. 불소 주입 : 치아우식증 예방을 위하여 정수처리 과정에 불소를 주입할 경우 불소주입기 등 관련 시설을 설치하고 불소화합물을 주입한다.

2. 불소 제거 : 원수 중에 불소가 과량으로 포함된 경우에는 불소를 감소시키기 위하여 응집침전, 활성알루미나, 골탄, 전해 등의 처리를 한다.

22 길이가 100m, 직경이 40cm인 하수관로의 하수 유속을 1m/sec로 유지하기 위한 하수관로의 동수경사는? (단, 만관기준, Manning 식의 조도계수 n=0.012)

① 1.2×10^{-3} ② 2.3×10^{-3}

③ 3.1×10^{-3} ④ 4.6×10^{-3}

해설

$V = \dfrac{1}{n} R^{\frac{2}{3}} I^{\frac{1}{2}}$

ⓐ 경심 산정(원 : $D/4$)

$R = \dfrac{D}{4} = \dfrac{0.4}{4} = 0.1$

ⓑ 동수경사 산정

$V = \dfrac{1}{0.012} \times (0.1)^{\frac{2}{3}} \times I^{\frac{1}{2}} = 1 m/sec$

$\therefore I = 3.1023 \times 10^{-3}$

23 하수도계획의 목표연도는 원칙적으로 몇 년으로 설정하는가?

① 15년   ② 20년

③ 25년   ④ 30년

해설 • 상수도계획 목표연도 : 15~20년

• 하수도계획 목표연도 : 20년

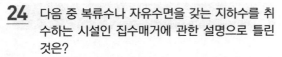

24 다음 중 복류수나 자유수면을 갖는 지하수를 취수하는 시설인 집수매거에 관한 설명으로 틀린 것은?

① 집수매거의 길이는 시험우물 등에 의한 양수시험 결과에 따라 정한다.

② 집수매거의 매설깊이는 1.0m 이하로 한다.

③ 집수매거는 수평 또는 흐름 방향으로 향하여 완경사로 하고 집수매거의 유출단에서 매거 내의 평균유속은 1.0m/sec 이하로 한다.

④ 세굴의 우려가 있는 제외지에 설치할 경우에는 철근콘크리트틀 등으로 방호한다.

해설 집수매거는 가능한 한 직접 지표수의 영향을 받지 않도록 하기 위하여 매설깊이는 5m 이상으로 하는 것이 바람직하지만, 대수층의 상황, 불투수층의 깊이 및 수질 등을 고려하여 결정한다. 제외지는 저수로의 하상에서 2m 이상으로 한다.

25 다음 중 계획오수량에 관한 설명으로 틀린 것은 어느 것인가?

① 지하수량은 1인 1일 최대오수량의 20% 이하로 한다.

② 계획시간최대오수량은 계획 1일 최대오수량의 1시간당 수량의 1.3~1.8배를 표준으로 한다.

③ 합류식에서 우천 시 계획오수량은 원칙적으로 계획시간최대오수량의 3배 이상으로 한다.

④ 계획 1일 평균오수량은 계획 1일 최대오수량의 50~60%를 표준으로 한다.

해설 계획 1일 평균오수량은 계획 1일 최대오수량의 70~80%를 표준으로 한다.

26 표준맨홀의 형상별 용도에서 내경 1,500mm 원형에 해당하는 것은?

① 1호 맨홀

② 2호 맨홀

③ 3호 맨홀

④ 4호 맨홀

해설 표준맨홀의 형상별 용도

명칭	치수 및 형상	용도
1호 맨홀	내경 900mm 원형	관거의 기점 및 600mm 이하의 관거 중간지점 또는 내경 400mm까지의 관거 합류지점
2호 맨홀	내경 1,200mm 원형	내경 900mm 이하의 관거 중간지점 및 내경 600mm 이하의 관거 합류지점
3호 맨홀	내경 1,500mm 원형	내경 1,200mm 이하의 관거 중간지점 및 내경 800mm 이하의 관거 합류지점
4호 맨홀	내경 1,800mm 원형	내경 1,500mm 이하의 관거 중간지점 및 내경 900mm 이하의 관거 합류지점
5호 맨홀	내경 2,100mm 원형	내경 1,800mm 이하의 관거 중간지점

27 비교회전도(N_s)에 대한 설명으로 틀린 것은?

① 펌프는 N_s 값에 따라 그 형식이 변한다.

② N_s 값이 같으면 펌프의 크기에 관계없이 같은 형식의 펌프로 하고 특성도 대체로 같아진다.

③ 수량과 전양정이 같다면 회전수가 많을수록 N_s 값이 커진다.

④ 일반적으로 N_s 값이 적으면 유량이 큰 저양정의 펌프가 된다.

해설 $N_s = N \times \dfrac{Q^{1/2}}{H^{3/4}}$ 식으로 비교해 보면 일반적으로 N_s 값이 적으면 유량이 적은 고양정의 펌프가 된다.

28 하수관이 부식하기 쉬운 곳은?

① 바닥 부분

② 양 옆 부분

③ 하수관 전체

④ 관정부(crown)

29 상수도 취수보의 취수구에 관한 설명으로 틀린 것은?

① 높이는 배사문의 바닥 높이보다 0.5~1m 이상 낮게 한다.

② 유입속도는 0.4~0.8m/sec를 표준으로 한다.

③ 제수문의 전면에는 스크린을 설치한다.

④ 계획취수위는 취수구로부터 도수기점까지의 손실수두를 계산하여 결정한다.

해설 높이는 배사문(排砂門)의 바닥 높이보다 0.5~1.0m 이상 높게 한다.

30 우수배제계획에서 계획우수량을 산정할 때 고려할 사항이 아닌 것은?

① 유출계수
② 유속계수
③ 배수 면적
④ 유달시간

[해설] 유출계수, 확률연수, 유달시간, 배수 면적 등을 고려한다.

31 상수도 급수배관에 관한 설명으로 틀린 것은?

① 급수관을 공공도로에 부설할 경우에는 도로 관리자가 정한 점용위치와 깊이에 따라 배관해야 하며 다른 매설물과의 간격을 30cm 이상 확보한다.
② 급수관을 부설하고 되메우기를 할 때에는 양질토 또는 모래를 사용하여 적절하게 다짐하여 관을 보호한다.
③ 급수관이 개거를 횡단하는 경우에는 가능한 한 개거의 위로 부설한다.
④ 동결이나 결로의 우려가 있는 급수설비의 노출부분에 대해서는 적절한 방한조치나 결로방지조치를 강구한다.

[해설] 급수관이 개거를 횡단하는 경우에는 가능한 한 개거의 아래로 부설한다.

32 상수도시설인 완속여과지에 관한 설명으로 틀린 것은?

① 여과지 깊이는 하부 집수장치의 높이에 자갈층 두께와 모래층 두께까지 2.5~3.5m를 표준으로 한다.
② 완속여과지의 여과속도는 4~5m/day를 표준으로 한다.
③ 모래층의 두께는 70~90cm를 표준으로 한다.
④ 여과지의 모래면 위의 수심은 90~120cm를 표준으로 한다.

[해설] 여과지 깊이는 하부 집수장치의 높이에 자갈층과 모래층 두께, 모래면 위의 수심과 여유고를 더하여 2.5~3.5m를 표준으로 한다.

33 다음 중 전양정에 대한 펌프의 형식으로 틀린 것은 어느 것인가?

① 전양정 5m 이하는 펌프구경 400mm 이상의 축류펌프를 사용한다.
② 전양정 3~12m는 펌프구경 400mm 이상의 원심펌프를 사용한다.
③ 전양정 5~20m는 펌프구경 300mm 이상의 원심사류펌프를 사용한다.
④ 전양정 4m 이상은 펌프구경 80mm 이상의 원심펌프를 사용한다.

[해설]

형식	전양정(m)	펌프의 구경(mm)	비교회전도
축류펌프	5 이하	400 이상	1,100~2,000
사류펌프	3~12	400 이상	700~1,200
원심펌프	4 이상	80 이상	100~750

34 펌프의 규정회전수는 10회/sec, 규정토출량은 0.3m³/sec, 펌프의 규정양정이 5m일 때 비교회전도는?

① 642
② 761
③ 836
④ 935

[해설]
ⓐ 규정회전수 산정
$$N = \frac{10회}{sec} \times \frac{60sec}{min}$$
$$= 600회/min$$
ⓑ 유량 산정
$$Q = \frac{0.3m^3}{sec} \times \frac{60sec}{min}$$
$$= 18m^3/min$$
ⓒ 비교회전도 산정
$$\therefore N_s = 600 \times \frac{18^{1/2}}{5^{3/4}}$$
$$= 761.3073$$

35 계획우수량 산정 시 고려하는 하수관로의 설계강우로 알맞은 것은?

① 30~50년 빈도
② 10~30년 빈도
③ 10~15년 빈도
④ 5~10년 빈도

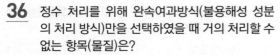
36 정수 처리를 위해 완속여과방식(불용해성 성분의 처리 방식)만을 선택하였을 때 거의 처리할 수 없는 항목(물질)은?

① 탁도　　　　② 철분, 망간
③ ABS　　　　④ 농약

해설 완속여과법은 모래층과 모래층 표면에 증식하는 미생물군에 의하여 수중의 부유물질이나 용해성 물질 등의 불순물을 포착하여 산화하고 분해하는 방법에 의존하는 정수방법이다. 그러므로 이 방법은 비교적 양호한 원수에 알맞은 방법으로 생물의 기능을 저해하지 않는다면 완속여과지에서는 수중의 현탁물질이나 세균뿐만 아니라 어느 한도 내에서는 암모니아성질소, 냄새, 철, 망간, 합성세제, 페놀 등도 제거할 수 있으나 중금속, 시안 등 독극물 등은 처리가 곤란하다.

37 계획송수량의 기준이 되는 수량은?

① 계획 1일 시간평균급수량
② 계획시간최대급수량
③ 계획취수량
④ 계획 1일 최대급수량

38 관로의 접합과 관련된 고려 사항으로 틀린 것은 어느 것인가?

① 접합의 종류에는 관정접합, 관중심접합, 수면접합, 관저접합 등이 있다.
② 관로의 관경이 변화하는 경우의 접합방법은 원칙적으로 수면접합 또는 관정접합으로 한다.
③ 2개의 관로가 합류하는 경우 중심교각은 되도록 60° 이상으로 한다.
④ 지표의 경사가 급한 경우에는 관경 변화에 대한 유무에 관계없이 원칙적으로 단차접합 또는 계단접합을 한다.

해설 2개의 관거가 합류하는 경우의 중심교각은 되도록 60° 이하로 하고 곡선을 갖고 합류하는 경우의 곡률반경은 내경의 5배 이상으로 한다.

39 정수시설의 착수정 구조와 형상에 관한 설계기준으로 틀린 것은?

① 착수정은 분할을 원칙으로 하며 고수위 이상으로 유지되도록 월류관이나 월류 위어를 설치한다.

② 형상은 일반적으로 직사각형 또는 원형으로 하고, 유입구에는 제수밸브 등을 설치한다.
③ 착수정의 고수위와 주변 벽체의 상단 간에는 60cm 이상의 여유를 두어야 한다.
④ 부유물이나 조류 등을 제거할 필요가 있는 장소에는 스크린을 설치한다.

해설 착수정은 2지 이상 분할을 원칙으로 하며 고수위 이상으로 올라가지 않도록 월류관이나 월류 위어를 설치한다.

40 펌프를 선정할 때 고려 사항으로 적당하지 않은 것은?

① 펌프를 최대효율점 부근에서 운전하도록 용량 및 대수를 결정한다.
② 펌프의 설치대수는 유지관리상 가능한 적게 하고 동일용량의 것으로 한다.
③ 펌프는 저용량일수록 효율이 높으므로 가능한 저용량으로 한다.
④ 내부에서 막힘이 없고, 부식 및 마모가 적어야 한다.

해설 펌프의 용량은 계획토출량 및 전양정을 만족하고 운전범위 내에서 효율이 높은 펌프를 선정한다.

▶ 제3과목 ┃ 수질오염방지기술

41 활성슬러지법의 변법인 접촉안정화법에 대한 설명으로 가장 거리가 먼 것은?

① 활성슬러지를 하수와 약 5~20분간 비교적 짧은 시간 동안 접촉조에서 폭기, 혼합한다.
② 활성슬러지를 안정조에서 3~6시간 폭기하여 흡수, 흡착된 유기물질을 산화시킨다.
③ 침전지에서는 접촉조에서 유기물을 흡수, 흡착한 슬러지를 분리한다.
④ 유기물의 상당량이 콜로이드 상태로 존재하는 도시하수처리에 적합하다.

해설 활성슬러지를 하수와 약 30~60분간 접촉조에서 폭기, 혼합한다.

42 소독제로서 오존(O_3)의 효율성에 대한 설명으로 가장 거리가 먼 것은?

① 오존은 대단히 반응성이 큰 산화제이다.
② 오존은 매우 효과적인 바이러스 사멸제이다.
③ 오존 처리는 용존 고형물을 증가시키지 않는다.
④ pH가 높을 때 소독효과가 좋다.

[해설] 오존 소독은 높은 pH에서 약간의 영향이 있으나 거의 영향을 받지 않고 염소 소독의 경우 pH에 의한 영향이 있다.

43 다음 중 호기성 미생물에 의하여 발생하는 반응은?

① 포도당 → 알코올
② 초산 → 메탄
③ 아질산염 → 질산염
④ 포도당 → 초산

44 난분해성 폐수 처리에 이용하는 펜톤시약은 어느 것인가?

① H_2O_2 + 철염
② 알루미늄염 + 철염
③ H_2O_2 + 알루미늄염
④ 철염 + 고분자응집제

[해설] 펜톤 처리 공정의 특징
1. 펜톤시약의 반응시간은 철염과 과산화수소의 주입 농도에 따라 변화를 보인다.
2. 펜톤시약을 이용하여 난분해성 유기물을 처리하는 과정은 대체로 산화반응과 함께 pH 조절, 펜톤산화, 중화 및 응집, 침전으로 크게 4단계로 나눌 수 있다.
3. 펜톤시약의 효과는 pH 3~4.5 범위에서 가장 강력한 것으로 알려져 있다.
4. 폐수의 COD는 감소하지만 BOD는 증가할 수 있다.

45 BOD 250mg/L인 폐수를 살수여상법으로 처리할 때 처리수의 BOD는 80mg/L, 온도는 20℃였다. 만일 온도가 23℃로 된다면 처리수의 BOD 농도(mg/L)는? (단, 온도 이외의 처리조건은 같음. $E_t = E_{20} \times C_i^{T-20}$, E : 처리효율, C_i : 1.035)

① 약 46
② 약 53
③ 약 62
④ 약 71

[해설] 처리효율을 산정한 후 온도 보정
ⓐ 효율 산정
$$\eta = \left(1 - \frac{C_t}{C_o}\right) \times 100 = \left(1 - \frac{80}{250}\right) \times 100 = 68\%$$
ⓑ 온도 보정
$$E_t = E_{20} \times C_i^{T-20}$$
$$= 68 \times 1.035^{23-20} = 75.3928\%$$
ⓒ 23℃에서의 처리수 BOD 농도
$$250\text{mg/L} \times (1 - 0.7539) = 61.525\text{mg/L}$$

46 흡착장치 중 고정상 흡착장치의 역세척에 관한 설명으로 가장 알맞은 것은?

> (㉠) 동안 먼저 표면세척을 한 다음 (㉡) $m^3/m^2 \cdot hr$의 속도로 역세척수를 사용하여 층을 (㉢) 정도 부상시켜 실시한다.

① ㉠ 24시간, ㉡ 14~48, ㉢ 25~30%
② ㉠ 24시간, ㉡ 24~28, ㉢ 10~50%
③ ㉠ 짧은 시간, ㉡ 14~28, ㉢ 25~30%
④ ㉠ 짧은 시간, ㉡ 24~48, ㉢ 10~50%

47 화학적 인 제거 방법으로 정석탈인법에 사용되는 것은?

① Al
② Fe
③ Ca
④ Mg

[해설] 정석탈인법의 인 제거 원리는 정인산 이온이 칼슘 이온과 난용해성 염인 하이드록시아파타이트[$Ca_{10}(OH)_2(PO_4)_6$]를 생성하는 반응에 기초를 둔다.
$$10Ca^{2+} + 6PO_4^{3-} + 2OH^- \rightarrow Ca_{10}(OH)_2(PO_4)_6$$

48 정수장의 침전조 설계 시 어려운 점은 물의 흐름은 수평방향이고 입자 침강방향은 중력방향이어서 두 방향의 운동을 해석해야 한다는 점이다. 이상적인 수평흐름 장방형 침전지(제I형 침전) 설계를 위한 기본 가정 중 틀린 것은?

① 유입부의 깊이에 따라 SS 농도는 선형으로 높아진다.
② 슬러지 영역에서는 유체이동이 전혀 없다.
③ 슬러지 영역 상부에는 사영역이나 단락류가 없다.
④ 플러그 흐름이다.

[해설] 유입부에서는 SS가 균일하게 분포한다.

49 아래의 공정은 A^2/O 공정을 나타낸 것이다. 각 반응조의 주요 기능에 대하여 옳은 것은?

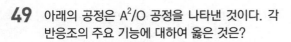

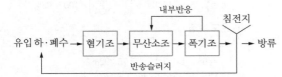

① 혐기조 : 인 방출, 무산소조 : 질산화,
폭기조 : 탈질, 인 과잉섭취

② 혐기조 : 인 방출, 무산소조 : 탈질,
폭기조 : 인 과잉섭취, 질산화

③ 혐기조 : 탈질, 무산소조 : 질산화,
폭기조 : 인 방출 및 과잉섭취

④ 혐기조 : 탈질, 무산소조 : 인 과잉섭취,
폭기조 : 질산화, 인 방출

50 폐수의 고도 처리에 관한 설명으로 가장 거리가 먼 것은?

① 염수 등 무기염류의 제거에는 전기투석, 역삼투 등을 사용한다.

② 질소 제거는 소석회 등을 사용하여 pH 10.8 ~11.5에서 암모니아 스트리핑을 한다.

③ 인산 이온은 수산화나트륨 등으로 중화하여 침전 처리한다.

④ 잔류 COD는 급속사여과 후 활성탄 흡착 처리한다.

[해설] 인산 이온은 칼슘, 철, 알루미늄 등을 주입하여 응집 침전시켜 제거한다.

51 bar rack의 설계조건이 다음과 같을 때 손실수두 (m)는? [단, $h_L = 1.79\left(\dfrac{W}{b}\right)^{4/3} \cdot \dfrac{V^2}{2g}\sin\theta$, 원형봉의 지름＝20mm, bar의 유효간격＝25mm, 수평설치각도＝50°, 접근유속＝1.0m/sec]

① 0.0427   ② 0.0482
③ 0.0519   ④ 0.0599

[해설] 주어진 식을 이용하여 산정

$$h_L = 1.79\left(\frac{W}{b}\right)^{\frac{4}{3}} \times \frac{V^2}{2g}\sin\theta$$

$$= 1.79\left(\frac{0.02}{0.025}\right)^{\frac{4}{3}} \times \frac{1^2}{2 \times 9.8}\sin 50° = 0.05195\text{m}$$

W : 원형 봉의 지름(m), b : 유효간격(m)
V : 유속(m/sec), θ : 설치각도(°)

52 특정의 반응물을 포함하는 폐수가 연속혼합반응조를 통과할 때 반응물의 농도가 250mg/L에서 25mg/L로 감소하였다. 반응조 내의 반응은 1차 반응이고, 폐수의 유량이 1일 5,000m^{3}이면 반응조의 체적(m^3)은? (단, 반응속도상수 K＝0.21day^{-1})

① 45,000   ② 90,000
③ 112,500   ④ 214,286

[해설] 완전혼합연속반응조이며 1차 반응이므로 아래의 관계식에 따른다.

$$Q(C_o - C_t) = K\forall C_t^m$$

Q : 유량 → 5,000m^3/day
C_o : 초기농도 → 250mg/L
C_t : 나중농도 → 25mg/L
K : 반응속도상수 → 0.21day^{-1}
$\forall$: 반응조 체적, m : 반응차수 → 1

$$\frac{5,000\text{m}^3}{\text{day}}(250-25)\text{mg/L} = 0.21\text{day}^{-1} \times \square\text{m}^3 \times 25\text{mg/L}$$

$$\therefore \square = 214285.7143\text{m}^3$$

53 살수여상 처리 공정에서 생성되는 슬러지의 농도는 4.5%이며, 하루에 생성되는 고형물의 양은 1,000kg이다. 중력을 이용하여 농축할 때 중력 농축조의 직경(m)은? (단, 농축조의 형태는 원형, 깊이＝3m, 중력 농축조의 고형물 부하량＝25kg/m^2·day, 비중＝1.0)

① 3.55   ② 5.10
③ 6.72   ④ 7.14

[해설] ⓐ 고형물 부하율과 침전 면적과의 관계를 통해 침전 면적 산정

$$고형물 부하량 = \frac{고형물의 양}{면적}$$

$$\frac{25\text{kg}}{\text{m}^2\cdot\text{day}} = \frac{1,000\text{kg/day}}{A}$$

침전 면적＝40m^2

ⓑ 직경 산정

$$A = \frac{\pi}{4} \times D^2$$

$$40\text{m}^2 = \frac{\pi}{4} \times D^2$$

$$\therefore D = 7.1364\text{m}$$

54 정수장에 적용되는 완속여과의 장점이라 볼 수 없는 것은?

① 여과시스템의 신뢰성이 높고, 양질의 음용수를 얻을 수 있다.

② 수량과 탁질이 급격한 부하변동에 대응할 수 있다.

③ 고도의 지식이나 기술을 가진 운전자를 필요로 하지 않고, 최소한의 전력만 필요로 한다.

④ 여과지를 간헐적으로 사용하여도 양질의 여과수를 얻을 수 있다.

해설 여과지를 간헐적으로 사용하면 여과수의 질이 나빠진다.

55 다음 중 막공법에 관한 설명으로 가장 거리가 먼 것은?

① 투석은 선택적 투과막을 통해 용액 중에 다른 이온 혹은 분자의 크기가 다른 용질을 분리시키는 것이다.

② 투석에 대한 추진력은 막을 기준으로 한 용질의 농도차이다.

③ 한외여과 및 미여과의 분리는 주로 여과작용에 의한 것으로 역삼투 현상에 의한 것이 아니다.

④ 역삼투는 반투막으로 용매를 통과시키기 위해 동수압을 이용한다.

해설 역삼투는 반투막으로 용매를 통과시키기 위해 정수압을 이용한다.

56 혐기성 소화조 내의 pH가 낮아지는 원인이 아닌 것은?

① 유기물 과부하

② 과도한 교반

③ 중금속 등 유해물질 유입

④ 온도 저하

해설 교반이 부족하면 소화조에 이상현상이 나타난다.

57 수질 성분이 금속 하수도관의 부식에 미치는 영향으로 가장 거리가 먼 것은?

① 잔류염소는 용존산소와 반응하여 금속 부식을 억제시킨다.

② 용존산소는 여러 부식 반응속도를 증가시킨다.

③ 고농도의 염화물이나 황산염은 철, 구리, 납의 부식을 증가시킨다.

④ 암모니아는 착화물의 형성을 통하여 구리, 납 등의 용해도를 증가시킬 수 있다.

해설 잔류염소는 용존산소와 반응하여 금속 부식을 유발시킨다.

58 포기조의 MLSS 농도가 3,000mg/L이고, 1L 실린더에 30분 동안 침전시킨 후의 슬러지 부피가 150mL이면 슬러지의 SVI는?

① 20   ② 50

③ 100   ④ 150

해설 SVI 산정식 이용

$$\text{SVI} = \frac{\text{SV}_{30}\,(\%)}{\text{MLSS}} \times 10^4 = \frac{\text{SV}_{30}\,(\text{mL})}{\text{MLSS}} \times 10^3$$

$$\therefore \; \text{SVI} = \frac{150\text{mL}}{3,000\text{mg/L}} \times 10^3 = 50$$

59 인구가 10,000명인 마을에서 발생하는 하수를 활성슬러지법으로 처리하는 처리장에 저율 혐기성 소화조를 설계하려고 한다. 생슬러지(건조고형물기준) 발생량은 0.11kg/인·일이며, 휘발성 고형물은 건조고형물의 70%이다. 가스 발생량은 0.94m³/kgVS이고 휘발성 고형물의 65%가 소화된다면 1일 가스 발생량(m³/day)은 어느 것인가?

① 약 345   ② 약 471

③ 약 563   ④ 약 644

해설
$$10,000\text{인} \times \underbrace{\frac{0.11\text{kg}}{\text{인}\cdot\text{일}}}_{\text{SL}\,\to\,\text{TS}} \times \underbrace{\frac{70\,\_\text{VS}}{100\,\_\text{TL}}}_{\text{TS}\,\to\,\text{VS}} \times \underbrace{\frac{65}{100}}_{\substack{\text{가스로}\\\text{발생되는}\\\text{VS}}} \times \underbrace{\frac{0.94\text{m}^3\,\_\text{gas}}{\text{VSS}\cdot\text{kg}}}_{\text{kg}\,\to\,\text{m}^3}$$

$$= 470.47\text{m}^3/\text{day}$$

60 폐수로부터 질소 물질을 제거하는 주요 물리화학적 방법이 아닌 것은?

① Phostrip법　　　② 암모니아스트리핑법
③ 파괴점염소처리법④ 이온교환법

해설 포스트립(Phostrip)법은 인의 화학적 제거 방법이다.

● 제4과목 ┃ 수질오염공정시험기준

---

61 원자흡수분광광도법에서 일어나는 간섭에 대한 설명으로 틀린 것은?

① 광학적 간섭 : 분석하고자 하는 원소의 흡수파장과 비슷한 다른 원소의 파장이 서로 겹쳐 비이상적으로 높게 측정되는 경우
② 물리적 간섭 : 표준 용액과 시료 또는 시료와 시료 간의 물리적 성질(점도, 밀도, 표면장력 등)의 차이 또는 표준물질과 시료의 매질(matrix) 차이에 의해 발생
③ 화학적 간섭 : 불꽃의 온도가 분자를 들뜬 상태로 만들기에 충분히 높지 않아서, 해당 파장을 흡수하지 못하여 발생
④ 이온화 간섭 : 불꽃의 온도가 너무 낮을 경우 중성원자에서 전자를 빼앗아 이온이 생성될 수 있으며 이 경우 양(+)의 오차가 발생

해설 이온화 간섭은 불꽃의 온도가 너무 높을 경우 중성원자에서 전자를 빼앗아 이온이 생성될 수 있으며 이 경우 음(−)의 오차가 발생하게 된다.

---

62 하천수의 시료 채취지점에 관한 내용으로 ( )에 공통으로 들어갈 내용은?

하천의 단면에서 수심이 가장 깊은 수면의 지점과 그 지점을 중심으로 하여 좌우로 수면폭을 2등분한 각각의 지점의 수면으로부터 수심 ( ) 미만일 때에는 수심의 1/3에서, 수심 ( ) 이상일 때에는 수심의 1/3 및 2/3에서 각각 채수한다.

① 2m　　　　　② 3m
③ 5m　　　　　④ 6m

---

63 자외선/가시선분광법을 이용하여 아연을 측정하는 원리로 ( )에 옳은 내용은?

아연이온이 ( )에서 진콘과 반응하여 생성하는 청색의 킬레이트화합물의 흡광도를 620nm에서 측정하는 방법이다.

① pH 약 2　　　② pH 약 4
③ pH 약 9　　　④ pH 약 11

---

64 불꽃원자흡수분광광도법의 분석 절차 중 가장 먼저 수행하는 것은?

① 최적의 에너지값을 얻도록 선택파장을 최적화한다.
② 버너헤드를 설치하고 위치를 조정한다.
③ 바탕시료를 주입하여 영점조정을 한다.
④ 공기와 아세틸렌을 공급하면서 불꽃을 발생시키고, 최대 감도를 얻도록 유량을 조절한다.

해설 불꽃원자흡수분광광도법의 분석 절차
1. 전처리
2. 분석하고자 하는 원소의 속빈 음극램프를 설치하고 프로그램상에서 분석파장을 선택한 후 슬릿 나비를 설정한다.
3. 기기를 가동하여 속빈 음극램프에 전류가 흐르게 하고 에너지 레벨이 안정될 때까지 10~20분간 예열한다.
4. 최적 에너지값(gain)을 얻도록 선택파장을 최적화한다.
5. 버너헤드를 설치하고 위치를 조정한다.
6. 공기와 아세틸렌을 공급하면서 불꽃을 발생시키고, 최대 감도를 얻도록 유량을 조절한다.
7. 바탕시료를 주입하여 영점조정을 하고, 시료 분석을 수행한다.

---

65 기체 크로마토그래피법의 전자포획검출기에 관한 설명으로 ( )에 알맞은 것은?

방사선 동위원소로부터 방출되는 ( )이 운반기체를 전리하여 미소전류를 흘려보낼 때 시료 중의 할로겐이나 산소와 같이 전자포획력이 강한 화합물에 의하여 전자가 포획되어 전류가 감소하는 것을 이용하는 방법이다.

① α(알파)선　　　② β(베타)선
③ γ(감마)선　　　④ 중성자선

66 시료 중 분석 대상물의 농도가 낮거나 복잡한 매질 중에서 분석 대상물만을 선택적으로 추출하여 분석하고자 할 때 사용하는 전처리방법으로 가장 적당한 것은?

① 마이크로파 산분해법
② 전기회화로법
③ 산분해법
④ 용매추출법

해설 ① 마이크로파 산분해법 : 전반적인 처리 절차 및 원리는 산분해법과 같으나 마이크로파를 이용해서 시료를 가열하는 것이 다르다. 마이크로파를 이용하여 시료를 가열할 경우 고온·고압하에서 조작할 수 있어 전처리 효율이 좋아진다.

② 전기회화로법 : 목적성분이 400℃ 이상에서 휘산되지 않고 쉽게 회화될 수 있는 시료에 적용한다. 시료 중에 염화암모늄, 염화마그네슘 등이 다량 함유된 경우에는 납, 철, 주석, 아연, 안티몬 등이 휘산되어 손실을 가져오므로 주의하여야 한다.

③ 산분해법 : 시료에 산을 첨가하고 가열하여 시료 중의 유기물 및 방해물질을 제거하는 방법이다. 이 과정에서 시료 중의 유기물 및 방해물질은 산에 의해 분해되고 이들과 착화합물을 형성하고 있던 중금속류는 이온 상태로 시료 중에 존재하게 된다.

67 기기 분석법에 관한 설명으로 틀린 것은 어느 것인가?

① 유도결합플라스마(ICP)는 시료도입부, 고주파전원부, 광원부, 분광부, 연산처리부 및 기록부로 구성되어 있다.
② 원자흡수분광도법은 시료 중의 유해중금속 및 기타 원소의 분석에 적용한다.
③ 흡광도법은 파장 200~900nm에서의 액체의 흡광도를 측정한다.
④ 기체 크로마토그래피법의 검출기 중 열전도도검출기는 인 또는 유황 화합물의 선택적 검출에 주로 사용한다.

해설 FPD(불꽃광도형 검출기) : 황 또는 인 화합물의 감도(sensitivity)는 일반 탄화수소화합물에 비하여 100,000배 커서 H_2S나 SO_2와 같은 황화합물은 약 200ppb까지, 인화합물은 약 10ppb까지 검출이 가능하다.

68 분석물질의 농도 변화에 대한 지시값을 나타내는 검정곡선방법에 대한 설명으로 옳은 것은?

① 검정곡선법은 시료의 농도와 지시값과의 상관성을 검정곡선식에 대입하여 작성하는 방법으로, 직선성이 유지되는 농도범위 내에서 제조 농도 3~5개를 사용한다.
② 표준물첨가법은 시료와 동일한 매질에 일정량의 표준물질을 첨가하여 검정곡선을 작성하는 것으로, 시험분석 절차, 기기 또는 시스템의 변동으로 발생하는 오차를 보정하기 위해 사용한다.
③ 내부표준법은 표준용액과 시료에 동일한 양의 내부표준물질을 첨가하여 검정곡선을 작성하는 것으로, 매질 효과가 큰 시험분석 방법에서 분석대상 시료와 동일한 매질의 시료를 확보하지 못한 경우에 매질 효과를 보정하기 위해 사용한다.
④ 검정곡선의 검증은 방법검출한계의 2~5배 또는 검정곡선의 중간 농도에 해당하는 표준 용액에 대한 측정값이 검정곡선 작성 시의 지시값과 10% 이내에서 일치하여야 한다.

해설 ② 표준물첨가법 : 시료와 동일한 매질에 일정량의 표준물질을 첨가하여 검정곡선을 작성하는 방법으로, 매질 효과가 큰 시험분석 방법에서 분석대상 시료와 동일한 매질의 표준시료를 확보하지 못한 경우에 매질 효과를 보정하여 분석할 수 있는 방법이다.

③ 내부표준법 : 검정곡선 작성용 표준 용액과 시료에 동일한 양의 내부표준물질을 첨가하여 시험분석 절차, 기기 또는 시스템의 변동으로 발생하는 오차를 보정하기 위해 사용하는 방법이다. 내부표준법은 시험분석하려는 성분과 물리·화학적 성질은 유사하나 시료에는 없는 순수 물질을 내부표준물질로 선택한다. 일반적으로 내부표준물질로는 분석하려는 성분에 동위원소가 치환된 것을 많이 사용한다.

④ 검정곡선의 검증은 방법검출한계의 5~50배 또는 검정곡선의 중간 농도에 해당하는 표준 용액에 대한 측정값이 검정곡선 작성 시의 지시값과 10% 이내에서 일치하여야 한다. 만약 이 범위를 넘는 경우 검정곡선을 재작성하여야 한다.

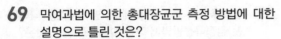

69 막여과법에 의한 총대장균군 측정 방법에 대한 설명으로 틀린 것은?

① 페트리 접시에 배지를 올려놓은 다음 배양 후 금속성 광택을 띠는 적색이나 진한 적색계통의 집락을 계수하는 방법이다.

② 총대장균군은 그람음성, 무아포성의 간균으로서 락토스를 분해하여 가스 또는 산을 발생하는 모든 호기성 또는 통성 혐기성 균을 말한다.

③ 양성 대조군은 E. Coli 표준균주를 사용하고 음성 대조군은 멸균 희석수를 사용하도록 한다.

④ 고체배지는 에탄올(90%) 20mL를 포함한 정제수 1L에 배지를 정해진 고체배지 조성대로 넣고 완전히 녹을 때까지 저어 주면서 끓인다. 이때 고압증기멸균한다.

해설 막여과법 고체배지는 에탄올(95%) 20mL를 포함한 정제수 1L에 배지를 막여과법 고체배지 조성대로 넣고 pH (7.2±0.2)를 확인한 다음 완전히 녹을 때까지 저어 주면서 끓인 후, 45~50℃까지 식힌 다음 5~7mL를 페트리 접시에 부어 굳힌다. 이때 고압증기멸균은 하지 않는다. 조제된 배지는 2~8℃의 냉암소에서 2주간 보관할 수 있다.

70 유기물 함량이 낮은 깨끗한 하천수나 호소수 등의 시료 전처리 방법으로 이용되는 것은 어느 것인가?

① 질산에 의한 분해

② 염산에 의한 분해

③ 황산에 의한 분해

④ 아세트산에 의한 분해

해설 시료의 전처리 방법

1. 산분해법 : 질산법
   유기함량이 비교적 높지 않은 시료의 전처리에 사용한다.
2. 산분해법 : 질산-염산법
   유기물 함량이 비교적 높지 않고 금속의 수산화물, 산화물, 인산염 및 황화물을 함유하고 있는 시료에 적용되며 휘발성 또는 난용성 염화물을 생성하는 금속물질의 분석에는 주의한다.
3. 산분해법 : 질산-황산법
   유기물 등을 많이 함유하고 있는 대부분의 시료에 적용된다. 그러나 칼슘, 바륨, 납 등을 다량 함유한 시료는 난용성 황산염을 생성하여 다른 금속 성분을 흡착하므로 주의한다.

4. 산분해법 : 질산-과염소산법
   유기물을 다량 함유하고 있으면서 산분해가 어려운 시료에 적용된다.
5. 산분해법 : 질산-과염소산-불화수소산
   다량의 점토질 또는 규산염을 함유한 시료에 적용된다.

71 위어의 수두가 0.25m, 수로의 폭이 0.8m, 수로의 밑면에서 절단 하부점까지의 높이가 0.7m인 직각 3각 위어의 유량(m^3/min)은? (단, 유량계수

$$K = 81.2 + \frac{0.24}{h} + \left[\left(8.4 + \frac{12}{\sqrt{D}}\right) \times \left(\frac{h}{B} - 0.09\right)^2\right])$$

① 1.4

② 2.1

③ 2.6

④ 2.9

해설 ⓐ K 산정

$$K = 81.2 + 0.24/h + [(8.4 + 12/\sqrt{D}) \times (h/B - 0.09)^2]$$
$$= 81.2 + 0.24/0.25 + [(8.4 + 12/\sqrt{0.7}) \times (0.25/0.8 - 0.09)^2]$$
$$= 83.2859$$

ⓑ 유량 산정

$$Q = K \times h^{\frac{5}{2}}$$
$$= 83.2859 \times 0.25^{\frac{5}{2}}$$
$$= 2.6026 m^3/min$$

72 원자흡수분광광도법에 의한 크롬 측정에 관한 설명으로 ( )에 맞는 것은?

> 공기-아세틸렌 불꽃에 주입하여 분석하며, 정량한계는 ( )nm에서의 산처리법은 ( )mg/L, 용매추출법은 ( )mg/L이다.

① 357.9, 0.01, 0.001

② 357.9, 0.001, 0.01

③ 715.8, 0.01, 0.001

④ 715.8, 0.001, 0.01

73 수질오염공정시험기준 총칙에서 용어의 정의가 틀린 것은?

① 무게를 "정확히 단다."라 함은 규정된 수치의 무게를 0.1mg까지 다는 것을 말한다.

② 시험조작 중 "즉시"란 30초 이내에 표시된 조작을 하는 것을 뜻한다.

③ "바탕시험을 하여 보정한다."라 함은 시료를 사용하여 같은 방법으로 조작한 측정치를 보정하는 것을 말한다.

④ "정확히 취하여"라 함은 규정한 양의 액체를 부피피펫으로 눈금까지 취하는 것을 말한다.

해설 바탕시험 : 시료에 대한 처리 및 측정을 할 때 시료를 사용하지 않고 같은 방법으로 조작한 측정치를 뺀 것을 뜻한다.

74 다음 중 유도결합플라스마-원자발광분광법에 의해 측정할 수 있는 항목이 아닌 것은 어느 것인가?

① 6가크롬　　　　② 비소
③ 불소　　　　　④ 망간

해설 불소 : 자외선/가시선분광법, 이온전극법, 이온 크로마토그래피

75 총대장균군 측정 시에 사용하는 배양기의 배양온도기준으로 옳은 것은?

① 20 ± 1℃　　　② 25 ± 0.5℃
③ 30 ± 1℃　　　④ 35 ± 0.5℃

76 다음 중 산화성 물질이 함유된 시료나 착색된 시료에 적합하며, 특히 윙클러-아자이드화나트륨변법에 사용할 수 없는 폐하수의 용존산소 측정에 유용하게 사용할 수 있는 측정법은 어느 것인가?

① 이온 크로마토그래피법
② 기체 크로마토그래피법
③ 알칼리비색법
④ 전극법

해설 용존산소-전극법 개요
• 물속에 존재하는 용존산소를 측정하기 위하여 시료 중의 용존산소가 격막을 통과하여 전극의 표면에서 산화·환원 반응을 일으키고 이때 산소의 농도에 비례하여 전류가 흐르게 되는데 이 전류량으로부터 용존산소량을 측정하는 방법이다. (정량한계는 0.5mg/L)
• 산화성 물질이 함유된 시료나 착색된 시료와 같이 윙클러-아자이드화나트륨변법을 적용할 수 없는 폐하수의 용존산소 측정에 유용하게 사용할 수 있다.

77 자외선/가시선분광법을 적용한 페놀류 측정에 관한 내용으로 옳은 것은?

① 정량한계는 클로로폼 측정법일 때 0.025 mg/L이다.

② 정량범위는 직접측정법일 때 0.025~0.05 mg/L이다.

③ 증류한 시료에 염화암모늄-암모니아 완충액을 넣어 pH 10으로 조절한다.

④ 4-아미노안티피린과 페리시안칼륨을 넣어 생성된 청색의 안티피린계 색소의 흡광도를 측정하는 방법이다.

해설 • 물속에 존재하는 페놀류를 측정하기 위하여 증류한 시료에 염화암모늄-암모니아 완충용액을 넣어 pH 10으로 조절한 다음 4-아미노안티피린과 헥사시안화철(Ⅱ)산칼륨을 넣어 생성된 붉은색의 안티피린계 색소의 흡광도를 측정하는 방법으로 수용액에서는 510nm, 클로로폼 용액에서는 460nm에서 측정한다.
• 정량한계는 클로로폼 추출법일 때 0.005mg, 직접법일 때 0.05mg이다.

78 환원제인 $FeSO_4$ 용액 25mL를 H_2SO_4 산성에서 0.1N-$K_2Cr_2O_7$으로 산화시키는 데 31.25mL가 소비되었다. $FeSO_4$ 용액 200mL를 0.05N 용액으로 만들려고 할 때 가하는 물의 양(mL)은?

① 200
② 300
③ 400
④ 500

해설 중화반응 공식 이용
$N \times V = N' \times V'$
ⓐ $FeSO_4$의 N 산정
$N \times 25mL = 0.1eq/L \times 31.25mL$
$N = 0.125eq/L$
ⓑ 0.05N으로 희석 시 필요한 물의 양 산정
희석배율=처음 농도/나중 농도=0.125/0.05=2.5배
200mL를 2.5배 희석하면 0.05N이 되므로 전량을 200mL×2.5=500mL로 해야 한다.
가해 줘야 하는 물의 양은 500-200=300mL이다.

79 다음 중 용기에 의한 유량 측정 방법 중 최대유량에 $1m^3/분$ 이상인 경우에 관한 내용으로 ( )에 맞는 것은 어느 것인가?

> 수조가 큰 경우에는 유입시간에 있어서 유수의 부피는 상승한 수위와 상승 수면의 평균 표면적의 계측에 의하여 유량을 산출한다. 이 경우 측정시간은 (㉠) 정도, 수위의 상승 속도는 적어도 (㉡) 이상이어야 한다.

① ㉠ 1분, ㉡ 매분 1cm
② ㉠ 1분, ㉡ 매분 3cm
③ ㉠ 5분, ㉡ 매분 1cm
④ ㉠ 5분, ㉡ 매분 3cm

해설 용기에 의한 측정
1. 최대유량이 $1m^3/분$ 미만인 경우
   용기는 용량 100~200L인 것을 사용하여 유수를 채우는 데에 필요한 시간을 스톱워치(stop watch)로 잰다. 용기에 물을 받아 넣는 시간을 20초 이상이 되도록 용량을 결정한다.
2. 최대유량이 $1m^3/분$ 이상인 경우
   1) 이 경우에는 침전지, 저수지 기타 적당한 수조(水槽)를 이용한다.
   2) 수조가 작은 경우에는 한 번 수조를 비우고 유수가 수조를 채우는 데 걸리는 시간으로부터 최대유량이 $1m^3/분$ 미만인 경우와 동일한 방법으로 유량을 구한다.
   3) 수조가 큰 경우에는 유입시간에 있어서 유수의 부피는 상승한 수위와 상승 수면의 평균표면적(平均表面積)의 계측에 의하여 유량을 산출한다. 이 경우 측정시간은 5분 정도, 수위의 상승 속도는 적어도 매분 1cm 이상이어야 한다.

80 자외선/가시선분광법(인도페놀법)으로 암모니아성질소를 측정할 때 암모늄이온이 차아염소산의 공존 아래에서 페놀과 반응하여 생성하는 인도페놀의 색깔과 파장은?

① 적자색, 510nm
② 적색, 540nm
③ 청색, 630nm
④ 황갈색, 610nm

81 환경정책기본법에 따른 환경기준에서 하천의 생활환경기준에 포함되지 않는 검사항목은?

① TP
② TN
③ DO
④ TOC

해설 수질 및 수생태계 하천의 생활환경기준
수소이온농도(pH), 생물화학적 산소요구량(BOD), 화학적 산소요구량(COD), 총유기탄소량(TOC), 부유물질량(SS), 용존산소량(DO), 총인(T-P), 총대장균군, 분원성 대장균군

82 거짓이나 그 밖의 부정한 방법으로 폐수배출시설의 설치허가를 받았을 때 행정처분기준은?

① 개선명령
② 허가취소 또는 폐쇄명령
③ 조업정지 5일
④ 조업정지 30일

83 규정에 의한 관계공무원의 출입·검사를 거부·방해 또는 기피한 폐수무방류배출시설을 설치·운영하는 사업자에게 처하는 벌칙기준은?

① 3년 이하의 징역 또는 3천만 원 이하의 벌금
② 2년 이하의 징역 또는 2천만 원 이하의 벌금
③ 1년 이하의 징역 또는 1천만 원 이하의 벌금
④ 500만 원 이하의 벌금

84 환경부령으로 정하는 폐수무방류배출시설의 설치가 가능한 특정수질유해물질이 아닌 것은?

① 디클로로메탄
② 구리 및 그 화합물
③ 카드뮴 및 그 화합물
④ 1, 1-디클로로에틸렌

해설 [시행령 제39조] 폐수무방류배출시설의 설치가 가능한 특정수질유해물질
법 제33조 제7항에서 "환경부령으로 정하는 특정수질유해물질"이란 다음의 물질을 말한다.
1. 구리 및 그 화합물
2. 디클로로메탄
3. 1, 1-디클로로에틸렌

85 사업장별 환경기술인의 자격기준 중 제2종사업장에 해당하는 환경기술인의 기준은?

① 수질환경기사 1명 이상

② 수질환경산업기사 1명 이상

③ 환경기능사 1명 이상

④ 2년 이상 수질분야에 근무한 자 1명 이상

해설 [시행령 별표 17] 사업장별 환경기술인의 자격기준

구분	환경기술인
제1종사업장	수질환경기사 1명 이상
제2종사업장	수질환경산업기사 1명 이상
제3종사업장	수질환경산업기사, 환경기능사 또는 3년 이상 수질분야 환경관련 업무에 직접 종사한 자 1명 이상
제4종사업장·제5종사업장	배출시설 설치허가를 받거나 배출시설 설치신고가 수리된 사업자 또는 배출시설 설치허가를 받거나 배출시설 설치신고가 수리된 사업자가 그 사업장의 배출시설 및 방지시설업무에 종사하는 피고용인 중에서 임명하는 자 1명 이상

86 비점오염저감시설 중 자연형 시설인 인공습지의 설치기준으로 틀린 것은?

① 인공습지의 유입구에서 유출구까지의 유로는 최대한 길게 하고 길이 대 폭의 비율은 2 : 1 이상으로 한다.

② 유입부에서 유출부까지의 경사는 0.5% 이상 1.0% 이하의 범위를 초과하지 않도록 한다.

③ 침전물로 인하여 토양의 공극이 막히지 않는 구조로 설계한다.

④ 생물의 서식공간을 창출하기 위하여 5종부터 7종까지의 다양한 식물을 심어 생물의 다양성을 증가시킨다.

해설 침투시설 : 토양의 공극이 막히지 아니하도록 시설 내의 침전물을 주기적으로 제거하여야 한다.

87 수질오염방지시설 중 물리적 처리시설에 해당하지 않는 것은?

① 혼합시설   ② 흡착시설

③ 응집시설   ④ 유수분리시설

해설 흡착시설 : 화학적 처리시설

88 공공폐수처리시설의 유지·관리 기준에 따라 처리시설의 관리·운영자가 실시하여야 하는 방류수 수질검사의 횟수기준은? (단, 시설의 규모는 1,500m³/day, 처리시설의 적정운영을 확인하기 위한 검사이다.)

① 2월 1회 이상

② 월 1회 이상

③ 월 2회 이상

④ 주 1회 이상

해설 [시행규칙 별표 15] 공공폐수처리시설의 유지·관리 기준
가. 처리시설의 적정운영 여부를 확인하기 위하여 방류수수질검사를 월 2회 이상 실시하되, 1일당 2천m³ 이상인 시설은 주 1회 이상 실시하여야 한다. 다만, 생태독성(TU) 검사는 월 1회 이상 실시하여야 한다.
나. 방류수의 수질이 현저하게 악화되었다고 인정되는 경우에는 수시로 방류수 수질검사를 하여야 한다.

89 공공폐수처리시설의 유지·관리 기준에 관한 내용으로 ( )에 맞는 것은?

> 처리시설의 가동시간, 폐수방류량, 약품투입량, 관리·운영자, 그 밖에 처리시설의 운영에 관한 주요사항을 사실대로 매일 기록하고 이를 최종기록한 날부터 ( ) 보존하여야 한다.

① 1년간   ② 2년간

③ 3년간   ④ 5년간

해설 [시행규칙 별표 15] 공공폐수처리시설의 유지·관리 기준 (제71조 관련)
처리시설의 가동시간, 폐수방류량, 약품투입량, 관리·운영자, 그 밖에 처리시설의 운영에 관한 주요사항을 사실대로 매일 기록하고 이를 최종기록한 날부터 1년간 보존하여야 한다.

90 수질오염방지시설 중 생물화학적 처리시설이 아닌 것은?

① 접촉조

② 살균시설

③ 돈사톱밥발효시설

④ 폭기시설

해설 살균시설 : 화학적 처리시설

91 폐수배출시설을 설치하려고 할 때 수질오염물질의 배출허용기준을 적용받지 않는 시설은 어느 것인가?

① 폐수무방류배출시설
② 일 50톤 미만의 폐수처리시설
③ 일 10톤 미만의 폐수처리시설
④ 공공폐수처리시설로 유입되는 폐수처리시설

해설 [법 제32조] 배출허용기준
⑦ 다음의 어느 하나에 해당하는 배출시설에 대해서는 제1항부터 제6항까지의 규정을 적용하지 아니한다.
   1. 제33조 제1항 단서 및 같은 조 제2항에 따라 설치되는 폐수무방류배출시설
   2. 환경부령으로 정하는 배출시설 중 폐수를 전량(全量) 재이용하거나 전량 위탁 처리하여 공공수역으로 폐수를 방류하지 아니하는 배출시설

92 폐수배출시설 외에 수질오염물질을 배출하는 시설 또는 장소로서 환경부령이 정하는 것(기타 수질오염원)의 대상시설과 규모기준에 관한 내용으로 틀린 것은?

① 자동차폐차장시설 : 면적 1,000m² 이상
② 수조식 육상양식어업시설 : 수조면적 합계 500m² 이상
③ 골프장 : 면적 3만m² 이상
④ 무인자동식 현상, 인화, 정착 시설 : 1대 이상

해설 [시행규칙 별표 1] 기타 수질오염원
자동차 폐차장시설 : 면적이 1천 500m² 이상일 것

93 특정수질유해물질이 아닌 것은?

① 구리 및 그 화합물
② 셀레늄 및 그 화합물
③ 플루오르화합물
④ 테트라클로로에틸렌

94 수질오염경보 중 수질오염감시경보 대상 항목이 아닌 것은?

① 용존산소
② 전기전도도
③ 부유물질
④ 총유기탄소

해설 [시행령 별표 3] 수질오염경보의 종류별 경보단계 및 그 단계별 발령·해제 기준

〈수질오염감시경보〉

경보단계	발령·해제 기준
관심	가. 수소이온농도, 용존산소, 총질소, 총인, 전기전도도, 총유기탄소, 휘발성 유기화합물, 페놀, 중금속(구리, 납, 아연, 카드뮴 등) 항목 중 2개 이상 항목이 측정항목별 경보기준을 초과하는 경우 나. 생물감시 측정값이 생물감시 경보기준 농도를 30분 이상 지속적으로 초과하는 경우
주의	가. 수소이온농도, 용존산소, 총질소, 총인, 전기전도도, 총유기탄소, 휘발성 유기화합물, 페놀, 중금속(구리, 납, 아연, 카드뮴 등) 항목 중 2개 이상 항목이 측정항목별 경보기준을 2배 이상(수소이온농도 항목의 경우에는 5 이하 또는 11 이상을 말한다) 초과하는 경우 나. 생물감시 측정값이 생물감시 경보기준 농도를 30분 이상 지속적으로 초과하고, 수소이온농도, 총유기탄소, 휘발성 유기화합물, 페놀, 중금속(구리, 납, 아연, 카드뮴 등) 항목 중 1개 이상의 항목이 측정항목별 경보기준을 초과하는 경우와 전기전도도, 총질소, 총인, 클로로필a 항목 중 1개 이상의 항목이 측정항목별 경보기준을 2배 이상 초과하는 경우
경계	생물감시 측정값이 생물감시 경보기준 농도를 30분 이상 지속적으로 초과하고, 전기전도도, 휘발성 유기화합물, 페놀, 중금속(구리, 납, 아연, 카드뮴 등) 항목 중 1개 이상의 항목이 측정항목별 경보기준을 3배 이상 초과하는 경우
심각	경계경보 발령 후 수질오염사고 전개속도가 매우 빠르고 심각한 수준으로서 위기발생이 확실한 경우
해제	측정항목별 측정값이 관심단계 이하로 낮아진 경우

95 할당오염부하량 등을 초과하여 배출한 자로부터 부과·징수하는 오염총량초과부과금의 산정방법으로 ( )에 들어갈 내용은?

오염총량초과과징금 = 초과배출이익 × ( )
　　　　　　　　　　 - 감액대상과징금

① 초과율별 부과계수
② 초과율별 부과계수 × 지역별 부과계수
③ 지역별 부과계수 × 위반횟수별 부과계수
④ 초과율별 부과계수 × 지역별 부과계수 × 위반횟수별 부과계수

96 물환경보전법상 폐수에 대한 정의로 ( )에 맞는 것은?

> "폐수"란 물에 ( )의 수질오염물질이 섞여 있어 그대로는 사용할 수 없는 물을 말한다.

① 액체성 또는 고체성
② 기체성, 액체성 또는 고체성
③ 기체성 또는 가연성
④ 고체성

97 폐수 처리 방법이 물리적 또는 화학적 처리 방법인 경우 적정 시운전 기간은?

① 가동개시일부터 70일
② 가동개시일부터 50일
③ 가동개시일부터 30일
④ 가동개시일부터 15일

해설 [시행규칙 제47조] 시운전 기간 등
① 법 제37조 제2항 전단에서 "환경부령으로 정하는 기간"이란 다음의 구분에 따른 기간을 말한다.
　1. 폐수 처리 방법이 생물화학적 처리 방법인 경우 : 가동시작일부터 50일. 다만, 가동시작일이 11월 1일부터 다음 연도 1월 31일까지에 해당하는 경우에는 가동시작일부터 70일로 한다.
　2. 폐수 처리 방법이 물리적 또는 화학적 처리 방법인 경우 : 가동시작일부터 30일

98 국립환경과학원장이 설치할 수 있는 측정망이 아닌 것은 어느 것인가?

① 도심하천측정망
② 공공수역유해물질 측정망
③ 퇴적물측정망
④ 생물측정망

해설 [시행규칙 제22조] 국립환경과학원장이 설치·운영하는 측정망의 종류 등
국립환경과학원장이 법 제9조 제1항에 따라 설치할 수 있는 측정망은 다음과 같다.
1. 비점오염원에서 배출되는 비점오염물질 측정망
2. 법 제4조 제1항에 따른 수질오염물질의 총량관리를 위한 측정망
3. 영 제8조의 시설 등 대규모 오염원의 하류지점 측정망
4. 법 제21조에 따른 수질오염경보를 위한 측정망
5. 법 제22조 제2항에 따른 대권역·중권역을 관리하기 위한 측정망

6. 공공수역유해물질 측정망
7. 퇴적물측정망
8. 생물측정망
9. 그 밖에 국립환경과학원장이 필요하다고 인정하여 설치·운영하는 측정망

99 초과부과금 산정기준에서 수질오염물질 1kg당 부과 금액이 가장 적은 것은?

① 카드뮴 및 그 화합물
② 수은 및 그 화합물
③ 유기인화합물
④ 비소 및 그 화합물

해설 [시행령 별표 14] 초과부과금의 산정기준

수질오염물질	구분	수질오염물질 1kg당 부과금액
특정 유해 물질	카드뮴 및 그 화합물	500,000
	수은 및 그 화합물	1,250,000
	유기인화합물	150,000
	비소 및 그 화합물	100,000

100 정당한 사유 없이 공공수역에 분뇨, 가축분뇨, 동물의 사체, 폐기물(지정폐기물 제외) 또는 오니를 버리는 행위를 하여서는 아니 된다. 이를 위반하여 분뇨·가축분뇨 등을 버린 자에 대한 벌칙기준은?

① 6월 이하의 징역 또는 5백만 원 이하의 벌금
② 1년 이하의 징역 또는 1천만 원 이하의 벌금
③ 2년 이하의 징역 또는 2천만 원 이하의 벌금
④ 3년 이하의 징역 또는 3천만 원 이하의 벌금

우리의 위대한 인생 계획을
방해하는 두 가지가 있다.
하나는 어떤 일도 끝내지 않는 것이며,
다른 하나는 어떤 일도 시작하지 않는 것이다.
-석가모니-

숫자로 보는 문제유형 분석

※ "어쩌다 한번 만나는 문제"에는 알아보기 쉽게 문제 번호에 "밑줄"을 그어 두었습니다.

계산문제 출제비율	수질오염개론	상하수도계획
	30%	15%
수질오염방지기술	공정시험기준	전체 100문제 중
35%	10%	18%

어쩌다 한번 만나는 문제	수질오염개론	상하수도계획
	9, 11	27, 36, 37, 38
수질오염방지기술	공정시험기준	수질관계법규
43, 56, 59	68, 73, 80	84, 86, 94

▶▶ 제1과목 ┃ 수질오염개론

01 다음 중 물의 특성에 관한 설명으로 옳지 않은 것은 어느 것인가?

① 물은 2개의 수소원자가 산소원자를 사이에 두고 104.5°의 결합각을 가진 구조로 되어 있다.

② 물은 극성을 띠지 않아 다양한 물질의 용매로 사용된다.

③ 물은 유사한 분자량의 다른 화합물보다 비열이 매우 커 수온의 급격한 변화를 방지해 준다.

④ 물의 밀도는 4℃에서 가장 크다.

해설 물은 극성을 띠며, 다양한 물질의 용매로 사용된다.

02 하천의 자정작용에 관한 설명으로 옳지 않은 것은?

① 하천의 자정작용은 일반적으로 겨울보다 수온이 상승하여 자정계수(f)가 커지는 여름에 활발하다.

② β 중부수성 수역(초록색)의 수질은 평지의 일반 하천에 상당하며 많은 종류의 조류가 출현한다. (Kolkwitz–Marson법 기준)

③ 하천에서 활발한 분해가 일어나는 지대는 혐기성 세균이 호기성 세균을 교체하며 곰팡이균(fungi)은 사라진다. (Whipple의 4지대 기준)

④ 하천이 회복되고 있는 지대는 용존산소가 포화될 정도로 증가한다. (Whipple의 4지대 기준)

해설
• 수온이 감소하면 자정계수(f)가 커진다.
• 하천의 자정능력이 통상 겨울보다 여름이 더 활발한 이유는 여름의 높은 온도가 박테리아의 성장을 촉진시키기 때문이다.

03 오염물질의 희석 및 확산 작용에 대한 내용으로 틀린 것은?

① 수계에 오염물질이 유입되면 브라운(Brown) 운동, 밀도차, 온도차, 농도차로 인해 발생된 밀도 흐름이나 난류에 의해서 희석 및 확산된다.

② 폐쇄성 수역은 수질밀도류보다는 난류가 희석에 큰 영향을 준다.

③ 바다는 오염물질의 방류지점에서 생긴 분출확산, 밀도류, 밀물, 썰물, 파도, 표층부의 난류확산으로 희석된다.

④ 하천수는 상류에서 하류로 오염물질의 이동이 희석에 큰 영향을 준다.

해설 폐쇄성 수역은 난류보다 수질밀도류가 희석에 큰 영향을 준다.

04 다음의 기체 법칙 중 옳은 것은?

① Boyle의 법칙 : 일정한 압력에서 기체의 부피는 절대온도에 정비례한다.

② Henry의 법칙 : 기체와 관련된 화학반응에서는 반응하는 기체와 생성되는 기체의 부피 사이에 정수관계가 있다.

③ Graham의 법칙 : 기체의 확산속도(조그마한 구멍을 통한 기체의 탈출)는 기체 분자량의 제곱근에 반비례한다.

④ Gay–Lussac의 결합부피 법칙 : 혼합기체 내의 각 기체의 부분압력은 혼합물 속의 기체의 양에 비례한다.

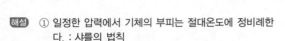
해설 ① 일정한 압력에서 기체의 부피는 절대온도에 정비례한
다. : 샤를의 법칙
② 기체와 관련된 화학반응에서는 반응하는 기체와 생성되
는 기체의 부피 사이에 정수관계가 있다. : 게이뤼삭의
결합부피 법칙
④ 혼합기체 내의 각 기체의 부분압력은 혼합물 속의 기체
의 양에 비례한다. : 돌턴의 부분압 법칙

05 수은(Hg) 중독과 관련이 없는 것은?
① 난청, 언어장애, 구심성 시야협착, 정신장
애를 일으킨다.
② 이타이이타이병을 유발한다.
③ 유기수은은 무기수은보다 독성이 강하며
신경계통에 장애를 준다.
④ 무기수은은 황화물 침전법, 활성탄 흡착
법, 이온교환법 등으로 처리할 수 있다.

해설 • 수은 : 미나마타병
• 카드뮴 : 이타이이타이병

06 지하수의 특성에 관한 설명으로 옳지 않은 것은?
① 염분함량이 지표수보다 낮다.
② 주로 세균(혐기성)에 의한 유기물 분해작
용이 일어난다.
③ 국지적인 환경조건의 영향을 크게 받는다.
④ 빗물로 인하여 광물질이 용해되어 경도가
높다.

해설 지하수의 염분농도는 지표수의 평균농도보다 약 30% 정도
높다.

07 호수의 성층현상에 대한 설명으로 틀린 것은?
① 수심에 따른 온도변화로 인해 발생되는 물
의 밀도차에 의하여 발생한다.
② 수온약층(thermocline)은 순환층과 정체층
의 중간층으로 깊이에 따른 온도변화가 크다.
③ 봄이 되면 얼음이 녹으면서 수표면 부근
의 수온이 높아지게 되고 따라서 수직운
동이 활발해져 수질이 악화된다.
④ 여름이 되면 연직에 따른 온도경사와 용
존산소경사가 반대모양을 나타낸다.

해설 여름이 되면 연직에 따른 온도경사와 용존산소경사가 같은
모양을 나타낸다.

08 해수의 특성에 대한 설명으로 옳은 것은?
① 염분은 적도 해역과 극 해역이 다소 높다.
② 해수의 주요성분 농도비는 수온, 염분의
함수로 수심이 깊어질수록 증가한다.
③ 해수의 Na/Ca 비는 3~4 정도로 담수보
다 매우 높다.
④ 해수 내 전체 질소 중 35% 정도는 암모니
아성질소, 유기질소 형태이다.

해설 ① 염분은 적도 해역보다 극 해역이 다소 낮다.
② 해수의 주요성분 농도비는 일정하다.
③ 해수의 Mg/Ca 비는 3~4 정도로 담수보다 매우 높다.

09 수질오염물질별 인체영향(질환)이 틀리게 짝지
어진 것은?
① 비소 : 반상치(법랑반점)
② 크롬 : 비중격 연골천공
③ 아연 : 기관지 자극 및 폐렴
④ 납 : 근육과 관절의 장애

해설 • 불소 : 법랑반점
• 비소 : 국소 및 전신 마비, 피부염, 발암

10 탈질화와 가장 관계가 깊은 미생물은?
① nitrosomonas　② pseudomonas
③ thiobacillus　④ vorticella

해설 ① nitrosomonas : 질산화에 관여하는 미생물(암모니아성
질소→아질산성질소)
③ thiobacillus : 유황세균
④ vorticella : 양호한 활성슬러지에서 주로 발견
• 탈질미생물
슈도모나스(pseudomonas), 바실러스(bacillus), 아크로모
박터(acromobacter), 마이크로코크스(micrococcus)

11 섬유상 유황박테리아로 에너지원으로 황화수소
를 이용하며 황입자를 축적하는 것은?
① sphaerotilus　② zooglea
③ cyanophyia　④ beggiatoa

해설 ① sphaerotilus : 호기성 균의 일종으로 이상 번식하면 슬
러지벌킹을 유발
② zooglea : 유기물을 분해, 호기성 미생물
③ cyanophyia : 남조류의 일종, 광합성을 통해 산소를 만
드는 세균

12 3g의 아세트산(CH_3COOH)을 증류수에 녹여 1L로 하였을 때 수소이온의 농도(mol/L)는? (단, 이온화 상수값=1.75×10^{-5})

① 6.3×10^{-4} ② 6.3×10^{-5}
③ 9.3×10^{-4} ④ 9.3×10^{-5}

해설 아세트산의 이온화 반응식과 이온화 상수의 결정
$$CH_3COOH \rightleftharpoons CH_3COO^- + H^+$$
$$K_a = \frac{[CH_3COO^-][H^+]}{[CH_3COOH]}$$

ⓐ 아세트산의 mol/L 산정
$$CH_3COOH = \frac{3g}{L} \times \frac{1mol}{60g} = 0.05mol/L$$

ⓑ $[CH_3COO^-] = [H^+]$
1몰의 아세트산은 이온화되어 아세트산이온 1몰과 수소이온 1몰을 생성하므로, $[CH_3COO^-] = [H^+]$이다.

ⓒ 수소이온의 농도 산정
$$K_a = \frac{[CH_3COO^-][H^+]}{[CH_3COOH]}$$
$$1.75 \times 10^{-5} = \frac{[H^+]^2}{0.05}$$
$$[H^+] = 9.3541 \times 10^{-4} mol/L$$

13 최근 해양에서의 유류 유출로 인한 피해가 증가하고 있는데, 유출된 유류를 제어하는 방법으로 적당하지 않은 것은?

① 계면활성제를 살포하여 기름을 분산시키는 방법
② 미생물을 이용하여 기름을 생화학적으로 분해하는 방법
③ 오일펜스를 띄워 기름의 확산을 차단하는 방법
④ 누출된 기름의 막이 두꺼워졌을 때 연소시키는 방법

해설 누출된 기름의 막이 얇을 때 연소시키는 방법

14 물의 순환과 이용에 관한 설명으로 틀린 것은?

① 지구 전체의 강수량은 대략 $4 \times 10^{14} m^3/yr$으로서 그 중 약 1/4 가량이 육지에 떨어진다.
② 지구상 존재하는 물의 약 97%가 해수이다.
③ 물의 순환은 물의 이동이 일정하게 연속적으로 이루어진다는 의미를 갖는다.
④ 자연계에서 물을 순환하게 하는 근원은 태양에너지이다.

해설 물의 순환은 연속적으로 이루어지며 물의 증발과 강수와 같은 물의 이동으로 발생하여 지구 전체에 존재하는 물의 양은 일정하게 유지된다.

15 이상적 플러그 흐름(plug flow)에 관한 내용으로 옳은 것은?

① 분산=0, 분산수=0
② 분산=0, 분산수=1
③ 분산=1, 분산수=0
④ 분산=1, 분산수=1

해설 이상적인 반응조의 혼합상태

혼합 정도의 표시	완전혼합흐름상태
분산	1일 때
분산수	무한대일 때
모릴지수	클수록

16 바닷물에 0.054M의 $MgCl_2$가 포함되어 있을 때 바닷물 250mL에 포함되어 있는 $MgCl_2$의 양(g)은? (단, 원자량 Mg=24.3, Cl=35.5)

① 약 0.8
② 약 1.3
③ 약 2.6
④ 약 3.9

해설 총량=유량(부피)×농도
$$\underbrace{\frac{0.054mol}{L}}_{농도} \times \underbrace{250mL}_{부피} \times \underbrace{\frac{L}{1,000mL}}_{mL \to L} \times \underbrace{\frac{95.3g}{mol}}_{mol \to g} = 1.2865g$$

17 $BaCO_3$의 용해도적 $K_{sp}=8.1 \times 10^{-9}$일 때 순수한 물에서 $BaCO_3$의 몰용해도(mol/L)는?

① 0.7×10^{-4}
② 0.7×10^{-5}
③ 0.9×10^{-4}
④ 0.9×10^{-5}

해설 ⓐ 반응식의 산정
$$BaCO_3 \to Ba^{2+} + CO_3^{2-}$$
ⓑ 몰용해도와 용해도적과의 관계 설정
$$L_m (몰용해도) = \sqrt{K_{sp}}$$
ⓒ 몰용해도 산정
$$L_m (mol/L) = \sqrt{8.1 \times 10^{-9}} = 0.9 \times 10^{-4} mol/L$$

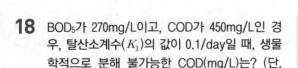

18 BOD₅가 270mg/L이고, COD가 450mg/L인 경우, 탈산소계수(K_1)의 값이 0.1/day일 때, 생물학적으로 분해 불가능한 COD(mg/L)는? (단, BDCOD=BOD$_u$, 상용대수기준)

① 약 55 ② 약 65
③ 약 75 ④ 약 85

해설 COD=BDCOD+NBDCOD
BDCOD : 생물학적 분해 가능=최종 BOD
NBDCOD : 생물학적으로 분해 불가능
ⓐ BDCOD 산정
$$BOD_5 = BOD_u \times (1 - 10^{-K_1 \times 5})$$
$$270 = BOD_u (1 - 10^{-0.1 \times 5})$$
최종 BOD = 394.8683mg/L
ⓑ NBDCOD 산정
$$NBDCOD = COD - BDCOD$$
$$450 - 394.8683 = 55.1317mg/L$$

19 하천의 단면적이 350m², 유량이 428,400m³/h, 평균수심이 1.7m일 때, 탈산소계수가 0.12/day인 지점의 자정계수는? (단, $K_2 = 2.2 \times \dfrac{V}{H^{1.33}}$, 단위는 V(m/sec), H(m))

① 0.3 ② 1.6
③ 2.4 ④ 3.1

해설 ⓐ V의 산정
$$Q = AV \rightarrow V = \frac{Q}{A}$$
$$V = \frac{\dfrac{428,400m^3}{hr} \times \dfrac{hr}{3,600sec}}{350m^2} = 0.34m/sec$$
ⓑ K_2의 산정
$$K_2 = 2.2 \times \frac{V}{H^{1.33}}$$
$$= 2.2 \times \frac{0.34}{1.7^{1.33}} = 0.3693$$
ⓒ 자정계수의 산정
$$f = \frac{K_2}{K_1} = \frac{0.3693}{0.12} = 3.0775$$

20 NBDCOD가 0일 경우 탄소(C)의 최종 BOD와 TOC 간의 비(BOD$_u$/TOC)는?

① 0.37 ② 1.32
③ 1.83 ④ 2.67

해설 BOD$_u$/TOC의 비
$$\frac{BOD_u}{TOC} = \frac{32}{12} = 2.67$$

▶▶ 제2과목 | 상하수도계획

21 말굽형 하수관로의 장점으로 옳지 않은 것은 어느 것인가?

① 대구경 관로에 유리하며, 경제적이다.
② 수리학적으로 유리하다.
③ 단면형상이 간단하여 시공성이 우수하다.
④ 상반부의 아치작용에 의해 역학적으로 유리하다.

해설 단면형상이 복잡하여 시공성이 열악하다.

22 다음 중 강우강도에 대한 설명 중 틀린 것은 어느 것인가?

① 강우강도는 그 지점에 내린 우량을 mm/hr 단위로 표시한 것이다.
② 확률강우강도는 강우강도의 확률적 빈도를 나타낸 것이다.
③ 범람의 피해가 적을 것으로 예상될 때는 재현기간 2~5년 확률강우강도를 채택한다.
④ 강우강도가 큰 강우일수록 빈도가 높다.

해설 강우강도가 큰 강우일수록 빈도가 낮다.

23 하수배제 방식 중 합류식에 관한 설명으로 알맞지 않은 것은?

① 관로계획 : 우수를 신속히 배수하기 위해 지형조건에 적합한 관거망이 된다.
② 청천 시의 월류 : 없음.
③ 관로오접 : 없음.
④ 토지이용 : 기존의 측구를 폐지할 경우는 뚜껑의 보수가 필요하다.

해설 분류식에서의 토지이용 : 기존의 측구를 폐지할 경우는 뚜껑의 보수가 필요하다.

24 급속여과지에 대한 설명으로 잘못된 것은?

① 여과 및 여과층의 세척이 충분하게 이루어
질 수 있어야 한다.

② 급속여과지는 중력식과 압력식이 있으며,
압력식을 표준으로 한다.

③ 여과면적은 계획정수량을 여과속도로 나누
어 계산한다.

④ 여과지 1지의 여과면적은 $150m^2$ 이하로 한다.

[해설] 급속여과지는 중력식과 압력식이 있으며, 중력식을 표준으
로 한다.

25 상수처리를 위한 응집지의 플록형성지에 대한
설명 중 틀린 것은?

① 플록형성지는 혼화지와 침전지 사이에 위
치하고 침전지에 붙여서 설치한다.

② 플록형성시간은 계획정수량에 대하여 20
~40분간을 표준으로 한다.

③ 플록형성지 내의 교반강도는 하류로 갈수
록 점차 감소시키는 것이 바람직하다.

④ 플록형성지에 저류벽이나 정류벽 등을 설
치하면 단락류가 생겨 유효저류시간을 줄
일 수 있다.

[해설] 플록형성이 잘 되지 않는 가장 일반적인 원인은 단락류나
정체부분이 생김으로써 유효체류시간을 크게 저하시키게
된다. 이러한 현상을 방지하기 위해서는 플록형성지에 저
류벽이나 정류벽 등을 적절하게 설치해야 한다.

26 하수처리계획에서 계획오염부하량 및 계획유입
수질에 관한 설명으로 틀린 것은?

① 계획유입수질 : 하수의 계획유입수질은 계
획오염부하량을 계획 1일 평균오수량으로
나눈 값으로 한다.

② 공장폐수에 의한 오염부하량 : 폐수배출부
하량이 큰 공장은 업종별 오염부하량 원
단위를 기초로 추정하는 것이 바람직하다.

③ 생활오수에 의한 오염부하량 : 1인 1일당
오염부하량 원단위를 기초로 하여 정한다.

④ 관광오수에 의한 오염부하량 : 당일 관광
과 숙박으로 나누고 각각의 원단위에서
추정한다.

[해설] 폐수배출부하량이 큰 공장에 대해서는 부하량을 실측하는
것이 바람직하며, 실측치를 얻기 어려운 경우에 대해서는
업종별의 출하액당 오염부하량 원단위에 기초를 두고 추정
한다.

27 펌프의 형식 중 베인의 양력작용에 의하여 임펠
러 내의 물에 압력 및 속도에너지를 주고 가이드
베인으로 속도에너지의 일부를 압력으로 변환하
여 양수작용을 하는 펌프는?

① 원심펌프

② 축류펌프

③ 사류펌프

④ 플랜지펌프

[해설] 펌프의 특성

① 원심펌프 : 원심력의 작용에 의하여 임펠러 내의 물에
압력 및 속도에너지를 주고 이 속도에너지의 일부를 압
력으로 변환하여 양수하는 펌프이다.

③ 사류펌프 : 원심펌프와 축류펌프의 중간적인 특성을 가
지며 원심력과 베인의 양력작용에 의하여 임펠러 내의
물에 압력 및 속도에너지를 주어서 벌류트케이싱 또는
디퓨저케이싱에서 속도에너지의 일부를 압력으로 변환
하여 양수작용을 하는 펌프이다.

28 상수시설 중 배수지에 관한 설명으로 틀린 것은
어느 것인가?

① 유효용량은 시간변동조정용량, 비상대처용
량을 합하여 급수구역의 계획일최대급수
량의 12시간분 이상으로 표준으로 한다.

② 배수지는 가능한 한 급수지역의 중앙 가
까이 설치한다.

③ 유효수심은 1~2m 정도를 표준으로 한다.

④ 자연유하식 배수지의 표고는 최소동수압이
확보되는 높이여야 한다.

[해설] 배수지의 유효수심은 배수관의 동수압이 적절하게 유지될
수 있도록 3~6m 정도로 한다.

29 펌프의 운전 시 발생되는 현상이 아닌 것은 어느
것인가?

① 공동현상

② 수격작용(수충작용)

③ 노크현상

④ 맥동현상

해설 ① 공동현상 : 펌프의 내부에서 유속이 급변하거나 와류 발생, 유로 장애 등에 의하여 유체의 압력이 저하되어 포화수증기압에 가까워지면, 물속에 용존되어 있는 기체가 액체 중에서 분리되어 기포로 되며 특히 포화수증기압 이하로 되면 물이 기화되어 흐름 중에 공동이 생기는 현상
② 수격작용(수충작용) : 관 내를 충만하여 흐르고 있는 물의 속도가 급격히 변하면 수압도 심한 변화를 일으키는 현상
④ 맥동현상 : 송출유량과 송출압력 사이에 주기적인 변동이 일어나 토출유량의 변화를 가져오는 현상

30 유출계수가 0.65인 $1km^2$의 분수계에서 흘러내리는 우수의 양(m^3/sec)은? (단, 강우강도=3mm/min, 합리식 적용)

① 1.3   ② 6.5
③ 21.7   ④ 32.5

해설 합리식에 의한 우수유출량을 산정하는 공식

$$Q = \frac{1}{360} C \cdot I \cdot A$$

ⓐ 강우강도 산정(mm/hr)

$$강우강도 = \frac{3mm}{min} \times \frac{60min}{1hr} = 180mm/hr$$

ⓑ 유역면적 산정(ha)

$$유역면적 = 1km^2 \times \frac{100ha}{1km^2} = 100ha$$

ⓒ 유량 산정

$$Q = \frac{1}{360} \times 0.65 \times 180 \times 100 = 32.5 m^3/sec$$

31 표준활성슬러지법에 관한 내용으로 틀린 것은?

① 수리학적 체류시간은 6~8시간을 표준으로 한다.
② 반응조 내 MLSS 농도는 1,500~2,500mg/L를 표준으로 한다.
③ 포기조의 유효수심은 심층식의 경우 10m를 표준으로 한다.
④ 포기조의 여유고는 표준식의 경우 30~60cm 정도를 표준으로 한다.

해설 여유고 : 표준식은 80cm 정도를, 심층식은 100cm 정도를 표준으로 한다.

〈표준활성슬러지법의 설계인자〉

처리방식	MLSS (mg/L)	F/M 비	반응조의 수심(m)	HRT (hr)	SRT (일)
표준활성슬러지법	1,500~2,500	0.2~0.4	4~6	6~8	3~6

32 상수처리를 위한 침사지 구조에 관한 기준으로 옳지 않은 것은?

① 지의 상단 높이는 고수위보다 0.3~0.6m의 여유고를 둔다.
② 지 내 평균유속은 2~7cm/sec를 표준으로 한다.
③ 표면부하율은 200~500mm/min을 표준으로 한다.
④ 지의 유효수심은 3~4m를 표준으로 하고 퇴사심도는 0.5~1m로 한다.

해설 지의 상단 높이는 고수위보다 0.6~1m의 여유고를 둔다.

33 호소, 댐을 수원으로 하는 취수문에 관한 설명으로 틀린 것은?

① 일반적으로 중·소량 취수에 쓰인다.
② 일반적으로 취수량을 조정하기 위한 수문 또는 수위조절판(stop log)을 설치한다.
③ 파랑·결빙 등의 기상조건에 영향이 거의 없다.
④ 하천의 표류수나 호소의 표층수를 취수하기 위하여 물가에 만들어지는 취수시설이다.

해설 파랑·결빙의 영향을 직접 받는다. 특히 결빙에 의하여 취수가 불가능해지는 경우가 있기 때문에 주의를 요한다.

34 계획급수량 결정 시 사용수량의 내역이나 다른 기초자료가 정비되어 있지 않은 경우 산정의 기초로 사용할 수 있는 것은?

① 계획 1인 1일 최대급수량
② 계획 1인 1일 평균급수량
③ 계획 1인 1일 평균사용수량
④ 계획 1인 1일 최대사용수량

35 농축 후 소화를 하는 공정이 있다. 농축조에서의 건조슬러지가 $1m^3$이고, 소화공정에서 VSS 60%, 소화율 50%, 소화 후 슬러지의 함수율이 96%일 때 소화 후 슬러지의 부피(m^3)는?

① 0.7
② 9
③ 18
④ 36

해설 소화슬러지=무기물＋소화 후 잔류 VS＋수분

ⓐ 유입건조슬러지량
슬러지의 비중을 1로 가정하면 $1m^3 \rightarrow 1,000kg$

ⓑ 무기물 함량 산정

$$FS = 1m^3 \times \underbrace{\frac{1,000kg}{m^3}}_{m^3 \rightarrow kg} \times \underbrace{\frac{40}{100}}_{TS \rightarrow FS} = 400kg$$

ⓒ 소화 후 잔류 VS

$$VS = 1m^3 \times \underbrace{\frac{1,000kg}{m^3}}_{m^3 \rightarrow kg} \times \underbrace{\frac{60}{100}}_{TS \rightarrow VS} \times \underbrace{\frac{50}{100}}_{\text{유입VS} \rightarrow \text{잔류VS}} = 300kg/day$$

ⓓ 소화 후 잔류하는 고형물의 양 산정(b+c)
소화 후 잔류하는 고형물의 양(TS)
＝FS＋잔류 VS＝700kg

ⓔ 소화슬러지 산정
소화슬러지＝무기물＋소화 후 잔류 VS＋수분

$$SL = 700kg \times \underbrace{\frac{100}{(100-96)}}_{TS} \times \underbrace{\frac{1m^3}{1,000kg}}_{kg \rightarrow m^3} = 17.5m^3$$

36 슬러지 탈수방법 중 가압식 벨트프레스탈수기에 관한 내용으로 옳지 않은 것은? (단, 원심탈수기와 비교)

① 소음이 적다.
② 동력이 적다.
③ 부대장치가 적다.
④ 소모품이 적다.

해설 벨트프레스탈수기는 원심탈수기에 비해 부대장치가 많다.

37 정수방법인 완속여과방식에 관한 설명으로 틀린 것은?

① 약품처리가 필요없다.
② 완속여과의 정화는 주로 생물작용에 의한 것이다.
③ 비교적 양호한 원수에 알맞은 방식이다.
④ 소요부지 면적이 적다.

해설 완속여과방식은 유지관리가 간단하고 고도의 기술을 요구하지 않으면서 안정된 양질의 처리수를 얻을 수 있다는 장점이 있으나, 여과속도가 느리기 때문에 넓은 면적이 필요하고 또 오사삭취작업 등을 위한 많은 인력이 필요하다. 그리고 원수수질에 따라 보통침전지를 설치하는 경우와 생략하는 경우가 있으며, 필요에 따라서는 침전지에 약품처리가 가능한 설비를 갖추어야 한다.

38 화학적 응집에 영향을 미치는 인자의 설명 중 잘못된 내용은?

① 수온 : 수온 저하 시 플록형성에 소요되는 시간이 길어지고, 응집제의 사용량도 많아진다.
② pH : 응집제의 종류에 따라 최적의 pH 조건을 맞추어 주어야 한다.
③ 알칼리도 : 하수의 알칼리도가 많으면 플록을 형성하는 데 효과적이다.
④ 응집제 양 : 응집제의 양을 많이 넣을수록 응집효율이 좋아진다.

해설 약품주입률은 자-테스트(jar-test)로 결정하는 방식이 일반적이다.

39 토출량이 $20m^3/min$, 전양정이 6m, 회전속도가 1,200rpm인 펌프의 비교회전도(비속도)는?

① 약 1,300
② 약 1,400
③ 약 1,500
④ 약 1,600

해설 비교회전도의 산정을 위한 공식은 아래와 같다.

$$N_s = N \times \frac{Q^{1/2}}{H^{3/4}}$$

N : 회전수 $\rightarrow$ 1,200rpm
Q : 유량 $\rightarrow$ $20m^3/min$
H : 양정 $\rightarrow$ 6m

$$= 1,200 \times \frac{20^{1/2}}{6^{3/4}} = 1399.8542$$

40 정수시설 중 플록형성지에 관한 설명으로 틀린 것은?

① 기계식 교반에서 플록큐레이터(flocculator)의 주변 속도는 5~10cm/sec를 표준으로 한다.
② 플록형성시간은 계획정수량에 대하여 20~40분간을 표준으로 한다.
③ 직사각형이 표준이다.
④ 혼화지와 침전지 사이에 위치하고 침전지에 붙여서 설치한다.

해설 기계식 교반에서 플록큐레이터(flocculator)의 주변 속도는 15~80cm/sec를 표준으로 한다.
※ 플록형성지는 다음에 따른다.
  1. 플록형성지는 혼화지와 침전지 사이에 위치하고 침전지에 붙여서 설치한다.

2. 플록형성지는 직사각형이 표준이며, 플록큐레이터(flocculator)를 설치하거나 또는 저류판을 설치한 유수로로 하는 등 유지관리면을 고려하여 효과적인 방법을 선정한다.
3. 플록형성시간은 계획정수량에 대하여 20~40분간을 표준으로 한다.
4. 플록형성은 응집된 미소플록을 크게 성장시키기 위하여 적당한 기계식 교반이나 우류식 교반이 필요하다.
   1) 기계식 교반에서 플록큐레이터의 주변 속도는 15~80cm/sec로 하고, 우류식 교반에서는 평균 유속을 15~30cm/sec를 표준으로 한다.
   2) 플록형성지 내의 교반강도는 하류로 갈수록 점차 감소시키는 것이 바람직하다.
   3) 교반설비는 수질변화에 따라 교반강도를 조절할 수 있는 구조로 한다.
5. 플록형성지는 단락류나 정체부가 생기지 않으면서 충분하게 교반될 수 있는 구조로 한다.
6. 플록형성지에서 발생한 슬러지나 스컴이 쉽게 제거될 수 있는 구조로 한다.
7. 야간근무자도 플록형성 상태를 감시할 수 있는 적절한 조명장치를 설치한다.

(▶) 제3과목 | 수질오염방지기술

41 염소 소독의 특징으로 틀린 것은? (단, 자외선 소독과 비교)

① 소독력 있는 잔류염소를 수송관로 내에 유지시킬 수 있다.
② 처리수의 총용존고형물이 감소한다.
③ 염소접촉조로부터 휘발성 유기물이 생성된다.
④ 처리수의 잔류독성이 탈염소과정에 의해 제거되어야 한다.

해설 처리수의 염소 소독에서 총용존고형물은 증가한다.

〈염소 및 자외선 소독의 장단점 비교〉

구분	염소 소독	자외선(UV) 소독
장점	1. 잘 정립된 기술이다. 2. 소독이 효과적이다. 3. 잔류염소의 유지가 가능하다. 4. 암모니아의 첨가에 의해 결합잔류염소가 형성된다. 5. 소독력 있는 잔류염소를 수송관거 내에 유지시킬 수 있다.	1. 소독이 효과적이다. 2. 잔류독성이 없다. 3. 대부분의 virus, spores, cysts 등을 비활성화시키는 데 염소보다 효과적이다. 4. 안전성이 높다. 5. 요구되는 공간이 적다. 6. 비교적 소독비용이 저렴하다.
단점	1. 처리수의 잔류독성이 탈염소과정에 의해 제거되어야 한다. 2. THM 및 기타 염화탄화수소가 생성된다. 3. 특히 안정규제가 요망된다. 4. 대장균 살균을 위한 낮은 농도에서는 virus, cysts, spores 등을 비활성화시키는 데 효과적이지 못할 수도 있다. 5. 처리수의 총용존고형물이 증가한다. 6. 하수의 염화물함유량이 증가한다. 7. 염소접촉조로부터 휘발성 유기물이 생성된다. 8. 안전상 화학적 제거시설이 필요할 수도 있다.	1. 소독이 성공적으로 되었는지 즉시 측정할 수 없다. 2. 잔류효과가 없다. 3. 대장균 살균을 위한 낮은 농도에서는 virus, cysts, spores 등을 비활성화시키는 데 효과적이지 못하다.

42 활성슬러지법과 비교하여 생물막 공법의 특징이 아닌 것은?

① 적은 에너지를 요구한다.
② 단순한 운전이 가능하다.
③ 2차 침전지에서 슬러지벌킹의 문제가 없다.
④ 충격독성부하로부터 회복이 느리다.

해설 활성슬러지법 : 충격독성부하로부터 회복이 느리다.

43 질산화 미생물의 전자공여체로 거리가 먼 것은 어느 것인가?

① 메탄올
② 암모니아
③ 아질산염
④ 환원된 무기성 화합물

해설 메탄올은 탈질과정에서 탄소원으로 사용된다.

44 포기조 내의 혼합액 중 부유물의 농도(MLSS)가 2,000g/m³, 반송슬러지의 부유물 농도가 9,576 g/m³라면 슬러지 반송률(%)은?

① 23.2
② 26.4
③ 28.6
④ 32.8

[해설] 반송률 관계식 이용

$$R = \frac{MLSS - SS_i}{X_r - MLSS} \rightarrow 유입수의 SS를 무시하면$$

$$\frac{MLSS}{X_r - MLSS}$$

$$= \frac{2,000}{9,576 - 2,000} \times 100$$

$$= 26.3991\%$$

45 정수처리 시 적용되는 랑게리아지수에 관한 내용으로 틀린 것은?

① 랑게리아지수란 물의 실제 pH와 이론적 pH(pHs : 수중의 탄산칼슘이 용해되거나 석출되지 않는 평형상태로 있을 때의 pH)와의 차이를 말한다.

② 랑게리아지수가 양(+)의 값으로 절대치가 클수록 탄산칼슘피막 형성이 어렵다.

③ 랑게리아지수가 음(−)의 값으로 절대치가 클수록 물의 부식성이 강하다.

④ 물의 부식성이 강한 경우의 랑게리아지수는 pH, 칼슘경도, 알칼리도를 증가시킴으로써 개선할 수 있다.

[해설] 랑게리아지수가 음(−)의 값으로 절대치가 클수록 탄산칼슘피막 형성이 어렵다.

〈LI와 부식성과의 관계〉

LI	부식 특성
+0.5 ~ +1.0	보통 ~ 다량의 스케일 형성
+0.2 ~ +0.3	가벼운 스케일 형성
0	평형상태
−0.2 ~ −0.3	가벼운 부식
−0.5 ~ −1.0	보통 ~ 다량의 부식

46 하수고도처리 공법 중 생물학적 방법으로 질소와 인을 동시에 제거하기 위한 것은?

① Phostrip

② 4단계 Bardenpho

③ A/O

④ A^2/O

[해설]
① Phostrip : 인의 제거
② 4단계 Bardenpho : 질소의 제거
③ A/O : 인의 제거

47 연속회분식 반응조(sequencing batch reactor)에 관한 설명으로 틀린 것은?

① 하나의 반응조 안에서 호기성 및 혐기성 반응 모두를 이룰 수 있다.

② 별도의 침전조가 필요없다.

③ 기본적인 처리계통도는 5단계로 이루어지며 요구하는 유출수에 따라 운전 mode를 채택할 수 있다.

④ 기존 활성슬러지 처리에서의 시간개념을 공간개념으로 전환한 것이라 할 수 있다.

[해설] 기존 활성슬러지 처리에서의 공간개념을 시간개념으로 전환한 것이라 할 수 있다.

48 분리막을 이용한 다음의 폐수처리 방법 중 구동력이 농도차에 의한 것은?

① 역삼투(reverse osmosis)

② 투석(dialysis)

③ 한외여과(ultrafiltration)

④ 정밀여과(microfiltration)

[해설] 정수압차 : 역삼투, 한외여과, 정밀여과

49 폐수처리에 관련된 침전현상으로 입자간에 작용하는 힘에 의해 주변입자들의 침전을 방해하는 중간 정도 농도 부유액에서의 침전은?

① 제1형 침전(독립입자침전)

② 제2형 침전(응집침전)

③ 제3형 침전(계면침전)

④ 제4형 침전(압밀침전)

[해설]

1형 침전	2형 침전	3형 침전	4형 침전
독립침전 자유침전 − 스토크스법칙을 따름.	플록침전 응결침전 응집침전 − 입자들이 서로 위치를 바꾸려 함.	지역침전 계면침전 방해침전 − 입자들이 서로 위치를 바꾸려고 하지 않음.	압축침전 압밀침전 − 고농도의 폐수에 적용됨.

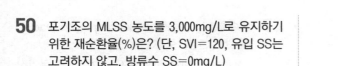

50 포기조의 MLSS 농도를 3,000mg/L로 유지하기 위한 재순환율(%)은? (단, SVI=120, 유입 SS는 고려하지 않고, 방류수 SS=0mg/L)

① 36.3

② 46.3

③ 56.3

④ 66.3

해설 반송률 관계식 이용

$$R = \frac{MLSS - SS_i}{X_r - MLSS} \rightarrow 유입수의 SS를 무시하면$$

$$\frac{MLSS}{X_r - MLSS} = \frac{MLSS}{(10^6/SVI) - MLSS}$$

$$R = \frac{3,000}{(10^6/120) - 3,000} \times 100 = 56.25\%$$

51 하수소독 시 적용되는 UV 소독방법에 관한 설명으로 틀린 것은 어느 것인가? (단, 오존 및 염소 소독 방법과 비교)

① pH 변화에 관계없이 지속적인 살균이 가능하다.

② 유량과 수질의 변동에 대해 적응력이 강하다.

③ 설치가 복잡하고, 전력 및 램프 수가 많이 소요되므로 유지비가 높다.

④ 물이 혼탁하거나 탁도가 높으면 소독능력에 영향을 미친다.

해설 전력이 적게 소비되고 램프 수가 적게 소요되므로 유지비가 낮다.

52 공장에서 배출되는 pH 2.5인 산성폐수 500m³/day 를 인접 공장폐수와 혼합처리하고자 한다. 인접 공장폐수 유량은 10,000m³/day이고, pH는 6.5 이다. 두 폐수를 혼합한 후의 pH는?

① 1.61 ② 3.82

③ 7.64 ④ 9.54

해설 ⓐ 관계식의 산정

pH 2.5인 폐수의 eq와 pH 6.5인 폐수의 eq의 합이 pH에 영향을 주게 된다.

$$N'V' + NV = N_o(V' + V)$$

ⓑ pH 2.5인 폐수의 eq

pH = 2.5이므로 $H^+ = 10^{-2.5} mol/L = 10^{-2.5} eq/L$

$$[H^+]의 eq = \frac{10^{-2.5} eq}{L} \times \frac{500m^3}{day} \times \frac{10^3 L}{1m^3}$$

ⓒ pH 6.5인 폐수의 eq

pH = 6.5이므로 $H^+ = 10^{-6.5} mol/L = 10^{-6.5} eq/L$

$$[H^+]의 eq = \frac{10^{-6.5} eq}{L} \times \frac{10,000m^3}{day} \times \frac{10^3 L}{1m^3}$$

ⓓ 혼합폐수의 eq

$$N'V' + NV = N_o(V' + V)$$

$$\underbrace{\left[\frac{10^{-2.5} eq}{L} \times \frac{500m^3}{day} \times \frac{10^3 L}{1m^3}\right]}_{\text{pH 2.5인 폐수의 eq}}$$

$$+ \underbrace{\left[\frac{10^{-6.5} eq}{L} \times \frac{10,000m^3}{day} \times \frac{10^3 L}{1m^3}\right]}_{\text{pH 6.5인 폐수의 eq}}$$

$$= \underbrace{N_o(500 + 10,000)\frac{m^3}{day} \times \frac{1,000L}{1m^3}}_{\text{혼합폐수의 eq}}$$

$$N_o = 1.5088 \times 10^{-4} eq/L$$

ⓔ pH의 산정

$$pH = -\log(1.5088 \times 10^{-4}) = 3.8213$$

53 활성슬러지를 탈수하기 위하여 98%(중량비)의 수분을 함유하는 슬러지에 응집제를 가했더니 [상등액 : 침전슬러지]의 용적비가 2 : 1이 되었다. 이때 침전슬러지의 함수율(%)은? (단, 응집제의 양은 매우 적고, 비중=1.0)

① 92 ② 93

③ 94 ④ 95

해설 함수율에 따른 소화슬러지 발생량 산정

$$SL_1(1 - X_1) = SL_2(1 - X_2)$$

SL_1 : 탈수 전 슬러지 발생량	SL_2 : 탈수 후 슬러지 발생량
X_1 : 탈수 전 슬러지 함수율	X_2 : 탈수 후 슬러지 함수율

$SL_2 = 1/3 SL_1$이므로

$$SL_1(1 - 0.98) = \frac{1}{3} SL_1(1 - X_2)$$

$$\therefore X_2 = 0.94$$

54 생물화학적 인 및 질소 제거공법 중 인 제거만을 주목적으로 개발된 공법은?

① Phostrip ② A²/O

③ UCT ④ Bardenpho

해설 A²/O, UCT, 5단계 Bardenpho : 질소와 인의 동시제거

55 펜톤처리공정에 관한 설명으로 거리가 먼 것은?

① 펜톤시약의 반응시간은 철염과 과산화수소의 주입농도에 따라 변화를 보인다.

② 펜톤시약을 이용하여 난분해성 유기물을 처리하는 과정은 대체로 산화반응과 함께 pH 조절, 펜톤산화, 중화 및 응집, 침전으로 크게 4단계로 나눌 수 있다.

③ 펜톤시약의 효과는 pH 8.3~10 범위에서 가장 강력한 것으로 알려져 있다.

④ 폐수의 COD는 감소하지만 BOD는 증가할 수 있다.

[해설] 펜톤시약의 효과는 pH 3~4.5 범위에서 가장 강력한 것으로 알려져 있다.

56 생물학적 폐수처리 반응과 그것을 주도하는 미생물 분류 중에서 틀린 것은?

① 활성슬러지 : 화학유기 영양계

② 질산화 : 화학무기 영양계

③ 탈질산화 : 화학무기 영양계

④ 회전원판(생물막) : 광유기 영양계

[해설] 회전원판(생물막) : 화학유기 영양계
• 화학유기 영양계 : 유기물의 산화–환원반응을 통해 에너지를 얻으며, 활성슬러지, 생물막공법, 탈질화와 관계하는 미생물이 속한다.
• 광유기 영양계 : 태양으로부터 에너지원을 얻는다.

57 300m³/day의 도금공장 폐수 중 CN^-이 150mg/L 함유되어, 다음 반응식을 이용하여 처리하고자 할 때 필요한 NaClO의 양(kg)은?

$$2NaCN + 5NaClO + H_2O$$
$$\rightarrow 2NaHCO_3 + N_2 + 5NaCl$$

① 180.4

② 300.5

③ 322.4

④ 344.8

[해설] 반응식을 이용하면

$2CN^-$: $5NaClO$
$2 \times 26g$: $5 \times 74.5g$

$$\frac{150mg}{L} \times \frac{300m^3}{day} \times \frac{10^3L}{1m^3} \times \frac{1kg}{10^6mg} : \square kg/day$$

$$\therefore \square = 322.3557kg/day$$

여기서, $\dfrac{1kg}{10^6mg}$, $\dfrac{10^3L}{1m^3}$ 는 단위환산을 위해 필요한 인자
$\underset{mg \rightarrow kg}{\underline{}}$ $\underset{m^3 \rightarrow L}{\underline{}}$
로 산식에서 kg만 남게 됨.

58 함수율 98%, 유기물 함량 65%인 슬러지 100m³/day를 25일 소화하여 유기물의 2/3를 가스화 및 액화하여 함수율 95%의 소화슬러지로 추출하는 경우 소화조의 필요 용량(m³)은? (단, 슬러지 비중=1.0)

① 1,244

② 1,344

③ 1,444

④ 1,544

[해설] 소화조의 용량 산정
$$\forall(m^3) = \frac{Q_1 + Q_2}{2} \times t$$

ⓐ 유입슬러지량(생슬러지)
Q_1 : 100m³/day

ⓑ 무기물 함량 산정
$$FS = \frac{100m^3}{day} \times \frac{1,000kg}{m^3} \times \frac{2}{100} \times \frac{(100-65)}{100}$$
$\underset{m^3 \rightarrow kg}{\underline{}}$ $\underset{SL \rightarrow TS}{\underline{}}$ $\underset{TS \rightarrow FS}{\underline{}}$
$$= 760kg/day$$

ⓒ 소화 후 잔류 VS
$$VS = \frac{100m^3}{day} \times \frac{1,000kg}{m^3} \times \frac{2}{100} \times \frac{65}{100}$$
$\underset{m^3 \rightarrow kg}{\underline{}}$ $\underset{SL \rightarrow TS}{\underline{}}$ $\underset{TS \rightarrow FS}{\underline{}}$
$$\times \frac{1}{3}$$
$\underset{유입 \rightarrow 잔류}{\underline{}}$
$$= 413.33kg/day$$

ⓓ 소화 후 잔류하는 고형물의 양 산정(b+c)
소화 후 잔류하는 고형물의 양(TS)
=FS+잔류 VS=1173.33kg/day

ⓔ 소화슬러지 산정
소화슬러지=무기물+소화 후 잔류 VS+수분
$$SL = \frac{1173.33kg}{day} \times \frac{100}{(100-95)} \times \frac{1m^3}{1,000kg}$$
$\underset{TS}{\underline{}}$ $\underset{TS \rightarrow SL}{\underline{}}$ $\underset{kg \rightarrow m^3}{\underline{}}$
$$= 23.4666m^3/day$$

ⓕ 소화조의 용량 산정
$$\forall = \frac{Q_1 + Q_2}{2} \times t$$
$$= \frac{100 + 23.4666}{2} \times 25$$
$$= 1543.3325m^3$$

59 유해물질인 시안(CN)처리 방법에 관한 설명으로 틀린 것은?

① 오존산화법 : 오존은 알칼리성 영역에서 시안화합물을 N_2로 분해시켜 무해화 한다.

② 전해법 : 유가(有價)급속류를 회수할 수 있는 장점이 있다.

③ 충격법 : 시안을 pH 3 이하의 강산성 영역에서 강하게 폭기하여 산화하는 방법이다.

④ 감청법 : 알칼리성 영역에서 과잉의 황산알루미늄을 가하여 공침시켜 제거하는 방법이다.

[해설] 감청법 : 알칼리성 영역에서 과잉의 철염을 가하여 공침시켜 제거하는 방법이다.

60 역삼투장치로 하루에 600,000L의 3차 처리된 유출수를 탈염하고자 할 때 10℃에서 요구되는 막면적(m^2)은?

- 25℃에서 물질전달계수
  $$=0.2068L/(day{\cdot}m^2)(kPa)$$
- 유입수와 유출수의 압력차 $=2,400kPa$
- 유입수와 유출수의 삼투압차 $=310kPa$
- 최저운전온도 $=10℃$, $A_{10℃}=1.3A_{25℃}$

① 약 1,200

② 약 1,400

③ 약 1,600

④ 약 1,800

[해설] ⓐ 단위면적당 처리수량 산정

단위면적당 처리수량 = 물질전달전이계수×(압력차−삼투압차)

$$Q_F = \frac{Q}{A} = K(\Delta P - \Delta \pi)$$
$$= \frac{0.2068L}{day{\cdot}m^2{\cdot}kPa} \times (2,400-310)kPa$$
$$= 432.21L/m^2{\cdot}day$$

ⓑ 면적 산정

$$A(m^2) = \frac{처리수의\ 양(L/day)}{단위면적당\ 처리수의\ 양(L/m^2{\cdot}day)}$$

처리수의 양 $Q = 600,000L/day$

$A_{10℃} = 1.3A_{25℃}$

$$= \frac{600,000L/day}{432.21L/m^2{\cdot}day} \times 1.3 = 1804.6782m^2$$

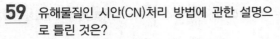
61 기체 크로마토그래피법에서 검출기와 사용되는 운반가스를 틀리게 짝지은 것은?

① 열전도도형 검출기−질소

② 열전도도형 검출기−헬륨

③ 전자포획형 검출기−헬륨

④ 전자포획형 검출기−질소

[해설]

운반가스 (carrier gas)	충전물이나 시료에 대하여 불활성이고 사용하는 검출기의 작동에 적합한 것을 사용
열전도도형 검출기 (TCD)	순도 99.8% 이상의 수소나 헬륨
불꽃이온화 검출기 (FID)	순도 99.8% 이상의 질소 또는 헬륨

62 적정법으로 용존산소를 정량 시 0.01N $Na_2S_2O_3$ 용액 1mL가 소요되었을 때 이것 1mL는 산소 몇 mg에 상당하겠는가?

① 0.08

② 0.16

③ 0.2

④ 0.8

[해설]

$$\frac{0.01eq}{L} \times \underbrace{\frac{158/2g}{1eq}}_{eq \to g} \times \underbrace{\frac{16/2g}{158/2g}}_{아황산나트륨 \to 산소} \times \underbrace{\frac{1,000mg}{1g}}_{g \to mg}$$

$$\times \underbrace{\frac{1L}{1,000mL}}_{mL \to L} \times 1mL = 0.08mg$$

63 시료채취 방법 중 옳지 않은 것은?

① 지하수 시료는 물을 충분히 퍼낸 다음, pH와 전기전도도를 연속적으로 측정하여 각각의 값이 평형을 이룰 때 채취한다.

② 시료채취 용기에 시료를 채울 때에는 어떠한 경우라도 시료교란이 일어나서는 안 된다.

③ 시료채취량은 시험항목 및 시험횟수에 따라 차이가 있으나 보통 1~2L 정도이어야 한다.

④ 채취용기는 시료를 채우기 전에 대상시료로 3회 이상 씻은 다음 사용한다.

[해설] 시료채취량은 시험항목 및 시험횟수에 따라 차이가 있으나 보통 3~5L 정도이어야 한다.

64 수질오염공정시험기준상 총대장균군의 시험방법이 아닌 것은?

① 현미경계수법 ② 막여과법
③ 시험관법 ④ 평판집락법

해설 총대장균군의 시험방법과 배양온도

구분	배양온도
총대장균군 – 막여과법	35±0.5℃
총대장균군 – 시험관법	35±0.5℃
총대장균군 – 평판집락법	35±0.5℃
분원성 대장균군 – 막여과법	44.5±0.2℃
분원성 대장균군 – 시험관법	44.5±0.2℃
대장균 – 효소이용정량법	35±0.5℃ 및 44.5±0.2℃

65 시료를 적절한 방법으로 보존할 때 최대보존기간이 다른 항목은?

① 시안
② 노말헥산 추출물질
③ 화학적 산소요구량
④ 총인

해설
① 시안 : 14일(권장 24시간)
② 노말헥산 추출물질 : 28일
③ 화학적 산소요구량 : 28일(권장 7일)
④ 총인 : 28일

66 총대장균군 – 시험관법의 정량방법에 대한 설명으로 틀린 것은?

① 용량 1~25mL의 멸균된 눈금피펫이나 자동피펫을 사용한다.
② 안지름 6mm, 높이 30mm 정도의 다람시험관을 사용한다.
③ 고리의 안지름이 10mm인 백금이를 사용한다.
④ 배양온도를 (35±0.5)℃로 유지할 수 있는 배양기를 사용한다.

해설 고리의 안지름이 3mm인 백금이를 사용한다.

67 냄새 측정 시 잔류염소 제거를 위해 첨가하는 용액은?

① L－아스코빈산나트륨
② 티오황산나트륨
③ 과망간산칼륨
④ 질산은

68 잔류염소(비색법)를 측정할 때 크롬산(2mg/L 이상)으로 인한 종말점 간섭을 방지하기 위해 가하는 시약은?

① 염화바륨
② 황산구리
③ 염산 용액(25%)
④ 과망간산칼륨

해설 2mg/L 이상의 크롬산은 종말점에서 간섭을 하는데 이때 염화바륨을 가하여 침전시켜 제거한다.

69 자외선/가시선분광법을 적용한 페놀류 측정에 관한 내용으로 옳지 않은 것은?

① 붉은 색의 안티피린계 색소의 흡광도를 측정한다.
② 수용액에서는 510nm, 클로로폼 용액에서는 460nm에서 측정한다.
③ 정량한계는 클로로폼 추출법일 때 0.05mg, 직접법일 때 0.5mg이다.
④ 시료 중의 페놀을 종류별로 구분하여 정량할 수 없다.

해설 정량한계는 클로로폼 추출법일 때 0.005mg, 직접법일 때 0.05mg이다.

70 채수된 폐수시료의 보존에 관한 설명으로 옳은 것은?

① BOD 검정용 시료는 동결하면 장기간 보존할 수 있다.
② COD 검정용 시료는 황산을 가하여 약산성으로 한다.
③ 노말헥산 추출물질 검정용 시료는 황산으로 pH 2 이하로 한다.
④ 부유물질 검정용 시료는 황산을 가하여 pH 4로 한다.

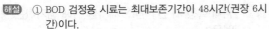

해설 ① BOD 검정용 시료는 최대보존기간이 48시간(권장 6시간)이다.
② COD 검정용 시료는 황산을 가하여 pH 2 이하로 한다.
④ 부유물질 검정용 시료는 4℃ 보관한다.

71 용존산소의 정량에 관한 설명으로 틀린 것은?

① 전극법은 산화성 물질이 함유된 시료나 착색된 시료에 적합하다.

② 일반적으로 온도가 일정할 때 용존산소 포화량은 수중의 염소이온량이 클수록 좋다.

③ 시료가 착색, 현탁된 경우는 시료에 칼륨명반 용액과 암모니아수를 주입한다.

④ Fe(III) 100~200mg/L가 함유되어 있는 시료의 경우 황산을 첨가하기 전에 플루오린화칼륨 용액 1mL를 가한다.

해설 일반적으로 온도가 일정할 때 용존산소 포화량은 수중의 염소이온량이 적을수록 좋다.

72 물속에 존재하는 비소의 측정방법으로 틀린 것은 어느 것인가?

① 수소화물생성법 – 원자흡수분광광도법

② 자외선/가시선분광법

③ 양극벗김전압전류법

④ 이온 크로마토그래피법

해설 비소 : 수소화물생성법 – 원자흡수분광광도법, 자외선/가시선분광법, 유도결합플라스마 – 원자발광분광법, 유도결합플라스마 – 질량분석법, 양극벗김전압전류법

73 다음 설명 중 틀린 것은?

① 현장 이중시료는 동일 위치에서 동일한 조건으로 중복채취한 시료를 말한다.

② 검정곡선은 분석물질의 농도변화에 따른 지시값을 나타낸 것을 말한다.

③ 정량범위라 함은 시험분석 대상을 정량화할 수 있는 측정값을 말한다.

④ 기기검출한계(IDL)란 시험분석 대상물질을 기기가 검출할 수 있는 최소한의 농도 또는 양을 의미한다.

해설 정량한계라 함은 시험분석 대상을 정량화할 수 있는 측정값을 말한다. (정량한계=표준편차×10)

74 30배 희석한 시료를 15분간 방치한 후와 5일간 배양한 후의 DO가 각각 8.6mg/L, 3.6mg/L였고, 식종액의 BOD를 측정할 때 식종액의 배양 전과 후의 DO가 각각 7.5mg/L, 3.7mg/L였다면 이 시료의 BOD(mg/L)는? (단, 희석시료 중의 식종액 함유율과 희석한 식종액 중의 식종액 함유율의 비는 0.1임.)

① 139

② 143

③ 147

④ 150

해설 식종희석수를 사용한 시료의 BOD 산정
$$BOD = [(D_1 - D_2) - (B_1 - B_2) \times f] \times P$$
$$= [(8.6 - 3.6) - (7.5 - 3.7) \times 0.1] \times 30$$
$$= 138.6mg/L$$

D_1 : 15분간 방치된 후의 희석(조제)한 시료의 DO(mg/L)

D_2 : 5일간 배양한 다음의 희석(조제)한 시료의 DO(mg/L)

B_1 : 식종액의 BOD를 측정할 때 희석된 식종액의 배양 전 DO(mg/L)

B_2 : 식종액의 BOD를 측정할 때 희석된 식종액의 배양 후 DO(mg/L)

f : 희석시료 중의 식종액 함유율($X(\%)$)과 희석한 식종액 중의 식종액 함유율($Y(\%)$의 비(X/Y)

P : 희석시료 중 시료의 희석배수(희석시료량/시료량)

75 질산성질소의 자외선/가시선분광법 중 부루신법에 대한 설명으로 틀린 것은?

① 이 시험기준은 지표수, 지하수, 폐수 등에 적용할 수 있으며, 정량한계는 0.1mg/L이다.

② 용존 유기물질이 황산산성에서 착색이 선명하지 않을 수 있으며 이때 부루신설퍼닐산을 포함한 모든 시약을 추가로 첨가하여야 한다.

③ 바닷물과 같이 염분이 높은 경우 바탕시료와 표준용액에 염화나트륨 용액(30%)을 첨가하여 염분의 영향을 제거한다.

④ 잔류염소는 이산화비소산나트륨으로 제거할 수 있다.

해설 용존 유기물질이 황산산성에서 착색이 선명하지 않을 수 있으며 이때 부루신설퍼닐산을 제외한 모든 시약을 추가로 첨가하여야 하며, 용존 유기물이 아닌 자연착색이 존재할 때에도 적용된다.

76 COD 측정에 있어서 COD 값에 영향을 주는 인자가 아닌 것은?

① 온도

② MnO_4^- 농도

③ 황산량

④ 가열시간

[해설] COD 측정 시 간섭물질 : 염소이온, 아질산염, 제일철이온, 아황산염, 온도, 가열시간, 과망간산칼륨 용액, 황산 등은 정해진 시험법을 지켜 주입한다.

77 수질오염공정시험기준에서 사용하는 용어에 대한 설명으로 틀린 것은?

① "항량으로 될 때까지 건조한다."라 함은 같은 조건에서 1시간 더 건조하여 전후 차가 g당 0.3mg 이하일 때를 말한다.

② 시험조작 중 "즉시"란 30초 이내에 표시된 조작을 하는 것을 뜻한다.

③ "기밀용기"라 함은 취급 또는 저장하는 동안에 이물질이 들어가거나 또는 내용물이 손실되지 아니하도록 보호하는 용기를 말한다.

④ "방울수"라 함은 20℃에서 정제수 20방울을 적하할 때 그 부피가 약 1mL가 되는 것을 뜻한다.

[해설] • "기밀용기"라 함은 취급 또는 저장하는 동안에 밖으로부터의 공기 또는 다른 가스가 침입하지 아니하도록 내용물을 보호하는 용기를 말한다.
• "밀폐용기"라 함은 취급 또는 저장하는 동안에 이물질이 들어가거나 또는 내용물이 손실되지 아니하도록 보호하는 용기를 말한다.

78 자외선/가시선분광법에 관한 설명으로 틀린 것은?

① 측정파장은 원칙적으로 최고의 흡광도가 얻어질 수 있는 최대흡수파장을 선정한다.

② 대조액은 일반적으로 용매 또는 바탕시험액을 사용한다.

③ 측정된 흡광도는 되도록 1.0~1.5의 범위에 들도록 시험용액의 농도 및 흡수셀의 길이를 선정한다.

④ 부득이 흡광도를 0.1 미만에서 측정할 때는 눈금확대기를 사용하는 것이 좋다.

[해설] 측정된 흡광도는 되도록 0.2~0.8의 범위에 들도록 시험용액의 농도 및 흡수셀의 길이를 선정한다.

79 음이온 계면활성제를 자외선/가시선분광법으로 분석하고자 할 때 음이온 계면활성제와 메틸렌블루가 반응하여 생성된 청색의 착화합물을 추출하는 데 사용하는 용액은?

① 디티존

② 디티오카르바민산

③ 메틸이소부틸케톤

④ 클로로폼

[해설] 음이온 계면활성제-자외선/가시선분광법 개요 : 물속에 존재하는 음이온 계면활성제를 측정하기 위하여 메틸렌블루와 반응시켜 생성된 청색의 착화합물을 클로로폼으로 추출하여 흡광도를 650nm에서 측정하는 방법이다. 지표수, 지하수, 폐수 등에 적용할 수 있으며, 정량한계는 0.02mg/L이다.

80 유도결합플라스마-원자발광분광법에 의한 원소별 정량한계로 틀린 것은?

① Cu : 0.006mg/L

② Pb : 0.004mg/L

③ Ni : 0.015mg/L

④ Mn : 0.002mg/L

[해설] Pb : 0.04mg/L

▶▶ 제5과목 ┃ 수질환경관계법규

81 시 · 도지사가 오염총량관리기본계획 시 승인을 받으려는 경우, 오염총량관리기본계획안에 첨부하여 환경부 장관에게 제출하여야 하는 서류가 아닌 것은?

① 유역환경의 조사 · 분석 자료

② 오염원의 자연증감에 관한 분석 자료

③ 오염총량관리 계획 목표에 관한 자료

④ 오염부하량의 저감계획을 수립하는 데에 사용한 자료

해설 [시행규칙 제11조] 오염총량관리기본계획 승인신청 및 승인기준

① 시·도지사는 법 제4조의 3 제1항에 따라 오염총량관리기본계획(이하 "오염총량관리기본계획"이라 한다)의 승인을 받으려는 경우에는 오염총량관리기본계획안에 다음의 서류를 첨부하여 환경부 장관에게 제출하여야 한다.
1. 유역환경의 조사·분석 자료
2. 오염원의 자연증감에 관한 분석 자료
3. 지역개발에 관한 과거와 장래의 계획에 관한 자료
4. 오염부하량의 산정에 사용한 자료
5. 오염부하량의 저감계획을 수립하는 데에 사용한 자료

82 수질오염물질 중 초과배출부과금의 부과대상이 아닌 것은?

① 디클로로메탄
② 페놀류
③ 테트라클로로에틸렌
④ 폴리염화비페닐

해설 [시행령 별표 14] 초과부과금의 산정기준

구분 수질오염물질		수질오염물질 1킬로그램당 부과금액(원)
유기물질		250
부유물질		250
총질소		500
총인		500
크롬 및 그 화합물		75,000
망간 및 그 화합물		30,000
아연 및 그 화합물		30,000
페놀류		150,000
특정 유해 물질	시안화합물	150,000
	구리 및 그 화합물	50,000
	카드뮴 및 그 화합물	500,000
	수은 및 그 화합물	1,250,000
	유기인화합물	150,000
	비소 및 그 화합물	100,000
	납 및 그 화합물	150,000
	6가크롬화합물	300,000
	폴리염화비페닐	1,250,000
	트리클로로에틸렌	300,000
	테트라클로로에틸렌	300,000

83 사업자가 배출시설 또는 방지시설의 설치를 완료하여 당해 배출시설 및 방지시설을 가동하고자 하는 때에는 환경부령이 정하는 바에 의하여 미리 환경부 장관에게 가동개시 신고를 하여야 한다. 이를 위반하여 가동개시 신고를 하지 아니하고 조업한 자에 대한 벌칙기준은?

① 2백만 원 이하의 벌금
② 3백만 원 이하의 벌금
③ 5백만 원 이하의 벌금
④ 1년 이하의 징역 또는 1천만 원 이하의 벌금

84 환경부 장관 또는 시·도지사가 배출시설에 대하여 필요한 보고를 명하거나 자료를 제출하게 할 수 있는 자가 아닌 사람은?

① 사업자
② 공공폐수처리시설을 설치·운영하는 자
③ 기타 수질오염원의 설치·관리 신고를 한 자
④ 배출시설 환경기술인

해설 [법 제68조] 보고 및 검사 등
• 사업자
• 공공폐수처리시설(공공하수처리시설 중 환경부령으로 정하는 시설을 포함한다)을 설치·운영하는 자
• 측정기기 관리대행업자
• 제53조 제1항에 해당하는 자
• 제60조에 따른 기타 수질오염원의 설치·관리 신고를 한 자
• 제61조의 2 제1항에 따라 물놀이형 수경시설을 설치·운영하는 자
• 제62조 제1항에 따른 폐수처리업자
• 제74조 제2항에 따라 환경부 장관 또는 시·도지사의 업무를 위탁받은 자

85 사업자 및 배출시설과 방지시설에 종사하는 자는 배출시설과 방지시설의 정상적인 운영·관리를 위한 환경기술인의 업무를 방해하여서는 아니 되며, 그로부터 업무수행에 필요한 요청을 받은 때에는 정당한 사유가 없는 한 이에 응하여야 한다. 이 규정을 위반하여 환경기술인의 업무를 방해하거나 환경기술인의 요청을 정당한 사유 없이 거부한 자에 대한 벌칙기준은?

① 100만 원 이하의 벌금
② 200만 원 이하의 벌금
③ 300만 원 이하의 벌금
④ 500만 원 이하의 벌금

86 폐수수탁처리업자의 등록기준(시설 및 장비 현황)으로 옳지 않은 것은?

① 폐수저장시설의 용량은 1일 8시간(1일 8시간 이상 가동할 경우 1일 최대가동시간으로 한다) 최대처리량의 3일분 이상의 규모이어야 하며, 반입폐수의 밀도를 고려하여 전체 용적의 90% 이내로 저장될 수 있는 용량으로 설치하여야 한다.

② 폐수운반장비는 용량 5m³ 이상의 탱크로리, 2m³ 이상의 철제용기가 고정된 차량이어야 한다.

③ 폐수운반차량은 청색[색 번호 10B5−12 (1016)]으로 도색한다.

④ 폐수운반차량은 양쪽 옆면과 뒷면에 가로 50cm, 세로 20cm 이상 크기의 노란색 바탕에 검은색 글씨로 폐수운반차량, 회사명, 등록번호, 전화번호 및 용량을 지워지지 아니하도록 표시하여야 한다.

> **해설** [시행규칙 별표 20] 폐수처리업의 등록기준
> 폐수운반장비는 용량 2세제곱미터 이상의 탱크로리, 1세제곱미터 이상의 합성수지제 용기가 고정된 차량이어야 한다. 다만, 아파트형 공장 내에서 수집하는 경우에는 고정식 파이프라인으로 갈음할 수 있다.

87 수질오염경보의 종류별, 경보단계별 조치사항에 관한 내용 중 조류경보(조류대발생 경보단계) 시 취수장, 정수장 관리자의 조치사항으로 틀린 것은 어느 것인가?

① 정수의 독소분석 실시
② 정수처리 강화(활성탄 처리, 오존 처리)
③ 취수구와 조류가 심한 지역에 대한 방어막 설치
④ 조류증식 수심 이하로 취수구 이동

> **해설** 수면관리자 : 취수구와 조류가 심한 지역에 대한 방어막 설치
> [시행령 별표 4] 수질오염경보의 종류별·경보단계별 조치사항(제28조 제4항 관련)
> 1. 조류경보
>   가. 상수원 구간

단계	관계기관	조치사항
조류 대발생	수면관리자	1) 취수구와 조류가 심한 지역에 대한 차단막 설치 등 조류 제거조치 실시 2) 황토 등 조류 제거물질 살포, 조류 제거선 등을 이용한 조류 제거조치 실시
	취수장·정수장 관리자	1) 조류 증식 수심 이하로 취수구 이동 2) 정수처리 강화(활성탄 처리, 오존 처리) 3) 정수의 독소분석 실시

88 비점오염저감시설을 자연형과 장치형 시설로 구분할 때 장치형 시설에 해당하지 않는 것은?

① 생물학적 처리형 시설
② 여과형 시설
③ 와류형 시설
④ 저류형 시설

> **해설** [시행규칙 별표 6] 비점오염저감시설(제8조 관련)
> 1. 자연형 시설 : 저류시설, 인공습지, 침투시설, 식생형 시설
> 2. 장치형 시설 : 여과형 시설, 와류형 시설, 스크린형 시설, 응집·침전 처리형 시설, 생물학적 처리형 시설

89 물환경보전법에서 사용하는 용어의 설명이 틀린 것은?

① 수질오염물질이란 수질오염의 요인이 되는 물질로서 대통령령으로 정하는 것을 말한다.

② 점오염원이란 폐수배출시설, 하수발생시설, 축사 등으로서 관거·수로 등을 통하여 일정한 지점으로 수질오염물질을 배출하는 배출원을 말한다.

③ 공공수역이란 하천, 호소, 항만, 연안해역, 그 밖에 공공용으로 사용되는 수역과 이에 접속하여 공공용으로 사용되는 환경부령으로 정하는 수로를 말한다.

④ 강우유출수란 비점오염원의 수질오염물질이 섞여 유출되는 빗물 또는 눈 녹은 물 등을 말한다.

> **해설** "수질오염물질"이란 수질오염의 요인이 되는 물질로서 환경부령으로 정하는 것을 말한다.

90 위임업무 보고사항의 업무내용 중 보고횟수가 연 1회에 해당되는 것은?

① 환경기술인의 자격별·업종별 현황
② 폐수무방류배출시설의 설치허가(변경허가) 현황
③ 골프장 맹·고독성 농약 사용여부 확인결과
④ 비점오염원의 설치신고 및 방지시설 설치 현황 및 행정처분 현황

해설 [시행규칙 별표 23] 위임업무 보고사항

업무내용	보고횟수
5. 폐수위탁·사업장 내 처리현황 및 처리실적	연 1회
6. 환경기술인의 자격별·업종별 현황	연 1회
18. 측정기기 관리대행업에 대한 등록·변경등록, 관리대행능력 평가·공시 및 행정처분 현황	연 1회
3. 기타 수질오염원 현황	연 2회
4. 폐수처리업에 대한 등록·지도단속 실적 및 처리실적 현황	연 2회
9. 배출부과금 징수 실적 및 체납처분 현황	연 2회
11. 과징금 부과 실적	연 2회
12. 과징금 징수 실적 및 체납처분 현황	연 2회
14. 골프장 맹·고독성 농약 사용여부 확인결과	연 2회
15. 측정기기 부착시설 설치 현황	연 2회
16. 측정기기 부착사업장 관리 현황	연 2회
17. 측정기기 부착사업자에 대한 행정처분 현황	연 2회
19. 수생태계 복원계획(변경계획) 수립·승인 및 시행계획(변경계획) 협의 현황	연 2회
20. 수생태계 복원 시행계획(변경계획) 협의 현황	연 2회
1. 폐수배출시설의 설치허가, 수질오염물질의 배출상황검사, 폐수배출시설에 대한 업무처리 현황	연 4회
7. 배출업소의 지도·점검 및 행정처분 실적	연 4회
8. 배출부과금 부과 실적	연 4회
13. 비점오염원의 설치신고 및 방지시설 설치 현황 및 행정처분 현황	연 4회
2. 폐수무방류배출시설의 설치허가(변경허가) 현황	수시
10. 배출업소 등에 따른 수질오염사고 발생 및 조치사항	수시

91 시행자(환경부 장관은 제외)가 공공폐수처리시설을 설치하거나 변경하려는 경우 환경부 장관에게 승인 받아야 하는 기본계획에 포함되어야 하는 사항이 아닌 것은?

① 토지 등의 수용, 사용에 관한 사항
② 오염원 분포 및 폐수배출량과 그 예측에 관한 사항
③ 오염원인자에 대한 사업비의 분담에 관한 사항
④ 공공폐수처리시설에서 처리하려는 대상 지역에 관한 사항

해설 [시행령 제66조] 공공폐수처리시설 기본계획 승인 등
① 시행자(환경부 장관은 제외한다. 이하 이 조에서 같다)는 법 제49조 제2항에 따라 공공폐수처리시설을 설치하거나 변경하려는 경우에는 다음의 사항이 포함된 기본계획을 수립하여 환경부령으로 정하는 바에 따라 환경부 장관의 승인을 받아야 한다.
1. 공공폐수처리시설에서 처리하려는 대상 지역에 관한 사항
2. 오염원 분포 및 폐수배출량과 그 예측에 관한 사항
3. 공공폐수처리시설의 폐수처리계통도, 처리능력 및 처리방법에 관한 사항
4. 공공폐수처리시설에서 처리된 폐수가 방류수역의 수질에 미치는 영향에 관한 평가
5. 공공폐수처리시설의 설치·운영자에 관한 사항
6. 공공폐수처리시설 설치 부담금 및 공공폐수처리시설 사용료의 비용부담에 관한 사항
7. 제62조에 따른 총 사업비, 분야별 사업비 및 그 산출 근거
8. 연차별 투자계획 및 자금조달계획
9. 토지 등의 수용·사용에 관한 사항
10. 그 밖에 공공폐수처리시설의 설치·운영에 필요한 사항

92 청정지역에서 1일 폐수배출량이 1,000m³ 이하로 배출하는 배출시설에 적용되는 배출허용기준 중 화학적 산소요구량(mg/L)은?

① 30 이하
② 40 이하
③ 50 이하
④ 60 이하

해설 [시행규칙 별표 13] 항목별 배출허용기준

대상규모 / 항목 / 지역구분	1일 폐수배출량 2,000m³ 미만		
	생물화학적 산소요구량 (mg/L)	총유기 탄소량 (mg/L)	부유 물질량 (mg/L)
청정지역	40 이하	30 이하	40 이하
가 지역	80 이하	50 이하	80 이하
나 지역	120 이하	75 이하	120 이하
특례지역	30 이하	25 이하	30 이하

※ 2020년 1월 1일 개정법령 적용

93 폐수무방류배출시설의 운영일지의 보존기간은?

① 최종기록일부터 6월
② 최종기록일부터 1년
③ 최종기록일부터 3년
④ 최종기록일부터 5년

해설 • 폐수무방류배출시설 : 3년
• 폐수배출시설 : 1년

94 기본배출부과금에 관한 설명으로 ( )에 알맞은 것은?

> 공공폐수처리시설 또는 공공하수처리시설에서 배출되는 폐수 중 수질오염물질이 ( ) 하는 경우

① 배출허용기준을 초과
② 배출허용기준에 미달
③ 방류수 수질기준을 초과
④ 방류수 수질기준에 미달

95 물환경보전법에서 규정하고 있는 기타 수질오염원의 기준으로 틀린 것은?

① 취수능력 10m³/일 이상인 먹는 물 제조시설
② 면적 30,000m² 이상인 골프장
③ 면적 1,500m² 이상인 자동차폐차장 시설
④ 면적 20,0000m² 이상인 복합물류터미널 시설

해설 먹는 물 제조시설은 해당 없음.

96 공공수역의 물환경 보전을 위하여 특정 농작물의 경작 권고를 할 수 있는 자는?

① 대통령
② 유역 · 지방환경청장
③ 환경부 장관
④ 시 · 도지사

해설 [법 제19조] 특정 농작물의 경작 권고 등
① 시 · 도지사 또는 대도시의 장은 공공수역의 물환경 보전을 위하여 필요하다고 인정하는 경우에는 하천 · 호소 구역에서 농작물을 경작하는 사람에게 경작대상 농작물의 종류 및 경작방식의 변경과 휴경(休耕) 등을 권고할 수 있다.
② 시 · 도지사 또는 대도시의 장은 제1항에 따른 권고에 따라 농작물을 경작하거나 휴경함으로 인하여 경작자가 입은 손실에 대해서는 대통령령으로 정하는 바에 따라 보상할 수 있다.

97 환경부 장관이 공공수역의 물환경을 관리 · 보전하기 위하여 대통령령으로 정하는 바에 따라 수립하는 국가물환경관리기본계획의 수립 주기는?

① 매년
② 2년
③ 3년
④ 10년

98 수변생태구역의 매수 · 조성 등에 관한 내용으로 ( )에 옳은 것은?

> 환경부 장관은 하천 · 호소 등의 물환경 보전을 위하여 필요하다고 인정할 때에는 (㉠)으로 정하는 기준에 해당하는 수변습지 및 수변토지를 매수하거나 (㉡)으로 정하는 바에 따라 생태적으로 조성 · 관리할 수 있다.

① ㉠ 환경부령, ㉡ 대통령령
② ㉠ 대통령령, ㉡ 환경부령
③ ㉠ 환경부령, ㉡ 총리령
④ ㉠ 총리령, ㉡ 환경부령

99 하천의 등급별 수질 및 수생태계 상태를 바르게 설명한 것은?

① 매우 좋음 : 용존산소가 많은 편이고 오염물질이 거의 없는 청정상태에 근접한 생태계로 여과 · 침전 · 살균 등 일반적인 정수처리 후 생활용수로 사용할 수 있음.
② 좋음 : 오염물질은 있으나 용존산소가 많은 상태의 다소 좋은 생태계로 여과 · 침전 · 살균 등 일반적인 정수처리 후 공업용수 또는 수영용수로 사용할 수 있음.
③ 보통 : 용존산소가 소모되는 일반 생태계로 여과, 침전, 활성탄 투입, 살균 등 고도의 정수처리 후 생활용수로 이용하거나 일반적 정수처리 후 공업용수로 사용할 수 있음.
④ 나쁨 : 상당량의 오염물질로 인하여 용존산소가 소모되는 생태계로 농업용수로 사용하거나, 여과, 침전, 활성탄 투입, 살균 등 고도의 정수처리 후 공업용수로 사용할 수 있음.

해설 ① 좋음
② 약간 좋음
④ 약간 나쁨

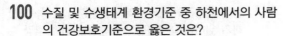

100 수질 및 수생태계 환경기준 중 하천에서의 사람의 건강보호기준으로 옳은 것은?

① 6가크롬－0.5mg/L 이하
② 비소－0.05mg/L 이하
③ 음이온 계면활성제－0.1mg/L 이하
④ 테트라클로로에틸렌－0.02mg/L 이하

해설
① 6가크롬－0.05mg/L 이하
③ 음이온 계면활성제－0.5mg/L 이하
④ 테트라클로로에틸렌－0.04mg/L 이하

제1과목 ▌수질오염개론

01 물의 물리적 특성을 나타내는 용어의 단위가 잘못된 것은?

① 밀도 : g/cm^3
② 동점성계수 : cm^2/sec
③ 표면장력 : $dyne/cm^2$
④ 점성계수 : $g/cm \cdot sec$

해설 표면장력 : $dyne/cm$

02 다음 중 산성강우에 대한 설명으로 틀린 것은 어느 것인가?

① 주요 원인물질은 유황산화물, 질소산화물, 염산을 들 수 있다.
② 대기오염이 심한 지역에 국한되는 현상으로 비교적 정확한 예보가 가능하다.
③ 초목의 잎과 토양으로부터 Ca^{2+}, Mg^{2+}, K^+ 등의 용출속도를 증가시킨다.
④ 보통 대기 중 탄산가스와 평형상태에 있는 순수한 빗물은 약 pH 5.6의 산성을 띤다.

해설 대기오염이 심한 지역에 국한되지 않으며 광범위한 지역에 걸쳐 오염현상이 일어나 정확한 예보는 어렵다.

03 다음 중 적조(red tide)에 관한 설명으로 틀린 것은 어느 것인가?

① 갈수기로 인하여 염도가 증가된 정체해역에서 주로 발생한다.
② 수중 용존산소 감소에 의한 어패류의 폐사가 발생된다.

③ 수괴의 연직 안정도가 크고 독립해 있을 때 발생한다.
④ 해저에 빈산소층이 형성될 때 발생한다.

해설 홍수기 해수 내 염소량이 낮아질 때 발생한다.

04 연속류 교반 반응조(CFSTR)에 관한 내용으로 틀린 것은?

① 충격부하에 강하다.
② 부하변동에 강하다.
③ 유입된 액체의 일부분은 즉시 유출된다.
④ 동일 용량 PFR에 비해 제거효율이 좋다.

해설 동일 용량 PFR에 비해 제거효율이 좋지 않다.

05 하천 모델 중 다음의 특징을 갖는 것은?

- 유속, 수심, 조도계수에 의한 확산계수 결정
- 하천과 대기 사이의 열복사, 열교환 고려
- 음해법으로 미분방정식의 해를 구함

① QUAL-1
② WQRRS
③ DO SAG-1
④ HSPE

해설 ② WQRRS : 하천 및 호수의 부영양화를 고려한 생태계 모델
③ DO SAG-1 : Streeter-Phelps식을 기본으로 Ⅰ, Ⅱ, Ⅲ 단계에 걸쳐 개발
④ HSPE : 모듈을 선택하여 다양한 분야에 적용

06 곰팡이(fungi)류의 경험적 분자식은?

① $C_{12}H_7O_4N$
② $C_{12}H_8O_5N$
③ $C_{10}H_{17}O_6N$
④ $C_{10}H_{18}O_4N$

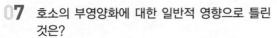

07 호소의 부영양화에 대한 일반적 영향으로 틀린 것은?

① 부영양화가 진행된 수원을 농업용수로 사용하면 영양염류의 공급으로 농산물 수확량이 지속적으로 증가한다.

② 조류나 미생물에 의해 생성된 용해성 유기물질이 불쾌한 맛과 냄새를 유발한다.

③ 부영양화 평가 모델은 인(P)부하 모델인 Vollenweider 모델 등이 대표적이다.

④ 심수층의 용존산소량이 감소한다.

해설 부영양화가 진행된 수원을 농업용수로 사용하면 영양염류의 과잉공급으로 농산물의 성장에 변이를 일으켜 자체 저항력이 감소되어 수확량이 줄어든다.

08 미생물 영양원 중 유황(sulfur)에 관한 설명으로 틀린 것은?

① 황환원세균은 편성 혐기성 세균이다.

② 유황을 함유한 아미노산은 세포 단백질의 필수 구성원이다.

③ 미생물 세포에서 탄소 대 유황의 비는 100 : 1 정도이다.

④ 유황고정, 유황화합물 환원·산화 순으로 변환된다.

해설 유황화합물 환원·산화, 유황고정 순으로 변환된다.

09 다음 중 호수의 수질특성에 관한 설명으로 거리가 먼 것은?

① 표수층에서 조류의 활발한 광합성 활동 시 호수의 pH는 8~9 혹은 그 이상을 나타낼 수 있다.

② 호수의 유기물량 측정을 위한 항목은 COD보다 BOD와 클로로필－a를 많이 이용한다.

③ 수심별 전기전도도의 차이는 수온의 효과와 용존된 오염물질의 농도차로 인한 결과이다.

④ 표수층에서 조류의 활발한 광합성 활동 시에는 무기탄소원인 HCO_3^-나 CO_3^{2-}을 흡수하고 OH^-를 내보낸다.

해설 호수의 유기물량 측정을 위한 항목은 COD와 총유기탄소를 이용한다.

10 0℃에서 DO 7.0mg/L인 물의 DO 포화도(%)는? (단, 대기의 화학적 조성 중 O_2=21%(V/V), 0℃에서 순수한 물의 공기 용해도=38.46mL/L, 1기압기준)

① 약 61

② 약 74

③ 약 82

④ 약 87

해설 DO 포화도(%)=현재 DO/포화농도×100

ⓐ 포화농도 산정

$$\frac{38.46mL \times \frac{21}{100} \times \frac{32mg}{22.4mL}}{L} = 11.583mg/L$$

ⓑ DO 포화도 산정

$$\frac{7.0}{11.538} \times 100 = 60.6690\%$$

11 다음 유기물 1mol이 완전산화될 때 이론적인 산소요구량(ThDO)이 가장 적은 것은?

① C_6H_6

② $C_6H_{12}O_6$

③ C_2H_5OH

④ CH_3COOH

해설 반응식을 완성하여 ThOD를 산정한다.

① $C_6H_6 + 7.5O_2 \rightarrow 6CO_2 + 3H_2O$: ThOD 240g

② $C_6H_{12}O_6 + 6O_2 \rightarrow 6CO_2 + 6H_2O$: ThOD 192g

③ $C_2H_5OH + 3O_2 \rightarrow 2CO_2 + 3H_2O$: ThOD 96g

④ $CH_3COOH + 2O_2 \rightarrow 2CO_2 + 2H_2O$: ThOD 64g

12 건조고형물량이 3,000kg/day인 생슬러지를 저율 혐기성 소화조로 처리할 때 휘발성 고형물은 건조고형물의 70%이고 휘발성 고형물의 60%는 소화에 의해 분해된다. 소화된 슬러지의 총고형물(kg/day)은?

① 1,040　　② 1,740

③ 2,040　　④ 2,440

해설 소화슬러지의 총고형물=무기물＋소화 후 잔류 VS

ⓐ 무기물 함량 산정

$$FS = \frac{3,000kg}{day} \times \frac{30}{100} = 900kg/day$$

$$TS \rightarrow FS$$

ⓑ 소화 후 잔류 VS

소화 후 VS $= \dfrac{3,000\text{kg}}{\text{day}} \times \dfrac{70}{100} \times \dfrac{40}{100} = 840\text{kg/day}$

$\underbrace{\text{TS}\to\text{VS}}\ \underbrace{\text{유입}\to\text{잔류}}$

ⓒ 소화슬러지 산정

소화슬러지 = 무기물 + 소화 후 잔류 VS
$= 900 + 840$
$= 1,740\text{kg/day}$

13 소수성 콜로이드의 특성으로 틀린 것은?

① 물과 반발하는 성질을 가진다.
② 물속에 현탁상태로 존재한다.
③ 아주 작은 입자로 존재한다.
④ 염에 큰 영향을 받지 않는다.

해설 염에 큰 영향을 받는다.

14 생물농축에 대한 설명으로 거리가 먼 것은?

① 수생생물 체내의 각종 중금속 농도는 환경수 중의 농도보다는 높은 경우가 많다.
② 생물체 중의 농도와 환경수 중의 농도비를 농축비 또는 농축계수라고 한다.
③ 수생생물의 종류에 따라서 중금속의 농축비가 다르게 되어 있는 것이 많다.
④ 농축비는 먹이사슬 과정에서 높은 단계의 소비자에 상당하는 생물일수록 낮게 된다.

해설 농축비는 먹이사슬 과정에서 높은 단계의 소비자에 상당하는 생물일수록 높게 된다.

15 25℃, 2atm의 압력에 있는 메탄가스 5.0kg을 저장하는 데 필요한 탱크의 부피(m^3)는? (단, 이상기체의 법칙 적용, $R = 0.082 \text{L} \cdot \text{atm/mol} \cdot \text{K}$)

① 약 3.8
② 약 5.3
③ 약 7.6
④ 약 9.2

해설 이상기체상태방정식 이용

$PV = nRT$

P : 압력(atm) → 2atm
V : 부피(L) → X
n : 몰(mol) → $5,000\text{g} \times \dfrac{\text{mol}}{16\text{g}} = 312.5\text{mol}$
R : 기체상수 → $0.082 \text{L} \cdot \text{atm/mol} \cdot \text{K}$
T : 절대온도 → 25 + 273K

$2\text{atm} \times X(\text{L}) = 5,000\text{g} \times \dfrac{\text{mol}}{16\text{g}} \times \dfrac{0.082\text{L} \cdot \text{atm}}{\text{mol} \cdot \text{K}}$
$\times (25 + 273)\text{K}$

$\therefore\ X = 3818.125\text{L} = 3.8181\text{m}^3$

16 우리나라 연평균 강수량은 약 1,300mm 정도로 세계 연평균 강수량 970mm에 비해 많은 편이지만, UN에서는 물 부족 국가로 인정하고 있다. 이는 우리나라 하천의 특성에 의한 것인데, 그러한 이유로 타당하지 않은 것은?

① 계절적인 강우 분포의 차이가 크다.
② 하상계수가 작다.
③ 하천의 경사도가 급하다.
④ 하천의 유역면적이 작고 길이가 짧다.

해설 하상계수가 크다.
하상계수 = 최대유량/최소유량

17 다음 중 호소의 성층현상에 관한 설명으로 옳지 않은 것은?

① 수온약층은 순환층과 정체층의 중간층에 해당되고 변온층이라고도 하며 수온이 수심에 따라 크게 변화한다.
② 호소수의 성층현상은 연직방향의 밀도차에 의해 층상으로 구분되어지는 것을 말한다.
③ 겨울 성층은 표층수의 냉각에 의한 성층이며 역성층이라고도 한다.
④ 여름 성층은 뚜렷한 층을 형성하며 연직 온도경사와 분자확산에 의한 DO 구배가 반대모양을 나타낸다.

해설 여름이 되면 연직에 따른 온도경사와 용존산소경사가 같은 모양을 나타낸다.

18 프로피온산(C_2H_5COOH) 0.1M 용액이 4%로 이온화된다면 이온화 정수는?

① 1.7×10^{-4}
② 7.6×10^{-4}
③ 8.3×10^{-5}
④ 9.3×10^{-5}

해설 프로피온산의 이온화 반응식과 이온화 상수의 결정

$$C_2H_5COOH \rightleftharpoons C_2H_5COO^- + H^+$$

$$K_a = \frac{[C_2H_5COO^-][H^+]}{[C_2H_5COOH]}$$

ⓐ 생성물의 몰농도 산정

$$[C_2H_5COO^-] = [H^+]$$

4% 이온화 했으므로 $0.1 \times 0.04 = 0.004M$

ⓑ 이온화 정수의 산정

$$K_a = \frac{[C_2H_5COO^-][H^+]}{[C_2H_5COOH]} = \frac{[0.004]^2}{0.1 - 0.004}$$

$$= 1.6666 \times 10^{-4}$$

19 1차 반응에 있어 반응 초기의 농도가 100mg/L이고, 4시간 후에 10mg/L로 감소되었다. 반응 2시간 후의 농도(mg/L)는?

① 17.8

② 24.8

③ 31.6

④ 42.8

해설 1차 반응속도식 이용

$$\ln\frac{C_t}{C_o} = -K \times t$$

ⓐ K의 산정

$$\ln\frac{10}{100} = -K \times 4hr$$

$$K = 0.5756hr^{-1}$$

ⓑ 2시간 후의 농도

$$\ln\frac{C_t}{100} = \frac{-0.5756}{hr} \times 2hr$$

$$\therefore C_t = 31.6257mg/L$$

20 포름알데히드(CH_2O) 500mg/L의 이론적 COD 값(mg/L)은?

① 약 512

② 약 533

③ 약 553

④ 약 576

해설 반응식 산정 후 ThOD 산정

$$CH_2O + O_2 \rightarrow CO_2 + H_2O$$

$$30g : 32g = 500mg/L : \square mg/L$$

$$\therefore \square = 533.3333mg/L$$

21 계획오수량에 관한 설명으로 틀린 것은?

① 계획시간최대오수량은 계획 1일 최대오수량의 1시간당 수량의 1.3~1.8배를 표준으로 한다.

② 지하수량은 1인 1일 최대오수량의 20% 이하로 한다.

③ 합류식에서 우천 시 계획오수량은 원칙적으로 계획 1일 최대오수량의 1.5배 이상으로 한다.

④ 계획 1일 평균오수량은 계획 1일 최대오수량의 70~80%를 표준으로 한다.

해설 합류식에서 우천 시 계획오수량은 원칙적으로 계획시간최대오수량의 3배 이상으로 한다.

22 취수지점으로부터 정수장까지 원수를 공급하는 시설 배관은?

① 취수관 ② 송수관

③ 도수관 ④ 배수관

해설 취수 → 도수 → 정수 → 송수 → 배수 → 급수

23 호소, 댐을 수원으로 하는 경우의 취수시설인 취수틀에 관한 설명으로 틀린 것은?

① 하천이나 호소 바닥이 안정되어 있는 곳에 설치한다.

② 선박의 항로에서 벗어나 있어야 한다.

③ 호소의 표면수를 안정적으로 취수할 수 있다.

④ 틀의 본체를 하천이나 호소 바닥에 견고하게 고정시킨다.

해설 호소의 표면수는 취수가 불가능하다.

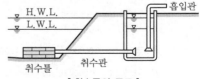

▌취수틀의 구조 ▌

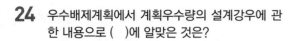

24 우수배제계획에서 계획우수량의 설계강우에 관한 내용으로 ( )에 알맞은 것은?

> 하수관로의 설계강우는 10~30년 빈도, 빗물펌프장의 설계강우는 ( ) 빈도를 원칙으로 하며, 지역의 특성 또는 방재상 필요성, 기후변화로 인한 강우특성의 변화추세에 따라 이보다 크게 또는 작게 정할 수 있다.

① 15~20년　　② 20~30년
③ 30~50년　　④ 50~100년

25 하수처리시설 중 소독시설에서 사용하는 오존의 장단점으로 틀린 것은?

① 병원균에 대하여 살균작용이 강하다.
② 철 및 망간의 제거 능력이 크다.
③ 경제성이 좋다.
④ 바이러스의 불활성화 효과가 크다.

해설 경제성이 좋지 않다.

〈오존의 장단점〉

장점	단점
1. 많은 유기화합물을 빠르게 산화, 분해한다. 2. 유기화합물의 생분해성을 높인다. 3. 탈취, 탈색 효과가 크다. 4. 병원균에 대하여 살균작용이 강하다. 5. 바이러스의 불활성화 효과가 크다. 6. 철 및 망간의 제거 능력이 크다. 7. 염소요구량을 감소시켜 유기염소화합물의 생성량을 감소시킨다. 8. 슬러지가 생기지 않는다. 9. 유지관리가 용이하다. 10. 안정하다.	1. 효과에 지속성이 없으며 상수에 대하여는 염소처리의 병용이 필요하다. 2. 경제성이 좋지 않다. 3. 오존발생장치가 필요하다. 4. 전력비용이 과다하다.

26 하수관로시설인 오수관로의 유속범위기준으로 옳은 것은?

① 계획시간최대오수량에 대하여 유속을 최소 0.3m/sec, 최대 3.0m/sec로 한다.

② 계획시간최대오수량에 대하여 유속을 최소 0.6m/sec, 최대 3.0m/sec로 한다.
③ 계획 1일 최대오수량에 대하여 유속을 최소 0.3m/sec, 최대 3.0m/sec로 한다.
④ 계획 1일 최대오수량에 대하여 유속을 최소 0.6m/sec, 최대 3.0m/sec로 한다.

27 강우강도가 2mm/min, 면적이 1km², 유입시간이 6분, 유출계수가 0.65인 경우 우수량(m³/sec)은? (단, 합리식 적용)

① 21.7　　② 0.217
③ 1.30　　④ 13.0

해설 합리식에 의한 우수유출량을 산정하는 공식

$$Q = \frac{1}{360} C \cdot I \cdot A$$

ⓐ 강우강도 산정(mm/hr)

$$강우강도 = \frac{2mm}{min} \times \frac{60min}{1hr} = 120mm/hr$$

ⓑ 유역면적 산정(ha)

$$유역면적 = 1km^2 \times \frac{100ha}{1km^2} = 100ha = 100ha$$

ⓒ 유량 산정

$$Q = \frac{1}{360} \times 0.65 \times 120 \times 100 = 21.6666m^3/sec$$

28 막여과법을 정수처리에 적용하는 주된 선정 이유로 거리가 먼 것은?

① 응집제를 사용하지 않거나 또는 적게 사용한다.
② 막의 특성에 따라 원수 중의 현탁물질, 콜로이드, 세균류, 크립토스포리디움 등 일정한 크기 이상의 불순물을 제거할 수 있다.
③ 부지면적이 종래보다 적을 뿐 아니라 시설의 건설공사 기간도 짧다.
④ 막의 교환이나 세척 없이 반영구적으로 자동운전이 가능하여 유지관리 측면에서 에너지를 절약할 수 있다.

해설 정기점검이나 막의 약품세척, 막의 교환 등이 필요하지만, 자동운전이 용이하고 다른 처리법에 비하여 일상적인 운전과 유지관리에서 에너지를 절약할 수 있다.

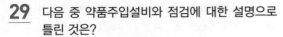
29 다음 중 약품주입설비와 점검에 대한 설명으로 틀린 것은?

① 응집약품을 납품받고 저장하기 위하여 적절한 검수용 계량장비를 설치한다.

② 약품저장설비는 구조적으로 안전하고 약품의 종류와 성상에 따라 적절한 재질로 한다.

③ 저장설비의 용량은 계획정수량의 각 약품의 최대 주입률을 곱하여 산정한다.

④ 저장설비의 용량은 응집제는 30일분 이상, 응집보조제는 10일분 이상으로 한다.

> **해설** 저장설비의 용량은 계획정수량에 각 약품의 평균 주입률을 곱하여 산정한다.

30 하수처리시설의 계획하수량에 관한 설명으로 옳은 것은?

① 합류식 하수도에서 1차 침전지까지 처리장 내 연결관로는 계획시간최대오수량으로 한다.

② 합류식 하수도에서 우천 시에는 계획시간최대오수량을 유입시켜 2차 처리해야 한다.

③ 합류식 하수도는 우천 시 1차 침전지의 침전시간을 0.5시간 이상 확보하도록 한다.

④ 합류식 하수도의 소독시설 계획하수량은 계획시간최대오수량으로 한다.

> **해설** 합류식의 경우 표면부하율은 우천 시 침전시간이 0.5시간 이상 확보되도록 계획 1일 최대오수량에 대해 $25 \sim 50m^3$/$m^2 \cdot day$ 정도로 한다.

31 상수처리시설 중 플록형성지의 플록형성 표준시간은? (단, 계획정수량기준)

① 5~10분간

② 10~20분간

③ 20~40분간

④ 40~60분간

32 생물막을 이용한 처리방식의 하나인 접촉산화법을 적용하여 오수를 처리할 때 반응조 내 오수의 교반과 용존산소 유지를 위한 송풍량에 관한 내용으로 ( )에 옳은 것은?

접촉재를 전면에 설치하는 경우, 계획오수량에 대하여 ( )를 표준으로 한다.

① 2배　　② 4배

③ 6배　　④ 8배

33 펌프의 수격작용(water hammer)에 관한 설명으로 거리가 먼 것은?

① 관 내 물의 속도가 급격히 변하여 수압의 심한 변화를 야기하는 현상이다.

② 정전 등의 사고에 의하여 운전 중인 펌프가 갑자기 구동력을 소실할 경우에 발생할 수 있다.

③ 펌프계에서의 수격현상은 역회전 역류, 정회전 역류, 정회전 정류의 단계로 진행된다.

④ 펌프가 급정지할 때는 수격작용 유무를 점검해야 한다.

> **해설** 펌프계에서의 수격현상은 정회전 정류, 정회전 역류, 역회전 역류의 단계로 진행된다.
>
> ※ 수격작용
> 관 내를 충만하여 흐르고 있는 물의 속도가 급격히 변하면 수압도 심한 변화를 일으킨다. 이 현상을 수격작용(water hammer)이라고 한다. 수격작용을 방지하기 위한 방법은 아래와 같다.
> 1. 부압(수주분리) 발생의 방지법
>   1) 펌프에 플라이휠(fly-wheel)을 붙인다.
>   2) 토출측 관로에 표준형 조압수조(conventional surge tank)를 설치한다.
>   3) 토출측 관로에 한 방향형 조압수조(one-way surge tank)를 설치한다.
>   4) 압력수조(air-chamber)를 설치한다.
> 2. 압력상승 경감방법
>   1) 완폐식 체크밸브에 의한 방법
>   관 내 물의 역류개시 직후의 역류에 대하여 밸브디스크가 천천히 닫히도록 하는 것으로 역류되는 물을 서서히 차단하는 방법으로 압력상승을 완화시킨다.
>   2) 급폐식 체크밸브에 의한 방법
>   역류가 커지고 나서 급폐되면 높은 압력상승이 생기기 때문에 역류가 일어나기 직전인 유속이 느릴 때에 스프링 등의 힘으로 체크밸브를 급폐시키는 방법으로 역류개시가 빠른 300mm 이하의 관로에 사용된다.
>   3) 콘밸브 또는 니들밸브나 볼밸브에 의한 방법
>   정전과 동시에 콘밸브나 니들밸브 또는 볼밸브의 유압조작기구 작동으로 밸브 개도를 제어하여 자동적으로 완폐시키는 방법으로 유속변화를 작게 하여 압력상승을 억제할 수 있다.

34 상수처리를 위한 정수시설인 급속여과지에 관한 설명으로 틀린 것은?

① 여과속도는 120~150m/day를 표준으로 한다.

② 플록의 질이 일정한 것으로 가정하였을 때 여과층의 필요두께는 여재입경에 반비례한다.

③ 여과면적은 계획정수량을 여과속도로 나누어 계산한다.

④ 여과지 1지의 여과면적은 150m² 이하로 한다.

해설 플록의 질을 일정한 것으로 가정하였을 경우에 플록의 여과층 침입깊이, 즉 여과층의 필요두께는 여재입경과 여과속도에 비례한다.

35 취수시설인 침사지에 관한 설명으로 틀린 것은?

① 표면부하율은 500~800mm/min을 표준으로 한다.

② 지 내 평균유속은 2~7cm/sec를 표준으로 한다.

③ 지의 상단높이는 고수위보다 0.6~1m의 여유고를 둔다.

④ 지의 유효수심은 3~4m를 표준으로 하고, 퇴사심도를 0.5~1m로 한다.

해설 표면부하율은 200~500mm/min을 표준으로 한다.
취수시설인 침사지의 구조
침사지의 구조는 다음에 따른다.
1. 원칙적으로 철근콘크리트구조로 하며, 부력에 대해서도 안전한 구조로 한다.
2. 표면부하율은 200~500mm/min을 표준으로 한다.
3. 지 내 평균유속은 2~7cm/sec를 표준으로 한다.
4. 지의 길이는 폭의 3~8배를 표준으로 한다.
5. 지의 고수위는 계획취수량이 유입될 수 있도록 취수구의 계획최저수위 이하로 정한다.
6. 지의 상단높이는 고수위보다 0.6~1m의 여유고를 둔다.
7. 지의 유효수심은 3~4m를 표준으로 하고, 퇴사심도를 0.5~1m로 한다.
8. 바닥은 모래배출을 위하여 중앙에 배수로(pitt)를 설치하고, 길이 방향에는 배수구를 향하여 1/100, 가로 방향은 중앙배수로를 향하여 1/50 정도의 경사를 둔다.
9. 한랭지에서 저온으로 지의 수면이 결빙되거나 강설로 수중에 눈얼음 등이 보이는 곳에서는 기능장애를 방지하기 위하여 지붕을 설치한다.

36 상수관로에서 조도계수 0.014, 동수경사 1/100, 관경 400mm일 때 이 관로의 유량(m³/min)은? (단, Manning 공식 적용, 만관기준)

① 3.8

② 6.2

③ 9.3

④ 11.6

해설 관의 단면적과 Manning의 유속과의 관계로 유량을 산정한다.

$Q = A \times V$

Manning에 의한 유속의 계산은 아래와 같다.

$$V = \frac{1}{n} R^{\frac{2}{3}} I^{\frac{1}{2}}$$

ⓐ 경심 산정(원 : $D/4$)

$$R = \frac{D}{4} = \frac{0.4}{4} = 0.1$$

ⓑ 유속 산정

$$V = \frac{1}{0.014} \times (0.1)^{\frac{2}{3}} \times (1/100)^{\frac{1}{2}} = 1.5388 \text{m/sec}$$

R : 경심 → 0.1

n : 조도계수 → 0.014

I : 동수경사 → 1/100

ⓒ 단면적 산정

$$A = \frac{\pi D^2}{4}$$
$$= \frac{\pi \times 0.4^2}{4}$$
$$= 0.1256 \text{m}^2$$

ⓓ 유량 산정

$$Q = AV$$
$$= 0.1256 \text{m}^2 \times \frac{1.5388 \text{m}}{\text{sec}} \times \frac{60 \text{sec}}{\text{min}}$$
$$= 11.5963 \text{m}^3/\text{min}$$

37 직경 200cm 원형관로에 물이 1/2 차서 흐를 경우, 이 관로의 경심(cm)은?

① 15

② 25

③ 50

④ 100

해설 경심 산정 : 원형관로의 경우 경심은 $D/4$이다.

$$R = \frac{\text{단면적}}{\text{윤변}} = \frac{D}{4} = \frac{0.2 \text{m}}{4} = 0.5 \text{m} = 50 \text{cm}$$

38 케이싱 내에서 임펠러를 회전시켜 유체를 이송하는 터보형 펌프에 속하지 않는 것은?

① 회전펌프
② 원심펌프
③ 사류펌프
④ 축류펌프

39 취수보의 취수구 표준 유입속도(m/sec)로 적절한 것은?

① 0.1~0.4
② 0.4~0.8
③ 0.8~1.2
④ 1.2~1.6

해설 취수구의 구조는 다음에 따른다.
1. 계획취수량을 언제든지 취수할 수 있고 취수구에 토사가 퇴적되거나 유입되지 않으며 또한 유지관리가 용이해야 한다.
2. 높이는 배사문(排砂門)의 바닥 높이보다 0.5~1.0m 이상 높게 한다.
3. 유입속도는 0.4~0.8m/sec를 표준으로 한다.
4. 폭은 바닥 높이와 유입속도를 표준치의 범위로 유지하도록 결정한다.
5. 제수문의 전면에는 스크린을 설치한다.
6. 지형이 허용하는 한 취수유도수로(driving channel access)를 설치한다.
7. 계획취수위는 취수구로부터 도수기점까지의 손실수두를 계산하여 결정한다.

40 하수슬러지 개량방법과 특징으로 틀린 것은?

① 고분자응집제 첨가 : 슬러지 성상을 그대로 두고 탈수성, 농축성의 개선을 도모한다.
② 무기약품 첨가 : 무기약품은 슬러지의 pH를 변화시켜 무기질 비율을 증가시키고 안정화를 도모한다.
③ 열처리 : 슬러지 성분의 일부를 용해시켜 탈수개선을 도모한다.
④ 세정 : 혐기성 소화슬러지의 알칼리도를 증가시켜 탈수개선을 도모한다.

해설 슬러지의 세정은 슬러지량의 2~4배의 물을 혼합해서 슬러지 중의 미세입자를 침전에 의해 제거하는 방법이다. 통상 세정작업만으로는 충분한 탈수특성을 높이기 어려우므로 응집제를 첨가해야 하는 경우가 생기는데 이때 세정작업에 의해 슬러지 중의 알칼리성분이 씻겨져서 응집제량을 줄일 수 있는 효과가 있다. 약품첨가는 슬러지 중의 미세입자를 결합시켜 응결물을 형성시켜 고액분리를 쉽게 하여 탈수성을 향상시키기 위한 것이다.

◉ 제3과목 l 수질오염방지기술

41 SBR 공법의 일반적인 운전단계 순서는?

① 주입(fill) → 휴지(idle) → 반응(react) → 침전(settle) → 제거(draw)
② 주입(fill) → 반응(react) → 휴지(idle) → 침전(settle) → 제거(draw)
③ 주입(fill) → 반응(react) → 침전(settle) → 휴지(idle) → 제거(draw)
④ 주입(fill) → 반응(react) → 침전(settle) → 제거(draw) → 휴지(idle)

해설 연속회분식 활성슬러지법
1개의 반응조에 반응조와 2차 침전지의 기능을 갖게 하여 활성슬러지에 의한 반응과 혼합액의 침전, 상징수의 배수, 침전슬러지의 배출공정 등을 반복하여 처리하는 방식이다.
1. 유입오수의 부하변동이 규칙성을 갖는 경우 비교적 안정된 처리를 행할 수 있다.
2. 오수의 양과 질에 따라 포기시간과 침전시간을 비교적 자유롭게 설정할 수 있다.
3. 활성슬러지 혼합액을 이상적인 정치상태에서 침전시켜 고액분리가 원활히 행해진다.
4. 단일 반응조 내에서 1주기(cycle) 중에 호기-무산소-혐기의 조건을 설정하여 질산화 및 탈질반응을 도모할 수 있다.
5. 고부하형의 경우 다른 처리방식과 비교하여 적은 부지면적에 시설을 건설할 수 있다.
6. 운전방식에 따라 사상균 벌킹을 방지할 수 있다.
7. 침전 및 배출공정은 포기가 이루어지지 않은 상황에서 이루어짐으로 보통의 연속식 침전지와 비교해 스컴 등의 잔류 가능성이 높다.

42 혐기성 소화 시 소화가스 발생량 저하의 원인이 아닌 것은?

① 저농도 슬러지 유입
② 소화슬러지 과잉배출
③ 소화가스 누적
④ 조 내 온도저하

해설 소화가스 누적 → 소화가스 누출

43 경사판 침전지에서 경사판의 효과가 아닌 것은?

① 수면적 부하율의 증가효과
② 침전지 소요면적의 저감효과
③ 고형물의 침전효율 증대효과
④ 처리효율의 증대효과

해설 경사판 침전지의 유효침전면적 증가로 수면적 부하율은 감소한다.

44 상향류 혐기성 슬러지상(UASB) 공법에 대한 설명으로 틀린 것은?

① BOD 및 SS 농도가 높은 폐수의 처리가 가능하다.

② HRT가 작아 반응조 용량을 작게 할 수 있다.

③ 상향류이므로 반응기 하부에 폐수의 분산을 위한 장치가 필요하다.

④ 기계적인 교반이나 여재가 불필요하다.

해설 고형물의 농도가 높으면 미생물의 유실을 초래해 효율이 낮아진다.

45 하수의 인 제거 처리공정 중 인 제거율(%)이 가장 높은 것은?

① 역삼투

② 여과

③ RBC

④ 탄소흡착

해설 ① 역삼투 : 약 95%
② 여과 : 약 40%
③ RBC : 약 10%
④ 탄소흡착 : 약 20%

46 수은계 폐수 처리방법으로 틀린 것은?

① 수산화물침전법

② 흡착법

③ 이온교환법

④ 황화물침전법

해설 • 수은을 함유한 폐수 : 황화물 응집침전법, 활성탄 흡착법, 이온교환법
• 납을 함유한 폐수 : 수산화물침전법, 황화물침전법

47 유량 4,000m³/day, 부유물질 농도 220mg/L인 하수를 처리하는 1차 침전지에서 발생되는 슬러지의 양(m³/day)은? (단, 슬러지 단위중량(비중)=1.03, 함수율=94%, 1차 침전지 체류시간=2시간, 부유물질 제거효율=60%, 기타 조건은 고려하지 않음.)

① 6.32 ② 8.54

③ 10.72 ④ 12.53

해설
$$\frac{220mg}{L} \times \frac{4,000m^3}{day} \times \frac{1kg}{10^6mg} \times \frac{10^3L}{1m^3}$$

$$\underbrace{\hspace{6cm}}_{\text{유입SS(kg/day)}}$$

$$\times \underset{\substack{\text{제거} \\ \text{되는} = \\ \text{SS}}}{\frac{60}{100}} \times \underset{\substack{\text{침전} \\ \text{슬러지의} \\ \text{TS}}}{\frac{100}{6}} \times \underset{\substack{\text{TS→SL} }}{|} \times \underset{\substack{\text{kg → m}^3}}{\frac{1m^3}{1,030kg}}$$

$$= 8.5436m^3/day$$

48 슬러지 탈수방법에 관한 설명으로 틀린 것은?

① 원심분리기 : 고농도의 부유성 고형물에 적합함.

② 벨트형 여과기 : 슬러지 특성에 민감함.

③ 원심분리기 : 건조한 슬러지 케이크를 생산함.

④ 벨트형 여과기 : 유입부에 슬러지 분쇄기 설치가 필요함.

해설 원심분리기 : 입경이 큰 슬러지 탈수에 용이함.

49 표면적이 2m²이고 깊이가 2m인 침전지에 유량 48m³/day의 폐수가 유입될 때 폐수의 체류시간(hr)은?

① 2 ② 4

③ 6 ④ 8

해설 유량=부피/체류시간 관계식을 이용
ⓐ 부피 산정
$$2m^2 \times 2m = 4m^3$$
ⓑ 체류시간 산정
$$체류시간 = \frac{부피}{유량} = \frac{4m^3}{\frac{48m^3}{day} \times \frac{day}{24hr}} = 2hr$$

50 환원처리공법으로 크롬 함유 폐수를 수산화물 침전법으로 처리하고자 할 때 침전을 위한 적정 pH 범위는? (단, $Cr^{3+} + 3OH^- \rightarrow Cr(OH)_3 \downarrow$)

① pH 4.0~4.5 ② pH 5.5~6.5

③ pH 8.0~8.5 ④ pH 11.0~11.5

해설 6가크롬 → 3가크롬으로
환원을 위한 pH 범위 : pH 2.0~3.0/황산
침전을 위한 적정 pH 범위 : pH 8.0~8.5/수산화나트륨

51 생물학적 원리를 이용하여 질소, 인을 제거하는 공정인 5단계 Bardenpho 공법에 관한 설명으로 옳지 않은 것은?

① 인 제거를 위해 혐기성 조가 추가된다.

② 조 구성은 혐기조, 무산소조, 호기조, 무산소조, 호기조 순이다.

③ 내부반송률은 유입유량 기준으로 100~200% 정도이며, 2단계 무산소조로부터 1단계 무산소조로 반송된다.

④ 마지막 호기성 단계는 폐수 내 잔류 질소 가스를 제거하고 최종 침전지에서 인의 용출을 최소화하기 위하여 사용한다.

해설 내부반송률은 유입유량 기준으로 200~400% 정도이며, 1단계 호기조로부터 1단계 무산소조로 반송된다.

52 물속의 휘발성 유기화합물(VOC)을 에어스트리핑으로 제거할 때 제거 효율관계를 설명한 것으로 옳지 않은 것은?

① 액체 중의 VOC 농도가 클수록 효율이 증가한다.

② 오염되지 않은 공기를 주입할 때 제거효율은 증가한다.

③ K_{La}가 감소하면 효율이 증가한다.

④ 온도가 상승하면 효율이 증가한다.

해설 K_{La}가 감소하면 효율이 감소한다.

53 단면이 직사각형인 하천의 깊이가 0.2m이고 깊이에 비하여 폭이 매우 넓을 때 동수반경(m)은?

① 0.2

② 0.5

③ 0.8

④ 1.0

해설 수심에 비하여 폭이 넓은 경우 : 경심=수심

54 수량이 30,000m³/day, 수심이 3.5m, 하수 체류시간이 2.5hr인 침전지의 수면부하율(또는 표면부하율, m³/m²·day)은?

① 67.1 ② 54.2

③ 41.5 ④ 33.6

해설 $$표면부하율 = \frac{유량}{침전면적}$$

$$= \frac{AV}{WL} = \frac{WHV}{WL} = \frac{HV}{L} = \frac{H}{HRT} 이므로,$$

ⓐ 표면부하율 산정

$$\frac{H}{HRT} = \frac{3.5m}{2.5hr \times \frac{1day}{24hr}}$$

$$= 33.6m/day = 33.6m^3/m^2 \cdot day$$

55 NH₃을 제거하기 위한 방법으로 틀린 것은?

① air stripping을 실시한다.

② break point 염소처리를 한다.

③ 질산화−탈질산화를 실시한다.

④ 명반을 이용하여 응집침전 처리를 한다.

해설 인의 화학적 제거 : 명반을 이용하여 응집침전 처리를 한다.

56 월류 부하가 200m³/m·day인 원형 침전지에서 1일 4,000m³를 처리하고자 한다. 원형 침전지의 적당한 직경(m)은?

① 5.4 ② 6.4

③ 7.4 ④ 8.4

해설 위어(weir)의 길이를 통해 직경을 산정

ⓐ weir의 길이 산정

$$weir의 월류부하 = \frac{유량}{weir의 길이}$$

$$\rightarrow weir의 길이 = \frac{유량}{weir의 월류부하} = \frac{\frac{4,000m^3}{day}}{\frac{200m^3}{m \cdot day}}$$

$$= 20m$$

ⓑ 직경 산정

weir의 길이$= \pi D$, $20m = \pi D$

∴ $D = 6.3661m$

57 응집을 이용하여 하수를 처리할 때 하수온도가 응집반응에 미치는 영향으로 틀린 것은?

① 수온이 높으면 반응속도는 증가한다.

② 수온이 높으면 물의 점도저하로 응집제의 화학반응이 촉진된다.

③ 수온이 낮으면 입자가 커지고 응집제 사용량도 적어진다.

④ 수온이 낮으면 플록형성에 소요되는 시간이 길어진다.

해설 수온이 낮으면 입자가 작아지고 응집제 사용량도 많아진다.

58 활성슬러지공정 운영에 대한 설명으로 잘못된 것은?

① 폭기조 내의 미생물 체류시간을 증가시키기 위해 잉여슬러지 배출량을 감소시켰다.

② F/M 비를 낮추기 위해 잉여슬러지 배출량을 줄이고 반송유량을 증가시켰다.

③ 2차 침전지에서 슬러지가 상승하는 현상이 나타나 잉여슬러지 배출량을 증가시켰다.

④ 핀 플록(pin floc) 현상이 발생하여 잉여슬러지 배출량을 감소시켰다.

해설 핀 플록 현상은 긴 SRT로 인해 발생되므로 잉여슬러지 배출량을 증가시켜야 한다.

59 역삼투장치로 하루에 500m³의 4차 처리된 유출수를 탈염시키고자 할 때 요구되는 막 면적(m²)은? (단, 25℃에서 물질전달계수 : 0.2068L/day·m²(kPa), 유입수와 유출수 사이의 압력차 : 2,400kPa, 삼투압차 : 310kPa, 최저 운전온도 : 10℃, $A_{10℃}$ = 1.28$A_{25℃}$, A : 막 면적)

① 약 1,130
② 약 1,280
③ 약 1,330
④ 약 1,480

해설 $A(m^2) = \dfrac{처리수의\ 양(L/day)}{단위면적당\ 처리수의\ 양(L/m^2 \cdot day)}$

ⓐ 단위면적당 처리수량 산정

단위면적당 처리수량 = 물질전달전이계수×(압력차－삼투압차)

$Q_F = \dfrac{Q}{A} = K(\Delta P - \Delta \pi)$

$= \dfrac{0.2068L}{day \cdot m^2 \cdot kPa} \times (2,400 - 310)kPa$

$= 432.21L/m^2 \cdot day$

ⓑ 면적 산정

처리수의 양 $Q = 500m^3/day = 500,000L/day$

$A_{10℃} = 1.2A_{25℃}$

$= \dfrac{500,000L/day}{432.21L/m^2 \cdot day} \times 1.28$

$= 1480.7616m^2$

60 증류수를 가하여 25mL로 희석된 10mL의 시료를 표준시험법에 따라 분석하였다. 소모된 중크롬산염(DC)은 3.12×10^{-4}몰로 측정되었을 때 시료의 COD(mg O₂/L)는? (단, 증류수 희석은 유기물 존재량에 영향을 미치지 않음, DC와 산소에 대한 반응으로부터 DC 1몰은 6전자 당량을 가지며 O₂ 1몰은 4당량을 가짐, 산소의 당량은 32.0g/4eq＝8.0g/eq이다.)

① 1,273
② 1,498
③ 2,038
④ 2,251

해설

$\underbrace{\dfrac{3.12 \times 10^{-4}mol}{10mL}}_{DC} \times \underbrace{\dfrac{6eq}{mol}}_{mol \to eq} \times \underbrace{\dfrac{32g}{4eq}}_{DC \to O_2} \times \underbrace{\dfrac{1,000mg}{g}}_{g \to mg} \times \underbrace{\dfrac{1,000mL}{L}}_{mL \to L}$

$= 1497.6mg/L$

제4과목 ▎수질오염공정시험기준

61 기체 크로마토그래피법으로 유기인 시험을 할 때 사용되는 검출기로 가장 일반적인 것은?

① 열전도도 검출기
② 불꽃이온화 검출기
③ 전자포집형 검출기
④ 불꽃광도형 검출기

해설
① 열전도도 검출기(TCD) : 모든 화합물을 검출할 수 있어 분석대상에 제한이 없고 값이 싸며 시료를 파괴하지 않는 장점이 있는데 반하여, 다른 검출기에 비해 감도(sensitivity)가 낮다.

② 불꽃이온화 검출기(FID) : 대부분의 화합물에 대하여 열전도도 검출기보다 약 1,000배 높은 감도를 나타내고 대부분의 유기화합물의 검출이 가능하므로 가장 흔히 사용된다. 특히 탄소수가 많은 유기물은 10pg까지 검출할 수 있다.

③ 전자포집형 검출기(ECD) : 유기할로겐화합물, 니트로화합물 및 유기금속화합물 등 전자친화력이 큰 원소가 포함된 화합물을 수 ppt의 매우 낮은 농도까지 선택적으로 검출할 수 있다.

④ 불꽃광도형 검출기(FPD) : 황 또는 인 화합물의 감도(sensitivity)는 일반 탄화수소화합물에 비하여 100,000배 커서 H₂S나 SO₂와 같은 황화합물은 약 200ppb까지, 인화합물은 약 10ppb까지 검출이 가능하다.

62 다음 설명에 해당하는 기체 크로마토그래피법의 정량법은?

> 크로마토그램으로부터 얻은 시료 각 성분의 봉우리 면적을 측정하고 그것들의 합을 100으로 하여 이에 대한 각각의 봉우리 넓이 비를 각 성분의 함유율로 한다.

① 내부표준 백분율법
② 보정성분 백분율법
③ 성분 백분율법
④ 넓이 백분율법

63 총인을 자외선/가시선분광법으로 정량하는 방법에 대한 설명으로 거리가 먼 것은?

① 분해되기 쉬운 유기물을 함유한 시료는 질산-과염소산으로 전처리한다.
② 다량의 유기물을 함유한 시료는 질산-황산으로 전처리한다.
③ 전처리로 유기물을 산화분해시킨 후 몰리브덴산암모늄·아스코르빈산혼합액 2mL를 넣어 흔들어 섞는다.
④ 정량한계는 0.005mg/L이며, 상대표준편차는 ±25% 이내이다.

해설 분해되기 쉬운 유기물을 함유한 시료는 과황산칼륨을 넣고 가열하여 전처리한다.

64 카드뮴을 자외선/가시선분광법을 이용하여 측정할 때에 관한 설명으로 ( )에 내용으로 옳은 것은?

> 물속에 존재하는 카드뮴이온을 시안화칼륨이 존재하는 알칼리성에서 디티존과 반응하여 생성하는 카드뮴착염을 사염화탄소로 추출하고, 추출한 카드뮴착염을 (㉠)으로 역추출한 다음 다시 (㉡)과(와) 시안화칼륨을 넣어 디티존과 반응하여 생성하는 (㉢)의 카드뮴착염을 사염화탄소로 추출하고 그 흡광도를 측정하는 방법이다.

① ㉠ 타타르산 용액, ㉡ 수산화나트륨, ㉢ 적색
② ㉠ 아스코르빈산 용액, ㉡ 염산(1+15), ㉢ 적색
③ ㉠ 타타르산 용액, ㉡ 수산화나트륨, ㉢ 청색
④ ㉠ 아스코르빈산 용액, ㉡ 염산(1+15), ㉢ 청색

65 수질분석을 위한 시료 채취 시 유의사항과 거리가 먼 것은?

① 채취용기는 시료를 채우기 전에 맑은 물로 3회 이상 씻은 다음 사용한다.
② 용존가스, 환원성 물질, 휘발성 유기물질 등의 측정을 위한 시료는 운반 중에 공기와의 접촉이 없도록 가득 채워야 한다.
③ 지하수 시료는 취수정 내에 고여 있는 물을 충분히 퍼낸(고여 있는 물의 4~5배 정도이나 pH 및 전기전도도를 연속적으로 측정하여 이 값이 평형을 이룰 때까지도 한다) 다음 새로 나온 물을 채취한다.
④ 시료채취량은 시험항목 및 시험횟수에 따라 차이가 있으나 보통 3~5L 정도이어야 한다.

해설 채취용기는 시료를 채우기 전에 시료로 3회 이상 씻은 다음 사용한다.

66 불소를 자외선/가시선분광법으로 분석할 경우, 간섭물질로 작용하는 알루미늄 및 철의 방해를 제거할 수 있는 방법은?

① 산화
② 증류
③ 침전
④ 환원

해설 알루미늄 및 철의 방해가 크나 증류하면 영향이 없다.
• 불소-자외선/가시선분광법 : 물속에 존재하는 불소를 측정하기 위하여 시료에 넣은 란탄알리자린 콤플렉손의 착화합물이 불소이온과 반응하여 생성하는 청색의 복합 착화합물의 흡광도를 620nm에서 측정하는 방법이다.

67 다음 용어의 정의로 틀린 것은?

① 감압 또는 진공 : 따로 규정이 없는 한 15 mmHg 이하를 뜻한다.
② 바탕시험 : 시료에 대한 처리 및 측정을 할 때 시료를 사용하지 않고 같은 방법으로 조작한 측정치를 더한 것을 뜻한다.
③ 용기 : 시험용액 또는 시험에 관계된 물질을 보존, 운반 또는 조작하기 위하여 넣어두는 것으로 시험에 영향을 주지 않도록 깨끗한 것을 말한다.
④ 정밀히 단다. : 규정된 양의 시료를 취하여 화학저울 또는 미량저울로 칭량함을 말한다.

해설 바탕시험 : 시료에 대한 처리 및 측정을 할 때 시료를 사용하지 않고 같은 방법으로 조작한 측정치를 뺀 것을 뜻한다.

68 백분율(W/V, %)의 설명으로 옳은 것은?

① 용액 100g 중의 성분무게(g)를 표시
② 용액 100mL 중의 성분용량(mL)을 표시
③ 용액 100mL 중의 성분무게(g)를 표시
④ 용액 100g 중의 성분용량(mL)을 표시

해설 %=g/100mL

69 흡광광도분석장치 중 파장선택부에 기름종이를 사용한 것으로 단광속형이 많고 비교적 구조가 간단하여 작업 분석용에 적당한 것은?

① 광전광도계 ② 광전자증배관
③ 광전도셀 ④ 광전분광광도계

해설
• 광전관, 광전자증배관은 주로 자외선 내지 가시광선 파장 범위 내에 광선측광에 사용
• 광전도셀은 근적외선 파장 범위 내에 광선측광에 사용
• 광전지는 주로 가시광선 파장 범위 내에 광선측광에 사용
• 광전분광광도계는 파장광선 선택부에 단색화장치를 사용

70 암모니아성질소를 분석할 때에 관한 설명으로 ( )에 옳은 것은?

암모니아성질소를 자외선/가시선분광법으로 측정하고자 할 때의 측정파장 (㉠)와 이온전극법으로 측정하고자 할 때 암모늄이온을 암모니아로 변화시킬 때의 시료의 적정 pH 범위 (㉡)으로 한다.

① ㉠ 630nm, ㉡ 4~6
② ㉠ 540nm, ㉡ 4~6
③ ㉠ 630nm, ㉡ 11~13
④ ㉠ 540nm, ㉡ 11~13

71 총유기탄소(TOC)의 공정시험기준에 준하여 시험을 수행하였을 때 잘못된 것은?

① 용존성 유기탄소(DOC)를 측정하기 위하여 $0.45\mu m$ 여과지를 사용하였다.
② 비정화성 유기탄소(NPOC)를 측정하기 위하여 pH를 4로 조절하였다.
③ 부유물질 정도관리를 위하여 셀룰로오스를 사용하였다.
④ 탄소를 검출하기 위하여 고온연소산화법을 적용하였다.

해설 시료 일부를 분취한 후 산(acid) 용액을 적당량 주입하여 pH 2 이하로 조절한 후 일정시간 정화(purging)하여 무기성 탄소를 제거한 다음 미리 작성한 검정곡선을 이용하여 총유기탄소의 양을 구한다.
※ 총유기탄소 관련 용어의 정의
• 총유기탄소(TOC, total organic carbon) : 수중에서 유기적으로 결합된 탄소의 합을 말한다.
• 총탄소(TC, total carbon) : 수중에서 존재하는 유기적 또는 무기적으로 결합된 탄소의 합을 말한다.
• 무기성 탄소(IC, inorganic carbon) : 수중에 탄산염, 중탄산염, 용존 이산화탄소 등 무기적으로 결합된 탄소의 합을 말한다.
• 용존성 유기탄소(DOC, dissolved organic carbon) : 총유기탄소 중 공극 $0.45\mu m$의 여과지를 통과하는 유기탄소를 말한다.
• 비정화성 유기탄소(NPOC, nonpurgeable organic carbon) : 총탄소 중 pH 2 이하에서 포기에 의해 정화(purging)되지 않는 탄소를 말한다.

72 자외선/가시선분광법으로 폐수 중의 Cu를 측정할 때 다음 시약과 그 사용목적을 잘못 연결된 것은?

① 사이트르산이암모늄 – 철의 억제 목적
② 암모니아수(1+1) – pH 9.0 이상으로 조절 목적
③ 아세트산부틸 – 구리착염화합물의 추출 목적
④ EDTA – 구리착염의 발생 증가 목적

해설 EDTA – 구리킬레이트화합물 형성

73 분원성 대장균군 – 막여과법의 측정방법으로 ( )에 옳은 것은?

> 물속에 존재하는 분원성 대장균군을 측정하기 위하여 페트리접시에 배지를 올려놓은 다음 배양 후 여러 가지 색조를 띠는 ( )의 집락을 계수하는 방법이다.

① 황색　　　　　② 녹색
③ 적색　　　　　④ 청색

해설

구분	색
총대장균군 – 막여과법	적색
총대장균군 – 평판집락법	적색
분원성 대장균군 – 막여과법	청색

74 수질오염공정시험기준에서 아질산성질소를 자외선/가시선분광법으로 측정하는 흡광도 파장(nm)은?

① 540　　　　　② 620
③ 650　　　　　④ 690

해설 물속에 존재하는 아질산성질소를 측정하기 위하여, 시료 중 아질산성질소를 설퍼닐아마이드와 반응시켜 디아조화하고 α – 나프틸에틸렌디아민이염산염과 반응시켜 생성된 디아조화합물의 붉은색의 흡광도 540nm에서 측정하는 방법이다.

75 다음의 금속류 중 원자형광법으로 측정할 수 있는 것은? (단, 수질오염공정시험기준 기준)

① 수은
② 납
③ 6가크롬
④ 바륨

해설　① 수은 : 냉증기 – 원자흡수분광광도법, 자외선/가시선분광법, 양극벗김전압전류법, 냉증기 – 원자형광법
　② 납 : 원자흡수분광광도법, 자외선/가시선분광법, 유도결합플라스마 – 원자발광분광법, 유도결합플라스마 – 질량분석법, 양극벗김전압전류법
　③ 6가크롬 : 원자흡수분광광도법, 자외선/가시선분광법, 유도결합플라스마 – 원자발광분광법
　④ 비소 : 수소화물 생성 – 원자흡수분광광도법, 자외선/가시선분광법, 유도결합플라스마 – 원자발광분광법, 유도결합플라스마 – 질량분석법, 양극벗김전압전류법

76 음이온 계면활성제를 자외선/가시선분광법으로 측정할 때 사용되는 시약으로 옳은 것은 어느 것인가?

① 메틸레드
② 메틸오렌지
③ 메틸렌블루
④ 메틸렌옐로

해설 물속에 존재하는 음이온 계면활성제를 측정하기 위하여 메틸렌블루와 반응시켜 생성된 청색의 착화합물을 클로로폼으로 추출하여 흡광도를 650nm에서 측정하는 방법이다. 지표수, 지하수, 폐수 등에 적용할 수 있으며, 정량한계는 0.02mg/L이다.

77 노말헥산 추출물질 정량에 관한 내용으로 거리가 먼 것은?

① 시료를 pH 4 이하 산성으로 한다.
② 정량한계는 0.52mg/L이다.
③ 상대표준편차가 ±25% 이내이다.
④ 시료용기는 노말헥산 20mL씩으로 1회 씻는다.

해설 시료의 용기는 노말헥산 20mL씩으로 2회 씻어서 씻은 액을 분별깔때기에 합하고 마개를 하여 2분간 세게 흔들어 섞고 정치하여 노말헥산층을 분리한다.

78 36%의 염산(비중 1.18)을 가지고 1N의 HCl 1L를 만들려고 한다. 36%의 염산 몇 mL를 물로 희석해야 하는가? (단, 염산을 물로 희석하는 데 있어서 용량 변화는 없다.)

① 70.4
② 75.9
③ 80.4
④ 85.9

해설 염산을 희석하는 데 있어서 용량변화는 없으므로 각각의 eq는 같다.

$$\frac{1.18g}{mL} \times \frac{35}{100} \times \frac{eq}{(36.5/1)g} \times \square mL$$
$$= \frac{1eq}{L} \times 1L$$
$$\therefore \square = 85.9227mL$$

79 다음 중 식물성 플랑크톤 측정에 관한 설명으로 틀린 것은?

① 시료가 육안으로 녹색이나 갈색으로 보일 경우 정제수로 적절한 농도로 희석한다.

② 물속의 식물성 플랑크톤을 평판집락법을 이용하여 면적당 분포하는 개체수를 조사한다.

③ 식물성 플랑크톤은 운동력이 없거나 극히 적어 수체의 유동에 따라 수체 내에 부유하면서 생활하는 단일개체, 집락성, 선상 형태의 광합성 생물을 총칭한다.

④ 시료의 개체수는 계수면적당 10~40 정도가 되도록 희석 또는 농축한다.

해설 물속의 부유생물인 식물성 플랑크톤을 현미경계수법을 이용하여 개체수를 조사하는 정량분석 방법이다.

저배율 방법	200배율 이하	스트립 이용 계수, 격자 이용 계수
중배율 방법	200~500배율	팔머-말로니 체임버 이용 계수, 혈구계수기 이용 계수

80 예상 BOD 값에 대한 사전경험이 없는 경우 오염된 하천수의 희석검액 조제방법은 다음 중 어느 것인가?

① 0.1~1.0%의 시료가 함유되도록 희석제조

② 1~5%의 시료가 함유되도록 희석제조

③ 5~25%의 시료가 함유되도록 희석제조

④ 25~100%의 시료가 함유되도록 희석제조

해설 예상 BOD 값에 대한 사전경험이 없을 때에는 희석하여 시료를 제조한다.

〈BOD 실험 시 희석비율〉

- 오염정도가 심한 공장폐수 : 0.1~1.0%
- 처리하지 않은 공장폐수와 침전된 하수 : 1~5%
- 처리하여 방류된 공장폐수 : 5~25%
- 오염된 하천수 : 25~100%

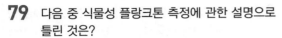

제5과목 ┃ 수질환경관계법규

81 방류수 수질기준 초과율이 70% 이상 80% 미만일 때 부과계수로 적절한 것은?

① 2.8
② 2.6
③ 2.4
④ 2.2

해설 [시행령 별표 11] 방류수 수질기준 초과율별 부과계수

초과율	10% 미만	10~20%	20~30%	30~40%	40~50%
부과계수	1	1.2	1.4	1.6	1.8
초과율	50~60%	60~70%	70~80%	80~90%	90~100%
부과계수	2.0	2.2	2.4	2.6	2.8

82 초과부과금 산정기준 시 1킬로그램당 부과금액이 가장 높은 수질오염물질은?

① 카드뮴 및 그 화합물
② 수은 및 그 화합물
③ 납 및 그 화합물
④ 테트라클로로에틸렌

해설 [시행령 별표 14] 초과부과금 산정기준

수질오염물질	구분	수질오염물질 1킬로그램당 부과금액
특정 유해 물질	카드뮴 및 그 화합물	500,000
	수은 및 그 화합물	1,250,000
	납 및 그 화합물	150,000
	테트라클로로에틸렌	300,000

83 어·패류의 섭취 및 물놀이 등의 행위를 제한할 수 있는 권고기준으로 적합한 것은?

- 어·패류의 섭취 제한 권고기준 :
  어·패류 체내에 총수은이 (㉠) 이상인 경우
- 물놀이 등의 제한 권고기준 :
  대장균이 (㉡) 이상인 경우

① ㉠ 0.1mg/kg, ㉡ 300(개체수/100mL)
② ㉠ 0.2mg/kg, ㉡ 400(개체수/100mL)
③ ㉠ 0.3mg/kg, ㉡ 500(개체수/100mL)
④ ㉠ 0.4mg/kg, ㉡ 600(개체수/100mL)

79.② 80.④ 81.③ 82.② 83.③

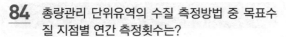

84 총량관리 단위유역의 수질 측정방법 중 목표수질 지점별 연간 측정횟수는?

① 10회 이상　② 20회 이상
③ 30회 이상　④ 60회 이상

해설 [시행규칙 별표 7] 총량관리 단위유역의 수질 측정방법
• 목표수질 지점별로 연간 30회 이상 측정하여야 한다.
• 수질 측정주기는 8일 간격으로 일정하여야 한다. 다만, 홍수, 결빙, 갈수(渴水) 등으로 채수(採水)가 불가능한 특정기간에는 그 측정주기를 늘리거나 줄일 수 있다.
• 측정수질은 산정시점으로부터 과거 3년간 측정한 것으로 하며, 그 단위는 리터당 밀리그램(mg/L)으로 표시한다.

85 물환경보전법에 따라 유역환경청장이 수립하는 대권역별 대권역 물환경관리계획의 수립주기와 협의주체로 맞는 것은?

① 5년, 관계 시·도지사 및 관계수계관리위원회
② 10년, 관계 시·도지사 및 관계수계관리위원회
③ 5년, 대권역별 환경관리위원회
④ 10년, 대권역별 환경관리위원회

해설 [법 제24조] 대권역 물환경관리계획의 수립
① 유역환경청장은 국가 물환경관리기본계획에 따라 제22조 제2항에 따른 대권역별로 대권역 물환경관리계획(이하 "대권역계획"이라 한다)을 10년마다 수립하여야 한다.
③ 유역환경청장은 대권역계획을 수립할 때에는 관계 시·도지사 및 4대강 수계법에 따른 관계수계관리위원회와 협의하여야 한다. 대권역계획을 변경할 때에도 또한 같다.

86 일일기준초과배출량 및 일일유량 산정방법에 관한 설명으로 옳지 않은 것은?

① 특정수질유해물질의 배출허용기준 초과 일일오염물질 배출량은 소수점 이하 넷째 자리까지 계산한다.
② 배출농도의 단위는 리터당 밀리그램으로 한다.
③ 일일조업시간은 측정하기 전 최근 조업한 30일간의 배출시간의 조업시간 평균치로서 시간으로 표시한다.
④ 일일유량 산정을 위한 측정유량의 단위는 분당 리터로 한다.

해설 일일조업시간은 측정하기 전 최근 조업한 30일간의 오수 및 폐수 배출시설의 조업시간 평균치로서 분으로 표시한다.

87 청정지역에서 1일 폐수배출량이 2,000m³ 미만으로 배출되는 배출시설에 적용되는 화학적 산소요구량(mg/L)의 기준은?

① 30 이하　② 40 이하
③ 50 이하　④ 60 이하

해설 [시행규칙 별표 13] 항목별 배출허용기준

대상규모	1일 폐수배출량 2,000m³ 미만		
항목 지역 구분	생물화학적 산소요구량 (mg/L)	총유기 탄소량 (mg/L)	부유 물질량 (mg/L)
청정지역	40 이하	30 이하	40 이하
가 지역	80 이하	50 이하	80 이하
나 지역	120 이하	75 이하	120 이하
특례지역	30 이하	25 이하	30 이하

※ 2020년 1월 1일 개정법령 적용

88 공공수역의 수질보전을 위하여 환경부령이 정하는 휴경 등 권고대상 농경지의 해발고도 및 경사도 기준으로 옳은 것은?

① 해발 400m, 경사도 15%
② 해발 400m, 경사도 30%
③ 해발 800m, 경사도 15%
④ 해발 800m, 경사도 30%

해설 [시행규칙 제85조] 휴경 등 권고대상 농경지의 해발고도 및 경사도
법 제59조 제1항에서 "환경부령으로 정하는 해발고도"란 해발 400미터를 말하고, "환경부령으로 정하는 경사도"란 경사도 15퍼센트를 말한다.

89 비점오염저감시설 중 장치형 시설에 해당되는 것은?

① 침투형 시설
② 저류형 시설
③ 인공습지형 시설
④ 생물학적 처리형 시설

해설 [시행규칙 별표 6] 비점오염저감시설(제8조 관련)
1. 자연형 시설 : 저류시설, 인공습지, 침투시설, 식생형 시설
2. 장치형 시설 : 여과형 시설, 와류형 시설, 스크린형 시설, 응집·침전 처리형 시설, 생물학적 처리형 시설

90 환경부 장관 또는 시 · 도지사가 측정망을 설치하거나 변경하려는 경우, 측정망 설치계획에 포함되어야 하는 사항으로 틀린 것은?

① 측정망 운영방법
② 측정자료의 확인방법
③ 측정망 배치도
④ 측정망 설치시기

해설 [시행규칙 제24조] 측정망 설치계획의 내용 · 고시 등
① 법 제9조의 2 제1항 전단, 같은 조 제2항 전단 및 같은 조 제4항 전단에 따른 측정망 설치계획(이하 "측정망 설치계획"이라 한다)에 포함되어야 하는 내용은 다음과 같다.
  1. 측정망 설치시기
  2. 측정망 배치도
  3. 측정망을 설치할 토지 또는 건축물의 위치 및 면적
  4. 측정망 운영기관
  5. 측정자료의 확인방법

91 폐수무방류배출시설의 세부 설치기준으로 옳지 않은 것은?

① 배출시설에서 분리 · 집수시설로 유입하는 폐수의 관로는 육안으로 관찰할 수 있도록 설치하여야 한다.
② 폐수무방류배출시설에서 발생된 폐수를 폐수처리장으로 유입 · 재처리할 수 있도록 세정식 · 응축식 대기오염방지기술 등을 설치하여야 한다.
③ 폐수의 고정된 관로를 통하여 수집 · 이송 · 처리 · 저장되어야 한다.
④ 배출시설의 처리공정도 및 폐수 배관도는 폐수처리자 내 사무실에 비치하여 내부 직원만 열람할 수 있도록 하여야 한다.

해설 [시행령 별표 6] 폐수무방류배출시설의 세부 설치기준
배출시설의 처리공정도 및 폐수 배관도는 누구나 알아 볼 수 있도록 주요 배출시설의 설치장소와 폐수처리장에 부착하여야 한다.

92 골프장의 맹독성 · 고독성 농약 사용여부의 확인에 대한 설명으로 틀린 것은?

① 특별자치도지사 · 시장 · 군수 · 구청장은 매년 분기마다 골프장에 대한 농약잔류량 검사를 실시하여야 한다.
② 농약사용량 조사 및 농약잔류량 검사 등에

관하여 필요한 사항은 환경부 장관이 정하여 고시한다.
③ 유출수가 흐르지 않을 경우에는 최종 유출수 전단의 집수조 또는 연못 등에서 시료를 채취한다.
④ 유출수 시료채수는 골프장 부지경계선의 최종 유출구에서 1개 지점 이상 채취한다.

해설 [시행규칙 제89조] 골프장의 맹독성 · 고독성 농약 사용여부의 확인
① 시 · 도지사는 법 제61조 제2항에 따라 골프장의 맹독성 · 고독성 농약의 사용여부를 확인하기 위하여 반기마다 골프장별로 농약사용량을 조사하고 농약잔류량을 검사하여야 한다.
② 제1항에 따른 농약사용량 조사 및 농약잔류량 검사 등에 관하여 필요한 사항은 환경부 장관이 정하여 고시한다.

93 수질환경기준(하천) 중 사람의 건강보호를 위한 전 수역에서 각 성분별 환경기준으로 맞는 것은?

① 비소(As) : 0.1mg/L 이하
② 납(Pb) : 0.01mg/L 이하
③ 6가크롬(Cr^{6+}) : 0.05mg/L 이하
④ 음이온 계면활성제(ABS) : 0.01mg/L 이하

해설 ① 비소(As) : 0.05mg/L 이하
② 납(Pb) : 0.05mg/L 이하
④ 음이온 계면활성제(ABS) : 0.5mg/L 이하

94 조업정지 명령에 대신하여 과징금을 징수할 수 있는 시설과 거리가 먼 것은?

① 의료법에 따른 의료기관의 배출시설
② 발전소의 발전설비
③ 도시가스사업법 규정에 의한 가스공급시설
④ 제조업의 배출시설

해설 [법 제43조] 과징금 처분
① 환경부 장관은 다음의 어느 하나에 해당하는 배출시설(폐수무방류배출시설은 제외한다)을 설치 · 운영하는 사업자에 대하여 제42조에 따라 조업정지를 명하여야 하는 경우로서 그 조업정지가 주민의 생활, 대외적인 신용, 고용, 물가 등 국민경제 또는 그 밖의 공익에 현저한 지장을 줄 우려가 있다고 인정되는 경우에는 조업정지처분을 갈음하여 매출액에 100분의 5를 곱한 금액을 초과하지 아니하는 범위에서 과징금을 부과할 수 있다.
  1. 「의료법」에 따른 의료기관의 배출시설
  2. 발전소의 발전설비
  3. 「초 · 중등교육법」 및 「고등교육법」에 따른 학교의 배출시설
  4. 제조업의 배출시설
  5. 그 밖에 대통령령으로 정하는 배출시설

95 물환경보전법상 수면관리자에 관한 정의로 옳은 것은?

(㉠)에 따라 호소를 관리하는 자를 말한다. 이 경우 동일한 호소를 관리하는 자가 둘 이상인 경우에는 (㉡)가 수면관리자가 된다.

① ㉠ 물환경보전법
　 ㉡ 상수도법에 따른 하천관리청의 자
② ㉠ 물환경보전법
　 ㉡ 상수도법에 따른 하천관리청외의 자
③ ㉠ 다른 법령
　 ㉡ 하천법에 따른 하천관리청의 자
④ ㉠ 다른 법령
　 ㉡ 하천법에 따른 하천관리청외의 자

96 국립환경과학원장이 설치할 수 있는 측정망으로 거리가 먼 것은?

① 비점오염원에서 배출되는 비점오염물질 측정망
② 대규모 오염원의 하류지점 측정망
③ 퇴적물 측정망
④ 도심하천 유해물질 측정망

해설 [시행규칙 제22조] 국립환경과학원장이 설치·운영하는 측정망의 종류 등
국립환경과학원장이 법 제9조 제1항에 따라 설치할 수 있는 측정망은 다음과 같다.
1. 비점오염원에서 배출되는 비점오염물질 측정망
2. 법 제4조 제1항에 따른 수질오염물질의 총량관리를 위한 측정망
3. 영 제8조의 시설 등 대규모 오염원의 하류지점 측정망
4. 법 제21조에 따른 수질오염경보를 위한 측정망
5. 법 제22조 제2항에 따른 대권역·중권역을 관리하기 위한 측정망
6. 공공수역 유해물질 측정망
7. 퇴적물 측정망
8. 생물 측정망
9. 그 밖에 국립환경과학원장이 필요하다고 인정하여 설치·운영하는 측정망

97 폐수의 원래상태로는 처리가 어려워 희석하여야만 수질오염물질의 처리가 가능하다고 인정을 받고자 할 때 첨부하여야 하는 자료가 아닌 것은?

① 희석처리의 불가피성
② 희석배율 및 희석량
③ 처리하려는 폐수의 농도 및 특성
④ 희석방법

해설 [시행규칙 제48조] 수질오염물질 희석처리의 인정 등
제1항에 따른 희석처리의 인정을 받으려는 자가 영 제31조 제5항에 따른 신청서 또는 신고서를 제출할 때에는 이를 증명하는 다음의 자료를 첨부하여 시·도지사에게 제출하여야 한다.
1. 처리하려는 폐수의 농도 및 특성
2. 희석처리의 불가피성
3. 희석배율 및 희석량

98 물환경보전법에서 사용하는 용어의 정의 중 호소에 해당되지 않는 지역은? (단, 만수위(댐의 경우에는 계획홍수위를 말한다) 구역 안의 물과 토지를 말한다.)

① 제방('사방사업법'에 의한 사방시설 포함)에 의해 물이 가두어진 곳
② 댐·보 또는 둑 등을 쌓아 하천 또는 계곡에 흐르는 물을 가두어 놓은 곳
③ 하천에 흐르는 물이 자연적으로 가두어진 곳
④ 화산활동 등으로 인하여 함몰된 지역에 물이 가두어진 곳

해설 호소 : 제방(사방사업법의 사방시설 제외)을 쌓아 하천에 흐르는 물을 가두어 놓은 곳

99 환경부 장관이 물환경을 보전할 필요가 있다고 지정·고시하고 물환경을 정기적으로 조사·측정 및 분석하여야 하는 호소의 기준으로 틀린 것은?

① 1일 30만 톤 이상의 원수를 취수하는 호소
② 만수위일 때 면적이 30만 제곱미터 이상인 호소
③ 수질오염이 심하여 특별한 관리가 필요하다고 인정되는 호소
④ 동식물의 서식지·도래지이거나 생물다양성이 풍부하여 특별히 보전할 필요가 있다고 인정되는 호소

해설 [시행령 제30조] 호소수 이용상황 등의 조사·측정 등
① 환경부 장관은 법 제28조에 따라 다음의 어느 하나에
해당하는 호소로서 수질 및 수생태계를 보전할 필요가
있는 호소를 지정·고시하고, 그 호소의 수질 및 수생태
계를 정기적으로 조사·측정하여야 한다.
  1. 1일 30만 톤 이상의 원수(原水)를 취수하는 호소
  2. 동식물의 서식지·도래지이거나 생물다양성이 풍부
   하여 특별히 보전할 필요가 있다고 인정되는 호소
  3. 수질오염이 심하여 특별한 관리가 필요하다고 인정
   되는 호소
② 시·도지사는 제1항에 따라 환경부 장관이 지정·고시
하는 호소 외의 호소로서 만수위(滿水位)일 때의 면적이
50만 제곱미터 이상인 호소의 수질 및 수생태계 등을
정기적으로 조사·측정하여야 한다.

100 소권역 물환경관리계획에 관한 내용으로 (　)에
알맞은 것은?

> 소권역 계획수립 대상지역이 같은 시·도의
> 관할구역 내의 둘 이상의 시·군·구에 걸쳐
> 있는 경우 (　　)가 수립할 수 있다.

① 유역환경청장 또는 지방환경청장
② 광역시장 또는 구청장
③ 환경부 장관 또는 시·도지사
④ 중권역 수립권자

숫자로 보는 문제유형 분석

계산문제 출제비율	수질오염개론	상하수도계획
	30%	20%
수질오염방지기술	공정시험기준	전체 100문제 중
40%	25%	23%

어쩌다 한번 만나는 문제	수질오염개론	상하수도계획
	1, 5, 15	34, 38, 39
수질오염방지기술	공정시험기준	수질관계법규
43, 52, 56	66, 78, 80	81, 86, 93

제1과목 ▌수질오염개론

01 부조화형 호수가 아닌 것은?

① 부식영양형 호수 ② 부영양형 호수
③ 알칼리영양형 호수④ 산영양형 호수

해설 호수는 영양상태에 따라 조화형 호수와 부조화형 호수로 나뉜다.
- 조화형 호수 : 부영양형 호수, 빈영양형 호수
- 부조화형 호수 : 부식영양형 호수, 산영양형 호수, 알칼리영양형 호수

02 물의 이온화적(K_w)에 관한 설명으로 옳은 것은?

① 25℃에서 물의 K_w가 1.0×10^{-14}이다.
② 물은 강전해질로서 거의 모두 전리된다.
③ 수온이 높아지면 감소하는 경향이 있다.
④ 순수의 pH는 7.0이며 온도가 증가할수록 pH는 높아진다.

해설 ② 물은 약전해질로서 거의 전리되지 않는다.
③ 수온이 높아지면 증가하는 경향이 있다.
④ 순수의 pH는 7.0이며, 온도가 증가할수록 pH는 낮아진다.

03 진핵세포 미생물과 원핵세포 미생물로 구분할 때 원핵세포에는 없고 진핵세포에만 있는 것은?

① 리보솜   ② 세포소기관
③ 세포벽   ④ DNA

해설 세포소기관은 원핵세포에는 없다.

	특징	원핵세포	진핵세포
	크기	$1 \sim 10 \mu m$	$5 \sim 100 \mu m$
	분열 형태	무사분열	유사분열
세포 소기관	미토콘드리아(사립체), 엽록체	없다.	있다.
	리소좀, 퍼옥시좀	없다.	있다.
	소포체, 골지체	없다.	있다.

04 다음 중 수중의 물질이동확산에 관한 설명으로 옳은 것은?

① 해역에서의 난류확산은 수평방향이 심하고 수직방향은 비교적 완만하다.
② 일정한 온도에서 일정량의 물에 용해되는 기체의 부피는 그 기체의 분압에 비례한다.
③ 수중에서 오염물질의 확산속도는 분자량이 커질수록 작아지며, 기체 밀도의 제곱근에 반비례한다.
④ 하천, 호수, 해역 등에 유입된 오염물질은 분자확산, 여과, 전도현상 등에 의해 점점 농도가 높아진다.

해설 ② Henry의 법칙 : 일정한 온도에서 일정량의 물에 용해되는 기체의 질량은 그 기체의 분압에 비례한다.
③ Graham의 법칙 : 수중에서 오염물질의 확산속도는 분자량이 커질수록 작아지며, 기체 분자량의 제곱근에 반비례한다.
④ 하천, 호수, 해역 등에 유입된 오염물질은 분자확산, 여과, 전도현상 등에 의해 점점 농도가 낮아진다.

05 알칼리도(alkalinity)의 정의에서 물속에 탄산염(carbonate)만 있는 경우에 대한 설명으로 거리가 먼 것은?

① pH는 약 9.5 이상이다.
② 페놀프탈레인 종말점은 total alkalinity의 절반이 된다.
③ carbonate alkalinity는 total alkalinity와 같다.
④ 산을 주입시키면 사실상 페놀프탈레인 종말점만 찾을 수 있다.

해설 탄산염(carbonate)만 있는 경우 페놀프탈레인 종말점이 total alkalinity의 절반이 된다.(total alkalinity＝메틸오렌지에 의한 적정)

06 금속수산화물 $M(OH)_2$의 용해도적(K_{sp})이 4.0×10^{-9}이면 $M(OH)_2$의 용해도(g/L)는? (단, M은 2가, $M(OH)_2$의 분자량=80)

① 0.04
② 0.08
③ 0.12
④ 0.16

해설 ⓐ 반응식의 산정
$$M(OH)_2 \rightarrow M^{2+} + 2OH^-$$
ⓑ 몰용해도와 용해도적과의 관계 설정
$$L_m(\text{몰용해도}) = \sqrt[3]{\frac{K_{sp}}{4}}$$
$$= \left(\frac{K_{sp}}{4}\right)^{\frac{1}{3}}$$
ⓒ 몰용해도 산정
$$L_m(\text{mol/L}) = \left(\frac{4.0 \times 10^{-9}}{4}\right)^{\frac{1}{3}}$$
$$= 1.0 \times 10^{-3}\text{mol/L} \rightarrow 0.08\text{g/L}$$

07 하수의 BOD_3가 140mg/L이고 탈산소계수 K(상용대수)가 0.2/day일 때 최종 BOD(mg/L)는 어느 것인가?

① 약 164
② 약 172
③ 약 187
④ 약 196

해설
$$BOD_{\text{소모}} = BOD_{\text{최종}} \times (1 - 10^{-K_1 \times t})$$
$$140 = BOD_{\text{최종}} \times (1 - 10^{-0.2 \times 3})$$
$$\therefore \text{최종 } BOD = 186.96\text{mg/L}$$

08 세포의 형태에 따른 세균의 종류를 올바르게 짝지은 것은?

① 구형 – Vibrio cholera
② 구형 – Spirillum volutans
③ 막대형 – Bacillus subtilis
④ 나선형 – Streptococcus

해설 ① 간균(막대형) – Vibrio cholera
② 나선균(나선형) – Spirillum volutans
④ 구균(구형) – Streptococcus

09 미생물의 종류를 분류할 때, 탄소 공급원에 따른 분류는?

① aerobic, anaerobic
② thermophilic, psychrophilic
③ photosynthetic, chemosynthetic
④ autotrophic, heterotrophic

해설 ① aerobic(호기성), anaerobic(혐기성) : 산소 유무
② thermophilic(고온성), psychrophilic(저온성) : 온도
③ photosynthetic(광합성), chemosynthetic(화학합성) :
    에너지원
④ autotrophic(독립영양계), heterotrophic(종속영양계) :
    탄소 공급원

10 생분뇨의 BOD는 19,500ppm, 염소이온 농도는 4,500ppm이다. 정화조 방류수의 염소이온 농도가 225ppm이고 BOD 농도가 30ppm일 때, 정화조의 BOD 제거효율(%)은? (단, 희석 적용, 염소는 분해되지 않음.)

① 96
② 97
③ 98
④ 99

해설 ⓐ 희석배율
$$\text{희석배율} = \frac{\text{희석 전 농도}}{\text{희석 후 농도}} = \frac{4,500}{225} = 20\text{배}$$
ⓑ 희석 전 방류수 BOD 농도
$$30\text{mg/L} \times 20 = 600\text{mg/L}$$
ⓒ 정화조의 BOD 제거효율
$$BOD \text{ 제거효율(\%)} = \left(1 - \frac{BOD_o}{BOD_i}\right) \times 100$$
$$= \left(1 - \frac{600}{19,500}\right) \times 100$$
$$= 96.9\%$$

11 글리신($CH_2(NH_2)COOH$) 7몰을 분해하는 데 필요한 이론적 산소요구량(g O_2/mol)은? (단, 최종산물은 HNO_3, CO_2, H_2O)

① 724
② 742
③ 768
④ 784

해설 글리신의 이론적 산화반응식 이용
$$CH_2(NH_2)COOH + 3.5O_2 \rightarrow 2CO_2 + 2H_2O + HNO_3$$
$$1\text{mol} \quad : \quad 3.5 \times 32\text{g}$$
$$= 7\text{mol} \quad : \quad X(\text{g})$$
$$\therefore \text{이론적 산소요구량} = 784\text{g}$$

12 아세트산(CH_3COOH) 1,000mg/L 용액의 pH가 3.0일 때 용액의 해리상수(K_a)는?

① 2×10^{-5}
② 3×10^{-5}
③ 4×10^{-5}
④ 6×10^{-5}

[해설] ⓐ 수소이온의 농도 산정
pH가 3이므로
$[H^+] = 10^{-pH} = 10^{-3} mol/L$
ⓑ 아세트산의 mol/L 산정
$$CH_3COOH = \frac{1,000mg}{L} \times \frac{1g}{1,000mg} \times \frac{1mol}{60g}$$
$$= 0.0167 mol/L$$
ⓒ 해리상수 산정
$$해리상수(K_a) = \frac{[CH_3COO^-][H^+]}{[CH_3COOH]}$$
$$= \frac{[10^{-3}]^2}{0.0167} = 6 \times 10^{-5}$$

13 다음 오염물질 중 생분해성 유기물이 아닌 것은 어느 것인가?

① 알코올
② PCB
③ 전분
④ 에스테르

[해설] PCB는 폴리염화비페닐로 물에 녹지 않고 기름과 같은 유기용매에 잘 녹으며 불활성, 내열성, 전기절연성이 좋아 쉽게 분해되지 않는 인공유기화합물이다.

14 아래와 같은 반응에 관여하는 미생물은?

$$2NO_3^- + 5H_2 \rightarrow 2OH^- + 4H_2O$$

① pseudomonas
② sphaerotilus
③ acinetobacter
④ nitrosomonas

[해설] ② sphaerotilus : 활성슬러지에서 발견되는 호기성 세균
③ acinetobacter : 토양 속에 존재하는 그람음성간균
④ nitrosomonas : 질산화에 관여하는 미생물(암모니아성 질소 → 아질산성질소)
※ 탈질미생물
슈도모나스(pseudomonas), 바실러스(bacillus), 아크로모박터(acromobacter), 마이크로코크스(micrococcus)

15 하천이 바다로 유입되는 지역으로 반폐쇄성 수역인 하구에서 물의 흐름에 대한 설명으로 틀린 것은?

① 밀도류에 의해 흐름이 발생한다.
② 조류의 증가나 감소에 의해 흐름이 발생한다.
③ 간조나 만조 사이에 물의 이동방향은 하류 방향이다.
④ 간조 시에는 담수의 흐름이 바다로 향한 이동에 작용한다.

[해설] 간조나 만조 사이에 물의 이동방향은 상류방향이다.

16 지구상에 분포하는 수량 중 빙하(만년설 포함) 다음으로 가장 높은 비율을 차지하고 있는 것은? (단, 담수기준)

① 하천수　　　　② 지하수
③ 대기습도　　　④ 토양수

[해설] 해수 > 빙하 > 지하수 > 담수호 > 염수호 > 토양수 > 대기 > 하천수

17 지하수의 특성에 대한 설명으로 틀린 것은?

① 지하수는 국지적인 환경조건의 영향을 크게 받는다.
② 지하수의 염분농도는 지표수의 평균농도보다 낮다.
③ 주로 세균에 의한 유기물 분해작용이 일어난다.
④ 지하수는 토양수 내 유기물질 분해에 따른 탄산가스의 발생과 약산성의 빗물로 인하여 광물질이 용해되어 경도가 높다.

[해설] 지하수의 염분농도는 지표수의 평균농도보다 높다.

18 0.1N HCl 용액 100mL에 0.2N NaOH 용액 75mL를 섞었을 때 혼합용액의 pH는? (단, 전리도는 100% 기준)

① 약 10.1　　　② 약 10.4
③ 약 11.3　　　④ 약 12.5

[해설] ⓐ 관계식의 산정
불완전 중화로 산의 eq와 염기의 eq를 비교하여 차이만큼이 pH에 영향을 주게 된다.
$$N'V' - NV = N_o(V' + V)$$

ⓑ 산의 eq 산정

산의 eq = $\frac{0.1eq}{L}$ × 100mL × $\frac{1L}{1,000mL}$ = 0.01eq

ⓒ 염기의 eq 산정

염기의 eq = $\frac{0.2eq}{L}$ × 75mL × $\frac{1L}{1,000mL}$ = 0.015eq

ⓓ 혼합폐수의 eq

산의 eq가 염기의 eq보다 작으므로 염기의 eq − 산의 eq
= 남은 [OH⁻]의 eq가 된다.

$N'V' - NV = N_o(V' + V)$

$$\underbrace{\frac{0.2eq}{L} \times 75mL \times \frac{1L}{1,000mL}}_{\text{염기의 eq}} -$$

$$\underbrace{\frac{0.1eq}{L} \times 100mL \times \frac{1L}{1,000mL}}_{\text{산의 eq}}$$

$$= \underbrace{N_o(100 + 75)mL \times \frac{1L}{1,000mL}}_{\text{혼합폐수의 eq}}$$

$N_o = 0.0285eq/L$

ⓔ pH의 산정

pH = 14 − pOH

   = 14 + log(0.0285) = 12.4548

19 다음 Streeter−Phelps 식의 기본 가정이 틀린
것은?

① 오염원은 점오염원

② 하상퇴적물의 유기물 분해를 고려하지 않음.

③ 조류의 광합성은 무시, 유기물의 분해는
1차 반응

④ 하천의 흐름방향 분산을 고려

해설 • Streeter−Phelps 식은 최초의 수질예측모델로 하천의
흐름방향 분산을 고려할 수 없다.

• 하천의 수질관리를 위하여 1920년대 초에 개발된 수질예
측모델로 BOD와 DO 반응 즉, 유기물 분해로 인한 DO
소비와 대기로부터 수면을 통해 산소가 재공급되는 재폭
기만 고려한 모델이다.

20 하천수의 난류확산 방정식과 상관성이 적은 인
자는?

① 유량

② 침강속도

③ 난류확산계수

④ 유속

제2과목 | 상하수도 계획

21 관경 1,100mm, 동수경사 2.4‰, 유속 1.63m/sec,
연장 L=30.6m일 때 역사이펀의 손실수두(m)
는? (단, 손실수두에 관한 여유 α=0.042m)

① 0.42 ② 0.32

③ 0.25 ④ 0.16

해설 역사이펀의 손실수두는 다음 식으로 구한다.

$$H = I \times L + \left(1.5 \times \frac{V^2}{2g}\right) + \alpha$$

$$= \left(\frac{2.4}{1,000} \times 30.6\right) + \left(1.5 \times \frac{1.63^2}{2 \times 9.8}\right) + 0.042$$

$$= 0.318m$$

I : 동수경사 → 2.4‰ = 2.4/1,000

L : 길이 → 30.6m

V : 유속 → 1.63m/sec

g : 중력가속도 → 9.8m/sec²

α : 손실수두에 관한 여유 → 0.042m

β : 1.5

22 상수도시설인 배수지 용량에 대한 설명이다. 다음
(   )의 내용으로 옳은 것은?

> 유효용량은 시간변동조정용량과 비상대처용
> 량을 합하여 급수구역의 (   ) 이상을
> 표준으로 한다.

① 계획시간 최대급수량의 8시간 분

② 계획시간 최대급수량의 12시간 분

③ 계획 1일 최대급수량의 8시간 분

④ 계획 1일 최대급수량의 12시간 분

23 저수시설을 형태적으로 분류할 때의 구분과 거
리가 먼 것은?

① 지하댐

② 하굿둑

③ 유수지

④ 저류지

해설 저수시설의 형태별 분류 : 댐, 호소, 유수지, 하굿둑, 저수
지, 지하댐 등

24 지하수 취수 시 적용되는 양수량 중에서 적정양수량의 정의로 옳은 것은?

① 최대양수량의 80% 이하의 양수량
② 한계양수량의 80% 이하의 양수량
③ 최대양수량의 70% 이하의 양수량
④ 한계양수량의 70% 이하의 양수량

25 유역면적 40ha, 유출계수 0.7, 유입시간 15분, 유하시간 10분인 지역에서의 합리식에 의한 우수관거 설계유량(m³/sec)은? (단, 강우강도 공식 $I = \dfrac{3,640}{t+40}$)

① 4.36   ② 5.09
③ 5.60   ④ 7.01

해설 합리식에 의한 우수유출량을 산정하는 공식

$$Q = \frac{1}{360} C \cdot I \cdot A$$

ⓐ 유달시간 산정(min)
  유달시간＝유입시간＋유하시간
        ＝15min＋10min＝25min
ⓑ 강우강도 산정(mm/hr)
  $I = \dfrac{3,640}{t+40} = \dfrac{3,640}{25+40} = 56\text{mm/hr}$
ⓒ 유역면적 산정(ha) : 40ha
ⓓ 유량 산정

$$Q = \frac{1}{360} C \cdot I \cdot A$$
$$= \frac{1}{360} \times 0.7 \times 56 \times 40 = 4.3555\text{m}^3/\text{sec}$$

26 수돗물의 랑게리아지수에 관한 설명으로 틀린 것은?

① 랑게리아지수는 pH, 칼슘경도, 알칼리도를 증가시킴으로써 개선할 수 있다.
② 물의 실제 pH와 이론적 pH(pHs : 수중의 탄산칼슘이 용해되거나 석출되지 않는 평형상태로 있을 때에 pH)와의 차이를 말한다.
③ 지수가 양(+)의 값으로 절대치가 클수록 탄산칼슘의 석출이 일어나기 어렵다.
④ 소석회 · 이산화탄소병용법은 칼슘경도, 유리탄산, 알칼리도가 낮은 원수의 랑게리아지수 개선에 알맞다.

해설
• 랑게리아지수(포화지수)란 물의 실제 pH와 이론적 pH(pHs : 수중의 탄산칼슘이 용해되거나 석출되지 않는 평형상태로 있을 때의 pH)와의 차를 말하며, 탄산칼슘의 피막형성을 목적으로 하고 있다.
• 지수가 양(+)의 값으로 절대치가 클수록 탄산칼슘의 석출이 일어나기 쉽고, 0이면 평형관계에 있고, 음(−)의 값에서는 탄산칼슘피막은 형성되지 않고 그 절대치가 커질수록 물의 부식성은 강하다. 이러한 물은 콘크리트구조물, 모르타르라이닝관, 석면시멘트관 등을 열화시키며 아연도금강관, 동관, 납관에 대해서는 아연, 동, 납을 용출시키거나 철관으로부터는 철을 녹여서 녹물발생의 원인이 되는 등 수도시설에 대하여 여러 가지 장애를 일으킨다.

27 정수시설의 '착수정'에 관한 설명으로 틀린 것은?

① 형상은 일반적으로 직사각형 또는 원형으로 하고 유입구에는 제수밸브 등을 설치한다.
② 착수정의 고수위와 주변벽체의 상단 간에는 60cm 이상의 여유를 두어야 한다.
③ 용량은 체류시간을 30~60분 정도로 한다.
④ 수심은 3~5m 정도로 한다.

해설 착수정의 용량은 체류시간을 1.5분 이상으로 한다.

28 정수처리를 위한 막여과설비에서 적절한 막여과의 유속 설정 시 고려사항으로 틀린 것은?

① 막의 종류
② 막공급의 수질과 최고수온
③ 전처리설비의 유무와 방법
④ 입지조건과 설치공간

해설 막공급의 수질과 최저수온을 고려해야 한다.

29 지름 2,000mm의 원심력 철근콘크리트관이 포설되어 있다. 만관으로 흐를 때의 유량(m³/sec)은? (단, 조도계수＝0.015, 동수구배＝0.001, Manning 공식 이용)

① 4.17   ② 2.45
③ 1.67   ④ 0.66

해설 관의 단면적과 Manning의 유속과의 관계로 유량을 산정한다.
$$Q = A \times V$$
Manning에 의한 유속의 계산은 아래와 같다.
$$V = \frac{1}{n} R^{\frac{2}{3}} I^{\frac{1}{2}}$$

ⓐ 경심 산정(원 : $D/4$)

$$R = \frac{D}{4} = \frac{2}{4} = 0.5$$

ⓑ 유속 산정

$$V = \frac{1}{0.015} \times (0.5)^{\frac{2}{3}} \times (0.001)^{\frac{1}{2}} = 1.3280\text{m/sec}$$

　　　R : 경심 → 0.5
　　　n : 조도계수 → 0.015
　　　I : 동수경사 → 0.001

ⓒ 단면적 산정

$$A = \frac{\pi D^2}{4} = \frac{\pi \times 2^2}{4} = 3.1415\text{m}^2$$

ⓓ 유량 산정

$$Q = AV = 3.1415\text{m}^2 \times \frac{1.3280\text{m}}{\text{sec}} = 4.1719\text{m}^3/\text{sec}$$

30 취수탑의 취수구에 대한 설명으로 거리가 먼 것은?

① 단면형상은 정방형을 표준으로 한다.
② 취수탑의 내측이나 외측에 슬루스게이트 (제수문), 버터플라이밸브 또는 제수밸브 등을 설치한다.
③ 전면에는 협잡물을 제거하기 위한 스크린을 설치해야 한다.
④ 최하단에 설치하는 취수구는 계획최저수위를 기준으로 하고 갈수 시에도 계획취수량을 확실하게 취수할 수 있는 것으로 한다.

해설 단면형상은 장방형 또는 원형으로 한다.
취수탑의 취수구 : 취수탑의 취수구는 다음에 따른다.
1. 계획최저수위인 경우에도 계획취수량을 확실히 취수할 수 있는 설치위치로 한다.
2. 단면형상은 장방형 또는 원형으로 한다.
3. 전면에는 협잡물을 제거하기 위한 스크린을 설치해야 한다.
4. 취수탑의 내측이나 외측에 슬루스게이트(제수문), 버터플라이밸브 또는 제수밸브 등을 설치한다.
5. 수면이 결빙되는 경우에도 취수에 지장을 주지 않도록 유의한다.

31 양수량(Q)=14m³/min, 전양정(H)=10m, 회전수(N)=1,100rpm인 펌프의 비교회전도(N_s)는?

① 412　　　　　　② 732
③ 1,302　　　　　④ 1,416

해설 비교회전도의 산정을 위한 공식은 아래와 같다.

$$N_s = N \times \frac{Q^{1/2}}{H^{3/4}} = 1,100 \times \frac{14^{1/2}}{10^{3/4}} = 731.9083$$

32 도수시설인 접합정에 관한 설명으로 옳지 않은 것은?

① 접합정은 충분한 수밀성과 내구성을 지니며, 용량은 계획도수량의 1.5분 이상으로 한다.
② 유입속도가 큰 경우에는 접합정 내에 월류벽 등을 설치한다.
③ 수압이 높은 경우에는 필요에 따라 수압제어용 밸브를 설치한다.
④ 유출관의 유출구 중심높이는 저수위에서 관경의 2배 이상 높게 하는 것을 원칙으로 한다.

해설 유출관의 유출구 중심높이는 저수위에서 관경의 2배 이상 낮게 하는 것을 원칙으로 한다.

33 정수시설인 막여과시설에서 막모듈의 파울링에 해당되는 것은?

① 막모듈의 공급유로 또는 여과수유로가 고형물로 폐색되어 흐르지 않는 상태
② 미생물과 막 재질의 자화 또는 분비물의 작용에 의한 변화
③ 건조되거나 수축으로 인한 막 구조의 비가역적인 변화
④ 원수 중의 고형물이나 진동에 의한 막 면의 상처나 마모, 파단

해설 ② 미생물과 막 재질의 자화 또는 분비물의 작용에 의한 변화 : 열화
③ 건조되거나 수축으로 인한 막 구조의 비가역적인 변화 : 열화
④ 원수 중의 고형물이나 진동에 의한 막 면의 상처나 마모, 파단 : 열화

34 펌프의 제원 결정 시 고려하여야 할 사항이 아닌 것은?

① 전양정　　　　　② 비속도
③ 토출량　　　　　④ 구경

해설 • 펌프의 제원 결정 : 전양정, 토출량, 구경, 원동기 출력, 회전속도
• 펌프의 형식 결정 : 사용조건에 가장 알맞은 비속도(N_s) 의 펌프를 선정

35 정수장의 플록형성지에 관한 설명으로 틀린 것은?

① 플록형성지는 혼화지와 침전지 사이에 위치하고 침전지에 붙여서 설치한다.

② 플록형성시간은 계획정수량에 대하여 20~40분간을 표준으로 한다.

③ 플록큐레이터의 주변속도는 15~80cm/sec 로 한다.

④ 플록형성지 내의 교반강도는 상류, 하류를 동일하게 유지하여 일정한 강도의 플록을 형성시킨다.

해설 플록형성지 내의 교반강도는 하류로 갈수록 점차 감소시키는 것이 바람직하다.

36 우수관거 및 합류관거의 최소관경에 관한 내용으로 옳은 것은?

① 200mm를 표준으로 한다.

② 250mm를 표준으로 한다.

③ 300mm를 표준으로 한다.

④ 350mm를 표준으로 한다.

해설 • 오수관거의 최소관경 : 200mm
• 우수관거 및 합류관거의 최소관경 : 250mm

37 상수도 취수 시 계획취수량의 기준은?

① 계획 1일 최대급수량의 10% 정도 증가된다.

② 계획 1일 평균급수량의 10% 정도 증가된다.

③ 계획 1시간 최대급수량의 10% 정도 증가된 수량으로 정한다.

④ 계획 1시간 평균급수량의 10% 정도 증가된 수량으로 정한다.

38 하수관거 연결방법의 특징으로 틀린 것은?

① 소켓(socket)연결은 시공이 쉽고 고무링이나 압축조인트를 사용하는 경우에는 배수가 곤란한 곳에서도 시공이 가능하고 수밀성도 높다.

② 맞물림(butt)연결은 중구경 및 대구경의 시공이 쉽고 배수가 곤란한 곳에서도 시공이 가능하다.

③ 맞물림연결은 수밀성도 있지만 연결부의 관 두께가 얇기 때문에 연결부가 약하고 고무링으로 연결 시 누수의 원인이 된다.

④ 맞대기연결(수밀밴드 사용)은 흄관의 맞물림연결을 대체하는 방법으로서 수밀성이 크게 향상된 수밀밴드 등을 사용하여 시공한다.

해설 맞대기연결(수밀밴드 사용) : 흄관의 칼라연결을 대체하는 방법으로서 수밀성이 향상된 수밀밴드 등을 사용하여 시공한다.

39 펌프의 흡입(하수)관에 관한 설명으로 옳은 것은 어느 것인가?

① 흡입관은 각 펌프마다 설치할 필요는 없다.

② 흡입관을 수평으로 부설하는 것을 피한다.

③ 횡축펌프의 토출관 끝은 마중물을 고려하여 수중에 잠기지 않도록 한다.

④ 연결부나 기타 부근에서는 공기가 흡입되도록 한다.

해설 ① 흡입관은 펌프 1대당 하나로 한다.
③ 횡축펌프의 토출관 끝은 마중물(priming water)을 고려하여 수중에 잠기는 구조로 한다.
④ 흡입관은 연결부나 기타 부근에서는 절대로 공기가 흡입되지 않도록 한다.

40 계획오염부하량 및 계획유입수질에 관한 내용으로 틀린 것은?

① 관광오수에 의한 오염부하량은 당일 관광과 숙박으로 나누고 각각의 원단위에서 추정한다.

② 영업오수에 의한 오염부하량은 업무의 종류 및 오수의 특징 등을 감안하여 결정한다.

③ 생활오수에 의한 오염부하량은 1인 1일당 오염부하량 원단위를 기초로 하여 정한다.

④ 하수의 계획유입수질은 계획오염부하량을 계획 1일 최대오수량으로 나눈 값으로 한다.

해설 계획유입수질 : 하수의 계획유입수질은 계획오염부하량을 계획 1일 평균오수량으로 나눈 값으로 한다.

35.④ 36.② 37.① 38.④ 39.② 40.④

제3과목 ┃ 수질오염방지기술

41 암모니아 제거방법 중 파괴점 염소처리의 단점으로 거리가 먼 것은?

① 용존성 고형물 증가
② 많은 경비 소비
③ pH를 10 이상으로 높여야 함.
④ THM 등 건강에 해로운 물질 생성

해설 pH를 10 이상으로 높이면 처리가 잘 되지 않는다. ③은 암모니아탈기법의 특징이다.

42 BOD에 대한 설명으로 거리가 먼 것은?

① 최종 BOD가 같다고 해도 시간과 반응계수(K)에 따라 달라진다.
② 반응계수가 클수록 시간에 대하 산소 소비율은 커진다.
③ 질산화 박테리아의 성장이 늦기 때문에 반응 초기에 많은 양의 질산화 박테리아가 존재하여도 5일 BOD 실험에는 방해가 되지 않는다.
④ 질산화 반응을 억제하기 위한 억제제(in-hibitory agent)로는 메틸렌블루, 티오요소 등이 있다.

해설 질산화 박테리아의 성장이 늦기 때문에 반응 초기에 많은 양의 질산화 박테리아가 존재하면 5일 BOD 실험에 방해가 된다. 질산화가 일어나 탄소성 BOD뿐만 아니라 질소성 BOD까지 분석하게 된다.
※ 공단에서 제시한 답은 ③이나, ④의 경우 질산화억제제는 ATV, TCMP이기에 틀린 문항이 된다.

43 다음 중 고농도의 유기물질(BOD)이 오염이 적은 수계에 배출될 때 나타나는 현상으로 거리가 먼 것은?

① pH의 감소
② DO의 감소
③ 박테리아의 증가
④ 조류의 증가

해설 N, P의 증가는 조류의 증가를 초래한다. 유기물질의 분해가 있은 후 무기물에 의해 조류는 증식한다.

44 소화조 슬러지 주입률 100m³/day, 슬러지의 SS 농도 6.47%, 소화조 부피 1,250m³, SS 내 VS 함유율 85%일 때 소화조에 주입되는 VS의 용적부하(kg/m³·day)는? (단, 슬러지의 비중＝1.0)

① 1.4
② 2.4
③ 3.4
④ 4.4

해설 용적부하(kg/m³·day) = $\dfrac{부하량(kg/day)}{용적(m³)}$

ⓐ VS 부하량 산정

$$\frac{100m^3}{day} \times \frac{1,000kg}{m^3} \times \frac{6.47}{100} \times \frac{85}{100} = 5499.5kg/day$$

$$\underbrace{\quad}_{m^3 \to kg} \mid \underbrace{\quad}_{SL \to TS} \mid \underbrace{\quad}_{TS \to VS}$$

ⓑ 용적부하 산정

용적부하(kg/m³·day) = $\dfrac{부하량(kg/day)}{용적(m³)}$

$$= \frac{5499.5kg/day}{1,250m^3}$$

$$= 4.3996kg/m^3·day$$

45 1차 흐름반응인 분산 플러그흐름 반응조 A물질의 전환율이 90%이고, 플러그흐름 반응조에 대한 효율식을 사용하면 체류시간이 6.58hr이다. 만일, 확산계수 $d = 1.0$이라면 분산 플러그흐름 반응조에 대한 반응조 체류시간(hr)은? $\left(단, \dfrac{\theta_{dpf}}{\theta_{pf}} = 2.2\right)$

① 11.4
② 14.5
③ 23.1
④ 45.7

해설 주어진 체류시간의 관계식 이용

$$\frac{\theta_{dpf}}{\theta_{pf}} = \frac{\theta_{dpf}}{6.58hr} = 2.2$$

$$\therefore \theta_{dpf} = 14.476hr$$

46 다음 조건의 활성슬러지조에서 1일 발생하는 잉여슬러지량(kg/day)은? (단, 유입수량＝10,500m³/day, 유입수 BOD＝200mg/L, 유출수 BOD＝20mg/L, Y＝0.6, K_d＝0.05/day, θ_c＝10일)

① 624
② 756
③ 847
④ 966

해설 잉여슬러지 발생량 산정식 이용
$$Q_w X_w = Y \times (BOD_i - BOD_o) \times Q - K_d \times \forall \times X$$
SRT 산정식을 이용하여 MLSS 농도와 반응조의 부피를 산정하고 잉여슬러지 발생량을 구한다.

ⓐ MLSS 농도와 반응조 부피 산정

$$\frac{1}{\theta_c} = \frac{Y \times Q(\mathrm{BOD}_i - \mathrm{BOD}_o)}{X \times \forall} - K_d$$

$$\frac{1}{10\mathrm{day}} = \frac{0.6 \times \dfrac{10{,}500\mathrm{m}^3}{\mathrm{day}} \times \dfrac{(200-20)\mathrm{mg}}{\mathrm{L}}}{X \times \forall} - \frac{0.05}{\mathrm{day}}$$

$$X \times \forall = 7{,}560{,}000\left(\mathrm{m}^3 \cdot \frac{\mathrm{mg}}{\mathrm{L}}\right)$$

ⓑ 잉여슬러지 발생량 산정

$$Q_w X_w = [Y \times (\mathrm{BOD}_i - \mathrm{BOD}_o) \times Q] - (K_d \times \forall \times X)$$

$$= \left[0.6 \times \frac{(200-20)\mathrm{mg}}{\mathrm{L}} \times \frac{10{,}500\mathrm{m}^3}{\mathrm{day}} \times \frac{\mathrm{kg}}{10^6\mathrm{mg}}\right.$$

$$\times \left.\frac{10^3\mathrm{L}}{\mathrm{m}^3}\right] - \left(\frac{0.05}{\mathrm{day}} \times 7{,}560{,}000\mathrm{m}^3 \cdot \frac{\mathrm{mg}}{\mathrm{L}}\right.$$

$$\left.\frac{10^3\mathrm{L}}{\mathrm{m}^3} \times \frac{\mathrm{kg}}{10^6\mathrm{mg}}\right) = 756\mathrm{kg/day}$$

여기서, $\dfrac{10^3\mathrm{L}}{1\mathrm{m}^3} \times \dfrac{1\mathrm{kg}}{10^6\mathrm{mg}}$ 은 단위환산을 위해 필요한 인자

$\underset{\mathrm{m}^3 \to \mathrm{L}}{}$ $\underset{\mathrm{mg} \to \mathrm{kg}}{}$

로 kg/day로 환산하기 위해 적용되었다.

47 유량이 3,000m³/day, BOD 농도가 400mg/L인 폐수를 활성슬러지법으로 처리할 때 내호흡률(K_d, /day)은? (단, 포기시간=8시간, 처리수 농도(BOD=30mg/L, SS=30mg/L), MLSS 농도 =4,000mg/L, 잉여슬러지 발생량=50m³/day, 잉여슬러지 농도=0.9%, 세포증식계수=0.8)

① 약 0.052   ② 약 0.087

③ 약 0.123   ④ 약 0.183

해설 부피 산정 후 SRT 계산식 적용

ⓐ 반응조의 부피 산정

반응조 부피=유량×체류시간

$$= \frac{3{,}000\mathrm{m}^3}{\mathrm{day}} \times 8\mathrm{hr} \times \frac{\mathrm{day}}{24\mathrm{hr}}$$

$$= 1{,}000\mathrm{m}^3$$

ⓑ 유출수의 SS 농도를 고려한 SRT 산정

$$\mathrm{SRT} = \frac{\forall \cdot X}{Q_w X_w + Q_o X_o}$$

$$= \frac{1{,}000\mathrm{m}^3 \times 4{,}000\mathrm{mg/L}}{50\mathrm{m}^3/\mathrm{day} \times 9{,}000\mathrm{mg/L}} +$$

$$\frac{1{,}000\mathrm{m}^3 \times 4{,}000\mathrm{mg/L}}{(3{,}000-50)\mathrm{m}^3/\mathrm{day} \times 30\mathrm{mg/L}}$$

$$= 7.4280\mathrm{day}$$

ⓒ K_d 산정

$$\frac{1}{\mathrm{SRT}} = \frac{Y \times Q(\mathrm{BOD}_i - \mathrm{BOD}_o)}{X \times \forall} - K_d$$

$$\frac{1}{7.4280\mathrm{day}} = \frac{0.8 \times \dfrac{3{,}000\mathrm{m}^3}{\mathrm{day}} \times \dfrac{(400-30)\mathrm{mg}}{\mathrm{L}}}{4{,}000\mathrm{mg/L} \times 1{,}000\mathrm{m}^3} - K_d$$

$$\therefore K_d = 0.0873\mathrm{day}^{-1}$$

48 A²/O 공법에 대한 설명으로 틀린 것은?

① 혐기조－무산소조－호기조－침전조 순으로 구성된다.

② A²/O 공정은 내부재순환이 있다.

③ 미생물에 의한 인의 섭취는 주로 혐기조에서 일어난다.

④ 무산소조에서는 질산성질소가 질소가스로 전환된다.

해설 미생물에 의한 인의 섭취는 주로 호기조에서 일어난다.

※ 혐기무산소호기조합법의 개요

혐기무산소호기조합법은 생물학적 인 제거 공정과 생물학적 질소 제거 공정을 조합시킨 처리법으로 활성슬러지 미생물에 의한 인 과잉섭취 현상 및 질산화, 탈질반응을 이용한 것이다. 본 법에 적용한 인 제거 공정은 혐기호기조합법이며, 혐기반응조, 무산소(탈질)반응조, 호기(질산화)반응조의 순서로 배치하여 유입수와 반송슬러지를 혐기반응조에 유입시키면서 호기반응조 혼합액을 무산소반응조에 순환시키는 방법이다.

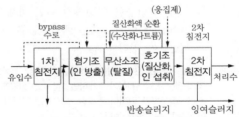

▮혐기무산소호기조합법의 처리계통▮

49 50m³/day의 폐수를 배출하는 도금공장에서 폐수 중에 CN⁻가 150g/m³ 함유되어 있다면 배출허용 농도를 1mg/L 이하로 처리할 때 필요한 NaClO 의 양(kg/day)은? (단, NaCN=49, NaClO=745, 반응식 2NaCN+5NaClO+H₂O → 2NaHCO₃+ N₂+5NaCl)

① 약 35   ② 약 42

③ 약 47   ④ 약 53

해설 ⓐ 농도 단위환산

$150\mathrm{g/m}^3 = 150\mathrm{mg/L}$

$2\mathrm{CN}^-$: $5\mathrm{NaClO}$ 반응식을 이용하면,

$$= \frac{(150-1)\text{mg}}{\text{L}} \times \frac{50\text{m}^3}{\text{day}} \times \frac{10^3\text{L}}{1\text{m}^3} \times \frac{1\text{kg}}{10^6\text{mg}} : \square\text{kg/day}$$

$$\therefore \square = 53.3677\text{kg/day}$$

50 분뇨의 생물학적 처리공법으로서 호기성 미생물이 아닌 혐기성 미생물을 이용한 혐기성 처리공법을 주로 사용하는 근본적인 이유는?

① 분뇨에는 혐기성 미생물이 살고 있기 때문에
② 분뇨에 포함된 오염물질은 혐기성 미생물만이 분해할 수 있기 때문에
③ 분뇨의 유기물 농도가 너무 높아 포기에 너무 많은 비용이 들기 때문에
④ 혐기성 처리공법으로 발생되는 메탄가스가 공법에 필수적이기 때문에

51 Langmuir 등온흡착식을 유도하기 위한 가정으로 옳지 않은 것은?

① 한정된 표면만이 흡착에 이용된다.
② 표면에 흡착된 용질물질은 그 두께가 분자 한 개 정도의 두께이다.
③ 흡착은 비가역적이다.
④ 평형조건이 이루어졌다.

> **해설** Langmuir 등온흡착식의 가정에서 흡착은 가역적이다.

52 하수 고도처리 도입 이유로 거리가 먼 것은?

① 개방형 수역의 부영양화 촉진
② 방류수역의 수질환경기준 달성
③ 방류수역의 이용도 향상
④ 처리수의 재이용

> **해설** 하수 고도처리를 통해 N, P 등이 제거되어 부영양화를 막을 수 있다.

53 폐수 중에 함유된 콜로이드 입자의 안정성은 zeta 전위의 크기에 의존한다. zeta 전위를 표시한 식으로 알맞은 것은? (단, q =단위면적당 전하, δ =전하가 영향을 미치는 전단 표면 주위의 층의 두께, D =액체의 도전상수)

① $4\pi\delta q/D$
② $4\pi q D/\delta$
③ $\pi\delta q/4D$
④ $\pi q D/4\delta$

54 유효수심 3.5m, 체류시간 3시간인 1차 침전지의 수면적부하($\text{m}^3/\text{m}^2 \cdot \text{day}$)는?

① 14
② 28
③ 56
④ 112

> **해설**
> $$\text{표면부하율} = \frac{\text{유량}}{\text{침전면적}}$$
> $$= \frac{AV}{WL} = \frac{WHV}{WL} = \frac{HV}{L} = \frac{H}{\text{HRT}} \text{ 이므로,}$$
> 표면부하율 산정
> $$\frac{H}{\text{HRT}} = \frac{3.5\text{m}}{3\text{hr} \times \dfrac{1\text{day}}{24\text{hr}}} = 28\text{m/day} = 28\text{m}^3/\text{m}^2 \cdot \text{day}$$

55 하수슬러지를 감량하고 혐기성 소화조의 처리효율을 증대하기 위해 다양한 슬러지 감량화 방법이 개발 및 적용되고 있다. 하수슬러지 감량화의 방법으로 적당하지 않은 것은?

① 오존처리
② 초음파처리
③ 열적처리
④ 염소처리

> **해설** 슬러지 감량화 : 초음파처리, 오존처리, 기계적 전처리, 수리동력학적 처리, 열처리방식, 알칼리제(NaOH), 효소, 특정 미생물 등을 투여하여 감량화하는 방법이 있다.

56 폐수를 살수여상법으로 처리할 때 처리효율이 가장 좋은 것은?

① 저속여상(low-rate)
② 중속여상(intermediate-rate)
③ 고속여상(high-rate)
④ 초고속여상(super-rate)

> **해설** 유입오수량의 시간변동을 고려하여 계획 1일 최대오수량에 대한 여과속도는 25m/day 이하로 하는 것이 좋다. (저속이상)

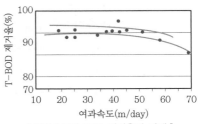

┃ 여과속도와 BOD 제거율의 관계 ┃

57 활성슬러지 혼합액의 고형물을 0.26%에서 3%까지 농축하고자 할 때 가압순환 흐름이 있는 경우의 부상농축기를 설계하고자 한다. 다음의 조건하에서 소요순환유량(m³·day)은? (단, A/S=0.06, 온도=20℃, 공기용해도=18.7mL/L, 압력=3.7atm, 용존공기비율=0.5, 슬러지 유량=400m³/day)

① 약 2,500   ② 약 3,000

③ 약 3,500   ④ 약 4,000

해설 ⓐ 반송비 산정

A/S 비 산정을 위한 관계식

$$A/S\ 비 = \frac{1.3 \times C_{air}\,(fP-1)}{SS} \times R$$

공기의 밀도 : 13g/L

C_{air} : 공기용해도 → 18.7mL/L

f : 0.5

P : 운전압력 → 3.7atm

SS : 부유고형물의 농도 → 2,600mg/L

$$0.06 = \frac{1.3 \times 18.7 \times (0.5 \times 3.7 - 1)}{2,600} \times R$$

$R = 7.5495$

ⓑ 반송유량 산정

반송유량=유입유량×반송비

$= 400 \times 7.5495 = 3019.8\text{m}^3/\text{day}$

58 기계식 봉 스크린을 0.64m/sec로 흐르는 수로에 설치하고자 한다. 봉의 두께는 10mm이고, 간격이 30mm라면 봉 사이로 지나는 유속(m/sec)은?

① 0.75   ② 0.80

③ 0.85   ④ 0.90

해설 스크린에서의 mass balance

• 스크린 통과유량=스크린 접근유량

• 스크린 통과유속>스크린 접근유속

• 스크린 통과 시 단면적<스크린 접근 시 단면적

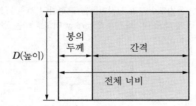

$Q = A_1 V_1 = A_2 V_2$

$0.64\text{m/sec} \times 40\text{mm} \times D = V_2 \times 30\text{mm} \times D$

∴ $V_2 = 0.85\text{m/sec}$

59 슬러지 안정화 방법 중 슬러지 내 중금속을 제거시키는 방법으로 가장 알맞은 것은?

① 석회석 안정화

② 습식 산화법

③ 염소 산화법

④ 혐기성 소화

60 회전원판법의 장단점에 대한 설명으로 틀린 것은 어느 것인가?

① 단회로 현상의 제어가 어렵다.

② 폐수량 변화에 강하다.

③ 파리는 발생하지 않으나 하루살이가 발생하는 경우가 있다.

④ 활성슬러지법에 비해 최종 침전지에서 미세한 부유물질이 유출되기 쉽다.

해설 단회로 현상의 제어가 쉽다.

※ 단회로 현상 : 반응조 내 유체의 속도차에 의해 발생하는 현상으로 속도가 빠른 부분과 속도가 느린 부분이 생기는 현상이다. 속도가 빠른 부분은 속도가 느린 부분에 비해 적은 접촉시간 및 침전시간을 갖기 때문에 효율에 나쁜 영향을 미친다.

⊕ 제4과목 ┃ 수질오염공정시험기준

61 수질오염공정시험기준상 냄새 측정에 관한 내용으로 틀린 것은?

① 물속의 냄새를 측정하기 위하여 측정자의 후각을 이용하는 방법이다.

② 잔류염소의 냄새는 측정에서 제외한다.

③ 냄새역치는 냄새를 감지할 수 있는 최대 희석배수를 말한다.

④ 각 판정요원의 냄새의 역치를 산술평균하여 결과로 보고한다.

해설 각 판정요원의 냄새의 역치를 기하평균하여 그 결과를 보고한다.

62 식물성 플랑크톤의 정량시험 중 저배율에 의한 방법은? (단, 200배율 이하)

① 스트립 이용 계수
② 팔머−말로니 체임버 이용 계수
③ 혈구계수기 이용 계수
④ 최적 확수 이용 계수

해설

저배율 방법	200배율 이하	스트립 이용 계수, 격자 이용 계수
중배율 방법	200~ 500배율	팔머−말로니 체임버 이용 계수, 혈구계수기 이용 계수

63 예상 BOD 값에 대한 사전경험이 없을 때에는 희석하여 시료를 제조한다. 처리하지 않은 공장폐수와 침전된 하수가 시료에 함유되는 정도는 어느 것인가?

① 0.1~1.0%
② 1~5%
③ 5~25%
④ 25~100%

해설 예상 BOD 값에 대한 사전경험이 없을 때에는 희석하여 시료를 제조한다.

〈BOD 실험 시 희석비율〉

- 오염정도가 심한 공장폐수 : 0.1~1.0%
- 처리하지 않은 공장폐수와 침전된 하수 : 1~5%
- 처리하여 방류된 공장폐수 : 5~25%
- 오염된 하천수 : 25~100%

64 이온전극법에 대한 설명으로 틀린 것은?

① 시료용액의 교반은 이온전극의 응답속도 이외에 전극범위, 정량한계 값에는 영향을 미치지 않는다.
② 전극과 비교전극을 사용하여 전위를 측정하고 그 전위차로부터 정량하는 방법이다.
③ 이온전극법에 사용하는 장치의 기본구성은 비교전극, 이온전극, 자석교반기, 저항전위계, 이온측정기 등으로 되어 있다.
④ 이온전극의 종류에는 유리막전극, 고체막전극, 격막형 전극으로 구분된다.

해설 시료용액의 교반은 이온전극의 응답속도 이외에 전극범위, 정량한계 값에 영향이 있다.

65 수산화나트륨 1g을 증류수에 용해시켜 400mL로 하였을 때 이 용액의 pH는?

① 13.8
② 12.8
③ 11.8
④ 10.8

해설 ⓐ NaOH의 몰농도 산정
$$M = mol/L$$
$$= \frac{1g \times \frac{1mol}{40g}}{400mL \times \frac{1L}{10^3 mL}} = 0.0625 mol/L$$

ⓑ OH^-의 몰농도 산정
$$NaOH \rightleftarrows Na^+ + OH^-$$
1 : 1이므로 0.0625M

ⓒ pH 산정
$$pH = 14 - pOH = 14 + log[OH^-]$$
$$= 14 + log[0.0625]$$
$$= 12.7958$$

66 퍼지 · 트랩−기체 크로마토그래피법(질량분석법)으로 분석하는 휘발성 저급탄화수소와 거리가 먼 것은?

① 벤젠
② 사염화탄소
③ 폴리클로리네이티드비페닐
④ 1, 1−다이클로로에틸렌

해설 폴리클로리네이티드비페닐은 용매추출 기체 크로마토그래피법으로 분석

67 페놀류−자외선/가시선분광법의 분석에 대한 측정원리에 관한 설명으로 ( )에 옳은 것은?

증류한 시료에 염화암모늄 − 암모니아 완충용액을 넣어 ( )으로 조절한 다음 4−아미노안티피린과 헥사시안화철(Ⅱ)산 칼륨을 넣어 생성된 붉은색의 안티피린계 색소의 흡광도를 측정한다.

① pH 7   ② pH 8
③ pH 9   ④ pH 10

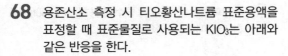
68 용존산소 측정 시 티오황산나트륨 표준용액을 표정할 때 표준물질로 사용되는 KIO_3는 아래와 같은 반응을 한다.

$$IO_3^- + 5I^- + 6H^+ = 3I_2 + 3H_2O$$

이때 0.1N KIO_3 용액을 만들려면 KIO_3 몇 g을 달아 물에 녹여 1L로 만들면 되는가? (단, 분자량 KIO_3=214)

① 21.4   ② 4.28
③ 3.57   ④ 2.14

해설 KIO_3는 6가이다.

$$\frac{0.1eq}{L} \times 1L \times \frac{(214/6)g}{eq} = 3.5666g$$

69 총인의 아스코르빈산 환원법에 의해 흡광도를 측정할 때 880nm에서 측정이 불가능한 경우, 어느 파장(nm)에서 측정할 수 있는가?

① 560   ② 660
③ 710   ④ 810

해설 880nm에서 흡광도 측정이 불가능할 경우에는 710nm에서 측정한다.

※ 총인−자외선/가시선분광법 개요
물속에 존재하는 총인을 측정하기 위하여 유기화합물 형태의 인을 산화 분해하여 모든 인화합물을 인산염 (PO_4^{3-}) 형태로 변화시킨 다음 몰리브덴산암모늄과 반응하여 생성된 몰리브덴산인암모늄을 아스코르빈산으로 환원하여 생성된 몰리브덴산의 흡광도를 880nm에서 측정하여 총인의 양을 정량하는 방법이다.

70 고형물질이 많아 관을 메울 우려가 있는 폐·하수의 관 내 유량을 측정하는 장치로 가장 옳은 것은?

① 자기식 유량측정기(magnetic flow meter)
② 유량측정용 노즐(nozzle)
③ 파샬 플룸(Parshall flume)
④ 피토관(Pitot)

해설 측정원리는 패러데이(Faraday)의 법칙을 이용하여 자기장의 직각에서 전도체를 이동시킬 때 유발되는 전압은 전도체의 속도에 비례한다는 원리를 이용한 것으로 이 경우 전도체는 폐·하수가 되며, 전도체의 속도는 유속이 된다. 이때 발생된 전압은 유량계 전극을 통하여 조절변류기로 전달된다. 이 측정기는 전압이 활성도, 탁도, 점성, 온도의 영향을 받지 않고 다만 유체(폐·하수)의 유속에 의하여 결정되며 수두손실이 적다.

71 시료채취 시 유의사항에 관한 내용으로 거리가 먼 것은?

① 채취용기는 시료를 채우기 전에 시료로 3회 이상 세척 후 사용한다.
② 수소이온을 측정하기 위한 시료를 채취할 때에는 운반 중 공기와 접촉이 없도록 용기에 가득 채운다.
③ 휘발성 유기화합물의 분석용 시료를 채취할 때에는 뚜껑에 격막이 생성되지 않도록 주의한다.
④ 시료채취량은 시험항목 및 시험횟수에 따라 차이가 있으나 보통 3~5L 정도이다.

해설 휘발성 유기화합물의 분석용 시료를 채취할 때에는 뚜껑의 격막을 만지지 않도록 주의해야 한다.

72 중금속 측정을 위하여 물 250mL를 비커에 취하여 질산(비중 : 1.409, 70%)을 5mL 첨가하고, 가열하여 액량을 5mL로 증발 농축한 후, 방랭한 다음 여과 후 물을 첨가하여 정확히 100mL로 할 경우 규정 농도(N)는? (단, 질산의 손실은 없다고 가정)

① 0.04   ② 0.07
③ 0.35   ④ 0.78

해설 $N = eq/L$

$$\frac{\frac{1.409g}{mL} \times 5mL \times \frac{70}{100} \times \frac{eq}{(63/1)g}}{100mL \times \frac{L}{1,000mL}} = 0.7827eq/L$$

73 물의 알칼리도를 측정하기 위해 50mL의 시료를 N/50 황산으로 측정하여 페놀프탈레인 지시약의 종점에서 4.3mg, 메틸오렌지 지시약의 종점에서 13.5mg이었다. 이 물의 총알칼리도(mg/L $CaCO_3$)는? (단, 1/50 황산의 역가=1)

① 68   ② 120
③ 186   ④ 270

해설 적정에 의한 알칼리도 산정(총알칼리도=M−알칼리도)

$$alk(CaCO_3 mg/L) = \frac{a \cdot N \cdot 50}{V} \times 1,000$$

$$\frac{13.5mL \times 0.02N \times 50}{50mL} \times 1,000 = 270mg/L \text{ as } CaCO_3$$

74 자외선/가시선분광법에 의한 페놀류의 측정원리를 설명한 내용으로 옳지 않은 것은?

① 수용액에서는 510nm에서 흡광도를 측정한다.
② 클로로폼 용액에서는 460nm에서 흡광도를 측정한다.
③ 추출법의 정량한계는 0.1mg/L이다.
④ 황화합물의 간섭이 있는 경우 인산(H_3PO_4)이 사용된다.

해설 정량한계는 클로로폼 추출법일 때 0.005mg, 직접법일 때 0.05mg이다.

75 I_o 단색광이 정색액을 통과할 때 그 빛의 50%가 흡수된다면 이 경우 흡광도는?

① 0.6 ② 0.5
③ 0.3 ④ 0.2

해설 흡광도는 투과도 역수의 log 값이므로 다음 식으로 계산된다.

$$
\begin{aligned}
흡광도(A) &= \log \frac{1}{t(투과율)} \\
&= \log \frac{1}{I_t/I_o} \\
&= \log \frac{1}{t} \\
&= \varepsilon \cdot C \cdot L \\
&= \log \frac{1}{50/100} \\
&= 0.3010
\end{aligned}
$$

76 다음 용어의 정의로 옳지 않은 것은?

① 밀폐용기 : 취급 또는 저장하는 동안에 이물질이 들어가거나 또는 내용물이 손실되지 아니하도록 보호하는 용기를 말한다.
② 즉시 : 30초 이내에 표시된 조작을 하는 것을 뜻한다.
③ 정확히 단다 : 규정된 수치의 무게를 0.001mg까지 다는 것을 말한다.
④ 냄새가 없다 : 냄새가 없거나 또는 거의 없는 것을 표시하는 것이다.

해설 무게를 "정확히 단다"라 함은 규정된 수치의 무게를 0.1mg까지 다는 것을 말한다.

77 지하수 시료는 취수정 내에 고여 있는 물과 원래 지하수의 성상이 달라질 수 있으므로 고여 있는 물을 충분히 퍼낸 다음 새로 나온 물을 채취한다. 이 경우 퍼내는 양은?

① 고여 있는 물의 절반 정도
② 고여 있는 물의 전체량 정도
③ 고여 있는 물의 2~3배 정도
④ 고여 있는 물의 4~5배 정도

해설 지하수 시료는 취수정 내에 고여 있는 물과 원래 지하수의 성상이 달라질 수 있으므로 고여 있는 물을 충분히 퍼낸 다음 새로 나온 물을 채취한다. 이 경우 퍼내는 양은 고여 있는 물의 4~5배 정도이나 pH 및 전기전도도를 연속적으로 측정하여 이 값이 평형을 이룰 때까지로 한다.

78 검정곡선 작성용 표준용액과 시료에 동일한 양의 내부표준물질을 첨가하여 시험분석 절차, 기기 또는 시스템의 변동으로 발생하는 오차를 보정하기 위해 사용하는 방법은?

① 검량선법 ② 표준물첨가법
③ 절대검량선법 ④ 내부표준법

해설 검정곡선
1. 검정곡선법 : 시료의 농도와 지시값과의 상관성을 검정곡선식에 대입하여 작성하는 방법이다.
2. 표준물첨가법 : 시료와 동일한 매질에 일정량의 표준물질을 첨가하여 검정곡선을 작성하는 방법으로서, 매질효과가 큰 시험분석 방법에서 분석대상 시료와 동일한 매질의 표준시료를 확보하지 못한 경우에 매질효과를 보정하여 분석할 수 있는 방법이다.
3. 내부표준법 : 검정곡선 작성용 표준용액과 시료에 동일한 양의 내부표준물질을 첨가하여 시험분석 절차, 기기 또는 시스템의 변동으로 발생하는 오차를 보정하기 위해 사용하는 방법이다.

79 폐수의 유량 측정법에 있어 최대유량이 $1m^3/min$ 미만으로 폐수유량이 배출될 경우 용기에 의한 측정방법에 관한 내용으로 ( )에 옳은 것은 어느 것인가?

> 용기는 용량 100~200L인 것을 사용하여 유수를 채우는 데에 요하는 시간을 스톱워치로 잰다. 용기에 물을 받아 넣는 시간을 ( )이 되도록 용량을 결정한다.

① 10초 이상 ② 20초 이상
③ 30초 이상 ④ 40초 이상

80 다음 시험항목 중 측정할 때 증류장치가 필요하지 않는 것은?

① 암모니아성질소 시험법
② 아질산성질소 시험법
③ 페놀류 시험법
④ 시안 시험법

해설 ① 암모니아성질소 시험법 : 전처리 시 증류
③ 페놀류 시험법 : 전처리 시 증류
④ 시안 시험법 : 전처리 시 증류

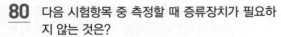

제5과목 | 수질환경관계법규

81 시·도지사 등은 수질오염물질 배출량 등의 확인을 위한 오염도 검사를 통보 받은 날부터 며칠 이내에 사업자에게 배출농도 및 일일 유량에 관한 사항을 통보해야 하는가?

① 5일
② 10일
③ 15일
④ 20일

82 기술요원 또는 환경기술인의 교육기관으로 알맞게 짝지어진 것은?

① 국립환경과학원 – 환경보전협회
② 환경관리협회 – 시도보건환경연구원
③ 국립환경인력개발원 – 환경보전협회
④ 환경관리협회 – 국립환경과학원

해설 [시행규칙 제94조] 교육과정의 종류 및 기간
① 기술인력 등이 법 제38조의 8 제2항·제67조 제1항 및 제93조 제1항에 따라 이수하여야 하는 교육과정은 다음의 구분에 따른다.
 1. 측정기기 관리대행업에 등록된 기술인력 : 측정기기 관리대행 기술인력 과정
 2. 환경기술인 : 환경기술인 과정
 3. 폐수처리업에 종사하는 기술요원 : 폐수처리기술 요원과정
② 제1항의 교육과정의 교육기간은 4일 이내로 한다. 다만, 정보통신매체를 이용하여 원격교육을 실시하는 경우에는 환경부 장관이 인정하는 기간으로 한다.

83 폐수배출시설에 대한 변경허가를 받지 아니하거나 거짓으로 변경허가를 받아 배출시설을 변경하거나 그 배출시설을 이용하여 조업한 자에 대한 처벌기준은?

① 7년 이하 징역 또는 7천만 원 이하의 벌금
② 5년 이하 징역 또는 5천만 원 이하의 벌금
③ 3년 이하 징역 또는 3천만 원 이하의 벌금
④ 1년 이하 징역 또는 1천만 원 이하의 벌금

84 조류경보단계의 종류와 경보단계별 발령·해제 기준으로 틀린 것은? (단, 상수원 구간기준)

① 관심 – 2회 연속채취 시 남조류 세포수가 1,000세포/mL 이상 10,000세포/mL 미만인 경우
② 경계 – 2회 연속채취 시 남조류 세포수가 10,000세포/mL 이상 1,000,000세포/mL 미만인 경우
③ 조류대발생 – 2회 연속채취 시 남조류 세포수가 1,000,000세포/mL 이상인 경우
④ 해제 – 2회 연속채취 시 남조류 세포수가 1,000세포/mL 이상인 경우

해설 해제 – 2회 연속채취 시 남조류 세포수가 1,000세포/mL 미만인 경우
[시행령 별표 3] 수질오염경보의 종류별 경보단계 및 그 단계별 발령·해제 기준(제28조 제3항 관련)
1. 조류경보
 가. 상수원 구간

경보단계	발령·해제 기준
관심	2회 연속채취 시 남조류 세포수가 1,000세포/mL 이상 10,000세포/mL 미만인 경우
경계	2회 연속채취 시 남조류 세포수가 10,000세포/mL 이상 1,000,000세포/mL 미만인 경우
조류 대발생	2회 연속채취 시 남조류 세포수가 1,000,000세포/mL 이상인 경우
해제	2회 연속채취 시 남조류 세포수가 1,000세포/mL 미만인 경우

 나. 친수활동 구간

경보단계	발령·해제 기준
관심	2회 연속채취 시 남조류 세포수가 20,000세포/mL 이상 100,000세포/mL 미만인 경우
경계	2회 연속채취 시 남조류 세포수가 100,000세포/mL 이상인 경우
해제	2회 연속채취 시 남조류 세포수가 20,000세포/mL 미만인 경우

85 환경부 장관이 수립하는 대권역 수질 및 수생태계 보전을 위한 기본계획에 포함되어야 하는 사항으로 틀린 것은?

① 수질오염관리 기본 및 시행계획
② 점오염원, 비점오염원 및 기타 수질오염원에서 배출되는 수질오염물질의 양
③ 점오염원, 비점오염원 및 기타 수질오염원의 분포현황
④ 물환경의 변화추이 및 물환경목표기준

해설 [법 제24조] 대권역 물환경관리계획의 수립
① 유역환경청장은 국가물환경관리기본계획에 따라 제22조 제2항에 따른 대권역별로 대권역 물환경관리계획(이하 "대권역계획"이라 한다)을 10년마다 수립하여야 한다.
② 대권역계획에는 다음의 사항이 포함되어야 한다.
　1. 물환경의 변화추이 및 물환경목표기준
　2. 상수원 및 물 이용현황
　3. 점오염원, 비점오염원 및 기타 수질오염원의 분포현황
　4. 점오염원, 비점오염원 및 기타 수질오염원에서 배출되는 수질오염물질의 양
　5. 수질오염 예방 및 저감 대책
　6. 물환경 보전조치의 추진방향
　7. 「저탄소녹색성장기본법」 제2조 제12호에 따른 기후변화에 대한 적응대책
　8. 그 밖에 환경부령으로 정하는 사항

86 기타 수질오염원의 설치·관리자가 하여야 할 조치에 관한 내용으로 (　)에 옳은 것은 어느 것인가?

[수산물 양식시설 : 가두리 양식어장]
사료를 준 후 2시간 지났을 때 침전되는 양이 (　) 미만인 부상(浮上)사료를 사용한다. 다만, 10센티미터 미만의 치어 또는 종묘에 대한 사료는 제외한다.

① 10%　　　　② 20%
③ 30%　　　　④ 40%

87 배출시설에 대한 일일기준초과배출량 산정에 적용되는 일일유량은 (측정유량×일일조업시간)이다. 일일유량을 구하기 위한 일일조업시간에 대한 설명으로 (　)에 맞는 것은?

측정하기 전 최근 조업한 30일간의 배출시설 조업시간의 (　㉠　)로서 (　㉡　)으로 표시한다.

① ㉠ 평균치, ㉡ 분(min)
② ㉠ 평균치, ㉡ 시간(hr)
③ ㉠ 최대치, ㉡ 분(min)
④ ㉠ 최대치, ㉡ 시간(hr)

88 수질 및 수생태계 중 하천의 생활환경기준으로 틀린 것은? (단, 등급 : 약간 좋음, 단위 : mg/L)

① TOC : 2 이하
② BOD : 3 이하
③ SS : 25 이하
④ DO : 5.0 이상

해설 TOC : 4 이하

89 수질오염방지시설 중 물리적 처리시설에 해당되는 것은?

① 폭기시설
② 산화시설(산화조 또는 산화지)
③ 이온교환시설
④ 부상시설

해설 [시행규칙 별표 5] 수질오염방지시설

물리적 처리시설	화학적 처리시설	생물화학적 처리시설
가. 스크린 나. 분쇄기 다. 침사(沈砂)시설 라. 유수분리시설 마. 유량조정시설 　　(집수조) 바. 혼합시설 사. 응집시설 아. 침전시설 자. 부상시설 차. 여과시설 카. 탈수시설 타. 건조시설 파. 증류시설 하. 농축시설	가. 화학적 침강시설 나. 중화시설 다. 흡착시설 라. 살균시설 마. 이온교환시설 바. 소각시설 사. 산화시설 아. 환원시설 자. 침전물 개량시설	가. 살수여과상 나. 폭기(瀑氣)시설 다. 산화시설(산화조 　　(酸化槽) 또는 산화지(酸化池)를 　　말한다) 라. 혐기성·호기성 소화시설 마. 접촉조 바. 안정조 사. 돈사톱밥발효시설

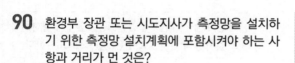

90 환경부 장관 또는 시도지사가 측정망을 설치하기 위한 측정망 설치계획에 포함시켜야 하는 사항과 거리가 먼 것은?

① 측정망 배치도　　② 측정망 설치시기
③ 측정자료의 확인방법　④ 측정망 운영방안

해설 [시행규칙 제24조] 측정망 설치계획의 내용 · 고시 등
① 법 제9조의 2 제1항 전단, 같은 조 제2항 전단 및 같은 조 제4항 전단에 따른 측정망 설치계획(이하 "측정망 설치계획"이라 한다)에 포함되어야 하는 내용은 다음과 같다.
1. 측정망 설치시기
2. 측정망 배치도
3. 측정망을 설치할 토지 또는 건축물의 위치 및 면적
4. 측정망 운영기관
5. 측정자료의 확인방법

91 수변생태구역의 매수 · 조성 등에 관한 내용으로 (　)에 옳은 것은?

> 환경부 장관은 하천 · 호소 등의 수질 및 수생태계 보전을 위하여 필요하다고 인정하는 때에는 (㉠)으로 정하는 기준에 해당하는 수변습지 및 수변토지를 매수하거나 (㉡)으로 정하는 바에 따라 생태적으로 조성 · 관리할 수 있다.

① ㉠ 환경부령, ㉡ 대통령령
② ㉠ 대통령령, ㉡ 환경부령
③ ㉠ 환경부령, ㉡ 국무총리령
④ ㉠ 국무총리령, ㉡ 환경부령

92 오염총량관리 조사 · 연구반의 수행 업무와 가장 거리가 먼 것은?

① 오염총량관리 기본계획에 대한 검토
② 오염총량관리 시행계획에 대한 검토
③ 오염총량관리 성과지표에 대한 검토
④ 오염총량목표수질 설정을 위하여 필요한 수계 특성에 대한 조사 · 연구

해설 [시행규칙 제20조] 오염총량관리 조사 · 연구반
① 법 제4조의 9 제2항에 따른 오염총량관리 조사 · 연구반(이하 "조사 · 연구반"이라 한다)은 국립환경과학원에 둔다.
② 조사 · 연구반의 반원은 국립환경과학원장이 추천하는 국립환경과학원 소속의 공무원과 물환경 관련 전문가로 구성한다.

③ 조사 · 연구반은 다음의 업무를 수행한다.
1. 법 제4조의 2 제1항에 따른 오염총량목표수질에 대한 검토 · 연구
2. 법 제4조의 2 제2항에 따른 오염총량관리 기본방침에 대한 검토 · 연구
3. 오염총량관리 기본계획에 대한 검토
4. 오염총량관리 시행계획에 대한 검토
5. 법 제4조의 4 제2항에 따른 오염총량관리 시행계획에 대한 전년도의 이행사항 평가보고서 검토
6. 오염총량목표수질 설정을 위하여 필요한 수계 특성에 대한 조사 · 연구
7. 오염총량관리제도의 시행과 관련한 제도 및 기술적 사항에 대한 검토 · 연구
8. 제1호부터 제7호까지의 업무를 수행하기 위한 정보체계의 구축 및 운영

93 간이공공하수처리시설에서 배출하는 하수 · 분뇨 찌꺼기의 성분 검사주기는?

① 월 1회 이상　　② 분기 1회 이상
③ 반기 1회 이상　④ 연 1회 이상

해설 [하수도법 제12조] 하수 · 분뇨 찌꺼기 성분 검사
영 제15조 제5항에 따른 찌꺼기 성분의 검사 대상 · 항목
1. 검사대상 : 공공하수처리시설 · 간이공공하수처리시설 또는 분뇨처리시설에서 배출하는 하수 · 분뇨 찌꺼기
2. 검사주기 : 연 1회 이상
3. 검사항목 :「토양환경보전법 시행규칙」[별표 3]에 따른 토양오염우려기준에 해당하는 물질

94 공공폐수처리시설의 유지 · 관리 기준 중 처리시설의 관리 · 운영자가 실시하여야 하는 방류수 수질검사에 관한 내용으로 (　)에 옳은 것은? (단, 방류수 수질은 현저하게 악화되지 않음.)

> 처리시설의 적정 운영 여부를 확인하기 위하여 방류수 수질검사를 (㉠) 실시하되, 1일당 2천 세제곱미터 이상인 시설은 (㉡) 실시하여야 한다. 다만, 생태독성(TU) 검사는 (㉢) 실시하여야 한다.

① ㉠ 월 1회 이상
　㉡ 주 1회 이상
　㉢ 월 2회 이상
② ㉠ 월 1회 이상
　㉡ 월 2회 이상
　㉢ 주 1회 이상
③ ㉠ 월 2회 이상
　㉡ 주 1회 이상
　㉢ 월 1회 이상
④ ㉠ 월 2회 이상
　㉡ 월 1회 이상
　㉢ 주 1회 이상

95 물환경보전법상 호소 및 해당 지역에 관한 설명으로 틀린 것은?

① 제방(사방사업법의 사방시설 포함)을 쌓아 하천에 흐르는 물을 가두어 놓은 곳

② 하천에 흐르는 물이 자연적으로 가두어진 곳

③ 화산활동 등으로 인하여 함몰된 지역에 물이 가두어진 곳

④ 댐·보를 쌓아 하천에 흐르는 물을 가두어 놓은 곳

해설 호소 : 제방(사방사업법의 사방시설 제외)을 쌓아 하천에 흐르는 물을 가두어 놓은 곳

96 환경부 장관이 수질 및 수생태계를 보전할 필요가 있다고 지정·고시하고 수질 및 수생태계를 정기적으로 조사·측정하여야 하는 호소의 기준으로 틀린 것은?

① 1일 30만 톤 이상의 원수를 취수하는 호소

② 만수위일 때 면적이 10만 제곱미터 이상인 호소

③ 수질오염이 심하여 특별한 관리가 필요하다고 인정되는 호소

④ 동식물의 서식지·도래지이거나 생물다양성이 풍부하여 특별히 보전할 필요가 있다고 인정되는 호소

해설 [시행령 제30조] 호소수 이용상황 등의 조사·측정 등
② 시·도지사는 제1항에 따라 환경부 장관이 지정·고시하는 호소 외의 호소로서 만수위(滿水位)일 때의 면적이 50만 제곱미터 이상인 호소의 수질 및 수생태계 등을 정기적으로 조사·측정하여야 한다.

97 수질 및 수생태계 보전에 관한 법률상 용어의 정의로 옳지 않은 것은?

① 비점오염저감시설이란 수질오염방지시설 중 비점오염원으로부터 배출되는 수질오염물질을 제거하거나 감소하게 하는 시설로서 환경부령이 정하는 것을 말한다.

② 공공수역이란 하천, 호소, 항만, 연안해역, 그 밖에 공공용으로 사용되는 환경부령으로 정하는 수로를 말한다.

③ 비점오염원이란 도시, 도로, 농지, 산지, 공사장 등으로서 불특정 장소에서 불특정하게 수질오염물질을 배출하는 배출원을 말한다.

④ 기타 수질오염원이란 비점오염원으로 관리되지 아니하는 특정 수질오염물질만을 배출하는 시설을 말한다.

해설 [법 제2조] "기타 수질오염원"이란 점오염원 및 비점오염원으로 관리되지 아니하는 수질오염물질을 배출하는 시설 또는 장소로서 환경부령으로 정하는 것을 말한다.

98 수질자동측정기기 및 부대시설을 모두 부착하지 아니할 수 있는 시설의 기준으로 옳은 것은?

① 연간 조업일수가 60일 미만인 사업장

② 연간 조업일수가 90일 미만인 사업장

③ 연간 조업일수가 120일 미만인 사업장

④ 연간 조업일수가 150일 미만인 사업장

99 수질오염방지시설 중 생물화학적 처리시설이 아닌 것은?

① 접촉조

② 살균시설

③ 폭기시설

④ 살수여과상

해설 살균시설 : 화학적 처리시설

100 비점오염원으로부터 배출되는 수질오염물질을 제거하거나 감소하게 하는 비점오염저감시설을 자연형 시설과 장치형 시설로 구분할 때 바르게 나열한 것은?

① 자연형 시설 : 여과형 시설, 와류형 시설

② 장치형 시설 : 스크린형 시설, 생물학적 처리형 시설

③ 자연형 시설 : 식생형 시설, 와류형 시설

④ 장치형 시설 : 저류시설, 침투시설

해설 [시행규칙 별표 6] 비점오염저감시설(제8조 관련)
1. 자연형 시설 : 저류시설, 인공습지, 침투시설, 식생형 시설
2. 장치형 시설 : 여과형 시설, 와류형 시설, 스크린형 시설, 응집·침전 처리형 시설, 생물학적 처리형 시설

우리의 가장 위대한 영광은
절대로 넘어지지 않는 것이 아니라
넘어질 때마다 다시 일어서는 것이다.

-넬슨 만델라-

숫자로 보는 문제유형 분석

※ "어쩌다 한번 만나는 문제"에는 알아보기 쉽게 문제 번호에 "밑줄"을 그어 두었습니다.

계산문제 출제비율	수질오염개론	상하수도계획	어쩌다 한번 만나는 문제	수질오염개론	상하수도계획
	30%	25%		5, 11, 17, 18	23, 39
수질오염방지기술	공정시험기준	전체 100문제 중	수질오염방지기술	공정시험기준	수질관계법규
45%	15%	23%	45	64, 68	89, 90, 100

▶ 제1과목 ▌수질오염개론

01 물의 물리적 특성으로 가장 거리가 먼 것은?

① 물의 표면장력이 낮을수록 세탁물의 세정 효과가 증가한다.

② 물이 얼면 액체상태보다 밀도가 커진다.

③ 물의 융해열은 다른 액체보다 높은 편이다.

④ 물의 여러 가지 특성은 물분자의 수소결합 때문에 나타난다.

해설 물이 얼면 액체상태보다 밀도가 작아진다.

02 DO 포화농도가 8mg/L인 하천에서 $t=0$일 때 DO가 5mg/L라면 6일 유하했을 때의 DO 부족량 (mg/L)은? (단, $BOD_u = 20$mg/L, $K_1 = 0.1$day^{-1}, $K_2 = 0.2$day^{-1}, 상용대수)

① 약 2

② 약 3

③ 약 4

④ 약 5

해설 DO 부족량 공식 이용

$$D_t = \frac{K_1}{K_2 - K_1} \times L_o \times \left(10^{-K_1 \cdot t} - 10^{-K_2 \cdot t}\right)$$
$$+ D_o \times 10^{-K_2 \cdot t}$$
$$= \frac{0.1}{0.2 - 0.1} \times 20 \times \left(10^{-0.1 \times 6} - 10^{-0.2 \times 6}\right)$$
$$+ (8-5) \times 10^{-0.2 \times 6}$$
$$= 3.95 \text{mg/L}$$

03 생체 내에 필수적인 금속으로 결핍 시에는 인슐린의 저하를 일으킬 수 있는 유해물질은?

① Cd

② Mn

③ CN

④ Cr

04 지구상의 담수 중 차지하는 비율이 가장 큰 것은?

① 빙하 및 빙산

② 하천수

③ 지하수

④ 수증기

05 생물학적 변환(생분해)을 통한 유기물의 환경에서의 거동 또는 처리에 관한 내용으로 옳지 않은 것은?

① 케톤은 알데하이드보다 분해되기 어렵다.

② 다환방향족 탄화수소의 고리가 3개 이상이면 생분해가 어렵다.

③ 포화지방족 화합물은 불포화지방족 화합물(이중결합)보다 쉽게 분해된다.

④ 벤젠고리에 첨가된 염소나 나이트로기의 수가 증가할수록 생분해에 대한 저항이 크고 독성이 강해진다.

해설 불포화지방족 화합물이 포화지방족 화합물보다 쉽게 분해된다.

06 Na$^+$=360mg/L, Ca^{2+}=80mg/L, Mg^{2+}=96mg/L인 농업용수의 SAR 값은? (단, 원자량 : Na=23, Ca=40, Mg=24)

① 약 4.8

② 약 6.4

③ 약 8.2

④ 약 10.6

해설

$$SAR = \frac{Na^+}{\sqrt{\dfrac{Ca^{2+} + Mg^{2+}}{2}}}$$

SAR<10	토양에 미치는 영향이 작다.
10<SAR<26	토양에 미치는 영향이 비교적 크다.
26<SAR	토양에 미치는 영향이 매우 크다.

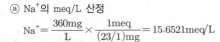

ⓐ Na^+의 meq/L 산정

$$Na^+ = \frac{360mg}{L} \times \frac{1meq}{(23/1)mg} = 15.6521meq/L$$

ⓑ Ca^{2+}의 meq/L 산정

$$Ca^{2+} = \frac{80mg}{L} \times \frac{1meq}{(40/2)mg} = 4meq/L$$

ⓒ Mg^{2+}의 meq/L 산정

$$Mg^{2+} = \frac{96mg}{L} \times \frac{1meq}{(24/2)mg} = 8meq/L$$

ⓓ SAR의 산정

$$SAR = \frac{Na^+}{\sqrt{\dfrac{Ca^{2+} + Mg^{2+}}{2}}} = \frac{15.6521}{\sqrt{\dfrac{4+8}{2}}} = 6.3899$$

07 다음 중 생물학적 오탁지표들에 대한 설명으로 틀린 것은?

① BIP(Biological Index of Pollution) : 현 미경적 생물을 대상으로 전 생물 수에 대한 동물성 생물 수의 백분율을 나타낸 것으로, 값이 클수록 오염이 심하다.

② BI(Biotix Index) : 육안적 동물을 대상으로 전 생물 수에 대한 청수성 및 광범위 출현 미생물의 백분율을 나타낸 것으로, 값이 클수록 깨끗한 물로 판정된다.

③ TSI(Trophic State Index) : 투명도에 대한 부영양화 지수와 투명도-클로로필 농도의 상관관계에 의한 부영양화 지수, 클로로필 농도-총인의 상관관계를 이용한 부영양화 지수가 있다.

④ SDI(Species Diversity Index) : 종의 수와 개체수의 비로 물의 오염도를 나타내는 지표로, 값이 클수록 종의 수는 적고 개체수는 많다.

해설 SDI(Species Diversity Index) : 종의 수와 개체수의 비로 물의 오염도를 나타내는 지표로, 값이 작을수록 종의 수는 적고 개체수는 많다.

08 콜로이드 입자가 분산매 분자들과 충돌하여 불규칙하게 움직이는 현상은?

① 투석현상(Dialysis)

② 틴들현상(Tyndall)

③ 브라운운동(Brown motion)

④ 반발력(Zeta potential)

09 수질분석결과 Na^+=10mg/L, Ca^{2+}=20mg/L, Mg^{2+}=24mg/L, Sr^{2+}=2.2mg/L일 때 총경도 (mg/L as $CaCO_3$)는? (단, 원자량 : Na=23, Ca =40, Mg=24, Sr=87.6)

① 112.5

② 132.5

③ 152.5

④ 172.5

해설 문제 중 경도를 유발하는 물질은 Ca^{2+}와 Mg^{2+}, Sr^{2+}이다.

총경도

$$= \Sigma\left(경도유발\ 물질(mg/L) \times \frac{50}{경도유발\ 물질의\ eq}\right)$$

$$= 20mg/L \times \frac{50}{40/2} + 24mg/L \times \frac{50}{24/2} + 2.2mg/L$$

$$\times \frac{50}{88/2}$$

$$= 152.5mg/L\ as\ CaCO_3$$

10 호수 내의 성층현상에 관한 설명으로 가장 거리가 먼 것은?

① 여름 성층의 연직 온도경사는 분자확산에 의한 DO구배와 같은 모양이다.

② 성층의 구분 중 약층(thermocline)은 수심에 따른 수온변화가 적다.

③ 겨울 성층은 표층수 냉각에 의한 성층이어서 역성층이라고도 한다.

④ 전도현상은 가을과 봄에 일어나며 수괴의 연직혼합이 왕성하다.

해설 성층의 구분 중 약층(thermocline)은 수심에 따른 수온변화가 크다.

11 다음에 기술한 반응식에 관여하는 미생물 중에서 전자수용체가 다른 것은?

① $H_2S + 2O_2 \longrightarrow H_2SO_4$

② $2NH_3 + 3O_2 \longrightarrow 2HNO_2^- + 2H_2O$

③ $NO_3^- \longrightarrow N_2$

④ $Fe^{2+} + O_2 \longrightarrow Fe^{3+}$

해설 전자수용체란 산화-환원 반응에서 전자 또는 수소를 받는 것을 의미하며, NO_3^-는 미생물에 의한 탈질과정을 통해 산소를 내어놓게 된다.

12 자체의 염분 농도가 평균 20mg/L인 폐수에 시간당 4kg의 소금을 첨가시킨 후 하류에서 측정한 염분의 농도가 55mg/L였을 때 유량(m^3/sec)은?

① 0.0317   ② 0.317
③ 0.0634   ④ 0.634

해설 혼합지점의 농도를 구하는 식

$$C_m = \frac{C_1 Q_1 + C_2 Q_2}{Q_1 + Q_2} = \frac{\text{용질의 질량}}{\text{용액의 부피}}$$

ⓐ $C_1 Q_1$ 의 산정

$$C_1 Q_1 \text{(kg/sec)} = \frac{20 \text{mg}}{\text{L}} \times \frac{\square \text{m}^3}{\text{sec}} \times \frac{10^3 \text{L}}{\text{m}^3} \times \frac{1 \text{kg}}{10^6 \text{mg}}$$

ⓑ $C_2 Q_2$ 의 산정

$$C_2 Q_2 \text{(kg/sec)} = \frac{4 \text{kg}}{\text{hr}} \times \frac{1 \text{hr}}{3,600 \text{sec}}$$

이때 소금(용매)만을 첨가했으므로 Q_2 는 0임.

ⓒ Q_1 의 산정(= $\square$)

$$55 \text{mg/L}$$

$$= \frac{\left[\left(\frac{20 \text{mg}}{\text{L}} \times \frac{\square \text{m}^3}{\text{sec}} \times \frac{10^3 \text{L}}{\text{m}^3} \times \frac{1 \text{kg}}{10^6 \text{mg}} \right) + \left(\frac{4 \text{kg}}{\text{hr}} \times \frac{\text{hr}}{3,600 \text{sec}} \right) \right] \times \frac{10^6 \text{mg}}{\text{kg}}}{\frac{\square \text{m}^3}{\text{sec}} \times \frac{10^3 \text{L}}{\text{m}^3}}$$

$$\therefore Q_1 = 0.0317 \text{m}^3/\text{sec}$$

13 다음 중 하천수질모형의 일반적인 가정 조건이 아닌 것은?

① 오염물질이 하천에 유입되자마자 즉시 완전 혼합된다.
② 정상상태이다.
③ 확산에 의한 영향을 무시한다.
④ 오염물질의 농도분포는 흐름방향으로 이루어진다.

14 카드뮴에 대한 내용으로 틀린 것은?

① 카드뮴은 은백색이며, 아연정련업, 도금공업 등에서 배출된다.
② 골연화증이 유발된다.
③ 만성폭로로 인한 흔한 증상은 단백뇨이다.
④ 윌슨씨병증후군과 소인증이 유발된다.

해설 윌슨씨병증후군과 소인증은 아연에 의해 유발된다.

15 다음 중 분뇨의 특징에 관한 설명으로 틀린 것은 어느 것인가?

① 분뇨 내 질소화합물은 알칼리도를 높게 유지시켜 pH의 강하를 막아준다.
② 분과 뇨의 구성비는 약 1 : 8~1 : 10 정도이며, 고액분리가 용이하다.
③ 분의 경우 질소산화물은 전체 VS의 12~20% 정도 함유되어 있다.
④ 분뇨는 다량의 유기물을 함유하며, 점성이 있는 반고상 물질이다.

해설 분과 뇨의 구성비는 약 1 : 8~1 : 10 정도이며, 고액분리가 용이하지 못하다.

16 평균 단면적 400m^2, 유량 5,478,600m^3/day, 평균 수심 1.5m, 수온 20℃인 강의 재포기계수(K_2, day^{-1})는? (단, $K_2 = 2.2 \times (V/H^{1.33})$로 가정)

① 0.20
② 0.23
③ 0.26
④ 0.29

해설 ⓐ V의 산정

$$Q = AV \rightarrow V = \frac{Q}{A}$$

$$V = \frac{\dfrac{5,478,600 \text{m}^3}{\text{day}} \times \dfrac{\text{day}}{86,400 \text{sec}}}{400 \text{m}^2}$$

$$= 0.1585 \text{m/sec}$$

ⓑ K_2의 산정

$$K_2 = 2.2 \times \frac{V}{H^{1.33}}$$

$$= 2.2 \times \frac{0.1585}{1.5^{1.33}}$$

$$= 0.2033$$

17 금속을 통해 흐르는 전류의 특성으로 가장 거리가 먼 것은?

① 금속의 화학적 성질은 변하지 않는다.
② 전류는 전자에 의해 운반된다.
③ 온도의 상승은 저항을 증가시킨다.
④ 대체로 전기저항이 용액의 경우보다 크다.

해설 대체로 전기저항은 용액의 경우보다 작다.

18 암모니아를 처리하기 위해 살균제로 차아염소산을 반응시켜 mono-chloramine이 형성되었다. 이때 각 반응물질이 50% 감소하였다면 반응속도는 몇 % 감소하는가? (단, 반응속도식 : $-\dfrac{d[\text{HOCl}]}{(dt)_{\text{나중}}}=K_{xy}$)

① 75
② 60
③ 50
④ 25

해설ⓐ 반응식의 산정

$$NH_3+HOCl \rightleftharpoons NH_2Cl+H_2O$$

$$V_1=-\frac{d[\text{HOCl}]}{(dt)_{\text{나중}}}=K[NH_3][HOCl]$$

ⓑ 반응물 50% 감소 후 반응속도

$$V_2=-\frac{d[\text{HOCl}]}{(dt)_{\text{나중}}}$$
$$=K[0.5NH_3][0.5HOCl]$$
$$=0.25K[NH_3][HOCl]$$

ⓒ 반응속도 감소율

$$\left(1-\frac{0.25}{1}\right)\times 100 = 75\%$$

19 급성독성을 평가하기 위하여 일반적으로 사용되는 기준은?

① TL$_m$(Median Tolerance Limit)
② MicroTox
③ Daphnia
④ ORP(Oxidation−Reduction Potential)

20 하천의 자정작용 단계 중 회복지대에 대한 설명으로 틀린 것은?

① 물이 비교적 깨끗하다.
② DO가 포화농도의 40% 이상이다.
③ 박테리아가 크게 번성한다.
④ 원생동물 및 윤충이 출현한다.

해설 회복지대 : 혐기성 세균과 곰팡이류가 호기성 균과 교체되어 번식한다.

제2과목 | 상하수도계획

21 취수관로 구조 결정 시 바람직하지 않은 것은?

① 취수관로를 고수부지에 부설하는 경우, 그 매설깊이는 원칙적으로 계획고수부지고에서 2m 이상 깊게 매설한다.
② 관로에 작용하는 내압 및 외압에 견딜 수 있는 구조로 한다.
③ 사고 등에 대비하기 위하여 가능한 한 2열 이상으로 부설한다.
④ 취수관로가 제방을 횡단하는 경우, 취수관로는 원지반보다는 가능한 한 성토부분에 매설하여 제방을 횡단하도록 한다.

해설 제방은 성토하여 축조된 것이므로 가능한 한 취수관로가 성토부분을 횡단하지 않도록 해야 하며, 원지반에 매설하여 제방을 횡단하는 것이 바람직하다.

22 도시의 인구가 매년 일정한 비율로 증가한 결과라면 연평균 증가율은? (단, 현재인구 450,000명, 10년 전 인구 200,000명, 장래에 크게 발전할 가망성이 있는 도시)

① 0.225
② 0.084
③ 0.438
④ 0.076

해설 등비급수는 일정비율로 감소 또는 증가 추세가 중복되므로 그 변화가 급변하는 자료값에 잘 어울린다. 그러나 우리나라는 현재 인구나 원단위 모두 완만한 추세에 들어서서 이 곡선식이 잘 어울리지 않으나 일부 개발이 급격히 이루어지는 시·군에 한해 적용될 수 있다.

$$y=a(1+b)^x$$

(여기서, y : 추정치, x : 경과년수, a : y절편, b : 증가율)

$$450,000=200,000(1+b)^{10} \quad \therefore \ b=0.0844$$

23 하수관로에 관한 내용으로 틀린 것은?

① 도관은 내산 및 내알칼리성이 뛰어나고 마모에 강하며 이형관을 제조하기 쉽다.
② 폴리에틸렌관은 가볍고 취급이 용이하여 시공성은 좋으나 산, 알칼리에 약한 단점이 있다.
③ 덕타일주철관은 내압성 및 내식성이 우수하다.
④ 파형강관은 용융아연도금된 강판을 스파이럴형으로 제작한 강관이다.

해설 폴리에틸렌관은 폴리에틸렌 중합체를 주체로 한 고밀도 폴리에틸렌을 사용하여 압출 등의 방법에 의하여 성형하며, 가볍고 취급이 용이하여 시공성이 좋다. 또한 내산·내알칼리성이 우수한 장점이 있지만, 특히 부력에 대한 대응과 되메우기 시 다짐 등에 유의하여야 한다. 설계 시 장기허용 변형률은 내경의 5% 이내로 한다.

24 하수관로시설의 황화수소 부식 대책으로 가장 거리가 먼 것은?

① 관거를 청소하고 미생물의 생식 장소를 제거한다.
② 환기에 의해 관 내 황화수소를 희석한다.
③ 황산염환원세균의 활동을 촉진시켜 황화수소 발생을 억제한다.
④ 방식재료를 사용하여 관을 방호한다.

해설 황산염환원세균의 활동을 억제시켜 황화수소 발생을 억제한다.

25 급속여과지의 여과모래에 대한 설명으로 가장 거리가 먼 것은?

① 유효경은 0.45~1.0mm의 범위 내에 있어야 한다.
② 균등계수는 1.7 이하로 한다.
③ 마모율은 3% 이하로 한다.
④ 신규투입 여과사의 세척탁도는 5~10도 범위 내에 있어야 한다.

해설 세척탁도는 30NTU 이하이어야 한다.
(신규 여과모래의 깨끗한 정도(오염의 한도)를 세척탁도로 30NTU 이하로 정한 것이다. 다만, 가공한 망간모래인 경우에는 이 항을 적용하지 않는다.)

26 계획우수유출량의 산정방법으로 쓰이는 합리식 $Q = \dfrac{1}{360} C \cdot I \cdot A$에 대한 설명으로 틀린 것은 어느 것인가?

① C는 유출계수이다.
② 우수유출량 산정에 있어 가장 기본이 되는 공식이다.
③ I는 유달시간(t) 내의 평균강우강도이다.
④ A는 우수배제관거의 통수단면적이다.

해설 A는 유역면적이다.

27 펌프의 토출량 12m³/min, 펌프의 유효흡입수두 8m, 규정 회전수 2,000회/분인 경우, 이 펌프의 비교회전도는? (단, 양흡입의 경우가 아님.)

① 892
② 1,045
③ 1,286
④ 1,457

해설 비교회전도 산정을 위한 공식은 아래와 같다.

$$N_s = N \times \frac{Q^{1/2}}{H^{3/4}}$$

  N : 회전수 → 2,000rpm
  Q : 유량 → 12m³/min
  H : 양정 → 8m

$$= 2,000 \times \frac{12^{1/2}}{8^{3/4}}$$

$$= 1456.4753$$

28 공동현상(cavitation)이 발생하는 것을 방지하기 위한 대책으로 틀린 것은?

① 흡입 측 밸브를 완전히 개방하고 펌프를 운전한다.
② 흡입관의 손실을 가능한 크게 한다.
③ 펌프의 위치를 가능한 한 낮춘다.
④ 펌프의 회전속도를 낮게 선정한다.

해설 흡입관의 손실은 가능한 작게 한다.

29 하수의 계획오염부하량 및 계획유입수질에 관한 내용으로 틀린 것은?

① 계획유입수질 : 계획오염부하량을 계획1일 최대오수량으로 나눈 값으로 한다.
② 생활오수에 의한 오염부하량 : 1인 1일당 오염부하량 원단위를 기초로 하여 정한다.
③ 관광오수에 의한 오염부하량 : 당일관광과 숙박으로 나누고 각각의 원단위에서 추정한다.
④ 영업오수에 의한 오염부하량 : 업무의 종류 및 오수의 특징 등을 감안하여 결정한다.

해설 계획유입수질 : 계획오염부하량을 계획1일 평균오수량으로 나누어 산정한다.

30 상수처리시설 중 장방형 침사지의 구조에 관한 설명으로 틀린 것은?

① 지의 길이는 폭의 3~8배를 표준으로 한다.
② 지의 고수위는 계획취수량이 유입될 수 있도록 취수구의 계획최저수위 이하로 정한다.
③ 지 내 평균유속은 2~7cm/sec를 표준으로 한다.
④ 침사지의 바닥경사는 1/20 이상의 경사를 두어야 한다.

[해설] 바닥은 모래 배출을 위하여 중앙에 배수로를 설치하고, 길이방향에는 배수구로 향하여 1/100, 가로방향은 중앙배수로를 향하여 1/50 정도의 경사를 둔다.

31 펌프효율 η=80%, 전양정 H=16m인 조건하에서 양수량 Q=12L/sec로 펌프를 회전시킨다면 이때 필요한 축동력(kW)은? (단, 전동기는 직결, 물의 밀도 γ=1,000kg/m³)

① 1.28
② 1.73
③ 2.35
④ 2.88

[해설] 펌프의 동력 산정

$$P(kW) = \frac{\gamma \times \Delta H \times Q}{102 \times \eta}$$

$$= \frac{\dfrac{1,000kg}{m^3} \times 16m \times \dfrac{12L}{sec} \times \dfrac{m^3}{1,000L}}{102 \times 0.8}$$

$$= 2.3229 kW$$

→ 단위 : MKS로 적용했을 때 동력의 단위는 kW가 된다.

32 상수취수를 위한 저수시설 계획기준년에 관한 내용으로 ( )에 알맞은 것은?

> 계획취수량을 확보하기 위하여 필요한 저수 용량의 결정에 사용하는 계획기준년은 원칙적으로 (   )를 표준으로 한다.

① 7개년에 제1위 정도의 갈수
② 10개년에 제1위 정도의 갈수
③ 7개년에 제1위 정도의 홍수
④ 10개년에 제1위 정도의 홍수

33 상수도시설인 도수시설의 도수노선에 관한 설명으로 틀린 것은?

① 원칙적으로 공공도로 또는 수도용지로 한다.
② 수평이나 수직 방향의 급격한 굴곡을 피한다.
③ 관로상 어떤 지점도 동수경사선보다 낮게 위치하지 않도록 한다.
④ 몇 개의 노선에 대하여 건설비 등의 경제성, 유지관리의 난이도 등을 비교·검토하고 종합적으로 판단하여 결정한다.

[해설] 도수노선은 수평이나 수직 방향의 급격한 굴곡은 피하고, 어떤 경우라도 최소동수경사선 이하가 되도록 노선을 선정한다.

34 상수도시설 중 저수시설인 하구둑에 관한 설명으로 틀린 것은 어느 것인가? (단, 전용댐, 다목적댐과 비교)

① 개발수량 : 중소규모의 개발이 기대된다.
② 경제성 : 일반적으로 댐보다 저렴하다.
③ 설치지점 : 수요지 가까운 하천의 하구에 설치하여 농업용수에 바닷물의 침해방지 기능을 겸하는 경우가 많다.
④ 저류수의 수질 : 자체관리로 비교적 양호한 수질을 유지할 수 있어 염소이온 농도에 대한 주의가 필요 없다.

[해설] 저류수의 수질 : 자체관리로 비교적 양호한 수질을 유지할 수 있어 염소이온 농도에 대한 주의가 필요하다.

35 상수도시설인 급속여과지에 관한 내용으로 옳지 않은 것은?

① 여과속도는 단층의 경우 120~150m/d를 표준으로 한다.
② 여과지 1지의 여과면적은 100m² 이하로 한다.
③ 여과면적은 계획정수량을 여과속도로 나누어 계산한다.
④ 급속여과지는 중력식과 압력식이 있으며, 중력식을 표준으로 한다.

[해설] 1지의 여과면적은 150m² 이하로 한다.

36 콘크리트조의 장방형 수로(폭 2m, 깊이 2.5m)가 있다. 이 수로의 유효수심이 2m인 경우의 평균 유속(m/sec)은? (단, Manning 공식 이용, 동수 경사=1/2,000, 조도계수=0.017)

① 0.91　　　② 1.42

③ 1.53　　　④ 1.73

해설 Manning에 의한 유속의 계산

$$V = \frac{1}{n} R^{\frac{2}{3}} I^{\frac{1}{2}}$$

　　R : 경심 → 0.6666

　　n : 조도계수 → 0.017

　　I : 동수경사 → 1/2,000

ⓐ 경심 산정

$$R = \frac{\text{단면적}}{\text{윤변}} = \frac{2 \times 2}{2 + 2 \times 2} = 0.6666$$

ⓑ 유속 산정

$$V = \frac{1}{0.017} \times (0.6666)^{\frac{2}{3}} \times (1/2,000)^{\frac{1}{2}}$$

　　$= 1.0000\text{m/sec}$

37 유연면적이 100ha이고 유입시간(time of inlet)이 8분, 유출계수(C)가 0.38일 때 최대계획우수유출량(m³/sec)은? (단, 하수관거의 길이(L)=400m, 관 유속=1.2m/sec가 되도록 설계, $I = \dfrac{655}{\sqrt{t+0.09}}$ (mm/hr), 합리식 적용)

① 약 18　　　② 약 24

③ 약 36　　　④ 약 42

해설 합리식에 의한 우수유출량을 산정하는 공식

$$Q = \frac{1}{360} CIA$$

ⓐ 유달시간 산정(min)

$$t = \text{유입시간(min)} + \text{유하시간}\left(\text{min}, \frac{\text{길이}(L)}{\text{유속}(V)}\right)$$

$$= 8\text{min} + 400\text{m} \times \frac{\text{sec}}{1.2\text{m}} \times \frac{1\text{min}}{60\text{sec}} = 13.56\text{min}$$

ⓑ 강우강도 산정(mm/hr)

$$I = \frac{655}{\sqrt{t}+0.09} = \frac{655}{\sqrt{13.56}+0.09} = 173.63\text{mm/hr}$$

ⓒ 유역면적 산정(ha)

　　A : 100ha

ⓓ 유량 산정

$$Q = \frac{1}{360} \times 0.38 \times 173.63 \times 100$$

$$= 18.33\text{m}^3/\text{sec}$$

38 하수관로의 접합방법을 정할 때의 고려사항으로 (　　)에 가장 적합한 것은?

> 2개의 관로가 합류하는 경우의 중심교각은 되도록 (㉠) 이하로 하고, 곡선을 갖고 합류하는 경우의 곡률반경은 내경의 (㉡) 이상으로 한다.

① ㉠ 60°, ㉡ 5배

② ㉠ 60°, ㉡ 3배

③ ㉠ 30~45°, ㉡ 5배

④ ㉠ 30~45°, ㉡ 3배

39 하수도시설인 유량조정조에 관한 내용으로 틀린 것은?

① 조의 용량은 체류시간 3시간을 표준으로 한다.

② 유효수심은 3~5m를 표준으로 한다.

③ 유량조정조의 유출수는 침사지에 반송하거나 펌프로 1차 침전지 혹은 생물반응조에 송수한다.

④ 조 내에 침전물의 발생 및 부패를 방지하기 위해 교반장치 및 산기장치를 설치한다.

해설 유량조정조는 24시간 균등하게 조정되도록 하는 것이 이상적이지만 이런 경우 조의 용량이 커지고 건설비도 늘어나 비경제적이 되므로 조의 용량은 계획시간 최대하수량이 계획1일 최대하수량에 대하여 1.5배 이하로 되도록 처리장의 특성과 건설비 등을 고려하여 정한다.

40 단면형태가 직사각형인 하수관로의 장·단점으로 옳은 것은?

① 시공장소의 흙 두께 및 폭원에 제한을 받는 경우에 유리하다.

② 만류가 되기까지는 수리학적으로 불리하다.

③ 철근이 해를 받았을 경우에도 상부 하중에 대하여 대단히 안정적이다.

④ 현장 타설의 경우, 공사기간이 단축된다.

해설 ② 만류가 되기까지는 수리학적으로 유리하다.

③ 철근이 해를 받았을 경우에도 상부 하중에 대하여 안정적이지 못하다.

④ 현장 타설의 경우, 공사기간이 길어진다.

▶ 제3과목 ▎수질오염방지기술

41 폐수를 활성슬러지법으로 처리하기 위한 실험에서 BOD를 90% 제거하는 데 6시간의 aeration이 필요하였다. 동일한 조건으로 BOD를 95% 제거하는 데 요구되는 포기시간(hr)은? (단, BOD 제거반응은 1차 반응(base 10)에 따른다.)

① 7.31
② 7.81
③ 8.31
④ 8.81

해설 $\ln \dfrac{C_t}{C_o} = -K \times t$

ⓐ K값 산정

$$\ln \dfrac{10}{100} = -K \times 6\mathrm{hr}$$

$$K = 0.3837\mathrm{hr}^{-1}$$

ⓑ 95% 제거하기 위한 시간 산정

$$\ln \dfrac{5}{100} = -\dfrac{0.3837}{\mathrm{hr}} \times t(\mathrm{hr})$$

$$\therefore t = 7.8074\mathrm{hr}$$

42 활성탄 흡착 처리공정의 효율이 가장 낮은 것은 어느 것인가?

① 음용수의 맛과 냄새물질 제거공정
② 트리할로메탄, 농약, 유기염소화합물과 같은 미량의 유기물질 제거공정
③ 처리된 폐수의 잔존 유기물 제거공정
④ 산업폐수 및 침출수 처리

43 수처리 과정에서 부유되어 있는 입자의 응집을 초래하는 원인으로 가장 거리가 먼 것은 어느 것인가?

① 제타포텐셜의 감소
② 플록에 의한 체거름효과
③ 정전기 전하 작용
④ 가교현상

해설 응집의 원리로는 이중층의 압축, 전하의 전기적 중화, 침전물에 의한 포착, 입자 간의 가교작용, 제타전위의 감소, 플록의 체거름효과 등이 있다.

44 폐수처리시설을 설치하기 위한 설계기준이 다음과 같을 때 필요한 활성슬러지 반응조의 수리학적 체류시간(HRT, hr)은? (단, 일 폐수량=40L, BOD 농도=20,000mg/L, MLSS=5,000mg/L, F/M=1.5kg BOD/kg MLSS · day)

① 24
② 48
③ 64
④ 88

해설 F/M비의 관계식을 이용하여 체류시간 산정

$$\mathrm{F/M(day^{-1})} = \dfrac{\text{유입 BOD 총량}}{\text{포기조 내의 MLSS량}}$$

$$= \dfrac{\mathrm{BOD}_i \times Q_i}{\forall \times X}$$

$$= \dfrac{\mathrm{BOD}_i}{\mathrm{HRT} \times X}$$

$$\dfrac{1.5}{\mathrm{day}} = \dfrac{20,000\mathrm{mg/L}}{\mathrm{HRT} \times 5,000\mathrm{mg/L}}$$

$$\therefore \mathrm{HRT} = 2.6666\mathrm{day} = 64\mathrm{hr}$$

45 다음 중 미처리 폐수에서 냄새를 유발하는 화합물과 냄새의 특징으로 가장 거리가 먼 것은 어느 것인가?

① 황화수소 – 썩은 달걀 냄새
② 유기황화물 – 썩은 채소 냄새
③ 스카톨 – 배설물 냄새
④ 디아민류 – 생선 냄새

해설 디아민류(Diamines, $NH_2(CH_2)_5NH_2$) : 부패된 고기 냄새

46 생물학적 처리공정에서 질산화 반응은 다음의 총괄 반응식으로 나타낼 수 있다. NH_4^+-N 3mg/L가 질산화되는 데 요구되는 산소의 양(mg/L)은?

$$NH_4^+ + 2O_2 \xrightarrow{\text{질산화}} NO_3^- + 2H^+ + H_2O$$

① 11.2 　　② 13.7
③ 15.3 　　④ 18.4

해설 주어진 반응식 이용

$NH_4^+ + 2O_2 \rightarrow NO_3^- + 2H^+ + H_2O$

$14\mathrm{g} : 2 \times 32\mathrm{g} = 3\mathrm{mg/L} : \square\mathrm{mg/L}$

$\therefore \square = 13.7\mathrm{mg/L}$

47 유입 폐수량 50m³/hr, 유입수 BOD 농도 200g/m³, MLVSS 농도 2kg/m³, F/M비 0.5kg BOD/kg MLVSS·day일 때, 포기조 용적(m³)은?

① 240 ② 380

③ 430 ④ 520

해설 BOD-MLVSS의 관계식 이용

$$BOD/MLVSS(day^{-1}) = \frac{유입\ BOD량}{포기조\ 내의\ 미생물량}$$

$$= \frac{BOD_i \times Q_i}{\forall \cdot MLVSS}$$

$$= \frac{BOD_i}{HRT \times MLVSS}$$

$$0.5kg/kg \cdot day = \frac{\dfrac{200g}{m^3} \times \dfrac{50m^3}{hr} \times \dfrac{24hr}{day}}{\square \times \dfrac{2kg}{m^3} \times \dfrac{1,000g}{kg}}$$

$$\therefore \square = 240m^3$$

48 기체가 물에 녹을 때 Henry 법칙이 적용된다. 다음 설명 중 적합하지 않은 것은?

① 수온이 증가할수록 기체의 포화용존 농도는 높아진다.

② 염분의 농도가 증가할수록 기체의 포화용존 농도는 낮아진다.

③ 기체의 포화용존 농도는 기체상태의 분압에 비례한다.

④ 물에 용해되어 이온화하는 기체에는 적용되지 않는다.

해설 수온이 증가할수록 기체의 포화용존 농도는 낮아진다.

49 심층포기법의 장점으로 옳지 않은 것은?

① 지하에 건설되므로 부지면적이 작게 소요되며, 외기와 접하는 부분이 작아 온도 영향이 적다.

② 고압에서 산소전달을 하므로 산소전달률이 높다.

③ 산소전달률이 높아 MLSS를 높일 수 있어 농도가 높은 폐수를 처리할 수 있고, BOD 용적부하를 증가시킬 수 있어 단위체적당 처리량을 증가시킬 수 있다.

④ 깊은 하부에 MLSS와 폐수를 같이 순환시키는 데 에너지가 적게 소요된다.

해설 산기수심을 깊게 할수록 단위송풍량당 압축동력은 증대하지만, 산소용해력 증대에 따라 송풍량이 감소하기 때문에 소비동력은 증가하지 않는다.

50 대장균의 사멸속도는 현재의 대장균 수에 비례한다. 대장균의 반감기는 1시간이며, 시료의 대장균 수는 1,000개/mL라면, 대장균의 수가 10개/mL가 될 때까지 걸리는 시간(hr)은?

① 약 4.7 ② 약 5.7

③ 약 6.7 ④ 약 7.7

해설
$$\ln\frac{C_t}{C_o} = -K \times t$$

ⓐ K값 산정

$$\ln\frac{500}{1,000} = -K \times 1hr$$

$$K = 0.6931hr^{-1}$$

ⓑ 10개/mL가 될 때까지 걸리는 시간(hr) 산정

$$\ln\frac{10}{1,000} = -\frac{0.6931}{hr} \times t\ (hr)$$

$$\therefore t = 6.6443hr$$

51 1일 10,000m³의 폐수를 급속혼화지에서 체류시간 60sec, 평균속도경사(G) 400sec⁻¹인 기계식 고속 교반장치를 설치하여 교반하고자 한다. 이 장치에 필요한 소요동력(W)은? (단, 수온 10℃, 점성계수(μ)=1.307×10⁻³kg/m·s)

① 약 2,621

② 약 2,226

③ 약 1,842

④ 약 1,452

해설 속도경사(G)를 이용하여 동력(P)을 산정

$$G = \sqrt{\frac{P}{\mu \times \forall}}$$

ⓐ 반응조의 체적 산정

유량＝체적/체류시간

$$\frac{10,000m^3}{day} = \frac{\forall}{60sec \times \dfrac{day}{86,400sec}}$$

$$\forall = 6.9444m^3$$

ⓑ 속도경사(G)를 이용한 동력(P)의 산정

$$G = \sqrt{\frac{P}{\mu \times \forall}} \rightarrow P = G^2 \times \mu \times \forall$$

$$P = \frac{400^2}{sec^2} \times \frac{1.307 \times 10^{-3}kg}{m \cdot sec} \times 6.9444m^3$$

$$= 1452.2129W$$

52 다음 중 폐수처리방법으로 가장 적절하지 않은 것은?

① 시안(CN) 함유 폐수를 처리하기 위해 pH를 4 이하로 조정하고 차아염소산나트륨(NaClO)을 사용하였다.

② 카드뮴(Cd) 함유 폐수를 처리하기 위해 pH를 10 정도로 조정하고 수산화나트륨(NaOH)을 사용하였다.

③ 크롬(Cr) 함유 폐수를 처리하기 위해 pH를 3 정도로 조정하고 황산철(FeSO₄)을 사용하였다.

④ 납(Pb) 함유 폐수를 처리하기 위해 pH를 10 정도로 조정하고 수산화나트륨(NaOH)을 사용하였다.

해설 시안을 함유한 폐수는 알칼리염소처리법에 의해 처리한다.

53 유량 20,000m³/day, BOD 2mg/L인 하천에 유량 500m³/day, BOD 500mg/L인 공장 폐수를 폐수처리시설로 유입하여 처리 후 하천으로 방류시키고자 한다. 완전히 혼합된 후 합류지점의 BOD를 3mL 이하로 하고자 한다면 폐수처리시설의 BOD 제거율(%)은? (단, 혼합 후의 기타 변화는 없다고 가정)

① 61.8
② 76.9
③ 87.2
④ 91.4

해설 폐수처리장으로 유입되는 BOD 농도와 유출되는 BOD 농도를 산정하여 효율 계산

ⓐ 공장에서 발생하는 BOD 농도(=폐수처리장 유입수 BOD 농도)=500mg/L

ⓑ 하천의 혼합점으로 유입되는 BOD 농도(=폐수처리장 유출수 BOD 농도) 산정

$$C_m = \frac{Q_1 C_1 + Q_2 C_2}{Q_1 + Q_2}$$

$$3 = \frac{500 \times C_1 + 20,000 \times 2}{500 + 20,000}$$

$$C_1 = 43 \text{mg/L}$$

ⓒ 효율 산정

$$\eta = \left(1 - \frac{C_t}{C_o}\right) \times 100 = \left(1 - \frac{43}{500}\right) \times 100 = 91.4\%$$

54 지름이 0.05mm이고 비중이 0.6인 기름방울은 비중이 0.8인 기름방울보다 수중에서의 부상속도가 얼마나 더 큰가? (단, 물의 비중=1.0)

① 1.5배
② 2.0배
③ 2.5배
④ 3.0배

해설 부상속도식을 이용하여 비교

$$V_F = \frac{d_p^2 (\rho_w - \rho_p) g}{18\mu}$$

직경(d_p)과 비중(ρ_p)을 제외하고 K로 치환

$$\frac{V_{F-0.6}}{V_{F-0.8}} = \frac{(1-0.6)K}{(1-0.8)K} = \frac{0.4}{0.2} = 2$$

55 생물학적 질소, 인 제거공정에서 포기조의 기능과 가장 거리가 먼 것은?

① 질산화
② 유기물 제거
③ 탈질
④ 인 과잉섭취

해설 탈질 : 무산소조

56 다음 중 입자의 침전속도가 작게 되는 경우는? (단, 기타 조건은 동일하며, 침전속도는 스토크스 법칙에 따른다.)

① 부유물질 입자의 밀도가 클 경우
② 부유물질 입자의 입경이 클 경우
③ 처리수의 밀도가 작을 경우
④ 처리수의 점성도가 클 경우

해설 Stokes 법칙에 따라 액체의 점도가 증가하면 침강속도는 감소한다.

$$V_g = \frac{dp^2 (\rho_p - \rho) g}{18\mu}$$

여기서, V_g : 중력침강속도

dp : 입자의 직경

ρ_p : 입자의 밀도

ρ : 유체의 밀도

μ : 유체의 점성계수

g : 중력가속도

57 유입유량 500,000m³/day, BOD₅ 200mg/L인 폐수를 처리하기 위해 완전혼합형 활성슬러지 처리장을 설계하려고 한다. 1차 침전지에서 제거된 유입수 BOD₅ 34%, MLVSS 3,000mg/L, 반응속도상수(K) 1.0L/g MLVSS · hr이라면, 1차 반응일 경우 F/M비(kg BOD/kg MLVSS · day)는? (단, 유출수 BOD₅＝10mg/L)

① 0.24 ② 0.28
③ 0.32 ④ 0.36

해설 반응시간을 산정한 후 F/M비를 계산
ⓐ MLVSS를 고려한 반응시간 산정

$$t = \frac{BOD_i - BOD_o}{K \times MLVSS \times BOD_o}$$

$$= \frac{\dfrac{((200 \times 0.66) - 10)\text{mg}}{L}}{\dfrac{1L}{\text{g MLVSS} \cdot \text{hr}} \times \dfrac{1g}{1,000\text{mg}} \times \dfrac{24\text{hr}}{\text{day}} \times \dfrac{3,000\text{mg}}{L} \times \dfrac{10\text{mg}}{L}}$$

$$= 0.1694\text{day}$$

ⓑ BOD-MLVSS의 관계식 이용

$$BOD/MLVSS(\text{day}^{-1}) = \frac{\text{유입 BOD량}}{\text{포기조 내의 미생물량}}$$

$$= \frac{BOD_i \times Q_i}{\forall \cdot MLVSS}$$

$$= \frac{BOD_i}{HRT \times MLVSS}$$

$$= \frac{\dfrac{200 \times 0.66\text{mg}}{L}}{0.1694\text{day} \times \dfrac{3,000\text{mg}}{L}}$$

$$= 0.2597\text{day}^{-1}$$

58 다음 활성슬러지 포기조의 수질 측정값에 대한 설명으로 옳은 것은? (단, 수온＝27℃, pH 6.5, DO＝1mg/L, MLSS＝2,500mg/L, 유입수 BOD ＝100mg/L, 유입수 NH₃-N＝6mg/L, 유입수 PO₄³⁻-P＝2mg/L, 유입수 CN⁻＝5mg/L)

① F/M비가 너무 낮으므로 MLSS 농도를 1,000mg/L 정도로 낮춘다.
② 수온은 15℃ 정도, pH는 8.5 정도, DO는 2mg/L 정도로 조정하는 것이 좋다.
③ 미생물의 원활한 성장을 위해 질소와 인을 추가 공급할 필요가 있다.
④ CN⁻는 포기조에 유입되지 않도록 하는 것이 좋다.

해설 ① MLSS 농도는 적정하다.
② 수온은 20℃ 정도, pH는 7 정도, DO는 2mg/L 정도로 조정하는 것이 좋다.
③ 미생물의 원활한 성장을 위해 질소를 추가 공급할 필요가 있다.

59 다음 중 부유입자에 의한 백색광 산란을 설명하는 Raleigh의 법칙은? (단, I : 산란광의 세기, V : 입자의 체적, λ : 빛의 파장, n : 입자의 수)

① $I \propto \dfrac{V^2}{\lambda^4}n$ ② $I \propto \dfrac{V}{\lambda^2}n$
③ $I \propto \dfrac{V}{\lambda}n^2$ ④ $I \propto \dfrac{V}{\lambda^2}n^2$

60 플록을 형성하여 침강하는 입자들이 서로 방해를 받으므로 침전속도는 점차 감소하게 되며 침전하는 부유물과 상등수 간에 뚜렷한 경계면이 생기는 침전형태는?

① 지역침전 ② 압축침전
③ 압밀침전 ④ 응집침전

제4과목 ▌수질오염공정시험기준

61 수질분석 관련 용어에 대한 설명 중 잘못된 것은 어느 것인가?

① 수욕상 또는 수욕중에서 가열한다라 함은 따로 규정이 없는 한 수온 100℃에서 가열함을 뜻한다.
② 용액의 산성, 중성 또는 알칼리성을 검사할 때는 따로 규정이 없는 한 유리전극법에 의한 pH미터로 측정하고 구체적으로 표시할 때는 pH값을 쓴다.
③ 진공이라 함은 15mmH₂O 이하의 진공도를 말한다.
④ 분석용 저울은 0.1mg까지 달 수 있는 것이어야 한다.

해설 진공이라 함은 15mmHg 이하의 진공도를 말한다.

62 배수로에 흐르는 폐수의 유량을 부유체를 사용하여 측정하였다. 수로의 평균단면적 0.5m², 표면 최대속도 6m/s일 때 이 폐수의 유량(m³/min)은? (단, 수로의 구성, 재질, 수로 단면의 형상, 기울기 등이 일정하지 않은 개수로)

① 115   ② 135
③ 185   ④ 245

해설 평균유속=표면 최대유속×0.75

$$Q(\text{m}^3/\text{min}) = A_m \times 0.75 V_{max}$$
$$= 0.5\text{m}^2 \times 0.75 \times \frac{6\text{m}}{\sec} \times \frac{60\sec}{1\min}$$
$$= 135\text{m}^3/\text{min}$$

63 퇴적물 채취기 중 포나 그랩(ponar grab)에 관한 설명으로 틀린 것은?

① 모래가 많은 지점에서도 채취가 잘되는 중력식 채취기이다.
② 채취기를 바닥 퇴적물 위에 내린 후 메신저를 투하하면 장방형 상자의 밑판이 닫힌다.
③ 부드러운 펄층이 두터운 경우에는 깊이 빠져 들어가기 때문에 사용하기 어렵다.
④ 원래의 모델은 무게가 무겁고 커서 윈치 등이 필요하지만, 소형의 포나 그랩은 윈치 없이 내리고 올릴 수 있다.

해설 채취기를 바닥 퇴적물 위에 내린 후 메신저를 투하하면 장방형 상자의 밑판이 닫히는 것은 에크만 그랩이다.

64 시료의 전처리 방법인 피로리딘다이티오 카르바민산 암모늄 추출법에서 사용하는 지시약으로 알맞은 것은?

① 티몰블루 · 에틸알코올 용액
② 메타이소부틸 에틸알코올 용액
③ 브로모페놀블루 · 에틸알코올 용액
④ 메타크레졸퍼플 에틸알코올 용액

65 자외선/가시선 분광법으로 분석할 때 측정 파장이 가장 긴 것은?

① 구리   ② 아연
③ 카드뮴   ④ 크롬

해설 ① 구리 : 440nm
② 아연 : 620nm
③ 카드뮴 : 530nm
④ 크롬 : 540nm

66 유리전극에 의한 pH 측정에 관한 설명으로 알맞지 않은 것은?

① 유리전극을 미리 정제수에 수 시간 담가 둔다.
② pH 전극 보정 시 측정기의 전원을 켜고 시험 시작까지 30분 이상 예열한다.
③ 전극을 프탈산염 표준용액(pH 6.88) 또는 pH 7.00 표준용액에 담그고 표시된 값을 보정한다.
④ 온도 보정 시 pH 4 또는 10 표준용액에 전극을 담그고 표준용액의 온도를 10~30℃ 사이로 변화시켜 5℃ 간격으로 pH를 측정하여 차이를 구한다.

해설 전극을 프탈산염 표준용액(pH 4.00) 또는 pH 4.01 표준용액에 담그고 표시된 값을 보정한다.

67 기체 크로마토그래피에 의한 알킬수은의 분석방법으로 ( )에 알맞은 것은?

알킬수은화합물을 (㉠)으로 추출하여 (㉡)에 선택적으로 역추출하고 다시 (㉠)으로 추출하여 기체 크로마토그래피로 측정하는 방법이다.

① ㉠ 헥산, ㉡ 염화메틸수은 용액
② ㉠ 헥산, ㉡ 크로모졸브 용액
③ ㉠ 벤젠, ㉡ 펜토에이트 용액
④ ㉠ 벤젠, ㉡ L-시스테인 용액

68 유도결합 플라스마 발광분석장치의 측정 시 플라스마 발광부의 관측 높이는 유도코일 상단으로부터 얼마의 범위(mm)에서 측정하는가? (단, 알칼리 원소는 제외)

① 15~18   ② 35~38
③ 55~58   ④ 75~78

69 다음 중 다이메틸글리옥심을 이용하여 정량하는 금속은?

① 아연　　　　② 망간
③ 니켈　　　　④ 구리

70 이온전극법에서 격막형 전극을 이용하여 측정하는 이온이 아닌 것은?

① F^-
② CN^-
③ NH_4^+
④ NO_2^-

해설
- 유리막 전극 : Na^+, K^+, NH_4^+
- 고체막 전극 : F^-, Cl^-, CN^-, Pb^{2+}, Cd^{2+}, Cu^{2+}, NO_3^-, Cl^-, NH_4^+
- 격막형 전극 : NH_4^+, NO_2^-, CN^-

71 불소화합물의 분석방법과 가장 거리가 먼 것은? (단, 수질오염공정시험기준 기준)

① 자외선/가시선 분광법
② 이온전극법
③ 이온 크로마토그래피
④ 불꽃 원자흡수분광광도법

해설 불소화합물 측정에 적용 가능한 시험방법

불 소	정량한계(mg/L)	정밀도
자외선/가시선 분광법	0.15mg/L	±25%
이온전극법	0.1mg/L	±25%
이온 크로마토그래피	0.05mg/L	±25%

72 총질소의 측정원리에 관한 내용으로 ( )에 알맞은 것은?

> 시료 중 모든 질소화합물을 알칼리성 ( ) 을 사용하여 120℃ 부근에서 유기물과 함께 분해하여 질산이온으로 산화시킨 후 산성상태로 하여 흡광도를 220nm에서 측정하여 총질소를 정량하는 방법이다.

① 과황산칼륨
② 몰리브덴산암모늄
③ 염화제일주석산
④ 아스코르브산

73 공장폐수의 BOD를 측정하기 위해 검수에 희석을 가하여 50배로 희석하여 20℃, 5일 배양하였다. 희석 후 초기 DO를 측정하기 위해 소모된 0.025N-Na₂S₂O₃의 양은 4.0mL였으며 5일 배양 후 DO를 측정하는 데 0.025N-Na₂S₂O₃ 2.0mL가 소모되었을 때 공장폐수의 BOD(mg/L)는? (단, BOD병=285mL, 적정에 사용된 액량=100mL, BOD병에 가한 시약은 황산망간과 아지드나트륨 용액=총 2mL, 적정시액의 factor=1)

① 201.5　　　　② 211.5
③ 221.5　　　　④ 231.5

해설
ⓐ 초기 DO_1 산정

$$DO_1(mg/L) = a \times f \times \frac{V_1}{V_2} \times \frac{1,000}{V_1 - R} \times 0.2$$
$$= 4 \times 1 \times \frac{285}{100} \times \frac{1,000}{285 - 2} \times 0.2$$
$$= 8.0565 mg/L$$

ⓑ 5일 부란 후 DO_2 산정

$$DO_2(mg/L) = 2 \times 1 \times \frac{285}{100} \times \frac{1,000}{285 - 2} \times 0.2$$
$$= 4.0282 mg/L$$

ⓒ 희석배율을 고려한 BOD_5 산정

$$BOD_5 = [DO_1 - DO_2] \times P$$
$$= [8.0565 - 4.0282] \times 50$$
$$= 201.4134 mg/L$$

74 시료의 용기를 폴리에틸렌병으로 사용하여도 무방한 항목은?

① 노말헥산추출물질　② 페놀류
③ 유기인　　　　④ 음이온계면활성제

해설
- 노말헥산추출물질, 페놀류, 유기인 : Glass
- 음이온계면활성제 : Polyethylene, Glass

75 원자흡수분광광도법에서 공존물질과 작용하여 해리하기 어려운 화합물이 생성되어 흡광에 관계하는 기저상태의 원자수가 감소하는 경우 일어나는 화학적 간섭을 피하는 방법이 아닌 것은?

① 이온교환이나 용매추출 등을 이용하여 방해물질을 제거한다.
② 과량의 간섭원소를 첨가한다.
③ 간섭을 피하는 양이온, 음이온 또는 은폐제, 킬레이트제 등을 첨가한다.
④ 표준시료와 분석시료와의 조성을 같게 한다.

76 시료 채취 시 유의사항으로 틀린 것은?

① 시료 채취 용기는 시료를 채우기 전에 시료로 3회 이상 씻은 다음 사용한다.

② 유류 또는 부유물질 등이 함유된 시료는 균질성이 유지될 수 있도록 채취해야 하며, 침전물 등이 부상하여 혼입되어서는 안된다.

③ 심부층의 지하수 채취 시에는 고속 양수펌프를 이용하여 채취시간을 최소화함으로써 수질의 변질을 방지하여야 한다.

④ 용존가스, 환원성 물질, 휘발성유기화합물, 냄새, 유류 및 수소이온 등을 측정하기 위한 시료를 채취할 때는 운반 중 공기와의 접촉이 없도록 시료 용기에 가득 채운 후 빠르게 뚜껑을 닫는다.

[해설] 지하수 시료 채취 시 심부층의 경우 저속 양수펌프 등을 이용하여 반드시 저속 시료 채취하여 시료 교란을 최소화하여야 하며, 천부층의 경우 저속 양수펌프 또는 정량 이송펌프 등을 사용한다.

77 자외선/가시선 분광법으로 불소시험 중 탈색현상이 나타났을 때 원인이 될 수 있는 것은 어느 것인가?

① 황산이 분해되어 유출된 경우
② 염소이온이 다량 함유되어 있을 경우
③ 교반속도가 일정하지 않았을 경우
④ 시료 중 불소 함량이 정량범위를 초과할 경우

78 반드시 유리 시료용기를 사용하여 시료를 보관해야 하는 항목은?

① 염소이온 ② 총인
③ 시안 ④ 유기인

[해설] ① 염소이온 : Polyethylene, Glass
② 총인 : Polyethylene, Glass
③ 시안 : Polyethylene, Glass
④ 유기인 : Glass

79 NaOH 0.01M은 약 mg/L인가?

① 40 ② 400
③ 4,000 ④ 40,000

[해설] $\dfrac{0.01\text{mol}}{\text{L}} \times \dfrac{40\text{g}}{\text{mol}} \times \dfrac{10^3\text{mg}}{1\text{g}} = 400\text{mg/L}$

80 자외선/가시선 분광법을 적용하여 페놀류를 측정할 때 간섭물질에 관한 설명으로 ( )에 옳은 것은?

> 황화합물의 간섭을 받을 수 있는데, 이는 ( )을 사용하여 pH 4로 산성화하여 교반하면 황화수소, 이산화황으로 제거할 수 있다.

① 염산 ② 질산
③ 인산 ④ 과염소산

▶ 제5과목 ┃ 수질환경관계법규

81 낚시제한구역에서의 낚시 방법에 제한사항 기준으로 옳은 것은?

① 1개의 낚시대에 4개 이상의 낚시바늘을 떡밥과 뭉쳐서 미끼로 던지는 행위
② 1개의 낚시대에 5개 이상의 낚시바늘을 떡밥과 뭉쳐서 미끼로 던지는 행위
③ 1명당 2대 이상의 낚시대를 사용하는 행위
④ 1명당 3대 이상의 낚시대를 사용하는 행위

[해설] [시행규칙 제30조] 낚시제한구역에서의 제한사항
가. 낚시바늘에 끼워서 사용하지 아니하고 물고기를 유인하기 위하여 떡밥·어분 등을 던지는 행위
나. 어선을 이용한 낚시행위 등 「낚시 관리 및 육성법」에 따른 낚시어선업을 영위하는 행위(「내수면어업법 시행령」 제14조 제1항 제1호에 따른 외줄낚시는 제외한다)
다. 1명당 4대 이상의 낚시대를 사용하는 행위
라. 1개의 낚시대에 5개 이상의 낚시바늘을 떡밥과 뭉쳐서 미끼로 던지는 행위
마. 쓰레기를 버리거나 취사행위를 하거나 화장실이 아닌 곳에서 대·소변을 보는 등 수질오염을 일으킬 우려가 있는 행위
바. 고기를 잡기 위하여 폭발물·배터리·어망 등을 이용하는 행위(「내수면어업법」 제6조·제9조 또는 제11조에 따라 면허 또는 허가를 받거나 신고를 하고 어망을 사용하는 경우는 제외한다)

82 다음 중 비점오염원의 변경신고 기준으로 옳지 않은 것은?

① 상호, 대표자, 사업명 또는 업종의 변경
② 총 사업면적, 개발면적 또는 사업장 부지면적이 처음 신고면적의 100분의 30분 이상 증가하는 경우
③ 비점오염저감시설의 종류, 위치, 용량이 변경되는 경우
④ 비점오염원 또는 비점오염저감시설의 전부 또는 일부를 폐쇄하는 경우

해설 [시행령 제73조] 비점오염원의 변경신고
법 제53조 제1항 각 호 외의 부분 후단에 따라 변경신고를 하여야 하는 경우는 다음 각 호의 경우를 말한다.
1. 상호·대표자·사업명 또는 업종의 변경
2. 총 사업면적·개발면적 또는 사업장 부지면적이 처음 신고면적의 100분의 15 이상 증가하는 경우
3. 비점오염저감시설의 종류, 위치, 용량이 변경되는 경우. 다만, 시설의 용량이 처음 신고한 용량의 100분의 15 미만 변경되는 경우는 제외한다.
4. 비점오염원 또는 비점오염저감시설의 전부 또는 일부를 폐쇄하는 경우. 다만, 법 제53조 제1항 제1호에 따른 사업의 경우 공사 중에 발생하는 비점오염물질을 처리하기 위한 비점오염저감시설을 공사 완료에 따라 전부 또는 일부 폐쇄하는 경우는 제외한다.

83 수질오염경보(조류경보) 발령 단계 중 조류 대발생 시 취수장·정수장 관리자의 조치사항은?

① 주 2회 이상 시료 채취·분석
② 정수의 독소 분석 실시
③ 발령기관에 대한 시험 분석결과의 신속한 통보
④ 취수구 및 조류가 심한 지역에 대한 방어막 설치 등 조류 제거조치 실시

해설 [시행령 별표 4] 수질오염경보의 종류별·경보단계별 조치사항
1. 조류경보
   가. 상수원 구간

단계	관계기관	조치사항
조류 대발생	취수장·정수장 관리자	1) 조류증식 수심 이하로 취수구 이동 2) 정수 처리 강화(활성탄 처리, 오존 처리) 3) 정수의 독소 분석 실시

84 폐수재이용업의 등록기준에 대한 설명 중 틀린 것은?

① 저장시설 : 원폐수 및 재이용 후 발생되는 폐수저장시설의 용량은 1일 8시간 최대처리량의 3일분 이상의 규모이어야 한다.
② 건조시설 : 건조 잔류물이 외부로 누출되지 않는 구조로 건조 잔류물의 수분 함량이 75퍼센트 이하의 성능이어야 한다.
③ 소각시설 : 소각시설의 연소실 출구 배출가스 온도조건은 최소 850℃ 이상, 체류시간은 최소 1초 이상이어야 한다.
④ 운반장비 : 폐수운반차량은 흑색으로 도색하고 노란색 글씨로 폐수운반차량, 회사명, 등록번호 및 용량 등을 일정한 크기로 표시하여야 한다.

해설 [시행규칙 별표 20] 폐수처리업의 등록기준
폐수운반차량은 청색[색 번호 10B5-12(1016)]으로 도색하고, 양쪽 옆면과 뒷면에 가로 50센티미터, 세로 20센티미터 이상 크기의 노란색 바탕에 검은색 글씨로 폐수운반차량, 회사명, 등록번호, 전화번호 및 용량을 지워지지 아니하도록 표시하여야 한다.

85 중점관리저수지의 관리자와 그 저수지의 소재지를 관할하는 시·도지사가 수립하는 중점관리저수지의 수질오염방지 및 수질개선에 관한 대책에 포함되어야 하는 사항으로 ( )에 옳은 것은 어느 것인가?

> 중점관리저수지의 경계로부터 반경 ( )의 거주인구 등 일반현황

① 500m 이내 ② 1km 이내
③ 2km 이내 ④ 5km 이내

86 시·도지사가 설치할 수 있는 측정망의 종류에 해당하는 것은?

① 비점오염원에서 배출되는 비점오염물질 측정망
② 퇴적물 측정망
③ 도심하천 측정망
④ 공공수역 유해물질 측정망

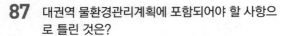

87 대권역 물환경관리계획에 포함되어야 할 사항으로 틀린 것은?

① 상수원 및 물 이용현황

② 점오염원, 비점오염원 및 기타 수질오염원의 분포현황

③ 점오염원, 비점오염원 및 기타 수질오염원의 수질오염 저감시설 현황

④ 점오염원, 비점오염원 및 기타 수질오염원에서 배출되는 수질오염물질의 양

해설 [법 제24조] 대권역 물환경관리계획의 수립

① 유역환경청장은 국가 물환경관리기본계획에 따라 제22조 제2항에 따른 대권역별로 대권역 물환경관리계획(이하 "대권역계획"이라 한다)을 10년마다 수립하여야 한다.

② 대권역계획에는 다음 각 호의 사항이 포함되어야 한다.

1. 물환경의 변화 추이 및 물환경 목표기준
2. 상수원 및 물 이용현황
3. 점오염원, 비점오염원 및 기타 수질오염원의 분포현황
4. 점오염원, 비점오염원 및 기타 수질오염원에서 배출되는 수질오염물질의 양
5. 수질오염 예방 및 저감 대책
6. 물환경 보전조치의 추진방향
7. 「저탄소녹색성장기본법」 제2조 제12호에 따른 기후변화에 대한 적응대책
8. 그 밖에 환경부령으로 정하는 사항

88 시·도지사가 오염총량관리기본계획의 승인을 받으려는 경우 오염총량관리기본계획안에 첨부하여 환경부 장관에게 제출하여야 하는 서류가 아닌 것은?

① 유역환경의 조사·분석 자료

② 오염부하량의 저감계획을 수립하는 데에 사용한 자료

③ 오염총량목표수질을 수립하는 데에 사용한 자료

④ 오염부하량의 산정에 사용한 자료

해설 [시행규칙 제11조] 오염총량관리기본계획 승인신청 및 승인기준

① 시·도지사는 법 제4조의 3 제1항에 따라 오염총량관리기본계획(이하 "오염총량관리기본계획"이라 한다)의 승인을 받으려는 경우에는 오염총량관리기본계획안에 다음 각 호의 서류를 첨부하여 환경부 장관에게 제출하여야 한다.

1. 유역환경의 조사·분석 자료
2. 오염원의 자연증감에 관한 분석 자료

3. 지역개발에 관한 과거와 장래의 계획에 관한 자료
4. 오염부하량의 산정에 사용한 자료
5. 오염부하량의 저감계획을 수립하는 데에 사용한 자료

89 공공폐수처리시설 배수설비의 설치방법 및 구조기준으로 옳지 않은 것은?

① 배수관의 관경은 안지름 150mm 이상으로 하여야 한다.

② 배수관은 우수관과 합류하여 설치하여야 한다.

③ 배수관의 기점·종점·합류점·굴곡점과 관경·관 종류가 달라지는 지점에는 맨홀을 설치하여야 한다.

④ 배수관 입구에는 유효간격 10mm 이하의 스크린을 설치하여야 한다.

해설 [시행규칙 별표 16] 폐수관로 및 배수설비의 설치방법·구조기준 등

배수관은 우수관과 분리하여 빗물이 혼합되지 아니하도록 설치하여야 한다.

90 중권역환경관리위원회의 위원으로 될 수 없는 자는?

① 수자원 관계기관의 임직원

② 지방의회 의원

③ 관계 행정기관의 공무원

④ 영리 민간단체에서 추천한 자

해설 [환경정책기본법 시행령 제17조] 중권역환경관리위원회의 구성

① 중권역관리계획을 심의·조정하기 위하여 유역환경청 또는 지방환경청에 중권역환경관리위원회(이하 "중권역위원회"라 한다)를 둔다.

② 중권역위원회는 위원장 1명을 포함한 30명 이내의 위원으로 구성하고, 중권역위원회의 위원장은 유역환경청장 또는 지방환경청장이 된다.

③ 중권역위원회의 위원은 유역환경청장 또는 지방환경청장이 다음 각 호의 사람 중에서 위촉하거나 임명한다.

1. 관계 행정기관의 공무원
2. 지방의회 의원
3. 수자원 관계기관의 임직원
4. 상공(商工)단체 등 관계 경제단체·사회단체의 대표자
5. 그 밖에 환경보전 또는 국토계획·도시계획에 관한 학식과 경험이 풍부한 사람
6. 시민단체(「비영리민간단체지원법」 제2조에 따른 비영리민간단체를 말한다)에서 추천한 사람

91 수질 및 수생태계 환경기준에서 해역의 생활환경 기준으로 옳지 않은 것은?

① 수소이온 농도(pH) : 6.5~8.5
② 용매추출 유분(mg/L) : 0.01 이하
③ 총대장균군(총대장균군 수/100mL) : 1,000 이하
④ 총인(mg/L) : 0.05 이하

[해설] 해역의 생활환경 기준

항목	수소이온 농도 (pH)	총대장균군 (총대장균군 수 /100mL)	용매추출 유분 (mg/L)
기준	6.5 ~ 8.5	1,000 이하	0.01 이하

92 수질오염경보(조류경보) 단계 중 다음 발령·해제 기준의 설명에 해당하는 단계는?

> 2회 연속 채취 시 남조류 세포 수가 1,000세포/mL 이상 10,000세포/mL 미만인 경우

① 관심 　　　　② 경보
③ 조류 대발생 　④ 해제

93 초과부과금 산정 시 적용되는 수질오염물질 1킬로그램당 부과금액이 가장 낮은 것은?

① 크롬 및 그 화합물
② 유기인화합물
③ 시안화합물
④ 비소 및 그 화합물

[해설] ① 크롬 및 그 화합물 : 75,000원
② 유기인화합물 : 150,000원
③ 시안화합물 : 150,000원
④ 비소 및 그 화합물 : 100,000원

94 수질오염방지시설 중 생물화학적 처리시설이 아닌 것은?

① 살균시설
② 폭기시설
③ 산화시설(산화조 또는 산화지)
④ 안정조

[해설] 살균시설 : 화학적 처리시설

95 제2종 사업장에 해당되는 폐수 배출량은?

① 1일 배출량이 50m³ 이상, 200m³ 미만
② 1일 배출량이 100m³ 이상, 300m³ 미만
③ 1일 배출량이 500m³ 이상, 2,000m³ 미만
④ 1일 배출량이 700m³ 이상, 2,000m³ 미만

96 위임업무 보고사항 중 보고횟수가 연 4회에 해당되는 것은?

① 측정기기 부착사업자에 대한 행정처분현황
② 측정기기 부착사업장 관리현황
③ 비점오염원의 설치신고 및 방지시설 설치현황 및 행정처분현황
④ 과징금 부과실적

[해설] ① 측정기기 부착사업자에 대한 행정처분현황 : 연 2회
② 측정기기 부착사업장 관리현황 : 연 2회
④ 과징금 부과실적 : 연 2회

97 폐수무방류배출시설의 세부 설치기준에 관한 내용으로 ( )에 옳은 것은?

> 특별대책지역에 설치되는 폐수무방류배출시설의 경우 1일 24시간 연속하여 가동되는 것이면 배출폐수를 전량 처리할 수 있는 예비 방지시설을 설치하여야 하고, 1일 최대 폐수발생량이 ( )m³ 이상이면 배출폐수의 무방류 여부를 실시간으로 확인할 수 있는 원격 유량감시장치를 설치하여야 한다.

① 100 　　　　② 200
③ 300 　　　　④ 500

98 기본배출부과금의 부과대상이 되는 수질오염물질은?

① 유기물질 　　② BOD
③ 카드뮴 　　　④ 구리

[해설] [시행령 제42조] 기본배출부과금의 부과대상 수질오염물질의 종류
기본배출부과금의 부과대상이 되는 수질오염물질의 종류는 다음 각 호와 같다.
1. 유기물질
2. 부유물질

99 1일 폐수배출량이 2천m³ 이상인 사업장에서 생물화학적 산소요구량의 농도가 25mg/L의 폐수를 배출하였다면, 이 업체의 방류수 수질기준 초과에 따른 부과계수는? (단, 배출허용기준에 적용되는 지역은 청정지역임.)

① 2.0　　　② 2.2
③ 2.4　　　④ 2.6

해설 방류수 수질기준 초과율
＝(배출농도－방류수 수질기준)÷(배출허용기준－방류수 수질기준)×100
　배출농도 : 25mg/L
　방류수 수질기준 : 10mg/L
　배출허용기준 : 30mg/L
＝$(25-10)÷(30-10)×100$
＝75%
[시행령 별표 11] 방류수 수질기준 초과율별 부과계수

초과율	부과계수	초과율	부과계수
10% 미만	1	50~60%	2.0
10~20%	1.2	60~70%	2.2
20~30%	1.4	70~80%	2.4
30~40%	1.6	80~90%	2.6
40~50%	1.8	90~100%	2.8

100 비점오염방지시설의 유형별 기준 중 자연형 시설이 아닌 것은?

① 저류시설
② 침투시설
③ 식생형 시설
④ 스크린형 시설

해설 [시행규칙 별표 6] 비점오염저감시설(제8조 관련)
① 자연형 시설 : 저류시설, 인공습지, 침투시설, 식생형 시설
② 장치형 시설 : 여과형 시설, 와류형 시설, 스크린형 시설, 응집·침전 처리형 시설, 생물학적 처리형 시설

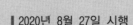
숫자로 보는 문제유형 분석

계산문제 출제비율	수질오염개론	상하수도계획
	40%	15%
수질오염방지기술	공정시험기준	전체 100문제 중
40%	15%	22%

어쩌다 한번 만나는 문제	수질오염개론	상하수도계획
	10, 15, 19	25, 40
수질오염방지기술	공정시험기준	수질관계법규
41	72, 76	–

제1과목 ▎수질오염개론

01 자연계의 질소순환에 대한 설명으로 가장 거리가 먼 것은?

① 대기의 질소는 방전작용, 질소고정세균, 그리고 조류에 의하여 끊임없이 소비된다.
② 소변 속의 질소는 주로 요소로 바로 탄산암모늄으로 가수분해된다.
③ 유기질소는 부패균이나 곰팡이의 작용으로 암모니아성질소로 변환된다.
④ 암모니아성질소는 혐기성 상태에서 환원균에 의해 바로 질소가스로 변환된다.

해설 혐기성 상태에서 탈질환원균에 의해 바로 질소가스로 변환되는 것은 질산성질소이다.

02 유량 4.2m³/sec, 유속 0.4m/sec, BOD 7mg/L인 하천이 흐르고 있다. 이 하천에 유량 25.2m³/min, BOD 500mg/L인 공장폐수가 유입되고 있다면 하천수와 공장폐수의 합류지점의 BOD(mg/L)는? (단, 완전혼합이라 가정)

① 약 33
② 약 45
③ 약 52
④ 약 67

해설 혼합공식을 이용하여 합류지점의 BOD 산정
ⓐ 유량 단위 환산
$$\frac{25.2m^3}{min} \times \frac{1min}{60sec} = 0.42m^3/sec$$
ⓑ 합류지점 농도 산정
$$C_m = \frac{Q_1 C_1 + Q_2 C_2}{Q_1 + Q_2}$$
$$= \frac{4.2 \times 7 + 0.42 \times 500}{4.2 + 0.42} = 51.8181mg/L$$

03 20℃에서 k_1이 0.16/day(base 10)라 하면, 10℃에 대한 BOD_5/BOD_u 비는? (단, $\theta = 1.047$)

① 0.63
② 0.68
③ 0.73
④ 0.78

해설 소모 BOD 공식 적용
소모 $BOD = BOD_u \times (1 - 10^{-Kt})$
ⓐ 온도변화에 따른 K값을 보정
$$K_{(T)} = K_{20} \times 1.047^{(T-20)}$$
$$= 0.16 day^{-1} \times 1.047^{(10-20)} = 0.1010 day^{-1}$$
ⓑ BOD_5/최종 BOD
$$\frac{BOD_5}{BOD_u} = (1 - 10^{-0.1010 \times 5}) = 0.6873$$

04 유량 400,000m³/day의 하천에 인구 20만명의 도시로부터 30,000m³/day의 하수가 유입되고 있다. 하수 유입 전 하천의 BOD는 0.5mg/L이고, 유입 후 하천의 BOD를 2mg/L로 하기 위해서 하수처리장을 건설하려고 한다면 이 처리장의 BOD 제거효율(%)은? (단, 인구 1인당 BOD 배출량 = 20g/day)

① 약 84
② 약 87
③ 약 90
④ 약 93

해설 ⓐ 도시 → 하수처리장으로 유입되는 BOD 농도 산정
$$C_i = \frac{20g}{인 \cdot 일} \times 200,000인 \times \frac{day}{30,000m^3} \times \frac{10^3 mg}{1g}$$
$$\times \frac{1m^3}{10^3 L} = 133.33mg/L$$
ⓑ 하천의 BOD를 2mg/L로 하기 위한 유입가능 허용 BOD 농도 산정
$$2mg/L = \frac{(400,000 \times 0.5) + (30,000 \times C_o)}{400,000 + 30,000}$$
$$C_o = 22mg/L$$
ⓒ 하수처리장 효율 산정
$$\eta = \left(1 - \frac{C_t}{C_o}\right) \times 100 = \left(1 - \frac{22}{133.33}\right) \times 100 = 83.5\%$$

05 에탄올(C_2H_5OH) 300mg/L가 함유된 폐수의 이론적 COD값(mg/L)은? (단, 기타 오염물질은 고려하지 않는다.)

① 312
② 453
③ 578
④ 626

[해설] 에탄올의 이론적 COD 산정

$C_2H_5OH + 3O_2 \rightarrow 2CO_2 + 3H_2O$

$46g : 3 \times 32g = 300mg/L : \square mg/L$

$\therefore \square = 626.0869mg/L$

06 Glucose($C_6H_{12}O_6$) 500mg/L 용액을 호기성 처리 시 필요한 이론적인 인(P) 농도(mg/L)는? (단, $BOD_5 : N : P = 100 : 5 : 1$, $K_1 = 0.1day^{-1}$, 상용대수 기준, 완전분해 기준, $BOD_u = COD$)

① 약 3.7
② 약 5.6
③ 약 8.5
④ 약 12.8

[해설]
ⓐ Glucose의 최종 BOD 산정

$C_6H_{12}O_6 + 6O_2 \rightarrow 6CO_2 + 6H_2O$

$180g : 192g = 500mg/L : \square mg/L$

$\square = 533.3333mg/L$

ⓑ BOD_5 산정

소모 $BOD = BOD_u \times (1 - 10^{-k_1 \times t})$

$BOD_5 = 533.3333mg/L \times (1 - 10^{-0.1 \times 5})$

$= 364.6785mg/L$

ⓒ 인의 농도 산정

$BOD_5 : P = 100 : 1$

$100 : 1 = 364.6785 : \square$

$\therefore \square = 3.6467mg/L$

07 Graham의 기체법칙에 관한 내용으로 (   )에 알맞은 것은?

> 수소의 확산속도에 비해 염소는 약 (㉠), 산소는 (㉡) 정도의 확산속도를 나타낸다.

① ㉠ 1/6, ㉡ 1/4
② ㉠ 1/6, ㉡ 1/9
③ ㉠ 1/4, ㉡ 1/6
④ ㉠ 1/9, ㉡ 1/6

[해설] Graham의 법칙 : 수중에서 오염물질의 확산속도는 분자량이 커질수록 작아지며, 기체 분자량의 제곱근에 반비례한다.

$$V = K \frac{1}{\sqrt{M_w}}$$

ⓐ 수소의 확산속도

$$H_2 = K \frac{1}{\sqrt{2}} = 0.7071K$$

ⓑ 염소의 확산속도

$$Cl_2 = K \frac{1}{\sqrt{71}} = 0.1186K$$

ⓒ 산소의 확산속도

$$O_2 = K \frac{1}{\sqrt{32}} = 0.1767K$$

ⓓ 확산속도의 비

$$\frac{염소}{수소} = \frac{0.1186}{0.7071} \fallingdotseq \frac{1}{6}$$

$$\frac{산소}{수소} = \frac{0.1767}{0.7071} \fallingdotseq \frac{1}{4}$$

08 적조현상에 의해 어패류가 폐사하는 원인과 가장 거리가 먼 것은?

① 적조생물이 어패류의 아가미에 부착함으로 인해
② 적조류의 광범위한 수면막 형성으로 인해
③ 치사성이 높은 유독물질을 분비하는 조류로 인해
④ 적조류의 사후분해에 의한 수중 부패 독의 발생으로 인해

[해설] 유류오염에 의해 광범위한 수면막이 형성된다.

09 우리나라의 수자원에 관한 설명으로 가장 거리가 먼 것은?

① 강수량의 지역적 차이가 크다.
② 주요 하천 중 한강의 수자원 보유량이 가장 많다.
③ 하천의 유역면적은 크지만 하천경사는 급하다.
④ 하천의 하상계수가 크다.

[해설] 하천의 유역면적은 작고 길이가 짧으며 하천경사는 급하다.

10 세균의 구조에 대한 설명이 올바르지 못한 것은?

① 세포벽 : 세포의 기계적인 보호
② 협막과 점액층 : 건조 혹은 독성물질로부터 보호
③ 세포막 : 호흡대사 기능을 발휘
④ 세포질 : 유전에 관계되는 핵산 포함

11 화학 흡착에 관한 내용으로 옳지 않은 것은?

① 흡착된 물질은 표면에 농축되어 여러 개의 겹쳐진 층을 형성함.
② 흡착 분자는 표면의 한 부위에서 다른 부위로의 이동이 자유롭지 못함.
③ 흡착된 물질 제거를 위해 일반적으로 흡착제를 높은 온도로 가열함.
④ 거의 비가역적임.

[해설] 물리적 흡착 : 흡착된 물질은 표면에 농축되어 여러 개의 겹쳐진 층을 형성함.

12 크롬에 관한 설명으로 틀린 것은?

① 만성크롬중독인 경우에는 미나마타병이 발생한다.
② 3가크롬은 비교적 안정하나 6가크롬 화합물은 자극성이 강하고 부식성이 강하다.
③ 3가크롬은 피부흡수가 어려우나 6가크롬은 쉽게 피부를 통과한다.
④ 만성중독현상으로는 비점막염증이 나타난다.

[해설] 만성수은중독인 경우에 미나마타병이 발생한다.

13 자정상수(f)의 영향인자에 관한 설명으로 옳은 것은?

① 수심이 깊을수록 자정상수는 커진다.
② 수온이 높을수록 자정상수는 작아진다.
③ 유속이 완만할수록 자정상수는 커진다.
④ 바닥구배가 클수록 자정상수는 작아진다.

[해설] ① 수심이 깊을수록 자정상수는 작아진다.
③ 유속이 완만할수록 자정상수는 작아진다.
④ 바닥구배가 클수록 자정상수는 커진다.

14 유해물질과 그 중독증상(영향)과의 관계로 가장 거리가 먼 것은?

① Mn : 흑피층
② 유기인 : 현기증, 동공축소
③ Cr^{6+} : 피부궤양
④ PCB : 카네미유증

[해설] 망간(Mn) : 파킨슨병 유사 증세

15 물질대사 중 동화작용을 가장 알맞게 나타낸 것은 어느 것인가?

① 잔여 영양분＋ATP → 세포물질＋ADP＋무기인＋배설물
② 잔여 영양분＋ADP＋무기인 → 세포물질＋ATP＋배설물
③ 세포 내 영양분의 일부＋ATP → ADP＋무기인＋배설물
④ 세포 내 영양분의 일부＋ADP＋무기인 → ATP＋배설물

16 수자원의 순환에서 가장 큰 비중을 차지하는 것은?

① 해양으로의 강우
② 증발
③ 증산
④ 육지로의 강우

17 Formaldehyde(CH_2O)의 COD/TOC 비는?

① 1.37 　　② 1.67
③ 2.37 　　④ 2.67

[해설] 최종 COD/TOC의 비
$$\frac{\text{최종 COD}}{\text{TOC}} = \frac{32}{12} = 2.67$$

18 경도에 관한 관계식으로 틀린 것은?

① 총경도－비탄산경도＝탄산경도
② 총경도－탄산경도＝마그네슘경도
③ 알칼리도＜총경도일 때 탄산경도＝비탄산경도
④ 알칼리도≥총경도일 때 탄산경도＝총경도

[해설] ② 총경도－탄산경도＝비탄산경도
③ 알칼리도＜총경도일 때 탄산경도＝알칼리도

19 하구의 혼합 형식 중 하상구배와 조차가 적어서 염수와 담수의 2층 밀도류가 발생되는 것은?

① 강 혼합형
② 약 혼합형
③ 중 혼합형
④ 완 혼합형

20 150kL/day의 분뇨를 포기하여 BOD의 20%를 제거하였다. BOD 1kg을 제거하는 데 필요한 공기 공급량이 60m³라 했을 때 시간당 공기 공급량(m³)은? (단, 연속포기, 분뇨의 BOD= 20,000mg/L)

① 100　　　　② 500
③ 1,000　　　④ 1,500

해설　단위환산을 이용한다.

$$X\left(\frac{m^3 - 공기}{hr}\right) = \frac{20,000mg - BOD}{L} \times \frac{150kL}{day}$$
$$\times \frac{20}{100} \times \frac{10^3 L}{1kL} \times \frac{1kg}{10^6 mg} \times \frac{1day}{24hr}$$
$$\times \frac{60m^3 - 공기}{kg - BOD}$$
$$= 1,500 m^3/hr$$

제2과목 ▌ 상하수도계획

21 계획취수량을 확보하기 위하여 필요한 저수용량의 결정에 사용하는 계획기준년의 표준으로 가장 적절한 것은?

① 3개년에 제1위 정도의 갈수
② 5개년에 제1위 정도의 갈수
③ 7개년에 제1위 정도의 갈수
④ 10개년에 제1위 정도의 갈수

22 수격작용을 방지 또는 줄이는 방법이라 할 수 없는 것은?

① 펌프에 플라이휠을 붙여 펌프의 관성을 증가시킨다.
② 흡입 측 관로에 압력조절수조를 설치하여 부압을 유지시킨다.
③ 펌프 토출구 부근에 공기탱크를 두거나 부압 발생지점에 흡기밸브를 설치하여 압력강하 시 공기를 넣어준다.
④ 관 내 유속을 낮추거나 관거상황을 변경한다.

해설　토출 측 관로에 압력조절수조(surge tank)를 설치하여 부압을 방지시킨다.

23 도수관을 설계할 때 평균유속 기준으로 (　)에 옳은 것은?

> 자연유하식인 경우에는 허용최대한도를 (㉠)로 하고, 도수관의 평균유속의 최소한도는 (㉡)로 한다.

① ㉠ 1.5mg/s, ㉡ 0.3m/s
② ㉠ 1.5mg/s, ㉡ 0.6m/s
③ ㉠ 3.0mg/s, ㉡ 0.3m/s
④ ㉠ 3.0mg/s, ㉡ 0.6m/s

24 펌프의 캐비테이션(공동현상) 발생을 방지하기 위한 대책으로 옳은 것은?

① 펌프의 설치위치를 가능한 한 높게 하여 가용유효흡입수두를 크게 한다.
② 흡입관의 손실을 가능한 한 작게 하여 가용유효흡입수두를 크게 한다.
③ 펌프의 회전속도를 높게 선정하여 필요유효흡입수두를 작게 한다.
④ 흡입 측 밸브를 완전히 폐쇄하고 펌프를 운전한다.

해설　② 흡입관의 손실을 가능한 한 작게 하여 펌프의 필요유효흡입수두를 크게 한다.
③ 펌프의 회전수를 낮게 선정하여 펌프의 필요유효흡입수두를 작게 한다.
④ 흡입 측 밸브를 완전히 개방하고 펌프를 운전한다.

25 피압수 우물에서 영향원 직경 1km, 우물 직경 1m, 피압대수층의 두께 20m, 투수계수 20m/day로 추정되었다면, 양수정에서의 수위 강하를 5m로 유지하기 위한 양수량(m³/sec)은?

$$\left(단, Q = 2\pi kb \frac{H - ho}{2.3 \log_{10} \frac{R}{r_o}}\right)$$

① 약 0.005　　② 약 0.02
③ 약 0.05　　 ④ 약 0.1

해설
$$Q = 2\pi \times 20 \times 20 \times \frac{5}{2.3 \log_{10} \frac{500}{0.5}}$$
$$= 1821.2131 m^3/day$$
$$= 0.0210 m^3/sec$$

26 지표수의 취수를 위해 하천수를 수원으로 하는 경우의 취수탑에 관한 설명으로 옳지 않은 것은?

① 대량취수 시 경제적인 것이 특징이다.
② 취수보와 달리 토사유입을 방지할 수 있다.
③ 공사비는 일반적으로 크다.
④ 시공 시 가물막이 등 가설공사는 비교적 소규모로 할 수 있다.

27 상수의 도수관로의 자연부식 중 매크로셀 부식에 해당되지 않는 것은?

① 이종금속
② 간섭
③ 산소농담(통기차)
④ 콘크리트 · 토양

해설 전식 : 간섭

28 우수배제계획 수립에 적용되는 하수관거의 계획우수량 결정을 위한 확률년수는?

① 5~10년
② 10~15년
③ 10~30년
④ 30~50년

29 상수도관으로 사용되는 관 종 중 스테인리스강관에 관한 특징으로 틀린 것은?

① 강인성이 뛰어나고 충격에 강하다.
② 용접접속에 시간이 걸린다.
③ 라이닝이나 도장을 필요로 하지 않는다.
④ 이종금속과의 절연처리가 필요 없다.

해설 이종금속과의 절연처리가 필요하다.

30 계획송수량과 계획도수량의 기준이 되는 수량은?

① 계획송수량 : 계획1일최대급수량,
  계획도수량 : 계획시간최대급수량
② 계획송수량 : 계획시간최대급수량,
  계획도수량 : 계획1일최대급수량
③ 계획송수량 : 계획취수량,
  계획도수량 : 계획1일최대급수량
④ 계획송수량 : 계획1일최대급수량,
  계획도수량 : 계획취수량

31 취수시설에서 취수된 원수를 정수시설까지 끌어들이는 시설은?

① 배수시설
② 급수시설
③ 송수시설
④ 도수시설

32 원수의 냄새물질(2-MIB, geosmin 등), 색도, 미량유기물질, 소독부산물전구물질, 암모니아성질소, 음이온계면활성제, 휘발성, 유기물질 등을 제거하기 위한 수처리공정으로 가장 적합한 것은 어느 것인가?

① 완속여과
② 급속여과
③ 막여과
④ 활성탄여과

33 하수 펌프장 시설인 스크루펌프(screw pump)의 일반적인 장 · 단점으로 틀린 것은?

① 회전수가 낮기 때문에 마모가 적다.
② 수중의 협잡물이 물과 함께 떠올라 폐쇄 가능성이 크다.
③ 기동에 필요한 물채움장치나 밸브 등 부대시설이 없어 자동운전이 쉽다.
④ 토출 측의 수로를 압력관으로 할 수 없다.

해설 수중의 협잡물이 물과 함께 떠올라 폐쇄가 적다.

34 다음 중 계획오수량에 관한 설명으로 옳지 않은 것은?

① 계획1일최대오수량은 1인1일최대오수량에 계획인구를 곱한 후, 여기에 공장 폐수량, 지하수량 및 기타 배수량을 더한 것으로 한다.
② 합류식에서 우천 시 계획오수량은 원칙적으로 계획시간최대오수량의 3배 이상으로 한다.
③ 지하수량은 1인1일평균오수량의 5~10%로 한다.
④ 계획시간최대오수량은 계획1일최대오수량의 1시간당 수량의 1.3~1.8배를 표준으로 한다.

해설 지하수량은 1인1일평균오수량의 10~20%로 한다.

35 하수관거 배수설비의 설명 중 옳지 않은 것은?

① 배수설비는 공공하수도의 일종이다.
② 배수설비 중의 물받이의 설치는 배수구역 경계지점 또는 배수구역 안에 설치하는 것을 기본으로 한다.
③ 결빙으로 인한 우·오수 흐름의 지장이 발생되지 않도록 하여야 한다.
④ 배수관은 암거로 하며, 우수만을 배수하는 경우에는 개거도 가능하다.

해설 배수설비는 개인하수도의 일종이다.

36 호소의 중소량 취수시설로 많이 사용되고 구조가 간단하며 시공도 비교적 용이하나 수중에 설치되므로 호소의 표면수는 취수할 수 없는 것은?

① 취수틀   ② 취수보
③ 취수관거   ④ 취수문

37 상수도시설 일반구조의 설계하중 및 외력에 대한 고려 사항으로 틀린 것은?

① 풍압은 풍량에 풍력계수를 곱하여 산정한다.
② 얼음 두께에 비하여 결빙면이 작은 구조물의 설계에는 빙압을 고려한다.
③ 지하수위가 높은 곳에 설치하는 지상 구조물은 비웠을 경우의 부력을 고려한다.
④ 양압력은 구조물의 전후에 수위차가 생기는 경우에 고려한다.

해설 풍압 : 설계속도압×풍력계수

38 상수도시설인 취수탑의 취수구에 관한 내용과 가장 거리가 먼 것은?

① 계획취수위는 취수구로부터 도수기점까지의 수두손실을 계산하여 결정한다.
② 취수탑의 내측이나 외측에 슬루스게이트(제수문), 버터플라이밸브 또는 제수밸브 등을 설치한다.
③ 전면에서는 협잡물을 제거하기 위한 스크린을 설치해야 한다.
④ 단면 형상은 장방형 또는 원형으로 한다.

해설 계획취수위는 취수구로부터 도수기점까지의 손실수두를 계산하여 결정한다.

39 직경 1m의 원형 콘크리트관에 하수가 흐르고 있다. 동수구배(I)가 0.01이고, 수심이 0.5m일 때 유속(m/sec)은? (단, 조도계수(n)=0.013, Manning 공식 적용, 만관 기준)

① 2.1   ② 2.7
③ 3.1   ④ 3.7

해설 Manning에 의한 유속의 계산은 아래와 같다.

$$V = \frac{1}{n} R^{\frac{2}{3}} I^{\frac{1}{2}}$$

ⓐ 경심 산정

$$R = \frac{단면적}{윤변} = \frac{D}{4} = \frac{1}{4} = 0.25$$

ⓑ 유속 산정

$$V = \frac{1}{0.013} \times (0.25)^{\frac{2}{3}} \times (0.01)^{\frac{1}{2}} = 3.0526 \, \text{m/sec}$$

40 자유수면을 갖는 천정호(반경 r_o=0.5m, 원지하수위 H=7.0m)에 대한 양수시험결과 양수량이 0.03m³/sec일 때 천정호의 수심 h_o=5.0m, 영향반경 R=200m에서 평형이 되었다. 이때 투수계수 k(m/sec)는?

① 4.5×10^{-4}
② 2.4×10^{-3}
③ 3.5×10^{-3}
④ 1.6×10^{-2}

해설
$$Q = \frac{\pi k (H^2 - h^2)}{2.3 \log(R/r)}$$

$$\frac{0.03 \text{m}^3}{\text{sec}} = \frac{\pi k (7^2 - 5^2)}{2.3 \log(200/0.5)}$$

$$\therefore \ k = 2.3812 \times 10^{-3} \, \text{m/sec}$$

▶ 제3과목 ┃ 수질오염방지기술

41 막분리 공법을 이용한 정수처리의 장점으로 가장 거리가 먼 것은?

① 부산물이 생기지 않는다.
② 정수장 면적을 줄일 수 있다.
③ 시설의 표준화로 부품관리 시공이 간편하다.
④ 자동화, 무인화가 용이하다.

42 포기조 유효용량이 1,000m³이고, 잉여슬러지 배출량이 25m³/day로 운전되는 활성슬러지 공정이 있다. 반응슬러지의 SS 농도(X_r)에 대한 MLSS 농도(X)의 비(X/X_r)가 0.25일 때 평균 미생물 체류시간(day)은? (단, 2차 침전지 유출수의 SS 농도는 무시)

① 7 ② 8
③ 9 ④ 10

해설 유출수의 SS 농도를 무시한 SRT 산정

$$SRT = \frac{\forall \cdot X}{Q_w X_w} = \frac{1,000m^3}{25m^3/day} \times 0.25 = 10day$$

43 인이 8mg/L 들어 있는 하수의 인 침전(인을 침전시키는 실험에서 인 1몰당 알루미늄 1.5몰이 필요)을 위해 필요한 액체 명반($Al_2(SO_4)_3 \cdot 18H_2O$)의 양(L/day)은? (단, 액체 명반의 순도=48%, 단위중량=1,281kg/m³, 명반 분자량=666.7, 알루미늄 원자량=26.98, 인 원자량=31, 유량=10,000m³/day)

① 약 2,100 ② 약 2,800
③ 약 3,200 ④ 약 3,700

해설

$$\frac{8mg}{L} \times \frac{10,000m^3}{day} \times \frac{kg}{10^6 mg}$$

$$\times \frac{10^3 L}{m^3} \times \frac{1.5 \times 26.98}{31} \times \frac{666.7}{2 \times 26.98}$$

$$\times \frac{100}{48} \times \frac{m^3}{1,281kg} \times \frac{10^3 L}{m^3}$$

$$= 2098.5998 L/day$$

44 농도 5,500mg/L인 폭기조 활성슬러지 1L를 30분간 정치시킨 후 침강 슬러지의 부피가 45%를 차지하였을 때의 SDI는?

① 1.22 ② 1.48
③ 1.61 ④ 1.83

해설 SVI 산정 후 SDI 계산

ⓐ $SVI = \dfrac{SV_{30}(\%)}{MLSS} \times 10^4 = \dfrac{SV_{30}(mL)}{MLSS} \times 10^3$

$= \dfrac{45\%}{5,500mg/L} \times 10^4$

$= 81.8181$

ⓑ $SDI = 100/SVI$

$= 100/81.8181 = 1.2222$

45 하수처리과정에서 염소소독과 자외선소독을 비교할 때 염소소독의 장·단점으로 틀린 것은?

① 암모니아의 첨가에 의해 결합잔류염소가 형성된다.
② 염소접촉조로부터 휘발성유기물이 생성된다.
③ 처리수의 총용존고형물이 감소한다.
④ 처리수의 잔류독성이 탈염소과정에 의해 제거되어야 한다.

해설 처리수의 총용존고형물이 증가한다.

46 침전지에서 입자의 침강속도가 증대되는 원인이 아닌 것은?

① 입자 비중의 증가
② 액체 점성계수의 증가
③ 수온의 증가
④ 입자 직경의 증가

해설 액체 점성계수의 감소

47 바이오 센서와 수질오염공정시험기준에서 독성평가에 사용되기도 하는 생물종으로 가장 가까운 것은?

① Leptodora ② Monia
③ Daphnia ④ Alona

48 다음 공정에서 처리될 수 있는 폐수의 종류는?

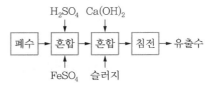

① 크롬폐수 ② 시안폐수
③ 비소폐수 ④ 방사능폐수

49 활성슬러지 공정을 사용하여 BOD 200mg/L의 하수 2,000m³/day를 BOD 30mg/L까지 처리하고자 한다. 포기조의 MLSS를 1,600mg/L로 유지하고, 체류시간을 8시간으로 하고자 할 때의 F/M비(kg BOD/kg MLSS·day)는?

① 0.12 ② 0.24
③ 0.38 ④ 0.43

42.④ 43.① 44.① 45.③ 46.② 47.③ 48.① 49.③

해설 F/M비의 관계식을 이용하여 체류시간 산정

$$F/M(day^{-1}) = \frac{유입\ BOD\ 총량}{포기조\ 내의\ MLSS량}$$

$$= \frac{BOD_i \times Q_i}{\forall \times X}$$

$$= \frac{BOD_i}{HRT \times X}$$

$$= \frac{200mg/L}{8hr \times \dfrac{day}{24hr} \times 1,600mg/L}$$

$$= 0.375$$

50 활성탄 흡착단계를 설명한 것으로 가장 거리가 먼 것은?

① 흡착제 주위의 막을 통하여 피흡착제의 분자가 이동하는 단계
② 피흡착제의 극성에 의해 제타포텐셜(Zeta Potential)이 적용되는 단계
③ 흡착제 공극을 통하여 피흡착제가 확산하는 단계
④ 흡착이 되면서 흡착제와 피흡착제 사이에 결합이 일어나는 단계

51 음용수 중 철과 망간의 기준 농도에 맞추기 위한 그 제거 공정으로 알맞지 않은 것은?

① 포기에 의한 침전
② 생물학적 여과
③ 제올라이트 수착
④ 인산염에 의한 산화

52 하수 처리방식 중 회전원판법에 관한 설명으로 가장 거리가 먼 것은?

① 활성슬러지법에 비해 2차 침전지에서 미세한 SS가 유출되기 쉽고, 처리수의 투명도가 나쁘다.
② 운전관리상 조작이 간단한 편이다.
③ 질산화가 거의 발생하지 않으며, pH 저하도 거의 없다.
④ 소비전력량이 소규모 처리시설에서는 표준활성슬러지법에 비하여 적은 편이다.

해설 질산화가 발생하기 쉬운편이며, pH가 저하되는 경우가 있다.

53 하·폐수를 통하여 배출되는 계면활성제에 대한 설명 중 잘못된 것은?

① 계면활성제는 메틸렌블루 활성물질이라고도 한다.
② 계면활성제는 주로 합성세제로부터 배출되는 것이다.
③ 물에 약간 녹으며 폐수처리 플랜트에서 거품을 만들게 된다.
④ ABS는 생물학적으로 분해가 매우 쉬우나 LAS는 생물학적으로 분해가 어려운 난분해성 물질이다.

해설 LAS가 ABS보다 미생물에 의해 분해가 잘된다.

54 폐수유량 1,000m³/day, 고형물 농도 2,700mg/L인 슬러지를 부상법에 의해 농축시키고자 한다. 압축탱크의 압력이 4기압이며, 공기의 밀도 1.3g/L, 공기의 용해량 29.2cm³/L일 때 Air/Solid비는? (단, $f=0.5$, 비순환방식 기준)

① 0.009 ② 0.014
③ 0.019 ④ 0.025

해설 A/S비 산정을 위한 관계식은 아래와 같다.

$$A/S비 = \frac{1.3 \times C_a(f \times P - 1)}{SS}$$

여기서, 1.3 : 공기의 밀도(g/L)
C_a : 공기의 용해량 → 29.2mL/L
f : 0.5
$P = 4atm$
SS : SS의 농도 → 2,700mg/L

$$\therefore A/S비 = \frac{1.3 \times 29.2 \times (0.5 \times 4 - 1)}{2,700} = 0.0140$$

55 9.0kg의 글루코오스(Glucose)로부터 발생 가능한 0℃, 1atm에서의 CH_4가스의 용적(L)은? (단, 혐기성 분해 기준)

① 3,160 ② 3,360
③ 3,560 ④ 3,760

해설 글루코오스($C_6H_{12}O_6$)의 혐기성 분해 반응식 이용
$C_6H_{12}O_6 \rightarrow 3CH_4 + 3CO_2$
　180g : 3×22.4L
　9,000g : □L
∴ □ = 3,360L at STP

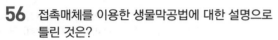

56 접촉매체를 이용한 생물막공법에 대한 설명으로 틀린 것은?

① 유지관리가 쉽고, 유기물 농도가 낮은 기질제거에 유효하다.

② 수온의 변화나 부하변동에 강하고, 처리효율에 나쁜 영향을 주는 슬러지 팽화문제를 해결할 수 있다.

③ 공극폐쇄 시에도 양호한 처리수질을 얻을 수 있으며, 세정조작이 용이하다.

④ 슬러지 발생량이 적고, 고도처리에도 효과적이다.

[해설] 공극폐쇄 시에 양호한 처리수질을 얻을 수 없다.

57 무기수은계 화합물을 함유한 폐수의 처리방법이 아닌 것은?

① 황화물침전법

② 활성탄흡착법

③ 산화분해법

④ 이온교환법

58 2,000m³/day의 하수를 처리하는 하수처리장의 1차 침전지에서 침전고형물이 0.4ton/day, 2차 침전지에서 0.3ton/day가 제거되며 이때 각 고형물의 함수율은 98%, 99.5%이다. 체류시간을 3일로 하여 고형물을 농축시키려면 농축조의 크기(m³)는? (단, 고형물의 비중=1.0 가정)

① 80

② 240

③ 620

④ 1,860

[해설] ⓐ 슬러지 발생량 산정

슬러지=고형물+수분

함수율(수분)	98%	함수율(수분)	99.5%
고형물	2%	고형물	0.5%
슬러지	100%	슬러지	100%

$$\frac{0.4ton}{day} \times \frac{100}{2} + \frac{0.3ton}{day} \times \frac{100}{0.5}$$
$$= 80ton/day \rightarrow 80m^3/day$$

ⓑ 농축조 크기

$$\frac{80m^3}{day} \times 3day = 240m^3$$

59 하수처리를 위한 소독방식의 장·단점에 관한 내용으로 틀린 것은?

① ClO_2 : 부산물에 의한 청색증이 유발될 수 있다.

② ClO_2 : pH 변화에 따른 영향이 적다.

③ NaOCl : 잔류효과가 적다.

④ NaOCl : 유량이나 탁도 변동에서 적응이 쉽다.

[해설] NaOCl : 잔류효과가 있다.

60 Monod식을 이용한 세포의 비증식속도(hr^{-1})는? (단, 제한기질농도=200mg/L, 1/2포화농도=50mg/L, 세포의 비증식속도 최대치=0.1hr^{-1})

① 0.08

② 0.12

③ 0.16

④ 0.24

[해설] 기질농도와 효소의 반응률 사이의 관계를 나타내는 Monod의 식을 이용한다.

$$\mu = \mu_{max} \times \frac{S}{K_s + S} = 0.1 \times \frac{200}{50+200} = 0.08hr^{-1}$$

제4과목 ▎수질오염공정시험기준

61 정도관리 요소 중 정밀도를 옳게 나타낸 것은?

① 정밀도(%)=(연속적으로 n회 측정한 결과의 평균값/표준편차)×100

② 정밀도(%)=(표준편차/연속적으로 n회 측정한 결과의 평균값)×100

③ 정밀도(%)=(상대편차/연속적으로 n회 측정한 결과의 평균값)×100

④ 정밀도(%)=(연속적으로 n회 측정한 결과의 평균값/상대편차)×100

62 수산화나트륨(NaOH) 10g을 물에 녹여서 500mL로 하였을 경우 용액의 농도(N)는?

① 0.25

② 0.5

③ 0.75

④ 1.0

해설 N=eq/L

$$N = \frac{10g \times \frac{1eq}{(40/1)g}}{0.5L} = 0.5 eq/L$$

63 수질오염공정시험기준에 의해 분석할 시료를 채수 후 측정시간이 지연될 경우 시료를 보존하기 위해 4℃에 보관하고, 염산으로 pH를 5~9 정도로 유지하여야 하는 항목은?

① 부유물질　　　　② 망간
③ 알킬수은　　　　④ 유기인

64 산성과망간산칼륨법에 의한 화학적 산소요구량 측정 시 황산은(Ag₂SO₄)을 첨가하는 이유는?

① 발색조건을 균일하게 하기 위해서
② 염소이온의 방해를 억제하기 위해서
③ pH를 조절하여 종말점을 분명하게 하기 위해서
④ 과망간산칼륨의 산화력을 증가시키기 위해서

65 다이페닐카바자이드와 반응하여 생성하는 적자색 착화합물의 흡광도를 540nm에서 측정하는 중금속은?

① 6가크롬　　　　② 인산염인
③ 구리　　　　　　④ 총인

66 총칙 중 관련 용어의 정의로 틀린 것은?

① 용기 : 시험에 관련된 물질을 보호하고 이물질이 들어가는 것을 방지할 수 있는 것을 말한다.
② 바탕시험을 하여 보정한다 : 시료에 대한 처리 및 측정을 할 때, 시료를 사용하지 않고 같은 방법으로 조작한 측정치를 빼는 것을 말한다.
③ 정확히 취하여 : 규정한 양의 액체를 부피피펫으로 눈금까지 취하는 것을 말한다.
④ 정밀히 단다 : 규정된 양의 시료를 취하여 화학저울 또는 미량저울로 칭량함을 말한다.

해설 "밀폐용기"라 함은 취급 또는 저장하는 동안에 이물질이 들어가거나 또는 내용물이 손실되지 아니하도록 보호하는 용기를 말한다.

67 정량한계(LOQ)를 옳게 표시한 것은?

① 정량한계=3×표준편차
② 정량한계=3.3×표준편차
③ 정량한계=5×표준편차
④ 정량한계=10×표준편차

68 막여과법에 의한 총대장균군 시험의 분석절차에 대한 설명으로 틀린 것은?

① 멸균된 핀셋으로 여과막을 눈금이 위로 가게 하여 여과장치의 지지대 위에 올려 놓은 후 막여과장치의 깔대기를 조심스럽게 부착시킨다.
② 페트리접시에 20~80개의 세균 집락을 형성하도록 시료를 여과관 상부에 주입하면서 흡인여과하고 멸균수 20~30mL로 씻어준다.
③ 여과하여야 할 예상 시료량이 10mL보다 적을 경우에는 멸균된 희석액으로 희석하여 여과하여야 한다.
④ 총대장균군수를 예측할 수 없는 경우에는 여과량을 달리하여 여러 개의 시료를 분석하고, 한 여과 표면 위에 모든 형태의 집락수가 200개 이상 형성되도록 하여야 한다.

해설 총대장균군수를 예측할 수 없을 경우에는 여과량을 달리하여 여러 개의 시료를 분석하고, 한 여과 표면 위의 모든 형태의 집락수가 20개 이상의 집락이 형성되지 않도록 하여야 한다.

69 금속성분을 측정하기 위한 시료의 전처리 방법 중 유기물을 다량 함유하고 있으면서 산분해가 어려운 시료에 적용되는 방법은?

① 질산-염산에 의한 분해
② 질산-불화수소산에 의한 분해
③ 질산-과염소산에 의한 분해
④ 질산-과염소산-불화수소산에 의한 분해

70 자외선/가시선 분광법에 의한 페놀류 시험방법에 대한 설명으로 틀린 것은?

① 정량한계는 클로로폼 추출법일 때 0.005mg/L, 직접측정법일 때 0.05mg/L이다.

② 완충액을 시료에 가하여 pH 10으로 조절한다.

③ 붉은색의 안티피린계 색소의 흡광도를 측정한다.

④ 흡광도를 측정하는 방법으로 수용액에서는 460nm, 클로로폼 용액에서는 510nm에서 측정한다.

해설 흡광도를 측정하는 방법으로 수용액에서는 510nm, 클로로폼 용액에서는 460nm에서 측정한다.

71 예상 BOD치에 대한 사전경험이 없을 때 오염 정도가 심한 공장폐수의 희석배율(%)은?

① 25~100

② 5~25

③ 1~5

④ 0.1~1.0

72 수은을 냉증기–원자흡수분광광도법으로 측정할 때 유리염소를 환원시키기 위해 사용하는 시약과 잔류하는 염소를 통기시켜 추출하기 위해 사용하는 가스는?

① 염산하이드록실아민, 질소

② 염산하이드록실아민, 수소

③ 과망간산칼륨, 질소

④ 과망간산칼륨, 수소

73 자외선/가시선 분광법의 이론적 기초가 되는 Lambert-Beer의 법칙을 나타낸 것은? (단, I_0 : 입사광의 강도, I_t : 투사광의 강도, C : 농도, l : 빛의 투과거리, ε : 흡광계수)

① $I_t = I_0 \cdot 10^{-\varepsilon Cl}$

② $I_t = I_0 \cdot (-\varepsilon Cl)$

③ $I_t = I_0 / (10^{-\varepsilon Cl})$

④ $I_t = I_0 / -\varepsilon Cl$

74 시료채취 시 유의사항으로 틀린 것은?

① 유류 또는 부유물질 등이 함유된 시료는 시료의 균일성이 유지될 수 있도록 채취해야 하며 침전물 등이 부상하여 혼입되어서는 안 된다.

② 퍼클로레이트를 측정하기 위한 시료를 채취할 때 시료의 공기접촉이 없도록 시료병에 가득 채운다.

③ 시료 채취량은 시험항목 및 시험횟수에 따라 차이가 있으나 보통 3~5L 정도이어야 한다.

④ 휘발성유기화합물 분석용 시료를 채취할 때에는 뚜껑의 격막을 만지지 않도록 주의하여야 한다.

해설 퍼클로레이트를 측정하기 위한 경우 용기는 질산 및 정제수로 씻은 후 사용하며, 시료 채취량은 시료병의 2/3를 채운다.

75 금속류 – 유도결합플라스마 – 원자발광분광법의 간섭물질 중 발생 가능성이 가장 낮은 것은?

① 물리적 간섭

② 이온화 간섭

③ 분광 간섭

④ 화학적 간섭

76 기체 크로마토그래피법을 이용한 유기인 측정에 관한 내용으로 틀린 것은?

① 크로마토그램을 작성하여 나타난 피크의 유지시간에 따라 각 성분의 농도를 정량한다.

② 유기인화합물 중 이피엔, 파라티온, 메틸디메톤, 다이아지논 및 펜토에이트 측정에 적용한다.

③ 불꽃광도검출기 또는 질소인검출기를 사용한다.

④ 운반기체는 질소 또는 헬륨을 사용하며, 유량은 0.5~3mL/min을 사용한다.

해설 각 시료별 크로마토그램으로부터 각 물질에 해당되는 피크의 높이 또는 면적에 따라 각 성분의 농도를 정량한다.

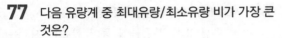

77 다음 유량계 중 최대유량/최소유량 비가 가장 큰 것은?

① 벤투리미터
② 오리피스
③ 자기식 유량측정기
④ 피토관

해설

유량계	범위 (최대유량 : 최소유량)	정확도 (실제유량에 대한, %)	정밀도 (최대유량에 대한, %)
벤투리미터 (venturi meter)	4 : 1	±1	±0.5
유량측정용 노즐 (nozzle)	4 : 1	±0.3	±0.5
오리피스 (orifice)	4 : 1	±1	±1
피토(pitot)관	3 : 1	±3	±1
자기식 유량측정기 (magnetic flow meter)	10 : 1	±1~2	±0.5

78 위어의 수두가 0.8m, 절단의 폭이 5m인 4각위어를 사용하여 유량을 측정하고자 한다. 유량계수가 1.6일 때 유량(m^3/day)은?

① 약 4,345
② 약 6,925
③ 약 8,245
④ 약 10,370

해설 4각위어 유량 계산식 적용

$$Q(\mathrm{m^3/min}) = K \times b \times h^{\frac{3}{2}}$$

여기서, K : 유량계수
D : 수로의 밑면으로부터 절단 하부 모서리까지의 높이(m)
B : 수로의 폭(m)
b : 절단의 폭(m)
h : 위어의 수두(m)

$$Q = 1.6 \times 5 \times 0.8^{\frac{3}{2}}$$
$$= 5.7242\mathrm{m^3/min} \rightarrow 8,242\mathrm{m^3/day}$$

79 노말헥산추출물질 분석에 관한 설명으로 틀린 것은?

① 시료를 pH 4 이하의 산성으로 하여 노말헥산층에 용해되는 물질을 노말헥산으로 추출한다.
② 폐수 중의 비교적 휘발되지 않는 탄화수소, 탄화수소유도체, 그리스유상물질 및 광유류를 함유하고 있는 시료를 측정대상으로 한다.
③ 광유류의 양을 시험하고자 할 경우에는 활성규산마그네슘 컬럼으로 광유류를 흡착한 후 추출한다.
④ 지표수, 지하수, 폐수 등에 적용할 수 있으며, 정량한계는 0.5mg/L이다.

해설 광유류의 양을 시험하고자 할 경우에는 활성규산마그네슘(플로리실) 컬럼을 이용하여 동식물유지류를 흡착·제거하고 유출액을 같은 방법으로 구할 수 있다.

80 0.1M $KMnO_4$ 용액을 용액층의 두께가 10mm되도록 용기에 넣고 5,400Å의 빛을 비추었을 때 그 30%가 투과되었다. 같은 조건하에서 40%의 빛을 흡수하는 $KMnO_4$ 용액의 농도(M)는?

① 0.02
② 0.03
③ 0.04
④ 0.05

해설 $I_t = I_0 \times 10^{-\varepsilon Cl}$

ⓐ 30% 투과
$30 = 100 \times 10^{-\varepsilon \times 0.1 \times 10}$
$\varepsilon = 0.5228$

ⓑ 40% 흡수
$60 = 100 \times 10^{-0.5228 \times C \times 10}$
$C = 0.0420\mathrm{M}$

여기서, I_0 : 입사광의 강도
I_t : 투사광의 강도
C : 농도
l : 빛의 투사거리
ε : 비례상수로서 흡광계수

C = 1mol, l = 10mm일 때의 ε의 값을 몰흡광계수라 하며, K로 표시한다.

제5과목 | 수질환경관계법규

81 폐수처리업자의 준수사항으로 틀린 것은 어느 것인가?

① 증발농축시설, 건조시설, 소각시설의 대기오염물질 농도를 매월 1회 자가측정하여야 하며, 분기마다 악취에 대한 자가측정을 실시하여야 한다.

② 처리 후 발생하는 슬러지의 수분 함량은 85% 이하여야 한다.

③ 수탁한 폐수는 정당한 사유 없이 5일 이상 보관할 수 없으며 보관폐수의 전체량이 저장시설 저장능력의 80% 이상 되게 보관하여서는 아니 된다.

④ 기술인력을 그 해당 분야에 종사하도록 하여야 하며, 폐수처리시설을 16시간 이상 가동할 경우에는 해당 처리시설의 현장 근무 2년 이상의 경력자를 작업현장에 책임 근무하도록 하여야 한다.

해설 [시행규칙 별표 21] 폐수처리업자의 준수사항(제91조 제2항 관련)
수탁한 폐수는 정당한 사유 없이 10일 이상 보관할 수 없으며, 보관폐수의 전체량이 저장시설 저장능력의 90퍼센트 이상 되게 보관하여서는 아니 된다.

82 폐수처리 시 희석처리를 인정받고자 하는 자가 이를 입증하기 위해 시·도지사에게 제출하여야 하는 사항이 아닌 것은?

① 처리하려는 폐수의 농도 및 특성

② 희석처리의 불가피성

③ 희석배율 및 희석량

④ 희석처리 시 환경에 미치는 영향

해설 [시행규칙 제48조] 수질오염물질 희석처리의 인정 등
② 제1항에 따른 희석처리의 인정을 받으려는 자가 영 제31조 제5항에 따른 신청서 또는 신고서를 제출할 때에는 이를 증명하는 다음 각 호의 자료를 첨부하여 시·도지사에게 제출하여야 한다.
1. 처리하려는 폐수의 농도 및 특성
2. 희석처리의 불가피성
3. 희석배율 및 희석량

83 오염총량관리시행계획에 포함되어야 하는 사항으로 가장 거리가 먼 것은?

① 오염원 현황 및 예측

② 오염도 조사 및 오염부하량 산정방법

③ 연차별 오염부하량 삭감 목표 및 구체적 삭감 방안

④ 수질예측 산정자료 및 이행 모니터링 계획

해설 [시행령 제6조] 오염총량관리시행계획 승인 등
특별시장·광역시장·특별자치시장·특별자치도지사는 법 제4조의 4 제1항에 따라 다음 각 호의 사항이 포함된 오염총량관리시행계획(이하 "오염총량관리시행계획"이라 한다)을 수립하여 환경부 장관의 승인을 받아야 한다.
1. 오염총량관리시행계획 대상 유역의 현황
2. 오염원 현황 및 예측
3. 연차별 지역개발계획으로 인하여 추가로 배출되는 오염부하량 및 해당 개발계획의 세부 내용
4. 연차별 오염부하량 삭감 목표 및 구체적 삭감 방안
5. 법 제4조의 5에 따른 오염부하량 할당 시설별 삭감량 및 그 이행시기
6. 수질예측 산정자료 및 이행 모니터링 계획

84 낚시제한구역에서 과태료 처분을 받는 행위에 속하지 않는 것은?

① 1명당 4대 이상의 낚시대를 사용하는 행위

② 낚시바늘에 떡밥을 뭉쳐서 미끼로 던지는 행위

③ 고기를 잡기 위하여 폭발물을 이용하는 행위

④ 낚시어선업을 영위하는 행위

해설 [시행규칙 제30조] 낚시제한구역에서의 제한사항
가. 낚시바늘에 끼워서 사용하지 아니하고 물고기를 유인하기 위하여 떡밥·어분 등을 던지는 행위
나. 어선을 이용한 낚시행위 등 「낚시 관리 및 육성법」에 따른 낚시어선업을 영위하는 행위(「내수면어업법 시행령」 제14조 제1항 제1호에 따른 외줄낚시는 제외한다)
다. 1명당 4대 이상의 낚시대를 사용하는 행위
라. 1개의 낚시대에 5개 이상의 낚시바늘을 떡밥과 뭉쳐서 미끼로 던지는 행위
마. 쓰레기를 버리거나 취사행위를 하거나 화장실이 아닌 곳에서 대·소변을 보는 등 수질오염을 일으킬 우려가 있는 행위
바. 고기를 잡기 위하여 폭발물·배터리·어망 등을 이용하는 행위(「내수면어업법」 제6조·제9조 또는 제11조에 따라 면허 또는 허가를 받거나 신고를 하고 어망을 사용하는 경우는 제외한다)

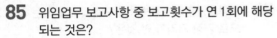

85 위임업무 보고사항 중 보고횟수가 연 1회에 해당되는 것은?

① 기타 수질오염원 현황
② 폐수위탁 · 사업장 내 처리현황 및 처리실적
③ 과징금 징수실적 및 체납처분 현황
④ 폐수처리업에 대한 등록 · 지도단속실적 및 처리실적 현황

86 농약사용제한 규정에 대한 설명으로 ( )에 들어갈 기간은?

> 시 · 도지사는 골프장의 농약사용제한 규정에 따라 골프장의 맹독성 · 고독성 농약의 사용 여부를 확인하기 위하여 ( )마다 골프장별로 농약사용량을 조사하고 농약잔류량을 검사하여야 한다.

① 한 달   ② 분기
③ 반기   ④ 1년

87 오염총량관리지역의 수계 이용상황 및 수질 상태 등을 고려하여 대통령령이 정하는 바에 따라 수계 구간별로 오염총량관리의 목표가 되는 수질을 정하여 고시하여야 하는 자는?

① 대통령
② 환경부 장관
③ 특별 및 광역 시장
④ 도지사 및 군수

88 비점오염저감시설의 시설유형별 기준에서 자연형 시설이 아닌 것은?

① 저류시설
② 인공습지
③ 여과형 시설
④ 식생형 시설

해설 [시행규칙 별표 6] 비점오염저감시설(제8조 관련)
① 자연형 시설 : 저류시설, 인공습지, 침투시설, 식생형 시설
② 장치형 시설 : 여과형 시설, 와류형 시설, 스크린형 시설, 응집 · 침전 처리형 시설, 생물학적 처리형 시설

89 배출부과금 부과 시 고려사항이 아닌 것은? (단, 환경부령으로 정하는 사항은 제외한다.)

① 배출허용기준 초과 여부
② 배출되는 수질오염물질의 종류
③ 수질오염물질의 배출기간
④ 수질오염물질의 위해성

해설 [법 제41조] 배출부과금
② 제1항에 따라 배출부과금을 부과할 때에는 다음 각 호의 사항을 고려하여야 한다.
1. 제32조에 따른 배출허용기준 초과 여부
2. 배출되는 수질오염물질의 종류
3. 수질오염물질의 배출기간
4. 수질오염물질의 배출량
5. 제46조에 따른 자가측정 여부
6. 그 밖에 수질환경의 오염 또는 개선과 관련되는 사항으로서 환경부령으로 정하는 사항

90 물환경보전법령상 용어 정의가 틀린 것은 어느 것인가?

① 폐수 : 물에 액체성 또는 고체성의 수질오염물질이 섞여 있어 그대로는 사용할 수 없는 물
② 수질오염물질 : 사람이 건강, 재산이나 동 · 식물 생육에 위해를 줄 수 있는 물질로 환경부령으로 정하는 것
③ 강우유출수 : 비점오염원의 수질오염물질이 섞여 유출되는 빗물 또는 눈 녹은 물 등
④ 기타 수질오염원 : 점오염원 및 비점오염원으로 관리되지 아니하는 수질오염물질을 배출하는 시설 또는 장소로서 환경부령으로 정하는 것

해설 [법 제2조] 정의
"수질오염물질"이란 수질오염의 요인이 되는 물질로서 환경부령으로 정하는 것을 말한다.

91 공공수역의 물환경 보전을 위하여 고랭지경작지에 대한 경작방법을 권고할 수 있는 기준(환경부령으로 정함)이 되는 해발고도와 경사도는?

① 300m 이상, 10% 이상
② 300m 이상, 15% 이상
③ 400m 이상, 10% 이상
④ 400m 이상, 15% 이상

92 수질오염경보의 종류별 · 경보단계별 조치사항 중 상수원 구간에서 조류경보의 [관심] 단계일 때 유역 · 지방 환경청장의 조치사항인 것은?

① 관심경보 발령
② 대중매체를 통한 홍보
③ 조류 제거조치 실시
④ 시험분석결과를 발령기관으로 통보

93 폐수 처리방법이 생물화학적 처리방법인 경우 환경부령으로 정하는 시운전 기간은? (단, 가동 시작일은 5월 1일이다.)

① 가동시작일부터 30일
② 가동시작일부터 50일
③ 가동시작일부터 70일
④ 가동시작일부터 90일

94 수질 및 수생태계 환경기준 중 하천의 사람의 건강보호 기준항목인 6가크롬 기준(mg/L)으로 옳은 것은?

① 0.01 이하
② 0.02 이하
③ 0.05 이하
④ 0.08 이하

95 비점오염원관리지역의 지정기준으로 틀린 것은 어느 것인가?

① 환경기준에 미달하는 하천으로 유달부하량 중 비점오염원이 30% 이상인 지역
② 비점오염물질에 의하여 자연생태계에 중대한 위해가 초래되거나 초래될 것으로 예상되는 지역
③ 인구 100만명 이상인 도시로서 비점오염원 관리가 필요한 지역
④ 지질이나 지층 구조가 특이하여 특별한 관리가 필요하다고 인정되는 지역

해설 [제76조] 관리지역의 지정기준 · 지정절차
① 법 제54조 제1항 및 제4항에 따른 관리지역의 지정기준은 다음 각 호와 같다.
　1.「환경정책기본법 시행령」제2조에 따른 하천 및 호소의 물환경에 관한 환경기준 또는 법 제10조의 2 제1항에 따른 수계 영향권별, 호소별 물환경 목표기준에 미달하는 유역으로 유달부하량(流達負荷量) 중 비점오염 기여율이 50퍼센트 이상인 지역

2. 비점오염물질에 의하여 자연생태계에 중대한 위해가 초래되거나 초래될 것으로 예상되는 지역
3. 인구 100만 명 이상인 도시로서 비점오염원관리가 필요한 지역
4.「산업 입지 및 개발에 관한 법률」에 따른 국가산업단지, 일반산업단지로 지정된 지역으로 비점오염원 관리가 필요한 지역
5. 지질이나 지층 구조가 특이하여 특별한 관리가 필요하다고 인정되는 지역
6. 그 밖에 환경부령으로 정하는 지역

96 측정기기의 부착 대상 및 종류 중 부대시설에 해당되는 것으로 옳게 짝지은 것은?

① 자동시료채취기, 자료수집기
② 자동측정분석기기, 자동시료채취기
③ 용수적산유량계, 적산전력계
④ 하수, 폐수적산유량계, 적산전력계

97 중점관리 저수지의 지정기준으로 옳은 것은?

① 총 저수용량이 1백만m^3 이상인 저수지
② 총 저수용량이 1천만m^3 이상인 저수지
③ 총 저수면적이 1백만m^2 이상인 저수지
④ 총 저수면적이 1천만m^2 이상인 저수지

98 수질오염방지시설 중 물리적 처리시설이 아닌 것은?

① 혼합시설
② 침전물 개량시설
③ 응집시설
④ 유수분리시설

해설 침전물 개량시설 : 화학적 처리시설

99 초과부과금의 산정에 필요한 수질오염물질과 1킬로그램당 부과금액이 옳게 연결된 것은?

① 유기물질−500원
② 총질소−30,000원
③ 페놀류−50,000원
④ 유인화합물−150,000원

해설 ① 유기물질−250원
② 총질소−500원
③ 페놀류−150,000원

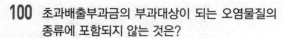

100 초과배출부과금의 부과대상이 되는 오염물질의 종류에 포함되지 않는 것은?

① 페놀류
② 테트라클로로에틸렌
③ 망간 및 그 화합물
④ 플루오르(불소)화합물

해설 [시행령 별표 14] 초과부과금의 산정기준

수질오염물질 \ 구분	수질오염물질 1킬로그램당 부과금액(원)
유기물질	250
부유물질	250
총질소	500
총인	500
크롬 및 그 화합물	75,000
망간 및 그 화합물	30,000
아연 및 그 화합물	30,000
페놀류	150,000
특정 유해 물질 — 시안화합물	150,000
구리 및 그 화합물	50,000
카드뮴 및 그 화합물	500,000
수은 및 그 화합물	1,250,000
유기인화합물	150,000
비소 및 그 화합물	100,000
납 및 그 화합물	150,000
6가크롬화합물	300,000
폴리염화비페닐	1,250,000
트리클로로에틸렌	300,000
테트라클로로에틸렌	300,000

100.④

숫자로 보는 문제유형 분석

계산문제 출제비율	수질오염개론	상하수도계획		어쩌다 한번 만나는 문제	수질오염개론	상하수도계획
	40%	20%			5, 6, 8, 15	23
수질오염방지기술	공정시험기준	전체 100문제 중		수질오염방지기술	공정시험기준	수질관계법규
40%	20%	24%		46, 53	71, 72, 73, 80	87

▶ 제1과목 ┃ 수질오염개론

01 호수에 부하되는 인산량을 적용하여 대상 호수의 영양상태를 평가, 예측하는 모델 중 호수 내의 인의 물질수지 관계식을 이용하여 평가하는 방법으로 가장 널리 이용되는 것은?

① Vollenweider model
② Streeter-Phelps model
③ 2차원 POM
④ ISC model

02 우리나라의 수자원 이용현황 중 가장 많이 이용되어져 온 용수는?

① 공업용수
② 농업용수
③ 생활용수
④ 유지용수(하천)

03 1차 반응에서 반응물질의 반감기가 5일이라고 한다면 물질의 90%가 소모되는 데 소요되는 시간(일)은?

① 약 14
② 약 17
③ 약 19
④ 약 22

해설 방사성 물질의 반감기는 1차 반응을 따른다.

$$\ln \frac{C_t}{C_o} = -K \times t$$

ⓐ K값 산정

$$\ln \frac{50}{100} = -K \times 5\text{day}$$

$$K = 0.1386\text{day}^{-1}$$

ⓑ 시간 산정

$$\ln \frac{10}{100} = \frac{-0.1386}{\text{day}} \times t$$

$$\therefore t = 16.6\text{day}$$

04 Fungi(균류, 곰팡이류)에 관한 설명으로 틀린 것은?

① 원시적 탄소동화작용을 통하여 유기물질을 섭취하는 독립영양계 생물이다.
② 폐수 내의 질소와 용존산소가 부족한 경우에도 잘 성장하며 pH가 낮은 경우에도 잘 성장한다.
③ 구성물질의 75~80%가 물이며, $C_{10}H_{17}O_6N$을 화학구조식으로 사용한다.
④ 폭이 5~10μm로서 현미경으로 쉽게 식별되며, 슬러지팽화의 원인이 된다.

해설 균류는 탄소동화작용을 하지 않으며, 유기물을 섭취하는 호기성 종속 미생물이다.

05 하천수에서 난류확산에 의한 오염물질의 농도분포를 나타내는 난류확산방정식을 이용하기 위하여 일차적으로 고려해야 할 인자와 가장 관련이 적은 것은?

① 대상 오염물질의 침강속도(m/s)
② 대상 오염물질의 자기감쇠계수
③ 유속(m/s)
④ 하천수의 난류지수(Re. No)

06 직경이 0.1mm인 모관에서 10℃일 때 상승하는 물의 높이(cm)는? (단, 공기밀도 1.25×10^{-3}g/cm (10℃일 때), 접촉각은 0°, h(상승높이)=$4\sigma/[gr(Y-Y_a)]$, 표면장력 74.2dyne/cm)

① 30.3
② 42.5
③ 51.7
④ 63.9

해설

$$h = \frac{4\sigma}{gr(Y-Y_a)} = \frac{4 \times 74.2}{980 \times 0.01 \times (1-1.25 \times 10^{-3})}$$

$$= 30.3236$$

07 다음 수질을 가진 농업용수의 SAR값으로 판단할 때 Na^+가 흙에 미치는 영향은? (단, 수질 농도 Na^+=230mg/L, Ca^{2+}=60mg/L, Mg^{2+}=36mg/L, PO_4^{3-}=1,500mg/L, Cl^-=200mg/L, 원자량=나트륨 23, 칼슘 40, 마그네슘 24, 인 31)

① 영향이 작다.
② 영향이 중간 정도이다.
③ 영향이 비교적 크다.
④ 영향이 매우 크다.

해설 SAR 산정식

$$SAR = \frac{Na^+}{\sqrt{\dfrac{Ca^{2+}+Mg^{2+}}{2}}}$$

SAR<10	토양에 미치는 영향이 작다.
10<SAR<26	토양에 미치는 영향이 비교적 크다.
26<SAR	토양에 미치는 영향이 매우 크다.

ⓐ Na^+의 meq/L 산정

$$Na^+ = \frac{230mg}{L} \times \frac{1meq}{(23/1)mg} = 10meq/L$$

ⓑ Ca^{2+}의 meq/L 산정

$$Ca^{2+} = \frac{60mg}{L} \times \frac{1meq}{(40/2)mg} = 3meq/L$$

ⓒ Mg^{2+}의 meq/L 산정

$$Mg^{2+} = \frac{36mg}{L} \times \frac{1meq}{(24/2)mg} = 3meq/L$$

ⓓ SAR 산정

$$SAR = \frac{Na^+}{\sqrt{\dfrac{Ca^{2+}+Mg^{2+}}{2}}} = \frac{10}{\sqrt{\dfrac{3+3}{2}}} = 5.7735$$

∴ SAR<10인 경우, 영향이 작다.

08 확산의 기본법칙인 Fick's로 제1법칙을 가장 알맞게 설명한 것은? (단, 확산에 의해 어떤 면적요소를 통과하는 물질의 이동속도 기준)

① 이동속도는 확산물질의 조성비에 비례한다.
② 이동속도는 확산물질의 농도경사에 비례한다.
③ 이동속도는 확산물질의 분자확산계수와 반비례한다.
④ 이동속도는 확산물질의 유입과 유출의 차이만큼 축적된다.

해설
- Fick's 제1법칙 : 정상상태 조건 / 이동속도는 확산물질의 농도경사에 비례
- Fick's 제2법칙 : 비정상상태 조건 / 특정위치에서 시간에 대한 농도 변화는 농도를 위치에 대해 2번 미분한 결과와 비례

09 C_2H_6 15g이 완전산화하는 데 필요한 이론적 산소량(g)은?

① 약 46 ② 약 56
③ 약 66 ④ 약 76

해설
ⓐ 반응식의 완성
$$C_2H_6 + 3.5O_2 \rightarrow 2CO_2 + 3H_2O$$
ⓑ 비례식 작성
$$30g_{-C_2H_6} : 3.5 \times 32g_{-O_2} = 15g : \square g$$
$$\therefore \square = 56g$$

10 콜로이드 응집의 기본 메커니즘과 가장 거리가 먼 것은?

① 이중층 분산
② 전하의 중화
③ 침전물에 의한 포착
④ 입자 간의 가교 형성

해설 응집의 원리로는 이중층의 압축, 전하의 전기적 중화, 침전물에 의한 포착, 입자 간의 가교작용, 제타전위의 감소, 플록의 체거름효과 등이 있다.

11 탈산소계수가 0.15/day이면 BOD_5와 BOD_u의 비 (BOD_5/BOD_u)는? (단, 밑수는 상용대수이다.)

① 약 0.69 ② 약 0.74
③ 약 0.82 ④ 약 0.91

해설
- 소모 BOD 공식 적용
$$소모 \, BOD = BOD_u \times (1 - 10^{-Kt})$$
- BOD_5/최종 BOD
$$\frac{BOD_5}{BOD_u} = (1 - 10^{-0.15 \times 5}) = 0.8221$$

12 회전원판공법(RBC)에서 원판 면적의 약 몇 %가 폐수 속에 잠겨서 운전하는 것이 가장 좋은가?

① 20 ② 30
③ 40 ④ 50

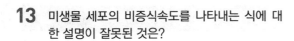

13 미생물 세포의 비증식속도를 나타내는 식에 대한 설명이 잘못된 것은?

$$\mu = \mu_{max} \times \frac{[S]}{[S] + K_s}$$

① μ_{max}는 최대비증식속도로 시간$^{-1}$단위이다.

② K_s는 반속도상수로서 최대성장률이 1/2일 때의 기질의 농도이다.

③ $\mu = \mu_{max}$인 경우, 반응속도가 기질의 농도에 비례하는 1차 반응을 의미한다.

④ [S]는 제한기질 농도이고, 단위는 mg/L이다.

해설 $\mu = \mu_{max}$인 경우, 반응속도는 기질의 농도와 상관없고 시간에 따라 반응하는 0차 반응을 의미한다.

14 수질예측모형의 공간성에 따른 분류에 관한 설명으로 틀린 것은?

① 0차원 모형 : 식물성 플랑크톤의 계절적 변동사항에 주로 이용된다.

② 1차원 모형 : 하천이나 호수를 종방향 또는 횡방향의 연속교반 반응조로 가정한다.

③ 2차원 모형 : 수질의 변동이 일방향성이 아닌 이방향성으로 분포하는 것으로 가정한다.

④ 3차원 모형 : 대호수의 순환패턴 분석에 이용된다.

해설 0차원 모형 : 완전혼합반응조에서의 관계를 나타낼 때 주로 사용되며, 식물성 플랑크톤의 계절적 변동사항에는 적용이 어렵다.

15 화학합성균 중 독립영양균에 속하는 호기성균으로서 대표적인 황산화세균에 속하는 것은?

① Sphaerotilus

② Crenothrix

③ Thiobacillus

④ Leptothrix

해설 ① Sphaerotilus : 호기성균의 일종으로 이상번식하면 슬러지벌킹을 유발

② Crenothrix : 철 및 유황분해에 중요한 역할을 하는 대표적인 철 세균

④ Leptothrix : 박테리아의 일종으로 철, 망간 및 비소를 제거

16 0.1ppb Cd 용액 1L 중에 들어 있는 Cd의 양(g)으로 맞는 것은?

① 1×10^{-6}

② 1×10^{-7}

③ 1×10^{-8}

④ 1×10^{-9}

해설 $0.1ppb = \dfrac{0.1\mu g}{L} \times 1L \times \dfrac{g}{10^6 \mu g} = 1 \times 10^{-7}g$

17 μ(세포비 증가율)가 μ_{max}의 80%일 때 기질 농도(S_{80})와 μ_{max}의 20%일 때 기질 농도(S_{20})와의 (S_{80}/S_{20})비는? (단, 배양기 내의 세포비 증가율은 Monod 식 적용)

① 4   ② 8

③ 16   ④ 32

해설 기질 농도와 효소의 반응률 사이의 관계를 나타내는 Monod의 식을 이용한다.

$$\mu = \mu_{max} \times \frac{[S]}{[S] + K_s}$$

ⓐ μ(세포비 증가율)가 μ_{max}의 80%일 때

$$80 = 100 \times \frac{[S]_{80}}{K_s + [S]_{80}}$$

$$100[S]_{80} = 80(K_s + [S]_{80})$$

$$[S]_{80} = 4K_s$$

ⓑ μ(세포비 증가율)가 μ_{max}의 20%일 때

$$20 = 100 \times \frac{[S]_{80}}{K_s + [S]_{80}}$$

$$100[S]_{20} = 20(K_s + [S]_{20})$$

$$[S]_{20} = 0.25K_s$$

ⓒ S_{80}/S_{20} 산정

$$\frac{[S]_{80}}{[S]_{20}} = \frac{4K_s}{0.25K_s} = 16$$

18 산소포화 농도가 9mg/L인 하천에서 처음의 용존산소 농도가 7mg/L라면 3일간 흐른 후 하천 하류지점에서의 용존산소 농도(mg/L)는? (단, BOD_u =10mg/L, 탈산소계수=0.1day^{-1}, 재폭기계수 =0.2day^{-1}, 상용대수 기준)

① 4.5   ② 5.0

③ 5.5   ④ 6.0

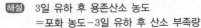

해설 3일 유하 후 용존산소 농도
＝포화 농도－3일 유하 후 산소 부족량

ⓐ DO 부족량 공식 이용

$$D_t = \frac{K_1}{K_2 - K_1} \times L_o \times \left(10^{-K_1 \cdot t} - 10^{-K_2 \cdot t}\right)$$
$$+ D_o \times 10^{-K_2 \cdot t}$$
$$= \frac{0.1}{0.2 - 0.1} \times 10 \times \left(10^{-0.1 \times 3} - 10^{-0.2 \times 3}\right)$$
$$+ (9 - 7) \times 10^{-0.2 \times 3}$$
$$= 3.0023 \text{mg/L}$$

ⓑ 3일 유하 후 용존산소 농도 산정

3일 후 $DO = C_s - D_t$
$$= 9 - 3.0023$$
$$= 5.9977 \text{mg/L}$$

19 다음 중 부영양화의 영향으로 틀린 것은 어느 것인가?

① 부영양화가 진행되면 상품가치가 높은 어종들이 사라져 수산업의 수익성이 저하된다.
② 부영양화된 호수의 수질은 질소와 인 등 영양염류의 농도가 높으나 이의 과잉공급은 농작물의 이상성장을 초래하고 병충해에 대한 저항력을 약화시킨다.
③ 부영양호의 pH는 중성 또는 약산성이나 여름에는 일시적으로 강산성을 나타내어 저니층의 용출을 유발한다.
④ 조류로 인해 정수공정의 효율이 저하된다.

해설 부영양화의 pH는 중성 또는 약알칼리성이며, 여름에는 일시적으로 표수층에서 강알칼리성을 나타내기도 한다.

20 바다에서 발생되는 적조현상에 관한 설명과 가장 거리가 먼 것은?

① 적조 조류의 독소에 의한 어패류의 피해가 발생한다.
② 해수 중 용존산소의 결핍에 의한 어패류의 피해가 발생한다.
③ 갈수기 해수 내 염소량이 높아질 때 발생된다.
④ 플랑크톤의 번식에 충분한 광량과 영양염류가 공급될 때 발생된다.

해설 홍수기 해수 내 염소량이 낮아질 때 발생한다.

제2과목 | 상하수도계획

21 자연부식 중 매크로셀 부식에 해당되는 것은?

① 산소 농담(통기차)
② 특수토양 부식
③ 간섭
④ 박테리아 부식

해설

22 복류수를 취수하는 집수매거의 유출단에서 매거 내의 평균유속 기준은?

① 0.3m/sec 이하　② 0.5m/sec 이하
③ 0.8m/sec 이하　④ 1.0m/sec 이하

23 상수시설의 급수설비 중 급수관 접속 시 설계기준과 관련한 고려사항(위험한 접속)으로 옳지 않은 것은?

① 급수관은 수도사업자가 관리하는 수도관 이외의 수도관이나 기타 오염의 원인으로 될 수 있는 관과 직접 연결해서는 안된다.
② 급수관을 방화수조, 수영장 등 오염의 원인이 될 우려가 있는 시설과 연결하는 경우에는 급수관의 토출구를 만수면보다 25mm 이상의 높이에 설치해야 한다.
③ 대변기용 세척밸브는 유효한 진공 파괴 설비를 설치한 세척밸브나 대변기를 사용하는 경우를 제외하고는 급수관에 직결해서는 안된다.
④ 저수조를 만들 경우에 급수관의 토출구는 수조의 만수면에서 급수관경 이상의 높이에 만들어야 한다. 다만, 관경이 50mm 이하의 경우는 그 높이를 최소 50mm로 한다.

해설 급수관을 방화수조(防火水槽), 수영장 등 오염의 원인이 될 우려가 있는 시설과 연결하는 경우에는 급수관의 토출구를 만수면보다 200mm 이상의 높이에 설치해야 한다.

24 펌프의 비교회전도에 관한 설명으로 옳은 것은?

① 비교회전도가 크게 될수록 흡입성능이 나쁘고 공동현상이 발생하기 쉽다.

② 비교회전도가 크게 될수록 흡입성능은 나쁘나 공동현상이 발생하기 어렵다.

③ 비교회전도가 크게 될수록 흡입성능이 좋고 공동현상이 발생하기 어렵다.

④ 비교회전도가 크게 될수록 흡입성능은 좋으나 공동현상이 발생하기 쉽다.

25 수평 부설한 직경 300mm, 길이 3,000m의 주철관에 8,640m³/day로 송수 시 관로 끝에서의 손실수두(m)는? (단, 마찰계수 $f=0.03$, $g=9.8$m/sec², 마찰손실만 고려)

① 약 10.8　　② 약 15.3
③ 약 21.6　　④ 약 30.6

해설 ⓐ 유량과 유속과의 관계 → 유속 산정

$$Q = A \times V$$
$$= \frac{8,640\text{m}^3}{\text{day}} \times \frac{1\text{day}}{86,400\text{sec}} = 0.1\text{m}^3/\text{sec}$$
$$V = \frac{Q}{A} = \frac{0.1}{\frac{\pi \times 0.3^2}{4}} = 1.4147\text{m/sec}$$

ⓑ 마찰손실수두 산정

$$h_f = f \times \frac{L}{D} \times \frac{V^2}{2g}$$
$$= 0.03 \times \frac{3,000}{0.3} \times \frac{1.4147^2}{2 \times 9.8} = 30.6333\text{m}$$

26 하천수를 수원으로 하는 경우, 취수시설인 취수문에 대한 설명으로 틀린 것은?

① 취수지점은 일반적으로 상류부의 소하천에 사용하고 있다.

② 하상 변동이 작은 지점에서 취수할 수 있어 복단면의 하천 취수에 유리하다.

③ 시공조건에서 일반적으로 가물막이를 하고 임시하도 설치 등을 고려해야 한다.

④ 기상조건에서 파랑에 대하여 특히 고려할 필요는 없다.

해설 하상 변동이 작은 지점에서만 취수할 수 있으며, 하상이 저하되는 지점에서는 취수불능으로 된다. 또한 복단면의 하천에는 적당하지 않다.

27 정수시설인 배수관의 수압에 관한 내용으로 옳은 것은?

① 급수관을 분기하는 지점에서 배수관 내의 최대정수압은 150kPa(약 1.6kgf/cm²)을 초과하지 않아야 한다.

② 급수관을 분기하는 지점에서 배수관 내의 최대정수압은 250kPa(약 2.6kgf/cm²)을 초과하지 않아야 한다.

③ 급수관을 분기하는 지점에서 배수관 내의 최대정수압은 450kPa(약 4.6kgf/cm²)을 초과하지 않아야 한다.

④ 급수관을 분기하는 지점에서 배수관 내의 최대정수압은 700kPa(약 7.1kgf/cm²)을 초과하지 않아야 한다.

28 화학적 처리를 위한 응집시설 중 급속혼화시설에 관한 설명으로 (　　)에 옳은 내용은?

> 기계식 급속혼화시설을 채택하는 경우에는 (　　) 이내의 체류시간을 갖는 혼화지에 응집제를 주입한 다음 즉시 급속교반 시킬 수 있는 혼화장치를 설치한다.

① 30초　　② 1분
③ 3분　　④ 5분

29 상수도 시설 중 침사지에 관한 설명으로 틀린 것은?

① 위치는 가능한 한 취수구에 근접하여 제내지에 설치한다.

② 지의 유효수심은 2~3m를 표준으로 한다.

③ 지의 상단높이는 고수위보다 0.6~1m의 여유고를 둔다.

④ 지 내 평균유속은 2~7cm/sec를 표준으로 한다.

해설 지의 유효수심은 3~4m를 표준으로 하고, 퇴사심도를 0.5~1m로 한다.

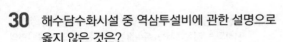
30 해수담수화시설 중 역삼투설비에 관한 설명으로 옳지 않은 것은?

① 해수담수화시설에서 생산된 물은 pH나 경도가 낮기 때문에 필요에 따라 적절한 약품을 주입하거나 다른 육지의 물과 혼합하여 수질을 조정한다.

② 막모듈은 플러싱과 약품 세척 등을 조합하여 세척한다.

③ 고압펌프를 정지할 때에는 드로백이 유지되도록 체크밸브를 설치하여야 한다.

④ 고압펌프를 효율과 내식성이 좋은 기종으로 하며 그 형식은 시설규모 등에 따라 선정한다.

해설 고압펌프가 정지할 때에 발생하는 드로백(draw-back 또는 suck-back)에 대처하기 위하여 필요에 따라 드로백 수조(담수조 겸용의 경우도 있다)를 설치한다.

31 계획취수량은 계획1일 최대급수량의 몇 % 정도의 여유를 두고 정하는가?

① 5%

② 10%

③ 15%

④ 20%

32 관경 1,100mm, 역사이펀 관거 내의 동수경사 2.4‰, 유속 2.15m/sec, 역사이펀 관거의 길이 76m일 때, 역사이펀의 손실수두(m)는? (단, β = 1.5, α =0.05m이다.)

① 0.29   ② 0.39

③ 0.49   ④ 0.59

해설

$$H = I \times L + \beta \times \frac{V^2}{2g} + \alpha$$

$$= \left(\frac{2.4}{1,000} \times 76 \right) + \left(1.5 \times \frac{2.15^2}{2 \times 9.8} \right) + 0.05 = 0.59\text{m}$$

여기서, H : 손실수두(m)

I : 동수경사 → 2.4/1,000

L : 관거의 길이(m) → 76m

V : 관거 내의 유속(m/sec) → 2.15m/sec

g : 중력가속도(9.8m/sec²)

α : 0.05

β : 1.5

33 하수도 계획의 목표연도는 원칙적으로 몇 년 정도로 하는가?

① 10년   ② 15년

③ 20년   ④ 25년

34 원형 원심력 철근콘크리트관에 만수된 상태로 송수된다고 할 때 Manning 공식에 의한 유속 (m/sec)은? (단, 조도계수=0.013, 동수경사= 0.002, 관 지름=250mm)

① 0.24   ② 0.54

③ 0.72   ④ 1.03

해설 Manning에 의한 유속의 계산은 아래와 같다.

$$V = \frac{1}{n} R^{\frac{2}{3}} I^{\frac{1}{2}}$$

여기서, R : 경심 → 0.0625

n : 조도계수 → 0.013

I : 동수경사 → 0.002

ⓐ 경심 산정

$$R = \frac{\text{단면적}}{\text{윤변}} = \frac{D}{4} = \frac{0.25}{4} = 0.0625$$

ⓑ 유속 산정

$$V = \frac{1}{0.013} \times (0.0625)^{\frac{2}{3}} \times (0.002)^{\frac{1}{2}} = 0.54\text{m/sec}$$

35 상수도 취수보의 취수구에 관한 설명으로 틀린 것은?

① 높이는 배사문의 바닥높이보다 0.5~1m 이상 낮게 한다.

② 유입속도는 0.4~0.8m/sec를 표준으로 한다.

③ 제수문의 전면에는 스크린을 설치한다.

④ 계획취수위는 취수구로부터 도수기점까지의 손실수두를 계산하여 결정한다.

해설 높이는 배사문(排砂門)의 바닥높이보다 0.5~1.0m 이상 높게 한다.

36 합류식에서 우천 시 계획오수량은 원칙적으로 계획시간 최대오수량의 몇 배 이상으로 고려하여야 하는가?

① 1.5배   ② 2.0배

③ 2.5배   ④ 3.0배

37 상수시설에서 급수관을 배관하고자 할 경우의 고려사항으로 옳지 않은 것은?

① 급수관을 공공도로에 부설할 경우에는 다른 매설물과의 간격을 30cm 이상 확보한다.
② 수요가의 대지 내에서 가능한 한 직선배관이 되도록 한다.
③ 가급적 건물이나 콘크리트의 기초 아래를 횡단하여 배관하도록 한다.
④ 급수관이 개거를 횡단하는 경우에는 가능한 한 개거의 아래로 부설한다.

[해설] 가급적 건물이나 콘크리트의 기초 아래를 피하여 배관하도록 한다.

38 상수도시설인 착수정에 관한 설명으로 ( )에 옳은 것은?

> 착수정의 용량은 체류시간을 ( ) 이상으로 한다.

① 0.5분　　　　② 1.0분
③ 1.5분　　　　④ 3.0분

39 하수관거시설이 황화수소에 의하여 부식되는 것을 방지하기 위한 대책으로 틀린 것은?

① 관거를 청소하고 미생물의 생식장소를 제거한다.
② 염화제2철을 주입하여 황화물을 고정화한다.
③ 염소를 주입하여 ORP를 저하시킨다.
④ 환기에 의해 관 내 황화수소를 희석한다.

[해설] 염소를 주입하여 ORP의 저하를 방지한다.

40 유역면적이 2km²인 지역에서의 우수 유출량을 산정하기 위하여 합리식을 사용하였다. 다음 조건일 때 관거 길이 1,000m인 하수관의 우수 유출량(m³/sec)은? (단, 강우강도 $I(mm/hr) = \dfrac{3,660}{t+30}$, 유입시간 6분, 유출계수 0.7, 관 내의 평균유속 1.5m/sec)

① 약 25　　　　② 약 30
③ 약 35　　　　④ 약 40

[해설] 합리식에 의한 우수 유출량을 산정하는 공식

$$Q = \frac{1}{360} CIA$$

ⓐ 유달시간 산정(min)

$$t = 유입시간(min) + 유하시간\left(min, \frac{길이(L)}{유속(V)}\right)$$
$$= 6min + 1,000m \times \frac{sec}{1.5m} \times \frac{1min}{60sec}$$
$$= 17.11min$$

ⓑ 강우강도 산정(mm/hr)

$$I = \frac{3,660}{t+30} = \frac{3,660}{17.11+30} = 77.6905 mm/hr$$

ⓒ 유역면적 산정(ha)

$$A = 2km^2 \times \frac{100ha}{km^2} = 200ha$$

ⓓ 유량 산정

$$Q = \frac{1}{360} C \cdot I \cdot A$$
$$= \frac{1}{360} \times 0.7 \times 77.6905 \times 200 = 30.21 m^3/sec$$

제3과목 | 수질오염방지기술

41 응집에 관한 설명으로 옳지 않은 것은?

① 황산알루미늄을 응집제로 사용할 때 수산화물 플록을 만들기 위해서는 황산알루미늄과 반응할 수 있도록 물에 충분한 알칼리도가 있어야 한다.
② 응집제로 황산알루미늄은 대개 철염에 비해 가격이 저렴한 편이다.
③ 응집제로 황산알루미늄은 철염보다 넓은 pH 범위에서 적용이 가능하다.
④ 응집제로 황산알루미늄을 사용하는 경우, 적당한 pH 범위는 대략 4.5에서 8이다.

[해설] 응집제로 철염은 황산알루미늄보다 넓은 pH 범위에서 적용이 가능하다.

42 도시 폐수의 침전시간에 따라 변화하는 수질인자의 종류와 거리가 가장 먼 것은?

① 침전성 부유물　　② 총 부유물
③ BOD₅　　　　　　④ SVI 변화

43 1차 침전지의 유입 유량은 1,000m³/day이고 SS 농도는 350mg/L이다. 1차 침전지에서의 SS 제거효율이 60%일 때 하루에 1차 침전지에서 발생되는 슬러지 부피(m³)는? (단, 슬러지의 비중= 1.05, 함수율=94%, 기타 조건은 고려하지 않음.)

① 2.3   ② 2.5
③ 2.7   ④ 3.3

[해설]
$$\frac{1,000m^3}{day} \times \frac{350mg}{L} \times \frac{kg}{10^6 mg} \times \frac{10^3 L}{m^3} \times \frac{60}{100}$$
$$\times \frac{100}{6} \times \frac{1m^3}{1,050kg}$$
$$=3.3333m^3$$

44 무기물이 0.30g/g VSS로 구성된 생물성 VSS를 나타내는 폐수의 경우, 혼합액 중의 TSS와 VSS 농도가 각각 2,000mg/L, 1,480mg/L라 하면 유입수로부터 기인된 불활성 고형물에 대한 혼합액 중의 농도(mg/L)는? (단, 유입된 불활성 부유 고형물질의 용해는 전혀 없다고 가정)

① 76   ② 86
③ 96   ④ 116

[해설] TSS=VSS+FSS
1,480mg/L의 VSS는 $1,480 \times 0.3 = 444$mg/L의 FSS로 구성되어 있어야 하나, TSS가 2,000mg/L이므로 실제 FSS는 520mg/L이다. 그러므로 유입수로부터 기인된 불활성 고형물에 대한 혼합액 중의 농도는 520-444=76mg/L이다.

45 부피 4,000m³인 포기조의 MLSS 농도가 2,000mg/L, 반송슬러지의 SS 농도가 8,000mg/L, 슬러지 체류시간(SRT)이 5일이면 폐슬러지의 유량(m³/day)은? (단, 2차 침전지 유출수 중의 SS는 무시한다.)

① 125
② 150
③ 175
④ 200

[해설] 유출수의 SS 농도를 무시한 SRT 산정
$$SRT = \frac{\forall \cdot X}{Q_w X_w}$$
$$5day = \frac{4,000m^3 \times 2,000mg/L}{\square m^3/day \times 8,000mg/L} = 4.5day$$
$$\therefore \square = 200m^3/day$$

46 폐수 내 시안화합물 처리방법인 알칼리염소법에 관한 설명과 가장 거리가 먼 것은?

① CN의 분해를 위해 유지되는 pH는 10 이상이다.
② 니켈과 철의 시안착염이 혼입된 경우 분해가 잘 되지 않는다.
③ 산화제의 투입량이 과잉인 경우에는 염화시안이 발생되므로 산화제는 약간 부족하게 주입한다.
④ 염소처리 시 강알칼리성 상태에서 1단계로 염소를 주입하여 시안화합물을 시안산화물로 변환시킨 후 중화하고 2단계로 염소를 재주입하여 N_2와 CO_2로 분해시킨다.

47 생물학적 3차 처리를 위한 A/O 공정을 나타낸 것으로 각 반응조 역할을 가장 적절하게 설명한 것은?

① 혐기조에서는 유기물 제거와 인의 방출이 일어나고, 폭기조에서는 인의 과잉섭취가 일어난다.
② 폭기조에서는 유기물 제거가 일어나고, 혐기조에서는 질산화 및 탈질이 동시에 일어난다.
③ 제거율을 높이기 위해서는 외부 탄소원인 메탄올 등을 폭기조에 주입한다.
④ 혐기조에서는 인의 과잉섭취가 일어나며, 폭기조에서는 질산화가 일어난다.

48 정수장 응집 공정에 사용되는 화학약품 중 나머지 셋과 그 용도가 다른 하나는?

① 오존
② 명반
③ 폴리비닐아민
④ 황산제일철

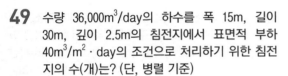

49 수량 36,000m³/day의 하수를 폭 15m, 길이 30m, 깊이 2.5m의 침전지에서 표면적 부하 40m³/m²·day의 조건으로 처리하기 위한 침전지의 수(개)는? (단, 병렬 기준)

① 2 ② 3
③ 4 ④ 5

해설 표면적 부하를 통해 총 침전 면적을 산정한 후 침전지 면적으로 나눠 침전지 수 산정

ⓐ 총 침전 면적 산정

$$표면부하율 = \frac{유량}{침전\ 면적}$$

$$40\text{m}^3/\text{m}^2 \cdot \text{day} = \frac{36,000\text{m}^3/\text{day}}{A\,\text{m}^2}$$

총 침전 면적=900m²

ⓑ 침전지 수 산정

$$침전지\ 수 = \frac{총\ 면적}{개당\ 면적} = \frac{900\text{m}^2}{(15 \times 30)\text{m}^2/지} = 2지$$

50 생물학적 질소 및 인 동시제거 공정으로서 혐기조, 무산소조, 호기조로 구성되며, 혐기조에서 인 방출, 무산소조에서 탈질화, 호기조에서 질산화 및 인 섭취가 일어나는 공정은?

① A²/O 공정
② Phostrip 공정
③ Modified Bardenphor 공정
④ Modified UCT 공정

51 공단 내에 새 공장을 건립할 계획이 있다. 공단 폐수처리장은 현재 876L/s의 폐수를 처리하고 있다. 공단 폐수처리장에서 Phenol을 제거할 조치를 강구치 않는다면 폐수처리장의 방류수 내 Phenol의 농도(mg/L)는? (단, 새 공장에서 배출된 Phenol의 농도는 10g/m³이고, 유량은 87.6L/s이며, 새 공장 외에는 Phenol 배출 공장이 없다.)

① 0.51 ② 0.71
③ 0.91 ④ 1.11

해설 혼합지점의 농도를 구하는 식

$$C_m = \frac{C_1 Q_1 + C_2 Q_2}{Q_1 + Q_2} = \frac{용질의\ 질량}{용액의\ 부피}$$

$$= \frac{0 \times \dfrac{876\text{L}}{\text{sec}} + \dfrac{10\text{mg}}{\text{L}} \times \dfrac{87.6\text{L}}{\text{sec}}}{(876 + 87.6)\text{L/sec}} = 0.9090\text{mg/L}$$

52 Chick's law에 의하면 염소소독에 의한 미생물 사멸률은 1차 반응에 따른다. 미생물의 80%가 0.1mg/L의 잔류염소로 2분 내에 사멸된다면 99.9%를 사멸시키기 위해서 요구되는 접촉시간(분)은?

① 5.7 ② 8.6
③ 12.7 ④ 14.2

해설 1차 반응속도식 이용

$$\ln\frac{C_t}{C_o} = -K \cdot t$$

ⓐ K의 산정

$$\ln\frac{(100-80)}{100} = -K \times 2\text{min}$$

$$K = 0.8047\text{min}^{-1}$$

ⓑ 99.9% 감소하는 데 걸리는 시간

$$\ln\frac{(100-99.9)}{100} = \frac{-0.8047}{\text{min}} \times t$$

$$t = 8.5842\text{min}$$

53 질산화 박테리아에 대한 설명으로 옳지 않은 것은?

① 절대호기성이어서 높은 산소 농도를 요구한다.
② Nitrobacter는 암모늄이온의 존재하에서 pH 9.5 이상이면 생장이 억제된다.
③ 질산화 반응의 최적온도는 25℃이며 20℃ 이하, 40℃ 이상에서는 활성이 없다.
④ Nitrosomonas는 알칼리성 상태에서는 활성이 크지만 pH 6.0 이하에서는 생장이 억제된다.

54 활성슬러지 공정 중 핀플록이 주로 많이 발생하는 공정은?

① 심층폭기법 ② 장기폭기법
③ 점감식 폭기법 ④ 계단식 폭기법

55 고농도의 액상 PCB 처리방법으로서 가장 거리가 먼 것은?

① 방사선 조사(코발트 60에 의한 γ선 조사)
② 연소법
③ 자외선 조사법
④ 고온고압 알칼리분해법

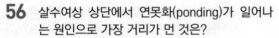

56 살수여상 상단에서 연못화(ponding)가 일어나는 원인으로 가장 거리가 먼 것은?

① 여재가 너무 작을 때
② 여재가 견고하지 못하고 부서질 때
③ 탈락된 생물막이 공극을 폐쇄할 때
④ BOD 부하가 낮을 때

해설 BOD 부하가 높을 때

57 CFSTR에서 물질을 분해하여 효율 95%로 처리하고자 한다. 이 물질은 0.5차 반응으로 분해되며 속도상수는 $0.05(mg/L)^{1/2}/hr$이다. 유량은 500L/hr이고 유입 농도는 250mg/L로 일정하다면 CFSTR의 필요 부피(m^3)는? (단, 정상상태 가정)

① 약 520
② 약 572
③ 약 620
④ 약 672

해설 완전혼합 연속반응조이며 0.5차 반응이므로 아래의 관계식에 따른다.

$Q(C_0 - C_i) = K\forall C_t^m$	
Q : 유량 → 500L/hr	K : 반응속도상수 → $0.05(mg/L)^{1/2}/hr$
C_0 : 초기농도 → 250mg/L	$\forall$: 반응조 체적 → $\forall m^3$
C_t : 나중농도 → $250 \times (1-0.95)$ $= 12.5mg/L$	C_t : 나중농도 → 12.5mg/L m : 반응차수 → 0.5

$$\frac{500L}{hr} \times \frac{(250-12.5)mg}{L}$$
$$= \frac{0.05(mg/L)^{0.5}}{hr} \times \forall m^3 \times \frac{10^3 L}{m^3} \times \left(\frac{12.5mg}{L}\right)^{0.5}$$
$$\therefore \forall = 671.75 m^3$$

58 회전생물막접촉기(RBC)에 관한 설명으로 틀린 것은?

① 재순환이 필요 없고, 유지비가 적게 든다.
② 메디아는 전형적으로 약 40%가 물에 잠긴다.
③ 운영변수가 적어 모델링이 간단하고 편리하다.
④ 설비는 경량재료로 만든 원판으로 구성되며, 1~2rpm의 속도로 회전한다.

59 1차 처리된 분뇨의 2차 처리를 위해 폭기조, 2차 침전지로 구성된 표준활성슬러지를 운영하고 있다. 운영 조건이 다음과 같을 때 고형물 체류시간(SRT, day)은? (단, 유입 유량=1,000m^3/day, 폭기조 수리학적 체류시간=6시간, MLSS 농도=3,000mg/L, 잉여슬러지 배출량=30m^3/day, 잉여슬러지 SS 농도=10,000mg/L, 2차 침전지 유출수 SS 농도=5mg/L)

① 약 2
② 약 2.5
③ 약 3
④ 약 3.5

해설 유출수의 SS 농도를 고려한 SRT 산정
$$SRT = \frac{\forall \cdot X}{Q_w X_w + Q_o X_o}$$

ⓐ 포기조의 부피 산정
$$\forall (m^3) = Q \times t$$
$$= \frac{1,000m^3}{day} \times 6hr \times \frac{1day}{24hr}$$
$$= 250m^3$$

ⓑ SRT 산정

$SRT = \dfrac{\forall \cdot X}{Q_w X_w + Q_o X_o}$	
Q_w : 잉여슬러지 발생량	Q_o : 유출수량($Q-Q_w$)
X_w : 잉여슬러지 SS 농도	X_o : 유출수 SS 농도
$\forall$: 포기조 부피	X : MLSS 농도

$$SRT = \frac{250m^3 \times 3,000mg/L}{\substack{30m^3/day \times 10,000mg/L \\ + (1,000-30)m^3/day \times 5mg/L}}$$
$$= 2.46day$$

60 생물학적 인 제거를 위한 A/O 공정에 관한 설명으로 옳지 않은 것은?

① 폐슬러지 내의 인의 함량이 비교적 높고 비료의 가치가 있다.
② 비교적 수리학적 체류시간이 짧다.
③ 낮은 BOD/P비가 요구된다.
④ 추운 기후의 운전조건에서 성능이 불확실하다.

해설 높은 BOD/P비가 요구된다.

제4과목 ┃ 수질오염공정시험기준

61 물벼룩을 이용한 급성 독성시험법에서 사용하는 용어의 정의로 틀린 것은?

① 치사 : 일정 비율로 준비된 시료에 물벼룩을 투입하고 24시간 경과 후 시험용기를 살며시 움직여 주고, 15초 후 관찰했을 때 아무 반응이 없는 경우를 '치사'라 판정한다.

② 유영 저해 : 독성물질에 의해 영향을 받아 일부 기관(촉각, 후복부 등)이 움직임이 없을 경우를 '유영 저해'로 판정한다.

③ 반수영향 농도 : 투입 시험생물의 50%가 치사 혹은 유영 저해를 나타낸 농도이다.

④ 지수식 시험방법 : 시험기간 중 시험용액을 교환하여 농도를 지수적으로 계산하는 시험을 말한다.

해설 지수식 시험방법 : 시험기간 중 시험용액을 교환하지 않는 시험

62 시료량 50mL를 취하여 막여과법으로 총대장균군수를 측정하려고 배양을 한 결과, 50개의 집락수가 생성되었을 때 총대장균군수/100mL는?

① 10
② 100
③ 1,000
④ 10,000

해설 $\dfrac{50}{50\text{mL}} \times \dfrac{100}{50} = 100/100\text{mL}$

63 흡광도 측정에서 투과율이 30%일 때 흡광도는?

① 0.37   ② 0.42
③ 0.52   ④ 0.63

해설 흡광도는 투과도 역수의 log값이므로 다음 식으로 계산된다.

$$\text{흡광도}(A) = \log\frac{1}{t(\text{투과율})} = \log\frac{1}{I_t/I_o}$$
$$= \log\frac{1}{t} = \varepsilon CL$$
$$= \log\frac{1}{30/100} = 0.52$$

64 폐수의 부유물질(SS)을 측정하였더니 1,312mg/L였다. 시료 여과 전 유리섬유여지의 무게가 1.2113g이고, 이때 사용된 시료량이 100mL였다면 시료 여과 후 건조시킨 유리섬유여지의 무게(g)는?

① 1.2242
② 1.3425
③ 2.5233
④ 3.5233

해설 여과 전후의 유리섬유여지 무게의 차를 구하여 부유물질의 양으로 한다.

$$\text{부유물질}(\text{mg/L}) = (b-a) \times \frac{1,000}{V}$$

여기서, a : 시료 여과 전의 유리섬유여지 무게(mg)
     b : 시료 여과 후의 유리섬유여지 무게(mg)
     V : 시료의 양(mL)

$$1,312\text{mg/L} = (b - 1211.3) \times \frac{1,000}{100}$$
$$\therefore\ b = 1342.5\text{mg} = 1.3425\text{g}$$

65 BOD 측정용 시료를 희석할 때 식종 희석수를 사용하지 않아도 되는 시료는?

① 잔류염소를 함유한 폐수
② pH 4 이하 산성으로 된 폐수
③ 화학공장 폐수
④ 유기물질이 많은 가정 하수

66 예상 BOD치에 대한 사전경험이 없을 때, 희석하여 시료를 조제하는 기준으로 알맞은 것은 어느 것인가?

① 오염 정도가 심한 공장폐수 : 0.01~0.05%
② 오염된 하천수 : 10~20%
③ 처리하여 방류된 공장폐수 : 50~70%
④ 처리하지 않은 공장폐수 : 1~5%

해설 BOD 실험 시 희석비율
• 오염 정도가 심한 공장폐수 : 0.1~1.0%
• 처리하지 않은 공장폐수와 침전된 하수 : 1~5%
• 처리하여 방류된 공장폐수 : 5~25%
• 오염된 하천수 : 25~100%
위와 같이 시료가 함유되도록 희석 조제한다.

67 하천수의 시료 채취지점에 관한 내용으로 ( )에 공통으로 들어갈 내용은?

> 하천의 단면에서 수심이 가장 깊은 수면의 지점과 그 지점을 중심으로 하여 좌우로 수면폭을 2등분한 각각의 지점의 수면으로부터 수심 ( ) 미만일 때에는 수심의 1/3에서 수심 ( ) 이상일 때에는 수심의 1/3 및 2/3에서 각각 채수한다.

① 2m   ② 3m
③ 5m   ④ 6m

68 2N와 7N HCl 용액을 혼합하여 5N-HCl 1L를 만들고자 한다. 각각 몇 mL씩을 혼합해야 하는가?

① 2N-HCl 400mL와 7N-HCl 600mL
② 2N-HCl 500mL와 7N-HCl 400mL
③ 2N-HCl 300mL와 7N-HCl 700mL
④ 2N-HCl 700mL와 7N-HCl 300mL

해설 혼합지점의 농도를 구하는 식

$$C_m = \frac{C_1 Q_1 + C_2 Q_2}{Q_1 + Q_2} = \frac{용질의\ 질량}{용액의\ 부피}$$
$$= \frac{2N \times 0.4L + 7N \times 0.6L}{1L}$$
$$= 5N$$

69 데발다합금 환원증류법으로 질산성질소를 측정하는 원리의 설명으로 틀린 것은?

① 데발다합금으로 질산성질소를 암모니아성질소로 환원한다.
② 지표수, 지하수, 폐수 등에 적용할 수 있으며, 정량한계는 중화적정법은 0.1mg/L, 흡광도법은 0.5mg/L이다.
③ 아질산성질소는 설퍼민산으로 분해 제거한다.
④ 암모니아성질소 및 일부 분해되기 쉬운 유기질소는 알칼리성에서 증류 제거한다.

해설

구분	정량한계(mg/L)	정밀도
데발다합금 환원증류법	• 중화적정법 : 0.5mg/L • 분광법 : 0.1mg/L	±25%

70 분원성 대장균군(막여과법) 분석시험에 관한 내용으로 틀린 것은?

① 분원성 대장균군이란 온혈동물의 배설물에서 발견되는 그람음성·무아포성의 간균이다.
② 물속에 존재하는 분원성 대장균군을 측정하기 위하여 페트리접시에 배지를 올려놓은 다음 배양 후 여러 가지 색조를 띠는 청색의 집락을 계수하는 방법이다.
③ 배양기 또는 항온수조는 배양온도를 (25±0.5)℃로 유지할 수 있는 것을 사용한다.
④ 실험결과는 '분원성 대장균군수/100mL'로 표기한다.

해설 배양기 또는 항온수조는 배양온도를 (44.5±0.2)℃로 유지할 수 있는 것을 사용한다.

71 석유계 총탄화수소 용매추출/기체 크로마토그래피에 대한 설명으로 틀린 것은?

① 컬럼은 안지름 0.20~0.35mm, 필름 두께 0.1~3.0μm, 길이 15~60m의 DB-1, DB-5 및 DB-624 등의 모세관이나 동등한 분리성능을 가진 모세관으로 대상 분석물질의 분리가 양호한 것을 택하여 시험한다.
② 운반기체는 순도 99.999% 이상의 헬륨으로서(또는 질소) 유량은 0.5~5mL/min으로 한다.
③ 검출기는 불꽃광도검출기(FPD)를 사용한다.
④ 시료 주입부 온도는 280~320℃, 컬럼 온도는 40~320℃로 사용한다.

해설 검출기로 불꽃이온화검출기(FID, flame ionization detector)를 280~320℃로 사용한다.

72 카드뮴을 자외선/가시선 분광법으로 측정할 때 사용되는 시약으로 가장 거리가 먼 것은?

① 수산화나트륨 용액
② 요오드화칼륨 용액
③ 시안화칼륨 용액
④ 타타르산 용액

73 연속흐름법으로 시안 측정 시 사용되는 흐름주입분석기에 관한 설명으로 옳지 않은 것은?

① 연속흐름분석기의 일종이다.
② 다수의 시료를 연속적으로 자동분석하기 위하여 사용된다.
③ 기본적인 본체의 구성은 분할흐름분석기와 같으나 용액의 흐름 사이에 공기방울을 주입하지 않는 것이 차이점이다.
④ 시료의 연속흐름에 따라 상호 오염을 미연에 방지할 수 있다.

[해설] 흐름주입분석기 : 흐름주입분석기(FIA, flow injection analyzer)란 연속흐름분석기의 일종으로 다수의 시료를 연속적으로 자동분석하기 위하여 사용한다. 기본적인 본체의 구성은 분할흐름분석기와 같으나 용액의 흐름 사이에 공기방울을 주입하지 않는 것이 차이점이다. 공기방울 미주입에 따라 시료의 분산 및 연속흐름에 따른 상호 오염의 우려가 있으나 분석시간이 빠르고 기계장치가 단순화되는 장점이 있다.

74 감응계수를 옳게 나타낸 것은? (단, 검정곡선 작성용 표준용액의 농도 : C, 반응값 : R)

① 감응계수 $= R/C$
② 감응계수 $= C/R$
③ 감응계수 $= R \times C$
④ 감응계수 $= C - R$

75 수질오염물질을 측정함에 있어 측정의 정확성과 통일성을 유지하기 위한 제반사항에 관한 설명으로 틀린 것은?

① 시험에 사용하는 시약은 따로 규정이 없는 한 1급 이상 또는 이와 동등한 규격의 시약을 사용한다.
② "항량으로 될 때까지 건조한다"라는 의미는 같은 조건에서 1시간 더 건조할 때 전후 무게의 차가 g당 0.3mg 이하일 때를 말한다.
③ 기체 중의 농도는 표준상태(0℃, 1기압)로 환산 표시한다.
④ "정확히 취하여"라 하는 것은 규정한 양의 시료를 부피피펫으로 0.1mL까지 취하는 것을 말한다.

[해설] "정확히 취하여"라 하는 것은 규정한 양의 액체를 부피피펫으로 눈금까지 취하는 것을 말한다.

76 유도결합플라스마 원자발광분광법으로 금속류를 측정할 때 간섭에 관한 내용으로 옳지 않은 것은?

① 물리적 간섭 : 시료 도입부의 분무과정에서 시료의 비중, 점성도, 표면장력의 차이에 의해 발생한다.
② 분광 간섭 : 측정원소의 방출선에 대해 플라스마의 기체 성분이나 공존물질에서 유래하는 분광학적 요인에 의해 원래의 방출선의 세기 변동 및 다른 원자 혹은 이온의 방출선과의 겹침현상이 발생할 수 있다.
③ 이온화 간섭 : 이온화에너지가 큰 나트륨 또는 칼륨 등 알칼리금속이 공존원소로 시료에 존재 시 플라스마의 전자밀도를 감소시킨다.
④ 물리적 간섭 : 시료의 종류에 따라 분무기의 종류를 바꾸거나 시료의 희석, 매질일치법, 내부표준법, 농축분리법을 사용하여 간섭을 최소화한다.

[해설] 이온화 간섭 : 이온화에너지가 작은 나트륨 또는 칼륨 등 알칼리금속이 공존원소로 시료에 존재 시 플라스마의 전자밀도를 증가시키고, 증가된 전자밀도는 들뜬 상태의 원자와 이온화된 원자수를 증가시켜 방출선의 세기를 크게 할 수 있다. 또는 전자가 이온화된 시료 내의 원소와 재결합하여 이온화된 원소의 수를 감소시켜 방출선의 세기를 감소시킨다.

77 다음 중 관 내의 유량 측정방법이 아닌 것은?

① 오리피스
② 자기식 유량측정기
③ 피토(pitot)관
④ 위어(weir)

[해설] 개수로(측정용 수로) 유량 측정 : 파샬플룸, 3각위어, 4각위어

78 측정항목 중 H_2SO_4를 이용하여 pH를 2 이하로 한 후 4℃에서 보존하는 것이 아닌 것은?

① 화학적 산소요구량
② 질산성질소
③ 암모니아성질소
④ 총질소

[해설] 질산성질소 : 폴리에틸렌 또는 유리용기 - 4℃ 보관

79 수질오염공정시험기준에서 시료 보존방법이 지정되어 있지 않은 측정항목은?

① 용존산소(윙클러법)
② 불소
③ 색도
④ 부유물질

80 금속류 – 불꽃원자흡수분광광도법에서 일어나는 간섭 중 광학적 간섭에 관한 설명으로 맞는 것은 어느 것인가?

① 표준용액과 시료 또는 시료와 시료 간의 물리적 성질(점도, 밀도, 표면장력 등)의 차이 또는 표준물질과 시료의 매질 차이에 의해 발생한다.
② 불꽃온도가 너무 높을 경우 중성원자에서 전자를 빼앗아 이온이 생성될 수 있으며 이 경우 음(−)의 오차가 발생하게 된다.
③ 분석하고자 하는 원소의 흡수파장과 비슷한 다른 원소의 파장이 서로 겹쳐 비이상적으로 높게 측정되는 경우이다.
④ 불꽃의 온도가 분자를 들뜬 상태로 만들기에 충분히 높지 않아서, 해당 파장을 흡수하지 못하여 발생한다.

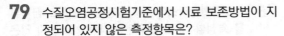

제5과목 l 수질환경관계법규

81 사업장의 규모별 구분에 관한 내용으로 ( )에 맞는 내용은?

> 최초 배출시설 설치허가 시의 폐수배출량은 사업계획에 따른 ( )을 기준으로 산정한다.

① 예상용수사용량
② 예상폐수배출량
③ 예상하수배출량
④ 예상희석수사용량

82 초과부과금을 산정할 때 1kg당 부과금액이 가장 높은 수질오염물질은?

① 크롬 및 그 화합물
② 카드뮴 및 그 화합물
③ 구리 및 그 화합물
④ 시안화합물

해설 [시행령 별표 14] 초과부과금의 산정기준(제45조 제5항 관련)

구분		수질오염물질 1킬로그램당 부과금액
유기물질		250
부유물질		250
총질소		500
총인		500
크롬 및 그 화합물		75,000
망간 및 그 화합물		30,000
아연 및 그 화합물		30,000
페놀류		150,000
특정 유해 물질	시안화합물	150,000
	구리 및 그 화합물	50,000
	카드뮴 및 그 화합물	500,000
	수은 및 그 화합물	1,250,000
	유기인화합물	150,000
	비소 및 그 화합물	100,000
	납 및 그 화합물	150,000
	6가크롬화합물	300,000
	폴리염화비페닐	1,250,000
	트리클로로에틸렌	300,000
	테트라클로로에틸렌	300,000

83 비점오염저감시설의 관리·운영기준으로 옳지 않은 것은? (단, 자연형 시설)

① 인공습지 : 동절기(11월부터 다음 해 3월까지를 말한다)에는 인공습지에서 말라 죽은 식생을 제거·처리하여야 한다.
② 인공습지 : 식생대가 50퍼센트 이상 고사하는 경우에는 추가로 수생식물을 심어야 한다.
③ 식생형 시설 : 식생수로 바닥의 퇴적물이 처리용량의 25퍼센트를 초과하는 경우에는 침전된 토사를 제거하여야 한다.
④ 식생형 시설 전처리를 위한 침사지는 주기적으로 협잡물과 침전물을 제거하여야 한다.

해설 여과형 시설 : 전처리를 위한 침사지는 주기적으로 협잡물과 침전물을 제거하여야 한다.

84 환경부령으로 정하는 폐수무방류배출시설의 설치가 가능한 특정수질유해물질이 아닌 것은?

① 디클로로메탄
② 구리 및 그 화합물
③ 카드뮴 및 그 화합물
④ 1, 1-디클로로에틸렌

85 비점오염원 관리지역의 지정기준이 옳은 것은?

① 하천 및 호소의 수생태계에 관한 환경기준에 미달하는 유역으로 유달부하량 중 비점오염 기여율이 50% 이하인 지역
② 관광지구 지정으로 비점오염원 관리가 필요한 지역
③ 인구 50만 이상인 도시로서 비점오염원 관리가 필요한 지역
④ 지질이나 지층 구조가 특이하여 특별한 관리가 필요하다고 인정되는 지역

해설 [시행령 제76조] 관리지역의 지정기준·지정절차
① 법 제54조 제1항 및 제4항에 따른 관리지역의 지정기준은 다음 각 호와 같다.
1. 「환경정책기본법 시행령」 제2조에 따른 하천 및 호소의 물환경에 관한 환경기준 또는 법 제10조의 2 제1항에 따른 수계 영향권별, 호소별 물환경 목표기준에 미달하는 유역으로 유달부하량(流達負荷量) 중 비점오염 기여율이 50퍼센트 이상인 지역
2. 비점오염물질에 의하여 자연생태계에 중대한 위해가 초래되거나 초래될 것으로 예상되는 지역
3. 인구 100만 명 이상인 도시로서 비점오염원관리가 필요한 지역
4. 「산업 입지 및 개발에 관한 법률」에 따른 국가산업단지, 일반산업단지로 지정된 지역으로 비점오염원 관리가 필요한 지역
5. 지질이나 지층 구조가 특이하여 특별한 관리가 필요하다고 인정되는 지역
6. 그 밖에 환경부령으로 정하는 지역

86 환경부 장관이 폐수처리업자에게 등록을 취소하거나 6개월 이내의 기간을 정하여 영업정지를 명할 수 있는 경우에 대한 기준으로 틀린 것은?

① 고의 또는 중대한 과실로 폐수처리영업을 부실하게 한 경우
② 영업정지처분 기간에 영업행위를 한 경우
③ 1년에 2회 이상 영업정지처분을 받은 경우
④ 등록 후 1년 이상 계속하여 영업실적이 없는 경우

해설 [법 제64조] 등록의 취소 등
② 환경부 장관은 폐수처리업자가 다음 각 호의 어느 하나에 해당하는 경우에는 그 등록을 취소하거나 6개월 이내의 기간을 정하여 영업정지를 명할 수 있다.
1. 다른 사람에게 등록증을 대여한 경우
2. 1년에 2회 이상 영업정지처분을 받은 경우
3. 고의 또는 중대한 과실로 폐수처리영업을 부실하게 한 경우
4. 영업정지처분 기간에 영업행위를 한 경우

87 비점오염저감시설의 설치기준에서 자연형 시설 중 인공습지의 설치기준으로 틀린 것은?

① 습지에는 물이 연중 항상 있을 수 있도록 유량공급 대책을 마련하여야 한다.
② 인공습지의 유입구에서 유출구까지의 유로는 최대한 길게 하고, 길이 대 폭의 비율은 2 : 1 이상으로 한다.
③ 유입부에서 유출부까지의 경사는 1.0~5.0%를 초과하지 아니하도록 한다.
④ 생물의 서식공간을 창출하기 위하여 5종부터 7종까지의 다양한 식물을 심어 생물다양성을 증가시킨다.

해설 유입부에서 유출부까지의 경사는 0.5~1.0%를 초과하지 아니하도록 한다.
[시행규칙 별표 17] 비점오염저감시설의 설치기준-인공습지
1. 인공습지의 유입구에서 유출구까지의 유로는 최대한 길게 하고, 길이 대 폭의 비율은 2 : 1 이상으로 한다.
2. 다양한 생태환경을 조성하기 위하여 인공습지 전체 면적 중 50퍼센트는 얕은 습지(0~0.3미터), 30퍼센트는 깊은 습지(0.3~1.0미터), 20퍼센트는 깊은 못(1~2미터)으로 구성한다.
3. 유입부에서 유출부까지의 경사는 0.5퍼센트 이상 1.0퍼센트 이하의 범위를 초과하지 아니하도록 한다.
4. 물이 습지의 표면 전체에 분포할 수 있도록 적당한 수심을 유지하고, 물 이동이 원활하도록 습지의 형상 등을 설계하며, 유량과 수위를 정기적으로 점검한다.
5. 습지는 생태계의 상호작용 및 먹이사슬로 수질정화가 촉진되도록 정수식물, 침수식물, 부엽식물 등의 수생식물과 조류, 박테리아 등의 미생물, 소형 어패류 등의 수중생태계를 조성하여야 한다.
6. 습지에는 물이 연중 항상 있을 수 있도록 유량공급 대책을 마련하여야 한다.
7. 생물의 서식공간을 창출하기 위하여 5종부터 7종까지의 다양한 식물을 심어 생물다양성을 증가시킨다.
8. 부유성 물질이 습지에서 최종 방류되기 전에 하류수역으로 유출되지 아니하도록 출구부분에 자갈쇄석, 여과망 등을 설치한다.

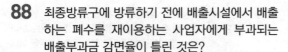

88 최종방류구에 방류하기 전에 배출시설에서 배출하는 폐수를 재이용하는 사업자에게 부과되는 배출부과금 감면율이 틀린 것은?

① 재이용률이 10% 이상 30% 미만 : 100분의 20
② 재이용률이 30% 이상 60% 미만 : 100분의 50
③ 재이용률이 60% 이상 90% 미만 : 100분의 70
④ 재이용률이 90% 이상 : 100분의 90

해설 [시행령 제52조] 배출부과금의 감면 등
① 방류수 수질기준을 초과하지 아니하고 수질오염물질을 배출한 기간별로 다음 각 목의 구분에 따른 감면율을 적용하여 해당 부과기간에 부과되는 기본배출부과금을 감경
　가. 6개월 이상 1년 내 : 100분의 20
　나. 1년 이상 2년 내 : 100분의 30
　다. 2년 이상 3년 내 : 100분의 40
　라. 3년 이상 : 100분의 50
② 폐수 재이용률별 감면율을 적용하여 해당 부과기간에 부과되는 기본배출부과금을 감경
　가. 재이용률이 10퍼센트 이상 30퍼센트 미만인 경우 : 100분의 20
　나. 재이용률이 30퍼센트 이상 60퍼센트 미만인 경우 : 100분의 50
　다. 재이용률이 60퍼센트 이상 90퍼센트 미만인 경우 : 100분의 80
　라. 재이용률이 90퍼센트 이상인 경우 : 100분의 90

89 비점오염원의 설치신고 또는 변경신고를 할 때 제출하는 비점오염저감계획서에 포함되어야 하는 사항과 가장 거리가 먼 것은?

① 비점오염원 관련 현황
② 비점오염 저감시설 설치계획
③ 비점오염원 관리 및 모니터링 방안
④ 비점오염원 저감방안

해설 [시행규칙 제74조] 비점오염저감계획서의 작성방법
① 법 제53조 제2항에 따른 비점오염저감계획서에는 다음 각 호의 사항이 포함되어야 한다.
　1. 비점오염원 관련 현황
　2. 저영향개발기법(제73조 제1항 제1호에 해당하는 사업자의 경우에는 「환경영향평가법」 제27조부터 제29조까지의 규정에 따라 협의된 저영향개발기법을 말한다. 이하 제3호에서 같다) 등을 포함한 비점오염원 저감방안
　3. 저영향개발기법 등을 적용한 비점오염저감시설 설치계획
　4. 비점오염저감시설 유지관리 및 모니터링 방안

90 다음 위반행위에 따른 벌칙기준 중 1년 이하의 징역 또는 1천만원 이하의 벌금에 처하는 경우는 어느 것인가?

① 허가를 받지 아니하고 폐수배출시설을 설치한 자
② 폐수무방류배출시설에서 배출되는 폐수를 오수 또는 다른 배출시설에서 배출되는 폐수와 혼합하여 처리하는 행위를 한 자
③ 환경부 장관에게 신고하지 아니하고 기타 수질오염원을 설치한 자
④ 배출시설의 설치를 제한하는 지역에서 배출시설을 설치한 자

91 오염총량관리 기본방침에 포함되어야 하는 사항으로 틀린 것은?

① 오염총량관리의 목표
② 오염총량관리의 대상 수질오염물질 종류
③ 오염원의 조사 및 오염부하량 산정방법
④ 오염총량관리 현황

해설 [시행령 제4조] 오염총량관리 기본방침
법 제4조의 2 제2항에 따른 오염총량관리 기본방침(이하 "기본방침"이라 한다)에는 다음 각 호의 사항이 포함되어야 한다.
1. 오염총량관리의 목표
2. 오염총량관리의 대상 수질오염물질 종류
3. 오염원의 조사 및 오염부하량 산정방법
4. 법 제4조의 3에 따른 오염총량관리 기본계획의 주체, 내용, 방법 및 시한
5. 법 제4조의 4에 따른 오염총량관리 시행계획의 내용 및 방법

92 다음 중 기타 수질오염원의 시설 구분으로 틀린 것은?

① 수산물 양식시설
② 농축수산물 단순가공시설
③ 금속 도금 및 세공 시설
④ 운수장비 정비 또는 폐차장 시설

해설 [시행규칙 별표 1] 기타 수질오염원
수산물 양식시설, 골프장, 운수장비 정비 또는 폐차장 시설, 농축수산물 단순가공시설, 사진처리 또는 X-Ray 시설, 금은 판매점의 세공시설이나 안경점, 복합물류터미널시설

93 공공폐수처리시설의 설치 부담금의 부과·징수와 관련한 설명으로 틀린 것은?

① 공공폐수처리시설을 설치·운영하는 자는 그 사업에 드는 비용의 전부 또는 일부를 충당하기 위하여 원인자로부터 공공폐수처리시설의 설치 부담금을 부과·징수할 수 있다.

② 공공폐수처리시설 부담금의 총액은 시행자가 해당 시설의 설치와 관련하여 지출하는 금액을 초과하여서는 아니 된다.

③ 원인자에게 부과되는 공공폐수처리시설 설치 부담금은 각 원인자의 사업의 종류·규모 및 오염물질의 배출 정도 등을 기준으로 하여 정한다.

④ 국가와 지방자치단체는 세제상 또는 금융상 필요한 지원 조치를 할 수 없다.

해설 [법 제48조의 2] 공공폐수처리시설 설치 부담금의 부과·징수

① 제48조에 따라 공공폐수처리시설을 설치·운영하는 자(이하 "시행자"라 한다)는 그 시설의 설치에 드는 비용의 전부 또는 일부를 충당하기 위하여 원인자로부터 공공폐수처리시설의 설치 부담금(이하 "공공폐수처리시설 설치 부담금"이라 한다)을 부과·징수할 수 있다.

② 공공폐수처리시설 설치 부담금의 총액은 시행자가 해당 시설의 설치와 관련하여 지출하는 금액을 초과하여서는 아니 된다.

③ 원인자에게 부과되는 공공폐수처리시설 설치 부담금은 각 원인자의 사업의 종류·규모 및 오염물질의 배출 정도 등을 기준으로 하여 정한다.

④ 국가와 지방자치단체는 이 법에 따른 중소기업자의 비용부담으로 인하여 중소기업자의 생산활동과 투자의욕이 위축되지 아니하도록 세제상 또는 금융상 필요한 지원 조치를 할 수 있다.

⑤ 제1항부터 제3항까지의 규정에 따른 공공폐수처리시설 설치 부담금의 산정방법, 부과·징수의 방법 및 절차, 그 밖에 필요한 사항은 대통령령으로 정한다.

94 1일 800m³의 폐수가 배출되는 사업장의 환경기술인의 자격에 관한 기준은?

① 수질환경기사 1명 이상
② 수질환경산업기사 1명 이상
③ 환경기능사 1명 이상
④ 2년 이상 수질분야 환경관련 업무에 직접 종사한 자 1명 이상

해설 [시행령 별표 17] 사업장별 환경기술인의 자격기준

구분	환경기술인
제1종 사업장	수질환경기사 1명 이상
제2종 사업장	수질환경산업기사 1명 이상
제3종 사업장	수질환경산업기사, 환경기능사 또는 3년 이상 수질분야 환경관련 업무에 직접 종사한 자 1명 이상
제4종 사업장 제5종 사업장	배출시설 설치허가를 받거나 배출시설 설치신고가 수리된 사업자 또는 배출시설 설치허가를 받거나 배출시설 설치신고가 수리된 사업자가 그 사업장의 배출시설 및 방지시설업무에 종사하는 피고용인 중에서 임명하는 자 1명 이상

95 폐수종말처리시설의 방류수 수질기준으로 틀린 것은? (단, Ⅰ지역, 2020년 1월 1일 이후 기준, (　)는 농공단지 폐수종말처리시설의 방류수 수질기준임.)

① BOD : 10(10)mg/L 이하
② COD : 20(30)mg/L 이하
③ 총질소(T-N) : 20(20)mg/L 이하
④ 생태독성(TU) : 1(1) 이하

해설 [시행규칙 별표 10] 공공폐수처리시설의 방류수 수질기준 (제26조 관련)

구분	수질기준			
	Ⅰ지역	Ⅱ지역	Ⅲ지역	Ⅳ지역
생물화학적 산소요구량 (BOD) (mg/L)	10(10) 이하	10(10) 이하	10(10) 이하	10(10) 이하
총유기탄소량 (TOC) (mg/L)	15(25) 이하	15(25) 이하	25(25) 이하	25(25) 이하
부유물질(SS) (mg/L)	10(10) 이하	10(10) 이하	10(10) 이하	10(10) 이하
총질소(T-N) (mg/L)	20(20) 이하	20(20) 이하	20(20) 이하	20(20) 이하
총인(T-P) (mg/L)	0.2(0.2) 이하	0.3(0.3) 이하	0.5(0.5) 이하	2(2) 이하
총대장균군수 (개/mL)	3,000 (3,000) 이하	3,000 (3,000) 이하	3,000 (3,000) 이하	3,000 (3,000) 이하
생태독성 (TU)	1(1) 이하	1(1) 이하	1(1) 이하	1(1) 이하

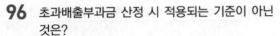

96 초과배출부과금 산정 시 적용되는 기준이 아닌 것은?

① 기준초과배출량
② 수질오염물질 1킬로그램당의 부과금액
③ 지역별 부과계수
④ 사업장의 연간 매출액

97 폐수배출시설 외에 수질오염물질을 배출하는 시설 또는 장소로서 환경부령이 정하는 것(기타 수질오염원)이 대상 시설과 규모 기준에 관한 내용으로 틀린 것은?

① 자동차폐차장 시설 : 면적 1,000m² 이상
② 수조식 양식어업시설 : 수조 면적 합계 500m² 이상
③ 골프장 : 면적 3만m² 이상
④ 무인자동식 현상, 인화, 정착 시설 : 1대 이상

> **해설** 자동차폐차장 시설로서 면적 1,500m² 이상인 시설

98 초과부과금 산정 시 적용되는 위반횟수별 부과계수에 관한 내용으로 ( )에 맞는 것은?

> 처음 위반한 경우 (㉠)로 하고, 다음 위반부터는 그 위반직전의 부과계수에 (㉡)를 곱한 것으로 한다.

① ㉠ 1.5, ㉡ 1.3 ② ㉠ 1.5, ㉡ 1.5
③ ㉠ 1.8, ㉡ 1.3 ④ ㉠ 1.8, ㉡ 1.5

99 방지시설 설치의 면제기준에 관한 설명으로 틀린 것은?

① 수질오염물질이 항상 배출허용기준 이하로 배출되는 경우
② 새로운 수질오염물질이 발생되어 배출시설 또는 방지시설의 개선이 필요한 경우
③ 폐수를 전량 위탁처리하는 경우
④ 폐수를 전량 재이용하는 등 방지시설을 설치하지 아니하고도 수질오염물질을 적정하게 처리할 수 있는 경우

> **해설** [시행령 제33조] 방지시설 설치의 면제기준
> 법 제35조 제1항 단서에서 "대통령령이 정하는 기준에 해당하는 배출시설(폐수무방류배출시설을 제외한다)의 경우"란 다음 각 호의 어느 하나에 해당하는 경우를 말한다.
> 1. 배출시설의 기능 및 공정상 수질오염물질이 항상 배출허용기준 이하로 배출되는 경우
> 2. 법 제62조에 따라 폐수처리업의 등록을 한 자 또는 환경부 장관이 인정하여 고시하는 관계 전문기관에 환경부령으로 정하는 폐수를 전량 위탁처리하는 경우
> 3. 폐수를 전량 재이용하는 등 방지시설을 설치하지 아니하고도 수질오염물질을 적정하게 처리할 수 있는 경우로서 환경부령으로 정하는 경우

100 휴경 등 권고대상 농경지의 해발고도 및 경사도의 기준은?

① 해발고도 : 해발 200미터, 경사도 : 10%
② 해발고도 : 해발 400미터, 경사도 : 15%
③ 해발고도 : 해발 600미터, 경사도 : 20%
④ 해발고도 : 해발 800미터, 경사도 : 25%

숫자로 보는 문제유형 분석

※ "어쩌다 한번 만나는 문제"에는 알아보기 쉽게 문제 번호에 "밑줄"을 그어 두었습니다.

계산문제 출제비율	수질오염개론	상하수도계획
	30%	15%
수질오염방지기술	공정시험기준	전체 100문제 중
40%	20%	21%

어쩌다 한번 만나는 문제	수질오염개론	상하수도계획
	7, 8, 12, 14	22, 26, 32
수질오염방지기술	공정시험기준	수질관계법규
50	64, 65, 70	89, 97

▶ 제1과목 ┃ 수질오염개론

01 미생물 중 세균(bacteria)에 관한 특징으로 가장 거리가 먼 것은?

① 원시적 엽록소를 이용하여 부분적인 탄소 동화작용을 한다.

② 용해된 유기물을 섭취하며, 주로 세포분열로 번식한다.

③ 수분 80%, 고형물 20% 정도로 세포가 구성되며, 고형물 중 유기물이 90%를 차지한다.

④ pH, 온도에 대하여 민감하며, 열보다 낮은 온도에서 저항성이 높다.

해설 세균은 엽록소를 가지고 있지 않으며 탄소동화작용을 하지 않는다.

02 하천 수질모델 중 WQRRS에 관한 설명으로 가장 거리가 먼 것은?

① 하천 및 호수의 부영양화를 고려한 생태계 모델이다.

② 유속, 수심, 조도계수에 의해 확산계수를 결정한다.

③ 호수에는 수심별 1차원 모델이 적용된다.

④ 정적 및 동적인 하천의 수질, 수문학적 특성이 광범위하게 고려된다.

해설 유속, 수심, 조도계수에 의해 확산계수를 결정하는 것은 QUAL-I 모델이다.

03 농업용수의 수질을 분석할 때 이용되는 SAR (Sodium Adsorption Ratio)과 관계없는 것은?

① Na^+ ② Mg^{2+}

③ Ca^{2+} ④ Fe^{2+}

해설
$$SAR = \frac{Na^+}{\sqrt{\dfrac{Ca^{2+} + Mg^{2+}}{2}}}$$

04 다음이 설명하는 일반적 기체 법칙은?

> 여러 물질이 혼합된 용액에서 어느 물질의 증기압(분압)은 혼합액에서 그 물질의 몰분율에 순수한 상태에서 그 물질의 증기압을 곱한 것과 같다.

① 라울의 법칙   ② 게이-뤼삭의 법칙

③ 헨리의 법칙   ④ 그레이엄의 법칙

05 우리나라의 수자원 이용현황 중 가장 많은 용도로 사용하는 용수는?

① 생활용수   ② 공업용수

③ 농업용수   ④ 유지용수

06 2차 처리 유출수에 함유된 10mg/L의 유기물을 활성탄흡착법으로 3차 처리하여 농도가 1mg/L 인 유출수를 얻고자 한다. 이때 폐수 1L당 필요한 활성탄의 양(mg)은? (단, Freundlich 등온식 사용, $K=0.5$, $n=2$)

① 9   ② 12

③ 16   ④ 18

해설 Freundlich 등온식

$$\frac{X}{M} = KC^{\frac{1}{n}}$$

$$\frac{10-1}{M} = 0.5 \times 1^{\frac{1}{2}}$$

$$\therefore M = 18\text{mg/L}$$

07 원생동물(protozoa)의 종류에 관한 내용으로 옳은 것은?

① Paramecia는 자유롭게 수영하면서 고형물질을 섭취한다.
② Vorticella는 불량한 활성슬러지에서 주로 발견된다.
③ Sarcodina는 나팔의 입에서 물흐름을 일으켜 고형물질만 걸러서 먹는다.
④ Suctoria는 몸통을 움직이면서 위족으로 고형물질을 몸으로 싸서 먹는다.

해설 ② Vorticella는 양호한 활성슬러지에서 주로 발견된다.
③ 나팔의 입에서 물흐름을 일으켜 고형물질만 걸러서 먹는 것은 Vorticella이다.
④ 몸통을 움직이면서 위족으로 고형물질을 몸으로 싸서 먹는 것은 Sarcodina이다.

08 다음 설명과 가장 관계있는 것은?

> 유리산소가 존재해야만 생장하며, 최적 온도는 20~30℃, 최적 pH는 4.5~6.0이다. 유기산과 암모니아를 생성해 pH를 상승 또는 하강시킬 때도 있다.

① 박테리아
② 균류
③ 조류
④ 원생동물

09 다음 중 산과 염기의 정의에 관한 설명으로 옳지 않은 것은?

① Arrhenius는 수용액에서 수산화이온을 내어놓는 물질을 염기라고 정의하였다.
② Lewis는 전자쌍을 받는 화학종을 염기라고 정의하였다.
③ Arrhenius는 수용액에서 양성자를 내어놓는 것을 산이라고 정의하였다.
④ Brönsted-Lowry는 수용액에서 양성자를 내어주는 물질을 산이라고 정의하였다.

해설 Lewis는 전자쌍을 받는 화학종을 산이라고 정의하였다.

10 25℃, 4atm의 압력에 있는 메탄가스 15kg을 저장하는 데 필요한 탱크의 부피(m^3)는? (단, 이상기체의 법칙 적용, 표준상태 기준, $R=0.082$ L · atm/mol · K)

① 4.42　　　② 5.73
③ 6.54　　　④ 7.45

해설 이상기체상태방정식 이용
$PV=nRT$
여기서, P : 압력(atm) → 4atm
　　　　V : 부피(L)
　　　　n : 몰(mol) → $15,000g \times \dfrac{mol}{16g} = 937.5mol$
　　　　R : 기체상수 → 0.082L · atm/mol · K
　　　　T : 절대온도 → 25+273K
$4atm \times X(L)$
$= 15,000g \times \dfrac{mol}{16g} \times \dfrac{0.082L \cdot atm}{mol \cdot K} \times (25+273)K$
$\therefore X = 5727.1875L = 5.7271m^3$

11 글루코스($C_6H_{12}O_6$) 1,000mg/L를 혐기성 분해시킬 때 생산되는 이론적 메탄량(mg/L)은?

① 227　　　② 247
③ 267　　　④ 287

해설 글루코스($C_6H_{12}O_6$)의 혐기성 분해 반응식을 이용하여 발생하는 메탄 농도 산정
$C_6H_{12}O_6 \longrightarrow 3CH_4 + 3CO_2$
　180g　　:　$3 \times 16g$
1,000mg/L :　□ mg/L
$\therefore □ = 266.6666mg/L$

12 다음 중 유기화합물에 대한 설명으로 옳지 않은 것은?

① 유기화합물들은 일반적으로 녹는점과 끓는점이 낮다.
② 유기화합물들은 하나의 분자식에 대하여 여러 종류의 화합물이 존재할 수 있다.
③ 유기화합물들은 대체로 이온반응보다는 분자반응을 하므로 반응속도가 빠르다.
④ 대부분의 유기화합물은 박테리아의 먹이가 될 수 있다.

해설 유기화합물들은 대체로 이온반응보다는 분자반응을 하므로 반응속도가 느리다.

13 다음 중 소량의 전해질에서 쉽게 응집이 일어나는 것으로서 주로 무기물질의 Colloid는?

① 서스펜션 Colloid
② 에멀션 Colloid
③ 친수성 Colloid
④ 소수성 Colloid

14 열수 배출에 의한 피해현상으로 가장 거리가 먼 것은?

① 발암물질 생성
② 부영양화
③ 용존산소 감소
④ 어류 폐사

15 피부점막, 호흡기로 흡입되어 국소 및 전신 마비, 피부염, 색소 침착을 일으키며, 안료, 색소, 유리 공업 등이 주요 발생원인 중금속은?

① 비소
② 납
③ 크롬
④ 구리

16 BOD가 2,000mg/L인 폐수를 제거율 85%로 처리한 후 몇 배 희석하면 방류수 기준에 맞는가? (단, 방류수 기준은 40mg/L라고 가정)

① 4.5배 이상
② 5.5배 이상
③ 6.5배 이상
④ 7.5배 이상

해설 ⓐ 유출되는 BOD 농도 산정

$$BOD \ 제거효율(\%) = \left(1 - \frac{BOD_o}{BOD_i}\right) \times 100$$

$$85 = \left(1 - \frac{BOD_o}{2,000}\right) \times 100$$

$$BOD_o = 300mg/L$$

ⓑ 희석배율 산정

$$희석배율 = \frac{희석 \ 전 \ 농도}{희석 \ 후 \ 농도} = \frac{300}{40} = 7.5배$$

17 수은주 높이 150mm는 수주로 몇 mm인가?

① 약 2,040
② 약 2,530
③ 약 3,240
④ 약 3,530

해설 $1atm = 10,332mmH_2O = 760mmHg$

$$150mmHg \times \frac{10,332mmH_2O}{760mmHg} = 2039.2105mmH_2O$$

18 하천의 탈산소계수를 조사한 결과 20℃에서 0.19/day이었다. 하천수의 온도가 25℃로 증가되었다면 탈산소계수(day^{-1})는? (단, 온도보정계수=1.047)

① 0.22
② 0.24
③ 0.26
④ 0.28

해설 $K_{(T)} = K_{20} \times 1.047^{(T-20)}$
$= 0.19day^{-1} \times 1.047^{(25-20)}$
$= 0.2390day^{-1}$

19 호소수의 전도현상(turnover)이 호소수 수질환경에 미치는 영향을 설명한 내용 중 옳지 않은 것은?

① 수괴의 수직운동 촉진으로 호소 내 환경 용량이 제한되어 물의 자정능력이 감소된다.
② 심층부까지 조류의 혼합이 촉진되어 상수원의 취수 심도에 영향을 끼치게 되므로 수도의 수질이 악화된다.
③ 심층부의 영양염이 상승하게 됨에 따라 표층부에 규조류가 번성하게 되어 부영양화가 촉진된다.
④ 조류의 다량 번식으로 물의 탁도가 증가되고 여과지가 폐색되는 등의 문제가 발생한다.

해설 수괴의 수직운동 촉진으로 호소 내 환경용량이 증대되어 물의 자정능력이 증가한다.

20 다음 중 적조현상에 관한 설명으로 틀린 것은 어느 것인가?

① 수괴의 연직안정도가 작을 때 발생한다.
② 강우에 따른 하천수의 유입으로 해수의 염분량이 낮아지고 영양염류가 보급될 때 발생한다.
③ 적조조류에 의한 아가미 폐색과 어류의 호흡장애가 발생한다.
④ 수중 용존산소 감소에 의한 어패류의 폐사가 발생한다.

해설 수괴의 연직안정도가 클 때 발생한다.

제2과목 ┃ 상하수도계획

21 $I = \dfrac{3,660}{t+15}$ mm/hr, 면적 2.0km², 유입시간 6분, 유출계수 C=0.65, 관 내 유속 1m/sec인 경우, 관 길이 600m인 하수관에서 흘러나오는 우수량(m³/sec)은? (단, 합리식 적용)

① 약 31   ② 약 38
③ 약 43   ④ 약 52

해설 합리식에 의한 우수유출량을 산정하는 공식

$$Q = \frac{1}{360} CIA$$

ⓐ 유달시간 산정

$$t = 유입시간(min) + 유하시간\left(min, \frac{길이(L)}{유속(V)}\right)$$

$$= 6min + 600m \times \frac{sec}{1m} \times \frac{1min}{60sec}$$

$$= 16min$$

ⓑ 강우강도 산정

$$I = \frac{3,660}{t+15} = \frac{3,660}{16+15} = 118.06 mm/hr$$

ⓒ 유역면적 산정

$$A = 2.0km^2 \times \frac{100ha}{1km^2} = 200ha$$

ⓓ 유량 산정

$$Q = \frac{1}{360} \times 0.65 \times 118.06 \times 200 = 42.63 m^3/sec$$

22 우수배제계획의 수립 중 우수유출량의 억제에 대한 계획으로 옳지 않은 것은?

① 우수유출량의 억제방법은 크게 우수저류형, 우수침투형 및 토지이용의 계획적 관리로 나눌 수 있다.
② 우수저류형 시설 중 On-site 시설은 단지 내 저류, 우수조정지, 우수체수지 등이 있다.
③ 우수침투형은 우수를 지중에 침투시키므로 우수유출 총량을 감소시키는 효과를 발휘한다.
④ 우수저류형은 우수유출 총량은 변하지 않으나 첨두유출량을 감소시키는 효과가 있다.

해설 우수저류형 시설 중 On-site 시설 : 공원 내 저류, 학교 운동장 내 저류, 광장 내 저류, 주차장 내 저류, 단지 내 저류, 주택 내 저류, 공공시설용지 내 저류

23 수원에 관한 설명으로 틀린 것은?

① 복류수는 대체로 수질이 양호하며 대개의 경우 침전지를 생략하는 경우도 있다.
② 용천수는 지하수가 종종 자연적으로 지표에 나타난 것으로 그 성질은 대개 지표수와 비슷하다.
③ 우리나라의 일반적인 하천수는 연수인 경우가 많으므로 침전과 여과에 의하여 용이하게 정화되는 경우도 많다.
④ 호소수는 하천의 유수보다 자정작용이 큰 것이 특징이다.

해설 용천수 : 지표수가 지하로 침투하여 암석 또는 점토와 같은 불투수층에 차단되어 지표로 솟아나온 것으로, 유기성 및 무기성 불순물의 함유도가 낮고 세균도 매우 적다.

24 하수처리공법 중 접촉산화법에 대한 설명으로 틀린 것은?

① 반송슬러지가 필요하지 않으므로 운전관리가 용이하다.
② 생물상이 다양하여 처리효과가 안정적이다.
③ 부착생물량의 임의 조정이 어려워 조작 조건 변경에 대응하기 쉽지 않다.
④ 접촉제가 조 내에 있기 때문에 부착생물량의 확인이 어렵다.

해설 부착생물량의 임의 조정이 가능해 조작 조건 변경에 대응하기 용이하다.

25 분류식 하수배제방식에서 펌프장시설의 계획하수량 결정 시 유입·방류 펌프장 계획하수량으로 옳은 것은?

① 계획시간최대오수량
② 계획우수량
③ 우천 시 계획오수량
④ 계획일최대오수량

26 24시간 이상 장시간의 강우강도에 대해 가까운 저류시설 등을 계획할 경우에 적용하는 강우강도식은?

① Cleveland형   ② Japanese형
③ Talbot형   ④ Sherman형

27 계획오수량에 관한 설명으로 틀린 것은?

① 지하수량은 1인1일최대오수량의 10~20%로 한다.

② 계획시간최대오수량은 계획1일최대오수량의 1시간당 수량의 1.3~1.8배를 표준으로 한다.

③ 합류식에서 우천 시 계획오수량은 원칙적으로 계획시간최대오수량의 3배 이상으로 한다.

④ 계획1일평균오수량은 계획1일최대오수량의 50~60%를 표준으로 한다.

해설 계획1일평균오수량은 계획1일 최대오수량의 70~80%를 표준으로 한다.

28 길이 1.2km의 하수관이 2‰의 경사로 매설되어 있을 경우, 이 하수관 양끝단 간의 고저차(m)는? (단, 기타 사항은 고려하지 않음.)

① 0.24 ② 2.4

③ 0.6 ④ 6.0

해설

$$경사(‰) = \frac{H(고저차)}{L(길이)} \times 1,000$$

$$2‰ = \frac{H}{1,200} \times 1,000$$

$$\therefore H = 2.4m$$

29 상수도 급수배관에 관한 설명으로 틀린 것은?

① 급수관을 공공도로에 부설할 경우에는 도로관리자가 정한 점용위치와 깊이에 따라 배관해야 하며 다른 매설물과의 간격을 30cm 이상 확보한다.

② 급수관을 부설하고 되메우기를 할 때에는 양질토 또는 모래를 사용하여 적절하게 다짐하여 관을 보호한다.

③ 급수관이 개거를 횡단하는 경우에는 가능한 한 개거의 위로 부설한다.

④ 동결이나 결로의 우려가 있는 급수설비의 노출부분에 대해서는 적절한 방한조치나 결로방지조치를 강구한다.

해설 급수관이 개거를 횡단하는 경우에는 가능한 한 개거의 아래로 부설한다.

30 비교회전도(N_s)에 대한 설명 중 틀린 것은 어느 것인가?

① 펌프의 규정회전수가 증가하면 비교회전도도 증가한다.

② 펌프의 규정양정이 증가하면 비교회전도는 감소한다.

③ 일반적으로 비교회전도가 크면 유량이 많은 저양정의 펌프가 된다.

④ 비교회전도가 크게 될수록 흡입성능이 좋아지고 공동현상 발생이 줄어든다.

해설 비교회전도가 크게 될수록 흡입성능이 나빠지고 공동현상이 발생하기 쉽다.

31 상수처리를 위한 약품침전지의 구성과 구조로 틀린 것은?

① 슬러지의 퇴적심도로서 30cm 이상을 고려한다.

② 유효수심은 3~5.5m로 한다.

③ 침전지 바닥에는 슬러지 배제에 편리하도록 배수구를 향하여 경사지게 한다.

④ 고수위에서 침전지 벽체 상단까지의 여유고는 10cm 정도로 한다.

해설 고수위에 침전지 벽체 상단까지의 여유고는 30cm 정도로 한다.

32 하수관로 개·보수 계획 수립 시 포함되어야 할 사항이 아닌 것은?

① 불명수량 조사

② 개·보수 우선순위의 결정

③ 개·보수 공사 범위의 설정

④ 주변 인근 신설관로 현황 조사

해설 하수관거 개·보수 계획 수립 : 하수관거 개·보수 계획은 관거의 중요도, 계획의 시급성, 환경성 및 기존 관거 현황 등을 고려하여 수립하되 다음과 같은 사항을 포함하여야 한다.

㉠ 기초자료 분석 및 조사 우선순위 결정

㉡ 불명수량 조사

㉢ 기존 관거 현황 조사

㉣ 개·보수 우선순위의 결정

㉤ 개·보수 공사 범위의 설정

㉥ 개·보수 공법의 선정

27.④ 28.② 29.③ 30.④ 31.④ 32.④

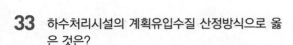

33 하수처리시설의 계획유입수질 산정방식으로 옳은 것은?

① 계획오염부하량을 계획1일평균오수량으로 나누어 산정한다.

② 계획오염부하량을 계획시간평균오수량으로 나누어 산정한다.

③ 계획오염부하량을 계획1일최대오수량으로 나누어 산정한다.

④ 계획오염부하량을 계획시간최대오수량으로 나누어 산정한다.

34 하수시설에서 우수조정지 구조 형식이 아닌 것은?

① 댐식(제방높이 15m 미만)

② 저하식(관 내 저류 포함)

③ 굴착식

④ 유하식(자연호소 포함)

해설 우수조정지의 구조 형식은 댐식(제방높이 15m 미만), 굴착식 및 지하식으로 한다.

35 펌프의 회전수 N=2,400rpm, 최고효율점의 토출량 Q=162m³/hr, 전양정 H=90m인 원심펌프의 비회전도는?

① 약 115   ② 약 125

③ 약 135   ④ 약 145

해설 비교회전도(비회전도)의 산정을 위한 공식은 아래와 같다.

$$N_s = N \times \frac{Q^{1/2}}{H^{3/4}}$$

ⓐ 유량 산정

$$Q = \frac{162\text{m}^3}{\text{hr}} \times \frac{1\text{hr}}{60\text{min}} = 2.7\,\text{m}^3/\text{min}$$

ⓑ 비교회전도 산정

$$N_s = 2,400 \times \frac{2.7^{1/2}}{90^{3/4}} = 134.96$$

36 상수의 소독(살균)설비 중 저장설비에 관한 내용으로 ( )에 가장 적합한 것은?

> 액화염소의 저장량은 항상 1일 사용량의 ( ) 이상으로 한다.

① 5일분   ② 10일분

③ 15일분   ④ 30일분

37 집수정에서 가정까지의 급수계통을 순서적으로 나열한 것으로 옳은 것은?

① 취수 → 도수 → 정수 → 송수 → 배수 → 급수

② 취수 → 도수 → 정수 → 배수 → 송수 → 급수

③ 취수 → 송수 → 도수 → 정수 → 배수 → 급수

④ 취수 → 송수 → 배수 → 정수 → 도수 → 급수

38 다음 중 표준활성슬러지법에 관한 설명으로 잘못된 것은?

① 수리학적 체류시간(HRT)은 6~8시간을 표준으로 한다.

② 수리학적 체류시간(HRT)은 계획하수량에 따라 결정하며 반송슬러지량을 고려한다.

③ MLSS 농도는 1,500~2,500mg/L를 표준으로 한다.

④ MLSS 농도가 너무 높으면 필요산소량이 증가하거나 2차 침전지의 침전효율이 악화될 우려가 있다.

39 계획취수량을 확보하기 위하여 필요한 저수용량의 결정에 사용하는 계획 기준년은?

① 원칙적으로 5개년에 제1위 정도의 갈수를 표준으로 한다.

② 원칙적으로 7개년에 제1위 정도의 갈수를 표준으로 한다.

③ 원칙적으로 10개년에 제1위 정도의 갈수를 표준으로 한다.

④ 원칙적으로 15개년에 제1위 정도의 갈수를 표준으로 한다.

40 상수도시설 중 완속여과지의 여과속도 표준범위는?

① 4~5m/day

② 5~15m/day

③ 15~25m/day

④ 25~50m/day

제3과목 | 수질오염방지기술

41 반지름이 8cm인 원형 관로에서 유체의 유속이 20m/sec일 때 반지름이 40cm인 곳에서의 유속(m/sec)은? (단, 유량 동일, 기타 조건은 고려하지 않음.)

① 0.8
② 1.6
③ 2.2
④ 3.4

해설 단면적과 유속은 변하지만 유량은 동일

$Q = A_1 V_1 = A_2 V_2$

$\frac{\pi}{4}(0.16\text{m})^2 \times 20\text{m/sec} = \frac{\pi}{4}(0.8\text{m})^2 \times \square\,\text{m/sec}$

$\therefore \square = 0.8\text{m/sec}$

42 농도 4,000mg/L인 포기조 내 활성슬러지 1L를 30분간 정치시켰을 때, 침강슬러지 부피가 40%를 차지하였다. 이때 SDI는?

① 1 ② 2
③ 10 ④ 100

해설 SVI 산정 후 SDI 계산

ⓐ $\text{SVI} = \frac{\text{SV}_{30}(\%)}{\text{MLSS}} \times 10^4 = \frac{\text{SV}_{30}(\text{mL})}{\text{MLSS}} \times 10^3$

$= \frac{40\%}{4,000\text{mg/L}} \times 10^4 = 100$

ⓑ $\text{SDI} = \frac{100}{\text{SVI}} = \frac{100}{100} = 1$

43 하수처리를 위한 회전원판법에 관한 설명으로 틀린 것은?

① 질산화가 일어나기 쉬우며 pH가 저하되는 경우가 있다.
② 원판의 회전으로 인해 부착생물과 회전판 사이에 전단력이 생긴다.
③ 살수여상과 같이 여상에 파리는 발생하지 않으나 하루살이가 발생하는 경우가 있다.
④ 활성슬러지법에 비해 2차 침전지에서 SS 유출이 적어 처리수의 투명도가 좋다.

해설 활성슬러지법에 비해 2차 침전지에서 미세한 SS가 유출되기 쉽고 처리수의 투명도가 나쁘다.

44 질산화반응에 의한 알칼리도의 변화는?

① 감소한다.
② 증가한다.
③ 변화하지 않는다.
④ 증가 후 감소한다.

45 길이 : 폭의 비가 3 : 1인 장방형 침전조에 유량 850m³/day의 흐름이 도입된다. 깊이는 4.0m, 체류시간은 2.4hr이라면 표면부하율(m³/m²·day)은? (단, 흐름은 침전조 단면적에 균일하게 분배된다고 가정)

① 20 ② 30
③ 40 ④ 50

해설 표면부하율의 관계식

$\text{표면부하율} = \frac{\text{유량}}{\text{침전면적}} = \frac{AV}{WL} = \frac{WHV}{WL} = \frac{H}{HRT}$

$= \frac{4\text{m}}{2.4\text{hr}} \times \frac{24\text{hr}}{\text{day}}$

$= 40\text{m/day} = 40\text{m}^3/\text{m}^2 \cdot \text{day}$

46 반송슬러지의 탈인 제거공정에 관한 설명으로 틀린 것은?

① 탈인조 상징액은 유입수량에 비하여 매우 작다.
② 인을 침전시키기 위해 소요되는 석회의 양은 순수 화학처리방법보다 적다.
③ 유입수의 유기물 부하에 따른 영향이 크다.
④ 대표적인 인 제거공법으로는 phostrip process가 있다.

해설 유입수의 유기물 부하에 따른 영향은 적다.

47 다음에서 설명하는 분리방법으로 가장 적합한 것은?

- 막형태 : 대칭형 다공성막
- 구동력 : 정수압차
- 분리형태 : Pore size 및 흡착현상에 기인한 체거름
- 적용분야 : 전자공업의 초순수 제조, 무균수 제조식품의 무균여과

① 역삼투 ② 한외여과
③ 정밀여과 ④ 투석

48 탈기법을 이용, 폐수 중의 암모니아성질소를 제거하기 위하여 폐수의 pH를 조절하고자 한다. 수중 암모니아를 NH_3(기체분자의 형태) 98%로 하기 위한 pH는? (단, 암모니아성질소의 수중에서의 평형은 다음과 같다. $NH_3+H_2O \rightleftarrows NH_4^+ + OH^-$, 평형상수 $K=1.8 \times 10^{-5}$)

① 11.25 ② 11.03
③ 10.94 ④ 10.62

해설 ⓐ NH_4^+/NH_3 비율 산정

$$NH_3(\%) = \frac{NH_3}{NH_3+NH_4^+} \times 100$$

$$98 = \frac{NH_3}{NH_3+NH_4^+} \times 100$$

$NH_4^+/NH_3 = 0.0204$

ⓑ 수산화이온의 몰농도 산정

$NH_3+H_2O \rightleftarrows NH_4^+ + OH^-$

$$K = \frac{[NH_4^+][OH^-]}{[NH_3]}$$

$1.8 \times 10^{-5} = 0.0204 \times [OH^-]$

$[OH^-] = 8.8235 \times 10^{-4} \text{mol/L}$

ⓒ pH 산정

$$pH = 14 - \log\left(\frac{1}{8.8235 \times 10^{-4}}\right) = 10.9456$$

49 용수 응집시설의 급속혼합조를 설계하고자 한다. 혼합조의 설계유량은 18,480m³/day이며 정방형으로 하고 깊이는 폭의 1.25배로 한다면 교반을 위한 필요동력(kW)은? (단, $\mu=0.00131N \cdot s/m^2$, 속도구배=900sec⁻¹, 체류시간 30초)

① 약 4.3
② 약 5.6
③ 약 6.8
④ 약 7.3

해설 ⓐ 부피 산정

부피=유량×체류시간

$$\forall = \frac{18,480m^3}{day} \times 30sec \times \frac{1day}{86,400sec} = 6.4167m^3$$

ⓑ 속도경사(G)를 이용한 동력(P) 산정

$$G = \sqrt{\frac{P}{\mu \times \forall}}$$

$$P = G^2 \times \mu \times \forall$$

$$= \frac{900^2}{sec^2} \times \frac{0.00131N \cdot sec}{m^2} \times 6.4167m^3$$

$$= 6808.76W = 6.81kW$$

50 폐수의 고도처리에 관한 다음의 기술 중 옳지 않은 것은?

① Cl^-, SO_4^{2-} 등의 무기염류의 제거에는 전기투석법이 이용된다.
② 활성탄흡착법에서 폐수 중의 인산은 제거되지 않는다.
③ 모래여과법은 고도처리 중에서 흡착법이나 전기투석법의 전처리로써 이용된다.
④ 폐수 중의 무기성 질소화합물은 철염에 의한 응집침전으로 완전히 제거된다.

해설 폐수 중의 질소화합물은 화학적 처리에 의해 잘 제거되지 않는다.

51 침전하는 입자들이 너무 가까이 있어서 입자 간의 힘이 이웃입자의 침전을 방해하게 되고 동일한 속도로 침전하며 최종침전지 중간 정도의 깊이에서 일어나는 침전형태는?

① 지역침전
② 응집침전
③ 독립침전
④ 압축침전

52 살수여상 공정으로부터 유출되는 유출수의 부유물질을 제거하고자 한다. 유출수의 평균 유량은 12,300m³/day, 여과지의 여과속도는 17L/m² · min이고 4개의 여과지(병렬 기준)를 설계하고자 할 때 여과지 하나의 면적(m²)은?

① 약 75
② 약 100
③ 약 125
④ 약 150

해설 여과지의 여과속도$(L/m^2 \cdot min) = \frac{유량(L/min)}{면적(m^2)}$

ⓐ 여과지의 총 면적 산정

$$\frac{17L}{m^2 \cdot min} = \frac{\frac{12,300m^3}{day} \times \frac{1,000L}{m^3} \times \frac{day}{1,440min}}{A(m^2)}$$

여과지 총 면적=502.4509m²

ⓑ 1개의 여과지 면적 산정

$$\frac{502.4509}{4} = 125.6127m^2$$

53 폐수량 500m³/day, BOD 300mg/L인 폐수를 표준활성슬러지공법으로 처리하여 최종방류수의 BOD 농도를 20mg/L 이하로 유지하고자 한다. 최초침전지의 BOD 제거효율이 30%일 때 포기조와 최종침전지, 즉 2차 처리 공정에서 유지되어야 하는 최저 BOD 제거효율(%)은?

① 약 82.5　　② 약 85.5
③ 약 90.5　　④ 약 94.5

해설 초기 유입농도를 □라고 하면
ⓐ 1차 처리(30%)
　• 유입 : 300mg/L
　• 제거 : 0.3×300mg/L
　• 유출 : (1−0.3)300mg/L=210mg/L
ⓑ 2차 처리(□%)
　• 유입 : 210mg/L
　• 제거 : 210×□mg/L
　• 유출 : 210(1−□)mg/L=20mg/L
　　∴ □=0.9047 → 90.47%

54 하수로부터 인 제거를 위한 화학제의 선택에 영향을 미치는 인자가 아닌 것은?

① 유입수의 인 농도
② 슬러지 처리시설
③ 알칼리도
④ 다른 처리공정과의 차별성

55 CSTR 반응조를 1차 반응조건으로 설계하고, A의 제거 또는 전환율이 90%가 되게 하고자 한다. 반응상수 k가 0.35/hr일 때 CSTR 반응조의 체류시간(hr)은?

① 12.5　　② 25.7
③ 32.5　　④ 43.7

해설 완전혼합연속반응조이며 1차 반응이므로 아래의 관계식에 따른다.

$$Q(C_0 - C_t) = K \forall C_t^m$$
$$\to t = \frac{C_0 - C_t}{KC_t^m} = \frac{(100-10)\text{mg/L}}{0.35/\text{hr} \times 10\text{mg/L}} = 25.7142\text{hr}$$

여기서, Q : 유량 → $Q(\text{m}^3/\text{hr})$
　　　　C_0 : 초기농도 → 100mg/L
　　　　C_t : 나중농도 → 100×(1−0.9)=10mg/L
　　　　K : 반응속도상수 → 0.35/hr
　　　　$\forall$: 반응조 체적 → $\forall(\text{m}^3)$
　　　　m : 반응차수 → 1

56 활성슬러지 공정의 폭기조 내의 MLSS 농도 2,000mg/L, 폭기조의 용량 5m³, 유입폐수의 BOD 농도 300mg/L, 폐수 유량 15m³/day일 때, F/M 비(kg BOD/kg MLSS · day)는?

① 0.35
② 0.45
③ 0.55
④ 0.65

해설 BOD-MLSS 관계식 이용

$$\text{BOD-MLSS} = \frac{\text{유입 BOD 총량}}{\text{포기조 내의 MLSS 량}}$$
$$= \frac{\text{BOD}_i \times Q_i}{\forall \times X} = \frac{\text{BOD}_i}{HRT \times X}$$
$$= \frac{300\text{mg/L} \times 15\text{m}^3/\text{day}}{5\text{m}^3 \times 2,000\text{mg/L}}$$
$$= 0.45\text{kg BOD/kg MLSS} \cdot \text{day}$$

57 수질 성분이 부식에 미치는 영향으로 틀린 것은 어느 것인가?

① 높은 알칼리도는 구리와 납의 부식을 증가시킨다.
② 암모니아는 착화물 형성을 통해 구리, 납 등의 금속용해도를 증가시킬 수 있다.
③ 잔류염소는 Ca과 반응하여 금속의 부식을 감소시킨다.
④ 구리는 갈바닉 전지를 이룬 배관상에 흠집(구멍)을 야기한다.

해설 잔류염소는 Ca과 반응하여 금속의 부식을 촉진시킨다.

58 Freundlich 등온흡착식($X/M = KC_e^{1/n}$)에 대한 설명으로 틀린 것은?

① X는 흡착된 용질의 양을 나타낸다.
② K, n은 상수값으로 평형농도에 적용한 단위에 상관없이 동일하다.
③ C_e는 용질의 평형농도(질량/체적)를 나타낸다.
④ 한정된 범위의 용질 농도에 대한 흡착 평형값을 나타낸다.

해설 K, n은 상수값으로 실험에 의해 변하며, 온도 등의 영향을 받는다.

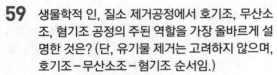

59 생물학적 인, 질소 제거공정에서 호기조, 무산소조, 혐기조 공정의 주된 역할을 가장 올바르게 설명한 것은? (단, 유기물 제거는 고려하지 않으며, 호기조–무산소조–혐기조 순서임.)

① 질산화 및 인의 과잉 흡수–탈질소–인의 용출
② 질산화–탈질소 및 인의 과잉 흡수–인의 용출
③ 질산화 및 인의 용출–인의 과잉 흡수–탈질소
④ 질산화 및 인의 용출–탈질소–인의 과잉 흡수

60 호기성 미생물에 의하여 발생되는 반응은?

① 포도당 → 알코올
② 초산 → 메탄
③ 아질산염 → 질산염
④ 포도당 → 초산

해설 질산화 과정 중 니트로박터에 의해 아질산염이 질산염으로 전환된다.

⏩ 제4과목 ▌수질오염공정시험기준

61 측정항목과 측정방법에 관한 설명으로 옳지 않은 것은?

① 불소 : 란탄–알리자린 콤플렉손에 의한 착화합물의 흡광도를 측정한다.
② 시안 : pH 12~13의 알칼리성에서 시안이 온전극과 비교전극을 사용하여 전위를 측정한다.
③ 크롬 : 산성용액에서 다이페닐카바자이드와 반응하여 생성하는 착화합물의 흡광도를 측정한다.
④ 망간 : 황산산성에서 과황산칼륨으로 산화하여 생성된 과망간산이온의 흡광도를 측정한다.

해설 망간–자외선/가시선 분광법 : 물속에 존재하는 망간이온을 황산산성에서 과요오드산칼륨으로 산화하여 생성된 과망간산이온의 흡광도를 525nm에서 측정하는 방법이다.

62 0.005M–$KMnO_4$ 400mL를 조제하려면 $KMnO_4$ 약 몇 g을 취해야 하는가? (단, 원자량 K=39, Mn=55)

① 약 0.32
② 약 0.63
③ 약 0.84
④ 약 0.98

해설 $$KMnO_4 = \frac{0.005mol}{L} \times 400mL \times \frac{1L}{10^3 mL} \times \frac{158g}{1mol}$$
$$= 0.316g$$

63 유속–면적법에 의한 하천 유량을 구하기 위한 소구간 단면에 있어서의 평균유속 V_m을 구하는 식은? (단, $V_{0.2}$, $V_{0.4}$, $V_{0.6}$, $V_{0.8}$은 각각 수면으로부터 전 수심의 20%, 40%, 50%, 60%, 80%인 점의 유속이다.)

① 수심이 0.4m 미만일 때 $V_m = V_{0.5}$
② 수심이 0.4m 미만일 때 $V_m = V_{0.8}$
③ 수심이 0.4m 이상일 때 $V_m = (V_{0.2} + V_{0.8}) \times 1/2$
④ 수심이 0.4m 이상일 때 $V_m = (V_{0.4} + V_{0.6}) \times 1/2$

64 용해성 망간을 측정하기 위해 시료를 채취 후 속히 여과해야 하는 이유는?

① 망간을 공침시킬 우려가 있는 현탁물질을 제거하기 위해
② 망간이온을 접촉적으로 산화, 침전시킬 우려가 있는 이산화망간을 제거하기 위해
③ 용존상태에서 존재하는 망간과 침전상태에서 존재하는 망간을 분리하기 위해
④ 단시간 내에 석출, 침전할 우려가 있는 콜로이드 상태의 망간을 제거하기 위해

65 시안(CN^-) 분석용 시료를 보관할 때 20% NaOH 용액을 넣어 pH 12의 알칼리성으로 보관하는 이유는?

① 산성에서는 CN^-이온이 HCN으로 되어 휘산하기 때문
② 산성에서는 탄산염을 형성하기 때문
③ 산성에서는 시안이 침전되기 때문
④ 산성에서나 중성에서는 시안이 분해 변질되기 때문

66 대장균(효소이용정량법) 측정에 관한 내용으로 ( )에 옳은 것은?

> 물속에 존재하는 대장균을 분석하기 위한 것으로, 효소기질 시약과 시료를 혼합하여 배양한 후 ( )검출기로 측정하는 방법이다.

① 자외선
② 적외선
③ 가시선
④ 기전력

67 0.025N 과망간산칼륨 표준용액의 농도계수를 구하기 위해 0.025N 수산화나트륨 용액 10mL를 정확히 취해 종점까지 적정하는 데 0.025N 과망간산칼륨 용액이 10.15mL 소요되었다. 0.025N 과망간산칼륨 표준용액의 농도계수(factor)는?

① 1.015
② 1.000
③ 0.9852
④ 0.025

[해설] $N_1 V_1 f_1 = N_2 V_2 f_2$
$0.025N \times 10mL \times 1 = 0.025N \times 10.15mL \times f_2$
$\therefore f_2 = 0.9852$

68 BOD 실험에서 배양기간 중에 4.0mg/L의 DO 소모를 바란다면 BOD 200mg/L로 예상되는 폐수를 실험할 때 300mL BOD 병에 몇 mL를 넣어야 하는가?

① 2.0
② 4.0
③ 6.0
④ 8.0

[해설] $BOD = (D_1 - D_2) \times P$
$200mg/L = 4mg/L \times 300mL/\square$
$\therefore \square = 6.0mL$

69 "항량으로 될 때까지 건조한다."라 함은 같은 조건에서 어느 정도 더 건조시켜 전후 무게 차가 g당 0.3mg 이하일 때를 말하는가?

① 30분
② 60분
③ 120분
④ 240분

70 원자흡수분광광도법으로 셀레늄을 측정할 때 수소화셀레늄을 발생시키기 위해 전처리한 시료에 주입하는 것은?

① 염화제일주석 용액
② 아연분말
③ 요오드화나트륨 분말
④ 수산화나트륨 용액

71 알칼리성에서 다이에틸다이티오카르바민산나트륨과 반응하여 생성하는 황갈색의 킬레이트화합물을 초산부틸로 추출하여 흡광도 440nm에서 정량하는 측정원리를 갖는 것은? (단, 자외선/가시선 분광법 기준)

① 아연
② 구리
③ 크롬
④ 납

72 기체 크로마토그래프 검출기에 관한 설명으로 틀린 것은?

① 열전도도검출기는 금속 필라멘트 또는 전기저항체를 검출소자로 한다.
② 수소염이온화검출기의 본체는 수소연소노즐, 이온수집기, 대극, 배기구로 구성된다.
③ 알칼리열이온화검출기는 함유할로겐화합물 및 함유황화합물을 고감도로 검출할 수 있다.
④ 전자포획형 검출기는 많은 니트로화합물, 유기금속화합물 등을 선택적으로 검출할 수 있다.

[해설]
• 전자포획형 검출기(Electron Capture Detector, ECD)는 유기할로겐화합물, 니트로화합물 및 유기금속화합물 등 전자 친화력이 큰 원소가 포함된 화합물을 수 ppt의 매우 낮은 농도까지 선택적으로 검출할 수 있다.
• 불꽃광도검출기(Flame Photometric Detector, FPD)는 일반 탄화수소화합물에 비하여 100,000배 커서 H_2S나 SO_2과 같은 황화합물은 약 200ppb까지, 인화합물은 약 10ppb까지 검출할 수 있다.

65.① 66.① 67.③ 68.③ 69.② 70.② 71.② 72.③

73 복수시료채취방법에 대한 설명으로 ( )에 옳은 것은? (단, 배출허용기준 적합여부 판정을 위한 시료채취 시)

> 자동시료채취기로 시료를 채취할 경우에는 (㉠) 이내에 30분 이상 간격으로 (㉡) 이상 채취하여 일정량의 단일 시료로 한다.

① ㉠ 6시간, ㉡ 2회
② ㉠ 6시간, ㉡ 4회
③ ㉠ 8시간, ㉡ 2회
④ ㉠ 8시간, ㉡ 4회

74 수질연속자동측정기기의 설치방법 중 시료채취 지점에 관한 내용으로 ( )에 옳은 것은?

> 취수구의 위치는 수면하 10cm 이상, 바닥으로부터 ( )cm 이상을 유지하여 동절기의 결빙을 방지하고 바닥 퇴적물이 유입되지 않도록 하되, 불가피한 경우는 수면하 5cm에서 채취할 수 있다.

① 5
② 15
③ 25
④ 35

75 하천유량 측정을 위한 유속면적법의 적용범위로 틀린 것은?

① 대규모 하천을 제외하고 가능하면 도섭으로 측정할 수 있는 지점
② 교량 등 구조물 근처에서 측정할 경우 교량의 상류지점
③ 합류나 분류되는 지점
④ 선정된 유량 측정 지점에서 말뚝을 박아 동일 단면에서 유량 측정을 수행할 수 있는 지점

해설 합류나 분류가 없는 지점

76 4각위어에 의하여 유량을 측정하려고 한다. 위어의 수두 0.5m, 절단의 폭 4m이면 유량(m³/분)은? (단, 유량계수＝4.8)

① 약 4.3
② 약 6.8
③ 약 8.1
④ 약 10.4

해설 4각위어 유량 계산식 적용

$$Q(\mathrm{m^3/min}) = K \times b \times h^{\frac{3}{2}}$$

여기서, K : 유량계수
b : 절단의 폭(m)
h : 위어의 수두(m)

$$Q = 4.8 \times 4 \times 0.5^{\frac{3}{2}} = 6.78\mathrm{m^3/min}$$

77 이온 크로마토그래피에 관한 설명 중 틀린 것은?

① 물 시료 중 음이온의 정성 및 정량 분석에 이용된다.
② 기본구성은 용리액조, 시료 주입부, 펌프, 분리컬럼, 검출기 및 기록계로 되어 있다.
③ 시료의 주입량은 보통 $10 \sim 100\mu L$ 정도이다.
④ 일반적으로 음이온 분석에는 이온교환검출기를 사용한다.

해설 ④ 일반적으로 음이온 분석에는 전기전도도검출기를 사용한다.

78 pH미터의 유지관리에 대한 설명으로 틀린 것은?

① 전극이 더러워졌을 때는 유리전극을 묽은 염산에 잠시 담갔다가 증류수로 씻는다.
② 유리전극을 사용하지 않을 때는 증류수에 담가둔다.
③ 유지, 그리스 등이 전극표면에 부착되면 유기용매로 적신 부드러운 종이로 전극을 닦고 증류수로 씻는다.
④ 전극에 발생하는 조류나 미생물은 전극을 보호하는 작용이므로 떨어지지 않게 주의한다.

해설 전극에 발생하는 조류나 미생물은 측정을 방해한다.

79 총질소 실험방법과 가장 거리가 먼 것은? (단, 수질오염공정시험기준 적용)

① 연속흐름법
② 자외선/가시선분광법 – 활성탄흡착법
③ 자외선/가시선분광법 – 카드뮴 · 구리환원법
④ 자외선/가시선분광법 – 환원증류 · 킬달법

해설 총질소 : 자외선/가시선분광법(산화법, 카드뮴 · 구리환원법, 환원증류 · 킬달법), 연속흐름법

80 배출허용기준 적합여부 판정을 위한 시료채취 시 복수시료 채취방법 적용을 제외할 수 있는 경우가 아닌 것은?

① 환경오염사고 또는 취약시간대의 환경오염 감시 등 신속한 대응이 필요한 경우
② 부득이 복수시료 채취방법으로 할 수 없을 경우
③ 유량이 일정하며 연속적으로 발생되는 폐수가 방류되는 경우
④ 사업장 내에서 발생하는 폐수를 회분식 등 간헐적으로 처리하여 방류하는 경우

해설 물환경보전법 제38조 제1항의 규정에 의한 비정상적인 행위를 할 경우 제외할 수 있다.

(▶▶) **제5과목 ▌ 수질환경관계법규**

81 환경정책기본법령에 의한 수질 및 수생태계 상태를 등급으로 나타내는 경우 '좋음' 등급에 대해 설명한 것은? (단, 수질 및 수생태계 하천의 생활환경 기준)

① 용존산소가 풍부하고 오염물질이 거의 없는 청정상태에 근접한 생태계로 침전 등 간단한 정수처리 후 생활용수로 사용할 수 있음
② 용존산소가 풍부하고 오염물질이 거의 없는 청정상태에 근접한 생태계로 여과·침전 등 간단한 정수처리 후 생활용수로 사용할 수 있음
③ 용존산소가 많은 편이고 오염물질이 거의 없는 청정상태에 근접한 생태계로 여과·침전·살균 등 일반적인 정수처리 후 생활용수로 사용할 수 있음
④ 용존산소가 많은 편이고 오염물질이 거의 없는 청정상태에 근접한 생태계로 활성탄 투입 등 일반적인 정수처리 후 생활용수로 사용할 수 있음

82 오염총량관리기본계획에 포함되어야 하는 사항과 가장 거리가 먼 것은?

① 관할지역에서 배출되는 오염부하량의 총량 및 저감계획
② 해당 지역 개발계획으로 인하여 추가로 배출되는 오염부하량 및 그 저감계획
③ 해당 지역별 및 개발계획에 따른 오염부하량의 할당
④ 해당 지역 개발계획의 내용

해설 [법 제4조의 3] 오염총량관리기본계획의 수립 등
① 오염총량관리지역을 관할하는 시·도지사는 오염총량관리기본방침에 따라 다음 각 호의 사항을 포함하는 기본계획(이하 "오염총량관리기본계획"이라 한다)을 수립하여 환경부령으로 정하는 바에 따라 환경부 장관의 승인을 받아야 한다. 오염총량관리기본계획 중 대통령령으로 정하는 중요한 사항을 변경하는 경우에도 또한 같다.
  1. 해당 지역 개발계획의 내용
  2. 지방자치단체별·수계구간별 오염부하량(汚染負荷量)의 할당
  3. 관할지역에서 배출되는 오염부하량의 총량 및 저감계획
  4. 해당 지역 개발계획으로 인하여 추가로 배출되는 오염부하량 및 그 저감계획
② 오염총량관리기본계획의 승인기준은 환경부령으로 정한다.

83 수질오염물질의 배출허용기준의 지역 구분에 해당되지 않는 것은?

① 나지역   ② 다지역
③ 청정지역   ④ 특례지역

해설 청정지역, 가지역, 나지역, 특례지역

84 폐수처리업자의 준수사항에 관한 설명으로 ( )에 옳은 것은?

> 수탁한 폐수는 정당한 사유 없이 (㉠) 보관할 수 없으며, 보관폐수의 전체량이 저장시설 저장능력의 (㉡) 이상 되게 보관하여서는 아니 된다.

① ㉠ 10일 이상, ㉡ 80%
② ㉠ 10일 이상, ㉡ 90%
③ ㉠ 30일 이상, ㉡ 80%
④ ㉠ 30일 이상, ㉡ 90%

85 공공폐수처리시설의 유지·관리기준에 관한 내용으로 ( )에 옳은 내용은?

> 처리시설의 가동시간, 폐수방수량, 약품투입량, 관리·운영자, 그 밖에 처리시설의 운영에 관한 주요사항을 사실대로 매일 기록하고 이를 최종기록한 날부터 ( ) 보존하여야 한다.

① 1년간　　　　② 2년간
③ 3년간　　　　④ 5년간

86 다음 중 법령에서 규정하고 있는 기타 수질오염원의 기준으로 틀린 것은?

① 취수능력 $10m^3$/일 이상인 먹는 물 제조시설
② 면적 $30,000m^2$ 이상인 골프장
③ 면적 $1,500m^2$ 이상인 자동차 폐차장 시설
④ 면적 $200,000m^2$ 이상인 복합물류터미널 시설

[해설] 먹는 물 제조시설은 해당 없음

87 물환경보전법령에 적용되는 용어의 정의로 틀린 것은?

① 폐수무방류배출시설 : 폐수배출시설에서 발생하는 폐수를 해당 사업장에서 수질오염방지시설을 이용하여 처리하거나 동일 배출시설에 재이용하는 등 공공수역으로 배출하지 아니하는 폐수배출시설을 말한다.
② 수면관리자 : 호소를 관리하는 자를 말하며, 이 경우 동일한 호소를 관리하는 자가 3인 이상인 경우에는 하천법에 의한 하천의 관리청의 자가 수면관리자가 된다.
③ 특정수질유해물질 : 사람의 건강, 재산이나 동식물의 생육에 직접 또는 간접으로 위해를 줄 우려가 있는 수질오염물질로서 환경부령이 정하는 것을 말한다.
④ 공공수역 : 하천, 호수, 항만, 연안해역, 그 밖에 공공용으로 사용되는 수역과 이에 접속하여 공공용으로 사용되는 환경부령으로 정하는 수로를 말한다.

[해설] '수면관리자'란 다른 법령에 따라 호소를 관리하는 자를 말한다. 이 경우 동일한 호소를 관리하는 자가 둘 이상인 경우에는 「하천법」에 따른 하천관리청 외의 자가 수면관리자가 된다.

88 위임업무 보고사항 중 보고횟수가 다른 업무내용은?

① 폐수처리업에 대한 허가·지도단속 실적 및 처리 실적 현황
② 폐수 위탁·사업장 내 처리 현황 및 처리 실적
③ 기타 수질오염원 현황
④ 과징금 부과 실적

[해설] [시행규칙 별표 23] 위임업무 보고사항

업무내용	보고횟수
5. 폐수 위탁·사업장 내 처리 현황 및 처리 실적 6. 환경기술인의 자격별·업종별 현황 18. 측정기기 관리대행업에 대한 등록·변경 등록, 관리대행능력 평가·공시 및 행정처분 현황	연 1회
3. 기타 수질오염원 현황 4. 폐수처리업에 대한 등록·지도단속 실적 및 처리 실적 현황 9. 배출부과금 징수 실적 및 체납처분 현황 11. 과징금 부과 실적 12. 과징금 징수 실적 및 체납처분 현황 14. 골프장 맹·고독성 농약 사용여부 확인 결과 15. 측정기기 부착시설 설치 현황 16. 측정기기 부착사업장 관리 현황 17. 측정기기 부착사업자에 대한 행정처분 현황 19. 수생태계 복원계획(변경계획) 수립·승인 및 시행계획(변경계획) 협의 현황 20. 수생태계 복원 시행계획(변경계획) 협의 현황	연 2회
1. 폐수 배출시설의 설치허가, 수질오염물질의 배출상황 검사, 폐수 배출시설에 대한 업무처리 현황 7. 배출업소의 지도·점검 및 행정처분 실적 8. 배출부과금 부과 실적 13. 비점오염원의 설치 신고 및 방지시설 설치 현황 및 행정처분 현황	연 4회
2. 폐수 무방류배출시설의 설치 허가(변경 허가) 현황 10. 배출업소 등에 따른 수질오염사고 발생 및 조치 사항	수시

89 수질자동측정기기 또는 부대시설의 부착면제를 받은 대상 사업장이 면제 대상에서 해제된 경우 그 사유가 발생한 날로부터 몇 개월 이내에 수질자동측정기기 및 부대시설을 부착해야 하는가?

① 3개월 이내　　　② 6개월 이내
③ 9개월 이내　　　④ 12개월 이내

90 대권역 물환경관리계획을 수립하는 경우 포함되어야 할 사항 중 가장 거리가 먼 것은?

① 점오염원, 비점오염원 및 기타 수질오염원에서 배출되는 수질오염물질의 양

② 상수원 및 물 이용 현황

③ 점오염원, 비점오염원 및 기타 수질오염원 분포 현황

④ 점오염원 확대계획 및 저감시설 현황

해설 [법 제24조] 대권역 물환경관리계획의 수립
① 유역환경청장은 국가 물환경관리기본계획에 따라 제22조 제2항에 따른 대권역별로 대권역 물환경관리계획(이하 "대권역계획"이라 한다)을 10년마다 수립하여야 한다.
② 대권역계획에는 다음 각 호의 사항이 포함되어야 한다.
 1. 물환경의 변화 추이 및 물환경 목표기준
 2. 상수원 및 물 이용 현황
 3. 점오염원, 비점오염원 및 기타 수질오염원의 분포 현황
 4. 점오염원, 비점오염원 및 기타 수질오염원에서 배출되는 수질오염물질의 양
 5. 수질오염 예방 및 저감 대책
 6. 물환경 보전조치의 추진방향
 7. 「저탄소녹색성장기본법」 제2조 제12호에 따른 기후변화에 대한 적응대책
 8. 그 밖에 환경부령으로 정하는 사항

91 폐수의 배출시설 설치허가 신청 시 제출해야 할 첨부서류가 아닌 것은?

① 폐수 배출 공정 흐름도

② 원료의 사용명세서

③ 방지시설의 설치명세서

④ 배출시설 설치 신고필증

해설 [시행령 제31조] 설치허가 및 신고 대상 폐수 배출시설의 범위 등
법 제33조 제1항 또는 제2항에 따라 배출시설의 설치허가·변경허가를 받거나 설치신고를 하려는 자는 배출시설 설치허가·변경허가 신청서 또는 배출시설 설치 신고서에 다음 각 호의 서류를 첨부하여 환경부 장관에게 제출(「전자정부법」 제2조 제10호에 따른 정보통신망에 의한 제출을 포함한다)하여야 한다.
 1. 배출시설의 위치도 및 폐수 배출 공정 흐름도
 2. 원료(용수를 포함한다)의 사용명세 및 제품의 생산량과 발생할 것으로 예측되는 수질오염물질의 내역서
 3. 방지시설의 설치명세서와 그 도면. 다만, 설치신고를 하는 경우에는 도면을 배치도로 갈음할 수 있다.
 4. 배출시설 설치허가증(변경허가를 받는 경우에만 제출한다)

92 기본배출부과금 산정 시 적용되는 사업장별 부과계수로 옳은 것은?

① 제1종 사업장(10,000m³/day 이상) : 2.0

② 제2종 사업장 : 1.5

③ 제3종 사업장 : 1.3

④ 제4종 사업장 : 1.1

해설 [시행령 별표 9] 사업장별 부과계수

사업장 규모	제1종 사업장 (단위 : m³/일)					제2종 사업장	제3종 사업장	제4종 사업장
	10,000 이상	8,000 이상 10,000 미만	6,000 이상 8,000 미만	4,000 이상 6,000 미만	2,000 이상 4,000 미만			
부과계수	1.8	1.7	1.6	1.5	1.4	1.3	1.2	1.1

93 수질오염물질 총량관리를 위하여 시·도지사가 오염총량관리기본계획을 수립하여 환경부 장관에게 승인을 얻어야 한다. 계획수립 시 포함되는 사항으로 가장 거리가 먼 것은?

① 해당 지역 개발계획의 내용

② 시·도지사가 설치·운영하는 측정망 관리계획

③ 관할 지역에서 배출되는 오염부하량의 총량 및 저감계획

④ 해당 지역 개발계획으로 인하여 추가로 배출되는 오염부하량 및 그 저감계획

해설 [법 제4조의 3] 오염총량관리기본계획의 수립 등
 1. 해당 지역 개발계획의 내용
 2. 지방자치단체별·수계구간별 오염부하량(汚染負荷量)의 할당
 3. 관할 지역에서 배출되는 오염부하량의 총량 및 저감계획
 4. 해당 지역 개발계획으로 인하여 추가로 배출되는 오염부하량 및 그 저감계획
② 오염총량관리기본계획의 승인기준은 환경부령으로 정한다.

94 오염총량초과부과금 산정 방법 및 기준에서 적용되는 측정유량(일일유량 산정 시 적용) 단위로 옳은 것은?

① m³/min

② L/min

③ m³/sec

④ L/sec

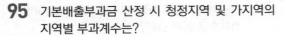

95 기본배출부과금 산정 시 청정지역 및 가지역의 지역별 부과계수는?

① 2.0   ② 1.5

③ 1.0   ④ 0.5

해설 [제41조 제3항 관련] 지역별 부과계수

청정지역 및 가지역	나지역 및 특례지역
1.5	1

[비고] 청정지역 및 가지역, 나지역 및 특례지역의 구분에 대하여는 환경부령으로 정한다.

96 사업장별 환경기술인의 자격기준 중 제2종 사업장에 해당하는 환경기술인의 기준은?

① 수질환경기사 1명 이상

② 수질환경산업기사 1명 이상

③ 환경기능사 1명 이상

④ 2년 이상 수질분야에 근무한 자 1명 이상

해설 [시행령 별표 17] 사업장별 환경기술인의 자격기준

구 분	환경기술인
제1종 사업장	수질환경기사 1명 이상
제2종 사업장	수질환경산업기사 1명 이상
제3종 사업장	수질환경산업기사, 환경기능사 또는 3년 이상 수질분야 환경관련 업무에 직접 종사한 자 1명 이상
제4종 사업장 제5종 사업장	배출시설 설치허가를 받거나 배출시설 설치신고가 수리된 사업자 또는 배출시설 설치허가를 받거나 배출시설 설치신고가 수리된 사업자가 그 사업장의 배출시설 및 방지시설 업무에 종사하는 피고용인 중에서 임명하는 자 1명 이상

97 방류수 수질기준 초과율별 부과계수의 구분이 잘못된 것은?

① 20% 이상 30% 미만—1.4

② 30% 이상 40% 미만—1.8

③ 50% 이상 60% 미만—2.0

④ 80% 이상 90% 미만—2.6

해설 [시행령 별표 11] 방류수 수질기준 초과율별 부과계수

초과율	10% 미만	10~20%	20~30%	30~40%	40~50%
부과계수	1	1.2	1.4	1.6	1.8

초과율	50~60%	60~70%	70~80%	80~90%	90~100%
부과계수	2.0	2.2	2.4	2.6	2.8

98 발생폐수를 공공폐수처리시설로 유입하고자 하는 배출시설 설치자는 배수관로 등 배수설비를 기준에 맞게 설치하여야 한다. 배수설비의 설치방법 및 구조기준으로 틀린 것은?

① 배수관의 관경은 안지름 150mm 이상으로 하여야 한다.

② 배수관은 우수관과 분리하여 빗물이 혼합되지 아니하도록 설치하여야 한다.

③ 배수관 입구에는 유효간격 10mm 이하의 스크린을 설치하여야 한다.

④ 배수관의 기점·종점·합류점·굴곡점과 관경·관종이 달라지는 지점에는 유출구를 설치하여야 하며, 직선인 부분에는 내경의 200배 이하의 간격으로 맨홀을 설치하여야 한다.

해설 [시행규칙 별표 16] 배수관로 및 배수설비의 설치방법·구조기준 등
배수관의 기점·종점·합류점·굴곡점과 관경(管徑)·관종(管種)이 달라지는 지점에는 맨홀을 설치하여야 하며, 직선인 부분에는 내경의 120배 이하의 간격으로 맨홀을 설치하여야 한다.

99 폐수 배출시설에서 배출되는 수질오염물질인 부유물질량의 배출허용기준은? (단, 나지역, 1일 폐수 배출량 2천세제곱미터 미만 기준)

① 80mg/L 이하   ② 90mg/L 이하

③ 120mg/L 이하   ④ 130mg/L 이하

해설 [시행규칙 별표 13] 수질오염물질의 배출허용기준(제34조 관련)

대상 규모 항목 지역 구분	1일 폐수 배출량 2천세제곱미터 이상			1일 폐수 배출량 2천세제곱미터 미만		
	생물 화학적 산소 요구량 (mg/L)	총유기 탄소량 (mg/L)	부유 물질량 (mg/L)	생물 화학적 산소 요구량 (mg/L)	총유기 탄소량 (mg/L)	부유 물질량 (mg/L)
청정 지역	30 이하	25 이하	30 이하	40 이하	30 이하	40 이하
가지역	60 이하	40 이하	60 이하	80 이하	50 이하	80 이하
나지역	80 이하	50 이하	80 이하	120 이하	75 이하	120 이하
특례 지역	30 이하	25 이하	30 이하	30 이하	25 이하	30 이하

100 정당한 사유 없이 공공수역에 분뇨, 가축분뇨, 동물의 사체, 폐기물(지정폐기물 제외) 또는 오니를 버리는 행위를 하여서는 아니 된다. 이를 위반하여 분뇨·가축분뇨 등을 버린 자에 대한 벌칙 기준은?

① 6개월 이하의 징역 또는 5백만원 이하의 벌금
② 1년 이하의 징역 또는 1천만원 이하의 벌금
③ 2년 이하의 징역 또는 2천만원 이하의 벌금
④ 3년 이하의 징역 또는 3천만원 이하의 벌금

수질환경기사

▌2021년 5월 15일 시행

계산문제 출제비율	수질오염개론	상하수도계획		어쩌다 한번 만나는 문제	수질오염개론	상하수도계획
	35%	15%			6, 11, 12, 16	35, 38
수질오염방지기술	공정시험기준	전체 100문제 중		수질오염방지기술	공정시험기준	수질관계법규
50%	20%	24%		41	79	96

▶ 제1과목 ▌수질오염개론

01 자당(sucrose, $C_{12}H_{22}O_{11}$)이 완전히 산화될 때 이론적인 ThOD/TOC 비는?

① 2.67
② 3.83
③ 4.43
④ 5.68

[해설] 반응식

$C_{12}H_{22}O_{11} + 12O_2 \longrightarrow 12CO_2 + 11H_2O$

ⓐ ThOD 산정

반응식에서 1mol의 $C_{12}H_{22}O_{11}$가 반응에 필요한 산소의 양은 12×32g이다.

ⓑ 1mol의 $C_{12}H_{22}O_{11}$에 포함된 C의 양은 12×12g이다.

ⓒ ThOD/TOC의 비

$$\frac{ThOD}{TOC} = \frac{12 \times 32}{12 \times 12} = 2.6666$$

02 하천의 수질관리를 위하여 1920년대 초에 개발된 수질예측모델로 BOD와 DO 반응, 즉 유기물 분해로 인한 DO 소비와 대기로부터 수면을 통해 산소가 재공급되는 재폭기만 고려한 것은?

① DO SAG I 모델
② QUAL-I 모델
③ WQRRS 모델
④ Streeter-Phelps 모델

03 해양오염에 관한 설명으로 가장 거리가 먼 것은?

① 육지와 인접해 있는 대륙붕은 오염되기 쉽다.
② 유류오염은 산소의 전달을 억제한다.
③ 원유가 바다에 유입되면 해면에 엷은 막을 형성하며 분산된다.
④ 해수 중에서 오염물질의 확산은 일반적으로 수직방향이 수평방향보다 더 빠르게 진행된다.

[해설] 해역에서의 난류확산은 수평방향이 심하고 수직방향은 비교적 완만하다.

04 유기화합물이 무기화합물과 다른 점을 올바르게 설명한 것은?

① 유기화합물들은 대체로 이온반응보다는 분자반응을 하므로 반응속도가 느리다.
② 유기화합물들은 대체로 분자반응보다는 이온반응을 하므로 반응속도가 느리다.
③ 유기화합물들은 대체로 이온반응보다는 분자반응을 하므로 반응속도가 빠르다.
④ 유기화합물들은 대체로 분자반응보다는 이온반응을 하므로 반응속도가 빠르다.

05 약산인 0.01N-CH_3COOH가 18% 해리될 때 수용액의 pH는?

① 약 2.15
② 약 2.25
③ 약 2.45
④ 약 2.75

[해설]

	CH_3COOH	$\rightleftarrows$	CH_3COO^-	+	H^+
해리 전	0.01M		0		0
해리 후	$0.01-0.01 \times 0.18$M		0.01×0.18M		0.01×0.18M

$\therefore pH = -\log[H^+] = -\log[0.01 \times 0.18] = 2.7447$

06 식물과 조류세포의 엽록체에서 광합성의 명반응과 암반응을 담당하는 곳은?

① 틸라코이드와 스트로마
② 스트로마와 그라나
③ 그라나와 내막
④ 내막과 외막

[해설]
• 틸라코이드 : 엽록소가 존재하며 명반응을 일으킨다.
• 스트로마 : 엽록체 내부의 기질 부분으로 이산화탄소를 고정하며 암반응을 일으킨다.

07 호소의 영양상태를 평가하기 위한 Carlson 지수를 산정하기 위해 요구되는 인자가 아닌 것은?

① Chlorophyll-a ② SS
③ 투명도 ④ T-P

해설 Carlson 지수는 투명도, 클로로필-a 및 총인을 수질 변수로 선택한다.

08 25℃, 2기압의 메탄가스 40kg을 저장하는 데 필요한 탱크의 부피(m³)는? (단, 이상기체의 법칙, $R=0.082L \cdot atm/mol \cdot K$)

① 20.6 ② 25.3
③ 30.5 ④ 35.3

해설 이상기체상태방정식 이용
$PV=nRT$
여기서, P : 압력(atm) → 2atm
V : 부피(L)
n : 몰(mol) → $40,000g \times \dfrac{mol}{16g} = 2,500mol$
R : 기체상수 → $0.082L \cdot atm/mol \cdot K$
T : 절대온도 → $(25+273)K$
$2atm \times X(L) = 40,000g \times \dfrac{mol}{16g} \times \dfrac{0.082L \cdot atm}{mol \cdot K}$
$\times (25+273)K$
$\therefore X = 30,545L = 30.6m^3$

09 광합성의 영향인자와 가장 거리가 먼 것은?

① 빛의 강도
② 빛의 파장
③ 온도
④ O_2 농도

10 물의 특성에 관한 설명으로 틀린 것은?

① 수소와 산소의 공유결합 및 수소결합으로 되어 있다.
② 수온이 감소하면 물의 점성도가 감소한다.
③ 물의 점성도는 표준상태에서 대기의 대략 100배 정도이다.
④ 물분자 사이의 수소결합으로 큰 표면장력을 갖는다.

해설
• 액체, 고체 : 온도 ↑ → 점도 ↓
• 기체 : 온도 ↑ → 점도 ↑

11 황조류로 엽록소 a, c와 크산토필의 색소를 가지고 있고 세포벽이 형태상 독특한 단세포 조류이며 찬물 속에서도 잘 자라 북극지방에서나 겨울철에 번성하는 것은?

① 녹조류 ② 갈조류
③ 규조류 ④ 쌍편모조류

12 자연계 내에서 질소를 고정할 수 있는 생물과 가장 거리가 먼 것은?

① Blue green algae
② Rhizobium
③ Azotobacter
④ Flagellates

13 시료의 대장균 수가 5,000개/mL라면 대장균 수가 20개/mL될 때까지의 소요시간(hr)은? (단, 1차 반응 기준, 대장균 수의 반감기=2시간)

① 약 16 ② 약 18
③ 약 20 ④ 약 22

해설 1차 반응식 이용
$\ln \dfrac{C_t}{C_0} = -K \cdot t$
ⓐ K의 산정
$\ln \dfrac{50}{100} = -K \times 2hr$
$K = 0.3465hr^{-1}$
ⓑ 20/mL까지 감소하는 데 걸리는 시간
$\ln \dfrac{20}{5,000} = -0.3465 \times t$
$\therefore t = \dfrac{\ln(C_t/C_0)}{-K} = \dfrac{\ln(20/5,000)}{-0.3465} = 15.9349hr$

14 보통 농업용수의 수질평가 시 SAR로 정의하는데 이에 대한 설명으로 틀린 것은?

① SAR 값이 20 정도면 Na^+가 토양에 미치는 영향이 적다.
② SAR의 값은 Na^+, Ca^{2+}, Mg^{2+} 농도와 관계가 있다.
③ 경수가 연수보다 토양에 더 좋은 영향을 미친다고 볼 수 있다.
④ SAR의 계산식에 사용되는 이온의 농도는 meq/L를 사용한다.

07.② 08.③ 09.④ 10.② 11.③ 12.④ 13.① 14.①

해설

$$SAR = \frac{Na^+}{\sqrt{\dfrac{Ca^{2+} + Mg^{2+}}{2}}}$$

- SAR<10 : 토양에 미치는 영향이 작다.
- 10<SAR<26 : 토양에 미치는 영향이 비교적 크다.
- 26<SAR : 토양에 미치는 영향이 매우 크다.

15 분뇨에 관한 설명으로 옳지 않은 것은?

① 분뇨는 다량의 유기물과 대장균을 포함하고 있다.

② 도시하수에 비하여 고형물 함유도와 점도가 높다.

③ 분과 뇨의 혼합비는 1 : 10이다.

④ 분과 뇨의 고형물비는 약 1 : 1이다.

해설 분과 뇨의 양적 혼합비는 1 : 7~10이고, 고형물비는 약 7 : 1 정도이다.

16 호소의 조류 생산 잠재력 조사(AGP 시험)를 적용한 대표적 응용사례와 가장 거리가 먼 것은?

① 제한 영양염의 추정

② 조류 증식에 대한 저해물질의 유무 추정

③ 1차 생산량 측정

④ 방류수역의 부영양화에 미치는 배수의 영향 평가

17 3mol의 글리신(glycine, $CH_2(NH_2)COOH$)이 분해되는 데 필요한 이론적 산소요구량(g O_2)은?

- 1단계 : 유기탄소는 이산화탄소(CO_2), 유기질소는 암모니아(NH_3)로 전환된다.
- 2, 3단계 : 암모니아는 산화과정을 통하여 아질산, 최종적으로 질산염까지 전환된다.

① 317 　　　　　② 336

③ 362 　　　　　④ 392

해설 글리신의 이론적 산화반응식 이용

$$CH_2(NH_2)COOH + 3.5O_2 \rightarrow 2CO_2 + 2H_2O + HNO_3$$

1mol 　 : $3.5 \times 32g$

3mol 　 : $X(g)$

∴ 이론적 산소요구량 = 336g

18 1차 반응식이 적용될 때 완전혼합반응기(CFSTR) 체류시간은 압출형 반응기(PFR) 체류시간의 몇 배가 되는가? (단, 1차 반응에 의해 초기농도의 70%가 감소되었고, 자연대수로 계산하며, 속도상수는 같다고 가정함.)

① 1.34

② 1.51

③ 1.72

④ 1.94

해설 ⓐ CFSTR의 시간 산정

$$Q(C_0 - C_t) = K \forall C_t^m \rightarrow t = \frac{\forall}{Q} = \frac{(C_0 - C_t)}{KC_t^1}$$

$$t = \frac{(100 - 30)}{K \cdot 30} = 2.3333/K$$

ⓑ PFR의 시간 산정

$$\ln \frac{C_t}{C_0} = -K \times t$$

$$t = \frac{\ln \dfrac{30}{100}}{-K} = 1.2039/K$$

ⓒ $\dfrac{CFSTR}{PFR}$ 산정

$$\frac{CFSTR}{PFR} = \frac{2.3333}{1.2039} = 1.9381$$

19 해수에 관한 다음의 설명 중 옳은 것은?

① 해수의 중요한 화학적 성분 7가지는 Cl^-, Na^+, Mg^{2+}, SO_4^{2-}, HCO_3^-, K^+, Ca^{2+}이다.

② 염분은 적도해역에서 낮고 남북 양극 해역에서 높다.

③ 해수의 Mg/Ca비는 담수보다 작다.

④ 해수의 밀도는 수심이 깊을수록 염농도가 감소함에 따라 작아진다.

해설 ② 염분은 적도해역에서 높고 남북 양극 해역에서 낮다.

③ 해수의 Mg/Ca비는 담수보다 크다.

④ 해수의 밀도는 수심이 깊을수록 염농도가 감소에 따라 증가한다.

20 아세트산(CH_3COOH) 120mg/L 용액의 pH는? (단, 아세트산 $K_a = 1.8 \times 10^{-5}$)

① 4.65 　　　　　② 4.21

③ 3.72 　　　　　④ 3.52

해설 아세트산의 이온화 반응식과 이온화 상수의 결정
$$CH_3COOH \rightleftharpoons CH_3COO^- + H^+$$
$$K_a = \frac{[CH_3COO^-][H^+]}{[CH_3COOH]}$$

ⓐ 아세트산의 mol/L 산정
$$CH_3COOH = \frac{120mg}{L} \times \frac{g}{1,000mg} \times \frac{1mol}{60g}$$
$$= 0.002mol/L$$

ⓑ $[CH_3COO^-] = [H^+]$
1몰의 아세트산은 이온화되어 아세트산이온 1몰과 수소이온 1몰을 생성하므로, $[CH_3COO^-] = [H^+]$이다.

ⓒ 수소이온 농도 산정
$$K_a = \frac{[CH_3COO^-][H^+]}{[CH_3COOH]}$$
$$1.8 \times 10^{-5} = \frac{[H^+]^2}{0.002}$$
$$[H^+] = 1.8976 \times 10^{-4} mol/L$$

ⓓ pH의 산정
$$pH = -\log[H^+] = -\log[1.8976 \times 10^{-4}] = 3.7217$$

▶▶ 제2과목 ▎상하수도계획

21 상수시설 중 도수거에서의 최소유속(m/sec)은?

① 0.1 　　　② 0.3
③ 0.5 　　　④ 1.0

22 슬러지 탈수방법 중 가압식 벨트프레스탈수기에 관한 내용으로 옳지 않은 것은? (단, 원심탈수기와 비교)

① 소음이 적다.
② 동력이 적다.
③ 부대장치가 적다.
④ 소모품이 적다.

해설 부대장치가 많다.

23 응집지(정수시설) 내 급속혼화시설의 급속혼화방식과 가장 거리가 먼 것은?

① 공기식
② 수류식
③ 기계식
④ 펌프확산에 의한 방법

24 하수 고도처리를 위한 급속여과법에 관한 설명과 가장 거리가 먼 것은?

① 여층의 운동방식에 의해 고정상형 및 이동상형으로 나눌 수 있다.
② 여층의 구성은 유입수와 여과수의 수질, 역세척주기 및 여과면적을 고려하여 정한다.
③ 여과속도는 유입수와 여과수의 수질, SS의 포획능력 및 여과지속시간을 고려하여 정한다.
④ 여재는 종류, 공극률, 비표면적, 균등계수 등을 고려하여 정한다.

해설 여과속도는 유입수와 여과수의 수질, SS의 포획능력 및 여과지속시간을 고려하여 정한다.

25 상수의 취수시설에 관한 설명 중 틀린 것은 어느 것인가?

① 취수탑은 탑의 설치위치에서 갈수 수심이 최소 2m 이상이어야 한다.
② 취수보 취수구의 유입유속은 1m/sec 이상이 표준이다.
③ 취수탑의 취수구 단면형상은 장방형 또는 원형으로 한다.
④ 취수문을 통한 유입속도가 0.8m/sec 이하가 되도록 취수문의 크기를 정한다.

해설 취수보 취수구의 유입유속은 0.4~0.8m/sec를 표준으로 한다.

26 상수처리시설인 침사지의 구조 기준으로 틀린 것은?

① 표면부하율은 200~500mm/min을 표준으로 한다.
② 지 내 평균유속은 20cm/sec를 표준으로 한다.
③ 지의 상단높이는 고수위보다 0.6~1m의 여유고를 둔다.
④ 지의 유효수심은 3~4m를 표준으로 한다.

해설 지 내 평균유속은 2~7cm/sec를 표준으로 한다.

27 복류수나 자유수면을 갖는 지하수를 취수하는 시설인 집수매거에 관한 설명으로 틀린 것은?

① 집수매거의 길이는 시험우물 등에 의한 양수시험 결과에 따라 정한다.

② 집수매거의 매설깊이는 1.0m 이하로 한다.

③ 집수매거는 수평 또는 흐름 방향으로 향하여 완경사로 하고 집수매거의 유출단에서 매거 내의 평균유속은 1.0m/sec 이하로 한다.

④ 세굴의 우려가 있는 제외지에 설치할 경우에는 철근콘크리트틀 등으로 방호한다.

> **해설** 집수매거는 가능한 한 직접 지표수의 영향을 받지 않도록 하기 위하여 매설깊이는 5m 이상으로 하는 것이 바람직하지만, 대수층의 상황, 불투수층의 깊이 및 수질 등을 고려하여 결정한다. 제외지에 있어서는 저수로의 하상에서 2m 이상으로 한다.

28 계획오수량에 대한 설명 중 올바르지 않은 것은?

① 합류식에서 우천 시 계획오수량은 원칙적으로 계획시간최대오수량의 3배 이상으로 한다.

② 계획1일최대오수량은 1인1일평균오수량에 계획인구를 곱한 후, 여기에 공장 폐수량, 지하수량 및 기타 배수량을 더한 것으로 한다.

③ 계획1일평균오수량은 계획1일최대오수량의 70~80%를 표준으로 한다.

④ 계획시간최대오수량은 계획1일최대오수량의 1시간당 수량의 1.3~1.8배를 표준으로 한다.

> **해설** 계획1일최대오수량은 1인1일최대오수량에 계획인구를 곱한 후, 여기에 공장 폐수량, 지하수량 및 기타 배수량을 더한 것으로 한다.

29 도시의 장래 하수량 추정을 위해 인구증가 현황을 조사한 결과 매년 증가율이 5%로 나타났다. 이 도시의 20년 후의 추정인구(명)는? (단, 현재의 인구는 73,000명이다.)

① 약 132,000 　② 약 162,000

③ 약 183,000 　④ 약 194,000

> **해설** $y = a(1+b)^x = 73,000(1+0.05)^{20} = 193,690.7325$

30 해수담수화를 위해 해수를 취수할 때 취수위치에 따른 장·단점으로 틀린 것은?

① 해중 취수(10m 이상) : 기상 변화, 해조류의 영향이 적다.

② 해안 취수(10m 이내) : 계절별 수질, 수온변화가 심하다.

③ 염지하수 취수 : 추가적 전처리 비용이 발생한다.

④ 해안 취수(10m 이내) : 양적으로 가장 경제적이다.

> **해설** 염지하수 취수 : 전처리 비용이 절약된다.

31 펌프의 캐비테이션이 발생하는 것을 방지하기 위한 대책으로 볼 수 없는 것은?

① 펌프의 설치위치를 가능한 한 높게 하여 펌프의 필요유효흡입수두를 작게 한다.

② 펌프의 회전속도를 낮게 선정하여 펌프의 필요유효흡입수두를 작게 한다.

③ 흡입관의 손실을 가능한 한 작게 하여 펌프의 가용유효흡입수두를 크게 한다.

④ 흡입 측 밸브를 완전히 개방하고 펌프를 운전한다.

> **해설** 펌프의 설치위치를 가능한 한 높게 하여 펌프의 가용유효흡입수두를 크게 한다.

32 정수장에서 송수를 받아 해당 배수구역으로 배수하기 위한 배수지에 대한 설명(기준)으로 틀린 것은?

① 유효용량은 시간변동조정용량과 비상대처용량을 합한다.

② 유효용량은 급수구역의 계획1일최대급수량의 6시간분 이상을 표준으로 한다.

③ 배수지의 유효수심은 3~6m 정도를 표준으로 한다.

④ 고수위로부터 정수지 상부 슬래브까지는 30cm 이상의 여유고를 둔다.

> **해설** 유효용량은 급수구역의 계획1일최대급수량의 12시간분 이상을 표준으로 한다.

33 오수관거를 계획할 때 고려할 사항으로 맞지 않는 것은?

① 분류식과 합류식이 공존하는 경우에는 원칙적으로 양 지역의 관거는 분리하여 계획한다.

② 관거는 원칙적으로 암거로 하며 수밀한 구조로 하여야 한다.

③ 관거 단면, 형상 및 경사는 관거 내에 침전물이 퇴적하지 않도록 적당한 유속을 확보한다.

④ 관거의 역사이펀이 발생하도록 계획한다.

[해설] 관거의 역사이펀이 발생하지 않도록 계획하며, 오수관거와 우수관거가 교차하여 역사이펀을 피할 수 없는 경우 오수관거를 역사이펀으로 하는 것이 좋다.

34 강우강도 $I = \dfrac{3,970}{t+31}$ mm/hr, 유역면적 3.0km², 유입시간 180sec, 관거 길이 1km, 유출계수 1.1, 하수관의 유속 33m/min일 경우 우수유출량 (m³/sec)은? (단, 합리식 적용)

① 약 29

② 약 33

③ 약 48

④ 약 57

[해설] 합리식에 의한 우수유출량을 산정하는 공식

$Q = \dfrac{1}{360}CIA$

ⓐ 유달시간 산정

$t = 유입시간(\text{min}) + 유하시간\left(\text{min}, \dfrac{길이(L)}{유속(V)}\right)$

$\quad = 180\text{sec} \times \dfrac{1\text{min}}{60\text{sec}} + 1,000\text{m} \times \dfrac{\text{min}}{33\text{m}}$

$\quad = 33.3030\text{min}$

ⓑ 강우강도 산정

$I = \dfrac{3970}{t+31} = \dfrac{3970}{33.3030+31} = 61.7389\text{mm/hr}$

ⓒ 유역면적 산정

$A = 3.0\text{km}^2 \times \dfrac{100\text{ha}}{1\text{km}^2} = 300\text{ha}$

ⓓ 유량 산정

$Q = \dfrac{1}{360}CIA = \dfrac{1}{360} \times 1.1 \times 61.74 \times 300$

$\quad = 56.595\text{m}^3/\text{sec}$

35 펌프의 특성곡선에서 펌프의 양수량과 양정 간의 관계를 가장 잘 나타낸 곡선은?

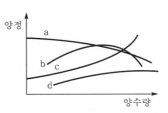

① a곡선

② b곡선

③ c곡선

④ d곡선

36 정수시설인 완속여과지에 관한 내용으로 옳지 않은 것은?

① 주위벽 상단은 지반보다 60cm 이상 높여 여과지 내로 오염수나 토사 등의 유입을 방지한다.

② 여과속도는 4~5m/day를 표준으로 한다.

③ 모래층의 두께는 70~90cm를 표준으로 한다.

④ 여과면적은 계획정수량을 여과속도로 나누어 구한다.

[해설] 주위벽 상단은 지반보다 15cm 이상 높여 여과지 내로 오염수나 토사 등의 유입을 방지한다.

37 유출계수가 0.65인 1km²의 분수계에서 흘러내리는 우수의 양(m³/sec)은? (단, 강우강도＝3mm/min, 합리식 적용)

① 1.3

② 6.5

③ 21.7

④ 32.5

[해설] 합리식에 의한 우수유출량을 산정하는 공식

$Q = \dfrac{1}{360}CIA$

ⓐ 강우강도 산정

$I = \dfrac{3\text{mm}}{\text{min}} \times \dfrac{60\text{min}}{1\text{hr}} = 180\text{mm/hr}$

ⓑ 유역면적 산정

$A = 1\text{km}^2 \times \dfrac{100\text{ha}}{1\text{km}^2} = 100\text{ha}$

ⓒ 유량 산정

$Q = \dfrac{1}{360} \times 0.65 \times 180 \times 100 = 32.5\text{m}^3/\text{sec}$

38 하수도계획 수립 시 포함되어야 하는 사항과 가장 거리가 먼 것은?

① 침수방지계획
② 슬러지 처리 및 자원화계획
③ 물관리 및 재이용계획
④ 하수도 구축지역계획

39 하수시설인 중력식 침사지에 대한 설명 중 옳은 것은?

① 체류시간은 3~6분을 표준으로 한다.
② 수심은 유효수심에 모래퇴적부의 깊이를 더한 것으로 한다.
③ 오수침사지의 표면부하율은 $3,600\text{m}^3/\text{m}^2 \cdot \text{day}$ 정도로 한다.
④ 우수침사지의 표면부하율은 $1,800\text{m}^3/\text{m}^2 \cdot \text{day}$ 정도로 한다.

해설
① 체류시간은 30~60초를 표준으로 한다.
③ 오수침사지의 표면부하율은 $1,800\text{m}^3/\text{m}^2 \cdot \text{day}$ 정도로 한다.
④ 우수침사지의 표면부하율은 $3,600\text{m}^3/\text{m}^2 \cdot \text{day}$ 정도로 한다.

40 펌프를 선정할 때 고려사항으로 적당하지 않은 것은?

① 펌프를 최대효율점 부근에서 운전하도록 용량 및 대수를 결정한다.
② 펌프의 설치대수는 유지관리상 가능한 적게 하고 동일용량의 것으로 한다.
③ 펌프는 저용량일수록 효율이 높으므로 가능한 저용량으로 한다.
④ 내부에서 막힘이 없고 부식 및 마모가 적어야 한다.

해설
펌프의 용량 결정에서 계획토출량 및 전양정을 만족하고 운전범위 내에서 효율이 높은 펌프를 선정한다.

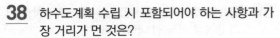

제3과목 | 수질오염방지기술

41 포기조에 공기를 $0.6\text{m}^3/\text{m}^3$(물)로 공급할 때, 물 단위부피당의 기포 표면적(m^2/m^3)은? (단, 기포의 평균 지름=0.25cm, 상승속도=18cm/sec로 균일, 물의 유량=30,000m^3/day, 포기조 안의 체류시간=15min, 포기조의 수심=2.8m)

① 24.9　　② 35.2
③ 43.6　　④ 49.3

42 하수처리장에서 발생되는 슬러지를 혐기성 소화조에서 처리하는 도중 소화가스량이 급격하게 감소하였다. 소화가스의 발생량이 감소하는 원인에 대한 설명 중 틀린 것은?

① 유기산이 과도하게 축적되는 경우
② 적정온도범위가 유지되지 않거나 독성물질이 유입된 경우
③ 알칼리도가 크게 낮아진 경우
④ pH가 증가된 경우

해설 pH가 감소된 경우

43 활성슬러지 포기조의 유효용적 1,000m^3, MLSS 농도 3,000mg/L, MLVSS는 MLSS 농도의 75%, 유입하수 유량 4,000m^3/day, 합성계수(Y) 0.63mg MLVSS/mg BODremoves, 내생분해계수(k) 0.05day⁻¹, 1차 침전조 유출수의 BOD 200mg/L, 포기조 유출수의 BOD 20mg/L일 때, 슬러지 생성량(kg/day)은?

① 301　　② 321
③ 341　　④ 361

해설 폐슬러지 발생량 산정식 이용

$$Q_w X_w = Y \times (\text{BOD}_i - \text{BOD}_o) \times Q - K_d \times \forall \times X$$

$$= 0.63 \times \frac{(200-20)\text{mg}}{\text{L}} \times \frac{4,000\text{m}^3}{\text{day}} \times \frac{\text{kg}}{10^6\text{mg}}$$

$$\times \frac{10^3\text{L}}{\text{m}^3} - \frac{0.05}{\text{day}} \times 1,000\text{m}^3$$

$$\times \frac{(3,000 \times 0.75)\text{mg}}{\text{L}} \times \frac{\text{kg}}{10^6\text{mg}} \times \frac{10^3\text{L}}{\text{m}^3}$$

$$= 341.1\text{kg/day}$$

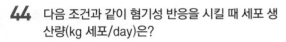

44 다음 조건과 같이 혐기성 반응을 시킬 때 세포 생산량(kg 세포/day)은?

- 세포 생산계수(Y)=0.04g 세포/g BOD_L
- 폐수 유량(Q)=1,000m³/day
- BOD 제거효율(E)=0.7
- 세포 내 호흡계수(K_d)=0.015/day
- 세포 체류시간(θ_c)=20일
- 폐수 유기물질 농도(S_o)=10g BOD_L/L

① 84   ② 182

③ 215   ④ 334

45 응집과정 중 교반의 영향에 관한 설명으로 알맞지 않은 것은?

① 교반에 따른 응집효과는 입자의 농도가 높을수록 좋다.

② 교반에 따른 응집효과는 입자의 지름이 불균일할수록 좋다.

③ 교반을 위한 동력은 응결지 부피와 비례한다.

④ 교반을 위한 동력은 속도경사와 반비례한다.

해설
$$G=\sqrt{\frac{P}{\mu \times \forall}} \rightarrow P=G^2 \times \mu \times \forall$$
동력은 속도경사의 제곱과 비례한다.

46 평균입도 3.2mm인 균일한 층 30cm에서의 Reynolds 수는? (단, 여과속도=160L/m²·min, 동점성계수=1.003×10⁻⁶m²/sec)

① 8.5

② 11.6

③ 15.9

④ 18.3

해설
$$Re=\frac{dp \cdot \rho \cdot V}{\mu}=\frac{dp \cdot V}{\nu}$$

$$=\frac{3.2mm \times \dfrac{1m}{1,000mm} \times \dfrac{160L}{m^2 \cdot min} \times \dfrac{1m^3}{10^3L} \times \dfrac{1min}{60sec}}{\dfrac{1.003 \times 10^{-6}m^2}{sec}}$$

$$=8.5078$$

47 농축조에 함수율 99%인 1차 슬러지를 투입하여 함수율 96%의 농축 슬러지를 얻었다. 농축 후의 슬러지량은 초기 1차 슬러지량의 몇 %로 감소하였는가? (단, 비중은 1.0 기준)

① 50   ② 33

③ 25   ④ 20

해설 함수율에 따른 슬러지 발생량 산정
$$SL_1(1-X_1)=SL_2(1-X_2)$$
$$SL_1(1-0.99)=SL_2(1-0.96)$$
$$\therefore \frac{SL_2}{SL_1}=\frac{1-0.99}{1-0.96}=0.25$$

48 하수처리에 관련된 침전현상(독립, 응집, 간섭, 압밀)의 종류 중 '간섭침전'에 관한 설명과 가장 거리가 먼 것은?

① 생물학적 처리시설과 함께 사용되는 2차 침전시설 내에서 발생한다.

② 입자 간의 작용하는 힘에 의해 주변 입자들의 침전을 방해하는 중간 정도 농도의 부유액에서의 침전을 말한다.

③ 입자 등은 서로 간의 간섭으로 상대적 위치를 변경시켜 전체 입자들이 한 개의 단위로 침전한다.

④ 함께 침전하는 입자들의 상부에 고체와 액체의 경계면이 형성된다.

해설 입자 등은 서로 간의 간섭으로 상대적 위치를 변경시키지 않고 전체 입자들이 한 개의 단위로 침전한다.

49 생물학적 폐수처리공정에서 생물 반응조에 슬러지를 반송시키는 주된 이유는?

① 폐수처리에 필요한 미생물을 공급하기 위하여

② 폐수에 들어있는 독성물질을 중화시키기 위하여

③ 활성슬러지가 자라는 데 필요한 영양소를 공급하기 위하여

④ 슬러지처리공정으로 들어가는 잉여슬러지의 양을 증가시키기 위하여

50 농약을 제조하는 공장의 폐수 중에는 유기인이 함유되어 있는 경우가 많다. 이들을 처리하는 데 가장 적당한 처리방법은?

① 활성탄 흡착
② 이온교환수지법
③ 황산알미늄으로 응집
④ 염화철로 응집

51 침전지 내에서 기타의 모든 조건이 같다면 비중이 0.3인 입자에 비하여 0.8인 입자의 부상속도는 얼마나 되는가?

① 7/2배 늘어난다.   ② 8/3배 늘어난다.
③ 2/7로 줄어든다.   ④ 3/8으로 줄어든다.

> **[해설]**
> $$V_F = \frac{d_p^2 \times (\rho_w - \rho_p) \times g}{18 \times \mu}$$
> ⓐ A의 부상속도
> $$V_{F-A} = \frac{d_p^2 \times (1-0.8) \times g}{18 \times \mu}$$
> ⓑ B의 침강속도
> $$V_{F-B} = \frac{d_p^2 \times (1-0.3) \times g}{18 \times \mu}$$
> ⓒ A/B의 산정
> $$V_A / V_B = \frac{(1-0.8)}{(1-0.3)} = 2/7$$

52 혐기성 소화조 내의 pH가 낮아지는 원인이 아닌 것은?

① 유기물 과부하
② 과도한 교반
③ 중금속 등 유해물질 유입
④ 온도 저하

> **[해설]** 교반 부족 시 pH가 낮아진다.

53 일반적으로 염소계 산화제를 사용하여 무해한 물질로 산화 분해시키는 처리방법을 사용하는 폐수의 종류는?

① 납을 함유한 폐수
② 시안을 함유한 폐수
③ 유기인을 함유한 폐수
④ 수은을 함유한 폐수

54 연속회분식(SBR)의 운전단계에 관한 설명으로 틀린 것은?

① 주입 : 주입단계 운전의 목적은 기질(원폐수 또는 1차 유출수)을 반응조에 주입하는 것이다.
② 주입 : 주입단계는 총 cycle 시간의 약 25% 정도이다.
③ 반응 : 반응단계는 총 cycle 시간의 약 65% 정도이다.
④ 침전 : 연속흐름식 공정에 비하여 일반적으로 더 효율적이다.

> **[해설]** 반응 : 반응단계는 총 cycle 시간의 약 35% 정도이다.

55 처리유량이 200m³/hr이고 염소 요구량이 9.5mg/L, 잔류염소 농도가 0.5mg/L일 때 하루에 주입되는 염소의 양(kg/day)은?

① 2
② 12
③ 22
④ 48

> **[해설]** ⓐ 염소의 주입량 산정(농도)
> 염소 주입량＝염소 잔류량＋염소 요구량
> ＝0.5mg/L＋9.5mg/L＝10mg/L
> ⓑ 염소의 주입량 산정(총량)
> 총량＝유량×농도
> $$\text{염소 주입량(kg/day)} = \frac{10\text{mg}}{\text{L}} \times \frac{200\text{m}^3}{\text{hr}} \times \frac{10^3\text{L}}{1\text{m}^3}$$
> $$\times \frac{1\text{kg}}{10^6\text{mg}} \times \frac{24\text{hr}}{1\text{day}}$$
> $$= 48\text{kg/day}$$

56 상향류 혐기성 슬러지상(UASB)에 관한 설명으로 틀린 것은?

① 미생물 부착을 위한 여재를 이용하여 혐기성 미생물을 슬러지층으로 축적시켜 폐수를 처리하는 방식이다.
② 수리학적 체류시간을 적게 할 수 있어 반응조 용량이 축소된다.
③ 폐수의 성상에 의하여 슬러지의 입상화가 크게 영향을 받는다.
④ 고형물의 농도가 높을 경우 고형물 및 미생물이 유실될 우려가 있다.

> **[해설]** 기계적인 교반이나 여재가 불필요하다.

57 회전원판법(RBC)에서 근접 배치한 얇은 원형판들은 폐수가 흐르는 통에 몇 % 정도가 잠기는 것(침적률)이 가장 적합한가?

① 20% ② 30%

③ 40% ④ 50%

58 활성슬러지 포기조 용액을 사용한 실험값으로부터 얻은 결과에 대한 설명으로 가장 거리가 먼 것은?

> MLSS 농도가 1,600mg/L인 용액 1리터를 30분간 침강시킨 후 슬러지의 부피가 400mL 였다.

① 최종침전지에서 슬러지의 침강성이 양호하다.

② 슬러지 밀도지수(SDI)는 0.5 이하이다.

③ 슬러지 용량지수(SVI)는 200 이상이다.

④ 실모양의 미생물이 많이 관찰된다.

해설 SVI 산정식 이용

ⓐ $SVI = \dfrac{SV_{30}(\%)}{MLSS} \times 10^4 = \dfrac{SV_{30}(mL)}{MLSS} \times 10^3$

$= \dfrac{400mL}{1,600mg/L} \times 10^3 = 250$

ⓑ $SDI = \dfrac{100}{SVI} = \dfrac{100}{250} = 0.4$

59 급속교반탱크에 유입되는 폐수를 6평날 터빈 임펠러로 완전 혼합하고자 한다. 임펠러의 직경 2.0m, 깊이 6.0m인 탱크의 바닥으로부터 1.2m 높이에 설치되었다. 수온 30℃에서 임펠러의 회전속도가 30rpm일 때 동력소비량(kW)은? (단, $P = k\rho n^3 D^5$, 30℃ 액체의 밀도 995.7kg/m³, $k = 6.3$)

① 약 115 ② 약 86

③ 약 54 ④ 약 25

해설 $P = k\rho n^3 D^5$

여기서, P : 동력(kg · m/sec)

k : 소요동력계수 → 6.3

ρ : 유체밀도 → 995.7kg/m³

n : 회전수(rps) → 30/60rps

D : 직경(m) → 2.0m

$P = 6.3 \times 995.7 \times 0.5^3 \times 2^5$

$= 25091.64W ≒ 25kW$

60 1,000m³의 하수로부터 최초침전지에서 생성되는 슬러지 양(m³)은? (단, 최초침전지 체류시간 = 2시간, 부유물질 제거효율 = 60%, 부유물질 농도 = 220mg/L, 부유물질 분해 없음, 슬러지 비중 = 1.0, 슬러지 함수율 = 97%)

① 2.4 ② 3.2

③ 4.4 ④ 5.2

해설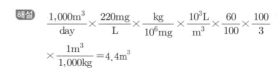

$\dfrac{1,000m^3}{day} \times \dfrac{220mg}{L} \times \dfrac{kg}{10^6mg} \times \dfrac{10^3L}{m^3} \times \dfrac{60}{100} \times \dfrac{100}{3}$

$\times \dfrac{1m^3}{1,000kg} = 4.4m^3$

▶ 제4과목 ┃ 수질오염공정시험기준

61 개수로 유량 측정에 관한 설명으로 틀린 것은? (단, 수로의 구성, 재질, 단면의 형상, 기울기 등이 일정하지 않은 개수로의 경우)

① 수로는 될수록 직선적이며, 수면이 물결 치지 않는 곳을 고른다.

② 10m를 측정구간으로 하여 2m마다 유수의 횡단면적을 측정하고, 산출평균값을 구하여 유수의 평균 단면적으로 한다.

③ 유속의 측정은 부표를 사용하여 100m 구간을 흐르는 데 걸리는 시간을 스톱워치로 재며 이때 실측유속을 표면 최대유속으로 한다.

④ 총 평균유속(m/s)은 [0.75×표면 최대유속(m/s)]으로 계산된다.

해설 유속의 측정은 부표를 사용하여 10m 구간을 흐르는 데 걸리는 시간을 스톱워치로 재며 이때 실측유속을 표면 최대유속으로 한다.

62 '정확히 취하여'라고 하는 것은 규정한 양의 액체를 무엇으로 눈금까지 취하는 것을 말하는가?

① 메스실린더

② 뷰렛

③ 부피피펫

④ 눈금비커

63 자외선/가시선 흡광광도계의 구성순서로 가장 적합한 것은?

① 광원부 – 파장선택부 – 시료부 – 측광부
② 광원부 – 파장선택부 – 단색화부 – 측광부
③ 시료도입부 – 광원부 – 파장선택부 – 측광부
④ 시료도입부 – 광원부 – 검출부 – 측광부

64 부유물질 측정 시 간섭물질에 관한 설명으로 틀린 것은?

① 증발잔류물이 1,000mg/L 이상인 경우의 해수, 공장폐수 등은 특별히 취급하지 않을 경우 높은 부유물질 값을 나타낼 수 있다.
② 5mm 금속망을 통과시킨 큰 입자들은 부유물질 측정에 방해를 주지 않는다.
③ 철 또는 칼슘이 높은 시료는 금속침전이 발생하며 부유물질 측정에 영향을 줄 수 있다.
④ 유지 및 혼합되지 않는 유기물도 여과지에 남아 부유물질 측정값을 높게 할 수 있다.

해설 나무 조각, 큰 모래입자 등과 같은 큰 입자들은 부유물질 측정에 방해가 되며, 이 경우 직경 2mm 금속망에 먼저 통과시킨 후 분석을 실시한다.

65 폐수 20mL를 취하여 산성과망간산칼륨법으로 분석하였더니 0.005M-KMnO₄ 용액의 적정량이 4mL였다. 이 폐수의 COD(mg/L)는? (단, 공시험값=0mL, 0.005M-KMnO₄ 용액의 f=1.00)

① 16 ② 40
③ 60 ④ 80

해설 COD의 산성과망간산칼륨법에 의한 농도 산정

$COD = (b-a) \times f \times \dfrac{1,000}{V} \times 0.2$

여기서, a : 공시험값 → 0
b : 적정량 → 4mL
V : 시료량 → 20mL

$COD = (4-0) \times 1.00 \times \dfrac{1,000}{20} \times 0.2 = 40mg/L$

66 기체 크로마토그래피법으로 유기인계 농약성분인 다이아지논을 측정할 때 사용되는 검출기는?

① ECD ② FID
③ FPD ④ TCD

해설 ① ECD : 유기할로겐화합물, 니트로화합물 및 유기금속화합물 등 전자친화력이 큰 원소가 포함된 화합물을 수 ppt의 매우 낮은 농도까지 선택적으로 검출할 수 있다.
② FID : 대부분의 화합물에 대하여 열전도도검출기보다 약 1,000배 높은 감도를 나타내고 대부분의 유기화합물의 검출이 가능하므로 가장 흔히 사용된다. 특히 탄소수가 많은 유기물은 10pg까지 검출할 수 있다.
③ FPD : 황 또는 인 화합물의 감도(sensitivity)는 일반 탄화수소화합물에 비하여 100,000배 커서 H₂S나 SO₂와 같은 황화합물은 약 200ppb까지, 인화합물은 약 10ppb까지 검출이 가능하다.
④ TCD : 모든 화합물을 검출할 수 있어 분석대상에 제한이 없고 값이 싸며 시료를 파괴하지 않는 장점이 있는데 반하여 다른 검출기에 비해 감도(sensitivity)가 낮다.

67 수질분석용 시료 채취 시 유의사항과 가장 거리가 먼 것은?

① 시료 채취 용기는 시료를 채우기 전에 깨끗한 물로 3회 이상 씻은 다음 사용한다.
② 유류 또는 부유물질 등이 함유된 시료는 시료의 균일성이 유지될 수 있도록 채취하여야 하며 침전물 등이 부상하여 혼입되어서는 안 된다.
③ 용존가스, 환원성 물질, 휘발성유기화합물, 냄새, 유류 및 수소이온 등을 측정하는 시료는 시료용기에 가득 채워야 한다.
④ 시료 채취량은 보통 3~5L 정도여야 한다.

해설 시료 채취 용기는 시료를 채우기 전에 시료로 3회 이상 씻은 다음 사용한다.

68 시료 보존 시 반드시 유리병을 사용하여야 하는 측정항목이 아닌 것은?

① 노말헥산 추출물질
② 음이온계면활성제
③ 유기인
④ PCB

해설 음이온계면활성제 : Polyethylene, Glass

69 노말헥산 추출물질의 정량한계(mg/L)는?

① 0.1 ② 0.5
③ 1.0 ④ 5.0

70 NO_3^-(질산성질소) 0.1mg N/L의 표준원액을 만들려고 한다. KNO_3 몇 mg을 달아 증류수에 녹여 1L로 제조하여야 하는가? (단, KNO_3 분자량= 101.1)

① 0.10　　　　　② 0.14

③ 0.52　　　　　④ 0.72

해설 $\dfrac{\square \text{mg}}{1\text{L}} \times \dfrac{14}{101.1} = 0.1\text{mg/L}$

∴ $\square = 0.7221\text{mg}$

71 식물성 플랑크톤을 현미경계수법으로 측정할 때 저배율 방법(200배율 이하) 적용에 관한 내용으로 틀린 것은?

① 세즈윅-라프터 체임버는 조작은 어려우나 재현성이 높아서 중배율 이상에서도 관찰이 용이하여 미소 플랑크톤의 검경에 적절하다.

② 시료를 체임버에 채울 때 피펫은 입구가 넓은 것을 사용하는 것이 좋다.

③ 계수 시 스트립을 이용할 경우, 양쪽 경계면에 걸린 개체는 하나의 경계면에 대해서만 계수한다.

④ 계수 시 격자의 경우 격자 경계면에 걸린 개체는 4면 중 2면에 걸린 개체는 계수하고 나머지 2면에 들어온 개체는 계수하지 않는다.

해설 세즈윅-라프터 체임버는 조작이 편리하고 재현성이 높은 반면 중배율 이상에서는 관찰이 어렵기 때문에 미소 플랑크톤(nano plankton)의 검경에는 적절하지 않다.

72 자외선/가시선분광법을 적용한 크롬 측정에 관한 내용으로 ( )에 옳은 것은?

> 3가크롬은 (㉠)을 첨가하여 6가크롬으로 산화시킨 후 산성용액에서 다이페닐카바자이드와 반응하여 생성되는 (㉡) 착화합물의 흡광도를 측정한다.

① ㉠ 과망간산칼륨, ㉡ 황색

② ㉠ 과망간산칼륨, ㉡ 적자색

③ ㉠ 티오황산나트륨, ㉡ 적색

④ ㉠ 티오황산나트륨, ㉡ 황갈색

73 수질오염공정시험기준상 음이온계면활성제 실험방법으로 옳은 것은?

① 자외선/가시선분광법

② 원자흡수분광광도법

③ 기체 크로마토그래피법

④ 이온전극법

74 공정시험기준의 내용으로 가장 거리가 먼 것은?

① 온수는 60~70℃, 냉수는 15℃ 이하를 말한다.

② 방울수는 20℃에서 정제수 20방울을 적하할 때 그 부피가 약 1mL가 되는 것을 뜻한다.

③ '정밀히 단다'라 함은 규정된 수치의 무게를 0.1mg까지 다는 것을 말한다.

④ 시험에 쓰는 물은 따로 규정이 없는 한 증류수 또는 정제수로 한다.

해설 정밀히 단다 : 규정된 양의 시료를 취하여 화학저울 또는 미량저울로 칭량함을 말한다.

75 환원제인 $FeSO_4$ 용액 25mL를 H_2SO_4 산성에서 $0.1N-K_2Cr_2O_7$으로 산화시키는 데 31.25mL 소비되었다. $FeSO_4$ 용액 200mL를 0.05N 용액으로 만들려고 할 때 가하는 물의 양(mL)은?

① 200　　　　　② 300

③ 400　　　　　④ 500

해설 중화반응 공식 이용

$N \times V = N' \times V'$

ⓐ $FeSO_4$의 N 산정

　$N \times 25\text{mL} = 0.1\text{eq/L} \times 31.25\text{mL} = 0.125\text{eq/L}$

ⓑ 0.05N으로 희석 시 필요한 물의 양 산정

　희석배수=처음농도/나중농도=0.125/0.05=2.5배

　200mL를 2.5배 희석하면 0.05N이 되므로

　전량을 200mL×2.5=500mL로 해야 한다.

　∴ 가해줘야 하는 물의 양은 500−200=300mL이다.

76 취급 또는 저장하는 동안에 이물질이 들어가거나 또는 내용물이 손실되지 않도록 보호하는 용기는?

① 밀봉용기　　　　② 밀폐용기

③ 기밀용기　　　　④ 압밀용기

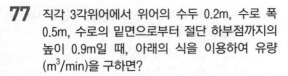

77 직각 3각위어에서 위어의 수두 0.2m, 수로 폭 0.5m, 수로의 밑면으로부터 절단 하부점까지의 높이 0.9m일 때, 아래의 식을 이용하여 유량(m^3/min)을 구하면?

$$K = 81.2 + \frac{0.24}{h} + \left[\left(8.4 + \frac{12}{\sqrt{D}}\right) \times \left(\frac{h}{B} - 0.09\right)\right]^2$$

① 1.0   ② 1.5
③ 2.0   ④ 2.5

해설 3각위어 유량 계산식 적용

$$Q(\text{m}^3/\text{min}) = K \times h^{\frac{5}{2}}$$

여기서, K : 유량계수
         D : 수로의 밑면으로부터 절단 하부 모서리
              까지의 높이(m)
         B : 수로의 폭(m)
         h : 위어의 수두(m)

ⓐ K의 산정

$$K = 81.2 + \frac{0.24}{h} + \left[\left(8.4 + \frac{12}{\sqrt{D}}\right) \times \left(\frac{h}{B} - 0.09\right)\right]^2$$

$$= 81.2 + \frac{0.24}{0.2} + \left[\left(8.4 + \frac{12}{\sqrt{0.9}}\right) \times \left(\frac{0.2}{0.5} - 0.09\right)\right]^2$$

$$= 84.42$$

ⓑ 유량의 산정

$$Q = K \times h^{\frac{5}{2}} = 84.42 \times 0.2^{\frac{5}{2}} = 1.5101\text{m}^3/\text{min}$$

78 시료의 최대보존기간이 다른 측정항목은?

① 시안
② 불소
③ 염소이온
④ 노말헥산 추출물질

해설 ① 시안 : 14일
② 불소 : 28일
③ 염소이온 : 28일
④ 노말헥산 추출물질 : 28일

79 기체 크로마토그래피법으로 PCB를 정량할 때 관련이 없는 것은?

① 전자포획형 검출기
② 석영가스 흡수 셀
③ 실리카겔 칼럼
④ 질소 캐리어 가스

해설 폴리클로리네이티드비페닐 용매 추출/기체 크로마토그래피 개요 : 물속에 존재하는 폴리클로리네이티드비페닐(poly-chlorinatedbiphenyls, PCBs)을 측정하는 방법으로, 채수한 시료를 헥산으로 추출하여 필요시 알칼리 분해한 다음 다시 헥산으로 추출하고 실리카겔 또는 플로리실 칼럼을 통과시켜 정제한다. 이 액을 농축시켜 기체 크로마토그래프에 주입하고 크로마토그램을 작성하여 나타난 피크 패턴에 따라 PCB를 확인하고 정량하는 방법이다.

80 알킬수은화합물을 기체 크로마토그래피에 따라 정량하는 방법에 관한 설명으로 가장 거리가 먼 것은?

① 전자포획형 검출기(ECD)를 사용한다.
② 알킬수은화합물을 벤젠으로 추출한다.
③ 운반기체는 순도 99.999% 이상의 질소 또는 헬륨을 사용한다.
④ 정량한계는 0.05mg/L이다.

해설 정량범위는 염화메틸수은에 대응하는 수은으로서 0.0005mg/L 이상이다.

⊙ 제5과목 Ⅰ 수질환경관계법규

81 환경정책기본법령상 환경기준에서 하천의 생활 환경기준에 포함되지 않는 검사항목은?

① TP   ② TN
③ DO   ④ TOC

해설 수질 및 수생태계 하천의 생활환경기준 : 수소이온 농도(pH), 생물화학적 산소요구량(BOD), 화학적 산소요구량(COD), 총유기탄소량(TOC), 부유물질량(SS), 용존산소량(DO), 총인(T-P), 총대장균군, 분원성대장균군

82 수질오염방지시설 중 생물화학적 처리시설이 아 닌 것은?

① 살균시설
② 접촉조
③ 안정조
④ 폭기시설

해설 살균시설 : 화학적 처리시설

83 과징금에 대한 내용으로 ( )에 옳은 것은?

> 환경부 장관은 폐수처리업의 허가를 받은 자에 대하여 영업정지를 명하여야 하는 경우로서 그 영업정지가 주민의 생활이나 그 밖의 공익에 현저한 지장을 줄 우려가 있다고 인정되는 경우에는 영업정지처분에 갈음하여 매출액에 ( )를 곱한 금액을 초과하지 아니하는 범위에서 과징금을 부과할 수 있다.

① 100분의 1   ② 100분의 5
③ 100분의 10   ④ 100분의 20

84 배출부과금을 부과하는 경우, 당해 배출부과금 부과기준일 전 6개월 동안 방류수 수질기준을 초과하는 수질오염물질을 배출하지 아니한 사업자에 대하여 방류수 수질기준을 초과하지 아니하고 수질오염물질을 배출한 기간별로 당해 부과기간에 부과하는 기본배출부과금의 감면율은?

① 6개월 이상 1년 이내 : 100분의 10
② 1년 이상 2년 이내 : 100분의 30
③ 2년 이상 3년 이내 : 100분의 50
④ 3년 이상 : 100분의 60

85 오염총량초과과징금의 납부통지는 부과사유가 발생한 날부터 며칠 이내에 하여야 하는가?

① 15
② 30
③ 45
④ 60

86 폐수처리업의 허가를 받을 수 없는 결격사유에 해당하지 않는 것은?

① 폐수처리업의 허가가 취소된 후 2년이 지나지 아니한 자
② 파산선고를 받고 복권된 지 2년이 지나지 아니한 자
③ 피성년후견인
④ 피한정후견인

해설 [법 제63조] 결격사유
다음 각 호의 어느 하나에 해당하는 자는 폐수처리업의 등록을 할 수 없다.
1. 피성년후견인 또는 피한정후견인
2. 파산선고를 받고 복권되지 아니한 자
3. 제64조에 따라 폐수처리업의 등록이 취소(제63조 제1호·제2호 또는 제64조 제1항 제3호에 해당하여 등록이 취소된 경우는 제외한다)된 후 2년이 지나지 아니한 자
4. 이 법 또는 「대기환경보전법」, 「소음·진동관리법」을 위반하여 징역의 실형을 선고받고 그 형의 집행이 끝나거나 집행을 받지 아니하기로 확정된 후 2년이 지나지 아니한 사람
5. 임원 중에 제1호부터 제4호까지의 어느 하나에 해당하는 사람이 있는 법인

87 사업장별 환경관리인의 자격기준으로 알맞지 않은 것은?

① 특정수질유해물질이 포함된 수질오염물질을 배출하는 제4종 또는 제5종 사업장은 제4종 사업장에 해당하는 환경관리인을 두어야 한다. 다만, 특정수질유해물질이 함유된 1일 20m³ 이하 폐수를 배출하는 경우에는 그러하지 아니한다.
② 방지시설 설치면제 대상인 사업장과 배출시설에서 배출되는 수질오염물질 등을 공동방지시설에서 처리하게 하는 사업장은 제4종 사업장·제5종 사업장에 해당하는 환경기술인을 둘 수 있다.
③ 공동방지시설의 경우에는 폐수배출량이 제4종 또는 제5종 사업장의 규모에 해당하면 제3종 사업장에 해당하는 환경기술인을 두어야 한다.
④ 공공폐수처리시설에 폐수를 유입시켜 처리하는 제1종 또는 제2종 사업장은 제3종 사업장에 해당하는 환경기술인을, 제3종 사업장은 제4종 사업장·제5종 사업장에 해당하는 환경기술인을 둘 수 있다.

해설 [시행령 별표 17] 사업장별 환경기술인의 자격기준(제59조 제2항 관련)
특정수질유해물질이 포함된 수질오염물질을 배출하는 제4종 또는 제5종 사업장은 제3종 사업장에 해당하는 환경기술인을 두어야 한다. 다만, 특정수질유해물질이 포함된 1일 10m³ 이하의 폐수를 배출하는 사업장의 경우에는 그러하지 아니하다.

83. ② 84. ② 85. ④ 86. ② 87. ①

88 비점오염저감시설 중 장치형 시설이 아닌 것은 어느 것인가?

① 생물학적 처리형 시설

② 응집 · 침전 처리형 시설

③ 소용돌이형 시설

④ 침투형 시설

해설 [시행규칙 별표 6] 비점오염저감시설(제8조 관련)
① 자연형 시설 : 저류시설, 인공습지, 침투시설, 식생형 시설
② 장치형 시설 : 여과형 시설, 와류형 시설, 스크린형 시설, 응집 · 침전 처리형 시설, 생물학적 처리형 시설

89 중점관리 저수지의 지정기준으로 옳은 것은?

① 총 저수용량이 1만 세제곱미터 이상인 저수지

② 총 저수용량이 10만 세제곱미터 이상인 저수지

③ 총 저수용량이 1백만 세제곱미터 이상인 저수지

④ 총 저수용량이 1천만 세제곱미터 이상인 저수지

90 사업장별 부과계수를 알맞게 짝지은 것은 어느 것인가?

① 제1종 사업장(10,000m³/일 이상)−2.0

② 제2종 사업장−1.6

③ 제3종 사업장−1.3

④ 제4종 사업장−1.1

해설 [시행령 별표 9] 사업장별 부과계수

사업장 규모	제1종 사업장 (단위 : m³/일)					제2종 사업장	제3종 사업장	제4종 사업장
	10,000 이상	8,000 이상 10,000 미만	6,000 이상 8,000 미만	4,000 이상 6,000 미만	2,000 이상 4,000 미만			
부과 계수	1.8	1.7	1.6	1.5	1.4	1.3	1.2	1.1

91 환경부 장관이 공공수역의 물환경을 관리 · 보전하기 위하여 대통령령으로 정하는 바에 따라 수립하는 국가 물환경관리기본계획의 수립주기는?

① 매년   ② 2년

③ 3년   ④ 10년

해설 [법 제24조] 대권역 물환경관리계획의 수립
① 유역환경청장은 국가 환경관리기본계획에 따라 제22조 제2항에 따른 대권역별로 대권역 물환경관리계획(이하 '대권역계획'이라 한다)을 10년마다 수립하여야 한다.

92 청정지역에서 1일 폐수 배출량이 1,000m³ 이하인 배출시설에 적용되는 배출허용기준 중 생물화학적 산소요구량(mg/L)은? (단, 2020년 1월 1일부터 적용된 기준)

① 30 이하   ② 40 이하

③ 50 이하   ④ 60 이하

해설 [시행규칙 별표 13] 수질오염물질의 배출허용기준(제34조 관련)

대상규모 / 항목 / 지역구분	1일 폐수 배출량 2천세제곱미터 이상			1일 폐수 배출량 2천세제곱미터 미만		
	생물화학적 산소요구량 (mg/L)	총유기탄소량 (mg/L)	부유물질량 (mg/L)	생물화학적 산소요구량 (mg/L)	총유기탄소량 (mg/L)	부유물질량 (mg/L)
청정지역	30 이하	25 이하	30 이하	40 이하	30 이하	40 이하
가지역	60 이하	40 이하	60 이하	80 이하	50 이하	80 이하
나지역	80 이하	50 이하	80 이하	120 이하	75 이하	120 이하
특례지역	30 이하	25 이하	30 이하	30 이하	25 이하	30 이하

93 시장 · 군수 · 구청장(자치구의 구청장을 말한다)이 낚시금지구역 또는 낚시제한구역을 지정하려는 경우 고려할 사항으로 거리가 먼 것은?

① 용수의 목적

② 오염원 현황

③ 낚시터 인근에서의 쓰레기 발생 현황 및 처리 여건

④ 계절별 낚시인구 현황

해설 [시행령 제27조] 낚시금지구역 또는 낚시제한구역의 지정 등
① 시장 · 군수 · 구청장(자치구의 구청장을 말한다. 이하 같다)은 낚시금지구역 또는 낚시제한구역을 지정하려는 경우에는 다음 각 호의 사항을 고려하여야 한다.
1. 용수의 목적
2. 오염원 현황
3. 수질오염도
4. 낚시터 인근에서의 쓰레기 발생 현황 및 처리 여건
5. 연도별 낚시인구 현황
6. 서식 어류의 종류 및 양 등 수중생태계 현황

94 배출시설의 설치를 제한할 수 있는 지역의 범위 기준으로 틀린 것은?

① 취수시설이 있는 지역
② 환경정책기본법 제38조에 따라 수질보전을 위해 지정·고시한 특별대책지역
③ 수도법 제7조의 2 제1항에 따라 공장의 설립이 제한되는 지역
④ 수질보전을 위해 지정·고시한 특별대책지역의 하류지역

해설 [시행령 제32조] 배출시설 설치 제한 지역
법 제33조 제6항에 따라 배출시설의 설치를 제한할 수 있는 지역의 범위는 다음 각 호와 같다.
1. 취수시설이 있는 지역
2. 「환경정책기본법」 제38조에 따라 수질보전을 위해 지정·고시한 특별대책지역
3. 「수도법」 제7조의 2 제1항에 따라 공장의 설립이 제한되는 지역(제31조 제1항 제1호에 따른 배출시설의 경우만 해당한다)
4. 제1호부터 제3호까지에 해당하는 지역의 상류지역 중 배출시설이 상수원의 수질에 미치는 영향 등을 고려하여 환경부 장관이 고시하는 지역(제31조 제1항 제1호에 따른 배출시설의 경우만 해당한다)

95 다음 중 산업폐수의 배출규제에 관한 설명으로 옳은 것은?

① 폐수 배출시설에서 배출되는 수질오염물질의 배출허용기준은 대통령이 정한다.
② 시·도 또는 인구 50만 이상의 시는 지역환경 기준을 유지하기가 곤란하다고 인정할 때에는 시·도지사가 특별배출허용기준을 정할 수 있다.
③ 특별대책지역의 수질오염방지를 위해 필요하다고 인정할 때에는 엄격한 배출허용기준을 정할 수 있다.
④ 시·도 안에 설치되어 있는 폐수 무방류 배출시설은 조례에 의해 배출허용기준을 적용한다.

해설 ① 폐수 배출시설에서 배출되는 수질오염물질의 배출허용기준은 환경부령이 정한다.
② 시·도 또는 대도시는 지역환경기준을 유지하기가 곤란하다고 인정할 때에는 조례로 배출허용기준보다 엄격한 배출허용기준을 정할 수 있다.
④ 시·도 안에 설치되어 있는 폐수 배출시설은 조례에 의한 배출허용기준을 적용한다.

96 중권역 물환경관리계획에 관한 내용으로 ( )의 내용으로 옳은 것은?

> (㉠)는(은) 중권역 계획을 수립하였을 때에는 (㉡)에게 통보하여야 한다.

① ㉠ 관계 시·도지사, ㉡ 지방환경관서의 장
② ㉠ 지방환경관서의 장, ㉡ 관계 시·도지사
③ ㉠ 유역환경청장, ㉡ 지방환경관서의 장
④ ㉠ 지방환경관서의 장, ㉡ 유역환경청장

97 시·도지사가 오염총량관리기본계획의 승인을 받으려는 경우, 오염총량관리기본계획안에 첨부하여 환경부 장관에게 제출하여야 하는 서류가 아닌 것은?

① 유역환경의 조사·분석 자료
② 오염원의 자연증감에 관한 분석자료
③ 오염총량관리 계획목표에 관한 자료
④ 오염부하량의 저감계획을 수립하는 데에 사용한 자료

해설 [시행규칙 제11조] 오염총량관리기본계획 승인신청 및 승인기준
① 시·도지사는 법 제4조의 3 제1항에 따라 오염총량관리기본계획(이하 "오염총량관리기본계획"이라 한다)의 승인을 받으려는 경우에는 오염총량관리기본계획안에 다음 각 호의 서류를 첨부하여 환경부 장관에게 제출하여야 한다.
1. 유역환경의 조사·분석 자료
2. 오염원의 자연증감에 관한 분석 자료
3. 지역개발에 관한 과거와 장래의 계획에 관한 자료
4. 오염부하량의 산정에 사용한 자료
5. 오염부하량의 저감계획을 수립하는 데에 사용한 자료

98 사업자 및 배출시설과 방지시설에 종사하는 자는 배출시설과 방지시설의 정상적인 운영, 관리를 위한 환경기술인의 업무를 방해하여서는 아니되며, 그로부터 업무수행에 필요한 요청을 받은 때에는 정당한 사유가 없으면 이에 따라야 한다. 이 규정을 위반하여 환경기술인의 업무를 방해하거나 환경기술인의 요청을 정당한 사유 없이 거부한 자에 대한 벌칙기준은?

① 100만원 이하의 벌금
② 200만원 이하의 벌금
③ 300만원 이하의 벌금
④ 500만원 이하의 벌금

99 위임업무 보고사항의 업무내용 중 보고횟수가 연 1회에 해당되는 것은?

① 환경기술인의 자격별·업종별 현황
② 폐수 무방류배출시설의 설치 허가(변경 허가) 현황
③ 골프장 맹·고독성 농약 사용여부 확인 결과
④ 비점오염원의 설치 신고 및 방지시설 설치현황 및 행정처분 현황

해설 [시행규칙 별표 23] 위임업무 보고사항

업무내용	보고횟수
5. 폐수 위탁·사업장 내 처리 현황 및 처리 실적 6. 환경기술인의 자격별·업종별 현황 18. 측정기기 관리대행업에 대한 등록·변경 등록, 관리대행능력 평가·공시 및 행정처분 현황	연 1회
3. 기타 수질오염원 현황 4. 폐수처리업에 대한 등록·지도단속 실적 및 처리 실적 현황 9. 배출부과금 징수 실적 및 체납처분 현황 11. 과징금 부과 실적 12. 과징금 징수 실적 및 체납처분 현황 14. 골프장 맹·고독성 농약 사용여부 확인 결과 15. 측정기기 부착시설 설치 현황 16. 측정기기 부착사업장 관리 현황 17. 측정기기 부착사업자에 대한 행정처분 현황 19. 수생태계 복원계획(변경계획) 수립·승인 및 시행계획(변경계획) 협의 현황 20. 수생태계 복원 시행계획(변경계획) 협의 현황	연 2회
1. 폐수 배출시설의 설치허가, 수질오염물질의 배출상황 검사, 폐수 배출시설에 대한 업무처리 현황 7. 배출업소의 지도·점검 및 행정처분 실적 8. 배출부과금 부과 실적 13. 비점오염원의 설치 신고 및 방지시설 설치 현황 및 행정처분 현황	연 4회
2. 폐수 무방류배출시설의 설치 허가(변경 허가) 현황 10. 배출업소 등에 따른 수질오염사고 발생 및 조치 사항	수시

100 골프장의 잔디 및 수목 등에 맹·고독성 농약을 사용한 자에 대한 벌금 또는 과태료 부과기준은?

① 3백만원 이하의 벌금
② 5백만원 이하의 벌금
③ 3백만원 이하의 과태료 부과
④ 1천만원 이하의 과태료 부과

숫자로 보는 문제유형 분석

계산문제 출제비율	수질오염개론	상하수도계획
	45%	15%
수질오염방지기술	공정시험기준	전체 100문제 중
55%	10%	25%

어쩌다 한번 만나는 문제	수질오염개론	상하수도계획
	3, 5	23, 26, 31, 34
수질오염방지기술	공정시험기준	수질관계법규
50	71, 79	84

▶ 제1과목 ▌수질오염개론

01 글루코스($C_6H_{12}O_6$) 100mg/L인 용액을 호기성 처리할 때 이론적으로 필요한 질소량(mg/L)은? (단, K_1(상용대수)=0.1/day, BOD_5 : N=100 : 5, BOD_u=ThOD로 가정)

① 약 3.7
② 약 4.2
③ 약 5.3
④ 약 6.9

해설 ⓐ 글루코스(Glucose)의 최종 BOD 산정
$C_6H_{12}O_6 + 6O_2 \rightarrow 6CO_2 + 6H_2O$
180g : 192g = 100mg/L : □mg/L
□ = 106.6666mg/L
ⓑ BOD_5 산정
소모 $BOD = BOD_u \times (1 - 10^{-k_1 \times t})$
$BOD_5 = 106.6666mg/L \times (1 - 10^{-0.1 \times 5})$
= 72.9356mg/L
ⓒ 질소의 농도 산정
BOD_5 : N=100 : 5
100 : 5 = 72.9356 : □
∴ □ = 3.6467mg/L

02 농도가 A인 기질을 제거하기 위한 반응조를 설계하려고 한다. 요구되는 기질의 전환율이 90%일 경우에 회분식 반응조에서의 체류시간(hr)은? (단, 반응은 1차 반응(자연대수 기준)이며, 반응상수 K=0.45/hr)

① 5.12
② 6.58
③ 13.16
④ 19.74

해설 회분식 반응기의 1차 반응
$\ln \dfrac{C_t}{C_o} = -K \times t$
$\ln \dfrac{10}{100} = -0.45hr^{-1} \times t$
∴ $t = 5.1168hr$

03 오염된 지하수를 복원하는 방법 중 오염물질의 유발요인이 한 지점에 집중적이고 오염된 면적이 비교적 작을 때 적용할 수 있는 적합한 방법은 어느 것인가?

① 현장공기추출법
② 유해물질굴착제거법
③ 오염된 지하수의 양수처리법
④ 토양 내 미생물을 이용한 처리법

해설 ① 현장공기추출법 : 토양오염 제거
③ 오염된 지하수의 양수처리법 : 오염된 지하수를 양수해 포기와 응집 등으로 처리
④ 토양 내 미생물을 이용한 처리법 : 토양오염 제거

04 연속류 교반 반응조(CFSTR)에 관한 내용으로 틀린 것은?

① 충격부하에 강하다.
② 부하변동에 강하다.
③ 유입된 액체의 일부분은 즉시 유출된다.
④ 동일 용량 PFR에 비해 제거효율이 좋다.

해설 동일 용량 PFR에 비해 제거효율이 좋지 않다.

05 미생물 영양원 중 유황(sulfur)에 관한 설명으로 틀린 것은?

① 황환원세균은 편성 혐기성 세균이다.
② 유황을 함유한 아미노산은 세포 단백질의 필수 구성원이다.
③ 미생물세포에서 탄소 대 유황의 비는 100 : 1 정도이다.
④ 유황 고정, 유황화합물 환원 · 산화 순으로 변환된다.

해설 유황화합물 환원 · 산화, 유황 고정 순으로 변환된다.

06 하천의 길이가 500km이며, 유속은 56m/min이다. 상류지점의 BOD_u가 280ppm이라면, 상류지점에서부터 378km되는 하류지점의 BOD(mg/L)는? (단, 상용대수 기준, 탈산소계수는 0.1/day, 수온은 20℃, 기타 조건은 고려하지 않는다.)

① 45   ② 68
③ 95   ④ 132

해설 ⓐ 유하시간 산정

$$378km \times \frac{1,000m}{km} \times \frac{min}{56m} \times \frac{day}{1,440min} = 4.6875day$$

ⓑ 하류지점의 BOD

잔존 $BOD = BOD_u \times 10^{-k_1 \times t}$

$= 280mg/L \times 10^{-0.1 \times 4.6875}$

$= 95.1498mg/L$

07 하천의 자정단계와 오염의 정도를 파악하는 Whipple의 자정단계(지대별 구분)에 대한 설명으로 틀린 것은?

① 분해지대 : 유기성 부유물의 침전과 환원 및 분해에 의한 탄산가스의 방출이 일어난다.
② 분해지대 : 용존산소의 감소가 현저하다.
③ 활발한 분해지대 : 수중환경은 혐기성 상태가 되어 침전저니는 흑갈색 또는 황색을 띤다.
④ 활발한 분해지대 : 오염에 강한 실지렁이가 나타나고 혐기성 곰팡이가 증식한다.

해설 오염에 강한 실지렁이가 나타나고 혐기성 곰팡이가 증식한다. : 분해지대

08 수중에서 유기질소가 유입되었을 때 유기질소는 미생물에 의하여 여러 단계를 거치면서 변화된다. 정상적으로 변화되는 과정에서 가장 적은 양으로 존재하는 것은?

① 유기질소
② NO_2^-
③ NO_3^-
④ NH_4^+

해설 유기질소는 암모니아성질소 → 아질산성질소 → 질산성질소의 과정을 거치게 된다.

09 소수성 콜로이드의 특성으로 틀린 것은?

① 물과 반발하는 성질을 가진다.
② 물속에 현탁상태로 존재한다.
③ 아주 작은 입자로 존재한다.
④ 염에 큰 영향을 받지 않는다.

해설 염에 큰 영향을 받는다.

10 공장폐수의 시료 분석결과가 다음과 같을 때 NBDICOD(Non-BioDegradable Insoluble COD) 농도(mg/L)는? (단, K는 1.72를 적용할 것)

- COD=857mg/L   · SCOD=380mg/L
- BOD_5=468mg/L   · $SBOD_5$=214mg/L
- TSS=384mg/L   · VSS=318mg/L

① 24.68   ② 32.56
③ 40.12   ④ 52.04

해설 COD의 구성을 파악하여 NBDICOD 산정

ⓐ BDCOD(최종 BOD) 산정

$BDCOD(최종 BOD) = BOD_5 \times 1.72 = 468 \times 1.72$
$= 804.96mg/L$

ⓑ NBDCOD 산정

COD = BDCOD(최종 BOD) + NBDCOD
857mg/L = 804.96mg/L + NBDCOD
∴ NBDCOD = 52.04mg/L

ⓒ ICOD 산정

COD = ICOD + SCOD
857mg/L = ICOD + 380mg/L
∴ ICOD = 477mg/L

ⓓ BDSCOD(최종 SBOD) 산정

$BDSCOD(최종 SBOD) = SBOD_5 \times 1.72 = 214 \times 1.72$
$= 368.08mg/L$

ⓔ NBDSCOD 산정

SCOD = BDSCOD + NBDSCOD
380 = 368.08 + NBDSCOD
∴ NBDSCOD = 11.92mg/L

ⓕ NBDICOD 산정

NBDCOD = NBDICOD + NBDSCOD
52.04 = NBDICOD + 11.92
∴ NBDICOD = 40.12mg/L

11 해수의 HOLY SEVEN에서 가장 농도가 낮은 것은?

① Cl^- ② Mg^{2+}
③ Ca^{2+} ④ HCO_3^-

해설 해수의 주성분 : $Cl^- > Na^+ > SO_4^{2-} > Mg^{2+} > Ca^{2+} > K^+ > HCO_3^-$

12 최종 BOD가 20mg/L, DO가 5mg/L인 하천의 상류지점으로부터 3일 유하거리의 하류지점에서의 DO 농도(mg/L)는? (단, 온도 변화는 없으며, DO 포화농도는 9mg/L이고, 탈산소계수는 0.1/day, 재폭기계수는 0.2/day, 상용대수 기준)

① 약 4.0   ② 약 4.5

③ 약 3.0   ④ 약 2.5

해설 3일 유하 후 용존산소 농도
= 포화농도 − 3일 유하 후 산소부족량
ⓐ DO 부족량 공식 이용

$$D_t = \frac{K_1}{K_2 - K_1} \times L_o \times \left(10^{-K_1 \cdot t} - 10^{-K_2 \cdot t}\right)$$
$$+ D_o \times 10^{-K_2 \cdot t}$$
$$= \frac{0.1}{0.2 - 0.1} \times 20 \times \left(10^{-0.1 \times 3} - 10^{-0.2 \times 3}\right)$$
$$+ (9 - 5) \times 10^{-0.2 \times 3}$$
$$= 6.0047 \text{mg/L}$$

ⓑ 3일 유하 후 용존산소 농도 산정
3일 후 DO $= C_s - D_o$
$$= 9 - 6.0047 = 2.9952 \text{mg/L}$$

13 다음 유기물 1M이 완전산화될 때 이론적인 산소요구량(ThOD)이 가장 적은 것은?

① C_6H_6

② $C_6H_{12}O_6$

③ C_2H_5OH

④ CH_3COOH

해설 반응식을 완성하여 ThOD를 산정한다.
① $C_6H_6 + 7.5O_2 \rightarrow 6CO_2 + 3H_2O$: ThOD 240g
② $C_6H_{12}O_6 + 6O_2 \rightarrow 6CO_2 + 6H_2O$: ThOD 192g
③ $C_2H_5OH + 3O_2 \rightarrow 2CO_2 + 3H_2O$: ThOD 96g
④ $CH_3COOH + 2O_2 \rightarrow 2CO_2 + 2H_2O$: ThOD 64g

14 분체 증식을 하는 미생물을 회분 배양하는 경우 미생물은 시간에 따라 5단계를 거치게 된다. 5단계 중 생존한 미생물의 중량보다 미생물 원형질의 전체 중량이 더 크게 되며 미생물 수가 최대가 되는 단계로 가장 적합한 것은?

① 증식 단계

② 대수성장 단계

③ 감소성장 단계

④ 내생성장 단계

15 다음 중 담수와 해수에 대한 일반적인 설명으로 틀린 것은?

① 해수의 용존산소 포화도는 주로 염류 때문에 담수보다 작다.

② Upwelling은 담수가 해수의 표면으로 상승하는 현상이다.

③ 해수의 주성분으로는 Cl^-, Na^+, SO_4^{2-} 등이 있다.

④ 하구에서는 담수와 해수가 쐐기현상으로 교차한다.

해설 Upwelling은 저온의 해수가 표면으로 상승하는 현상이다.

16 생물농축에 대한 설명으로 가장 거리가 먼 것은?

① 생물농축은 생태계에서 영양단계가 낮을수록 현저하게 나타난다.

② 독성물질뿐 아니라 영양물질도 똑같이 물질순환을 통해 축적될 수 있다.

③ 생물체 내의 오염물질 농도는 환경수 중의 농도보다 일반적으로 높다.

④ 생물체는 서식장소에 존재하는 물질의 필요유무에 관계없이 섭취한다.

해설 생물농축은 먹이사슬 과정에서 높은 단계의 소비자에 상당하는 생물일수록 높게 된다.

17 건조 고형물량이 3,000kg/day인 생슬러지를 저율혐기성 소화조로 처리할 때 휘발성 고형물은 건조 고형물의 70%이고 휘발성 고형물의 60%는 소화에 의해 분해된다. 소화된 슬러지의 총 고형물량(kg/day)은?

① 1,040   ② 1,740

③ 2,040   ④ 2,440

해설 소화 슬러지의 총 고형물 = 무기물 + 소화 후 잔류 VS
ⓐ 무기물 함량 산정
$$FS = \frac{3,000 \text{kg}}{\text{day}} \times \frac{30}{100} = 900 \text{kg/day}$$
ⓑ 소화 후 잔류 VS
소화 후 $VS = \frac{3,000 \text{kg}}{\text{day}} \times \frac{70}{100} \times \frac{40}{100} = 840 \text{kg/day}$
ⓒ 소화 슬러지 산정
소화 슬러지 = 무기물 + 소화 후 잔류 VS
$$= 900 + 840 = 1,740 \text{kg/day}$$

18 Formaldehyde(CH_2O) 500mg/L의 이론적 COD 값(mg/L)은?

① 약 512　　　② 약 533
③ 약 553　　　④ 약 576

해설　반응식 산정 후 ThOD 산정
$CH_2O + O_2 \rightarrow CO_2 + H_2O$
$30g : 32g = 500mg/L : \square mg/L$
$\therefore \square = 533.3333mg/L$

19 3g의 아세트산(CH_3COOH)을 증류수에 녹여 1L로 하였을 때 수소이온 농도(mol/L)는? (단, 이온화 상수값=1.75×10^{-5})

① 6.3×10^{-4}
② 6.3×10^{-5}
③ 9.3×10^{-4}
④ 9.3×10^{-5}

해설　아세트산의 이온화 반응식과 이온화 상수의 결정
$CH_3COOH \rightleftarrows CH_3COO^- + H^+$
$K_a = \dfrac{[CH_3COO^-][H^+]}{[CH_3COOH]}$
ⓐ 아세트산의 mol/L 산정
$CH_3COOH = \dfrac{3g}{L} \times \dfrac{1mol}{60g} = 0.05mol/L$
ⓑ $[CH_3COO^-] = [H^+]$
1몰의 아세트산은 이온화되어 아세트산이온 1몰과 수소이온 1몰을 생성하므로, $[CH_3COO^-] = [H^+]$이다.
ⓒ 수소이온 농도 산정
$K_a = \dfrac{[CH_3COO^-][H^+]}{[CH_3COOH]}$
$1.75 \times 10^{-5} = \dfrac{[H^+]^2}{0.05}$
$\therefore [H^+] = 9.3541 \times 10^{-4} mol/L$

20 이상적 완전혼합형 반응조 내 흐름(혼합)에 관한 설명으로 틀린 것은?

① 분산수(dispersion number)가 0에 가까울수록 완전혼합흐름 상태라 할 수 있다.
② Morrill지수의 값이 클수록 이상적인 완전혼합흐름 상태에 가깝다.
③ 분산(variance)이 1일 때 완전혼합흐름 상태라 할 수 있다.
④ 지체시간(lag time)이 0이다.

해설　이상적인 반응조의 혼합상태

혼합 정도의 표시	완전혼합흐름 상태	플러그흐름 상태
분산	1일 때	0일 때
분산수	무한대일 때	0일 때
모릴지수	클수록	1에 가까울수록

제2과목 ┃ 상하수도계획

21 다음 중 생물막법과 가장 거리가 먼 것은?

① 살수여상법
② 회전원판법
③ 접촉산화법
④ 산화구법

해설　산화구법은 부유증식 공정이다.

22 $I = \dfrac{3,660}{t+15}$ mm/hr, 면적 3.0km², 유입시간 6분, 유출계수 $C = 0.65$, 관 내 유속이 1m/sec인 경우 관 길이 600m인 하수관에서 흘러나오는 우수량(m³/sec)은? (단, 합리식 적용)

① 64　　　② 76
③ 82　　　④ 91

해설　합리식에 의한 우수유출량을 산정하는 공식
$Q = \dfrac{1}{360} CIA$
ⓐ 유달시간 산정
$t = 유입시간(min) + 유하시간 \left(min, \dfrac{길이(L)}{유속(V)} \right)$
$= 6min + 600m \times \dfrac{sec}{1m} \times \dfrac{1min}{60sec}$
$= 16min$
ⓑ 강우강도 산정
$I = \dfrac{3,660}{t+15} = \dfrac{3,660}{16+15} = 118.0645mm/hr$
ⓒ 유역면적 산정
$A = 3.0km^2 \times \dfrac{100ha}{1km^2} = 300ha$
ⓓ 유량 산정
$Q = \dfrac{1}{360} CIA = \dfrac{1}{360} \times 0.65 \times 118.0645 \times 300$
$= 63.9516m^3/sec$

23 양정변화에 대하여 수량의 변동이 적고 또 수량 변동에 대하여 동력의 변화도 적으므로 우수용 펌프 등 수위변동이 큰 곳에 적합한 펌프는?

① 원심펌프 ② 사류펌프
③ 축류펌프 ④ 스크루펌프

24 막여과시설에서 막 모듈의 열화에 대한 내용으로 틀린 것은?

① 미생물과 막 재질의 자화 또는 분비물의 작용에 의한 변화
② 산화제에 의하여 막 재질의 특성 변화나 분해
③ 건조되거나 수축으로 인한 막 구조의 비가역적인 변화
④ 응집제 투입에 따른 막 모듈의 공급유로가 고형물로 폐색

해설 응집제 투입에 따른 막 모듈의 공급유로가 고형물로 폐색되는 현상은 막의 파울링 현상이다.

25 취수탑의 위치에 관한 내용으로 ( )에 옳은 것은?

> 연간을 통하여 최소수심이 ( ) 이상으로 하천에 설치하는 경우에는 유심이 제방에 되도록 근접한 지점으로 한다.

① 1m ② 2m
③ 3m ④ 4m

26 활성슬러지법에서 사용하는 수중형 포기장치에 관한 설명으로 틀린 것은?

① 저속터빈과 압력튜브 혹은 보통관을 통한 압축공기를 주입하는 형식이다.
② 혼합정도가 좋으며, 단위용량당 주입량이 크다.
③ 깊은 반응조에 적용하며 운전에 융통성이 있다.
④ 송풍조의 규모를 줄일 수 있어 전기료가 적게 소요된다.

해설 수중형 포기기는 기아감속기와 송풍조가 소요되어 전기료가 많이 든다.

27 정수시설인 배수지에 관한 내용으로 ( )에 옳은 내용은?

> 유효용량은 시간변동 조정용량과 비상대처 용량을 합하여 급수구역의 계획1일 최대급수량의 ( )을 표준으로 하여야 하며, 지역특성과 상수도시설의 안정성 등을 고려하여 결정한다.

① 4시간분 이상 ② 8시간분 이상
③ 12시간분 이상 ④ 24시간분 이상

28 상수도 수요량 산정 시 불필요한 항목은?

① 계획1인1일 최대사용량
② 계획1인1일 평균급수량
③ 계획1인1일 최대급수량
④ 계획1인당 시간최대급수량

29 계획우수량을 정할 때 고려하여야 할 사항 중 틀린 것은?

① 하수관거의 확률년수는 원칙적으로 10~30년으로 한다.
② 유입시간은 최소단위배수구의 지표면 특성을 고려하여 구한다.
③ 유출계수는 지형도를 기초로 답사를 통하여 충분히 조사하고 장래 개발계획을 고려하여 구한다.
④ 유하시간은 최상류관거의 끝으로부터 하류관거의 어떤 지점까지의 거리를 계획유량에 대응한 유속으로 나누어 구하는 것을 원칙으로 한다.

해설 유출계수는 토지이용별 기초유출계수로부터 총괄유출계수를 구하는 것을 원칙으로 한다.

30 다음 중 정수시설인 착수정의 용량 기준으로 적절한 것은?

① 체류시간 : 0.5분 이상, 수심 : 2~4m 정도
② 체류시간 : 1.0분 이상, 수심 : 2~4m 정도
③ 체류시간 : 1.5분 이상, 수심 : 3~5m 정도
④ 체류시간 : 1.0분 이상, 수심 : 3~5m 정도

23.② 24.④ 25.② 26.④ 27.③ 28.① 29.③ 30.③

31 고도정수처리 시 해당물질의 처리방법으로 가장 거리가 먼 것은?

① pH가 낮은 경우에는 플록 형성 후에 알칼리제를 주입하여 pH를 조정한다.

② 색도가 높을 경우에는 응집침전처리, 활성탄처리 또는 오존처리를 한다.

③ 음이온 계면활성제를 다량 함유한 경우에는 응집 또는 연소처리를 한다.

④ 원수 중에 불소가 과량으로 포함된 경우에는 응집처리, 활성알루미나, 골탄, 전해 등의 처리를 한다.

해설 음이온 계면활성제를 다량으로 함유한 경우에는 음이온 계면활성제를 제거하기 위하여 활성탄처리나 생물처리를 한다.

32 면적이 3km²이고, 유입시간이 5분, 유출계수 $C=0.65$, 관 내 유속이 1m/sec로 관 길이가 1,200m인 하수관으로 우수가 흐르는 경우 유달시간(분)은?

① 10 ② 15
③ 20 ④ 25

해설 유달시간 산정

$$t = 유입시간(min) + 유하시간\left(min, \frac{길이(L)}{유속(V)}\right)$$

$$= 5min + 1,200m \times \frac{sec}{1m} \times \frac{min}{60sec}$$

$$= 25min$$

33 취수보의 위치와 구조 결정 시 고려할 사항으로 적절하지 않은 것은?

① 유심이 취수구에 가까우며 홍수에 의한 하상 변화가 적은 지점으로 한다.

② 홍수의 유심방향과 직각의 직선형으로 가능한 한 하천의 직선부에 설치한다.

③ 고정보의 상단 또는 가동보의 상단 높이는 유하단면 내에 설치한다.

④ 원칙적으로 철근콘크리트 구조로 한다.

해설 고정보의 상단 또는 가동보의 상단 높이는 계획하상 높이, 현재의 하상 높이 및 장래의 하상 변동 등을 고려하여 유수 소통에 지장이 없는 높이로 한다.

34 정수시설인 허니콤방식에 관한 설명으로 틀린 것은? (단, 회전원판 방식과 비교 기준)

① 체류시간 : 2시간 정도

② 손실수두 : 거의 없음

③ 폭기설비 : 필요 없음

④ 처리수조의 깊이 : 5~7m

해설

구 분	허니콤 방식	회전원판 방식
폭기설비	물을 순환시키기 위하여 필요	필요 없음

35 하수도 계획에 대한 설명으로 옳은 것은?

① 하수도 계획의 목표연도는 원칙적으로 30년으로 한다.

② 하수도 계획구역은 행정상의 경계구역을 중심으로 수립한다.

③ 새로운 시가지의 개발에 따른 하수도 계획구역은 기존 시가지를 포함한 종합적인 하수도 계획의 일환으로 수립한다.

④ 하수 처리구역의 경계는 자연유하에 의한 하수배제를 위해 배수구역 경계와 교차하도록 한다.

해설 하수도 계획의 목표연도는 원칙적으로 20년으로 한다. 하수도의 계획구역은 처리구역과 배수구역으로 구분하여 다음 사항을 고려하여 정한다.

(1) 하수도 계획구역은 원칙적으로 관할 행정구역 전체를 대상으로 하되, 자연 및 지역 조건을 충분히 고려하여 필요시에는 행정경계 이외 구역도 광역적, 종합적으로 정한다.

(2) 계획구역은 원칙적으로 계획 목표연도까지 시가화될 것이 예상되는 구역 전체와 그 인근의 취락지역 중 여건을 고려하여 선별적으로 계획구역에 포함하며, 기타 취락지역도 마을단위 또는 인근마을과 통합한 하수도 계획을 수립한다.

(3) 공공수역의 수질보전 및 자연환경보전을 위하여 하수도 정비를 필요로 하는 지역을 계획구역으로 한다.

(4) 새로운 시가지의 개발에 따른 하수도 계획구역은 기존 시가지를 포함한 종합적인 하수도 계획의 일환으로 수립한다.

(5) 처리구역은 지형 여건, 시가화 상황 등을 고려하여 필요시 몇 개의 구역으로 분할할 수 있다.

(6) 처리구역의 경계는 자연유하에 의한 하수배제를 위해 배수구역 경계와 교차하지 않는 것을 원칙으로 하고, 처리구역 외의 배수구역으로부터의 우수 유입을 고려하여 계획한다.

(7) 슬러지 처리시설과 소규모 하수 처리시설의 운영에 대해서는 필요시 광역적인 처리와 운전, 유지관리가 가능하도록 시설을 계획한다.

36 상수시설 중 배수시설을 설계하고 정비할 때에 설비상의 기본적인 사항 중 옳은 것은?

① 배수지의 용량은 시간변동조정용량, 비상 시대처용량, 소화용수량 등을 고려하여 계 획시간 최대급수량의 24시간분 이상을 표 준으로 한다.

② 배수관을 계획할 때에 지역의 특성과 상황 에 따라 직결급수의 범위를 확대하는 것 등 을 고려하여 최대정수압을 결정하며, 수압 의 기준점은 시설물의 최고높이로 한다.

③ 배수본관은 단순한 수지상 배관으로 하지 말고 가능한 한 상호 연결된 관망형태로 구성한다.

④ 배수지관의 경우 급수관을 분기하는 지점 에서 배수관 내의 최대정수압은 150kPa 을 넘지 않도록 한다.

[해설] 배수지의 유효용량은 시간변동조정용량과 비상대처용량 을 합하여 급수구역의 계획1일 최대급수량의 12시간분 이 상을 표준으로 한다.
배수관의 수압은 다음 각 항에 따른다.
⑴ 급수관을 분기하는 지점에서 배수관 내의 최소동수압은 150kPa(약 $1.53kgf/cm^2$) 이상을 확보한다.
⑵ 급수관을 분기하는 지점에서 배수관 내의 최대정수압은 700kPa(약 $7.1kgf/cm^2$)을 초과하지 않아야 한다.

37 펌프의 캐비테이션이 발생하는 것을 방지하기 위한 대책으로 잘못된 것은?

① 펌프의 설치위치를 가능한 낮추어 가용유 효흡입수두를 크게 한다.

② 흡입관의 손실을 가능한 작게 하여 가용 유효흡입수두를 크게 한다.

③ 펌프의 회전속도를 높게 선정하여 필요유 효흡입수두를 크게 한다.

④ 흡입 측 밸브를 완전히 개방하고 펌프를 운 전한다.

[해설] 펌프의 회전속도를 낮게 선정하여 펌프의 필요유효흡입수 두를 작게 한다.

38 펌프의 토출량이 1,200m³/hr, 흡입구의 유속이 2.0m/sec인 경우 펌프의 흡입구경(mm)은?

① 약 262 　　② 약 362
③ 약 462 　　④ 약 562

[해설] $Q = A \times V$의 식에서 단면적을 구한 뒤 펌프의 흡입구경 을 산정한다.

ⓐ 단면적 산정

$$A = \frac{Q}{V} = \frac{\dfrac{1,200m^3}{hr}}{\dfrac{2m}{sec} \times \dfrac{3,600sec}{hr}} = 0.167m^2$$

ⓑ 흡입구경 산정

$$A = \frac{\pi D^2}{4} = 0.167m^2$$

$$\therefore D = \sqrt{\frac{4 \times 0.167}{\pi}} = 0.4611m = 461.1mm$$

39 취수구 시설에서 스크린, 수문 또는 수위조절판 (stop log)을 설치하여 일체가 되어 작동하게 되 는 취수시설은?

① 취수보 　　② 취수탑
③ 취수문 　　④ 취수관거

40 하수의 배제방식 중 합류식에 관한 설명으로 틀 린 것은?

① 관거 내의 보수 : 폐쇄의 염려가 없다.

② 토지 이용 : 기존의 측구를 폐지할 경우는 도로폭을 유효하게 이용할 수 있다.

③ 관거오접 : 철저한 감시가 필요하다.

④ 시공 : 대구경관거가 되면 좁은 도로에서 의 매설에 어려움이 있다.

[해설] ③은 분류식에 대한 설명이다.

▶▶ **제3과목 ▌수질오염방지기술**

41 생물학적 방법을 이용하여 하수 내 인과 질소를 동시에 효과적으로 제거할 수 있다고 알려진 공 법과 가장 거리가 먼 것은?

① A^2/O 공법

② 5단계 Bardenpho 공법

③ Phostrip 공법

④ SBR 공법

[해설] Phostrip 공법 : 인의 제거

42 직사각형 급속여과지의 설계조건이 다음과 같을 때, 필요한 급속여과지의 수(개)는? (단, 설계 조건 : 유량 30,000m³/day, 여과속도 120m/day, 여과지 1지의 길이 10m, 폭 7m, 기타 조건은 고려하지 않는다.)

① 2   ② 4

③ 6   ④ 8

해설 여과유량＝여과속도×여과면적

$$\frac{30{,}000\text{m}^3}{\text{day}} = \frac{120\text{m}}{\text{day}} \times \frac{(10 \times 7)\text{m}^2}{\text{지}} \times \square\text{지}$$

∴ □ = 3.5714지 → 4지

43 폐수처리시설에서 직경 0.01cm, 비중 2.5인 입자를 중력침강시켜 제거하고자 한다. 수온 4.0℃에서 물의 비중 1.0, 점성계수 1.31×10^{-2}g/cm·sec일 때, 입자의 침강속도(m/hr)는? (단, 입자의 침강속도는 Stokes 식에 따른다.)

① 12.2   ② 22.4

③ 31.6   ④ 37.6

해설 ⓐ 침강속도 산정

$$V_g = \frac{d_p^{\ell} \times (\rho_p - \rho) \times g}{18 \times \mu}$$

$$= \frac{0.01^2 \times (2.5 - 1) \times 980}{18 \times 1.31 \times 10^{-2}}$$

$$= 0.6234\text{cm/sec}$$

ⓑ 단위 환산

$$\frac{0.6234\text{cm} \times \dfrac{\text{m}}{100\text{cm}}}{\text{sec} \times \dfrac{1\text{hr}}{3{,}600\text{sec}}} = 22.44\text{m/hr}$$

44 물속의 휘발성유기화합물(VOC)을 에어스트리핑으로 제거할 때 제거효율 관계를 설명한 것으로 옳지 않은 것은?

① 액체 중의 VOC 농도가 높을수록 효율이 증가한다.

② 오염되지 않은 공기를 주입할 때 제거효율은 증가한다.

③ K_{La}가 감소하면 효율이 증가한다.

④ 온도가 상승하면 효율이 증가한다.

해설 K_{La}가 감소하면 효율이 감소한다.

45 혐기성 소화조 설계 시 고려해야 할 사항과 관계가 먼 것은?

① 소요산소량

② 슬러지 소화정도

③ 슬러지 소화를 위한 온도

④ 소화조에 주입되는 슬러지의 양과 특성

46 표면적이 2m²이고 깊이가 2m인 침전지에 유량 48m³/day의 폐수가 유입될 때 폐수의 체류시간(hr)은?

① 2   ② 4

③ 6   ④ 8

해설 유량＝부피/체류시간의 관계를 이용

ⓐ 부피＝2m² × 2m = 4m³

ⓑ 체류시간 = $\dfrac{\text{부피}}{\text{유량}} = \dfrac{4\text{m}^3}{\dfrac{48\text{m}^3}{\text{day}} \times \dfrac{\text{day}}{24\text{hr}}} = 2\text{hr}$

47 생물막을 이용한 하수처리방식인 접촉산화법의 설명으로 틀린 것은?

① 분해속도가 낮은 기질 제거에 효과적이다.

② 난분해성 물질 및 유해물질에 대한 내성이 높다.

③ 고부하 시에도 매체의 공극으로 인하여 폐쇄위험이 적다.

④ 매체에 생성되는 생물량은 부하 조건에 의하여 결정된다.

해설 고부하에 따른 공극 폐쇄 가능성이 크다.

48 만일 혐기성 처리공정에서 제거된 1kg의 용해성 COD가 혐기성 미생물 0.15kg의 순생산을 나타낸다면 표준상태에서의 이론적인 메탄 생성 부피(m³)는?

① 0.3   ② 0.4

③ 0.5   ④ 0.6

해설 문제의 조건에서 혐기성 처리에서 용해성 COD 1kg이 제거되어 0.15kg은 혐기성 미생물로 성장하고 0.85kg은 메탄가스로 전환된다.

$$1\text{kg} \times \frac{0.85\text{kg}}{\text{kg}} \times \frac{0.35\text{m}^3}{\text{kg}_{\text{COD}}} = 0.2975\text{m}^3$$

49 막공법에 관한 설명으로 가장 거리가 먼 것은?

① 투석은 선택적 투과막을 통해 용액 중에 다른 이온, 혹은 분자 크기가 다른 용질을 분리시키는 것이다.

② 투석에 대한 추진력은 막을 기준으로 한 용질의 농도차이다.

③ 한외여과 및 미여과의 분리는 주로 여과작용에 의한 것으로 역삼투현상에 의한 것이 아니다.

④ 역삼투는 반투막으로 용매를 통과시키기 위해 동수압을 이용한다.

[해설] 역삼투는 반투막으로 용매를 통과시키기 위해 정수압을 이용한다.

50 정수장의 침전조 설계 시 어려운 점은 물의 흐름은 수평방향이고 입자의 침강방향은 중력방향이어서 두 방향의 운동을 해석해야 한다는 점이다. 이상적인 수평흐름 장방형 침전지(제I형 침전) 설계를 위한 기본 가정 중 틀린 것은?

① 유입부의 깊이에 따라 SS 농도는 선형으로 높아진다.

② 슬러지 영역에서는 유체이동이 전혀 없다.

③ 슬러지 영역 상부에 사영역이나 단락류가 없다.

④ 플러그 흐름이다.

[해설] 유입부에서는 SS가 균일하게 분포한다.

51 유량이 500m³/day, SS 농도가 220mg/L인 하수가 체류시간이 2시간인 최초침전지에서 60%의 제거효율을 보였다. 이때 발생되는 슬러지 양(m³/day)은? (단, 슬러지 비중은 1.0, 함수율은 98%, SS만 고려한다.)

① 약 4.2

② 약 3.3

③ 약 2.4

④ 약 1.8

[해설]
$$\frac{220mg}{L} \times \frac{500m^3}{day} \times \frac{1kg}{10^6mg} \times \frac{10^3L}{1m^3} \times \frac{60}{100} \times \frac{100}{2}$$
$$\times \frac{1m^3}{1,000kg} = 3.3m^3/day$$

52 하수관거가 매설되어 있지 않은 지역에 위치한 500개의 단독주택(정화조 설치)에서 생성된 정화조 슬러지를 소규모 하수처리장에 운반하여 처리할 경우, 이로 인한 BOD 부하량 증가율(질량 기준, 유입일 기준, %)은?

- 정화조는 연 1회 슬러지 수거
- 각 정화조에서 발생되는 슬러지 : $3.8m^3$
- 연간 250일 동안 일정량의 정화조 슬러지를 수거, 운반, 하수처리장 유입 처리
- 정화조 슬러지 BOD 농도 : 6,000mg/L
- 하수처리장 유량 및 BOD 농도 : 3,800m³/day 및 220mg/L
- 슬러지 비중 1.0 가정

① 약 3.5　　② 약 5.5

③ 약 7.5　　④ 약 9.5

[해설]
$$BOD\ 부하\ 증가율 = \frac{정화조\ BOD\ 부하량}{하수처리장\ BOD\ 부하량} \times 100$$

ⓐ 하수처리장 부하량의 산정
부하량 = 유량 × 농도
하수처리장 BOD 부하량
$$= \frac{3,800m^3}{day} \times \frac{220mg}{L} \times \frac{1kg}{10^6mg} \times \frac{10^3L}{1m^3}$$
$$= 836kg/day$$

ⓑ 정화조 부하량 산정
정화조 BOD 부하량
$$= \frac{3.8 \times 500m^3}{250day} \times \frac{6,000mg}{L} \times \frac{1kg}{10^6mg} \times \frac{10^3L}{1m^3}$$
$$= 45.6kg/day$$

ⓒ BOD 부하 증가율 산정
$$BOD\ 부하증가율 = \frac{45.6kg/day}{836kg/day} \times 100 = 5.4545\%$$

53 미생물을 이용하여 폐수에 포함된 오염물질인 유기물, 질소, 인을 동시에 처리하는 공법은 대체로 혐기조, 무산소조, 포기조로 구성되어 있다. 이 중 혐기조에서의 주된 생물학적 오염물질 제거반응은?

① 인 방출

② 인 과잉흡수

③ 질산화

④ 탈질화

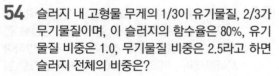
54 슬러지 내 고형물 무게의 1/3이 유기물질, 2/3가 무기물질이며, 이 슬러지의 함수율은 80%, 유기물질 비중은 1.0, 무기물질 비중은 2.5라고 하면 슬러지 전체의 비중은?

① 1.072 ② 1.087

③ 1.095 ④ 1.112

해설 슬러지의 함수율과 비중과의 관계를 이용

$$\frac{SL_{-슬러지양}}{\rho_{SL-슬러지비중}} = \frac{VS_{-유기물양}}{\rho_{VS-유기물비중}} + \frac{FS_{-무기물양}}{\rho_{FS-무기물비중}}$$
$$+ \frac{W_{-수분양}}{\rho_{W-수분밀도}}$$

$$\frac{100}{\rho_{SL}} = \frac{20 \times 1/3}{1.0} + \frac{20 \times 2/3}{2.5} + \frac{80}{1.0}$$

∴ 슬러지 비중 = 1.0869

55 상수처리를 위한 사각 침전조에 유입되는 유량은 30,000m³/day이고, 표면부하율은 24m³/m²·day이며, 체류시간은 6시간이다. 침전조의 길이와 폭의 비가 2 : 1이라면 조의 크기는?

① 폭 : 20m, 길이 : 40m, 깊이 : 6m

② 폭 : 20m, 길이 : 40m, 깊이 : 4m

③ 폭 : 25m, 길이 : 50m, 깊이 : 6m

④ 폭 : 25m, 길이 : 50m, 깊이 : 4m

해설 표면부하율 $= \dfrac{유량}{침전면적}$

$$= \frac{AV}{WL} = \frac{WHV}{WL} = \frac{HV}{L} = \frac{H}{HRT}$$

ⓐ H 산정

표면부하율 $= \dfrac{H}{HRT}$

$$\frac{24\text{m}^3}{\text{m}^2 \cdot \text{day}} = \frac{H}{6\text{hr} \times \dfrac{\text{day}}{24\text{hr}}}$$

∴ $H = 6$m

ⓑ 침전면적 산정

표면부하율 $= \dfrac{유량}{침전면적}$

$$\frac{24\text{m}^3}{\text{m}^2 \cdot \text{day}} = \frac{30,000\text{m}^3/\text{day}}{A}$$

∴ $A = 1,250\text{m}^2$

ⓒ 길이와 폭 산정

$W : L = 1 : 2$이므로 $L = 2W$

침전면적 = 길이 × 폭 = $2W^2 = 1,250\text{m}^2$

∴ $W = 25$m, $L = 50$m

56 염소이온 농도 500mg/L, BOD 2,000mg/L인 폐수를 희석하여 활성슬러지법으로 처리한 결과 염소이온 농도와 BOD는 각각 50mg/L였다. 이때의 BOD 제거율(%)은? (단, 희석수의 BOD, 염소이온 농도는 0이다.)

① 85 ② 80

③ 75 ④ 70

해설 ⓐ 희석배율

희석배율 $= \dfrac{희석 전 농도}{희석 후 농도} = \dfrac{500}{50} = 10$배

ⓑ 희석 전 방류수 BOD 농도

50mg/L × 10 = 500mg/L

ⓒ BOD 제거 효율

$$BOD\ 제거효율 = \left(1 - \frac{BOD_o}{BOD_i}\right) \times 100$$
$$= \left(1 - \frac{500}{2,000}\right) \times 100$$
$$= 75\%$$

57 하수 내 함유된 유기물질뿐 아니라 영양물질까지 제거하기 위하여 개발된 A²/O 공법에 관한 설명으로 틀린 것은?

① 인과 질소를 동시에 제거할 수 있다.

② 혐기조에서는 인의 방출이 일어난다.

③ 폐슬러지 내의 인 함량(3~5%)은 비교적 높아서 비료의 가치가 있다.

④ 무산소조에서는 인의 과잉섭취가 일어난다.

해설 호기조에서는 인의 과잉섭취가 일어난다.

58 직경이 다른 두 개의 원형 입자를 동시에 20℃의 물에 떨어뜨려 침강실험을 하였다. 입자 A의 직경은 2×10^{-2}cm이며, 입자 B의 직경은 5×10^{-2}cm라면 입자 A와 입자 B의 침강속도의 비율(V_A / V_B)은? (단, 입자 A와 B의 비중은 같고, Stokes 공식을 적용하며, 기타 조건은 같다.)

① 0.28 ② 0.23

③ 0.16 ④ 0.12

해설
$$V_g = \frac{d_p^2 \times (\rho_p - \rho) \times g}{18 \times \mu}$$
$$V_A / V_B = \frac{(2 \times 10^{-2})^2}{(5 \times 10^{-2})^2} = 0.16$$

 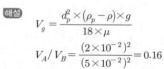

59 정수장에서 사용하는 소독제의 특성과 가장 거리가 먼 것은?

① 미잔류성
② 저렴한 가격
③ 주입 조작 및 취급이 쉬울 것
④ 병원성 미생물에 대한 효과적 살균

60 폐수를 처리하기 위해 시료 200mL를 취하여 Jar Test하여 응집제와 응집보조제의 최적 주입농도를 구한 결과, $Al_2(SO_4)_3$ 200mg/L, $Ca(OH)_2$ 500mg/L였다. 폐수량 500m^3/day를 처리하는 데 필요한 $Al_2(SO_4)_3$의 양(kg/day)은?

① 50
② 100
③ 150
④ 200

해설 Jar-Test의 목표는 응집제의 종류와 농도의 산정이다. 시료 200mL에서 최적의 주입농도가 $Al_2(SO_4)_3$ 200mg/L이므로 폐수량 500m^3/day를 처리하는 데 필요한 농도 또한 200mg/L이다.
관계식의 산정
총량=유량×농도

$$Al_2(SO_4)_3 = \frac{200mg}{L} \times \frac{500m^3}{day} \times \frac{10^3L}{1m^3} \times \frac{1kg}{10^6mg}$$
$$= 100kg/day$$

▶▶ 제4과목 ┃ 수질오염공정시험기준

61 하천의 일정장소에서 시료를 채수하고자 한다. 그 단면의 수심이 2m 미만일 때 채수 위치는 수면으로부터 수심의 어느 위치인가?

① 1/2지점
② 1/3지점
③ 1/3지점과 2/3지점
④ 수면 상과 1/2지점

해설 하천수의 시료를 채취할 때에는 하천의 가장 깊은 지점으로부터 좌우로 수면 폭을 2등분한 다음 수심의 깊이에 따라 채수한다. 수심이 2m 미만일 때에는 수심의 1/3지점, 수심이 2m 이상일 때에는 수심의 1/3지점과 2/3지점에서 각각 채수한다.

62 램버트-비어(Lambert-Beer)의 법칙에서 흡광도의 의미는? (단, I_o=입사광의 강도, I_t=투사광의 강도, t=투과도)

① $\dfrac{I_t}{I_o}$
② $t \times 100$
③ $\log \dfrac{1}{t}$
④ $I_t \times 10^{-1}$

해설 흡광도=$\log(1/$투과율$)$
투과율=투과광의 세기/입사광의 세기
$$A = \log\frac{1}{t} = \log\frac{1}{I_t/I_o}$$

63 백분율(W/V, %)의 설명으로 옳은 것은?

① 용액 100g 중의 성분무게(g)를 표시
② 용액 100mL 중의 성분용량(mL)을 표시
③ 용액 100mL 중의 성분무게(g)를 표시
④ 용액 100g 중의 성분용량(mL)을 표시

64 질산성질소의 정량시험방법 중 정량범위 0.1mg NO_3-N/L가 아닌 것은?

① 이온 크로마토그래피법
② 자외선/가시선분광법(부루신법)
③ 자외선/가시선분광법(활성탄흡착법)
④ 데발다합금 환원증류법(분광법)

해설 질산성질소 측정에 적용 가능한 시험방법

불소	정량한계(mg/L)	정밀도
이온 크로마토그래피	0.1mg/L	±25%
자외선/가시선분광법 (부루신법)	0.1mg/L	±25%
자외선/가시선분광법 (활성탄흡착법)	0.3mg/L	±25%
데발다합금 환원증류법	• 중화적정법 : 0.5mg/L • 분광법 : 0.1mg/L	±25%

65 수질오염공정시험기준상 양극벗김 전압전류법으로 측정하는 금속은?

① 구리
② 납
③ 니켈
④ 카드뮴

해설 양극벗김 전압전류법 : 납, 비소, 아연, 수은

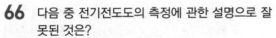

66 다음 중 전기전도도의 측정에 관한 설명으로 잘못된 것은?

① 온도차에 의한 영향은 ±5%/℃ 정도이며, 측정결과값의 통일을 위하여 보정하여야 한다.

② 측정단위는 $\mu S/cm$로 한다.

③ 전기전도도는 용액이 전류를 운반할 수 있는 정도를 말한다.

④ 전기전도도 셀은 항상 수중에 잠긴 상태에서 보존하여야 하며, 정기적으로 점검한 후 사용한다.

해설 전기전도도는 온도차에 의한 영향(약 2%/℃)이 크므로 측정 결과값의 통일을 기하기 위하여 25℃에서의 값으로 환산하여 기록한다. 또한 측정 시 온도계는 0.1℃까지 측정 가능한 온도계를 사용한다.

67 위어의 수두가 0.25m, 수로의 폭이 0.8m, 수로의 밑면에서 절단 하부점까지의 높이가 0.7m인 직각 3각 위어의 유량(m^3/min)은? (단, 유량계수

$$k = 81.2 + \frac{0.24}{h} + \left(8.4 + \frac{12}{\sqrt{D}}\right) \times \left(\frac{h}{B} - 0.09\right)^2)$$

① 1.4 ② 2.1
③ 2.6 ④ 2.9

해설 3각 위어 유량 계산식 적용

$$Q(\mathrm{m^3/min}) = K \times h^{\frac{5}{2}}$$

여기서, K : 유량계수
D : 수로의 밑면으로부터 절단 하부 모서리까지의 높이(m)
B : 수로의 폭(m)
h : 위어의 수두(m)

ⓐ K의 산정

$$K = 81.2 + \frac{0.24}{h} + \left[\left(8.4 + \frac{12}{\sqrt{D}}\right) \times \left(\frac{h}{B} - 0.09\right)^2\right]$$

$$= 81.2 + \frac{0.24}{0.25} + \left[\left(8.4 + \frac{12}{\sqrt{0.7}}\right) \times \left(\frac{0.25}{0.8} - 0.09\right)^2\right]$$

$$= 83.2859$$

ⓑ 유량의 산정

$$Q(\mathrm{m^3/min}) = K \times h^{\frac{5}{2}}$$

$$= 83.2859 \times 0.25^{\frac{5}{2}}$$

$$= 2.6026\,\mathrm{m^3/min}$$

68 식물성 플랑크톤 시험방법으로 옳은 것은? (단, 수질오염공정시험기준 기준)

① 현미경계수법 ② 최적확수법
③ 평판집락계수법 ④ 시험관정량법

해설 현미경계수법

저배율 방법	중배율 방법
200배율 이하	200~500배율
스트립 이용 계수, 격자 이용 계수	팔머-말로니 체임버 이용 계수, 혈구계수기 이용 계수

69 유량이 유체의 탁도, 점성, 온도의 영향은 받지 않고 유속에 의해 결정되며, 손실수두가 적은 유량계는?

① 피토관 ② 오리피스
③ 벤투리미터 ④ 자기식 유량측정기

70 폐수의 BOD를 측정하기 위하여 다음과 같은 자료를 얻었다. 이 폐수의 BOD(mg/L)는? (단, $F=1.0$)

> BOD병의 부피는 300mL이고 BOD병에 주입된 폐수량은 5mL, 희석된 식종액의 배양 전 및 배양 후의 DO는 각각 7.6mg/L, 7.0mg/L, 희석한 시료 용액을 15분간 방치한 후 DO 및 5일간 배양한 다음 희석한 시료 용액의 DO는 각각 7.6mg/L, 4.0mg/L였다.

① 180 ② 216
③ 246 ④ 270

해설 식종희석수를 사용한 시료의 BOD 산정
$$BOD = [(D_1 - D_2) - (B_1 - B_2) \times f] \times P$$
$$= [(7.6 - 4.0) - (7.6 - 7.0) \times 1.0] \times (300/5)$$
$$= 180\,\mathrm{mg/L}$$

71 다음 중 수질오염공정시험기준의 구리시험법(원자흡수분광광도법)에서 사용하는 조연성 가스는?

① 수소
② 아르곤
③ 아산화질소
④ 아세틸렌 공기

72 다음 벤투리미터(venturi meter)의 유량 측정 공식에서 ㉠에 들어갈 내용으로 옳은 것은? (단, Q=유량(cm³/sec), C=유량계수, A=목부분의 단면적(cm²), g=중력가속도(980cm/sec²), H=수두차(cm))

$$Q = \frac{C \cdot A}{\sqrt{1 - [㉠]^4}} \cdot \sqrt{2g \cdot H}$$

① $\dfrac{\text{유입부의 직경}}{\text{목(throat)부의 직경}}$

② $\dfrac{\text{목(throat)부의 직경}}{\text{유입부의 직경}}$

③ $\dfrac{\text{유입부 관 중심부에서의 수두}}{\text{목(throat)부의 수두}}$

④ $\dfrac{\text{목(throat)부의 수두}}{\text{유입부 관 중심부에서의 수두}}$

73 클로로필a 양을 계산할 때 클로로필 색소를 추출하여 흡광도를 측정한다. 이때 색소 추출에 사용하는 용액은?

① 아세톤 용액
② 클로로포름 용액
③ 에탄올 용액
④ 포르말린 용액

74 윙클러법으로 용존산소를 측정할 때 0.025N 티오황산나트륨 용액 5mL에 해당되는 용존산소량(mg)은?

① 0.02
② 0.20
③ 1.00
④ 5.00

75 최적 응집제 주입량을 결정하는 실험을 하려고한다. 다음 중 실험에 반드시 필요한 것이 아닌것은?

① 비커
② pH 완충용액
③ Jar Taster
④ 시계

76 시료 전처리 방법 중 중금속 측정을 위한 용매 추출법인 피로리딘 디티오카르바민산 암모늄 추출법에 관한 설명으로 알맞지 않은 것은?

① 크롬은 3가크롬과 6가크롬 상태로 존재할경우에 추출된다.
② 망간을 측정하기 위해 전처리한 경우는망간착화합물의 불안전성 때문에 추출 즉시 측정하여야 한다.
③ 철의 농도가 높은 경우에는 다른 금속 추출에 방해를 줄 수 있다.
④ 시료 중 구리, 아연, 납, 카드뮴, 니켈,코발트 및 은 등의 측정에 적용된다.

해설 크롬은 +3가와 +6가로 주로 존재하는데, +6가가 독성이 강하다.

77 수질 측정기기 중 현장에서 즉시 측정하기 위한것이 아닌 것은?

① DO meter
② pH meter
③ TOC meter
④ Thermometer

78 물벼룩을 이용한 급성 독성 시험법에서 사용하는 용어의 정의로 옳지 않은 것은?

① 치사 : 일정 비율로 준비된 시료에 물벼룩을 투입하고 12시간 경과 후 시험용기를살며시 움직여 주고 30초 후 관찰했을 때아무 반응이 없는 경우를 판정한다.
② 유영저해 : 독성물질에 의해 영향을 받아일부 기관(촉각, 후복부 등)이 움직임이없을 경우를 판정한다.
③ 표준독성물질 : 독성시험이 정상적인 조건에서 수행되는지를 주기적으로 확인하기위하여 사용하며 다이크롬산포타슘을 이용한다.
④ 지수식 시험방법 : 시험기간 중 시험용액을교환하지 않는 시험을 말한다.

해설 치사 : 일정 비율로 준비된 시료에 물벼룩을 투입하고 24시간 경과 후 시험용기를 살며시 움직여 주고 15초 후 관찰했을 때 아무 반응이 없는 경우를 판정한다.

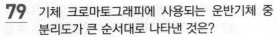

79 기체 크로마토그래피에 사용되는 운반기체 중 분리도가 큰 순서대로 나타낸 것은?

① $N_2 > He > H_2$

② $He > H_2 > N_2$

③ $N_2 > H_2 > He$

④ $H_2 > He > N_2$

80 수질오염공정시험기준에서 아질산성질소를 자외선/가시선분광법으로 측정하는 흡광도파장(nm)은?

① 540   ② 620

③ 650   ④ 690

⊙ 제5과목 ┃ 수질환경관계법규

81 비점오염방지시설의 시설유형별 기준에서 장치형 시설이 아닌 것은?

① 침투 시설

② 여과형 시설

③ 스크린형 시설

④ 소용돌이형 시설

해설 [시행규칙 별표 6] 비점오염저감시설(제8조 관련)
① 자연형 시설 : 저류시설, 인공습지, 침투 시설, 식생형 시설
② 장치형 시설 : 여과형 시설, 와류형 시설, 스크린형 시설, 응집·침전 처리형 시설, 생물학적 처리형 시설

82 환경기술인 또는 기술요원 등의 교육에 관한 설명 중 틀린 것은?

① 환경기술인이 이수하여야 할 교육과정은 환경기술인 과정, 폐수처리기술요원 과정이다.

② 교육기간은 5일 이내로 하며, 정보통신 매체를 이용한 원격교육도 5일 이내로 한다.

③ 환경기술인은 1년 이내에 최초교육과 최초교육 후 3년마다 보수교육을 이수하여야 한다.

④ 교육기관에서 작성한 교육계획에는 교재 편찬계획 및 교육성적의 평가방법 등이 포함되어야 한다.

해설 [시행규칙 제94조] 교육과정의 종류 및 기간
① 기술인력 등이 법 제38조의 8 제2항·제67조 제1항 및 제93조 제1항에 따라 이수하여야 하는 교육과정은 다음 각 호의 구분에 따른다.
  1. 측정기기 관리대행업에 등록된 기술인력 : 측정기기 관리대행 기술인력 과정
  2. 환경기술인 : 환경기술인 과정
  3. 폐수처리업에 종사하는 기술요원 : 폐수처리기술요원 과정
② 제1항의 교육과정의 교육기간은 4일 이내로 한다. 다만, 정보통신매체를 이용하여 원격교육을 실시하는 경우에는 환경부 장관이 인정하는 기간으로 한다.

83 사업장의 규모별 구분에 관한 설명으로 틀린 것은?

① 1일 폐수 배출량이 $1,000m^3$인 사업장은 제2종 사업장에 해당된다.

② 1일 폐수 배출량이 $100m^3$인 사업장은 제4종 사업장에 해당된다.

③ 폐수 배출량은 최근 90일 중 가장 많이 배출한 날을 기준으로 한다.

④ 최초 배출시설 설치허가 시의 폐수 배출량은 사업계획에 따른 예상용수사용량을 기준으로 산정한다.

해설 [시행령 별표 13] 사업장의 규모별 구분
사업장의 규모별 구분은 1년 중 가장 많이 배출한 날을 기준으로 정한다.

84 기술진단에 관한 설명으로 ( )에 알맞은 것은?

> 공공폐수처리시설을 설치·운영하는 자는 공공폐수처리시설의 관리상태를 점검하기 위하여 ( )년마다 해당 공공폐수처리시설에 대하여 기술진단을 하고, 그 결과를 환경부 장관에게 통보하여야 한다.

① 1   ② 5

③ 10   ④ 15

85 $1,000,000m^3$/day 이상의 하수를 처리하는 공공하수처리시설에 적용되는 방류수의 수질기준 중에서 가장 기준(농도)이 낮은 검사항목은?

① 총질소   ② 총인

③ SS   ④ BOD

[해설] [시행규칙 별표 10] 공공폐수처리시설의 방류수 수질기준

구 분	수질기준			
	I 지역	II 지역	III 지역	IV 지역
생물화학적 산소요구량 (BOD) (mg/L)	10(10) 이하	10(10) 이하	10(10) 이하	10(10) 이하
총유기탄소량 (TOC) (mg/L)	15(25) 이하	15(25) 이하	25(25) 이하	25(25) 이하
부유물질(SS) (mg/L)	10(10) 이하	10(10) 이하	10(10) 이하	10(10) 이하
총질소(T-N) (mg/L)	20(20) 이하	20(20) 이하	20(20) 이하	20(20) 이하
총인(T-P) (mg/L)	0.2(0.2) 이하	0.3(0.3) 이하	0.5(0.5) 이하	2(2) 이하
총대장균군수 (개/mL)	3,000 (3,000) 이하	3,000 (3,000) 이하	3,000 (3,000) 이하	3,000 (3,000) 이하
생태독성 (TU)	1(1) 이하	1(1) 이하	1(1) 이하	1(1) 이하

86 사업장에서 배출되는 폐수에 대한 설명 중 위탁 처리를 할 수 없는 폐수는?

① 해양환경관리법상 지정된 폐기물 배출해역에 배출하는 폐수
② 폐수 배출시설의 설치를 제한할 수 있는 지역에서 1일 50세제곱미터 미만으로 배출되는 폐수
③ 아파트형 공장에서 고정된 관망을 이용하여 이송처리하는 폐수(폐수량 제한을 받지 않는다.)
④ 성상이 다른 폐수가 수질오염방지시설에 유입될 경우 처리가 어려운 폐수로서 1일 50세제곱미터 미만으로 배출되는 폐수

[해설] [시행규칙 제41조] 위탁처리 대상 폐수
영 제33조 제2호에서 "환경부령으로 정하는 폐수"란 다음 각 호의 폐수를 말한다.
1. 1일 50세제곱미터 미만(법 제33조 제7항 및 제8항에 따라 폐수 배출시설의 설치를 제한할 수 있는 지역에서는 20세제곱미터 미만)으로 배출되는 폐수. 다만, 「산업집적 활성화 및 공장 설립에 관한 법률」 제2조 제6호에 따른 아파트형 공장에서 고정된 관망을 이용하여 이송처리하는 경우에는 폐수량의 제한을 받지 아니하고 위탁처리할 수 있다.

2. 사업장에 있는 폐수 배출시설에서 배출되는 폐수 중 다른 폐수와 그 성상(性狀)이 달라 수질오염방지시설에 유입될 경우 적정한 처리가 어려운 폐수로서 1일 50세제곱미터 미만(법 제33조 제7항 및 제8항에 따라 폐수 배출시설의 설치를 제한할 수 있는 지역에서는 20세제곱미터 미만)으로 배출되는 폐수
3. 「해양환경관리법」 제23조 제1항과 같은 법 시행규칙 별표 6에 따른 폐수로서 같은 법 시행규칙 제14조에 따라 지정된 폐기물 배출해역에 배출할 수 있는 폐수
4. 수질오염방지시설의 개선이나 보수 등과 관련하여 배출되는 폐수로서 시·도지사와 사전 협의된 기간에만 배출되는 폐수
5. 그 밖에 환경부 장관이 위탁처리 대상으로 하는 것이 적합하다고 인정하는 폐수

87 다음은 배출시설의 설치허가를 받은 자가 배출시설의 변경허가를 받아야 하는 경우에 대한 기준이다. ( )에 들어갈 내용으로 옳은 것은?

> 폐수 배출량이 허가 당시보다 100분의 50 (특정수질유해물질이 배출되는 시설의 경우에는 100분의 30) 이상 또는 ( ) 이상 증가하는 경우

① 1일 500세제곱미터
② 1일 600세제곱미터
③ 1일 700세제곱미터
④ 1일 800세제곱미터

88 비점오염원 관리지역에 대한 관리대책을 수립할 때 포함될 사항으로 가장 거리가 먼 것은?

① 관리목표
② 관리대상 수질오염물질의 종류
③ 관리대상 수질오염물질의 분석방법
④ 관리대상 수질오염물질의 저감방안

[해설] [법 제55조] 관리대책의 수립
① 환경부 장관은 관리지역을 지정·고시하였을 때에는 다음 각 호의 사항을 포함하는 비점오염원관리대책(이하 "관리대책"이라 한다)을 관계 중앙행정기관의 장 및 시·도지사와 협의하여 수립하여야 한다.
1. 관리목표
2. 관리대상 수질오염물질의 종류 및 발생량
3. 관리대상 수질오염물질의 발생 예방 및 저감방안
4. 그 밖에 관리지역을 적정하게 관리하기 위하여 환경부령으로 정하는 사항

86. ② 87. ③ 88. ③

89 수질오염경보 중 수질오염감시경보 대상 항목이 아닌 것은?

① 용존산소
② 전기전도도
③ 부유물질
④ 총유기탄소

해설 [시행령 별표 3] 수질오염경보의 종류별 경보단계 및 그 단계별 발령·해제 기준

경보단계	발령·해제 기준
관심	가. 수소이온 농도, 용존산소, 총질소, 총인, 전기전도도, 총유기탄소, 휘발성유기화합물, 페놀, 중금속(구리, 납, 아연, 카드늄 등) 항목 중 2개 이상 항목이 측정 항목별 경보기준을 초과하는 경우 나. 생물감시 측정값이 생물감시 경보기준 농도를 30분 이상 지속적으로 초과하는 경우
주의	가. 수소이온 농도, 용존산소, 총질소, 총인, 전기전도도, 총유기탄소, 휘발성유기화합물, 페놀, 중금속(구리, 납, 아연, 카드늄 등) 항목 중 2개 이상 항목이 측정 항목별 경보기준을 2배 이상(수소이온 농도 항목의 경우에는 5 이하 또는 11 이상을 말한다) 초과하는 경우 나. 생물감시 측정값이 생물감시 경보기준 농도를 30분 이상 지속적으로 초과하고, 수소이온 농도, 총유기탄소, 휘발성유기화합물, 페놀, 중금속(구리, 납, 아연, 카드늄 등) 항목 중 1개 이상의 항목이 측정 항목별 경보기준을 초과하는 경우와 전기전도도, 총질소, 총인, 클로로필-a 항목 중 1개 이상의 항목이 측정 항목별 경보기준을 2배 이상 초과하는 경우
경계	생물감시 측정값이 생물감시 경보기준 농도를 30분 이상 지속적으로 초과하고, 전기전도도, 휘발성유기화합물, 페놀, 중금속(구리, 납, 아연, 카드늄 등) 항목 중 1개 이상의 항목이 측정 항목별 경보기준을 3배 이상 초과하는 경우
심각	경계경보 발령 후 수질오염사고 전개속도가 매우 빠르고 심각한 수준으로서 위기발생이 확실한 경우
해제	측정 항목별 측정값이 관심단계 이하로 낮아진 경우

90 공공수역의 수질보전을 위하여 환경부령이 정하는 휴경 등 권고대상 농경지의 해발고도 및 경사도 기준으로 옳은 것은?

① 해발 400m, 경사도 15%
② 해발 400m, 경사도 30%
③ 해발 800m, 경사도 15%
④ 해발 800m, 경사도 30%

91 특례지역에 위치한 폐수시설의 부유물질량 배출 허용기준(mg/L 이하)은? (단, 1일 폐수 배출량 1,000세제곱미터)

① 30
② 40
③ 50
④ 60

해설 [시행규칙 별표 13] 항목별 배출 허용기준

대상 규모 항목 지역 구분	1일 폐수 배출량 2천세제곱미터 이상			1일 폐수 배출량 2천세제곱미터 미만		
	생물화학적 산소요구량 (mg/L)	총유기탄소량 (mg/L)	부유물질량 (mg/L)	생물화학적 산소요구량 (mg/L)	총유기탄소량 (mg/L)	부유물질량 (mg/L)
청정 지역	30 이하	25 이하	30 이하	40 이하	30 이하	40 이하
가지역	60 이하	40 이하	60 이하	80 이하	50 이하	80 이하
나지역	80 이하	50 이하	80 이하	120 이하	75 이하	120 이하
특례 지역	30 이하	25 이하	30 이하	30 이하	25 이하	30 이하

92 물환경보전법령상 "호소"에 관한 설명으로 틀린 것은?

① 댐·보 또는 둑(「사방사업법」에 따른 사방시설은 제외한다) 등을 쌓아 하천 또는 계곡에 흐르는 물을 가두어 놓은 곳
② 화산활동 등으로 인하여 함몰된 지역에 물이 가두어진 곳
③ 댐의 갈수위를 기준으로 구역 내 가두어진 곳
④ 하천에 흐르는 물이 자연적으로 가두어진 곳

해설 [법 제2조] 정의

14. "호소"란 다음 각 목의 어느 하나에 해당하는 지역으로서 만수위(滿水位)[댐의 경우에는 계획홍수위(計劃洪水位)를 말한다] 구역 안의 물과 토지를 말한다.
 가. 댐·보(洑) 또는 둑(「사방사업법」에 따른 사방시설은 제외한다) 등을 쌓아 하천 또는 계곡에 흐르는 물을 가두어 놓은 곳
 나. 하천에 흐르는 물이 자연적으로 가두어진 곳
 다. 화산활동 등으로 인하여 함몰된 지역에 물이 가두어진 곳

93 공공폐수처리시설의 관리 · 운영자가 처리시설의 적정 운영 여부 확인을 위한 방류수 수질검사 실시 기준으로 옳은 것은? (단, 시설규모는 1,000m³/day 이며, 수질은 현저히 악화되지 않았다.)

① 방류수 수질검사 월 2회 이상

② 방류수 수질검사 월 1회 이상

③ 방류수 수질검사 매분기 1회 이상

④ 방류수 수질검사 매반기 1회 이상

해설 [시행규칙 별표 15] 공공폐수처리시설의 유지 · 관리 기준
가. 처리시설의 적정 운영 여부를 확인하기 위하여 방류수 수질검사를 월 2회 이상 실시하되, 1일당 2천세제곱미터 이상인 시설은 주 1회 이상 실시하여야 한다. 다만, 생태독성(TU) 검사는 월 1회 이상 실시하여야 한다.
나. 방류수의 수질이 현저하게 악화되었다고 인정되는 경우에는 수시로 방류수 수질검사를 하여야 한다.

94 기본배출부과금과 초과배출부과금에 공통적으로 부과대상이 되는 수질오염물질은?

가. 총질소	나. 유기물질
다. 총인	라. 부유물질

① 가, 나, 다, 라

② 가, 나

③ 나, 라

④ 가, 다

95 폐수 무방류 배출시설의 세부 설치기준으로 틀린 것은?

① 특별대책지역에 설치되는 경우 폐수 배출량이 200m³/day 이상이면 실시간 확인 가능한 원격유량감시장치를 설치하여야 한다.

② 폐수는 고정된 관로를 통하여 수집 · 이송 · 처리 · 저장되어야 한다.

③ 특별대책지역에 설치되는 시설이 1일 24시간 연속하여 가동되는 것이면 배출 폐수를 전량 처리할 수 있는 예비방지시설을 설치하여야 한다.

④ 폐수를 고체상태의 폐기물로 처리하기 위하여 증발 · 농축 · 건조 · 탈수 또는 소각 시설을 설치하여야 하며, 탈수 등 방지시설에서 발생하는 폐수가 방지시설에 재유입되지 않도록 하여야 한다.

해설 [시행령 별표 6] 폐수 무방류 배출시설의 세부 설치기준 (제31조 제7항 관련)

1. 배출시설에서 분리 · 집수 시설로 유입하는 폐수의 관로는 육안으로 관찰할 수 있도록 설치하여야 한다.

2. 배출시설의 처리공정도 및 폐수 배관도는 누구나 알아볼 수 있도록 주요 배출시설의 설치장소와 폐수처리장에 부착하여야 한다.

3. 폐수를 고체상태의 폐기물로 처리하기 위하여 증발 · 농축 · 건조 · 탈수 또는 소각시설을 설치하여야 하며, 탈수 등 방지시설에서 발생하는 폐수가 방지시설에 재유입하도록 하여야 한다.

4. 폐수를 수집 · 이송 · 처리 또는 저장하기 위하여 사용되는 설비는 폐수의 누출을 방지할 수 있는 재질이어야 하며, 방지시설이 설치된 바닥은 폐수가 땅속으로 스며들지 아니하는 재질이어야 한다.

5. 폐수는 고정된 관로를 통하여 수집 · 이송 · 처리 · 저장되어야 한다.

6. 폐수를 수집 · 이송 · 처리 · 저장하기 위하여 사용되는 설비는 폐수의 누출을 육안으로 관찰할 수 있도록 설치하되, 부득이한 경우에는 누출을 감지할 수 있는 장비를 설치하여야 한다.

7. 누출된 폐수의 차단시설 또는 차단공간과 저류시설은 폐수가 땅속으로 스며들지 아니하는 재질이어야 하며, 폐수를 폐수처리장의 저류조에 유입시키는 설비를 갖추어야 한다.

8. 폐수 무방류 배출시설과 관련된 방지시설, 차단 · 저류시설, 폐기물 보관시설 등은 빗물과 접촉되지 아니하도록 지붕을 설치하여야 하며, 폐기물 보관시설에서 침출수가 발생될 경우에는 침출수를 폐수처리장의 저류조에 유입시키는 설비를 갖추어야 한다.

9. 폐수 무방류 배출시설에서 발생된 폐수를 폐수처리장으로 유입 · 재처리할 수 있도록 세정식 · 응축식 대기오염방지시설 등을 설치하여야 한다.

10. 특별대책지역에 설치되는 폐수 무방류 배출시설의 경우 1일 24시간 연속하여 가동되는 것이면 배출 폐수를 전량 처리할 수 있는 예비방지시설을 설치하여야 하고, 1일 최대 폐수 발생량이 200세제곱미터 이상이면 배출 폐수의 무방류 여부를 실시간으로 확인할 수 있는 원격유량감시장치를 설치하여야 한다.

96 수질환경기준(하천) 중 사람의 건강보호를 위한 전 수역에서 각 성분별 환경기준으로 맞는 것은?

① 비소(As) : 0.1mg/L 이하

② 납(Pb) : 0.01mg/L 이하

③ 6가크롬(Cr^{+6}) : 0.05mg/L 이하

④ 음이온 계면활성제(ABS) : 0.01mg/L 이하

해설 ① 비소(As) : 0.05mg/L 이하
② 납(Pb) : 0.05mg/L 이하
④ 음이온 계면활성제(ABS) : 0.5mg/L 이하

97 환경기준인 수질 및 수생태계 상태별 생물학적 특성 이해표 내용 중 생물 등급이 '좋음~보통'일 때의 생물 지표종(어류)으로 틀린 것은?

① 버들치
② 쉬리
③ 갈겨니
④ 은어

해설 [시행령 별표] 수질 및 수생태계 상태별 생물학적 특성 이해표

생물 등급	생물 지표종		서식지 및 생물 특성
	저서생물 (底棲生物)	어류	
매우 좋음 ~ 좋음	옆새우, 가재, 뿔하루살이, 민하루살이, 강도래, 물날도래, 광택날도래, 따무늬우묵날도래, 바수염날도래	산천어, 금강모치, 열목어, 버들치 등 서식	• 물이 매우 맑으며, 유속은 빠른 편임. • 바닥은 주로 바위와 자갈로 구성됨. • 부착 조류(藻類)가 매우 적음.
좋음 ~ 보통	다슬기, 넓적거머리, 강하루살이, 동양하루살이, 등줄하루살이, 등딱지하루살이, 물삿갓벌레, 큰줄날도래	쉬리, 갈겨니, 은어, 쏘가리 등 서식	• 물이 맑으며, 유속은 약간 빠르거나 보통임. • 바닥은 주로 자갈과 모래로 구성됨. • 부착 조류가 약간 있음.
보통 ~ 약간 나쁨	물달팽이, 턱거머리, 물벌레, 밀잠자리	피라미, 끄리, 모래무지, 참붕어 등 서식	• 물이 약간 혼탁하며, 유속은 약간 느린 편임. • 바닥은 주로 잔자갈과 모래로 구성됨. • 부착 조류가 녹색을 띠며 많음.
약간 나쁨 ~ 매우 나쁨	왼돌이물달팽이, 실지렁이, 붉은깔따구, 나방파리, 꽃등에	붕어, 잉어, 미꾸라지, 메기 등 서식	• 물이 매우 혼탁하며, 유속은 느린 편임. • 바닥은 주로 모래와 실트로 구성되며, 대체로 검은색을 띰. • 부착 조류가 갈색 혹은 회색을 띠며 매우 많음.

98 배출시설에서 배출되는 수질오염물질을 방지시설에 유입하지 아니하고 배출한 경우(폐수 무방류 배출시설의 설치허가 또는 변경허가를 받은 사업자는 제외)에 대한 벌칙기준은?

① 2년 이하의 징역 또는 2천만원 이하의 벌금
② 3년 이하의 징역 또는 3천만원 이하의 벌금
③ 5년 이하의 징역 또는 5천만원 이하의 벌금
④ 7년 이하의 징역 또는 7천만원 이하의 벌금

99 오염총량관리기본방침에 포함되어야 하는 사항으로 거리가 먼 것은?

① 오염총량관리 대상 지역의 수생태계 현황 조사 및 수생태계 건강성 평가계획
② 오염원의 조사 및 오염부하량 산정방법
③ 오염총량관리의 대상 수질오염물질 종류
④ 오염총량관리의 목표

해설 [시행령 제4조] 오염총량관리기본방침
법 제4조의 2 제2항에 따른 오염총량관리기본방침(이하 "기본방침"이라 한다)에는 다음 각 호의 사항이 포함되어야 한다.
1. 오염총량관리의 목표
2. 오염총량관리의 대상 수질오염물질 종류
3. 오염원의 조사 및 오염부하량 산정방법
4. 법 제4조의 3에 따른 오염총량관리기본계획의 주체, 내용, 방법 및 시한
5. 법 제4조의 4에 따른 오염총량관리시행계획의 내용 및 방법

100 오염총량관리 조사·연구반에 관한 내용으로 ( )에 옳은 내용은?

> 법에 따른 오염총량관리 조사·연구반은 ( )에 둔다.

① 유역환경청
② 한국환경공단
③ 국립환경과학원
④ 수질환경 원격조사센터

숫자로 보는 문제유형 분석

※ "어쩌다 한번 만나는 문제"에는 알아보기 쉽게 문제 번호에 "밑줄"을 그어 두었습니다.

계산문제 출제비율	수질오염개론	상하수도계획	어쩌다 한번 만나는 문제	수질오염개론	상하수도계획
	25%	10%		2, 6, 8, 10, 15, 17	33, 35
수질오염방지기술	공정시험기준	전체 100문제 중	수질오염방지기술	공정시험기준	수질관계법규
35%	10%	16%	52, 54, 57	62, 69, 75, 79	86

▶ 제1과목 ▌수질오염개론

01 미생물에 의한 영양대사과정 중 에너지 생성반응으로서 기질이 세포에 의해 이용되고, 복잡한 물질에서 간단한 물질로 분해되는 과정(작용)은?

① 이화   ② 동화

③ 환원   ④ 동기화

02 다음 산화제(또는 환원제) 중 g당량이 가장 큰 화합물은? (단, Na, K, Cr, Mn, I, S의 원자량은 각각 23, 39, 52, 55, 127, 32이다.)

① $Na_2S_2O_3$ ② $K_2Cr_2O_7$

③ $KMnO_4$ ④ KIO_3

03 하천 모델 중 다음의 특징을 가지는 것은?

- 유속, 수심, 조도계수에 의한 확산계수 결정
- 하천과 대기 사이의 열복사, 열교환 고려
- 음해법으로 미분방정식의 해를 구함

① QUAL-I   ② WQRRS

③ DO SAG-I   ④ HSPE

04 다음 중 수자원에 대한 특성으로 옳은 것은?

① 지하수는 지표수에 비하여 자연, 인위적인 국지조건에 따른 영향이 크다.

② 해수는 염분, 온도, pH 등 물리화학적 성상이 불안정하다.

③ 하천수는 주변지질의 영향이 적고, 유기물을 많이 함유하는 경우가 거의 없다.

④ 우수의 주성분은 해수의 주성분과 거의 동일하다.

해설 ① 지하수는 지표수에 비하여 자연, 인위적인 국지조건에 따른 영향이 작다.
② 해수는 염분, 온도, pH 등 물리화학적 성상이 안정하다.
③ 하천수는 주변지질의 영향이 크고, 유기물을 많이 함유하는 경우가 많다.

05 수온이 20℃인 하천은 대기로부터의 용존산소 공급량이 0.06mgO₂/L · hr이라고 한다. 이 하천의 평상시 용존산소 농도가 4.8mg/L로 유지되고 있다면, 이 하천의 산소전달계수(/hr)는? (단, α, β 값은 각각 0.75이며, 포화용존산소 농도는 9.2mg/L이다.)

① 3.8×10^{-1} ② 3.8×10^{-2}

③ 3.8×10^{-3} ④ 3.8×10^{-4}

해설 산소전달계수(K_{LA})와 DO 공급량과의 관계식 이용
$\gamma = \alpha K_{LA} \times (\beta C_s - C)$
$\dfrac{0.06\text{mgO}_2}{\text{L} \cdot \text{hr}} = 0.75 \times K_{LA} \times (0.75 \times 9.2\text{mg/L} - 4.8\text{mg/L})$
$\therefore K_{LA} = 3.8 \times 10^{-2}$

06 BOD 곡선에서 탈산소계수를 구하는 데 적용되는 방법으로 가장 알맞은 것은?

① O Conner-Dobbins 식

② Thomas 도해법

③ Rippl법

④ Tracer법

07 수질오염물질별 인체영향(질환)이 틀리게 짝지어진 것은?

① 비소 : 반상치(법랑반점)

② 크롬 : 비중격 연골 천공

③ 아연 : 기관지 자극 및 폐렴

④ 납 : 근육과 관절의 장애

해설 불소 : 반상치(법랑반점)

08 알칼리도에 관한 반응 중 가장 부적절한 것은?

① $CO_2 + H_2O \rightarrow H_2CO_3 \rightarrow HCO_3^- + H^+$

② $HCO_3^- \rightarrow CO_3^{2-} + H^+$

③ $CO_3^{2-} + H_2O \rightarrow HCO_3^- + OH^-$

④ $HCO_3^- + H_2O \rightarrow H_2CO_3 + OH^-$

09 하천 모델의 종류 중 DO SAG - I, II, III에 관한 설명으로 틀린 것은?

① 2차원 정상상태 모델이다.

② 점오염원 및 비점오염원이 하천의 용존산소에 미치는 영향을 나타낼 수 있다.

③ Streeter-Phelps 식을 기본으로 한다.

④ 저질의 영향이나 광합성 작용에 의한 용존산소반응을 무시한다.

해설 1차원 정상상태 모델이다.

10 혐기성 미생물의 성장을 알아보기 위해 혐기성 배양을 하는 방법으로 분석하고자 할 때 가장 적합한 기술은?

① 평판계수법

② 단백질 농도 측정법

③ 광학밀도 측정법

④ 용존산소 소모율 측정법

11 녹조류(green algae)에 관한 설명으로 틀린 것은?

① 조류 중 가장 큰 문(division)이다.

② 저장물질은 라미나린(다당류)이다.

③ 세포벽은 섬유소이다.

④ 클로로필 a, b를 가지고 있다.

12 응집제 투여량이 많으면 많을수록 응집효과가 커지게 되는 Schulze-hardy rule의 크기를 옳게 나타낸 것은?

① $Al^{3+} > Ca^{2+} > K^+$

② $K^+ > Ca^{2+} > Al^{3+}$

③ $K^+ > Al^{3+} > Ca^{2+}$

④ $Ca^{2+} > K^+ > Al^{3+}$

13 길이가 500km이고 유속이 1m/sec인 하천에서 상류지점의 BOD_u 농도가 250mg/L면 이 지점부터 300km 하류지점의 잔존 BOD 농도 (mg/L)는? (단, 탈산소계수 0.1/day, 수온 20℃, 상용대수 기준, 기타 조건은 고려하지 않음.)

① 약 51

② 약 82

③ 약 113

④ 약 138

해설 하천의 유속으로 시간을 산정 후 잔존 BOD 계산

ⓐ 시간 산정

$$300,000m \times \frac{sec}{1m} \times \frac{day}{86,400sec} = 3.4722day$$

ⓑ 잔존 BOD 산정

$$\begin{aligned} 잔존\ BOD &= BOD_u \times 10^{-k \times t} \\ &= 250 \times 10^{-0.1 \times 3.4722} \\ &= 112.3880mg/L \end{aligned}$$

14 카드뮴이 인체에 미치는 영향으로 가장 거리가 먼 것은?

① 칼슘대사기능 장해

② Hunter-Russel 장해

③ 골연화증

④ Fanconi씨 증후군

15 우리나라의 수자원 특성에 대한 설명으로 잘못된 것은?

① 우리나라의 연간 강수량은 약 1,274mm 로서 이는 세계평균강수량의 1.2배에 이른다.

② 우리나라의 1인당 강수량은 세계평균량의 1/11 정도이다.

③ 우리나라 수자원의 총 이용률은 9% 이내로 OECD 국가에 비해 적은 편이다.

④ 수자원 이용현황은 농업용수가 가장 많은 비율을 차지하고 있고, 하천유지용수, 생활용수, 공업용수의 순이다.

16 완충용액에 대한 설명으로 틀린 것은?

① 완충용액의 작용은 화학평형원리로 쉽게 설명된다.

② 완충용액은 한도 내에서 산을 가했을 때 pH에 약간의 변화만 준다.

③ 완충용액은 보통 약산과 그 약산의 짝염기의 염을 함유한 용액이다.

④ 완충용액은 보통 강염기와 그 염기의 강산의 염이 함유된 용액이다.

해설 완충용액 : 약산과 그 약산의 강염기의 염을 함유하는 수용액 또는 약염기와 그 약염기의 강산의 염이 함유된 수용액

17 간격 0.5cm인 평행평판 사이에 점성계수가 0.04poise인 액체가 가득 차 있다. 한쪽 평판을 고정하고 다른 쪽의 평판을 2m/sec의 속도로 움직이고 있을 때 고정판에 작용하는 전단응력 (g/cm²)은?

① 1.61×10^{-2}

② 4.08×10^{-2}

③ 1.61×10^{-5}

④ 4.08×10^{-5}

18 수은(Hg) 중독과 관련이 없는 것은?

① 난청, 언어장애, 구심성 시야협착, 정신장애를 일으킨다.

② 이타이이타이병을 유발한다.

③ 유기수은은 무기수은보다 독성이 강하며, 신경계통에 장애를 준다.

④ 무기수은은 황화물침전법, 활성탄흡착법, 이온교환법 등으로 처리할 수 있다.

해설 미나마타병을 유발한다.

19 다음 중 완전혼합흐름 상태에 관한 설명으로 옳은 것은?

① 분산이 1일 때 이상적 완전혼합 상태이다.

② 분산수가 0일 때 이상적 완전혼합 상태이다.

③ Morrill 지수의 값이 1에 가까울수록 이상적 완전혼합 상태이다.

④ 지체시간이 이론적 체류시간과 동일할 때 이상적 완전혼합 상태이다.

해설 이상적인 반응조의 혼합상태

혼합 정도의 표시	완전혼합흐름 상태	플러그흐름 상태
분산	1일 때	0일 때
분산수	무한대일 때	0일 때
모릴지수	클수록	1에 가까울수록

20 하천수의 분석결과가 다음과 같을 때 총경도 (mg/L as CaCO₃)는? (단, 원자량 : Ca 40, Mg 24, Na 23, Sr 88)

분석결과 : Na^+(25mg/L), Mg^{2+}(11mg/L), Ca^{2+}(8mg/L), Sr^{2+}(2mg/L)

① 약 68

② 약 78

③ 약 88

④ 약 98

해설 보기 중 경도를 유발하는 물질은 Ca^{2+}와 Mg^{2+}, Sr^{2+}이다.

$$= \Sigma \left(경도\ 유발물질(mg/L) \times \frac{50}{경도\ 유발물질의\ eq} \right)$$

$$= 8mg/L \times \frac{50}{40/2} + 11mg/L \times \frac{50}{24/2} + 2mg/L \times \frac{50}{88/2}$$

$$= 68.1060mg/L\ as\ CaCO_3$$

▶ 제2과목 ┃ 상하수도계획

21 하천 표류수를 수원으로 할 때 하천 기준수량은 다음 중 어느 것인가?

① 평수량

② 갈수량

③ 홍수량

④ 최대홍수량

22 다음 중 펌프의 크기를 나타내는 구경을 산정하는 식은? (단, $D=$펌프의 구경(mm), $Q=$펌프의 토출량(m³/min), $v=$흡입구 또는 토출구의 유속 (m/sec))

① $D = 146 \sqrt{\dfrac{Q}{v}}$

② $D = 146 \sqrt{\dfrac{Q}{2v}}$

③ $D = 148 \sqrt{\dfrac{Q}{v}}$

④ $D = 148 \sqrt{\dfrac{Q}{2v}}$

23 정수처리시설 중에서 이상적인 침전지에서의 효율을 검증하고자 한다. 실험결과 입자의 침전속도가 0.15cm/sec이고, 유량이 30,000m³/day로 나타났을 때 침전효율(제거율, %)은? (단, 침전지의 유효표면적=100m², 수심=4m, 이상적 흐름 상태로 가정)

① 73.2
② 63.2
③ 53.2
④ 43.2

해설 침전지에서 표면부하율과 효율과의 관계

$$표면부하율 = \frac{유량}{침전면적}$$

$$효율 = \frac{중력침강속도(V_g)}{표면부하율(V_0)}$$

$$= \frac{중력침강속도(V_g)}{\dfrac{유량(Q)}{침전면적(A)}}$$

$$= \frac{V_g \times A}{Q}$$

$$= \frac{\dfrac{0.15cm}{sec} \times \dfrac{86,400sec}{day} \times \dfrac{1m}{100cm} \times 100m^2}{\dfrac{30,000m^3}{day}}$$

$$= 0.432 \rightarrow 43.2\%$$

24 하천의 제내지나 제외지 혹은 호소 부근에 매설되어 복류수를 취수하기 위하여 사용하는 집수매거에 관한 설명으로 거리가 먼 것은?

① 집수매거의 방향은 통상 복류수의 흐름방향에 직각이 되도록 한다.
② 집수매거의 매설깊이는 5m를 표준으로 한다.
③ 집수매거의 유출단에서 매거 내의 평균유속은 1m/sec 이하로 한다.
④ 집수구멍의 직경은 2~8mm로 하며, 그 수는 관거 표면적 1m²당 200~300개 정도로 한다.

해설 철근콘크리트 유공관의 공경이 지나치게 크면 모래 등이 많이 유입되고, 지나치게 작으면 폐색될 우려가 있으므로 10~20mm를 표준으로 하고, 그 수는 1m²당 20~30개의 비율로 하며, 대수층이나 유입속도를 고려하여 결정한다.

25 하수처리수 재이용 처리시설에 대한 계획으로 적합하지 않은 것은?

① 처리시설의 위치는 공공하수처리시설 부지 내에 설치하는 것을 원칙으로 한다.
② 재이용수 공급관로는 계획시간 최대유량을 기준으로 계획한다.
③ 처리시설에서 발생되는 농축수는 공공하수처리시설로 반류하지 않도록 한다.
④ 재이용수 저장시설 및 펌프장은 일최대공급유량을 기준으로 한다.

해설 처리시설에서 발생되는 농축수는 공공하수처리시설로 반류한다.

26 다음 중 계획오수량에 관한 설명으로 틀린 것은 어느 것인가?

① 계획시간 최대오수량은 계획1일 최대오수량의 1시간당 수량의 1.3~1.8배를 표준으로 한다.
② 지하수량은 1인 1일 최대오수량의 20% 이하로 한다.
③ 합류식에서 우천 시 계획오수량은 원칙적으로 계획1일 최대오수량의 1.5배 이상으로 한다.
④ 계획1일 평균오수량은 계획1일 최대오수량의 70~80%를 표준으로 한다.

해설 합류식에서 우천 시 계획오수량은 원칙적으로 계획시간 최대오수량의 3배 이상으로 한다.

27 펌프의 수격작용을 방지하기 위한 방법으로 틀린 것은?

① 펌프의 플라이휠을 제거하는 방법
② 토출관쪽에 조압수조를 설치하는 방법
③ 펌프 토출측에 완폐체크밸브를 설치하는 방법
④ 관 내 유속을 낮추거나 관로상황을 변경하는 방법

해설 펌프에 flywheel을 붙여 펌프의 관성을 증가시킨다.

28 하수도시설인 우수조정지의 여수토구에 관한 설명으로 ( ) 안에 옳은 것은?

> 여수토구는 확률년수 (㉠)년 강우의 최대 우수유출량의 (㉡)배 이상의 유량을 방류시킬 수 있는 것으로 한다.

① ㉠ 10, ㉡ 1.2
② ㉠ 10, ㉡ 1.44
③ ㉠ 100,. ㉡ 1.2
④ ㉠ 100, ㉡ 1.44

29 다음 중 하수도시설의 목적과 가장 거리가 먼 것은 어느 것인가?

① 침수 방지
② 하수의 배제와 이에 따른 생활환경의 개선
③ 공공수역의 수질보전과 건전한 물순환의 회복
④ 폐수의 적정처리와 이에 따른 산업단지 환경 개선

30 하수처리에 사용되는 생물학적 처리공정 중 부유미생물을 이용한 공정이 아닌 것은?

① 산화구법
② 접촉산화법
③ 질산화내생탈질법
④ 막분리활성슬러지법

해설 접촉산화법 : 부착미생물 공법

31 상수처리를 위한 정수시설 중 착수정에 관한 내용으로 틀린 것은?

① 수위가 고수위 이상으로 올라가지 않도록 월류관이나 월류위어를 설치한다.
② 착수정의 고수위와 주변벽체의 상단 간에는 60cm 이상의 여유를 두어야 한다.
③ 착수정의 용량은 체류시간을 30분 이상으로 한다.
④ 필요에 따라 분말활성탄을 주입할 수 있는 장치를 설치하는 것이 바람직하다.

해설 착수정의 용량은 체류시간을 1.5분 이상으로 한다.

32 정수방법인 완속여과방식에 관한 설명으로 틀린 것은?

① 약품처리가 필요 없다.
② 완속여과의 정화는 주로 생물작용에 의한 것이다.
③ 비교적 양호한 원수에 알맞은 방식이다.
④ 소요 부지면적이 작다.

해설 소요 부지면적이 크다.

33 펌프의 흡입관 설치요령으로 틀린 것은?

① 흡입관은 펌프 1대당 하나로 한다.
② 흡입관이 길 때에는 중간에 진동방지대를 설치할 수도 있다.
③ 흡입관은 연결부나 기타 부분으로부터 절대로 공기가 흡입되지 않도록 한다.
④ 흡입관과 취수정 바닥까지의 깊이는 흡인관 직경의 1.5배 이상으로 유격을 둔다.

해설 흡입관과 취수정 바닥까지의 깊이는 흡입관 직경의 0.5배 이상으로 유격을 둔다.

34 막여과법을 정수처리에 적용하는 주된 선정 이유로 가장 거리가 먼 것은?

① 응집제를 사용하지 않거나 또는 적게 사용한다.
② 막의 특성에 따라 원수 중의 현탁물질, 콜로이드, 세균류, 크립토스포리디움 등 일정한 크기 이상의 불순물을 제거할 수 있다.
③ 부지면적이 종래보다 적을 뿐 아니라, 시설의 건설공사기간도 짧다.
④ 막의 교환이나 세척 없이 반영구적으로 자동운전이 가능하여 유지관리 측면에서 에너지를 절약할 수 있다.

35 계획우수량의 설계강우 산정 시 측정된 강우자료 분석을 통해 고려해야 하는 지선관로의 최소 설계빈도는?

① 50년   ② 30년
③ 10년   ④ 5년

36 상수처리를 위한 정수시설인 급속여과지에 관한 설명으로 틀린 것은?

① 여과속도는 120~150m/day를 표준으로 한다.

② 플록의 질이 일정한 것으로 가정하였을 때 여과층의 필요두께는 여재입경에 반비례 한다.

③ 여과면적은 계획정수량을 여과속도로 나누어 계산한다.

④ 여과지 1의 여과면적은 150m² 이하로 한다.

해설 플록의 질을 일정한 것으로 가정하였을 경우에 플록의 여과층 침입깊이, 즉 여과층의 필요두께는 여재입경과 여과속도에 비례한다.

37 정수시설의 시설능력에 관한 설명으로 ( ) 안에 옳은 것은?

> 소비자에게 고품질의 수도서비스를 중단 없이 제공하기 위하여 정수시설은 유지보수, 사고 대비, 시설 개량 및 확장 등에 대비하여 적절한 예비용량을 갖춤으로서 수도시스템으로의 안정성을 높여야 한다. 이를 위하여 예비용량을 감안한 정수시설의 가동률은 ( ) 내외가 적정하다.

① 70% ② 75%

③ 80% ④ 85%

38 상수도 취수시설 중 취수틀에 관한 설명으로 옳지 않은 것은?

① 구조가 간단하고, 시공도 비교적 용이하다.

② 수중에 설치되므로 호소 표면수는 취수할 수 없다.

③ 단기간에 완성할 수 있고, 안정된 취수가 가능하다.

④ 보통 대형 취수에 사용되며, 수위변화에 영향이 적다.

해설 보통 중소형 취수에 사용되며, 수위변화에 영향이 적다.

39 하수관로에서 조도계수는 0.014, 동수경사는 1/100이고, 관경이 400mm일 때 이 관로의 유량 (m³/sec)은? (단, 만관 기준, Manning 공식에 의함.)

① 약 0.08

② 약 0.12

③ 약 0.15

④ 약 0.19

해설 관의 단면적과 Manning의 유속과의 관계로 유량을 산정한다.

$$Q = A \times V$$

Manning에 의한 유속의 계산은 아래와 같다.

$$V = \frac{1}{n} R^{\frac{2}{3}} I^{\frac{1}{2}}$$

ⓐ 경심 산정(원 : $D/4$)

$$R = \frac{D}{4} = \frac{0.4}{4} = 0.1$$

ⓑ 유속 산정

$$V = \frac{1}{0.014} \times (0.1)^{\frac{2}{3}} \times (1/100)^{\frac{1}{2}}$$
$$= 1.5388 \text{m/sec}$$

R : 경심 → 0.1

n : 조도계수 → 0.014

I : 동수경사 → 1/100

ⓒ 단면적 산정

$$A = \frac{\pi D^2}{4} = \frac{\pi \times 0.4^2}{4} = 0.1256 \text{m}^2$$

ⓓ 유량 산정

$$Q = AV = 0.1256\text{m}^2 \times \frac{1.5388\text{m}}{\text{sec}} = 0.1932\text{m}^3/\text{sec}$$

40 하수도 관로의 접합방법 중 아래 설명에 해당하는 것은?

> 굴착깊이를 얕게 하므로 공사비용을 줄일 수 있으며, 수위상승을 방지하고 양정고를 줄일 수 있어 펌프로 배수하는 지역에 적합하나 상류부에서는 동수경사선이 관정보다 높이 올라 갈 우려가 있다.

① 수면접합 ② 관저접합

③ 동수접합 ④ 관정접합

36.② 37.② 38.④ 39.④ 40.②

제3과목 ┃ 수질오염방지기술

41 분뇨 소화슬러지 발생량은 1일 분뇨 투입량의 10%이다. 발생된 소화슬러지의 탈수 전 함수율이 96%라고 하면 탈수된 소화슬러지의 1일 발생량(m^3)은? (단, 분뇨 투입량=360kL/day, 탈수된 소화슬러지의 함수율=72%, 분뇨 비중=1.0)

① 2.47 ② 3.78
③ 4.21 ④ 5.14

해설 ⓐ 분뇨 활성슬러지 발생량 산정

$$\frac{360m^3}{day} \times \frac{10}{100} = 36m^3/day$$

ⓑ 함수율에 따른 소화슬러지 발생량 산정

$SL_1(1-X_1) = SL_2(1-X_2)$	
SL_1 : 탈수 전 슬러지 발생량	SL_2 : 탈수 후 슬러지 발생량
X_1 : 탈수 전 슬러지 함수율	X_2 : 탈수 후 슬러지 함수율

$$36m^3/day(1-0.96) = SL_2(1-0.72)$$
$$\therefore SL_2 = 5.14m^3/day$$

42 표준활성슬러지법에서 포기조의 MLSS 농도를 3,000mg/L로 유지하기 위한 슬러지 반송률(%)은? (단, 반송 슬러지의 SS 농도=8,000mg/L)

① 40 ② 50
③ 60 ④ 70

해설 반송률 관계식 이용

$$R = \frac{MLSS - SS_i}{X_r - MLSS} \rightarrow \text{유입수의 SS를 무시하면}$$

$$\frac{MLSS}{X_r - MLSS} = \frac{MLSS}{(10^6/SVI) - MLSS}$$

$$\therefore R = \frac{3,000}{8,000 - 3,000} \times 100 = 60\%$$

43 폐수량 1,000m^3/day, BOD 300mg/L인 폐수를 완전혼합 활성슬러지 공법으로 처리하는데, 포기조 MLSS 농도 3,000mg/L, 반송슬러지 농도 8,000mg/L로 유지하고자 한다. 이때 슬러지 반송률은? (단, 폐수 및 방류수 MLSS 농도는 0, 미생물 생장률과 사멸률은 같다.)

① 0.6 ② 0.7
③ 0.8 ④ 0.9

44 수은계 폐수 처리방법으로 틀린 것은?

① 수산화물침전법
② 흡착법
③ 이온교환법
④ 황화물침전법

45 생물학적 질소, 인 처리공정인 5단계 Bardenpho 공법에 관한 설명으로 틀린 것은?

① 폐슬러지 내의 인의 농도가 높다.
② 1차 무산소조에서는 탈질화 현상으로 질소 제거가 이루어진다.
③ 호기성조에서는 질산화와 인의 방출이 이루어진다.
④ 2차 무산소조에서는 잔류 질산성질소가 제거된다.

해설 호기성조에서는 질산화와 인의 과잉흡수가 이루어진다.

46 활성슬러지를 탈수하기 위하여 98%(중량비)의 수분을 함유하는 슬러지에 응집제를 가했더니 [상등액 : 침전슬러지]의 용접비가 2 : 1이 되었다. 이때 침전슬러지의 함수율(%)은? (단, 응집제의 양은 매우 적고, 비중=1.0)

① 92 ② 93
③ 94 ④ 95

해설 함수율에 따른 소화슬러지 발생량 산정

$SL_1(1-X_1) = SL_2(1-X_2)$	
SL_1 : 탈수 전 슬러지 발생량	SL_2 : 탈수 후 슬러지 발생량
X_1 : 탈수 전 슬러지 함수율	X_2 : 탈수 후 슬러지 함수율

$SL_2 = 1/3 SL_1$ 이므로

$$SL_1(1-0.98) = \frac{1}{3}SL_1(1-X_2)$$
$$\therefore X_2 = 0.94$$

47 활성슬러지 공법으로 폐수를 처리할 경우 산소요구량 결정에 중요한 인자가 아닌 것은?

① 유입수의 BOD와 처리수의 BOD
② 포기시간과 고형물 체류시간
③ 포기조 내의 MLSS 중 미생물 농도
④ 유입수의 SS와 DO

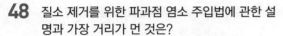

48 질소 제거를 위한 파과점 염소 주입법에 관한 설명과 가장 거리가 먼 것은?

① 적절한 운전으로 모든 암모니아성질소의 산화가 가능하다.

② 시설비가 낮고, 기존 시설에 적용이 용이하다.

③ 수생생물에 독성을 끼치는 잔류염소 농도가 높아진다.

④ 독성물질과 온도에 민감하다.

해설 질소 제거를 위한 파과점 염소 주입법은 pH와 온도에 민감하다.

49 정수장에 적용되는 완속여과의 장점이라 볼 수 없는 것은?

① 여과시스템의 신뢰성이 높고, 양질의 음용수를 얻을 수 있다.

② 수량과 탁질의 급격한 부하변동에 대응할 수 있다.

③ 고도의 지식이나 기술을 가진 운전자를 필요로 하지 않고, 최소한의 전력만 필요로 한다.

④ 여과지를 간헐적으로 사용하여도 양질의 여과수를 얻을 수 있다.

해설 여과지를 간헐적으로 사용하면 여과수의 수질이 나빠진다.

50 생물학적 질소, 인 제거를 위한 A^2/O 공정 중 호기조의 역할로 옳게 짝지은 것은?

① 질산화, 인 방출

② 질산화, 인 흡수

③ 탈질화, 인 방출

④ 탈질화, 인 흡수

51 생물학적 처리 중 호기성 처리법이 아닌 것은 어느 것인가?

① 활성슬러지법

② 혐기성 소화법

③ 산화지법

④ 살수여상법

해설 혐기성 소화법은 혐기성 처리방법이다.

52 바 랙(bar rack)의 수두손실은 바 모양 및 바 사이 흐름의 속도수두의 함수이다. Kirschmer는 손실수두를 $h_L = \beta(w/b)^{4/3}h_v\sin\theta$ 로 나타내었다. 여기서 바 형상인자(β)에 의해 수두손실이 달라지는데 수두손실이 가장 큰 형상인자(β)은?

① 끝이 예리한 장방형

② 상류면이 반원형인 장방형

③ 원형

④ 상류 및 하류 면이 반원형인 장방형

53 초심층포기법(deep shaft aeration system)에 대한 설명 중 틀린 것은?

① 기포와 미생물이 접촉하는 시간이 표준활성슬러지법보다 길어서 산소전달효율이 높다.

② 순환류의 유속이 매우 빠르기 때문에 난류상태가 되어 산소전달률을 증가시킨다.

③ F/M비는 표준활성슬러지 공법에 비하여 낮게 운전한다.

④ 표준활성슬러지 공법에 비하여 MLSS 농도를 높게 운전한다.

해설 F/M비는 표준활성슬러지 공법에 비하여 높게 운전한다.

54 자외선 살균효과가 가장 높은 파장의 범위(mm)는?

① 680~710

② 510~530

③ 250~270

④ 180~200

55 질산염(NO_3^-) 40mg/L가 탈질되어 질소로 환원될 때 필요한 이론적인 메탄올(CH_3OH)의 양(mg/L)은?

① 17.2　　② 36.6

③ 58.4　　④ 76.2

해설 질산성질소와 메탄올과의 반응비

$6NO_3-N : 5CH_3OH$

$6 \times 14g : 5 \times 32g = 40mg/L : \square$

$\therefore \square = 76.19mg/L$

56 활성슬러지 변형법 중 폐수를 여러 곳으로 유입시켜 plug-flow system이지만 F/M비를 포기조 내에서 유지하는 것은?

① 계단식 포기법(step aeration)
② 점감포기법(tapered aeration)
③ 접촉안정법(contact stablization)
④ 단기(개량)포기법(short or modified aeration)

57 흡착장치 중 고정상 흡착장치의 역세척에 관한 설명으로 가장 알맞은 것은?

(㉠) 동안 먼저 표면세척을 한 다음, (㉡) $m^3/m^2 \cdot hr$의 속도로 역세척수를 사용하여 층을 (㉢) 정도 부상시켜 실시한다.

① ㉠ 24시간, ㉡ 14~48, ㉢ 25~30%
② ㉠ 24시간, ㉡ 24~28, ㉢ 10~50%
③ ㉠ 10~15분, ㉡ 14~28, ㉢ 25~30%
④ ㉠ 10~15분, ㉡ 24~48, ㉢ 10~50%

58 침사지의 설치 목적으로 잘못된 것은?

① 펌프나 기계설비의 마모 및 파손 방지
② 관의 폐쇄 방지
③ 활성슬러지조의 dead space 등에 사석이 쌓이는 것을 방지
④ 침전지와 슬러지 소화조 내의 축적

해설 침사지의 설치 목적은 침전지와 슬러지 소화조 내의 축적을 방지한다.

59 기계적으로 청소가 되는 바(bar)스크린의 바 두께는 5mm이고, 바 간의 거리는 20mm이다. 바를 통과하는 유속이 0.9m/sec라고 한다면 스크린을 통과하는 수두손실(m)은? (단, $H=[(V_b^2 - V_a^2)/2g][1/0.7]$)

① 0.0157   ② 0.0212
③ 0.0317   ④ 0.0438

해설 ⓐ 접근유속 산정
$$Q = A_1 V_1 = A_2 V_2$$
$$0.9m/s \times 20mm \times D = V_2 \times 25mm \times D$$
$$V_2 = 0.72m/sec$$

ⓑ 손실수두 산정
$$h_L = \frac{V_B^2 - V_A^2}{2g} \times \frac{1}{0.7}$$
$$= \frac{(0.9m/sec)^2 - (0.72m/sec)^2}{2 \times 9.8m/s^2} \times \frac{1}{0.7}$$
$$= 0.0212m$$

60 바닥면적이 1km²인 호수의 물 깊이는 5m로 측정되었다. 한 달(30일) 사이 호수물의 인 농도가 250μg/L에서 40μg/L로 감소하고 감소한 인은 모두 침강된 것으로 추정될 때 인의 침전율($mg/m^2 \cdot day$)은? (단, 호수의 유입, 유출은 고려하지 않음.)

① 26.6
② 35.0
③ 48.0
④ 52.3

해설 $\dfrac{(250-40)mg}{m^3} \times 5m \times \dfrac{1}{30day} = 35mg/m^2 \cdot day$

▶ 제4과목 | 수질오염공정시험기준

61 95.5% H₂SO₄(비중 1.83)을 사용하여 0.5N-H₂SO₄ 250mL를 만들려면 95.5% H₂SO₄ 몇 mL가 필요한가?

① 17
② 14
③ 8.5
④ 3.5

해설 $\dfrac{1.83g}{L} \times \dfrac{95.5}{100} \times \dfrac{eq}{(98/2)g} \times \square L = \dfrac{0.5eq}{L} \times 0.25L$
$\therefore \square = 3.5047L$

62 다음 중 노멀헥산 추출물질의 정도관리로 맞는 것은?

① 정량한계는 0.5mg/L로 설정하였다.
② 상대표준편차가 ±35% 이내이면 만족한다.
③ 정확도가 110%여서 재시험을 수행하였다.
④ 정밀도가 10%여서 재시험을 수행하였다.

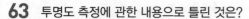

63 투명도 측정에 관한 내용으로 틀린 것은?

① 투명도판(백색원판)의 지름은 30cm이다.
② 투명도판에 뚫린 구멍의 지름은 5cm이다.
③ 투명도판에는 구멍이 8개 뚫려 있다.
④ 투명도판의 무게는 약 2kg이다.

해설 투명도판(백색원판)은 지름이 30cm로 무게가 약 3kg이 되는 원판에 지름 5cm의 구멍 8개가 뚫려 있다.

64 노멀헥산 추출물질을 측정할 때 시험과정 중 지시약으로 사용되는 것은?

① 메틸레드   ② 메틸오렌지
③ 메틸렌블루   ④ 페놀프탈레인

65 배출허용기준 적합여부 판정을 위해 자동시료채취기로 시료를 채취하는 방법의 기준은?

① 6시간 이내에 30분 이상 간격으로 2회 이상 채취하여 일정량의 단일시료로 한다.
② 6시간 이내에 1시간 이상 간격으로 2회 이상 채취하여 일정량의 단일시료로 한다.
③ 8시간 이내에 1시간 이상 간격으로 2회 이상 채취하여 일정량의 단일시료로 한다.
④ 8시간 이내에 2시간 이상 간격으로 2회 이상 채취하여 일정량의 단일시료로 한다.

66 수중 시안을 측정하는 방법으로 가장 거리가 먼 것은?

① 자외선/가시선분광법
② 이온전극법
③ 이온 크로마토그래피법
④ 연속흐름법

67 시료의 전처리를 위한 산 분해법 중 질산-과염소산법에 관한 설명으로 옳지 않은 것은?

① 과염소산을 넣을 경우 질산이 공존하지 않으면 폭발할 위험이 있으므로 반드시 질산을 먼저 넣어 주어야 한다.
② 납을 측정할 경우 과염소산에 따른 납 증기 발생으로 측정치에 손실을 가져온다.
③ 유기물을 다량 함유하고 있으면서 산 분해가 어려운 시료들에 적용한다.
④ 유기물을 함유한 뜨거운 용액에 과염소산을 넣어서는 안 된다.

68 물 1L에 NaOH 0.8g이 용해되었을 때의 농도(몰)는?

① 0.1
② 0.2
③ 0.01
④ 0.02

해설 $0.8g \times \dfrac{mol}{40g} \times \dfrac{1}{1L} = 0.02M$

69 이온전극법에 대한 설명으로 틀린 것은?

① 시료용액의 교반은 이온전극의 응답속도 이외의 전극범위, 정량한계값에는 영향을 미치지 않는다.
② 전극과 비교전극을 사용하여 전위를 측정하고 그 전위차로부터 정량하는 방법이다.
③ 이온전극법에 사용하는 장치의 기본구성은 비교전극, 이온전극, 자석교반기, 저항전위계, 이온측정기 등으로 되어 있다.
④ 이온전극의 종류에는 유리막 전극, 고체막 전극, 격막형 전극이 있다.

해설 시료용액의 교반은 이온전극의 응답속도 이외의 전극범위, 정량한계값에 영향을 미친다.

70 분원성 대장균군(시험관법) 측정에 관한 내용으로 틀린 것은?

① 분원성 대장균군 시험은 추정시험과 확정시험으로 한다.
② 최적확수시험결과는 분원성 대장균군 수/1,000mL로 표시한다.
③ 확정시험에서 가스가 발생한 시료는 분원성 대장균군 양성으로 판정한다.
④ 분원성 대장균군은 온혈동물의 배설물에서 발견된 그람음성·무아포성의 간균으로서 44.5℃에서 락토오스를 분해하여 가스 또는 산을 생성하는 모든 호기성 또는 통기성 혐기성균을 말한다.

해설 최적확수시험결과는 분원성 대장균군 수/100mL로 표시한다.

71 용존산소의 정량에 관한 설명으로 틀린 것은?

① 전극법은 산화성 물질이 함유된 시료나 착색된 시료에 적합하다.

② 일반적으로 온도가 일정할 때 용존산소 포화량은 수중의 염소이온량이 클수록 크다.

③ 시료가 착색, 현탁된 경우는 시료에 칼륨 명반 용액과 암모니아수를 주입한다.

④ Fe(Ⅲ) 100~200mg/L가 함유되어 있는 시료의 경우 황산을 첨가하기 전에 플루오린화칼륨 용액 1mL를 가한다.

해설 일반적으로 온도가 일정할 때 용존산소 포화량은 수중의 염소이온량이 클수록 작다.

72 공장폐수 및 하수유량-관(pipe) 내의 유량 측정 장치인 벤투리미터의 범위(최대유량 : 최소유량)로 옳은 것은?

① 2 : 1 ② 3 : 1

③ 4 : 1 ④ 5 : 1

73 기체 크로마토그래피를 적용한 알킬수은 정량에 관한 내용으로 틀린 것은?

① 검출기는 전자포획형 검출기를 사용하고, 검출기의 온도는 140~200℃로 한다.

② 정량한계는 0.0005mg/L이다.

③ 알킬수은화합물을 사염화탄소로 추출한다.

④ 정밀도(% RSD)는 ±25%이다.

해설 알킬수은화합물을 벤젠으로 추출한다.

74 자외선/가시선을 이용한 음이온계면활성제 측정에 관한 내용으로 ( ) 안에 옳은 내용은?

> 물속에 존재하는 음이온계면활성제를 측정하기 위해 (㉠)와 반응시켜 생성된 (㉡)의 착화합물을 클로로폼으로 추출하여 흡광도를 측정하는 방법이다.

① ㉠ 메틸레드, ㉡ 적색

② ㉠ 메틸렌레드, ㉡ 적자색

③ ㉠ 메틸오렌지, ㉡ 황색

④ ㉠ 메틸렌블루, ㉡ 황색

75 식물성 플랑크톤(조류) 분석 시 즉시 시험하기 어려울 경우 시료 보존을 위해 사용되는 것은? (단, 침강성이 좋지 않은 남조류나 파괴되기 쉬운 와편모 조류인 경우)

① 사염화탄소 용액 ② 에틸알코올 용액

③ 메틸알코올 용액 ④ 루골 용액

76 염소이온 측정방법 중 질산은적정법의 정량한계 (mg/L)는?

① 0.1 ② 0.3

③ 0.5 ④ 0.7

77 수질 분석을 위한 시료 채취 시 유의사항으로 옳지 않은 것은?

① 채취용기는 시료를 채우기 전에 맑은 물로 3회 이상 씻은 다음 사용한다.

② 용존가스, 환원성 물질, 휘발성 유기물질 등의 측정을 위한 시료는 운반 중 공기와의 접촉이 없도록 가득 채워야 한다.

③ 지하수 시료는 취수정 내에 고여 있는 물을 충분히 퍼낸(고여 있는 물의 4~5배 정도나 pH 및 전기전도도를 연속적으로 측정하여 이 값이 평형을 이룰 때까지로 한다) 다음 새로 나온 물을 채취한다.

④ 시료 채취량은 시험항목 및 시험횟수에 따라 차이가 있으나 보통 3~5L 정도여야 한다.

해설 채취용기는 시료를 채우기 전에 시료로 3회 이상 씻은 다음 사용한다.

78 기체 크로마토그래피법의 전자포획검출기에 관한 설명으로 ( ) 안에 알맞은 것은?

> 방사성 동위원소로부터 방출되는 ( )이 운반기체를 전리하여 미소전류를 흘려보낼 때 시료 중의 할로겐이나 산소와 같이 전자포획력이 강한 화합물에 의하여 전자가 포획되어 전류가 감소하는 것을 이용하는 방법이다.

① α(알파)선 ② β(베타)선

③ γ(감마)선 ④ 중성자선

79 현재 널리 사용되고 있는 유도결합플라스마의 고주파 전원으로 알맞은 것은?

① 라디오 고주파발생기의 27.12MHz로 1kW 출력

② 라디오 고주파발생기의 40.68MHz로 5kW 출력

③ 라디오 고주파발생기의 27.12MHz로 100kW 출력

④ 라디오 고주파발생기의 40.68MHz로 1,000kW 출력

80 중금속 측정을 위한 시료 전처리 방법 중 용매추출법인 피로리딘다이티오카르바민산 암모늄 추출법에 대한 설명으로 옳지 않은 것은 어느 것인가?

① 시료 중의 구리, 아연, 납, 카드뮴, 니켈, 코발트 및 은 등의 측정에 이용되는 방법이다.

② 철의 농도가 높을 때에는 다른 금속 추출에 방해를 줄 수 있다.

③ 망간은 착화합물 상태에서 매우 안정적이기 때문에 추출되기 어렵다.

④ 크롬은 6가크롬 상태로 존재할 경우에만 추출된다.

해설 망간을 측정하기 위해 전처리한 경우는 망간 착화합물의 불안정성 때문에 추출 즉시 측정하여야 한다.

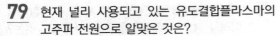
제5과목 | 수질환경관계법규

81 Ⅲ지역에 있는 공공폐수처리시설의 방류수 수질 기준으로 알맞은 것은 어느 것인가? (단, 단위 : mg/L)

① SS : 10 이하, 총질소 : 20 이하, 총인 : 0.5 이하

② SS : 10 이하, 총질소 : 30 이하, 총인 : 1 이하

③ SS : 30 이하, 총질소 : 30 이하, 총인 : 2 이하

④ SS : 30 이하, 총질소 : 60 이하, 총인 : 4 이하

82 환경부 장관은 물환경보전법의 목적을 달성하기 위하여 필요하다고 인정하는 때에는 관계기관의 협조를 요청할 수 있다. 이 각 호에 해당하는 항 중에서 대통령령이 정하는 사항에 해당되지 않는 것은?

① 도시개발제한구역의 지정

② 녹지지역, 풍치지구 및 공지지구의 지정

③ 관광시설이나 산업시설 등의 설치로 훼손된 토지의 원상복구

④ 수질이 악화되어 수도용수의 취수가 불가능하여 댐저류수의 방류가 필요한 경우의 방류량 조절

해설 [법 제70조] 관계기관의 협조
환경부 장관은 이 법의 목적을 달성하기 위하여 필요하다고 인정할 때에는 다음 각 호에 해당하는 조치를 관계기관의 장에게 요청할 수 있다. 이 경우 관계기관의 장은 특별한 사유가 없으면 이에 따라야 한다.
1. 해충 구제방법의 개선
2. 농약·비료의 사용규제
3. 농업용수의 사용규제
4. 녹지지역 및 풍치지구(風致地區)의 지정
5. 공공폐수처리시설 또는 공공하수처리시설의 설치
6. 공공수역의 준설(浚渫)
7. 하천점용허가의 취소, 하천공사의 시행중지·변경 또는 그 인공구조물 등의 이전이나 제거
8. 공유수면의 점용 및 사용허가의 취소, 공유수면 사용의 정지·제한 또는 시설 등의 개축·철거
9. 송유관, 유류저장시설, 농약보관시설 등 수질오염사고를 일으킬 우려가 있는 시설에 대한 수질오염 방지조치 및 시설현황에 관한 자료의 제출
10. 그 밖에 대통령령으로 정하는 사항

83 공공폐수처리시설의 유지·관리기준에 관한 내용으로 ( ) 안에 맞는 것은?

> 처리시설의 가동시간, 폐수방류량, 약품투입량, 관리·운영자, 그 밖에 처리시설의 운영에 관한 주요사항을 사실대로 매일 기록하고 이를 최종 기록한 날부터 ( ) 보존하여야 한다.

① 1년간　　　　② 2년간

③ 3년간　　　　④ 5년간

84 낚시제한구역에서의 낚시방법 제한사항에 관한 기준이 아닌 것은?

① 1명당 4대 이상의 낚시대를 사용하는 행위

② 낚시바늘에 끼워서 사용하지 아니하고 떡밥 등을 던지는 행위

③ 1개의 낚시대에 3개의 낚시바늘을 떡밥과 뭉쳐서 미끼로 던지는 행위

④ 어선을 이용한 낚시행위 등 [낚시 관리 및 육성법]에 따른 낚시어선업을 영위하는 행위

[해설] [시행규칙 제30조] 낚시제한구역에서의 제한사항

1. 낚시바늘에 끼워서 사용하지 아니하고 물고기를 유인하기 위하여 떡밥·어분 등을 던지는 행위

2. 어선을 이용한 낚시행위 등 「낚시 관리 및 육성법」에 따른 낚시어선업을 영위하는 행위(「내수면어업법 시행령」 제14조 제1항 제1호에 따른 외줄낚시는 제외한다)

3. 1명당 4대 이상의 낚시대를 사용하는 행위

4. 1개의 낚시대에 5개 이상의 낚시바늘을 떡밥과 뭉쳐서 미끼로 던지는 행위

5. 쓰레기를 버리거나 취사행위를 하거나 화장실이 아닌 곳에서 대·소변을 보는 등 수질오염을 일으킬 우려가 있는 행위

6. 고기를 잡기 위하여 폭발물·배터리·어망 등을 이용하는 행위(「내수면어업법」 제6조·제9조 또는 제11조에 따라 면허 또는 허가를 받거나 신고를 하고 어망을 사용하는 경우는 제외한다)

85 제1종 사업장으로서 배출허용기준을 처음 위반한 경우 배출부과금 산정 시 부과되는 계수는? (단, 사업장 규모 : 10,000㎥/day 이상인 경우)

① 2.0

② 1.8

③ 1.6

④ 1.4

86 수질 및 수생태계 환경기준 중 하천의 "사람의 건강보호 기준"으로 옳은 것은? (단, 단위는 mg/L)

① 벤젠 : 0.03 이하

② 클로로포름 : 0.08 이하

③ 비소 : 검출되어서는 안됨(검출한계 0.01)

④ 음이온계면활성제 : 0.1 이하

87 사업장별 환경기술인의 자격기준에 관한 내용으로 틀린 것은?

① 대기환경기술인으로 임명된 자가 수질환경기술인의 자격을 함께 갖춘 경우에는 수질환경기술인을 겸임할 수 있다.

② 공동방지시설에 있어서 폐수방출량이 1, 2종 사업장 규모인 경우에는 3종 사업장에 해당하는 환경기술인을 선임할 수 있다.

③ 연간 90일 미만 조업하는 1, 2, 3종 사업장은 4, 5종 사업장에 해당하는 환경기술인을 선임할 수 있다.

④ 특정수질유해물질이 포함된 수질오염물질을 배출하는 4, 5종 사업장은 3종 사업장에 해당하는 환경기술인을 두어야 한다. 다만, 특정수질유해물질이 포함된 1일 10㎥ 이하의 폐수를 배출하는 사업장의 경우에는 그러하지 아니하다.

[해설] 공동방지시설의 경우에는 폐수배출량이 제4종 또는 제5종 사업장의 규모에 해당하면 제3종 사업장에 해당하는 환경기술인을 두어야 한다.

88 시·도지사는 공공수역의 수질보전을 위하여 환경부령이 정하는 해발고도 이상에 위치한 농경지 중 환경부령이 정하는 경사도 이상의 농경지를 경작하는 자에 대하여 경작방식의 변경, 농약·비료의 사용량 저감, 휴경 등을 권고할 수 있다. 위에서 언급한 환경부령이 정하는 해발고도와 경사도 기준은?

① 400미터, 15퍼센트

② 400미터, 25퍼센트

③ 600미터, 15퍼센트

④ 600미터, 25퍼센트

89 다음 중 국립환경과학원장, 유역환경청장, 지방환경청장이 설치할 수 있는 측정망과 가장 거리가 먼 것은?

① 생물 측정망

② 공공수역 유해물질 측정망

③ 도심하천 측정망

④ 퇴적물 측정망

84.③ 85.② 86.② 87.② 88.① 89.③

해설 [시행규칙 제22조] 국립환경과학원장이 설치·운영하는 측정망의 종류 등

국립환경과학원장이 법 제9조 제1항에 따라 설치할 수 있는 측정망은 다음 각 호와 같다.

1. 비점오염원에서 배출되는 비점오염물질 측정망
2. 법 제4조 제1항에 따른 수질오염물질의 총량관리를 위한 측정망
3. 영 제8조 각 호의 시설 등 대규모 오염원의 하류지점 측정망
4. 법 제21조에 따른 수질오염경보를 위한 측정망
5. 법 제22조 제2항에 따른 대권역·중권역을 관리하기 위한 측정망
6. 공공수역 유해물질 측정망
7. 퇴적물 측정망
8. 생물 측정망
9. 그 밖에 국립환경과학원장이 필요하다고 인정하여 설치·운영하는 측정망

90 기본배출부과금에 관한 설명으로 ( ) 안에 알맞은 것은?

> 공공폐수처리시설 또는 공공하수처리시설에서 배출되는 폐수 중 수질오염물질이 ( ) 하는 경우

① 배출허용기준을 초과
② 배출허용기준을 미달
③ 방류수수질기준을 초과
④ 방류수수질기준을 미달

91 환경부 장관 또는 시·도지사는 수질오염피해가 우려되는 하천·호소를 선정하여 수질오염 경보를 단계별로 발령할 수 있다. 수질오염경보의 경보단계별 발령 및 해제 기준이 바르지 않은 것은?

① 관심 : 2회 연속채취 시 남조류 세포수 1,000세포/mL 이상 10,000세포/mL 미만인 경우
② 경계 : 2회 연속채취 시 남조류 세포수 10,000세포/mL 이상 1,000,000세포/mL 미만인 경우
③ 조류 대발생 : 2회 연속채취 시 남조류 세포수 1,000,000세포/mL 이상인 경우
④ 해제 : 2회 연속채취 시 남조류 세포수 500세포/mL 미만인 경우

해설 해제 : 2회 연속채취 시 남조류 세포수 1,000세포/mL 미만인 경우

92 상수원을 오염시킬 우려가 있는 물질을 수송하는 자동차의 통행을 제한하고자 한다. 표지판을 설치해야 하는 자는?

① 경찰청장
② 환경부 장관
③ 대통령
④ 지자체장

93 폐수종말처리시설의 배수설비 설치방법 및 구조기준으로 옳지 않은 것은?

① 배수관의 관경은 100mm 이상으로 하여야 한다.
② 배수관은 우수관과 분리하여 빗물이 혼합되지 않도록 설치하여야 한다.
③ 배수관이 직선인 부분에는 내경의 120배 이하의 간격으로 맨홀을 설치하여야 한다.
④ 배수관 입구에는 유효간격 10mm 이하의 스크린을 설치하여야 한다.

해설 배수관의 관경은 내경 150mm 이상으로 하여야 한다.

94 특정수질유해물질에 해당되지 않는 것은?

① 트리클로로메탄
② 1,1-디클로로에틸렌
③ 디클로로메탄
④ 펜타클로로페놀

95 수질(하천)의 생활환경기준 항목이 아닌 것은?

① 수소이온 농도
② 부유물질량
③ 용매 추출유분
④ 총대장균군

96 오염총량관리기본계획 수립 시 포함되지 않는 내용은?

① 해당 지역 개발계획의 내용
② 지방자치단체별·수계구간별 오염부하량의 할당
③ 관할지역에서 배출되는 오염부하량의 총량 및 저감계획
④ 오염총량초과부과금의 산정방법과 산정기준

90.③ 91.④ 92.① 93.① 94.① 95.③ 96.④

해설 [법 제4조의 3] 오염총량관리기본계획의 수립 등

① 오염총량관리지역을 관할하는 시·도지사는 오염총량관리기본방침에 따라 다음 각 호의 사항을 포함하는 기본계획(이하 "오염총량관리기본계획"이라 한다)을 수립하여 환경부령으로 정하는 바에 따라 환경부 장관의 승인을 받아야 한다. 오염총량관리기본계획 중 대통령령으로 정하는 중요한 사항을 변경하는 경우에도 또한 같다.

1. 해당 지역 개발계획의 내용
2. 지방자치단체별·수계구간별 오염부하량(汚染負荷量)의 할당
3. 관할지역에서 배출되는 오염부하량의 총량 및 저감계획
4. 해당 지역 개발계획으로 인하여 추가로 배출되는 오염부하량 및 그 저감계획

② 오염총량관리기본계획의 승인기준은 환경부령으로 정한다.

97 폐수처리업자의 준수사항 내용으로 (   ) 안에 알맞은 것은?

> 수탁한 폐수는 정당한 사유없이 (   ) 이상 보관할 수 없다.

① 10일
② 15일
③ 30일
④ 45일

98 배출시설에 대한 일일기준 초과배출량 산정에 적용되는 일일유량은 (측정유량×일일조업시간)이다. 일일유량을 구하기 위한 일일조업시간에 대한 설명으로 (   ) 안에 맞는 것은?

> 측정하기 전 최근 조업한 30일 간의 배출시설 조업시간의 (㉠)로서 (㉡)으로 표시한다.

① ㉠ 평균치, ㉡ 분(min)
② ㉠ 평균치, ㉡ 시간(hr)
③ ㉠ 최대치, ㉡ 분(min)
④ ㉠ 최대치, ㉡ 시간(hr)

99 하수도법에서 사용하는 용어에 대한 정의가 틀린 것은?

① 분뇨는 수거식 화장실에서 수거되는 액체성 또는 고체성의 오염물질이다.
② 합류식 하수관로는 오수와 하수도로 유입되는 빗물·지하수가 함께 흐르도록 하기 위한 하수관로이다.
③ 분뇨처리시설은 분뇨를 침전·분해 등의 방법으로 처리하는 시설이다.
④ 배수구역은 하수를 공공하수처리시설에 유입하여 처리할 수 있는 지역이다.

100 오염총량관리시행계획에 포함되지 않는 것은?

① 대상유역의 현황
② 연차별 오염부하량 삭감 목표 및 구체적 삭감 방안
③ 수질과 오염원과의 관계
④ 수질예측 산정자료 및 이행 모니터링 계획

해설 [시행령 제6조] 오염총량관리시행계획 승인 등

특별시장·광역시장·특별자치시장·특별자치도지사는 법 제4조의 4 제1항에 따라 다음 각 호의 사항이 포함된 오염총량관리시행계획(이하 "오염총량관리시행계획"이라 한다)을 수립하여 환경부 장관의 승인을 받아야 한다.

1. 오염총량관리시행계획 대상 유역의 현황
2. 오염원 현황 및 예측
3. 연차별 지역개발계획으로 인하여 추가로 배출되는 오염부하량 및 해당 개발계획의 세부 내용
4. 연차별 오염부하량 삭감 목표 및 구체적 삭감 방안
5. 법 제4조의 5에 따른 오염부하량 할당 시설별 삭감량 및 그 이행시기
6. 수질예측 산정자료 및 이행 모니터링 계획

숫자로 보는 문제유형 분석

계산문제 출제비율	수질오염개론	상하수도계획
	35%	20%
수질오염방지기술	공정시험기준	전체 100문제 중
35%	10%	20%

어쩌다 한번 만나는 문제	수질오염개론	상하수도계획
	17	34, 40
수질오염방지기술	공정시험기준	수질관계법규
58	67, 75	–

제1과목 ▌ 수질오염개론

01 하수가 유입된 하천의 자정작용을 하천 유하거리에 따라 분해지대, 활발한 분해지대, 회복지대, 정수지대의 4단계로 분류하여 나타내는 경우, 회복지대의 특성으로 틀린 것은?

① 세균수가 감소한다.
② 발생된 암모니아성질소가 질산화된다.
③ 용존산소의 농도가 포화될 정도로 증가한다.
④ 규조류가 사라지고, 윤충류, 갑각류도 감소한다.

해설 조류가 번식하고, 윤충류, 갑각류도 증가한다.

02 광합성에 대한 설명으로 틀린 것은?

① 호기성 광합성(녹색식물의 광합성)은 진조류와 청녹조류를 위시하여 고등식물에서 발견된다.
② 녹색식물의 광합성은 탄산가스와 물로부터 산소와 포도당(또는 포도당 유도산물)을 생성하는 것이 특징이다.
③ 세균활동에 의한 광합성은 탄산가스의 산화를 위하여 물 이외의 화합물질이 수소원자를 공여, 유리산소를 형성한다.
④ 녹색식물의 광합성 시 광은 에너지를, 그리고 물은 환원반응에 수소를 공급해 준다.

해설 세균활동에 의한 광합성은 탄산가스의 환원을 위하여 물 이외의 화합물질이 수소원자를 공여, 유리산소의 형성을 억제한다.

03 호소의 부영양화에 대한 일반적 영향으로 틀린 것은?

① 부영양화가 진행된 수원을 농업용수로 사용하면 영양염류의 공급으로 농산물 수확량이 지속적으로 증가한다.
② 조류나 미생물에 의해 생성된 용해성 유기물질이 불쾌한 맛과 냄새를 유발한다.
③ 부영양화 평가모델은 인(P)부하모델인 Vollenweider 모델 등이 대표적이다.
④ 심수층의 용존산소량이 감소한다.

해설 부영양화가 진행된 수원을 농업용수로 사용하면 영양염류의 과잉공급으로 농산물의 성장에 변이를 일으켜 자체 저항력이 감소되어 수확량이 줄어든다.

04 수질오염물질 중 중금속에 관한 설명으로 틀린 것은?

① 카드뮴 : 인체 내에서 투과성이 높고, 이동성이 있는 독성 메틸 유도체로 전환된다.
② 비소 : 인산염 광물에 존재하여 인화합물 형태로 환경 중에 유입된다.
③ 납 : 급성독성은 신장, 생식계통, 간, 그리고 뇌와 중추신경계에 심각한 장애를 유발한다.
④ 수은 : 수은중독은 BAL, Ca_2EDTA로 치료할 수 있다.

해설 카드뮴 : 카드뮴에 의해 유발되는 질병으로 '이타이이타이병'이 있다.

05 강우의 pH에 관한 설명으로 틀린 것은?

① 보통 대기 중의 이산화탄소와 평형상태에 있는 물은 약 pH 5.7의 산성을 띠고 있다.

② 산성강우의 주요 원인물질로 황산화물, 질소산화물 및 염소산화물을 들 수 있다.

③ 산성강우현상은 대기오염이 혹심한 지역에 국한되어 나타난다.

④ 강우는 부유재(fly ash)로 인하여 때때로 알칼리성을 띨 수 있다.

해설 대기오염이 심한 지역에 국한되지 않으며, 광범위한 지역에 걸쳐 오염현상이 일어나 정확한 예보는 어렵다.

06 다음 중 물의 특성에 대한 설명으로 옳지 않은 것은?

① 기화열이 크기 때문에 생물의 효과적인 체온 조절이 가능하다.

② 비열이 크기 때문에 수온의 급격한 변화를 방지해 줌으로써 생물활동이 가능한 기온을 유지한다.

③ 융해열이 작기 때문에 생물체의 결빙이 쉽게 일어나지 않는다.

④ 빙점과 비점 사이가 100℃나 되므로 넓은 범위에서 액체 상태를 유지할 수 있다.

해설 융해열이 크기 때문에 생물체의 결빙이 쉽게 일어나지 않는다.

07 다음 중 생물농축에 대한 설명으로 가장 거리가 먼 것은?

① 수생 생물체 내의 각종 중금속 농도는 환경수중의 농도보다는 높은 경우가 많다.

② 생물체 중의 농도와 환경수중의 농도비를 농축비 또는 농축계수라고 한다.

③ 수생생물의 종류에 따라서 중금속의 농축비가 다른 경우가 많다.

④ 농축비는 먹이사슬 과정에서 높은 단계의 소비자에 상당하는 생물일수록 낮게 된다.

해설 농축비는 먹이사슬 과정에서 높은 단계의 소비자에 상당하는 생물일수록 높게 된다.

08 벤젠, 톨루엔, 에틸벤젠, 자일렌이 같은 몰수로 혼합된 용액이 라울의 법칙을 따른다고 가정하면 혼합액의 총 증기압(25℃ 기준, atm)은? (단, 벤젠, 톨루엔, 에틸벤젠, 자일렌의 25℃에서 순수액체의 증기압은 각각 0.126, 0.038, 0.0126, 0.01177atm이며, 기타 조건은 고려하지 않음.)

① 0.047

② 0.057

③ 0.067

④ 0.077

해설 $0.126 \times 0.25 + 0.038 \times 0.25 + 0.0126 \times 0.25 + 0.01177 \times 0.25 = 0.047$

09 BOD_5가 270mg/L이고, COD가 450mg/L인 경우, 탈산소계수(K_1)의 값이 0.1/day일 때, 생물학적으로 분해 불가능한 COD(mg/L)는? (단, BDCOD=BOD_u, 상용대수 기준)

① 약 55   ② 약 65

③ 약 75   ④ 약 85

해설 COD=BDCOD+NBDCOD

BDCOD : 생물학적 분해 가능=최종BOD

NBDCOD : 생물학적으로 분해 불가능

ⓐ BDCOD 산정

$BOD_5 = BOD_u \times (1 - 10^{-K_1 \times 5})$

$270 = BOD_u (1 - 10^{-0.1 \times 5})$

최종BOD=394.8683mg/L

ⓑ NBDCOD 산정

NBDCOD=COD−BDCOD

=450−394.8683

=55.1317mg/L

10 다음은 수질조사에서 얻은 결과인데, Ca^{2+} 결과치의 분실로 인하여 기재가 되지 않았다. 주어진 자료로부터 Ca^{2+} 농도(mg/L)는?

양이온(mg/L)		음이온(mg/L)	
Na^+	46	Cl^-	71
Ca^{2+}	–	HCO_3^-	122
Mg^{2+}	36	SO_4^{2-}	192

① 20   ② 40

③ 60   ④ 80

11 부영양화가 진행된 호소에 대한 수면관리대책으로 틀린 것은?

① 수중 폭기한다.
② 퇴적층을 준설한다.
③ 수생식물을 이용한다.
④ 살조제는 황산알루미늄을 주로 많이 쓴다.

12 생물학적 질화 중 아질산화에 관한 설명으로 틀린 것은?

① Nitrobacter에 의해 수행된다.
② 수율은 $0.04 \sim 0.13$mg VSS/mg NH_4^+-N 정도이다.
③ 관련 미생물은 독립영양성 세균이다.
④ 산소가 필요하다.

해설 Nitrosomonas에 의해 수행된다.

13 0.01M-KBr과 0.02M-ZnSO₄ 용액의 이온강도는? (단, 완전해리 기준)

① 0.08　　　② 0.09
③ 0.12　　　④ 0.14

해설 이온강도 산정식 이용

$$\mu = \frac{1}{2}\sum(\text{몰농도} \times \text{전하}^2)$$

0.01M-KBr : K^+0.01M+Br^-0.01M
0.02M-ZnSO₄ : Zn_2+0.02M+SO_4^{2-}0.02M

$$\mu = \frac{1}{2}\sum\left(0.01 \times (+1)^2 + 0.01 \times (-1)^2 + 0.02 \times (+2)^2 \right.$$
$$\left. + 0.02 \times (-2)^2\right)$$
$$= 0.09$$

14 바닷물에 0.054M의 MgCl₂가 포함되어 있을 때 바닷물 250mL에 포함되어 있는 MgCl₂의 양(g)은? (단, 원자량 Mg=24.3, Cl=35.5)

① 약 0.8
② 약 1.3
③ 약 2.6
④ 약 3.9

해설 $\dfrac{0.054\text{mol}}{\text{L}} \times 0.25\text{L} \times \dfrac{95.3\text{g}}{\text{mol}} = 1.2865\text{g}$

15 다음 중 반응속도에 관한 설명으로 알맞지 않은 것은?

① 영차반응 : 반응물의 농도에 독립적인 속도로 진행하는 반응이다.
② 일차반응 : 반응속도가 시간에 따른 반응물의 농도변화 정도에 반비례하여 진행하는 반응이다.
③ 이차반응 : 반응속도가 한 가지 반응물 농도의 제곱에 비례하여 진행하는 반응이다.
④ 실험치에 따라 특정 반응속도의 차수를 구하기 위하여는 시간에 따른 농도변화를 그래프로 그리고 직선으로부터의 편차를 구하여 평가한다.

해설 일차반응 : 반응속도가 시간에 따른 반응물의 농도변화 정도에 비례하여 진행하는 반응이다.

16 방사성 물질인 스트론튬(Sr^{90})의 반감기가 29년이라면 주어진 양의 스트론튬(Sr^{90})이 99% 감소하는 데 걸리는 시간(년)은?

① 143　　　② 193
③ 233　　　④ 273

해설 방사성 물질의 반감기는 일차반응을 따른다.

$$\ln\frac{C_t}{C_o} = -K \cdot t$$

ⓐ K의 산정

$$\ln\frac{50}{100} = -K \cdot 29$$
$$K = 0.0239 \, \text{yr}^{-1}$$

ⓑ 99% 감소하는 데 걸리는 시간

$$\ln\frac{1}{100} = -0.0239 \times t$$
$$t = \frac{\ln(C_t/C_o)}{-K} = \frac{\ln(1/100)}{-0.0239} = 193\text{yr}$$

17 수질모델링을 위한 절차에 해당하는 항목으로 가장 거리가 먼 것은?

① 변수 추정
② 수질 예측 및 평가
③ 보정
④ 감응도 분석

18 다음과 같은 수질을 가진 농업용수의 SAR값은?
(단, Na^+=460mg/L, PO_4^{3-}=1,500mg/L, Cl^-=108mg/L, Ca^{2+}=600mg/L, Mg^{2+}=240mg/L, NH_3-N=380mg/L, 원자량=Na : 23, P : 31, Cl : 35.5, Ca : 40, Mg : 24)

① 2   ② 4
③ 6   ④ 8

해설
ⓐ Na^+의 meq/L 산정

$$Na^+ = \frac{460mg}{L} \times \frac{1meq}{(23/1)mg} = 20meq/L$$

ⓑ Ca^{2+}의 meq/L 산정

$$Ca^{2+} = \frac{600mg}{L} \times \frac{1meq}{(40/2)mg} = 30meq/L$$

ⓒ Mg^{2+}의 meq/L 산정

$$Mg^{2+} = \frac{240mg}{L} \times \frac{1meq}{(24/2)mg} = 20meq/L$$

ⓓ SAR의 산정

$$SAR = \frac{Na^+}{\sqrt{\frac{Ca^{2+}+Mg^{2+}}{2}}} = \frac{20}{\sqrt{\frac{30+20}{2}}} = 4$$

19 다음의 기체 법칙 중 옳은 것은?

① Boyle의 법칙 : 일정한 압력에서 기체의 부피는 절대온도에 정비례한다.
② Henry의 법칙 : 기체와 관련된 화학반응에서는 반응하는 기체와 생성되는 기체의 부피 사이에 정수관계가 있다.
③ Graham의 법칙 : 기체의 확산속도(조그마한 구멍을 통한 기체의 탈출)는 기체 분자량의 제곱근에 반비례한다.
④ Gay-Lussac의 결합부피 법칙 : 혼합기체 내의 각 기체의 부분압력은 혼합물 속의 기체의 양에 비례한다.

해설 바르게 고쳐보면
① 샤를의 법칙 : 일정한 압력에서 기체의 부피는 절대온도에 정비례한다.
② Gay-Lussac의 결합부피 법칙 : 기체와 관련된 화학반응에서는 반응하는 기체와 생성되는 기체의 부피 사이에 정수관계가 있다.
④ 돌턴의 부분압 법칙 : 혼합기체 내의 각 기체의 부분압력은 혼합물 속의 기체의 양에 비례한다.

20 시료의 BOD_5가 200mg/L이고 탈산소계수값이 0.15day^{-1}일 때 최종 BOD(mg/L)는?

① 약 213   ② 약 223
③ 약 233   ④ 약 243

해설 소모 BOD 공식 적용
$$BOD_5 = BOD_u \times (1-10^{-Kt})$$
$$200 = BOD_u \times (1-10^{-0.15 \times 5})$$
$$BOD_u = 243.26mg/L$$

▶ 제2과목 ┃ 상하수도계획

21 계획오수량에 관한 설명으로 ( ) 안에 알맞은 내용은?

> 합류식에서 우천 시 계획오수량은 ( ) 이상으로 한다.

① 원칙적으로 계획1일 최대오수량의 2배
② 원칙적으로 계획1일 최대오수량의 3배
③ 원칙적으로 계획시간 최대오수량의 2배
④ 원칙적으로 계획시간 최대오수량의 3배

22 하수배제방식의 특징에 대한 설명으로 옳지 않은 것은?

① 분류식은 우천 시에 월류가 없다.
② 분류식은 강우초기 노면 세정수가 하천 등으로 유입되지 않는다.
③ 합류식 시설의 일부를 개선 또는 개량하면 강우초기의 오염된 우수를 수용해서 처리할 수 있다.
④ 합류식은 우천 시 일정량 이상이 되면 오수가 월류한다.

해설 분류식은 강우초기 노면 세정수가 하천 등으로 유입된다.

23 정수처리방법인 중간염소처리에서 염소의 주입 지점으로 가장 적절한 것은?

① 혼화지와 침전지 사이
② 침전지와 여과지 사이
③ 착수정과 혼화지 사이
④ 착수정과 도수관 사이

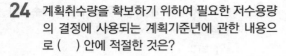

24 계획취수량을 확보하기 위하여 필요한 저수용량의 결정에 사용되는 계획기준년에 관한 내용으로 ( ) 안에 적절한 것은?

> 원칙적으로 ( )에 제1위 정도의 갈수를 표준으로 한다.

① 5개년　　　　② 7개년
③ 10개년　　　　④ 15개년

25 하수관로에 관한 설명 중 옳지 않은 것은?

① 우수관로에서 계획하수량은 계획우수량으로 한다.
② 합류식 관로에서 계획하수량은 계획시간 최대오수량에 계획우수량을 합한 것으로 한다.
③ 차집관로에서 계획하수량은 계획시간 최대오수량으로 한다.
④ 지역의 실정에 따라 계획하수량에 여유율을 둘 수 있다.

[해설] 차집관거는 우천 시 계획오수량을 기준으로 한다.

26 기존의 하수처리시설에 고도처리시설을 설치하고자 할 때 검토사항으로 틀린 것은?

① 표준활성슬러지법이 설치된 기존처리장의 고도처리 개량은 개선대상 오염물질별 처리특성을 감안하여 효율적인 설계가 되어야 한다.
② 시설개량은 시설개량방식을 우선 검토하되 방류수 수질기준 준수가 곤란한 경우에 한해 운전개선방식을 함께 추진하여야 한다.
③ 기본설계과정에서 처리장의 운영실태 정밀분석을 실시한 후 이를 근거로 사업 추진방향 및 범위 등을 결정하여야 한다.
④ 기존시설물 및 처리공정을 최대한 활용하여야 한다.

[해설] 시설개량은 시설개량방식을 우선 검토하되 방류수 수질기준 준수가 가능한 경우에 한해 운전개선방식을 함께 추진하여야 한다.

27 해수 담수화방식 중 상(相)변화방식인 증발법에 해당되는 것은?

① 가스수화물법
② 다중효용법
③ 냉동법
④ 전기투석법

[해설] 해수 담수화방식을 분류하면 다음과 같다.

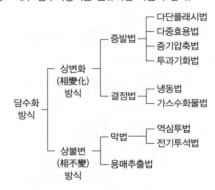

28 1분당 300m^{3}의 물을 150m 양정(전양정)할 때 최고효율점에 달하는 펌프가 있다. 이때의 회전수가 1,500rpm이라면, 이 펌프의 비속도(비교회전도)는?

① 약 512
② 약 554
③ 약 606
④ 약 658

[해설] 비교회전도의 산정을 위한 공식은 아래와 같다.

$$N_s = N \times \frac{Q^{1/2}}{H^{3/4}}$$

여기서, N : 회전수 → 1,500rpm
　　　　Q : 유량 → 300m^3/min
　　　　H : 양정 → 150m

$$N_s = N \times \frac{Q^{1/2}}{H^{3/4}} = 1,500 \times \frac{300^{1/2}}{150^{3/4}} = 606.15$$

29 펌프의 토출량이 0.20m^3/sec, 흡입구의 유속이 3m/sec인 경우, 펌프의 흡입구경(mm)은?

① 약 198
② 약 292
③ 약 323
④ 약 413

해설 $Q=A \times V$의 식에서 단면적을 구한 뒤 펌프의 흡입구경을 산정한다.

ⓐ 단면적 산정

$$A = \frac{Q}{V} = \frac{\dfrac{0.2\text{m}^3}{\text{sec}}}{\dfrac{3\text{m}}{\text{sec}}} = 0.0666\text{m}^2$$

ⓑ 흡입구경 산정

$$A = \frac{\pi D^2}{4} = 0.0666\text{m}^2$$

$$D = \sqrt{\frac{4 \times 0.0666}{\pi}} = 0.2912\text{m} = 291.2\text{mm}$$

30 다음 중 막 모듈의 열화와 가장 거리가 먼 것은 어느 것인가?

① 장기적인 압력부하에 의한 막 구조의 압밀화

② 건조되거나 수축으로 인한 막 구조의 비가역적인 변화

③ 원수 중의 고형물이나 진동에 의한 막 면의 상처, 마모, 파단

④ 막의 다공질부의 흡착, 석출, 포착 등에 의한 폐색

해설 ④는 파울링에 대한 설명이다.

31 상수도 계획급수량과 관련된 내용으로 잘못된 것은?

① 계획1일 평균급수량=계획1일 평균사용수량 /계획유효율

② 계획1일 최대급수량=계획1일 평균급수량 ×계획첨두율

③ 일반적인 산정절차는 각 용도별 1일 평균사용수량(실적) → 각 계획용도별 1일 평균사용수량 → 계획1일 평균사용수량 → 계획1일 평균급수량 → 계획1일 최대급수량으로 한다.

④ 일반적으로 소규모 도시일수록 첨두율값이 작다.

해설 일반적으로 소규모 도시일수록 첨두율값이 크다.

32 오수 이송방법은 자연유하식, 압력식, 진공식이 있다. 이 중 압력식(다중압송)에 관한 내용으로 옳지 않은 것은?

① 지형변화에 대응이 어렵다.

② 지속적인 유지관리가 필요하다.

③ 저지대가 많은 경우 시설이 복잡하다.

④ 정전 등 비상대책이 필요하다.

33 다음 중 도수거에 관한 설명으로 옳지 않은 것은 어느 것인가?

① 수리학적으로 자유수면을 갖고 중력작용으로 경사진 수로를 흐르는 시설이다.

② 개거나 암거인 경우에는 대개 300~500m 간격으로 시공조인트를 겸한 신축조인트를 설치한다.

③ 균일한 동수경사(통상 1/3,000~1/1,000) 로 도수하는 시설이다.

④ 도수거의 평균유속의 최대한도는 3.0m/sec 로 하고, 최소유속은 0.3m/sec로 한다.

해설 개거나 암거인 경우에는 대개 30~50m 간격으로 시공조인트를 겸한 신축조인트를 설치한다.

34 하수처리를 위한 산화구법에 관한 설명으로 틀린 것은?

① 용량은 HRT가 24~48시간이 되도록 정한다.

② 형상은 장원형 무한수로로 하며, 수심은 1.0~3.0m, 수로 폭은 2.0~6.0m 정도가 되도록 한다.

③ 저부하조건의 운전으로 SRT가 길어 질산화반응이 진행되기 때문에 무산소 조건을 적절히 만들면 70% 정도의 질소 제거가 가능하다.

④ 산화구 내의 혼합상태가 균일하여도 구 내에서 MLSS, 알칼리도 농도의 구배는 크다.

해설 산화구 내의 혼합상태가 균일하면 구 내에서 MLSS, 알칼리도 농도의 구배는 크지 않다.

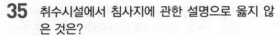

35 취수시설에서 침사지에 관한 설명으로 옳지 않은 것은?

① 지의 위치는 가능한 한 취수구에 근접하여 제내지에 설치한다.

② 지의 상단높이는 고수위보다 0.3~0.6m의 여유고를 둔다.

③ 지의 고수위는 계획취수량이 유입될 수 있도록 취수구의 계획최저수위 이하로 정한다.

④ 지의 길이는 폭의 3~8배, 지 내 평균유속은 2~7cm/sec를 표준으로 한다.

해설 지의 상단높이는 고수위보다 0.6~1m의 여유고를 둔다.

36 상수의 공급과정을 바르게 나타낸 것은?

① 취수 → 도수 → 정수 → 송수 → 배수 → 급수

② 취수 → 도수 → 송수 → 정수 → 배수 → 급수

③ 취수 → 송수 → 정수 → 배수 → 도수 → 급수

④ 취수 → 송수 → 배수 → 정수 → 도수 → 급수

37 계획취수량이 10m³/sec, 유입수심이 5m, 유입속도가 0.4m/sec인 지역에 취수구를 설치하고자 할 때 취수구의 폭(m)은? (단, 취수보 설계기준)

① 0.5

② 1.25

③ 2.5

④ 5.0

해설 $Q = A \times V$의 식에서 단면적을 구한 뒤 취수구의 폭을 산정한다.

ⓐ 단면적 산정

$$A = \frac{Q}{V} = \frac{10\text{m}^3/\text{sec}}{0.4\text{m/sec}} = 25\text{m}^2$$

ⓑ 취수구의 폭 산정

$5\text{m} \times \square\text{m} = 25\text{m}^2$

∴ $\square = 5\text{m}$

38 오수관거 계획 시 기준이 되는 오수량은?

① 계획시간 최대오수량

② 계획1일 최대오수량

③ 계획시간 평균오수량

④ 계획1일 평균오수량

39 정수시설 중 플록형성지에 관한 설명으로 틀린 것은?

① 기계식 교반에서 플록큐레이터(flocculator)의 주변속도는 5~10cm/sec를 표준으로 한다.

② 플록 형성시간은 계획정수량에 대하여 20~40분간을 표준으로 한다.

③ 직사각형이 표준이다.

④ 혼화지와 침전지 사이에 위치하고 침전지에 붙여서 설치한다.

해설 기계식 교반에서 플록큐레이터(flocculator)의 주변속도는 15~80cm/sec를 표준으로 한다.

40 천정호(얕은우물)의 경우 양수량 $Q = \dfrac{\pi k (H^2 - h^2)}{2.3\log(R/r)}$로 표시된다. 반경 0.5m의 천정호 시험정에서 $H = 6\text{m}$, $h = 4\text{m}$, $R = 50\text{m}$인 경우에 $Q = 0.6\text{m}^3/\text{sec}$의 양수량을 얻었다. 이 조건에서 투수계수($k$, m/sec)는?

① 0.044

② 0.073

③ 0.086

④ 0.146

해설

$$\frac{0.6\text{m}^3}{\text{sec}} = \frac{\pi k (6^2 - 4^2)}{2.3\log(50/0.5)}$$

∴ $k = 0.0439\text{m/sec}$

▶▶ 제3과목 ▎수질오염방지기술

41 포기조 내의 혼합액의 SVI가 100이고, MLSS 농도를 2,200mg/L로 유지하려면 적정한 슬러지의 반송률(%)은? (단, 유입수의 SS는 무시한다.)

① 23.6

② 28.2

③ 33.6

④ 38.3

해설 반송률 관계식 이용

$$R = \frac{\text{MLSS} - \text{SS}_i}{X_r - \text{MLSS}} \rightarrow 유입수의 SS를 무시하면$$

$$\frac{\text{MLSS}}{X_r - \text{MLSS}} = \frac{\text{MLSS}}{(10^6/\text{SVI}) - \text{MLSS}}$$

$$R = \frac{2,200}{(10^6/100) - 2,200} \times 100 = 28.2051\%$$

42 MLSS의 농도가 1,500mg/L인 슬러지를 부상법으로 농축시키고자 한다. 압축탱크의 유효전달압력이 4기압이며, 공기의 밀도가 1.3g/L, 공기의 용해량이 18.7mL/L일 때 A/S비는? (단, 유량=300m³/day, f=0.5, 처리수의 반송은 없다.)

① 0.008

② 0.010

③ 0.016

④ 0.020

해설 A/S비 산정을 위한 관계식은 아래와 같다.

$$A/S비 = \frac{1.3 \times C_a (f \times P - 1)}{SS}$$

여기서, 1.3 : 공기의 밀도(g/L)

C_a : 공기의 용해량 → 18.7mL/L

f : 0.5

P : 유효전달압력 → 4atm

SS : SS의 농도 → 1,500mg/L

$$A/S비 = \frac{1.3 \times C_a (f \times P - 1)}{SS}$$

$$= \frac{1.3 \times 18.7 \times (0.5 \times 4 - 1)}{1,500} = 0.016$$

43 탈질소 공정에서 폐수에 탄소원 공급용으로 가해지는 약품은?

① 응집제

② 질산

③ 소석회

④ 메탄올

44 기계적으로 청소가 되는 바 스크린의 바(bar) 두께는 5mm이고, 바 간의 거리는 30mm이다. 바를 통과하는 유속이 0.90m/sec일 때 스크린을 통과하는 수두손실(m)은? $\left(단, h_L = \left(\frac{V_B^2 - V_A^2}{2g} \right) \left(\frac{1}{0.7} \right) \right)$

① 0.0157

② 0.0238

③ 0.0325

④ 0.0452

해설 ⓐ 접근유속 산정

$$Q = A_1 V_1 = A_2 V_2$$

$$0.9m/s \times 30mm \times D = V_2 \times 35mm \times D$$

$$V_2 = 0.77m/sec$$

ⓑ 손실수두 산정

$$h_L = \frac{V_B^2 - V_A^2}{2g} \times \frac{1}{0.7}$$

$$= \frac{(0.9m/s)^2 - (0.77m/s)^2}{2 \times 9.8m/s^2} \times \frac{1}{0.7}$$

$$= 0.0158m$$

45 다음 중 경사판 침전지에서 경사판의 효과가 아닌 것은?

① 수면적 부하율의 증가효과

② 침전지 소요면적의 저감효과

③ 고형물의 침전효율 증대효과

④ 처리효율의 증대효과

46 분뇨의 생물학적 처리공법으로서 호기성 미생물이 아닌 혐기성 미생물을 이용한 혐기성 처리공법을 주로 사용하는 근본적인 이유는?

① 분뇨에는 혐기성 미생물이 살고 있기 대문에

② 분뇨에 포함된 오염물질은 혐기성 미생물만이 분해할 수 있기 때문에

③ 분뇨의 유기물 농도가 너무 높아 포기에 너무 많은 비용이 들기 때문에

④ 혐기성 처리공법으로 발생되는 메탄가스가 공법에 필수적이기 때문에

47 크롬함유 폐수를 환원처리공법 중 수산화물 침전법으로 처리하고자 할 때 침전을 위한 적정 pH 범위는? (단, $Cr^{3+} + 3OH^- \rightarrow Cr(OH)_3 \downarrow$)

① pH 4.0~4.5

② pH 5.5~6.5

③ pH 8.0~8.5

④ pH 11.0~11.5

48 Side stream을 적용하여 생물학적 방법과 화학적 방법으로 인을 제거하는 공정은?

① 수정 Bardenpho 공정

② Phostrip 공정

③ SBR 공정

④ UCT 공정

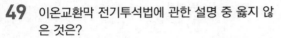
49 이온교환막 전기투석법에 관한 설명 중 옳지 않은 것은?

① 칼슘, 마그네슘 등 경도 물질의 제거효율은 높지만, 인 제거율은 상대적으로 낮다.
② 콜로이드성 현탁물질 제거에 주로 적용된다.
③ 배수 중의 용존염분을 제거하여 양질의 처리수를 얻는다.
④ 소요전력은 용존염분 농도에 비례하여 증가한다.

해설 ②는 응집에 대한 설명이다.

50 분리막을 이용한 수처리 방법 중 추진력이 정수압차가 아닌 것은?

① 투석   ② 정밀여과
③ 역삼투   ④ 한외여과

해설 투석 : 농도차

51 폐수처리에 관련된 침전현상으로 입자간에 작용하는 힘에 의해 주변입자들의 침전을 방해하는 중간 정도 농도 부유액에서의 침전은?

① 제1형 침전(독립침전)
② 제2형 침전(응집침전)
③ 제3형 침전(계면침전)
④ 제4형 침전(압밀침전)

52 생물학적 원리를 이용하여 질소, 인을 제거하는 공정인 5단계 Bardenpho 공법에 관한 설명으로 옳지 않은 것은?

① 인 제거를 위해 혐기성조가 추가된다.
② 조 구성은 혐기성조, 무산소조, 호기성조, 무산소조, 호기성조 순이다.
③ 내부반송률은 유입유량 기준으로 100~200% 정도이며, 2단계 무산소조로부터 1단계 무산소조로 반송된다.
④ 마지막 호기성 단계는 폐수 내 잔류질소가스를 제거하고 최종침전지에서 인의 용출을 최소화하기 위하여 사용한다.

해설 내부반송률은 유입유량 기준으로 200~400% 정도이며, 1단계 호기조로부터 1단계 무산소조로 반송된다.

53 회전원판법(RBC)의 장점으로 가장 거리가 먼 것은?

① 미생물에 대한 산소공급 소요전력이 적다.
② 고정메디아로 높은 미생물 농도 및 슬러지 일령을 유지할 수 있다.
③ 기온에 따른 처리효율의 영향이 적다.
④ 재순환이 필요 없다.

해설 기온에 따른 처리효율의 영향이 크다.

54 상향류 혐기성 슬러지상의 장점이라 볼 수 없는 것은?

① 미생물 체류시간을 적절히 조절하면 저농도 유기성 폐수의 처리도 가능하다.
② 기계적인 교반이나 여재가 필요 없기 때문에 비용이 적게 든다.
③ 고액 및 기액 분리장치를 제외하면 전체적으로 구조가 간단하다.
④ 폐수 성상이 슬러지 입상화에 미치는 영향이 적어 안정된 처리가 가능하다.

해설 폐수의 성상에 의하여 슬러지의 입상화가 크게 영향을 받는다.

55 하수 고도처리 공법인 Phostrip 공정에 관한 설명으로 옳지 않은 것은?

① 기존 활성슬러지 처리장에 쉽게 적용 가능하다.
② 인 제거 시 BOD/P비에 의하여 조절되지 않는다.
③ 최종침전지에서 인 용출을 위해 용존산소를 낮춘다.
④ Mainstream 화학침전에 비하여 약품 사용량이 적다.

56 생물학적 처리법 가운데 살수여상법에 대한 설명으로 가장 거리가 먼 것은?

① 슬러지일령은 부유성장 시스템보다 높아 100일 이상의 슬러지일령에 쉽게 도달된다.

② 총괄 관측수율은 전형적인 활성슬러지공정의 60~80% 정도이다.

③ 덮개 없는 여상의 재순환율을 증대시키면 실제로 여상 내의 평균온도가 높아진다.

④ 정기적으로 여상에 살충제를 살포하거나 여상을 침수토록 하여 파리문제를 해결할 수 있다.

[해설] 덮개 없는 여상의 재순환율을 증대시키면 실제로 여상 내의 평균온도가 낮아진다.

57 평균 유입하수량 10,000m³/day인 도시 하수처리장의 1차 침전지를 설계하고자 한다. 1차 침전지의 표면부하율을 50m³/m² · day로 하여 원형 침전지를 설계한다면 침전지의 직경(m)은?

① 약 14
② 약 16
③ 약 18
④ 약 20

[해설] 표면부하율과 침전면적의 관계를 이용

$$표면부하율 = \frac{유량}{침전면적}$$

ⓐ 침전면적 산정

$$\frac{50m^3}{m^2 \cdot day} = \frac{10,000m^3/day}{침전면적}$$

침전면적 $= 200m^2$

ⓑ 침전지 직경 산정

$$A = \frac{\pi}{4} \times D^2$$

$$200m^2 = \frac{\pi}{4} \times D^2$$

$$D = 15.9576m$$

58 수온 20℃일 때, pH 6.0이면 응결에 효과적이다. pOH를 일정하게 유지하는 경우 5℃일 때의 pH는? (단, 20℃일 때, $K_w = 0.68 \times 10^{-14}$)

① 4.34　　② 6.47
③ 8.31　　④ 10.22

59 2차 처리 유출수에 포함된 25mg/L의 유기물을 분말활성탄 흡착법으로 3차 처리하여 2mg/L가 될 때까지 제거하고자 할 때, 폐수 3m³당 필요한 활성탄의 양(g)은? (단, Freundlich 등온식 활용, $k = 0.5$, $n = 1$)

① 69
② 76
③ 84
④ 91

[해설] Freundlich 등온공식

$$\frac{X}{M} = KC^{\frac{1}{n}}$$ 이용

$$\frac{25-2}{M} = 0.5 \times 2^{\frac{1}{1}}$$

$$M = 23mg/L$$

$$\frac{23g}{m^3} \times 3m^3 = 69g$$

60 수온 20℃에서 평균직경 1mm인 모래입자의 침전속도(m/sec)는? (단, 동점성값은 $1.003 \times 10^{-6}m^2$/sec, 모래비중은 2.5, Stokes 법칙 이용)

① 0.414
② 0.614
③ 0.814
④ 1.014

[해설] ⓐ 점성계수 산정

점성계수 = 동점성계수 × 밀도

$$\mu = \nu \times \rho$$

$$= \frac{1.003 \times 10^{-6}m^2}{sec} \times \frac{1,000kg}{m^3} \times \frac{1m}{100cm} \times \frac{1,000g}{1kg}$$

$$= 1.003 \times 10^{-2}g \cdot cm/sec$$

ⓑ 침전속도 산정

$$V_g = \frac{d_p^2 \times (\rho_p - \rho) \times g}{18 \times \mu}$$

$$= \frac{(1.0 \times 10^{-1})^2 \times (2.5-1) \times 980}{18 \times 1.003 \times 10^{-2}}$$

$$= 81.4223cm/sec$$

$$\fallingdotseq 0.814m/sec$$

61 다음 중 시료의 보존방법으로 틀린 것은 어느 것인가?

① 아질산성질소 : 4℃ 보관, H_2SO_4로 pH 2 이하

② 총질소(용존 총질소) : 4℃ 보관, H_2SO_4로 pH 2 이하

③ 화학적 산소요구량 : 4℃ 보관, H_2SO_4로 pH 2 이하

④ 암모니아성질소 : 4℃ 보관, H_2SO_4로 pH 2 이하

해설 ① 아질산성질소 : 4℃ 보관

62 원자흡수분광광도법에서 일어나는 간섭에 대한 설명으로 틀린 것은?

① 광학적 간섭 : 분석하고자 하는 원소의 흡수파장과 비슷한 다른 원소의 파장이 서로 겹쳐 비이상적으로 높게 측정되는 경우 발생

② 물리적 간섭 : 표준용액과 시료 또는 시료와 시료 간의 물리적 성질(점도, 밀도, 표면장력 등)의 차이 또는 표준물질과 시료의 매질(matrix) 차이에 의해 발생

③ 화학적 간섭 : 불꽃의 온도가 분자를 들뜬 상태로 만들기에 충분히 높지 않아 해당 파장을 흡수하지 못하여 발생

④ 이온화 간섭 : 불꽃온도가 너무 낮을 경우 중성원자에서 전자를 빼앗아 이온이 생성될 수 있으며 이 경우 양(+)의 오차가 발생

해설 이온화 간섭 : 불꽃온도가 너무 높을 경우 중성원자에서 전자를 빼앗아 이온이 생성될 수 있으며 이 경우 음(−)의 오차가 발생 → 시료와 표준물질에 보다 쉽게 이온화되는 물질을 과량 첨가하면 감소

63 공장의 폐수 100mL를 취하여 산성 100℃에서 $KMnO_4$에 의한 화학적 산소소비량을 측정하였다. 시료의 적정에 소비된 0.025N $KMnO_4$의 양이 7.5mL였다면 이 폐수의 COD(mg/L)는? (단, 0.025N $KMnO_4$ factor=1.02, 바탕시험 적정에 소비된 0.025N $KMnO_4$=1.00mL)

① 13.3   ② 16.7

③ 24.8   ④ 32.2

해설 COD 계산은 아래의 식을 이용하여 사용한 시료의 양과 소비된 과망간산칼륨 용액으로부터 구한다.

$$COD = (b-a) \times f \times \frac{1,000}{V} \times 0.2$$

$$= (7.5-1) \times 1.02 \times \frac{1,000}{100} \times 0.2$$

$$= 13.26 \text{mg/L}$$

64 35% HCl(비중 1.19)을 10% HCl로 만들기 위한 35% HCl과 물의 용량비는?

① 1 : 1.5

② 3 : 1

③ 1 : 3

④ 1.5 : 1

해설 ⓐ 35% 염산의 질량 산정(100mL 만큼 취할 때의 질량)

염산의 질량 $= \dfrac{1.19g}{mL} \times \dfrac{35}{100} \times 100mL$

ⓑ 물의 부피 산정

물의 부피 $= \Delta mL$

ⓒ 10% HCl을 만들 때 물과 35% 염산의 비

%농도 $= \dfrac{\text{용질의 질량}}{\text{용질의 부피} + \text{용매의 부피}} \times 100$

$$\frac{10}{100} = \frac{\dfrac{1.19g}{mL} \times \dfrac{35}{100} \times 100mL}{\Delta mL + 100mL}$$

Δ(물)=316.5mL, □(35% HCl)=100mL이므로 HCl : 물 =1 : 3.17이다.

65 분원성 대장균군-막여과법에서 배양온도 유지기준은?

① 25±0.2℃

② 30±0.5℃

③ 35±0.5℃

④ 44.5±0.2℃

66 ppm을 설명한 것으로 틀린 것은?

① ppb농도의 1,000배이다.
② 백만분율이라고 한다.
③ mg/kg이다.
④ %농도의 1/1,000이다.

해설 %농도의 1/10,000이다.

67 유도결합플라스마-원자발광분광법에 의한 원소별 정량한계로 틀린 것은?

① Cu : 0.006mg/L
② Pb : 0.004mg/L
③ Ni : 0.015mg/L
④ Mn : 0.002mg/L

68 수질오염공정시험기준상 이온 크로마토그래피법을 정량분석에 이용할 수 없는 항목은 다음 중 어느 것인가?

① 염소이온
② 아질산성질소
③ 질산성질소
④ 암모니아성질소

69 다음 중 자외선/가시선분광법을 적용한 음이온 계면활성제 측정에 관한 설명으로 틀린 것은 어느 것인가?

① 정량한계는 0.02mg/L이다.
② 시료 중의 계면활성제를 종류별로 구분하여 측정할 수 없다.
③ 시료 속에 미생물이 있는 경우 일부의 음이온계면활성제가 신속히 변할 가능성이 있으므로 가능한 빠른 시간 안에 분석을 하여야 한다.
④ 양이온계면활성제가 존재할 경우 양의 오차가 발생한다.

해설 양이온계면활성제 혹은 아민과 같은 양이온 물질이 존재할 경우 음의 오차가 발생할 수 있다.

70 적절한 보존방법을 적용한 경우 시료 최대보존기간이 가장 긴 항목은?

① 시안
② 용존총인
③ 질산성질소
④ 암모니아성질소

해설 ① 시안 : 14일
② 용존총인 : 28일
③ 질산성질소 : 48시간
④ 암모니아성질소 : 28일

71 용존산소(DO) 측정 시 시료가 착색, 현탁된 경우에 사용하는 전처리시약은?

① 칼륨명반 용액, 암모니아수
② 황산구리, 설파민산 용액
③ 황산, 불화칼륨 용액
④ 황산제이철 용액, 과산화수소

72 수질오염공정시험기준상 초대장균군의 시험방법이 아닌 것은?

① 현미경계수법
② 막여과법
③ 시험관법
④ 평판집락법

73 노멀헥산 추출물질 측정을 위한 시험방법에 관한 설명으로 ( ) 안에 옳은 것은?

> 시료 적당량을 분액깔대기에 넣고 (   )
> 변할 때까지 염산(1+1)을 넣어 pH 4 이하로 조절한다.

① 메틸오렌지 용액(0.1%) 2~3방울을 넣고 황색이 적색으로
② 메틸오렌지 용액(0.1%) 2~3방울을 넣고 적색이 황색으로
③ 메틸레드 용액(0.5%) 2~3방울을 넣고 황색이 적색으로
④ 메틸레드 용액(0.5%) 2~3방울을 넣고 적색이 황색으로

66.④ 67.② 68.④ 69.④ 70.②, ④ 71.① 72.① 73.①

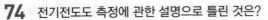

74 전기전도도 측정에 관한 설명으로 틀린 것은?

① 용액이 전류를 운반할 수 있는 정도를 말한다.

② 온도차에 의한 영향이 적어 폭 넓게 적용된다.

③ 용액에 담겨 있는 2개의 전극에 일정한 전압을 가해 주면 가한 전압이 전류를 흐르게 하며, 이때 흐르는 전류의 크기는 용액의 전도도에 의존한다는 사실을 이용한다.

④ 용액 중의 이온세기를 신속하게 평가할 수 있는 항목으로 국제적으로 S(Siemens) 단위가 통용되고 있다.

해설 전기전도도는 온도차에 의한 영향(약 2%/℃)이 크므로 측정 결과값의 통일을 기하기 위하여 25℃에서의 값으로 환산하여 기록한다. 또한 측정 시 온도계는 0.1℃까지 측정 가능한 온도계를 사용한다.

75 크롬–원자흡수분광광도법의 정량한계에 관한 내용으로 (　) 안에 옳은 것은?

> 357.9nm에서의 산처리법은 (　㉠　)mg/L, 용매추출법은 (　㉡　)mg/L이다.

① ㉠ 0.1, ㉡ 0.01

② ㉠ 0.01, ㉡ 0.1

③ ㉠ 0.01, ㉡ 0.001

④ ㉠ 0.001, ㉡ 0.01

76 온도에 관한 내용으로 옳지 않은 것은?

① 찬 곳은 따로 규정에 없는 한 0~15℃의 곳을 뜻한다.

② 냉수는 15℃ 이하를 말한다.

③ 온수는 70~90℃를 말한다.

④ 상온은 15~25℃를 말한다.

해설 냉수는 15℃ 이하, 온수는 60~70℃, 열수는 약 100℃를 말한다.

77 냄새역치(TON)의 계산식으로 옳은 것은? (단, A : 시료 부피(mL), B : 무취 정제수 부피(mL))

① (A+B)/B

② (A+B)/A

③ A/(A+B)

④ B/(A+B)

78 '항량으로 될 때까지 건조한다'는 정의 중 (　) 안에 해당하는 것은?

> 같은 조건에서 1시간 더 건조할 때 전후 무게의 차가 g당 (　　)mg 이하일 때

① 0

② 0.1

③ 0.3

④ 0.5

79 취급 또는 저장하는 동안에 기체 또는 미생물이 침입하지 아니하도록 내용물을 보호하는 용기는?

① 밀봉용기

② 밀폐용기

③ 기밀용기

④ 차폐용기

80 공장폐수 및 하수유량–관(pipe) 내의 유량 측정 방법 중 오리피스에 관한 설명으로 옳지 않은 것은?

① 설치에 비용이 적게 소요되며, 비교적 유량 측정이 정확하다.

② 오리피스판의 두께에 따라 흐름의 수로 내외에 설치가 가능하다.

③ 오리피스 단면에 커다란 수두손실이 일어나는 단점이 있다.

④ 단면이 축소되는 목부분을 조절함으로써 유량이 조절된다.

해설 오리피스관은 수로 내에 설치한다.

▶▶ **제5과목 ▎수질환경관계법규**

81 물놀이 등의 행위제한 권고기준 중 대상행위가 '어패류 등 섭취'인 경우는?

① 어패류 체내 총 카드뮴 : 0.3mg/kg 이상

② 어패류 체내 총 카드뮴 : 0.03mg/kg 이상

③ 어패류 체내 총 수은 : 0.3mg/kg 이상

④ 어패류 체내 총 수은 : 0.03mg/kg 이상

82 기본배출부과금 산정에 필요한 지역별 부과계수로 옳은 것은?

① 청정지역 및 '가' 지역 : 1.5
② 청정지역 및 '가' 지역 : 1.2
③ '나' 지역 및 특례지역 : 1.5
④ '나' 지역 및 특례지역 : 1.2

83 사업장별 환경기술인의 자격기준에 관한 설명으로 옳지 않은 것은?

① 방지시설 설치면제대상 사업장과 배출시설에서 배출되는 수질오염물질 등을 공동방지시설에서 처리하게 하는 사업장은 제3종 사업장에 해당하는 환경기술인을 두어야 한다.
② 연간 90일 미만 조업하는 제1종부터 제3종까지의 사업장은 제4종·제5종 사업장에 해당하는 환경기술인을 선임할 수 있다.
③ 공동방지시설에 있어서 폐수배출량이 제4종 또는 제5종 사업장의 규모에 해당하면 제3종 사업장에 해당하는 환경기술인을 두어야 한다.
④ 대기환경기술인으로 임명된 자가 수질환경기술인의 자격을 함께 갖춘 경우에는 수질환경기술인을 겸임할 수 있다.

해설 배출시설에서 배출되는 수질오염물질 등을 공동방지시설에서 처리하게 하는 사업장은 제4종, 제5종 사업장에 해당하는 환경기술인을 둘 수 있다.

84 폐수수탁처리업에서 사용하는 폐수운반차량에 관한 설명으로 틀린 것은?

① 청색으로 도색한다.
② 차량 양쪽 옆면과 뒷면에 폐수운반차량, 회사명, 허가번호, 전화번호 및 용량을 표시하여야 한다.
③ 차량에 표시는 흰색바탕에 황색글씨로 한다.
④ 운송 시 안전을 위한 보호구, 중화제 및 소화기를 갖춰야 한다.

해설 차량에 표시는 황색바탕에 흑색글씨로 한다.

85 기술인력 등의 교육에 관한 설명으로 ( ) 안에 들어갈 기간은?

> 환경기술인 또는 폐수처리업에 종사하는 기술요원의 최초교육은 최초로 업무에 종사한 날부터 ( ) 이내에 실시하여야 한다.

① 6개월
② 1년
③ 2년
④ 3년

86 조치명령 또는 개선명령을 받지 아니한 사업자가 배출허용기준을 초과하여 오염물질을 배출하게 될 때 환경부 장관에게 제출하는 개선계획서에 기재할 사항이 아닌 것은?

① 개선사유
② 개선내용
③ 개선기간 중의 수질오염물질 예상배출량 및 배출농도
④ 개선 후 배출시설의 오염물질 저감량 및 저감효과

해설 [시행령 제40조] 조치명령 또는 개선명령을 받지 아니한 사업자의 개선
① 법 제38조의 4 제1항에 따른 조치명령을 받지 아니한 자 또는 법 제39조에 따른 개선명령을 받지 아니한 사업자는 어느 하나에 해당하는 사유로 측정기기를 정상적으로 운영하기 어렵거나 배출허용기준을 초과할 우려가 있다고 인정하여 측정기기·배출시설 또는 방지시설(이하 이 조에서 "배출시설 등"이라 한다)을 개선하려는 경우에는 개선계획서에 개선사유, 개선기간, 개선내용, 개선기간 중의 수질오염물질 예상배출량 및 배출농도 등을 적어 환경부 장관에게 제출한다.

87 환경부 장관이 배출시설을 설치·운영하는 사업자에 대하여(조업정지를 하는 경우로서) 조업정지처분에 갈음하여 과징금을 부과할 수 있는 대상 배출시설이 아닌 것은?

① 의료기관의 배출시설
② 발전소의 발전설비
③ 제조업의 배출시설
④ 기타 환경부령으로 정하는 배출시설

[해설] [법 제43조] 과징금 처분
① 환경부 장관은 다음 각 호의 어느 하나에 해당하는 배출시설(폐수무방류배출시설은 제외한다)을 설치·운영하는 사업자에 대하여 제42조에 따라 조업정지를 명하여야 하는 경우로서 그 조업정지가 주민의 생활, 대외적인 신용, 고용, 물가 등 국민경제 또는 그 밖의 공익에 현저한 지장을 줄 우려가 있다고 인정되는 경우에는 조업정지 처분을 갈음하여 3억원 이하의 과징금을 부과할 수 있다.
1. 「의료법」에 따른 의료기관의 배출시설
2. 발전소의 발전설비
3. 「초·중등교육법」 및 「고등교육법」에 따른 학교의 배출시설
4. 제조업의 배출시설
5. 그 밖에 대통령령으로 정하는 배출시설

88 수질오염감시경보단계 중 경계단계의 발령기준으로 ( ) 안에 내용으로 옳은 것은?

> 생물감시 측정값이 생물감시 경보기준 농도를 30분 이상 지속적으로 초과하고 전기전도도, 휘발성유기화합물, 페놀, 중금속(구리, 납, 아연, 카드뮴 등) 항목 중 (㉠) 이상의 항목이 측정항목별 경보기준을 (㉡) 이상 초과하는 경우

① ㉠ 1개, ㉡ 2배
② ㉠ 1개, ㉡ 3배
③ ㉠ 2개, ㉡ 2배
④ ㉠ 2개, ㉡ 3배

89 낚시제한구역에서의 제한사항이 아닌 것은?
① 1명당 3대의 낚시대를 사용하는 행위
② 1개의 낚시대에 5개 이상의 낚시바늘을 떡밥과 뭉쳐서 미끼로 던지는 행위
③ 낚시바늘에 끼워서 사용하지 아니하고 물고기를 유인하기 위하여 떡밥·어분 등을 던지는 행위
④ 어선을 이용한 낚시행위 등 「낚시 관리 및 육성법」에 따른 낚시어선업을 영위하는 행위(「내수면어업법 시행령」에 따른 외줄낚시는 제외)

[해설] [시행규칙 제30조] 낚시제한구역에서의 제한사항
1. 낚시바늘에 끼워서 사용하지 아니하고 물고기를 유인하기 위하여 떡밥·어분 등을 던지는 행위

2. 어선을 이용한 낚시행위 등 「낚시 관리 및 육성법」에 따른 낚시어선업을 영위하는 행위(「내수면어업법 시행령」 제14조 제1항 제1호에 따른 외줄낚시는 제외한다)
3. 1명당 4대 이상의 낚시대를 사용하는 행위
4. 1개의 낚시대에 5개 이상의 낚시바늘을 떡밥과 뭉쳐서 미끼로 던지는 행위
5. 쓰레기를 버리거나 취사행위를 하거나 화장실이 아닌 곳에서 대·소변을 보는 등 수질오염을 일으킬 우려가 있는 행위
6. 고기를 잡기 위하여 폭발물·배터리·어망 등을 이용하는 행위(「내수면어업법」 제6조·제9조 또는 제11조에 따라 면허 또는 허가를 받거나 신고를 하고 어망을 사용하는 경우는 제외한다)

90 공공수역에 정당한 사유없이 특정수질유해물질 등을 누출·유출시키거나 버린 자에 대한 처벌 기준은?
① 1년 이하의 징역 또는 1천만원 이하의 벌금
② 2년 이하의 징역 또는 2천만원 이하의 벌금
③ 3년 이하의 징역 또는 3천만원 이하의 벌금
④ 5년 이하의 징역 또는 5천만원 이하의 벌금

91 대권역 물환경관리계획의 수립 시 포함되어야 할 사항으로 틀린 것은?
① 상수원 및 물 이용현황
② 물환경의 변화추이 및 물환경 목표기준
③ 물환경 보전조치의 추진방향
④ 물환경 관리 우선순위 및 대책

[해설] [법 제24조] 대권역 물환경관리계획의 수립
① 유역환경청장은 국가 물환경관리기본계획에 따라 제22조 제2항에 따른 대권역별로 대권역 물환경관리계획(이하 "대권역계획"이라 한다)을 10년마다 수립하여야 한다.
② 대권역계획에는 다음 각 호의 사항이 포함되어야 한다.
1. 물환경의 변화추이 및 물환경 목표기준
2. 상수원 및 물 이용현황
3. 점오염원, 비점오염원 및 기타 수질오염원의 분포현황
4. 점오염원, 비점오염원 및 기타 수질오염원에서 배출되는 수질오염물질의 양
5. 수질오염 예방 및 저감 대책
6. 물환경 보전조치의 추진방향
7. 「저탄소녹색성장기본법」 제2조 제12호에 따른 기후변화에 대한 적응대책
8. 그 밖에 환경부령으로 정하는 사항

92 폐수처리업에 종사하는 기술요원에 대한 교육기관으로 옳은 것은?

① 국립환경인재개발원
② 국립환경과학원
③ 한국환경공단
④ 환경보전협회

93 초과부과금 산정기준으로 적용되는 수질오염물질 1킬로그램당 부과금액이 가장 높은(많은) 것은?

① 카드뮴 및 그 화합물
② 6가크롬 화합물
③ 납 및 그 화합물
④ 수은 및 그 화합물

해설 [시행령 별표 14] 초과부과금의 산정기준

수질오염물질		구분 수질오염물질 1킬로그램당 부과금액(원)
유기물질		250
부유물질		250
총질소		500
총인		500
크롬 및 그 화합물		75,000
망간 및 그 화합물		30,000
아연 및 그 화합물		30,000
페놀류		150,000
특정 유해 물질	시안화합물	150,000
	구리 및 그 화합물	50,000
	카드뮴 및 그 화합물	500,000
	수은 및 그 화합물	1,250,000
	유기인화합물	150,000
	비소 및 그 화합물	100,000
	납 및 그 화합물	150,000
	6가크롬 화합물	300,000
	폴리염화비페닐	1,250,000
	트리클로로에틸렌	300,000
	테트라클로로에틸렌	300,000

94 수계영향권별 물환경 보전에 관한 설명으로 옳은 것은?

① 환경부 장관은 공공수역의 물환경을 관리·보전하기 위하여 국가물환경관리기본계획을 10년마다 수립하여야 한다.
② 유역환경청장은 수계영향권별로 오염원의 종류, 수질오염물질 발생량 등을 정기적으로 조사하여야 한다.
③ 환경부 장관은 국가물환경기본계획에 따라 중권역의 물환경관리계획을 수립하여야 한다.
④ 수생태계 복원계획의 내용 및 수립절차 등에 필요한 사항은 환경부령으로 정한다.

해설 ② 환경부 장관은 수계영향권별로 오염원의 종류, 수질오염물질 발생량 등을 정기적으로 조사하여야 한다.
③ 지방환경관서의 장은 국가물환경기본계획에 따라 중권역의 물환경관리계획을 수립하여야 한다.
④ 수생태계 복원계획의 내용 및 수립절차 등에 필요한 사항은 대통령령으로 정한다.

95 물환경보전법에 사용하는 용어의 뜻으로 틀린 것은?

① 점오염원이란 폐수배출시설, 하수발생시설, 축사 등으로서 관로·수로 등을 통하여 일정한 지점으로 수질오염물질을 배출하는 배출원을 말한다.
② 공공수역이란 하천, 호소, 항만, 연안해역, 그 밖에 공공용으로 사용되는 대통령령으로 정하는 수역을 말한다.
③ 폐수란 물에 액체성 또는 고체성의 수질오염물질이 섞여 있어 그대로는 사용할 수 없는 물을 말한다.
④ 폐수무방류배출시설이란 폐수배출시설에서 발생하는 폐수를 해당 사업장에서 수질오염방지시설을 이용하여 처리하거나 동일 폐수배출시설에 재이용하는 등 공공수역으로 배출하지 아니하는 폐수배출시설을 말한다.

해설 공공수역이란 하천, 호소, 항만, 연안해역, 그 밖에 공공용으로 사용되는 수역과 이에 접속하여 공공용으로 사용되는 환경부령으로 정하는 수로를 말한다.

96 수질오염방지시설 중 물리적 처리시설에 해당되지 않는 것은?

① 유수분리시설
② 혼합시설
③ 침전물 개량시설
④ 응집시설

해설 [시행규칙 별표 5] 수질오염방지시설 종류

구분	방지시설
물리적 처리시설	스크린, 분쇄기, 침사(沈砂)시설, 유수분리시설, 유량조정시설(집수조), 혼합시설, 응집시설, 침전시설, 부상시설, 여과시설, 탈수시설, 건조시설, 증류시설, 농축시설
화학적 처리시설	화학적 침강시설, 중화시설, 흡착시설, 살균시설, 이온교환시설, 소각시설, 산화시설, 환원시설, 침전물 개량시설
생물화학적 처리시설	살수여과상, 폭기(瀑氣)시설, 산화시설(산화조(酸化槽) 또는 산화지(酸化池)를 말한다), 혐기성·호기성 소화시설, 접촉조, 안정조, 돈사톱밥발효시설

97 공공수역의 전국적인 수질현황을 파악하기 위해 설치할 수 있는 측정망의 종류로 틀린 것은?

① 생물 측정망
② 토질 측정망
③ 공공수역 유해물질 측정망
④ 비점오염원에서 배출되는 비점오염물질 측정망

해설 [시행규칙 제22조] 국립환경과학원장이 설치·운영하는 측정망의 종류 등
국립환경과학원장이 법 제9조 제1항에 따라 설치할 수 있는 측정망은 다음 각 호와 같다.
1. 비점오염원에서 배출되는 비점오염물질 측정망
2. 법 제4조 제1항에 따른 수질오염물질의 총량관리를 위한 측정망
3. 영 제8조 각 호의 시설 등 대규모 오염원의 하류지점 측정망
4. 법 제21조에 따른 수질오염경보를 위한 측정망
5. 법 제22조 제2항에 따른 대권역·중권역을 관리하기 위한 측정망
6. 공공수역 유해물질 측정망
7. 퇴적물 측정망
8. 생물 측정망
9. 그 밖에 국립환경과학원장이 필요하다고 인정하여 설치·운영하는 측정망

98 일일기준초과 배출량 산정 시 적용되는 일일유량의 산정방법은 [측정유량×일일조업시간]이다. 측정유량의 단위는?

① 초당 리터
② 분당 리터
③ 시간당 리터
④ 일당 리터

99 위임업무 보고사항 중 업무내용에 따른 보고횟수가 연 1회에 해당되는 것은?

① 기타 수질오염원 현황
② 환경기술인의 자격별·업종별 현황
③ 폐수무방류배출시설의 설치허가 현황
④ 폐수처리업에 대한 허가·지도단속실적 및 처리실적 현황

해설 [시행규칙 별표 23] 위임업무 보고사항

업무내용	보고횟수
5. 폐수위탁·사업장 내 처리현황 및 처리실적	연 1회
6. 환경기술인의 자격별·업종별 현황	연 1회
18. 측정기기 관리대행업에 대한 등록·변경등록, 관리대행능력 평가·공시 및 행정처분 현황	연 1회
3. 기타 수질오염원 현황	연 2회
4. 폐수처리업에 대한 등록·지도단속실적 및 처리실적 현황	연 2회
9. 배출부과금 징수실적 및 체납처분 현황	연 2회
11. 과징금 부과실적	연 2회
12. 과징금 징수실적 및 체납처분 현황	연 2회
14. 골프장 맹·고독성 농약 사용여부 확인결과	연 2회
15. 측정기기 부착시설 설치 현황	연 2회
16. 측정기기 부착사업장 관리 현황	연 2회
17. 측정기기 부착사업자에 대한 행정처분 현황	연 2회
19. 수생태계 복원계획(변경계획) 수립·승인 및 시행계획(변경계획) 협의 현황	연 2회
20. 수생태계 복원 시행계획(변경계획) 협의 현황	연 2회
1. 폐수배출시설의 설치허가, 수질오염물질의 배출상황 검사, 폐수배출시설에 대한 업무처리 현황	연 4회
7. 배출업소의 지도·점검 및 행정처분 실적	연 4회
8. 배출부과금 부과 실적	연 4회
13. 비점오염원의 설치신고 및 방지시설 설치 현황 및 행정처분 현황	연 4회
2. 폐수무방류배출시설의 설치허가(변경허가) 현황	수시
10. 배출업소 등에 따른 수질오염사고 발생 및 조치사항	수시

100 하천(생활환경 기준)의 등급별 수질 및 수생태계의 상태에 대한 설명으로 다음에 해당되는 등급은?

> 상당량의 오염물질로 인하여 용존산소가 소모되는 생태계로 농업용수로 사용하거나 여과, 침전, 활성탄 투입, 살균 등 고도의 정수처리 후 공업용수로 사용할 수 있음

① 보통
② 약간 나쁨
③ 나쁨
④ 매우 나쁨

제1과목 ▌수질오염개론

01 다음 중 물의 동점성계수를 가장 알맞게 나타낸 것은?

① 전단력(τ)과 점성계수(μ)를 곱한 값이다.
② 전단력(τ)과 밀도(ρ)를 곱한 값이다.
③ 점성계수(μ)를 전단력(τ)으로 나눈 값이다.
④ 점성계수(μ)를 밀도(ρ)로 나눈 값이다.

[해설] 동점성계수는 점도를 밀도로 나눈 값을 말한다. SI 단위에서는 m^2/sec를 사용하며, cm^2/sec 등으로도 나타낼 수 있다.

02 다음 중 분뇨의 특성에 관한 설명으로 틀린 것은 어느 것인가?

① 분과 뇨의 구성비는 대략 부피비로 1:10 정도이고, 고형물의 비는 7:1 정도이다.
② 음식문화의 차이로 인하여 우리나라와 일본의 분뇨 특성이 다르다.
③ 1인 1일 분뇨 생산량은 분이 약 0.12L, 뇨가 2L 정도로서 합계 2.14L이다.
④ 분뇨 내의 BOD와 SS는 COD의 1/3~1/2 정도를 나타낸다.

[해설] 1인 1일 분뇨 생산량은 분이 약 0.14L, 뇨가 0.9L 정도로서 합계 1.04L이다.

03 다음 중 유기화합물에 대한 설명으로 옳지 않은 것은?

① 유기화합물들은 일반적으로 녹는점과 끓는점이 낮다.
② 유기화합물들은 하나의 분자식에 대하여 여러 종류의 화합물이 존재할 수 있다.
③ 유기화합물들은 대체로 이온반응보다는 분자반응을 하므로 반응속도가 빠르다.
④ 대부분의 유기화합물은 박테리아의 먹이가 될 수 있다.

[해설] 유기화합물들은 대체로 이온반응보다는 분자반응을 하므로 반응속도가 느리다.

04 다음 중 하천의 자정단계와 오염의 정도를 파악하는 Whipple의 자정단계(지대별 구분)에 대한 설명으로 틀린 것은?

① 분해지대 : 유기성 부유물의 침전과 환원 및 분해에 의한 탄산가스의 방출이 일어난다.
② 분해지대 : 용존산소의 감소가 현저하다.
③ 활발한 분해지대 : 수중환경이 혐기성 상태가 되어 침전저니는 흑갈색 또는 황색을 띤다.
④ 활발한 분해지대 : 오염에 강한 실지렁이가 나타나고, 혐기성 곰팡이가 증식한다.

[해설] 활발한 분해지대는 DO의 농도가 매우 낮거나 거의 없고, BOD가 감소되고 탁도가 높으며(회색 또는 흑색), CO_2 농도가 높고 H_2S와 NH_3-N와 PO_4^{3-}의 농도도 높다.

05 25℃, 4atm의 압력에 있는 메탄가스 15kg을 저장하는 데 필요한 탱크의 부피(m^3)는? (단, 이상기체의 법칙을 적용하고, 표준상태 기준이며, $R=0.082$ L · atm/mol · K이다.)

① 4.42
② 5.73
③ 6.54
④ 7.45

[해설] 이상기체방정식(ideal gas equation)을 이용한다.

$$PV = n \cdot R \cdot T$$
$$V = \frac{n \cdot R \cdot T}{P}$$

여기서, $n = \dfrac{M}{M_w} = \dfrac{15kg}{} \left| \dfrac{1mol}{16g} \right| \dfrac{10^3 g}{1kg} = 937.5 mol$

$\therefore V = \dfrac{937.5 mol}{} \left| \dfrac{0.082 L \cdot atm}{mol \cdot K} \right| \dfrac{(273+25)K}{} \left| \dfrac{}{4 atm} \right.$

$\qquad = 5727.19 L$

$\qquad = 5.73 m^3$

01.④ 02.③ 03.③ 04.④ 05.②

06 3g의 아세트산(CH_3COOH)을 증류수에 녹여 1L로 하였다. 이 용액의 수소이온 농도는? (단, 이 온화 상수값은 1.75×10^{-5}이다.)

① $6.3 \times 10^{-4} mol/L$
② $6.3 \times 10^{-5} mol/L$
③ $9.3 \times 10^{-4} mol/L$
④ $9.3 \times 10^{-5} mol/L$

해설

$$CH_3COOH\left(\frac{mol}{L}\right) = \frac{3g}{L} \left| \frac{1mol}{60g} = 0.05 mol/L$$

$$K = \frac{[CH_3COO^-][H^+]}{[CH_3COOH]}$$

$$1.75 \times 10^{-5} = \frac{X^2}{0.05}$$

$$\therefore X(= CH_3COO^- = H^+) = 9.35 \times 10^{-4} mol/L$$

07 하천의 단면적이 350m^2, 유량이 428,400m^3/hr, 평균수심이 1.7m일 때, 탈산소계수가 0.12/day인 지점의 자정계수는? (단, $K_2 = 2.2 \times \dfrac{V}{H^{1.33}}$ 식에서 단위는 V(m/sec), H(m)이다.)

① 0.3
② 1.6
③ 2.4
④ 3.1

해설

$$f = \frac{K_2}{K_1}$$

$$K_2 = 2.2 \times \frac{V}{H^{1.33}} = 2.2 \times \frac{0.34}{1.7^{1.33}} = 0.3693/day$$

$$V = \frac{428,400m^3}{hr} \left| \frac{1hr}{350m^2} \right| \frac{1hr}{3,600sec} = 0.34 m/sec$$

$$\therefore f = \frac{K_2}{K_1} = \frac{0.3693}{0.12} = 3.08$$

08 부조화형 호수가 아닌 것은?

① 부식영양형 호수
② 부영양형 호수
③ 알칼리영양형 호수
④ 산영양형 호수

해설 부(비)조화형 호수
1. 부식영양형
2. 산영양형
3. 알칼리영양형

09 DO 포화농도가 8mg/L인 하천에서 $t = 0$일 때 DO가 5mg/L라면 6일 유하했을 때의 DO 부족량은? (단, $BOD_u = 20mg/L$, $K_1 = 0.1/day$, $K_2 = 0.2/day$, 상용대수)

① 약 2mg/L
② 약 3mg/L
③ 약 4mg/L
④ 약 5mg/L

해설 DO 부족량 공식을 이용한다.

$$D_t = \frac{K_1 \cdot L_o}{K_2 - K_1}\left(10^{-K_1 \cdot t} - 10^{-K_2 \cdot t}\right) + D_o \cdot 10^{-K_2 \cdot t}$$

$$= \frac{0.1 \times 20}{0.2 - 0.1}\left(10^{-0.1 \times 6} - 10^{-0.2 \times 6}\right)$$

$$+ (8-5) \times 10^{-0.2 \times 6}$$

$$= 3.95 mg/L$$

10 성층현상에 관한 설명으로 틀린 것은?

① 수심에 따른 온도변화로 발생되는 물의 밀도차에 의해 발생된다.
② 봄, 가을에는 저수지의 수직혼합이 활발하여 분명한 층의 구별이 없어진다.
③ 여름에는 수심에 따른 연직온도경사와 산소구배가 반대 모양을 나타내는 것이 특징이다.
④ 겨울과 여름에는 수직운동이 없어 정체현상이 생기며 수심에 따라 온도와 용존산소 농도의 차이가 크다.

해설 여름에는 수심에 따른 연직온도경사와 산소구배가 같은 모양을 나타내는 것이 특징이다.

11 다음 중 담수와 해수에 대한 일반적인 설명으로 틀린 것은?

① 해수의 용존산소 포화도는 담수보다 작은데 주로 해수 중의 염류 때문이다.
② Up welling은 담수가 해수의 표면으로 상승하는 현상이다.
③ 해수의 주성분으로는 Cl^-, Na^+, SO_4^{2-} 등이 가장 많다.
④ 하구에서는 담수와 해수가 쐐기 형상으로 교차한다.

해설 상승류(up welling current)는 바람에 의한 전단응력과 지구의 전향력에 의해 생기며, 심층수가 표층으로 올라오는 현상으로 수온이 낮고 밀도가 높으며 영양염이 풍부하다.

12 하천 수질모델 중 WQRRS에 관한 설명으로 가장 거리가 먼 것은?

① 하천 및 호수의 부영양화를 고려한 생태계 모델이다.

② 유속, 수심, 조도계수에 의해 확산계수를 결정한다.

③ 호수에는 수심별 1차원 모델이 적용된다.

④ 정적 및 동적인 하천의 수질, 수문학적 특성이 광범위하게 고려된다.

해설 유속, 수심, 조도계수에 의해 확산계수를 결정하는 것은 QUAL-1 모델이다.

13 다음 중 콜로이드 응집의 기본 메커니즘이 아닌 것은?

① 전하의 중화

② 이중층의 압축

③ 입자간의 가교 형성

④ 중력에 의한 전단력 강화

해설 콜로이드 응집의 기본 메커니즘
1. 전하의 중화
2. 이중층의 압축
3. 침전물에 의한 포착
4. 입자간의 가교 형성

14 어느 시료의 대장균 수가 5,000/mL라면 대장균 수가 100/mL가 될 때까지 필요한 시간은? (단, 1차 반응 기준, 대장균의 반감기는 1시간이다.)

① 약 4.8시간

② 약 5.6시간

③ 약 6.7시간

④ 약 7.9시간

해설 1차 반응식을 이용한다.

$$\ln \frac{N_t}{N_o} = -K \cdot t$$

ⓐ $\ln \frac{2,500}{5,000} = -K \cdot 1\text{hr} \rightarrow K = 0.693\text{hr}^{-1}$

ⓑ $\ln \frac{100}{5,000} = \frac{-0.693}{\text{hr}} \Big| t\,(\text{hr})$

∴ $t = 5.64\text{hr}$

15 해수의 함유성분들 중 가장 적게 함유된 것은?

① SO_4^{2-}

② Ca^{2+}

③ Na^+

④ Mg^{2+}

해설 해수의 Holy seven을 주성분이 가장 많이 함유된 순으로 나열하면, $Cl^- > Na^+ > SO_4^{2-} > Mg^{2+} > Ca^{2+} > K^+ > HCO_3^-$ 이다.

16 수산화칼슘($Ca(OH)_2$)은 중탄산칼슘($Ca(HCO_3)_2$)과 반응하여 탄산칼슘($CaCO_3$)의 침전을 형성한다고 할 때, 10g의 $Ca(OH)_2$에 대하여 몇 g의 $CaCO_3$가 생성되는가? (단, 원자량 Ca : 40)

① 37

② 27

③ 17

④ 7

해설

$Ca(OH)_2 + Ca(HCO_3)_2 \rightarrow 2CaCO_3 + 2H_2O$

74(g) : 2×100(g)

10(g) : X

∴ $X(CaCO_3) = 27.02\text{g}$

17 직경 3mm인 모세관의 표면장력이 0.0037kgf/m라면 물기둥의 상승높이는? (단, $h = \dfrac{4 \cdot r \cdot \cos\beta}{\omega \cdot D}$, 접촉각 $\beta = 5°$)

① 0.26cm

② 0.38cm

③ 0.49cm

④ 0.57cm

해설 관(毛管)의 높이는 다음 식에 의해 계산한다.

$$h = \frac{4 \cdot r \cdot \cos\beta}{\omega \cdot D}$$

$\Delta H = \dfrac{4}{} \Big| \dfrac{0.0037\text{kgf}}{\text{m}} \Big| \dfrac{\cos 5}{} \Big| \dfrac{\text{m}^3}{1,000\text{kgf}} \Big| \dfrac{}{3\text{mm}}$

$\Big| \dfrac{10^3\text{mm}}{1\text{m}} \Big| \dfrac{100\text{cm}}{1\text{m}}$

$= 0.49\text{cm}$

18 다음 중 수은(Hg) 중독과 관련이 없는 것은 어느 것인가?

① 난청, 언어장애, 구심성 시야협착, 정신장애를 일으킨다.

② 이타이이타이병을 유발한다.

③ 유기수은은 무기수은보다 독성이 강하며 신경계통에 장애를 준다.

④ 무기수은은 황화물침전법, 활성탄흡착법, 이온교환법 등으로 처리할 수 있다.

해설 수은은 제련공업, 살충제, 온도계·압력계 제조공업 등에서 발생되며, 미나마타병, 신경장애, 지각장애 등을 일으킨다.

19 다음 조건의 수질을 가진 농업용수의 SAR 값은? (단, Na^+=460mg/L, PO_4^{3-}=1,500mg/L, Cl^-=108mg/L, Ca^{++}=600mg/L, Mg^{++}=240mg/L, NH_3-N=380mg/L, Na 원자량 : 23, P 원자량 : 31, Cl 원자량 : 35.5, Ca 원자량 : 40, Mg 원자량 : 24)

① 2   ② 4
③ 6   ④ 8

해설 SAR(Sodium Adsorption Ratio)은 관개용수의 Na^+ 함량 기준으로 다음과 같이 계산된다.

$$SAR = \frac{Na^+}{\sqrt{\dfrac{Mg^{2+} + Ca^{2+}}{2}}} \quad (단, 모든 단위는 meq/L이다.)$$

ⓐ $Na^+\left(\dfrac{meq}{L}\right) = \dfrac{460mg}{L}\left|\dfrac{1meq}{(23/1)mg}\right| = 20meq/L$

ⓑ $Ca^{2+}\left(\dfrac{meq}{L}\right) = \dfrac{600mg}{L}\left|\dfrac{1meq}{(40/2)mg}\right| = 30meq/L$

ⓒ $Mg^{2+}\left(\dfrac{meq}{L}\right) = \dfrac{240mg}{L}\left|\dfrac{meq}{(24/2)mg}\right| = 20meq/L$

∴ $SAR = \dfrac{20}{\sqrt{\dfrac{20+30}{2}}} = 4$

20 $Mg(OH)_2$ 290mg/L 용액의 pH는?

① 12.0   ② 12.3
③ 12.6   ④ 12.9

해설
$Mg(OH)_2 \rightarrow Mg^{2+} + 2OH^-$
$5.0 \times 10^{-3}M : 5.0 \times 10^{-3}M : 2 \times 5.0 \times 10^{-3}M$

$Mg(OH)_2\left(\dfrac{mol}{L}\right) = \dfrac{290mg}{L}\left|\dfrac{1g}{10^3mg}\right|\dfrac{1mol}{58g}$

$\qquad\qquad = 5.0 \times 10^{-3}mol/L$

$pOH = \log\dfrac{1}{[OH^-]} = \log\dfrac{1}{2 \times 5 \times 10^{-3}} = 2$

∴ $pH = 14 - pOH = 14 - 2 = 12$

▶ 제2과목 ┃ 상하수도계획

21 정수처리시설인 응집지 내의 플록형성지에 관한 설명 중 틀린 것은?
① 플록형성지는 혼화지와 침전지 사이에 위치하고 침전지에 붙여서 설치한다.

② 플록형성은 응집된 미소플록을 크게 성장시키기 위해 적당한 기계식 교반이나 우류식 교반이 필요하다.
③ 플록형성지 내의 교반강도는 하류로 갈수록 점차 증가시키는 것이 바람직하다.
④ 플록형성지는 단락류나 정체부가 생기지 않으면서 충분하게 교반될 수 있는 구조로 한다.

해설 플록형성지 내의 교반강도는 하류로 갈수록 점차 감소시키는 것이 바람직하다.

22 천정호(얕은 우물)의 양수량 $Q = \dfrac{\pi k(H^2 - h^2)}{2.3\log(R/r)}$ 로 표시된다. 반경 0.5m의 천정호 시험정에서 H=6m, h=4m, R=50m의 경우에 Q=10L/sec의 양수량을 얻었다. 이 조건에서 투수계수 k는?

① 0.043m/분   ② 0.073m/분
③ 0.086m/분   ④ 0.146m/분

해설
$Q = \dfrac{\pi k(H^2 - h^2)}{2.3\log(R/r)}$

$10 \times 10^{-3}m^3/sec = \dfrac{\pi k(6^2 - 4^2)m^2}{2.3\log(50/0.5)}$

∴ $k = 7.32 \times 10^{-4}m/sec = 0.044m/min$

23 최근 정수장에서 응집제로 많이 사용되고 있는 폴리염화알루미늄(PACL)에 대한 설명으로 옳은 것은?
① 일반적으로 황산알루미늄보다 적정주입 pH의 범위가 넓으며, 알칼리도의 감소가 적다.
② 일반적으로 황산알루미늄보다 적정주입 pH의 범위가 좁으며, 알칼리도의 감소가 적다.
③ 일반적으로 황산알루미늄보다 적정주입 pH의 범위가 좁으며, 알칼리도의 감소가 크다.
④ 일반적으로 황산알루미늄보다 적정주입 pH의 범위가 넓으며, 알칼리도의 감소가 크다.

해설 폴리염화알루미늄(PACL)은 액체로서 그 액체 자체가 가수분해되어 중합체로 되어 있으므로 일반적으로 황산알루미늄보다 응집성이 우수하고 적정주입 pH의 범위가 넓으며, 알칼리도의 저하가 적다는 점 등의 특징이 있다.

24 계획송수량과 계획도수량의 기준이 되는 수량은?

① 계획송수량 : 계획1일 최대급수량
　계획도수량 : 계획시간 최대급수량
② 계획송수량 : 계획시간 최대급수량
　계획도수량 : 계획1일 최대급수량
③ 계획송수량 : 계획취수량
　계획도수량 : 계획1일 최대급수량
④ 계획송수량 : 계획1일 최대급수량
　계획도수량 : 계획취수량

25 다음은 상수도시설의 등급별 내진설계 목표에 대한 내용이다. ( ) 안에 들어갈 내용으로 옳은 것은?

> 상수도시설물의 내진성능 목표에 따른 설계 지진강도는 붕괴방지수준에서 시설물의 내진 등급이 Ⅰ등급인 경우에는 재현주기 (㉠), Ⅱ등급인 경우에는 (㉡)에 해당되는 지진지 반운동으로 한다.

① ㉠ 100년, ㉡ 50년
② ㉠ 200년, ㉡ 100년
③ ㉠ 500년, ㉡ 200년
④ ㉠ 1000년, ㉡ 500년

해설 설계거동한계 및 등급별 내진설계 목표
1. 설계거동한계는 설계지진 시 구조부재의 과도한 소성변형, 지반의 액상화, 지반 및 기초의 파괴 등의 원인으로 부분적인 급수기능 유지가 불가능하게 되지 않아야 하고, 쉽게 조기복구가 가능하여야 한다.
2. 상수도시설물의 내진성능 목표에 따른 설계지진강도는 붕괴방지수준에서 시설물의 내진등급이 Ⅰ등급인 경우에는 재현주기 1000년, Ⅱ등급인 경우에는 500년에 해당되는 지진지반운동으로 한다.

26 하수의 배제방식에 대한 설명으로 잘못된 것은?

① 분류식 중 오수관로는 소구경관로로 폐쇄의 염려가 있으며, 청소가 어렵고, 시간이 많이 소요된다.
② 하수의 배제방식의 결정은 지역의 특성이나 방류수역의 여건을 고려해야 한다.
③ 제반 여건상 분류식이 어려운 경우 합류식으로 설치할 수 있다.
④ 하수의 배제방식에는 분류식과 합류식이 있다.

해설 분류식의 오수관거에서는 소구경관거에 의한 폐쇄의 우려가 있으나 청소는 비교적 용이하다. 또한 측구가 있는 경우는 관리에 시간이 걸리고 불충분한 경우가 많다.

27 복류수를 취수하는 집수매거의 유출단에서 매거 내의 평균유속 기준은?

① 0.8m/sec 이하
② 0.3m/sec 이하
③ 0.5m/sec 이하
④ 1.0m/sec 이하

해설 집수매거는 수평 또는 흐름 방향으로 향하게 하여 완경사로 하고, 집수매거의 유출단에서 매거 내의 평균유속은 1.0m/sec 이하로 한다.

28 상수의 취수시설에 관한 설명 중 틀린 것은?

① 취수탑은 탑의 설치위치에서 갈수 수심이 최소 2m 이상이어야 한다.
② 취수보의 취수구의 유입유속은 1m/sec 이상이 표준이다.
③ 취수문을 통한 유입속도가 0.8m/sec 이하가 되도록 취수문의 크기를 정한다.
④ 취수탑의 취수구 단면형상은 장방형 또는 원형으로 한다.

해설 취수보의 취수구의 유입속도는 0.4~0.8m/sec를 표준으로 한다.

29 펌프의 토출량이 1,200m³/hr, 흡입구의 유속이 2.0m/sec일 경우, 펌프의 흡입구경(mm)은?

① 약 262
② 약 362
③ 약 462
④ 약 562

해설
$$D_s = 146\sqrt{\frac{Q_m}{V_s}} = 146\sqrt{\frac{1200/60}{2.0}} = 461.69\text{mm}$$

별해 $Q = AV$

$$\frac{1,200\text{m}^3}{\text{hr}} = A \times \frac{2\text{m}}{\text{sec}}\left|\frac{3,600\text{sec}}{1\text{hr}}\right.$$

$$A = 0.1667\text{m}^2$$

$$A = \frac{\pi D^2}{4}, \quad 0.1667 = \frac{\pi D^2}{4}$$

$$\therefore D = 0.4606\text{m} = 460.6\text{mm}$$

30 비교회전도가 700~1,200인 경우에 사용되는 하수도용 펌프 형식으로 옳은 것은?

① 터빈펌프　　　② 벌류트펌프
③ 축류펌프　　　④ 사류펌프

[해설] 펌프의 형식과 비교회전도의 관계

형식	N_s
터빈펌프	100~250
사류펌프	700~1,200
축류펌프	1,100~2,000

31 원심력 펌프의 규정회전수는 2회/sec, 규정토출량은 32m³/min, 규정양정(H)은 8m이다. 이때 이 펌프의 비교회전도는?

① 약 143　　　② 약 164
③ 약 182　　　④ 약 201

[해설]
$$N_s = N \times \frac{Q^{1/2}}{H^{3/4}}$$
$$= (2 \times 60) \times \frac{(32)^{1/2}}{(8)^{3/4}} = 142.70$$

32 관로의 접합과 관련된 사항으로 틀린 것은?

① 접합의 종류에는 관정접합, 관중심접합, 수면접합, 관저접합 등이 있다.
② 관로의 관경이 변화하는 경우의 접합방법은 원칙적으로 수면접합 또는 관정접합으로 한다.
③ 2개의 관로가 합류하는 경우 중심교각은 되도록 60° 이상으로 한다.
④ 지표의 경사가 급한 경우에는 관경변화에 대한 유무와 관계없이 원칙적으로 단차접합 또는 계단접합을 한다.

[해설] 하수관거 접합 시 2개의 관거가 합류하는 경우 중심교각은 되도록 60° 이하로 하고, 곡선을 갖고 합류하는 경우의 곡률반경은 내경의 5배 이상으로 한다.

33 폭 4m, 높이 3m인 개수로의 수심이 2m이고 경사가 4‰일 경우, Manning 공식에 의한 유속(m/sec)은 얼마인가? (단, $n = 0.014$)

① 1.13　　　② 2.26
③ 4.52　　　④ 9.04

[해설]
$$V = \left(\frac{1}{n}\right) \times R^{\frac{2}{3}} \times I^{\frac{1}{2}}$$
$$R = \frac{A}{P} = \frac{2 \times 4}{2 + 4 + 2} = 1$$
$$I = 4\text{‰} = \frac{4}{1,000}$$
$$\therefore V = \left(\frac{1}{0.014}\right) \times 1^{\frac{2}{3}} \times \frac{4}{1,000}^{\frac{1}{2}} = 4.52 \, \text{m/sec}$$

34 말굽형 하수관로의 장점으로 옳지 않은 것은?

① 대구경 관로에 유리하며, 경제적이다.
② 수리학적으로 유리하다.
③ 단면형상이 간단하여 시공성이 우수하다.
④ 상반부의 아치작용에 의해 역학적으로 유리하다.

[해설] 말굽형 하수관로는 단면형상이 복잡하므로 시공성이 열악하다.

35 소규모 하수도 계획 시 고려해야 하는 소규모지역 고유의 특성이 아닌 것은?

① 계획구역이 작고, 처리구역 내의 생활양식이 유사하며, 유입하수의 수량 및 수질의 변동이 거의 없다.
② 처리수의 방류지점이 유량이 적은 소하천, 소호소 및 농업용수로 등이므로 처리수의 영향을 받기가 쉽다.
③ 하수도 운영에 있어서 지역주민과 밀접한 관련을 갖는다.
④ 고장 및 유지 보수 시에 기술자의 확보가 곤란하고 제조업체에 의한 신속한 서비스를 받기 어렵다.

[해설] 유입하수의 수량의 변동이 커서 수질의 변동을 가져올 수 있다.

36 $I = \frac{3,660}{t+15}$ mm/hr, 면적 3.0km², 유입시간 6분, 유출계수(C) 0.65, 관 내 유속 1m/sec인 경우, 관 길이 600m인 하수관에서 흘러나오는 우수량(m³/sec)은?

① 64　　　② 76
③ 82　　　④ 91

해설

$$Q = \frac{1}{360} C \cdot I \cdot A$$

ⓐ $C = 0.65$

ⓑ $t =$ 유입시간 + 유하시간

$$= 6\text{min} + \frac{600\text{m}}{1\text{m/sec}} \times \frac{\text{min}}{60\text{sec}} = 16\text{min}$$

ⓒ $I = \frac{3,660}{16\text{min} + 15} = 118.06\text{mm/hr}$

ⓓ $A = 2.0\text{km}^2 = 3.0\text{km}^2 \times \frac{100\text{ha}}{\text{km}^2} = 300\text{ha}$

∴ 우수량 $= \frac{1}{360} \times 0.65 \times 118.06\text{mm/hr} \times 300\text{ha}$

$= 63.95\text{m}^3/\text{sec}$

37 우수배제 계획에서 계획우수량을 산정할 때 고려할 사항이 아닌 것은?

① 유출계수 ② 유속계수
③ 배수면적 ④ 유달시간

해설 우수배제 계획에서 계획우수량을 산정할 때 고려할 사항
1. 우수유출량
2. 유출계수
3. 확률연수
4. 유달시간
5. 배수면적

38 배수지의 고수위와 저수위의 수위차, 즉 배수지의 유효수심의 표준으로 적절한 것은?

① 1~2m ② 2~4m
③ 3~6m ④ 5~8m

해설 배수지의 유효수심은 배수관의 동수압이 적절하게 유지될 수 있도록 3~6m 정도로 한다.

39 정수처리 방법 중 트리할로메탄(trihalomethane)을 감소 또는 제거시킬 수 있는 방법으로 가장 거리가 먼 것은?

① 중간염소처리
② 전염소처리
③ 활성탄처리
④ 결합염소처리

해설 트리할로메탄을 감소 또는 제거시킬 수 있는 방법
1. 중간염소처리
2. 활성탄처리
3. 결합염소처리

40 취수시설 중 취수탑에 관한 설명으로 틀린 것은?

① 연간을 통해서 최소수심이 2m 이상으로, 하천에 설치하는 경우에는 유심이 제방에 되도록 근접한 지점으로 한다.
② 취수탑의 횡단면은 환상으로서 원형 또는 타원형으로 한다.
③ 취수탑의 상단 및 관리단의 하단은 하천, 호소 및 댐의 계획최고수위보다 높게 한다.
④ 취수탑을 하천에 설치하는 경우에는 장축 방향을 흐름방향과 직각이 되도록 설치한다.

해설 취수탑을 하천에 설치하는 경우, 계획고수유량에 따라 계획고수위보다 0.6~2m 정도 높게 한다. 이 밖에 관리교의 구조 또는 제방의 높이에 대한 배려도 필요하며, 호소 및 댐에 설치하는 경우에는 최고수위에 대하여 바람이나 지진에 의한 파랑의 높이를 고려한다.

▶▶ 제3과목 | 수질오염방지기술

41 하·폐수 처리공정의 3차 처리에서 수중의 질소를 제거하기 위한 방법으로 가장 옳지 않은 것은?

① 응집침전법
② 이온교환법
③ 생물학적 처리법
④ 탈기법

해설 하·폐수 처리공정의 3차 처리에서 수중의 질소를 제거하기 위한 방법
1. 암모니아 탈기법
2. 파괴점 염소주입법
3. 선택적 이온교환법
4. 생물학적 처리법

42 상수처리를 위한 사각침전조에 유입되는 유량은 30,000m³/day이고, 표면부하율은 24m³/m² · day이며, 체류시간은 6시간이다. 침전조의 길이와 폭의 비가 2 : 1이라면 조의 크기는?

① 폭 : 20m, 길이 : 40m, 깊이 : 6m
② 폭 : 20m, 길이 : 40m, 깊이 : 4m
③ 폭 : 25m, 길이 : 50m, 깊이 : 6m
④ 폭 : 25m, 길이 : 50m, 깊이 : 4m

해설 ⓐ 침전지 면적$(A) = \dfrac{30{,}000^3}{day} \left| \dfrac{m^2 \cdot day}{24m^3} \right. = 1{,}250m^2$

ⓑ 조의 부피$(\forall) = Q \times t$

$= \dfrac{30{,}000m^3}{day} \left| \dfrac{6hr}{} \right| \dfrac{1day}{24hr} = 7{,}500m^3$

43 활성슬러지 포기조 용액을 사용한 실험값으로부터 얻은 결과에 대한 설명으로 가장 거리가 먼 것은?

> MLSS 농도가 1,600mg/L인 용액 1리터를 30분간 침강시킨 후 슬러지의 부피는 400mL였다.

① 최종침전지에서 슬러지의 침강성이 양호하다.
② 슬러지 밀도지수(SDI)는 0.5 이하이다.
③ 슬러지 용량지수(SVI)는 200 이상이다.
④ 실 모양의 미생물이 많이 관찰된다.

해설 SVI 계산식을 이용한다.

$SVI = \dfrac{SV(mL/L)}{MLSS(mg/L)} \times 10^3 = \dfrac{400}{1{,}600} \times 10^3 = 250$

적절한 SVI가 50~150mg/L일 때 침강성이 좋아지며, 200 이상으로 과대할 경우 슬러지팽화가 발생한다.

44 흡착등온 관련 식과 가장 거리가 먼 것은?

① BET
② Michaelius—Menton
③ Langmuir
④ Freundlich

해설 흡착 관련 주요 등온흡착식에는 Langmuir 식, Freundlich 식, BET 식 등이 있다.

45 2N-HCl와 7N-HCl 용액을 혼합하여 5N-HCl 1L를 만들고자 한다. 각각 몇 mL씩을 혼합해야 하는가?

① 2N-HCl 400mL와 7N-HCl 600mL
② 2N-HCl 500mL와 7N-HCl 400mL
③ 2N-HCl 300mL와 7N-HCl 700mL
④ 2N-HCl 700mL와 7N-HCl 300mL

해설 $N_1 V_1 + N_2 V_2 = N_3 V_3$

$V_1 = X$ 라 하면

$2N \times x(mL) + 7N \times (1{,}000 - x)mL = 5N \times 1{,}000mL$

$2x + 7{,}000 - 7x = 5{,}000$

$X = 400mL$

∴ 2N-HCl 400mL와 7N-HCl 600mL

46 폐수 유량 1,000m³/day, 고형물 농도 2,700mg/L인 슬러지를 부상법에 의해 농축시키고자 한다. 압축탱크의 압력이 4기압이며 공기의 밀도는 1.3g/L, 공기의 용해량은 29.2cm³/L일 때, Air/Solid비는? (단, f=0.5, 비순환방식 기준)

① 0.009
② 0.025
③ 0.019
④ 0.014

해설 A/S비 $= \dfrac{1.3 \times S_a (fP-1)}{SS} \times R$

$= \dfrac{1.3 \times 29.2 \times (0.5 \times 4 - 1)}{2{,}700} = 0.014$

47 유입 폐수량 50m³/hr, 제거된 BOD 농도 200g/m³, MLVSS 농도 2kg/m³, F/M비 0.5kg BOD/kg MLVSS · day일 때, 포기조 용적(m³)은?

① 240
② 380
③ 520
④ 430

해설 $F/M = \dfrac{BOD_i \times Q}{\forall \cdot X}$

여기서, $Q = 50m^3/hr$

$BOD_i = 200g/m^3$

$MLVSS = 2kg/m^3$

$\dfrac{0.5kg \cdot BOD}{kg \cdot MLVSS \cdot day}$

$= \dfrac{200g}{m^3} \left| \dfrac{50m^3}{hr} \right| \dfrac{m^3}{\forall (m^3)} \left| \dfrac{1kg}{2kg} \right| \dfrac{24hr}{10^3 g} \left| \dfrac{24hr}{1day} \right.$

∴ $\forall = 240m^3$

48 일반적인 슬러지 처리공정을 순서대로 배치한 것은?

① 농축 → 약품 조정(개량) → 유기물의 안정화 → 건조 → 탈수 → 최종처분
② 농축 → 유기물의 안정화 → 약품 조정(개량) → 탈수 → 건조 → 최종처분
③ 약품 조정(개량) → 농축 → 유기물의 안정화 → 탈수 → 건조 → 최종처분
④ 유기물의 안정화 → 농축 → 약품 조정(개량) → 탈수 → 건조 → 최종처분

해설 슬러지 처리 계통도
농축 → 소화(안정화) → 개량 → 탈수 → 건조 → 최종처분

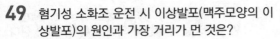
49 혐기성 소화조 운전 시 이상발포(맥주모양의 이상발포)의 원인과 가장 거리가 먼 것은?

① 스컴 및 토사의 퇴적
② 과다배출로 조 내 슬러지 부족
③ 유기물의 과부하
④ 온도 상승

[해설] 소화조 운전상 문제 원인 및 대책

상태	원인	대책
이상발포 (맥주모양의 이상발포)	1. 과다배출로 조 내 슬러지 부족 2. 유기물의 과부하 3. 1단계 조의 교반 부족 4. 온도 저하 5. 스컴 및 토사의 퇴적	1. 슬러지의 유입을 줄이고 배출을 일시 중지한다. 2. 조 내 교반을 충분히 한다. 3. 소화온도를 높인다. 4. 스컴을 파쇄 및 제거한다. 5. 토사의 퇴적 시 준설한다.

50 1차 침전지에서 슬러지를 인발했을 때 함수율이 99%였다. 이 슬러지를 함수율 96%로 농축시켰더니 33.3m^{3}였다면, 1차 침전지에서 인발한 농축 전 슬러지량(m^3)은? (단, 비중=1.0 기준)

① 133
② 153
③ 113
④ 173

[해설]
$$V_1(100 - W_1) = V_2(100 - W_2)$$
$$V_1(100 - 99) = 33.3(100 - 96)$$
$$\therefore V_1 = 133.2m^3$$

51 슬러지 혐기성 소화과정에서 발생 가능성이 가장 낮은 가스는?

① CH_4
② H_2S
③ SO_2
④ CO_2

[해설] 슬러지 혐기성 소화과정에서 발생하는 가스에는 메탄, 황화수소, 탄산가스 등이 있다.

52 염소 소독에 의한 세균의 사멸은 1차 반응속도식에 따른다. 잔류염소 농도 0.4mg/L에서 2분간 85%의 세균이 살균되었다면 99.9% 살균을 위해 필요한 시간(분)은?

① 약 5.9
② 약 7.3
③ 약 10.2
④ 약 16.7

[해설]
$$\ln\frac{C_t}{C_o} = -K \cdot t$$

ⓐ $\ln\dfrac{(100-85)}{100} = -K \times 2min$

$K = 0.9486min^{-1}$

ⓑ $\ln\dfrac{(100-99.9)}{100} = \dfrac{-0.9486}{min}\bigg| t(min)$

$\therefore t = 7.28min$

53 하수처리과정에서 소독방법 중 염소와 자외선 소독의 장단점을 비교할 때, 염소 소독의 장단점으로 틀린 것은?

① 암모니아 첨가에 의해 결합잔류염소가 형성된다.
② 염소접촉조로부터 휘발성유기물이 생성된다.
③ 처리수의 총용존고형물이 감소한다.
④ 처리수의 잔류독성이 탈염소과정에 의해 제거되어야 한다.

[해설] 염소 소독은 처리 후 처리수의 총용존고형물이 증가하고 하수의 염화물 함유량이 증가하는 단점이 있다. 또한 안전상 화학적 제거시설이 필요할 수도 있다.

54 폐수 내 함유된 NH_4^+ 36mg/L를 제거하기 위하여 이온교환능력이 100g $CaCO_3$/m^{3}인 양이온 교환수지를 이용하여 1,000m^{3}의 폐수를 처리하고자 할 때, 필요한 양이온 교환수지의 부피는?

① 1,000m^3
② 2,000m^3
③ 3,000m^3
④ 4,000m^3

[해설] ⓐ 암모늄이온의 당량(eq)

$= \dfrac{36mg}{L}\bigg|\dfrac{1,000m^3}{}\bigg|\dfrac{1meq}{(18/1)mg}\bigg|\dfrac{10^3L}{1m^3}\bigg|\dfrac{1eq}{10^3meq}$

$= 2,000eq$

ⓑ 이온교환수지의 능력(eq/m^3)

$= \dfrac{100g}{m^3}\bigg|\dfrac{1eq}{(100/2)g} = 2eq\,m^3$

$\therefore \forall = \dfrac{2,000eq}{2eq/m^3} = 1,000m^3$

55 NO_3^-가 박테리아에 의하여 N_2로 환원되는 경우 폐수의 pH는?

① 증가한다.
② 감소한다.
③ 변화없다.
④ 감소하다가 증가한다.

해설 NO_3^-가 생물학적 환원작용에 의해 N_2로 환원되는 과정은 탈질과정이며, 탈질과정에서는 알칼리도가 생성되기 때문에 pH가 증가하게 된다.

56 함수율은 98%, 유기물 함량은 62%인 슬러지 100m³/day를 25일 소화하여 유기물의 2/3를 가스화 및 액화하여 함수율 95%의 소화슬러지로 추출하는 경우 소화조 용량(m³)은? (단, 슬러지 비중은 1.0, 기타 조건은 고려하지 않는다.)

① 1,244 ② 1,344
③ 1,444 ④ 1,544

해설

$\forall (m^3) = \dfrac{Q_1 + Q_2}{2} \times t$

ⓐ $Q_1 = 100 m^3/day$

ⓑ $Q_2 = \dfrac{100 m^3}{day} \left| \dfrac{100-98}{100} \right| \dfrac{0.38 + 0.62 \times 1/3}{} \left| \dfrac{100}{100-95} \right.$

$= 23.467 m^3/day$

$\therefore \forall = \dfrac{100 + 23.467}{2} \times 25 = 1,544 m^3$

57 A_2/O 공법에 대한 설명으로 틀린 것은?

① 혐기조－무산소조－호기조－침전조 순으로 구성된다.
② A_2/O 공정은 내부 재순환이 있다.
③ 미생물에 의한 인의 섭취는 주로 혐기조에서 일어난다.
④ 무산소조에서는 질산성질소가 질소가스로 전환된다.

해설 미생물에 의한 인의 섭취는 주로 호기조에서 일어난다.

58 막공법에 관한 설명으로 가장 거리가 먼 것은?

① 투석은 선택적 투과막을 통해 용액 중에 다른 이온 혹은 분자의 크기가 다른 용질을 분리시키는 것이다.
② 투석에 대한 추진력은 막을 기준으로 한 용질의 농도차이다.
③ 한외여과 및 미여과의 분리는 주로 여과작용에 의한 것으로 역삼투현상에 의한 것이 아니다.
④ 역삼투는 반투막으로 용매를 통과시키기 위해 동수압을 이용한다.

해설 역삼투법은 반투과성 멤브레인막과 정수압을 이용하여 염용액으로부터 물과 같은 용매를 분리하는 방법으로, 추진력은 정압차이다.

59 포기조의 MLSS 농도를 3,000mg/L로 유지하기 위한 재순환율은? (단, SVI=120, 유입 SS는 고려하지 않고, 방류수 SS는 0mg/L이다.)

① 36.3% ② 46.3%
③ 56.3% ④ 66.3%

해설

$R = \dfrac{X}{\dfrac{10^6}{SVI} - X} = \dfrac{3,000 mg/L}{\dfrac{10^6}{120} - 3,000 mg/L} = 0.5625$

$\therefore R = 0.5625 \times 100 = 56.25\%$

60 하수소독 시 적용되는 UV 소독방법에 관한 설명으로 틀린 것은? (단, 오존 및 염소 소독 방법과 비교)

① pH 변화에 관계없이 지속적인 살균이 가능하다.
② 유량과 수질의 변동에 대해 적응력이 강하다.
③ 설치가 복잡하고 전력 및 램프 수가 많이 소요되므로 유지비가 높다.
④ 물이 혼탁하거나 탁도가 높으면 소독능력에 영향을 미친다.

해설 자외선 소독은 소독비용이 저렴하고 유지관리비가 적게 든다.

⊙ 제4과목 ▌ 수질오염공정시험기준

61 I_o 단색광이 정색액을 통과할 때 그 빛의 50%가 흡수된다면, 이 경우 흡광도는?

① 0.6 ② 0.5
③ 0.3 ④ 0.2

해설 흡광도는 투과도 역수의 log값이므로 다음 식으로 계산된다.

흡광도$(A) = \log \dfrac{1}{I_t/I_o} = \log \dfrac{1}{t} = \log \dfrac{1}{T/100} = \varepsilon CL$

$\therefore$ 흡광도$(A) = \log \dfrac{1}{t} = \log \dfrac{1}{0.5} = 0.301$

62 물벼룩을 이용한 급성 독성 시험법과 관련된 생태독성값(TU)에 대한 내용으로 ( ) 안에 옳은 것은?

> 통계적 방법을 이용하여 반수영향 농도 EC_{50} 값을 구한 후 ( )을 말한다.

① 100에서 EC_{50} 값을 곱해준 값
② 100에서 EC_{50} 값을 나눠준 값
③ 10에서 EC_{50} 값을 곱해준 값
④ 10에서 EC_{50} 값을 나눠준 값

해설 생태독성값(TU, Toxic Unit) : 통계적 방법을 이용하여 반수영향농도 EC_{50}을 구한 후 이를 100으로 나눠준 값을 말한다.

63 식물성 플랑크톤의 정량시험 중 저배율에 의한 방법은? (단, 200배율 이하)

① 스트립 이용 계수
② 팔머-말모니 체임버 이용 계수
③ 혈구계수기 이용 계수
④ 최적확수 이용 계수

해설 식물성 플랑크톤의 정량시험 중 저배율(200배율 이하)에 의한 방법
1. 스트립 이용 계수
2. 격자 이용 계수

64 분원성대장균군(막여과법) 분석시험에 관한 내용으로 틀린 것은?

① 배양기 또는 항온수조는 배양온도를 (25±0.5℃)로 유지할 수 있는 것을 사용한다.
② 분원성대장균군이란 온혈동물의 배설물에서 발견되는 그람음성·무아포성의 간균이다.
③ 물속에 존재하는 분원성대장균군을 측정하기 위하여 페트리접시에 배지를 올려놓은 다음 배양 후 여러 가지 색조를 띠는 청색의 집락을 계수하는 방법이다.
④ 실험결과는 "분원성대장균군수/100mL"로 표기한다.

해설 배양기 또는 항온수조는 배양온도를 (44.5±0.2)℃로 유지할 수 있는 것을 사용한다.

65 시료량 50mL를 취하여 막여과법으로 총 대장균군 수를 측정하려고 배양을 한 결과, 50개의 집락 수가 생성되었을 때, 총 대장균군 수/100mL는?

① 10
② 100
③ 1,000
④ 10,000

해설 총 대장균군 수/100mL = $\dfrac{C}{V} \times 100$

여기서, C : 생성된 집락 수
　　　　V : 여과한 시료량(mL)

배양 후 금속성 광택을 띠는 적색이나 진한 적색 계통의 집락을 계수하며, 집락 수가 20~80의 범위에 드는 것을 선정하여 다음의 식에 의해 계산한다.

총 대장균군 수/100mL = $\dfrac{50}{50mL} \times 100 = 100/100mL$

66 "정확히 취하여"라고 하는 것은 규정한 양의 액체를 무엇으로 눈금까지 취하는 것을 말하는가?

① 메스실린더
② 뷰렛
③ 부피피펫
④ 눈금비커

해설 "정확히 취하여"라고 하는 것은 규정한 양의 액체를 부피피펫으로 눈금까지 취하는 것을 말한다.

67 수질오염공정시험기준 상 냄새 측정에 관한 내용으로 틀린 것은?

① 물속의 냄새를 측정하기 위하여 측정자의 후각을 이용하는 방법이다.
② 잔류염소의 냄새는 측정에서 제외한다.
③ 냄새역치는 냄새를 감지할 수 있는 최대 희석배수를 말한다.
④ 각 판정요원의 냄새역치를 산술평균하여 결과를 보고한다.

해설 냄새역치(TON, threshold odor number)를 구하는 경우 사용한 시료의 부피와 냄새 없는 희석수의 부피를 사용하여 다음과 같이 계산한다.

냄새역치(TON) = $\dfrac{A+B}{A}$

여기서, A : 시료 부피(mL)
　　　　B : 무취 정제수 부피(mL)

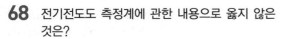

68 전기전도도 측정계에 관한 내용으로 옳지 않은 것은?

① 전기전도도 셀은 항상 수중에 잠긴 상태에서 보존하여야 하며 정기적으로 점검한 후 사용한다.

② 전도도 셀은 그 형태, 위치, 전극의 크기에 따라 각각 자체의 셀 상수를 가지고 있다.

③ 검출부는 한 쌍의 고정된 전극(보통 백금전극 표면에 백금흑도금을 한 것)으로 된 전도도 셀 등을 사용한다.

④ 지시부는 직류 휘트스톤 브리지 회로나 자체 보상회로로 구성된 것을 사용한다.

해설 지시부는 교류 휘트스톤 브리지(Wheat stone bridge) 회로나 연산증폭기 회로 등으로 구성된 것을 사용한다.

69 투명도 측정에 관한 내용으로 틀린 것은?

① 투명도판(백색원판)의 지름은 30cm이다.
② 투명도판에 뚫린 구멍의 지름은 5cm이다.
③ 투명도판에는 구멍이 8개 뚫려 있다.
④ 투명도판의 무게는 약 2kg이다.

해설 투명도판은 무게가 약 3kg인 지름 30cm의 백색원판에 지름 5cm의 구멍 8개가 뚫린 것을 사용한다.

70 수질오염공정시험기준 상 불소화합물을 측정하기 위한 시험방법과 가장 거리가 먼 것은?

① 원자흡수분광광도법
② 이온 크로마토그래피
③ 이온전극법
④ 자외선/가시선분광법

해설 불소화합물의 분석방법에는 자외선/가시선분광법, 이온전극법, 이온 크로마토그래피가 있다.

71 "정밀히 단다"는 규정된 수치의 무게를 몇 mg까지 다는 것을 말하는가?

① 0.01   ② 0.1
③ 1   ④ 10

해설 정밀히 단다 : 규정된 수치의 무게를 0.1mg까지 다는 것을 말한다.

72 페놀류 측정 시 적색의 안티피린계 색소의 흡광도를 측정하는 방법 중 클로로폼 용액에서는 몇 nm에서 측정하는가?

① 460nm   ② 480nm
③ 510nm   ④ 540nm

해설 물속에 존재하는 페놀류를 측정하기 위하여 증류한 시료에 염화암모늄-암모니아 완충용액을 넣어 pH 10으로 조절한 다음 4-아미노안티피린과 헥사시안화철(Ⅱ)산칼륨을 넣어 생성된 붉은색의 안티피린계 색소의 흡광도를 측정하는 방법으로, 수용액에서는 510nm, 클로로폼 용액에서는 460nm에서 측정한다.

73 95% 황산(비중 1.84)이 있다면 이 황산의 N 농도는?

① 15.6N
② 19.4N
③ 27.8N
④ 35.7N

해설 $N = \dfrac{1.84\text{kg}}{L} \left| \dfrac{1\text{eq}}{98/2\text{g}} \right| \dfrac{10^3\text{g}}{1\text{kg}} \left| \dfrac{95}{100} \right. = 35.67\text{eq/L}$

74 배출허용기준 적합여부 판정을 위한 시료 채취 시 복수시료 채취방법 적용을 제외할 수 있는 경우가 아닌 것은?

① 환경오염사고, 취약시간대의 환경오염감시 등 신속한 대응이 필요한 경우

② 부득이 복수시료 채취방법으로 할 수 없을 경우

③ 유량이 일정하며 연속적으로 발생되는 폐수가 방류되는 경우

④ 사업장 내에서 발생하는 폐수를 회분식 등 간헐적으로 처리하여 방류하는 경우

해설 시료 채취방법 적용을 제외할 수 있는 경우
1. 환경오염사고 또는 취약시간대(일요일, 공휴일 및 평일 18:00~09:00 등)의 환경오염 감시 등 신속한 대응이 필요한 경우 제외할 수 있다.
2. 수질 및 수생태계 보전에 관한 법률에 의한 비정상적인 행위를 할 경우 제외할 수 있다.
3. 사업장 내에서 발생하는 폐수를 회분식(batch 식) 등 간헐적으로 처리하여 방류하는 경우 제외할 수 있다.
4. 기타 부득이 복수시료 채취방법으로 시료를 채취할 수 없을 경우 제외할 수 있다.

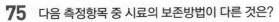

75 다음 측정항목 중 시료의 보존방법이 다른 것은?

① 유기인
② 화학적 산소요구량
③ 암모니아성질소
④ 노멀 헥산 추출물질

해설
• 유기인 : 4℃ 보관, HCl로 pH 5~9
• 나머지 : 4℃ 보관, H_2SO_4로 pH 2 이하

76 벤투리미터(venturimeter)의 유량 측정공식 $Q = \dfrac{C \cdot A}{\sqrt{1 - (\ ㉠\ )^4}} \cdot \sqrt{2g \cdot H}$에서 ㉠에 들어갈 내용으로 옳은 것은? (단, Q : 유량(cm^3/sec), C : 유량계수, A : 목 부분의 단면적(cm^2), g : 중력가속도($980cm/sec^2$), H : 수두차(cm))

① 유입부의 직경/목(throat)부의 직경
② 목(throat)부의 직경/유입부의 직경
③ 유입부 관 중심부에서의 수두/목(throat)부의 수두
④ 목(throat)부의 수두/유입부 관 중심부에서의 수두

해설 벤투리미터의 측정공식
$$Q = \dfrac{C \cdot A}{\sqrt{1 - \left(\dfrac{D_2}{D_1}\right)^4}} \cdot \sqrt{2g \cdot H}$$
여기서, D_1 : 유입관의 직경
D_2 : Throat부의 직경

77 다음은 공장폐수 및 하수 유량 측정방법 중 최대 유량이 $1m^3/min$ 미만인 경우에 용기 사용에 관한 설명이다. ( ) 안에 옳은 내용은?

> 용기는 용량 100~200L인 것을 사용하여 유수를 채우는 데에 요하는 시간을 스톱워치로 재며, 용기에 물을 받아 넣는 시간을 ( )이 되도록 용량을 결정한다.

① 20초 이상　　② 30초 이상
③ 60초 이상　　④ 90초 이상

해설 용기는 용량 100~200L인 것을 사용하여 유수를 채우는 데에 요하는 시간을 스톱워치로 재며, 용기에 물을 받아 넣는 시간을 20sec 이상이 되도록 용량을 결정한다.

78 4각위어에 의하여 유량을 측정하려고 한다. 위어의 수두가 0.5m, 절단의 폭이 4m일 때 유량(m^3/분)은? (단, 유량계수는 4.80이다.)

① 약 4.3
② 약 6.8
③ 약 8.1
④ 약 10.4

해설 4각위어의 유량
$$Q = K \cdot b \cdot h^{3/2}$$
$$= 4.8 \times 4 \times 0.5^{3/2}$$
$$= 6.788m^3/min$$

79 유기물을 다량 함유하고 있으면서 산 분해가 어려운 시료에 적용되는 전처리법은?

① 질산－염산법
② 질산－황산법
③ 질산－초산법
④ 질산－과염소산법

해설 전처리 방법

전처리 방법	적용 시료
질산법	유기물 함량이 비교적 높지 않은 시료의 전처리에 사용한다.
질산－염산법	유기물 함량이 비교적 높지 않고 금속의 수산화물, 산화물, 인산염 및 황화물을 함유하고 있는 시료에 적용한다.
질산－황산법	유기물 등을 많이 함유하고 있는 대부분의 시료에 적용한다.
질산－과염소산법	유기물을 다량 함유하고 있으면서 산 분해가 어려운 시료에 적용한다.

80 0.005M－$KMnO_4$ 400mL를 조제하려면 $KMnO_4$ 약 몇 g을 취해야 하는가? (단, 원자량 K=39, Mn=55)

① 약 0.32
② 약 0.63
③ 약 0.84
④ 약 0.98

해설 $X = \dfrac{0.005mol}{L} \bigg| \dfrac{0.4L}{} \bigg| \dfrac{158g}{1mol} = 0.316g$

제5과목 | 수질환경관계법규

81 다음의 위임업무 보고사항 중 보고횟수가 다른 것은?

① 기타 수질오염원 현황
② 과징금 부과 실적
③ 비점오염원 설치 신고 및 방지시설 설치 현황
④ 과징금 징수 실적 및 체납처분 현황

해설 ① 기타 수질오염원 현황(연 2회)
② 과징금 부과 실적(연 2회)
③ 비점오염원 설치 신고 및 방지시설 설치 현황(연 4회)
④ 과징금 징수 실적 및 체납처분 현황(연 2회)

82 폐수처리업자의 준수사항으로 틀린 것은?

① 증발농축시설, 건조시설, 소각시설의 대기오염물질 농도를 매월 1회 자가측정을 해야 하며, 분기마다 악취에 대한 자가측정을 실시해야 한다.
② 처리 후 발생하는 슬러지의 수분 함량은 85퍼센트 이하여야 하며, 처리는 폐기물관리법에 따라 적정하게 처리해야 한다.
③ 수탁한 폐수는 정당한 사유 없이 5일 이상 보관할 수 없으며, 보관폐수의 전체량이 저장시설 저장능력의 80퍼센트 이상 되게 보관하여서는 아니 된다.
④ 기술인력을 그 해당 분야에 종사하도록 해야 하며, 폐수처리시설을 16시간 이상 가동할 경우에는 해당 처리시설의 현장근무 2년 이상의 경력자를 작업현장에 책임 근무하도록 해야 한다.

해설 수탁한 폐수는 정당한 사유 없이 10일 이상 보관할 수 없으며, 보관폐수의 전체량이 저장시설 저장능력의 90% 이상 되게 보관하여서는 아니 된다.

83 환경기술인 등의 교육기관을 맞게 짝지은 것은?

① 국립환경과학원 – 환경보전협회
② 국립환경과학원 – 한국환경공단
③ 국립환경인력개발원 – 환경보전협회
④ 국립환경인력개발원 – 한국환경공단

해설 환경기술인 등의 교육기관
1. 측정기기 관리대행업에 등록된 기술인력 : 국립환경인력개발원 또는 한국상하수도협회
2. 폐수처리업에 종사하는 기술요원 : 국립환경인력개발원
3. 환경기술인 : 환경보전협회

84 사업장별 환경기술인의 자격기준에 관한 설명으로 틀린 것은?

① 대기환경기술인으로 임명된 자가 수질환경기술인의 자격을 함께 갖춘 경우에는 수질환경기술인을 겸임할 수 있다.
② 연간 90일 미만 조업하는 제1종부터 제3종까지의 사업장은 제4종 사업장, 제5종 사업장에 해당하는 환경기술인을 선임할 수 있다.
③ 공동방지시설의 경우에는 폐수 배출량이 제4종 또는 제5종 사업장의 규모에 해당하면 제3종 사업장에 해당하는 환경기술인을 두어야 한다.
④ 제1종 또는 제2종 사업장 중 3개월간 실제 작업한 날만을 계산하여 1일 평균 17시간 이상 작업한 경우에는 환경기술인을 각각 2명 이상 두어야 한다.

해설 환경기술인의 자격기준
제1종 또는 제2종 사업장 중 1개월간 실제 작업한 날만을 계산하여 1일 평균 17시간 이상 작업하는 경우 그 사업장은 환경기술인을 각각 2명 이상 두어야 한다. 이 경우 각각 1명을 제외한 나머지 인원은 제3종 사업장에 해당하는 환경기술인으로 대체할 수 있다.

85 조치명령 또는 개선명령을 받지 아니한 사업자가 배출허용기준을 초과하여 오염물질을 배출하게 될 때 환경부 장관에게 제출하는 개선계획서에 기재할 사항이 아닌 것은?

① 개선사유
② 개선내용
③ 개선기간 중의 수질오염물질 예상배출량 및 배출농도
④ 개선 후 배출시설의 오염물질 저감량 및 저감효과

해설 조치명령 또는 개선명령을 받지 아니한 사업자가 배출허용 기준을 초과하여 오염물질을 배출하게 될 때 개선사유, 개선기간, 개선내용, 개선기간 중의 수질오염물질 예상배출량 및 배출농도 등을 적어 환경부 장관에게 제출하고 그 배출시설 등을 개선할 수 있다.

86 수질 및 수생태계 상태를 등급으로 나타내는 경우, "좋음" 등급에 대한 설명으로 옳은 것은? (단, 수질 및 수생태계 생활환경기준)

① 용존산소가 풍부하고 오염물질이 거의 없는 청정상태에 근접한 생태계로, 침전 등 간단한 정수처리 후 생활용수로 사용할 수 있다.

② 용존산소가 풍부하고 오염물질이 거의 없는 청정상태에 근접한 생태계로, 여과 · 침전 등 간단한 정수처리 후 생활용수로 사용할 수 있다.

③ 용존산소가 많은 편이고 오염물질이 거의 없는 청정상태에 근접한 생태계로, 여과 · 침전 · 살균 등 일반적인 청수처리 후 생활용수로 사용할 수 있다.

④ 용존산소가 많은 편이고 오염물질이 거의 없는 청정상태에 근접한 생태계로, 활성탄 투입 등 일반적인 정수처리 후 생활용수로 사용할 수 있다.

해설 등급별 수질 및 수생태계 상태
1. 매우 좋음 : 용존산소(溶存酸素)가 풍부하고 오염물질이 없는 청정상태의 생태계로, 여과 · 살균 등 간단한 정수처리 후 생활용수로 사용할 수 있다.
2. 좋음 : 용존산소가 많은 편이고 오염물질이 거의 없는 청정상태에 근접한 생태계로, 여과 · 침전 · 살균 등 일반적인 정수처리 후 생활용수로 사용할 수 있다.
3. 약간 좋음 : 약간의 오염물질은 있으나 용존산소가 많은 상태의 다소 좋은 생태계로, 여과 · 침전 · 살균 등 일반적인 정수처리 후 생활용수 또는 수영용수로 사용할 수 있다.
4. 보통 : 보통의 오염물질로 인하여 용존산소가 소모되는 일반 생태계로, 여과, 침전, 활성탄 투입, 살균 등 고도의 정수처리 후 생활용수로 이용하거나 일반적 정수처리 후 공업용수로 사용할 수 있다.
5. 약간 나쁨 : 상당량의 오염물질로 인하여 용존산소가 소모되는 생태계로, 농업용수로 사용하거나 여과, 침전, 활성탄 투입, 살균 등 고도의 정수처리 후 공업용수로 사용할 수 있다.
6. 나쁨 : 다량의 오염물질로 인하여 용존산소가 소모되는 생태계로, 산책 등 국민의 일상생활에 불쾌감을 주지 않으며 활성탄 투입, 역삼투압 공법 등 특수한 정수처리 후 공업용수로 사용할 수 있다.
7. 매우 나쁨 : 용존산소가 거의 없는 오염된 물로, 물고기가 살기 어렵다.

87 물환경보전법에 관한 법률상 용어의 정의로 옳지 않은 것은?

① "비점오염저감시설"이란 수질오염방지시설 중 비점오염원으로부터 배출되는 수질오염물질을 제거하거나 감소하게 하는 시설로서 환경부령이 정하는 것을 말한다.

② "공공수역"이란 하천, 호소, 항만, 연안해역, 그 밖에 공공용에 사용되는 수역과 이에 접속하여 공공용으로 사용되는 환경부령이 정하는 수로를 말한다.

③ "비점오염원"이란 도시, 도로, 농지, 산지, 공사장 등으로서 불특정 장소에서 불특정하게 수질오염물질을 배출하는 배출원을 말한다.

④ "기타 수질오염원"이란 비점오염원으로 관리되지 아니하는 특정수질오염물질을 배출하는 시설로서 환경부령으로 정하는 것을 말한다.

해설 "기타 수질오염원"이란 점오염원 및 비점오염원으로 관리되지 아니하는 수질오염물질을 배출하는 시설 또는 장소로서 환경부령으로 정하는 것을 말한다.

88 시 · 도지사는 오염총량관리기본계획을 수립하거나 오염총량관리기본계획 중 대통령령이 정하는 중요한 사항을 변경하는 경우 환경부 장관의 승인을 얻어야 한다. 중요한 사항에 해당되지 않는 것은?

① 해당 지역 개발계획의 내용
② 지방자치단체별 · 수계구간별 오염부하량의 할당
③ 관할 지역에서 배출되는 오염부하량의 총량 및 저감계획
④ 최종방류구별 · 단위기간별 오염부하량 할당 및 배출량 지정

해설 오염총량관리기본계획 수립
1. 해당 지역 개발계획의 내용
2. 지방자치단체별·수계구간별 오염부하량(汚染負荷量)의 할당
3. 관할 지역에서 배출되는 오염부하량의 총량 및 저감계획
4. 해당 지역 개발계획으로 인하여 추가로 배출되는 오염부하량 및 그 저감계획

89 오염총량 초과부과금 산정 방법 및 기준에 관련된 내용으로 옳지 않은 것은?

① 일일 초과오염배출량의 단위는 킬로그램(kg)으로 하되, 소수점 이하 첫째 자리까지 계산한다.

② 할당오염부하량과 지정배출량의 단위는 1일당 킬로그램(kg/일)과 1일당 리터(L/일)로 한다.

③ 일일 조업시간은 측정하기 전 최근 조업한 30일간의 오수 및 폐수 배출시설의 조업시간 평균치로서 분으로 표시한다.

④ 측정유량의 단위는 시간당 리터(L/hr)로 한다.

해설 측정유량의 단위는 분당 리터(L/min)로 한다.

90 시·도지사가 측정망을 이용하여 수질오염도를 상시 측정하거나 수생태계 현황을 조사한 경우에 그 조사 결과를 며칠 이내에 환경부 장관에게 보고하여야 하는가?

① 수질오염도 : 측정일이 속하는 달의 다음 달 5일 이내, 수생태계 현황 : 조사 종료일부터 1개월 이내

② 수질오염도 : 측정일이 속하는 달의 다음 달 5일 이내, 수생태계 현황 : 조사 종료일부터 3개월 이내

③ 수질오염도 : 측정일이 속하는 달의 다음 달 10일 이내, 수생태계 현황 : 조사 종료일부터 13개월 이내

④ 수질오염도 : 측정일이 속하는 달의 다음 달 10일 이내, 수생태계 현황 : 조사 종료일부터 3개월 이내

해설 시·도지사가 수질오염도를 상시 측정하거나 수생태계 현황을 조사한 경우에는 다음의 구분에 따른 기간 내에 그 결과를 환경부 장관에게 보고하여야 한다.
1. 수질오염도 : 측정일이 속하는 달의 다음 달 10일 이내
2. 수생태계 현황 : 조사 종료일부터 3개월 이내

91 1일 폐수 배출량이 2천세제곱미터 이상인 사업장에서 생물학적 산소요구량의 농도가 25mg/L인 폐수를 배출하였다면, 이 업체의 방류수 수질기준 초과에 따른 부과계수는 얼마인가? (단, 배출허용기준에 적용되는 지역은 청정지역이다.)

① 2.0   ② 2.2

③ 2.4   ④ 2.6

해설 방류수 수질기준 초과율별 부과계수

초과율	10% 미만	10% 이상 20% 미만	20% 이상 30% 미만	30% 이상 40% 미만	40% 이상 50% 미만
부과계수	1	1.2	1.4	1.6	1.8
초과율	50% 이상 60% 미만	60% 이상 70% 미만	70% 이상 80% 미만	80% 이상 90% 미만	90% 이상 100% 까지
부과계수	2.0	2.2	2.4	2.6	2.8

방류수 수질기준 초과율(%)

$$= \frac{(배출농도 - 방류수\ 수질기준)}{(배출허용기준 - 방류수\ 수질기준)} \times 100$$

ⓐ 배출농도 : 25mg/L
ⓑ 방류수 수질기준 : 10mg/L
ⓒ 배출허용기준(청정지역) : 30mg/L

∴ 방류수 수질기준 초과율 $= \frac{(25-10)}{(30-10)} \times 100 = 75\%$

92 폐수종말처리시설의 유지·관리 기준에 관한 사항으로 ( ) 안에 옳은 내용은?

> 처리시설의 관리, 운영자는 처리시설의 적정 운영여부를 확인하기 위하여 방류수 수질검사를 (㉠) 실시하되, 1일당 2천세제곱미터 이상인 시설은 주 1회 이상 실시하여야 한다. 다만, 생태독성(TU) 검사는 (㉡) 실시하여야 한다.

① ㉠ 월 2회 이상, ㉡ 월 1회 이상
② ㉠ 월 1회 이상, ㉡ 월 2회 이상
③ ㉠ 월 2회 이상, ㉡ 월 2회 이상
④ ㉠ 월 1회 이상, ㉡ 월 1회 이상

해설 처리시설의 관리, 운영자는 처리시설의 적정 운영여부를 확인하기 위하여 방류수 수질검사를 월 2회 이상 실시하되, 1일당 2천세제곱미터 이상인 시설은 주 1회 이상 실시하여야 한다. 다만, 생태독성(TU) 검사는 월 1회 이상 실시하여야 한다.

93 수질오염경보의 종류별·경보단계별 조치사항 중 상수원 구간에서 조류경보의 [관심]단계일 때 유역, 지방 환경청장의 조치사항인 것은 어느 것인가?

① 관심경보 발령
② 대중매체를 통한 홍보
③ 조류 제거조치 실시
④ 주변오염원 단속 강화

해설

단계	관계기관	조치사항
관심	유역·지방 환경청장 (시·도지사)	1. 관심경보 발령 2. 주변오염원에 대한 지도·단속

94 다음 중 낚시금지구역 또는 낚시제한구역의 안내판의 규격기준 중 색상기준으로 옳은 것은 어느 것인가?

① 바탕색 : 청색, 글씨 : 흰색
② 바탕색 : 흰색, 글씨 : 청색
③ 바탕색 : 회색, 글씨 : 흰색
④ 바탕색 : 흰색, 글씨 : 회색

해설 안내판의 규격기준 중 색상기준은 청색바탕에 흰색글씨를 사용한다.

95 배출시설의 설치허가를 받은 자가 배출시설의 변경허가를 받아야 하는 경우에 대한 기준으로 (   ) 안의 내용으로 옳은 것은?

> 폐수의 배출량이 허가 당시보다 100분의 50 (특정수질유해물질이 기준 이상으로 배출되는 배출시설의 경우에는 100분의 30) 이상 또는 (   ) 이상 증가하는 경우

① 1일 500세제곱미터
② 1일 600세제곱미터
③ 1일 700세제곱미터
④ 1일 800세제곱미터

해설 배출시설의 변경허가를 받아야 하는 경우
1. 폐수 배출량이 허가 당시보다 100분의 50(특정수질유해물질이 기준 이상으로 배출되는 배출시설의 경우에는 100분의 30) 이상 또는 1일 700세제곱미터 이상 증가하는 경우

2. 배출허용기준을 초과하는 새로운 수질오염물질이 발생되어 배출시설 또는 수질오염방지시설의 개선이 필요한 경우
3. 허가를 받은 폐수 무방류배출시설로서 고체상태의 폐기물로 처리하는 방법에 대한 변경이 필요한 경우

96 최종방류구에서 방류하기 전에 배출시설에서 배출하는 폐수를 재이용하는 사업자는 재이용률별 감면율을 적용하여 해당 부과기간에 부과되는 기본 배출 부과금을 감경 받는다. 폐수 재이용률별 감면율 기준으로 옳은 것은?

① 재이용률 10% 이상 30% 미만 : 100분의 30
② 재이용률 30% 이상 60% 미만 : 100분의 50
③ 재이용률 60% 이상 90% 미만 : 100분의 60
④ 재이용률 90% 이상 100% 미만 : 100분의 80

해설 폐수 재이용률별 감면율 기준
1. 재이용률이 10퍼센트 이상 30퍼센트 미만인 경우 : 100분의 20
2. 재이용률이 30퍼센트 이상 60퍼센트 미만인 경우 : 100분의 50
3. 재이용률이 60퍼센트 이상 90퍼센트 미만인 경우 : 100분의 80
4. 재이용률이 90퍼센트 이상인 경우 : 100분의 90

97 다음은 과징금에 관한 내용이다. (   ) 안에 옳은 내용은?

> 환경부 장관은 폐수처리업의 등록을 한 자에 대하여 영업정지를 명하여야 하는 경우로서 그 영업정지가 주민의 생활, 그 밖의 공익에 현저한 지장을 초래할 우려가 있다고 인정되는 경우에는 영업정지 처분에 갈음하여 매출액에 (   )를 곱한 금액을 초과하지 아니하는 범위 내에서 과징금을 부과할 수 있다.

① 100분의 2
② 100분의 5
③ 100분의 7
④ 100분의 10

해설 폐수처리업의 등록을 한 자의 과징금 부과기준은 매출액에 100분의 5를 곱한 금액을 초과하지 아니하는 범위 내에서 과징금을 부과할 수 있다.

98 사업장의 규모별 구분에 관한 내용으로 옳지 않은 것은?

① 1일 폐수 배출량이 800m³인 사업장은 제2종 사업장이다.

② 1일 폐수 배출량이 1,800m³인 사업장은 제2종 사업장이다.

③ 사업장 규모별 구분은 최근 조업한 30일간의 평균 배출량을 기준으로 한다.

④ 최초 배출시설 설치허가 시의 폐수 배출량은 사업계획에 따른 예상 용수사용량을 기준으로 산정한다.

해설 사업장의 규모별 구분은 1년간 가장 많이 배출한 날을 기준으로 정한다.

99 대통령령으로 정하는 처리용량 이상의 방지시설(공동방지시설 포함)을 운영하는 자는 배출되는 수질오염물질이 배출허용기준, 방류수 수질기준에 맞는지를 확인하기 위하여 적산전력계 또는 적산유량계 등 대통령령이 정하는 측정기기를 부착하여야 한다. 이를 위반하여 적산전력계 또는 적산유량계를 부착하지 아니한 자에 대한 벌칙기준은?

① 1000만원 이하의 벌금

② 500만원 이하의 벌금

③ 300만원 이하의 벌금

④ 100만원 이하의 벌금

해설 다음의 어느 하나에 해당하는 자는 100만원 이하의 벌금에 처한다.

1. 적산전력계 또는 적산유량계를 부착하지 아니한 자

2. 환경기술인의 업무를 방해하거나 환경기술인의 요청을 정당한 사유 없이 거부한 자

100 시·도지사는 공공수역의 수질보전을 위하여 환경부령이 정하는 해발고도 이상에 위치한 농경지 중 환경부령이 정하는 경사도 이상의 농경지를 경작하는 자에 대하여 경작방식의 변경, 농약·비료의 사용량 저감, 휴경 등을 권고할 수 있다. 위에서 언급한 환경부령이 정하는 해발고도와 경사도 기준은?

① 400미터, 15퍼센트

② 400미터, 25퍼센트

③ 600미터, 15퍼센트

④ 600미터, 25퍼센트

해설 "환경부령으로 정하는 해발고도"란 해발 400미터를 말하고, "환경부령으로 정하는 경사도"는 15퍼센트이다.

최후의 승리는 출발점의 비약이 아니다.
결승점에 이르기까지의 성실함과 노력이다.
-워너메이커-

제1과목 ┃ 수질오염개론

01 우리나라의 수자원 이용현황 중 가장 많은 용도로 사용하는 용수는?

① 생활용수
② 공업용수
③ 농업용수
④ 유지용수

해설 우리나라에서는 농업용수의 이용률이 가장 높고, 그 다음은 발전 및 하천유지용수, 생활용수, 공업용수 순이다.

02 하천의 자정작용 단계 중 회복지대에 대한 설명으로 틀린 것은?

① 물이 비교적 깨끗하다.
② DO가 포화농도의 40% 이상이다.
③ 박테리아가 크게 번성한다.
④ 원생동물 및 윤충이 출현한다.

해설 회복지대는 광합성을 하는 조류와 원생동물, 윤충, 갑각류가 번식한다.

03 농업용수의 수질을 분석할 때 이용되는 SAR(Sodium Adsorption Ratio)과 관계없는 것은?

① Mg^{2+}
② Fe^{2+}
③ Ca^{2+}
④ Na^+

해설 $SAR = \dfrac{Na^+}{\sqrt{\dfrac{Ca^{2+} + Mg^{2+}}{2}}}$ 이므로 Na^+, Ca^{2+}, Mg^{2+} 이

관계있다.

04 아세트산(CH_3COOH) 1,000mg/L 용액의 pH가 3.0이었다면 이 용액의 해리상수(K_a)는?

① 2×10^{-5}
② 3×10^{-5}
③ 4×10^{-5}
④ 6×10^{-5}

해설
$$해리상수(K_a) = \frac{[CH_3COO^-][H^+]}{[CH_3COOH]}$$
$$= \frac{(10^{-3})^2}{0.0167}$$
$$= 6.0 \times 10^{-5}$$

ⓐ $[H^+] = 10 - pH = 10^{-3} mol/L$

ⓑ $CH_3COOH = \dfrac{1,000mg}{L} \left| \dfrac{1g}{10^3 mg} \right| \dfrac{1mol}{60g}$

$\qquad = 0.0167 mol/L$

05 25℃, 2atm의 압력에 있는 메탄가스 5kg을 저장하는 데 필요한 탱크의 부피는? (단, 이상기체의 법칙 적용, $R = 0.082 L \cdot atm/mol \cdot k$)

① 약 $3.8m^3$
② 약 $5.2m^3$
③ 약 $7.6m^3$
④ 약 $9.2m^3$

해설 이상기체방정식(ideal gas equation)을 이용한다.
$$PV = n \cdot R \cdot T$$
$$V = \frac{n \cdot R \cdot T}{P}$$

여기서, $n = \dfrac{M}{M_w} = \dfrac{5kg}{} \left| \dfrac{1mol}{16g} \right| \dfrac{10^3 g}{1kg} = 312.5 mol$

$\therefore \ V = \dfrac{312.5mol}{} \left| \dfrac{0.082 L \cdot atm}{mol \cdot K} \right| \dfrac{(273+25)K}{}$

$\qquad \left| \dfrac{}{2atm} \right| \dfrac{1m^3}{10^3 L}$

$\qquad = 3.818 m^3$

06 생물농축에 대한 설명으로 가장 거리가 먼 것은?

① 생물농축은 생태계에서 영양단계가 낮을수록 현저하게 나타난다.
② 독성물질 뿐만 아니라 영양물질도 똑같이 물질순환을 통해 축적될 수 있다.
③ 생물체내의 오염물질 농도는 환경수 중의 농도보다 일반적으로 높다.
④ 생물체는 서식장소에 존재하는 물질의 필요유무에 관계없이 섭취한다.

해설 생물농축(biological concentration)이란 먹이 피라미드 상위로 갈수록 오염물질의 체내 농축이 심해지는 현상을 말한다.

07 하수 등의 유입으로 인한 하천 변화 상태를 Whipple의 4지대로 나타낼 수 있다. 다음 중 활발한 분해지대에 관한 내용으로 틀린 것은?

① 용존산소가 없이 부패상태이며, 물리적으로 이 지대는 회색 내지 흑색으로 나타난다.

② 혐기성 세균과 곰팡이류가 호기성균과 교체되어 번식한다.

③ 수중의 CO_2 농도나 암모니아성질소가 증가한다.

④ 화장실 냄새나 H_2S에 의한 달걀 썩는 냄새가 난다.

해설 활발한 분해지대에서는 혐기성 박테리아가 번성한다.

08 하천의 길이가 500km이며, 유속은 65m/min이다. 상류지점의 BOD_u가 280ppm이라면 상류지점에서부터 378km되는 하류지점의 BOD(mg/L)는? (단, 상용대수 기준, 탈산소계수는 0.1/day, 수온은 20℃, 기타 조건은 고려하지 않는다.)

① 45
② 68
③ 95
④ 132

해설

$$BOD_t = BOD_u \times 10^{-k \cdot t}$$

$$t = \frac{L}{V} = \frac{378,000m}{} \left| \frac{min}{56m} \right| \frac{1day}{1,440min} = 4.6875day$$

$$\therefore \ BOD_t = 280 \times 10^{-0.1 \times 4.6875} = 95.15mg/L$$

09 하천의 DO가 8mg/L, BOD_u가 10mg/L일 때, 용존산소곡선(DO sag curve)에서의 임계점에 도달하는 시간(day)은? (단, 온도는 20℃, DO 포화농도는 9.2mg/L, K_1 =0.1/day, K_2 =0.2/day, $t_c = \frac{1}{K_1(f-1)} \log\left(f \times \left(1-(f-1)\frac{D_o}{L_o}\right)\right)$이며, 상용대수 기준)

① 2.46
② 2.64
③ 2.78
④ 2.93

해설

$$f(= 자정계수) = \frac{0.2/day}{0.1/day} = 2$$

$$\therefore \ t_c(= 임계시간)$$

$$= \frac{1}{K_1(f-1)} \log\left(f \times \left(1-(f-1)\frac{D_o}{L_o}\right)\right)$$

$$= \frac{1}{0.1(2-1)} \log\left[2 \times \left\{1-(2-1) \times \frac{(9.2-8)}{10}\right\}\right]$$

$$= 2.46day$$

10 하구(estuary)의 혼합형식 중 하상구배와 조차(潮差)가 적어서 염수와 담수의 2층의 밀도류가 발생되는 것은?

① 강 혼합형
② 약 혼합형
③ 중 혼합형
④ 완 혼합형

해설 하구(estuary)

1. 약 혼합형 : 하상구배와 조차가 적어 염수와 담수의 밀도류가 발생한다.

2. 완 혼합형 : 하상구배가 어느 정도 크고 조차가 적당히 있을 때, 난류성분에 의해 밀도 경계면이 명확하지 않으며 연직방향의 밀도차가 작아진다.

3. 강 혼합형 : 하상구배와 조차가 매우 커서 난류성분이 발달하여 연직혼합을 촉진시키며, 유하방향으로의 밀도차가 확실해진다.

11 해수의 화학적 특성 중에서 영양염류의 농도는 매우 중요하다. 다음 중 영양염류가 찬 바다에 많고 따뜻한 바다에 적은 이유로 틀린 것은?

① 찬 바다의 표층수는 원래 영양염류가 풍부한 극지방의 심층수로부터 기원하기 때문에

② 따뜻한 바다의 표층수는 적도부근의 표층수로부터 기원하기 때문에

③ 찬 바다에는 겨울철 성층현상의 심화로 수계가 안정되어 영양염류의 손실이 적기 때문에

④ 따뜻한 바다에서 표층수의 영양염류는 공급없이 식물성 플랑크톤에 의한 소비만 주로 일어나기 때문에

해설 찬 바다에는 겨울에 표층수가 냉각되어 밀도가 커지므로 침강작용이 일어나 영양염류가 풍부한 심층수에 들어가게 된다.

12 하천모델의 종류 중 DO sag – Ⅰ, Ⅱ, Ⅲ에 관한 설명으로 틀린 것은?

① 2차원 정상상태 모델이다.

② 점오염원 및 비점오염원이 하천의 용존산소에 미치는 영향을 나타낼 수 있다.

③ Streeter–Phelps 식을 기본으로 한다.

④ 저질의 영향이나 광합성 작용에 의한 용존산소반응을 무시한다.

해설 DO sag – Ⅰ, Ⅱ, Ⅲ 모델은 1차원 정상 모델로서 점오염원 및 비점오염원이 하천의 DO에 미치는 영향을 나타낼 수 있다.

13 확산의 기본법칙인 Fick's 제1법칙을 가장 알맞게 설명한 것은? (단, 확산에 의해 어떤 면적요소를 통과하는 물질의 이동속도 기준)

① 이동속도는 확산물질의 조성비에 비례한다.

② 이동속도는 확산물질의 농도경사에 비례한다.

③ 이동속도는 확산물질의 분자확산계수에 반비례한다.

④ 이동속도는 확산물질의 유입과 유출의 차이만큼 축적된다.

해설 Fick의 제1법칙(정상상태 확산)은 용액 속에서 용질의 확산이 일어나는 방향에 수직인 단위넓이를 통하여 단위시간에 확산하는 용질의 양은 그 장소에서의 농도의 기울기에 비례한다는 법칙이다.

14 금속을 통해 흐르는 전류의 특성으로 틀린 것은?

① 금속의 화학적 성질은 변하지 않는다.

② 전류는 전자에 의해 운반된다.

③ 온도의 상승은 저항을 증가시킨다.

④ 대체로 전기저항이 용액의 경우보다 크다.

해설 용액 내에서는 전기저항이 금속보다 대체로 크다.

15 글루코스($C_6H_{12}O_6$) 300g을 35℃ 혐기성 소화조에서 완전분해 시킬 때 발생 가능한 메탄가스의 양(L)은? (단, 메탄가스는 1기압, 35℃로 발생 가정)

① 약 112 　　② 약 126

③ 약 154 　　④ 약 174

해설
$$C_6H_{12}O_6 \;\longrightarrow\; 3CH_4 + 3CO_2$$
$$180g \;:\; 3 \times 22.4L\,(STP)$$
$$300g \;:\; x\,(L)$$
$$x = 112L\,(STP)$$
35℃ 상태로 온도 보정을 하면
$$x = \frac{112L}{} \left| \frac{(273+35)K}{273K} \right| = 126.36\,(L\ as\ 35℃)$$

16 수계의 유기물질 총량을 간접적으로 예측하기 위한 지표로서 생물화학적 산소요구량(Biochemical Oxygen Demand : BOD)과 화학적 산소요구량(Chemical Oxygen Demand : COD)에 대한 설명으로 가장 옳은 것은?

① BOD는 혐기성 미생물의 수계 유기물질 분해활동과 연관된 산소요구량을 의미하며, BOD_5는 5일간 상온에서 시료를 배양했을 때 미생물에 의해 소모된 산소량을 의미한다.

② BOD 값이 높을수록 수중 유기물질 함량이 높으며, 측정방법의 특성상 BOD는 언제나 COD보다 높게 측정된다.

③ BOD는 생물학적 분해가 가능한 유기물의 총량 예측에 적합하며, 미생물의 활성을 저해하는 독성물질 존재 시 분해의 방해효과가 나타날 수 있다.

④ COD는 시료 중 유기물질을 화학적 산화제를 사용하여 산화 분해시킨 후 소모된 산화제의 양을 대응산소의 양으로 환산하여 나타낸 값으로, 일반적인 활용 산화제는 염소나 과산화수소이다.

해설 바르게 고쳐보기

① BOD는 호기성 미생물의 수계 유기물질 분해활동과 연관된 산소요구량을 의미하며, BOD_5는 5일간 상온에서 시료를 배양했을 때 미생물에 의해 소모된 산소량을 의미한다.

② BOD 값이 높을수록 수중 유기물질 함량이 높으며, 측정방법의 특성상 BOD는 언제나 COD보다 낮게 측정된다.

④ COD는 시료 중 유기물질을 화학적 산화제를 사용하여 산화 분해시킨 후 소모된 산화제의 양을 대응산소의 양으로 환산하여 나타낸 값으로, 일반적인 활용 산화제는 $KMnO_4$나 $K_2Cr_2O_7$이다.

17 C_2H_6 15g이 완전 산화하는 데 필요한 이론적 산소량(g)은?

① 약 46
② 약 56
③ 약 66
④ 약 76

해설 $C_2H_6 + 3.5O_2 \rightarrow 2CO_2 + 3H_2O$

$30g : 3.5 \times 32g$

$15g : X$

$\therefore X = 56g$

18 소수성 콜로이드의 특성으로 틀린 것은?

① 물과 반발하는 성질을 가진다.
② 물속에 현탁상태로 존재한다.
③ 아주 작은 입자로 존재한다.
④ 염에 큰 영향을 받지 않는다.

해설 소수성 콜로이드(colloid)는 염에 아주 민감하다.

19 다음 중 지하수의 특성에 관한 설명으로 옳지 않은 것은?

① 염분 함량이 지표수보다 낮다.
② 주로 세균(혐기성)에 의한 유기물 분해작용이 일어난다.
③ 국지적인 환경조건의 영향을 크게 받는다.
④ 빗물로 인하여 광물질이 용해되어 경도가 높다.

해설 지하수는 염분 함량이 지표수보다 약 30% 이상 높다.

20 해수의 특성으로 옳지 않은 것은?

① 해수의 밀도는 수온, 염분, 수압에 영향을 받는다.
② 해수는 강전해질로서 1L당 평균 35g의 염분을 함유한다.
③ 해수 내 전체 질소 중 35% 정도는 질산성질소 등 무기성질소 형태이다.
④ 해수의 Mg/Ca비는 3~4 정도이다.

해설 해수 내 전체 질소 중 약 35% 정도는 암모니아성질소와 유기질소의 형태이다.

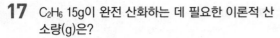
제2과목 Ⅰ 상하수도계획

21 다음 수량과 수위에 대한 설명 중 잘못된 것은?

① 홍수량 : 홍수위는 해마다 최대 수량과 수위를 말한다.
② 평수량 : 평수위는 1년 중 185일은 이보다 낮지 않은 수량과 수위
③ 갈수량 : 갈수위는 1년 중 355일은 이보다 낮지 않은 수량과 수위
④ 저수량 : 저수위는 해마다 최저 수량과 수위를 말한다.

해설 저수량 : 저수위는 1년 중 275일은 이보다 낮지 않은 수량과 수위를 말한다.

22 복류수나 자유수면을 갖는 지하수를 취수하는 시설인 집수매거에 관한 설명으로 틀린 것은?

① 집수매거의 길이는 시험우물 등에 의한 양수시험 결과에 따라 정한다.
② 집수매거의 매설깊이는 1.0m 이하로 한다.
③ 집수매거는 수평 또는 흐름 방향으로 향하여 완경사로 하고, 집수매거의 유출단에서 매거 내의 평균유속은 1.0m/s 이하로 한다.
④ 세굴의 우려가 있는 제외지에 설치할 경우에는 철근콘크리트틀 등으로 방호한다.

해설 집수매거의 매설깊이는 5m를 표준으로 한다.

23 상수처리를 위한 침사지 구조에 관한 기준으로 옳지 않은 것은?

① 지의 상단높이는 고수위보다 0.3~0.6m의 여유고를 둔다.
② 지 내 평균유속은 2~7cm/s를 표준으로 한다.
③ 표면부하율은 200~500nm/min을 표준으로 한다.
④ 지의 유효수심은 3~4m를 표준으로 하고, 퇴사심도는 0.5~1m로 한다.

해설 지의 상단높이는 고수위보다 0.6~1m의 여유고를 둔다.

24 정수장에서 응집제로서 많이 사용되고 있는 폴리염화알루미늄(PACL)에 대한 ( ) 안의 설명으로 옳은 것은?

> 일반적으로 황산알루미늄보다 적정주입 pH의 범위가 (㉠), 알칼리도의 감소가 (㉡).

① ㉠ 넓으며, ㉡ 크다
② ㉠ 넓으며, ㉡ 적다
③ ㉠ 좁으며, ㉡ 적다
④ ㉠ 좁으며, ㉡ 크다

해설 폴리염화알루미늄(PACL)은 액체로서 그 액체 자체가 가수분해되어 중합체로 되어 있으므로 일반적으로 황산알루미늄보다 응집성이 우수하고 적정주입 pH의 범위가 넓으며 알칼리도의 저하가 적다는 점 등의 특징이 있다. 그러므로 최근에는 처리가 쉬워서 소규모시설과 한랭지의 상수도에서도 상시 사용하는 곳이 많아졌다. 다만, 폴리염화알루미늄의 산화알루미늄의 농도가 10~18%이고 −20℃ 이하에서는 결정이 석출되므로 한랭지에서는 보온장치가 필요하다.

25 하수배제방식이 합류식인 경우 중계펌프장의 계획하수량으로 가장 옳은 것은?

① 계획우수량
② 계획시간 최대오수량
③ 계획1일 최대오수량
④ 우천 시 계획오수량

해설 하수배제방식에 따른 펌프장시설의 계획하수량은 다음과 같다.

하수배제방식	펌프장의 종류	계획하수량
분류식	중계펌프장 처리장 내 펌프장	계획시간최대오수량
	빗물펌프장	계획우수량
합류식	중계펌프장 처리장 내 펌프장	우천 시 계획오수량
	빗물펌프장	계획하수량 − 우천 시 계획오수량

26 정수처리를 위해 완속여과방식(불용해성 성분의 처리방식)만을 선택하였을 때, 거의 처리할 수 없는 항목(물질)은?

① 탁도 ② 철분, 망간
③ ABS ④ 농약

해설 농약은 활성탄과 오존으로 처리할 수 있다.

27 펌프의 수격작용을 방지하기 위한 방법으로 틀린 것은?

① 관 내 유속을 낮추거나, 관로상황을 변경하는 방법
② 토출관 쪽에 조압수조를 설치하는 방법
③ 펌프 토출 측에 완폐체크밸브를 설치하는 방법
④ 펌프의 플라이휠을 제거하는 방법

해설 수격작용은 관로의 밸브를 급히 제동하거나 펌프의 급제동으로 인하여 순간유속이 제로(0)가 되면서 압력파가 발생하게 되고 이 압력파는 관 내를 일정한 전파속도로 왕복하면서 충격을 주게 되는 현상을 말하며, 방지방법은 다음과 같다.
1. 관 내의 유속을 낮추거나, 관경을 크게 한다.
2. 펌프의 속도가 급격히 변화하는 것을 방지한다.
3. 수압을 조절할 수 있는 수조를 관선에 설치한다.
4. 밸브를 펌프 송출구 가까이 설치하여 적절히 제어할 수 있도록 한다.
5. 펌프에 플라이휠을 설치하여 펌프 정지 시에도 관성력이 유지되게 한다.

28 하천 표류수 취수시설 중 취수문에 관한 설명으로 틀린 것은?

① 취수보에 비해서는 대량취수에도 쓰이나, 보통 소량취수에 주로 이용된다.
② 유심이 안정된 하천에 적합하다.
③ 토사, 부유물의 유입 방지가 용이하다.
④ 갈수 시 일정수심 확보가 안되면 취수가 불가능하다.

해설 취수문은 토사, 부유물의 유입 방지가 용이하지 못하다.

29 집수정에서 가정까지의 급수계통을 순서적으로 나열한 것으로 옳은 것은?

① 취수 → 도수 → 정수 → 송수 → 배수 → 급수
② 취수 → 도수 → 정수 → 배수 → 송수 → 급수
③ 취수 → 송수 → 도수 → 정수 → 배수 → 급수
④ 취수 → 송수 → 배수 → 정수 → 도수 → 급수

30 정수시설의 착수정 구조와 형상에 관한 설계기준으로 틀린 것은?

① 착수정은 분할을 원칙으로 하며, 고수위 이상으로 유지되도록 월류관이나 월류위어를 설치한다.

② 형상은 일반적으로 직사각형 또는 원형으로 하고, 유입구에는 제수밸브 등을 설치한다.

③ 착수정의 고수위와 주변 벽체의 상단 간에는 60cm 이상의 여유를 두어야 한다.

④ 부유물이나 조류 등을 제거할 필요가 있는 장소에는 스크린을 설치한다.

해설 착수정의 구조와 형상

1. 착수정은 2지 이상으로 분할하는 것이 원칙이나, 분할하지 않는 경우에는 반드시 우회관을 설치하고 배수설비를 설치한다.
2. 형상은 일반적으로 직사각형 또는 원형으로 하고, 유입구에는 제수밸브 등을 설치한다.
3. 수위가 고수위 이상으로 올라가지 않도록 월류관이나 월류위어를 설치한다.
4. 착수정의 고수위와 주변 벽체의 상단 간에는 60cm 이상의 여유를 두어야 한다.
5. 부유물이나 조류 등을 제거할 필요가 있는 장소에는 스크린을 설치한다.

31 정수처리시설인 응집지 내의 플록 형성지에 관한 설명 중 틀린 것은?

① 플록 형성지는 혼화지와 침전지 사이에 위치하고 침전지에 붙여서 설치한다.

② 플록 형성은 응집된 미소플록을 크게 성장시키기 위해 적당한 기계식 교반이나 우류식 교반이 필요하다.

③ 플록 형성지 내의 교반강도는 하류로 갈수록 점차 증가시키는 것이 바람직하다.

④ 플록 형성지는 단락류나 정체부가 생기지 않으면서 충분하게 교반될 수 있는 구조로 한다.

해설 플록 형성지 내의 교반강도는 하류로 갈수록 점차 감소시키는 것이 바람직하다.

32 취수시설 중 취수보의 위치 및 구조에 대한 고려사항으로 옳지 않은 것은?

① 유심이 취수구에 가까우며 안정되고 홍수에 의한 하상변화가 적은 지점으로 한다.

② 원칙적으로 철근콘크리트 구조로 한다.

③ 침수 및 홍수 시 수면상승으로 인하여 상류에 위치한 하천공작물 등에 미치는 영향이 적은 지점에 설치한다.

④ 원칙적으로 홍수의 유심방향과 평행인 직선형으로 가능한 한 하천의 곡선부에 설치한다.

해설 원칙적으로 홍수의 유심방향과 직각의 직선형으로 가능한 한 하천의 직선부에 설치한다.

33 상수도시설인 완속여과지에 관한 설명으로 틀린 것은?

① 여과지 깊이는 하부 집수장치의 높이에 자갈층 두께와 모래층 두께까지 2.5~3.5m를 표준으로 한다.

② 완속여과지의 여과속도는 4~5m/day를 표준으로 한다.

③ 모래층의 두께는 70~90cm를 표준으로 한다.

④ 여과지의 모래면 위의 수심은 90~120cm를 표준으로 한다.

해설 여과지의 깊이는 하부 집수장치의 높이에 자갈층 두께, 모래층 두께, 모래면 위의 수심과 여유고를 더하여 2.5~3.5m를 표준으로 한다.

34 배수지에 관한 설명 중 틀린 것은?

① 배수지는 급수지역의 중앙 가까이 설치하여야 한다.

② 배수지의 유효용량은 계획1일 최대급수량으로 한다.

③ 배수지의 구조는 정수지(淨水池)의 구조와 비슷하다.

④ 자연유하식 배수지의 높이는 최소동수압이 확보되는 높이로 하여야 한다.

해설 배수지의 유효용량은 "시간변동조정용량"과 "비상대처용량"을 합하여 급수구역의 계획1일 최대급수량의 12시간분 이상을 표준으로 하여야 하며, 지역 특성과 상수도시설의 안정성 등을 고려하여 결정한다.

30.① 31.③ 32.④ 33.① 34.②

35 수평으로 부설한 직경 300mm, 길이 3,000m의 주철관에 8,640m³/day로 송수 시 관로 끝에서의 손실수두는? (단, 마찰계수 $f=0.03$, $g=9.8\text{m/sec}^2$, 마찰손실만 고려)

① 약 10.8m ② 약 15.3m

③ 약 21.6m ④ 약 30.6m

해설 $H_L = f \times \dfrac{L}{D} \times \dfrac{V^2}{2g}$

여기서, $V = \dfrac{Q}{A} = \dfrac{8,640\text{m}^3}{\text{day}} \left| \dfrac{4}{\pi \times 0.3^2} \right| \dfrac{1\text{day}}{86,400\text{sec}}$

$\qquad = 1.415\text{m/sec}$

$\therefore H_L = 0.03 \times \dfrac{3,000}{0.3} \times \dfrac{1.415^2}{2 \times 9.8} = 30.65\text{m}$

36 24시간 이상 장시간의 강우강도에 대해 가까운 저류시설 등을 계획할 경우에 적용하는 강우강도식은?

① Cleveland형 ② Japanese형

③ Talbot형 ④ Sherman형

해설 유달시간이 짧은 관거 등의 유하시설을 계획할 경우에는 원칙적으로 Talbot형을 채용하는 것이 좋으며, 24시간 우량 등의 장시간 강우강도에 대해서는 Cleveland형이 가깝다. 또한 저류시설 등을 계획하는 경우에도 Cleveland형을 채용하는 것이 좋다.

37 강우강도 $I = \dfrac{3,970}{t+31}\text{mm/hr}$, 유역면적 3km²,

유입시간 180sec, 관거 길이 1km, 유출계수 1.1, 하수관의 유속 33m/min일 경우, 우수유출량은? (단, 합리식 적용)

① 약 29m³/sec ② 약 33m³/sec

③ 약 48m³/sec ④ 약 57m³/sec

해설 $Q = \dfrac{1}{360}CIA$

ⓐ C : 유출계수=1.1

ⓑ A : 유역면적 $= \dfrac{3\text{km}^2}{1} \left| \dfrac{100\text{ha}}{1\text{km}^2} \right| = 300\text{ha}$

ⓒ $I = \dfrac{3970}{t+31}\text{mm/hr} = \dfrac{3,970}{33.3+31}\text{mm/hr}$

$\qquad = 61.74\text{mm/hr}$

$t = 유입시간 + 유하시간 = t_i + \dfrac{L}{V}$

$\qquad = \dfrac{180\text{sec}}{1} \left| \dfrac{1\text{min}}{60\text{sec}} + \dfrac{\text{min}}{33\text{m}} \right| \dfrac{1\text{km}}{1} \left| \dfrac{10^3\text{m}}{1\text{km}} \right| = 33.3\text{min}$

$\therefore Q = \dfrac{1}{360}CIA$

$\qquad = \dfrac{1}{360} \times 1.1 \times 61.74 \times 300 = 56.60\text{m}^3/\text{sec}$

38 합류식에서 우천 시 계획오수량은 원칙적으로 계획시간 최대오수량의 몇 배 이상으로 고려해야 하는가?

① 1.5배 ② 2.0배

③ 2.5배 ④ 3.0배

해설 합류식에서 우천 시 계획오수량은 원칙적으로 계획시간 최대오수량의 3배 이상으로 한다.

39 1분당 300m³의 물을 150m 양정(전양정)할 때 최고효율점에 달하는 펌프가 있다. 이때의 회전수가 1,500rpm이라면 이 펌프의 비속도(비교회전도)는?

① 약 512 ② 약 554

③ 약 606 ④ 약 658

해설 $N_s = N \times \dfrac{Q^{1/2}}{H^{3/4}}$

여기서, N : 펌프의 회전수=1,500회/min

$\qquad Q$: 펌프의 규정토출량=300m³/min

$\qquad H = 150\text{m}$

$\therefore N_s = 1,500 \times \dfrac{300^{1/2}}{150^{3/4}} = 606.15$

40 하수관거 개·보수 계획 수립 시 포함되어야 할 사항이 아닌 것은?

① 불명수량 조사

② 개·보수 우선순위 결정

③ 개·보수 공사범위 설정

④ 주변 인근 신설관거 현황 조사

해설 하수관로 개·보수 계획은 관로의 중요도, 계획의 시급성, 환경성 및 기존관로 현황 등을 고려하여 수립하되, 다음과 같은 사항을 포함한다.
1. 기초자료 분석 및 조사 우선순위 결정
2. 불명수량 조사
3. 기존관로 현황 조사
4. 개·보수 우선순위 결정
5. 개·보수 공사범위 설정
6. 개·보수 공법 선정

제3과목 | 수질오염방지기술

41 폐수처리에 사용되는 주요 생물학적 처리공정 중 부착성장 미생물을 활용하는 공정으로 가장 옳은 것은?

① 살수여상　　　② 활성슬러지 공정
③ 호기성 라군　　④ 호기성 소화

해설 생물학적 처리방법은 미생물의 성장방식에 따라 부유성장 방식과 부착성장 방식으로 구분할 수 있다. 부유성장 방식에 대표적인 공법으로 활성슬러지법이 있고, 부착성장 방식에 대표적인 공법으로 살수여상법이 있다.

42 수량 36,000m³/day의 하수를 폭 15m, 길이 30m, 깊이 2.5m의 침전지에서 표면적 부하 40m³/m²·day의 조건으로 처리하기 위한 침전지 수는? (단, 병렬 기준)

① 2　　　　　　② 3
③ 4　　　　　　④ 5

해설 침전지 수 $= \dfrac{36,000\text{m}^3}{\text{day}}\left|\dfrac{\text{m}^2 \cdot \text{day}}{40\text{m}^3}\right|\dfrac{1}{15\times30\text{m}^2} = 2$개

43 다음 공정에서 처리될 수 있는 폐수의 종류는?

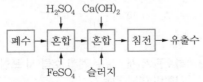

① 크롬폐수　　　② 시안폐수
③ 비소폐수　　　④ 방사능폐수

44 폐수 유량 1,000m³/day, 고형물 농도 2,700mg/L인 슬러지를 부상법에 의해 농축시키고자 한다. 압축탱크의 압력 4기압, 공기의 밀도 1.3g/L, 공기의 용해량 29.2cm³/L일 때, Air/Solid비는? (단, $f=0.5$, 비순환방식 기준)

① 0.009　　　　② 0.025
③ 0.019　　　　④ 0.014

해설 A/S비 $= \dfrac{1.3\times S_a(fP-1)}{SS}\times R$

$\qquad = \dfrac{1.3\times29.2\times(0.5\times4-1)}{2,700} = 0.014$

45 정수장 응집공정에 사용되는 화학약품 중 나머지 셋과 그 용도가 다른 하나는?

① 오존
② 명반
③ 폴리비닐아민
④ 황산제일철

해설 오존은 소독제이고, 나머지는 응집제이다.

46 연속회분식 반응조(SBR)의 장점에 대한 설명으로 옳지 않은 것은?

① 수리학적 과부하 시 MLSS의 누출이 많다.
② 질소와 인의 동시제거 시 운전의 유연성이 크다.
③ 소유량에 적합하다.
④ 현장 적용사례가 많이 있다.

해설 연속회분식 반응조(SBR)는 수리학적 과부하에도 MLSS의 누출이 없고, 사상성 미생물에 의한 bulking 조절이 가능한 특징을 가지고 있다.

47 $C_{4.2}H_{6.1}N_{0.8}O_2$로 표현 가능한 유기물의 농도가 159mg/L인 시료의 BOD₅(mg/L)는? (단, 반응속도 상수는 0.14/day(밑수 10), 최종분해물질은 CO_2, H_2O, NH_3, 질산화는 6일 이후에 일어나며, 기타 조건은 고려하지 않는다.)

① 143.0　　　　② 168.1
③ 180.5　　　　④ 242.2

해설 $C_{4.2}H_{6.1}N_{0.8}O_2 + 4.125O_2 \rightarrow 4.2CO_2 + 1.85H_2O + 0.8NH_3$
　　　99.7g　　　: 　4.125×32g
　　159mg/L　 : 　　　x
$x = 210.51$mg/L
$\therefore$ $BOD_5 = BOD_u(1-10^{-kt})$
$\qquad\qquad = 210.51(1-10^{-0.14\times5})$
$\qquad\qquad = 168.1$mg/L

48 도시 하수슬러지의 혐기성 소화에 저해되는 유독물질의 농도(mg/L) 범위는?

① K : 2,000~2,400
② Na : 5,000~8,000
③ Mg : 800~900
④ Ca : 1,000~1,500

해설 도시 하수슬러지의 혐기성 소화에 저해되는 유독물질의 농도(mg/L) 범위
① K : 4,000~10,000
③ Mg : 1,200~3,500
④ Ca : 2,000~6,000

49 Monod 식을 이용한 세포의 비증식속도(specific growth rate, hr^{-1})는? (단, 제한기질농도 200mg/L, 1/2포화농도(K_s) 50mg/L, 세포의 비증식속도 최대치 $0.1hr^{-1}$)

① 0.08 ② 0.12
③ 0.16 ④ 0.24

해설 Michaelis-Menten의 비증식속도 계산식을 이용한다.

$$\mu = \mu_{max} \times \frac{[S]}{K_s + [S]}$$

$$= 0.1 \times \frac{200}{50 + 200} = 0.08 hr^{-1}$$

50 일반적인 슬러지 처리공정을 순서대로 배치한 것은?

① 농축 → 약품 조정(개량) → 유기물의 안정화 → 건조 → 탈수 → 최종처분
② 농축 → 유기물의 안정화 → 약품 조정(개량) → 탈수 → 건조 → 최종처분
③ 약품 조정(개량) → 농축 → 유기물의 안정화 → 탈수 → 건조 → 최종처분
④ 유기물의 안정화 → 농축 → 약품 조정(개량) → 탈수 → 건조 → 최종처분

해설 슬러지 처리 계통도
농축 → 소화(안정화) → 개량 → 탈수 → 건조 → 최종처분

51 회전원판법(RBC)에 관한 설명으로 가장 거리가 먼 것은?

① 살수여상법에 비해 단회로 현상의 제어가 쉽다.
② 부착성장 공법으로 질산화가 가능하다.
③ 활성슬러지법에 비해 처리수의 투명도가 나쁘다.
④ 슬러지의 반송률은 표준활성슬러지법보다 높다.

해설 회전원판법(RBC)은 슬러지의 반송이 없다.

52 용수 응집시설의 급속혼합조를 설계하고자 한다. 혼합조의 설계유량은 18,480m³/day이며 정방형으로 하고 깊이는 폭의 1.25배로 한다면, 교반을 위한 필요동력(kW)은? (단, $\mu = 0.00131N \cdot s/m^2$, 속도구배=$900sec^{-1}$, 체류시간=30초)

① 약 4.3 ② 약 5.6
③ 약 6.8 ④ 약 7.3

해설 속도경사(G) 계산식을 이용한다.

$$G = \sqrt{\frac{P}{\mu \cdot \forall}}$$

$$P = G^2 \cdot \mu \cdot \forall$$

여기서, $\forall = \dfrac{18,480m^3}{day} \left| \dfrac{30sec}{} \right| \dfrac{1day}{24 \times 3,600sec}$

$$= 6.41m^3$$

$$\therefore P = \frac{900^2}{sec^2} \left| \frac{0.00131N \cdot sec}{m^2} \right| \frac{6.41m^3}{}$$

$$= 6801.6W = 6.8kW$$

53 총 잔류염소 농도(Cl₂)를 3.05mg/L에서 1.00mg/L로 탈염시키기 위해 유량 4,350m³/day인 물에 가해주어야 할 아황산염(SO_3^{2-})의 양은? (단, Cl : 35.5, S : 32.1)

① 약 6kg/day ② 약 8kg/day
③ 약 10kg/day ④ 약 12kg/day

해설
$$Cl_2 \equiv SO_3^{2-}$$
$$71kg : 80kg$$

$$\frac{2.05mg}{L} \left| \frac{4,350m^3}{day} \right| \frac{10^3L}{1m^3} \left| \frac{1kg}{10^6mg} \right| : x$$

$$\therefore x = 10.04kg/day$$

54 역삼투장치로 하루에 600,000L의 3차 처리된 유출수를 탈염하고자 한다. 다음과 같을 때 요구되는 막 면적(m²)은?

- 25℃에서 물질전달계수
  : 0.2068L/day-m²(kPa)
- 유입수와 유출수의 압력차 : 2,400kPa
- 유입수와 유출수의 삼투압차 : 310kPa
- 최저운전온도 : 10℃
- $A_{10℃}$: $1.3A_{25℃}$

① 약 1,200 ② 약 1,400
③ 약 1,600 ④ 약 1,800

해설 ⓐ 막의 단위면적당 유출수량(QF)은 압력과 다음의 관계식이 성립된다.

$$QF = K(\Delta P - \Delta \pi)$$

여기서, K : 막의 물질전달계수(L/day−m²(kPa))

ΔP : 유입수와 유출수의 압력차(kPa)

$\Delta \pi$: 유입수와 유출수의 삼투압차(kPa)

ⓑ 조건을 대입하여 관계식을 만들면

$$\frac{600,000\text{L}}{\text{day}}\bigg|\frac{}{A(\text{m}^2)}$$

$$= \frac{0.2068\text{L}}{\text{m}^2 \cdot \text{day} \cdot \text{kPa}}\bigg|\frac{(2,400-310)\text{kPa}}{}$$

$$\therefore A_{25℃} = 1,388.2\text{m}^2$$

ⓒ 최저운전온도(10℃) 상태로 막의 소요면적을 온도 보정하면

$$\therefore A_{10℃} = 1.3 \times A_{25℃} = 1.3 \times 1,388.2 = 1,804.7\text{m}^2$$

55 생물학적 처리공정에서 질산화반응은 다음의 총괄반응식으로 나타낼 수 있다. NH_4^+−N 3mg/L가 질산화되는 데 요구되는 산소(O_2) 양(mg/L)은?

$$NH_4^+ + 2O_2 \xrightarrow{\text{질산화}} NO_3^- + 2H^+ + H_2O$$

① 11.2 ② 13.7
③ 15.3 ④ 18.4

해설 주어진 반응식을 이용한다.

$$NH_4^+ + 2O_2 \xrightarrow{\text{질산화}} NO_3^- + 2H^+ + H_2O$$

14g : 2×32g

3mg/L : x(mg/L)

$$\therefore x = 13.71\text{mg/L}$$

56 BOD 1,000mg/L, 유량 1,000m³/day인 폐수를 활성슬러지법으로 처리하는 경우, 포기조의 수심을 5m로 할 때 필요한 포기조의 표면적(m²)은? (단, BOD 용적부하는 0.4kg/m³ · day이다.)

① 600 ② 400
③ 500 ④ 700

해설

$$\text{BOD 용적부하} = \frac{\text{BOD} \times Q}{\forall}$$

$$\frac{0.4\text{kg}}{\text{day} \cdot \text{m}^3}$$

$$= \frac{1,000\text{mg}}{\text{L}}\bigg|\frac{1,000\text{m}^3}{\text{day}}\bigg|\frac{10^3\text{L}}{\text{m}^3}\bigg|\frac{\text{g}}{10^3\text{mg}}\bigg|\frac{\text{kg}}{10^3\text{g}}\bigg|\frac{}{x(\text{m}^3)}$$

$$x = 2,500\text{m}^3$$

$$\therefore \text{포기조의 표면적} = \frac{2,500\text{m}^3}{5\text{m}} = 500\text{m}^2$$

57 평균유속 0.3m/sec, 유효수심 1.0m, 수면적부하 1,500m³/m² · day일 때, 침사지의 유효길이(m)는?

① 22.4 ② 26.4
③ 17.3 ④ 14.4

해설

$$L = \frac{0.3\text{m}}{\text{sec}}\bigg|\frac{\text{m}^2 \cdot \text{day}}{1,500\text{m}^3}\bigg|\frac{1.0\text{m}}{}\bigg|\frac{86,400\text{sec}}{1\text{day}} = 17.28\text{m}$$

58 보통 음이온 교환수지에 대하여 가장 일반적인 음이온의 선택성 순서로 알맞은 것은?

① $SO_4^{-2} > CrO_4^{2-} > I^{-1} > NO_3^{-1} > Br^{-1}$
② $SO_4^{2-} > I^{-1} > NO_3^{-1} > CrO_4^{2-} > Br^{-1}$
③ $SO_4^{-2} > CrO_4^{2-} > NO_3^{-1} > I^{-1} > Br^{-1}$
④ $SO_4^{2-} > NO_3^{-1} > CrO_4^{2-} > Br^{-1} > I^{-1}$

해설 음이온 교환물질의 음이온에 대한 선택성 순서
$SO_4^{2-} > I^- > NO_3^- > CrO_4^{2-} > Br^- > Cl^- > OH^-$

59 일반적으로 칼슘, 알루미늄, 마그네슘, 철, 바륨 등의 수산화물에 공침시켜 제거하며, 이 중에 철의 수산화물인 $Fe(OH)_2$의 플록에 흡착시켜 공침 제거하는 방법이 우수한 것으로 알려진 오염물질로 가장 적절한 것은?

① 비소 ② 카드뮴
③ 수은 ④ 납

해설 일반적으로 비소는 칼슘 · 알루미늄 · 마그네슘 · 철 · 바륨 등의 수산화물에 공침되며, 철(Fe)의 수산화물인 $Fe(OH)_3$의 플록에 흡착시켜 공침 제거하는 방법이 현재 알려진 비소처리방법 중 가장 우수하다.

60 용해성 BOD_5가 250mg/L인 폐수가 완전혼합활성슬러지 공정으로 처리된다. 유출수의 용해성 BOD_5는 7.4mg/L이며, 유량이 18,925m³/day일 때, 포기조의 용적(m³)은?

〈조건〉
• MLVSS=4,000mg/L
• Y=0.65kg 미생물/kg 소모된 BOD_5
• k_d=0.06/day
• 미생물 평균체류시간 θ_c=10day
• 24시간 연속폭기

① 3,330 ② 4,663
③ 5,330 ④ 6,270

해설
$$\frac{1}{\text{SRT}} = \frac{Y \cdot Q(S_i - S_o)}{\forall \cdot X} - K_d$$

여기서, SRT(θ_c) : 10day

$\quad\quad\quad Y$: 0.65(kg 미생물/kg 소모된 BOD$_5$)

$\quad\quad\quad Q$: 18,925m^3/day

$\quad\quad\quad K_d$: 0.06/day

이를 위의 계산식에 대입하면

$$\frac{1}{10} = \frac{0.65 \times (250 - 7.4) \times 18,925}{\forall \times 4,000} - 0.06$$

∴ 포기조 용적($\forall$) = 4,663m^3

제4과목 ▎수질오염공정시험기준

61 물벼룩을 이용한 급성 독성 시험법에서 사용하는 용어의 정의로 옳지 않은 것은?

① 치사(death) : 일정 비율로 준비된 시료에 물벼룩을 투입하고 12시간 경과 후 시험용기를 살며시 움직여주고, 30초 후 관찰했을 때 아무 반응이 없는 경우를 판정한다.

② 유영저해(immobilization) : 독성물질에 의해 영향을 받아 일부 기관(촉각, 후복부 등)이 움직임이 없을 경우를 판정한다.

③ 생태독성값(toxic unit) : 통계적 방법을 이용하여 반수영향농도 EC50(%)를 구한 후 이를 100으로 나눠준 값을 말한다.

④ 지수식 시험방법(static non-renewal test) : 시험기간 중 시험용액을 교환하지 않는 시험을 말한다.

해설 치사(death) : 일정 비율로 준비된 시료에 물벼룩을 투입하고 24시간 경과 후 시험용기를 살며시 움직여주고, 15초 후 관찰했을 때 아무 반응이 없는 경우를 판정한다.

62 0.1N H$_2$C$_2$O$_4$ · 2H$_2$O(MW : 126) 수용액 500mL를 조제하려면 H$_2$C$_2$O$_4$ · 2H$_2$O 몇 g이 필요한가?

① 1.58 ② 3.15

③ 6.3 ④ 12.6

해설
$$\text{H}_2\text{C}_2\text{O}_4 \cdot 2\text{H}_2\text{O} = \frac{0.1\text{eq}}{\text{L}} \left| \frac{500\text{mL}}{} \right| \frac{\text{L}}{1,000\text{mL}} \left| \frac{126\text{g}}{2\text{eq}} \right.$$

$$= 3.15\text{g}$$

63 퇴적물 채취기 중 포나 그랩(ponar grab)에 관한 설명으로 틀린 것은?

① 모래가 많은 지점에서도 채취가 잘되는 중력식 채취기이다.

② 채취기를 바닥 퇴적물 위에 내린 후 메신저를 투하하면 장방형 형상의 밑판이 된다.

③ 부드러운 펄층이 두터운 경우에는 깊이 빠져 들어가기 때문에 사용하기 어렵다.

④ 원래의 모델은 무게가 무겁고 커서 윈치 등이 필요하지만 소형은 포나 그랩으로 윈치 없이 내리고 올릴 수 있다.

해설 포나 그랩(ponar grab) : 모래가 많은 지점에서도 채취가 잘되는 중력식 채취기로서, 조심스럽게 수면 아래로 내려 보내다가 채취기가 바닥에 닿아 줄의 장력이 감소하면 아래 날(jaws)이 닫히도록 되어 있다. 부드러운 펄층이 두터운 경우에는 깊이 빠져 들어가기 때문에 사용하기 어려우며, 원래의 모델은 무게가 무겁고 커서 윈치 등이 필요하지만 소형의 포나 그랩은 윈치 없이 내리고 올릴 수 있다.

64 식물성 플랑크톤의 정량시험 중 저배율에 의한 방법은? (단, 200배율 이하)

① 스트립 이용 계수

② 팔머-말모니 체임버 이용 계수

③ 혈구계수기 이용 계수

④ 최적확수 이용 계수

해설 식물성 플랑크톤의 정량시험 중 저배율(200배율 이하)에 의한 방법

1. 스트립 이용 계수

2. 격자 이용 계수

65 총질소의 측정방법과 가장 거리가 먼 것은?

① 자외선/가시선분광법(산화법)

② 자외선/가시선분광법(카드뮴 – 구리환원법)

③ 자외선/가시선분광법(연속흐름법)

④ 자외선/가시선분광법(환원증류 – 킬달법)

해설 총질소의 측정방법

1. 자외선/가시선분광법(산화법)

2. 자외선/가시선분광법(카드뮴–구리환원법)

3. 자외선/가시선분광법(환원증류–킬달법)

4. 연속흐름법

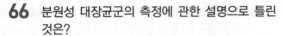

66 분원성 대장균군의 측정에 관한 설명으로 틀린 것은?

① 분원성 대장균군은 온혈동물의 배설물에서 발견된다.

② 막여과 시험방법의 실험기간은 시험관법의 기간과 동일하다.

③ 분원성 대방균군은 그람음성, 무아포성의 간균이다.

④ 시험관법 시 정성시험은 추정, 확정, 완전 시험으로 한다.

해설 시험관법 시 정성시험은 추정, 확정 시험으로 한다.

67 자외선/가시선분광법을 적용하여 페놀류를 측정할 때 사용되는 시약은?

① 4-아미노안티피린

② 인도페놀

③ O-페난트로린

④ 디티존

해설 물속에 존재하는 페놀류를 측정하기 위하여 증류한 시료에 염화암모늄-암모니아 완충용액을 넣어 pH 10으로 조절한 다음 4-아미노안티피린과 헥사시안화철(Ⅱ)산칼륨을 넣어 생성된 붉은색의 안티피린계 색소의 흡광도를 측정하는 방법으로 수용액에서는 510nm, 클로로폼 용액에서는 460nm에서 측정한다.

68 총칙의 내용(용어의 정의 등)으로 틀린 것은?

① "용기" : 시험에 관련된 물질을 보호하고 이물질이 들어가는 것을 방지할 수 있는 것을 말한다.

② "바탕시험을 하여 보정한다" : 시료에 대한 처리 및 측정을 할 때, 시료를 사용하지 않고 같은 방법으로 조작한 측정치를 빼는 것을 말한다.

③ "정확히 취하여" : 규정한 양의 액체를 부피 피펫으로 눈금까지 취하는 것을 말한다.

④ "정밀히 단다" : 규정된 양의 시료를 취하여 화학저울 또는 미량저울로 칭량함을 말한다.

해설 "용기"라 함은 시험용액 또는 시험에 관계된 물질을 보존, 운반 또는 조작하기 위하여 넣어두는 것으로, 시험에 지장을 주지 않도록 깨끗한 것을 뜻한다.

69 배출허용기준 적합여부 판정을 위한 시료 채취 기준으로 옳은 것은? (단, 자동시료채취기를 사용하여 복수시료 채취)

① 2시간 이내에 30분 이상 간격으로 2회 이상 채취하여 일정량의 단일시료로 한다.

② 4시간 이내에 30분 이상 간격으로 2회 이상 채취하여 일정량의 단일시료로 한다.

③ 6시간 이내에 30분 이상 간격으로 2회 이상 채취하여 일정량의 단일시료로 한다.

④ 8시간 이내에 30분 이상 간격으로 2회 이상 채취하여 일정량의 단일시료로 한다.

해설 자동시료채취기로 시료를 채취할 경우에는 6시간 이내에 30분 이상 간격으로 2회 이상 채취(composite sample)하여 일정량의 단일시료로 한다.

70 시료 채취 시 유의사항으로 틀린 것은?

① 채취용기는 시료를 채우기 전에 시료로 3회 이상 씻은 다음 사용한다.

② 시료 채취용기에 시료를 채울 때에는 어떠한 경우에도 시료의 교란이 일어나서는 안된다.

③ 지하수 시료는 취수정 내에 고여 있는 물과 원래 지하수의 성상이 달라질 수 있으므로 고여 있는 물을 충분히 퍼낸 다음 새로 나온 물을 채취한다.

④ 시료 채취량은 시험항목 및 시험횟수의 필요량의 3~5배 채취를 원칙으로 한다.

해설 시료 채취량은 시험항목 및 시험횟수에 따라 차이가 있으나 보통 3~5L 정도이어야 한다. 다만, 시료를 즉시 실험할 수 없어 보존하여야 할 경우 또는 시험항목에 따라 각각 다른 채취용기를 사용하여야 할 경우에는 시료 채취량을 적절히 증감할 수 있다.

71 다음 중 관 내의 유량 측정방법이 아닌 것은?

① 오리피스

② 자기식 유량측정기(magnetic flow meter)

③ 피토(pitot)관

④ 위어(weir)

해설 관(pipe) 내의 유량 측정방법에는 벤투리미터(venturimeter), 유량 측정용 노즐(nozzle), 오리피스(orifice), 피토(pitot)관, 자기식 유량측정기(magnetic flow meter)가 있다.

72 시료의 보존방법과 최대보존기간에 관한 내용으로 틀린 것은?

① 탁도 측정대상 시료는 4℃ 냉암소에 보존하고, 최대보존기간은 48시간이다.

② 시안 측정대상 시료는 4℃에서 NaOH로 pH 12 이상으로 하여 보존하고, 최대보존기간은 14일이다.

③ 냄새 측정대상 시료는 4℃로 보존하며, 최대보존기간은 12시간이다.

④ 전기전도도 측정대상 시료는 4℃로 보존하며, 최대보존기간은 24시간이다.

해설 냄새 항목을 측정하기 위한 시료의 최대보존기간은 6시간이다.

73 직각3각위어에서 위어의 수두 0.2m, 수로폭 0.5m, 수로의 밑면으로부터 절단 하부점까지의 높이 0.9m일 때, 아래의 식을 이용하여 유량(m³/min)을 구하면?

$$K = 81.2 + \frac{0.24}{h} + \left[\left(8.4 + \frac{12}{\sqrt{D}} \right) \times \left(\frac{h}{B} - 0.09 \right)^2 \right]$$

① 1.0　　　　② 1.5

③ 2.0　　　　④ 2.5

해설
$$K = 81.2 + \frac{0.24}{0.2} + \left(8.4 + \frac{12}{\sqrt{0.9}} \right) \times \left(\frac{0.2}{0.5} - 0.09 \right)^2$$
$$= 82.61$$

직각삼각위어 $= Q \left(\frac{m^3}{min} \right) = K h^{\frac{5}{2}}$
$$= 82.61 \times \frac{0.25}{2} = 1.48 m^3/min$$

74 다음은 공장폐수 및 하수 유량 측정방법 중 최대유량이 1m³/min 미만인 경우에 용기 사용에 관한 설명이다. ( ) 안에 옳은 내용은?

> 용기는 용량 100~200L인 것을 사용하여 유수를 채우는 데에 요하는 시간을 스톱워치로 재며, 용기에 물을 받아 넣는 시간을 ( )이 되도록 용량을 결정한다.

① 10초 이상　　② 20초 이상

③ 30초 이상　　④ 40초 이상

해설 용기는 용량 100~200L인 것을 사용하여 유수를 채우는 데에 요하는 시간을 스톱워치(stop watch)로 재며, 용기에 물을 받아 넣는 시간을 20sec 이상이 되도록 용량을 결정한다.

75 적정법으로 용존산소를 정량 시 0.01N Na₂S₂O₃ 용액 1mL가 소요되었을 때 이것 1mL는 산소 몇 mg에 상당하겠는가?

① 0.08

② 0.16

③ 0.2

④ 0.8

해설
$$O_2 = \frac{0.01eq}{L} \left| \frac{1mL}{} \right| \frac{1L}{1,000mL} \left| \frac{8 \times 10^3 mg}{1eq} \right.$$
$$= 0.08 mg$$

76 다음은 총유기탄소 시험에 적용되는 용어의 정의이다. ( ) 안에 내용으로 옳은 것은?

> 용존성 유기탄소는 총유기탄소 중 공극 (㉠)의 막여지를 통과하는 유기탄소를 말하며, 비정화성 유기탄소는 총탄소 중 (㉡) 이하에서 포기에 의해 정화되지 않는 탄소를 말한다.

① ㉠ 0.35μm, ㉡ pH 2

② ㉠ 0.35μm, ㉡ pH 4

③ ㉠ 0.45μm, ㉡ pH 2

④ ㉠ 0.45μm, ㉡ pH 4

해설 용존성 유기탄소(DOC, dissolved organic carbon)는 총유기탄소 중 공극 0.45μm의 막여지를 통과하는 유기탄소를 말하며, 비정화성 유기탄소(NPOC, nonpurgeable organic carbon)는 총탄소 중 pH 2 이하에서 포기에 의해 정화(purging)되지 않는 탄소를 말한다.

77 암모니아성질소의 분석방법과 가장 거리가 먼 것은? (단, 수질오염공정시험기준 기준)

① 자외선/가시선분광법

② 연속흐름법

③ 이온전극법

④ 적정법

해설 암모니아성질소의 분석방법에는 자외선/가시선분광법, 이온전극법, 적정법이 있다.

78 공장의 폐수 100mL를 취하여 산성 100℃에서 $KMnO_4$에 의한 화학적 산소 소비량을 측정하였다. 시료의 적정에 소비된 0.025N $KMnO_4$의 양이 7.5mL였다면 이 폐수의 COD(mg/L)는 약 얼마인가? (단, 0.025N $KMnO_4$ factor 1.02, 바탕시험 적정에 소비된 0.025N $KMnO_4$ 1.00mL이다.)

① 13.3   ② 16.7
③ 24.8   ④ 32.2

해설 $COD(mg/L) = (b-a) \times f \times \dfrac{1,000}{V} \times 0.2$

여기서, a : 바탕시험(공시험) 적정에 소비된 0.025N $KMnO_4$
       =1.00mL
       b : 시료의 적정에 소비된 0.025N $KMnO_4$ =7.5mL
       f : 0.025N $KMnO_4$ 역가(factor)=1.02
       V : 시료의 양(mL)=100mL

$\therefore COD = (7.5-1.0) \times 1.02 \times \dfrac{1,000}{100} \times 0.2$
       =13.26mg/L

79 다음은 자외선/가시선을 이용한 음이온 계면활성제 측정에 관한 내용이다. ( ) 안에 옳은 내용은?

> 물속에 존재하는 음이온 계면활성제를 측정하기 위해 (㉠)와 반응시켜 생성된 (㉡)의 착화합물을 클로로폼으로 추출하여 흡광도를 측정하는 방법이다.

① ㉠ 메틸레드, ㉡ 적색
② ㉠ 메틸렌레드, ㉡ 적자색
③ ㉠ 메틸오렌지, ㉡ 황색
④ ㉠ 메틸렌블루, ㉡ 청색

해설 자외선/가시선분광법 : 물속에 존재하는 음이온 계면활성제를 측정하기 위하여 메틸렌블루와 반응시켜 생성된 청색의 착화합물을 클로로폼으로 추출하여 흡광도를 650nm에서 측정하는 방법이다.

80 총대장균군 측정 시에 사용하는 배양기의 배양온도 기준으로 옳은 것은?

① 20±1℃   ② 25±0.5℃
③ 30±1℃   ④ 35±0.5℃

해설 총대장균군 측정 시에 사용하는 배양기의 배양온도를 (35±0.5)℃로 유지할 수 있는 것을 사용한다.

제5과목 | 수질환경관계법규

81 공공하수처리시설 방류수 수질검사의 항목 중 생태독성에 대한 검사주기는?

① 월 1회 이상   ② 분기 1회 이상
③ 반기 1회 이상   ④ 연 1회 이상

해설 방류수 수질검사 : 처리시설의 적정 운영 여부를 확인하기 위하여 방류수 수질검사를 월 2회 이상 실시하되, 1일당 2천세제곱미터 이상인 시설은 주 1회 이상 실시하여야 하다. 다만, 생태독성(TU)검사는 월 1회 이상 실시하여야 한다.

82 초과부과금의 산정기준인 1킬로그램당 부과액이 가장 큰 오염물질은?

① 수은 및 그 화합물
② 트리클로로에틸렌
③ 비소 및 그 화합물
④ 카드뮴 및 그 화합물

해설 ① 수은 및 그 화합물(1,2500,000원)
② 트리클로로에틸렌(300,000원)
③ 비소 및 그 화합물(100,000원)
④ 카드뮴 및 그 화합물(500,000원)

83 대권역 물환경관리계획에 포함되어야 할 사항으로 틀린 것은?

① 점오염원, 비점오염원 및 기타 수질오염원의 수질오염 저감시설 현황
② 점오염원, 비점오염원 및 기타 수질오염원의 분포 현황
③ 상수원 및 물 이용 현황
④ 점오염원, 비점오염원 및 기타 수질오염원에서 배출되는 수질오염물질의 양

해설 대권역 물환경관리계획의 수립 시 포함되어야 할 사항
1. 물환경의 변화추이 및 물환경 목표기준
2. 상수원 및 물 이용 현황
3. 점오염원, 비점오염원 및 기타 수질오염원의 분포 현황
4. 점오염원, 비점오염원 및 기타 수질오염원에서 배출되는 수질오염물질의 양
5. 수질오염 예방 및 저감 대책
6. 물환경 보전조치의 추진방향
7. 「저탄소녹색성장기본법」 제2조 제12호에 따른 기후변화에 대한 적응대책
8. 그 밖에 환경부령으로 정하는 사항

84 수질 및 수생태계 환경기준 중 하천에서의 사람의 건강보호 기준으로 옳은 것은?

① 음이온 계면활성제−0.1mg/L 이하
② 비소−0.05mg/L 이하
③ 6가크롬−0.5mg/L 이하
④ 테트라클로로에틸렌−0.02mg/L 이하

해설 사람의 건강보호 기준(하천)

항목	기준값(mg/L)
카드뮴(Cd)	0.005 이하
비소(As)	0.05 이하
시안(CN)	검출되어서는 안 됨 (검출한계 0.01)
수은(Hg)	검출되어서는 안 됨 (검출한계 0.001)
유기인	검출되어서는 안 됨 (검출한계 0.0005)
폴리클로리네이티드비페닐(PCB)	검출되어서는 안 됨 (검출한계 0.0005)
납(Pb)	0.05 이하
6가크롬(Cr^{6+})	0.05 이하
음이온 계면활성제(ABS)	0.5 이하
사염화탄소	0.004 이하
1,2-디클로로에탄	0.03 이하
테트라클로로에틸렌(PCE)	0.04 이하
디클로로메탄	0.02 이하
벤젠	0.01 이하
클로로포름	0.08 이하
디에틸헥실프탈레이트(DEHP)	0.008 이하
안티몬	0.02 이하
1,4-다이옥세인	0.05 이하
포름알데히드	0.5 이하
헥사클로로벤젠	0.00004 이하

85 기술인력 등의 교육에 관한 설명으로 (   ) 안에 들어갈 기간은?

> 환경기술인 또는 폐수처리업에 종사하는 기술요원의 최초교육은 최초로 업무에 종사한 날부터 (   ) 이내에 실시하여야 한다.

① 6개월
② 1년
③ 2년
④ 3년

해설 기술인력의 교육
1. 최초교육 : 기술인력 등이 최초로 업무에 종사한 날부터 1년 이내에 실시하는 교육
2. 보수교육 : 최초교육 후 3년마다 실시하는 교육

86 수질오염방지기술 중 물리적 처리시설에 해당되지 않는 것은?

① 흡착시설
② 혼합시설
③ 응집시설
④ 유수분리시설

해설 물리적 처리시설 : 스크린, 분쇄기, 침사(沈砂)시설, 유수분리시설, 유량조정시설(집수조), 혼합시설, 응집시설, 침전시설, 부상시설, 여과시설, 탈수시설, 건조시설, 증류시설, 농축시설

87 다음 위반행위에 따른 벌칙기준 중 1년 이하의 징역 또는 1천만원 이하의 벌금에 처하는 경우는?

① 허가를 받지 아니하고 폐수 배출시설을 설치한 자
② 배출시설의 설치를 제한하는 지역에서 배출시설을 설치한 자
③ 환경부 장관에게 신고하지 아니하고 기타 수질오염원을 설치한 자
④ 폐수 무방류배출시설에서 배출되는 폐수를 오수 또는 다른 배출시설에서 배출되는 폐수와 혼합하여 처리하는 행위를 한 자

해설 나머지는 모두 7년 이하의 징역 또는 7천만원 이하의 벌금

88 환경부 장관이 수질 등의 측정자료를 관리·분석하기 위하여 측정기기 부착사업자 등이 부착한 측정기기와 연결, 그 측정결과를 전산처리할 수 있는 전산망 운영을 위한 수질원격감시체계 관제센터를 설치·운영할 수 있는 곳은?

① 국립환경과학원
② 한국환경공단
③ 시·도 보건환경연구원
④ 유역환경청

해설 환경부 장관은 전산망을 운영하기 위하여 「한국환경공단법」에 따른 한국환경공단에 수질원격감시체계 관제센터를 설치·운영할 수 있다.

89 기본배출부과금 산정에 필요한 지역별 부과계수로 옳은 것은?

① 청정지역 및 '가' 지역 : 1.5
② 청정지역 및 '가' 지역 : 1.2
③ '나' 지역 및 특례지역 : 1.5
④ '나' 지역 및 특례지역 : 1.2

[해설] 지역별 부과계수

청정지역 및 '가' 지역	'나' 지역 및 특례지역
1.5	1

90 폐수처리업자의 준수사항에 관한 설명으로 ( ) 안에 옳은 것은?

> 수탁한 폐수는 정당한 사유 없이 (㉠) 보관할 수 없으며, 보관폐수의 전체량이 저장시설 저장능력의 (㉡) 이상 되게 보관하여서는 아니 된다.

① ㉠ 30일 이상, ㉡ 80%
② ㉠ 10일 이상, ㉡ 80%
③ ㉠ 30일 이상, ㉡ 90%
④ ㉠ 10일 이상, ㉡ 90%

[해설] 수탁한 폐수는 정당한 사유 없이 10일 이상 보관할 수 없으며, 보관폐수의 전체량이 저장시설 저장능력의 90% 이상 되게 보관하여서는 아니 된다.

91 낚시제한구역에서의 환경부령으로 제한되는 행위기준으로 틀린 것은?

① 낚시바늘에 끼워서 사용하지 아니하고 물고기를 유인하기 위하여 떡밥, 어분 등을 던지는 행위
② 고기를 잡기 위하여 폭발물, 배터리, 어망 등을 이용하는 행위
③ 1개의 낚시대에 5개 이상의 낚시바늘을 떡밥과 뭉쳐서 미끼로 던지는 행위
④ 1명당 2대 이상의 낚시대를 사용하는 행위

[해설] 낚시제한구역에서의 제한사항
1. 낚시바늘에 끼워서 사용하지 아니하고 물고기를 유인하기 위하여 떡밥·어분 등을 던지는 행위
2. 어선을 이용한 낚시행위 등 「낚시 관리 및 육성법」에 따른 낚시어선업을 영위하는 행위

3. 1명당 4대 이상의 낚시대를 사용하는 행위
4. 1개의 낚시대에 5개 이상의 낚시바늘을 떡밥과 뭉쳐서 미끼로 던지는 행위
5. 쓰레기를 버리거나 취사행위를 하거나 화장실이 아닌 곳에서 대·소변을 보는 등 수질오염을 일으킬 우려가 있는 행위
6. 고기를 잡기 위하여 폭발물·배터리·어망 등을 이용하는 행위

92 공공수역의 수질 및 수생태계 보전을 위해 국립환경과학원장이 설치, 운영하는 측정망의 종류가 아닌 것은?

① 생물 측정망
② 퇴적물 측정망
③ 공공수역 유해물질 측정망
④ 소권역 관리를 위한 측정망

[해설] 국립환경과학원, 유역환경청장, 지방환경청장
1. 비점오염원에서 배출되는 비점오염물질 측정망
2. 수질오염물질의 총량관리를 위한 측정망
3. 대규모 오염원의 하류지점 측정망
4. 수질오염경보를 위한 측정망
5. 대권역·중권역을 관리하기 위한 측정망
6. 공공수역 유해물질 측정망
7. 퇴적물 측정망
8. 생물 측정망
9. 그 밖에 국립환경과학원장이 필요하다고 인정하여 설치·운영하는 측정망

93 호소 안의 쓰레기 수거, 처리에 관한 설명으로 적절치 못한 것은?

① 당해 호소를 관할하는 시장·군수·구청장은 수거된 쓰레기를 운반·처리하여야 한다.
② 수면관리자와 관계 자치단체의 장은 호소 안의 쓰레기의 운반·처리에 드는 비용을 분담하기 위한 협약이 체결되지 아니하는 경우에는 대통령에게 조정을 신청할 수 있다.
③ 호소 안의 쓰레기 수거 의무자는 수면관리자이다.
④ 수면관리자 및 시장·군수·구청장은 쓰레기의 운반·처리 주체 및 쓰레기의 운반·처리에 드는 비용을 분담하기 위한 협약을 체결하여야 한다.

해설 수면관리자 및 특별자치시장·특별자치도지사·시장·군수·구청장은 쓰레기의 운반·처리에 드는 비용을 분담하기 위한 협약이 체결되지 아니하는 경우에는 환경부 장관에게 조정을 신청할 수 있다.

94 위임업무 보고사항 중 보고횟수가 연 2회에 해당되지 않는 것은?

① 배출업소의 지도·점검 및 행정처분 실적
② 기타 수질오염원 현황
③ 배출부과금 징수실적 및 체납처분 현황
④ 폐수처리업에 대한 허가·지도단속실적 및 처리실적 현황

해설 위임업무 보고사항 중 보고횟수
① 배출업소의 지도·점검 및 행정처분 실적 : 연 4회
② 기타 수질오염원 현황 : 연 2회
③ 배출부과금 징수실적 및 체납처분 현황 : 연 2회
④ 폐수처리업에 대한 허가·지도단속실적 및 처리실적 현황 : 연 2회

95 공공폐수처리시설 기본계획에 포함되어야 할 사항으로 틀린 것은?

① 오염원 분포 및 폐수 배출량과 그 예측에 관한 사항
② 공공폐수처리시설에서 배출허용기준 적합여부 및 근거에 관한 사항
③ 공공폐수처리시설의 설치·운영자에 관한 사항
④ 공공폐수처리시설의 폐수처리계통도, 처리능력 및 처리방법에 관한 사항

해설 공공폐수처리시설 기본계획에 포함되어야 할 사항
1. 폐수종말처리시설에서 처리하려는 대상 지역에 관한 사항
2. 오염원 분포 및 폐수 배출량과 그 예측에 관한 사항
3. 폐수종말처리시설의 폐수처리계통도, 처리능력 및 처리방법에 관한 사항
4. 폐수종말처리시설에서 처리된 폐수가 방류수역의 수질에 미치는 영향에 관한 평가
5. 폐수종말처리시설의 설치·운영자에 관한 사항
6. 폐수종말처리시설 부담금의 비용부담에 관한 사항
7. 총 사업비, 분야별 사업비 및 그 산출근거
8. 연차별 투자계획 및 자금조달계획
9. 토지 등의 수용·사용에 관한 사항
10. 그 밖에 폐수종말처리시설의 설치·운영에 필요한 사항

96 폐수처리업 중 폐수수탁처리업의 폐수 운반차량에 표시하는 글씨(바탕 포함)의 색 기준은?

① 흰색 바탕에 청색 글씨
② 청색 바탕에 흰색 글씨
③ 검은색 바탕에 노란색 글씨
④ 노란색 바탕에 검은색 글씨

해설 폐수 운반차량은 청색으로 도색하고, 양쪽 옆면과 뒷면에 가로 50센티미터, 세로 20센티미터 이상 크기의 노란색 바탕에 검은색 글씨로 폐수 운반차량, 회사명, 등록번호, 전화번호 및 용량을 지워지지 아니하도록 표시하여야 한다.

97 1일 폐수 배출량이 2천m³ 이상인 사업장에서 생물화학적 산소요구량의 농도가 25mg/L인 폐수를 배출하였다면, 이 업체의 방류수 수질기준 초과에 따른 부과계수는? (단, 배출허용기준에 적용되는 지역은 청정지역이다.)

① 2.0 ② 2.4
③ 2.6 ④ 2.2

해설 방류수 수질기준 초과율별 부과계수

초과율	10% 미만	10% 이상 20% 미만	20% 이상 30% 미만	30% 이상 40% 미만	40% 이상 50% 미만
부과계수	1	1.2	1.4	1.6	1.8
초과율	50% 이상 60% 미만	60% 이상 70% 미만	70% 이상 80% 미만	80% 이상 90% 미만	90% 이상 100% 까지
부과계수	2.0	2.2	2.4	2.6	2.8

방류수 수질기준 초과율(%)

$$= \frac{(배출농도 - 방류수\ 수질기준)}{(배출허용기준 - 방류수\ 수질기준)} \times 100$$

ⓐ 배출농도 : 25mg/L
ⓑ 방류수 수질기준 : 10mg/L
ⓒ 배출허용기준(청정지역) : 30mg/L

∴ 방류수 수질기준 초과율 $= \frac{(25-10)}{(30-10)} \times 100 = 75\%$

98 오염총량관리지역의 수계 이용상황 및 수질상태 등을 고려하여 대통령령이 정하는 바에 따라 수계구간별로 오염총량관리의 목표가 되는 수질을 정하여 고시하여야 하는 자는?

① 도지사 및 군수
② 특별 및 광역시장
③ 환경부 장관
④ 대통령

해설 환경부 장관은 오염총량관리지역의 수계 이용상황 및 수질 상태 등을 고려하여 대통령령이 정하는 바에 따라 수계구간 별로 오염총량관리의 목표가 되는 수질을 정하여 고시하여 야 한다.

99 특정 수질유해물질이 아닌 것은?

① 벤젠
② 디클로로메탄
③ 플루오르화합물
④ 구리 및 그 화합물

해설 특정 수질유해물질
1. 구리와 그 화합물
2. 납과 그 화합물
3. 비소와 그 화합물
4. 수은과 그 화합물
5. 시안화합물
6. 유기인화합물
7. 6가크롬화합물
8. 카드뮴과 그 화합물
9. 테트라클로로에틸렌
10. 트리클로로에틸렌
11. 삭제 〈2016. 5. 20.〉
12. 폴리클로리네이티드바이페닐
13. 셀레늄과 그 화합물
14. 벤젠
15. 사염화탄소
16. 디클로로메탄
17. 1, 1-디클로로에틸렌
18. 1, 2-디클로로에탄
19. 클로로포름
20. 1,4-다이옥신
21. 디에틸헥실프탈레이트(DEHP)
22. 염화비닐
23. 아크릴로니트릴
24. 브로모포름
25. 아크릴아미드
26. 나프탈렌
27. 폼알데하이드
28. 에피클로로하이드린
29. 페놀
30. 펜타클로로페놀
31. 스티렌
32. 비스(2-에틸헥실)아디페이트
33. 안티몬

100 폐수처리업에 종사하는 기술요원에 대한 교육기 관으로 옳은 것은?

① 국립환경인재개발원
② 환경보전협회
③ 한국환경공단
④ 국립환경과학원

해설 교육기관
1. 측정기기 관리대행업에 등록된 기술인력 : 국립환경인 재개발원 또는 한국상하수도협회
2. 폐수처리업에 종사하는 기술요원 : 국립환경인재개발원
3. 환경기술인 : 환경보전협회

제1과목 ▌ 수질오염개론

01 하천수의 수온은 10℃이다. 20℃의 탈산소계수 K(상용대수)가 0.1day^{-1}일 때, 최종 BOD에 대한 BOD$_6$의 비는? (단, $K_T = K_{20} \times 1.047^{(T-20)}$)

① 0.42 ② 0.58
③ 0.63 ④ 0.83

해설 소모 BOD 공식을 이용한다.
ⓐ 온도변화에 따른 K값을 보정하면
$$K_{(T)} = K_{20} \times 1.047^{(T-20)}$$
$$= 0.1 \times 1.047^{(10-20)} = 0.0632 \text{day}^{-1}$$
ⓑ $\text{BOD}_6 = \text{BOD}_u (1 - 10^{-0.0632 \times 6})$
∴ $\dfrac{\text{BOD}_6}{\text{BOD}_u} = (1 - 10^{-0.0632 \times 6}) = 0.58$

02 완전혼합흐름 상태에 관한 설명 중 옳은 것은 어느 것인가?

① 분산이 1일 때 이상적 완전혼합 상태이다.
② 분산수가 0일 때 이상적 완전혼합 상태이다.
③ Morrill 지수 값이 1에 가까울수록 이상적 완전혼합 상태이다.
④ 지체시간이 이론적 체류시간과 동일할 때 이상적 완전혼합 상태이다.

해설 반응조 혼합 정도의 척도는 분산(variance), 분산수(dispersion number), Morill 지수로 나타낼 수 있다.

03 카드뮴에 대한 내용으로 틀린 것은?

① 카드뮴은 은백색이며, 아연 정련업, 도금 공업 등에서 배출된다.
② 윌슨씨병 증후군과 소인증이 유발된다.
③ 만성폭로로 인한 흔한 증상은 단백뇨이다.
④ 골연화증이 유발된다.

해설 카드뮴은 식품으로부터 가장 많이 섭취되며, 대표적인 질환으로 이타이이타이병이 있다. 또한 칼슘 대사기능장애로 칼슘(Ca)의 소실·체내 칼슘(Ca)의 불균형에 의한 골연화증, 위장장애가 유발되며, 발암작용은 아직 알려진 바 없다.

04 3g의 아세트산(CH_3COOH)을 증류수에 녹여 1L로 하였을 때 수소이온 농도(mol/L)는? (단, 이온화 상수 값$= 1.75 \times 10^{-5}$)

① 6.3×10^{-4}
② 6.3×10^{-5}
③ 9.3×10^{-4}
④ 9.3×10^{-5}

해설 $$CH_3COOH\left(\frac{\text{mol}}{\text{L}}\right) = \frac{3\text{g}}{\text{L}} \left| \frac{1\text{mol}}{60\text{g}} \right. = 0.05 \text{mol/L}$$
$$K = \frac{[CH_3COO^-][H^+]}{[CH_3COOH]}$$
$$1.75 \times 10^{-5} = \frac{x^2}{0.05}$$
∴ $x(=CH_3COO^- = H^+) = 9.35 \times 10^{-4} \text{mol/L}$

05 호수 및 저수지에서 일어날 수 있는 자연현상에 대한 설명으로 가장 옳지 않은 것은?

① 호수의 성층현상은 수심에 따라 변화되는 온도로 인해 수직방향으로 밀도차가 발생하게 되고 이로 인해 층상으로 구분되는 현상을 의미한다.
② 표수층은 호수 혹은 저수지의 최상부층을 말하며, 대기와 직접 접촉하고 있으므로 산소 공급이 원활하고 태양광 직접 조사를 통해 조류의 광합성 작용이 활발히 일어난다.
③ 여름 이후 가을이 되면서 높아졌던 표수층의 온도가 4℃까지 저하되면 물의 밀도가 최대가 되므로 연직방향의 밀도차에 의한 자연스러운 수직혼합현상이 발생하며, 이로 인해 표수층의 풍부한 산소와 영양성분이 하층부로 전달된다.
④ 겨울이 되어 호수 및 저수지 수면층이 얼게 되면 물과 얼음의 밀도차에 의해 수면의 얼음은 침강하게 된다.

해설 물의 밀도는 4℃에서 최대가 되고 가장 무거우며, 얼음의 밀도는 물의 밀도보다 작아 수면 위에 뜨게 된다.

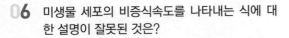
06 미생물 세포의 비증식속도를 나타내는 식에 대한 설명이 잘못된 것은?

$$\mu = \mu_{max} \times \frac{[S]}{[S] + K_s}$$

① μ_{max} 는 최대비증식속도로 시간$^{-1}$ 단위이다.

② K_s 는 반속도상수로서 최대성장률이 1/2 일 때의 기질의 농도이다.

③ $\mu = \mu_{max}$ 인 경우, 반응속도가 기질농도에 비례하는 1차 반응을 의미한다.

④ $[S]$ 는 제한기질 농도이고, 단위는 mg/L 이다.

해설 μ 는 비성장률로 단위는 시간$^{-1}$ 이다.

07 하천의 자정작용에 관한 설명으로 틀린 것은?

① 생물학적 자정작용인 혐기성 분해는 중간 화합물이 휘발성이므로 유해한 경우가 많으며, 호기성 분해에 비하여 장시간이 요구된다.

② 자정작용 중 가장 큰 비중을 차지하는 것은 생물학적 작용이라 할 수 있다.

③ 자정계수는 탈산소계수/재폭기계수를 뜻한다.

④ 화학적 자정작용인 응집작용은 흡수된 산소에 의해 오염물질이 분해될 때 발생되는 탄산가스가 물의 pH를 증가시켜 수산화물의 생성을 촉진시키므로 용해되어 있는 철이나 망간 등을 침전시킨다.

해설 자정계수(f)는 재폭기계수/탈산소계수이다.

08 최종 BOD 20mg/L, DO 5mg/L인 하천의 상류지점으로부터 3일 유하거리의 하류지점에서의 DO 농도(mg/L)는? (단, 온도 변화는 없으며, DO의 포화농도는 9mg/L이고, 탈산소계수는 0.1/day, 재폭기계수는 0.2/day, 상용대수 기준)

① 약 4.0

② 약 4.5

③ 약 3.0

④ 약 2.5

해설 용존산소 농도＝포화 농도－산소부족량으로 계산된다.

$$DO(mg/L) = C_s - D_t$$

여기서, C_s : 포화 농도＝9mg/L

D_t : 산소부족량의 계산

$$D_t = \frac{K_1 \cdot L_o}{K_2 - K_1}\left(e^{-K_1 \cdot t} - e^{-K_2 \cdot t}\right) + D_o \cdot e^{-K_2 \cdot t}$$
$$= \frac{0.1 \times 20}{0.2 - 0.1}(10^{-0.1 \times 3} - 10^{-0.2 \times 3}) + 4 \times 10^{-0.2 \times 3}$$
$$= 6.004 mg/L$$

$\therefore$ 용존산소 농도(DO)＝$9 - 6.004 = 2.99mg/L$

09 유량이 50,000m³/day인 폐수를 하천에 방류하였다. 폐수 방류 전 하천의 BOD는 4mg/L이며, 유량은 4,000,000m³/day이다. 방류한 폐수가 하천수와 완전혼합 되었을 때 하천의 BOD가 1mg/L 높아진다고 하면, 하천에 가해지는 폐수의 BOD 부하량은? (단, 폐수가 유입된 이후에 생물학적 분해로 인한 하천의 BOD량 변화는 고려하지 않는다.)

① 1,280kg/day

② 2,810kg/day

③ 3,250kg/day

④ 4,250kg/day

해설 혼합공식을 이용한다.

$$C_m = \frac{Q_1 C_1 + Q_2 C_2}{Q_1 + Q_2}$$
$$5 = \frac{(4,000,000 \times 4) + 50,000 C_2}{4,000,000 + 50,000}$$
$$C_2 = 85mg/L$$

$\therefore$ BOD 부하량＝$\dfrac{85mg}{L}\left|\dfrac{50,000m^3}{day}\right|\dfrac{10^3 L}{1m^3}\left|\dfrac{1kg}{10^6 mg}\right.$

$$= 4,250kg/day$$

10 우리나라 호수들의 형태에 따른 분류와 그 특성을 나타낸 것으로 가장 거리가 먼 것은?

① 하천형 : 긴 체류시간

② 가지형 : 복잡한 연안구조

③ 가지형 : 호수 내 만의 발달

④ 하구형 : 높은 오염부하량

해설 하천형은 수심이 얕고 유입·유출량이 저수량에 비해 상대적으로 크므로 수온이나 용존산소의 수직분포가 거의 일정하여 성층의 발달이 미약하고 짧은 체류시간으로 인해 유역의 강우와 오염물질 부하에 직접적인 영향을 받는다.

11 적조 발생요인과 가장 거리가 먼 것은?

① 수괴의 연직 안정도가 작다.
② 영양염의 공급이 충분하다.
③ 하천수 유입으로 해수의 염분량이 저하된다.
④ 해저의 산소가 고갈된다.

해설 수괴(水槐)의 안정도보다 연직안정도가 클 때 자정능력이
저하되어 적조현상이 발생된다.

12 호수의 수질관리를 위하여 일반적으로 사용할
수 있는 예측모형으로 틀린 것은?

① WASP5 모델
② WQRRS 모델
③ POM 모델
④ Vollenweider 모델

해설 POM 모델은 미국 프린스턴 대학의 Mellor와 Blumberg
박사가 개발한, 수직적으로 시그마축을 사용한 해양대순환
모델이다.

13 물질대사 중 동화작용을 가장 알맞게 나타낸 것은?

① 잔여영양분+ATP → 세포물질+ADP+무
기인+배설물
② 잔여영양분+ADP+무기인 → 세포물질+
ATP+배설물
③ 세포 내 영양분의 일부+ATP → ADP+무
기인+배설물
④ 세포 내 영양분의 일부+ADP+무기인 →
ATP+배설물

해설 동화작용(anabolism) : 세포를 합성하는 작용을 말한다.
잔여영양분+ATP → 세포물질+ADP+무기인+배설물

14 글루코스($C_6H_{12}O_6$) 1,000mg/L를 혐기성 분해시
킬 때 생산되는 이론적 메탄량(mg/L)은?

① 227
② 247
③ 267
④ 287

해설
$$C_6H_{12}O_6 \rightarrow 3CH_4 + 3CO_2$$
$$180g : 3\times16g$$
$$1,000mg/L : x(mg/L)$$
$$\therefore x = 266.66mg/L$$

15 〈보기〉의 특성을 가지고 있는 수질오염물질은?

> • 살충제, 유기, 도자기, 염료, 의약품, 합
> 금, 반도체 등의 제조에 사용된다.
> • 원소 상태보다는 화합물의 독성이 훨씬
> 큰 편이다.
> • 만성 중독 시에는 피부가 검게 변하고, 손
> 과 발바닥이 딱딱해지며, 모발과 손톱이
> 변질되고, 신경염과 다리의 마비증상이 생
> 긴다.

① 비소
② 카드뮴
③ 구리
④ 아연

해설 비소의 대표적인 인체의 국소증상으로 손과 발바닥에 나타
나는 각화증, 각막궤양, 비중격천공, Mee's Line, 탈모 등
이 나타난다.

16 150kL/day의 분뇨를 포기하여 BOD의 20%를
제거하였다. BOD 1kg을 제거하는 데 필요한 공
기공급량이 60m³라 했을 때, 시간당 공기공급
량(m³)은? (단, 연속표기, 분뇨의 BOD는
20,000mg/L이다.)

① 100
② 500
③ 1000
④ 1500

해설 공기공급량
$$= \frac{150kL}{day}\left|\frac{20,000mg}{L}\right|\frac{10^3L}{kL}\left|\frac{kg}{10^6mg}\right|\frac{60m^3}{1kg}\left|\frac{20}{100}\right|\frac{1day}{24hr}$$
$$= 1,500m^3$$

17 다음 지구상의 담수 중 차지하는 비율이 가장 큰
것은?

① 빙하 및 빙산
② 하천수
③ 지하수
④ 수증기

해설 담수 중 가장 많은 양을 차지하는 것은 빙하나 극지방의
얼음이다.

18 콜로이드(colloid) 용액이 갖는 일반적인 특성으로 틀린 것은?

① 광선을 통과시키면 입자가 빛을 산란하며 빛의 진로를 볼 수 없게 된다.
② 콜로이드 입자가 분산매 및 다른 입자와 충돌하여 불규칙한 운동을 하게 된다.
③ 콜로이드 입자는 질량에 비해서 표면적이 크므로 용액 속에 있는 다른 입자를 흡착하는 힘이 크다.
④ 콜로이드 용액에서는 콜로이드 입자가 양이온 또는 음이온을 띠고 있다.

해설 콜로이드는 틴들현상을 가지고 있는 것이 특징이다. 틴들현상은 콜로이드 용액에 빛을 통과시키면 콜로이드 입자가 빛을 산란시켜 빛의 진로가 보이는 현상을 말한다.

19 다음은 Graham의 기체법칙에 관한 내용이다. ( ) 안에 알맞은 것은?

> 수소의 확산속도에 비해 염소는 약 (㉠), 산소는 (㉡) 정도의 확산속도를 나타낸다.

① ㉠ 1/6, ㉡ 1/4
② ㉠ 1/6, ㉡ 1/9
③ ㉠ 1/4, ㉡ 1/6
④ ㉠ 1/9, ㉡ 1/6

해설 Graham의 법칙은 일정한 온도와 압력상태에서 기체의 확산속도는 그 기체분자량의 제곱근(밀도의 제곱근)에 반비례한다는 법칙이다.
따라서 수소의 확산속도에 비해 염소의 확산속도는 $\dfrac{1}{\sqrt{\frac{71.5}{2}}} = \dfrac{1}{6}$ 정도를 나타내고, 산소의 확산속도는 $\dfrac{1}{\sqrt{\frac{32}{2}}} = \dfrac{1}{4}$ 정도를 나타낸다.

20 농도가 가장 높은 용액은? (단, 용액의 비중은 1로 가정한다.)

① 100ppb
② 10μg/L
③ 1ppm
④ 0.1mg/L

해설 단위를 일정하게 통일시킨다.
① $ppm = 100ppb \times \dfrac{1ppm}{10^3 ppb} = 0.1ppm$
② $ppm = \dfrac{1\mu g}{L} \left| \dfrac{1mg}{10^3 \mu g} = 0.001ppm\,(mg/L)\right.$
③ 1ppm
④ 0.1mg/L = 0.1ppm

제2과목 Ⅰ 상하수도

21 취수 · 도수 시설 계획 시 적절하지 않은 것은?

① 원수조정지의 저류량은 가능한 한 크게 설정하는 것이 바람직하다.
② 복수의 취수시설이 설치될 경우, 이들 시설이 상호 연결되지 않도록 해야 한다.
③ 도수관은 비상시에 대비하여 복선화하는 것이 바람직하다.
④ 계획취수량은 계획1일 최대급수량에 10% 정도의 여유를 고려한다.

해설 복수의 취수시설이 설치될 경우에는 근접한 다른 상수도사업 등을 포함하여 이들 시설을 상호 연결하기 위한 원수연결시설이 설치되는 것도 바람직하다.

22 하수관로 계획에 대한 설명으로 가장 옳지 않은 것은?

① 경사는 하류로 갈수록 급하게 하는 것이 좋다.
② 유속은 하류로 갈수록 점차 증가시키는 것이 좋다.
③ 관거 부설비 측면에서 합류식이 분류식보다 유리하다.
④ 하수관거의 단면 형상은 수리학적으로 유리하며 경제적인 것이 바람직하다.

해설 하수 중의 오물이 차례로 관거에 침전되는 것을 막기 위하여 하류방향으로 내려감에 따라 유속이 점차 증가하도록 해야 하며, 경사는 하류로 갈수록 감소시켜야 한다.

23 연평균 강우량이 1,135mm인 지역에 필요한 저수지의 용량(day)은? (단, 가정법 적용)

① 약 126
② 약 146
③ 약 166
④ 약 186

해설 저수용량(가정법)

$$C = \frac{5,000}{\sqrt{0.8 \times R}}$$

여기서, R : 연평균 강우량(mm)

$$\therefore C = \frac{5,000}{\sqrt{0.8 \times R}} = \frac{5,000}{\sqrt{0.8 \times 1,135}} = 165.93일$$

24 비교회전도(N_s)에 대한 설명으로 틀린 것은?

① 펌프는 N_s 값에 따라 그 형식이 변한다.

② N_s 값이 같으면 펌프의 크기에 관계없이 같은 형식의 펌프로 하고 특성도 대체로 같아진다.

③ 수량과 전양정이 같다면 회전수가 많을수록 N_s 값이 커진다.

④ 일반적으로 N_s 값이 적으면 유량이 큰 저양정의 펌프가 된다.

해설 일반적으로 비교회전도가 크면 유량이 많은 저양정의 펌프가 된다.

25 하수관로 시설인 우수토실의 우수월류위어의 위어 길이(L)를 계산하는 식으로 맞는 것은? (단, L(m) : 위어 길이, Q(m³/sec) : 우수월류량, H(m) : 월류수심(위어 길이 간의 평균값))

① $L = \dfrac{Q}{1.2H^{\frac{3}{2}}}$ ② $L = \dfrac{Q}{1.2H^{\frac{1}{2}}}$

③ $L = \dfrac{Q}{1.8H^{\frac{3}{2}}}$ ④ $L = \dfrac{Q}{1.8H^{\frac{1}{2}}}$

해설 우수월류위어의 위어 길이 계산식

$$L = \frac{Q}{1.8H^{\frac{3}{2}}}$$

26 상수도 기본계획 수립 시 기본적 사항인 계획1일 최대급수량에 관한 내용으로 적절한 것은?

① 계획1일 평균사용수량/계획유효율

② 계획1일 평균사용수량/계획부하율

③ 계획1일 평균급수량/계획유효율

④ 계획1일 평균급수량/계획부하율

해설 계획1일 최대급수량 = $\dfrac{\text{계획1일 평균급수량}}{\text{계획부하율}}$

27 단면 ①(지름 0.5m)에서 유속이 2m/sec일 때, 단면 ②(지름 0.2m)에서의 유속(m/sec)은? (단, 만관 기준이며, 유량은 변화 없다.)

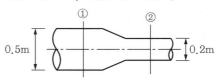

① 5.5　　② 9.5

③ 8.5　　④ 12.5

해설

$$A_1 V_1 = A_2 V_2, \quad \frac{\pi(0.5)^2}{4} \times 2 = \frac{\pi(0.2)^2}{4} \times V_2$$

$$\therefore V_2 = 12.5\text{m/sec}$$

28 도시의 상수도 보급을 위하여 최근 7년간의 인구를 이용하여 급수인구를 추정하려고 한다. 최근 7년간 도시의 인구가 다음과 같은 경향을 나타낼 때 2018년도의 인구를 등차급수법으로 추정한 것은?

연도	인구(명)
2008	157,000
2009	176,200
2010	185,400
2011	198,400
2012	201,100
2013	213,520
2014	225,270

① 약 265,324명　　② 약 270,786명

③ 약 277,750명　　④ 약 294,416명

해설

$$P_n = P_o + n \times \alpha$$

$$\alpha = \frac{225,270 - 157,000}{6} = 11378.33$$

$$\therefore P_n = 225,270 + 4 \times 11378.33 = 270783.32$$

29 취수탑의 위치에 관한 내용으로 (   ) 안에 옳은 것은?

> 연간을 통하여 최소수심이 (   ) 이상으로 하천에 설치하는 경우에는 유심이 제방에 되도록 근접한 지점으로 한다.

① 1m　　② 2m

③ 3m　　④ 4m

해설 연간을 통하여 최소수심이 2m 이상으로 하천에 설치하는 경우에는 유심이 제방에 되도록 근접한 지점으로 한다.

30 하수관로 시설인 오수관로의 유속범위 기준으로 옳은 것은?

① 계획시간 최대오수량에 대하여 유속을 최소 0.3m/sec, 최대 3.0m/sec로 한다.
② 계획시간 최대오수량에 대하여 유속을 최소 0.6m/sec, 최대 3.0m/sec로 한다.
③ 계획1일 최대오수량에 대하여 유속을 최소 0.3m/sec, 최대 3.0m/sec로 한다.
④ 계획1일 최대오수량에 대하여 유속을 최소 0.6m/sec, 최대 3.0m/sec로 한다.

해설 오수관거는 계획시간 최대오수량에 대하여 유속을 최소 0.6m/sec, 최대 3.0m/sec로 한다.

31 관경 1,100mm 역사이펀 관거 내의 동수경사 2.4‰, 유속 2.15m/sec, 역사이펀 관거의 길이 $L=76$m일 때, 역사이펀의 손실수두(m)는? (단, $\beta=1.5$, $\alpha=0.05$m이다.)

① 0.29 ② 0.39
③ 0.49 ④ 0.59

해설 $H=i\times L+(1.5\times V^2/2g)+\alpha$
$=\dfrac{2.4}{1,000}\times 76+\left(1.5\times\dfrac{2.15^2}{2\times 9.8}\right)+0.05$
$=0.586$m

32 1분당 300m³의 물을 150m 양정(전양정)할 때 최고효율점에 달하는 펌프가 있다. 이때의 회전수가 1,500rpm이라면 이 펌프의 비속도(비교회전도)는?

① 약 512 ② 약 554
③ 약 606 ④ 약 658

해설 $N_s=N\times\dfrac{Q^{1/2}}{H^{3/4}}$
여기서, N : 펌프의 회전수=1,500회/min
Q : 펌프의 규정토출량=300m³/min
H : 150m
$\therefore N_s=1,500\times\dfrac{300^{1/2}}{150^{3/4}}=606.15$

33 하수배제방식이 합류식인 경우 중계펌프장의 계획하수량으로 가장 옳은 것은?

① 우천 시 계획오수량
② 계획우수량
③ 계획시간 최대오수량
④ 계획1일 최대오수량

해설 하수배제방식에 따른 펌프장 시설의 계획하수량은 다음과 같다.

하수배제방식	펌프장의 종류	계획하수량
분류식	중계펌프장 처리장 내 펌프장	계획시간 최대오수량
	빗물펌프장	계획우수량
합류식	중계펌프장 처리장 내 펌프장	우천 시 계획오수량
	빗물펌프장	계획하수량 – 우천 시 계획오수량

34 길이 1.2km인 하수관이 2‰의 경사로 매설되어 있을 경우, 이 하수관 양 끝단간의 고저차(m)는? (단, 기타 사항은 고려하지 않는다.)

① 0.24 ② 2.4
③ 0.6 ④ 6.0

해설 고저차(m)= I(경사)× L(유로 길이)
$\therefore H=\dfrac{2}{1,000}\times 1,200=2.4$m

35 하수처리시설 중 소독시설에서 사용하는 오존의 장·단점으로 틀린 것은?

① 병원균에 대하여 살균작용이 강하다.
② 철 및 망간의 제거능력이 크다.
③ 경제성이 좋다.
④ 바이러스의 불활성화 효과가 크다.

해설 오존 소독은 오존 발생장치가 필요하며, 전력비용이 과다하여 경제성이 좋지 않다.

36 취수구 시설에서 스크린, 수문 또는 수위조절판(stop log)을 설치하여 일체가 되어 작동하게 되는 취수시설은?

① 취수보 ② 취수탑
③ 취수문 ④ 취수관거

해설 취수문은 하천의 표류수나 호소의 표층수를 취수하기 위하여 물가에 만들어지는 취수시설로서, 취수문을 지나서 취수된 원수는 접속되는 터널 또는 관로 등에 의하여 도수된다. 일반적으로 구조는 문(門)모양이고 철근콘크리트제로 하며 각형 또는 말발굽형 등의 유입구에 취수량을 조정하기 위한 수문 또는 수위조절판(stop log)을 설치하고 그 전면에는 유목 등의 유입을 방지하기 위하여 스크린을 부착한다.

37 상수도 기본계획 수립 시 기본사항에 대한 결정 중 계획(목표)년도에 관한 내용으로 옳은 것은?

① 기본계획의 대상이 되는 기간으로 계획 수립 시부터 10~15년간을 표준으로 한다.

② 기본계획의 대상이 되는 기간으로 계획 수립 시부터 15~20년간을 표준으로 한다.

③ 기본계획의 대상이 되는 기간으로 계획 수립 시부터 20~25년간을 표준으로 한다.

④ 기본계획의 대상이 되는 기간으로 계획 수립 시부터 25~30년간을 표준으로 한다.

38 하수의 배제방식에 대한 설명으로 잘못된 것은?

① 하수의 배제방식에는 분류식과 합류식이 있다.

② 하수의 배제방식의 결정은 지역의 특성이나 방류수역의 여건을 고려해야 한다.

③ 제반여건상 분류식이 어려운 경우 합류식으로 설치할 수 있다.

④ 분류식 중 오수관로는 소구경관로로 폐쇄 염려가 있고, 청소가 어려우며, 시간이 많이 소요된다.

해설 분류식의 오수관거에서는 소구경관거에 의한 폐쇄의 우려가 있으나 청소는 비교적 용이하며, 측구가 있는 경우는 관리에 시간이 걸리고 불충분한 경우가 많다.

39 면적 $3.0km^2$, 유입시간 5분, 유출계수 $C=0.65$, 관 내 유속 1m/sec로 관 길이 1,200m인 하수관으로 우수가 흐르는 경우 유달시간(분)은?

① 10 　　　　　② 15

③ 20 　　　　　④ 25

해설 유달시간=유입시간+유하시간

$$5min + \frac{1,200m}{1} \left| \frac{sec}{1m} \right| \frac{1min}{60sec} = 25분$$

40 상수처리를 위한 약품침전지의 구성과 구조로 틀린 것은?

① 슬러지의 퇴적심도로서 30cm 이상을 고려한다.

② 유효수심은 3~5.5m로 한다.

③ 침전지 바닥에는 슬러지 배제에 편리하도록 배수구를 향하여 경사지게 한다.

④ 고수위에서 침전지 벽체 상단까지의 여유고는 10cm 정도로 한다.

해설 약품침전지의 구성과 구조

1. 침전지의 수는 원칙적으로 2지 이상으로 한다.
2. 배치는 각 침전지에 균등하게 유출입될 수 있도록 수리적으로 고려하여 결정한다.
3. 각 지마다 독립하여 사용가능한 구조로 한다.
4. 침전지의 형상은 직사각형으로 하고, 길이는 폭의 3~8배 이상으로 한다.
5. 유효수심은 3~3.5m로 하고, 슬러지의 퇴적심도로서 30cm 이상을 고려하되 슬러지 제거설비와 침전지의 구조상 필요한 경우에는 합리적으로 조정할 수 있다.
6. 고수위에서 침전지 벽체 상단까지의 여유고는 30cm 이상으로 한다.
7. 침전지 바닥에는 슬러지 배제에 편리하도록 배수구를 향하여 경사지게 한다.
8. 필요에 따라 복개 등을 한다.

▶▶ 제3과목 | 수질오염방지기술

41 원형 1차 침전지를 설계하고자 할 때 가장 적당한 침전지의 직경(m)은? (단, 평균유량=9,000m^3/day, 평균표면부하율=45$m^3/m^2 \cdot$day, 최대유량=2.5×평균유량, 최대표면부하율=100$m^3/m^2 \cdot$day)

① 12 　　　　　② 15

③ 17 　　　　　④ 20

해설 침전조의 직경은 최대유량을 기준으로 산정한다.

ⓐ 최대유량=2.5×평균유량=2.5×9,000=22,500m^3/day

ⓑ 최대유량을 이용하여 최대소요표면적을 산출하면 다음과 같다.

최대표면부하율 100$m^3/m^2 \cdot$day

$$= \frac{22,5000m^3}{day} \left| \frac{}{A_{최대}(m^2)} \right.$$

$$A_{최대} = \frac{\pi D^2}{4} = 225m^2$$

∴ D(침전조의 직경)=16.93m

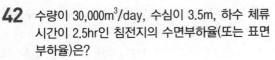
42 수량이 30,000m³/day, 수심이 3.5m, 하수 체류시간이 2.5hr인 침전지의 수면부하율(또는 표면부하율)은?

① 67.1m³/m² · day

② 54.2m³/m² · day

③ 41.5m³/m² · day

④ 33.6m³/m² · day

해설 수면부하율 $= \dfrac{\text{유입유량(m}^3\text{/day)}}{\text{수면적(m}^2)} = \dfrac{Q}{A}$

ⓐ 유입유량 $= 30,000\text{m}^3\text{/day}$

ⓑ 수면적 $= \dfrac{\text{부피(m}^3)}{\text{수심(m)}}$

$$= \dfrac{30,000\text{m}^3}{\text{day}} \left| \dfrac{2.5\text{hr}}{} \right| \dfrac{1\text{day}}{24\text{hr}} \left| \dfrac{}{3.5\text{m}} \right.$$

$$= 892.86\text{m}^2$$

∴ 수면부하율 $= \dfrac{30,000\text{m}^3\text{/day}}{892.86\text{m}^2}$

$$= 33.6\text{m}^3\text{/m}^2 \cdot \text{day}$$

43 고도하수처리 공정에서 질산화 및 탈질산화 과정에 대한 설명으로 옳은 것은?

① 질산화 과정에서 질산염이 질소(N_2)로 전환된다.

② 탈질산화 과정에서 아질산염이 질산염으로 전환된다.

③ 탈질산화 과정에 Nitrobacter 속 세균이 관여한다.

④ 질산화 과정에서 암모늄이 아질산염으로 전환된다.

해설 질산화(nitrification)

ⓐ 질산화 반응은 호기성 상태하에서 독립영양 미생물인 Nitrosomonas와 Nitrobactor에 의해서 NH_4^+가 2단계를 거쳐 NO_3^-로 변한다.

• 1단계 : $NH_4^+ + \dfrac{3}{2}O_2$

$\rightarrow NO_2^- + 2H^+ + H_2O$(nitrosomonas)

• 2단계 : $NO_2^- + \dfrac{1}{2}O_2$

$\rightarrow NO_3^-$(nitrobactor)

• 전체 반응 : $NH_4^+ + 2O_2 \rightarrow NO_3^- + 2H^+ + H_2O$

ⓑ 질산화 반응과정에서 질산화 미생물의 세포합성을 위하여 HCO_3^-가 소비되면서 pH는 저하된다.

44 침전지로 유입되는 부유물질의 침전속도 분포가 다음 표와 같다. 표면적 부하가 4,032m³/m² · day일 때, 전체 제거효율(%)은?

침전속도(m/min)	3.0	2.8	2.5	2.0
남아 있는 중량비율	0.55	0.46	0.35	0.3

① 74

② 64

③ 54

④ 44

해설 표면부하율$(V_o) = \dfrac{4,032\text{m}^3}{\text{m}^2 \cdot \text{day}} \left| \dfrac{\text{day}}{1,440\text{min}} \right.$

$$= 2.8\text{m/min}$$

남아 있는 중량비율이 0.46이므로 제거효율은 0.54(54%)이다.

45 상수처리를 위한 사각 침전조에 유입되는 유량은 30,000m³/day이고, 표면부하율은 24m³/m² · day이며, 체류시간은 6시간이다. 침전조의 길이와 폭의 비는 2 : 1이라면 조의 크기는?

① 폭 : 20m, 길이 : 40m, 깊이 : 6m

② 폭 : 20m, 길이 : 40m, 깊이 : 4m

③ 폭 : 25m, 길이 : 50m, 깊이 : 6m

④ 폭 : 25m, 길이 : 50m, 깊이 : 4m

해설
ⓐ 침전지 면적$(A) = \dfrac{30,000^3}{\text{day}} \left| \dfrac{\text{m}^2 \cdot \text{day}}{24\text{m}} \right. = 1,250\text{m}^2$

ⓑ 조의 부피$(\forall) = Q \times t$

$$= \dfrac{30,000\text{m}^3}{\text{day}} \left| \dfrac{6\text{hr}}{} \right| \dfrac{1\text{day}}{24\text{hr}} = 7,500\text{m}^3$$

46 이온교환막 전기투석법에 관한 설명 중 옳지 않은 것은?

① 소요전력은 용존염분 농도에 비례하여 증가한다.

② 칼슘, 마그네슘 등 경도물질이 제거효율은 높지만 인 제거율은 상대적으로 낮다.

③ 배수 중의 용존염분을 제거하여 양질의 처리수를 얻는다.

④ 콜로이드성 현탁물질 제거에 주로 적용된다.

해설 용존성 물질 제거나 콜로이드성 현탁물질 제거에는 역삼투법이 이용된다.

47 침전지에서 입자의 침강속도가 증대되는 원인이 아닌 것은?

① 입자 비중의 증가
② 액체의 점성계수 증가
③ 수온의 증가
④ 입자 직경의 증가

해설 액체의 점성계수가 감소할 때 침강속도는 증가한다.

48 활성슬러지 포기조 용액을 사용한 실험값으로부터 얻은 결과에 대한 설명으로 가장 거리가 먼 것은 어느 것인가?

> MLSS 농도 1,600mg/L인 용액 1L를 30분간 침강시킨 후 슬러지의 부피는 400mL였다.

① 최종침전지에서 슬러지의 침강성이 양호하다.
② 슬러지 밀도지수(SDI)는 0.5 이하이다.
③ 슬러지 용량지수(SVI)는 200 이상이다.
④ 실모양의 미생물이 많이 관찰된다.

해설 SVI 계산식을 이용한다.

$$SVI = \frac{SV(mL/L)}{MLSS(mg/L)} \times 10^3 = \frac{400}{1,600} \times 10^3 = 250$$

적절한 SVI는 50~150mL/g을 맞춰줘야 침강성이 좋아지며, 200 이상으로 과대할 경우 슬러지 팽화가 발생한다.

49 인구가 10,000명인 마을에서 발생되는 하수를 활성슬러지법으로 처리하는 처리장에 저율혐기성 소화조를 설계하려고 한다. 생슬러지(건조 고형물 기준) 발생량은 0.11kg/인·일이며, 휘발성 고형물은 건조 고형물의 70%이다. 가스발생량은 0.94m³/VSS kg이고, 휘발성 고형물의 65%가 소화된다면 일일 가스발생량(m³/day)은?

① 약 471
② 약 345
③ 약 563
④ 약 644

해설
$$X = \frac{10,000명}{} \left| \frac{0.11kg \cdot TS}{인 \cdot 일} \right| \frac{0.94m^3}{kg \cdot TS} \left| \frac{70 \cdot VS}{100 \cdot TS} \right| \frac{65}{100}$$
$$= 470.47m^3/day$$

50 여섯 개의 납작한 날개를 가진 터빈임펠러로 탱크의 내용물을 교반하려고 한다. 교반은 난류영역에서 일어나며, 임펠러의 직경은 3m이고, 깊이 20m인 바닥에서 4m 위에 설치되어 있다. 30rpm으로 임펠러가 회전할 때 소요되는 동력(kg·m/sec)은? (단, $P = k\rho n^3 D^5/g_c$ 식 적용, 소요동력을 나타내는 계수 $k = 3.3$)

① 9,356
② 10,228
③ 12,350
④ 15,421

해설 $P = K \cdot \rho \cdot n^3 \cdot D^5/g_c$
여기서, P : 소요동력
K : 상수
ρ : 유체의 밀도
n : 임펠러 회전속도
D : 임펠러 직경

$$\therefore P = \frac{3.3}{} \left| \frac{1,000kg}{m^3} \right| \frac{30^3 cycle^3}{60^3 sec^3} \left| \frac{3^5 m^5}{9.8m/sec^2} \right.$$
$$= 10,228.32kg \cdot m/sec$$

51 응집제를 폐수에 첨가하여 응집처리 할 경우 완속교반을 하는 주목적은?

① 응집된 입자의 플록(floc)화를 촉진하기 위하여
② 응집제가 폐수에 잘 혼합되도록 하기 위하여
③ 입자를 미세화하기 위하여
④ 유기질 입자와 미생물의 접촉을 빨리하기 위하여

해설 응집처리 시 완속교반의 목적은 응집된 입자의 플록(floc)화를 촉진하기 위해서이고, 급속교반은 폐수와 응집제를 혼화되고 균질화되게 하기 위해서이다.

52 Langmuir 등온흡착식을 유도하기 위한 가정으로 옳지 않은 것은?

① 한정된 표면만이 흡착에 이용된다.
② 표면에 흡착된 용질물질은 그 두께가 분자 한 개 정도의 두께이다.
③ 흡착은 비가역적이다.
④ 평형조건이 이루어졌다.

해설 Langmuir 등온흡착식은 다음과 같은 가정 하에 식이 유도된다.
1. 한정된 표면만이 흡착에 이용
2. 표면에 흡착된 용질물질은 그 두께가 분자 한 개 정도의 두께
3. 흡착은 가역적
4. 평형조건에 이루어진다는 가정

53 처리유량이 200m³/hr이고, 염소 요구량이 9.5mg/L, 잔류염소 농도가 0.5mg/L일 때, 하루에 주입되는 염소의 양(kg/day)은?

① 2   ② 12

③ 22   ④ 48

해설 염소 주입량=염소 요구량+염소 잔류량
　　　　　　=9.5mg/L+0.5mg/L=10mg/L

∴ 하루에 주입되는 염소의 양

$$= \frac{10mg}{L} \left| \frac{200m^3}{hr} \right| \frac{10^3 L}{1m^3} \left| \frac{1kg}{10^6 mg} \right| \frac{24hr}{day} = 48kg/day$$

54 분리막을 이용한 다음의 폐수 처리방법 중 구동력이 농도차에 의한 것은?

① 역삼투(reverse osmosis)

② 투석(dialysis)

③ 한외여과(ultrafiltration)

④ 정밀여과(microfiltration)

해설 정밀여과, 한외여과, 역삼투의 구동력은 정수압차이며, 투석의 구동력은 농도차이다.

55 생물학적으로 질소를 제거하기 위해 질산화-탈질 공정을 운영함에 있어, 호기성 상태에서 산화된 NO_3^- 60mg/L를 탈질시키는 데 소모되는 이론적인 메탄올 농도(mg/L)는?

$$\frac{5}{6}CH_3OH + NO_3^- + \frac{1}{6}H_2CO_3$$
$$\rightarrow \frac{1}{2}N_2 + HCO_3^- + \frac{4}{3}H_2O$$

① 약 14   ② 약 18

③ 약 22   ④ 약 26

해설 $6NO_3^- + 5CH_3OH \rightarrow 5CO_2 + 3N_2 + 7H_2O + 6OH^-$

$6NO_3^-$: $5CH_3OH$

6×62 : 5×32

60mg/L : x

∴ $x ≒ 25.8$mg/L

56 응집이론에 대한 설명 중 맞는 것은?

① Zeta 전위의 인력

② van der Waals의 척력

③ Sweep 응집

④ 이온층 팽창

해설 응집의 원리는 체거름 현상(sweep coagulation)이 해당한다.

57 활성슬러지법에서 포기조 내 운전이 악화되었을 때 검토해야 할 사항으로 가장 거리가 먼 것은?

① MLSS 농도가 적정하게 유지되는가를 조사

② 포기조 유입수의 유해성분 유무를 조사

③ 유입 원폐수의 SS 농도 변동 유무를 조사

④ 포기조 유입수의 pH 변동 유무를 조사

해설 활성슬러지법에서 처리상황이 악화되었을 경우에 검토해야 할 사항 중 원폐수의 SS 농도 변동 유무 조사는 검토해야 할 대상이 아니다.

58 처리수의 BOD 농도가 5mg/L인 폐수 처리공정의 BOD 제거효율은 1차 처리 40%, 2차 처리 80%, 3차 처리 15%이다. 이 폐수 처리공정에 유입되는 유입수의 BOD 농도는?

① 69

② 59

③ 39

④ 49

해설 $\eta_T = \eta_1 + \eta_2(1-\eta_1) + \eta_3(1-\eta_1)(1-\eta_2)$

$$C_i = \frac{C_o}{1-\eta}$$

$\eta_T = 0.4 + 0.8(1-0.4) + 0.15(1-0.4)(1-0.8)$

　　$= 0.898 = 89.8\%$

∴ $C_i = \frac{C_o}{1-\eta} = \frac{5}{1-0.898} = 49.01$mg/L

59 다음 중 물리·화학적 질소 제거공정이 아닌 것은 어느 것인가?

① Ion Exchange

② Breakpoint Chlorination

③ Sequencing Batch Reactor

④ Air Stripping

해설 Sequencing Batch Reactor는 연속회분식 반응조이다.

60 염소 살균에 관한 설명으로 가장 거리가 먼 것은?

① 염소 살균강도는 HOCl > OCl > chloramines 순이다.
② 염소 살균력은 온도가 낮고, 반응시간이 길며, pH가 높을 때 강하다.
③ 염소 요구량은 물에 가한 일정량의 염소와 일정한 기간이 지난 후에 남아 있는 유리 및 결합잔류염소와의 차이다.
④ 파괴점 염소주입법이란 파괴점 이상으로 염소를 주입하여 살균하는 것을 말한다.

해설 염소의 살균력은 온도가 높고, pH가 낮고, 반응시간이 길며, 염소의 농도가 높을수록 강하다.

⏩ 제4과목 ㅣ 수질오염공정시험기준

61 NaOH 0.01M은 몇 mg/L인가?

① 40
② 400
③ 4,000
④ 40,000

해설
$$X = \frac{0.01\text{mol}}{\text{L}} \left| \frac{40\text{g}}{1\text{mol}} \right| \frac{10^3\text{mg}}{1\text{g}} = 400\text{mg/L}$$

62 총 대장균군의 정성시험(시험관법)에 대한 설명 중 옳은 것은?

① 완전시험에는 엔도 또는 EMB 한천배지를 사용한다.
② 추정시험 시 배양온도는 48±3℃ 범위이다.
③ 추정시험에서 가스의 발생이 있으면 대장균군의 존재가 추정된다.
④ 확정시험 시 배지의 색깔이 갈색으로 되었을 때는 완전시험을 생략할 수 있다.

해설 추정시험은 희석된 시료를 다람시험관이 들어있는 추정시험용 배지(젖당 배지 또는 라우릴 트립토스 배지)에 접종하여 (35±0.5)℃에서 (48±3)시간까지 배양한다. 이때 가스가 발생하지 않는 시료는 총 대장균군 음성으로 판정하고, 가스 발생이 있을 때에는 추정시험 양성으로 판정하며, 추정시험 양성 시험관은 확정시험을 수행한다.

63 수질오염공정시험기준상 자외선/가시선분광법을 적용한 페놀류 측정에 관한 내용으로 틀린 것은?

① 정량한계는 클로로폼측정법일 때 0.005mg/L 이다.
② 정량범위는 직접측정법일 때 0.05mg/L이다.
③ 증류한 시료에 염화암모늄-암모니아 완충액을 넣어 pH 10으로 조절한다.
④ 4-아미노안티피린과 헥사시안화철(Ⅱ)산칼륨을 넣어 생성된 청색의 안티피린계 색소의 흡광도를 측정하는 방법이다.

해설 페놀류(자외선/가시선분광법)
1. 정량한계는 클로로폼추출법일 때 0.005mg/L, 직접 측정법일 때 0.05mg/L이다.
2. 4-아미노안티피린과 헥사시안화철(Ⅱ)산칼륨을 넣어 생성된 붉은색의 안티피린계 색소의 흡광도를 측정하는 방법으로 수용액에서는 510nm, 클로로폼 용액에서는 460nm에서 측정한다.

64 ppm을 설명한 것으로 틀린 것은?

① ppb농도의 1,000배이다.
② 백만분율이라고 한다.
③ mg/kg이다.
④ %농도의 1/1,000이다.

해설 ppm은 %농도의 1/10,000이다.

65 실험총칙에 관한 내용으로 알맞지 않은 것은?

① 유효측정농도의 정량한계 미만은 불검출된 것으로 간주한다.
② 현장이중시료는 동일한 조건에서 측정한 두 시료의 측정값 차를 두 시료 측정값의 평균값으로 나누어 상대편차백분율로 구한다.
③ 정량한계는 제시된 정량한계 부근의 농도가 포함된 시료를 반복측정하여 얻은 결과의 표준편차를 10배한 값을 사용한다.
④ 정확도는 반복시험하여 얻은 결과를 상대표준편차로 나타낸다.

해설 정밀도와 정확도
1. 정밀도는 시험분석 결과의 반복성을 나타내는 것으로 반복시험하여 얻은 결과를 상대표준편차로 나타낸다.
2. 정확도란 시험분석 결과가 참값에 얼마나 근접하는가를 나타내는 것이다.

66 시료의 전처리 방법으로 가장 거리가 먼 것은?

① 자외선/가시선분광법을 위한 용매추출법

② 마이크로파에 의한 유기물 분해

③ 질산-황산에 의한 분해

④ 불화수소산-과염소산에 의한 분해법

해설

전처리 방법	적용시료	산도
질산법	유기물 함량이 낮은 깨끗한 하천수나 호소수 등의 시료에 적용	0.7N
질산-염산법	유기물 함량이 비교적 높지 않고 금속의 수산화물산화물인산염 및 화합물을 함유하고 있는 시료에 적용	0.5N
질산-황산법	유기물 등을 다량 함유하고 있는 대부분의 시료에 적용	1.5~3N
질산-과염소산법	유기물을 다량 함유하고 있으면서 산화분해가 어려운 시료들에 적용	0.8N
질산-과염소산-불화수소산법	다량의 점토질 또는 규산염을 함유한 시료에 적용	0.8N

67 물벼룩을 이용한 급성 독성 시험법에서 사용하는 용어의 정의로 틀린 것은?

① 치사 : 일정비율로 준비된 시료에 물벼룩을 투입하고 24시간 경과 후 시험용기를 살며시 움직여주고 15초 후 관찰했을 때 아무 반응이 없는 경우를 "치사"라 판정한다.

② 유영저해 : 독성물질에 의해 영향을 받아 일부 기관(촉각, 후복부 등)이 움직임이 없을 경우를 "유영저해"로 판정한다.

③ 반수영양농도 : 투입 시험생물의 50%가 치사 혹은 유영저해를 나타낸 농도이다.

④ 지수식 시험방법 : 지수적으로 계산하는 시험을 말한다.

해설 지수식 시험방법 : 시험기간 중 시험용액을 교환하지 않는 시험을 말한다.

68 수질오염공정시험기준상 질산성질소의 측정법으로 가장 적절한 것은?

① 자외선/가시선분광법(디아조화법)

② 이온 크로마토그래피법

③ 이온전극법

④ 카드뮴환원법

해설 질산성질소의 적용가능한 시험방법
1. 이온 크로마토그래피
2. 자외선/가시선분광법(부루신법)
3. 자외선/가시선분광법(활성탄흡착법)
4. 데발다합금 환원증류법

69 다음은 인산염인(자외선/가시선분광법-아스코빈산환원법) 측정방법에 관한 내용이다. ( ) 안에 옳은 내용은?

물속에 존재하는 인산염인을 측정하기 위하여 몰리브덴산암모늄과 반응하여 생성된 몰리브덴산인암모늄을 아스코빈산으로 환원하여 생성된 몰리브덴산 ( )에서 측정하여 인산염인을 정량하는 방법이다.

① 적색의 흡광도를 460nm

② 적색의 흡광도를 540nm

③ 청색의 흡광도를 660nm

④ 청색의 흡광도를 880nm

해설 물속에 존재하는 인산염인을 측정하기 위하여 몰리브덴산암모늄과 반응하여 생성된 몰리브덴산인암모늄을 아스코빈산으로 환원하여 생성된 몰리브덴산 청색의 흡광도를 880nm에서 측정하여 인산염인을 정량하는 방법이다.

70 자외선/가시선분광법(인도페놀법)으로 암모니아성질소를 측정할 때 암모늄이온이 차아염소산의 공존 아래에서 페놀과 반응하여 생성하는 인도페놀의 색깔과 파장은?

① 적자색, 510nm ② 적색, 540nm

③ 청색, 630nm ④ 황갈색, 610nm

해설 암모니아성질소(자외선/가시선분광법) : 물속에 존재하는 암모니아성질소를 측정하기 위하여 암모늄이온이 하이포염소산의 존재 하에서 페놀과 반응하여 생성하는 인도페놀의 청색을 630nm에서 측정하는 방법이다.

71 유기물 함량이 낮은 깨끗한 하천수나 호소수 등의 시료 전처리 방법으로 이용되는 것은?

① 질산에 의한 분해

② 염산에 의한 분해

③ 황산에 의한 분해

④ 아세트산에 의한 분해

해설 전처리 방법 중 질산법은 유기물 함량이 비교적 높지 않은 시료의 전처리에 사용한다.

72 부유물질 측정 시 간섭물질에 관한 설명과 가장 거리가 먼 것은?

① 유지(oil) 및 혼합되지 않는 유기물도 여과 지에 남아 부유물질 측정값을 높게 할 수 있다.

② 철 또는 칼슘이 높은 시료는 금속 침전이 발생하며 부유물질 측정에 영향을 줄 수 있다.

③ 나무 조각, 큰 모래입자 등과 같은 큰 입자들은 부유물질 측정에 방해를 주며, 이 경우 직경 2mm 금속망에 먼저 통과시킨 후 분석을 실시한다.

④ 증발잔류물이 1,000mg/L 이상인 공장폐수 등은 여과지에 의한 측정오차를 최소화하기 위해 여과지 세척을 하지 않는다.

해설 증발잔류물이 1,000mg/L 이상인 경우의 해수나 공장폐수 등은 특별히 취급하지 않을 경우 높은 부유물질 값을 나타낼 수 있는데 이 경우 여과지를 여러 번 세척한다.

73 하천수의 시료 채취에 관한 내용으로 가장 적절한 것은? (단, 수심 1.5m 기준)

① 하천 단면에서 수심이 가장 깊은 수면폭을 3등분한 각각의 지점의 수면으로부터 수심의 1/3지점을 채수한다.

② 하천 단면에서 수심의 가장 깊은 수면의 지점과 그 지점을 중심으로 좌우로 수면 폭을 3등분한 각각의 지점의 수면으로부터 수심의 1/2지점을 채수한다.

③ 하천 단면에서 수심의 가장 깊은 수면의 지점과 그 지점을 중심으로 좌우로 수면 폭을 2등분한 각각의 지점의 수면으로부터 수심의 1/3지점을 채수한다.

④ 하천 단면에서 수심이 가장 깊은 수면폭을 2등분한 각각의 지점의 수면으로부터 수심의 1/2지점을 채수한다.

해설 하천의 수심이 2m 미만일 때는 하천 단면에서 수심의 가장 깊은 수면의 지점과 그 지점을 중심으로 좌우로 수면폭을 2등분한 각각의 지점의 수면으로부터 수심의 1/3지점을 채수한다.

74 배수로에 흐르는 폐수의 유량을 부유체를 사용하여 측정했다. 수로의 평균단면적 $0.5m^2$, 표면 최대속도 6m/sec일 때 이 폐수의 유량(m^3/min)은? (단, 수로의 구성, 재질, 수로 단면적의 형상, 기울기 등이 일정하지 않은 개수로이다.)

① 115
② 135
③ 185
④ 245

해설 단면형상이 불일정한 경우의 유량 계산
$$Q(m^3/min) = A_m \times 0.75 V_{max}$$
ⓐ $A_m = 0.5m^2$
ⓑ $V_m = 0.75 \times V_{max} = 0.75 \times 6m/sec = 4.5m/sec$
$$\therefore Q = \frac{0.5m^2}{} \left| \frac{4.5m}{sec} \right| \frac{60sec}{1min} = 135m^3/min$$

75 위어의 수두가 0.25m, 수로의 폭이 0.8m, 수로의 밑면에서 절단 하부점까지의 높이가 0.7m인 직각 3각위어의 유량은? (단, 유량계수 $k = 81.2 + \dfrac{0.24}{h} + \left(8.4 + \dfrac{12}{\sqrt{D}}\right) \times \left(\dfrac{h}{B} - 0.09\right)^2$)

① $1.4m^3$/min
② $2.1m^3$/min
③ $2.6m^3$/min
④ $2.9m^3$/min

해설
$$Q(m^3/min) = Kh^{\frac{5}{2}}$$
$$k = 81.2 + \frac{0.24}{0.25} + \left(8.4 + \frac{12}{\sqrt{0.7}}\right) \times \left(\frac{0.25}{0.8} - 0.09\right)^2$$
$$= 83.526$$
$$\therefore Q = 83.526 \times 0.25^{(5/2)} = 2.6m^3/min$$

76 정도관리 요소 중 정밀도를 옳게 나타낸 것은? (단, n : 연속적으로 측정한 횟수)

① 정밀도(%) = (n회 측정한 결과의 평균값/표준편차) × 100

② 정밀도(%) = (표준편차/n회 측정한 결과의 평균값) × 100

③ 정밀도(%) = (상대편차/n회 측정한 결과의 평균값) × 100

④ 정밀도(%) = (n회 측정한 결과의 평균값/상대편차) × 100

해설 정밀도는 시험분석 결과의 반복성을 나타내는 것으로, 반복 시험하여 얻은 결과를 상대표준편차로 나타내며 연속적으로 n회 측정한 결과의 평균값($\bar{x}$)과 표준편차(s)로 구한다.

77 관 내의 공장폐수 및 하수유량 측정장치인 벤투리미터 유량계의 최대유량 : 최소유량의 범위로 옳은 것은?

① 2 : 1　　　　② 3 : 1
③ 4 : 1　　　　④ 5 : 1

해설 벤투리미터(venturimeter), 유량 측정용 노즐(nozzle), 오리피스(orifice)는 4 : 1, 피토(pitot)관은 3 : 1이다.

78 수질시료를 보존할 때 반드시 유리용기에 넣어 보존해야 하는 측정항목이 아닌 것은?

① 폴리클로리네이티드비페닐
② 페놀류
③ 유기인
④ 불소

해설 불소는 폴리에틸렌에 넣어 시료를 보존한다.

79 수질 분석을 위한 시료 채취 시 유의사항과 가장 거리가 먼 것은?

① 채취용기는 시료를 채우기 전에 맑은 물로 3회 이상 씻은 다음 사용한다.
② 용존가스, 환원성 물질, 휘발성 유기물질 등의 측정을 위한 시료는 운반 중 공기와 접촉이 없도록 가득 채워져야 한다.
③ 지하수 시료는 취수정 내에 고여있는 물을 충분히 퍼낸(고여 있는 물의 4~5배 정도나 pH 및 전기전도도를 연속적으로 측정하여 이 값이 평행을 이룰 때까지로 한다) 다음 새로 나온 물을 채취한다.
④ 시료 채취량은 시험항목 및 시험횟수에 따라 차이가 있으나 보통 3~5L 정도여야 한다.

해설 시료 채취용기는 시료를 채우기 전에 시료로 3회 이상 씻은 다음 사용한다.

80 식물성 플랑크톤을 현미경계수법으로 측정할 때 저배율방법(200배율 이하) 적용에 관한 내용으로 틀린 것은?

① 세즈윅-라프터 체임버는 조작은 어려우나 재현성이 높아서 중배율 이상에서도 관찰이 용이하여 미소 플랑크톤의 검경에 적절하다.

② 시료를 체임버에 채울 때, 피펫은 입구가 넓은 것을 사용하는 것이 좋다.
③ 계수 시 스트립을 이용할 경우, 양쪽 경계면에 걸린 개체는 하나의 경계면에 대해서만 계수한다.
④ 계수 시 격자의 경우, 격자 경계면에 걸린 개체는 4면 중 2면에 걸린 개체는 계수하고 나머지 2면에 들어온 개체는 계수하지 않는다.

해설 세즈윅-라프터 체임버는 조작이 편리하고 재현성이 높은 반면, 중배율 이상에서는 관찰이 어렵기 때문에 미소 플랑크톤(nano plankton)의 검경에는 적절하지 않다.

⏩ 제5과목 ▎수질환경관계법규

81 수질 및 수생태계 환경기준에서 하천의 생활환경기준 중 매우 나쁨(Ⅳ) 등급의 BOD 기준 (mg/L)은?

① 6 초과　　　　② 8 초과
③ 10 초과　　　　④ 12 초과

해설

등급		매우 나쁨 VI
상태(캐릭터)		
기준	pH	
	BOD(mg/L)	10 초과
	COD(mg/L)	11 초과
	TOC(mg/L)	8 초과
	SS(mg/L)	
	DO(mg/L)	2.0 미만
	T-P(mg/L)	0.5 초과
대장균군 (군수/100mL)	총 대장균군	
	분원성 대장균군	

82 물환경보전법에 관한 법률 시행규칙에서 정한 오염도 검사기관이 아닌 것은?

① 지방환경청
② 시·군 보건소
③ 국립환경과학원
④ 도의 보건환경연구원

해설 오염도 검사기관
1. 국립환경과학원 및 그 소속기관
2. 특별시·광역시 및 도의 보건환경연구원
3. 유역환경청 및 지방환경청
4. 한국환경공단 및 그 소속 사업소
5. 수질분야의 검사기관 중 환경부 장관이 정하여 고시하는 기관
6. 그 밖에 환경부 장관이 정하여 고시하는 수질 검사기관

83 중점관리 저수지의 관리자와 그 저수지의 소재지를 관할하는 시·도지사가 수립하는 중점관리저수지의 수질오염 방지 및 수질 개선에 관한 대책에 포함되어야 하는 사항으로 (   ) 안에 옳은 것은?

> 중점관리저수지의 경계로부터 반경 (   )의 거주인구 등 일반현황

① 500m 이내   ② 1km 이내
③ 2km 이내   ④ 5km 이내

해설 중점관리 저수지의 관리자와 그 저수지의 소재지를 관할하는 시·도지사는 공동으로 대책을 수립하여 제출할 수 있다.
1. 중점관리 저수지의 설치목적, 이용현황 및 오염현황
2. 중점관리 저수지의 경계로부터 반경 2킬로미터 이내의 거주인구 등 일반현황
3. 중점관리 저수지의 수질관리 목표
4. 중점관리 저수지의 수질오염 예방 및 수질 개선방안
5. 그 밖에 중점관리 저수지의 적정관리를 위하여 필요한 사항

84 수질오염방지시설 중 화학적 처리시설이 아닌 것은?
① 살균시설   ② 폭기시설
③ 이온교환시설   ④ 침전물개량시설

해설 폭기시설은 생물학적 처리시설이다.

85 위임업무 보고사항 중 보고횟수가 연 4회에 해당되는 것은?
① 측정기기 부착 사업자에 대한 행정처분 현황
② 측정기기 부착 사업장 관리 현황
③ 비점오염원의 설치 신고 및 방지시설 설치 현황 및 행정처분 현황
④ 과징금 부과 실적

해설 위임업무 보고사항

업무내용	보고횟수	보고기일
측정기기 부착 사업자에 대한 행정처분 현황	연 2회	매반기 종료 후 15일 이내
측정기기 부착 사업장 관리 현황	연 2회	매반기 종료 후 15일 이내
비점오염원의 설치 신고 및 방지시설 설치 현황 및 행정처분 현황	연 4회	매분기 종료 후 15일 이내
과징금 부과 실적	연 2회	매반기 종료 후 10일 이내

86 법적으로 규정된 환경기술인의 관리사항이 아닌 것은?
① 환경오염방지를 위하여 환경부 장관이 지시하는 부하량 통계관리에 관한 사항
② 폐수 배출시설 및 수질오염방지시설의 관리에 관한 사항
③ 폐수 배출시설 및 수질오염방지시설의 개선에 관한 사항
④ 운영일지의 기록·보존에 관한 사항

해설 환경기술인의 관리사항
1. 폐수 배출시설 및 수질오염방지시설의 관리에 관한 사항
2. 폐수 배출시설 및 수질오염방지시설의 개선에 관한 사항
3. 폐수 배출시설 및 수질오염방지시설의 운영에 관한 기록부의 기록·보존에 관한 사항
4. 운영일지의 기록·보존에 관한 사항
5. 수질오염물질의 측정에 관한 사항
6. 그 밖에 환경오염방지를 위하여 시·도지사가 지시하는 사항

87 다음 중 자연형 비점오염저감시설의 종류가 아닌 것은?
① 여과형 시설
② 인공습지
③ 침투시설
④ 식생형 시설

해설 자연형 비점오염저감시설의 종류
1. 저류시설
2. 인공습지
3. 침투시설
4. 식생형 시설

88 낚시금지구역에서 낚시행위를 한 자에 대한 과태료 처분 기준은?

① 100만원 이하 ② 200만원 이하
③ 300만원 이하 ④ 500만원 이하

89 비점오염원 관리지역에 대한 설명 중 틀린 것은?

① 환경부 장관은 비점오염원에서 유출되는 강우유출수로 인하여 하천·호소 등의 이용목적, 주민의 건강·재산이나 자연생태계에 중대한 위해가 발생하거나 발생할 우려가 있는 지역에 대해서는 관할 시·도지사와 협의하여 비점오염원관리지역(이하 "관리지역"이라 한다)으로 지정할 수 있다.

② 시·도지사는 관할구역 중 비점오염원의 관리가 필요하다고 인정되는 지역에 대해서는 환경부 장관에게 관리지역으로의 지정을 요청할 수 있다.

③ 관리지역의 지정기준·지정절차와 그 밖에 필요한 사항은 환경부령으로 정한다.

④ 환경부 장관은 관리지역을 지정하거나 해제할 때에는 그 지역의 위치, 면적, 지정 연월일, 지정목적, 해제 연월일, 해제 사유, 그 밖에 환경부령으로 정하는 사항을 고시하여야 한다.

해설 관리지역의 지정기준·지정절차와 그 밖에 필요한 사항은 대통령령으로 정한다.

90 오염총량관리 기본방침에 포함되어야 하는 사항으로 틀린 것은?

① 오염원의 조사 및 오염부하량 산정방법
② 총량관리 단위유역의 자연지리적 오염원 현황과 전망
③ 오염총량관리의 대상 수질오염물질 종류
④ 오염총량관리의 목표

해설 오염총량관리 기본방침
1. 오염총량관리의 목표
2. 오염총량관리의 대상 수질오염물질 종류
3. 오염원의 조사 및 오염부하량 산정방법
4. 오염총량관리 기본계획의 주체, 내용, 방법 및 시한
5. 오염총량관리 시행계획의 내용 및 방법

91 측정망 설치계획에 포함되어야 하는 사항이라 볼 수 없는 것은?

① 측정망 설치시기
② 측정오염물질 및 측정농도 범위
③ 측정망 배치도
④ 측정망을 설치할 토지 또는 건축물의 위치 및 면적

해설 측정망 설치계획에 포함되어야 하는 사항
1. 측정망 설치시기
2. 측정망 배치도
3. 측정망을 설치할 토지 또는 건축물의 위치 및 면적
4. 측정망 운영기관
5. 측정자료의 확인방법

92 수질 및 수생태계 보전에 관한 법률상 호소에서 수거된 쓰레기의 운반·처리 의무자는?

① 수면관리자
② 환경부 장관
③ 지방환경관서의 장
④ 특별자치시장·특별자치도지사·시장·군수·구청장

해설 수면관리자는 호소 안의 쓰레기를 수거하고, 해당 호소를 관할하는 특별자치시장·특별자치도지사·시장·군수·구청장은 수거된 쓰레기를 운반·처리하여야 한다.

93 시·도지사가 희석하여야만 수질오염물질의 처리가 가능하다고 인정할 수 없는 경우는?

① 폐수의 염분 농도가 높아 원래의 상태로는 생물학적 처리가 어려운 경우
② 폐수의 유기물 농도가 높아 원래의 상태로는 생물학적 처리가 어려운 경우
③ 폐수의 중금속 농도가 높아 원래의 상태로는 화학적 처리가 어려운 경우
④ 폭발의 위험 등이 있어 원래의 상태로는 화학적 처리가 어려운 경우

해설 시·도지사가 희석하여야만 오염물질의 처리가 가능하다고 인정할 수 있는 경우
1. 폐수의 염분이나 유기물의 농도가 높아 원래의 상태로는 생물화학적 처리가 어려운 경우
2. 폭발의 위험 등이 있어 원래의 상태로는 화학적 처리가 어려운 경우

94 시장 · 군수 · 구청장이 낚시금지구역 또는 낚시제한구역을 지정하려 할 때 고려해야 할 사항으로 틀린 것은?

① 지정의 목적
② 오염원 현황
③ 수질오염도
④ 연도별 낚시인구의 현황

해설 낚시금지구역 또는 낚시제한구역을 지정하려는 경우 고려할 사항
1. 용수의 목적
2. 오염원 현황
3. 수질오염도
4. 낚시터 인근에서의 쓰레기 발생 현황 및 처리 여건
5. 연도별 낚시인구의 현황
6. 서식어류의 종류 및 양 등 수중생태계의 현황

95 대권역 물환경관리계획에 포함되어야 하는 사항과 가장 거리가 먼 것은?

① 상수원 및 물 이용현황
② 점오염원, 비점오염원 및 기타 수질오염원별 수질오염 저감시설 현황
③ 점오염원, 비점오염원 및 기타 수질오염원의 분포현황
④ 점오염원, 비점오염원 및 기타 수질오염원에서 배출되는 수질오염물질의 양

해설 대권역계획에는 다음의 사항이 포함되어야 한다.
1. 물환경의 변화 추이 및 물환경 목표기준
2. 상수원 및 물 이용현황
3. 점오염원, 비점오염원 및 기타 수질오염원의 분포현황
4. 점오염원, 비점오염원 및 기타 수질오염원에서 배출되는 수질오염물질의 양
5. 수질오염 예방 및 저감 대책
6. 물환경 보전조치의 추진방향
7. 「저탄소녹색성장기본법」에 따른 기후변화에 대한 적응 대책
8. 그 밖에 환경부령으로 정하는 사항

96 배수설비의 설치방법 · 구조기준 중 직선 배수관의 맨홀 설치기준에 해당하는 것으로 (   ) 안에 옳은 것은?

배수관 내경의 (   ) 이하의 간격으로 설치

① 100배
② 120배
③ 150배
④ 200배

해설 배수관의 기점 · 종점 · 합류점 · 굴곡점과 관경(管徑) · 관종(管種)이 달라지는 지점에는 맨홀을 설치하여야 하며, 직선인 부분에는 내경의 120배 이하의 간격으로 맨홀을 설치하여야 한다.

97 수질 및 수생태계 보전에 관한 법률상 공공수역에 해당되지 않는 것은?

① 상수관거
② 하천
③ 호소
④ 항만

해설 "공공수역"이란 하천, 호소, 항만, 연안해역, 그 밖에 공공용으로 사용되는 수역과 이에 접속하여 공공용으로 사용되는 환경부령으로 정하는 수로를 말한다.

98 수질 및 수생태계 보전에 관한 법률상에서 적용하고 있는 용어의 정의로 틀린 것은?

① 비점오염저감시설 : 수질오염방지시설 중 비점오염원으로부터 배출되는 수질오염물질을 제거하거나 감소하게 하는 시설로서 환경부령으로 정하는 것을 말한다.
② 강우유출수 : 비점오염원의 수질오염물질이 섞여 유출되는 빗물 또는 눈 녹은 물 등을 말한다.
③ 기타 수질오염원 : 점오염원 및 비점오염원으로 관리되지 아니하는 수질오염물질을 배출하는 시설 또는 장소로서 환경부령으로 정하는 것을 말한다.
④ 비점오염원 : 불특정하게 수질오염물질을 배출하는 시설 및 지역으로 환경부령으로 정하는 것을 말한다.

해설 "비점오염원(非點汚染源)"이란 도시, 도로, 농지, 산지, 공사장 등으로서 불특정 장소에서 불특정하게 수질오염물질을 배출하는 배출원을 말한다.

99 특정 수질유해물질로만 구성된 것은?

① 시안화합물, 셀레늄과 그 화합물, 벤젠
② 시안화합물, 바륨화합물, 페놀류
③ 벤젠, 바륨화합물, 구리와 그 화합물
④ 6가크롬화합물, 페놀류, 니켈과 그 화합물

해설 특정 수질유해물질
1. 구리와 그 화합물
2. 납과 그 화합물
3. 비소와 그 화합물
4. 수은과 그 화합물
5. 시안화합물
6. 유기인화합물
7. 6가크롬화합물
8. 카드뮴과 그 화합물
9. 테트라클로로에틸렌
10. 트리클로로에틸렌
11. 삭제 〈2016. 5. 20.〉
12. 폴리클로리네이티드바이페닐
13. 셀레늄과 그 화합물
14. 벤젠
15. 사염화탄소
16. 디클로로메탄
17. 1, 1-디클로로에틸렌
18. 1, 2-디클로로에탄
19. 클로로포름
20. 1,4-다이옥신
21. 디에틸헥실프탈레이트(DEHP)
22. 염화비닐
23. 아크릴로니트릴
24. 브로모포름
25. 아크릴아미드
26. 나프탈렌
27. 폼알데하이드
28. 에피클로로하이드린
29. 페놀
30. 펜타클로로페놀
31. 스티렌
32. 비스(2-에틸헥실)아디페이트
33. 안티몬

100 폐수처리업자의 준수사항으로 틀린 것은?

① 증발농축시설, 건조시설, 소각시설의 대기오염물질 농도를 매월 1회 자가측정하여야 하며, 분기마다 악취에 대한 자가측정을 실시하여야 한다.

② 처리 후 발생하는 슬러지의 수분 함량은 85퍼센트 이하여야 하며, 처리는 폐기물관리법에 따라 적정하게 처리하여야 한다.

③ 수탁한 폐수는 정당한 사유 없이 5일 이상 보관할 수 없으며, 보관폐수의 전체량이 저장시설 저장능력의 80퍼센트 이상 되게 보관하여서는 아니 된다.

④ 기술인력을 그 해당 분야에 종사하도록 하여야 하며, 폐수처리시설을 16시간 이상 가동할 경우에는 해당 처리시설의 현장근무 2년 이상의 경력자를 작업현장에 책임 근무하도록 하여야 한다.

해설 수탁한 폐수는 정당한 사유 없이 10일 이상 보관할 수 없으며, 보관폐수의 전체량이 저장시설 저장능력의 90% 이상 되게 보관하여서는 아니 된다.

제1과목 ┃ 수질오염개론

01 수질오염물질별 인체영향(질환)이 틀리게 짝지어진 것은?

① 비소 : 반상치(법랑반점)
② 크롬 : 비중격연골 천공
③ 아연 : 기관지 자극 및 폐렴
④ 납 : 근육과 관절의 장애

해설 비소의 급성적인 영향은 구토, 설사, 복통, 탈수증, 위장염, 혈압저하, 혈변, 순환기장애 등이며, 만성중독은 국소 및 전신마비, 피부염, 발암, 색소침착, 간장비대 등의 순환기 장애를 유발한다. 법랑반점은 불소의 중독증상이다.

02 콜로이드(colloid) 용액이 갖는 일반적인 특성으로 틀린 것은?

① 광선을 통과시키면 입자가 빛을 산란하며 빛의 진로를 볼 수 없게 된다.
② 콜로이드 입자가 분산매 및 다른 입자와 충돌하여 불규칙한 운동을 하게 된다.
③ 콜로이드 입자는 질량에 비해서 표면적이 크므로 용액 속에 있는 다른 입자를 흡착하는 힘이 크다.
④ 콜로이드 용액에서는 콜로이드 입자가 양이온 또는 음이온을 띠고 있다.

해설 콜로이드는 틴들현상을 가지고 있는 것이 특징이다. 틴들현상은 콜로이드 용액에 빛을 통과시키면 콜로이드 입자가 빛을 산란시켜 빛의 진로가 보이는 현상을 말한다.

03 하천수의 난류확산 방정식과 상관성이 적은 인자는?

① 유량
② 침강속도
③ 난류확산계수
④ 유속

해설 하천수의 난류확산 방정식

$$\frac{\partial C}{\partial t} + \frac{\partial(uC)}{\partial x} + \frac{\partial(vC)}{\partial y} + \frac{\partial(wC)}{\partial z}$$

$$= \frac{\partial}{\partial x}\left(D_x\frac{\partial C}{\partial x}\right) + \frac{\partial}{\partial y}\left(D_y\frac{\partial C}{\partial y}\right) + \frac{\partial}{\partial z}\left(D_z\frac{\partial C}{\partial z}\right)$$

$$+ w_o\frac{\partial C}{\partial z} - KC$$

여기서, C : 하천수의 오염물질 농도(mg/L)
u, v, w : x(유하), y(수평), z(수직) 방향의 유속
D_x, D_y, D_z : x, y, z 방향의 확산계수
w_o : 대상오염물질의 침강속도(m/sec)
K : 대상오염물질의 자기감쇄계수

04 $PbSO_4$가 25℃ 수용액 내에서 용해도가 0.075g/L라면 용해적은? (단, Pb 원자량=207)

① 3.4×10^{-9}
② 4.7×10^{-9}
③ 5.8×10^{-8}
④ 6.1×10^{-8}

해설 $PbSO_4 \rightleftarrows Pb^{2+} + SO_4^{2-}$

$$L_m = \frac{0.075g}{L}\left|\frac{1mol}{303g}\right| = 2.475 \times 10^{-4} mol/L$$

용해적$(K_{sp}) = [Pb^{2+}][SO_4^{2-}]$

$\therefore K_{sp} = 2.475 \times 10^{-4} \times 2.475 \times 10^{-4}$
$\qquad = 6.13 \times 10^{-8}$

05 용존산소 농도를 6mg/L로 유지하기 위하여 산소섭취속도가 40mg/L·hr인 포기기를 설치하였다. 이때 K_{LA} 값(총괄산소전달계수, hr^{-1})은 약 얼마인가? (단, 20℃에서 용존산소 포화농도는 9.07mg/L이다.)

① 9.0
② 10.5
③ 12.3
④ 13.0

해설
$$K_{LA} = \frac{\gamma}{\alpha(\beta C_s - C)}$$
$$= \frac{40mg}{L \cdot hr}\left|\frac{L}{(9.07-6)mg}\right|$$
$$= 13.03 hr^{-1}$$

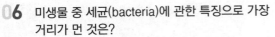
06 미생물 중 세균(bacteria)에 관한 특징으로 가장 거리가 먼 것은?

① 원시적 엽록소를 이용하여 부분적인 탄소 동화작용을 한다.

② 용해된 유기물을 섭취하며, 주로 세포분열로 번식한다.

③ 수분 80%, 고형물 20% 정도로 세포가 구성되며, 고형물 중 유기물이 99%를 차지한다.

④ 환경인자(pH, 온도)에 대하여 민감하며, 열보다 낮은 온도에서 저항성이 높다.

해설 세균(bacteria)은 탄소동화작용을 하지 않는다.

07 하천의 탈산소계수를 조사한 결과 20℃에서 0.19/day였다. 하천수의 온도가 25℃로 증가되었다면 탈산소계수는? (단, 온도보정계수는 1.047이다.)

① 0.22/day

② 0.24/day

③ 0.26/day

④ 0.28/day

해설 $K_T = K_{20} \times 1.047^{(T-20)}$

$K_{25} = 0.19 \times 1.047^{(25-20)} = 0.239/\text{day}$

08 산소 포화농도가 9mg/L인 하천에서 처음의 용존산소 농도가 7mg/L라면 3일간 흐른 후 하천 하류지점에서의 용존산소 농도(mg/L)는? (단, BOD_u=10mg/L, 탈산소계수=0.1day^{-1}, 재폭기계수=0.2day^{-1}, 상용대수 기준)

① 4.5

② 5.0

③ 5.5

④ 6.0

해설 $D_t = \frac{L_o \cdot K_1}{K_2 - K_1}(10^{-K_1 t} - 10^{-K_2 t}) + D_o \times 10^{-K_2 t}$

$D_o = 9\text{mg/L} - 7\text{mg/L} = 2\text{mg/L}$

$D_t = \frac{10 \times 0.1}{0.2 - 0.1}(10^{-0.1 \times 3} - 10^{-0.2 \times 3}) + 2 \times 10^{-0.2 \times 3}$

$= 3.0\text{mg/L}$

∴ 3시간 흐른 뒤 산소 농도 = 9mg/L - 3.0mg/L

= 6.0mg/L

09 성층현상에 관한 설명으로 틀린 것은?

① 수심에 따른 온도변화로 발생되는 물의 밀도차에 의해 발생한다.

② 봄, 가을에는 저수지의 수직혼합이 활발하여 분명한 층의 구별이 없어진다.

③ 여름에는 수심에 따른 연직온도경사와 산소구배가 반대 모양을 나타내는 것이 특징이다.

④ 겨울과 여름에는 수직운동이 없어 정체현상이 생기며, 수심에 따라 온도와 용존산소 농도의 차이가 크다.

해설 여름에는 수심에 따른 연직온도경사와 산소구배가 같은 모양을 나타내는 것이 특징이다.

10 무더운 늦여름에 급증식하는 조류로서 수화현상(water bloom)과 가장 관련이 있는 것은?

① 청-녹조류

② 갈조류

③ 규조류

④ 적조류

해설 수화현상은 호소나 하천의 하류 등 정체수역에서 식물성 플랑크톤이 대량 번식하여 수표면에 막층 또는 플록을 형성하는 현상을 말하며, 청-녹조류가 주종을 이룬다.

11 하천 수질모델 중 WQRRS에 관한 설명으로 가장 거리가 먼 것은?

① 하천 및 호수의 부영양화를 고려한 생태계 모델이다.

② 유속, 수심, 조도계수에 의해 확산계수를 결정한다.

③ 호수에는 수심별 1차원 모델이 적용된다.

④ 정적 및 동적인 하천의 수질, 수문학적 특성이 광범위하게 고려된다.

해설 유속, 수심, 조도계수에 의해 확산계수를 결정하는 것은 QUAL-1 모델이다.

12 하수량에서 첨두율(peaking factor)이라는 것은?

① 하수량의 평균유량에 대한 비

② 하수량의 최소유량에 대한 비

③ 하수량의 최대유량에 대한 비

④ 최대유량의 최소유량에 대한 비

해설 첨두율 $=\dfrac{\text{최대급수량}}{\text{평균급수량}}$

13
미생물 영양원 중 유황(sulfur)에 관한 설명으로 틀린 것은?

① 황 환원세균은 편성 혐기성 세균이다.

② 유황을 함유한 아미노산은 세포 단백질의 필수 구성원이다.

③ 미생물세포에서 탄소 대 유황의 비는 100 : 1 정도이다.

④ 유황 고정, 유황화합물 환원, 산화 순으로 변환된다.

해설 황의 순환
- 황의 광물질화

유기황화합물 $\xrightarrow{\text{미생물의 분해작용}}$ 무기인
- 동화작용

무기황산염 $\xrightarrow{\text{조류 포함 미생물}}$ 유기황화합물
- 산화작용

환원된 황 $\xrightarrow{\text{독립영양성 황 산화 박테리아}}$ 황산염
- 환원반응

황산염 $\xrightarrow{\text{종속영양균에 의한 환원}}$ 황화수소

14
글루코스($C_6H_{12}O_6$) 100mg/L인 용액을 호기성 처리할 때 이론적으로 필요한 질소량(mg/L)은? (단, K_1(상용대수)=0.1/day, BOD_5 : N=100 : 5, BOD_u =ThOD로 가정)

① 약 3.7

② 약 4.2

③ 약 5.3

④ 약 6.9

해설 글루코스의 산화반응을 이용한다.
$$C_6H_{12}O_6 \;+\; 6O_2 \rightarrow 6CO_2 + 6H_2O$$
$$180g \quad : \quad 6\times32g$$
$$100mg/L \quad : \quad x$$
$$\therefore x(=BOD_u)=106.67mg/L$$
ⓐ $BOD_5 = BOD_u \times (1-10^{-kt})$
$$= 106.67(1-10^{-0.1\times5}) = 72.94mg/L$$
ⓑ $\quad BOD_5 \quad : \quad N$
$$100 \quad : \quad 5$$
$$72.94mg/L \quad : \quad x_2$$
$$\therefore x_2(=N) = 3.65mg/L$$

15
건조 고형물량이 3,000kg/day인 생슬러지를 저율혐기성 소화조로 처리한다. 휘발성 고형물은 건조 고형물의 70%이고 휘발성 고형물의 60%는 소화에 의해 분해된다. 소화된 슬러지의 총 고형물은 몇 kg/day인가?

① 1,040kg/day

② 1,740kg/day

③ 2,040kg/day

④ 2,440kg/day

해설 $TS_{소화\ 후}=FS_{소화\ 후}+VS_{소화\ 후}$
$$= 3,000\times0.3 + 3,000\times0.7\times(1-0.6)$$
$$= 1,740kg/day$$

16
오염물질로서의 중금속에 대한 설명으로 옳지 않은 것은?

① 크로뮴은 +3가인 화학종이 +6가인 화학종에 비하여 독성이 강하다.

② 구리는 황산구리의 형태로 부영양화된 호수의 조류 제어에 사용되기도 한다.

③ 납은 과거에 휘발유의 노킹(knocking) 방지제로 사용되었으므로 고속도로변 토양에서 검출되기도 한다.

④ 수은은 상온에서 액체인 물질이다.

해설 크롬은 생체 내에 필수적인 금속으로 결핍 시 인슐린의 저하로 인한 것과 같은 탄수화물의 대사장애를 일으키는 물질로 3가크롬과 6가크롬으로 존재하며, 독성이 강한 6가크롬은 물에 녹으면 중크롬산, 크롬산 등을 생성한다.

17
해수의 특성으로 옳지 않은 것은?

① pH는 일반적으로 약 7.5~8.5 범위이다.

② 염도는 약 3.5‰이다.

③ 용존산소 농도는 수온이 감소하면 증가한다.

④ 밀도는 온도가 상승하면 작아지고, 염도가 증가하면 커진다.

해설 해수의 염의 농도는 35,000ppm(mg/L)=3.5%=35ppt(‰)이다.

18
0.01M-KBr과 0.02M-ZnSO₄ 용액의 이온강도는? (단, 완전해리 기준)

① 0.08

② 0.09

③ 0.12

④ 0.14

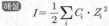

해설
$$I = \frac{1}{2}\sum_i C_i \cdot Z_i^2$$

여기서, C_i : 이온의 몰농도, Z_i : 이온의 전하

$$\therefore \mu = \frac{1}{2}[0.01 \times (+1)^2 + 0.01 \times (-1)^2$$
$$+ 0.02 \times (+2)^2 + 0.02 \times (-2)^2] = 0.09$$

19 어떤 하천수의 분석결과이다. 총경도(mg/L as CaCO₃)는? (단, 원자량 : Ca 40, Mg 24, Na 23, Sr 88)

> [분석결과]
> • Na⁺ : 25mg/L   • Mg⁺² : 11mg/L
> • Ca⁺² : 8mg/L   • Sr⁺² : 2mg/L

① 약 68 　　　　② 약 78
③ 약 88 　　　　④ 약 98

해설
$$TH = \sum M_C^{2+} \times \frac{50}{Eq}$$
$$= 8mg/L \times \frac{50}{40/2} + 11mg/L \times \frac{50}{24/2} + 2mg/L \times \frac{50}{88/2}$$
$$= 68.11mg/L\ as\ CaCO_3$$

20 용존산소 농도가 9.0mg/L인 물 100L가 있다면, 이 물의 용존산소를 완전히 제거하려고 할 때 필요한 이론적 Na₂SO₃의 양(g)은? (단, 원자량 Na : 23)

① 약 6.3g 　　　② 약 7.1g
③ 약 9.2g 　　　④ 약 11.4g

해설
$$Na_2SO_3 + 0.5O_2 \rightarrow Na_2SO_4$$
$$126g \quad : 0.5 \times 32g$$
$$x(mg/L) \quad : 9mg/L$$
$$\therefore x(=Na_2SO_3) = 70.875mg/L \times 100L = 7.085g$$

▶▶ **제2과목 ┃ 상하수도 계획**

21 하수의 배제방식 중 분류식(합류식과 비교)에 대한 설명으로 옳지 않은 것은?

① 우천 시의 월류 : 일정량 이상이 되면 우천 시 오수가 월류한다.

② 처리장으로의 토사 유입 : 토사의 유입이 있지만 합류식 정도는 아니다.

③ 관거오접 : 철저한 감시가 필요하다.

④ 관거 내 퇴적 : 관거 내의 퇴적이 적으며, 수세효과는 기대할 수 없다.

해설 "우천 시의 월류 : 일정량 이상이 되면 우천 시 오수가 월류한다."는 합류식에 대한 설명이다.

22 펌프의 캐비테이션이 발생하는 것을 방지하기 위한 대책으로 볼 수 없는 것은?

① 펌프의 설치위치를 가능한 한 높게 하여 펌프의 필요유효흡입수두를 작게 한다.

② 펌프의 회전속도를 낮게 선정하여 펌프의 필요유효흡입수두를 작게 한다.

③ 흡입관의 손실을 가능한 한 작게 하여 펌프의 가용유효흡입수두를 크게 한다.

④ 흡입측 밸브를 완전히 개방하고 펌프를 운전한다.

해설 Cavitation 방지방법
1. 펌프의 설치위치를 가능한 한 낮추어 흡입양정을 짧게 한다.
2. 펌프의 회전수를 감소시킨다.
3. 성능에 크게 영향을 미치지 않는 범위 내에서 흡입관의 직경을 증가시킨다.
4. 두 대 이상의 펌프를 사용하거나 회전차를 수중에 완전히 잠기게 한다.
5. 양흡입펌프·입축형 펌프·수중펌프의 사용을 검토한다.
6. 펌프의 회전속도를 낮게 하여 펌프의 필요유효흡입수두를 작게 한다.

23 호소, 댐을 수원으로 하는 경우의 취수시설인 취수틀에 관한 설명으로 틀린 것은?

① 하천이나 호소 바닥이 안정되어 있는 곳에 설치한다.

② 선박의 항로에서 벗어나 있어야 한다.

③ 호소의 표면수를 안정적으로 취수할 수 있다.

④ 틀의 본체를 하천이나 호소 바닥에 견고하게 고정시킨다.

해설 취수틀은 호소의 중소량 취수시설로 많이 사용되고 구조가 간단하며 시공도 비교적 용이하나, 수중에 설치되므로 호소의 표면수는 취수할 수 없다.

24 다음 표는 우수량을 산출하기 위해 조사한 지역 분포와 유출계수의 결과이다. 이 지역의 전체 평균유출계수는?

지역	분포	유출계수
상업	20%	0.6
주거	30%	0.4
공원	10%	0.2
공업	40%	0.5

① 0.30
② 0.35
③ 0.42
④ 0.46

해설

$$총괄 유출계수(C) = \frac{\sum_{i=1}^{\infty} 유출계수 \times 공종의 면적}{\sum_{i=1}^{\infty} 공종의 면적}$$

$$= \frac{20 \times 0.6 + 30 \times 0.4 + 10 \times 0.2 + 40 \times 0.5}{100} = 0.46$$

25 상수도시설의 내진설계 방법이 아닌 것은?

① 등가정적해석법
② 동적해석법
③ 다중회귀법
④ 응답변위법

해설 수도시설의 내진설계법으로 진도법(수정진도법을 포함), 응답변위법 및 동적해석법이 있다.

26 상수도에서 적용되는 급속여과지에 관한 설명으로 옳지 않은 것은?

① 1지의 여과면적은 $50m^2$ 이하로 한다.
② 여과속도는 120~150m/day를 표준으로 한다.
③ 여과면적은 계획정수량을 여과속도로 나누어 구한다.
④ 급속여과지는 중력식, 형상은 직사각형을 표준으로 한다.

해설 1지의 여과면적은 $150m^2$ 이하로 한다.

27 다음 중 수원 선정 시 고려해야 할 사항으로 옳지 않은 것은?

① 수량이 풍부해야 한다.
② 수질이 좋아야 한다.
③ 가능한 한 높은 곳에 위치해야 한다.
④ 수돗물 소비지에서 먼 곳에 위치해야 한다.

해설 수원의 구비조건
1. 수량이 풍부해야 한다.
2. 수질이 좋아야 한다.
3. 가능한 한 높은 곳에 위치해야 한다.
4. 수돗물 소비지에서 가까운 곳에 위치해야 한다.

28 하수관로를 매설하기 위해 굴토한 도랑의 폭이 1.8m이다. 매설지점의 표토는 젖은 진흙으로서 흙의 밀도가 $2.0ton/m^3$, 흙의 종류와 관의 깊이에 따라 결정되는 계수 $C_1 = 1.5$였다. 이때 매설관이 받은 하중(t/m)은? (단, Marston 공식에 의해 계산)

① 2.5
② 5.8
③ 7.4
④ 9.7

해설

$$W = C_1 \times \gamma \times B^2$$

$$= 1.5 \left| \frac{2t}{m^3} \right| (1.8m)^2 = 9.72t/m$$

29 취수시설 중 취수탑에 관한 설명으로 틀린 것은?

① 연간을 통해서 최소수심이 2m 이상으로 하천에 설치하는 경우에는 유심이 제방에 되도록 근접한 지점으로 한다.
② 취수탑의 횡단면은 환상으로서 원형 또는 타원형으로 한다.
③ 취수탑의 상단 및 관리단의 하단은 하천, 호소 및 댐의 계획최고수위보다 높게 한다.
④ 취수탑을 하천에 설치하는 경우에는 장축방향을 흐름방향과 직각이 되도록 설치한다.

해설 취수탑을 하천에 설치하는 경우, 계획고수유량에 따라 계획고수수위보다 0.6~2m 정도 높게 하며, 관리교의 구조 또는 제방의 높이에 대한 배려도 필요하다. 또한 호소 및 댐에 설치하는 경우에는 최고수위에 대하여 바람이나 지진에 의한 파랑의 높이를 고려한다.

30 구경 400mm인 직렬펌프의 토출량이 $10m^3/min$, 규정 전양정이 40m, 규정 회전속도가 4,200rpm일 때 비회전속도(N_s)는?

① 609
② 756
③ 835
④ 957

해설

$$N_s = N \times \frac{Q^{1/2}}{H^{3/4}} = 4,200 \times \frac{10^{1/2}}{40^{3/4}} = 835.03 회/분$$

31 펌프의 비교회전도에 관한 설명으로 옳은 것은?

① 비교회전도가 크게 될수록 흡입성능이 나쁘고 공동현상이 발생하기 쉽다.

② 비교회전도가 크게 될수록 흡입성능은 나쁘나 공동현상이 발생하기 어렵다.

③ 비교회전도가 크게 될수록 흡입성능이 좋고 공동현상이 발생하기 어렵다.

④ 비교회전도가 크게 될수록 흡입성능이 좋으나 공동현상이 발생하기 쉽다.

해설 비교회전도(N_s)가 클수록 흡입성능이 나쁘고 공동현상이 발생하기 쉽다.

32 관로의 접합과 관련된 고려사항으로 틀린 것은?

① 접합의 종류에는 관정접합, 관중심접합, 수면접합, 관저접합 등이 있다.

② 관로의 관경이 변화하는 경우의 접합방법은 원칙적으로 수면접합 또는 관정접합으로 한다.

③ 2개의 관로가 합류하는 경우 중심교각은 되도록 60° 이상으로 한다.

④ 지표의 경사가 급한 경우에는 관경 변화에 대한 유무와 관계없이 원칙적으로 단차접합 또는 계단접합을 한다.

해설 하수관거 접합 시 2개의 관거가 합류하는 경우, 중심교각은 되도록 60° 이하로 하고 곡선을 갖고 합류하는 경우의 곡률반경은 내경의 5배 이상으로 한다.

33 직경 200cm인 원형관로에 물이 1/2 차서 흐를 경우, 이 관로의 경심은?

① 15cm   ② 25cm

③ 50cm   ④ 100cm

해설
$$경심(R) = \frac{유수단면적(A)}{윤변(S)}$$
$$= \frac{\frac{\pi D^2}{4} \times \frac{1}{2}}{\pi D \times \frac{1}{2}} = \frac{D}{4} = \frac{200cm}{4} = 50cm$$

34 도수거에 대한 설명으로 맞는 것은?

① 도수거의 개수로 경사는 일반적으로 1/100~1/300의 범위에서 선정된다.

② 개거나 암거인 경우에는 대개 30~50m 간격으로 시공조인트를 겸한 신축조인트를 설치한다.

③ 도수거에서 평균유속의 최대한도는 2.0m/s로 한다.

④ 도수거에서 최소유속은 0.5m/s로 한다.

해설 도수거의 구조와 형식

1. 개거와 암거는 구조상 안전하고 충분한 수밀성과 내구성을 가지고 있어야 한다.

2. 도수거는 한랭지에서 뿐만 아니라 기타 장소에서도 될 수 있으면 암거로 설치한다. 부득이 개거로 할 경우에는 수질오염을 방지하고 위험을 방지하기 위한 조치를 강구해야 한다.

3. 개거나 암거인 경우에는 대개 30~50m 간격으로 시공조인트를 겸한 신축조인트를 설치한다.

4. 지층의 변화점, 수로교, 둑, 통문 등의 전후에는 플렉시블한 신축조인트를 설치한다.

5. 암거에는 환기구를 설치한다.

35 오수배제계획 시 계획오수량, 오수관거계획에 관하여 고려할 사항으로 틀린 것은?

① 오수관거는 계획1일 최대오수량을 기준으로 계획한다.

② 합류식에서 하수의 차집관거는 우천 시 계획오수량을 기준으로 계획한다.

③ 관거는 원칙적으로 암거로 하며 수밀한 구조로 하여야 한다.

④ 오수관거와 우수관거가 교차하여 역사이펀을 피할 수 없는 경우에는 오수관거를 역사이펀으로 하는 것이 바람직하다.

해설 오수관거는 계획시간 최대오수량을 기준으로 계획한다.

36 하수 고도처리를 위한 급속여과법에 관한 설명과 가장 거리가 먼 것은?

① 여층의 운동방식에 의해 고정상형 및 이동상형으로 나눌 수 있다.

② 여층의 구성은 유입수와 여과수질의 수질, 역세척 주기 및 여과면적을 고려하여 정한다.

③ 여과속도는 유입수와 여과수의 수질, SS의 포획능력 및 여과지속시간을 고려하여 정한다.

④ 여재는 종류, 공극률, 비표면적, 균등계수 등을 고려하여 정한다.

해설 여재 및 여층의 구성은 SS 제거율, 유지관리의 편의성 및 경제성을 고려하여 정한다.

37 캐비테이션(공동현상)의 방지대책에 관한 설명으로 틀린 것은?

① 펌프의 설치위치를 가능한 한 낮추어 가용유효흡입수두를 크게 한다.
② 흡입관의 손실을 가능한 한 작게하여 가용유효흡입수두를 크게 한다.
③ 펌프의 회전속도를 낮게 선정하여 필요유효흡입수두를 크게 한다.
④ 흡입측 밸브를 완전히 개방하고 펌프를 운전한다.

해설 공동현상을 방지하려면 펌프의 회전수를 감소시켜야 한다.

38 배수시설인 배수관의 최소동수압 및 최대정수압 기준으로 옳은 것은? (단, 급수관을 분기하는 지점에서 배수관 내 수압 기준)

① 최소동수압 100kPa 이상을 확보함, 최대정수압 500kPa을 초과하지 않아야 함
② 최소동수압 100kPa 이상을 확보함, 최대정수압 600kPa을 초과하지 않아야 함
③ 최소동수압 150kPa 이상을 확보함, 최대정수압 700kPa을 초과하지 않아야 함
④ 최소동수압 150kPa 이상을 확보함, 최대정수압 800kPa을 초과하지 않아야 함

해설 최소동수압은 150kPa 이상을 확보하고, 최대정수압은 700kPa을 초과하지 않아야 한다.

39 펌프의 토출량이 0.1m³/sec, 토출구의 유속이 2m/sec라 할 때 펌프의 구경은?

① 약 255mm ② 약 365mm
③ 약 475mm ④ 약 545mm

해설 유량계산식을 이용한다.
$$Q = A \times V$$
$$A = \frac{Q}{V} = \frac{0.1\text{m}^3}{\text{sec}} \left| \frac{\text{sec}}{2\text{m}} \right| = 0.05\text{m}^2$$
$$A = \frac{\pi D^2}{4} = 0.05\text{m}^2$$
$$\therefore D = 0.2523\text{m} = 252.2\text{mm}$$

40 상수시설인 침사지의 구조에 관한 설명으로 틀린 것은?

① 표면부하율은 500~800mm/min을 표준으로 한다.
② 지 내 평균유속은 2~7cm/sec를 표준으로 한다.
③ 지의 길이는 폭의 3~8배를 표준으로 한다.
④ 지의 상단높이는 고수위보다 0.6~1m의 여유고를 둔다.

해설 침사지의 표면부하율은 200~500mm/min을 표준으로 한다.

▶▶ 제3과목 ▮ 수질오염방지기술

41 염소 소독법에 대한 설명으로 옳지 않은 것은?

① 염소 소독은 THM(trihalomethane)과 같은 발암성 물질을 생성시킬 수 있다.
② 하수처리 시 수중에서 염소는 암모니아와 반응하여 모노클로로아민(NH_2Cl)과 다이클로로아민($NHCl_2$) 등과 같은 결합잔류염소를 형성한다.
③ 유리잔류염소인 $HOCl$과 OCl^-의 비율 $\left(\dfrac{HOCl}{OCl^-} \right)$은 pH가 높아지면 커진다.
④ 정수장에서 암모니아를 포함한 물을 염소 소독할 때 유리잔류염소를 적정한 농도로 유지하기 위해서는 불연속점(breakpoint)보다 더 많은 염소를 주입하여야 한다.

해설 $HOCl$은 낮은 pH에서, OCl^-는 높은 pH에서 많이 생성되기 때문에 $\left(\dfrac{HOCl}{OCl^-} \right)$은 pH가 높아질수록 작아진다.

42 활성슬러지 공정에서 발생할 수 있는 운전상의 문제점과 그 원인으로 옳지 않은 것은?

① 슬러지 부상 – 탈질화로 생성된 가스의 슬러지 부착
② 슬러지 팽윤(팽화) – 포기조 내의 낮은 DO
③ 슬러지 팽윤(팽화) – 유기물의 과도한 부하
④ 포기조 내 갈색거품 – 높은 F/M(먹이/미생물)비

해설 포기조 표면에 황갈색 내지는 흑갈색 거품이 나타나는 경우로 긴 SRT가 원인이다. 즉, 세포가 과도하게 산화되었음을 의미하고 SRT를 감소시켜 해소한다.

43 물속의 휘발성유기화합물(VOC)을 에어스트리핑으로 제거할 때, 제거 효율관계를 설명한 것으로 옳지 않은 것은?

① 액체 중의 VOC 농도가 높을수록 효율이 증가한다.
② 오염되지 않은 공기를 주입할 때 제거효율은 증가한다.
③ KLa가 감소하면 효율이 증가한다.
④ 온도가 상승하면 효율이 증가한다.

해설 물속의 휘발성유기화합물(VOC)을 Air-stripping법으로 제거하는 방법은 단지 액상의 오염물질을 기상으로 방출시키는 것으로 KLa가 감소하면 효율이 감소된다.

44 폐수를 활성슬러지법으로 처리하기 위한 실험에서 BOD를 90% 제거하는 데 6시간의 Aeration이 필요하였다. 동일한 조건으로 BOD를 95% 제거하는 데 요구되는 포기시간(hr)은? (단, BOD 제거반응은 1차 반응(base 10)에 따른다.)

① 7.31   ② 7.81
③ 8.31   ④ 8.81

해설 1차 반응식을 이용한다.

$$\ln \frac{C_t}{C_o} = -K \cdot t$$

ⓐ $\ln \frac{0.1}{1} = -K \cdot 6\text{hr}$

$\therefore K = 0.3838\text{hr}^{-1}$

ⓑ $\ln \frac{0.05}{1} = -0.3838 \cdot t\,(\text{hr})$

$\therefore t = 7.81\text{hr}$

45 역삼투장치로 하루에 200,000L의 3차 처리된 유출수를 탈염시키고자 한다. 25℃에서 물질전달계수는 0.2068L/(day-m²)(kPa), 유입수와 유출수 사이의 압력차는 2,400kPa, 유입수와 유출수 사이의 삼투압차는 310kPa, 최저운전온도는 10℃, $A_{10℃} = 1.58 A_{25℃}$ 라면 요구되는 막 면적은?

① 약 730m²   ② 약 830m²
③ 약 930m²   ④ 약 1,030m²

해설 $Q_r = K(\Delta P - \Delta \pi)$

여기서, K : 막의 물질전달계수(L/(day-m²)(kPa))
ΔP : 유입수와 유출수 사이의 압력차(kPa)
$\Delta \pi$: 유입수와 유출수의 삼투압차(kPa)

$$\frac{200,000\text{L}}{\text{day}} \bigg| \frac{}{A(\text{m}^2)}$$

$$= \frac{0.2068\text{L}}{\text{m}^2 \cdot \text{day} \cdot \text{kPa}} \bigg| \frac{(2,400-310)\text{kPa}}{}$$

$A_{25℃} = 462.736\text{m}^2$

최저운전온도(10℃) 상태로 막의 소요면적을 온도보정하면

$\therefore A_{10℃} = 1.58 \times A_{25℃} = 1.58 \times 462.736 = 731.12\text{m}^2$

46 염소(Cl_2)로서의 결합잔류량 1.0mg/L를 달성하기 위해 유량 22,000m³/day인 물(염소 농도, 암모니아 농도는 무시함)에 가해 주어야 할 염소(Cl_2)와 무수 암모니아(NH_3) 양(kg/day)은? (단, 두 물질에 대하여 어떠한 부반응은 없다고 가정하며, 염소 분자량은 35.45이다.)

① 24.0kg/day, 7.21kg/day
② 24.0kg/day, 6.68kg/day
③ 22.0kg/day, 4.42kg/day
④ 22.0kg/day, 5.28kg/day

해설 ⓐ 염소 주입량(kg/day)

$$= \frac{1.0\text{mg}}{\text{L}} \bigg| \frac{22,000\text{m}^3}{\text{day}} \bigg| \frac{1,000\text{L}}{1\text{m}^3} \bigg| \frac{1\text{kg}}{10^6\text{mg}}$$

$$= 22.0\text{kg/day}$$

ⓑ Cl_2 ≡ NH_3
   71mg   :   17mg
   22kg/day   : x(kg/day)

$\therefore x(NH_3) = 5.28\text{kg/day}$

47 핀 플록(pin floc)이나 플록 파괴(deflocculation)가 발생하는 원인이 아닌 것은?

① 독성(toxic)물질 유입
② 혐기성(anaerobic) 상태
③ 유황(sulfide)
④ 장기폭기(extended aeration)

48 흡착등온 관련 식과 가장 거리가 먼 것은?

① Langmuir
② Michaelius-Menton
③ BET
④ Freundlich

해설 흡착 관련 주요 등온흡착식은 Langmuir 식, Freundlich 식, BET 식 등이 있다.

49 물리적 질소 제거공정인 암모니아 공기탈기법에 대한 설명이 아닌 것은?

① 온도에 민감하다.
② 암모니아성질소만 제거가 가능하다.
③ 운전 시 소음 및 심미적(악취) 문제가 발생할 수 있다.
④ 동력 소모량이 많지 않다.

해설 암모니아 공기탈기법의 특징
1. 가장 경제적인 질소 제거방법으로 알려지고 있다.
2. 동절기에는 적용하기 곤란하다(수온이 저하되면 NH_3의 용해도가 높아져 제거효율이 현저히 저하됨).
3. 암모니아성질소만 처리가 가능하다.
4. 공기탈기(air stripping)에 따른 동력소모량이 많다 (물 : 공기 비=1 : 3,000~5,000).
5. 소음이 심하고, 암모니아 유출에 따른 주변의 악취문제가 유발될 수 있다.
6. 탈기된 유출수는 pH가 높기 때문에 CO_2 흡기법 등으로 pH를 다시 낮추어야 한다.
7. 잉여 칼슘이온은 CO_2와 반응하여 탄산칼슘을 형성하므로 스케일 발생의 원인이 된다.

50 활성슬러지 혼합액 1L를 취하여 30분간 정치한 후의 슬러지 부피가 300mL였다. MLSS 농도가 2,000mg/L인 SVI는?

① 200
② 90
③ 120
④ 150

해설 SVI 계산식을 이용한다.
$$SVI = \frac{SV(mL/L)}{MLSS(mg/L)} \times 10^3 = \frac{300}{2,000} \times 10^3 = 150$$

51 폐수의 암모니아성질소가 10mg/L, 유기탄소는 없다. 처리장의 유량이 1,000m³/day라면 미생물에 의한 암모니아의 완전한 동화작용에 하루 동안 소요되는 메탄올의 양(kg/day)은?

$$20CH_3OH + 15O_2 + 3NH_3$$
$$\rightarrow 3C_5H_7NO_2 + 5CO_2 + 34H_2O$$

① 125.5
② 152.4
③ 252.4
④ 352.4

해설 $20CH_3OH \equiv 3NH_3 - N$
$20 \times 32kg : 3 \times 14kg$
$\quad\quad x : 10kg/day$
$$x(CH_3OH) = \frac{20 \times 32kg \times 10kg/day}{3 \times 14kg}$$
$$= 152.38kg/day$$
처리수에 포함된 암모니아성질소의 질량
$$= \frac{10mg}{L} \left| \frac{1,000m^3}{day} \right| \frac{10^3L}{1m^3} \left| \frac{1kg}{10^6mg} \right.$$
$$= 10kg/day$$

52 폐수처리시설에서 직경 1×10^{-2}cm, 비중 2.0인 입자를 중력침강시켜 제거하고 있다. 폐수 비중이 1.0, 폐수의 점성계수가 1.31×10^{-2}g/cm · sec라면 입자의 침강속도(m/hr)는? (단, 입자의 침강속도는 Stokes 식에 따른다.)

① 25.56
② 31.32
③ 24.44
④ 14.96

해설 $$V_g = \frac{d_p^2(\rho_p - \rho)g}{18\mu}$$
$$\therefore V_g = \frac{(1 \times 10^{-4})^2 m^2}{1} \left| \frac{(2,000-1,000)kg}{m^3} \right.$$
$$\left| \frac{9.8m}{sec} \right| \frac{1}{18} \left| \frac{m \cdot sec}{1.31 \times 10^{-3}kg} \right| \frac{3,600sec}{1hr}$$
$$= 14.96m/hr$$

53 2차 처리 유출수에 포함된 25mg/L의 유기물을 분말활성탄 흡착법으로 3차 처리하여 2mg/L될 때까지 제거하고자 할 때 폐수 3m³당 몇 g의 활성탄이 필요한가? (단, 오염물질의 흡착량과 흡착제거량과의 관계는 Freundlich 등온식에 따르며, $k=0.5$, $n=1$이다.)

① 69g
② 76g
③ 84g
④ 91g

해설 Freundlich 등온흡착식을 이용한다.
$$\frac{X}{M} = K \cdot C^{\frac{1}{n}}$$
$$\frac{(25-2)}{M} = 0.5 \times 2^{\frac{1}{1}}$$
$$M = 23mg/L$$
$$\therefore M = \frac{23mg}{L} \left| \frac{g}{10^3mg} \right| \frac{3 \times 10^3L}{1 \times m^3} = 69g/3m^3$$

49.④ 50.④ 51.② 52.④ 53.①

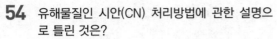
54 유해물질인 시안(CN) 처리방법에 관한 설명으로 틀린 것은?

① 오존산화법 : 오존은 알칼리성 영역에서 시안화합물을 N_2로 분해시켜 무해화한다.

② 전해법 : 유가(有價)금속류를 회수할 수 있는 장점이 있다.

③ 충격법 : 시안을 pH 3 이하의 강산성 영역에서 강하게 폭기하여 산화하는 방법이다.

④ 감청법 : 알칼리성 영역에서 과잉의 황산알루미늄을 가하여 공침시켜 제거하는 방법이다.

해설 감청법(청침법)은 산성 영역에서 제거하는 방법이다.

55 막공법에 관한 설명으로 가장 거리가 먼 것은?

① 투석은 선택적 투과막을 통해 용액 중에 다른 이온 혹은 분자의 크기가 다른 용질을 분리시키는 것이다.

② 투석에 대한 추진력은 막을 기준으로 한 용질의 농도차이다.

③ 한외여과 및 미여과의 분리는 주로 여과작용에 의한 것으로 역삼투현상에 의한 것이 아니다.

④ 역삼투는 반투막으로 용매를 통과시키기 위해 동수수압을 이용한다.

해설 역삼투법은 반투과성 멤브레인막과 정수압을 이용하여 염용액으로부터 물과 같은 용매를 분리하는 방법으로 추진력은 정압차이다.

56 다음 그림은 하수 내 질소, 인을 효과적으로 제거하기 위한 어떤 공법을 나타낸 것인가?

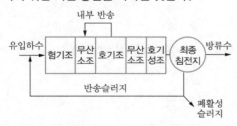

① VIP process

② A^2/O process

③ 수정-Bardenpho process

④ Phostrip process

57 활성슬러지 공정에서 폭기조 유입 BOD가 180mg/L, SS가 180mg/L, BOD-슬러지 부하가 0.6kg BOD/kg MLSS·day일 때, MLSS 농도(mg/L)는? (단, 폭기조 수리학적 체류시간=6시간)

① 1,100

② 1,200

③ 1,300

④ 1,400

해설
$$F/M = \frac{BOD_i \cdot Q_i}{\forall \cdot X}$$

$$\frac{0.6}{day} = \frac{180mg}{L} \left| \frac{24hr}{6hr} \right| \frac{L}{1day} \left| \frac{L}{MLSS\ mg} \right.$$

$$\therefore X(=MLSS) = 1,200mg/L$$

58 침전지에서 입자의 침강속도가 증대되는 원인이 아닌 것은?

① 입자 비중의 증가

② 액체 점성계수의 증가

③ 수온의 증가

④ 입자 직경의 증가

해설 액체의 점성계수는 감소할 때 침강속도는 증가한다.

59 함수율 96%인 생분뇨가 분뇨처리장에 150m³/day의 율로 투입되고 있다. 이 분뇨에는 휘발성 고형물(VS)이 총 고형물(TS)의 50%이고, VS의 60%가 소화가스로 발생되었다. VS 1kg당 0.5m³의 소화가스가 발생되었다면, 분뇨의 소화가스 총 발생량(m³/day)은? (단, 분뇨의 비중은 1로 한다.)

① 700m³/day

② 900m³/day

③ 1,100m³/day

④ 1,300m³/day

해설
$$소화\ gas = \frac{150m^3 \cdot SL}{day} \left| \frac{(100-96) \cdot TS}{100 \cdot SL} \right| \frac{50 \cdot VS}{100 \cdot TS}$$

$$\left| \frac{60 \cdot gas}{100 \cdot VS} \right| \frac{1,000kg}{m^3} \left| \frac{0.5m^3}{1kg} \right.$$

$$= 900m^3/day$$

60 NaOH를 1% 함유하고 있는 60m³의 폐수를 HCl 36% 수용액으로 중화하려 할 때 소요되는 HCl 수용액의 양(kg)은?

① 1102.46

② 1303.57

③ 1520.83

④ 1601.57

해설 $NV = N'V'$

$$\frac{1g}{100mL} \left| \frac{60m^3}{} \right| \frac{1eq}{40g} \left| \frac{10^6 mL}{m^3} \right.$$

$$= \frac{36}{100} \left| \frac{1eq}{36.5g} \right| \frac{X(g)}{} \left| \frac{1kg}{10^3 g} \right.$$

$$\therefore X = 1520.83kg$$

▶ 제4과목 l 수질오염공정시험기준

61 암모니아성질소의 분석방법과 가장 거리가 먼 것은? (단, 수질오염공정시험기준 기준)

① 자외선/가시선분광법
② 연속흐름법
③ 이온전극법
④ 적정법

해설 암모니아성질소의 분석방법에는 자외선/가시선분광법, 이온전극법, 적정법이 있다.

62 다음 내용은 음이온류 이온전극법의 비교전극에 관한 설명이다. ( ) 안에 알맞은 것은?

> 이온전극과 조합하여 이온농도에 대응하는 전위차를 나타낼 수 있는 것으로 표준전위가 안정된 전극이 필요하다. 일반적으로 내부전극으로 염화제일수은 전극(칼로멜 전극) 또는 ( )이 많이 사용된다.

① 은-염화은 전극
② 은-염화수은 전극
③ 염화제이수은 전극
④ 격막형 전극

해설 이온전극과 조합하여 이온농도에 대응하는 전위차를 나타낼 수 있는 것으로 표준전위가 안정된 전극이 필요하다. 일반적으로 내부전극으로 염화제일수은 전극(칼로멜 전극) 또는 은-염화은 전극이 많이 사용된다.

63 노멀 헥산 추출물질을 측정할 때 시험과정 중 지시약으로 사용되는 것은?

① 메틸레드
② 메틸오렌지
③ 메틸렌블루
④ 페놀프탈레인

해설 시료 적당량(노멀 헥산 추출물질로서 5~200mg 해당량)을 분별깔때기에 넣고 메틸오렌지 용액(0.1%) 2~3방울을 넣고 황색이 적색으로 변할 때까지 염산(1+1)을 넣어 시료의 pH를 4 이하로 조절한다.

64 수질오염공정시험기준의 관련 용어 정의가 잘못된 것은?

① "감압 또는 진공"이라 함은 따로 규정이 없는 한 15mmH₂O 이하를 뜻한다.
② "냄새가 없다"라고 기재한 것은 냄새가 없거나, 또는 거의 없는 것을 표시하는 것이다.
③ "약"이라 함은 기재된 양에 대하여 ±10% 이상의 차가 있어서는 안 된다.
④ 시험조작 중 "즉시"란 30초 이내에 표시된 조작을 하는 것을 뜻한다.

해설 "감압 또는 진공"이라 함은 따로 규정이 없는 한 15mmHg 이하를 뜻한다.

65 측정항목과 기체 크로마토그래피의 검출기(detector)가 잘못 연결된 것은?

① 인화합물 – FPD
② 황화합물 – FPD
③ 유기염소화합물 – ECD
④ 유기금속화합물 – ECD

해설 유기염소화합물을 불꽃열이온화검출기(FTD)로 분석한다.

66 기체 크로마토그래피법의 전자포획검출기에 관한 설명으로 ( ) 안에 알맞은 것은?

> 방사선 동위원소로부터 방출되는 ( )이 운반기체를 전리하여 미소전류를 흘려보낼 때 시료 중의 할로겐이나 산소와 같이 전자포획력이 강한 화합물에 의하여 전자가 포획되어 전류가 감소하는 것을 이용하는 방법이다.

① α(알파)선
② β(베타)선
③ γ(감마)선
④ 중성자선

해설 전자포획검출기(ECD, electron capture detector)는 방사선 동위원소(63Ni, 3H 등)로부터 방출되는 β선이 운반기체를 전리하여 미소전류를 흘려보낼 때 시료 중의 할로겐이나 산소와 같이 전자포획력이 강한 화합물에 의하여 전자가 포착되어 전류가 감소하는 것을 이용하여 검출하는 검출기로 유기할로겐화합물, 니트로화합물 및 유기금속화합물을 선택적으로 검출할 수 있다.

67 BOD 측정에 사용되는 희석수의 구비조건으로 틀린 것은?

① (15 ± 1)℃에서 용존산소는 4.84mg/L일 것
② (20 ± 1)℃, 5일간 용존산소 감소가 0.2mg/L 이하일 것
③ 희석수는 용존산소가 포화될수록 충분한 기간을 두거나 흔들어서 포화시켜둘 것
④ pH는 7.2로 조절할 것

해설 희석수의 구비조건
1. (20 ± 1)℃에서 용존산소가 포화될 것(포화될 때 DO는 8.84mg/L)
2. pH는 7.2로 조절할 것
3. 희석수는 용존산소가 포화될수록 충분한 기간을 두거나 흔들어서 포화시켜 둘 것
4. (20 ± 1)℃, 5일간 용존산소 감소가 0.2mg/L 이하일 것
5. 호기성 미생물 증식에 필요한 영양소(Ca, Mg, Fe, P, N 등)를 함유할 것
6. 생물증식에 저해하는 잔류염소, 중금속 등을 제거할 것

68 시료 채취 시 유의사항으로 옳지 않은 것은?

① 유류 또는 부유물질 등이 함유된 시료는 시료의 균일성이 유지될 수 있도록 채취해야 하며, 침전물 등이 부상하여 혼입되어서는 안된다.
② 퍼클로레이트를 측정하기 위한 시료를 채취할 때 시료의 공기접촉이 없도록 시료병에 가득 채운다.
③ 시료 채취량은 시험항목 및 시험횟수에 따라 차이가 있으니 보통 3~5L 정도여야 한다.
④ 휘발성유기화합물 분석용 시료를 채취할 때에는 뚜껑의 격막을 만지지 않도록 주의해야 한다.

해설 퍼클로레이트를 측정하기 위한 시료 채취 시 시료용기를 질산 및 정제수로 씻은 후 사용하며, 시료 채취 시 시료병의 2/3를 채운다.

69 0.1mgN/mL 농도의 NH_3-N 표준원액을 1L 조제하고자 할 때, 요구되는 NH_4Cl의 양은? (단, NH_4Cl의 MW=53.5)

① 227mg/L
② 382mg/L
③ 476mg/L
④ 591mg/L

해설
$$NH_4Cl = \frac{0.1mg \cdot N}{mL} \left| \frac{10^3 mL}{1L} \right| \frac{53.5g \cdot NH_4Cl}{14g \cdot N}$$
$$= 382.14mg/L$$

70 하천의 BOD를 측정하기 위해 검수에 희석수를 가해 40배로 희석한 것을 BOD병에 채우고 20℃에서 5일간 부란시키기 전 희석 검수의 DO는 8.5mg/L, 5일간 부란 후 적정에 사용된 0.025N$-Na_2S_2O_3$ 용액이 1.5mL, BOD병 내용적이 303mL, 적정에 사용된 검수량이 100mL, 0.025N$-Na_2S_2O_3$의 역가는 1이다. 이 하천수의 BOD(mg/L)는? (단, DO 측정을 위해 투입된 $MnSO_4$와 알칼리성 요오드화칼륨 아지드화나트륨 용액의 양은 각각 1mL로 한다.)

① 약 190
② 약 220
③ 약 250
④ 약 280

해설
$$DO = a \times f \times \frac{V_1}{V_2} \times \frac{1,000}{V_1 - R} \times 0.2$$
$$= 1.5 \times 1 \times \frac{303}{100} \times \frac{1,000}{303-2} \times 0.2$$
$$= 3.02mg/L$$
$$\therefore \ BOD = (D_1 - D_2) \times P$$
$$= (8.5 - 3.02) \times 40$$
$$= 219.2mg/L$$

71 노멀 헥산 추출물질 시험법에 관한 설명으로 옳지 않은 것은?

① 광유류의 양을 시험하고자 할 경우, 활성규산마그네슘칼럼을 이용하여 동·식물유지류를 흡착, 제거한다.
② 시료를 pH 4 이하의 산성으로 하여 노멀 헥산으로 추출한다.
③ 최종무게 측정을 방해할 가능성이 있는 입자가 존재할 경우 0.45μm 여과지로 여과한다.
④ 정량한계는 $0.5\sim5.0$mg/L 범위이다.

해설 정량한계는 0.5mg/L이다.

72 유기물 함량이 낮은 깨끗한 하천수나 호소수 등의 시료 전처리 방법으로 이용되는 것은?

① 질산에 의한 분해
② 염산에 의한 분해
③ 황산에 의한 분해
④ 아세트산에 의한 분해

해설 전처리 방법 중 질산법은 유기물 함량이 비교적 높지 않은 시료의 전처리에 사용한다.

73 하천의 수심이 0.5m일 때 유속을 측정하기 위해 각 수심의 유속을 측정한 결과, 수심 20% 지점 1.7m/sec, 수심 40% 지점 1.5m/sec, 60% 지점 1.3m/sec, 80% 지점 1.0m/sec였다. 평균유속(m/sec, 소구간 단면 기준)은?

① 1.15
② 1.25
③ 1.35
④ 1.45

해설 수심이 0.4m 이상일 때 평균유속
$$V_m = \frac{V_{0.2} + V_{0.8}}{2} = \frac{1.7 + 1.0}{2} = 1.35\text{m/sec}$$

74 개수로 유량 측정에 관한 설명으로 틀린 것은? (단, 수로의 구성, 재질, 단면의 형상, 기울기 등이 일정하지 않은 개수로의 경우)

① 수로는 가능한 한 직선적이며 수면이 물결치지 않는 곳을 고른다.
② 10m를 측정구간으로 하여 2m마다 유수의 횡단면적을 측정하고, 산출평균값을 구하여 유수의 평균단면적으로 한다.
③ 유속의 측정은 부표를 사용하여 100m 구간을 흐르는 데 걸리는 시간을 스톱워치로 재며 이때 실측 유속을 표면 최대유속으로 한다.
④ 총 평균유속(m/s)은 [0.75×표면 최대유속(m/s)] 식으로 계산된다.

해설 유속의 측정은 부표를 사용하여 10m 구간을 흐르는 데 걸리는 시간을 스톱워치로 재며 이때 실측 유속을 표면 최대유속으로 한다.

75 측정항목별 시료 보전방법과 최대보존기간을 옳게 짝지은 것은?

① 부유물질 : 4℃ 보관, 28일
② 전기전도도 : 4℃ 보관, 즉시
③ 음이온계면활성제 : 4℃ 보관, 48시간
④ 질산성질소 : 4℃ 보관, 6시간

해설 측정항목별 시료 보전방법과 최대보존기간
① 부유물질 : 4℃ 보관, 7일
② 전기전도도 : 4℃ 보관, 24시간
④ 질산성질소 : 4℃ 보관, 48시간

76 시료 채취 시 유의사항 중 옳은 것은?

① 지하수의 심층부의 경우 고속정량펌프를 사용하여야 한다.
② 냄새 측정을 위한 시료 채취 시 유리기구류는 사용 직전에 새로 세척하여 사용한다.
③ 퍼클로레이트를 측정하기 위한 경우는 시료병에 시료를 가득 채워야 한다.
④ 1,4-다이옥신, 염화비닐, 아크릴로나이트릴 등을 측정하기 위한 경우는 시료용기를 스테인리스강 재질의 채취기를 사용하여야 한다.

해설 ① 지하수의 심층부의 경우 저속정량펌프를 사용하여야 한다.
③ 퍼클로레이트를 측정하기 위한 시료 채취 시 시료용기를 질산 및 정제수로 씻은 후 사용하며, 시료 채취 시 시료병의 2/3를 채운다.
④ 1,4-다이옥신, 염화비닐, 아크릴로나이트릴, 브로모폼을 측정하기 위한 시료용기는 갈색유리병을 사용한다.

77 불소화합물 측정에 적용 가능한 시험방법과 가장 거리가 먼 것은? (단, 수질오염공정시험기준 기준)

① 이온 크로마토그래피
② 자외선/가시선분광법
③ 이온전극법
④ 원자흡수분광광도법

해설 불소화합물의 분석방법에는 자외선/가시선분광법, 이온전극법, 이온 크로마토그래피가 있다.

78 시안을 자외선/가시선분광법으로 분석할 때 아세트산아연 용액을 넣어 제거하는 시료 내 물질은?

① 황화합물
② 철, 망간
③ 잔류염소
④ 질소화합물

해설 황화합물이 함유된 시료는 아세트산아연 용액(10%) 2mL를 넣어 제거한다. 이 용액 1mL는 황화물이온 약 14mg에 대응한다.

79 자외선/가시선분광법을 적용한 불소 측정에 관한 설명으로 틀린 것은?

① 란탄 알리자린 컴플렉션의 착화합물의 흡광도를 620nm에서 측정한다.
② 정량한계는 0.03mg/L이다.
③ 알루미늄 및 철의 방해가 크나 증류하면 영향이 없다.
④ 전처리법으로 직접증류법과 수증기증류법이 있다.

해설 자외선/가시선분광법을 적용한 불소 측정의 정량한계는 0.15mg/L이다.

80 식물성 플랑크톤을 현미경계수법으로 측정할 때 분석 기기 및 기구에 관한 내용으로 틀린 것은?

① 광학현미경 혹은 위상차현미경 : 1,000배율까지 확대 가능한 현미경을 사용한다.
② 대물마이크로미터 : 눈금이 새겨져 있는 평평한 판으로, 현미경으로 물체의 길이를 측정하고자 할 때 쓰는 도구로 접안마이크로미터 한 눈금의 길이를 계산하는 데 사용한다.
③ 혈구계수기 : 슬라이드글라스의 중앙에 격자모양의 계수구역이 상하 2개로 구분되어 있으며, 계수구역에는 격자모양으로 구분이 되어 있어 각 격자구역 내의 침전된 조류를 계수한 후 mL당 총 세포수를 환산한다.
④ 접안마이크로미터 : 평평한 유리에 새겨진 눈금으로 접안렌즈에 부착하여 대물마이크로미터 길이 환산에 적용한다.

해설 접안마이크로미터 : 둥근 유리에 새겨진 눈금으로 접안렌즈에 부착하여 사용하며, 현미경으로 물체의 길이를 측정할 때 사용한다.

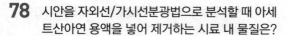

제5과목 ┃ 수질환경관계법규

81 1일 폐수 배출량 2천세제곱미터 미만인 "나" 지역에 위치한 폐수 배출시설의 총유기탄소량 (mg/L) 배출허용기준으로 옳은 것은?

① 40 이하
② 75 이하
③ 90 이하
④ 130 이하

해설 항목별 배출허용기준

지역 구분	항목	청정지역	"가"지역	"나"지역	특례지역
1일 폐수 배출량 2,000m³ 이상	생물화학적 산소요구량 (mg/L)	30 이하	60 이하	80 이하	30 이하
	총유기탄소량 (mg/L)	25 이하	40 이하	50 이하	25 이하
	부유물질량 (mg/L)	30 이하	60 이하	80 이하	30 이하
1일 폐수 배출량 2,000m³ 이상	생물화학적 산소요구량 (mg/L)	40 이하	80 이하	120 이하	30 이하
	총유기탄소량 (mg/L)	30 이하	90 이하	75 이하	25 이하
	부유물질량 (mg/L)	40 이하	80 이하	120 이하	30 이하

82 시 · 도지사가 환경부 장관이 지정 · 고시하는 호소 외의 호소에 대하여 호소수의 수질 및 수생태계 등을 조사 · 측정하여야 하는 호소의 기준은?

① 평수위의 면적이 20만m² 이상인 호소
② 갈수위의 면적이 30만m² 이상인 호소
③ 홍수위의 면적이 50만m² 이상인 호소
④ 만수위의 면적이 80만m² 이상인 호소

해설 시 · 도지사는 환경부 장관이 지정 · 고시하는 호소 외의 호소로서 만수위(滿水位)일 때의 면적이 50만제곱미터 이상인 호소의 수질 및 수생태계 등을 정기적으로 조사 · 측정하여야 한다.

83 사업자가 환경기술인을 바꾸어 임명하는 경우는 그 사유가 발생한 날부터 며칠 이내에 신고하여야 하는가?

① 3일   ② 5일
③ 7일   ④ 10일

> **해설** 환경기술인의 임명
> 1. 최초로 배출시설을 설치한 경우 : 가동시작 신고와 동시
> 2. 환경기술인을 바꾸어 임명하는 경우 : 그 사유가 발생한 날부터 5일 이내

84 1일 200톤 이상으로 특정 수질유해물질을 배출하는 산업단지에서 설치하여야 할 시설은?

① 무방류배출시설   ② 완충저류시설
③ 폐수고도처리시설   ④ 비점오염저감시설

> **해설** 완충저류시설의 설치대상
> 1. 면적이 150만제곱미터 이상인 공업지역 또는 산업단지
> 2. 특정 수질유해물질이 포함된 폐수를 1일 200톤 이상 배출하는 공업지역 또는 산업단지
> 3. 폐수 배출량 1일 5천톤 이상인 경우로서 아래 지역에 위치한 공업지역 또는 산업단지
>   ① 배출시설 설치제한 지역(「물환경보전법」 시행령 제32조)
>   ② 한강, 낙동강, 금강, 영산강, 섬진강, 탐진강 본류의 경계로부터 1km 이내인 지역
>   ③ 한강, 낙동강, 금강, 영산강, 섬진강, 탐진강 본류에 직접 유입되는 지류의 경계로부터 0.5km 이내인 지역

85 골프장의 잔디 및 수목 등에 맹·고독성 농약을 사용한 자에 대한 벌금 또는 과태료 부과기준은?

① 3백만원 이하의 벌금
② 5백만원 이하의 벌금
③ 3백만원 이하의 과태료 부과
④ 1천만원 이하의 과태료 부과

> **해설** 다음의 어느 하나에 해당하는 자에게는 1천만원 이하의 과태료를 부과한다.
> 1. 측정기기를 부착하지 아니하거나 측정기기를 가동하지 아니한 자
> 2. 측정결과를 기록·보존하지 아니하거나 거짓으로 기록·보존한 자
> 3. 방지시설의 설치면제 및 면제의 준수사항 규정에 의한 준수사항을 지키지 아니한 자
> 4. 환경기술인을 임명하지 아니하거나 임명에 대한 신고를 하지 아니한 자
> 5. 골프장의 잔디 및 수목 등에 맹·고독성 농약을 사용한 자
> 6. 폐수처리업의 규정에 의한 준수사항을 지키지 아니한 폐수처리업자

86 다음 설명에 해당하는 환경부령이 정하는 비점오염 관련 관계전문기관으로 옳은 것은?

> 환경부 장관은 비점오염저감계획을 검토하거나 비점오염저감시설을 설치하지 아니하여도 되는 사업장을 인정하려는 때에는 그 적정성에 관하여 환경부령이 정하는 관계전문기관의 의견을 들을 수 있다.

① 국립환경과학원
② 한국환경정책·평가연구원
③ 한국환경기술개발원
④ 한국건설기술연구원

> **해설** 비점오염원 관련 관계전문기관
> 1. 한국환경공단
> 2. 한국환경정책·평가연구원

87 공공폐수처리시설로서 처리용량이 1일 700m^3 이상인 시설에 부착해야 하는 측정기기의 종류가 아닌 것은?

① 수소이온농도(pH) 수질자동측정기기
② 부유물질량(SS) 수질자동측정기기
③ 총질소(T-N) 수질자동측정기기
④ 온도측정기

> **해설** 측정기기의 종류
> 1. 수소이온농도(pH) 수질자동측정기기
> 2. 화학적 산소요구량(COD) 수질자동측정기기
> 3. 부유물질량(SS) 수질자동측정기기
> 4. 총질소(T-N) 수질자동측정기기
> 5. 총인(T-P) 수질자동측정기기

88 폐수처리업자의 준수사항에 관한 설명으로 (   ) 안에 옳은 것은?

> 수탁한 폐수는 정당한 사유 없이 10일 이상 보관할 수 없으며, 보관폐수의 전체량이 저장시설 저장능력의 (   ) 이상 되게 보관하여서는 아니 된다.

① 60%   ② 70%
③ 80%   ④ 90%

> **해설** 수탁한 폐수는 정당한 사유 없이 10일 이상 보관할 수 없으며, 보관폐수의 전체량이 저장시설 저장능력의 90% 이상 되게 보관하여서는 아니 된다.

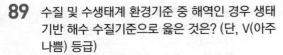

89 수질 및 수생태계 환경기준 중 해역인 경우 생태기반 해수 수질기준으로 옳은 것은? (단, V(아주 나쁨) 등급)

① 수질평가 지수값 : 30 이상
② 수질평가 지수값 : 40 이상
③ 수질평가 지수값 : 50 이상
④ 수질평가 지수값 : 60 이상

해설 생태기반 해수 수질기준

등급	수질평가 지수값(Water Quality Index)
I (매우 좋음)	23 이하
II (좋음)	24~33
III (보통)	34~46
IV (나쁨)	47~59
V (아주 나쁨)	60 이상

90 사업장별 환경기술인의 자격기준에 관한 설명으로 틀린 것은?

① 방지시설 설치면제 사업장은 제4종, 제5종 사업장의 환경기술인을 둘 수 있다.
② 배출시설에서 배출되는 수질오염물질 등을 공동방지시설에서 처리하게 하는 사업장은 제4종, 제5종 사업장의 환경기술인을 둘 수 있다.
③ 연간 90일 미만 조업하는 제1종, 제2종 사업장은 제3종 사업장의 환경기술인을 선임할 수 있다.
④ 3년 이상 수질분야 환경관련 업무에 직접 종사한 자는 제3종 사업장의 환경기술인이 될 수 있다.

해설 연간 90일 미만 조업하는 제1종부터 제3종까지의 사업장은 제4종 사업장·제5종 사업장에 해당하는 환경기술인을 선임할 수 있다.

91 공공수역에 분뇨·가축분뇨 등을 버린 자에 대한 벌칙 기준은?

① 2년 이하의 징역 또는 2천만원 이하의 벌금
② 2년 이하의 징역 또는 1천만원 이하의 벌금
③ 1년 이하의 징역 또는 1천만원 이하의 벌금
④ 1년 이하의 징역 또는 5백만원 이하의 벌금

92 환경정책기본법상 적용되는 용어의 정의로 옳지 않은 것은?

① "생활환경"이란 대기, 물, 폐기물, 소음·진동, 악취, 일조 등 사람의 일상생활과 관계되는 환경을 말한다.
② "환경보전"이란 환경오염 및 환경훼손으로부터 환경을 보호하고, 오염되거나 훼손된 환경을 개선함과 동시에 쾌적한 환경의 상태를 유지·조성하기 위한 행위를 말한다.
③ "환경용량"이란 환경의 질을 유지하며, 환경오염 또는 환경훼손을 복원할 수 있는 능력을 말한다.
④ "환경훼손"이란 야생 동식물의 남획 및 그 서식지의 파괴, 생태계질서의 교란, 자연경관의 훼손, 표토의 유실 등으로 인하여 자연환경의 본래적 기능에 중대한 손상을 주는 상태를 말한다.

해설 "환경용량"이라 함은 일정한 지역 안에서 환경의 질을 유지하고, 환경오염 또는 환경훼손에 대하여 환경이 스스로 수용·정화 및 복원할 수 있는 한계를 말한다.

93 폐수 처리방법이 화학적 처리방법인 경우에 시운전 기간 기준은? (단, 가동시작일은 1월 1일임.)

① 가동시작일로부터 30일
② 가동시작일로부터 40일
③ 가동시작일로부터 50일
④ 가동시작일로부터 60일

해설 1. 폐수 처리방법이 생물화학적 처리방법인 경우 : 가동시작일부터 50일. 다만, 가동시작일이 11월 1일부터 다음 연도 1월 31일까지에 해당하는 경우에는 가동시작일부터 70일로 한다.
2. 폐수 처리방법이 물리적 또는 화학적 처리방법인 경우 : 가동시작일부터 30일

94 낚시금지구역 또는 낚시제한구역 안내판의 규격 중 색상 기준으로 옳은 것은?

① 바탕색 : 녹색, 글씨 : 회색
② 바탕색 : 녹색, 글씨 : 흰색
③ 바탕색 : 청색, 글씨 : 회색
④ 바탕색 : 청색, 글씨 : 흰색

해설 안내판의 규격 중 색상은 바탕색 : 청색, 글씨 : 흰색이다.

89.④ 90.③ 91.③ 92.③ 93.① 94.④

95 배출부과금을 부과할 때 고려할 사항이 아닌 것은?

① 수질오염물질의 배출기간
② 배출되는 수질오염물질의 종류
③ 배출허용기준 초과 여부
④ 배출되는 오염물질 농도

해설 배출부과금을 부과할 때에는 다음의 사항을 고려하여야 한다.
1. 배출허용기준 초과 여부
2. 배출되는 수질오염물질의 종류
3. 수질오염물질의 배출기간
4. 수질오염물질의 배출량
5. 자가측정 여부

96 조업정지 처분에 갈음하여 과징금을 부여할 수 있는 사업장으로 틀린 것은?

① 발전소의 발전시설
② 의료기관의 배출시설
③ 학교의 배출시설
④ 공공기관의 배출시설

해설 조업정지 처분에 갈음하여 과징금을 부여할 수 있는 사업장
1. 「의료법」에 따른 의료기관의 배출시설
2. 발전소의 발전설비
3. 「초·중등교육법」및 「고등교육법」에 따른 학교의 배출시설
4. 제조업의 배출시설
5. 그 밖에 대통령령으로 정하는 배출시설

97 수질오염방지시설 중 화학적 처리시설인 것은?

① 살균시설　　② 폭기시설
③ 응집시설　　④ 혼합시설

해설 화학적 처리시설
1. 화학적 침강시설　　2. 중화시설
3. 흡착시설　　　　　4. 살균시설
5. 이온교환시설　　　6. 소각시설
7. 산화시설　　　　　8. 환원시설
9. 침전물 개량시설

98 환경정책기본법령상 환경기준 중 수질 및 수생태계(해역)의 생활환경기준 항목으로 옳지 않은 것은?

① 용매 추출유분　② 수소이온 농도
③ 총대장균군　　　④ 용존산소량

해설 수질 및 수생태계(해역)의 생활환경기준 항목
1. 수소이온 농도
2. 총 대장균군
3. 용매 추출유분

99 기타 수질오염원 대상에 해당되지 않는 것은?

① 골프장
② 수산물 양식시설
③ 농축수산물 수송시설
④ 운수장비 정비 또는 폐차장 시설

해설 기타 수질오염원 대상
1. 수산물 양식시설
2. 골프장
3. 운수장비 정비 또는 폐차장 시설
4. 농축산물 단순가공 시설
5. 사진처리 또는 X-ray 시설
6. 금은판매점의 세공 시설이나 안경점
7. 복합물류터미널 시설

100 비점오염 저감시설 중 "침투시설"의 설치기준에 관한 사항으로 ( ) 안에 옳은 내용은?

> 침투시설 하층 토양의 침투율은 시간당 (㉠)이어야 하며, 동절기에 동결로 기능이 저하되지 아니하는 지역에 설치한다. 또한 지하수 오염을 방지하기 위하여 최고지하수위 또는 기반암으로부터 수직으로 최소 (㉡)의 거리를 두도록 한다.

① ㉠ 5밀리미터 이상, ㉡ 0.5미터 이상
② ㉠ 5밀리미터 이상, ㉡ 1.2미터 이상
③ ㉠ 13밀리미터 이상, ㉡ 0.5미터 이상
④ ㉠ 13밀리미터 이상, ㉡ 1.2미터 이상

해설 침투시설의 설치기준
1. 침전물(沈澱物)로 인하여 토양의 공극(孔隙)이 막히지 아니하는 구조로 설계한다.
2. 침투시설 하층 토양의 침투율은 시간당 13밀리미터 이상이어야 하며, 동절기에 동결로 기능이 저하되지 아니하는 지역에 설치한다.
3. 지하수 오염을 방지하기 위하여 최고지하수위 또는 기반암으로부터 수직으로 최소 1.2미터 이상의 거리를 두도록 한다.
4. 침투도랑, 침투저류조는 초과유량의 우회시설을 설치한다.
5. 침투저류조 등은 비상시 배수를 위하여 암거 등 비상배수시설을 설치한다.

성공하려면
당신이 무슨 일을 하고 있는지를 알아야 하며,
하고 있는 그 일을 좋아해야 하며,
하는 그 일을 믿어야 한다.

-윌 로저스(Will Rogers)-

제1과목 ▮ 수질오염개론

01 다음 중 크롬중독에 관한 설명으로 틀린 것은 어느 것인가?

① 크롬에 의한 급성중독의 특징은 심한 신장장애를 일으키는 것이다.

② 3가크롬은 피부 흡수가 어려우나, 6가크롬은 쉽게 피부를 통과한다.

③ 자연 중의 크롬은 주로 3가 형태로 존재한다.

④ 만성크롬중독인 경우에는 BAL 등의 금속배설 촉진제의 효과가 크다.

해설 만성크롬중독
1. 폭로 중단 이외에 특별한 방법이 없다.
2. BAL, EDTA는 아무런 효과가 없다.

02 아세트산(CH_3COOH) 120mg/L 용액의 pH는? (단, 아세트산 $K_a = 1.8 \times 10^{-5}$)

① 4.65

② 4.21

③ 3.72

④ 3.52

해설 $CH_3COOH \rightarrow CH_3COO^- + H^+$

$CH_3COOH\left(\dfrac{mol}{L}\right) = \dfrac{120mg}{L}\left|\dfrac{1mol}{60g}\right|\dfrac{1g}{10^3mg}$

$\qquad\qquad\qquad = 2.0 \times 10^{-3}mol/L$

$K_a = \dfrac{[CH_3COO^-][H^+]}{[CH_3COOH]}$

$1.8 \times 10^{-5} = \dfrac{[CH_3COO^-][H^+]}{[CH_3COOH]} = \dfrac{[CH_3COO^-][H^+]}{0.002M}$

$[CH_3COO^-] = [H^+] = x$

$1.8 \times 10^{-5} = \dfrac{x^2}{0.002M}$

$x = 1.897 \times 10^{-4}M$

$\therefore \ pH = \log\dfrac{1}{[H^+]} = \log\dfrac{1}{1.897 \times 10^{-4}} \fallingdotseq 3.72$

03 0℃에서 DO 7.0mg/L인 물의 DO 포화도(%)는? (단, 대기의 화학적 조성 중 O_2=21%(V/V), 0℃에서 순수한 물의 공기 용해도=38.46mL/L, 1기압 기준)

① 약 61

② 약 74

③ 약 82

④ 약 87

해설 DO 포화도는 다음 식으로 계산된다.

$DO\ 포화도(\%) = \dfrac{현재\ DO}{포화\ DO} \times 100$

ⓐ 현재 $DO = 7mg/L$

ⓑ 포화 $DO = \dfrac{38.46mL}{L}\left|\dfrac{21}{100}\right|\dfrac{32mg}{22.4mL} = 11.58mg/L$

$\therefore \ DO\ 포화도 = \dfrac{7}{11.58} \times 100 = 60.45\%$

04 $BaCO_3$와 용해도적 $K_{sp} = 8.1 \times 10^{-9}$일 때 순수한 물에서 $BaCO_3$의 몰용해도(mol/L)는?

① 0.7×10^{-4}

② 0.7×10^{-5}

③ 0.9×10^{-4}

④ 0.8×10^{-5}

해설 $BaCO_3 \rightleftarrows Ba^{2+} + CO_3^{2-}$

$L_m = \sqrt{K_{sp}} = \sqrt{8.1 \times 10^{-9}} = 9.0 \times 10^{-5}mol/L$

05 하천수의 단위시간당 산소전달계수(K_{La})를 측정하고자 하천수의 용존산소(DO) 농도를 측정하니 12mg/L였다. 이때 용존산소의 농도를 완전히 제거하기 위하여 투입하는 $NaSO_3$의 이론적 농도는? (단, 원자량은 Na : 23, S : 32, O : 16)

① 약 63mg/L

② 약 74mg/L

③ 약 84mg/L

④ 약 95mg/L

해설 $Na_2SO_3 \ + \ 0.5O_2 \ \rightarrow \ Na_2SO_4$

$\qquad 126g \quad : \quad 0.5 \times 32g$

$x(mg/L) \quad : \quad 12mg/L$

$\therefore \ x(=Na_2SO_3) = 94.5mg/L$

06 세균의 경험적 분자식으로 옳은 것은?

① $C_5H_8O_2N$

② $C_5H_7O_2N$

③ $C_7H_8O_5N$

④ $C_8H_9O_5N$

해설 박테리아(세균)의 경험적 분자식은 $C_5H_7O_2N$, 조류의 경험적 분자식은 $C_5H_8O_2N$이다.

07 하천의 단면적이 $350m^2$, 유량이 $428,400m^3/hr$, 평균수심이 $1.7m$일 때, 탈산소계수가 $0.12/day$인 지점의 자정계수는? (단, $K_2 = 2.2 \times \dfrac{V}{H^{1.33}}$ 식에서 단위는 $V(m/sec)$, $H(m)$이다.)

① 0.3　　② 1.6

③ 2.4　　④ 3.1

해설

$f = \dfrac{K_2}{K_1}$

$K_2 = 2.2 \times \dfrac{V}{H^{1.33}} = 2.2 \times \dfrac{0.34}{1.7^{1.33}} = 0.3693/day$

$V = \dfrac{428,400m^3}{hr}\bigg|\dfrac{1hr}{350m^2}\bigg|\dfrac{1hr}{3,600sec} = 0.34m/sec$

$\therefore f = \dfrac{K_2}{K_1} = \dfrac{0.3693}{0.12} = 3.08$

08 유량 $30,000m^3/day$, BOD $1mg/L$인 하천에 유량 $1,000m^3/day$, BOD $220mg/L$의 생활오수가 처리되지 않고 유입되고 있다. 하천수와 생활오수가 합류 직후 완전혼합 된다고 가정할 때, 합류 후 하천의 BOD를 $3mg/L$로 유지하기 위해서 필요한 생활오수의 최소 BOD 제거율(%)은?

① 60.2

② 71.4

③ 82.4

④ 95.5

해설

$C_m = \dfrac{Q_1 C_1 + Q_2 C_2}{Q_1 + Q_2}$

$3mg/L = \dfrac{30,000 \times 1 + 1,000 \times C_2}{30,000 + 1,000}$

$C_2 = 63mg/L$

$\therefore \eta = \left(1 - \dfrac{C_o}{C_i}\right) \times 100 = \left(1 - \dfrac{63}{220}\right) \times 100 = 71.36\%$

09 호수 내의 성층현상에 관한 설명으로 가장 거리가 먼 것은?

① 여름 성층의 연직 온도경사는 분자확산에 의한 DO 구배와 같은 모양이다.

② 성층의 구분 중 약층(thermocline)은 수심에 따른 수온변화가 작다.

③ 겨울 성층은 표층수 냉각에 의한 성층이어서 역성층이라고도 한다.

④ 전도현상은 가을과 봄에 일어나며 수괴(水槐)의 연직혼합이 왕성하다.

해설 Thermocline(수온약층)은 수심에 따른 수온이 심하게 변한다고 붙여진 이름이다. 따라서 약층 또는 순환층과 정체층의 중간이라 하여 '중간층'이라고도 하며, 수온이 수심 $1m$당 최대 $\pm 0.9℃$ 이상 변화하기 때문에 변온층 또는 변화수층이라고도 한다. 따라서 깊이에 따른 수온 차이는 표층수에 비해 매우 크다.

10 호수의 수리특성을 고려하여 부영양화도와 인부하량과의 관계를 경험적으로 예측 평가하는 모델은?

① Streeter-Phelps 모델

② WASP 모델

③ Vollenweider 모델

④ DO-SAG 모델

해설 부영양화 평가모델은 P부하 모델인 Vollenweider 모델과 P-엽록소 모델인 사카모토 모델, Dillan 모델, Larsen & Mercier 모델 등이 대표적이다.

11 Streeter-Phelps 식의 기본가정이 틀린 것은?

① 오염원은 점오염원

② 하상퇴적물의 유기물 분해를 고려하지 않음

③ 조류의 광합성은 무시, 유기물의 분해는 1차 반응

④ 하천의 흐름방향 분산을 고려

해설 모든 방향에 대한 확산은 무시한다.

12 아래와 같은 반응에 관여하는 미생물은?

$$2NO_3^- + 5H_2 \rightarrow N_2 + 2OH^- + 4H_2O$$

① Pseudomonas　　② Sphaerotillus

③ Acinetobacter　　④ Nitrosomonas

해설 반응물에 N_2 형태로 배출되기 때문에 탈질반응이다. 탈질에 관여하는 미생물은 Pseudomonas, Micrococcus, Bacillus, Acromobacter이다.

13 생물학적 질화 중 아질산화에 관한 설명으로 옳지 않은 것은?

① 반응속도가 매우 빠르다.
② 관련 미생물은 독립영양성 세균이다.
③ 에너지원은 화학에너지이다.
④ 산소가 필요하다.

해설 독성이 가장 강하고, 반응속도가 매우 느리다.

14 축산폐수 처리에 대한 설명으로 옳지 않은 것은?

① BOD 농도가 높아 생물학적 처리가 효과적이다.
② 호기성 처리공정과 혐기성 처리공정을 조합하면 효과적이다.
③ 돈사폐수의 유기물 농도는 돈사 형태와 유지관리에 따라 크게 변한다.
④ COD 농도가 매우 높아 화학적으로 처리하면 경제적이고 효과적이다.

해설 축산폐수는 유기물의 농도가 매우 높아 생물학적으로 처리하면 경제적이고 효과적이다.

15 수중의 질소 순환과정인 질산화 및 탈질 순서를 옳게 나타낸 것은?

① $NH_3 \rightarrow NO_2^- \rightarrow NO_3^- \rightarrow NO_2^- \rightarrow N_2$
② $NO_3^- \rightarrow NO_2^- \rightarrow NH_3 \rightarrow NO_2^- \rightarrow N_2$
③ $NO_3^- \rightarrow NO_2^- \rightarrow N_2 \rightarrow NH_3 \rightarrow NO_2^-$
④ $N_2 \rightarrow NH_3 \rightarrow NO_3^- \rightarrow NO_2^-$

16 수질 분석결과 Na^+=10mg/L, Ca^{+2}=20mg/L, Mg^{+2}=24mg/L, Sr^{+2}=2.2mg/L일 때 총경도는? (단, Na : 23, Ca : 40, Mg : 24, Sr : 87.6)

① 112.5mg/L as $CaCO_3$
② 132.5mg/L as $CaCO_3$
③ 152.5mg/L as $CaCO_3$
④ 172.5mg/L as $CaCO_3$

해설 경도 유발물질은 Fe^{2+}, Mg^{2+}, Ca^{2+}, Mn^{2+}, Sr^{2+}이다.

$$TH = \sum M_C{}^{2+} \times \frac{50}{Eq}$$
$$= 20\text{mg/L} \times \frac{50}{40/2} + 24\text{mg/L} \times \frac{50}{24/2}$$
$$+ 2.2 \times \frac{50}{87.6/2} = 152.51\text{mg/L as } CaCO_3$$

17 지하수의 수질을 분석한 결과가 다음과 같을 때 지하수의 이온강도(I)는? (단, Ca^{2+} : 3×10^{-4}mol/L, Na^+ : 5×10^{-4}mol/L, Mg^{2+} : 5×10^{-5}mol/L, CO_3^{2-} : 2×10^{-5}mol/L)

① 0.0099
② 0.00099
③ 0.0085
④ 0.00085

해설 이온강도(ionic strength : μ)는 용액 중에 있는 이온의 전체 농도를 나타내는 척도로서, 다음 식으로 계산된다.

$$I = \frac{1}{2} \sum_i C_i \cdot Z_i{}^2$$

여기서, C_i : 이온의 몰농도, Z_i : 이온의 전하

$$\mu = \frac{1}{2}[(3 \times 10^{-4}) \times (+2)^2 + (5 \times 10^{-4}) \times (+1)^2$$
$$+ (5 \times 10^{-5}) \times (+2)^2 + (2 \times 10^{-5}) \times (-2)^2]$$
$$= 9.9 \times 10^{-4}$$

18 해수의 특성으로 옳지 않은 것은?

① 해수의 밀도는 수온, 염분, 수압에 영향을 받는다.
② 해수는 강전해질로서 1L당 평균 35g의 염분을 함유한다.
③ 해수 내 전체 질소 중 35% 정도는 질산성질소 등 무기성질소 형태이다.
④ 해수의 Mg/Ca비는 3~4 정도이다.

해설 해수 내 전체 질소 중 약 35% 정도는 암모니아성질소와 유기질소의 형태이다.

19 지하수의 특성에 관한 설명으로 옳지 않은 것은?

① 염분 함량이 지표수보다 낮다.
② 주로 세균(혐기성)에 의한 유기물 분해작용이 일어난다.
③ 국지적인 환경조건의 영향을 크게 받는다.
④ 빗물로 인하여 광물질이 용해되어 경도가 높다.

해설 지하수는 염분 함량이 지표수보다 약 30% 이상 높다.

20 지구상에 분포하는 수량 중 빙하(만년설 포함) 다음으로 가장 많은 비율을 차지하고 있는 것은? (단, 담수 기준)

① 하천수　　　② 지하수
③ 대기습도　　④ 토양수

해설 지구상에 분포하는 수량 중 가장 많은 비율을 차지하는 순서대로 구분하면, 해수(97.2%) > 빙하(2.15%) > 지하수(0.62%) > 담수호(0.009%) > 염소호(0.008%) > 토양수(0.005%) > 대기(0.001%) > 하천수(0.00009%) 순이다.

▶▶ 제2과목 ┃ 상하수도

21 $I = \dfrac{3,660}{t+15}$ mm/hr, 면적 2.0km², 유입시간 6분, 유출계수 $C=0.65$, 관 내 유속 1m/sec인 경우, 관 길이 600m인 하수관에서 흘러나오는 우수량 (m³/sec)은? (단, 합리식 적용)

① 약 31　　　② 약 38
③ 약 43　　　④ 약 52

해설 $Q = \dfrac{1}{360} C \cdot I \cdot A$

ⓐ $C = 0.65$

ⓑ t = 유입시간 + 유하시간

$= 6\text{min} + \dfrac{600\text{m}}{1\text{m/sec}} \times \dfrac{\text{min}}{60\text{sec}} = 16\text{min}$

ⓒ $I = \dfrac{3,660}{16\text{min}+15} = 118.06\text{mm/hr}$

ⓓ $A = 2.0\text{km}^2 = 2.0\text{km}^2 \times \dfrac{100\text{ha}}{\text{km}^2} = 200\text{ha}$

∴ 우수량 $= \dfrac{1}{360} \times 0.65 \times 118.06\text{mm/hr} \times 200\text{ha}$

$= 42.63\text{m}^3/\text{sec}$

22 직경 2m인 하수관을 매설하려 한다. 성토에 의하여 관에 가해지는 하중을 Marston의 방법에 의해 계산하면? (단, 흙의 단위중량 1.9kN/m³, $C_1 = 1.86$, 관의 상부 90° 부분에서의 관 매설을 위해 굴토한 도랑의 폭 = 3.3m)

① 약 25.7kN/m　　② 약 38.5kN/m
③ 약 45.7kN/m　　④ 약 52.9kN/m

해설 $W = C_1 \times \gamma \times B^2$

$= \dfrac{1.86}{} \left| \dfrac{1.9\text{kN}}{\text{m}^3} \right| \dfrac{(3.3\text{m})^2}{} = 38.5\text{kN/m}$

23 하수관거의 접합방법 중 유수는 원활한 흐름이 되지만 굴착깊이가 증가됨으로써 공사비가 증대되고 펌프로 배수하는 지역에서는 양정이 높게 되는 단점이 있는 것은?

① 수면접합　　　② 관정접합
③ 중심접합　　　④ 관저접합

24 취수 · 도수 · 정수 · 송수 설비의 설계기준이 되는 급수량은?

① 계획1일 시간최대급수량
② 계획1일 최대평균급수량
③ 계획1일 평균급수량
④ 계획1일 최대급수량

해설 취수 · 도수 · 정수 · 송수 설비의 설계기준이 되는 급수량은 계획1일 최대급수량이다.

25 피압수 우물에서 영양원 직경 1km, 우물 직경 1m, 피압대 수층의 두께 20m, 투수계수 20m/day로 추정되었다면, 양수정에서의 수위 강하를 5m로 유지하기 위한 양수량(m³/sec)은?

$$\left(단, \ Q = 2\pi kb \dfrac{H - h_o}{2.3\log_{10} \dfrac{R}{r_o}} \right)$$

① 약 0.005　　　② 약 0.02
③ 약 0.05　　　④ 약 0.1

해설 $Q = 2\pi kb \dfrac{H - h_o}{2.3\log_{10} \dfrac{R}{r_o}}$

여기서, 투수계수 $(k) = \dfrac{20\text{m}}{\text{day}} \left| \dfrac{1\text{day}}{86,400\text{sec}} \right.$

$= 2.315 \times 10^{-4} \text{m/sec}$

∴ $Q = 2 \times \pi \times 20 \times 2.315 \times 10^{-4} \times \dfrac{5}{2.3\log_{10}\dfrac{500}{0.5}}$

$= 0.02\text{m}^3/\text{sec}$

26 상수도관 부식의 종류 중 매크로셀 부식으로 분류되지 않는 것은? (단, 자연부식 기준)

① 콘크리트 · 토양
② 이종금속
③ 산소농담(통기차)
④ 박테리아

해설 매크로셀 부식
1. 콘크리트·토양
2. 이종금속
3. 산소농담(통기차)

27 다음은 도수관을 설계할 때 평균유속 기준에 대한 설명이다. (　) 안에 옳은 것은?

> 자연유하식인 경우에는 허용최대한도를 (㉠)로 하고, 도수관의 평균유속의 최소한도는 (㉡)로 한다.

① ㉠ 1.5m/s, ㉡ 0.3m/s
② ㉠ 1.5m/s, ㉡ 0.6m/s
③ ㉠ 3.0m/s, ㉡ 0.3m/s
④ ㉠ 3.0m/s, ㉡ 0.6m/s

해설 도수관의 평균유속은 자연유하식인 경우에는 허용최대한도를 3.0m/s로 하고, 도수관의 평균유속의 최소한도는 0.3m/s로 한다.

28 상수시설인 착수정의 체류시간과 수심의 기준으로 옳은 것은?

① 체류시간 : 1.5분 이상, 수심 : 2~3m 정도
② 체류시간 : 1.5분 이상, 수심 : 3~5m 정도
③ 체류시간 : 3.0분 이상, 수심 : 2~3m 정도
④ 체류시간 : 3.0분 이상, 수심 : 3~5m 정도

해설 착수정의 용량은 체류시간을 1.5분 이상으로 하고, 수심은 3~5m로 한다.

29 정수시설인 급속여과지 시설기준에 관한 설명으로 옳지 않은 것은?

① 여과면적은 계획정수량을 여과속도로 나누어 구한다.
② 1지의 여과면적은 200m² 이상으로 한다.
③ 여과모래의 유효경이 0.45~0.7mm의 범위인 경우에는 모래층의 두께는 60~70cm를 표준으로 한다.
④ 여과속도는 120~150m/day를 표준으로 한다.

해설 1지의 여과면적은 150m² 이하로 한다.

30 계획오수량에 관한 설명으로 틀린 것은?

① 계획시간 최대오수량은 계획1일 최대오수량의 1시간당 수량의 1.3~1.8배를 표준으로 한다.
② 합류식에서 우천 시 계획오수량은 원칙적으로 계획1일 최대오수량의 1.5배 이상으로 한다.
③ 지하수량은 1인1일 최대오수량의 20% 이하로 한다.
④ 계획1일 평균오수량은 계획1일 최대오수량의 70~80%를 표준으로 한다.

해설 합류식에서 우천 시 계획오수량은 원칙적으로 계획시간 최대오수량의 3배 이상으로 한다.

31 정수시설인 배수지에 관한 내용으로 (　) 안에 맞는 내용은?

> 유효용량은 시간변동조정용량과 비상대처용량을 합하여 급수구역의 계획1일 최대급수량의 (　)을 표준으로 하여야 하며, 지역특성과 상수도시설의 안정성 등을 고려하여 결정한다.

① 4시간분 이상
② 6시간분 이상
③ 8시간분 이상
④ 12시간분 이상

해설 유효용량은 시간변동조정용량, 비상대처용량을 합하여 급수구역의 계획1일 최대급수량의 12시간분 이상을 표준으로 한다.

32 펌프의 회전수 $N=2,400$rpm, 최고효율점의 토출량 $Q=162$m³/hr, 전양정 $H=90$m인 원심펌프의 비회전도는?

① 약 115
② 약 125
③ 약 135
④ 약 145

해설 펌프의 비회전도는 다음 식으로 계산된다. 이때 주의사항은 유량을 m³/min으로 환산해야 한다.

$$N_s = N \times \frac{Q^{1/2}}{H^{3/4}}$$

$$Q = \frac{162\text{m}^3}{\text{hr}} \left| \frac{1\text{hr}}{60\text{min}} \right. = 2.7\text{m}^3/\text{min}$$

$$\therefore N_s = N \times \frac{Q^{1/2}}{H^{3/4}} = 2,400 \times \frac{2.7^{1/2}}{90^{3/4}} = 134.96회$$

33 하수도시설 기준상 축류펌프의 비교회전도(N_s) 범위로 적절한 것은?

① 100~250

② 200~850

③ 700~1,200

④ 1,100~2,000

해설 펌프의 비교회전도(N_s)의 수치가 가장 큰 것은 축류펌프로 1,200~2,000 범위이다.

34 Chick's Law에 의하면 염소 소독에 의한 미생물 사멸률은 1차 반응에 따른다고 한다. 미생물의 80%가 0.1mg/L, 잔류염소로 2분 내에 사멸된다면 99.9%를 사멸시키기 위해서 요구되는 접촉시간은?

① 5.7분　　　② 8.6분

③ 12.7분　　　④ 14.2분

해설 1차 반응식을 이용한다.

$$\ln\frac{N_t}{N_o} = -k \cdot t$$

$$\ln\frac{20}{100} = -k \cdot 2\text{min} \cdots k = 0.8047\text{min}^{-1}$$

$$\ln\frac{0.1}{100} = -0.8047 \cdot t$$

$$\therefore t = 8.58\text{min}$$

35 막여과법을 정수처리에 적용하는 주된 선정 이유로 가장 거리가 먼 것은?

① 응집제를 사용하지 않거나 또는 적게 사용한다.

② 막의 특성에 따라 원수 중의 현탁물질, 콜로이드, 세균류, 크립토스포리디움 등 일정한 크기 이상의 불순물을 제거할 수 있다.

③ 부지면적이 종래보다 적을 뿐 아니라 시설의 건설공사기간도 짧다.

④ 막의 교환이나 세척 없이 반영구적으로 자동운전이 가능하여 유지관리 측면에서 에너지를 절약할 수 있다.

해설 막여과법은 정기점검이나 막의 약품 세척, 막의 교환 등이 필요하지만, 자동운전이 용이하고 다른 처리법에 비하여 일상적인 운전과 유지관리에서 에너지를 절약할 수 있다.

36 상수도시설 중 저수시설인 하구둑에 관한 설명으로 틀린 것은? (단, 전용댐, 다목적댐과 비교)

① 개발수량 : 중소규모의 개발이 기대된다.

② 경제성 : 일반적으로 댐보다 저렴하다.

③ 설치지점 : 수요지 가까운 하천의 하구에 설치하여 농업용수에 바닷물의 침해방지 기능을 겸하는 경우가 많다.

④ 저류수의 수질 : 자재관리로 비교적 양호한 수질을 유지할 수 있어 염소이온 농도에 대한 주의가 필요 없다.

해설 저류수의 수질은 하구둑의 경우 염소이온 농도에 주의를 요한다.

37 호소, 댐을 수원으로 하는 취수문에 관한 설명으로 틀린 것은?

① 일반적으로 중, 소량 취수에 쓰인다.

② 일반적으로 취수량을 조정하기 위한 수문 또는 수위조절판(stop log)을 설치한다.

③ 파랑, 결빙 등의 기상조건에 영향이 거의 없다.

④ 하천의 표류수나 호소의 표중수를 취수하기 위하여 물가에 만들어지는 취수시설이다.

해설 갈수 시, 홍수 시, 결빙 시에는 취수량 확보 조치 및 조정이 필요하다.

38 콘크리트조의 장방형 수로(폭 2m, 깊이 2.5m)가 있다. 이 수로의 유효수심이 2m인 경우의 평균유속은? (단, Manning 공식으로 계산하며, 동수경사 : 1/2,000, 조도계수 : 0.017이다.)

① 1.00m/sec　　　② 1.42m/sec

③ 1.53m/sec　　　④ 1.73m/sec

해설 Manning 공식 $V(\text{m/sec}) = \left(\frac{1}{n}\right) \times R^{\frac{2}{3}} \times I^{\frac{1}{2}}$

ⓐ $n = 0.017$

ⓑ $I = \dfrac{1}{200}$

ⓒ $R = \dfrac{단면적}{윤변} = \dfrac{2\text{m} \times 2\text{m}}{2 \times 2\text{m} + 2\text{m}} = 0.67\text{m}$

$$\therefore V = \frac{1}{0.017} \times 0.67^{2/3} \times (1/2,000)^{1/2}$$

$$= 1.01\text{m/sec}$$

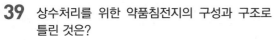

39 상수처리를 위한 약품침전지의 구성과 구조로 틀린 것은?

① 슬러지의 퇴적심도로서 30cm 이상을 고려한다.

② 유효수심은 3~5.5m로 한다.

③ 침전지 바닥에는 슬러지 배제에 편리하도록 배수구를 향하여 경사지게 한다.

④ 고수위에서 침전지 벽체 상단까지의 여유고는 10cm 정도로 한다.

해설 약품침전지의 구성과 구조

1. 침전지의 수는 원칙적으로 2지 이상으로 한다.
2. 배치는 각 침전지에 균등하게 유출입될 수 있도록 수리적으로 고려하여 결정한다.
3. 각 지마다 독립하여 사용가능한 구조로 한다.
4. 침전지의 형상은 직사각형으로 하고, 길이는 폭의 3~8배 이상으로 한다.
5. 유효수심은 3~3.5m로 하고 슬러지 퇴적심도로서 30cm 이상을 고려하되, 슬러지 제거설비와 침전지의 구조상 필요한 경우에는 합리적으로 조정할 수 있다.
6. 고수위에서 침전지 벽체 상단까지의 여유고는 30cm 이상으로 한다.
7. 침전지 바닥에는 슬러지 배제에 편리하도록 배수구를 향하여 경사지게 한다.
8. 필요에 따라 복개 등을 한다.

40 펌프의 공동현상(cavitation)에 대한 설명으로 옳지 않은 것은?

① 펌프의 내부에서 급격한 유속의 변화, 와류 발생, 유로 장애 등으로 인하여 물속에 기포가 형성되는 현상이다.

② 펌프의 흡입손실수두가 작을 경우 발생하기 쉽다.

③ 공동현상이 발생하면 펌프의 양수기능이 저하된다.

④ 공동현상의 방지대책 중의 하나로서 펌프의 회전수를 작게 한다.

해설 펌프의 공동현상은 펌프의 임펠러 입구에서 특정요인에 의해 물이 증발하거나 흡입관으로부터 공기가 혼입됨으로써 공동이 발생하는 현상으로, 캐비테이션이라고 한다. 펌프의 공동현상은 펌프의 흡입손실수두가 클 경우 발생하기 때문에 방지하기 위한 방법은 펌프의 회전수를 감소시켜 펌프의 필요 유효흡인수두(NPSH)를 작게 한다.

제3과목 | 수질오염방지기술

41 수처리 공정에서 침전현상에 대한 설명으로 옳지 않은 것은?

① 제1형 침전 : 입자들은 다른 입자들의 영향을 받지 않고 독립적으로 침전한다.

② 제2형 침전 : 입자들끼리 응집하여 플록(floc) 형태로 침전한다.

③ 제3형 침전 : 입자들이 서로 간의 상대적인 위치(깊이에 따른 입자들의 위아래 배치순서)를 크게 바꾸면서 침전한다.

④ 제4형 침전 : 고농도의 슬러지 혼합액에서 압밀에 의해 일어나는 침전이다.

해설 제3형 침전 : 플록을 형성하여 침강하는 입자들이 서로 방해를 받아 침전속도가 감소하는 침전이다. 중간 정도의 농도로서 침전하는 부유물과 상징수 간에 경계면을 지키면서 침강한다. 일명 방해, 장애, 집단, 계면, 지역 침전 등으로 칭하며, 상향류식 부유물 접촉 침전지, 농축조가 이에 해당한다.

42 하수관의 부식과 가장 관계가 깊은 것은?

① NH_3 가스   ② H_2S 가스

③ CO_2 가스   ④ CH_4 가스

해설 하수관의 부식에 가장 영향을 주는 물질은 H_2S 가스이다.

43 소화조 슬러지의 주입률이 100m³/day이고, 슬러지의 SS 농도가 6.47%, 소화조의 부피가 1,250m³, SS 내 VS 함유율이 85%일 때, 소화조에 주입되는 VS의 용적부하(kg/m³·day)는? (단, 슬러지의 비중은 1.00이다.)

① 1.4   ② 2.4

③ 3.4   ④ 4.4

해설 소화조에 유입되는 VS의 용적부하

$$= \frac{\text{소화조로 유입되는 VS의 양(kg/day)}}{\text{소화조의 용적(m}^3\text{)}}$$

$$= \frac{100\text{m}^3 \cdot \text{SL}}{\text{day}} \left| \frac{6.47 \cdot \text{TS}}{100 \cdot \text{SL}} \right| \frac{85 \cdot \text{VS}}{100 \cdot \text{TS}}$$

$$\left| \frac{1}{1,250\text{m}^3} \right| \frac{1,000\text{kg}}{\text{m}^3}$$

$$= 4.4\text{kg/m}^3 \cdot \text{day}$$

44 반지름이 8cm인 원형 관로에서 유체의 유속이 20m/sec일 때, 반지름이 40cm인 곳에서의 유속 (m/sec)은? (단, 유량 동일, 기타 조건은 고려하지 않음.)

① 0.8 　　② 1.6
③ 2.2 　　④ 3.4

해설 $A_1 V_1 = A_2 V_2$

$$\frac{\pi(0.16)^2}{4} \times 20 = \frac{\pi(0.8)^2}{4} \times V_2$$

$$\therefore V_2 = 0.8 \text{m/sec}$$

45 입자의 침전속도가 가장 작은 경우는? (단, 기타 조건은 동일하며, 침전속도는 스토크스 법칙에 따른다.)

① 부유물질 입자 밀도가 클 경우
② 처리수의 점성도가 클 경우
③ 처리수의 밀도가 작을 경우
④ 부유물질의 입자 직경이 클 경우

46 생물학적 처리공정에서 질산화 반응은 다음의 총괄 반응식으로 나타낼 수 있다. $NH_4^+ - N$ 3mg/L가 질산화 되는 데 요구되는 산소(O_2)의 양(mg/L)은?

$$NH_4^+ + 2O_2 \xrightarrow{\text{질산화}} NO_3^- + 2H^+ + H_2O$$

① 11.2 　　② 13.7
③ 15.3 　　④ 18.4

해설 주어진 반응식을 이용한다.

$$NH_4^+ + 2O_2 \xrightarrow{\text{질산화}} NO_3^- + 2H^+ + H_2O$$
$$14g \ : \ 2 \times 32g$$
$$3\text{mg/L} \ : \ x(\text{mg/L})$$
$$\therefore x = 13.71\text{mg/L}$$

47 pH=3.0인 산성폐수 1,000m³/day를 도시하수시스템으로 방출하는 공장이 있다. 도시하수의 유량은 10,000m³/day이고 pH=8.0이며, 하수와 폐수의 온도는 20℃이고 완충작용이 없다면, 산성폐수 첨가 후 하수의 pH는?

① 3.2 　　② 3.5
③ 3.8 　　④ 4.0

해설 $$N_o = \frac{N_1 V_1 - N_2 V_2}{V_1 + V_2}$$

$$= \frac{10^{-3} \times 1,000 - 10^{-8} \times 10,000}{1,000 + 10,000}$$

$$= 9.09 \times 10^{-5} \text{N(M)}$$

$$\therefore \text{pH} = \log \frac{1}{[\text{H}^+]} = \log \frac{1}{9.09 \times 10^{-5}} = 4.04$$

48 1,000m³의 하수로부터 최초침전지에서 생성되는 슬러지 양은?

- 최초침전지 체류시간 : 2시간
- 부유물질 제거효율 : 60%
- 부유물질 농도 : 220mg/L
- 부유물질은 분해 없음
- 슬러지 비중 : 1.0
- 슬러지 함수율 : 97%

① 2.4m³/1,000m³ 　　② 3.2m³/1,000m³
③ 4.4m³/1,000m³ 　　④ 5.2m³/1,000m³

해설 $$SL = \frac{0.22\text{kg} \cdot \text{TS}}{\text{m}^3} \left| \frac{60}{100} \right| \frac{100 \cdot \text{SL}}{(100-97) \cdot \text{TS}}$$

$$\left| \frac{1,000\text{m}^3}{} \right| \frac{\text{m}^3}{1,000\text{kg}}$$

$$= 4.4\text{m}^3/1,000\text{m}^3$$

49 다음 중 회전원판법의 특징에 해당되지 않는 것은 어느 것인가?

① 운전관리상 조작이 간단하고, 소비전력량은 소규모 처리시설에서는 표준활성슬러지법에 비하여 적다.
② 살수여상과 같이 파리는 발생하지 않으나 하루살이가 발생할 수 있다.
③ 질산화가 일어나기 쉬우며, 이로 인하여 처리수의 BOD가 낮아진다.
④ 활성슬러지법에 비해 2차 침전지에서 미세한 SS가 유출되기 쉽고, 처리수의 투명도가 나쁘다.

해설 질산화가 일어나기 쉬우며, 이로 인하여 처리수의 BOD가 높아진다.

50 물속의 휘발성유기화합물(VOC)을 에어스트리핑으로 제거할 때, 제거효율관계를 설명한 것으로 옳지 않은 것은?

① 온도가 상승하면 효율이 증가한다.
② K_{La}가 감소하면 효율이 증가한다.
③ 오염되지 않은 공기를 주입할 때 제거효율은 증가한다.
④ 액체 중의 VOC 농도가 높을수록 효율이 증가한다.

해설 물속의 휘발성유기화합물(VOC)을 Air-stripping법으로 제거하는 방법은 단지 액상의 오염물질을 기상으로 방출시키는 것으로 K_{La}가 감소하면 효율이 감소된다.

51 생물학적 인 및 질소 제거공정 중 질소 제거를 주목적으로 개발한 공법으로 가장 적절한 것은?

① 4단계 Bardenpo 공법
② A^2/O 공법
③ A/O 공법
④ Phostrip 공법

해설 4단계 Bardenpho 공정은 질소 제거를 주목적으로 개발한 공법이다.

52 축산폐수 처리에 대한 설명으로 옳지 않은 것은?

① 호기성 처리공정과 혐기성 처리공정을 조합하면 효과적이다.
② BOD 농도가 높아 생물학적 처리가 효과적이다.
③ 돈사폐수의 유기물 농도는 돈사형태와 유지관리에 따라 크게 변한다.
④ COD 농도가 매우 높아 화학적으로 처리하면 경제적이고 효과적이다.

해설 축산폐수는 COD가 높으나, 화학적 처리보다는 생물학적 처리가 경제적이고 효과적이다.

53 입자형상계수가 0.75이고 평균입경이 1.7mm인 안트라사이트가 600mm로 구성된 여층에서 물이 180L/m² · min의 속도로 흐를 때, Reynolds 수는? (단, 동점성계수는 1.003×10^{-6}m²/sec임.)

① 약 2.81
② 약 3.81
③ 약 4.81
④ 약 5.81

해설
$$Re = \frac{D \cdot V \cdot \rho}{\mu} = \frac{D \cdot V}{\nu}$$
$$\therefore Re = \frac{D \cdot V}{\nu}$$
$$= \frac{0.75(1.7 \times 10^{-3} \text{m})}{} \left| \frac{180L}{m^2 \cdot min} \right.$$
$$\left| \frac{sec}{1.003 \times 10^{-6} m^2} \right| \frac{1m^3}{10^3 L} \left| \frac{1min}{60sec} \right. = 3.81$$

54 직경이 1.0×10^{-2}cm인 원형 입자의 침강속도 (m/hr)는? (단, Stokes 공식 사용, 물의 밀도=1.0g/cm³, 입자의 밀도=2.1g/cm³, 물의 점성계수=1.0087×10^{-2}g/cm · sec)

① 21.4
② 24.4
③ 28.4
④ 32.4

해설
$$V_g = \frac{d_p^2 (\rho_p - \rho) g}{18\mu}$$
$$\therefore V_g = \frac{(1.0 \times 10^{-2})^2 cm^2}{18} \left| \frac{(2.1 - 1)g}{cm^3} \right| \frac{9.8m}{sec}$$
$$\left| \frac{cm \cdot sec}{1.0087 \times 10^{-2} g} \right| \frac{3,600sec}{1hr}$$
$$= 21.37 m/hr$$

55 BAC(Biological Activated Carbon : 생물활성탄)의 단점에 관한 설명으로 틀린 것은?

① 활성탄이 서로 부착, 응집되어 수두손실이 증가될 수 있다.
② 정상상태까지의 기간이 길다.
③ 미생물 부착으로 일반 활성탄보다 사용기간이 짧다.
④ 활성탄에 병원균이 자랐을 때 문제가 야기될 수 있다.

해설 생물활성탄(BAC : Biological Activated Carbon)은 일반 활성탄에 비하여 수명을 4배 이상 연장할 수 있다.

56 300m³/day의 도금공장 폐수 중 CN⁻이 150mg/L 함유되어, 다음 반응식을 이용하여 처리하고자 할 때 필요한 NaClO의 양(kg)은?

$2NaCN + 5NaClO + H_2O$
$\rightarrow 2NaHCO_3 + N_2 + 5NaCl$

① 180.4
② 300.5
③ 322.4
④ 344.8

해설

$$\begin{array}{c c}\mathrm{CN^-} & : \quad 5\mathrm{NaOCl} \\ 2\times 26\mathrm{g} & : \quad 5\times 74.5\mathrm{g}\end{array}$$

$$\frac{150\mathrm{mg}}{\mathrm{L}}\left|\frac{300\mathrm{m^3}}{\mathrm{day}}\right|\frac{10^3\mathrm{L}}{1\mathrm{m^3}}\left|\frac{1\mathrm{kg}}{10^6\mathrm{mg}}\right. : \ x(\mathrm{kg/day})$$

$$\therefore \ x(\mathrm{NaOCl})=322.36\mathrm{kg/day}$$

57 펜톤 처리공정에 관한 설명으로 가장 거리가 먼 것은?

① 펜톤시약의 반응시간은 철염과 과산화수소수의 주입농도에 따라 변화를 보인다.

② 펜톤시약을 이용하여 난분해성 유기물을 처리하는 과정은 대체로 산화반응과 함께 pH 조절, 펜톤 산화, 중화 및 응집, 침전으로 크게 4단계로 나눌 수 있다.

③ 펜톤시약의 효과는 pH 8.3~10 범위에서 가장 강력한 것으로 알려져 있다.

④ 폐수의 COD는 감소하지만 BOD는 증가할 수 있다.

해설 펜톤 산화의 최적반응 pH는 3~4.5이다.

58 생물학적 원리를 이용하여 질소, 인을 제거하는 공정인 5단계 Bardenpho 공법에 관한 설명으로 옳지 않은 것은?

① 인 제거를 위해 혐기성조가 추가된다.

② 조 구성은 혐기조, 무산소조, 호기조, 무산소조, 호기조 순이다.

③ 내부 반송률은 유입유량 기준으로 100~200% 정도이며, 2단계 무산소조로부터 1단계 무산소조로 반송된다.

④ 마지막 호기성 단계는 폐수 내 잔류질소가스를 제거하고 최종침전지에서 인의 용출을 최소화하기 위하여 사용한다.

해설 5단계 Bardenpho 공법에서는 내부 반송을 유입유량 기준으로 400% 정도이며, 1단계 호기조에서 1단계 무산소조로 반송된다.

59 슬러지 내 고형물 무게의 1/3이 유기물질, 2/3가 무기물질이며, 이 슬러지 함수율은 80%, 유기물질 비중은 1.0, 무기물질 비중은 2.5라면 슬러지 전체의 비중은?

① 1.072 　　　② 1.087

③ 1.095 　　　④ 1.112

해설 슬러지의 밀도(비중) 수지식을 이용한다.

$$\frac{W_{\mathrm{SL}}}{\rho_{\mathrm{SL}}}=\frac{W_{\mathrm{TS}}}{\rho_{\mathrm{TS}}}+\frac{W_{\mathrm{W}}}{\rho_{\mathrm{W}}}=\frac{W_{\mathrm{FS}}}{\rho_{\mathrm{FS}}}+\frac{W_{\mathrm{VS}}}{\rho_{\mathrm{VS}}}+\frac{W_{\mathrm{W}}}{\rho_{\mathrm{W}}}$$

$$\frac{100}{\rho_{\mathrm{SL}}}=\frac{100\times(1-0.8)\times(2/3)}{2.5}$$
$$\qquad +\frac{100\times(1-0.8)\times(1/3)}{1.0}+\frac{80}{1.0}$$

$$\therefore \ \rho_{\mathrm{SL}}=1.087$$

60 함수율 96%인 생분뇨가 분뇨처리장에 150m³/day의 율로 투입되고 있다. 이 분뇨에는 휘발성 고형물(VS)이 총고형물(TS)의 50%이고, VS의 60%가 소화가스로 발생되었다. VS 1kg당 0.5m³의 소화가스가 발생되었다면, 분뇨의 소화가스 총 발생량(m³/day)은? (단, 분뇨의 비중은 1로 한다.)

① 700m³/day

② 900m³/day

③ 1,100m³/day

④ 1,300m³/day

해설

$$\text{소화 gas}=\frac{150\mathrm{m^3}\cdot\mathrm{SL}}{\mathrm{day}}\left|\frac{(100-96)\cdot\mathrm{TS}}{100\cdot\mathrm{SL}}\right|\frac{50\cdot\mathrm{VS}}{100\cdot\mathrm{TS}}$$
$$\qquad \left|\frac{60\cdot\mathrm{gas}}{100\cdot\mathrm{VS}}\right|\frac{1,000\mathrm{kg}}{\mathrm{m^3}}\left|\frac{0.5\mathrm{m^3}}{1\mathrm{kg}}\right.$$
$$=900\mathrm{m^3/day}$$

▶▶ 제4과목 ▌수질오염공정시험기준

61 기준전극과 비교전극으로 구성된 pH 측정기를 사용하여 수소이온 농도를 측정할 때 간섭물질에 관한 내용으로 옳지 않은 것은?

① pH는 온도 변화에 따라 영향을 받는다.

② pH 10 이상에서 나트륨에 의한 오차가 발생할 수 있는데, 이는 낮은 나트륨 오차 전극을 사용하여 줄일 수 있다.

③ 일반적으로 유리전극은 산화 및 환원성 물질과 염도에 의해 간섭을 받는다.

④ 기름층이나 작은 입자상이 전극을 피복하여 pH 측정을 방해할 수 있다.

해설 일반적으로 유리전극은 용액의 색도, 탁도, 콜로이드성 물질들, 산화 및 환원성 물질들, 그리고 염도에 의해 간섭을 받지 않는다.

62 예상 BOD 값에 대한 사전 경험이 없을 때 오염된 하천수의 검액 조제방법은?

① 25~100%의 시료가 함유되도록 희석 조제한다.

② 15~25%의 시료가 함유되도록 희석 조제한다.

③ 5~15%의 시료가 함유되도록 희석 조제한다.

④ 1~5%의 시료가 함유되도록 희석 조제한다.

[해설] 예상 BOD 값에 대한 사전 경험이 없을 때 다음과 같이 희석하여 검액을 조제한다.
1. 강한 공장폐수 : 시료를 0.1~1.0% 넣는다.
2. 처리하지 않은 공장폐수와 침전된 하수 : 시료를 1~5% 넣는다.
3. 처리하여 방류된 공장폐수 : 시료를 5~25% 넣는다.
4. 오염된 하천수 : 시료를 25~100% 넣는다.

63 폐수의 부유물질(SS)을 측정하였더니 1,312mg/L였다. 시료 여과 전 유리섬유지의 무게가 1.2113g이고, 이때 사용된 시료량이 100mL였다면 시료 여과 후 건조시킨 유리섬유여지의 무게는?

① 1.2242g

② 1.3425g

③ 2.5233g

④ 3.5233g

[해설] $SS(mg/L) = (b-a) \times \dfrac{1,000}{V}$

여기서, $SS=1,312mg/L$, $a=1.2113g$, $V=100mL$

$1,312mg/L = (b-1.2113g) \times \dfrac{1,000}{100mL}$

$(b-1.2113g) = 1,312mg/L \times 0.1L$

$\therefore b = 131.2mg + 1.2113g$

$= 131.2mg \times \dfrac{g}{10^3 mg} + 1.2113g = 1.3425g$

64 불소화합물 측정에 적용 가능한 시험방법과 가장 거리가 먼 것은? (단, 수질오염공정시험기준 기준)

① 이온 크로마토그래피

② 자외선/가시선분광법

③ 이온전극법

④ 원자흡수분광광도법

[해설] 불소화합물의 분석방법에는 자외선/가시선분광법, 이온전극법, 이온 크로마토그래피가 있다.

65 "정확히 단다"라 함은 규정된 양의 시료를 취하여 분석용 저울로 ( )까지 다는 것을 말한다. ( ) 안에 알맞은 내용은?

① 0.001mg

② 0.01mg

③ 0.1mg

④ 1mg

66 기기분석법에 관한 설명으로 틀린 것은?

① 기체 크로마토그래피법의 검출기 중 열전도도검출기는 인 또는 유황 화합물의 선택적 검출에 주로 사용된다.

② 흡광광도법은 파장 200~900nm에서의 액체의 흡광도를 측정한다.

③ 원자흡수분광광도법은 시료 중의 유해중금속 및 기타 원소의 분석에 적용한다.

④ 유도결합플라스마(ICP)는 시료도입부, 고주파전원부, 광원부, 분광부, 연산처리부 및 기록부로 구성되어 있다.

[해설] 열전도도검출기는 금속물질 분석에 사용되며, 인 또는 유황 화합물은 염광광도검출기를 주로 사용한다.

67 배출허용기준 적합여부 판정을 위한 시료 채취 시 복수시료 채취방법 적용을 제외할 수 있는 경우가 아닌 것은?

① 환경오염 사고 또는 취약시간대의 환경오염 감시 등 신속한 대응이 필요한 경우

② 유량이 일정하며 연속적으로 발생되는 폐수가 방류되는 경우

③ 부득이 복수시료 채취방법으로 할 수 없을 경우

④ 사업장 내에서 발생하는 폐수를 회분식 등 간헐적으로 처리하여 방류하는 경우

[해설] 시료 채취방법 적용을 제외할 수 있는 경우
1. 환경오염 사고 또는 취약시간대(일요일, 공휴일 및 평일 18:00 ~ 09:00 등)의 환경오염 감시 등 신속한 대응이 필요한 경우 제외할 수 있다.
2. 수질 및 수생태계 보전에 관한 법률에 의한 비정상적인 행위를 할 경우 제외할 수 있다.
3. 사업장 내에서 발생하는 폐수를 회분식(batch식) 등 간헐적으로 처리하여 방류하는 경우 제외할 수 있다.
4. 기타 부득이 복수시료 채취방법으로 시료를 채취할 수 없을 경우 제외할 수 있다.

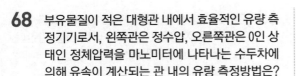
68 부유물질이 적은 대형관 내에서 효율적인 유량 측정기기로서, 왼쪽관은 정수압, 오른쪽관은 0인 상태인 정체압력을 마노미터에 나타나는 수두차에 의해 유속이 계산되는 관 내의 유량 측정방법은?

① 벤투리미터
② 피토관
③ 오리피스
④ 유량측정용 노즐

해설 피토관
1. 부유물질이 적은 대형관에서 효율적인 유량 측정기이다.
2. 피토관의 유속은 마노미터에 나타나는 수두차에 의하여 계산한다.
3. 피토관으로 측정할 때는 반드시 일직선상의 관에서 이루어져야 하며, 관의 설치장소는 엘보(elbow), 티(tee) 등 관이 변화하는 지점으로부터 최소한 관 지름의 15~50배 정도 떨어진 지점이어야 한다.

69 0.1N $H_2C_2O_4 \cdot 2H_2O$(MW : 126) 수용액 500mL를 조제하려면 $H_2C_2O_4 \cdot 2H_2O$ 몇 g이 필요한가?

① 1.58
② 3.15
③ 6.3
④ 12.6

해설
$$H_2C_2O_4 \cdot 2H_2O = \frac{0.1eq}{L} \left| \frac{500mL}{} \right| \frac{L}{1,000mL} \left| \frac{126g}{2eq} \right.$$
$$= 3.15g$$

70 용기에 의한 유량 측정방법 중 최대유량 1m³/분 이상인 경우에 관한 내용으로 ( ) 안에 알맞은 것은?

> 수조가 큰 경우는 유입시간에 있어서 유수의 부피는 상승한 수위와 상승 수면의 평균 표면적의 계측에 의하여 유량을 산출한다. 이 경우 측정시간은 (㉠) 정도, 수위의 상승속도는 적어도 (㉡) 이상이어야 한다.

① ㉠ 1분, ㉡ 매분 1cm
② ㉠ 1분, ㉡ 매분 3cm
③ ㉠ 5분, ㉡ 매분 1cm
④ ㉠ 5분, ㉡ 매분 3cm

해설 수조가 큰 경우는 유입시간에 있어서 유수의 부피는 상승한 수위와 상승 수면의 평균표면적(平均表面積)의 계측에 의하여 유량을 산출한다. 이 경우 측정시간은 5분 정도, 수위의 상승속도는 적어도 매분 1cm 이상이어야 한다.

71 흡광광도 측정에서 입사광의 60%가 흡수되었을 때의 흡광도는?

① 약 0.6
② 약 0.5
③ 약 0.4
④ 약 0.3

해설 흡광도(A)$= \log\frac{1}{t} = \log\frac{1}{0.4} = 0.4$

72 염소이온에 관한 측정법에 대한 설명으로 가장 거리가 먼 것은?

① 정량범위는 질산은적정법의 경우 0.1mg/L, 이온 크로마토그래피법의 경우 0.7mg/L 이상이다.
② 질산은적정법의 경우 시료가 심하게 착색되어 있으면 칼륨명반현탁액을 넣어 탈색시켜야 한다.
③ 질산은적정법에 의한 종말점은 엷은 적황색 침전이 나타날 때이다.
④ 질산은적정법은 질산은이 크롬산과 반응하여 크롬산은의 침전으로 나타나는 점을 적정의 종말점으로 한다.

해설 염소이온의 측정에서 적정법의 경우 정량범위는 0.7mg/L 이상이고, 이온 크로마토그래피법의 경우 0.1mg/L 이상이다.

73 다음은 총 유기탄소 시험에 적용되는 용어의 정의이다. ( ) 안의 내용으로 옳은 것은?

> 용존성 유기탄소는 총유기탄소 중 공극 (㉠)의 막여지를 통과하는 유기탄소를 말하며, 비정화성 유기탄소는 총탄소 중 (㉡) 이하에서 포기에 의해 정화되지 않는 탄소를 말한다.

① ㉠ 0.35μm, ㉡ pH 2
② ㉠ 0.35μm, ㉡ pH 4
③ ㉠ 0.45μm, ㉡ pH 2
④ ㉠ 0.45μm, ㉡ pH 4

해설 용존성 유기탄소(DOC, dissolved organic carbon)는 총유기탄소 중 공극 0.45μm의 막여지를 통과하는 유기탄소를 말하며, 비정화성 유기탄소(NPOC, nonpurgeable organic carbon)는 총탄소 중 pH 2 이하에서 포기에 의해 정화(purging)되지 않는 탄소를 말한다.

74 pH 표준액의 온도 보정은 온도별 표준액의 pH 값을 표에서 구하고, 또한 표에 없는 온도의 pH 값은 내삽법으로 구한다. 다음 중 20℃에서 가장 낮은 pH 값을 나타내는 표준액은?

① 붕산염 표준액　　② 프탈산염 표준액
③ 탄산염 표준액　　④ 인산염 표준액

> **해설** pH 표준액의 종류와 농도
>
> | 명칭 | 농도 | pH |
> |---|---|---|
> | 수산염 표준액 | 0.05M | 1.68 |
> | 프탈산염 표준액 | 0.05M | 4.00 |
> | 인산염 표준액 | 0.025M | 6.88 |
> | 붕산염 표준액 | 0.01M | 9.22 |
> | 탄산염 표준액 | 0.025M | 10.07 |
> | 수산화칼슘 표준액 | 0.02M | 12.68 |

75 30배 희석한 시료를 15분간 방치한 후와 5일간 배양한 후의 DO가 각각 8.6mg/L, 3.6mg/L였고, 식종액의 BOD를 측정할 때 식종액의 배양 전과 후의 DO가 각각 7.5mg/L, 3.7mg/L였다면, 이 시료의 BOD(mg/L)는? (단, 희석시료 중의 식종액 함유율과 희석한 식종액 중의 식종액 함유율의 비는 0.1임.)

① 139　　② 143
③ 147　　④ 150

> **해설** $BOD = [(D_1 - D_2) - (B_1 - B_2) \times f] \times P$
> $= [(8.6 - 3.6) - (7.5 - 3.7) \times 0.1] \times 30$
> $= 138.6 mg/L$

76 냄새의 분석 방법 및 절차에 관한 내용으로 틀린 것은?

① 잔류염소가 존재하면 티오황산나트륨 용액을 첨가하여 잔류염소를 제거한다.
② 측정자가 시료에 대한 선입견을 갖지 않도록 어둡게 처리된 플라스크 또는 갈색 플라스크를 사용한다.
③ 냄새를 정확하게 측정하기 위하여 측정자는 3명 이상으로 한다.
④ 시료 측정 시 탁도, 색도 등이 있으면 온도 변화에 따라 냄새가 발생할 수 있으므로 온도 변화를 1℃ 이내로 유지한다.

> **해설** 냄새를 정확하게 측정하기 위하여 측정자는 5명 이상으로 한다.

77 유기물 함량이 비교적 높지 않고 금속의 수산화물, 산화물, 인산염 및 황화물을 함유하는 시료의 전처리(산분해법) 방법으로 가장 적합한 것은?

① 질산법　　　　② 황산법
③ 질산–황산법　　④ 질산–염산법

> **해설** 적용시료에 따른 전처리 방법
>
> | 전처리 방법 | 적용시료 |
> |---|---|
> | 질산법 | 유기물 함량이 비교적 높지 않은 시료의 전처리에 사용한다. |
> | 질산–염산법 | 유기물 함량이 비교적 높지 않고 금속의 수산화물, 산화물, 인산염 및 황화물을 함유하고 있는 시료에 적용된다. |
> | 질산–황산법 | 유기물 등을 많이 함유하고 있는 대부분의 시료에 적용된다. |
> | 질산 –과염소산법 | 유기물을 다량 함유하고 있으면서 산 분해가 어려운 시료에 적용된다. |
> | 질산–과염소산 –불화수소산법 | 다량의 점토질 또는 규산염을 함유한 시료에 적용된다. |

78 하천수의 시료 채취에 관한 내용으로 가장 적절한 것은? (단, 수심 1.5m 기준)

① 하천 단면에서 수심이 가장 깊은 수면폭을 3등분한 각각의 지점의 수면으로부터 수심의 1/3지점을 채수한다.
② 하천 단면에서 수심의 가장 깊은 수면의 지점과 그 지점을 중심으로 좌우로 수면폭을 3등분한 각각의 지점의 수면으로부터 수심의 1/2지점을 채수한다.
③ 하천 단면에서 수심의 가장 깊은 수면의 지점과 그 지점을 중심으로 좌우로 수면폭을 2등분한 각각의 지점의 수면으로부터 수심의 1/3지점을 채수한다.
④ 하천 단면에서 수심이 가장 깊은 수면폭을 2등분한 각각의 지점의 수면으로부터 수심의 1/2지점을 채수한다.

> **해설** 하천의 수심이 2m 미만일 때는 하천 단면에서 수심의 가장 깊은 수면의 지점과 그 지점을 중심으로 좌우로 수면폭을 2등분한 각각의 지점의 수면으로부터 수심의 1/3지점을 채수한다.

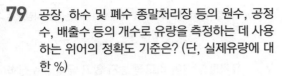

79 공장, 하수 및 폐수 종말처리장 등의 원수, 공정수, 배출수 등의 개수로 유량을 측정하는 데 사용하는 위어의 정확도 기준은? (단, 실제유량에 대한 %)

① ±5% ② ±10%
③ ±15% ④ ±25%

해설 유량계에 따른 정밀/정확도 및 최대유속과 최소유속의 비율

유량계	범위(최대유량 : 최소유량)	정확도(실제유량에 대한 %)	정밀도(최대유량에 대한 %)
위어 (weir)	500 : 1	± 5	± 0.5
파샬수로 (flume)	10 : 1~75 : 1	± 5	± 0.5

80 공장폐수 및 하수유량(관(pipe) 내의 유량) 측정방법 중 오리피스에 관한 설명으로 옳지 않은 것은?

① 설치에 비용이 적게 소요되며, 비교적 유량 측정이 정확하다.
② 오리피스판의 두께에 따라 흐름의 수로 내외에 설치가 가능하다.
③ 오리피스 단면에 커다란 수두손실이 일어나는 단점이 있다.
④ 단면이 축소되는 목부분을 조절함으로써 유량이 조절된다.

해설 오리피스는 설치에 비용이 적게 들고 비교적 유량 측정이 정확하여 얇은 판 오리피스가 널리 이용되고 있으며, 흐름의 수로 내에 설치한다.

> ▶ 제5과목 ┃ 수질환경관계법규

81 휴경 등 권고대상 농경지의 해발고도 및 경사도의 기준은?

① 해발고도 : 해발 200미터, 경사도 : 10%
② 해발고도 : 해발 400미터, 경사도 : 15%
③ 해발고도 : 해발 600미터, 경사도 : 20%
④ 해발고도 : 해발 800미터, 경사도 : 25%

해설 "환경부령으로 정하는 해발고도"란 해발 400미터를 말하고, "환경부령으로 정하는 경사도"란 경사도 15퍼센트를 말한다.

82 폐수처리업자의 준수사항에 관한 설명으로 ( ) 안에 옳은 것은?

> 수탁한 폐수는 정당한 사유 없이 (㉠) 보관할 수 없으며, 보관폐수의 전체량이 저장시설 저장능력의 (㉡) 이상 되게 보관하여서는 아니 된다.

① ㉠ 10일 이상, ㉡ 80%
② ㉠ 10일 이상, ㉡ 90%
③ ㉠ 30일 이상, ㉡ 80%
④ ㉠ 30일 이상, ㉡ 90%

해설 수탁한 폐수는 정당한 사유 없이 10일 이상 보관할 수 없으며, 보관폐수의 전체량이 저장시설 저장능력의 90% 이상 되게 보관하여서는 아니 된다.

83 중점관리 저수지의 관리자와 그 저수지의 소재지를 관할하는 시·도지사가 수립하는 중점관리 저수지의 수질오염 방지 및 수질 개선에 관한 대책에 포함되어야 하는 사항으로 ( ) 안에 옳은 것은?

> 중점관리 저수지의 경계로부터 반경 ( )의 거주인구 등 일반현황

① 500m 이내 ② 1km 이내
③ 2km 이내 ④ 5km 이내

해설 중점관리 저수지의 관리자와 그 저수지의 소재지를 관할하는 시·도지사는 공동으로 대책을 수립하여 제출할 수 있다.
1. 중점관리 저수지의 설치목적, 이용현황 및 오염현황
2. 중점관리 저수지의 경계로부터 반경 2킬로미터 이내의 거주인구 등 일반현황
3. 중점관리 저수지의 수질관리 목표
4. 중점관리 저수지의 수질오염 예방 및 수질 개선방안
5. 그 밖에 중점관리 저수지의 적정관리를 위하여 필요한 사항

84 환경정책기본법 환경기준(하천) 중 사람의 건강보호기준을 위한 기준값으로 옳은 것은?

① 카드뮴 : 0.02mg/L 이하
② 사염화탄소 : 0.04mg/L 이하
③ 6가크롬 : 0.01mg/L 이하
④ 납(pb) : 0.05mg/L 이하

해설 ① 카드뮴 : 0.005mg/L 이하
② 사염화탄소 : 0.004mg/L 이하
③ 6가크롬 : 0.05mg/L 이하

85 수질 및 수생태계 환경기준 중 하천(생활환경) Ⅱ등급의 기준으로 맞는 것은?

① 생물화학적 산소요구량(BOD) : 5mg/L 이하
② 부유물질량(SS) : 30mg/L 이하
③ 용존산소량(DO) : 5mg/L 이상
④ 대장균군 수(MPN/100mL) : 500 이하

해설 환경기준 중 하천(생활환경) Ⅱ등급의 기준
1. 생물화학적 산소요구량(BOD) : 3mg/L 이하
2. 부유물질량(SS) : 25mg/L 이하
3. 용존산소량(DO) : 5mg/L 이상
4. 대장균군 수(MPN/100mL) : 1,000 이하

86 물환경보전법에 관한 법률상 용어의 정의로 옳지 않은 것은?

① 폐수라 함은 물에 액체성 또는 고체성의 수질오염물질이 섞여 있어 그대로는 사용할 수 없는 물을 말한다.
② 수질오염물질이라 함은 수질오염의 요인이 되는 물질로서 환경부령이 정하는 것을 말한다.
③ 폐수 무방류배출시설이라 함은 폐수 배출시설에서 발생하는 폐수를 위탁하여 공공수역으로 배출하지 아니하는 시설을 말한다.
④ 기타 수질오염원이라 함은 점오염원 및 비점오염원으로 관리되지 아니하는 수질오염물질을 배출하는 시설 또는 장소로서 환경부령이 정하는 것을 말한다.

해설 "폐수 무방류배출시설"이란 폐수 배출시설에서 발생하는 폐수를 해당 사업장에서 수질오염방지시설을 이용하여 처리하거나 동일 폐수 배출시설에 재이용하는 등 공공수역으로 배출하지 아니하는 폐수 배출시설을 말한다.

87 비점오염저감시설 중 장치형 시설이 아닌 것은?

① 생물학적 처리형 시설
② 응집 · 침전 처리형 시설
③ 와류형 시설
④ 침투형 시설

해설 비점오염저감시설 중 장치형 시설
1. 여과형 시설   2. 와류형 시설
3. 스크린형 시설   4. 응집 · 침전 처리형 시설
5. 생물학적 처리형 시설

88 오염총량 관리기본방침에 포함되어야 할 사항으로 틀린 것은?

① 오염원의 조사 및 오염부하량 산정방법
② 오염총량 관리시행 대상 유역 현황
③ 오염총량 관리의 대상 수질오염물질 종류
④ 오염총량 관리의 목표

해설 오염총량 관리기본방침에 포함되어야 할 사항
1. 오염총량 관리의 목표
2. 오염총량 관리의 대상 수질오염물질 종류
3. 오염원의 조사 및 오염부하량 산정방법
4. 오염총량 관리기본계획의 주체, 내용, 방법 및 시한
5. 오염총량 관리시행계획의 내용 및 방법

89 대권역 수질 및 수생태계 보전계획에 포함되어야 할 사항으로 틀린 것은?

① 상수원 및 물 이용 현황
② 점오염원, 비점오염원 및 기타 수질오염원의 분포 현황
③ 점오염원, 비점오염원 및 기타 수질오염원의 수질오염저감시설 현황
④ 점오염원, 비점오염원 및 기타 수질오염원에서 배출되는 수질오염물질의 양

해설 대권역 수질 및 수생태계 보전계획에 포함되어야 할 사항
1. 수질 및 수생태계 변화추이 및 목표기준
2. 상수원 및 물 이용 현황
3. 점오염원, 비점오염원 및 기타 수질오염원의 분포 현황
4. 점오염원, 비점오염원 및 기타 수질오염원에서 배출되는 수질오염물질의 양
5. 수질오염 예방 및 저감 대책
6. 수질 및 수생태계 보전조치의 추진방향
7. 기후변화에 대한 적응대책
8. 그 밖에 환경부령으로 정하는 사항

90 공공폐수처리시설의 유지 · 관리 기준에 관한 내용으로 (   ) 안에 맞는 것은?

> 처리시설의 가동시간, 폐수 방류량, 약품 투입량, 관리 · 운영자, 그 밖에 처리시설의 운영에 관한 주요사항을 사실대로 매일 기록하고 이를 최종기록한 날부터 (   ) 보존하여야 한다.

① 1년간   ② 2년간
③ 3년간   ④ 5년간

해설 사업자 또는 수질오염방지시설을 운영하는 자는 폐수 배출시설 및 수질오염방지시설의 가동시간, 폐수 배출량, 약품 투입량, 시설관리 및 운영자, 그 밖에 시설운영에 관한 중요 사항을 운영일지에 매일 기록하고, 최종기록일부터 1년간 보존하여야 한다. 다만, 폐수 무방류배출시설의 경우에는 운영일지를 3년간 보존하여야 한다.

91 다음 중 산업폐수의 배출규제에 관한 설명으로 옳은 것은?

① 폐수 배출시설에서 배출되는 수질오염물질의 배출허용기준은 대통령이 정한다.
② 시·도 또는 인구 50만 이상의 시는 지역 환경기준을 유지하기가 곤란하다고 인정할 때에는 시·도지사가 특별배출허용기준을 정할 수 있다.
③ 특별대책지역의 수질오염방지를 위해 필요하다고 인정할 때는 엄격한 배출허용기준을 정할 수 있다.
④ 시·도 안에 설치되어 있는 폐수 무방류배출시설은 조례에 의해 배출허용기준을 적용한다.

해설 산업폐수의 배출규제
1. 폐수 배출시설에서 배출되는 수질오염물질의 배출허용기준은 환경부령으로 정한다.
2. 시·도 또는 인구 50만 이상의 시는 지역환경기준을 유지하기가 곤란하다고 인정할 때에는 배출허용기준보다 엄격한 배출허용기준을 정할 수 있다.
3. 시·도 안에 설치되어 있는 폐수 무방류배출시설은 배출허용기준을 적용하지 아니한다.

92 폐수 무방류배출시설의 세부 설치기준으로 틀린 것은?

① 특별대책지역에 설치되는 경우 폐수 배출량이 $200m^3$/day 이상이면 실시간 확인 가능한 원격유량감시장치를 설치하여야 한다.
② 폐수는 고정된 관로를 통하여 수집·이송·처리·저장되어야 한다.
③ 특별대책지역에 설치되는 시설이 1일 24시간 연속하여 가동되는 것이면 배출폐수를 전량 처리할 수 있는 예비 방지시설을 설치하여야 한다.

④ 폐수를 고체 상태의 폐기물로 처리하기 위하여 증발·농축·건조·탈수 또는 소각 시설을 설치하여야 하며, 탈수 등 방지시설에서 발생하는 폐수가 방지시설에 재유입되지 않도록 하여야 한다.

해설 폐수를 고체 상태의 폐기물로 처리하기 위하여 증발·농축·건조·탈수 또는 소각 시설을 설치하여야 하며, 탈수 등 방지시설에서 발생하는 폐수가 방지시설에 재유입하도록 하여야 한다.

93 사업장에서 1일 폐수 배출량이 $250m^3$ 발생하고 있을 때 사업장의 규모별 구분으로 맞는 것은?

① 제2종 사업장
② 제3종 사업장
③ 제4종 사업장
④ 제5종 사업장

해설 사업장 종류별 폐수 배출규모

종류	배출규모
제1종 사업장	1일 폐수 배출량이 $2,000m^3$ 이상인 사업장
제2종 사업장	1일 폐수 배출량이 $700m^3$ 이상 $2,000m^3$ 미만인 사업장
제3종 사업장	1일 폐수 배출량이 $200m^3$ 이상 $700m^3$ 미만인 사업장
제4종 사업장	1일 폐수 배출량이 $50m^3$ 이상 $200m^3$ 미만인 사업장
제5종 사업장	위 제1종부터 제4종까지의 사업장에 해당하지 아니하는 배출시설

94 5년 이하의 징역 또는 5천만원 이하의 벌금형에 처하는 경우가 아닌 것은?

① 공공수역에 특정 수질유해물질 등을 누출·유출시키거나 버린 자
② 배출시설에서 배출되는 수질오염물질을 방지시설에 유입하지 않고 배출한 자
③ 배출시설의 조업정지 또는 폐쇄명령을 위반한 자
④ 신고를 하지 아니하거나 거짓으로 신고를 하고 배출시설을 설치하거나 그 배출시설을 이용하여 조업한 자

해설 특정 수질유해물질 등을 누출·유출하거나 버린 자는 3년 이하의 징역 또는 3천만 이하의 벌금에 처한다.

95 다음 중 폐수처리업자의 준수사항으로 틀린 것은 어느 것인가?

① 증발농축시설, 건조시설, 소각시설의 대기오염물질 농도를 매월 1회 자가측정하여야 하며, 분기마다 악취에 대한 자가측정을 실시하여야 한다.

② 처리 후 발생하는 슬러지의 수분 함량은 85퍼센트 이하여야 하며, 처리는 폐기물관리법에 따라 적정하게 처리하여야 한다.

③ 수탁한 폐수는 정당한 사유 없이 5일 이상 보관할 수 없으며, 보관폐수의 전체량이 저장시설 저장능력의 80퍼센트 이상 되게 보관하여서는 아니 된다.

④ 기술인력을 그 해당 분야에 종사하도록 하여야 하며, 폐수처리시설을 16시간 이상 가동할 경우에는 해당 처리시설의 현장근무 2년 이상의 경력자를 작업현장에 책임 근무하도록 하여야 한다.

> **해설** 수탁한 폐수는 정당한 사유 없이 10일 이상 보관할 수 없으며, 보관폐수의 전체량이 저장시설 저장능력의 90% 이상 되게 보관하여서는 아니 된다.

96 기본배출부과금에 관한 설명으로 ( ) 안에 알맞은 것은?

> 공공폐수처리시설 또는 공공하수처리시설에서 배출되는 폐수 중 수질오염물질이 ( ) 하는 경우

① 배출허용기준을 초과
② 배출허용기준을 미달
③ 방류수 수질기준을 초과
④ 방류수 수질기준을 미달

> **해설** 기본배출부과금
> 1. 배출시설에서 배출되는 폐수 중 수질오염물질이 배출허용기준 이하로 배출되나, 방류수 수질기준을 초과하는 경우
> 2. 공공폐수처리시설 또는 공공하수처리시설에서 배출되는 폐수 중 수질오염물질이 방류수 수질기준을 초과하는 경우

97 환경부 장관이 수질 등의 측정자료를 관리·분석하기 위하여 측정기기 부착 사업자 등이 부착한 측정기기와 연결, 그 측정결과를 전산 처리할 수 있는 전산망 운영을 위한 수질원격감시체계 관제센터를 설치·운영할 수 있는 곳은?

① 국립환경과학원
② 유역환경청
③ 한국환경공단
④ 시·도 보건환경연구원

> **해설** 환경부 장관은 전산망을 운영하기 위하여 「한국환경공단법」에 따른 한국환경공단에 수질원격감시체계 관제센터(이하 "관제센터"라 한다)를 설치·운영할 수 있다.

98 폐수종말처리시설의 유지·관리기준에 관한 사항으로 ( ) 안에 옳은 내용은?

> 처리시설의 관리, 운영자는 처리시설의 적정 운영여부를 확인하기 위하여 방류수 수질검사를 (㉠) 실시하되, 1일당 2천세제곱미터 이상인 시설은 주 1회 이상 실시하여야 한다. 다만, 생태독성(TU) 검사는 (㉡) 실시하여야 한다.

① ㉠ 월 2회 이상, ㉡ 월 1회 이상
② ㉠ 월 1회 이상, ㉡ 월 2회 이상
③ ㉠ 월 2회 이상, ㉡ 월 2회 이상
④ ㉠ 월 1회 이상, ㉡ 월 1회 이상

> **해설** 처리시설의 관리, 운영자는 처리시설의 적정 운영여부를 확인하기 위하여 방류수 수질검사를 월 2회 이상 실시하되, 1일당 2천세제곱미터 이상인 시설은 주 1회 이상 실시하여야 한다. 다만, 생태독성(TU) 검사는 월 1회 이상 실시하여야 한다.

99 수질오염방지시설 중 화학적 처리시설이 아닌 것은?

① 농축시설
② 살균시설
③ 흡착시설
④ 소각시설

> **해설** 농축시설은 물리적 처리시설이다.

100 위임업무 보고사항 중 보고횟수가 연 4회에 해당되는 것은?

① 측정기기 부착 사업자에 대한 행정처분 현황
② 측정기기 부착사업장 관리 현황
③ 비점오염원의 설치 신고와 방지시설 설치 현황 및 행정처분 현황
④ 과징금 부과 실적

해설 위임업무 보고사항

업무내용	보고횟수	보고기일
측정기기 부착 사업자에 대한 행정처분 현황	연 2회	매반기 종료 후 15일 이내
측정기기 부착 사업장 관리 현황	연 2회	매반기 종료 후 15일 이내
비점오염원의 설치 신고와 방지시설 설치 현황 및 행정처분 현황	연 4회	매분기 종료 후 15일 이내
과징금 부과 실적	연 2회	매반기 종료 후 10일 이내

제1과목 ┃ 수질오염개론

01 다음 유기물 1M이 완전산화 될 때 이론적 산소요구량(ThOD)이 가장 적은 것은?

① C_6H_6

② $C_6H_{12}O_6$

③ C_2H_5OH

④ CH_3COOH

해설 ① $C_6H_6 : 7.5O_2 \Rightarrow 78g : 240g = 1g : x$
  $x = 3.08g(ThOD)$
② $C_6H_{12}O_6 : 6O_2 \Rightarrow 180g : 192g = 1g : x$
  $x = 1.067g(ThOD)$
③ $C_2H_5OH : 3O_2 \Rightarrow 46g : 96g = 1g : x$
  $x = 2.087g(ThOD)$
④ $CH_3COOH : 2O_2 \Rightarrow 60 : 64g = 1g : x$
  $x = 1.067g(ThOD)$

02 전해질 M_2X_3의 용해도적 상수에 대한 표현으로 옳은 것은?

① $K_{sp} = [M^{3+}]^2[X^{2-}]^3$

② $K_{sp} = [2M^{3+}][3X^{2-}]$

③ $K_{sp} = [2M^{3+}]^2[3X^{2-}]^3$

④ $K_{sp} = [M^{3+}][X^{2-}]$

해설 $M_2X_3 \rightarrow 2M^{3+} + 3X^{2-}$
$K_{sp} = [M^{3+}]^2[X^{2-}]^3$

03 다음 반응식 중 환원상태가 되면 가장 나중에 일어나는 반응은? (단, ORP 값 기준)

① $SO_4^{2-} \rightarrow S^{2-}$

② $NO_2^- \rightarrow NH_3$

③ $Fe^{3+} \rightarrow Fe^{2+}$

④ $NO_3^- \rightarrow NO_2^-$

해설 환원상태가 되면 가장 나중에 일어나는 반응은 $SO_4^{2-} \rightarrow S^{2-}$이며, 가장 먼저 일어나는 반응은 $NO_3^- \rightarrow NO_2^-$이다.

04 유량 400,000m³/day의 하천에 인구 20만명의 도시로부터 30,000m³/day의 유량으로 하수가 유입되고 있다. 하수가 유입되기 전 하천의 BOD는 0.5mg/L이고, 유입 후 하천의 BOD를 2mg/L로 하기 위해서 하수처리장을 건설하려고 한다면 이 처리장의 BOD 제거효율은? (단, 인구 1인당 BOD 배출량은 20g/day이다.)

① 약 84

② 약 87

③ 약 90

④ 약 93

해설 ⓐ 도시 → 하수처리장으로 유입되는 BOD 농도를 구하면

$$C_i = \frac{20g}{\text{인} \cdot \text{일}} \left| \frac{200,000\text{인}}{30,000\text{m}^3} \right| \frac{\text{day}}{} \left| \frac{10^3\text{mg}}{1g} \right| \frac{1\text{m}^3}{10^3\text{L}}$$

$= 133.33\text{mg/L}$

ⓑ 혼합점의 2mg/L를 조건으로 하수처리장 방류구에서 하천으로 유입가능한 허용 BOD 농도를 구하면

$$2\text{mg/L} = \frac{(400,000 \times 0.5) + (30,000 \times C_o)}{400,000 + 30,000}$$

$C_o = 22\text{mg/L}$

$$\therefore \ \eta = \left(1 - \frac{C_t}{C_o}\right) \times 100$$

$$= \left(1 - \frac{22}{133.33}\right) \times 100 = 83.5\%$$

05 1차 반응에서 반응물질의 반감기가 5일이라고 한다면, 물질의 90%가 소모되는 데 소요되는 시간(일)은?

① 약 14

② 약 17

③ 약 19

④ 약 22

해설
$$\ln\frac{C_t}{C_o} = -K \cdot t$$

$$\ln\frac{0.5C_o}{C_o} = -K \cdot 5\text{day}$$

$K = 0.1386\text{day}^{-1}$

따라서 A물질의 90%가 소모되는 데 소요되는 시간은

$$\ln\frac{10}{100} = -0.1386 \cdot t$$

$$\therefore \ t = 16.61\text{day} \fallingdotseq 17\text{day}$$

06 완전혼합흐름 상태에 관한 설명 중 옳은 것은?

① 분산이 1일 때 이상적 완전혼합 상태이다.
② 분산수가 0일 때 이상적 완전혼합 상태이다.
③ Morrill 지수의 값이 1에 가까울수록 이상적 완전혼합 상태이다.
④ 지체시간이 이론적 체류시간과 동일할 때 이상적 완전혼합 상태이다.

해설 반응조 혼합 정도의 척도는 분산(variance), 분산수(dispersion number), Morrill 지수로 나타낼 수 있다.

혼합 정도의 표시	완전혼합흐름 상태	플러그흐름 상태
분산 (variance)	1일 때	0일 때
분산수 (dispersion number)	$d = \infty$ 무한대일 때	$d = 0$일 때
모릴지수 (morrill index)	M_0값이 클수록 근접	M_0값이 1에 가까울수록

07 우리나라의 하천에 대한 설명으로 옳은 것은?

① 최소유량에 대한 최대유량의 비가 작다.
② 유출시간이 길다.
③ 하천유량이 안정되어 있다.
④ 하상계수가 크다.

해설 우리나라의 하천은 최대유량과 최소유량의 비인 하상계수가 크다.

08 다음 중 호소의 성층현상에 관한 설명으로 옳지 않은 것은?

① 수온약층은 순환층과 정체층의 중간층에 해당되고 변온층이라고도 하며, 수온이 수심에 따라 크게 변화된다.
② 호소수의 성층현상은 연직방향의 밀도차에 의해 층상으로 구분되어지는 것을 말한다.
③ 겨울 성층은 표층수의 냉각에 의한 성층이며, 역성층이라고도 한다.
④ 여름 성층은 뚜렷한 층을 형성하며, 연직온도경사와 분자확산에 의한 DO 구배가 반대 모양을 나타낸다.

해설 여름에는 수심에 따른 연직온도경사와 산소구배가 같은 모양을 나타내는 것이 특징이다.

09 염소가스를 물에 녹여 pH가 7이고 염소이온의 농도가 71mg/L이면, 자유염소와 차아염소산 간의 비($[HOCl]/[Cl_2]$)는? (단, 차아염소산은 해리되지 않는 것으로 가정하며, 전리상수 값은 4.5×10^{-4}mol/L(25℃)이다.)

① 3.57×10^7 ② 3.57×10^6
③ 2.57×10^7 ④ 2.25×10^6

해설 $Cl_2 + H_2O \rightleftarrows HOCl + H^+ + Cl^-$ 에서

평형상수(K) $= \dfrac{[HOCl][H^+][Cl^-]}{[Cl_2]}$

ⓐ 자유염소[Cl^-]의 몰농도[Cl^-] $= \dfrac{71mg}{L} \left| \dfrac{1mol}{35.5 \times 10^3 mg} \right.$
  $= 2 \times 10^{-3}$mol/L

ⓑ 수소이온[H^+]의 몰농도[H^+] $= 10^{-pH} = 10^{-7}$mol/L

$4.5 \times 10^{-4} = \dfrac{[HOCl][10^{-7}][2 \times 10^{-3}]}{[Cl_2]}$

$\therefore \dfrac{[HOCl]}{[Cl_2]} = 2.25 \times 10^6$

10 호소의 영양상태를 평가하기 위한 Carlson 지수를 산정하기 위해 요구되는 인자가 아닌 것은?

① Chlorophyll-a
② SS
③ 투명도
④ T-P

해설 부영양화지수는 Carlson에 의해 개발되어 Carlson 지수라고도 하는데, Carlson 지수는 경험적으로 만든 연속적인 부영양화지수로서 투명도(SD)에 대한 부영양화지수[TSI(SD)]와 투명도(SD)-클로로필 농도(Chl-a)의 상관관계에 의한 부영양화지수[TSI(Chl-a)], 클로로필 농도(Chl-a)-총인(T-P)의 상관관계를 이용한 부영양화지수[TSI(T-P)]가 있다.

11 적조(red tide)에 관한 설명으로 틀린 것은?

① 갈수기로 인하여 염도가 증가된 정체 해역에서 주로 발생한다.
② 수중 용존산소 감소에 의한 어패류의 폐사가 발생된다.
③ 수괴의 연직안정도가 크고 독립해 있을 때 발생한다.
④ 해저에 빈산소층이 형성될 때 발생한다.

해설 적조현상은 강우에 따른 하천수의 유입으로 염분량이 낮아지고 물리적 자극물질이 보급될 때 발생한다.

12 다음 중 수질 모델링을 위한 절차에 해당하는 항목으로 거리가 먼 것은?

① 감응도 분석
② 수질 예측 및 평가
③ 보정
④ 변수 추정

해설 수질모델링의 절차상의 주요내용
1. 모델의 설계 및 자료 수집 : 대상수계의 지역 특성, 형상, 수문학적 요소 등을 고려하여 모델을 설계한다.
2. 모델링 프로그램(CODE) 선택 및 운영 : 모델링 프로그램은 모델을 산술적으로 풀어나가기 위한 알고리즘을 포함한 컴퓨터 프로그램을 말한다.
3. 보정 : 모델에 의한 예측치가 실측치를 제대로 반영할 수 있도록 각종 매개변수의 값을 조정하는 과정을 말한다. 예측치와 실측치의 차이가 10~20%를 넘지 않도록 보정한다.
4. 검증 : 보정이 완료되면 보정 시에 사용되지 않았던 유입 지천의 유량과 수질 또는 오염부하량 본류수질 등의 입력자료를 이용하여 모델을 검증한다. 이 과정에서 예측 치와 실측치 간의 차이가 클 경우에는 모델의 보정과 검증을 반복하여 최종적으로 검증한다.
5. 감응도 분석 : 수질관련 반응계수, 수리학적 입력계수, 유입 지천의 유량과 수질 또는 오염부하량 등의 입력자료의 변화 정도가 수질항목 농도에 미치는 영향을 분석하는 것이다. 어떤 수질항목의 변화율이 입력자료의 변화율보다 클 경우에는 그 수질항목은 입력자료에 대하여 민감하다고 볼 수 있다.
6. 수질 예측 및 평가 : 완성된 모델에 대하여 미래에 발생이 예상되는 오염물질 관련자료를 입력함으로써 예측을 실시한다.

13 생물학적 질화 중 아질산화에 관한 설명으로 틀린 것은?

① Nitrobacter에 의해 수행된다.
② 수율은 0.04~0.13mg VSS/mg NH_4^+-N 정도이다.
③ 관련 미생물은 독립영양성 세균이다.
④ 산소가 필요하다.

해설 단백질은 효소에 의해 가수분해되어 글리신 등의 아미노산이 된다. 아미노산은 암모니아성질소(NH_3-N) 상태에서 질산화균(Nitrosomonas)에 의해 아질산성질소(NO_2-N)로 산화되고, 다시 질산화균(Nitrobacter)에 의해 질산성질소(NO_3-N)로 산화된다.

14 응집제 투여량이 많으면 많을수록 응집효과가 커지게 되는 Schulze-Hardy rule의 크기를 옳게 나타낸 것은?

① $K^+ > Ca^{2+} > Al^{3+}$
② $Al^{3+} > Ca^{2+} > K^+$
③ $K^+ > Al^{3+} > Ca^{2+}$
④ $Ca^{2+} > K^+ > Al^{3+}$

해설 Schulze-Hardy 법칙 : 콜로이드의 침전은 콜로이드 입자의 전하에 반대되는 부호의 전하를 가진 첨가된 전해질 이온에 영향을 받으며, 이 영향은 그 이온이 지니고 있는 전하의 수에 따라 현저하게 증가한다.

15 활성슬러지의 질산화 과정 중 암모늄 이온(NH_4^+)을 아질산염이온(NO_2^-)으로 산화시키는 Nitrosomonas의 ㉠ 전자공여체, ㉡ 전자수용체, ㉢ 탄소원이 옳게 나열된 것은?

	㉠	㉡	㉢
①	NH_4^+	O_2	HCO_3^-
②	NO_2^-	유기물	HCO_3^-
③	NH_4^+	유기물	CO_2
④	NO_2^-	O_2	유기물

해설 질산화(nitrification)
ⓐ 질산화 반응은 호기성 상태하에서 독립영양미생물인 Nitrosomonas와 Nitrobacter에 의해서 NH_4^+가 2단계를 거쳐 NO_3^-로 변한다.
• 1단계 : $NH_4^+ + \dfrac{3}{2}O_2$
$\rightarrow NO_2^- + 2H^+ + H_2O$(Nitrosomonas)
• 2단계 : $NO_2^- + \dfrac{1}{2}O_2 \rightarrow NO_3^-$(Nitrobacter)
• 전체 반응 : $NH_4^+ + 2O_2 \rightarrow NO_3^- + 2H^+ + H_2O$
ⓑ 질산화 반응 과정에서 질산화미생물의 세포합성을 위하여 HCO_3^-가 소비되면서 pH는 저하된다.

16 소독제를 주입하는 정수처리 과정에서 의도하지 않게 인체에 해로운 소독부산물이 생성될 수도 있다. 소독부산물에 관한 설명 중 옳지 않은 것은?

① 소독제가 주입된 이후 배수 과정에서는 소독부산물이 생성되지 않는다.
② 염소와 같이 산화력이 강한 소독제를 사용할 때 발생할 가능성이 높다.
③ 소독제가 휴믹산 등과 같은 용존성 자연 유기물과 반응하여 생성되기도 한다.
④ 요오드 및 브롬 이온이 소독제와 반응하여 생성되기도 한다.

해설 염소 소독의 경우 소독부산물로 THM 및 기타 염화탄화수소가 생성된다.

17 물의 산소전달률을 나타내는 다음 식에서 보정 계수 β가 나타내는 것으로 옳은 것은?

$$\frac{dO}{dt} = \alpha K_{LA}(\beta C_S - C_t) \times 1.024^{T-20}$$

① 총괄 산소전달계수
② 수중의 용존산소 농도
③ 어느 물과 증류수의 C_S 비율(표준상태에서 시험)
④ 어느 물과 증류수의 K_{La} 비율(표준상태에서 시험)

해설 $\frac{dO}{dt} = \alpha K_{LA}(\beta C_S - C_t) \times 1.024^{T-20}$

여기서, $\frac{dO}{dt}$: 시간 dt 사이의 용존산소 농도의 변화

K_{LA} : 폭기기에 의한 산소전달계수
C_S : 산소포화 농도
C_t : 용존산소 농도
α : 폐수와 증류수의 K_{La} 비율(표준상태에서 시험)
β : 폐수와 증류수의 C_S 비율(표준상태에서 시험)
T : 온도

18 0.01M–KBr과 0.02M–ZnSO₄ 용액의 이온강도는? (단, 완전해리 기준)

① 0.08　　　　② 0.09
③ 0.12　　　　④ 0.14

해설 $I = \frac{1}{2}\sum_i C_i \cdot Z_i^2$

여기서, C_i : 이온의 몰농도, Z_i : 이온의 전하

$\therefore \mu = \frac{1}{2}[0.01 \times (+1)^2 + 0.01 \times (-1)^2$
$\qquad + 0.02 \times (+2)^2 + 0.02 \times (-2)^2]$
$\qquad = 0.09$

19 다음 물질 중 이온화도가 가장 큰 것은?

① CH₃COOH　　　② H₂CO₃
③ HNO₃　　　　④ NH₃

해설 강산일수록 이온화도가 크다. 따라서 질산이 이온화도가 가장 크다.

20 프로피온산(C₂H₅COOH) 0.1M 용액이 4%로 이온화된다면 이온화 정수는?

① 1.7×10^{-4}　　② 7.6×10^{-4}
③ 8.3×10^{-5}　　④ 9.3×10^{-5}

해설 프로피온산의 이온화에서

$$C_2H_5COOH \;\rightleftharpoons\; C_2H_5COO^- \;+\; H^+$$

이온화 이전　 0.1M　 : 　0M　 : 　0M
이온화 이후　(0.1×0.96)M : (0.1×0.04)M : (0.1×0.04)M

$\therefore K = \dfrac{[C_2H_5COO^-][H^+]}{[C_2H_5COOH]}$

$\qquad = \dfrac{(0.1 \times 0.04)^2}{(0.1 \times 0.96)} = 1.67 \times 10^{-4}$

제2과목 ┃ 상하수도

21 강우 배수구역이 다음 표와 같은 경우 평균 유출계수는?

구분	유출계수	면적
주거지역	0.4	2ha
상업지역	0.6	3ha
녹지지역	0.2	7ha

① 0.22　　　　② 0.33
③ 0.44　　　　④ 0.55

해설

총괄 유출계수$(C) = \dfrac{\displaystyle\sum_{i=1}^{\infty} 유출계수 \times 공종의\ 면적}{\displaystyle\sum_{i=1}^{\infty} 공종의\ 면적}$

$\qquad = \dfrac{0.4 \times 2 + 0.6 \times 3 + 0.2 \times 7}{2 + 3 + 7} = 0.33$

22 직경 200cm인 원형 관로에 물이 1/2 차서 흐를 경우, 이 관로의 경심은?

① 15cm　　　　② 25cm
③ 50cm　　　　④ 100cm

해설 경심$(R) = \dfrac{유수단면적(A)}{윤변(S)}$

$\qquad = \dfrac{\frac{\pi D^2}{4} \times \frac{1}{2}}{\pi D \times \frac{1}{2}} = \dfrac{D}{4} = \dfrac{200cm}{4} = 50cm$

23 상수관로에서 조도계수 0.014, 동수경사 1/100, 관경 400mm일 때, 이 관로의 유량은? (단, 만관 기준, Manning 공식에 의함.)

① $3.8 \text{m}^3/\text{min}$
② $6.2 \text{m}^3/\text{min}$
③ $9.3 \text{m}^3/\text{min}$
④ $11.6 \text{m}^3/\text{min}$

해설 Manning 공식을 사용한다.

$$Q = A(\text{단면적}) \times V(\text{유속}) = A \times \frac{1}{n} \cdot R^{\frac{2}{3}} \cdot I^{\frac{1}{2}}$$

ⓐ $A = \dfrac{\pi D^2}{4} = \dfrac{\pi \times (0.4\text{m})^2}{4} = 0.1257\text{m}^2$

ⓑ $V = \dfrac{1}{n} \cdot R^{\frac{2}{3}} \cdot I^{\frac{1}{2}}$ 에서

$\rightarrow R(\text{경심}) = \dfrac{A(\text{단면적})}{P(\text{윤변})} = \dfrac{D}{4} = \dfrac{0.4}{4} = 0.1$

$\rightarrow I = \dfrac{1}{100}$

$\therefore Q = A \times \dfrac{1}{n} \cdot R^{\frac{2}{3}} \cdot I^{\frac{1}{2}}$

$= 0.1257\text{m}^2 \times \dfrac{1}{0.014} \times (0.1)^{\frac{2}{3}} \times \left(\dfrac{1}{100}\right)^{\frac{1}{2}}$

$= 0.1934\text{m}^3/\text{sec} = 11.6\text{m}^3/\text{min}$

24 적정양수량의 정의에 관한 내용으로 ( ) 안에 옳은 것은?

한계양수량의 ( ) 이하의 양수량

① 60%   ② 70%
③ 80%   ④ 90%

해설 지하수(우물)의 양수량 결정 시 적정양수량은 한계양수량의 70% 이하의 양수량으로 구한다.

25 펌프의 공동현상(cavitation)에 관한 설명으로 옳은 것은?

① 공동현상이 생기더라도 펌프의 손상과는 관계가 없다.
② 공동현상이 발생해야만 소음이 발생하지 않는다.
③ 공동현상은 펌프의 임펠러 입구에서 발생하기 쉽다.
④ 공동현상은 수격작용 때문에 발생한다.

해설 공동현상(cavitation)은 펌프의 임펠러 입구에서 특정요인에 의해 물이 증발하거나 흡입관으로부터 공기가 혼입됨으로써 공동이 발생하는 현상이다.

26 슬러지 농축방법의 특징에 관한 설명으로 옳지 않은 것은? (단, 중력식, 부상식, 원심분리, 중력벨트, 농축방식 비교 기준)

① 부상식 농축 : 약품주입 없이도 운전이 가능하나, 실내에 설치할 경우 부식문제를 유발할 수 있다.
② 중력벨트 농축 : 소요면적이 크고, 규격(용량)이 한정된다.
③ 원심분리 농축 : 악취가 적고, 운전조작이 용이하며, 고농도 농축이 가능하다.
④ 중력식 농축 : 구조가 간단하고, 유지관리가 용이하며, 잉여슬러지 농축에 적합하다.

해설 중력식 농축방법은 구조가 간단하고, 유지관리가 용이하며, 1차 슬러지에 적합하다.

27 상수처리를 위한 약품침전지의 구성과 구조로 틀린 것은?

① 슬러지의 퇴적심도로서 30cm 이상을 고려한다.
② 유효수심은 3~5.5m로 한다.
③ 침전지 바닥에는 슬러지 배제에 편리하도록 배수구를 향하여 경사지게 한다.
④ 고수위에서 침전지 벽체 상단까지의 여유고는 10cm 정도로 한다.

해설 약품침전지의 구성과 구조
1. 침전지의 수는 원칙적으로 2지 이상으로 한다.
2. 배치는 각 침전지에 균등하게 유출입될 수 있도록 수리적으로 고려하여 결정한다.
3. 각 지마다 독립하여 사용가능한 구조로 한다.
4. 침전지의 형상은 직사각형으로 하고 길이는 폭의 3~8배 이상으로 한다.
5. 유효수심은 3~3.5m로 하고 슬러지 퇴적심도로서 30cm 이상을 고려하되, 슬러지 제거설비와 침전지의 구조상 필요한 경우에는 합리적으로 조정할 수 있다.
6. 고수위에서 침전지 벽체 상단까지의 여유고는 30cm 이상으로 한다.
7. 침전지 바닥에는 슬러지 배제에 편리하도록 배수구를 향하여 경사지게 한다.
8. 필요에 따라 복개 등을 한다.

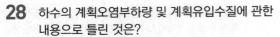

28 하수의 계획오염부하량 및 계획유입수질에 관한 내용으로 틀린 것은?

① 계획유입수질 : 계획오염부하량을 계획1일 최대오수량으로 나눈 값으로 한다.

② 생활오수에 의한 오염부하량 : 1인1일당 오염부하량 원단위를 기초로 하여 정한다.

③ 관광오수에 의한 오염부하량 : 당일관광과 숙박으로 나누고 각각의 원단위에서 추정한다.

④ 영업오수에 의한 오염부하량 : 업무의 종류 및 오수의 특징 등을 감안하여 결정한다.

〔해설〕 하수의 계획유입수질은 계획오염부하량을 계획1일 평균오수량으로 나눈 값으로 한다.

29 배수지의 고수위와 저수위와의 수위차, 즉 배수지의 유효수심의 표준으로 적절한 것은?

① 1~2m   ② 2~4m

③ 3~6m   ④ 5~8m

〔해설〕 배수지의 유효수심은 배수관의 동수압이 적절하게 유지될 수 있도록 3~6m 정도로 한다.

30 호소, 댐을 수원으로 하는 취수문에 관한 설명으로 틀린 것은?

① 일반적으로 중, 소량 취수에 쓰인다.

② 일반적으로 취수량을 조정하기 위한 수문 또는 수위조절판(stop log)을 설치한다.

③ 파랑, 결빙 등의 기상조건에 영향이 거의 없다.

④ 하천의 표류수나 호소의 표층수를 취수하기 위하여 물가에 만들어지는 취수시설이다.

〔해설〕 갈수 시, 홍수 시, 결빙 시에는 취수량 확보 조치 및 조정이 필요하다.

31 하수관거 설계 시 오수관거의 최소관경에 관한 기준은?

① 150mm를 표준으로 한다.

② 200mm를 표준으로 한다.

③ 250mm를 표준으로 한다.

④ 300mm를 표준으로 한다.

〔해설〕 관거의 최소관경
1. 오수관거 : 200mm를 표준으로 한다.
2. 우수관거 및 합류관거 : 250mm를 표준으로 한다.

32 계획오수량에 관한 내용으로 틀린 것은?

① 지하수 유입량은 토질, 지하수위, 공법에 따라 다르지만 1인1일 평균 오수량의 10~20% 정도로 본다.

② 계획1일 최대오수량은 1인1일 최대오수량에 계획인구를 곱한 후 여기에 공장폐수량, 지하수량 및 기타 배수량을 가산한 것으로 한다.

③ 계획1일 평균오수량은 계획1일 최대오수량의 70~80%를 표준으로 한다.

④ 계획시간 최대오수량은 계획1일 최대오수량의 1시간당의 수량의 1.3~1.8배를 표준으로 한다.

〔해설〕 지하수량은 1인1일 최대오수량의 10~20%이다.

33 하수관거를 매설하기 위해 굴토한 도랑의 폭이 1.8m이다. 매설지점의 표토는 젖은 진흙으로서 흙의 밀도가 2.0t/m³이고, 흙의 종류와 관의 깊이에 따라 결정되는 계수 C_1 =1.5였다. 이때 매설관이 받는 하중(t/m)은? (단, Marston 공식에 의해 계산)

① 2.5   ② 5.8

③ 7.4   ④ 9.7

〔해설〕 $W = C_1 \times \gamma \times B^2$

$$W = \frac{1.5 \left| \frac{2t}{m^3} \right| (1.8m)^2}{} = 9.72 t/m$$

34 하수도 시설기준의 우수배제계획에서 계획우수량을 정할 때 빗물펌프장의 확률년수 기준으로 옳은 것은?

① 15~20년

② 20~30년

③ 30~50년

④ 50~100년

〔해설〕 빗물펌프장의 계획 확률년수는 30~50년이다.

35 Cavitation 발생을 방지하기 위한 대책으로 틀린 것은?

① 펌프의 설치위치를 가능한 한 낮추어 가용유효흡입수두를 크게 한다.

② 펌프의 회전속도를 낮게 선정하여 필요유효흡입수두를 크게 한다.

③ 흡입측 밸브를 완전히 개방하고 펌프를 운전한다.

④ 흡입관의 손실을 가능한 한 작게 하여 가용유효흡입수두를 크게 한다.

해설 Cavitation의 방지방법
1. 펌프의 설치위치를 가능한 한 낮추어 흡입양정을 짧게 한다.
2. 펌프의 회전수를 감소시킨다.
3. 성능에 크게 영향을 미치지 않는 범위 내에서 흡입관의 직경을 증가시킨다.
4. 두 대 이상의 펌프를 사용하거나 회전차를 수중에 완전히 잠기게 한다.
5. 양흡입 펌프 · 입축형 펌프 · 수중 펌프의 사용을 검토한다.
6. 펌프의 회전속도를 낮추어 펌프의 필요유효흡입수두를 작게 한다.

36 토출량 20m³/min, 전양정 6m, 회전속도 1,200rpm인 펌프의 비교회전도는?

① 약 1,300 ② 약 1,400
③ 약 1,500 ④ 약 1,600

해설 $N_s = N \times \dfrac{Q^{1/2}}{H^{3/4}}$

여기서, N : 펌프의 회전수=1,200회/min
Q : 펌프의 규정토출량=20m³/min
H : 6m

$\therefore\ N_s = 1,200 \times \dfrac{20^{1/2}}{6^{3/4}} = 1,399.9$

37 하수도시설인 중력식 침사지에 대한 설명으로 틀린 것은?

① 침사지의 평균유속은 0.3m/초를 표준으로 한다.

② 침사지의 표면부하율은 오수침사지의 경우 1,800m²/m² · 일, 우수침사지의 경우 3,600m²/m² · 일 정도로 한다.

③ 저부경사는 보통 1/500~1/1,000로 하며, 그리트 제거설비의 종류별 특성에 따라 범위가 적용된다.

④ 침사지의 수심은 유효수심에 모래 퇴적부의 깊이를 더한 것으로 한다.

해설 중력식 침사지의 저부경사는 보통 1/100~1/200로 하나, 그리트 제거설비의 종류별 특성에 따라서는 이 범위가 적용되지 않을 수도 있다.

38 상수도시설의 내진설계 방법이 아닌 것은?

① 등가적정해석법   ② 다중회귀법
③ 응답변위법   ④ 동적해석법

해설 수도시설의 내진설계법으로 진도법(수정진도법을 포함), 응답변위법 및 동적해석법이 있다.

39 상수도관에 사용되는 관종 중 스테인리스강관에 관한 특징으로 틀린 것은?

① 강인성이 뛰어나고, 충격에 강하다.

② 용접 접속에 시간이 걸린다.

③ 라이닝이나 도장을 필요로 하지 않는다.

④ 이종금속과의 절연처리가 필요 없다.

해설 스테인리스강관은 이종금속과의 절연처리가 필요하다.
스테인리스강관의 장 · 단점
1. 장점
   • 강도가 크고, 내구성이 있다.
   • 내식성이 우수하다.
   • 강인성이 뛰어나고, 충격에 강하다.
   • 라이닝이나 도장을 필요로 하지 않는다.
2. 단점
   • 용접 접속에 시간이 걸린다.
   • 이종금속과의 절연처리를 필요로 한다.

40 정수처리 과정에서 이용되는 여과에 대한 설명으로 옳지 않은 것은?

① 완속여과는 부유물질 외에 세균도 제거가 가능하다.

② 급속여과는 저탁도 원수, 완속여과는 고탁도 원수의 처리에 적합하다.

③ 급속여과의 속도는 약 120~150m/d이며, 완속여과의 속도는 약 4~5m/d이다.

④ 여과지의 운전에 따라 발생하는 공극률의 감소는 여과저항 증가의 원인이 된다.

해설 급속여과는 고탁도 원수, 완속여과는 저탁도 원수의 처리에 적합하다.

41 생물막을 이용한 처리법 중 접촉산화법에 대한 설명으로 옳지 않은 것은?

① 비교적 소규모 시설에 적합하다.
② 미생물량과 영향인자를 정상상태로 유지 하기 위한 조작이 쉽다.
③ 슬러지 반송이 필요하지 않아 운전이 용 이하다.
④ 고부하에서 운전 시 생물막이 비대화되어 접촉재가 막히는 경우가 발생할 수 있다.

해설 접촉산화법은 미생물량과 영향인자를 정상상태로 유지하기 위한 조작이 어렵다. 이 밖의 단점은 반응조 내 매체를 균일하게 포기 교반하는 조건 설정이 어렵고, 사수부가 발생할 우려가 있으며, 포기 비용이 약간 높고, 초기 건설비가 비싸다.

42 유량이 1,000m³/d이고, SS 농도가 200mg/L인 하수가 1차 침전지로 유입된다. 1차 슬러지 발생량이 5m³/d, 1차 슬러지 SS 농도가 20,000mg/L라면 1차 침전지의 SS 제거효율은 얼마인가? (단, SS는 1차 침전지에서 분해되지 않는다고 가정한다.)

① 40% ② 50%
③ 60% ④ 70%

해설
$$\eta(\%) = \left(1 - \frac{Q_o C_o}{Q_i C_i}\right) \times 100$$

ⓐ $Q_i C_i = \dfrac{1,000m^3}{day}\left|\dfrac{200mg}{L}\right|\dfrac{1kg}{10^6mg}\left|\dfrac{10^3L}{1m^3}\right.$
$\qquad = 200kg/day$

ⓑ 제거된 슬러지량
$= \dfrac{5m^3}{day}\left|\dfrac{20,000mg}{L}\right|\dfrac{1kg}{10^6mg}\left|\dfrac{10^3L}{1m^3}\right| = 100kg/day$

ⓒ $Q_o C_o = 200 - 100 = 100kg/day$

∴ $\eta = \left(1 - \dfrac{100o}{200}\right) \times 100 = 50\%$

43 혐기성 소화법과 비교한 호기성 소화법의 장·단점으로 옳지 않은 것은?

① 소화슬러지 탈수가 용이하다.
② 운전이 용이하다.
③ 가치 있는 부산물이 생성되지 않는다.
④ 저온 시의 효율이 저하된다.

해설 소화슬러지 탈수가 용이한 것은 혐기성 소화법의 장점이다.

44 일반적인 슬러지 처리공정을 순서대로 배치한 것은?

① 농축 → 약품 조정(개량) → 유기물의 안 정화 → 건조 → 탈수 → 최종처분
② 농축 → 유기물의 안정화 → 약품 조정 (개량) → 탈수 → 건조 → 최종처분
③ 약품 조정(개량) → 농축 → 유기물의 안 정화 → 탈수 → 건조 → 최종처분
④ 유기물의 안정화 → 농축 → 약품 조정 (개량) → 탈수 → 건조 → 최종처분

해설 슬러지 처리 계통도
농축 → 소화(안정화) → 개량 → 탈수 → 건조 → 최종처분

45 생물학적 방법과 화학적 방법을 함께 이용한 고도처리 방법은?

① 수정 Bardenpho 공정
② SBR 공정
③ Phostrip 공정
④ UCT 공정

46 유량 4,000m³, 부유물질 농도 220mg/L인 하수를 처리하는 1차 침전지에서 발생되는 슬러지의 양은? (단, 슬러지 단위중량(비중) 1.03, 함수율 94%, 1차 침전지 체류시간 2시간, 부유물질 제거 효율 60%, 기타 조건은 고려하지 않음.)

① 6.32m³ ② 8.54m³
③ 10.72m³ ④ 12.53m³

해설 부유물질의 유입량과 제거효율을 이용한다.
$$SL = \dfrac{220mg \cdot TS}{L}\left|\dfrac{4,000m^3}{day}\right|\dfrac{60}{100}$$

$\qquad \left|\dfrac{100 \cdot SL}{(100-94) \cdot TS}\right|\dfrac{10^3L}{1m^3}\left|\dfrac{1kg}{10^6mg}\right|\dfrac{m^3}{1,030kg}$

$\qquad = 8.54m^3/day$

47 하수관거 내에서 황화수소(H_2S)가 발생되는 조건으로 가장 거리가 먼 것은?

① 용존산소의 결핍
② 황산염의 환원
③ 혐기성 세균의 증식
④ 염기성 pH

48 공기 공급유량 509.7m³/hr에서 공기 공급 오존 발생 시스템이 운전된다. 오존측정기로 측정한 오존발생 농도는 중량기준으로 1.65%(165g 오존/100g 공기)이고, 20℃, 1기압 상태에서 공기의 무게가 12.005g/m³로 주어질 때 오존 생산량(g/day)은?

① 약 143,320
② 약 243,320
③ 약 343,320
④ 약 443,320

해설 오존 생산량$= \dfrac{509.7\text{m}^3}{\text{hr}} \Big| \dfrac{165\text{g}}{100\text{g}} \Big| \dfrac{12.005\text{g}}{\text{m}^3} \Big| \dfrac{24\text{hr}}{\text{day}}$

$= 242,310\text{g/day}$

49 물리, 화학적으로 질소 제거공정인 파과점 염소 주입에 관한 내용으로 옳지 않은 것은? (단, 기타 방법과 비교 내용임.)

① 기존 시설에 적용이 용이하다.
② 수생생물에 독성을 끼치는 잔류염소 농도가 높아진다.
③ 고도의 질소 제거를 위하여 여타 질소 제거공정 다음에 사용 가능하다.
④ pH에 영향이 없어 염소 투여 요구량이 일정하다.

해설 파과점 염소 주입 pH에 대한 영향이 크다.

50 소화조 슬러지 주입률 100m³/day, 슬러지의 SS 농도 6.47%, 소화조 부피 1,250m³, SS 내 VS 함유율 85%일 때, 소화조에 주입되는 VS의 용적부하(kg/m³·day)는? (단, 슬러지의 비중=1.0)

① 1.4
② 2.4
③ 3.4
④ 4.4

해설 소화조에 주입되는 VS의 용적부하는 다음 식으로 계산된다.
소화조에 유입되는 VS의 용적부하

$= \dfrac{\text{소화조에 유입되는 VS의 양(kg/day)}}{\text{소화조의 용적(m}^3)}$

$= \dfrac{100\text{m}^3 \cdot \text{SL}}{\text{day}} \Big| \dfrac{6.47 \cdot \text{TS}}{100 \cdot \text{SL}} \Big| \dfrac{85 \cdot \text{VS}}{100 \cdot \text{TS}}$

$\Big| \dfrac{1}{1,250\text{m}^3} \Big| \dfrac{1,000\text{kg}}{\text{m}^3}$

$= 4.4\text{kg/m}^3 \cdot \text{day}$

51 폐수처리에 관련된 침전현상으로 입자간 작용하는 힘에 의해 주변입자들의 침전을 방해하는 중간 정도 농도 부유액에서의 침전은?

① 제1형 침전(독립입자침전)
② 제2형 침전(응집침전)
③ 제3형 침전(계면침전)
④ 제4형 침전(압밀침전)

해설 간섭침전이란 플록을 형성하여 침강하는 입자들이 서로 방해를 받아 침전속도가 감소하는 침전이다. 중간 정도의 농도로서 침전하는 부유물과 상징수 간에 경계면을 지키면서 침강한다. 일명 방해, 장애, 집단, 계면, 지역 침전 등으로 칭하며, 상향류식 부유물 접촉 침전지와 농축조가 이에 해당한다.

52 급속 모래여과를 운전할 때 나타나는 문제점이라 할 수 없는 것은?

① 진흙덩어리(mud ball)의 축적
② 여재의 층상구조 형성
③ 여과상의 수축
④ 공기 결합(air binding)

해설 여과 시 운전상 문제점으로 작용하는 것은 여과상의 수축과 공기 결합, 부압의 형성, 진흙덩어리(mud ball)의 축적 등이 있다.

53 9.0kg의 글루코스(glucose)로부터 발생 가능한 0℃, 1atm에서의 CH_4 가스의 용적은? (단, 혐기성 분해 기준)

① 3,160L
② 3,360L
③ 3,560L
④ 3,760L

해설
$C_6H_{12}O_6 \ \rightarrow \ 3CH_4 \ + \ 3CO_2$

$180\text{g} \ : \ 3 \times 22.4\text{L}$

$9,000\text{g} \ : \ x(\text{L})$

$\therefore x(=CH_4) = 3,360\text{L(STP)}$

54 슬러지의 소화율(消化率)이란 생슬러지 중의 VS가 가스화 및 액화되는 비율을 말한다. 생슬러지와 소화슬러지의 VS/TS가 각각 80% 및 50%일 경우 소화율은?

① 38%
② 46%
③ 63%
④ 75%

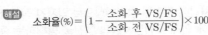

해설

$$소화율(\%) = \left(1 - \frac{소화\ 후\ VS/FS}{소화\ 전\ VS/FS}\right) \times 100$$

ⓐ 소화 전 : $TS_1 = VS_1 + FS_1$

$100\% = 80\% + x(\%)$

$x = 20\%$

ⓑ 소화 후 : $TS_2 = VS_2 + FS_2$

$100\% = 50\% + x'(\%)$

$x' = 50\%$

$\therefore$ 소화율 $= \left(1 - \dfrac{50/50}{80/20}\right) \times 100 = 75\%$

55 회전원판법의 특징에 해당되지 않는 것은?

① 운전관리상 조작이 간단하고, 소비전력량은 소규모 처리시설에서는 표준활성슬러지법에 비하여 적다.

② 질산화가 일어나기 쉬우며, 이로 인하여 처리수의 BOD가 낮아진다.

③ 활성슬러지법에 비해 2차 침전지에서 미세한 SS가 유출되기 쉽고, 처리수의 투명도가 나쁘다.

④ 살수여상과 같이 파리는 발생하지 않으나, 하루살이가 발생할 수 있다.

해설 질산화가 일어나기 쉬우며, 이로 인하여 처리수의 BOD가 높아진다.

56 길이 : 폭의 비가 3 : 1인 장방형 침전조에 유량 850㎥/day의 흐름이 도입된다. 깊이 4.0m이고 체류시간 1.92hr라면 표면부하율(m³/m² · day)은? (단, 흐름은 침전조 단면적에 균일하게 분배)

① 20   ② 30

③ 40   ④ 50

해설

$$표면부하율 = \frac{유입유량(m^3/day)}{침전조의\ 표면적(m^2)}$$

ⓐ 유입유량 $= 850 m^3/day$

ⓑ 침전조의 표면적$(A) = W(폭) \times L(길이)$

$$\forall (m^3) = Q \times t = \frac{850 m^3}{day} \left| \frac{1.92hr}{} \right| \frac{1day}{24hr} = 68 m^3$$

$\forall = W \times L \times H = W \times 3W \times 4 = 68 m^3$

여기서, $W = 2.38m$

$L = 3W = 3 \times 2.38 = 7.14m$

$\therefore$ 표면부하율 $= \dfrac{850 m^3}{day} \left| \dfrac{1}{(2.38 \times 7.14) m^2} \right.$

$= 50.02 m^3/m^2 \cdot day$

57 MLSS 농도 3,000mg/L, F/M비 0.4인 포기조에 BOD 350mg/L의 폐수가 3,000㎥/day로 유입되고 있다. 포기조 체류시간(hr)은?

① 5   ② 7

③ 9   ④ 11

해설

$$F/M(day^{-1}) = \frac{BOD_i \cdot Q_i}{\forall \cdot X} = \frac{BOD_i}{t \cdot X}$$

$\therefore t = \dfrac{BOD}{F/M \cdot X}$

$= \dfrac{350 mg/L}{0.4 \times 3,000 mg/L} = 0.292 day = 7hr$

58 폐수처리장의 완속교반기 동력을 부피 1,000㎥인 탱크에서 G값을 50/s를 적용하여 설계하고자 한다면 이론적으로 소요되는 동력은? (단, 폐수의 점도는 $1.139 \times 10^{-3} N \cdot s/m^2$)

① 약 2.15kW   ② 약 2.45kW

③ 약 2.85kW   ④ 약 3.25kW

해설 점도 단위는 $1N \cdot sec/m^2 = 1kg/m \cdot sec$임을 알아두자. 속도경사 계산식을 활용하면 다음과 같이 계산된다.

$$G = \sqrt{\frac{P}{\mu \forall}}$$

$\therefore$ 동력$(P) = G^2 \times \mu \times \forall$

$= (50)^2 \times (1.139 \times 10^{-3}) \times 1,000$

$= 2,847.5W = 2.85kW$

59 아래의 공정은 A²/O 공정을 나타낸 것이다. 각 반응조의 주요 기능에 대하여 옳은 것은?

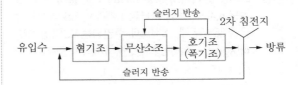

① 혐기조 : 인 방출, 무산소조 : 질산화, 폭기조 : 탈질, 인 과잉섭취

② 혐기조 : 인 방출, 무산소조 : 탈질, 폭기조 : 인 과잉섭취, 질산화

③ 혐기조 : 탈질, 무산소조 : 질산화, 폭기조 : 인 방출 및 과잉섭취

④ 혐기조 : 탈질, 무산소조 : 인 과잉섭취, 폭기조 : 질산화, 인 방출

60 막공법 중 물질 분리를 유발하는 추진력(driving force)으로 틀린 것은?

① 전기투석(electrodialysis) – 기전력
② 투석(dialysis) – 정수압차
③ 역삼투(reverse osmosis) – 정수압차
④ 한외여과(ultrafiltration) – 정수압차

[해설] 투석의 추진력은 농도차이다.

제4과목 | 수질오염공정시험기준

61 투명도 측정에 관한 설명으로 적절치 못한 것은?

① 투명도판을 천천히 끌어올리면서 보이기 시작한 깊이를 1.0m 단위로 읽어 투명도를 측정한다.
② 투명도판은 무게가 약 3kg인 지름 30cm의 백색원판에 지름 5cm인 구멍 8개가 뚫려 있다.
③ 흐름이 있어 줄이 기울어질 경우에는 2kg 정도의 추를 달아서 줄을 세워야 한다.
④ 투명도판의 색조차는 투명도에 미치는 영향이 적지만 원판의 광반사능도 투명도에 영향을 미치므로 표면이 더러울 때에는 다시 색칠하여야 한다.

[해설] 투명도판을 천천히 끌어올리면서 보이기 시작한 깊이를 0.1m 단위로 읽어 투명도를 측정한다.

62 정도관리 요소 중 정밀도를 옳게 나타낸 것은? (단, n : 연속적으로 측정한 횟수)

① 정밀도(%) = (n회 측정한 결과의 평균값/표준편차) × 100
② 정밀도(%) = (표준편차/n회 측정한 결과의 평균값) × 100
③ 정밀도(%) = (상대편차/n회 측정한 결과의 평균값) × 100
④ 정밀도(%) = (n회 측정한 결과의 평균값/상대편차) × 100

[해설] 정밀도는 시험분석 결과의 반복성을 나타내는 것으로, 반복 시험하여 얻은 결과를 상대표준편차로 나타내며 연속적으로 n회 측정한 결과의 평균값($\bar{x}$)과 표준편차(s)로 구한다.

63 유기물을 다량 함유하고 있으면서 산 분해가 어려운 시료에 적용되는 전처리법은?

① 질산 – 염산법
② 질산 – 황산법
③ 질산 – 초산법
④ 질산 – 과염소산법

[해설] 적용시료에 따른 전처리 방법

전처리 방법	적용시료
질산법	유기물 함량이 비교적 높지 않은 시료의 전처리에 사용한다.
질산 – 염산법	유기물 함량이 비교적 높지 않고 금속의 수산화물, 산화물, 인산염 및 황화물을 함유하고 있는 시료에 적용된다.
질산 – 황산법	유기물 등을 많이 함유하고 있는 대부분의 시료에 적용된다.
질산 – 과염소산법	유기물을 다량 함유하고 있으면서 산 분해가 어려운 시료에 적용된다.
질산 – 과염소산 – 불화수소산법	다량의 점토질 또는 규산염을 함유한 시료에 적용된다.

64 유속 – 면적법에 의한 하천유량을 구하기 위한 소구간 단면에 있어서의 평균유속 V_m을 구하는 식으로 맞는 것은? (단, $V_{0.2}$, $V_{0.4}$, $V_{0.5}$, $V_{0.6}$, $V_{0.8}$은 각각 수면으로부터 전 수심의 20%, 40%, 50%, 60% 및 80%인 점의 유속이다.)

① 수심이 0.4m 미만일 때, $V_m = V_{0.5}$
② 수심이 0.4m 미만일 때, $V_m = V_{0.8}$
③ 수심이 0.4m 이상일 때, $V_m = (V_{0.2} + V_{0.8}) \times 1/2$
④ 수심이 0.4m 이상일 때, $V_m = (V_{0.4} + V_{0.6}) \times 1/2$

[해설] 하천의 유속은 수심 0.4m를 기점으로 하여, 다음과 같이 평균유속을 구한다.
ⓐ 수심이 0.4m 이상일 때, $V_m = (V_{20\%} + V_{80\%})/2$
ⓑ 수심이 0.4m 미만일 때, $V_m = V_{60\%}$

65 감응계수를 옳게 나타낸 것은? (단, 검정곡선 작성용 표준용액의 농도 : C, 반응값 : R)

① 감응계수 = R/C
② 감응계수 = C/R
③ 감응계수 = $R \times C$
④ 감응계수 = $C - R$

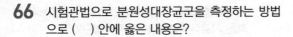

66 시험관법으로 분원성대장균군을 측정하는 방법으로 ( ) 안에 옳은 내용은?

> 물속에 존재하는 분원성대장균군을 측정하기 위하여 ( )을 이용하는 추정시험과 백금이를 이용하는 확정시험으로 나뉘며, 추정시험이 양성일 경우 확정시험을 시행하는 방법이다.

① 멸균시험관　　② 배양시험관
③ 다람시험관　　④ 페트리시험관

해설 물속에 존재하는 분원성대장균군을 측정하기 위하여 다람시험관을 이용하는 추정시험과 백금이를 이용하는 확정시험으로 나뉘며, 추정시험이 양성일 경우 확정시험을 시행하는 방법이다.

67 자외선/가시선분광법에 의해 구리를 정량하는 방법에 관한 설명으로 옳지 않은 것은?

① 다이에틸다이티오카르바민산법을 적용한다.
② 시료 중에 시안화합물이 함유되어 있으면 염산 산성으로 하여 끓여 시안화물을 완전히 분해하여 제거한다.
③ 시료 중 음이온 계면활성제가 존재하면 구리의 추출이 불완전하다.
④ 비스무트(Bi)는 미량 포함되어 있어도 청색으로 발색되어 방해물질로 작용한다.

해설 비스무트(Bi)가 구리의 양보다 2배 이상 존재할 경우에는 황색을 나타내어 방해한다.

68 시료 채취 시 유의사항으로 틀린 것은?

① 시료 채취량은 시험항목 및 시험횟수에 따라 차이가 있으나 보통 3~5L 정도여야 한다.
② 퍼클로레이트를 측정하기 위한 시료를 채취할 때 시료의 공기접촉이 없도록 시료병에 가득 채운다.
③ 유류 또는 부유물질 등이 함유된 시료는 시료의 균일성이 유지될 수 있도록 채취해야 하며, 침전물 등이 부상하여 혼입되어서는 안 된다.
④ 휘발성유기화합물 분석용 시료를 채취할 때에는 뚜껑의 격막을 만지지 않도록 주의하여야 한다.

해설 퍼클로레이트를 측정하기 위한 시료 채취 시 시료용기를 질산 및 정제수로 씻은 후 사용하며, 시료 채취 시 시료병의 2/3를 채운다.

69 인산염인(자외선/가시선분광법 – 아스코르브산 환원법) 측정방법에 관한 내용으로 ( ) 안에 옳은 내용은?

> 물속에 존재하는 인산염인을 측정하기 위하여 몰리브덴산암모늄과 반응하여 생성된 몰리브덴산인암모늄을 아스코빈산으로 환원하여 생성된 몰리브덴산 ( )에서 측정하여 인산염인을 정량하는 방법이다.

① 청색의 흡광도를 880nm
② 적색의 흡광도를 540nm
③ 적색의 흡광도를 460nm
④ 청색의 흡광도를 660nm

해설 물속에 존재하는 인산염인을 측정하기 위하여 몰리브덴산암모늄과 반응하여 생성된 몰리브덴산인암모늄을 아스코르브산으로 환원하여 생성된 몰리브덴산 청색의 흡광도를 880nm에서 측정하여 인산염인을 정량하는 방법이다.

70 자외선/가시선분광법에 의한 페놀류 시험방법에 대한 설명으로 틀린 것은?

① 붉은색의 안티피린계 색소의 흡광도를 측정한다.
② 정량한계는 클로로폼 추출법일 때 0.005mg/L이고, 직접측정법일 때에는 0.05mg/L이다.
③ 흡광도를 측정하는 방법으로 수용액에서는 460nm, 클로로폼 용액에서는 510nm에서 측정한다.
④ 완충액을 시료에 가하여 pH 10으로 조절한다.

해설 자외선/가시선분광법에 의한 페놀류의 측정원리 : 물속에 존재하는 페놀류를 측정하기 위하여 증류한 시료에 염화암모늄-암모니아 완충용액을 넣어 pH 10으로 조절한 다음 4-아미노안티피린과 헥사시안화철(Ⅱ)산칼륨을 넣어 생성된 붉은색의 안티피린계 색소의 흡광도를 측정하는 방법으로, 수용액에서는 510nm, 클로로폼 용액에서는 460nm에서 측정한다.

71 다음은 공장폐수 및 하수유량 측정방법 중 최대 유량이 $1 \text{m}^3/\text{min}$ 미만인 경우에 용기 사용에 관한 설명이다. ( ) 안에 옳은 내용은?

> 용기는 용량 100~200L인 것을 사용하여 유수를 채우는 데에 요하는 시간을 스톱워치로 잰다. 용기에 물을 받아 넣는 시간이 ( )이 되도록 용량을 결정한다.

① 20초 이상   ② 30초 이상
③ 60초 이상   ④ 90초 이상

해설 용기는 용량 100~200L인 것을 사용하여 유수를 채우는 데에 요하는 시간을 스톱워치로 잰다. 용기에 물을 받아 넣는 시간이 20sec 이상이 되도록 용량을 결정한다.

72 수질오염물질의 농도 표시방법에 대한 설명으로 적절치 않은 것은?

① 백만분율을 표시할 때는 ppm 또는 mg/L 의 기호를 쓴다.
② 십억분율을 표시할 때는 $\mu\text{g/m}^3$ 또는 ppb 의 기호를 쓴다.
③ 용액의 농도를 %로만 표시할 때는 W/V을 말한다.
④ 십억분율은 1ppm의 1/1,000이다.

해설 십억분율을 표시할 때는 $\mu\text{g/L}$ 또는 ppb의 기호를 쓴다.

73 수질오염공정시험기준에서 사용하는 용어에 대한 설명으로 틀린 것은?

① "항량으로 될 때까지 건조한다"라 함은 같은 조건에서 1시간 더 건조하여 전후 차가 g당 0.3mg 이하일 때를 말한다.
② 시험조작 중 "즉시"란 30초 이내에 표시된 조작을 하는 것을 뜻한다.
③ "기밀용기"라 함은 취급 또는 저장하는 동안에 이물질이 들어가거나 또는 내용물이 손실되지 아니하도록 보호하는 용기를 말한다.
④ "방울수"라 함은 20℃에서 정제수 20방울을 적하할 때 그 부피가 약 1mL가 되는 것을 뜻한다.

해설 "기밀용기"라 함은 취급 또는 저장하는 동안에 밖으로부터의 공기와 다른 가스가 침입하지 아니하도록 내용물을 보호하는 용기를 말한다.

74 흡광광도계용 흡수셀의 재질과 그에 따른 파장범위를 잘못 짝지은 것은? (단, 재질 – 파장범위)

① 유리제 – 가시부
② 유리제 – 근적외부
③ 석영제 – 자외부
④ 플라스틱제 – 근자외부

해설 플라스틱제는 근적외부 파장범위에서 사용한다.

75 퇴적물의 완전연소 가능량 측정에 관한 내용으로 ( ) 안에 옳은 것은?

> 110℃에서 건조시킨 시료를 도가니에 담고 무게를 측정한 다음 (㉠)℃에서 (㉡)시간 가열한 후 다시 무게를 측정한다.

① ㉠ 400, ㉡ 1   ② ㉠ 400, ㉡ 2
③ ㉠ 550, ㉡ 1   ④ ㉠ 550, ㉡ 2

해설 퇴적물 측정망의 완전연소 가능량을 측정하기 위한 방법으로, 110℃에서 건조시킨 시료를 도가니에 담고 무게를 측정한 다음 550℃에서 2시간 가열한 후 다시 무게를 측정한다.

76 식물성 플랑크톤 측정에 관한 설명으로 틀린 것은?

① 시료가 육안으로 녹색이나 갈색으로 보일 경우 정제수로 적절한 농도로 희석한다.
② 물속에 식물성 플랑크톤은 평판집락법을 이용하여 면적당 분포하는 개체수를 조사한다.
③ 식물성 플랑크톤은 운동력이 없거나 극히 적어 수체의 유동에 따라 수체 내에 부유하면서 생활하는 단일개체, 집락성, 선상 형태의 광합성 생물을 총칭한다.
④ 시료의 개체수는 계수면적당 10~40 정도가 되도록 희석 또는 농축한다.

해설 현미경계수법 : 물속의 부유생물인 식물성 플랑크톤을 현미경계수법을 이용하여 개체수를 조사하는 정량분석 방법이다.

77 수질오염공정시험기준상 질산성질소의 측정법으로 가장 적절한 것은?

① 자외선/가시선분광법(디아조화법)
② 이온 크로마토그래피법
③ 이온전극법
④ 카드뮴환원법

해설 질산성질소의 적용가능한 시험방법
• 이온 크로마토그래피법
• 자외선/가시선분광법(부루신법)
• 자외선/가시선분광법(활성탄흡착법)
• 데발다합금 환원증류법

78 자외선/가시선분광법을 적용한 음이온 계면활성제 시험방법에 관한 설명으로 틀린 것은?

① 메틸렌블루와 반응시켜 생성된 청색의 착화합물을 추출하여 흡광도를 측정한다.
② 칼럼을 통과시켜 시료 중의 계면활성제를 종류별로 구분하여 측정할 수 있다.
③ 메틸렌블루와 반응시켜 생성된 착화합물을 추출할 때 클로로폼을 사용한다.
④ 약 1,000mg/L 이상의 염소이온 농도에서 양의 간섭을 나타내며, 따라서 염분 농도가 높은 시료의 분석에는 사용할 수 없다.

해설 자외선/가시선분광법을 적용한 음이온 계면활성제 시험방법은 시료 중의 계면활성제를 종류별로 구분하여 측정할 수 없다.

79 자외선/가시선분광법(인도페놀법)으로 암모니아성질소를 측정할 때 암모늄이온이 차아염소산의 공존 아래에서 페놀과 반응하여 생성하는 인도페놀의 색깔과 파장은?

① 적자색, 510 nm
② 적색, 540 nm
③ 청색, 630 nm
④ 황갈색, 610 nm

해설 암모니아성질소(자외선/가시선분광법) : 물속에 존재하는 암모니아성질소를 측정하기 위하여 암모늄이온이 하이포염소산의 존재 하에서, 페놀과 반응하여 생성하는 인도페놀의 청색을 630nm에서 측정하는 방법이다.

80 예상 BOD 값에 대한 사전 경험이 없을 때 오염된 하천수의 검액 조제 방법은?

① 25~100%의 시료가 함유되도록 희석 조제한다.
② 15~25%의 시료가 함유되도록 희석 조제한다.
③ 5~15%의 시료가 함유되도록 희석 조제한다.
④ 1~5%의 시료가 함유되도록 희석 조제한다.

해설 예상 BOD 값에 대한 사전 경험이 없을 때 다음과 같이 희석하여 검액을 조제한다.
1. 강한 공장폐수 : 시료를 0.1~1.0% 넣는다.
2. 처리하지 않은 공장폐수와 침전된 하수 : 시료를 1~5% 넣는다.
3. 처리하여 방류된 공장폐수 : 시료를 5~25% 넣는다.
4. 오염된 하천수 : 시료를 25~100% 넣는다.

제5과목 | 수질환경관계법규

81 수질오염경보(조류경보) 단계 중 다음 발령 · 해제 기준의 설명에 해당하는 단계는? (단, 상수원 구간)

2회 연속채취 시 남조류 세포수가 1,000세포/mL 이상 10,000세포/mL 미만인 경우

① 관심
② 경보
③ 조류 대발생
④ 해제

해설 조류 경보(상수원 구간)

경보단계	발령 · 해제 기준
관심	2회 연속채취 시 남조류 세포수가 1,000세포/mL 이상 10,000세포/mL 미만인 경우
경계	2회 연속채취 시 남조류 세포수가 10,000세포/mL 이상 1,000,000세포/mL 미만인 경우
조류 대발생	2회 연속채취 시 남조류 세포수가 1,000,000세포/mL 이상인 경우
해제	2회 연속채취 시 남조류 세포수가 1,000세포/mL 미만인 경우

82 낚시제한구역에서의 낚시방법의 제한사항 기준으로 옳은 것은?

① 1개의 낚시대에 4개 이상의 낚시바늘을 떡밥과 뭉쳐서 미끼로 던지는 행위
② 1개의 낚시대에 5개 이상의 낚시바늘을 떡밥과 뭉쳐서 미끼로 던지는 행위
③ 1명당 2대 이상의 낚시대를 사용하는 행위
④ 1명당 3대 이상의 낚시대를 사용하는 행위

해설 낚시제한구역에서의 제한사항
1. 낚시바늘에 끼워서 사용하지 아니하고 물고기를 유인하기 위하여 떡밥·어분 등을 던지는 행위
2. 어선을 이용한 낚시행위 등 「낚시 관리 및 육성법」에 따른 낚시어선업을 영위하는 행위
3. 1명당 4대 이상의 낚시대를 사용하는 행위
4. 1개의 낚시대에 5개 이상의 낚시바늘을 떡밥과 뭉쳐서 미끼로 던지는 행위
5. 쓰레기를 버리거나 취사행위를 하거나 화장실이 아닌 곳에서 대·소변을 보는 등 수질오염을 일으킬 우려가 있는 행위
6. 고기를 잡기 위하여 폭발물·배터리·어망 등을 이용하는 행위

83 초과부과금 산정 시 적용되는 수질오염물질 1킬로그램당 부과금액이 가장 낮은 것은?

① 크롬 및 그 화합물
② 유기인화합물
③ 시안화합물
④ 비소 및 그 화합물

해설 ① 크롬 및 그 화합물 : 75,000원
② 유기인화합물 : 150,000원
③ 시안화합물 : 150,000원
④ 비소 및 그 화합물 : 100,000원

84 대권역 물환경관리계획에 포함되어야 할 사항으로 틀린 것은?

① 상수원 및 물 이용 현황
② 점오염원, 비점오염원 및 기타 수질오염원의 분포 현황
③ 점오염원, 비점오염원 및 기타 수질오염원의 수질오염저감시설 현황
④ 점오염원, 비점오염원 및 기타 수질오염원에서 배출되는 수질오염물질의 양

해설 대권역 물환경관리계획의 수립 시 포함되어야 할 사항
1. 물환경의 변화추이 및 물환경 목표기준
2. 상수원 및 물 이용 현황
3. 점오염원, 비점오염원 및 기타 수질오염원의 분포 현황
4. 점오염원, 비점오염원 및 기타 수질오염원에서 배출되는 수질오염물질의 양
5. 수질오염 예방 및 저감 대책
6. 물환경 보전조치의 추진방향
7. 「저탄소녹색성장기본법」 제2조 제12호에 따른 기후변화에 대한 적응대책
8. 그 밖에 환경부령으로 정하는 사항

85 수질 및 수생태계 환경기준 중 하천의 사람의 건강보호 기준항목인 6가크롬 기준(mg/L)으로 옳은 것은?

① 0.01 이하   ② 0.02 이하
③ 0.05 이하   ④ 0.08 이하

해설 수질 및 수생태계 환경기준 중 하천의 사람의 건강보호 기준항목인 6가크롬 기준은 0.05mg/L 이하이다.

86 폐수 처리방법이 생물화학적 처리방법인 경우 환경부령으로 정하는 시운전기간은? (단, 가동시작일은 5월 1일이다.)

① 가동시작일부터 30일
② 가동시작일부터 50일
③ 가동시작일부터 70일
④ 가동시작일부터 90일

해설 시운전기간
1. 폐수 처리방법이 생물화학적 처리방법인 경우 : 가동시작일부터 50일. 다만, 가동시작일이 11월 1일부터 다음 연도 1월 31일까지에 해당하는 경우에는 가동시작일부터 70일로 한다.
2. 폐수 처리방법이 물리적 또는 화학적 처리방법인 경우 : 가동시작일부터 30일

87 비점오염원이 설치신고 또는 변경신고를 할 때 제출하는 비점오염저감계획서에 포함되어야 하는 사항과 가장 거리가 먼 것은?

① 비점오염원 관련 현황
② 비점오염저감시설 설치계획
③ 비점오염원 관리 및 모니터링 방안
④ 비점오염원 저감방안

해설 비점오염저감계획서에는 다음의 사항이 포함되어야 한다.
1. 비점오염원 관련 현황
2. 비점오염원 저감방안
3. 비점오염저감시설 설치계획
4. 비점오염저감시설 유지관리 및 모니터링 방안

88 비점오염저감시설의 관리 · 운영 기준으로 옳지 않은 것은? (단, 자연형 시설)

① 인공습지 : 동절기(11월부터 다음 해 3월까지를 말한다)에는 인공습지에서 말라 죽은 식생을 제거 · 처리하여야 한다.

② 인공습지 : 식생대가 50퍼센트 이상 고사하는 경우에는 추가로 수생식물을 심어야 한다.

③ 식생형 시설 : 식생수로 바닥의 퇴적물이 처리용량의 25퍼센트를 초과하는 경우에는 침전된 토사를 제거하여야 한다.

④ 식생형 시설 전처리를 위한 침사지는 주기적으로 협잡물과 침전물을 제거하여야 한다.

해설 식생형 시설 : 침전물질이 식생을 덮거나 생물학적 여과시설의 용량을 감소시키기 시작하면 침전물을 제거하여야 한다.

89 환경기술인 또는 기술요원 등의 교육에 관한 설명 중 틀린 것은?

① 환경기술인이 이수하여야 할 교육과정은 환경기술인 과정, 폐수처리기술요원 과정이다.

② 교육기간은 5일 이내로 하며, 정보통신 매체를 이용한 원격교육도 5일 이내로 한다.

③ 환경기술인은 1년 이내에 최초교육과 최초교육 후 3년마다 보수교육을 이수하여야 한다.

④ 교육기관에서 작성한 교육계획서에는 교재편찬 계획 및 교육성적의 평가방법 등이 포함되어야 한다.

해설 교육기간은 5일 이내로 한다. 다만, 정보통신매체를 이용하여 원격교육을 실시하는 경우에는 환경부 장관이 인정하는 기간으로 한다.

90 오염총량 초과부과금 납부통지는 부과사유가 발생한 날부터 며칠 이내에 해야 하는가?

① 15   ② 30
③ 45   ④ 60

해설 오염총량 초과부과금의 납부통지는 부과사유가 발생한 날부터 60일 이내에 해야 한다.

91 기술진단에 관한 설명으로 ( ) 안에 알맞은 것은 어느 것인가?

> 공공폐수처리시설을 설치 · 운영하는 자는 공공폐수처리시설의 관리상태를 점검하기 위하여 ( )년마다 해당 공공폐수처리시설에 대하여 기술진단을 하고, 그 결과를 환경부 장관에게 통보하여야 한다.

① 1   ② 5
③ 10   ④ 15

해설 기술진단 : 공공폐수처리시설을 설치 · 운영하는 자는 공공폐수처리시설의 관리상태를 점검하기 위하여 5년마다 해당 공공폐수처리시설에 대하여 기술진단을 하고, 그 결과를 환경부 장관에게 통보하여야 한다.

92 오염총량관리 조사 · 연구반에 관한 내용으로 ( ) 안에 옳은 내용은?

> 법에 따른 오염총량관리 조사 · 연구반은 ( )에 둔다.

① 유역환경청   ② 한국환경공단
③ 국립환경과학원   ④ 수질환경원격조사센터

해설 오염총량관리 조사 · 연구반은 국립환경과학원에 둔다.

93 상수원을 오염시킬 우려가 있는 물질을 수송하는 자동차의 통행을 제한하고자 한다. 표지판을 설치해야 하는 자는?

① 경찰청장   ② 환경부 장관
③ 대통령   ④ 지자체장

해설 경찰청장은 자동차의 통행제한을 위하여 필요하다고 인정할 때에는 다음에 해당하는 조치를 하여야 한다.
1. 자동차 통행제한 표지판의 설치
2. 통행제한 위반 자동차의 단속

94 오염총량관리 시행계획에 포함되지 않는 것은?

① 대상 유역의 현황
② 연차별 오염부하량 삭감목표 및 구체적 삭감방안
③ 수질과 오염원과의 관계
④ 수질예측 산정자료 및 이행 모니터링 계획

해설 오염총량관리 시행계획에 포함되어야 할 사항
1. 오염총량관리 시행계획 대상 유역의 현황
2. 오염원 현황 및 예측
3. 연차별 지역개발계획으로 인하여 추가로 배출되는 오염부하량 및 해당 개발계획의 세부내용
4. 연차별 오염부하량 삭감목표 및 구체적 삭감방안
5. 오염부하량 할당 시설별 삭감량 및 그 이행시기
6. 수질예측 산정자료 및 이행 모니터링 계획

95 폐수처리업에 종사하는 기술요원에 대한 교육기관으로 옳은 것은?

① 국립환경인재개발원
② 국립환경과학원
③ 한국환경공단
④ 환경보전협회

해설 환경기술인 등의 교육기관
1. 환경기술인 : 환경보전협회
2. 기술요원 : 국립환경인력개발원

96 정당한 사유 없이 공공수역에 다량의 토사를 유출하거나 버려 상수원 또는 하천, 호소를 현저히 오염되게 하는 행위를 한 자에게 부과되는 벌칙은?

① 100만원 이하의 벌금 부과
② 300만원 이하의 벌금 부과
③ 500만원 이하의 벌금 부과
④ 1천만원 이하의 벌금 부과

97 호소수 이용상황 등의 조사 · 측정 등에 관한 설명으로 ( ) 안에 알맞은 내용은?

> 환경부 장관이나 시 · 도지사는 지정, 고시된 호소의 생성 · 조성 연도, 유역면적, 저수량 등 호소를 관리하는 데에 필요한 기초자료에 대하여 ( )마다 조사, 측정함을 원칙으로 한다.

① 2년
② 3년
③ 5년
④ 10년

해설 환경부 장관이나 시 · 도지사는 지정, 고시된 호소의 생성 · 조성 연도, 유역면적, 저수량 등 호소를 관리하는 데에 필요한 기초자료에 대하여 3년마다 조사, 측정함을 원칙으로 한다.

98 대권역 수질 및 수생태계 보전계획의 수립 시 포함되어야 하는 사항으로 틀린 것은?

① 수질 및 수생태계 변화추이 및 목표기준
② 수질오염원 발생원 대책
③ 수질오염 예방 및 저감 대책
④ 상수원 및 물 이용 현황

해설 대권역 수질 및 수생태계 보전계획의 수립 시 포함되어야 하는 사항
1. 수질 및 수생태계 변화추이 및 목표기준
2. 상수원 및 물 이용 현황
3. 점오염원, 비점오염원 및 기타 수질오염원의 분포 현황
4. 점오염원, 비점오염원 및 기타 수질오염원에서 배출되는 수질오염물질의 양
5. 수질오염 예방 및 저감 대책
6. 수질 및 수생태계 보전조치의 추진방향
7. 기후변화에 대한 적응대책
8. 그 밖에 환경부령으로 정하는 사항

99 환경부 장관이 수질 등의 측정자료를 관리 · 분석하기 위하여 측정기기 부착 사업자 등이 부착한 측정기기와 연결, 그 측정결과를 전산 처리할 수 있는 전산망 운영을 위한 수질원격감시체계 관제센터를 설치 · 운영할 수 있는 곳은?

① 국립환경과학원
② 유역환경청
③ 한국환경공단
④ 시 · 도 보건환경연구원

해설 환경부 장관은 전산망을 운영하기 위하여 「한국환경공단법」에 따른 한국환경공단에 수질원격감시체계 관제센터(이하 "관제센터"라 한다)를 설치 · 운영할 수 있다.

100 환경부령으로 정하는 폐수 무방류배출시설의 설치가 가능한 특정 수질유해물질이 아닌 것은?

① 디클로로메탄
② 구리 및 그 화합물
③ 카드뮴 및 그 화합물
④ 1, 1-디클로로에틸렌

해설 폐수 무방류배출시설의 설치가 가능한 특정 수질유해물질
1. 구리 및 그 화합물
2. 디클로로메탄
3. 1, 1-디클로로에틸렌

제1과목 ▌ 수질오염개론

01 K_1(탈산소계수, base=상용대수)가 0.1/day인 물질의 BOD$_5$=400mg/L이고, COD=800mg/L라면, NBDCOD(mg/L)는? (단, BDCOD=BOD$_u$)

① 215
② 235
③ 255
④ 275

[해설] $BOD_t = BOD_u \times (1 - 10^{-k \cdot t})$

$$BOD_u = \frac{BOD_t}{(1-10^{-k \cdot t})} = \frac{400}{(1-10^{-0.1 \times 5})}$$
$$= 548.99 mg/L$$

COD=BDCOD+NBDCOD

$\therefore$ NBDCOD=COD−BDCOD(BOD$_u$)
$$= 800 - 584.99$$
$$= 215.01 mg/L$$

02 다음은 수질조사에서 얻은 결과인데, Ca^{2+} 결과 값의 분실로 인하여 기재가 되지 않았다. 주어진 자료로부터 Ca^{2+} 농도(mg/L)는?

양이온(mg/L)		음이온(mg/L)	
Na$^+$	46	Cl$^-$	71
Ca^{2+}	–	HCO$_3^-$	122
Mg^{2+}	36	SO$_4^{2-}$	192

① 20
② 40
③ 60
④ 80

[해설] 양이온의 노르말 농도와 음이온의 노르말 농도의 차가 Ca^{2+}의 노르말 농도가 된다.

ⓐ $Na^+ = \frac{46mg}{L}\left|\frac{1eq}{23g}\right|\frac{1g}{10^3 mg} = 0.002 eq/L$

ⓑ $Mg^{2+} = \frac{36mg}{L}\left|\frac{1eq}{(24/2)g}\right|\frac{1g}{10^3 mg} = 0.003 eq/L$

ⓒ $Cl^- = \frac{71mg}{L}\left|\frac{1eq}{35.5g}\right|\frac{1g}{10^3 mg} = 0.00 eq/L$

ⓓ $HCO_3^- = \frac{122mg}{L}\left|\frac{1eq}{61g}\right|\frac{1g}{10^3 mg} = 0.002 eq/L$

ⓔ $SO_4^{2-} = \frac{192mg}{L}\left|\frac{1eq}{(96/2)g}\right|\frac{1g}{10^3 mg} = 0.004 eq/L$

$\therefore Ca^{2+} = \frac{0.003eq}{L}\left|\frac{(40/2)g}{1eq}\right|\frac{10^3 mg}{1g} = 60 mg/L$

03 콜로이드(colloid) 용액이 갖는 일반적인 특성으로 틀린 것은?

① 광선을 통과시키면 입자가 빛을 산란하며 빛의 진로를 볼 수 없게 된다.
② 콜로이드 입자가 분산매 및 다른 입자와 충돌하여 불규칙한 운동을 하게 된다.
③ 콜로이드 입자는 질량에 비해서 표면적이 크므로 용액 속에 있는 다른 입자를 흡착하는 힘이 크다.
④ 콜로이드 용액에서는 콜로이드 입자가 양이온 또는 음이온을 띠고 있다.

[해설] 콜로이드는 틴들현상을 가지고 있는 것이 특징이다. 틴들현상은 콜로이드 용액에 빛을 통과시키면 콜로이드 입자가 빛을 산란시켜 빛의 진로가 보이는 현상을 말한다.

04 방사성 물질인 스트론튬(Sr^{90})의 반감기가 29년이라면 주어진 양의 스트론튬(Sr^{90})이 99% 감소하는 데 걸리는 시간(년)은?

① 143
② 193
③ 233
④ 273

[해설] 1차 반응식을 이용한다.

$$\ln \frac{C_t}{C_o} = -K \cdot t$$

ⓐ $t=29$년일 때 $C_o = 100$, $C_t = 50$이므로 반응속도상수 K와의 관계식을 만들면 $\ln\frac{50}{100} = -K \cdot 29 year$

$K = 0.0239 year^{-1}$

ⓑ 따라서 99%의 반감기를 구하면
$$t = \frac{\ln(C_t/C_o)}{-K} = \frac{\ln(1/100)}{-0.0239} = 192.68 = 193년$$

05 분뇨의 특성에 관한 설명으로 틀린 것은?

① 분과 뇨의 구성비는 대략 부피비로 1 : 10 정도이고, 고형물의 비는 7 : 1 정도이다.
② 음식문화의 차이로 인하여 우리나라와 일본의 분뇨 특성이 다르다.
③ 1인 1일 분뇨 생산량은 분이 약 0.12L, 뇨가 2L 정도로서 합계 2.14L이다.
④ 분뇨 내의 BOD와 SS는 COD의 1/3~1/2 정도를 나타낸다.

해설 1인 1일 분뇨 생산량은 분이 약 0.14L, 뇨가 0.9L 정도로서 합계 1.04L이다.

06 BOD가 2,000mg/L인 폐수를 제거율 85%로 처리한 후 몇 배 희석하면 방류수 기준에 맞는가? (단, 방류수 기준은 40mg/L라고 가정한다.)

① 4.5배
② 5.5배
③ 6.5배
④ 7.5배

해설 $C_o = C_i \times (1 - \eta) = 2,000(1 - 0.85) = 300\text{mg/L}$

희석배수 $= \dfrac{300}{40} = 7.5$배

07 용량이 6,000m³인 수조에 200m³/hr의 유량이 유입된다면 수조 내 염소이온 농도가 200mg/L에서 20mg/L가 될 때까지의 소요시간(hr)은? (단, 유입수 내 BOD=0이며, 완전혼합형, 희석효과만 고려함.)

① 약 34
② 약 48
③ 약 57
④ 약 69

해설 CFSTR에서 반응속도상수 K값이 없을 경우는 반응을 무시한 1차 반응에 따르는 희석공식을 적용한다. 1차 반응형 희석공식을 이용하면 다음과 같다.

$$\ln \frac{C_t}{C_o} = -\frac{Q}{\forall} \cdot t$$

$$\therefore t = \frac{\ln(20/200)}{-(200/6,000)} = 69.08\text{hr}$$

08 연속류 교반 반응조(CFSTR)에 관한 내용으로 틀린 것은?

① 충격부하에 강하다.
② 부하변동에 강하다.
③ 유입된 액체의 일부분은 즉시 유출된다.
④ 동일 용량 PFR에 비해 제거효율이 좋다.

해설 CFSTR 반응조는 동일 용량 PFR에 비해 제거효율이 낮다.

09 호소수의 전도현상(turnover)이 호소수 수질환경에 미치는 영향을 설명한 내용 중 바르지 않은 것은?

① 수괴의 수직운동 촉진으로 호소 내 환경용량이 제한되어 물의 자정능력이 감소된다.
② 심층부까지 조류의 혼합이 촉진되어 상수원의 취수 심도에 영향을 끼치게 되므로 수도의 수질이 악화된다.
③ 심층부의 영양염이 상승하게 됨에 따라 표층부에 규조류가 번성하게 되어 부영양화가 촉진된다.
④ 조류의 다량 번식으로 물의 탁도가 증가되고 여과지가 폐색되는 등의 문제가 발생한다.

해설 호소수의 전도현상은 연직방향의 수온 차에 따른 순환 밀도류가 발생하거나 강한 수면풍의 작용으로 수괴의 연직안정도가 불안정하게 되는 현상을 말한다.

10 수질 예측모형의 공간성에 따른 분류에 관한 설명으로 틀린 것은?

① 0차원 모형 : 식물성 플랑크톤의 계절적 변동사항에 주로 이용된다.
② 1차원 모형 : 하천이나 호수를 종방향 또는 횡방향의 연속교반 반응조로 가정한다.
③ 2차원 모형 : 수질의 변동이 일방향성이 아닌 이방향성으로 분포하는 것으로 가정한다.
④ 3차원 모형 : 대호수의 순환 패턴분석에 이용된다.

해설 0차원 모형 : 식물성 플랑크톤의 계절적 변동사항에는 적용하기 곤란하다.

11 부영양화 현상을 억제하는 방법으로 가장 거리가 먼 것은?

① 비료나 합성세제의 사용을 줄인다.
② 축산폐수의 유입물을 막는다.
③ 과잉번식된 조류(algae)는 황산망간($MnSO_4$)을 살포하여 제거 또는 억제할 수 있다.
④ 하수처리장에서 질소와 인을 제거하기 위해 고도처리공정을 도입하여 질소, 인의 호소유입을 막는다.

해설 조류 제거를 위한 화학약품은 일반적으로 황산동($CuSO_4$)을 사용한다.

12 적조에 의해 어패류가 폐사하는 원인과 가장 거리가 먼 것은?

① 강한 독성을 갖는 편모류에 의한 적조 발생
② 고밀도로 존재하는 적조생물의 사후분해에 의해 다량의 용존산소 소비
③ 적조생물이 어패류의 아가미 등에 부착
④ 다량의 적조생물 호흡에 의해 수중의 탄산염성분의 과다 배출

해설 다량의 적조생물의 호흡에 의해 수중 용존산소를 소비하여 수중의 다른 생물의 생존이 어렵다.

13 아래와 같은 반응에 관여하는 미생물은?

$$2NO_3^- + 5H_2 \rightarrow N_2 + 2OH^- + 4H_2O$$

① Pseudomonas ② Sphaerotillus
③ Acinetobacter ④ Nitrosomonas

해설 반응물에 N_2형태로 배출되기 때문에 탈질반응이다. 탈질에 관여하는 미생물은 Pseudomonas, Micrococcus, Bacillus, Acromobacter이다.

14 지하수를 채취하여 수질 분석을 실시해 보니, 칼슘이온(Ca^{2+})의 농도는 120mg/L로 나타났다. 이 지하수에서 칼슘이온만으로 유발되는 경도(hardness)는 얼마인가? (단, 원자량은 Ca=40, C=12, O=16이다.)

① 100mg/L as $CaCO_3$
② 200mg/L as $CaCO_3$
③ 300mg/L as $CaCO_3$
④ 400mg/L as $CaCO_3$

해설
$$TH = \sum M_c^{2+}(mg/L) \times \frac{50}{Eq}$$
$$= 120 \times \frac{50}{(40/2)} = 300mg/L \text{ as } CaCO_3$$

15 하수처리 과정에서 인을 추가로 제거하기 위해 인 응집 반응조를 운영하고 있다. 인 응집 반응조로 유입되는 처리수의 유량이 4,000m³/hr이고 수리학적 체류시간이 30분이라면, 인 응집 반응조의 유효부피는?

① 1,000m³ ② 2,000m³
③ 3,000m³ ④ 4,000m³

해설 $\forall = Q \times t$
ⓐ $Q = 2,000m^3/day$
ⓑ $t = 30min$
$$\therefore \forall = \frac{4,000m^3}{hr} \left| \frac{30min}{} \right| \frac{1hr}{60min} = 2,000m^3$$

16 수질오염 측정 시 BOD와 COD의 관계에 대한 설명으로 옳지 않은 것은?

① 생물학적으로 분해 불가능한 유기물이 있는 경우, COD 값이 BOD 값보다 크다.
② BOD 측정 실험 중 질산화가 발생한 경우, COD 값이 BOD 값보다 작은 경우가 있다.
③ 미생물에 독성을 끼치는 물질을 함유한 상태인 경우, COD 값이 BOD 값보다 작은 경우가 있다.
④ 일반적으로 COD 값이 BOD 값보다 크다.

해설 일반적으로 COD 값이 BOD 값보다 크며, 미생물에 독성을 끼치는 물질을 함유한 상태인 경우 BOD 값이 더 작아진다.

17 완충용액에 대한 설명으로 틀린 것은?

① 완충용액의 작용은 화학평형원리로 쉽게 설명된다.
② 완충용액은 한도 내에서 산을 가했을 때 pH에 약간의 변화만 준다.
③ 완충용액은 보통 약산과 그 약산의 짝염기의 염을 함유한 용액이다.
④ 완충용액은 보통 강염기와 그 염기의 강산의 염이 함유된 용액이다.

해설 완충용액은 보통 강염기와 그 염기의 약산의 염이 함유된 용액이다.

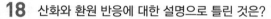

18 산화와 환원 반응에 대한 설명으로 틀린 것은?

① 전자를 준 쪽은 산화된 것이고, 전자를 얻는 쪽은 환원이 된 것이다.
② 산화수가 증가하면 산화, 감소하면 환원 반응이라 한다.
③ 산화제는 전자를 주는 물질이며, 전자를 주는 힘이 클수록 더 강한 산화제이다.
④ 상대방을 산화시키고 자신을 환원시키는 물질을 산화제라 한다.

해설 환원제는 전자를 주는 물질이며, 전자를 주는 힘이 클수록 강한 환원제이다.

19 우리나라의 수자원 이용현황 중 가장 많은 용도로 사용하는 용수는?

① 생활용수　　② 공업용수
③ 농업용수　　④ 유지용수

해설 우리나라에서는 농업용수의 이용률이 가장 높고, 그 다음은 발전 및 하천유지용수, 생활용수, 공업용수 순이다.

20 물의 특성에 관한 설명으로 옳지 않은 것은?

① 물은 2개의 수소원자가 산소원자를 사이에 두고 104.5°의 결합각을 가진 구조로 되어 있다.
② 물은 극성을 띠지 않아 다양한 물질의 용매로 사용된다.
③ 물은 유사한 분자량의 다른 화합물보다 비열이 매우 커 수온의 급격한 변화를 방지해 준다.
④ 물의 밀도는 4℃에서 가장 크다.

해설 물(액체)분자는 H^+와 OH^-의 극성을 형성하므로 다양한 용질에 유효한 용매이다.

(▶▶) 제2과목 ┃ 상하수도

21 복류수 취수방법으로 적당한 것은?

① 랜니　　② 셔안
③ 리플　　④ 합리식

해설 복류수 취수에는 대표적으로 랜니(Ranney)법을 사용한다.

22 정수시설인 급속여과지 시설기준에 관한 설명으로 옳지 않은 것은?

① 여과면적은 계획정수량을 여과속도로 나누어 구한다.
② 1지의 여과면적은 200m² 이상으로 한다.
③ 여과모래의 유효경이 0.45~0.7mm의 범위인 경우에는 모래층의 두께는 60~70cm를 표준으로 한다.
④ 여과속도는 120~150m/day를 표준으로 한다.

해설 1지의 여과면적은 150m² 이하로 한다.

23 하수도 관로의 접합방법 중 다음 설명에 해당되는 것은?

> 굴착깊이를 얕게 하므로 공사비용을 줄일 수 있으며 수위상승을 방지하고 양정도를 줄일 수 있어 펌프로 배수하는 지역에 적합하나, 상류부에서는 동수경사선이 관정보다 높이 올라 갈 우려가 있다.

① 관정접합　　② 수면접합
③ 동수경사　　④ 관저접합

해설 관저접합은 관거의 내면 바닥이 일치되도록 접합하는 방법으로, 굴착깊이가 얕고 공기와 공사비가 절감되며 펌프로 양수하는 경우 양정이 감소되는 장점이 있으나, 상류부에서는 관거가 동수경사선보다 높아질 우려가 있다.

24 배수지에 관한 설명으로 부적합한 것은?

① 자연유하식 배수지의 표고는 최대동수압이 확보되는 높이여야 한다.
② 배수지는 가능한 한 급수지역의 중앙 가까이 설치한다.
③ 배수지의 유효수심은 3~6m 정도를 표준으로 한다.
④ 배수지는 정수장에서 송수를 받아 해당 배수구역의 수요량에 따라 배수하기 위한 저류지이다.

해설 배수지는 소비지로부터 근접되고 적당한 표고의 확보로 자연유하방식에 의해 배수구역 내 적정수압(최소수압 1.5~2kgf/cm²)을 유지할 수 있는 장소가 가장 이상적인 배수지의 입지조건이 된다.

25 도수거에 관한 설명으로 옳지 않은 것은?

① 개거나 암거인 경우 대개 300~500m 간격으로 시공조인트를 겸한 신축조인트를 설치한다.

② 도수거의 평균유속의 최대한도는 3.0m/sec로 하고, 최소유속은 0.3m/sec로 한다.

③ 균일한 동수경사(통상 1/1,000~1/3,000)로 도수하는 시설이다.

④ 수리학적으로 자유수면을 갖고 중력작용으로 경사진 수로를 흐르는 시설이다.

해설 ① 개거나 암거인 경우 대개 30~50m 간격으로 시공조인트를 겸한 신축조인트를 설치한다.

26 상수처리시설인 "착수정"에 관한 설명으로 틀린 것은?

① 형상은 일반적으로 직사각형 또는 원형으로 하고, 유입구에는 제수밸브 등을 설치한다.

② 착수정의 고수위와 주변벽체의 상단 간에는 60cm 이상의 여유를 두어야 한다.

③ 용량은 체류시간을 30~60분 정도로 한다.

④ 수심은 3~5m 정도로 한다.

해설 착수정의 용량은 체류시간을 1.5분 이상으로 하고, 수심은 3~5m로 한다.

27 정수시설 중 약품침전지에 대한 설명으로 틀린 것은?

① 각 지마다 독립하여 사용 가능한 구조로 하여야 한다.

② 고수위에서 침전지 벽체 상단까지의 여유고는 30cm 이상으로 한다.

③ 지의 형상은 직사각형으로 하고, 길이는 폭의 3~8배 이상으로 한다.

④ 유효수심은 2~2.5m로 하고, 슬러지 퇴적심도는 50cm 이하를 고려하되, 구조상 합리적으로 조정할 수 있다.

해설 약품침전지의 유효수심은 3~5.5m로 하고, 슬러지 퇴적심도로서 30cm 이상을 고려하되, 슬러지 제거설비와 침전지의 구조상 필요한 경우에는 합리적으로 조정할 수 있다.

28 하수도계획의 목표연도는 원칙적으로 몇 년으로 설정하는가?

① 15년   ② 20년

③ 25년   ④ 30년

해설 하수도계획의 목표연도는 원칙적으로 20년이다.

29 정수처리 방법인 중간염소처리에서 염소의 주입지점으로 가장 적절한 것은?

① 혼화지와 침전지 사이

② 침전지와 여과지 사이

③ 착수정과 혼화지 사이

④ 착수정과 도수관 사이

해설 중간염소처리는 오염된 원수의 정수처리 대책의 일환(세균 제거, 철·망간 제거, 맛·냄새 제거)으로 침전지와 여과지 사이에 주입하는 경우가 이에 해당한다.

30 상수의 배수시설인 배수지에 관한 설명으로 틀린 것은?

① 유효수심은 1~2m 정도를 표준으로 한다.

② 가능한 한 급수지역의 중앙 가까이 설치한다.

③ 유효용량은 "시간변동조정용량"과 "비상대처용량"을 합하여 급수구역의 계획1일 최대 급수량의 12시간분 이상을 표준으로 한다.

④ 자연유하식 배수지의 표고는 최소동수압이 확보되는 높이여야 한다.

해설 배수지의 유효수심은 배수관의 동수압이 적절하게 유지될 수 있도록 3~6m 정도로 한다.

31 배수시설인 배수관의 수압에 관한 다음 설명 중 ( ) 안에 맞는 것은?

> 급수관을 분기하는 지점에서 배수관 내의 최대정수압은 ( )kPa을 초과하지 않아야 한다.

① 500   ② 700

③ 900   ④ 1100

해설 급수관을 분기하는 지점에서 배수관 내의 최대정수압은 700kPa을 초과하지 않아야 한다.

32 하수의 배제방식 중 합류식에 관한 설명으로 틀린 것은?

① 관거 내의 보수 : 폐쇄의 염려가 없다.
② 토지 이용 : 기존의 측구를 폐지할 경우는 도로폭을 유효하게 이용할 수 있다.
③ 관거오접 : 철저한 감시가 필요하다.
④ 시공 : 대구경관거가 되면 좁은 도로에서의 매설에 어려움이 있다.

해설 합류식은 관거오접이 없다.

33 계획우수량을 정할 때 고려해야 할 사항 중 틀린 것은?

① 하수관거의 확률년수는 원칙적으로 10~30년으로 한다.
② 유입시간은 최소단위배수구의 지표면 특성을 고려하여 구한다.
③ 유출계수는 지형도를 기초로 답사를 통하여 충분히 조사하고 장래 개발계획을 고려하여 구한다.
④ 유하시간은 최상류관거의 끝으로부터 하류관거의 어떤 지점까지의 거리를 계획유량에 대응한 유속으로 나누어 구하는 것을 원칙으로 한다.

해설 유출계수는 토지이용도별 기초유출계수로부터 총괄 유출계수를 구하는 것을 원칙으로 한다.

34 유출계수가 0.65인 1km²의 분수계에서 흘러내리는 우수의 양(m³/sec)은? (단, 강우강도= 3mm/min, 합리식 적용)

① 1.3
② 6.5
③ 21.7
④ 32.5

해설 $Q = \dfrac{1}{360}CIA$

여기서, C : 유출계수=0.65

A : 유역면적=$\dfrac{1\text{km}^2}{}\left|\dfrac{100\text{ha}}{1\text{km}^2}\right|=100\text{ha}$

$I = \dfrac{3\text{mm}}{\text{min}}\left|\dfrac{60\text{min}}{1\text{hr}}\right| = 180\text{mm/hr}$

$\therefore Q = \dfrac{1}{360}CIA$

$= \dfrac{1}{360}\times 0.65 \times 180 \times 100 = 32.5\text{m}^3/\text{sec}$

35 계획오수량을 정할 때 고려되는 지하수량에 대한 설명으로 옳은 것은?

① 1인1일 평균오수량의 5~10%로 한다.
② 1인1일 최대오수량의 5~10%로 한다.
③ 1인1일 평균오수량의 10~20%로 한다.
④ 1인1일 최대오수량의 10~20%로 한다.

해설 지하수량은 1인1일 최대오수량의 10~20%로 한다.

36 하수관거 중 우수관거 및 합류관거의 유속 기준으로 옳은 것은?

① 계획우수량에 대하여 유속을 최소 0.6m/s, 최대 3.0m/s로 한다.
② 계획우수량에 대하여 유속을 최소 0.8m/s, 최대 3.0m/s로 한다.
③ 계획우수량에 대하여 유속을 최소 1.0m/s, 최대 3.0m/s로 한다.
④ 계획우수량에 대하여 유속을 최소 1.2m/s, 최대 3.0m/s로 한다.

해설 하수관거의 최대유속과 최소유속은 다음과 같이 설정된다.
1. 최대유속 : 오수관거=3m/sec, 합류관거(우수, 오수)=3m/sec
2. 최소유속 : 오수관거=0.6m/sec, 합류관거=0.8m/sec

37 길이가 100m, 직경이 40cm인 하수관로의 하수 유속을 1m/sec로 유지하기 위한 하수관로의 동수경사는? (단, 만관 기준, Manning 식의 조도계수 $n=0.012$)

① 1.2×10^{-3}
② 2.3×10^{-3}
③ 3.1×10^{-3}
④ 4.6×10^{-3}

해설 Manning 공식

$$V(\text{m/sec}) = \dfrac{1}{n}\times R^{\frac{2}{3}}\times I^{\frac{1}{2}}$$

여기서, $R(\text{경심}) = \dfrac{A(\text{단면적})}{P(\text{윤변})} = \dfrac{D}{4} = \dfrac{0.4}{4} = 0.1$

$1 = \dfrac{1}{0.012}\times 0.1^{\frac{2}{3}}\times I^{\frac{1}{2}}$

$\therefore I = 3.1\times 10^{-3}$

38 하천표류수를 수원으로 할 때 하천 기준수량은?

① 평수량
② 갈수량
③ 홍수량
④ 최대홍수량

해설 하천표류수를 수원으로 할 때 하천 기준수량은 갈수량이다.

39 하수시설인 중력식 침사지에 대한 설명 중 옳은 것은?

① 체류시간은 3~6분을 표준으로 한다.

② 수심은 유효수심에 모래퇴적부의 깊이를 더한 것으로 한다.

③ 오수침사지의 표면부하율은 $3,600\text{m}^3/\text{m}^2 \cdot \text{day}$ 정도로 한다.

④ 우수침사지의 표면부하율은 $1,800\text{m}^3/\text{m}^2 \cdot \text{day}$ 정도로 한다.

해설 침사지의 표면부하율은 오수침사지의 경우 $1,800\text{m}^3/\text{m}^2 \cdot \text{day}$ 정도로 하고, 우수침사지의 경우 $3,600\text{m}^3/\text{m}^2 \cdot \text{day}$ 정도로 한다. 또한 체류시간은 30~60초를 표준으로 한다.

40 펌프의 토출유량은 $1,800\text{m}^3/\text{hr}$, 흡입구의 유속은 4m/sec일 때, 펌프의 흡입구경(mm)은?

① 약 350 ② 약 400

③ 약 450 ④ 약 500

해설

$$Q = AV$$

$$\frac{1,800\text{m}^3}{\text{hr}} = A \times \frac{4\text{m}}{\text{sec}} \left| \frac{3,600\text{sec}}{1\text{hr}} \right.$$

$$A = 0.125\text{m}^2$$

$$A = \frac{\pi D^2}{4}$$

$$\therefore D = 0.3989\text{m} \fallingdotseq 400\text{mm}$$

▶▶ 제3과목 ▮ 수질오염방지기술

41 평균유량이 $20,000\text{m}^3/\text{day}$이고 최고유량이 $30,000\text{m}^3/\text{day}$인 하수처리장에 1차 침전지를 설계하고자 한다. 표면월류는 평균유량 조건하에서 25m/day, 최대유량 조건하에서 60m/day를 유지하고자 할 때, 실제 설계해야 하는 1차 침전지의 수면적(m^2)은? (단, 침전지는 원형 침전지라 가정한다.)

① 500 ② 650

③ 800 ④ 1,300

해설 표면부하율$(V_o) = \dfrac{\text{평균유량}}{\text{침전지의 수면적}}$

$\therefore$ 수면적 $= \dfrac{20,000\text{m}^3}{\text{day}} \left| \dfrac{\text{day}}{25\text{m}} \right. = 800\text{m}^2$

42 Bar rack의 설계조건이 다음과 같을 때, 손실수두(m)는? (단, $h_L = 1.79\left(\dfrac{W}{b}\right)^{4/3} \cdot \dfrac{v^2}{2g}\sin\theta$, 원형 봉의 지름 = 20mm, bar의 유효간격 = 25mm, 수평설치각도 = 50°, 접근유속 = 1.0m/sec)

① 0.0427 ② 0.0482

③ 0.0519 ④ 0.0599

해설

$$h_L = 1.79\left(\frac{W}{b}\right)^{4/3} \cdot \frac{V^2}{2g}\sin\theta$$

$$= 1.79\left(\frac{0.02}{0.025}\right)^{4/3} \cdot \frac{1^2}{2\times9.8} \times \sin50 = 0.0519\text{m}$$

43 초심층표기법(deep shaft aeration system)에 대한 설명 중 틀린 것은?

① 기포와 미생물이 접촉하는 시간이 표준활성슬러지법보다 길어서 산소 전달효율이 높다.

② 순환류의 유속이 매우 빠르기 때문에 난류 상태가 되어 산소 전달률을 증가시킨다.

③ F/M비는 표준활성슬러지 공법에 비하여 낮게 운전한다.

④ 표준활성슬러지 공법에 비하여 MLSS 농도를 높게 운전한다.

해설 초심층표기법은 고부하운전이 가능하다.

44 활성슬러지 혼합액 1L를 취하여 30분간 정치한 후의 슬러지 부피가 300mL였다. MLSS 농도가 2,000mg/L인 SVI는?

① 200 ② 90

③ 120 ④ 150

해설 SVI 계산식을 이용한다.

$$\text{SVI} = \frac{\text{SV(mL/L)}}{\text{MLSS(mg/L)}} \times 10^3 = \frac{300}{2,000} \times 10^3 = 150$$

45 3%(V/V%) 고형물 함량의 슬러지 30m^3를 10%(V/V%) 고형물 함량의 슬러지 케이크로 탈수하면, 탈수 케이크의 용적(m^3)은? (단, 슬러지 비중 =1.0)

① 3.4 ② 8.2

③ 9.0 ④ 14.5

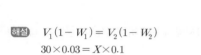

해설 $V_1(1-W_1)=V_2(1-W_2)$

$30\times 0.03 = X\times 0.1$

$\therefore X=9.0\text{m}^3$

46 수온은 10℃, 침전조 수심은 3.0m라 가정할 때, 침전조에서 다음 입자를 제거하는 데 필요한 이론적 체류시간(hr)은? (단, 점성계수 $\mu=1.307\times 10^{-3}$kg/m·sec, 예비침전조에서 제거하려는 상대밀도 =2.65, 지름 0.001cm인 모래입자, 독립입자 침강이라 가정한다.)

① 12   ② 18

③ 24   ④ 36

해설 이론적 체류시간은 (수심/침전속도)로 구할 수 있다.

$$V_g=\frac{d_p^{\,2}\cdot(\rho_p-\rho)\cdot g}{18\cdot\mu}$$

여기서, $d_p=0.001\text{cm}=1.0\times 10^{-5}\text{m}$

$\rho_p=2,650\text{kg/m}^3$

$\rho=1.0\text{g/cm}^3=1,000\text{kg/m}^3$

$\mu=1.307\times 10^{-3}\text{kg/m}\cdot\text{sec}$

$$V_g=\frac{(1.0\times 10^{-5})^2(2,650-1,000)\times 9.8}{18\times 1.307\times 10^{-3}}$$

$$=6.78\times 10^{-5}\text{m/sec}$$

$$\therefore t=\frac{3\text{m}}{}\left|\frac{\text{sec}}{6.7832\times 10^{-5}\text{m}}\right|\frac{1\text{hr}}{3,600\text{sec}}=12.12\text{hr}$$

47 생물학적으로 질소를 제거하기 위해 질산화탈질 공정을 운영함에 있어, 호기성 상태에서 산화된 NO_3^- 60mg/L를 탈질시키는 데 소모되는 이론적인 메탄올 농도는?

$$\frac{5}{6}CH_3OH+NO_3^-+\frac{1}{6}H_2CO_3$$
$$\to \frac{1}{2}N_2+HCO_3^-+\frac{4}{3}H_2O$$

① 약 14   ② 약 18

③ 약 22   ④ 약 26

해설 메탄올의 반응식은 다음과 같다.

$6NO_3^- + 5CH_3OH \to 5CO_2+3N_2+7H_2O+6OH^-$

$6NO_3^-$: $5CH_3OH$

6×62 : 5×32

60mg/L : X

$\therefore X ≒ 25.8\text{mg/L}$

48 활성슬러지의 운영상 문제점과 그 대책에 관한 설명으로 틀린 것은?

① 포기조에 과도한 흰거품이 발생되면 잉여슬러지 토출량을 매일 조금씩 감소시켜야 한다.

② 포기조에 두꺼운 갈색거품이 발생되면 매일 조금씩 슬러지 체류시간을 감소시켜 해소한다.

③ 포기조 혼합액의 색상이 진한 흑색이면 포기강도를 줄여 질산화를 억제해야 한다.

④ 핀 플록이 형성되면 슬러지 체류시간을 감소시킨다.

해설 포기조 혼합액의 색상이 진한 흑색으로 나타나고 냄새가 날 때에는, 혐기성 상태일 가능성이 많으므로 DO 농도를 확인하고 포 강도를 높여야 한다.

49 슬러지 반송률 25%, 반송 슬러지 농도 10,000mg/L일 때 포기조의 MLSS 농도(mg/L)는? (단, 유입 SS 농도는 고려하지 않는다.)

① 2,000   ② 2,500

③ 1,200   ④ 1,500

해설

$$R=\frac{X}{X_r-X}$$

$$0.25=\frac{X}{10,000-X}$$

$$\therefore X=2,000\text{mg/L}$$

50 부피가 2,000m³인 탱크 G값을 50/sec로 하고자 할 때, 필요한 이론 소요동력(W)은? (단, 유체 점도=0.001kg/m·sec)

① 4,000   ② 5,000

③ 4,500   ④ 3,500

해설 속도경사(G) 계산식을 이용한다.

$$G=\sqrt{\frac{P}{\mu\cdot\forall}}$$

여기서, $\forall=\dfrac{18,480\text{m}^3}{\text{day}}\left|\dfrac{30\text{sec}}{}\right|\dfrac{1\text{day}}{24\times 3,600\text{sec}}$

$$=6.41\text{m}^3$$

$P=G^2\cdot\mu\cdot\forall$

$$=\frac{50^2}{\text{sec}^2}\left|\frac{0.001\text{kg}}{\text{m}\cdot\text{sec}}\right|\frac{2,000\text{m}^3}{}$$

$$=5,000\text{watt}$$

51 하수관거가 매설되어 있지 않은 지역에 위치한 500개의 단독주택(정화조 설치)에서 생성된 정화조 슬러지를 소규모 하수처리장에 운반하여 처리할 경우, 이로 인한 BOD 부하량 증가율(질량 기준, 유입일 기준)은?

〈조건〉
- 정화조는 연 1회 슬러지 수거
- 각 정화조에서 발생되는 슬러지 : $3.8m^3$
- 연간 250일 동안 일정량의 정화조 슬러지를 수거, 운반, 하수처리장 유입 처리
- 정화조 슬러지의 BOD 농도 : 6,000mg/L
- 하수처리장의 유량 및 BOD 농도 : $3,800m^3$/day 및 220mg/L
- 슬러지 비중 : 1.0 가정

① 약 3.5% ② 약 5.5%
③ 약 7.5% ④ 약 9.5%

해설 BOD 부하량 증가율(%)= $\dfrac{\text{정화조 BOD 부하량}}{\text{하수처리장 BOD 부하량}} \times 100$

ⓐ 정화조 BOD 부하량

$= \dfrac{3.8m^3}{\text{년}} \left| \dfrac{500}{} \right| \dfrac{6kg}{m^3} \left| \dfrac{1\text{년}}{250\text{일}} \right. = 45.6kg/day$

ⓑ 하수처리장 BOD 부하량

$= \dfrac{3,800m^3}{day} \left| \dfrac{0.22kg}{m^3} \right. = 836kg/day$

$\therefore$ BOD 부하량 증가율= $\dfrac{46.5}{836} \times 100 = 5.56\%$

52 MLSS의 농도가 1,500mg/L인 슬러지를 부상법(flotation)에 의해 농축시키고자 한다. 압축탱크의 유효전달압력이 4기압이며, 공기의 밀도는 1.3g/L이고, 공기의 용해량은 18.7mL/L일 때, Air/Solid(A/S)비는? (단, 유량은 $300m^3$/day이며, $f=0.5$, 처리수의 반송은 없다.)

① 0.008 ② 0.010
③ 0.016 ④ 0.020

해설 A/S비는 다음 식에 의해 계산된다.

A/S비= $\dfrac{1.3 \cdot C_{air}(f \cdot P - 1)}{SS}$

$= \dfrac{1.3 \times 18.7 \times (0.5 \times 4 - 1)}{1,500}$

$= 0.0162$

53 활성슬러지법과 비교하여 생물막 공법의 특징이 아닌 것은?

① 적은 에너지를 요구한다.
② 단순한 운전이 가능하다.
③ 2차 침전지에서 슬러지 벌킹의 문제가 없다.
④ 충격독성부하로부터 회복이 느리다.

해설 충격부하 및 독성부하에 강한 것이 생물막법의 장점이다.

54 혐기성 소화법과 비교한 호기성 소화법의 장·단점으로 옳지 않은 것은?

① 운전이 용이하다.
② 소화슬러지 탈수가 용이하다.
③ 가치 있는 부산물이 생성되지 않는다.
④ 저온 시 효율이 저하된다.

해설 소화슬러지 탈수가 용이한 것은 혐기성 소화법의 장점이다.

55 pH 3.0인 산성폐수 $1,000m^3$/day를 도시하수시스템으로 방출하는 공장이 있다. 도시하수의 유량은 $10,000m^3$/day이고, pH는 8.0이며, 하수와 폐수의 온도는 20°C이고, 완충작용이 없다면, 산성폐수 첨가 후 하수의 pH는?

① 3.2 ② 3.5
③ 3.8 ④ 4.0

해설
$N_o = \dfrac{N_1 V_1 - N_2 V_2}{V_1 + V_2}$

$= \dfrac{10^{-3} \times 1,000 - 10^{-8} \times 10,000}{1,000 + 10,000}$

$= 9.09 \times 10^{-5}$NM

$pH = \log \dfrac{1}{[H^+]} = \log \dfrac{1}{9.09 \times 10^{-5}} = 4.04$

56 설계부하가 $37.6m^3/m^2 \cdot day$이고, 처리할 폐수의 유량이 $9,568m^3$/day인 경우, 원형 침전조의 직경은?

① 12m ② 14m
③ 16m ④ 18m

해설
$A = \dfrac{\text{유량}}{\text{설계부하}} = \dfrac{9,568m^3}{day} \left| \dfrac{m^2 \cdot day}{37.6m^3} \right. = 254.47m^2$

$A = 254.47m^2 = \dfrac{\pi D^2}{4}$

$\therefore D = 18m$

57 수질성분이 금속 하수도관의 부식에 미치는 영향으로 틀린 것은?

① 잔류염소는 용존산소와 반응하여 금속 부식을 억제시킨다.

② 용존산소는 여러 부식 반응속도를 증가시킨다.

③ 고농도의 염화물이나 황산염은 철, 구리, 납의 부식을 증가시킨다.

④ 암모니아는 착화물의 형성을 통하여 구리, 납 등의 용해도를 증가시킬 수 있다.

해설 잔류염소는 용존산소와 반응하여 금속 부식을 더욱 활성화시킨다.

58 유입하수의 BOD 농도가 200mg/L이고, 포기조 내 체류시간이 4시간이며, 포기조의 F/M비를 0.3kg BOD/kg MLSS-day로 유지한다고 하면, 포기조의 MLSS 농도는?

① 2,500mg/L ② 3,000mg/L

③ 3,500mg/L ④ 4,000mg/L

해설 정리된 F/M비 계산식을 이용한다.

$$F/M(day^{-1}) = \frac{S_i \cdot Q_i}{\forall \cdot X}$$

$$0.3(day^{-1}) = \frac{200mg}{L} \left| \frac{L}{MLSS\,mg} \right| \frac{1}{4hr} \left| \frac{24hr}{day} \right.$$

$$\therefore MLSS = 4,000mg/L$$

59 생물화학적 인 및 질소 제거공법 중 인 제거만을 주목적으로 개발된 공법은?

① Phostrip ② A^2/O

③ UCT ④ Bardenpho

해설 인 제거만을 주목적으로 개발된 공법에는 Phostrip 공법과 A/O 공법이 있다.

60 함수율 96%인 축산폐수 500m³/day가 혐기성 소화조에 투입되고 있다. VS/TS비는 50%이며, 혐기성 소화 후 VS의 80%가 가스로 발생하고 있다. 이 소화조에서 하루 발생한 소화가스의 열량(kcal/day)은? (단, 축산폐수의 비중 1.0, VS 1ton은 25m³의 소화가스를 발생, 소화가스 1m³의 열량은 6,000kcal이다.)

① 130,000 ② 400,000

③ 840,000 ④ 1,200,000

해설
$$열량 = \frac{500m^3}{day} \left| \frac{4}{100} \right| \frac{50}{100} \left| \frac{80}{100} \right| \frac{1,000kg}{m^3} \left| \frac{1ton}{1,000kg} \right.$$

$$\left| \frac{25m^3}{1ton} \right| \frac{6,000kcal}{1m^3} = 1,200,000kcal/day$$

▶▶ 제4과목 ┃ 수질오염공정시험기준

61 공장폐수 및 하수유량(관 내의 유량 측정방법)을 측정하는 장치 중 공정수(process water)에 적용하지 않는 것은?

① 유량 측정용 노즐

② 오리피스

③ 벤투리미터

④ 자기식 유량측정기

62 하천수 채수위치로 적합하지 않은 지점은?

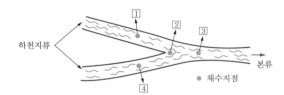

① 1지점 ② 2지점

③ 3지점 ④ 4지점

63 알칼리성 100℃에서 과망간산칼륨에 의한 COD 측정에 관한 내용으로 (   ) 안에 맞는 것은?

> 시료를 알칼리성으로 하여 과망간산칼륨 일정량을 넣고 (   ) 수욕상에서 가열반응을 시키고 요오드화칼륨 및 황산을 넣어 남아 있는 과망간산칼륨에 의하여 유리된 요오드의 양으로부터 산소의 양을 측정하는 방법이다.

① 15분간 ② 30분간

③ 60분간 ④ 120분간

해설 시료를 알칼리성으로 하여 과망간산칼륨 일정량을 넣고 60분간 수욕상에서 가열반응을 시키고 요오드화칼륨 및 황산을 넣어 남아 있는 과망간산칼륨에 의하여 유리된 요오드의 양으로부터 산소의 양을 측정하는 방법이다.

64 수질분석용 시료 채취 시 유의사항과 가장 거리가 먼 것은?

① 채취용기는 시료를 채우기 전에 깨끗한 물로 3회 이상 씻은 다음 사용한다.

② 유류 또는 부유물질 등이 함유된 시료는 시료의 균일성이 유지될 수 있도록 채취해야 하며, 침전물 등이 부상하여 혼입되어서는 안 된다.

③ 용존가스, 환원성 물질, 휘발성 유기화합물, 냄새, 유류 및 수소이온 등을 측정하기 위한 시료를 채취할 때에는 운반 중 공기와의 접촉이 없도록 시료용기에 가득 채워야 한다.

④ 시료 채취량은 보통 3~5L 정도여야 한다.

해설 시료 채취용기는 시료를 채우기 전에 시료로 3회 이상 씻은 다음 사용한다.

65 산소전달계수를 구하기 위하여 DO 농도와 시간을 기록할 때, 관계도표를 그리기 위한 가장 적합한 용지는?

① Semi-log 그래프용지
② Arithmetic 그래프용지
③ Log 그래프용지
④ 백지

해설 Semi-log 그래프용지는 지수함수관계에 있는 데이터들을 나타내는 데 사용하며, 한 변수가 큰 폭으로 변하는 반면 다른 값은 작은 폭으로 변할 때 유용하다.

66 시료 채취 시 유의사항으로 옳지 않은 것은?

① 유류 또는 부유물질 등이 함유된 시료는 시료의 균일성이 유지될 수 있도록 채취해야 하며, 침전물 등이 부상하여 혼입되어서는 안된다.

② 퍼클로레이트를 측정하기 위한 시료를 채취할 때 시료의 공기접촉이 없도록 시료병에 가득 채운다.

③ 시료 채취량은 시험항목 및 시험횟수에 따라 차이가 있으나 보통 3~5L 정도여야 한다.

④ 휘발성유기화합물 분석용 시료를 채취할 때에는 뚜껑의 격막을 만지지 않도록 주의하여야 한다.

해설 퍼클로레이트를 측정하기 위한 시료 채취 시 시료용기를 질산 및 정제수로 씻은 후 사용하며, 시료 채취 시 시료병의 2/3를 채운다.

67 채취된 시료를 적절한 보존방법으로 보존할 때, 최대보존기간이 다른 항목은?

① 불소
② 인산염인
③ 화학적 산소요구량
④ 총질소

해설 ① 불소 : 28일
② 인산염인 : 48시간
③ 화학적 산소요구량 : 28일
④ 총질소 : 28일

68 NaOH 0.01M은 몇 mg/L인가?

① 40
② 400
③ 4,000
④ 40,000

해설 $X = \dfrac{0.01\text{mol}}{\text{L}} \left| \dfrac{40\text{g}}{1\text{mol}} \right| \dfrac{10^3\text{mg}}{1\text{g}} = 400\text{mg/L}$

69 시안의 자외선/가시선분광법(피리딘-피라존론법) 측정 시 시료 전처리에 관한 설명으로 가장 거리가 먼 것은?

① 다량의 유지류가 함유된 시료는 초산 또는 수산화나트륨 용액으로 pH 6~7로 조절하고 시료의 약 2%에 해당하는 노멀헥산 또는 클로로포름을 넣어 짧은 시간 동안 흔들어 섞고 수층을 분리하여 시료를 취한다.

② 잔류염소가 함유된 시료는 L-아스코르빈산 용액을 넣어 제거한다.

③ 황화합물이 함유된 시료는 초산나트륨 용액을 넣어 제거한다.

④ 잔류염소가 함유된 시료는 아비산나트륨 용액을 넣어 제거한다.

해설 황화합물이 함유된 시료는 아세트산아연 용액(10%) 2mL를 넣어 제거한다.

70 이온 크로마토그래피에서 분리칼럼으로부터 용리된 각 성분이 검출기에 들어가기 전에 용리액 자체의 전도도를 감소시키는 목적으로 사용되는 장치는?

① 보호칼럼　　　　② 제거장치
③ 분리칼럼　　　　④ 액송펌프

해설　제거장치 : 분리칼럼으로부터 용리된 각 성분이 검출기에 들어가기 전에 용리액 자체의 전도도를 감소시키고 목적성분의 전도도를 증가시켜 높은 감도로 음이온을 분석하기 위한 장치이다.

71 시료의 전처리를 위한 산 분해법 중 질산 – 황산법에 관한 설명으로 옳지 않은 것은?

① 휘발성 또는 난용성 염화물을 생성하는 금속물질의 분석에는 주의한다.
② 황산 10mL를 넣고 가열을 계속하여 백색의 황산가스가 발생하기 시작하면 가열을 중지한다.
③ 유기물 등을 많이 함유하고 있는 대부분의 시료에 적용된다.
④ 분해가 끝나면 냉각하고, 정제수 50mL를 넣어 끓기 직전까지 서서히 가열하여 침전된 용해성염들을 녹인다.

해설　질산 – 황산법 : 유기물 등을 많이 함유하고 있는 대부분의 시료에 적용된다. 그러나 칼슘, 바륨, 납 등을 다량 함유한 시료는 난용성의 황산염을 생성하여 다른 금속성분을 흡착하므로 주의한다.
① "휘발성 또는 난용성 염화물을 생성하는 금속물질의 분석에는 주의한다."는 질산 – 염산법이다.

72 노멀 헥산 추출물질을 측정할 때 지시약으로 사용되는 것은?

① 메틸레드
② 페놀프탈레인
③ 메틸오렌지
④ 전분용액

해설　시료 적당량(노멀 헥산 추출물질로서 5~200mg 해당량)을 분별깔때기에 넣은 후 메틸오렌지 용액(0.1%) 2~3방울을 넣고 황색이 적색으로 변할 때까지 염산(1+1)을 넣어 시료의 pH를 4 이하로 조절한다.

73 2M H_2SO_4 수용액 2L에 물을 가하여 0.5M H_2SO_4 수용액을 만들려고 한다. 용액의 부피를 몇 L로 하면 되는가?

① 4　　　　　　② 6
③ 8　　　　　　④ 10

해설　$NV = N'V'$
$4 \times 2 = 1 \times X$
$\therefore X = 8L$

74 분원성대장균군의 정의이다. (　) 안에 들어갈 내용으로 옳은 것은?

> 온혈동물의 배설물에서 발견되는 (　㉠　)의 간균으로서 (　㉡　)℃에서 락토스를 분해하여 가스 또는 산을 발생하는 모든 호기성 또는 통성 혐기성균을 말한다.

① ㉠ 그람음성 · 무아포성, ㉡ 44.5
② ㉠ 그람양성 · 무아포성, ㉡ 44.5
③ ㉠ 그람음성 · 아포성, ㉡ 35.5
④ ㉠ 그람양성 · 아포성, ㉡ 35.5

해설　분원성대장균군 : 온혈동물의 배설물에서 발견되는 그람음성 · 무아포성의 간균으로서 44.5℃에서 젖당을 분해하여 가스 또는 산을 발생하는 모든 호기성 또는 통성 혐기성균을 말한다.

75 식물성 플랑크톤-현미경계수법으로 분석하고자 할 때 분석절차에 관한 설명으로 틀린 것은?

① 시료 농축방법인 자연침전법은 일정시료에 포르말린 용액 또는 루골 용액을 가하여 플랑크톤을 고정시켜 실린더 용기에 넣고 일정시간 정치 후 사이펀을 이용하여 상층액을 따라 내어 일정량으로 농축한다.
② 시료 농축방법인 원심분리방법은 일정량의 시료를 원심침전관에 넣고 100g으로 30분 정도 원심분리하여 일정배율로 농축한다.
③ 시료가 육안으로 녹색이나 갈색으로 보일 경우 정제수로 적절한 농도로 희석한다.
④ 시료의 개체수는 계수면적당 10~40 정도가 되도록 희석 또는 농축한다.

해설 시료 농축방법인 원심분리 방법은 일정량의 시료를 원심침 전관에 넣고, 1000×g으로 20분 정도 원심분리하여 일정배 율로 농축한다.

76 배출허용기준 적합여부 판정을 위한 복수시료 채취방법에 대한 기준으로 ( ) 안에 알맞은 것은 어느 것인가?

> 자동시료채취기로 시료를 채취할 경우에 6시간 이내에 30분 이상 간격으로 ( ) 이 상 채취하여 일정량의 단일시료로 한다.

① 2회
② 4회
③ 1회
④ 8회

해설 자동시료채취기로 시료를 채취할 경우에는 6시간 이내에 30분 이상 간격으로 2회 이상 채취하여 일정량의 단일시료 로 한다.

77 기체 크로마토그래피법으로 유기인을 정량함에 따른 설명 중 틀린 것은?

① 농축장치는 구데르나다니쉬형 농축기 또 는 회전증발농축기를 사용한다.
② 운반기체는 질소 또는 헬륨으로써 유량은 0.5~3mL/min으로 사용한다.
③ 칼럼은 안지름 3~4mm, 길이 0.5~2m의 석영제를 사용한다.
④ 검출기는 불꽃광도검출기(FPD)를 사용한다.

해설 유기인을 가스 크로마토그래피법으로 정량 시 칼럼은 안지 름 3~4mm, 길이 0.5~2m의 유리제를 사용한다.

78 염소이온을 측정하기 위한 질산은적정법에서 적 정 종말점으로 가장 적절한 것은?

① 엷은 청회색 침전
② 엷은 황갈색 침전
③ 엷은 청록색 침전
④ 엷은 적황색 침전

해설 크롬산칼륨 용액 1mL를 넣어 질산은용액(0.01N)으로 적정 한다. 적정의 종말점은 엷은 적황색 침전이 나타날 때로 하며, 따로 정제수 50mL를 취하여 바탕시험액으로 하고 시료의 시험방법에 따라 시험하여 보정한다.

79 질산성질소 표준원액 0.5mg NO_3^-N/mL를 제조 하려면, 미리 105~110℃에서 4시간 건조한 질산 칼륨(KNO_3 표준시약) 몇 g을 물에 녹여 1,000mL 로 하면 되는가? (단, K 원자량=39.1)

① 3.61
② 2.83
③ 5.38
④ 4.72

해설
$$KNO_3 = \frac{0.5mg \cdot NO_3 - N}{mL} \left| \frac{1,000mL}{} \right| \frac{101.1g}{14g} \left| \frac{1g}{10^3 mg} \right.$$
$$= 3.61g$$

80 자외선/가시선분광법 분석 측정파장이 올바른 것은?

① 음이온계면활성제 : 650nm
② 총인 : 820nm
③ 질산성질소(부루신법) : 370nm
④ 총질소(산화법) :250nm

해설
② 총인 : 880nm
③ 질산성질소(부루신법) : 410nm
④ 총질소(산화법) : 220nm

▶▶ 제5과목 ┃ 수질환경관계법규

81 수질 및 수생태계 중 하천의 생활환경 기준으로 틀린 것은? (단, 등급 : 약간 좋음, 단위 : mg/L)

① COD : 2 이하
② BOD : 3 이하
③ SS : 25 이하
④ DO : 5.0 이상

해설 수질 및 수생태계 중 하천의 생활환경 기준 중 약간 좋음 단계의 COD는 5mg/L 이하이다.

82 폐수처리업 중 폐수 수탁처리업의 폐수 운반차 량에 표시하는 글씨(바탕포함)의 색 기준은?

① 흰색 바탕에 청색 글씨
② 청색 바탕에 흰색 글씨
③ 검은색 바탕에 노란색 글씨
④ 노란색 바탕에 검은색 글씨

해설 폐수 운반차량은 청색으로 도색하고, 양쪽 옆면과 뒷면에 가로 50센티미터, 세로 20센티미터 이상 크기의 노란색 바 탕에 검은색 글씨로 폐수 운반차량, 회사명, 등록번호, 전 화번호 및 용량을 지워지지 아니하도록 표시하여야 한다.

83 수질환경기준(하천) 중 사람의 건강보호를 위한 전 수역에서 각 성분별 환경기준으로 맞는 것은?

① 비소(As) : 0.1mg/L 이하
② 납(Pb) : 0.01mg/L 이하
③ 6가크롬(Cr^{+6}) : 0.05mg/L 이하
④ 음이온계면활성제(ABS) : 0.01mg/L 이하

해설 사람의 건강보호 기준(하천)
① 비소(As) : 0.05mg/L 이하
② 납(Pb) : 0.05mg/L 이하
④ 음이온계면활성제(ABS) : 0.5mg/L 이하

84 비점오염저감시설의 시설유형별 기준에서 자연형 시설이 아닌 것은?

① 저류시설   ② 인공습지
③ 여과형 시설   ④ 식생형 시설

해설 자연형 시설
1. 저류시설
2. 인공습지
3. 침투시설
4. 식생형 시설

85 기본배출부과금과 초과배출부과금에 공통적으로 부과대상이 되는 수질오염물질은?

가. 총질소	나. 유기물질
다. 총인	라. 부유물질

① 가, 나, 다, 라   ② 가, 나
③ 나, 라   ④ 가, 다

86 수질오염물질 중 초과배출부과금의 부과대상이 아닌 것은?

① 디클로로메탄
② 페놀류
③ 테트라클로로에틸렌
④ 폴리염화비페닐

해설 초과배출부과금 부과대상 수질오염물질의 종류
1. 유기물질
2. 부유물질
3. 카드뮴 및 그 화합물
4. 시안화합물
5. 유기인화합물

6. 납 및 그 화합물
7. 6가크롬 화합물
8. 비소 및 그 화합물
9. 수은 및 그 화합물
10. 폴리염화비페닐[polychlorinated biphenyl]
11. 구리 및 그 화합물
12. 크롬 및 그 화합물
13. 페놀류
14. 트리클로로에틸렌
15. 테트라클로로에틸렌
16. 망간 및 그 화합물
17. 아연 및 그 화합물
18. 총질소
19. 총인

87 초과부과금 산정기준으로 적용되는 수질오염물질 킬로그램당 부과금액이 가장 높은(많은) 것은 어느 것인가?

① 카드뮴 및 그 화합물
② 6가크롬 화합물
③ 납 및 그 화합물
④ 수은 및 그 화합물

해설 수질오염물질 1킬로그램당 부과금액
① 카드뮴 및 그 화합물 : 500,000원
② 6가크롬 화합물 : 300,000원
③ 납 및 그 화합물 : 150,000원
④ 수은 및 그 화합물 : 1,250,000원

88 시·도지사가 오염총량관리 기본계획의 승인을 받으려는 경우, 오염총량관리 기본계획안에 첨부하여 환경부 장관에게 제출하여야 하는 서류와 가장 거리가 먼 것은?

① 유역환경의 조사, 분석 자료
② 오염원의 자연증감에 관한 분석 자료
③ 오염총량관리계획 목표에 관한 자료
④ 오염부하량의 저감계획을 수립하는 데에 사용한 자료

해설 시·도지사는 오염총량관리 기본계획의 승인을 받으려는 경우에는 오염총량관리 기본계획안에 다음의 서류를 첨부하여 환경부 장관에게 제출하여야 한다.
1. 유역환경의 조사·분석 자료
2. 오염원의 자연증감에 관한 분석 자료
3. 지역개발에 관한 과거와 장래의 계획에 관한 자료
4. 오염부하량의 산정에 사용한 자료
5. 오염부하량의 저감계획을 수립하는 데에 사용한 자료

89 대권역 물환경관리계획을 수립하는 경우 포함되어야 할 사항으로 틀린 것은?

① 상수원 및 물 이용 현황
② 점오염원, 비점오염원 및 기타 수질오염원의 분포 현황
③ 점오염원 확대 계획 및 저감시설 현황
④ 점오염원, 비점오염원 및 기타 수질오염원에서 배출되는 수질오염물질의 양

해설 대권역 수질 및 수생태계 보전계획에 포함되어야 할 사항
1. 수질 및 수생태계 변화추이 및 목표기준
2. 상수원 및 물 이용 현황
3. 점오염원, 비점오염원 및 기타 수질오염원의 분포 현황
4. 점오염원, 비점오염원 및 기타 수질오염원에서 배출되는 수질오염물질의 양
5. 수질오염 예방 및 저감 대책
6. 수질 및 수생태계 보전조치의 추진방향
7. 기후변화에 대한 적응대책
8. 그 밖에 환경부령으로 정하는 사항

90 공공수역에 특정 수질유해물질 등을 누출·유출시키거나 버린 자에 대한 벌칙기준은?

① 6개월 이하의 징역 또는 5백만원 이하의 벌금
② 1년 이하의 징역 또는 1천만원 이하의 벌금
③ 3년 이하의 징역 또는 3천만원 이하의 벌금
④ 5년 이하의 징역 또는 5천만원 이하의 벌금

91 비점오염원 관리지역에 대한 관리대책을 수립할 때 포함될 사항으로 가장 거리가 먼 것은?

① 관리목표
② 관리대상 수질오염물질의 종류
③ 관리대상 수질오염물질의 분석방법
④ 관리대상 수질오염물질의 저감방안

해설 비점오염원 관리지역에 대한 관리대책을 수립할 때 포함될 사항
1. 관리목표
2. 관리대상 수질오염물질의 종류 및 발생량
3. 관리대상 수질오염물질의 발생 예방 및 저감방안
4. 그 밖에 관리지역을 적정하게 관리하기 위하여 환경부령으로 정하는 사항

92 사업장에서 1일 폐수 배출량이 250m³ 발생하고 있을 때, 사업장의 규모별 구분으로 맞는 것은?

① 제2종 사업장
② 제3종 사업장
③ 제4종 사업장
④ 제5종 사업장

해설 사업장 종류별 배출규모

종류	배출규모
제1종 사업장	1일 폐수 배출량이 2,000m³ 이상인 사업장
제2종 사업장	1일 폐수 배출량이 700m³ 이상 2,000m³ 미만인 사업장
제3종 사업장	1일 폐수 배출량이 200m³ 이상 700m³ 미만인 사업장
제4종 사업장	1일 폐수 배출량이 50m³ 이상 200m³ 미만인 사업장
제5종 사업장	위 제1종부터 제4종까지의 사업장에 해당하지 아니하는 배출시설

93 낚시제한구역에서의 낚시방법 제한사항에 관한 기준으로 틀린 것은?

① 1명당 4대 이상의 낚시대를 사용하는 행위
② 낚시바늘에 끼워서 사용하지 아니하고 떡밥 등을 3회 이상 던지는 행위
③ 1개의 낚시대에 5개 이상의 낚시바늘을 떡밥과 뭉쳐서 미끼로 던지는 행위
④ 어선을 이용한 낚시행위 등 「낚시 관리 및 육성법」에 따른 낚시어선업을 영위하는 행위

해설 낚시제한구역에서의 제한사항
1. 낚시바늘에 끼워서 사용하지 아니하고 물고기를 유인하기 위하여 떡밥·어분 등을 던지는 행위
2. 어선을 이용한 낚시행위 등 「낚시 관리 및 육성법」에 따른 낚시어선업을 영위하는 행위
3. 1명당 4대 이상의 낚시대를 사용하는 행위
4. 1개의 낚시대에 5개 이상의 낚시바늘을 떡밥과 뭉쳐서 미끼로 던지는 행위
5. 쓰레기를 버리거나 취사행위를 하거나 화장실이 아닌 곳에서 대·소변을 보는 등 수질오염을 일으킬 우려가 있는 행위
6. 고기를 잡기 위하여 폭발물·배터리·어망 등을 이용하는 행위

94 폐수처리업에 종사하는 기술요원에 대한 교육기관으로 옳은 것은?

① 한국환경공단
② 국립환경과학원
③ 환경보전협회
④ 국립환경인력개발원

해설 교육기관
1. 측정기기 관리대행업에 등록된 기술요원 및 폐수처리업에 종사하시는 기술요원 : 국립환경인력개발원
2. 환경기술인 : 환경보전협회

95 환경정책기본법에 따른 환경기준에서 하천의 생활환경기준에 포함되지 않는 검사항목은?

① TP
② TN
③ DO
④ TOC

해설 환경기준에서 하천의 생활환경기준에 포함되는 검사항목
1. pH
2. BOD
3. TOC
4. SS
5. DO
6. T-P
7. 총대장균군
8. 분원성 대장균군

96 총량관리 단위유역의 수질 측정방법 중 측정수질에 관한 내용으로 ( ) 안에 맞는 것은?

> 산정 시점으로부터 과거 ( ) 측정한 것으로 하며, 그 단위는 리터당 밀리그램(mg/L)으로 표시한다.

① 1년간   ② 2년간
③ 3년간   ④ 5년간

해설 측정수질은 산정 시점으로부터 과거 3년간 측정한 것으로 하며, 그 단위는 리터당 밀리그램(mg/L)으로 표시한다.

97 위임업무 보고사항 중 보고횟수가 다른 업무내용은?

① 폐수처리업에 대한 허가·지도단속 실적 및 처리 실적 현황

② 폐수위탁·사업장 내 처리 현황 및 처리 실적
③ 기타 수질오염원 현황
④ 과징금 부과 실적

해설 위임업무 보고사항

업무내용	보고횟수	보고기일
폐수처리업에 대한 등록·지도단속 실적 및 처리 실적 현황	연 2회	매반기 종료 후 15일 이내
폐수위탁·사업장 내 처리 현황 및 처리 실적	연 1회	다음 해 1월 15일까지
기타 수질오염원 현황	연 2회	매반기 종료 후 15일 이내
과징금 부과 실적	연 2회	매반기 종료 후 10일 이내

98 폐수 처리방법이 생물화학적 처리방법인 경우 가동개시신고를 한 사업자의 시운전기간은? (단, 가동개시일 : 11월 10일)

① 가동개시일로부터 30일
② 가동개시일로부터 50일
③ 가동개시일로부터 70일
④ 가동개시일로부터 90일

해설 시운전기간
1. 폐수 처리방법이 생물화학적 처리방법인 경우 : 가동시작일부터 50일. 다만, 가동시작일이 11월 1일부터 다음 연도 1월 31일까지에 해당하는 경우에는 가동시작일부터 70일로 한다.
2. 폐수 처리방법이 물리적 또는 화학적 처리방법인 경우 : 가동시작일부터 30일

99 초과배출부과금 산정 시 적용되는 위반횟수별 부과계수에 관한 내용이다. ( ) 안에 알맞은 것은?

> 폐수 무방류배출시설에 대한 위반횟수별 부과계수는 처음 위반한 경우 (㉠)로 하고, 다음 위반부터는 그 위반 직전의 부과계수에 (㉡)를 곱한 것으로 한다.

① ㉠ 1.5, ㉡ 1.3
② ㉠ 1.8, ㉡ 1.5
③ ㉠ 2.1, ㉡ 1.7
④ ㉠ 2.4, ㉡ 1.9

100 공공폐수 처리시설의 유지·관리 기준에 관한 내용으로 (   ) 안에 맞는 것은?

> 처리시설의 가동시간, 폐수 방류량, 약품 투입량, 관리·운영자, 그 밖에 처리시설의 운영에 관한 주요사항을 사실대로 매일 기록하고 이를 최종 기록한 날부터 (   ) 보존하여야 한다.

① 1년간 　　　② 2년간
③ 3년간 　　　④ 5년간

해설 사업자 또는 수질오염방지시설을 운영하는 자는 폐수 배출시설 및 수질오염방지시설의 가동시간, 폐수 배출량, 약품 투입량, 시설관리 및 운영자, 그 밖에 시설운영에 관한 중요사항을 운영일지에 매일 기록하고, 최종기록일부터 1년간 보존하여야 한다. 다만, 폐수 무방류배출시설의 경우에는 운영일지를 3년간 보존하여야 한다.

꿈을 이루지 못하게 만드는 것은 오직하나
실패할지도 모른다는 두려움일세...
-파울로 코엘료(Paulo Coelho)-

Section 2

Final Check 80

Engineer Water Pollution Environmental

수 / 질 / 환 / 경 / 기 / 사

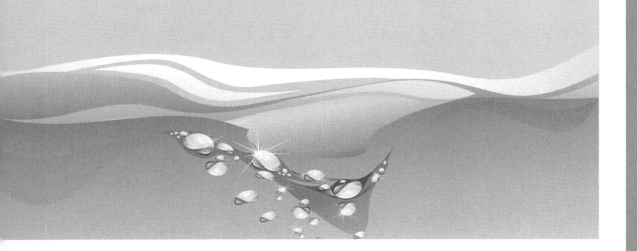

과목별 중요 빈출 80문제 수록

수질환경기사 필기
www.cyber.co.kr

▶▶ 제1과목 ▌수질오염개론

01 진핵세포 미생물과 원핵세포 미생물로 구분할 때 원핵세포에는 없고 진핵세포에만 있는 것은?

① 리보솜
② 세포소기관
③ 세포벽
④ DNA

해설 세포소기관은 원핵세포에 없다.

특징		원핵세포	진핵세포
크기		$1 \sim 10 \mu m$	$5 \sim 100 \mu m$
분열 형태		무사분열	유사분열
세포 소기관	미토콘드리아(사립체), 엽록체	없다.	있다.
	리소좀, 퍼옥시좀	없다.	있다.
	소포체, 골지체	없다.	있다.

02 알칼리도(alkalinity)에 관한 설명으로 거리가 먼 것은?

① P-알칼리도와 M-알칼리도를 합친 것을 총알칼리도라 한다.
② 알칼리도 계산은 다음 식으로 나타낸다.

$$Alk(CaCO_3 mg/L) = \frac{a \cdot N \cdot 50}{V} \times 1,000$$

a : 소비된 산의 부피(mL)

N : 산의 농도(eq/L), V : 시료의 양(mL)

③ 실용목적에서는 자연수에 있어서 수산화물, 탄산염, 중탄산염 이외, 기타 물질에 기인되는 알칼리도는 중요하지 않다.
④ 부식제어에 관련되는 중요한 변수인 랑게리아(Langelier) 포화지수 계산에 적용된다.

해설 M-알칼리도는 pH 4.5 부근, P-알칼리도는 pH 8.3 부근에서의 알칼리도를 의미하며 M-알칼리도가 총알칼리도이다.

03 glucose($C_6H_{12}O_6$) 500mg/L 용액을 호기성 처리 시 필요한 이론적인 인(P)의 농도(mg/L)는? (단, BOD_5 : N : P=100 : 5 : 1, K_1=0.1day^{-1}, 상용대수기준, 완전분해기준, BOD_u=COD)

① 약 3.7
② 약 5.6
③ 약 8.5
④ 약 12.8

해설 ⓐ glucose의 최종 BOD 산정

$C_6H_{12}O_6 + 6O_2 \rightarrow 6CO_2 + 6H_2O$

$180g : 192g = 500mg/L : \square mg/L$

$\square = 533.3333mg/L$

ⓑ BOD_5 산정

소모 $BOD = BOD_u \times (1 - 10^{-K_1 \times t})$

$BOD_5 = 533.3333mg/L \times (1 - 10^{-0.1 \times 5})$

$BOD_5 = 364.6785mg/L$

ⓒ 인의 농도 산정

$BOD_5 : P = 100 : 1$

$100 : 1 = 364.6785 : \square$

∴ $\square = 3.6467mg/L$

04 0.1N HCl 용액 100mL에 0.2N NaOH 용액 75mL를 섞었을 때 혼합 용액의 pH는? (단, 전리도는 100% 기준)

① 약 10.1
② 약 10.4
③ 약 11.3
④ 약 12.5

해설 ⓐ 관계식의 산정

불완전 중화로 산의 eq와 염기의 eq를 비교하여 차이만큼이 pH에 영향을 주게 된다.

$N'V' - NV = N_o(V' + V)$

ⓑ 산의 eq 산정

산의 eq $= \frac{0.1eq}{L} \times 100mL \times \frac{1L}{1,000mL} = 0.01eq$

ⓒ 염기의 eq 산정

염기의 eq $= \frac{0.2eq}{L} \times 75mL \times \frac{1L}{1,000mL} = 0.015eq$

ⓓ 혼합 폐수의 eq

산의 eq가 염기의 eq 보다 작으므로 염기의 eq-산의 eq=남은 [OH$^-$]의 eq가 된다.

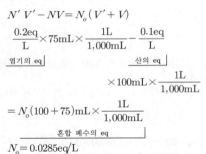

$$N'V' - NV = N_o(V' + V)$$

$$\underbrace{\frac{0.2eq}{L} \times 75mL \times \frac{1L}{1,000mL}}_{\text{염기의 eq}} - \underbrace{\frac{0.1eq}{L}}_{\text{산의 eq}}$$

$$\times 100mL \times \frac{1L}{1,000mL}$$

$$= \underbrace{N_o(100+75)mL \times \frac{1L}{1,000mL}}_{\text{혼합 폐수의 eq}}$$

$$N_o = 0.0285eq/L$$

ⓔ pH의 산정

$$pH = 14 - pOH = 14 + \log(0.0285) = 12.4548$$

05 하천 모델 중 다음의 특징을 가지는 것은?

- 유속, 수심, 조도계수에 의한 확산계수 결정
- 하천과 대기 사이의 열복사, 열교환 고려
- 음해법으로 미분방정식의 해를 구함.

① QUAL-1 ② WQRRS
③ DO SAG-1 ④ HSPE

[해설] ② WQRRS : 하천 및 호수의 부영양화를 고려한 생태계 모델
③ DO SAG-1 : Streeter-Phelps 식을 기본으로 Ⅰ, Ⅱ, Ⅲ 단계에 걸쳐 개발
④ HSPE : 모듈을 선택하여 다양한 분야에 적용

06 우리나라 근해의 적조(red tide)현상의 발생 조건에 대한 설명으로 가장 적절한 것은?
① 햇빛이 약하고 수온이 낮을 때 이상 균류의 이상 증식으로 발생한다.
② 수괴의 연직 안정도가 적어질 때 발생된다.
③ 정체수역에서 많이 발생된다.
④ 질소, 인 등의 영양분이 부족하여 적색이나 갈색의 적조 미생물이 이상적으로 증식한다.

[해설] ① 햇빛이 강하고 수온이 높을 때 이상 조류의 이상 증식으로 발생한다.
② 수괴의 연직 안정도가 클 때 발생된다.
④ 질소, 인 등의 영양분이 많아 적색이나 갈색의 적조 미생물이 이상적으로 증식한다.

07 호소의 성층현상에 관한 설명으로 옳지 않은 것은?
① 수온약층은 순환층과 정체층의 중간층에 해당되고 변온층이라고도 하며 수온이 수심에 따라 크게 변화한다.

② 호소수의 성층현상은 연직 방향의 밀도차에 의해 층상으로 구분되어지는 것을 말한다.
③ 겨울 성층은 표층수의 냉각에 의한 성층이며 역성층이라고도 한다.
④ 여름 성층은 뚜렷한 층을 형성하며 연직 온도경사와 분자확산에 의한 DO 구배가 반대 모양을 나타낸다.

[해설] 여름이 되면 연직에 따른 온도경사와 용존산소경사가 같은 모양을 나타낸다.

08 저수지의 용량이 $2.8 \times 10^8 m^3$이고, 염분의 농도가 1.25%이며 유량은 $2.4 \times 10^9 m^3/yr$이라면 저수지 염분 농도가 200mg/L로 될 때까지의 소요시간 (month)은? (단, 염분 유입은 없으며 저수지는 완전혼합반응조, 1차 반응(자연대수)으로 가정한다.)
① 4.6 ② 5.8
③ 6.9 ④ 7.4

[해설] ⓐ K의 산정

$$K = \frac{Q}{\forall} = \frac{\frac{2.4 \times 10^9 m^3}{yr} \times \frac{1yr}{12month}}{2.8 \times 10^8 m^3}$$

$$= 0.7143 month^{-1}$$

ⓑ 단순희석 : 1차 반응식 이용

$$\ln\frac{C_t}{C_o} = -K \times t$$

$$\ln\frac{200}{1.25 \times 10^4} = \frac{-0.7143}{month} \times t$$

$$\therefore t = 5.7891 month$$

09 물의 특성에 관한 설명으로 옳지 않은 것은?
① 물은 2개의 수소원자가 산소원자를 사이에 두고 104.5°의 결합각을 가진 구조로 되어 있다.
② 물은 극성을 띠지 않아 다양한 물질의 용매로 사용된다.
③ 물은 유사한 분자량의 다른 화합물보다 비열이 매우 커 수온의 급격한 변화를 방지해 준다.
④ 물의 밀도는 4℃에서 가장 크다.

[해설] 물은 극성을 띠며 다양한 물질의 용매로 사용된다.

10 환경부 장관이 수립하는 대권역 수질 및 수생태계 보전을 위한 기본계획에 포함되어야 하는 사항으로 틀린 것은?

① 수질오염관리 기본 및 시행 계획
② 점오염원, 비점오염원 및 기타 수질오염원에서 배출되는 수질오염물질의 양
③ 점오염원, 비점오염원 및 기타 수질오염원의 분포현황
④ 물환경의 변화 추이 및 물환경목표기준

해설 [법 제24조] 대권역 물환경관리계획의 수립
① 유역환경청장은 국가물환경관리기본계획에 따라 제22조 제2항에 따른 대권역별로 대권역 물환경관리계획(이하 "대권역계획"이라 한다)을 10년마다 수립하여야 한다.
② 대권역계획에는 다음의 사항이 포함되어야 한다.
   1. 물환경의 변화 추이 및 물환경목표기준
   2. 상수원 및 물 이용현황
   3. 점오염원, 비점오염원 및 기타 수질오염원의 분포현황
   4. 점오염원, 비점오염원 및 기타 수질오염원에서 배출되는 수질오염물질의 양
   5. 수질오염 예방 및 저감 대책
   6. 물환경 보전조치의 추진방향
   7. 「저탄소녹색성장기본법」 제2조 제12호에 따른 기후변화에 대한 적응대책
   8. 그 밖에 환경부령으로 정하는 사항

11 수은(Hg) 중독과 관련이 없는 것은?

① 난청, 언어장애, 구심성 시야협착, 정신장애를 일으킨다.
② 이타이이타이병을 유발한다.
③ 유기수은은 무기수은보다 독성이 강하며 신경계통에 장애를 준다.
④ 무기수은은 황화물 침전법, 활성탄 흡착법, 이온교환법 등으로 처리할 수 있다.

해설 • 수은 : 미나마타병
• 카드뮴 : 이타이이타이병

12 해수의 특성에 대한 설명으로 옳은 것은?

① 염분은 적도해역과 극해역이 다소 높다.
② 해수의 주요성분 농도비는 수온, 염분의 함수로 수심이 깊어질수록 증가한다.
③ 해수의 Na/Ca 비는 3~4 정도로 담수보다 매우 높다.
④ 해수 내 전체 질소 중 35% 정도는 암모니아성질소, 유기질소 형태이다.

해설 ① 염분은 적도해역보다 극해역이 다소 낮다.
② 해수의 주요성분 농도비는 일정하다.
③ 해수의 Mg/Ca 비는 3~4 정도로 담수보다 매우 높다.

13 이상적 플러그 흐름(plug flow)에 관한 내용으로 옳은 것은?

① 분산=0, 분산수=0
② 분산=0, 분산수=1
③ 분산=1, 분산수=0
④ 분산=1, 분산수=1

해설 이상적인 반응조의 혼합상태

혼합 정도의 표시	완전혼합흐름상태
분산	1일 때
분산수	무한대일 때
모릴지수	클수록

14 아래와 같은 폐수의 생물학적으로 분해가 불가능한 불용성 COD는?

- $BOU_u/BOD_5 = 1.5$
- $COD = 1,583 mg/L$
- $SCOD = 948 mg/L$
- $BOD_5 = 659 mg/L$
- $SBOD_5 = 484 mg/L$

① 816.5mg/L   ② 574.5mg/L
③ 372.5mg/L   ④ 235.5mg/L

해설 COD의 구성을 파악하여 NBDICOD 산정

	COD	
BDCOD(최종 BOD) 생물학적 분해 가능		NBDCOD 생물학적 분해 불가능
BDICOD 생물학적 분해 가능 비용해성	NBDICOD 생물학적 분해 불가능 비용해성	ICOD : 비용해성
BDSCOD 생물학적 분해 가능 용해성	NBDSCOD 생물학적 분해 불가능 용해성	SCOD : 용해성

ⓐ BDCOD(최종 BOD) 산정
$$BDCOD(최종 BOD) = BOD_5 \times 1.5$$
$$= 659 \times 1.5 = 988.5 mg/L$$

ⓑ NBDCOD 산정

COD=BDCOD(최종 BOD)+NBDCOD

1,583mg/L=988.5mg/L+NBDCOD

NBDCOD=594.5mg/L

ⓒ ICOD 산정

COD=ICOD+SCOD

1,583mg/L=ICOD+948mg/L

ICOD=635mg/L

ⓓ BDSCOD(최종 SBOD) 산정

BDSCOD(최종 SBOD)=$SBOD_5 \times 1.5$

$= 484 \times 1.5 = 726$mg/L

ⓔ NBDSCOD 산정

SCOD=BDSCOD+NBDSCOD

948=726+NBDSCOD

NBDSCOD=222mg/L

ⓕ NBDICOD 산정

NBDCOD=NBDICOD+NBDSCOD

594.5=NBDICOD+222

NBDICOD=372.5mg/L

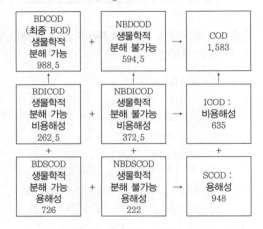

---

16 물환경보전법 용어의 정의로 옳지 않은 것은?

① 비점오염저감시설이란 수질오염방지시설 중 비점오염원으로부터 배출되는 수질오염물질을 제거하거나 감소하게 하는 시설로서 환경부령이 정하는 것을 말한다.

② 공공수역이란 하천, 호소, 항만, 연안 해역, 그 밖에 공공용으로 사용되는 환경부령으로 정하는 수로를 말한다.

③ 비점오염원이란 도시, 도로, 농지, 산지, 공사장 등으로서 불특정 장소에서 불특정하게 수질오염물질을 배출하는 배출원을 말한다.

④ 기타 수질오염원이란 비점오염원으로 관리되지 아니하는 특정수질오염물질만을 배출하는 시설을 말한다.

해설 [법 제2조] 정의

"기타 수질오염원"이란 점오염원 및 비점오염원으로 관리되지 아니하는 수질오염물질을 배출하는 시설 또는 장소로서 환경부령으로 정하는 것을 말한다.

17 분체증식을 하는 미생물을 회분배양하는 경우 미생물은 시간에 따라 5단계를 거치게 된다. 5단계 중 생존한 미생물의 중량보다 미생물 원형질의 전체 중량이 더 크게 되며 미생물 수가 최대가 되는 단계로 가장 적합한 것은?

① 증식단계   ② 대수성장단계

③ 감소성장단계   ④ 내생성장단계

18 분뇨의 특성에 관한 설명으로 틀린 것은?

① 분의 경우 질소화합물을 전체 VS의 12~20% 정도 함유하고 있다.

② 요의 경우 질소화합물을 전체 VS의 40~50% 정도 함유하고 있다.

③ 질소화합물은 주로 $(NH_4)_2CO_3$, NH_4HCO_3 형태로 존재한다.

④ 질소화합물은 알칼리도를 높게 유지시켜 주므로 pH의 강하를 막아주는 완충작용을 한다.

해설 요의 경우 질소화합물을 전체 VS의 80~90% 정도 함유하고 있다.

15 다음 중 하천의 자정단계와 오염의 정도를 파악하는 Whipple의 자정단계(지대별 구분)에 대한 설명으로 틀린 것은?

① 분해지대 : 유기성 부유물의 침전과 환원 및 분해에 의한 탄산가스의 방출이 일어난다.

② 분해지대 : 용존산소의 감소가 현저하다.

③ 활발한 분해지대 : 수중환경은 혐기성 상태가 되어 침전 저니는 흑갈색 또는 황색을 띤다.

④ 활발한 분해지대 : 오염에 강한 실지렁이가 나타나고 혐기성 곰팡이가 증식한다.

해설 분해지대 : 오염에 강한 실지렁이가 나타나고 혐기성 곰팡이가 증식한다.

19 국립환경과학원장이 설치할 수 있는 측정망과 거리가 먼 것은?

① 비점오염원에서 배출되는 비점오염물질 측정망

② 대규모 오염원의 하류지점 측정망

③ 퇴적물 측정망

④ 도심하천 유해물질 측정망

해설 [시행규칙 제22조] 국립환경과학원장이 설치 · 운영하는 측정망의 종류 등

국립환경과학원장이 법 제9조 제1항에 따라 설치할 수 있는 측정망은 다음과 같다.

1. 비점오염원에서 배출되는 비점오염물질 측정망

2. 법 제4조 제1항에 따른 수질오염물질의 총량관리를 위한 측정망

3. 영 제8조 각 호의 시설 등 대규모 오염원의 하류지점 측정망

4. 법 제21조에 따른 수질오염경보를 위한 측정망

5. 법 제22조 제2항에 따른 대권역 · 중권역을 관리하기 위한 측정망

6. 공공수역 유해물질 측정망

7. 퇴적물 측정망

8. 생물 측정망

9. 그 밖에 국립환경과학원장이 필요하다고 인정하여 설치 · 운영하는 측정망

20 산소포화 농도가 9mg/L인 하천에서 처음의 용존산소 농도가 7mg/L라면 3일간 흐른 후 하천 하류지점에서의 용존산소 농도(mg/L)는? (단, BOD_u =10mg/L, 탈산소계수=0.1day^{-1}, 재폭기계수 =0.2day^{-1}, 상용대수기준)

① 4.5

② 5.0

③ 5.5

④ 6.0

해설 3일 유하 후 용존산소 농도

=포화 농도−3일 유하 후 산소부족량

ⓐ DO 부족량 공식 이용

$$D_t = \frac{K_1}{K_2 - K_1} \times L_o \times \left(10^{-K_1 \times t} - 10^{-K_2 \times t}\right)$$
$$+ D_o \times 10^{-K_2 \times t}$$
$$= \frac{0.1}{0.2 - 0.1} \times 10 \times \left(10^{-0.1 \times 3} - 10^{-0.2 \times 3}\right)$$
$$+ (9 - 7) \times 10^{-0.2 \times 3}$$
$$= 3.0023 \text{mg/L}$$

ⓑ 3일 유하 후 용존산소 농도 산정

3일 후 DO $= C_s - D_t = 9 - 3.0023 = 5.9977 \text{mg/L}$

▶ 제2과목 ▎ 상하수도계획

21 상수관로의 길이 800m, 내경 200mm에서 유속 2m/sec로 흐를 때 관마찰 손실수두(m)는? (단, Darcy-Weisbach 공식을 이용, 마찰손실계수= 0.02)

① 약 16.3

② 약 18.4

③ 약 20.7

④ 약 22.6

해설 $$h_f = f \times \frac{L}{D} \times \frac{V^2}{2g}$$
$$= 0.02 \times \frac{800}{0.2} \times \frac{2^2}{2 \times 9.8}$$
$$= 16.3265 \text{m}$$

22 지하수 취수 시 적용되는 양수량 중에서 적정 양수량의 정의로 옳은 것은?

① 최대 양수량의 80% 이하의 양수량

② 한계 양수량의 80% 이하의 양수량

③ 최대 양수량의 70% 이하의 양수량

④ 한계 양수량의 70% 이하의 양수량

23 역사이펀 관로의 길이는 500m이고, 관경은 500mm이며, 경사는 0.3%라고 하면 상기 관로에서 일어나는 손실수두(m)와 유량(m^3/sec)은 얼마인가? (단, Manning 조도계수 n값=0.013, 역사이펀 관로의 미소손실=총 5cm 수두, 역사이펀 손실수두(H)$= I \times L + (1.5 \times V^2/2g) + \alpha$, 만관이라 가정)

① 1.63, 0.207

② 2.61, 0.207

③ 1.63, 0.827

④ 2.61, 0.827

해설 ⓐ 유속 계산

Manning에 의한 유속의 계산은 아래와 같다.

$$V = \frac{1}{n} R^{\frac{2}{3}} I^{\frac{1}{2}}$$

R : 경심 → $R = \dfrac{\text{단면적}}{\text{윤변}} = \dfrac{D}{4} = \dfrac{0.5}{4}$

n : 조도계수 → 0.013

I : 동수경사 → 0.3%=0.3/100

$$= \frac{1}{0.013} \times \left(\frac{0.5}{4}\right)^{\frac{2}{3}} \times \left(\frac{0.3}{100}\right)^{\frac{1}{2}} = 1.053\,\text{m/sec}$$

ⓑ 유량 계산

$Q = AV$

$$= \frac{\pi}{4} D^2 V = \frac{\pi}{4} 0.5^2 \times 1.053 = 0.2067\,\text{m}^3/\text{sec}$$

ⓒ 손실수두 계산

$$H = I \times L + \left(1.5 \times \frac{V^2}{2g}\right) + \alpha$$

I : 동수경사 → 0.3%=0.3/100

L : 길이 → 500m

V : 유속 → 1.053m/sec

g : 중력가속도 → 9.8m/sec²

α : 역사이펀 관로의 미소손실 → 0.05m

$$= \frac{0.3}{100} \times 500 + \left(1.5 \times \frac{1.053^2}{2 \times 9.8}\right) + 0.05$$

$$= 1.635\,\text{m}$$

24 정수시설인 막여과시설에서 막모듈의 파울링에 해당되는 것은?

① 막모듈의 공급 유로 또는 여과수 유로가 고형물로 폐색되어 흐르지 않는 상태

② 미생물과 막 재질의 자화 또는 분비물의 작용에 의한 변화

③ 건조되거나 수축으로 인한 막 구조의 비가역적인 변화

④ 원수 중의 고형물이나 진동에 의한 막 면의 상처나 마모, 파단

해설 ① 막모듈의 공급 유로 또는 여과수 유로가 고형물로 폐색되어 흐르지 않는 상태 : 파울링

② 미생물과 막 재질의 자화 또는 분비물의 작용에 의한 변화 : 열화

③ 건조되거나 수축으로 인한 막 구조의 비가역적인 변화 : 열화

④ 원수 중의 고형물이나 진동에 의한 막 면의 상처나 마모, 파단 : 열화

※ 막의 열화와 파울링

1. 막의 열화

압력에 의한 크리프(creep)변형이나 손상 등 물리적 열화, 가수분해나 산화 등 화학적 열화, 미생물로 자화(資化)되는 생물열화(bio-fouling) 등 막 자체의 비가역적인 변화로 생기는 성능 변화로 성능이 회복되지 않는다.

2. 막의 파울링

막 자체의 변화가 아니라 외적 요인으로 막의 성능이 변화되는 것으로, 그 원인에 따라 세척함으로써 성능이 회복될 수 있다.

분류	정의		내용
열화	막 자체의 변질로 생긴 비가역적인 막 성능의 저하	물리적 열화	장기적인 압력부하에 의한 막구조의 압밀화 creep 변형
		압밀화	원수 중의 고형물이나 진동에 의한 막면의 상처나 마모, 파단
		손상건조	건조되거나 수축으로 인한 막 구조의 비가역적인 변화
		화학적 열화	막이 pH나 온도 등의 작용에 의해 분해
		가수분해 산화	산화제에 의한 막 재질의 특성 변화나 분해
		생물 화학적 변화	미생물과 막 재질의 자화 또는 분비물의 작용에 의한 변화
파울링	막 자체의 변질이 아닌 외적 인자로 생긴 막 성능의 저하	부착층	케이크층 : 공급수 중의 현탁물질이 막 면상에 축적되어 형성되는 층
			겔층 : 농축으로 용해성 고분자 등의 막 표면 농도가 상승하여 막 면에 형성된 겔(gel)상의 비유동성 층
			스케일층 : 농축으로 난용해성 물질이 용해도를 초과하여 막 면에 석출된 층
			흡착층 : 공급수 중에 함유되어 막에 대하여 흡착성이 큰 물질이 막 면상에 흡착되어 형성된 층
		막힘	• 고체 : 막의 다공질부의 흡착, 석출, 포착 등에 의한 폐색 • 액체 : 소수성 막의 다공질부가 기체로 치환(건조)
		유로폐색	막모듈의 공급 유로 또는 여과수 유로가 고형물로 폐색되어 흐르지 않는 상태

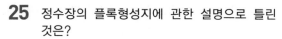

25 정수장의 플록형성지에 관한 설명으로 틀린 것은?

① 플록형성지는 혼화지와 침전지 사이에 위치하고 침전지에 붙여서 설치한다.
② 플록형성시간은 계획정수량에 대하여 20~40분간을 표준으로 한다.
③ 플록큐레이터의 주변속도는 15~80cm/sec로 한다.
④ 플록형성지 내의 교반강도는 상류, 하류를 동일하게 유지하여 일정한 강도의 플록을 형성시킨다.

해설 플록형성지 내의 교반강도는 하류로 갈수록 점차 감소시키는 것이 바람직하다.

※ 플록형성지
플록형성지는 다음에 따른다.
1. 플록형성지는 혼화지와 침전지 사이에 위치하고 침전지에 붙여서 설치한다.
2. 플록형성지는 직사각형이 표준이며 플록큐레이터(flocculator)를 설치하거나 또는 저류판을 설치한 유수로로 하는 등 유지관리면을 고려하여 효과적인 방법을 선정한다.
3. 플록형성시간은 계획정수량에 대하여 20~40분간을 표준으로 한다.
4. 플록형성은 응집된 미소플록을 크게 성장시키기 위하여 적당한 기계식 교반이나 우류식 교반이 필요하다.
   1) 기계식 교반에서 플록큐레이터의 주변속도는 15~80cm/sec로 하고 우류식 교반에서는 평균유속을 15~30cm/sec를 표준으로 한다.
   2) 플록형성지 내의 교반강도는 하류로 갈수록 점차 감소시키는 것이 바람직하다.
   3) 교반설비는 수질변화에 따라 교반강도를 조절할 수 있는 구조로 한다.
5. 플록형성지는 단락류나 정체부가 생기지 않으면서 충분하게 교반될 수 있는 구조로 한다.
6. 플록형성지에서 발생한 슬러지나 스컴이 쉽게 제거될 수 있는 구조로 한다.
7. 야간근무자도 플록형성상태를 감시할 수 있는 적절한 조명장치를 설치한다.

26 우수관거 및 합류관거의 최소관경에 관한 내용으로 옳은 것은?

① 200mm를 표준으로 한다.
② 250mm를 표준으로 한다.
③ 300mm를 표준으로 한다.
④ 350mm를 표준으로 한다.

해설 • 오수관거 최소관경 : 200mm
• 우수관거 및 합류관거 최소관경 : 250mm

27 계획오수량에 관한 설명으로 틀린 것은?

① 계획시간최대오수량은 계획 1일 최대오수량의 1시간당 수량의 1.3~1.8배를 표준으로 한다.
② 지하수량은 1인 1일 최대오수량의 20% 이하로 한다.
③ 합류식에서 우천 시 계획오수량은 원칙적으로 계획 1일 최대오수량의 1.5배 이상으로 한다.
④ 계획 1일 평균오수량은 계획 1일 최대오수량의 70~80%를 표준으로 한다.

해설 합류식에서 우천 시 계획오수량은 원칙적으로 계획시간최대오수량의 3배 이상으로 한다.

28 하수 고도처리(잔류 SS 및 잔류 용존 유기물 제거) 방법인 막 분리법에 적용되는 분리막 모듈형식으로 거리가 먼 것은?

① 중공사형
② 투사형
③ 판형
④ 나선형

해설 분리막의 모듈은 관형, 판형, 중공사형, 나선형으로 구분된다.

29 펌프효율 $\eta=80\%$, 전양정 $H=16m$인 조건하에서 양수량 $Q=12L/sec$로 펌프를 회전시킨다면 이때 필요한 축동력(kW)은? (단, 전동기는 직결, 물의 밀도 $\gamma=1,000kg/m^3$)

① 1.28   ② 1.73
③ 2.35   ④ 2.88

해설 펌프의 동력산정

$$P = \frac{\gamma \times \Delta H \times Q}{102 \times \eta}$$

$$= \frac{\frac{1,000kg}{m^3} \times 16m \times \frac{12L}{sec} \times \frac{m^3}{1,000L}}{102 \times 0.8}$$

$$= 2.3229kW$$

→ 단위 : MKS로 적용했을 때 동력의 단위는 kW가 된다.

30 펌프의 수격작용(water hammer)에 관한 설명으로 거리가 먼 것은?

① 관 내 물의 속도가 급격히 변하여 수압의 심한 변화를 야기하는 현상이다.

② 정전 등의 사고에 의하여 운전 중인 펌프가 갑자기 구동력을 소실할 경우에 발생할 수 있다.

③ 펌프계에서의 수격현상은 역회전 역류, 정회전 역류, 정회전 정류의 단계로 진행된다.

④ 펌프가 급정지할 때는 수격작용 유무를 점검해야 한다.

해설 펌프계에서의 수격현상은 정회전 정류, 정회전 역류, 역회전 역류의 단계로 진행된다.

※ 수격작용

관 내를 충만하여 흐르고 있는 물의 속도가 급격히 변하면 수압도 심한 변화를 일으킨다. 이 현상을 수격작용(water hammer)이라고 한다. 수격작용을 방지하기 위한 방법은 아래와 같다.

1. 부압(수주분리) 발생의 방지법
   1) 펌프에 플라이휠(fly-wheel)을 붙인다.
   2) 토출 측 관로에 표준형 조압수조(conventional surge tank)를 설치한다.
   3) 토출 측 관로에 한방향형 조압수조(one-way surge tank)를 설치한다.
   4) 압력수조(air-chamber)를 설치한다.

2. 압력상승 경감방법
   1) 완폐식 체크밸브에 의한 방법
      관 내 물의 역류개시 직후의 역류에 대하여 밸브디스크가 천천히 닫히도록 하는 것으로 역류되는 물을 서서히 차단하는 방법으로 압력상승을 완화시킨다.
   2) 급폐식 체크밸브에 의한 방법
      역류가 커지고 나서 급폐되면 높은 압력상승이 생기기 때문에 역류가 일어나기 직전인 유속이 느릴 때에 스프링 등의 힘으로 체크밸브를 급폐시키는 방법으로 역류개시가 빠른 300mm 이하의 관로에 사용된다.
   3) 콘밸브 또는 니들밸브나 볼밸브에 의한 방법
      정전과 동시에 콘밸브나 니들밸브 또는 볼밸브의 유압조작기구 작동으로 밸브 개도를 제어하여 자동적으로 완폐시키는 방법으로 유속변화를 작게 하여 압력상승을 억제할 수 있다.

31 취수시설인 침사지에 관한 설명으로 틀린 것은?

① 표면부하율은 500~800mm/min을 표준으로 한다.

② 지 내 평균유속은 2~7cm/sec를 표준으로 한다.

③ 지의 상단높이는 고수위보다 0.6~1m의 여유고를 둔다.

④ 지의 유효수심은 3~4m를 표준으로 하고, 퇴사심도를 0.5~1m로 한다.

해설 표면부하율은 200~500mm/min을 표준으로 한다.

※ 취수시설인 침사지의 구조

침사지의 구조는 다음에 따른다.

1. 원칙적으로 철근콘크리트구조로 하며 부력에 대해서도 안전한 구조로 한다.
2. 표면부하율은 200~500mm/min을 표준으로 한다.
3. 지 내 평균유속은 2~7cm/sec를 표준으로 한다.
4. 지의 길이는 폭의 3~8배를 표준으로 한다.
5. 지의 고수위는 계획취수량이 유입될 수 있도록 취수구의 계획최저수위 이하로 정한다.
6. 지의 상단높이는 고수위보다 0.6~1m의 여유고를 둔다.
7. 지의 유효수심은 3~4m를 표준으로 하고, 퇴사심도를 0.5~1m로 한다.
8. 바닥은 모래배출을 위하여 중앙에 배수로(pitt)를 설치하고, 길이방향에는 배수구로 향하여 1/100, 가로방향은 중앙배수로를 향하여 1/50 정도의 경사를 둔다.
9. 한랭지에서 저온으로 지의 수면이 결빙되거나 강설로 수중에 눈얼음 등이 보이는 곳에서는 기능장애를 방지하기 위하여 지붕을 설치한다.

32 하수배재 방식 중 합류식에 관한 설명으로 알맞지 않은 것은?

① 관로계획 : 우수를 신속히 배수하기 위해 지형조건에 적합한 관거망이 된다.

② 청천 시의 월류 : 없음

③ 관로오접 : 없음

④ 토지이용 : 기존의 측구를 폐지할 경우에는 뚜껑의 보수가 필요하다.

해설 분류식에서의 토지이용 : 기존의 측구를 폐지할 경우에는 뚜껑의 보수가 필요하다.

〈배제방식의 비교〉

검토사항		합류식
건설면	관로계획	우수를 신속하게 배수하기 위해서 지형조건에 적합한 관거망이 된다.
	시공	대구경 관거가 되면 좁은 도로에서의 매설에 어려움이 있다.
	건설비	대구경 관거가 되면 1계통으로 건설되어 오수관거와 우수관거의 2계통을 건설하는 것보다는 저렴하지만 오수관거만을 건설하는 것보다는 비싸다.

검토사항		합류식
유지관리면	관거오접	없음.
	관거 내 퇴적	청천 시에 수위가 낮고 유속이 적어 오물이 침전하기 쉽다. 그러나 우천 시에 수세효과가 있기 때문에 관거 내의 청소빈도가 적을 수 있다.
	처리장으로의 토사유입	우천 시에 처리장으로 다량의 토사가 유입하여 장기간에 걸쳐 수로바닥, 침전지 및 슬러지 소화조 등에 퇴적한다.
	관거 내의 보수	폐쇄의 염려가 없다. 검사 및 수리가 비교적 용이하다. 청소에 시간이 걸린다.
	기존 수로의 관리	관리자가 불명확한 수로를 통폐합하고 우수배제계통을 하수도관리자가 총괄하여 관리할 수 있다.
수질보전면	우천 시의 월류	일정량 이상이 되면 우천 시 오수가 월류한다.
	청천 시의 월류	없음.
	강우초기의 노면 세정수	시설의 일부를 개선 또는 개량하면 강우초기의 오염된 우수를 수용해서 처리할 수 있다.
환경면	쓰레기 등의 투기	없음.
	토지이용	기존의 측구를 폐지할 경우에는 도로폭을 유효하게 이용할 수 있다.

33 다음 중 토출량=20m³/min, 전양정=6m, 회전속도=1,200rpm인 펌프의 비교회전도(비속도)는?

① 약 1,300
② 약 1,400
③ 약 1,500
④ 약 1,600

해설 비교회전도의 산정을 위한 공식은 아래와 같다.

$$N_s = N \times \frac{Q^{1/2}}{H^{3/4}}$$

N : 회전수 → 1,200rpm
Q : 유량 → 20m³/min
H : 양정 → 6m

$$= 1,200 \times \frac{20^{1/2}}{6^{3/4}} = 1399.8542$$

34 하수도계획의 목표연도는 원칙적으로 몇 년으로 설정하는가?

① 15년
② 20년
③ 25년
④ 30년

해설 • 상수도계획 목표연도 : 15~20년
• 하수도계획 목표연도 : 20년

35 상수도시설인 완속여과지에 관한 설명으로 틀린 것은?

① 여과지 깊이는 하부 집수장치의 높이에 자갈층 두께와 모래층 두께까지 2.5~3.5m를 표준으로 한다.
② 완속여과지의 여과속도는 4~5m/day를 표준으로 한다.
③ 모래층의 두께는 70~90cm를 표준으로 한다.
④ 여과지의 모래면 위의 수심은 90~120cm를 표준으로 한다.

해설 완속여과지의 구조와 형상
완속여과지의 구조와 형상은 다음에 따른다.
1. 여과지 깊이는 하부집수장치의 높이에 자갈층과 모래층 두께, 모래면 위의 수심과 여유고를 더하여 2.5~3.5m를 표준으로 한다.
2. 여과지의 형상은 직사각형을 표준으로 한다.
3. 배치는 몇 개의 여과지를 접속시켜 1열이나 2열로 하고, 그 주위는 유지관리상 필요한 공간을 둔다.
4. 주위벽 상단은 지반보다 15cm 이상 높여 여과지 내로 오염수나 토사 등의 유입을 방지해야 한다.
5. 한랭지에서는 여과지의 물이 동결될 우려가 있는 경우나 또한 공중에서 날아드는 오염물질로 물이 오염될 우려가 있는 경우에는 여과지를 복개한다.

36 정수시설의 착수정 구조와 형상에 관한 설계기준으로 틀린 것은?

① 착수정은 분할을 원칙으로 하며 고수위 이상으로 유지되도록 월류관이나 월류 위어를 설치한다.
② 형상은 일반적으로 직사각형 또는 원형으로 하고, 유입구에는 제수밸브 등을 설치한다.
③ 착수정의 고수위와 주변 벽체의 상단 간에는 60cm 이상의 여유를 두어야 한다.
④ 부유물이나 조류 등을 제거할 필요가 있는 장소에는 스크린을 설치한다.

해설 착수정은 2지 이상 분할을 원칙으로 하며 고수위 이상으로 올라가지 않도록 월류관이나 월류 위어를 설치한다.
※ 착수정 : 착수정은 도수시설에서 도수되는 원수의 수위 동요를 안정시키고 원수량을 조절하여 다음에 연결되는 약품주입, 침전, 여과 등 일련의 정수작업이 정확하고 용이하게 처리될 수 있도록 설치하는 시설

※ 착수정의 구조와 형상
  1. 착수정은 2지 이상으로 분할하는 것이 원칙이나 분할하지 않는 경우에는 반드시 우회관을 설치하며 배수설비를 설치한다.
  2. 형상은 일반적으로 직사각형 또는 원형으로 하고 유입구에는 제수밸브 등을 설치한다.
  3. 수위가 고수위 이상으로 올라가지 않도록 월류관이나 월류 위어를 설치한다.
  4. 착수정의 고수위와 주변 벽체의 상단 간에는 60cm 이상의 여유를 두어야 한다.
  5. 부유물이나 조류 등을 제거할 필요가 있는 장소에는 스크린을 설치한다.

37 오수관로의 유속범위로 알맞은 것은? (단, 계획시간최대오수량기준)
  ① 최소 0.2m/sec, 최대 2.0m/sec
  ② 최소 0.3m/sec, 최대 2.0m/sec
  ③ 최소 0.6m/sec, 최대 3.0m/sec
  ④ 최소 0.8m/sec, 최대 3.0m/sec

해설 유속은 일반적으로 하류방향으로 흐름에 따라 점차로 커지고, 관거경사는 점차 작아지도록 다음 사항을 고려하여 유속과 경사를 결정한다.
  1. 오수관거
    계획시간최대오수량에 대하여 유속을 최소 0.6m/sec, 최대 3.0m/sec로 한다.
  2. 우수관거 및 합류관거
    계획우수량에 대하여 유속을 최소 0.8m/sec, 최대 3.0m/sec로 한다.

38 $I=\dfrac{3,660}{t+15}$ mm/hr, 면적 2.0km², 유입시간 6분, 유출계수 $C=0.65$, 관 내 유속이 1m/sec인 경우 관길이 600m인 하수관에서 흘러나오는 우수량(m³/sec)은? (단, 합리식 적용)
  ① 약 31   ② 약 38
  ③ 약 43   ④ 약 52

해설 합리식에 의한 우수유출량을 산정하는 공식
  $$Q=\frac{1}{360}C \cdot I \cdot A$$
  ⓐ 유달시간 산정(min)
    t = 유입시간 + 유하시간
    $\underset{\text{min}}{}$ $\underset{\text{min}}{}$ $\underset{\text{min}}{}=\dfrac{길이(L)}{유속(V)}$
    $= 6\text{min} + 600\text{m} \times \dfrac{\text{sec}}{1\text{m}} \times \dfrac{1\text{min}}{60\text{sec}}$
    $= 16\text{min}$

  ⓑ 강우강도 산정(mm/hr)
    $$I=\frac{3,660}{t+15}=\frac{3,660}{16+15}=118.06\text{mm/hr}$$
  ⓒ 유역면적 산정(ha)
    유역면적 $= 2.0\text{km}^2 \times \dfrac{100\text{ha}}{1\text{km}^2} = 200\text{ha}$
  ⓓ 유량 산정
    $$Q=\frac{1}{360} \times 0.65 \times 118.06 \times 200 = 42.63\text{m}^3/\text{sec}$$

39 캐비테이션 방지대책으로 틀린 것은?
  ① 펌프의 설치위치를 가능한 한 낮춘다.
  ② 펌프의 회전속도를 낮게 한다.
  ③ 흡입 측 밸브를 조금만 개방하고 펌프를 운전한다.
  ④ 흡입관의 손실을 가능한 한 작게 한다.

해설 흡입 측 밸브를 완전히 개방하고 펌프를 운전한다.
  ※ 공동현상(cavitation) 방지대책
  1. 펌프의 설치위치를 가능한 한 낮추어 펌프의 가용유효흡입수두를 크게 한다.
  2. 흡입관의 손실을 가능한 한 작게 하여 펌프의 가용유효흡입수두를 크게 한다.
  3. 펌프의 회전속도를 낮게 선정하여 펌프의 필요유효흡입수두를 작게 한다.
  4. 운전점이 변동하여 양정이 낮아지는 경우에는 토출량이 과다하게 되므로, 이것을 고려하여 충분한 펌프의 필요유효흡입수두를 주거나 밸브를 닫아서 과대토출량이 되지 않도록 한다. 또한 펌프계획상 전양정에 여유가 너무 많으면 실제 운전 시에 과대토출량으로 운전되어서 캐비테이션이 발생할 우려가 있으므로 주의를 요한다.
  5. 동일한 토출량과 동일한 회전속도이면, 일반적으로 양쪽흡입펌프가 한쪽흡입펌프보다 캐비테이션현상에서 유리하다.
  6. 악조건에서 운전하는 경우에 임펠러의 침식을 피하기 위하여 캐비테이션에 강한 재료를 사용한다.
  7. 흡입 측 밸브를 완전히 개방하고 펌프를 운전한다.

40 상수도관 부식의 종류 중 매크로셀 부식으로 분류되지 않는 것은 어느 것인가? (단, 자연 부식기준)
  ① 콘크리트 · 토양
  ② 이종금속
  ③ 산소농담(통기차)
  ④ 박테리아

해설

┃ 금속관의 부식과 전식의 분류 ┃

제3과목 ┃ 수질오염방지기술

41 활성슬러지 혼합액의 고형물을 0.26%에서 3%까지 농축하고자 할 때 가압순환 흐름이 있는 경우의 부상농축기를 설계하고자 한다. 다음의 조건 하에서 소요 순환유량(m³/day)은?

- A/S＝0.06
- 온도＝20℃
- 공기용해도＝18.7mL/L
- 압력＝3.7atm
- 용존 공기비율＝0.5
- 슬러지 유량＝400m³/day

① 약 2,500 　② 약 3,000
③ 약 3,500 　④ 약 4,000

해설 ⓐ 반송비 산정
　A/S 비 산정을 위한 관계식

$$\text{A/S 비} = \frac{1.3 \times C_{air}(fP-1)}{SS} \times R$$

　공기의 밀도 → 1.3g/L
　C_{air} : 공기용해도 → 18.7mL/L
　f : 0.5
　P : 운전압력 → 3.7atm
　SS : 부유고형물의 농도 → 2,600mg/L

$$0.06 = \frac{1.3 \times 18.7 \times (0.5 \times 3.7 - 1)}{2,600} \times R$$

　$R = 7.5495$
ⓑ 반송유량 산정
　반송유량＝유입유량×반송비
　　　　　＝400×7.5495＝3019.8m³/day

42 기계식 봉 스크린을 0.64m/sec로 흐르는 수로에 설치하고자 한다. 봉의 두께는 10mm이고, 간격이 30mm라면 봉 사이로 지나는 유속(m/sec)은?

① 0.75 　② 0.80
③ 0.85 　④ 0.90

해설 　$Q = A_1 V_1 = A_2 V_2$
　0.64m/sec×30mm×D＝VA×40mm×D
　∴　$VA = 0.85$m/sec
　스크린에서의 mass balance
　스크린 통과유량＝스크린 접근유량
　스크린 통과유속＞스크린 접근유속
　스크린 통과 시 단면적＜스크린 접근 시 단면적

43 하수처리방식 중 회전원판법에 관한 설명으로 거리가 먼 것은?

① 활성슬러지법에 비해 2차 침전지에서 미세한 SS가 유출되기 쉽고 처리수의 투명도가 나쁘다.
② 운전관리상 조작이 간단한 편이다.
③ 질산화가 거의 발생하지 않으며, pH 저하도 거의 없다.
④ 소비전력량이 소규모 처리시설에서는 표준활성슬러지법에 비하여 적은 편이다.

해설 질산화가 발생하기 쉬운 편이며 pH가 저하되는 경우가 있다.
※ 회전원판법의 특징
　1. 운전관리상 조작이 간단하다.
　2. 소비전력량은 소규모 처리시설에서는 표준활성슬러지법에 비하여 적다.

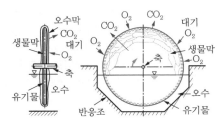

┃ 회전원판 표면의 모식도 ┃

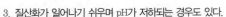

3. 질산화가 일어나기 쉬우며 pH가 저하되는 경우도 있다.
4. 활성슬러지법에서와 같이 벌킹으로 인해 2차 침전지에서 일시적으로 다량의 슬러지가 유출되는 현상은 없다.
5. 활성슬러지법에 비해 2차 침전지에서 미세한 SS가 유출되기 쉽고, 처리수의 투명도가 나쁘다.
6. 살수여상과 같이 여상에 파리는 발생하지 않으나 하루살이가 발생하는 경우가 있다.

44 SBR 공법의 일반적인 운전단계 순서는?

① 주입(fill) → 휴지(idle) → 반응(react) → 침전(settle) → 제거(draw)

② 주입(fill) → 반응(react) → 휴지(idle) → 침전(settle) → 제거(draw)

③ 주입(fill) → 반응(react) → 침전(settle) → 휴지(idle) → 제거(draw)

④ 주입(fill) → 반응(react) → 침전(settle) → 제거(draw) → 휴지(idle)

해설 ※ 연속회분식 활성슬러지법
1개의 반응조에 반응조와 2차 침전지의 기능을 갖게 하여 활성슬러지에 의한 반응과 혼합액의 침전, 상징수의 배수, 침전슬러지의 배출공정 등을 반복하여 처리하는 방식이다.
1. 유입오수의 부하변동이 규칙성을 갖는 경우 비교적 안정된 처리를 행할 수 있다.
2. 오수의 양과 질에 따라 포기시간과 침전시간을 비교적 자유롭게 설정할 수 있다.
3. 활성슬러지 혼합액을 이상적인 정치상태에서 침전시켜 고액분리가 원활히 행해진다.
4. 단일 반응조 내에서 1주기(cycle) 중에 호기–무산소–혐기의 조건을 설정하여 질산화 및 탈질반응을 도모할 수 있다.
5. 고부하형의 경우 다른 처리방식과 비교하여 적은 부지면적에 시설을 건설할 수 있다.
6. 운전방식에 따라 사상균 벌킹을 방지할 수 있다.
7. 침전 및 배출 공정은 포기가 이루어지지 않은 상황에서 이루어지므로 보통의 연속식 침전지와 비교해 스컴 등의 잔류 가능성이 높다.

45 역삼투 장치로 하루에 500m^3의 4차 처리된 유출수를 탈염시키고자 할 때 요구되는 막 면적(m^2)은? (단, 25℃에서 물질전달계수 : $0.2068\text{L}/(\text{day}\cdot\text{m}^2)$ (kPa), 유입수와 유출수 사이의 압력차 : 2,400kPa, 삼투압차 : 310kPa, 최저 운전온도 : 10℃, $A_{10℃}=$ $1.28A_{25℃}$, A : 막면적)

① 약 1,130
② 약 1,280
③ 약 1,330
④ 약 1,480

해설
$$A(\text{m}^2)= \frac{\text{처리수의 양(L/day)}}{\text{단위면적당 처리수의 양(L/m}^2\cdot\text{day)}}$$

ⓐ 단위면적당 처리수량 산정
단위면적당 처리수량 = 물질전달전이계수×(압력차－삼투압차)

$$Q_F = \frac{Q}{A} = K(\Delta P - \Delta\pi)$$
$$= \frac{0.2068\text{L}}{\text{day}\cdot\text{m}^2\cdot\text{kPa}}\times(2,400-310)\text{kPa}$$
$$= 432.21\text{L/m}^2\cdot\text{day}$$

ⓑ 면적 산정
처리수의 양 $Q = 500\text{m}^3/\text{day} = 500,000\text{L/day}$
$A_{10℃} = 1.28A_{25℃}$
$$= \frac{500,000\text{L/day}}{432.21\text{L/m}^2\cdot\text{day}}\times1.28 = 1480.7616\text{m}^2$$

46 하수소독 시 적용되는 UV 소독방법에 관한 설명으로 틀린 것은? (단, 오존 및 염소 소독 방법과 비교)

① pH 변화에 관계없이 지속적인 살균이 가능하다.

② 유량과 수질의 변동에 대해 적응력이 강하다.

③ 설치가 복잡하고, 전력 및 램프 수가 많이 소요되므로 유지비가 높다.

④ 물이 혼탁하거나 탁도가 높으면 소독 능력에 영향을 미친다.

해설 전력이 적게 소비되고 램프 수가 적게 소요되므로 유지비가 낮다.

〈UV, 오존 및 염소 소독 방법의 비교〉

살균설비	장점	단점
UV	1. 자외선의 강한 살균력으로 바이러스에 대해 효과적으로 작용한다. 2. 유량과 수질의 변동에 대해 적응력이 강하다. 3. 과학적으로 증명된 정밀한 처리시스템이다. 4. 전력이 적게 소비되고 램프 수가 적게 소요되므로 유지비가 낮다. 5. 접촉시간이 짧다. (1~5초) 6. 화학적 부작용이 적어 안전하다.	1. 잔류하지 않는다. 2. 물이 혼탁하거나 탁도가 높으면 소독능력에 영향을 미친다.

살균설비	장점	단점
UV	7. 전원의 제어가 용이하다. 8. 자동 모니터링으로 기록, 감시가 가능하다. 9. 인체에 위해성이 없다. 10. 설치가 용이하다. 11. pH 변화에 관계없이 지속적인 살균이 가능하다.	–
오존	1. Cl_2보다 더 강력한 산화제이다. 2. 저장 시스템의 파괴로 인한 사고가 없다. 3. 생물학적 난분해성 유기물을 전환시킬 수 있다. 4. 모든 박테리아와 바이러스를 살균시킨다.	1. 저장할 수 없어 반드시 현장에서 생산해야 한다. 2. 초기 투자비 및 부속설비가 비싸다. 3. 소독의 잔류효과가 없다. 4. 가격이 고가이다.
염소	1. 소독력이 강하다. 2. 잔류효과가 크다. 3. 박테리아에 대해 효과적인 살균제이다. 4. 구입이 용이하고 가격이 저렴하다.	1. 불쾌한 맛과 냄새를 수반한다. 2. 바이러스에 대해서는 효과적이지 않다. 3. 인체에 위해성이 높다. 4. 불순물로 발암물질인 THM을 수반한다. 5. 유량 변동에 대해 적응하기가 어렵다. 6. 접촉시간이 길다. (15~30분)

47 분리막을 이용한 다음의 폐수처리방법 중 구동력이 농도차에 의한 것은?

① 역삼투(reverse osmosis)
② 투석(dialysis)
③ 한외여과(ultrafiltration)
④ 정밀여과(microfitration)

해설 역삼투, 한외여과, 정밀여과 : 정수압차

48 폐수처리에 관련된 침전현상으로 입자 간에 작용하는 힘에 의해 주변 입자들의 침전을 방해하는 중간 정도 농도 부유액에서의 침전은?

① 제1형 침전(독립입자침전)
② 제2형 침전(응집침전)
③ 제3형 침전(계면침전)
④ 제4형 침전(압밀침전)

해설

1형 침전	2형 침전	3형 침전	4형 침전
1. 독립침전 2. 자유침전 → 스토크스법칙을 따름.	1. 플록침전 2. 응결침전 3. 응집침전 → 입자들이 서로 위치를 바꾸려 함.	1. 지역침전 2. 계면침전 3. 방해침전 → 입자들이 서로 위치를 바꾸려 하지 않음.	1. 압축침전 2. 압밀침전 → 고농도의 폐수에 적용됨.

49 건조고형물량이 3,000kg/day인 생슬러지를 저율혐기성 소화조로 처리한다. 휘발성 고형물은 건조고형물의 70%이고 휘발성 고형물의 60%는 소화에 의해 분해된다. 소화된 슬러지의 총고형물은 몇 kg/day인가?

① 1,040kg/day ② 1,740kg/day
③ 2,041kg/day ④ 2,440kg/day

해설 소화슬러지의 총고형물＝무기물＋소화 후 잔류 VS
ⓐ 무기물 함량 산정
$$FS = \frac{3,000kg}{day} \times \frac{30}{100} = 900kg/day$$
$$TS \rightarrow FS$$
ⓑ 소화 후 잔류 VS
$$소화 후 VS = \frac{3,000kg}{day} \times \frac{70}{100} \times \frac{40}{100} = 840kg/day$$
$$TS \rightarrow FS \quad 유입 \rightarrow 잔류$$
ⓒ 소화슬러지 산정
소화슬러지＝무기물＋소화 후 잔류 VS
＝900+840
＝1,740kg/day

50 난분해성 폐수처리에 이용되는 펜톤시약은 어느 것인가?

① H_2O_2＋철염
② 알루미늄염＋철염
③ H_2O_2＋알루미늄염
④ 철염＋고분자응집제

해설 펜톤처리공정의 특징
1. 펜톤시약의 반응시간은 철염과 과산화수소의 주입 농도에 따라 변화를 보인다.
2. 펜톤시약을 이용하여 난분해성 유기물을 처리하는 과정은 대체로 산화반응과 함께 pH조절, 펜톤산화, 중화 및 응집, 침전으로 크게 4단계로 나눌 수 있다.
3. 펜톤시약의 효과는 pH 3~4.5 범위에서 가장 강력한 것으로 알려져 있다.
4. 폐수의 COD는 감소하지만 BOD는 증가할 수 있다.

51 생물학적 3차 처리를 위한 A/O 공정을 나타낸 것으로 각 반응조 역할을 가장 적절하게 설명한 것은 다음 중 어느 것인가?

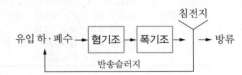

① 혐기조에서는 유기물 제거와 인의 방출이 일어나고 폭기조에서는 인의 과잉섭취가 일어난다.
② 폭기조에서는 유기물 제거가 일어나고, 혐기조에서는 질산화 및 탈질이 동시에 일어난다.
③ 제거율을 높이기 위해서는 외부 탄소원인 메탄올 등을 폭기조에 주입한다.
④ 혐기조에서는 인의 과잉섭취가 일어나며 폭기조에서는 질산화가 일어난다.

52 CFSTR에서 물질을 분해하여 효율 95%로 처리하고자 한다. 이 물질은 0.5차 반응으로 분해되며, 속도상수는 0.05(mg/L)$^{1/2}$/hr이다. 유량은 500L/hr이고 유입 농도는 250mg/L로 일정하다면 CFSTR의 필요 부피(m^3)는 어느 것인가? (단, 정상상태 가정)

① 약 520 ② 약 570
③ 약 620 ④ 약 670

해설 완전혼합연속반응조이며 0.5차 반응이므로 아래의 관계식에 따른다.
$$Q(C_o - C_t) = K \cdot \forall \cdot C_t^m$$
Q : 유량 → 500L/hr
C_o : 초기농도 → 250mg/L
C_t : 나중농도 → $250 \times (1-0.95) = 12.5$mg/L
K : 반응속도상수 → 0.05(mg/L)$^{1/2}$/hr
$\forall$: 반응조 체적 → $\forall$ m^3
m : 반응차수 → 0.5
$$\frac{500L}{hr} \times \frac{(250-12.5)mg}{L}$$
$$= \frac{0.05(mg/L)^{0.5}}{hr} \times \forall m^3 \times \frac{10^3 L}{m^3} \times \left(\frac{12.5mg}{L}\right)^{0.5}$$
$$\therefore \forall = 671.75 m^3$$

53 부피가 2,649m^{3}인 탱크에서 G값을 50/sec로 유지하기 위해 필요한 이론적 소요동력(W)과 패들 면적(m^2)은? (단, 유체점성계수 1.139×10^{-3} N·sec/m^2, 밀도 1,000kg/m^3, 직사각형 패들의 항력계수 1.8, 패들 주변속도 0.6m/sec, 패들 상대속도=패들 주변속도×0.75로 가정, 패들 면적 $A = [2P/(C \cdot \rho \cdot V^3)]$식 적용)

① 8,543, 104 ② 8,543, 92
③ 7,543, 104 ④ 7,543, 92

해설 ⓐ P 산정
$$P = G^2 \times \mu \times \forall$$
$$= (50/sec)^2 \times 1.139 \times 10^{-3} N \cdot sec/m^2 \times 2,649 m^3$$
$$= 7543.03 W$$
ⓑ 패들 면적 산정
$$A = \frac{2P}{C \cdot \rho \cdot V^3}$$
$$= \frac{2 \times 7543.03 W}{1.8 \times 1,000 kg/m^3 \times (0.6m/sec \times 0.75)^3}$$
$$= 91.97 m^2$$

54 어느 상수처리를 위한 사각 침전조에 유입되는 유량은 30,000m^3/day이고 표면부하율은 24m^3/m^2·day이며 체류시간은 6시간이다. 침전조의 길이와 폭의 비가 2 : 1이라면 조의 크기는?

① 폭 : 20m, 길이 : 40m, 깊이 : 6m
② 폭 : 20m, 길이 : 40m, 깊이 : 4m
③ 폭 : 25m, 길이 : 50m, 깊이 : 6m
④ 폭 : 25m, 길이 : 50m, 깊이 : 4m

해설 표면부하율 $= \dfrac{\text{유량}}{\text{침전 면적}}$
$$= \frac{AV}{WL} = \frac{WHV}{WL} = \frac{HV}{L} = \frac{H}{HRT}$$ 이므로,

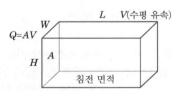

ⓐ H 산정
표면부하율 $= \dfrac{H}{HRT}$
$$\frac{24m^3}{m^2 \cdot day} = \frac{H}{6hr \times \dfrac{day}{24hr}}$$
$$H = 6m$$

ⓑ 침전 면적 산정

$$표면부하율 = \frac{유량}{침전\ 면적}$$

$$\frac{24m^3}{m^2 \cdot day} = \frac{30,000m^3/day}{A}$$

$$A = 1,250m^2$$

ⓒ 길이와 폭 산정

$W : L = 1 : 2$이므로 $L = 2W$

침전 면적 = 길이×폭 = $2W^2 = 1,250m^2$

∴ $W = 25m,\ L = 50m$

55 1차 처리된 분뇨의 2차 처리를 위해 폭기조, 2차 침전지로 구성된 표준활성슬러지를 운영하고 있다. 운영 조건이 다음과 같을 때 고형물 체류시간 (SRT, day)은?

- 유입유량=1,000m³/day
- 폭기조 수리학적 체류시간=6시간
- MLSS 농도=3,000mg/L
- 잉여슬러지 배출량=30m³/day
- 잉여슬러지 SS 농도=10,000mg/L
- 2차 침전지 유출수 SS 농도=5mg/L

① 약 2   ② 약 2.5

③ 약 3   ④ 약 3.5

해설 유출수의 SS 농도를 고려한 SRT 산정

$$SRT = \frac{\forall \cdot X}{Q_w X_w + Q_o X_o}$$

ⓐ 폭기조의 부피 산정

$$\forall = Q \times t = \frac{1,000m^3}{day} \times 6hr \times \frac{1day}{24hr} = 250m^3$$

ⓑ SRT 산정

$$SRT = \frac{\forall \cdot X}{Q_w X_w + Q_o X_o}$$

Q_w : 잉여슬러지 배출량

Q_o : 유출수량$(Q - Q_w)$

X_w : 잉여슬러지 SS 농도

X_o : 유출수 SS 농도

$\forall$: 포기조 부피

X : MLSS 농도

$$= \frac{250m^3 \times 3,000mg/L}{30m^3/day \times 10,000mg/L}$$
$$+ \frac{250m^3 \times 3,000mg/L}{(1,000-30)m^3/day \times 5mg/L}$$
$$= 2.46day$$

56 수처리 과정에서 부유되어 있는 입자의 응집을 초래하는 원인으로 거리가 먼 것은?

① 제타포텐셜의 감소

② 플록에 의한 체거름효과

③ 정전기 전하작용

④ 가교현상

해설 응집의 원리로는 2중층의 압축, 전하의 전기적 중화, 침전물에 의한 포착, 입자 간의 가교작용, 제타전위의 감소, 플록의 체거름효과 등이다.

57 생물화학적 인 및 질소 제거공법 중 인 제거만을 주목적으로 개발된 공법은?

① Phostrip

② A^2/O

③ UCT

④ Bardenpho

해설 생물학적 공법 중 '인' 제거를 목적으로 하는 공법은 Phostrip 이다.

② A^2/O : 인과 질소의 제거

③ UCT : 인과 질소의 제거

④ Bardenpho : 4단계−질소의 제거

                    5단계−인과 질소의 제거

58 인구 145,000명인 도시에 완전혼합슬러지 처리장을 설계하고자 한다. 다음과 같은 조건을 이용하여 유출수 BOD₅ 10mg/L일 때 반응조 부피는?

- 유입수 유량=360L/인·day
- 유입수 BOD₅=205mg/L
- 1차 침전지에서 제거된 유입수 BOD₅=34%
- MLSS=3,000mg/L
- MLVSS는 MLSS의 75%
- K=0.926L/g MLVSS · hr
- 1차 반응
- $\theta = \dfrac{S_i - S_t}{KXS_t}$

① 약 12,000m³

② 약 13,000m³

③ 약 14,000m³

④ 약 15,000m³

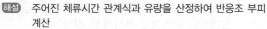

해설 주어진 체류시간 관계식과 유량을 산정하여 반응조 부피 계산

$\forall = Q \times \theta$

ⓐ S_i(유입 BOD) 산정

$S_i = 205 \times (1 - 0.34)$

$\quad = 135.3 \text{mg/L}$

ⓑ MLVSS 산정

$\text{MLVSS} = \text{MLSS} \times 0.75$

$\quad\quad\quad = 3,000 \times 0.75$

$\quad\quad\quad = 2,250 \text{mg/L}$

ⓒ 체류시간 산정

$\theta = \dfrac{S_i - S_t}{KXS_t}$

$\quad = \dfrac{(135.3 - 10)\text{mg/L}}{\dfrac{0.926\text{L}}{\text{gMLVSS}\cdot\text{hr}} \times \dfrac{\text{g}}{1,000\text{mg}} \times 2,250\text{mg/L} \times 10\text{mg/L}}$

$\quad = 6.0139 \text{hr}$

ⓓ 유량 산정

$Q = \dfrac{360\text{L}}{\text{인}\cdot\text{day}} \times 145,000\text{인} \times \dfrac{1\text{m}^3}{1,000\text{L}}$

$\quad = 52,200 \text{m}^3/\text{day}$

ⓔ 반응조 부피 산정

$\forall = Q \times \theta$

부피 $= \dfrac{52,200\text{m}^3}{\text{day}} \times \dfrac{\text{day}}{24\text{hr}} \times 6.0139\text{hr}$

$\quad\quad = 13080.2325 \text{m}^3$

59 도시하수 중 질소 제거를 위한 방법에 대한 설명으로 틀린 것은?

① 탈기법 : 하수의 pH를 높여 하수 중 질소(암모늄이온)를 암모니아로 전환시킨 후 대기로 탈기시킴.

② 파괴점 염소처리법 : 충분한 염소를 투입하여 수중의 질소를 염소와 결합한 형태로 공침 제거시킴.

③ 이온교환수지법 : NH_4^+이온에 대해 친화성 있는 이온교환수지를 사용하여 NH_4^+를 제거시킴.

④ 생물학적 처리법 : 미생물의 산화 및 환원반응에 의하여 질소를 제거시킴.

해설 파괴점 염소처리법 : 충분한 염소를 투입하여 수중의 질소를 질소기체로 제거시킴.

60 정수처리 시 적용되는 랑게리아 지수에 관한 내용으로 틀린 것은?

① 랑게리아 지수란 물의 실제 pH와 이론적 pH(pHs : 수중의 탄산칼슘이 용해되었거나 석출되지 않는 평형상태로 있을 때의 pH)와의 차이를 말한다.

② 랑게리아 지수가 양(+)의 값으로 절대치가 클수록 탄산칼슘 피막형성이 어렵다.

③ 랑게리아 지수가 음(−)의 값으로 절대치가 클수록 물의 부식성이 강하다.

④ 물의 부식성이 강한 경우의 랑게리아 지수는 pH, 칼슘경도, 알칼리도를 증가시킴으로써 개선할 수 있다.

해설
• 랑게리아 지수(포화 지수)란 물의 실제 pH와 이론적 pH(pHs : 수중의 탄산칼슘이 용해되었거나 석출되지 않는 평형상태로 있을 때의 pH)와의 차를 말하며, 탄산칼슘의 피막형성을 목적으로 하고 있다.
• 지수가 양(+)의 값으로 절대치가 클수록 탄산칼슘의 석출이 일어나기 쉽고, 0이면 평형관계에 있고, 음(−)의 값에서는 탄산칼슘 피막은 형성되지 않고 그 절대치가 커질수록 물의 부식성은 강하다. 이러한 물은 콘크리트구조물, 모르타르라이닝관, 석면시멘트관 등을 열화시키며 아연도금강관, 동관, 납관에 대해서는 아연, 동, 납을 용출시키거나 철관은 철을 녹여서 녹물발생의 원인이 되는 등 수도시설에 대하여 여러 가지 장애를 일으킨다.

〈LI와 부식성과의 관계〉

LI	부식특성
+0.5 ~ +1.0	보통~다량의 스케일 형성
+0.2 ~ +0.3	가벼운 스케일 형성
0	평형상태
−0.2 ~ −0.3	가벼운 부식
−0.5 ~ −1.0	보통~다량의 부식

제4과목 | 수질오염공정시험기준

61 식물성 플랑크톤의 정량시험 중 저배율에 의한 방법은? (단, 200배율 이하)

① 스트립 이용계수
② 팔머-말로니 체임버 이용계수
③ 혈구계수기 이용계수
④ 최적 확수 이용계수

해설 플랑크톤의 정량시험에서 저배율 방법에는 스트립 이용계수, 격자 이용계수 방법이 이용된다.

저배율 방법	200배율 이하	스트립 이용계수, 격자 이용계수
중배율 방법	200~500배율	팔머-말로니 체임버 이용계수, 혈구계수기 이용계수

62 예상 BOD 값에 대한 사전경험이 없을 때에는 희석하여 시료를 제조한다. 처리하지 않은 공장폐수와 침전된 하수가 시료에 함유되는 정도는?

① 0.1~1.0%
② 1~5%
③ 5~25%
④ 25~100%

해설 BOD 실험 시 희석비율

- 오염정도가 심한 공장폐수 : 0.1~1.0%
- 처리하지 않은 공장폐수와 침전된 하수 : 1~5%
- 처리하여 방류된 공장폐수 : 5~25%
- 오염된 하천수 : 25~100%

63 총인을 아스코르빈산 환원법에 의해 흡광도 측정을 할 때 880nm에서 측정이 불가능한 경우, 어느 파장(nm)에서 측정할 수 있는가?

① 560
② 660
③ 710
④ 810

해설 880nm에서 흡광도 측정이 불가능한 경우에는 710nm에서 측정한다.
※ 총인-자외선/가시선분광법 개요
물속에 존재하는 총인을 측정하기 위하여 유기물화합물 형태의 인을 산화 분해하여 모든 인화합물을 인산염(PO_4^{3-}) 형태로 변환시킨 다음 몰리브덴산암모늄과 반응하여 생성된 몰리브덴산인암모늄을 아스코르빈산으로 환원하여 생성된 몰리브덴산의 흡광도를 880nm에서 측정하여 총인의 양을 정량하는 방법이다.

64 시료채취 시 유의사항에 관한 내용으로 거리가 먼 것은?

① 채취용기는 시료를 채우기 전에 시료로 3회 이상 세척 후 사용한다.
② 수소이온을 측정하기 위한 시료를 채취할 때에는 운반 중 공기와 접촉이 없도록 용기에 가득 채운다.
③ 휘발성 유기화합물의 분석용 시료를 채취할 때에는 뚜껑에 격막이 생성되지 않도록 주의한다.
④ 시료채취량은 시험항목 및 시험횟수에 따라 차이가 있으나 보통 3~5L 정도이다.

해설 휘발성 유기화합물 분석용 시료를 채취할 때에는 뚜껑의 격막을 만지지 않도록 주의하여야 한다.

65 흡광도 측정에서 투과율이 30%일 때 흡광도는?

① 0.37
② 0.42
③ 0.52
④ 0.63

해설 흡광도는 투과도 역수의 log 값이므로 다음 식으로 계산한다.

$$흡광도(A) = \log \frac{1}{t(투과율)}$$
$$= \log \frac{1}{I_t/I_o}$$
$$= \log \frac{1}{t}$$
$$= \varepsilon CL$$
$$\therefore 흡광도 = \log \frac{1}{30/100}$$
$$= 0.52$$

66 지하수 시료는 취수정 내에 고여 있는 물과 원래 지하수의 성상이 달라질 수 있으므로 고여 있는 물을 충분히 퍼낸 다음 새로 나온 물을 채취한다. 이 경우 퍼내는 양은?

① 고여 있는 물의 절반 정도
② 고여 있는 물의 전체량 정도
③ 고여 있는 물의 2~3배 정도
④ 고여 있는 물의 4~5배 정도

해설 지하수 시료는 취수정 내에 고여 있는 물과 원래 지하수의 성상이 달라질 수 있으므로 고여 있는 물을 충분히 퍼낸 다음 새로 나온 물을 채취한다. 이 경우 퍼내는 양은 고여 있는 물의 4~5배 정도이나 pH 및 전기전도도를 연속적으로 측정하여 이 값이 평형을 이룰 때까지로 한다.

67 취급 또는 저장하는 동안에 이물질이 들어가거나 또는 내용물이 손실되지 아니하도록 보호하는 용기는?

① 밀봉용기
② 밀폐용기
③ 기밀용기
④ 압밀용기

[해설] 용기 관련 정의
1. "용기"라 함은 시험용액 또는 시험에 관계된 물질을 보존, 운반 또는 조작하기 위하여 넣어두는 것으로 시험에 지장을 주지 않도록 깨끗한 것을 뜻한다.
2. "밀폐용기"라 함은 취급 또는 저장하는 동안에 이물질이 들어가거나 또는 내용물이 손실되지 아니하도록 보호하는 용기를 말한다.
3. "기밀용기"라 함은 취급 또는 저장하는 동안에 밖으로부터의 공기 또는 다른 가스가 침입하지 아니하도록 내용물을 보호하는 용기를 말한다.
4. "밀봉용기"라 함은 취급 또는 저장하는 동안에 기체 또는 미생물이 침입하지 아니하도록 내용물을 보호하는 용기를 말한다.
5. "차광용기"라 함은 광선이 투과하지 않는 용기 또는 투과하지 않게 포장을 한 용기이며 취급 또는 저장하는 동안에 내용물이 광화학적 변화를 일으키지 아니하도록 방지할 수 있는 용기를 말한다.

68 기체 크로마토그래피법으로 유기인 시험을 할 때 사용되는 검출기로 가장 일반적인 것은 어느 것인가?

① 열전도도 검출기(TCD)
② 불꽃이온화 검출기(FID)
③ 전자포집형 검출기(ECD)
④ 불꽃광도형 검출기(FPD)

[해설] ① 열전도도 검출기(TCD)
모든 화합물을 검출할 수 있어 분석대상에 제한이 없고 값이 저렴하며 시료를 파괴하지 않는 장점이 있는데 반하여 다른 검출기에 비해 감도(sensitivity)가 낮다.
② 불꽃이온화 검출기(FID)
대부분의 화합물에 대하여 열전도도 검출기보다 약 1,000배 높은 감도를 나타내고 대부분의 유기화합물의 검출이 가능하므로 가장 흔히 사용된다. 특히 탄소수가 많은 유기물은 10pg까지 검출할 수 있다.
③ 전자포집형 검출기(ECD)
유기할로겐화합물, 니트로화합물 및 유기금속화합물 등 전자친화력이 큰 원소가 포함된 화합물을 수 ppt의 매우 낮은 농도까지 선택적으로 검출할 수 있다.

④ 불꽃광도형 검출기(FPD)
황 또는 인화합물의 감도(sensitivity)는 일반 탄화수소 화합물에 비하여 100,000배 커서 H_2S나 SO_2와 같은 황화합물은 약 200ppb까지, 인화합물은 약 10ppb까지 검출이 가능하다.

69 카드뮴을 자외선/가시선분광법을 이용하여 측정할 때에 관한 설명으로 ( )에 알맞은 것은?

물속에 존재하는 카드뮴이온을 시안화칼륨이 존재하는 알칼리성에서 디티존과 반응하여 생성하는 카드뮴착염을 사염화탄소로 추출하고, 추출한 카드뮴착염을 (㉠)으로 역추출한 다음 다시 (㉡)과(와) 시안화칼륨을 넣어 디티존과 반응하여 생성하는 (㉢)의 카드뮴착염을 사염화탄소로 추출하고 그 흡광도를 측정하는 방법이다.

① ㉠ 타타르산용액
㉡ 수산화나트륨
㉢ 적색
② ㉠ 아스코르빈산용액
㉡ 염산(1+15)
㉢ 적색
③ ㉠ 타타르산용액
㉡ 수산화나트륨
㉢ 청색
④ ㉠ 아스코르빈산용액
㉡ 염산(1+15)
㉢ 청색

70 불소를 자외선/가시선분광법으로 분석할 경우, 간섭물질로 작용하는 알루미늄 및 철의 방해를 제거할 수 있는 방법은?

① 산화
② 증류
③ 침전
④ 환원

[해설] 알루미늄 및 철의 방해가 크나 증류하면 영향이 없다.
※ 불소-자외선/가시선분광법
물속에 존재하는 불소를 측정하기 위하여 시료에 넣은 란탄알리자린 콤프렉손의 착화합물이 불소이온과 반응하여 생성하는 청색의 복합 착화합물의 흡광도를 620nm에서 측정하는 방법이다.

71 암모니아성질소를 분석할 때에 관한 설명으로 ( )에 옳은 것은?

> 암모니아성질소를 자외선/가시선분광법으로 측정하고자 할 때의 측정파장 (㉠)과 이온 전극법으로 측정하고자 할 때 암모늄이온을 암모니아로 변화시킬 때의 시료의 적정 pH 범위 (㉡)으로 한다.

① ㉠ 630nm, ㉡ 4~6
② ㉠ 540nm, ㉡ 4~6
③ ㉠ 630nm, ㉡ 11~13
④ ㉠ 540nm, ㉡ 11~13

72 보기의 물질들을 총유기탄소(TOC)의 공정시험 기준에 준하여 시험을 수행하였을 때 잘못된 것은 어느 것인가?

① 용존성 유기탄소(DOC)를 측정하기 위하여 0.45㎛ 여과지를 사용하였다.
② 비정화성 유기탄소(NPOC)를 측정하기 위하여 pH를 4로 조절하였다.
③ 부유물질 정도관리를 위하여 셀룰로오스를 사용하였다.
④ 탄소를 검출하기 위하여 고온연소산화법을 적용하였다.

해설 시료 일부를 분취한 후 산(acid) 용액을 적당량 주입하여 pH 2 이하로 조절한 후 일정시간 정화(purging)하여 무기성 탄소를 제거한 다음 미리 작성한 검정곡선을 이용하여 총유기탄소의 양을 구한다.
※ 총유기탄소 관련 용어의 정의
1. 총유기탄소(TOC : Total Organic Carbon) : 수중에서 유기적으로 결합된 탄소의 합을 말한다.
2. 총탄소(TC : Total Carbon) : 수중에서 존재하는 유기적 또는 무기적으로 결합된 탄소의 합을 말한다.
3. 무기성 탄소(IC : Inorganic Carbon) : 수중에 탄산염, 중탄산염, 용존 이산화탄소 등 무기적으로 결합된 탄소의 합을 말한다.
4. 용존성 유기탄소(DOC : Dissolved Organic Carbon) : 총유기탄소 중 공극 0.45㎛의 여과지를 통과하는 유기탄소를 말한다.
5. 비정화성 유기탄소(NPOC : Nonpurgeable Organic Carbon) : 총탄소 중 pH 2 이하에서 포기에 의해 정화(purging)되지 않는 탄소를 말한다.

73 분원성 대장균군-막여과법의 측정방법으로 ( )에 옳은 것은?

> 물속에 존재하는 분원성 대장균군을 측정하기 위하여 페트리접시에 배지를 올려놓은 다음 배양 후 여러 가지 색조를 띠는 ( )의 집락을 계수하는 방법이다.

① 황색
② 녹색
③ 적색
④ 청색

해설

구분	색
총대장균군-막여과법	적색
총대장균군-평판집락법	적색
분원성 대장균군-막여과법	청색

74 다음의 금속류 중 원자형광법으로 측정할 수 있는 것은? (단, 수질오염공정시험기준 기준)

① 수은
② 납
③ 6가크롬
④ 바륨

해설
① 수은 : 냉증기-원자흡수분광광도법, 자외선/가시선분광법, 양극벗김전압전류법, 냉증기-원자형광법
② 납 : 원자흡수분광광도법, 자외선/가시선분광법, 유도결합플라스마-원자발광분광법, 유도결합플라스마-질량분석법, 양극벗김전압전류법
③ 6가크롬 : 원자흡수분광광도법, 자외선/가시선분광법, 유도결합플라스마-원자발광분광법
④ 비소 : 수소화물생성-원자흡수분광광도법, 자외선/가시선분광법, 유도결합플라스마-원자발광분광법, 유도결합플라스마-질량분석법, 양극벗김전압전류법

75 기체 크로마토그래피법에서 검출기와 사용되는 운반가스를 틀리게 짝지은 것은?

① 열전도도형 검출기 – 질소
② 열전도도형 검출기 – 헬륨
③ 전자포획형 검출기 – 헬륨
④ 전자포획형 검출기 – 질소

해설

운반가스 (carrier gas)	충전물이나 시료에 대하여 불활성이고 사용하는 검출기의 작동에 적합한 것을 사용
열전도도형 검출기(TCD)	순도 99.8% 이상의 수소나 헬륨
불꽃 이온화 검출기(FID)	순도 99.8% 이상의 질소 또는 헬륨

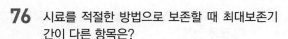

76 시료를 적절한 방법으로 보존할 때 최대보존기간이 다른 항목은?

① 시안
② 노말헥산 추출물질
③ 화학적 산소요구량
④ 총인

해설 ① 시안 : 14일(권장 24시간)
② 노말헥산 추출물질 : 28일
③ 화학적 산소요구량 : 28일(권장 7일)
④ 총인 : 28일

77 자외선/가시선분광법을 적용한 페놀류 측정에 관한 내용으로 옳은 것은?

① 정량한계는 클로로폼 측정법일 때 0.025 mg/L이다.
② 정량범위는 직접측정법일 때 0.025~0.05 mg/L이다.
③ 증류한 시료에 염화암모늄-암모니아 완충액을 넣어 pH 10으로 조절한다.
④ 4-아미노안티피린과 페리시안 칼륨을 넣어 생성된 청색의 안티피린계 색소의 흡광도를 측정하는 방법이다.

해설 • 물속에 존재하는 페놀류를 측정하기 위하여 증류한 시료에 염화암모늄-암모니아 완충용액을 넣어 pH 10으로 조절한 다음 4-아미노안티피린과 헥사시안화철(Ⅱ)산칼륨을 넣어 생성된 붉은색의 안티피린계 색소의 흡광도를 측정하는 방법으로 수용액에서는 510nm, 클로로폼 용액에서는 460nm에서 측정한다.
• 정량한계는 클로로폼 추출법일 때 0.005mg, 직접법일 때 0.05mg이다.

78 공장폐수 및 하수유량[관(pipe) 내의 유량측정방법] 측정방법 중 오리피스에 관한 설명으로 옳지 않은 것은?

① 설치에 비용이 적게 소요되며 비교적 유량측정이 정확하다.
② 오리피스 관의 두께에 따라 흐름의 수로 내외에 설치가 가능하다.
③ 오리피스 단면에 커다란 수두손실이 일어나는 단점이 있다.

④ 단면이 축소되는 목부분을 조절함으로써 유량이 조절된다.

해설 오리피스 관은 수로 내에 설치한다.
※ 오리피스(orifice) 특성 및 구조
1. 오리피스는 설치에 비용이 적게 들고 비교적 유량측정이 정확하여 얇은 판 오리피스가 널리 이용되고 있으며 흐름의 수로 내에 설치한다. 오리피스를 사용하는 방법은 노즐(nozzle)과 벤투리미터와 같다.
2. 오리피스의 장점은 단면이 축소되는 목(throat)부분을 조절함으로써 유량이 조절된다는 점이며, 단점은 오리피스(orifice) 단면에서 커다란 수두손실이 일어난다는 점이다.

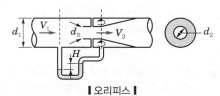

┃오리피스┃

79 시료의 전처리 방법 중 유기물을 다량 함유하고 있으면서 산분해가 어려운 시료에 적용하는 방법은?

① 질산-염산 산분해법
② 질산 산분해법
③ 마이크로파 산분해법
④ 질산-황산 산분해법

해설 1. 산분해법
1) 질산법 : 유기함량이 비교적 높지 않은 시료의 전처리에 사용한다.
2) 질산-염산법 : 유기물 함량이 비교적 높지 않고 금속의 수산화물, 산화물, 인산염 및 황화물을 함유하고 있는 시료에 적용한다.
3) 질산-황산법 : 유기물 등을 많이 함유하고 있는 대부분의 시료에 적용한다.
4) 질산-과염소산법 : 유기물을 다량 함유하고 있으면서 산분해가 어려운 시료에 적용한다.
5) 질산-과염소산-불화수소산 : 다량의 점토질 또는 규산염을 함유한 시료에 적용한다.
2. 마이크로파 산분해법 : 유기물을 다량 함유하고 있으면서 산분해가 어려운 시료에 적용한다.
3. 회화에 의한 분해 : 목적 성분이 400℃ 이상에서 휘산되지 않고 쉽게 회화될 수 있는 시료에 적용한다.
4. 용매추출법 : 원자흡수분광광도법을 사용한 분석 시 목적 성분의 농도가 미량이거나 측정에 방해하는 성분이 공존할 경우 시료의 농축 또는 방해물질을 제거하기 한 목적으로 사용한다.

80 위어의 수두가 0.25m, 수로의 폭이 0.8m, 수로의 밑면에서 절단 하부점까지의 높이가 0.7m인 직각 3각 위어의 유량(m^3/min)은? (단, 유량계수

$$K = 81.2 + \frac{0.24}{h} + \left(8.4 + \frac{12}{\sqrt{D}}\right) \times \left(\frac{h}{B} - 0.09\right)^2\right)$$

① 1.4   ② 2.1
③ 2.6   ④ 2.9

해설 3각 위어 유량 계산식 적용

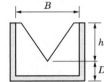

- B : 수로의 폭(m)
- h : 위어의 수두(m)
- D : 수로의 밑면으로부터 절단 하부 모서리까지의 높이(m)

$$Q(m^3/min) = K \times h^{\frac{5}{2}}$$
         K : 유량계수
         h : 위어의 수두(m)

ⓐ K의 산정
$$K = 81.2 + 0.24/h + [(8.4 + 12/\sqrt{D})$$
$$\times (h/B - 0.09)^2]$$
$$= 81.2 + 0.24/0.25 + [(8.4 + 12/\sqrt{0.7})$$
$$\times (0.25/0.8 - 0.09)^2]$$
$$= 83.2859$$

ⓑ 유량의 산정
$$Q = K \times h^{\frac{5}{2}}$$
$$= 83.2859 \times 0.25^{\frac{5}{2}}$$
$$= 2.6026 m^3/min$$

수질환경기사 기출문제집 필기

2020. 4. 23. 초판 1쇄 발행
2025. 1. 8. 개정 4판 1쇄(통산 6쇄) 발행

지은이 │ 수질환경기사연구회
펴낸이 │ 이종춘
펴낸곳 │ **BM** ㈜도서출판 **성안당**

주소 │ 04032 서울시 마포구 양화로 127 첨단빌딩 3층(출판기획 R&D 센터)
     │ 10881 경기도 파주시 문발로 112 파주 출판 문화도시(제작 및 물류)
전화 │ 02) 3142-0036
     │ 031) 950-6300
팩스 │ 031) 955-0510
등록 │ 1973. 2. 1. 제406-2005-000046호
출판사 홈페이지 │ www.cyber.co.kr
ISBN │ 978-89-315-8450-9 (13530)
정가 │ 32,000원

이 책을 만든 사람들
책임 │ 최옥현
진행 │ 이용화
전산편집 │ 이다혜
표지 디자인 │ 임흥순
홍보 │ 김계향, 임진성, 김주승, 최정민
국제부 │ 이선민, 조혜란
마케팅 │ 구본철, 차정욱, 오영일, 나진호, 강호묵
마케팅 지원 │ 장상범
제작 │ 김유석

www.cyber.co.kr
성안당 Web 사이트